Lexikon der Geographie
3

Lexikon der Geographie
in vier Bänden

Herausgeber:

Ernst Brunotte
Hans Gebhardt
Manfred Meurer
Peter Meusburger
Josef Nipper

Dritter Band
Ökos bis Wald

Spektrum Akademischer Verlag Heidelberg · Berlin

Die Deutsche Bibliothek – CIP-Einheitsaufnahme

Lexikon der Geographie : in vier Bänden / Hrsg.: Peter Meusburger ...
[Red.: Landscape, Gesellschaft für Geo-Kommunikation mbh, Köln]. –
Heidelberg ; Berlin : Spektrum, Akad. Verl.

Bd. 3. Ökos bis Wald. – 2002
ISBN 3-8274-1007-X

© 2002 Spektrum Akademischer Verlag GmbH Heidelberg Berlin

Alle Rechte, auch die der Übersetzung in fremde Sprachen, vorbehalten. Kein Teil dieses Werkes darf ohne schriftliche Einwilligung des Verlages in irgendeiner Form (Fotokopie, Mikrofilm oder ein anderes Verfahren), auch nicht für Zwecke der Unterrichtsgestaltung, reproduziert oder unter Verwendung elektronischer Systeme verarbeitet, vervielfältigt oder verbreitet werden.
Es konnten nicht sämtliche Rechteinhaber von Abbildungen ermittelt werden. Sollte dem Verlag gegenüber der Nachweis der Rechteinhaberschaft geführt werden, wird das branchenübliche Honorar nachträglich gezahlt.
Die Wiedergabe von Warenbezeichnungen, Handelsnamen, Gebrauchsnamen usw. in diesem Buch berechtigt auch ohne Kennzeichnung nicht zu der Annahme, dass diese von jedermann frei benutzt werden dürfen.

Redaktion: LANDSCAPE Gesellschaft für Geo-Kommunikation mbH, Köln
Produktion: Ute Amsel
Innengestaltung: Gorbach Büro für Gestaltung und Realisierung, Gauting Buchendorf
Außengestaltung: WSP Design, Heidelberg
Graphik: Mathias Niemeyer (Leitung), Ulrike Lohoff-Erlenbach, Stephan Meyer, Katrin Lange und Hardy Möller
Satz: Greiner & Reichel, Köln
Druck und Verarbeitung: Franz Spiegel Buch GmbH, Ulm

Mitarbeiter des dritten Bandes

Redaktion:
Dipl.-Geogr. Christiane Martin (Leitung)
Dipl.-Geol. Manfred Eiblmaier

Fachkoordinatoren und Herausgeber:
Prof. Dr. Ernst Brunotte (Physische Geographie)
Prof. Dr. Hans Gebhardt (Humangeographie)
Prof. Dr. Manfred Meurer (Physische Geographie)
Prof. Dr. Peter Meusburger (Humangeographie)
Prof. Dr. Josef Nipper (Methodik)

Autorinnen und Autoren:
Prof. Dr. Patrick Armstrong, Perth (Australien) [PA]
Kurt Baldenhofer, Friedrichshafen [KB]
Prof. Dr. Yoram Bar-Gal, Haifa (Israel) [YBG]
Prof. Dr. Christoph Becker, Trier [CB]
Prof. Dr. Carl Beierkuhnlein, Rostock [CBe]
Prof. Dr. Jörg Bendix, Marburg [JB]
Dr. Markus Berger, Braunschweig [MB]
Prof. Dr. Helga Besler, Köln [HBe]
Prof. Dr. Hans Heinrich Blotevogel, Duisburg [HHB]
Dipl.-Geogr. Oliver Bödeker, Köln [OBö]
Prof. Dr. Hans Böhm, Bonn [HB]
Dr. Hans Jürgen Böhmer, München [HJB]
Dr. Thomas Breitbach, Köln [TB]
Dr. Heinz Peter Brogiato, Leipzig [HPB]
Prof. Dr. Ernst Brunotte, Köln [EB]
Dr. Olaf Bubenzer, Köln [OB]
Dipl.-Geogr. Dorothee Bürkle, Köln [DBü]
Prof. Dr. Detlef Busche, Würzburg [DB]
Dr. Tillmann Buttschardt, Karlsruhe [TBu]
Dr. Thomas Christiansen, Gießen [TC]
Dr. Martin Coy, Tübingen [MC]
Prof. Dr. Ulrich Deil, Freiburg [UD]
Prof. Dr. Jürgen Deiters, Osnabrück [JD]
Dr. Klaus Dodds, London [KD]
Prof. Dr. Heiner Dürr, Bochum [HD]
Dr. Dirk Dütemeyer, Essen [DD]
PD Dr. Rainer Duttmann, Hannover [RD]
Dipl.-Geogr. Susanne Eder, Basel [SE]
Dr. Jürgen Ehlers, Hamburg [JE]
Dipl.-Geol. Manfred Eiblmaier, Köln [ME]
Dr. Hajo Eicken, Fairbanks (USA) [HE]
Farid El Kholi, Berlin [FE]
Dr. Wolf-Dieter Erb, Gießen [WE]
Dr. Heinz-Hermann Essen, Hamburg [HHE]
Dr. Eberhard Fahrbach, Bremerhaven [EF]
Prof. Dr. Heinz Faßmann, Wien [HF]
Prof. Dr. Peter Felix-Henningsen, Gießen [PF]
Beate Feuchte, Berlin [BF]
Robert Fischer M. A., Frankfurt a. M. [RF]
Prof. Dr. Otto Fränzle, Kiel [OF]
Tim Freytag, Heidelberg [TF]
Dr. Heinz-W. Friese, Berlin [HWF]
Dr. Martina Fromhold-Eisebith, Seibersdorf [MFE]
Prof. Dr. Wolf Gaebe, Stuttgart [WG]
Dr. Werner Gamerith, Heidelberg [WGa]
Prof. Dr. Paul Gans, Mannheim [PG]
Prof. Dr. Hans Gebhardt, Heidelberg [HG]
Prof. Dr. Gerd Geyer, Würzburg [GG]
Prof. Dr. Rüdiger Glaser, Heidelberg [RGl]

Prof. Dr. Rainer Glawion, Freiburg i. Br. [RG]
Dr.-Ing. Konrad Großer, Leipzig [KG]
Dr. Mario Günter, Heidelberg [MG]
Prof. Dr. Wolfgang Haber, München [WHa]
Prof. Dr. Jürgen Hagedorn, Göttingen [JH]
Dr. Werner Arthur Hanagarth, Karlsruhe [WH]
Dr. Martin Hartenstein, Karlsruhe [MHa]
Prof. Dr. Ingrid Hemmer, Eichstätt [ICH]
Prof. Dr. Gerhard Henkel, Essen [GH]
Prof. Dr. Reinhard Henkel, Heidelberg [RH]
Dipl.-Geogr. Sven Henschel, Berlin [SH]
Prof. Dr. Bruno Hildenbrand, Jena [BH]
Dr. Hubert Höfer, Karlsruhe [HH]
Prof. Dr. Karl Hofius, Boppard [KHo]
Prof. Dr. Karl Hoheisel, Bonn [KH]
Prof. Dr. Hans Hopfinger, Eichstätt [HHo]
Michael Hoyler, Heidelberg [MH]
Dipl.-Geogr. Thorsten Hülsmann, Bonn [TH]
Ina Ihben, Köln [II]
Prof. Dr. Jucundus Jacobeit, Würzburg [JJ]
Dipl.-Geogr. Ingrid Jacobsen, Berlin [IJ]
Prof. Dr. Martin Jänicke, Berlin [MJ]
Dr. Jörg Janzen, Berlin [JJa]
PD Dr. Eckhard Jedicke, Bad Arolsen [EJ]
Dr. Hiltgund Jehle, Berlin [HJe]
Prof. Dr. Hubert Job, München [HJo]
Dipl.-Geogr. Heike Jöns, Heidelberg [HJ]
Prof. Dr. Peter Jurczek, Jena [PJ]
Prof. Dr. Masahiro Kagami, Tokio [MK]
Prof. Dr. Andreas Kagermeier, Paderborn [AKa]
Dr. Daniela C. Kalthoff, Bonn [DCK]
Dr. Andrea Kampschulte, Basel [AKs]
Dr. Karin Jehn, Karlsruhe [KJ]
Dr. Gerwin Kasperek, Gießen [GKa]
Prof. Dr. Dieter Kelletat, Essen [DK]
Prof. Dr. Franz-Josef Kemper, Berlin [FJK]
Dr. Günter Kirchberg, Speyer [GK]
Dr. Thomas Kistemann, Bonn [TK]
Prof. Dr. Dieter Klaus, Bonn [DKl]
Prof. Dr. Arno Kleber, Bayreuth [AK]
Prof. Dr. Hans-Jürgen Klink, Bochum [HJK]
Prof. Dr. Wolf Günther Koch [WK]
Dr. Franz Köhler, Gotha [FK]
Dipl.-Geogr. Kirsten Koop, Berlin [KK]
Dipl.-Geogr. Bernhard Köppen, Chemnitz [BK]
Prof. Dr. Christoph Kottmeier, Karlsruhe [CK]
Dr. Caroline Kramer, Heidelberg [CKr]
Dr. Klaus Kremling, Kiel [KKr]
Prof. Dr. Eberhard Kroß, Bochum [EKr]
Prof. Dr. Elmar Kulke, Berlin [EK]
Prof. Dr. Wilhelm Kuttler, Essen [WKu]
Dipl.-Geogr. Christian Langhagen-Rohrbach, Frankfurt a. M. [CLR]
Dr. Harald Leisch, Köln [HL]
Prof. Dr. Bärbel Leupolt, Hamburg [BL]
Prof. Dr. Hartmut Lichtenthaler, Karlsruhe [HLi]
Dipl.-Geogr. Christoph Mager, Heidelberg [CMa]
Dipl.-Geogr. Christiane Martin, Köln [CM]
Martin Vogel, Tübingen [MV]
Prof. Dr. Jörg Matschullat, Freiberg [JMt]
Prof. Dr. Alois Mayr, Leipzig [AMa]

Mitarbeiter des dritten Bandes

Dr. Andreas Megerle, Tübingen [AM]
Dipl.-Geogr. Heidi Megerle, Schlaitdorf [HM]
Dipl.-Geogr. Astrid Mehmel, Bonn [AMe]
Prof. Dr. Jens Meincke, Hamburg [JM]
Dipl.-Geogr. Klaus Mensing, Hamburg [KM]
Dipl.-Geogr. Rita Merckele, Berlin [RM]
Prof. Dr. Manfred Meurer, Karlsruhe [MM]
Prof. Dr. Peter Meusburger, Heidelberg [PM]
Prof. Dr. Georg Miehe, Marburg [GM]
Prof. Dr. Werner Mikus, Heidelberg [WM]
Prof. Dr. Thomas Mosimann, Hannover [TM]
PD Dr. Hans-Nikolaus Müller, Luzern [HNM]
Renate Müller, Berlin [RMü]
Prof. Dr. Detlef Müller-Mahn, Bayreuth [DM]
Prof. Dr. Heinz Musall, Gaiberg [HMu]
Prof. Dr. Frank Norbert Nagel, Hamburg [FNN]
Dipl.-Geogr. Martina Neuburger, Tübingen [MN]
Dipl.-Geogr. Peter Neumann, Münster [PN]
Prof. Dr. Jürgen Newig, Kiel [JNe]
Prof. Dr. Josef Nipper, Köln [JN]
Prof. Dr. Helmut Nuhn, Marburg [HN]
Dr. Ludwig Nutz, München [LN]
Prof. Dr. Jürgen Oßenbrügge, Hamburg [JO]
Dipl.-Geogr. Maren Ott, Frankfurt a. M. [MO]
Prof. Dr. Karl-Heinz Pfeffer, Tübingen [KP]
Dipl.-Geogr. Michael Plattner, Marburg [MP]
Prof. Dr. Jürgen Pohl, Bonn [JPo]
Dipl.-Geogr. Martin Pöhler, Tübingen [MaP]
Prof. Dr. Karl-Heinz Pörtge, Göttingen [KHP]
Prof. Dr. Ferenc Probáld, Budapest [FP]
PD Dr. Paul Reuber, Münster [PR]
Prof. Dr. Michael Richter, Erlangen [MR]
Prof. Dr. Otto Richter, Braunschweig [OR]
Dipl.-Bibl. Sabine Richter, Bonn [SR]
Prof. Dr. Gisbert Rinschede, Regensburg [GR]
Gerd Rothenwallner, Frankfurt a. M. [GRo]
Dr. Klaus Sachs, Heidelberg [KS]
Prof. Dr. Wolf-Dietrich Sahr, Curitiba (Brasilien) [WDS]
Dr. Heinz Sander, Köln [HS]
Prof. Dr. Eike W. Schamp, Frankfurt a. M. [EWS]
Dipl.-Geogr. Bruno Schelhaas, Leipzig [BSc]

Dipl.-Geogr. Jens Peter Scheller, Frankfurt a. M. [JPS]
Prof. Dr. Winfried Schenk, Tübingen [WS]
Dr. Arnold Scheuerbrandt, Heidelberg [AS]
Dipl.-Geogr. Heiko Schmid, Heidelberg [HSc]
Prof. Dr. Konrad Schmidt, Heidelberg [KoS]
PD Dr. Elisabeth Schmitt, Gießen [ES]
Prof. Dr. Thomas Schmitt, Bochum [TSc]
Prof. Dr. Jürgen Schmude, Regensburg [JSc]
Prof. Dr. Rita Schneider-Sliwa, Basel [RS]
Dr. Peter Schnell, Münster [PSch]
Dr. Thomas Scholten, Gießen [ThS]
Prof. Dr. Karl-Friedrich Schreiber, Münster [KFS]
Dipl.-Geogr. Thomas Schwan, Heidelberg [TS]
Prof. Dr. Jürgen Schweikart, Berlin [JüS]
Dr. Franz Schymik, Frankfurt a. M. [FS]
Prof. Dr. Peter Sedlacek, Jena [PS]
Prof. Dr. Günter Seeber, Hannover [GSe]
Prof. Dr. Martin Seger, Klagenfurt [MS]
Nicola Sekler, Tübingen [NSe]
Dr. Max Seyfried, Karlsruhe [MSe]
Christoph Spieker M. A., Bonn [CS]
Prof. Dr. Jürgen Spönemann, Bovenden [JS]
PD Dr. Barbara Sponholz, Würzburg [BS]
Prof. Dr. Albrecht Steinecke, Paderborn [ASte]
Prof. Dr. Wilhelm Steingrube, Greifswald [WSt]
Dr. Ingrid Stengel, Würzburg [IS]
Dipl.-Geogr. Anke Strüver, Nijmwegen [ASt]
Prof. Dr. Dietbert Thannheiser, Hamburg [DT]
Prof. Dr. Uwe Treter, Erlangen [UT]
Prof. Dr. Konrad Tyrakowski, Eichstätt [KT]
Alexander Vasudevan, MA, Vancouver [AV]
Prof. Dr. Joachim Vogt, Berlin [JVo]
Dr. Joachim Vossen, Regensburg [JV]
Dr. Ute Wardenga, Leipzig [UW]
Prof. Dr. Bernd Jürgen Warneken, Tübingen [BJW]
Dipl.-Geogr. Reinhold Weinmann, Heidelberg [RW]
Prof. Dr. Benno Werlen, Jena [BW]
Dr. Karin Wessel, Berlin [KWe]
Dr. Stefan Winkler, Trier [SW]
Prof. Dr. Klaus Wolf, Frankfurt a. M. [KW]
Dr. Volker Wrede, Krefeld [VW]

Ökosophie, Kunstbegriff für ein erweitertes philosophisch fundiertes Ökologieverständnis. Ökosophie umfasst, nach Guattari (1989) drei Dimensionen: a) die der natürlichen Ökosophie (physisch-geographische Umweltveränderungen), b) die der sozialen Ökosophie (neue partnerschaftliche Beziehungen, neue Familienstrukturen, neue Arbeitsformen) und c) die der mentalen Ökosophie (Beziehungen des Subjektes zu seinem Körper, seinem Unterbewusstsein und seiner Zeitlichkeit). Alle werden in einem direkten Zusammenhang zueinander gesehen. Für die geographische Diskussion wird der Ökosophie-Begriff vor allem im französischen Raum und im lateinamerikanischen Raum fruchtbar gemacht. Er weist theoretische Bezüge zur ↗postmodernen Geographie und zur Diskussion der ↗Nachhaltigkeit auf.
Literatur: GUATTARI, F. (1989): Les trois écologies. – Paris.

Ökosphäre, *Biogeosphäre*, Landschaftshülle bzw. Gesamtheit der ↗Ökosysteme (↗Ökologie) der Erde. Ökosphärische Betrachtung erfolgt im globalen, erdumspannenden Maßstab und bezieht sich sowohl auf die ↗Erde an sich als auch auf die ↗Landschaftsgürtel (Ökozonen).

Ökosystem

Otto Fränzle, Kiel

Ökosystem ist einer der Zentralbegriffe der Systemökologie. Eine eingehende semantische Analyse der auf Transley (1935) folgenden einschlägigen Literatur, die seit den 1960er-Jahren rasch wuchs, lässt freilich erkennen, dass mit dem Wort Ökosystem ein breites Spektrum von z. T. sehr unterschiedlichen Begriffsbildungen verknüpft ist. Diese spiegeln unterschiedliche epistemologische Standpunkte, die sich in fünf Punkten zusammenfassen lassen (Jax 1992) wider: a) Ökosysteme stellen reale Raumeinheiten dar und sind als solche abgrenzbar. b) Ökosysteme sind Konstrukte des Beobachters. c) Ökosysteme bestehen aus wechselwirkenden biotischen und abiotischen Komponenten. d) Ökosysteme befinden sich im Zustand eines Fließgleichgewichts oder streben einen solchen an. e) Ökosysteme sind kybernetische Systeme mit einer (begrenzten) Fähigkeit zur Selbstregulation. In den drei letztgenannten Fällen wird auf Eigenschaften abgehoben, die sich – im Rahmen einer operationalen Fassung der räumlichen und zeitlichen Systemgrenzen – bestenfalls als Ergebnis einer entsprechend langen und differenzierten Untersuchung ermitteln lassen. Als apriorische Kennzeichen von Ökosystemen kommen sie daher nicht in Frage. Das Gleiche gilt für die Forderung von Klötzli (1993), dass Ökosysteme als Ganzheiten auf Inputs anders reagieren müssen, als es die isolierten Bestandteile tun würden, d. h. emergente Eigenschaften besitzen, die sich erst aus dem Zusammenwirken von Standort und Lebewesen ergeben (Breckling & Müller 1997). In Bezug auf die erstgenannten Punkte ist festzuhalten, dass jede Systembeschreibung von theoretischen Annahmen abhängt und schon deshalb kein objektives Bild der »Wirklichkeit« liefert. Das zu untersuchende System wird vielmehr vom Beobachter selbst definiert und dies geschieht immer in Hinblick auf spezifische Fragestellungen. Das jeweilige wissenschaftliche Problem bestimmt damit die Festlegung des räumlichen Rahmens, des zeitlichen Bezugs sowie der zu bearbeitenden Elemente und Relationen (Breckling & Müller 1997, Jörgensen & Müller 2000).

Zusammenfassend lassen sich i. S. eines theoretischen Minimalkonsenses folgende Eigenschaften für eine operationelle Definition eines Ökosystems festhalten: Es ist erstens im Rahmen der jeweiligen thermodynamischen Randbedingungen offen gegenüber seiner Umgebung in Bezug auf Stoff-, Energie- und Informationsflüsse und zweitens belebt als Ausdruck seiner biotischen Komponenten. Ein sehr allgemeines Konzept der Verflechtung der Eigenschaften Offenheit und Belebtheit liefert der Begriff der Selbstorganisation (Krohn & Küppers 1990). Dies beinhaltet die ↗Evolution komplizierter Baupläne und Verhaltensmuster von ein- und vielzelligen ↗Phänotypen. Eine notwendige Bedingung für ein selbstorganisiertes System ist daher die selbstreferentielle Kopplung und Lösung klassifikatorischer und konstruktiver Aufgaben (↗Evolution von Ökosystemen, ↗Fitness). Als strukturell wie funktional interpretierbaren Ausdruck der oben als operationaler Minimalkonsens bezeichneten Auffassung mag das – im Kern auf ↗Ellenberg zurückgehende – Ökosystem-Modell dienen (Abb. 1).

Das Ökosystem als Beziehungsgefüge von Biotop und Biozönose

Das ↗Biotop umfasst die ↗abiotischen ↗Ökofaktoren der Lebensgemeinschaft eines Ökosystems. Sie stellen zum einen den Rahmen für den potenziellen Organismenbesatz dar, zum andern beeinflussen sie die Umsatzraten ökologischer Prozesse, denn diese laufen immer unter Beteiligung der abiotischen Systemkomponenten ab, die häufig Transport-, Puffer- und Speicherfunktionen besitzen. Auch Ein- und Austräge von Stoffen und Energie finden in beträchtlichem Umfang im Rahmen abiotischer Prozesse statt. Die Standortfaktoren bilden damit wichtige Grundlagen für den Selbstorganisationsprozess von Ökosystemen. Wichtig für die Persistenz und die ↗Abundanz der jeweiligen ↗Populationen sind

Ökosystem

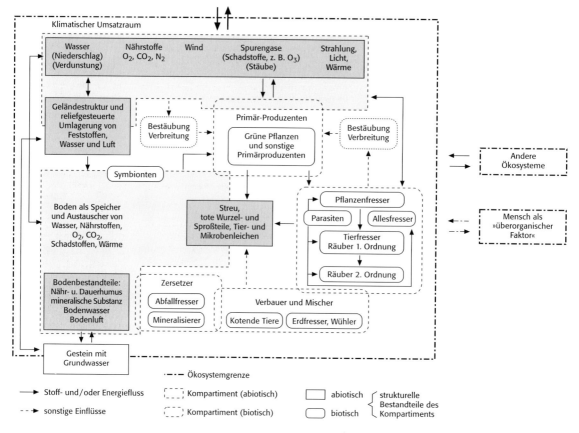

Ökosystem 1: Modell eines Ökosystems (nach H.-J. Klink).

Ökosystem
Literatur:
[1] BACCINI, P., BADER, H. P. (1996): Regionaler Stoffhaushalt. – Heidelberg.
[2] BEIER, R. (2000): Validität von Umweltdaten. In: Fränzle, O. et al. (1997 f.): Handbuch der Umweltwissenschaften. – Landsberg.
[3] BRECKLING, B., ASSHOFF, M. (Hrsg.) (1996): Modellbildung und Simulation im Projektzentrum Ökosystemforschung. In: EcoSys 4. – Kiel.
[4] BRECKLING, B., MÜLLER, F. (1997): Der Ökosystembegriff aus heutiger Sicht. In: Fränzle, O. et al. (1997 f.), Handbuch der Umweltwissenschaften. – Landsberg.
[5] FRÄNZLE, O., MÜLLER, F., SCHRÖDER, W. (Hrsg.) (1997 f.): Handbuch der Umweltwissenschaften. – Landsberg.
[6] FRÄNZLE, S., MARKERT, B. (2000): Das Biologische System der Elemente (BSE): Eine modelltheoretische Betrachtung zur Essentialität von

dabei nicht nur die aktuellen Größen der abiotischen Faktoren, sondern auch ihre Schwankungsbreiten (Minima, Maxima) und deren zeitlicher Verlauf. Die verschiedenen Standortfaktoren haben in Hinblick auf die Lebensprozesse unterschiedliche Bedeutung und sie wirken immer als Komplex zusammen. Dabei kann es sowohl zur begrenzten Kompensation eines Faktors durch einen anderen wie auch zu synergetischen Effekten kommen. Vielfach ist es allerdings kaum oder gar nicht möglich, die Wirkung eines einzelnen Faktors und die damit verbundenen komplexen Folgewirkungen auf das Ökosystemgefüge insgesamt mit hinreichender Genauigkeit abzuschätzen (Hörmann 1995).

Die Gesamtheit der an einem Ort (Biotop) direkt und indirekt wechselwirkenden Organismen bildet die ↗Biozönose. Sie ist Träger der Lebens- und Stoffwechselprozesse im Ökosystem und sie stellt mit den Organismen die entscheidenden Prozessoren für die funktionalen Leistungen des Systems (↗biotische Ökofaktoren). Dabei sind die trophischen Beziehungen von besonderer Bedeutung; sie lassen sich (mit jeweils fließenden Übergängen) verschiedenen Untertypen zuordnen: Beim Neutralismus erfolgt keine gegenseitige Beeinflussung, während bei Antibiose ein Partner behindert, bei Parabiose dagegen gefördert wird; symbiotische Beziehungen (↗Symbiose) unterschiedlichen Grades gereichen schließ-

lich beiden Partnern zum Vorteil (Breckling & Müller 1997).

Unter funktionellen Gesichtspunkten wird die Biozönose meist durch Gruppierung der biotischen Stoff- und Energieflussterme beschrieben. Die ↗Primärproduzenten sind Organismen, die durch Nutzung der Energiebasis des Ökosystems photo-autotroph aus anorganischen Ausgangsstoffen organisches Material bilden können. In den meisten Fällen handelt es sich um grüne Pflanzen (holzige Pflanzen und Gräser in Landökosystemen, einzellige ↗Algen in aquatischen Ökosystemen), deren Chlorophyll als Photonenakzeptor dient (↗Photosynthese). Unter besonderen Bedingungen, z. B. in sauerstofffreien durchlichteten Stillgewässern kann die Primärproduktion z. T. auch von ↗Bakterien geleistet werden, die Energiegewinnung aus Licht durch ein besonderes, nicht chlorophyllhaltiges Pigmentsystem betreiben können. An einigen vulkanischen Gasaustrittstellen und in heißen Quellen am Meeresgrund (mittelozeanische Rücken) sind Ökosysteme zur Ausbildung gekommen, deren Primärproduzenten chemo-autotrophe Bakterien sind. Sie können beispielsweise in Abwesenheit von Sauerstoff austretende Gase zu Methan bzw. Schwefelwasserstoff reduzieren und mit der dabei gewonnenen chemischen Energie die Synthese ihrer organischen Substanz leisten.

Die Gruppe der ↗Sekundärproduzenten umfasst

alle Organismen, die ihre Biomasse nicht vollständig aus anorganischen Primärstoffen aufbauen können. Als Heterotrophe assimilieren sie die von anderen Organismen gebildete organische Substanz, die ihnen als stoffliche und energetische Grundlage für den eigenen Stoffwechsel und Energiehaushalt dient. Organismen, die grüne Pflanzen verzehren, werden als Herbivore bzw. Phytophage bezeichnet; wenn betont werden soll, dass sie von autotrophen Organismen leben, werden die Bezeichnungen Primärkonsumenten oder ↗Konsumenten erster Ordnung verwendet. Die Organismen, die sich von diesen ernähren, werden entsprechend als sekundäre Konsumenten oder Konsumenten höherer Ordnung bezeichnet. Als ↗Destruenten (Detritivore) bzw. Saprophage werden Heterotrophe bezeichnet, die zumindest überwiegend von toter Biomasse leben. Sie leisten damit einen wesentlichen Beitrag zur Rückführung von anorganischen Nährstoffen, die in der organischen Substanz gebunden sind und den Primärproduzenten erst nach Freisetzung wieder zur Verfügung stehen. In dieser Funktion werden sie auch als Remineralisierer bezeichnet (↗Zersetzung).

Die Gesamtheit der trophischen Beziehungen eines Ökosystems bildet das ↗Nahrungsnetz. Innerhalb des Netzes können sich verschiedene Organisationstypen ergeben: Diese sind linear, wenn die trophischen Pfade von einem Anfangs- bis zu einem Endglied im Wesentlichen unverzweigt verlaufen; sie umfassen selten mehr als fünf Glieder. Nichtlineare Pfade sind divergent oder konvergent, wenn von gemeinsamen Anfangsgliedern zu unterschiedlichen Endpunkten führen bzw. von unterschiedlichen Anfangspunkten der Weg zu gemeinsamen Endpunkten führt. Bei ↗limnischen Ökosystemen sind beispielsweise die Anfangsstufen des Nahrungsnetzes – ausgehend von wenigen dominanten Algenarten – zunächst divergent; die Endglieder sind jedoch häufig infolge des relativ weiten Nahrungsspektrums der Top-Konsumenten konvergent. Die meisten Ökosysteme sind durch starke Vernetzungen zwischen unterschiedlichen Stufen gekennzeichnet, wobei auch zirkuläre Abläufe bedeutsam werden können (Higashi & Burns 1991).

Hinzu kommt, dass die Nahrungsbeziehungen innerhalb eines Ökosystems üblicherweise stark spezialisiert und hoch differenziert sowie in zeitlicher und räumlicher Hinsicht recht variabel sind (Pahl-Wostl 1998). Während in Landökosystemen häufig die grünen Pflanzen als Primärproduzenten den größten Anteil an der Biomasse stellen und die Gesamtheit der Konsumenten und Destruenten nur einen vergleichsweise geringen Teil ausmacht, kann dies in aquatischen Ökosystemen grundlegend anders sein. Hier kann eine biomassemäßig kleinere Gruppe von einzelligen Algen aufgrund ihrer hohen Produktivität bzw. ↗Turnover-Rate eine bezüglich der Biomasse wesentlich größere Gruppe von Konsumenten ernähren, deren Umsatzraten entsprechend geringer sind.

Die Lebenstätigkeit der Organismen kann eine Modifikation der Standortfaktoren bewirken; ein Standort kann dadurch für einige Organismen ungeeignet werden, während sich für andere erst geeignete Lebensbedingungen ergeben. Diese funktionalen und strukturellen Lebensmöglichkeiten werden auch als ↗ökologische Nische bezeichnet; ihre verallgemeinerte Darstellung ist Gegenstand der Nischentheorie (Jörgensen 1992, Fränzle et al. 1997). Als Beispiele dafür, wie Organismen einen gegebenen Lebensraum umgestalten und damit das Nischenspektrum verändern können, sei hier auf die Bildung von Hochmooren (↗Moore) oder die Verlandung von Seen verwiesen. Die damit verbundene Veränderung der Artenzusammensetzung wird als ↗Sukzession bezeichnet und von der Sukzessionstheorie beschrieben. Da mit einer Sukzession Veränderungen der räumlichen und zeitlichen Organisation des Ökosystems, d. h. die Ausbildung selbstorganisierter Strukturen auf überorganischem Niveau, einhergehen, ist diese Theorie zugleich Bestandteil einer umfassenderen (und in wesentlichen Bereichen erst zu formulierenden) Theorie ökosystemarer Selbstorganisation (Jörgensen & Müller 2000).

Energie- und Bioelementflüsse in Ökosystemen
Der Energiefluss innerhalb eines Ökosystems ist überwiegend linear und beinhaltet nur einen relativ geringen Anteil zirkulär transportierter ↗Energie. Dies ist darin begründet, dass für die Tätigkeit der Lebewesen nur der Teil der Energie von Nutzen ist, der in Arbeit umgesetzt werden kann; in thermodynamischer Sprache wird er als Exergie bezeichnet. Ein Teil der Exergie wird bei jeder Transformation in nicht mehr nutzbare Energieformen degradiert und dementsprechend ist der Anteil verfügbarer Exergie bei den Primärproduzenten am höchsten und verringert sich auf den höheren trophischen Ebenen. Sofern zyklische Nahrungsnetzbeziehungen vorliegen, wird mit diesen auch ein Teil der Exergie zirkulär transportiert; der jeweilige Anteil verringert sich aber mit zunehmender Pfadlänge immer weiter. ↗Energiebilanzen wurden zur Kennzeichnung des Gesamtzustandes für viele Ökosysteme erstellt, indem die betrachteten Organismen zu Gruppen zusammengefasst und für diese die jeweiligen Größen für Aufnahme, Speicherung und Abgabe ermittelt werden. Zurzeit wird diskutiert, ob die Gesamtmenge der degradierten Energie zusammen mit der Struktur des Degradierungspfades als Integralindikator für den Zustand eines Ökosystems bzw. für die Richtung seiner Veränderung heranzuziehen ist (Breckling & Müller 1997).

Zwischen den Häufigkeiten unterschiedlicher Bioelemente in den Organismen von Phyto- und Zoozönosen bestehen mehr oder weniger enge Korrelationen. Sie können unterschiedliche Ursachen haben wie ausgeprägte chemische Ähnlichkeit oder Assoziation zwischen Metallionen und Ligandenatomen (O, N, S, Se) in komplexen Verbindungen, ferner Nahrungsnetzbeziehungen usw. Diese Ursachen lassen sich schon recht weitgehend mithilfe einer dynamischen Analyse chemischen Elementen. In: Umweltwissenschaften und Schadstoff-Forschung 12.
[7] HIGASHI, M., BURNS, T. P. (1991): Theoretical Studies of Ecosystems – The Network Approach. – Cambridge.
[8] HÖRMANN, G. (1995): Auswirkungen einer Temperaturerhöhung auf die Ökosysteme der Bornhöveder Seenkette. In: EcoSys 2. – Kiel.
[9] JAX, K., ZAUKE, G. P., VARESCHI, E. (1992): Remarks on terminology and the description of ecological systems. In: Ecological Modelling 63.
[10] JÖRGENSEN, S. E. (1992): Integration of Ecosystem Theories: A Pattern. – Dordrecht.
[11] JÖRGENSEN, S. E., MÜLLER, F. (Eds.) (2000): Handbook of Ecosystem Theories and Management. – Boca Raton.
[12] KLÖTZLI, F. (1993): Ökosysteme: Aufbau, Funktionen, Störungen. – Stuttgart.
[13] KROHN, W., KÜPPERS, G. (Hrsg.) (1990): Selbstorganisation. Aspekte einer wissenschaftlichen Revolution. – Braunschweig.
[14] OSTEN v., W., RAMI, B. (1986): Ökosystemforschung eine notwendige Weiterentwicklung der Umweltforschung. Allgemeine Forstzeitschrift 41.
[15] PAHL-WOSTL, C. (1998): Netzwerktheorie – Analyse von Stoff- und Energietransfers. In: Fränzle, O. et al. (1997 f.): Handbuch der Umweltwissenschaften. – Landsberg.
[16] PETERS, W. (1999): Theorie der Modellierung. In: Fränzle, O. et al. (1997 f.): Handbuch der Umweltwissenschaften. – Landsberg.
[17] REICHE, E. W., MEYER, M., DIBBERN, I. (1999): Modelle als Bestandteile von Umweltinformationssystemen, dargestellt am Beispiel des Methodenpaketes DILAMO. In: Blaschke, T. (Hrsg.): Umweltmonitoring und Umweltmodellierung. GIS und Fernerkundung als Werkzeuge einer nachhaltigen Entwicklung. – Heidelberg.
[18] SALSKI, A., FRÄNZLE, O., KANDZIA, P. (Eds.) (1996): Fuzzy Logic in Ecological Modelling. Ecological Modelling 85.
[19] SCHRÖDER, W., VETTER, L., FRÄNZLE, O. (Hrsg.) (1994): Neuere statistische Verfahren und Modellbildung in der Geoökologie. – Braunschweig.
[20] STACHOWIAK, H. (1973): Allgemeine Modelltheorie. – Wien, New York.
[21] TANSLEY, A. G. (1935): The use and abuse of vegetational concepts and terms. Ecology 16.

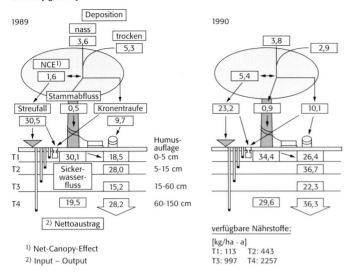

zen über einen längeren Zeitraum liefern daher wertvolle Aufschlüsse über die Entwicklung von Ökosystemen (Baccini & Bader 1996). Die Abbildung 2 zeigt eine derartige (selektive) Stoffbilanz aus dem Bereich der Bornhöveder Seenkette (Schleswig-Holstein), einem der Schwerpunkträume der deutschen Ökosystemforschung.

Ökosystemmodellierung

Neben der beschreibenden Darstellung von Ökosystemen haben statistische Verfahren (↗ Statistik) große Bedeutung für die ↗ ökologische Modellbildung. Die ihrer Kalibrierung und Validierung zu Grunde gelegten Daten müssen als Ergebnis von Messvorgängen den Prüfkriterien der Objektivität, Reliabilität und Validität genügen (Beier 2000).

Gegenstand der ↗ deskriptiven Statistik ist die übersichtliche Darstellung der gewonnenen Beobachtungs- bzw. Messdaten und die Ableitung von Zusammenhängen, die aus der Betrachtung der einzelnen Befunde oft nicht direkt ablesbar sind (Schröder et al. 1994).

Der Geltungsbereich ökologischer ↗ Hypothesen, die häufig probabilistischer Natur sind, lässt sich mithilfe der ↗ analytischen Statistik bestimmen. Statistische Tests entscheiden darüber, ob eine derartige Hypothese angenommen werden kann oder zu verwerfen ist; genauerhin liefern sie neben der Bestimmung des Wahrheitswertes auch Angaben über den Erklärungswert der Hypothese.

Im Sinne der allgemeinen Modelltheorie Stachowskis (1973) lässt sich der Prozess ökologischer wie wissenschaftlicher Erkenntnis überhaupt als Kette von Modellbildungsschritten beschreiben, die von der primären Außenweltperzeption bis zum Simulationsmodell oder zur erklärenden Theorie reicht (Peters 1999). Da die Modellierung also abhängig ist von den jeweils verwendeten Konstruktionsmitteln, gewinnen die Auswahl bzw. die ihr zu Grunde liegenden Kriterien für konkrete Modellbildung besondere Relevanz.

Modelle sind nicht optimal, wenn sie das Original möglichst identisch abbilden, sondern dann, wenn sie für den beabsichtigten Verwendungszweck angemessen sind. Idealerweise werden im Modell nur solche Ereignisse und Randbedingungen abgebildet, die auch mit deterministischen oder statistischen Gesetzen in Verbindung zu bringen und damit wissenschaftlich erklärbar sind.

Dabei ist die Anwendung mathematischer Techniken zur Simulation des Ablaufs komplexer ökologischer Phänomene, verglichen mit dem Einsatz statistischer Verfahren, verhältnismäßig jung und hat sich bezüglich des methodischen Inventars seit kurzem stark erweitert. Zielsetzung ist es dabei, im Sinne des in Abbildung 3 wiedergegebenen iterativen Verfahrensganges, zu Modellvorstellungen im Sinne von operationalisierten Hypothesen über Phänomenbereiche zu gelangen, die aufgrund ihrer Komplexität begrifflich nicht direkt zugänglich sind.

Ökosystem 2: Calciumbilanz eines norddeutschen Moder-Buchenwaldes (Bornhöveder Seenkette, Schleswig-Holstein).

der zu Grunde liegenden biochemischen Prozesse bestimmen, wobei eine Reduktion auf die chemischen Eigenschaften und funktionalen Besonderheiten von autokatalytischen Systemen erfolgt. Sie zeichnen sich dadurch aus, dass bei ihren chemischen oder anderen Reaktionen eine bestimmte (chemische) Spezies aus dem Reaktionsgemisch heraus reproduziert und dabei häufig vervielfältigt wird, wobei es zu einer evolutionsgenetisch angelegten selektiven Auswahl bestimmter Elemente kommt (Fränzle & Markert 2000).

Ein Recycling dieser Bioelemente ist im strengen Sinne nur in künstlichen Systemen (Mikrokosmen) über Jahre und Jahrzehnte möglich, sofern eine geeignete Energiebasis, z.B. in Form von ↗ Licht, zur Verfügung steht. Im Freiland und vor allem in urban-industriellen Ökosystemen finden jedoch stets Stoffausträge statt. Diesen Verlusten stehen Stoffeinträge gegenüber, die sich aus verschiedenen Quellen speisen. Stoffbilan-

Ökosystem 3: Grundmethodik der Modellentwicklung.

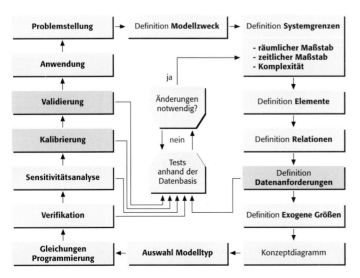

Die wichtigsten Techniken sind: a) Simulation des Ökosystemverhaltens anhand einfacher oder partieller Differenzialgleichungen (Reiche et al. 1999); b) objektorientierte Programmierung und Simulation (Anwendung vor allem im Bereich der Populationsdynamik und der Selbstorganisation von Biozönosen); c) Expertensysteme, welche durch die enge Verbindung begrifflicher Beschreibungen und logischer Formalisierung eine präzise Darstellung und damit eine strenge Konsistenzprüfung des Wissens, das vor allem als Entscheidungsgrundlage für Managementmaßnahmen in genutzten Ökosystemen herangezogen wird, ermöglichen; d) Fuzzy-Logic-Modellierung (Diese gründet auf der Möglichkeit, durch Einführen einer Zugehörigkeitsfunktion primär unscharfe Begriffe einer mathematisch formalen Behandlung zugänglich zu machen. Dies ist im ökologischen Kontext wichtig, weil für viele Prozesse keine genauen Daten, wohl aber ein mehr oder weniger ausgeprägtes Expertenwissen verfügbar ist. Salski et al. 1996); e) Geographische Informationssysteme (↗GIS), die es in Verbindung mit Simulationsmodellen und Expertensystemen gestatten, ökologisch bedeutsame landschaftsdynamische Prozesse zu untersuchen, die anderen Techniken kaum zugänglich sind und f) ökologische Informationssysteme (Diese erst in Entwicklung befindlichen Systeme liefern eine systematische Verknüpfung aller verfügbaren Schichten ökologischer Information (Breckling & Asshoff 1996). Abbildung 4 ist das Schemabild eines am Projektzentrum für Ökosystemforschung in Kiel entwickelten Prototyps eines derartigen Informationssystems.).

Die wissenschaftliche und umweltpolitische Bedeutung der Ökosystemforschung

Nichtlinearität und Zusammenwirken der vielen biotischen und abiotischen Komponenten eines Ökosystems führen zu neuen Gesetzmäßigkeiten und hierarchischen Strukturen, die nur im mathematischen Modell durchschaubar werden. Als Simulation sind sie zugleich Voraussetzung für die Entwicklung planungsrelevanter Prognoseinstrumente und Szenarien mithilfe Geographischer Informationssysteme. Damit hat die Forschung eine neue Dimension erhalten; denn neben die Analyse, die Erforschung immer feinerer Details, tritt die umfassende Synthese (Jörgensens & Müller 2000). Die neue Dimension ist in zweierlei Hinsicht außerordentlich wichtig: Zum einen als Grundlagenforschung, weil klargeworden ist, dass komplexe Objekte erst durchschaubar werden, wenn die Muster verstanden sind und nicht nur die Details; zum anderen in praktischer Hinsicht, weil dieses Verstehen langfristig die Voraussetzung für das Überleben sein wird. Ein vertieftes Verständnis der Stoff- und Energiebilanzen von Ökosystemen und ihrer komplizierten Regelungsmechanismen kann wesentlich dazu beitragen, ↗Umweltschutz an strategisch wichtigen Stellen wirken zu lassen und Belastungsgrenzen an ökologischen Erfordernissen zu orientieren (v. Osten & Rami 1986). Vertiefte Kenntnisse über die Regelungsprinzipien unterschiedlich naturnaher Ökosysteme können zum zweiten wichtige Hinweise geben, wie Technik in Zukunft ökologisch verträglich gestaltet werden kann. Schließlich sollte eine weitergehende Berücksichtigung ökologischer Systemprinzipien bei der Gestaltung technischer Systeme zu besserer Energieauslastung und erhöhtem Stoffrecycling führen sowie effizientere Rückkopplungen und stabilisierende Regelungen bewirken.

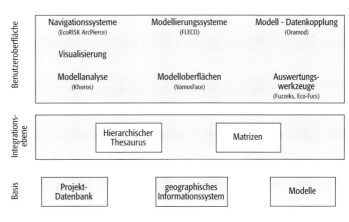

Ökosystem 4: Ökologisches Informationssystem KERIS des Projektzentrums für Ökosystemforschung der Universität Kiel.

Ökosystemmodell, Darstellung der Massenbilanzen und Wechselbeziehungen der Systemvariablen eines ↗Ökosystems durch ein konzeptuelles Modell oder durch ein mathematisches Modell (↗ökologische Modellbildung).

Ökoton, *Übergangsbereich, Kontaktzone, Grenzsaum*, zwischen verschiedenen Ökosystem-, Ökotop- und/oder Biotoptypen, am häufigsten anhand der Vegetation untersucht (Abb.). Ökotone können sowohl Kontakt- als auch Barrierewirkung entfalten und Ströme von Energie, Material und Organismen beeinflussen. ↗Biozönosen von Ökotonen stellen vielfach eine Schnittmenge beider angrenzenden Ökosystem- bzw. Biotoptypen dar, es treten somit spezifische Artenkombinationen bis hin zu eigenständigen Biozönosen auf. Dadurch ist die Artenzahl und Artendiversität (↗Art) hier häufig besonders hoch (Grenzlinienwirkung, edge-effect). Auch in der ↗Naturlandschaft sind Ökotone bzw. ihre Pflanzengesellschaften raum-zeitlichen Veränderungen unterworfen, beispielsweise durch eine sich ändernde Wasserversorgung des Standortes. Bei Grenzziehungen im Rahmen von Kartierungen der Vegetation und landschaftsökologischer Raumeinheiten erweisen sich Ökotone als Maßstabsproblem: Während sie auf topischer Ebene meist als Übergangsräume außerhalb der pflanzensoziologisch/geographisch relativ homogenen Kernareale flächig ausweisbar sind, schrumpft ihre Breite in kleineren Arbeitsmaßstäben auf kartographisch darstellbare Linien

Ökotop

Ökoton: Schnitt durch eine Landschaft mit Ökotonen: Grabenböschung (GB), Hecke (H) und Heckensäume (HS), Feldrain (FR), Waldmantel (WM) und Waldsaum (WS). Biotope ohne Ökotonfunktion sind der wasserführende Graben (G), das Grabenröhricht (GR), die Weide (WE), der unbefestigte Feldweg (WG), der Rübenacker (RA) und der Wald (W).

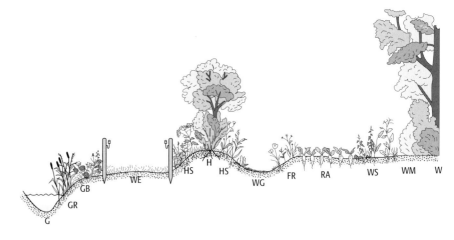

Ökotopgefüge: Schema zur Struktur und zum Wirkungsgefüge verschiedener Ökotopgefüge.

zwischen den Kernräumen. Für den ↗Naturschutz besitzen Ökotone in dreierlei Hinsicht besondere Bedeutung: Durch Artenvielfalt und das Vorkommen besonderer Biozönosen, als Wanderungskorridore und Trittsteinbiotope im Sinne eines ↗Biotopverbundsystems sowie als Orientierungsmarken bei der Fortbewegung von Organismen in der Landschaft und schließlich als Schutz vor unerwünschten Belastungen (Stoffbelastungen, Störungen) aus dem benachbarten Ökosystem. [EJ]

Ökotop, aus ↗Geotop und ↗Biotop gebildeter Grundbaustein der Landschaft mit einer innerhalb definierter Grenzen einheitlichen abiotischen und biotischen Struktur (Gestein, Substrat, Bodendecke, Humusform, Pflanzendecke, Zoozönose, Technostrukturen), einheitlichen geoökologischen Prozessbedingungen sowie typischen Größenordnungen und Richtungen von Energie-, Wasser- und Stoffumsätzen. Innerhalb der Biologie werden zum Teil engere aut- oder synökologische Definitionen von Ökotop verwendet. Ein *Kulturökotop* ist ein anthropogen entstandenes oder halbnatürliches (↗Naturlandschaft) Ökotop.

Ökotopgefüge, charakteristischer Verband von naturräumlichen Grundeinheiten (↗Ökotopen), die zusammen eine Nano- bzw. Mikrochore (↗chorische Dimension) bilden. Topgefüge beruhen auf einer bestimmten inneren Ordnung im jeweiligen Ausschnitt der ↗Landschaftssphäre und sind in der Regel Ergebnis gleicher Land-

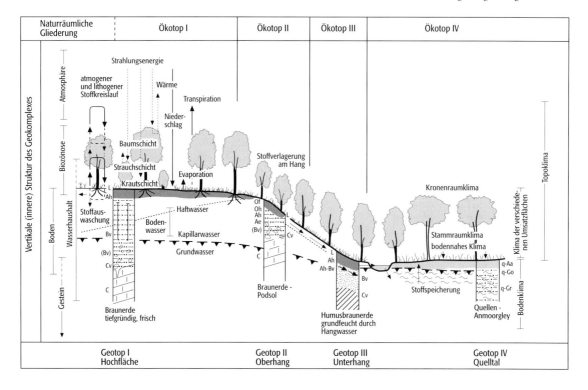

schaftsgenese. Topgefüge, die über das Verfahren der ↗naturräumlichen Ordnung ermittelt werden, bilden die Grundlage für die Aussonderung naturräumlicher Einheiten höherer Ordnungsstufe (Nano- und Mikrochoren).

Gefügemuster ist der beschreibende Begriff für eine bestimmte, mehr oder weniger regelmäßige Anordnung der ↗Ökotope in einem naturräumlichen Gefüge. Dabei wiederholen sich bestimmte Toptypen in charakteristischen Verbindungen und Lagebeziehungen, in denen sowohl genetische Bezüge als auch häufig laterale Austauschprozesse zwischen benachbarten Geoökotopen (Nachbarschaftswirkungen) zum Ausdruck kommen. Die Art der Anordnung und nachbarschaftlichen Verbindungen wird auch als Gefügestil oder Gefügeform bezeichnet. Charakteristische Gefügemuster sind in der Regel Ergebnis einer bestimmten Landschaftsgenese. Gefügemuster lassen sich unter drei Gesichtspunkten betrachten: a) nach dem ↗Inventar der enthaltenen Geoökotope, b) den Kräften der inneren Ordnung und c) den Maßverhältnissen der Geoökotope. Gefügemuster sind konstitutiv für naturräumliche Einheiten höherer Ordnungsstufe, z. B. Nanochoren, Mikrochoren. Abb. [HJK]

Ökotourismus ↗Naturtourismus.

Ökotoxikologie, Wissenschaft, die sich mit der Einwirkung von Stoffen auf die Umwelt befasst. Im Gegensatz zur Toxikologie ist durch die Ökotoxikologie nicht ein Individuum zu schützen, möglicherweise nicht einmal eine ganze Art, sondern Strukturen und Funktionen von raum-zeitlich variablen, vielfältigen Systemen. Hierin liegt auch das »Dilemma«, da in vielen Fällen wissenschaftliche Methoden, Beurteilungswege und der Kenntnisstand zu ökologischen Zusammenhängen nicht ausreichend sind. Forschungsobjekt sind in der Umwelt entstandene »natürliche« wie auch vom Menschen geschaffene anthropogene Stoffe. Der Forschungsschwerpunkt der Ökotoxikologie liegt heute bei der Begutachtung der vom Menschen geschaffenen und genutzten Stoffe. Aus einem stoffinhärenten Wirkungspotenzial und den von der Ökochemie erfassten Daten wie Herkunft, Verteilung, Wirkung und Abbau leitet die Ökotoxikologie Stoffbewertungen im Sinne einer Risikoanalyse (↗Störfall) ab. Dazu gehören eine Expositionsanalyse, welche die Einwirkung des Stoffes auf den Empfängerorganismus unter den ungünstigsten Bedingungen abschätzt, und eine Wirkungsanalyse, mit der Auswirkungen des (bioverfügbaren Anteils des) in der Umwelt vorhandenen Stoffes prognostiziert werden (Ergebnis ist z. B. die höchste Konzentration, die schadlos vertragen wird). Ein Schaden ist zu erwarten, wenn die höchste in der Umwelt prognostizierte Konzentration die höchste, noch schadlos vertragene Konzentration (Wirkungsschwelle) erreicht oder übertrifft. Da im Regelfall Ergebnisse aus dem Labor auf das Freiland, von einer Einzelstoffprüfung auf ein Mehrstoffsystem, von einer Einzelspezies-Prüfung auf eine Biozönose, von einem Standard-Ökosystem auf die reale Welt übertragen werden, den möglichen Unterschieden zwischen Prognose und Umweltverhalten mit Sicherheitsfaktoren Rechnung getragen. Die Sicherheit der Prognose wird mit zunehmender Anzahl und Heterogenität der Prüfungen größer, der Nutzen weiterer Prüfungen immer kleiner. Eine fortgesetzte Komplettierung und Detaillierung von Daten ist schon aus Gründen des erforderlichen Zeitaufwandes, der Überschaubarkeit der möglichen Datenfülle, der Irrelevanz der Abweichungen zwischen Mess- und realem Wert beim Vorliegen repräsentativer Werte nicht wünschenswert und beim Einsatz von Sicherheitsfaktoren (Kompensationsfaktoren) gar nicht notwendig. Trotz der Einschränkungen, die auf die Unterschiedlichkeit der betroffenen Organismenarten, ihre Unterschiede in Physiologie, Lebensdauer, Größe, Lebensraum, Lebensweise usw. zurückgehen, haben sich die ökotoxikologischen Untersuchungsverfahren und die zur Bewertung herangezogenen toxikologischen Größen wie LD50, LC10, LC50 und NOEL als sehr nützlich herausgestellt: Einzelfälle, in denen das bestehende System nicht zu greifen scheint, sind in der Regel auf die Selektivität von Wirkstoffen zurückzuführen (z. B. im Pflanzenschutz, wo der Wirkstoff bestimmungsgemäß einzelne Organismengruppen, nämlich die Schädlinge ihrerseits schädigen soll), sodass bei einer Pauschalbetrachtung aufgrund dieser Selektivität Ausreißer auftreten. [JMt]

Ökotyp, bezeichnet Individuen derselben ↗Art, die unter verschiedenen ökologischen Bedingungen gedeihen, aber dadurch Abweichungen von der morphologisch-ökologischen Grundform entwickeln (Kümmer- oder Riesenwuchs, Blattform- oder Farbabweichungen). Hierdurch wird es einer Art ermöglicht, dem Standort angepasste Resistenzen gegenüber z. B. besonderer Trockenheit, Kälte, Nährstoffgehalte, Schwermetallbelastung oder Weidewirkung zu entwickeln. Da die Form bzw. Ausstattung unter veränderten Bedingungen beibehalten wird, ist die Anpassung erblich fixiert. Für die Praxis ist die Auswahl von Ökotypen in Bezug auf ihre Anpassungsgrade wichtig (z. B. Herkunft von Forstbäumen).

Ökozonen ↗Landschaftskunde.

Ökumene, bewohnter Teil der Erde. Diese Gebiete unterteilt man in *Vollökumene*, in der ständig Menschen leben, und in *Semiökumene*, die nur zeitweise oder saisonal als Wohn- und Wirtschaftsraum dient. Außengrenzen zur ↗Anökumene sind Küsten- und Polargrenzen, Innengrenzen stimmen mit Höhen- oder Trockengrenzen überein. Diese Linien sind in ihrem Verlauf variabel, da zum einen der technische Fortschritt, z. B. durch neue Methoden der ↗Bewässerung oder Pflanzenzüchtungen, eine Ausweitung der Ökumene erlaubt, zum anderen die geringe Lebensqualität in Gebieten mit geringer Siedlungsdichte zu einer ↗Entvölkerung z. B. subpolarer Räume führen kann.

Okzident ↗Abendland.

Old-Red, Bezeichnung für die Fazies von Rotsandsteinen im britischen ↗Devon. In Schottland wurden bis 11.000 m mächtige Old-Red-Sedimente abgelagert.

Old-Red-Kontinent, Landmasse, entstanden während der kaledonischen Gebirgsbildung im Silur. Sie umfasste ↗Fennosarmatia und ↗Laurentia, also Teile Nordamerikas und Europas. Der Old-Red-Kontinent ist durch mächtige, meist devonische Ablagerungen roter Sandsteine in kontinentaler Fazies charakterisiert (↗Old-Red).

oligohemerob ↗Hemerobie.

Oligopol, Marktform, bei der einige wenige Anbieter des gleichen Produktes oder der gleichen Dienstleistung einer Vielzahl von Nachfragern gegenüberstehen.

oligotroph, *nährstoffarm*, ↗Trophiegrad.

oligotrophe Pflanzen, *oligotraphente Pflanzen*, Pflanzen, die nährstoffarme Standorte wie z. B. basenarme Sande oder saure Tonschiefer besiedeln. Diese Standortpräferenz ergibt sich durch die ↗Konkurrenz zu wuchskräftigeren Arten, die diese an den nährstoffarmen Rand der Standortamplitude drängen. Entsprechend ihres synökologischen Verhaltens dienen oligotrophe Pflanzen als ↗Zeigerpflanzen für nährstoffarme Standorte. Beispiele für mitteleuropäische Laubwälder sind u. a. *Luzula luzuloides*, *Avenella flexuosa*, *Teucrium scorodonia*.

Oligozän, Zeitabschnitt des ↗Tertiärs (siehe Beilage »Geologische Zeittafel«).

Olivin, olivgrünes, graugrünes oder braunes Mineral mit der chemischen Formel: $(Mg, Fe)_2SiO_4$; Inselsilicat (↗Silicate); Härte nach Mohs: 6,5–7,0; Dichte: etwa 3,3 g/cm³. Olivin umfasst eine isomorphe Serie der Minerale Forsterit und Fayalit. Er ist ein wichtiges, gesteinsbildendes Mineral in basischen, ultrabasischen oder niedrigsilicatischen ↗Magmatiten (↗Gabbro, ↗Basalt, Peridotit, Dunit) und kristallisiert früh aus dem ↗Magma. An der Erdoberfläche verwittert er leicht; er metamorphisiert zu Serpentin.

Ölschiefer, diagenetisch verfestigte Faulschlamme mit hohem primärem Bitumengehalt, die dünnschichtig bis schiefrig absondern. Ölschiefer sind heute wirtschaftlich meist unbedeutend, dagegen aufgrund der oft vorzüglichen Erhaltung von Fossilien wissenschaftlich interessant, wie z. B. der Posidonienschiefer (↗Lias ε) oder der Ölschiefer von ↗Messel (Eozän).

ombrogenes Moor ↗Moore.

Ombrometer ↗*Hellmann-Regenmesser*.

Omnivore ↗Konsumenten.

Ooid, kleine, meist 0,5 bis 1 mm, auch über 2 mm große, kugelige bis eiförmige Körper in ↗Sedimenten, meist aus Calciumcarbonat, seltener aus ↗Dolomit, Kieselsäure, Eisenoxid, ↗Pyrit oder anderen ↗Mineralen, mit konzentrisch angeordneten Lagen um einen Nukleus (Schalenfragment, Sandkorn, Kristall, usw.) und meist mit radialfaserigem Bau der konzentrischen Schalen. Ooide entstehen in flachem, stark wellenbewegtem Wasser durch anorganische Ausfällung (rezent an den Küsten der Bahamas). Nicht kalkige Ooide können auch durch Ersetzung des ursprünglichen Minerals entstehen. Sie sind Hauptbestandteile von ↗Oolithen. Als Pseudooide werden kugelige bis eiförmige Kalksteinoder Organismenreste bezeichnet, die mechanisch durch Abrollen aus größeren Kalkpartikeln erzeugt wurden und sich durch die interne Struktur deutlich von den echten Ooiden unterscheiden. [GG]

Oolith, ↗Sedimentgestein, meist ↗Kalkstein, das überwiegend aus zementierten ↗Ooiden besteht. Oolithe dienen oft als leicht erkennbare Milieuindikatoren. In Mitteleuropa kommen sie besonders im ↗Mesozoikum vor, wie der ↗Rogenstein (im ↗Buntsandstein Norddeutschlands), der Korallenoolith (im Oberen ↗Jura von Süddeutschland) und die ↗Minette (Eisenoolith im Dogger von Lothringen). ↗Rogenstein.

OPEC, <u>O</u>rganization of <u>P</u>etroleum <u>E</u>xporting <u>C</u>ountries, Zusammenschluss erdölexportierender Länder. Die OPEC wurde 1960 in Bagdad gegründet und hat z. Zt. 11 Mitglieder. Gründungsmitglieder sind: Irak (1960), Iran (1960), Kuwait (1960), Saudi-Arabien (1960) und Venezuela (1960). Später traten Algerien (1969), Indonesien (1962), Katar (1961), Libyen (1962), Nigeria (1971) und die Vereinigten Arabischen Emirate (1974) bei. Die Mitgliedschaft kann jeder souveräne ↗Staat erlangen, der den Rohölexport als wichtigste Einnahmequelle hat. Die Mitgliedsstaaten vereinen mehr als 40 % der Welterdölfördermenge und über 78 % der weltweit nachgewiesenen Erdölreserven. Auf der zweimal jährlich tagende Konferenz der OPEC werden die Ölpolitik der Mitgliedsländer koordiniert und vereinheitlicht, die Erdölpreise stabilisiert, um somit das Einkommen der Förderländer zu sichern sowie die Versorgung des ↗Weltmarktes mit Erdöl zu gewährleisten. Sitz des OPEC-Sekretariates ist Wien. ↗Erdölförderländer. [FE]

Operationalisierung, bezeichnet den Übersetzungsvorgang von theoretischen Begriffen in eine Beobachtungssprache, um ↗Hypothesen überprüfbar zu machen. Dafür ist das, was mit den Begriffen bezeichnet wird, in empirisch erfahrbare und messbare Gegebenheiten zu übersetzen. Die Operationalisierung ist die Voraussetzung zur Feststellung, ob und in welchem Ausmaß der mit dem Begriff bezeichnete Sachverhalt in der Realität vorliegt. Unter einer »operationalen Definition« ist das Ergebnis dieses Übersetzungsvorgangs zu verstehen. Es umfasst die Vorschrift für die Übersetzung und die Festlegung auf die empirisch erfassbaren Anzeiger des Gemeinten, die Indikatoren. Der Operationalisierung sind nur empirisch deskriptive Begriffe zugänglich, d. h. nur Begriffe, die sich direkt oder indirekt auf beobachtbare Gegebenheiten beziehen. Je nachdem, ob es sich um einen deskriptiven Begriff mit direktem oder indirektem empirischen Bezug handelt, fallen die Anforderungen an die Operationalisierungsverfahren unterschiedlich aus. Die Operationalisierung von deskriptiven Begriffen mit direktem empirischen Bezug (z. B. Baum, Körpergröße, Moräne, Gletscher) ist verhältnismäßig unproblematisch, aber notwendig, weil sie nicht nur die Angabe von Indikatoren umfasst, sondern auch die Übersetzung in Erhebungstechniken der Ausprägungen und Messoperationen. Die Operationalisierung von Begriffen, deren empirischer Bezug nur indirekt und unvollständig besteht, fällt komplexer aus (z. B. ↗regionale Disparitäten, ↗soziale Mobilität). Denn dabei stellt sich die Frage, wie wir ausreichende Gewissheit erlangen, dass die ausgewählten Indikatoren auch tatsächlich das mit dem Begriff zum Ausdruck Gebrachte stellvertretend anzeigen bzw. indizieren. Da im sozial-kulturellen Bereich die meisten Gegebenheiten nicht unmittelbar beobachtbar sind, ist die Operationalisierung von Begriffen mit indirektem empirischem Bezug in der sozialwissenschaftlichen ↗Geographie wesentlich häufiger erforderlich als in der naturwissenschaftlichen Geographie.

operative Tätigkeiten ↗Dienstleistungen.

Opferkessel, *Kamenitza*, ↗Karren.

Ophiolith, Begriff für meist stark metamorphierte, kieselsäurearme, submarin geförderte Eruptivgesteine, v. a. Serpentinit; sie bilden charakteristische Gesteinskomplexe, die durch großtektonische Prozesse an Plattenrändern gebildet wurden. ↗Plattentektonik.

ÖPNV, *Öffentlicher Personennahverkehr*, i. e. S. straßengebundener öffentlicher *Linienverkehr* mit ↗Kraftomnibussen, ↗O-Bussen, ↗Straßenbahn (Stadtbahn) und ↗U-Bahn. Die Schienenverkehrsmittel unterliegen den Vorschriften der Verordnung über den Bau und Betrieb der Straßenbahnen (BOStrab). I. w. S. bezeichnet man als ÖPNV das gesamte öffentliche Nahverkehrssystem einschließlich ↗S-Bahn und ↗Regionalbahn, die als ↗Schienenpersonennahverkehr (SPNV) der Eisenbahn-Bau- und Betriebsordnung (EBO) unterliegen. Der ↗Verkehrsstatistik liegt zumeist der weitere ÖPNV-Begriff zugrunde. Die wichtigste Quelle ist die jährlich erscheinende VDV-Statistik des Verbandes Deutscher Verkehrsunternehmen (Köln).

Der ÖPNV bildet das Rückgrat des Stadt- und Regionalverkehrs. Unter der Zielsetzung der ↗Nachhaltigkeit kommt dem ÖPNV eine Schlüsselstellung zur Eindämmung des motorisierten ↗Individualverkehrs (MIV) zu. In den Verdichtungsräumen sollen attraktive Nahverkehrssysteme Bewohner und Umwelt vom Autoverkehr entlasten und die Städte funktionsfähig sowie lebenswert erhalten. In der Fläche kommt dem ÖPNV hauptsächlich die Aufgabe zu, im Rahmen der Daseinsvorsorge die ↗Mobilität von Bevölkerungsgruppen ohne PKW-Verfügbarkeit sicherzustellen. Die ÖPNV-Anteile am ↗Modal Split nehmen mit der Stadtgröße zu (Abb.). Die Kooperation von Nahverkehrsbetrieben in einer Verkehrsgemeinschaft oder in einem ↗Verkehrsverbund trägt wesentlich zur Verbesserung des ÖPNV-Angebotes im Verkehrsgebiet bei.

Die Entwicklung des ÖPNV in Deutschland ist durch einen Aufwärtstrend gekennzeichnet. Von 1991 bis 1999 wurden im Durchschnitt rund 3 % mehr Fahrgäste befördert, die Verkehrsleistung stieg sogar um nahezu 6 % an. Die Entwicklungstendenzen des ÖPNV in West- und Ostdeutschland werden immer noch stark durch die völlig unterschiedlichen Ausgangsbedingungen nach der Wende bestimmt. Während die Verkehrsbetriebe in den alten Ländern seit Ende der 1980er-Jahre durch Einsatz moderner Busse und Bahnen (mit Niederflurtechnik), durch Fahrplanverdichtung, Ausweitung des Liniennetzes und kundenfreundlicher Tarife die Fahrgastzahlen bis Mitte der 1990er-Jahre um mehr als ein Viertel steigern konnten, verlor der ÖPNV in den neuen Ländern mehr als die Hälfte des früheren Fahrgastaufkommens. [JD]

Einwohnerklasse	unterer Eckwert	Mittelwert	oberer Eckwert
50.000–99.999 Einwohner	5 %	10 %	19 %
100.000–199.999 Einwohner	9 %	14 %	21 %
200.000–499.999 Einwohner	10 %	16 %	29 %
über 500.000 Einwohner	13 %	21 %	31 %

ÖPNV: Die Anteile des ÖPNV am Modal Split, differenziert nach Einwohnerklassen (Mittelwert einwohnergewichtet).

Oppidum, befestigte stadtähnliche Siedlungen aus vorchristlicher Zeit meist keltischen Ursprungs, die nicht als Stadt, sondern als Vorläufer des Städtewesens gilt.

Optimizer, Annahme, Unternehmer suchen nur nach einer optimalen Lösung, z. B. nach dem optimalen Standort (Vorstellung des ↗Homo oeconomicus). Realistischer ist die Vorstellung von einem ↗Satisfier.

optische Dicke, ein dimensionsloses Maß der Schichtdicke zwischen zwei vorgegebenen Niveaus innerhalb eines absorbierenden oder emittierenden Mediums, das die Masse einer senkrecht zur Fläche der vorgegebenen Niveaus ausgerichteten Einheitssäule ausdrückt.

optisch stimulierte Lumineszenz, *OSL*, ↗Thermolumineszenz.

optoelektronische Abtastsysteme, Messeinrichtungen der passiven ↗Fernerkundungssysteme, die Impulse im Bereich des sichtbaren Lichtes und des Infrarot in digitale Daten umsetzen (↗Sensoren). Man unterscheidet optomechanische Zeilenabtaster von den optoelektronischen Abtastsystemen. Letztere werden als abbildende Spektrometer oder *Push Broom Scanner* (»Kehrbesen«-Scanner) bezeichnet. Dabei handelt es sich um eine digitale Zeilenkamera mit einer oder mehreren Sensorzeilen, die aus zahlreichen Einzeldetektoren bestehen, die gleichzeitig einen Geländestreifen quer zur Flugrichtung abtasten. Auslenkungen der Aufnahmerichtung quer zur Bewegungsrichtung der (Satelliten)-Plattform mithilfe eines neigbaren Spiegels bieten die Möglichkeit, stereoskopische Datengewinnung im Across-track-Modus zu gewährleisten (z. B. ↗SPOT). Das schubweise Aufzeichnen ganzer Zeilen gestattet auch die Adaption von nach vorwärts oder rückwärts geneigten optischen Systemen, die eine stereoskopische Datengewinnung im along-track-Modus ermöglichen (z. B. MOMS. Vorteile gegenüber der mechanischen Aufnahmevariante liegen vor allem beim Scanner selbst: Im Gegensatz zum Rotationsscanner tritt kein Verschleiß von mechanischen Bauteilen auf, sind bessere geometrische Eigenschaften der Bilddaten durch eine direkte Zentralprojektion

(↗Zentralperspektive) gegeben und eine variierbare geometrische Auflösung bei der Verwendung entsprechender Objektive ist möglich.

Die *optomechanischen Zeilenabtaster* sind Rotationsscanner, bei denen ein Spiegel oder Prisma das Gelände mit einer bestimmten Rotationsfrequenz, in Abhängigkeit von Geschwindigkeit und Flughöhe der Plattform streifenweise abtastet. Die Abtastzeilen (Scan-Zeilen) liegen genähert senkrecht zur Flugrichtung (across-track scanning). Die durch das optische System erfasste Strahlung wird durch dichroitische Strahlenteilung in den (optisches Glas durchdringenden) Spektralanteil des sichtbaren Lichts sowie des nahen und mittleren Infrarots und den (an optischem Glas gespiegelten) Spektralanteil des thermalen Infrarots gespalten. Mit einem Dispersionsprisma oder Interferenzgitter werden die sichtbaren und nah- bis mittelinfraroten Strahlungsanteile in verschiedene Wellenlängenbereiche zerlegt, entsprechenden Detektoren zugeführt, dort in elektrische Signale und über einen Verstärker abschließend durch Analog/Digitalwandlung in ein digitales Signal transformiert. Die Nachteile der Datenaufzeichnung mit optomechanischen Scannern sind die Abnutzung der mechanischen Bauteile des Rotationsscanners, eine gestörte Zeilengeometrie durch Panoramaverzerrung und, da sich die Plattform während der mechanischen Rotation des Scanners weiterbewegt, die Zeilenschiefe, d. h. die Scan-Zeilen liegen nicht genau senkrecht zur Flugrichtung (↗Entzerrung). ↗photographische Aufnahmesysteme, ↗Scanner. [MS]

optomechanische Zeilenabtaster ↗optoelektronische Abtastsysteme.

orale Kultur, Kultur ohne ↗Schrift, in der ↗Informationen nur mündlich durch direkte ↗Kontakte verbreitet werden können. In schriftlosen Gesellschaften bilden mündliche Überlieferung, Tradition und Brauchtum das zentrale Bindeglied zwischen Vergangenheit und Gegenwart. Eine orale Kultur kann zwar große kulturelle Leistungen erbringen, aber keine tief gehende ↗Arbeitsteilung erreichen, keine komplexen sozialen Systeme entwickeln und koordinieren, keine großen Reiche verwalten und ist generell auf einen von außen kommenden Wandel schlecht vorbereitet.

oral history, ein Verfahren zur Erstellung mündlicher Quellen in der – insbesondere historischen – Forschung. Ihr Einsatz erfolgt vor allem, um bestimmte Ereignisse zu erfragen, über die keine schriftlichen Quellen vorhanden sind bzw. um diese zu ergänzen oder als ↗biographische Methode, um geschichtliches Erleben in seinen Kontinuitäten und Brüchen zu erfassen. In Europa ist oral history verbunden mit der ↗Alltagsforschung. Dabei geht es je nach Forschungsinteresse um eine Rekonstruktion und Dokumentation von Ereignissen oder auch um Erinnerungs- und Verarbeitungsmuster vergangener Geschehnisse. Für die oral history bestehen bei der Datengewinnung die gleichen Probleme wie beim offenen Interview (↗Befragung), bei der Datenauswertung solche der Textauswertung. Ohne einen reflexiven Umgang mit diesen Fragen verbleibt die oral history sonst in der Reproduktion und ↗Paraphrasierung subjektiver Erzählungen. Zur ↗Reliabilität ist insbesondere der Vergleich mit anderen Quellen und eine Einordnung in den jeweiligen Kontext notwendig (↗Auditing) [PS]

Orbitalbahnen, Bahn eines Wasserteilchens unter Einfluss von ↗Wellen.

Ordinaldaten ↗Skalenniveau.

Ordnungsraum, von der ↗Ministerkonferenz für Raumordnung nach einheitlichen Abgrenzungskriterien definierter ↗Strukturraum. Der Ordnungsraum besteht aus dem ↗Verdichtungsraum als hoch verdichtetem Zentralbereich und der ↗Verdichtungsrandzone.

Ordnungsstufe, Begriff aus der ↗Landschaftslehre bzw. ↗Landschaftsökologie für hierarchisch geordnete Gliederungseinheiten der Landschaft. Nach der Theorie der ↗geographischen Dimensionen, die vor allem in der ↗naturräumlichen Gliederung bzw. der ↗naturräumlichen Ordnung Anwendung findet, lassen sich verschiedene Dimensionsstufen (= Ordnungsstufen) von ↗Naturraumeinheiten (landschaftsökologischen Raumeinheiten) unterscheiden, die verschiedenen landschaftsspezifischen räumlichen Größenordnungen entsprechen: Einheiten der ↗topischen Dimension, ↗chorischen Dimension, ↗regionischen Dimension und ↗planetarische Dimension, die sich mit Ausnahme der topischen Dimension (↗Tope, quasihomogene Einheiten) in Dimensionsstufen untergliedern.

Ordovizium, ↗System der Erdgeschichte (siehe Beilage »Geologische Zeittafel«) zwischen etwa 500 bis 440 Mio. Jahre v. h.; Teil des ↗Paläozoikums. Charakteristisch für den Zeitraum sind marine Schelfablagerungen, meist Kalksteine und Sandsteine. Die bekanntesten Vorkommen liegen im Baltischen Schild (Estland, Schonen, Öland), den ↗Kaledoniden (Wales, England, Norwegen), in China, Australien und Nordamerika. In Mitteleuropa sind ordovizische Schichten vor allem in Böhmen zu finden, daneben im Rheinischen Schiefergebirge, dem Frankenwald und in den Karnischen Alpen. Die Organismenwelt bestand hauptsächlich aus ↗Trilobiten, ↗Brachiopoden, ↗Graptolithen und anderen Wirbellosen. Das Ordovizium wird meist nach Graptolithen-Zonen unterteilt. Die Stufengliederung folgt walisischen Lokalitäten von jung nach alt in Ashgill, Caradoc, Llandeilo, Llanvirn, Arenig, Tremadoc. [GG]

Oreophyt, *Gebirgspflanze*, Pflanzensippe, die in der alpinen oder der nivalen Stufe von ↗Hochgebirgen vorkommt. Typische morphologische Anpassungen an die Standortbedingungen sind Zwerg- und Polsterwuchs, sowie Klein- bzw. Hartblättrigkeit. Oreophyten sind häufig ↗endemische Arten; oftmals entstanden sie parallel zur Auffaltung von Gebirgen in Anpassung an sich ändernden Umweltbedingungen (↗hypsometrischer Formenwandel). Familien, die viele Oreophyten aufweisen, sind zum Beispiel die Steinbrech- und die Enziangewächse.

Organisation, ein zielgerichtetes, sich selbst regulierendes, arbeitsteiliges soziales System, das eine feststellbare Zahl von Mitgliedern, eine kollektive Identität und bestimmte Verhaltensnormen (Regeln, Routinen) aufweist. Das oberste Ziel einer Organisation ist in der Regel nicht die Bewältigung einer bestimmten Aufgabe, sondern die Selbsterhaltung bzw. das Überleben in einer ungewissen (wettbewerbsintensiven) Umwelt. Aufgrund der ↗Arbeitsteilung, der internen Koordination und der Kontaktfläche zur Umwelt kann eine Organisation mehr leisten, als dieselbe Zahl nicht koordinierter ↗Subjekte (↗Holismus). Das ↗Wissen einer Organisation ist nicht nur in den Köpfen der ihr angehörenden Individuen, sondern auch in der Systemstruktur, in Regeln, Symbolen und Routinen der Organisation enthalten, die auf früheren Lernprozessen beruhen. Die Struktur der Organisation beeinflusst das Verhalten ihrer Mitglieder. Positionswechsel innerhalb der ↗Hierarchie einer Organisation verändern nicht nur die Aufgaben, und Weisungsbefugnisse eines Subjekts, sondern auch seine verfügbaren Ressourcen, Kontaktfelder, Informationsquellen und die Freiheitsgrade seines Handlungsspielraum.

Das über viele Mitglieder und Standorte einer Organisation verstreute, spezialisierte Wissen kann durch verschiedene Maßnahmen koordiniert bzw. zu einem singulären Wissenskörper zusammengefasst werden.

Eine Organisation grenzt sich von der Umwelt ab, interagiert aber ständig mit ihr durch den Austausch von Informationen, ↗Akteuren und Gütern.

Eine dynamische Umwelt zwingt Organisationen zu Flexibilität, Lern- und Anpassungsleistungen. Deshalb gehören die System-Umwelt-Beziehungen zu den zentralen Fragen der ↗Organisationstheorie.

Die Anordnung der formellen Kommunikationsstrukturen, der Verantwortungsbereiche, der Kontroll-, Weisungs- und Entscheidungsbefugnisse und die Verteilung der unterschiedlichen Qualifikationen und Kompetenzen innerhalb der Organisation ergeben die Architektur bzw. die morphologische Struktur einer Organisation. Diese kann nicht beliebig gewählt oder zwischen den Mitgliedern der Organisation verhandelt werden, sondern hängt von der Komplexität der Aufgabenstellung, der Dynamik der Umwelt und dem Grad der ↗Ungewissheit ab, mit dem die Organisation konfrontiert ist.

In stark generalisierter Form kann die Architektur anhand von Organisationsplänen dargestellt werden. Im Allgemeinen wird zwischen Linienstrukturen, welche die Entscheidungen treffen, und Stabsstrukturen, welche Entscheidungen vorbereiten, unterschieden. Die morphologische Architektur einer Organisation wird in der räumlichen Dimension durch die räumliche Verteilung von Arbeitsplätzen mit unterschiedlichen Aufgaben, Qualifikationen und Weisungsbefugnissen repräsentiert. Die Kommunikationsbeziehungen innerhalb der Organisation sowie zu anderen Organisationen und Personen werden durch Informations-, Geld- und Warenströme sowie durch räumliche Kontaktmuster dargestellt. [PM]

Organisationstheorie, die klassische Organisationstheorie ist mit den Namen F.W. Taylor (1856–1915), H. Fayol (1841–1925), E. Mayo (1180–1949), L. Gulick (1892–1992) und L. Urwick (1891–1983) verbunden. Diese behandelten Themen, die heute vorwiegend unter den Begriffen »wissenschaftliche Betriebsführung« (»scientific management«) oder »business administration« diskutiert werden. F.W. Taylor wollte die Betriebsführung verwissenschaftlichen und schuf Instrumente und Methoden, um konkrete Arbeitsprozesse effizienter zu gestalten. H. Fayol suchte nach universell gültigen Prinzipien, die für alle Managementaufgaben anwendbar sind und hielt die fünf Funktionen planen, organisieren, anordnen, koordinieren und kontrollieren für zentrale Komponenten des Managements. L. Urwick war an den Strukturen (Organisationsplänen, Funktionen, Stellenbeschreibungen) und Prozessen in Organisationen interessiert. Taylor und Fayol waren weniger an der Realität von Organisationen, sondern an einer »idealen Betriebsführung« interessiert. Deshalb konzentrierten sie sich in ihrer mechanistischen Sichtweise eher auf die nichtmenschlichen Elemente einer ↗Organisation (Arbeitsabläufe, Zeitpläne, Fließband, Techniken der Betriebsführung) als auf die sozialen Beziehungen zwischen den Mitgliedern einer Organisation.

Als Reaktion und Antithese zum »scientific management« wurde von Elton Mayo der humanistische Ansatz der Organisationstheorie entwickelt, der sich gegen das Konstrukt des Homo oeconomicus wandte und den Widerspruch zwischen dem ↗Modell einer rationalen Organisation und der organisatorischen Wirklichkeit aufzeigte. In dieser zweiten Phase richtete sich das Interesse der Organisationstheorie auf das ↗Verhalten, die Motive und Einstellungen der ↗Akteure. Bewertungskriterium war nun weniger die Effizienz einer Organisation, sondern die Zufriedenheit und Motivation ihrer Mitglieder. Während es dem klassischen Ansatz eher darauf ankam, Regeln für ein optimales Funktionieren von Organisationen aufzustellen, ging es dem humanistischen Ansatz eher um die Beschreibung der Wirklichkeit in Organisationen. Beide Ansätze haben jedoch wichtige Prozesse wie Zielsetzung, Entscheidungshandeln, Beziehungen zur Umwelt, die Bedeutung von ↗Ungewissheit und ↗Redundanz, den Wandel durch Anpassung und die Selbsterhaltung von Organisationen vernachlässigt (Mayntz u. Ziegler 1969).

Eine moderne, für die ↗Humangeographie relevante Organisationstheorie ist erst nach dem 2. Weltkrieg entstanden, als Konzepte der ↗Systemtheorie, der Informationstheorie und Kybernetik mit funktionalen Ansätzen der früheren Organisationsanalyse verschmolzen wurden. Nun stand wieder die Organisation als Ganzes und nicht das Verhalten einzelner Akteure im Zentrum der Betrachtung. Das Interesse richtete sich nun nicht mehr so sehr auf formale Autoritätsstrukturen, sondern auf die internen und externen Kommunikationsstrukturen (Systembeziehungen) bzw. die Interaktion zwischen Organisation und Umwelt, sodass erstmals die räumliche Dimension Gegenstand der Organisationstheorie wurde. Studien über das Kontaktverhalten von Managern (Thorngren 1970, Törnqvist 1970, Goddard 1971) und über zentral-periphere Disparitäten der Ausbildungs- und Qualifikationsstruktur von Arbeitsplätzen (Meusburger 1980) gehörten zu den ersten, die innerhalb der Humangeographie organisationstheoretische Ansätze verwendeten.

In der Humangeographie wird die Organisationstheorie vor allem bei Fragestellungen angewendet, die sich mit der räumlichen Konzentration von ↗Macht (Entscheidungs- und Weisungsbefugnissen) und ↗Wissen (Kompetenzen, fachlichen Qualifikationen), der Steuerung und Kontrolle von sozialen Systemen, den Standorten von Arbeitsplätzen für hochrangige Entscheidungsträger, den Auswirkungen der Telekommunikation auf die Verteilung von Arbeitsplätzen, der Abgrenzung von funktionalen Regionen, der räumlichen Dimension der funktionalen Arbeitsteilung und den Disparitäten zwischen Zentrum und Peripherie befassen.

Ausgangspunkt der Organisationstheorie ist die Erkenntnis, dass in einer hoch entwickelten Gesellschaft die meisten Problemstellungen so komplex sind, dass sie die informationsverarbeitenden Kapazitäten eines einzelnen Menschen übersteigen und deshalb nur arbeitsteilig von einer Organisation bewältigt werden können.

Die Fragen, wie viele Hierarchieebenen eine Organisation haben soll, wie die formellen Kommunikationsstrukturen gestaltet werden und wo die wichtigsten Qualifikationen, Fachkompetenzen und Entscheidungsbefugnisse angesiedelt sein sollen, hängen in hohem Maße von den Aufgaben der Organisation und der Ungewissheit (Dynamik) der Umwelt ab. Die unterschiedliche Komplexität der zu erfüllenden Aufgaben und das unterschiedliche Maß an Ungewissheit, mit dem eine Organisation konfrontiert ist, sind die entscheidenden Kriterien für die Herausbildung unterschiedlicher Organisationsstrukturen. Die System-Umwelt-Beziehungen und die Bewältigung von Ungewissheit stellen also das zentrale Paradigma der neueren Organisationstheorie dar.

Ungewissheit entsteht durch unvollkommenes, d. h. nicht ausreichendes Wissen und durch eine dynamische, nicht vorhersehbare oder berechenbare Umwelt. Da der Erwerb von Wissen nie abgeschlossen ist, kann auch Ungewissheit nie zur Gänze beseitigt werden, sodass eine Organisation in einer dynamischen Umwelt ständig zu Lernprozessen gezwungen ist. Da das für hochrangige Entscheidungsfunktionen benötigte Wissen selten und teuer ist, muss entschieden werden, bei welchen Positionen oder Organisationselementen und an welchen Standorten hohe und seltene Qualifikationen, Spezialkenntnisse und die ganze Organisation betreffende Weisungsbefugnisse angesiedelt werden sollen. Dort wo Entscheidungen gefällt werden, die langfristig wirksam sind und sich auf die gesamte Organisation auswirken, erhält ein hochwertiges Wissen oder ein Wissensvorsprung gleichsam die Funktion der ↗Redundanz. Redundanz spielt in allen biologischen, sozialen und technischen Systemen eine entscheidende Rolle für das Überleben des Systems. Die wichtigsten Fragen lauten: Führt bei einer bestimmten Aufgabenstellung eine zentrale oder eine dezentrale Entscheidungsfindung zu besseren Erfolgen? Wie viele Hierarchiestufen und welche Kontrollspanne sollte es geben? Welche internen und externen Einflüsse veranlassen eine Organisation, ihre Qualifikationsanforderungen, Kommunikations- und Entscheidungsstrukturen zu verändern? Wie wirken sich eine hohe oder geringe Ungewissheit oder wechselnde System-Umwelt-Beziehungen auf die Standortverteilung der wichtigen Entscheidungsträger und der Routinefunktionen aus? Welche Systemteile sind für externe Orientierungskontakte zuständig, welche haben hohe oder niedrige Anforderungen an das Kontaktpotenzial ihres Standortes? Wie verändert der Lebenszyklus eines Produkts (↗Produkt-Zyklus-Theorie) die Systemarchitektur in der räumlichen Dimension?

Wenn man sich auf die einfachsten Einflussvariablen, die auf eine Organisation einwirken, beschränkt, nämlich auf die Aufgabenstellung (einfach oder komplex) und die Umwelt einer Organisation (stabil oder dynamisch), kann man nach H. Mintzberg (1979) mehrere Typen von Organisationen unterscheiden (Abb.). Eine stabile Umwelt führt zu bürokratischen und eine

Aufgaben	Umwelt	
	stabil	dynamisch
komplex	Entscheidungen sind dezentralisiert Struktur bürokratisch Koordination durch hohe Qualifikation Beispiel: Fakultäten einer Universität	Entscheidungen sind dezentralisiert Struktur organisch Koordination durch gegenseitige Absprache Beispiel: Redaktion einer Tageszeitung
einfach	Entscheidungen sind zentralisiert Struktur bürokratisch Koordination durch Standardisierung der Arbeitsprozesse Beispiel: öffentliche Verwaltung, industrielle Massenproduktion	Entscheidungen sind zentralisiert Struktur organisch Koordination durch direkte Überwachung Beispiel: Modeatelier

Organisationstheorie: Optimale Organisationsformen bei unterschiedlichen Aufgaben und Umweltbedingungen.

dynamische Umwelt zu organischen (hoher Anteil nichtstandardisierbarer Arbeitsbeziehungen; wenig Regeln) Strukturen. Einfache Aufgaben führen zu einer Zentralisierung der Entscheidungen, komplexe zu einer Dezentralisierung. Neben der Aufgabenstellung und der Ungewissheit der Umwelt haben auch das Alter, die Größe, die Komplexität und Autonomie einer Organisation einen Einfluss auf deren Struktur. Mit wachsender Autonomie wird ein System in seinen Entscheidungen unabhängiger von seiner Umwelt und damit auch flexibler bei der Standortwahl für die Arbeitsplätze seiner Entscheidungsträger. Nicht zuletzt hängt die Struktur einer Organisation auch von der Verfügbarkeit von qualifizierten Erwerbstätigen ab.

Die Frage, welche Standorte für die verschiedenen Funktionen einer Organisation in Frage kommen, hängt in hohem Maße von den Anforderungen der einzelnen Tätigkeiten (Funktionen, Positionen) an das Kontaktpotenzial des Standortes, von der Bedeutung der nach außen gerichteten Orientierungs- und Beeinflussungskontakte sowie vom Symbolgehalt einer Tätigkeit ab. Während für Routinefunktionen mit geringen Anforderungen an das Qualifikationsniveau der Erwerbstätigen sehr viele Standorte in Frage kommen, sodass letztlich Lohn-, Miet- und Transportkosten die entscheidende Rolle spielen, kann der Bedarf der obersten Hierarchieebenen einer großen Organisation an hochwertigen Face-to-face-Kontakten (↗Face-to-face-Kommunikation) in der Regel nur an wenigen Zentren erfüllt werden.

Im Gegensatz zu Routinetätigkeiten, welche vorwiegend durch Pläne, Regeln und harte (quantifizierbare) Informationen gesteuert werden, benötigen hochrangige Entscheidungsträger auch ein hohes Maß an »weichen« Informationen (frühe Anzeichen von Veränderungen, Gerüchte, geheimzuhaltendes Insider-Wissen, absehbare Änderung von Machtkonstellationen, mögliche Absichten der Konkurrenten usw.), die aus keiner Datenbank und aus keinem Management-Informationssystem abrufbar sind. Diese Informationen sind nur innerhalb von hochwertigen, von hohem gegenseitigen Vertrauen geprägten Netzwerken und durch spontane Kontakte hoch qualifizierter Entscheidungsträger zu erhalten. Nur dort, wo auf kleinem Raum die höchsten Entscheidungsträger verschiedener Bereiche lokalisiert sind, besteht für Führungskräfte die Möglichkeit, im Rahmen von Orientierungskontakten rechtzeitig die für den Erfolg entscheidenden Informationen zu bekommen und auf andere Entscheidungsträger Einfluss auszuüben. Nur in Zentren steht die notwendige Vielfalt an Kommunikationskanälen zur Verfügung. In der realen Welt kombinieren die meisten großen Organisationen mehrere Arten der Systemsteuerung, in der Produktion dominiert oft eine zentrale und in der Forschung eine dezentrale Systemsteuerung. [PM]

Literatur: [1] GODDARD, J. B. (1971): Office Communication and Office Location: A Review of Current Research. In: Regional Studies 5, 263–280. [2] MAYNTZ, R., ZIEGLER, R. (1969): Soziologie der Organisation. In: KÖNIG, R. (Hrsg.): Handbuch der empirischen Sozialforschung. – Stuttgart. [3] MEUSBURGER, P. (1980): Beiträge zur Geographie des Bildungs- und Qualifikationswesens. Regionale und soziale Unterschiede des Ausbildungsniveaus der österreichischen Bevölkerung. – Innsbruck. [4] THORNGREN, B. (1970): How do contact systems affect regional development? In: Environment and Planning 2, 409–427. [5] TÖRNQVIST, G. (1970): Contact Systems and regional development. Lund Studies in Geography, Ser. B., vol. 35.

organische Bodensubstanz, *Humus*, umfasst alle in und auf dem Mineralboden befindlichen abgestorbenen pflanzlichen und tierischen Stoffe sowie deren organische Umwandlungsprodukte, darüber hinaus alle durch menschliche Tätigkeit in den Boden eingetragenen organischen Stoffe, wie Kompost, Mist oder Torf. Sie wird nach dem Grad der Umwandlung in ↗Streu und ↗Huminstoffe untergliedert.

organische Komplexierung, *Chelation*, Metall-Kationen (insbesondere Eisen und Aluminium) können in bestimmte organische Moleküle (Citrat, Oxalsäure, Fulvosäure) eingelagert und von diesen ringförmig umschlossen werden. Die entstehende Bindung, ein sog. metall-organischer Komplex, ist sehr stabil. Da die freigesetzten Kationen sofort eine neuerliche Bindung eingehen, treten sie in der ↗Verwitterungslösung nicht mehr auf und es kann sich keine Sättigung einstellen. Umstritten ist, ob die beteiligten schwachen organischen Säuren in der Lage sind, in größerem Maß aktiv Kationen zu extrahieren, oder ob sich ihre Rolle im Verwitterungsprozess auf die Bindung anderweitig freigesetzter Kationen beschränkt. Eine große Bedeutung hat die Komplexierung beim Prozess der ↗Podsolierung, wo die ansonsten immobilen ↗Sesquioxide in ein organisches Molekül eingebunden und damit mobilisierbar werden. [AK]

organische Schadstoffe, engl. *organic pollutants*, ↗Schadstoffe organischer Zusammensetzung (↗Umweltchemikalien).

organogen, durch Organismen gebildet.

Organomarsch, ↗Bodentyp der ↗Deutschen Bodensystematik der Abteilung ↗Semiterrestrische Böden der Klasse ↗Marschen; Profil: oAh/oGo/oGr; entstanden aus carbonatfreiem Gezeitensediment mit hohen Humus- (über 8 Masse-%) und Tongehalten (über 45 Masse-%), mit verbreiteten Zwischenlagen von ↗Torfen und ↗Mudden; nach ↗FAO-Bodenklassifikation meist Thionic ↗Histosol; bei mächtigeren Torflagen Terric Histosol; Oberboden oft anmoorig, Unterboden nass, luftarm und bei Schwefelreichtum stark sauer und Jarosit (Maibolt) enthaltend; geringe Fruchtbarkeit; Verbreitung vor allem im Bereich der küstenfernen Altmarsch und im Übergang zu Randmooren der ↗Geest; Nutzung als ↗Grünland.

Orient, *Morgenland* (veraltet) im Unterschied

zum ↗Abendland (Okzident); von Europa aus gesehen die Länder gegen Sonnenaufgang; i. e. S. der Raum der vorderasiatischen Hochkulturen (Staaten des altweltlichen Trockengürtels) und die islamischen Länder des Nahen Ostens und Nordafrikas. Als ↗Kulturerdteil umfasst der Orient die subtropischen Trockenräume Nordafrikas und Südwestasiens und weist als charakteristische Merkmale den ↗Islam, eine auf ↗Nomadismus, ↗Bewässerungswirtschaft (u. a. ↗Oasen) und hoch entwickeltem Städtewesen beruhende Sozial- und Wirtschaftsordnung auf. Zahlreiche Staaten des Orients erfahren insbesondere seit der Nutzung der großen Erdölvorkommen eine starke wirtschaftliche und kulturelle Überprägung.

Orientalis ↗Faunenreiche.

orientalische Stadt ↗islamisch-orientalische Stadt.

Orientalismus, Bezeichnung für einen in Wissenschaft und Politik über den ↗Orient ausgeübten westlichen Herrschaftsdiskurs, der sich in der deutschsprachigen Rezeption sprachlich von der wissenschaftlichen Orientalistik abgrenzt. Beim arabischen »istisraq« und englischen »orientalism« geht diese Unterscheidung allerdings in einer begrifflichen Einheit auf. Der Begriff des Orientalismus geht auf das 1978 von E. Said publizierte Werk »Orientalism« zurück und verdeutlicht eine im 19. Jh. von französischen und englischen Autoren begründete und im 20. Jh. von anglo-amerikanischer Seite fortgeführte Konstruktion des Orients. Das Forschungsobjekt »Orient« fungiert dabei als negatives Spiegelbild und Definitionshilfe des ↗Abendlandes. In einer zweiten Bedeutung wird Orientalismus von Said als Instrument zur Beherrschung und Aneignung des Orients mittels einer von der Politik instrumentalisierten Wissenschaftsdisziplin im Zusammenspiel von ↗Wissen und ↗Macht begriffen. In der ↗Geographie wurden Saids Thesen einer »imaginative geography« des Orients aufgegriffen und zur Konzeptualisierung von »geographical imaginations« herangezogen und weiterentwickelt. Der Orientalismus kann entsprechend im Spannungsfeld zwischen unreflektiert-unkritischen und strategisch-machtpolitischen »geographical imaginations« gesehen werden. Insgesamt führte Saids Kritik am westlichen Orientdiskurs zu einer nachhaltigen Orientalismusdebatte, die sich zunehmend verselbstständigte und in eine arabische und westliche Debatte untergliedert werden kann. In der arabisch-islamischen Welt wird der Orientalismus als Problem der Wissenschaft sowie als politisches Problem diskutiert. Auf der Ebene der Wissenschaft kritisieren arabische Autoren die Konstruktion des Orients als Objekt der westlichen Wissenschaft und verurteilen den Orientalismus als Alteritätspraxis im Sinne einer Differenzierung und Abgrenzung. In einer kritischen Selbstreflexion wird von arabischer Seite eine Mitverantwortung am Orientalismus gesehen, die auf Versäumnisse einer eigenständigen arabischen Wissenschaftstradition und der unreflektierten Übernahme westlicher Forschungsmethoden zurückgeführt wird. In der Idealisierung der eigenen Vergangenheit sehen arabische Wissenschaftler ebenfalls einen Beitrag zum Orientalismus und warnen gleichzeitig vor einer gegenläufigen Reaktion, die letztlich zu einem »umgekehrten Orientalismus« oder »Okzidentalismus« führen muss. In politischer Hinsicht wird vornehmlich die westliche Dominanz über den Orient kritisiert, die sich seit der ↗Kolonialisierung in einer geistigen und kulturellen Form erhalten hat. Die religiös motivierte arabische Kritik sieht hier die Ursachen im uralten Kampf zwischen ↗Islam und ↗Christentum begründet, der durch den Orientalismus eine neuerliche Auflage erfährt. In einer stärker säkular ausgerichteten Interpretation wird die westliche Vormachtstellung auf einen starken ↗Eurozentrismus zurückgeführt, der mit der ↗Globalisierung seine Fortsetzung erfährt. In der Globalisierung sehen arabische Autoren allerdings auch die Möglichkeit zum interkulturellen Austausch und zur geistigen Dekolonisierung, die eine Überwindung des Orientalismus ermöglicht. Von westlicher Seite wird die Orientalismusdebatte hauptsächlich als wissenschaftliches Problem gesehen, wenngleich einige Autoren auch politische Verwicklungen des Orientalismus ausmachen. Zwei Annäherungen können unterschieden werden. Der Orientalismus wird auf die Entwicklung der Orientalistik in ihrem geistes- und ideengeschichtlichen Zusammenhang zurückgeführt. Defizite beim Verständnis des »Anderen« sollen und können demnach durch eine Weiterentwicklung der Orientalistik mittels einer verbesserten Methodik – etwa durch die Übernahme neuer sozialwissenschaftlicher Ansätze oder einer marxistischen Geschichtswissenschaft – überwunden werden. Besonders den arabischen Wissenschaftlern wird eine Brückenfunktion in diesem Erneuerungsprozess zugesprochen. In einem zweiten Diskussionsansatz wird die Orientalistik nicht als Wissenschaft, sondern als Diskurs erfasst, der ein Verständnis des »Anderen« nur mithilfe dessen Abgrenzung und Alterität erreicht. Orientalistik und Orientalismus werden hier als einheitlicher Diskurs verstanden, der mit der Konstruktion des Orients einerseits die Selbstdefinition des Westens bewirkt, andererseits den westlichen Herrschaftsanspruch in Politik und Wissenschaft legitimieren soll.

Diese Perspektive liefert über den Ansatz der ↗Dekonstruktion, der sowohl in der arabischen wie westlichen Teildebatte diskutiert wird, eine geeignete Methodik zur wissenschaftstheoretischen Aufarbeitung des Orientalismus. Ein im Zusammenhang mit der Dekonstruktion angewandter »permanenter Perspektivenwechsel« verdeutlicht den diskursiven Charakter der Orientalismusdebatte, die sich beispielsweise über den »umgekehrten Orientalismus« selbst zu einem eigenen Diskurs erhoben hat. Die Diskussion über den Orientalismus liefert dennoch erste Ansatzpunkte eines Perspektivenwechsels und entwickelt eine dekonstruktivistische Wirksamkeit, die zum Zweck einer geistigen Dekolonisierung durch (weitere) Selbstreflexionen fortgeführt werden muss. [HSc]

Literatur: SAID, E. (1978): Orientalism. Western Conceptions of the Orient. – London.

Orienthandel, ist die historische Bezeichnung für den Warenverkehr zwischen Europa und Westasien. Drehscheiben dieses Handels waren die bedeutenden Küstenstädte Kleinasiens, der Levante und des östlichen Nordafrikas. Hier endeten seit alters her die Fernhandelsrouten aus dem zentralasiatischen, indischen sowie südarabisch-ostafrikanischen Raum (z. B. Seiden- und Weihrauchstraße). Die Anrainer des östlichen Mittelmeeres kontrollierten den lukrativen Orienthandel, wobei insbesondere das osmanische Reich durch Steuereinnahmen am Zwischenhandel partizipierte. Zur Ausschaltung dieses Zwischenhandels und zur Erreichung eines direkten Zugangs zu den begehrten Orientwaren (Gewürze, Kaffee, aromatische Harze, Seide, Baumwollerzeugnisse, Teppiche, Elfenbein, Sklaven etc.) erschlossen die Europäer seit dem 15. Jh. erfolgreich den Seeweg um Afrika herum nach Indien und weiter bis Fernost. Die direkte Kontrolle der europäischen Handelsgesellschaften und ↗Kolonialmächte über den asiatischen Handel führte zu einem rapiden Rückgang des traditionellen Orienthandels und damit zu einem wirtschaftlichen Bedeutungsverlust der Handelszentren im ↗Vorderen Orient. Die Eröffnung des Suezkanals 1869 leitete den endgültigen Niedergang des Karawanen-Fernhandels ein. [JJa]

orientierter Raum, Positionsraum mit Lagebeziehungen, in dem Richtungen, wie oben und unten, rechts und links, hinten und vorne, eine wichtige Rolle spielen. Der orientierte Raum kann sich auf die eigene Körperposition oder aber auch auf imaginäre Koordinaten beziehen. Über orientierte Räume verfügen mythische Geographien mit ihren Himmelsrichtungen, Subjektkonstruktionen der ↗Humanistischen Geographie und die ↗Quantitative Geographie mit ihren Vorstellungen der Topologie als ↗geometrischem Raum und/oder Vektorraum.

orientierte Seen, entstehen durch Auftauen von ↗Grundeis im Bereich von ↗Permafrost (↗Thermokarst). Sie besitzen einen elliptischen Grundriss und sind in großer Anzahl parallel angeordnet. Die parallele Orientierung führt man auf Windeinwirkung zurück, wobei die genauen, für das ungleichmäßige Auftauen verantwortlichen Prozesse, noch nicht ganz geklärt sind.

Orientierungskontakt ↗Kontakt.

Orientierungswert, unter Orientierungswerten werden quantitative (qualitativ: Orientierungshilfe) Bewertungsmaßstäbe verstanden, die im Gegensatz zu ↗Grenzwerten nicht rechtsverbindlich sind. Im Rahmen des ↗Bewertungsverfahrens müssen die Orientierungswerte zwar herangezogen werden; von ihnen kann jedoch begründet abgewichen werden. Beispiele für Orientierungswerte finden sich im Anhang der Verwaltungsvorschrift zur ↗Umweltverträglichkeitsprüfung. Teilweise handelt es sich bei Orientierungswerten um DIN-Normen, die durch Einführungserlasse Eingang in Rechtsnormen gefunden haben. Im Gegensatz zu den primär nach fachwissenschaftlichen Gesichtspunkten festgelegten Richtwerten beinhalten Orientierungswerte auch ökonomisch-politische Abwägungen.

Orkan, Sturmwind höchster Geschwindigkeit (über 32,7 m/s bzw. 118 km/h oder Windstärke 12 der ↗Beaufort-Skala). Orkane treten am häufigsten über tropischen Meeren (↗tropische Wirbelstürme) mit Geschwindigkeiten von über 200 km/h und verheerenden Auswirkungen an den tropischen Küsten auf, wobei sie bevorzugten ↗Zugbahnen folgen. Auf dem Festland der gemäßigten Breiten sind Orkane eher selten und entwickeln sich insbesondere in den Übergangsjahreszeiten bei Wetterlagen mit extrem starken Druckgradienten (Orkan- oder ↗Sturmtief). Auch Gewitterböen (↗Gewitter) und Lokalwinde können gelegentlich Orkanstärke erreichen.

Ornithogaea, *Australis*, ↗Faunenreiche.

Orogen, eine Region, in der gebirgsbildende Prozesse abliefen oder ablaufen, wie Bruchtektonik (↗Tektonik), ↗Faltung, Bildung von ↗Decken, plastische Deformation, ↗Metamorphose und ↗Magmatismus bzw. ↗Plutonismus. Im Sinne der ↗Plattentektonik sind Orogene an aktive Plattenränder gebunden.

Orogenese, *Gebirgsbildung*, im wörtlichen Sinn der gebirgsbildende Prozess. Der Begriff kam in der Mitte des 19. Jh. in Gebrauch, als man unter Gebirgsbildung sowohl die Deformation von Gesteinen als auch die Bildung einer gebirgstypischen Topographie verstand. Später wurde erkannt, dass beide Prozesse nicht notwendigerweise miteinander verknüpft sind. Heute wird Orogenese von vielen Geomorphologen als Herausbildung einer Gebirgstopographie verstanden. Zeitlich unterscheidet man drei große Phasen der Gebirgsbildung: die ↗kaledonische Gebirgsbildung, die ↗variskische Gebirgsbildung und die ↗alpidische Gebirgsbildung (siehe Beilage »Geologische Zeittafel«). Die meisten Geologen verstehen unter Orogenese aber die strukturellen und tektonischen Prozesse, die sich in Orogenen abspielen, also Bruchtektonik (↗Tektonik), ↗Faltung, Bildung von ↗Decken, plastische Deformation, ↗Metamorphose und ↗Magmatismus bzw. ↗Plutonismus. ↗Epirogenese, ↗laramische Gebirgsbildung. [GG]

Orographie, beschreibende Darstellung des Reliefs ohne Berücksichtigung genetischer oder chronologischer Aspekte. Die verbale (d. h. qualitative) Beschreibung der Formen und ihrer Vergesellschaftung kann durch morphometrische (d. h. quantitative) Angaben, z. B. zu Höhenlagen, Höhenunterschieden und Neigungswinkeln ergänzt werden. Die Orographie ist unverzichtbare Voraussetzung für die Systematisierung und den Vergleich von Formen im Rahmen geomorphologischer Forschungen (↗Geomorphologie).

orographische Effekte, Folgen der Oberflächenform auf die Zustände und Prozesse der ↗Atmosphäre. Dazu sind vor allem ↗Luv-Lee-Effekte, der ↗Massenerhebungseffekt oder all diejenigen Phänomene zu zählen, welche das Besondere des ↗Gebirgsklimas oder des ↗Hochgebirgsklimas ausprägen. Wichtigster Auslöser orographischer Effekte ist das bodennahe Windfeld. Bei Um- oder Überströmung von Erhebungen werden Windrichtungen und Windgeschwindigkeiten verändert; es kommt zur Hebung, Temperaturerniedrigung, Kondensation und zum ↗Niederschlag im Luv sowie Wolkenauflösung und Trockenheit im Lee. Die Windgeschwindigkeiten sind erhöht. Neben lokalen und regionalen Zirkulationen weist das Gebirge auch eine großräumige Zirkulation mit dem Vorland auf (↗Vorlandwind). Zu den orographischen Effekten gehören bei ↗Hochgebirgen im Makroscale auch die Veränderungen des Druckfeldes am Boden sowie ihre Wirkung auf das Höhenwindfeld. Die großen meridional streichenden Gebirge sind eine Ursache für das äquatorwärtige Ausscheren der subpolaren Höhenströmung des Jet-Streams (↗Strahlstrom). [JVo]

orographische Faktoren, die mit den Höhenverhältnissen zusammenhängenden, insbesondere in Gebirgen wirksamen Faktoren. Neben der Höhenlage beeinflussen Richtung und Neigung von Hängen (↗Exposition, ↗Inklination) das Vorkommen von Pflanzen und Tieren, vor allem indirekt über klimatische (↗orographische Effekte) und edaphische Effekte.

orographischer Nebel ↗Nebel.

orographischer Niederschlag ↗Niederschlag.

orographische Schneegrenze ↗Schneegrenze.

Ort, strukturierendes Element des geographischen Raumes. Im geographischen Sinne bezeichnet Ort das komplexe Zusammenspiel von geographischen Eigenschaften wie die Vegetation, Gebäude, Klima, Topographie sowie Menschen, Geschichte, Kultur. Im sozialen Sinne bezeichnet Ort ferner Vertrautheit, soziale und emotionale Zugehörigkeit, Interaktionsmuster und subjektive individuelle Vorstellungen. Geographische und soziale Begriffsbelegung weisen dem Ort eine »Raumpersönlichkeit« zu (genius loci = Geist des Ortes), womit die Gesamtheit seiner ortsspezifischen materiellen und immateriellen Besonderheiten bezeichnet wird.

Orterde ↗Ortstein.

Orthoklas ↗Feldspäte.

Orthophoto, ↗Luftbild, bei welchem der (durch unterschiedliche Geländehöhen bedingte) zentralperspektivische Bildpunktversatz mithilfe eines digitalen Höhenmodells rückgerechnet wurde. Ein Orthophoto-Luftbild ist flächentreu und winkeltreu wie Karten im Plan-Maßstab, eignet sich als Planungsgrundlage und ist die Grundlage für die Fortschreibung von Karten durch Luftbilder (z. B. im Maßstab 1:5000 oder 1:10.000). Sichttote Räume bleiben allerdings auch beim entzerrten Luftbild (Orthophoto) informationslos und auch der Kippeffekt von Objekten (z. B. von Gebäuden am Bildrand) kann im Orthophoto nicht ausgeglichen werden.

örtliche Schneegrenze ↗Schneegrenze.

Ortsauflockerung, ein Schwerpunkt der ↗Flurbereinigung zwischen 1953 und 1976, der in den beengten Ortslagen durch Gebäudeabrisse Platz schuf für Infrastrukturmaßnahmen, z. B. Verkehrsausbauten. Es kam – besonders in den engbebauten ↗Haufendörfern West- und Süddeutschlands – zu sog. Entkernungen von besonders verdichteten Gebäudekomplexen, aber auch zu Total- oder Flächensanierungen, d. h. zum Abbruch ganzer Dorfteile. Die neu entstandenen Freiflächen wurden in der Folge sehr unterschiedlich genutzt, z. B. für Schul- und Bankgebäude. Manche ehemaligen Hofplätze blieben bis heute ungenutzt. Nicht selten sind die alten Hofstellen bzw. Gebäude von benachbarten Landwirten übernommen und zu Hoferweiterungen bebaut oder umgebaut worden.

Ortsbildinventarisation, Analyse der baulichen Substanz einer (ländlichen) Siedlung. Das bauliche Gefüge eines Dorfes lebt von unterschiedlichen und einander abwechselnden Ebenen bzw. Perspektiven, vom entfernten Blick auf die Dorfsilhouette bis hin zum Baudetail etwa eines Türgriffs oder Regenablaufs. Mithilfe der sog. Ortsbildanalyse oder Ortsbildinventarisierung versucht man, auf diesen Ebenen Einzelheiten genauer zu erfassen, um schließlich die wesentlichen ortsbildprägenden Elemente bzw. baulich-gestalterischen Mängel und Missstände daraus abzuleiten.

Ortsform ↗*Dorfgrundriss*.

Ortsnamen, Namen von Siedlungen, deren Erforschung Leitdisziplin für die Erforschung der früheren historischen Siedlungsverhältnisse ist. Obgleich die Hypothese, die Suffixe (Endungen) von Ortsnamen seien stammestypisch (-ingen etwa alemannisch und -heim fränkisch) sich nicht als durchgehend haltbar erwies, wurde darin deutlich, dass vor allem drei Erscheinungen die Ortsnamen zu landschaftsgeschichtlichen Zeugnissen machen: a) die räumliche Gruppierung bestimmter Ortsnamenstypen, die mannigfaltige Ursachen, darunter geographische, historische, sprachliche, gesellschaftliche und ethnische haben kann; b) die mit der Typologie (z. B. Bezeichnungen nach der Bodengestalt) zusammenhängende Bedeutung der Namen; c) die zeitliche Schichtung der Namen. Damit lassen sich über die Ortnamenssuffixe Aussagen zur Stellung von Siedlungen im Siedlungsgang treffen, denn zu bestimmten Zeiten waren in bestimmten Regionen bestimmte Suffixe gleichsam »in Mode«. Mit Blick auf den Einzelbeleg sind allerdings die Befunde der philologischen Forschungen zu bedenken, dass partielle und totale Ortsnamenwandlungen sowie Verballhornungen von Ortsnamen vorkamen; außerdem sind manche Suffixe (z. B. -hausen) nicht eindeutig einer Siedlungsphase zuzuordnen. Da einzelne Ortsnamen sehr zufällig entstanden sein können, liefert die Ortsnamensanalyse also nur Hypothesen, deren siedlungsgeschichtliche Wahrscheinlichkeit sich erst bei einer größeren Zahl an Belegen in einer Region erhöht. Die philologisch-historische Ortsnamensforschung zielt demgegenüber auf die exakte Ableitung jedes einzelnen Ortsnamens durch den Bezug auf den ältesten archivalischen Nachweis, dokumentiert etwa in Ortsnamensbüchern. ↗Flurnamen. [WS]

Ortsteil, ursprünglich eindeutiger Begriff zur

Kennzeichnung eines Teils einer Siedlung, z. B. des Kirchplatzes oder des Gutshofs. Seit der ↗kommunalen Gebietsreform der 1960er- und 1970er-Jahre werden darüber hinaus in Deutschland viele eingemeindete Dörfer irreführend als »Ortsteil« bezeichnet (im Sinne von Stadt- oder Gemeindeteil), obwohl es sich um völlig separat liegende Orte handelt.

Ortstein, durch starke oberflächennahe Anreicherung von ↗Huminstoffen und ↗Sesquioxiden steinartig verfestigte Bh-, Bhs- und Bs-Horizonte in ↗Podsolen; bedingen sehr ungünstige Standorteigenschaften durch Behinderung des Wurzelwachstums und Wasserstau; daher ist eine Bodennutzung von Ortstein-Podsolen nur nach Tiefenlockerung möglich; schwächere Anreicherung in den B-Horizonten wird als *Orterde* bezeichnet.

Ortswüstung ↗Wüstung.

Ösch, süddeutsch für ↗Zelge.

Oser ↗glazifluviale Akkumulation.

Osmoregulation ↗Osmose.

Osmose, Vorgang, bei dem Wasser spontan über eine semipermeable Membran von einer Lösung niedriger Konzentration an gelösten Substanzen (z. B. Ionen, Zucker) (positiveres ↗Wasserpotenzial) zu einer Lösung mit höherer Konzentration (negativeres Wasserpotenzial) diffundiert. Eine Zelle mit ihrer Plasmamembran stellt ein osmotisches System dar, wobei die Plasmamembran keine wesentliche Diffusionsbarriere für Wasser darstellt. Gibt die Zelle Wasser an ein höher konzentriertes Außenmedium ab, spricht man von Plasmolyse. Aus einem niedriger konzentrierten Außenmedium nimmt die Zelle Wasser auf; eine Pflanzenzelle so lange, bis der aufgebaute hydrostatische Druck der Zelle gegen die Zellwand (Turgordruck) einen weiteren Einstrom verhindert. Die Zelle kann über Veränderung ihres *osmotischen Potenzials* (*osmotischer Druck*), also durch Aufnahme oder Abgabe von osmotisch wirksamen Substanzen, ihren Wasserzustand regulieren. Diesen Vorgang nennt man *Osmoregulation*. [MSe]

osmotischer Druck, *osmotisches Potenzial*, ↗Osmose.

osmotisches Potenzial, *osmotischer Druck*, ↗Osmose.

Ostkolonisation ↗Siedlungsperioden.

Ostküstenklima, *Ostseitenklima*, immerfeuchter Klimatyp (↗Klimaklassifikation) an den Ostseiten der Kontinente mit einem jahreszeitlichen Wechsel von sommerlichen Konvektionsniederschlägen und zyklonalen Niederschlägen im Winter (↗alternierende Klimate).

Ostracoden, *Ostracoda*, *Ostrakoden*, *Muschelkrebse*, seit dem Altpaläozoikum in Ablagerungen fast aller Milieus oft massenhaft auftretende Gruppe von Krebstieren. Der Weichkörper mit bis zu zwei Thoraxanhängen wird von einem zweiklappigen, verkalkten Gehäuse mit Schloss umgeben. Sie sind oft exzellente ↗Leitfossilien und Milieuindikatoren und neben den ↗Foraminiferen die wichtigste Gruppe der ↗Mikropaläontologie.

Ostseitenklima ↗Ostküstenklima.

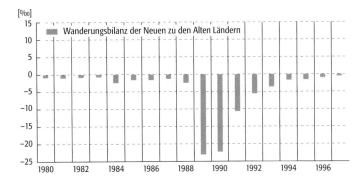

Ost-West-Wanderung, Wohnstandortwechsel aus dem Gebiet der früheren DDR in das der früheren Bundesrepublik. Die schon Mitte der 1980er-Jahre zunehmende Zahl von *Übersiedlern* in die alten Bundesländer kennzeichnete die Unfähigkeit der DDR-Regierung, strukturelle Systemveränderungen einzuleiten (Abb.). Nach Öffnung der Grenze im November 1989 stieg die Zahl der Übersiedler sprunghaft an. Diese Fortzugswelle von 360.000 bis 380.000 Personen ebbte nach den ersten freien Wahlen im März 1990 ab und kann als Resultat eines Abwanderungsstaus interpretiert werden. Nach 1990 verringerte sich die Zahl der Wegzüge deutlich. Jetzt stehen wirtschaftliche Motive, z. B. Arbeitslosigkeit und Unsicherheit über die zukünftige Beschäftigung, im Vordergrund. Parallel zu diesem Rückgang stieg der gegenläufige Strom von 80.000 (1991) auf 158.000 (1997) an. Beteiligt sind sowohl Westdeutsche als auch Rückwanderer, die früher aus Ostdeutschland weggezogen waren. Beide Gruppen haben ein eher höheres Lebensalter als die Abwanderer. ↗interregionale Wanderungen, ↗Migrationsbaum. [PG]

Ost-West-Wanderung: Entwicklung der Wanderungsbilanzen der Neuen zu den Alten Bundesländern (1980–1997) in Promille der Gesamtbevölkerung.

Oszillation, *Schwingung*, gleichmäßig oder ungleichmäßig periodisch wiederkehrender Vorgang. In der Klimatologie wird zur Beschreibung periodischer Schwankungen in der ↗atmosphärischen Zirkulation häufig die Oszillation großräumiger Luftdruckgradienten zwischen Zentren des tiefen und hohen Drucks untersucht und mithilfe von *Oszillationsindices* beschrieben. Prominentes Beispiel für einen meridionalen Gradienten ist die ↗Nordatlantik-Oszillation, für einen zonalen Gradienten die ↗Southern Oscillation.

Oszillationsindex ↗Oszillation.

Otremba, *Erich*, deutscher Geograph, geb. 11.11.1910 Frankfurt a. M., gest. 11.4. 1984 Ahrensburg. Otremba schloss sein Studium 1934 in Frankfurt als Dipl.-Kaufmann und Dipl.-Handelslehrer ab, fügte aber drei Jahre später die Promotion in Geographie mit einer Arbeit über »Das Problem der Ackernahrung« hinzu. Einem Angebot folgend, ging er 1938 als Assistent nach Erlangen, wo er 1942 mit einer stadtgeographischen Arbeit über Nürnberg (1950 ersch.) habilitiert wurde. Von seiner Berufung 1950 bis zur Emeritierung lehrte er an der Universität Hamburg. Er war einer der führenden Wirtschaftsgeographen in der BRD; zu seinen wichtigsten Werken zäh-

Otremba, *Erich*

len: »Allgemeine Agrar- und Industriegeographie« (1952), »Allgemeine Geographie des Welthandels und Weltverkehrs« (1957) oder »Der Wirtschaftsraum« (1969). Als Herausgeber zeichnete er verantwortlich für den »Atlas der deutschen Agrarlandschaft« (1962–70) sowie für verschiedene Fachzeitschriften wie das »Geographische Rundschau« (1961–73) oder die »Geographische Zeitschrift« (1963–76). [HPB]

Outgoing-Tourismus, *Ausreisetourismus*, ↗Tourismus der Inländer im Ausland. Als Tourist zählt jeder, der seinen ständigen Wohnsitz im Inland hat, sich nicht länger als ein Jahr im ausländischen Zielland aufhält und dessen Hauptreisemotiv nicht in der Ausübung einer vergüteten Tätigkeit besteht. Diese Tourismusform basiert auf dem Bestimmungsmerkmal der ökonomischen Wirkung der Ausgaben der Touristen aus dem Inland auf die Zahlungsbilanz der ausländischen Zielländer. Der durch den Outgoing-Tourismus übergegangene Wert an das Ausland (Devisenausgang) ist Teil der nationalen Tourismusbilanz (in der BRD: ↗Reiseverkehrsbilanz), die ihrerseits Teil der Zahlungsbilanz des Staates ist. Die Ausgaben im internationalen Tourismus sind gleichbedeutend mit Importen, gelten als unsichtbarer, stiller Import und werden zu den sog. Invisibles gezählt. An der Bilanzsumme des Tourismus im Inland ist quantifiziert die wirtschaftliche Bedeutung des Outgoing-Tourismus im Verhältnis zum ↗Incoming-Tourismus ausgewiesen. Ein Land, dass vorwiegend Touristen-Abgabeland ist, weist in der nationalen Tourismusbilanz einen Passivüberschuss auf bzw. zeichnet sich durch einen passiven Tourismus aus. Der Outgoing-Tourismus führt zu einer zeitlich und räumlich differenzierten, zumeist jedoch umfangreichen Verlagerung von ↗Kaufkraft und ↗Konsum sowie damit einhergehenden ↗touristischen Effekten aus dem Inland in das Ausland. Länder, die vorrangig als Touristen-Abgabeländer einzustufen sind, unternehmen umfangreiche Anstrengungen, um die Struktur ihres ↗touristischen Angebots so zu verändern, dass eine gewisse ↗touristische Nachfrage auch im Inland bedient werden kann. [BL]

Output, 1) *Informationstechnologie*: Resultat einer Computeroperation (↗Datenausgabe). Der Begriff wird dabei sowohl für den eigentlichen Datenausgabeprozess als auch für die ausgegebenen Daten verwendet. 2) *Landschaftsökologie*: ↗Input-Output-Analyse. 3) *Wirtschaftsgeographie*: ↗Input-Output-Analyse.

outsourcing, Ausgliederung von Tätigkeitsbereichen aus einem Unternehmen, als Folge der Konzentration auf Kernkompetenzen.

overflow channel, eine Schmelzwasserrinne, die beim Überlaufen eines Eisstausees durch Zerschneidung eines vorgelagerten Hügels (z. B. einer Endmoräne) entsteht.

overlay, *Überlagerung*, analoges oder digitales »Übereinanderlegen« von zwei (oder mehr) räumlichen, auf ein gemeinsames Bezugs- und Koordinatensystem angepassten Datensätzen. Klassisches Beispiel für die analog-manuelle Variante eines overlays ist das Erstellen einer neuen ↗Karte durch Auswertung zweier Ausgangskarten, die auf einem Durchlichttisch übereinandergelegt werden. In der digitalen Variante werden in einem ↗GIS oder Bildverarbeitungssystem die entsprechenden (digitalen) Datensätze der verwendeten Karten, ↗Luftbilder oder ↗Satellitenbilder in der jeweils gewünschten Form miteinander verknüpft und so ein neuer Datensatz erzeugt. Overlay-Operationen unterscheiden sich grundsätzlich, je nachdem ob sie mit ↗Vektordaten oder mit ↗Rasterdaten durchgeführt werden. Bei Vektordaten ist zusätzlich eine ↗Verschneidung notwendig. [TC]

overshooting top ↗Wolken.

Overstoring ↗Betriebsformen.

Oxidation, chemischer Prozess, bei dem ein Stoff Elektronen abgibt, die vom Oxidationsmittel aufgenommen werden, das dadurch reduziert wird (↗Reduktion).

Oxidationsverwitterung, eine Form der ↗chemischen Verwitterung, bei der v. a. zweiwertiges Eisen und Mangan durch im Wasser gelösten Sauerstoff oxidiert werden (↗Oxidation). Geschieht dies innerhalb eines Kristallverbands, so ändert sich dessen Ladung, was zum Abstoßen der oxidierten oder anderer Kationen führt. Nachfolgend wird in der Regel das Eisen oder Mangan als Oxid aus der ↗Verwitterungslösung ausgefällt und kann nur durch ↗Reduktion wieder mobilisiert werden. Da zweiwertiges Eisen in einer Vielzahl von Gesteinen in hoher Konzentration vorkommt und die Farbe der Oxide des dreiwertigen Eisens braun bis rötlich ist, ist die Oxidationsverwitterung in der Regel leicht an einem entsprechenden Farbumschlag (↗Verbraunung) zu erkennen. [AK]

Oxisols, Bodenordnung der US-amerikanischen ↗Soil Taxonomy; basenarme, intensiv verwitterte, gelbe bis rote Mineralböden mit hohen Gehalten an ↗Sesquioxid; weitverbreitet in tropischen und subtropischen Regionen mit hoher Verwitterungsintensität auf Landoberflächen meist tertiären Alters. Oxisols sind tiefgründig mit gleitenden Horizontübergängen, zeigen eine sandig-lehmige bis tonige ↗Textur und eine Kationenaustauschkapazität (in 1 M NH$_4$-Acetat) des ↗B-Horizonts von 16 cmol$_c$/kg Ton oder weniger. Sie entsprechen weitgehend den ↗Ferralsols der ↗FAO-Bodenklassifikation und der ↗WRB.

ozeanische Kruste ↗Kruste.

ozeanische Rücken ↗mittelozeanische Rücken.

Ozeanitätsindex, *Ozeanitäts-, Maritimitätsgrad*, Index zur Quantifizierung des ozeanischen Einflusses auf das Klima des Festlandes. Verbreitet ist die Formel von Iwanow (1959). Sie ermöglicht den Nachweis kontinentaler sowie ozeanischer (maritimer) Einflüsse. Sie basiert auf der Jahres- und Tagesschwankung der Lufttemperatur, dem Sättigungsdefizit und der geographischen Breite. Die Grenze zwischen kontinentalen und maritimen Einflüssen liegt bei 100 %. Danach besitzen die Macquary-Inseln im Süden von Neuseeland mit einem Wert von 37 % die maximale Maritimität, während in Zentralasien und der zentralen

Sahara die maximale Kontinentalität mit 250–260 % erreicht wird.

Ozeanographie, *Ozeanologie*, behandelt physikalische Vorgänge im ↗Meer. In Deutschland geschichtlich entwickelt aus der ↗Physischen Geographie ist sie heute ein Teilgebiet der *Meereskunde*. Neben der Beschreibung des Zustandes des ↗Meerwassers durch die Zustandsgrößen Temperatur, Salzgehalt und Druck sind Hydrodynamik und Thermodynamik die wichtigsten Teilgebiete der Ozeanographie. Grundlage für ozeanographische Arbeiten ist die Zustandsbeschreibung von Schichtung und Zirkulation. Zum Verständnis über das Zustandekommen der vorgefundenen Schichtungs- und Zirkulationsverhältnisse und ihrer Veränderlichkeit sind Prozessuntersuchungen nötig. Als herausragendes Ergebnis gilt das Verständnis von ↗El Niño. Basierend auf der modernen Zustandsbeschreibung des Weltmeeres und dem Verständnis zahlreicher Prozesse im Meer liegt der gegenwärtige Schwerpunkt der ozeanographischen Arbeiten auf der Untersuchung der Rolle des Ozeans im ↗Klimasystem.

Ozon, in Form dreiatomiger Moleküle als ↗atmosphärischer Spurenstoff vorkommender Sauerstoff. Zu unterscheiden ist grundsätzlich zwischen zwei Ozonkreisläufen, einem in der ↗Stratosphäre und einem in der unteren ↗Troposphäre. Das stratosphärische Ozon hat für das Leben auf der Erde elementare Bedeutung, da es die ultraviolette Strahlung absorbiert und erdgeschichtlich erst die Voraussetzung schuf, dass das Leben die Ozeane verlassen konnte. Die Energieaufnahme durch die Absorption ultravioletter Strahlung $h\nu$ führt zur Aufspaltung von O_2 in zwei Sauerstoffatome (Photodissoziation) und anschließender Kombination von Ozon:

$$O_2 + h\nu \, (188 \text{nm} \leq \lambda \leq 242 \text{ nm}) \rightarrow O+O$$
$$O+O_2+M \rightarrow O_3+M.$$

Voraussetzung für die zweite Reaktion ist die Existenz eines Neutralgases M, dies ist meist N_2. Das Ozon absorbiert nun auch die längerwellige UV-Strahlung bis 320 nm. Durch diese Reaktion wird Ozon photolytisch wieder in seine Komponenten zerlegt. Dabei sind Radikale als Katalysatoren beteiligt:

$$X \cdot + O_3 \rightarrow XO \cdot + O_2$$
$$O_3 + h\nu \, (188 \text{nm} \leq \lambda \leq 320 \text{ nm}) \rightarrow O_2+O$$
$$O+XO \cdot \rightarrow X \cdot + O_2.$$

Die wichtigsten Katalysatoren (Radikale $XO \cdot$ und $X \cdot$) in der Stratosphäre sind NO und NO_2. Sie werden aus den Stickoxid- und Lachgasemissionen (N_2O) der Erdoberfläche in der Stratosphäre gebildet. Lachgas entstammt mikrobiologischen Prozessen in Böden. Es ist in der bodennahen Atmosphäre reaktionsträge und hat eine durchschnittliche Lebensdauer von 150 Jahren. In der Stratosphäre reagiert es mit den Sauerstoffatomen, es entsteht NO_x, das den Abbauprozess des Ozons startet. Daneben gibt es auch andere NO_x-Quellen, in der Stratosphäre etwa Flugverkehrsemissionen oder Reaktionsprozesse der Korpuskularstrahlung, in der Troposphäre die Verbrennung fossiler Rohstoffe, doch ist deren Lebensdauer zu gering, um in relevantem Umfang in den Prozess des stratosphärischen Ozonkreislaufs einbezogen zu werden. Eine weitere natürliche Reaktion läuft über die Katalysatoren HO und HO_2, die sich in der Stratosphäre aus dem Wasserdampf und den Sauerstoffatomen bilden. Neben diesen natürlichen Prozessen gibt es einen weiteren, der anthropogen ist. Es ist die Einbeziehung von Fluorchlorkohlenwasserstoffen (↗FCKW), insbesondere $CFCl_3$ und CF_2Cl_2, in den katalytischen Kreislauf. Diese sind ebenfalls am Boden sehr stabil und reagieren nicht mit anderen Bestandteilen der Atmosphäre, weshalb sie besonders geeignet sind, um als Treibgase (z. B. in Spraydosen) verwendet zu werden. In der Stratosphäre ist die ultraviolette Strahlung energiereich genug, um diese Moleküle zu zerlegen und Chlormonoxid (ClO) freizusetzen. Diese sind noch wirkungsvollere Katalysatoren als NO und NO_2. Es findet also in der Stratosphäre ein kontinuierlicher Prozess der Dissoziierung und Rekombination von Ozon statt, der sich unter natürlichen Bedingungen in einem Gleichgewicht befindet, das der Mensch – wie bei anderen Spurengasen auch – beeinflusst. Dadurch nimmt die mittlere Menge des stratosphärischen Ozons ab und der kurzwellige Strahlungsinput auf der Erdoberfläche entsprechend zu. Es bildet sich das *Ozonloch*.

Das troposphärische Ozon gelangt in geringen Mengen aus der Stratosphäre in Bodennähe; wesentlich bedeutsamer aber sind anthropogen initiierte Ozonbildungsprozesse. Ozon wird nicht direkt emittiert, sondern entsteht durch die Photolyse von NO, NO_2 und NO_3 und hat in der Regel keine lange Lebensdauer. Es ist ein Zwischenprodukt des Stickoxidkreislaufs. Aufgrund eines ungepaarten Elektrons sind die Stickoxide reaktionsbeschleunigende Radikale. Es gibt sehr unterschiedliche photochemische Reaktionen der Stickstoffoxide. Für die Ozonbildung ist zunächst NO entscheidend. Es stammt aus Verbrennungsprozessen oder wird unter Einfluss der Strahlung aus NO_2 dissoziiert:

$$NO_2 + h\nu \, (\lambda \leq 410 \text{ nm}) \rightarrow NO+O.$$

Die Intensität dieses Prozesses ist von der Energieflussdichte der Strahlung abhängig, an strahlungsreichen Tagen also hoch. Aus dem freien Sauerstoffatom und einem Sauerstoffmolekül bildet sich nun Ozon:

$$O_2+O+M \rightarrow O_3+M$$

Der nicht reaktive Partner M ist meist N_2. Das NO wird nun durch zwei Reaktionen oxidiert:

$$2NO+O_2 \rightarrow 2\,NO_2$$
$$NO+O_3 \rightarrow NO_2+O_2$$

Die Oxidation des NO durch Ozon läuft sehr schnell ab. Ohne Sonneneinstrahlung wird das Ozon verbraucht, daher nimmt nachts die Konzentration ab. Die Koppelung an den NO-NO_2-Zyklus erklärt, dass man in Reinluftgebieten kaum NO findet, dafür entsprechend mehr Ozon. Am Rande von Straßen wird ständig NO nachgeliefert, sodass das Ozon umgewandelt wird. Dort findet man kein Ozon, entsprechend mehr NO. Dies ist ein dynamischer Prozess, dessen Einflüsse zeitlichen und räumlichen Schwankungen unterliegen, insbesondere die Einstrahlung und die Stickoxidemission. Die Ozonkonzentration ist eine Restgröße aus diesen hier sehr einfach zusammengefassten Prozessen. Da Stickoxide auch mit anderen Spurengasen reagieren, beispielsweise Kohlenwasserstoffen, ist eine quantitative Bilanzierung sehr aufwändig. In der Summe ergibt sich eine Ozonkonzentration in Abhängigkeit von der Verfügbarkeit der Vorläufersubstanzen und meteorologischen Bedingungen, insbesondere der Einstrahlung. An strahlungsreichen Sommertagen nimmt die Ozonkonzentration also in Gebieten abseits der Stickoxidemittenten zu. Die Konzentrationsfelder ergeben sich dann meist aufgrund lokaler und regionaler vertikaler und horizontaler Transportprozesse. [JVo]

Literatur: [1] MOUSSIOPOULOS, N.; OEHLER, W.; ZELLNER, K. (1989): Kraftfahrzeugemissionen und Ozonbildung. – Berlin. [2] MÉGIE, G. (1989): Ozon. Atmosphäre aus dem Gleichgewicht. – Berlin. [3] SONNEMANN, G. (1992): Ozon. Natürliche Schwankungen und anthropogene Einflüsse. – Berlin. [4] ZELLNER, R. (2000): Chemie der Stratosphäre und der Ozonabbau. In: GUDERIAN, R. (Hrsg.): Handbuch der Umweltveränderungen und Ökotoxikologie Band 1 A. – Berlin.

Ozonloch ↗Ozon.

Pacht, schuldrechtlicher gegenseitiger Vertrag, durch den sich der Verpächter gegen Zahlung des vereinbarten Pachtzinses verpflichtet, dem Pächter den Gebrauch des verpachteten Gegenstandes (z. B. landwirtschaftlicher Betrieb oder Grundstück) und den Genuss der bei ordnungsmäßiger Wirtschaft anfallenden Früchte zu gewähren. Pachtlandanteile sind vor allem in Gebieten mit ↗Realteilung stark vertreten. Nach der Art des Gegenstandes unterscheidet man z. B. Hofpacht, Parzellenpacht, Viehpacht sowie einzelne Nutzungsrechte (an Obstbäumen, die Schafhut an abgeernteten Feldern, das Jagdrecht) und nach der Art der Gegenleistung, z. B. Geldpacht und Naturalpacht. Die Pacht kann vererbt (Erbpacht) werden oder zeitlich begrenzt (Zeitpacht) sein. Neben der direkten Pacht gibt es vor allem im ↗Orient Formen der Unterverpachtung. Durch sie entstehen hohe Belastungen für den Endpächter, da er Abgaben sowohl an den Eigentümer, wie auch an einen oder mehrere Zwischenpächter entrichten muss. Bei der Teilpacht (métayage, ↗Mezzadria) ist der Zins nicht fest, sondern er wird als eine vereinbarte Quote vom Rohertrag erhoben. Die Arbeitspacht, bei der der Zins durch festgelegte Arbeitsleistungen auf dem Hof des Verpächters abgeleistet wird, ist weltweit verbreitet. In Westfalen und Oldenburg war bis in die jüngste Vergangenheit das Heuerlingswesen anzutreffen. [KB]

Packeis ↗Meereis.

Packeisgrenze ↗Meereis.

Pagoden, buddhistische Reliquienbauten, die sich aus dem indischen ↗Stupa entwickelt haben. Ihr Unterbau ist meist eine vielseitige Pyramide mit stufenförmigen Absätzen. Auf der Spitze befindet sich ein Pfosten, der von vielen Ringen umgeben ist. Pagoden beinhalten häufig wie die Stupas Reliquien von Buddha oder einem berühmten Lehrer und sind Ausdruck des buddhistischen Kosmos in symbolischer Form (↗Kosmologie). Eine der berühmtesten Pagoden ist die von Rangoon, die u. a. acht Haare Buddhas bergen soll.

PAK, *polycyclische aromatische Kohlenwasserstoffe*, organische Verbindungen, natürlichen und synthetischen Ursprungs, mit unterschiedlicher Anzahl kondensierter Benzolringe. Einer der bekanntesten Vertreter ist das Benz(a)pyren, eine besonders toxische und persistente Verbindung. PAKs entstehen insbesondere bei Verbrennungsprozessen mit nicht ausreichender Sauerstoffzufuhr. Sie werden im Boden überwiegend an die organische Substanz gebunden. Diese Bindung ist meist irreversibel. Dies erschwert ihren analytischen Nachweis, da ein großer Anteil bei den erforderlichen Extraktionen als bound residue (engl. = gebundene Reste) im Boden verbleibt. Ihre Affinität zur organischen Bodensubstanz führt zur Anreicherung dieser Substanzen im Oberboden.

Paketmethode, *Parcel-Methode*, graphisches Verfahren zur Analyse atmosphärischer Vertikalbewegungen mit einem ↗thermodynamischen Diagramm. Dabei wird zunächst aus den Messdaten eines ↗aerologischen Aufstiegs eine ↗Zustandskurve konstruiert, die für die freie ↗Atmosphäre für den Verlauf eines Tages als konstant

P

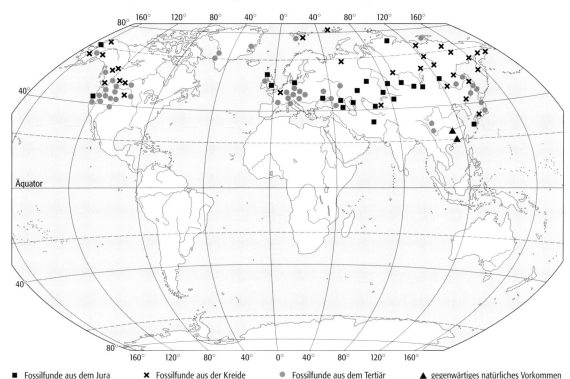

Paläoendemismus: Verbreitung der Gattung *Ginkgo* einst und jetzt als Beispiel für Reliktendemismus.

■ Fossilfunde aus dem Jura ✕ Fossilfunde aus der Kreide ● Fossilfunde aus dem Tertiär ▲ gegenwärtiges natürliches Vorkommen

angenommen wird. Für ein zu untersuchendes Luftpaket wird anschließend aus dessen ↗Zustandsänderung die ↗Hebungskurve konstruiert, deren Verlauf im Vergleich zur Zustandskurve Aussagen über die atmosphärische Schichtung, die aktuelle Labilitätsenergie sowie über Vertikalbewegungen inklusive der Wolkenbildungsbedingungen und -prozesse erlaubt.

Paläarktis ↗Faunenreiche, ↗Florenreiche.

Paläobiogeographie, die Lehre von der Verbreitung von Tier- oder Pflanzengruppen in der erdgeschichtlichen Vergangenheit.

Paläoböden, Böden, deren Bildung im Pleistozän und Präpleistozän unter einer ähnlichen oder anderen Konstellation der ↗Bodenbildungsfaktoren stattgefunden hat. Sie kommen als ↗reliktische Böden nahe der heutigen Landoberfläche vor und wurden von der holozänen Bodenbildung überprägt. Als ↗fossile Böden werden sie von jüngeren Sedimenten bedeckt und dadurch von dem Einfluss der holozänen Bodenbildung abgeschirmt, sodass die Merkmale weitgehend erhalten blieben. Sie sind Indikatoren für Paläoklima und Vegetationsverhältnisse sowie Phasen, in denen die Reliefbildung durch Erosion stark eingeschränkt war. Daher stellen sie wichtige Urkunden der Erd- und der Landschaftsgeschichte dar.

Paläobotanik, Wissenschaft von der Pflanzenwelt früherer erdgeschichtlicher Perioden. Sie befasst sich mit pflanzlichen ↗Fossilien zur Analyse der Gesetzmäßigkeiten und Ursachen der Sippen- und Artenbildung sowie der verwandtschaftlichen Beziehungen. Die Paläobotanik liefert Erkenntnisse über phylogenetisch wichtige, heute teilweise ausgestorbene Schlüsselgruppen (z. B. Progymnospermen), die z. T. Stammformen heutiger Arten darstellen. Sehr bedeutend ist die Untersuchung fossiler Sporen- und Pollenformen (↗Pollenanalyse) für die Taxonomie der Pflanzen. Auch die Sequenzierung fossiler DNA ist heute möglich.

Paläodüne ↗Erg.

Paläoendemismus, *Reliktendemismus, konservativer Endemismus, regressiver Endemismus*, der Endemismus phylogenetisch meist älterer Sippen, die sich gegenwärtig aufgrund veränderter Umweltbedingungen nur noch auf kleinen Restflächen eines einst größeren Verbreitungsareals halten können. Arealverkleinerungen sind meist die Folge negativer Umweltveränderungen, insbesondere ↗Klimaänderungen. Ein Beispiel hierfür ist die Reduktion des Areals von *Ginkgo biloba*, der im ↗Tertiär über die gesamte Nordhalbkugel verbreitet war und im Zuge des Temperaturrückganges in den Glazialzeiten auf ↗Relikte in Ostasien beschränkt ist (Abb.).

Paläoform, *Altform, Vorzeitform,* ↗*Reliktform.*

Paläogen, ↗Sytem der Erdgeschichte; umfasst die Epochen ↗Paleozän, ↗Eozän und ↗Oligozän.

Paläogeographie, beschäftigt sich mit der Rekonstruktion geographischer Verhältnisse für die Epochen der Erdgeschichte. Dabei stehen die Verteilung von Land und Meer, die Verbreitung von Gebirgen und Vulkanen und die Ausdehnung von Vergletscherungen im Vordergrund. Die Ergebnisse werden in paläogeographischen Karten dargestellt.

Paläokarst, Gemeinschaft von Karstformen, deren Bildung im wesentlichen unter Vorzeitbedingungen abgeschlossen wurde und die sich heute nicht oder nur äußerst geringfügig durch ↗Lösungsvorgänge weiter entwickelt. Nichtkarstische Formungsprozesse können zur Veränderung bis hin zur Zerstörung des Paläokarstes führen. ↗Karstlandschaft.

Paläoklimatologie, beschäftigt sich mit der Rekonstruktion klimatischer Verhältnisse der Epochen der erdgeschichtlichen Vergangenheit. ↗historische Klimaforschung.

Paläolithikum ↗Steinzeit.

Paläomäander, ehemaliger, nicht mehr durchflossener ↗Mäander, Element des ↗Auenreliefs. Für aktuelle ↗freie Mäander konnte ein Zusammenhang zwischen Wellenlänge und mittlerem Abfluss festgestellt werden. So ermöglichen Untersuchungen der Form und Dimension von Paläomäandern die Rekonstruktion vorzeitlicher ↗Gerinnebettmuster und Abflussbedingungen. Aus den Sedimentfüllungen lassen sich über un-

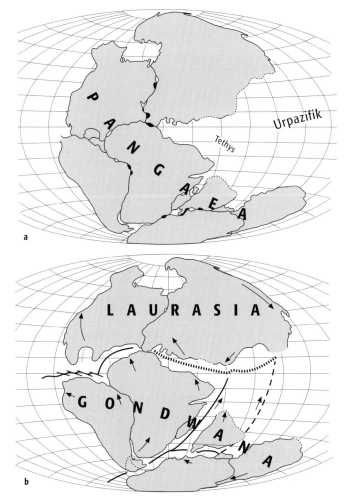

Pangaea: Verteilung der Kontinente gegen Ende des Paläozoikums (a) und gegen Ende der Trias (b).

terschiedliche Methoden (z. B. Sedimentologie) Rückschlüsse auf vorzeitliche Klima- und Umweltveränderungen erzielen.

Paläomagnetik, Rekonstruktion des vorzeitlichen Erdmagnetfeldes durch die Untersuchung magnetisierbarer Minerale, die bei ihrer Abkühlung bzw. Ablagerung das ehemals herrschende Erdmagnetfeld konserviert haben. Da der Ablauf der Änderungen des Erdmagnetfeldes bekannt ist – insbesondere Zeiten der Polumkehrung – kann diese magnetische Ausrichtung zur Datierung genutzt werden. Hohe zeitliche Auflösung ist durch die Säkularvariation (kurzfristige Schwankungen des Feldes infolge der Drift des Magnetpols um den geographischen Nordpol) möglich, wofür aber regional gültige Eichkurven erforderlich sind. Unterschiede in den rekonstruierten Magnetfeldern verschiedener Platten können durch die ↗Plattentektonik erklärt werden.

paläomagnetischer Pol ↗Pole.

Paläontologie, Wissenschaft von der Organismenwelt der Erdgeschichte. Sie beschäftigt sich mit der Entwicklung, der geographischen und stratigraphischen Verbreitung, der Fossilisation, ↗Taxonomie, ↗Taphonomie und Paläoökologie der Organismen.

Paläoökologie ↗Ökologie.

Paläophytikum, in der (weniger gebräuchlichen) Gliederung der Erdgeschichte nach Pflanzen das Erdaltertum (Zeitraum vom ↗Silur bis Unteres ↗Perm), gekennzeichnet durch das Auftreten primitiver Gefäßpflanzen. ↗Paläozoikum. ↗Evolution von Ökosystemen.

Paläotropis ↗Faunenreiche, ↗Florenreiche.

Paläozoikum, *Erdaltertum*, Ärathem (↗Stratigraphie) des ↗Phanerozoikums (siehe Beilage »Geologische Zeittafel«) vom Beginn des ↗Kambriums bis zum Ende des ↗Perms; gekennzeichnet durch altertümliche Faunenvergesellschaftungen mit ↗Trilobiten, ↗Cephalopoden, rugosen ↗Korallen und ↗Brachiopoden. ↗Paläophytikum.

Paleozän, Zeitabschnitt des ↗Tertiärs (siehe Beilage »Geologische Zeittafel«).

Palingenese, Vorgang der völligen Aufschmelzung eines Gesteins zu Magma, meist im Verlauf einer ↗Metamorphose, der zur vollständigen Gesteinsumbildung führt. Oft als Synonym von ↗Anatexis angesehen, einige Geologen betonen aber den Aspekt der Gesteinsneubildung.

Palse, *Palsa*, zum periglazialen Formenschatz zählender Hügel mit rundlich/ovalem Grundriss (Durchmesser maximal 50–150 m) und Höhen von bis zu 10 m. Palsen treten in ↗Mooren auf, bestehen hauptsächlich aus ↗Torf und besitzen Eislinsen oder dünne Eislagen als permanenten Eiskern. Palsen können im Gegensatz zu ↗Thufuren nur im Bereich des ↗Permafrost entstehen. Von den bedeutend größeren ↗Pingos unterscheidet Palsen, dass es sich um einzelne Eislinsen im Torf oder im unterlagernden Mineralboden handelt. Die Eislinsen bestehen aus ↗Segregationseis. Große Wärmeleitfähigkeit feuchten Torfes und dessen gute Isolationseigenschaften im trockenen Zustand sind für die Bildung von Palsen entscheidend.

Palsenmoor ↗Moore.

Palynologie, *Pollenkunde*, Wissenschaft von der Struktur der Pollen und Sporen und von der Vergesellschaftung und Verteilung der Pollen mit Methoden der ↗Pollenanalyse.

Pampa, weitgehend baumloses Grasland im weiten Umfeld der La Plata-Mündung in Südbrasilien, Uruguay und Argentinien, dessen offener Charakter sich nicht aus den Klimavorgaben erklären lässt (warme Sommer, milde Winter, Sommerregen). Dass sich trotz eines Waldklimas Baumwuchs auf Galerieformationen an Bachläufen beschränkt, geht auf edaphische Nachteile zurück. Zudem ist die Dominanz der Grasfluren auf Brände zur Jagderleichterung seitens der Indianer in der präkolumbischen Ära und auf die postkoloniale Beweidung zurückzuführen. In der »Hügelpampa« im feuchteren Norden treffen noch Trockengehölze mit den Federgras- und *Panicum*-Gräsern zusammen. Vor allem in der »ebenen Pampa« im trockeneren Süden fördert Sodabildung in abflusslosen Senken halophytische Gräser. Für Gräsländer typisch liegen hohe ↗Primärproduktionen vor, was der Weidewirtschaft zugute kommt. [MR]

PAN ↗Smog.

Panama-Landbrücke ↗Landbrücke.

panchromatisch, Filmmaterial oder Sensor mit einer Empfindlichkeit im Bereich des sichtbaren Lichtes ohne Differenzierung einzelner ↗Spektralbereiche. Bei einigen Satelliten (↗Landsat, ↗Ikonos) ist die räumliche ↗Auflösung im panchromatischen Spektralbereich höher als in den anderen.

Pandemie, Ausbreitung einer Krankheit (↗Epidemie) über Länder und Kontinente.

pandemisch, bezeichnet all jene Arten, die in mehreren Naturräumen, Tier- bzw. Florenregionen oder Tier- bzw. ↗Florenreichen vertreten sind. Es ist der Komplementärbegriff zu ↗endemisch.

Panel-Studie, Untersuchungsanordnung bei ↗Befragungen, bei der die gleichen Personen oder Gruppen mit dem gleichen Instrumentarium zu verschiedenen Zeitpunkten befragt werden. Dabei entstehen Bilder über Veränderungen, z. B. im Einkaufsverhalten.

Pangaea, *Pangäa*, vom ↗Silur bis zum Ende des ↗Devons existierender Urkontinent (Abb.), der von Pol zu Pol reichte. Pangaea wurde aus kleineren Kontinenten durch orogene Vorgänge wie die ↗kaledonische Gebirgsbildung erzeugt und zerfiel in einzelne Plattenteile, aus denen sich seit dem ↗Mesozoikum langsam die heutigen Kontinente entwickelten.

pantropisch, zonale, alle tropischen Regionen einschliessende ↗Verbreitung.

Parabeldüne, *blowout dune*, eine Sicheldüne, die im Gegensatz zum ↗Barchan nach Luv geöffnet ist (Abb.). Sie entsteht nur auf gras- oder krautbewachsenem Boden, wo die niedrigen Seitenteile vor Windeinwirkung geschützt sind und nur der höhere Mittelteil äolisch verlagert wird. Parabeldünen können sich aus ↗Lunettes entwickeln. In den Periglazialgebieten Mitteleuropas sind ge-

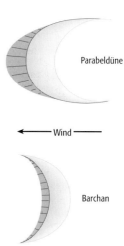

Parabeldüne: Lage von Parabeldüne und Barchan zum Wind.

Paradigma 1: Humangeographien am Ende des 20. Jahrhunderts.

gen Ende der letzten Kaltzeit ausgedehnte Dünengebiete entstanden, in denen vor allem Parabeldünen auftraten. Die Entstehung der Dünengebiete war in den stärker kontinental geprägten Gebieten des östlichen Deutschlands und in Polen begünstigt; hier finden sich bis zu 30 m hohe Dünen aus dem Weichsel-Spätglazial.

Parabelrisse, reihenförmig angeordnete, parabelförmige Rissstrukturen im Festgestein. Parabelrisse sind glazialerosive Kleinformen und entstehen wie ↗Gletscherschrammen und ↗Sichelbrüche durch den Prozess der ↗Abrasion infolge hohen Drucks und Erosion von in der Gletscherbasis festgefrorenen und mittransportierten Gesteinsfragmenten auf das Gletscherbett. Die Öffnung der Parabeln zeigen dabei in Richtung der Eisbewegung.

Parabraunerde, ↗Bodentyp der ↗Deutschen Bodensystematik der Abteilung ↗Terrestrische Böden der Klasse ↗Lessivés; Profil: Ah/Al/Bt/C (↗Bodentyp Abb. im Farbtafelteil); Boden mit vertikaler ↗Lessivierung aus dem Ah- und Al-Horizont in den Bt-Horizont; Texturdifferenzierung zwischen Al- und Bt-Horizont ist, je nach Ausgangstongehalt, unterschiedlich stark und nimmt mit steigendem Tongehalt zu; Subtypen: ↗Bänderparabraunerde in sandigen Substraten mit bänderförmigem Bt; Humusparabraunerde mit über 4 dm mächtigem Ah-Horizont; Übergänge zu anderen ↗Bodentypen; ↗FAO-Boden-

Paradigma, Denkschule 1	Vertreter in Humangeographien u. anderen Raumwissenschaften 2	Kernkonzepte und -begriffe 3	Mutter- u. Nachbarwissenschaften 4	Methodologie 5	Wichtige Verfahren der Datenerhebung und -analyse 6
Kritischer Rationalismus	weit überwiegende Mehrheit der Humangeographen		alle systematischen Disziplinen; Naturwissenschaften	Suche nach empirisch gehaltvollen Aussagesystemen via Hypothesentest	durch Expertenwissen angeleitete Erhebung, statistische Analyse und Kartierung von Primär- und Sekundärdaten
Positivismus	P. Haggett, L. Schätzl,	Raumstrukturen, Netzwerke, Raumverflechtungen, räumliche Disparitäten, Agglomerationsvorteile	Naturwissenschaften, Soziologie, Ökonomie	Quantifizieren, Messen	direkte, offene, nicht teilnehmende strukturierte Beobachtung
Verhaltenstheorie	R. Downs/D. Stea	Wahrnehmungsraum, kognitive Karte	Umweltpsychologie, Umweltökonomie	Reiz-Reaktions-Schemata; rational choice-Modelle	Analyse von kognitiven Karten (»mental maps«)
(akteurzentrierte) Handlungstheorie	T. Hägerstrand, S. Lash/ J. Urry, P. Sedlacek, B. Werlen, E. Wirth,	Dualität von Handlung und Struktur, Lebenspraxis, Aktionsraum, Zeit-Raum-Pfade, Raum-Machen, Regionalisierung, Glokalisierung, Akteursnetzwerke	Soziologie (Handlungs- und Strukturationstheorie), Politikwissenschaft als Politikfeldanalyse, Institutionenforschung	methodologischer Individualismus, Handlungsverstehen	Organisationsanalyse, Experteninterview, Aktenanalyse, Netzwerkanalyse, Delphiverfahren
Systemtheorie	D. Fliedner, H. Klüter, R. Stichweh, M. Willke	(Teil-)Subsystem, Kommunikation, Weltgesellschaft, Glokalisierung	systemtheoretische Soziologie, Biologie/Ökologie, Kybernetik	Erfassung sinnkonstituierender Systeme; reflexive Wahrnehmung in der Interaktion	teilnehmende Beobachtung
Konstruktivismus	B. Reichert, P. Shurmer-Smith/K. Hannam	sense of place, worlds of others, imagined spaces, lived space, tactical spatialism	Wahrnehmungspsychologie, Neurobiologie, Philosophie, Kulturwissenschaft, Gender Studies	Verstehen durch mehrstufige (Selbst-)Reflexivität; »rhizomic Thinking«	Dekonstruktion, Text- und Symbolanalyse, »Beobachtungen von Beobachtungen von Beobachtungen.«
Hermeneutik; symbolischer Interaktionismus	A. Buttimer, V. Meier, B. Reichert, Y.-F. Tuan	Verstehen, Fremdheit, Heimat, regionale Identität	Philosophie, Literaturwissenschaft, Rechtswissenschaft	interpretierendes Sinnverstehen von Texten und Handlungen; Insider-Perspektive	dichte Beschreibung, Tonband- und Videoaufnahmen, Ansichten räumlicher Symbolwelten
Phänomenologie	J. Hasse, M. Löw, R. Thurnher	Raum als Kategorie und Bezugsgröße menschlicher Existenz	Philosophie	Erfassen der Dinge »an sich«	wesenerfassendes Einkreisen von Begriffen und Objekten, von Symbolwelten und Images
(marxist.) Strukturtheorie, Kritische Theorie, Welfare Geography	D. Harvey, D. Massey	Klasse, Macht, Gewalt, Ungleichheit, Raum als Machtbehälter	(Politische) Ökonomie, Soziologie, Philosophie	Klassen- und Machtanalyse	Analyse der Besitz-, Macht- und Abhängigkeitsstrukturen
engagierte, problemorientierte Geographie	M. Davis, P. Lacoste, R. Peet	Lebensbedingungen, Ungleichheit (internationale) Ungerechtigkeit, politisch-ökologische Syndrome	Friedens- und Konfliktforschung; »advocacy science«, Aktionsforschung	miterleben, mitmachen, sich für die Ziele anderer einsetzen, sich einmischen	Komplexanalyse als Methodenmix und Mehrebenenanalyse

klassifikation: ↗Alisols und ↗Luvisols; Verbreitung in Mitteleuropa vor allem in den Löss- und Moränenlandschaften; meist günstige Ackerstandorte.

Paradigma, *Musterbeispiel*, *Vorbild*, in der Wissenschaftsforschung als »wissenschaftliches Paradigma« inflationär und undeutlich gebrauchter Begriff. Am häufigsten meint man heute mit (wissenschaftlichem) Paradigma ein bestimmtes routinemäßiges Vorgehen in der Forschung, das von einer Gruppe von Wissenschaftlern befolgt wird. Einen Überblick über paradigmatische Orientierungen der gegenwärtigen ↗Humangeographie enthält die Abbildung 1. In historischer Abfolge lassen sich in der Geographie folgende Paradigmata unterscheiden: Die ästhetisch-metaphysische Landschaftsdarstellung in der Tradition ↗Humboldts; die auf die Analyse von Mensch-Umwelt-Systemen ausgerichtete ↗Regionale Geographie im Sinne länderkundlicher Forschung, wie sie zwischen den beiden Weltkriegen des 20. Jh. vorherrschend war; die positivistische Raumforschung, die im ↗Kritischen Rationalismus wurzelt, auf quantifizierende Darstellung und formale Modelle ausgerichtet ist (engl. spatial science) und in den 1960er-Jahren, als Teil einer übergreifenden »quantitativen Revolution« in den Sozialwissenschaften, auch die ↗Geographie erreichte; die ↗humanistische Geographie und schließlich die handlungstheoretische Humangeographie, bei der Räume als konstruierte, durch unterschiedlich sensible und mächtige Menschen, Gruppen und Organisationen gemachte Konstrukte angesehen werden.

Paradigmatische Bewegungen, wie die hier skizzierten, verliefen und verlaufen nicht linear und einheitlich. Mehr und mehr ist auch in der Geographie ein Nebeneinander verschiedener Paradigmata zu beobachten. Diese »Gleichzeitigkeit des Ungleichzeitigen« wird manchmal als Ausdruck einer pluralistischen, offenen Wissenschaftskultur gepriesen, zuweilen aber auch als Indiz für einen »Verlust der Mitte der Geographie« und dann oft als bedenkliche Auflösungserscheinung angesehen. Tatsache ist, dass sich die Paradigmata in der Geographie zunehmend auseinander entwickeln. Es entstehen verschiedene Denk- und Sprachwelten.

Auf die Entscheidung eines einzelnen Wissenschaftlers für oder gegen ein Forschungsparadigma wirken zahlreiche Faktoren ein; in schwer nachvollziehbarer Weise wird sie durch metatheoretische, ideologische und/oder fachtheoretische Einflüsse geprägt (↗Geodeterminismus). Einmal getroffen, hat diese Entscheidung in der Regel Konsequenzen für alle Schritte der Forschungspraxis. Die Abbildung 2 verdeutlicht diesen Aspekt am Beispiel des Kritischen Rationalismus und damit der analytischen Humangeographie. Dieses Modell spielt bis heute eine Vorbildrolle für das wissenschaftliche Handeln in der deutschsprachigen Geographie, einschließlich der ↗Physischen Geographie.

Forschungssoziologisch gesehen, stellen Paradigmata mehr oder minder geschlossene Netzwerke dar. Ihre Beschreibung und Analyse ist Aufgabe einer Wissenschaftswissenschaft. Ihre Vertreter bedienen sich der (teilnehmenden) Beobachtung des Publikationswesens (Zitierzirkel), von Gutachtertätigkeiten, Berufsnetzwerken, Kongressbeteiligungen und Sprachgewohnheiten (Jargons). Es ist einsichtig, dass man paradigmatische Bindungen von Forschern und Forschergruppen um so leichter erkennen kann, wie diese eine konsequent selbstreflexive Haltung einnehmen. [HD]

Paradoxides, wichtige Gattung der ↗Trilobiten und ↗Leitfossilien für das Mittelkambrium.

Parahotellerie, Teilbereich des ↗Hotel- und Gaststättengewerbes. Zur Parahotellerie zählen Appartements, Ferienwohnungen, Erholungs- und Ferienheime, Jugendherbergen, Hütten, Camping- und Caravaningplätze, Bauernhöfe und Privatzimmer. Die hotelüblichen Leistungen (Angebot an Speisen und Getränken, Reinigen

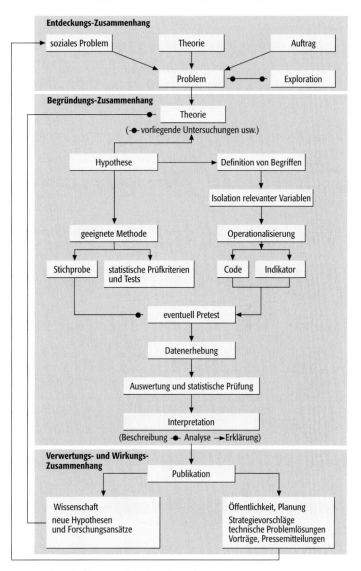

Paradigma 2: Forschungslogischer Ablauf empirischer Untersuchungen.

und Aufräumen der Zimmer usw.) werden in den Betrieben der Parahotellerie zumeist stark eingeschränkt angeboten bzw. nicht erbracht. Viele Betriebe der Parahotellerie werden als Nebenerwerbsbetriebe geführt.

Parakarst, 1) Karst in schwer löslichen ↗Karstgesteinen. 2) ↗Pseudokarst.

paralisch, Lage eines Sedimentationsraumes in direkter Nachbarschaft des Meeres, aber mit nicht mariner Ablagerungsfolge. Normalerweise bezeichnet der Begriff eine Verzahnung von marinen und kontinentalen Ablagerungen, die landwärts der Küste oder in Flachwasserbereichen gebildet werden und somit charakteristische Lebensbedingungen schaffen. Paralisch wird auch für den Zustand von Becken, Plattformen, Sümpfen und anderen Bereichen verwendet, die mächtige terrigene Ablagerungen besitzen, die eng mit meeresnahen, ästuarinen und kontinentalen Ablagerungen (wie ↗Deltas) verbunden sind. Am häufigsten wird der Begriff in Mitteleuropa für karbonzeitliche ↗Steinkohlen verwendet, die in Meeresnähe in den sog. Vorsenken gebildet wurden. Solche Kohleflöze können im Gegensatz zu limnischen ↗Kohlen durch Horizonte mit marinen Organismenresten getrennt sein.

Parallelitätsthese ↗Sektorentheorie.

Parameter, allgemeiner Begriff der ↗Statistik für Kennziffern bzw. Maßzahlen, die Eigenschaften von Verteilungen (Variablen) kennzeichnen bzw. messen.

parameterfreier Test ↗Teststatistik.
parametrischer Test ↗Teststatistik.

Páramos, bilden eine Höhenstufe oberhalb der ↗Waldgrenze in den feuchten Kalttropen Lateinamerikas, also in den Anden Nordecuadors, Kolumbiens, Venezuelas und in Costa Rica. Zunächst setzt bei etwa 3200 m bis 3400 m eine Gebüschstufe (Subpáramo) an, die in den eigentlichen Páramo mit hohen Horstgräsern (Tussocks) übergreift; hier konzentrieren sich auch die typischen Wuchsformen der Formation, nämlich die Kerzenrosetten- und die Schopfrosettenpflanzen (z. B. Lupinen und *Puya* bzw. *Espeletia*). Oberhalb ca. 4000 m löst sich die Vegetation im Superpáramo zu offenen Zwergstrauchfluren auf. Páramos werden zwar von sehr häufigen Nebeln bestimmt, jedoch weisen fast alle Pflanzenarten xeromorphe Merkmale auf (v. a. harte oder behaarte Blätter). Unter entsprechendem Klima gedeihen konvergente Formationen in ähnlichen Höhenlagen an den Hochbergen in Ostafrika und auch in Neuguinea. [MR]

Parapediment, Begriff, der vor dem Hintergrund, dass ursprünglich nur solche Abtragungsfußflächen, die sich deutlich und mit dem Effekt der Pediplanation gegen ihr Hinterland erweitern, als ↗Pedimente bezeichnet wurden, eingeführt wurde für solche Fußflächen, die – oftmals unter wiederholter Tieferschaltung – weitgehend auf den Bereich der Gebirgsvorländer bzw. Beckenfüllungen beschränkt bleiben. Diese Parapedimente präparieren die angrenzenden, von Festgesteinen aufgebauten Vollformen heraus, anstatt sie – wie die Pedimente – aufzuzehren.

Paraphrasierung, Technik in der ↗Qualitativen Geographie zur Interpretation vorwiegend narrativer ↗Befragungen. Durch hermeneutisches Vorgehen, d. h. in diesem Zusammenhang, durch schrittweise Modifizierung des Vorverständnisses, das die Interpreten in die Untersuchung einbringen, soll eine Deutung der subjektiven Perspektive der handelnden Subjekte erarbeitet werden.

Pararendzina, ↗Bodentyp der ↗Deutschen Bodensystematik der Abteilung ↗Terrestrische Böden und der Klasse ↗Ah/C-Böden; Profil: Ah/eC (↗Bodentyp Abb. im Farbtafelteil); entstanden aus carbonathaltigem (2 bis 75 Masse-%), lockerem oder festem Kiesel- oder Silicatgestein, wie Löss, Mergel, carbonathaltigem Schotter- oder Kalksandstein; ↗FAO-Bodenklassifikation: je nach Mächtigkeit und Humusgehalt als ↗Leptosols, ↗Regosols, zum Teil auch als ↗Chernozems klassifiziert; Entwicklung durch Humusakkumulation und mäßige Carbonatverarmung oder Bildung in semiariden Gebieten durch sekundäre Kalkbildung aus calciumreichen Magmatiten; Verbreitung im Bereich kalkhaltiger Fest- und Lockergesteine; warme und trockene Standorte, Nutzung durch Acker- oder Weinbau möglich.

Parasit [von griech. *parasitos* = Schmarotzer, Mitspeisender], alle Arten von Pflanzen, Tieren und Bakterien, die ihre Nahrung anderen Lebewesen entnehmen und sich meist oder ständig in oder an anderen Körpern befinden. Häufig sind Parasiten an bestimmte Lebewesen gebunden. Nicht selten braucht ein Parasit mehrere Wirte, die er bis zu seiner vollständigen Entwicklung passiert. Dazu gehört z. B. der Bandwurm. ↗Parasitismus.

Parasitismus, *Schmarotzertum*, Zusammenleben oder auch die Wechselbeziehung zwischen zwei Organismen, bei dem nur ein Partner (Parasit, *Schmarotzer*) einen deutlichen Vorteil bezieht, während der andere (Wirt) eher geschädigt wird. Bei Pflanzen unterscheidet man Vollparasiten (Holoparasiten), die vollständig heterotroph leben und kein Chlorophyll besitzen (z. B. *Orobanche*, *Cuscuta*) und Halbparasiten (Hemiparasiten), die nur bestimmte Stoffe (Wasser, Nährstoffe) über ihre Wirtspflanze aufnehmen (z. B. *Rhinanthus*, *Melampyrum*, *Viscum*). Die Wirtspflanzen werden über die Wurzeln oder oberirdisch angezapft. Ein Absterben des Wirtes durch zu starke Stoffentnahme liegt nicht im Interesse des Parasiten, sodass dieser zwar geschwächt wird, aber sich meistens gewisse Gleichgewichte einstellen.

Pariser Becken, rund 500 km breites Sedimentationsbecken mit Paris im Zentrum, das im ↗Tertiär (v. a. im ↗Paleozän und ↗Eozän) Ablagerungsraum für größere Sedimentmengen war.

Park, *Robert Ezra*, amerikanischer Soziologe, geb. 14.2.1864 Luzerne County, Pennsylvania; gest. 5.2.1944 Nashville, Tennessee. Park war der Mitbegründer der ↗Chicagoer Schule der Soziologie. Er studierte an den Universitäten Michigan, Harvard, Berlin, Straßburg und Heidelberg die Fächer Philosophie, Psychologie und Soziologie.

In Deutschland hat er sich mit den Werken u. a. von ↗Ratzel auseinander gesetzt. Bevor Park 1914 zum Professor ernannt wurde, war er Mitarbeiter des Schwarzenführers B. T. Washington und als Zeitungsreporter tätig und berichtete über das bestürzende Ausmaß der sozialen Katastrophe im Zusammenhang mit der explosionsartigen Stadtentwicklung von Chicago, die von Korruption und staatlicher Misswirtschaft geprägt war. Parks Feststellung, dass die Abweichungen in Bezug auf das Verhalten, den Lebensstandard und die allgemeinen Lebensanschauungen in den verschiedenen Stadtgebieten oft ganz erstaunlich sind, regte zahlreiche soziologische und sozialgeographische Stadtforschungen an, die auf die Aufdeckung des räumlichen Mosaiks der gesellschaftlichen Verhältnisse ausgerichtet waren. Ab 1935 war Park Gastprofessor an der Fisk University in Nashville Tenn., der damals wohl wichtigsten Universität für Afroamerikaner. [BW]

Park-and-Ride, *P+R*, Verknüpfung von motorisiertem ↗Individualverkehr und ↗ÖPNV zur Entlastung der Kernstädte vom Autoverkehr (↗ruhender Verkehr).

Parklandschaft, naturnahe bis naturfremde Landschaft mit einem Mosaik von Grasland und kleineren oder größeren Baumgruppen. Eine natürliche Parklandschaft findet sich insbesondere in den ↗Ökotonen (Übergangszonen) zwischen Wald- und Graslandformationen (Waldtundra, Waldsteppe, Parktundra der Hochgebirge, Feuchtsavanne). Als Parklandschaft bezeichnet man auch eine naturfremde, gepflegte oder überhaupt künstlich angelegte Landschaft, die von Überbauung freigehalten ist, Grünflächen und Baumgruppen trägt und von Wegen durchzogen wird. Klassisches Beispiel der künstlichen Parklandschaften ist der englische Park.

Parkraummanagement ↗ruhender Verkehr.
Parsismus ↗Zoroastrismus.
Partialanalyse ↗*Differenzialanalyse*.
Partialdruck ↗Druck.
Partialkomplex, Begriff aus der Landschaftsökologie; Schichten oder Bereiche verstandene Subsysteme von Landschaften bzw. ↗Geoökosystemen. Sie zeichnen sich durch charakteristische Strukturmerkmale, Funktionen und Funktionszusammenhänge aus und stehen untereinander in Wechselwirkung. Die klassischen Partialkomplexe sind: Relief, Gestein, Boden, Wasser, Klima, Vegetation und Tierwelt. Sinnvolle Partialkomplexe im Rahmen einer Systembetrachtung sind: Luftschicht, Pflanzendecke, Zoosystem, Bodenoberfläche, Humus, Mineralboden, Bodenwasser, Gestein und Grundwasser.

Particulate Volume Monitor ↗Nebelniederschlag.
partielle Korrelation ↗Korrelationsanalyse.
partielle Wüstung ↗Wüstung.
Partikulier ↗Binnenschifffahrt

Partizipation, Begriff, der sich in seiner Bedeutung sowohl auf den Aspekt der (aktiv handelnden) Teilnahme als auch auf den Aspekt der (eher passiven bzw. empfangenden) Teilhabe an einem Prozess (z. B. an einem Planungsprozess oder einem Entwicklungsprozess) bezieht. In entwicklungspolitischem Sinne schließt Partizipation beide Bedeutungen ein, nämlich die aktive Beteiligung der Bevölkerung am Entwicklungsprozess als Gestaltungsmacht und die Teilhabe am gesamtgesellschaftlichen Nutzen von Entwicklung. Partizipation ist ein Schlüsselbegriff für viele neuere ↗Entwicklungsstrategien. Konzepte wie ↗self-reliance, ↗grundbedürfnisorientierte Entwicklungsstrategie, ↗arbeitsintensive Wachstumsstrategie oder ↗ländliche Regionalentwicklung fordern eine breite Partizipation der Bevölkerung. Im Gegensatz dazu geben Modernisierungstheorien Stabilitäts- und Wachstumszielen Priorität gegenüber den eher distributiven Zielen partizipativer Entwicklungsansätze. [DM]

Partsch, *Joseph*, deutscher Geograph und Altphilologe, geb. 4.7.1851 Schreiberhau, gest. 22.6. 1925 Bad Brambach. Er studierte klassische Philologie in Breslau, wo er auch philosophische Seminare und geographische Vorlesungen besuchte. Er promovierte 1874 und habilitierte sich 1875 für Alte Geschichte und ↗Geographie in Breslau mit einer Arbeit über die Darstellung Europas im geographischen Werk des römischen Feldherrn und Staatsmannes Agrippa (63–12 v. Chr.). Seit 1876 war Partsch a. o. Professor und ab 1884 o. Professor in Breslau. Von 1905 bis zu seiner Emeritierung 1922 war er Professor für Geographie in Leipzig. Nach seinen frühen philologischen Arbeiten wandte sich Partsch Fragen der Morphologie und Vergletscherung in den Karpaten zu. Zwischen 1886 und 1890 folgten Reisen durch Griechenland und die Publikation von Monographien über die Inseln Korfu, Leukas, Kephallenia und Ithaka. Die erste Fassung seiner Länderkunde Mitteleuropas wurde in England unter dem Titel »Central Europe« in ↗Mackinders »The regions of the world« publiziert – allerdings überarbeitet und gekürzt im Sinne des Herausgebers. 1911 nahm Partsch als einer der wenigen Deutschen zusammen mit den international renommiertesten Kollegen aller Länder an der großen dreimonatigen transkontinentalen Exkursion der Amerikanischen Geographischen Gesellschaft durch die USA teil. Weitere wichtige Ergebnisse seiner Arbeit sind die schlesische Landeskunde sowie Arbeiten zur Glazialmorphologie. Partsch konnte eine Zusammenfassung seiner Lehrtätigkeit an der Leipziger Handelshochschule in Form der Welthandelsgeographie zwar noch vollenden, aber selbst nicht mehr herausgeben. [AMe]

Partsch, *Josef*

Parzelle, als Einheit vermessener Teil der Erdoberfläche, der im Grundbuch durch Nummern gekennzeichnet wird. Eine oder mehrere solcher Katasterparzellen bilden eine Besitzparzelle. Die Parzelle ist so die kleinste Besitzeinheit in der ↗Flur. Das gegenwärtige parzellare Gefüge einer Flur ist in Katasterkarten niedergelegt und auf Katasterämtern einzusehen. Als wesentliche Formen der Parzellen unterscheidet man Blöcke und Streifen. Parzellen ähnlicher Form und Lage bilden innerhalb einer Flur häufig Verbände (Blockverbände, Streifenverbände, Streifengemengeverbände) und Komplexe (z. B. von Streifengemen-

Passate: Höhe der Untergrenze [m] der Passatinversion im Bereich des Atlantiks.

geverbänden). Parzellen sind ferner nach ihrer Lage zum Betrieb (Hofanschluss) und nach ihrer Lage zu anderen Parzellen des gleichen Besitzers (Gemengeflur, Einödflur) zu charakterisieren. Von den Besitzparzellen können die Betriebsparzellen (Nutzungs-, Wirtschaftsparzellen) unterschieden werden, die ihrerseits die kleinste Nutzungseinheit in der Flur bezeichnen. [KB]

Pascal, *Pa*, physikalische Einheit des Druckes, 1 Pa = 1 N/m^2, mit Newton (N) als Einheit der Kraft, 1 N = 1 kg·m/s^2. Der ↗Luftdruck wird in *Hektopascal* (hPa) angegeben (1 hPa = 100 Pa). Die physikalische Einheit des Luftdrucks entspricht dem früher gebräuchlichen *Millibar* (mbar): 1000 mbar = 1 bar = 10^5 Pa = 1000 hPa.

Paschinger, *Herbert*, österreichischer Geograph, geb. 27.9.1911 in Neumarkt, gest. 12.9.1992 in Graz; Studium der Geographie, Geschichte und Geologie an der Universität Graz, 1934 Promotion mit der Arbeit »Geomorphologische Studien im westlichen Klagenfurter Becken und seiner nordwestlichen Umrahmung«, 1935 Lehramtsprüfung; einige Jahre Schuldienst in Klagenfurt ohne feste Anstellung; ab 1938 Assistent bei H. ↗Kinzl in Innsbruck; 1941–1945 Militärdienst, zuerst im Wetterdienst, ab 1943 in der Forschungsstaffel (Luftbildinterpretation, Kartenherstellung); 1948 Habilitation mit einer Arbeit über die Höttinger Breccie (erschienen 1950), dem wichtigsten Zeugen einer warmen Zwischeneiszeit. 1957 widerlegte er mit den »Klimamorphologischen Studien im Quartär des alpinen Inntals« das seit O. Ampferer gültige Dogma eines zwischeneiszeitlichen Alters der Inntalterrassen und klassifizierte diese als würmkaltzeitliche Ablagerungen. In der ersten Hälfte der 1950er-Jahre forschte er in Südspanien, Italien und in der südöstlichen Türkei, später in Südwestafrika und Nordwestkanada. Im Jahr 1958 folgte der Ruf auf das einzige Ordinariat für Geographie in Graz. [PM]

Pass, natürliche, schmale Einsattelung an einer ↗Wasserscheide in ↗Bergländern und ↗Hochgebirgen. Pässe haben dort oft einen hohen Wert als Verkehrsweg zwischen Tälern.

Passanten, *Ephemerophyten*, *Unbeständige*, ↗Einbürgerung.

Passarge, *Siegfried*, deutscher Geograph, geb. 26.2.1867 Königsberg, gest. 26.7.1958 Bremen. Nach einem Studium der Medizin und umfangreichen Reisen nach Afrika und Südamerika (1893–1901) wandte sich Passarge der ↗Geographie zu und habilitierte sich 1903 in Berlin. 1905 erhielt er den Lehrstuhl in Breslau, wechselte aber 1908 nach Hamburg, wo er am Kolonialinstitut (seit 1919 Universität) das Geographische Seminar aufbaute, das er bis zu seiner Emeritierung 1935 leitete. Seine wissenschaftlichen Verdienste liegen besonders in der morphologischen Landschaftskunde (»Grundlagen der Landschaftskunde«, 1919/21; »Vergleichende Landschaftskunde«, 1921–24 u. a.). Er war ein streitbarer Kopf, der extreme Positionen vertrat, sich nach 1933 politisch anbiederte und aus seiner antisemitischen Einstellung kein Hehl machte.

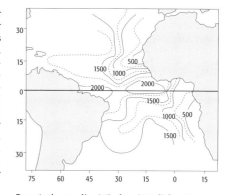

Passarge, *Siegfried*

Passate, beständige Winde mit östlicher Komponente, die von den ↗subtropischen Hochdruckgürteln beider Hemisphären zur ↗äquatorialen Tiefdruckrinne gerichtet sind. Sie repräsentieren den bodennahen Teil der tropischen Oststörmung, die die äquatorwärtige Flanke der tropischen Höhenantizyklonen beider Hemisphären bildet. Gegenüber der tropischen Höhenoststörmung, die auch als *Urpassat* bezeichnet wird, wird die bodennahe Strömung durch Reibungseffekte in Richtung der äquatorialen Tiefdruckrinne umgelenkt, die diese deshalb als NE-Passate auf der Nordhemisphäre und als SE-Passate auf der Südhemisphäre erreichen. Die Umlenkungseffekte sind nur innerhalb der planetarischen Grenzschicht wirksam, die im Mittel in rund 1000 m Höhe endet. Oberhalb der Grenzschicht sinkt die Luft in die subtropischen Hochdruckgürtel aus der Höhe des Subtropenjets (↗atmosphärische Zirkulation) ab. Diesen Absinkbewegungen steht ein kompensatorischer Luftaufstieg im Bereich der äquatorialen Tiefdruckrinne gegenüber. Die NE- und SE-gerichteten Passate verbinden diese entgegengerichteten vertikalen Strömungen im Bodenniveau, der Urpassat in der Höhe. Die sich aus diesen Strömungen ergebende geschlossene, meridional orientierte Zirkulationszelle wird als ↗Hadley-Zirkulation bezeichnet und repräsentiert einen bedeutenden Bestandteil der atmosphärischen Zirkulation.

Der NE-Passat der Nordhalbkugel und der SE-Passat der Südhalbkugel treten bevorzugt zwischen 5°–35° auf. Sie erreichen ihre beständigste Ausprägung in Form der *Kernpassate* an den Ostflanken der subtropischen Hochdruckgebiete über den Ozeanen bei ca. 15° Breite. Da die Luft aus der Höhe in den subtropischen Hochdruckgürtel absinkt und sich dabei adiabatisch erwärmt, sind die Passatströmungen im Allgemeinen trocken und niederschlagsarm. Zwischen der aus der Höhe absinkenden Luft und der innerhalb der planetarischen Grenzschicht turbulent durchmischten Luft bildet sich eine als *Passatinversion* bezeichnete Sperrschicht regelmäßig aus (Abb.). Die Höhe der Passatinversion ist im Bereich der Ostflanken der subtropischen Hochdruckgebiete, wo die Absinkbewegungen größte Intensität erreichen, sehr gering (500–600 m), nimmt aber mit Annäherung an die ↗innertropische Konvergenzzone und die Westflanken der

subtropischen Hochdruckgebiete deutlich zu (1500–2000 m). Unter der niedrig liegenden Passatinversion bilden sich allenfalls flache Haufenwolken (Cumulus humilis) ohne niederschlagsgenetische Wirksamkeit aus. Mit zunehmender Höhe der Passatinversion wird die Bildung von Gewitterwolken (Cumulus congestus, Cumulonimbus) möglich, die die Passatinversion durchbrechen, oft auch ganz auflösen und zu heftigen ↗Niederschlägen führen können. Auch dort, wo die Passate nach dem Überströmen großer Ozeanflächen auf topographische Hindernisse im Küsten- oder Inselbereich treffen, bildet sich regelmäßig eine kräftige Staubewölkung mit z. T. hohen Niederschlägen (↗Wolken). [DKl]
Literatur: HASTENRATH, S. (1996): Climate dynamics of the tropics. – London.

Passatinversion ↗Passate.

Passfußort, Verkehrssiedlung, die am Fuße einer Passstraße liegt. Die wirtschaftlichen Funktionen eines Passfußortes umfassten meistens Zug- und Spanndienste, Fuhrwerksunternehmen, Umschlagsfunktionen, Hospize, Rast- und Gaststätten. In den Alpen gehen solche Passfußorte oft bis in die Römerzeit (↗Römerstädte) zurück (z. B. Aosta am Südfuß des Großen St. Bernhardpasses). Einige Passfußorte entstanden bei älteren Abteien (z. B. Martigny im mittleren Rhonetal). Auch an anderen Alpenpässen haben sich beiderseits der Passregion bedeutende Passfußorte entwickelt, etwa Matrei und Sterzing beiderseits des Brennerpasses sowie Altdorf und Bellinzona beiderseits des St. Gotthardpasses.
Im Bereich von ↗Mittelgebirgen haben zumeist die Gebirgsrandstädte die Funktion als Umschlags- und Rastorte ausgeübt. Als Passfußort kann man auch das am Nordabfall der Schwäbischen Alb gelegene Geislingen an der Steige bezeichnen, das den Übergang einer wichtigen, vom Voralpenland ins Neckarbecken führenden uralten Fernstraße über die Schwäbische Alb kontrollierte. [AS]

passives Fernerkundungssystem, nutzt ausschließlich die in der Natur vorhandene ↗elektromagnetische Strahlung. Dabei kann es sich sowohl um die an der Erdoberfläche reflektierte ↗Sonnenstrahlung als auch um emittierte Eigenstrahlung der Erde (↗terrestrische Strahlung) handeln. Im Gegensatz zu ↗aktiven Fernerkundungssystemen sind passive Fernerkundungssysteme vom Wetter und teilweise auch vom Tageslicht abhängig.

Passivraum, bildet mit *Aktivraum* ein Begriffspaar, das in seiner gegensätzlichen Bedeutung für einen prosperierenden Raum einerseits bzw. stagnierenden oder auch rückläufigen Raum andererseits steht. In seiner ursprünglichen Bedeutung aus den 1920er-Jahren wird unter einem Aktivraum eine wirtschaftlich und politisch bedeutsame, unter einem Passivraum eine schlecht ausgestattete, dünn besiedelte, ökonomisch zurückgebliebene Raumeinheit verstanden. In der Zeit nach dem Zweiten Weltkrieg hat sich das Begriffspaar v. a. in der regionalen Wirtschaftspolitik durchgesetzt, um langfristig ↗räumliche Disparitäten in wirtschaftlicher, sozialer und kultureller Hinsicht abzubauen und gleichwertige Lebensräume zu schaffen.

Passpunkte, **1)** *Fernerkundung*: auffällige und daher genau zu identifizierende Punkte in einem Satellitenbild, die auch in einem korrespondierenden geodätischen Koordinatensystem bekannt sind. Über eine Anzahl von Passpunkten findet die ↗Entzerrung der Fernerkundungsrasterdaten statt. **2)** *Kartographie*: bei einem Mehrfarbendruck sind auf jeder Druckplatte Passpunkte angebracht, damit die Farbauszüge (Druckplatten) exakt übereinstimmen.

patch dynamics, Terminus, der den Wandel räumlicher Muster in ↗Ökosystemen bezeichnet (↗Sukzession). »Patch« (engl. für Fleck) steht für abgrenzbare, mehr oder weniger homogene Raumeinheiten in Metapopulationen und Lebensgemeinschaften. Die Identifizierung der »patches« ist dabei immer vom betrachteten Gesamtsystem abhängig. Die Veränderung der Muster in Raum und Zeit wird als »patch dynamics« angesprochen. Typisches Beispiel sind Baumsturzlücken-Muster in naturnahen Wäldern sog. gap dynamics.

Patentintensität, Zahl der Patentanmeldungen in einem Gebiet bezogen auf die Zahl von Unternehmen oder Erwerbspersonen dieses Gebiets. Die Patentintensität wird als Indikator für die Erfassung von regionalen Unterschieden des ↗Forschungsoutputs, der Innovations- und Erfindungstätigkeit verwendet. Zu den Vorteilen von Indikatoren, die auf Patenten beruhen, gehören die hohe Aktualität und die leichte Verfügbarkeit der Daten sowie die international verbindliche Klassifikation und die genaue Dokumentation der Entstehung eines Patents. Als Nachteile sind anzumerken, dass nicht alle wirtschaftlich nutzbaren, technischen Erfindungen patentiert werden, dass die Anmeldung von Patenten nichts über die wirtschaftliche Verwertung der Erfindung aussagt, dass sich ein Patent auf eine Basiserfindung oder eine nur geringfügige Verbesserung beziehen kann und dass die regionale Zuordnung von Erfindungen sehr große Schwierigkeiten bereitet. Der Standort des Anmeldenden ist oft nicht identisch mit dem Standort der Erfindung oder Forschung. Trotz dieser methodischen Schwierigkeiten werden Indikatoren auf der Basis von Patentanmeldungen sehr häufig verwendet, weil sie auch eng mit anderen Indikatoren der Innovationstätigkeit korrelieren. [PM]

Paternia, ↗Bodentyp der ↗Deutschen Bodensystematik der Abteilung ↗Semiterrestrische Böden und der Klasse ↗Auenböden; Profil: aAh/ailC/aG; Auenregosol aus carbonatfreien oder carbonatarmen jungen Flusssedimenten; Subtypen: Norm-Paternia und Gley-Paternia; nach ↗FAO-Bodenklassifikation: Eutric oder Dystric ↗Fluvisol und Eutric oder Dystric ↗Regosol; junge Böden aus Sand, Kies oder Schottern in flussnahen Auenbereichen mit wechselndem Grundwasserstand und episodischer oder periodischer Überflutung, insbesondere an Flüssen des Berglandes; natürliche, oft nährstoffreiche Standorte artenreicher Auenwälder (↗Auenvegetation); Nutzung durch Forstkulturen sowie Grünland.

Pauschaltourismus, Tourismusform, bei der der ↗Reiseveranstalter den Reisenden ein komplettes Angebot (An- und Abreise, Unterkunft, Verpflegung, Freizeit- und Kulturangebote) bietet. Der Pauschaltourismus hat einen deutlich steigenden Marktanteil. Dies liegt u. a. daran, dass die Veranstalter aufgrund ihrer Kontingentgrößen bei Einzelleistungen durchaus Preisvorteile bieten können. Des Weiteren gewährleistet das deutsche Reiserecht für Pauschalreisen einen Konsumentenschutz, der für Individualreisende nicht besteht. Und schließlich gehen die Reiseveranstalter zunehmend dazu über, ihre Leistungen in einem Baukastensystem anzubieten. Damit können Reisende die einzelnen Elemente individuell zu einer Pauschalreise zusammenstellen. ↗Massentourismus.

Pazifischer Küstentyp, sog. Längsküsten; mehr oder weniger küstenparallele, geologische und geomorphologische Strukturen wie Falten und Gebirgszüge oder Verwerfungen und Grabenbrüche, die eine buchtenarme ↗Küste zur Folge haben wie z. B. um den Pazifischen Ozean.

PCB, *polychlorierte Biphenyle*, Bezeichnung für synthetische, persistente, hydrophobe, organische Verbindungen, die aus einem chlorierten Biphenylgrundgerüst bestehen. Insgesamt sind 209 Isomere mit unterschiedlichem Chloridgehalt bekannt. Sie werden in den verschiedensten Bereichen (Hydrauliköle, Isoliermaterial, Pflanzenschutzmittel (↗DDT) eingesetzt. Die Persistenz dieser Verbindungen steigt mit zunehmendem Chloridgehalt. Ihre Anwendung wird durch die PCB, PCT, VC-Verbotsverordnung bzw. die Chemikalienverbotsverordnung (alt: DDT-Gesetz) geregelt. Viele dieser Verbindungen lagern sich aufgrund ihrer Hydrophobizität im Fettgewebe ein. Sie sind kaum wasserlöslich und werden daher kaum von Pflanzen aufgenommen. Aufgrund ihrer Hydrophobizität werden sie im Boden überwiegend an die organische Substanz gebunden. Da diese Bindung meist irreversibel ist, entgehen sie teilweise analytischen Nachweisen, da ein großer Anteil bei den erforderlichen Extraktionen als »bound residues« im Boden verbleibt. Aufgrund ihres relativ niedrigen Dampfdruckes können sie über die Luft bzw. die Atmosphäre im weiten Umkreis (je nach freigesetzten Mengen auch weltweit) verteilt werden. Grenzwerte werden in der sog. Hollandliste angegeben.

Pearson-Bericht, 1969 vorgelegter Bericht der »Commission on International Development«, die vom damaligen Weltbank-Präsidenten Robert McNamara (↗Weltbank) beauftragt und vom ehemaligen kanadischen Ministerpräsidenten und Friedensnobelpreisträger Lester Pearson geleitet wurde. Der Bericht bilanziert die Resultate von 20 Jahren ↗Entwicklungspolitik und gab Empfehlungen für die weitere Entwicklungspolitik. Konstatiert wird, dass mit ↗Entwicklungszusammenarbeit vor allem außenpolitische und außenwirtschaftliche Eigeninteressen verfolgt werden und somit eine Instrumentalisierung der Entwicklungszusammenarbeit seitens der Geberländer stattfindet. Der Bericht entfaltete eine indirekte Wirkung über die anschließende Debatte in Fachkreisen, die den Wandel der Entwicklungspolitik in den 1970er-Jahren maßgeblich beeinflusst hat.

Pearson'scher Korrelationskoeffizient ↗Korrelationsanalyse.

Pediment, Terminus zur Kennzeichnung flach geböschter Felsoberflächen am Fuße arider und semiarider Gebirge, mit dem seit langem unter Nichtbeachtung des petrographischen wie auch des klimatischen Aspekts sowohl Abtragungsfußflächen über stark als auch über gering resistenten Gesteinen, über verfestigten Beckensedimenten und Schottern als auch Akkumulationsflächen außerhalb der heutigen Trockengebiete bezeichnet werden. Einen Fortschritt hinsichtlich der Erkenntnis geomorphologischer Sachverhalte hat diese starke Erweiterung des ursprünglichen Begriffsinhaltes allerdings nur scheinbar gebracht. Zwar ermöglicht der markante und nicht zuletzt seiner vermeintlichen Herkunft von lat. »pes« wegen so beliebte Terminus in seiner modernen Form eine weltweite Verwendung, doch ist er gegenüber seiner ursprünglichen Bedeutung zu einem rein morphographischen, dem deutschen ↗Fußfläche gleichzusetzenden Begriff geworden. Im Hinblick auf eine schärfere Fassung des Begriffs sollte der Terminus Pediment den Abtragungsfußflächen vorbehalten bleiben. Die derzeit zunehmende Erkenntnis, dass Fußflächen nicht nur in den subtropischen Trockenräumen der Erde, sondern auch in den wechselfeuchten Tropen und nicht zuletzt in den aktuellen wie in den vorzeitlichen Periglazialgebieten der Subarktis und der Mittelbreiten weithin verbreitet sind, macht deutlich, dass unter dem Terminus Pediment – sofern auf all diese Phänomene angewendet – genetisch unterschiedliche, lediglich in ihrem Erscheinungsbild weitgehend ähnliche, d. h. konvergente Oberflächenformen subsumiert werden. So lässt sich in Hinblick auf den großräumigen Formungseffekt zwischen Pedimenten sensu strictu, die zur Aufzehrung des Hinterlandes und damit zur Pediplanation führen, und ↗Parapedimenten, die durch Tieferschaltung der Landoberfläche ohne Aufzehrung des Hinterlandes gebildet wurden, differenzieren. [EB]

Pediplain, flachwellige Landoberfläche als Resultat planierender Abtragung durch Pedimentation. Die endgültige Aufzehrung der Rahmenhöhen führt zu einem Pedimentscheitelrelief. ↗Pediment.

Pedofunktion, funktionale Eigenschaften des ↗Bodens für ↗Ökosysteme und Menschen: Lebensraum von Organismen, Pflanzenstandort sowie Filter-, Puffer- und Transformationssystem. Darüber hinaus bilden Böden erd- und landschaftsgeschichtliche Urkunden, sie sind Rohstofflieferanten und stellen Standorte für Siedlung und Verkehr dar. Die Pedofunktionen stehen im Zentrum des ↗Bodenschutzes, da sie durch die Lebens-, Siedlungs- und Wirtschaftsweise der Menschen belastet oder zerstört werden.

pedogene Oxide, amorphe und kristalline Fe-, Mn-, Al- und Si-Oxide und Hydroxide, die im Verlauf der Bodenentwicklung als Mineralneubildungen im Bv-Horizont und Bu-Horizont (↗B-Horizont) durch Verwitterung primärer Silicate entstehen oder aus dem Sicker-, Hang- und Grundwasser durch Oxidation gefällt werden. Fe- und Mn-Oxide bedingen schwarze, braune und rote Färbungen der Unterbodenhorizonte.

Pedogenese, *Bodenentwicklung, Bodengenese,* Entwicklung der Böden durch die Wirkung von ↗Bodenbildungsfaktoren und bodenbildende Prozesse; sie beginnt an der Oberfläche des Ausgangsgesteins und schreitet im Laufe der Zeit zur Tiefe fort. Als Folge der Transformations- und ↗Translokationsprozesse entstehen ↗Bodenhorizonte mit spezifischen Merkmalen und Eigenschaften, die zusammen den Bodenkörper oder das ↗Pedon bilden.

Pedokomplex, Zusammenfassung mehrerer Polypeda oder Pedotope zu einer Kartiereinheit, wenn aufgrund der kleinräumigen Variabilität der ↗Bodenbildungsfaktoren ein ebenfalls kleinräumiges Mosaik unterschiedlicher Böden auf dem Niveau des Subtyps entstand, das bei der ↗Bodenkartierung räumlich nicht differenziert werden kann.

Pedologie, *Bodenkunde, Bodenwissenschaft,* die sich der Erforschung der Eigenschaften, Entstehung und Verbreitung der Böden widmet, sowie die Nutzbarkeit, Belastung und Schutzmöglichkeiten von Böden in ↗Ökosystemen untersucht.

Pedon, *Bodenkörper, Solum,* räumlich etwa hexagonal umgrenzter Ausschnitt aus der ↗Pedosphäre vom Ausgangsgestein bis zur Bodenoberfläche, je nach räumlicher Variabilität des Bodens mit einer Oberfläche von 1 bis 10 m^2, in dem die Merkmale und Eigenschaften des Bodens weitgehend homogen sind. Die Beschreibung der Merkmale und Eigenschaften erfolgt im ↗Bodenprofil, d.h. einem vertikalen Schnitt durch ein Pedon.

Pedoökosystem, die zusammenfassende Kennzeichnung des ↗Bodens im Hinblick auf seine Bedeutung als Träger ökologischer Funktionen (*Bodenfunktionen*), die (wie die Bodenentwicklung insgesamt) in wechselndem Umfang vom ↗Edaphon bestimmt werden und die sich im Einzelnen in Regelungs-, Lebensraum- und Produktionsfunktion gliedern lassen. Die Regelungsfunktion des Bodens beruht auf seiner Fähigkeit zur Steuerung der kompartimentinternen sowie der ökosystemaren Stoff- und Energieflüsse. Sie lässt sich weiter in die Teilfunktionen Puffer-, Filter- und Transformatorfunktion untergliedern. Die Filterfunktion beschreibt die Fähigkeit des Bodens zur mechanischen Rückhaltung partikulärer oder kolloidaler Stoffe durch das Porensystem des Bodens. Die Pufferfunktion dagegen ist das Bindungsvermögen für gelöste Stoffe vor allem durch Sorption an mineralische und organische Bodenpartikel oder durch chemische Fällung. Weitere Prozesse, die die Pufferkapazität des Bodens charakterisieren, sind der Einschluss von Stoffen in das Kristallgitter, die Inkorporation von Stoffen in Bodenorganismen sowie die Fähigkeit zur Säureneutralisation. Die Transformatorfunktion kennzeichnet die Fähigkeit des Bodens zur Umwandlung und zum Abbau von Stoffen durch Bodenorganismen sowie durch chemische Reaktionen. Die Lebensraumfunktion beschreibt die Qualität des Bodens, als Lebensraum für Bodenorganismen sowie als Pflanzenstandort zu dienen und somit die Lebensgrundlage für Tiere und Menschen zu bilden. Die Produktionsfunktion schließlich kennzeichnet die Eigenschaften des Bodens als Standort für Nahrungs- und Futterpflanzen sowie »nachwachsende« Rohstoffe. Wirkungen auf die Produktionsfunktion werden weniger nach ökologischen als nach wirtschaftlichen Gesichtspunkten, d.h. im Hinblick auf die Erträge beurteilt, da der Anbau im Rahmen der landwirtschaftlichen, forstwirtschaftlichen und gartenbaulichen Nutzung einen wirtschaftlichen Gewinn erzielen soll. [OF]

Pedosphäre, Bodendecke als Grenzphänomen der Erdoberfläche, in der sich die ↗Lithosphäre, ↗Hydrosphäre, ↗Atmosphäre und ↗Biosphäre mit wechselnden Anteilen durchdringen. Die räumliche Struktur, Merkmale und Eigenschaften der Pedosphäre sind je nach Konstellation der ↗Bodenbildungsfaktoren ausgeprägt, d.h. der Beteiligung, Einflussdauer und Wirksamkeit der sich überlagernden Sphären. Kleinste räumliche Einheit der Pedosphäre ist das ↗Pedon; mit der zunehmenden räumlichen Aggregierung werden Polypeda, ↗Pedokomplexe, ↗Bodengesellschaften, Bodenlandschaften, Bodenregionen und Bodenzonen ausgewiesen.

Pegmatit, grobkörniges ↗Ganggestein granitischer Abkunft. Pegmatite bestehen oft aus großen, gut ausgebildeten Kristallen von ↗Quarz, ↗Feldspat und ↗Glimmer. Wegen des oft bedeutenden Gehalts an Edelsteinen (wie Turmalin und Beryll), Metallen und wirtschaftlich wichtigen anderen Mineralen werden sie häufig bergmännisch abgebaut. Je nach Abkunft von verschiedenen ↗Plutoniten unterscheidet man zwischen Granit-, Syenit-, Gabbro- und Norit-Pegmatit.

Peinomorphosen, morphologische Veränderungen der Wuchsform einer Pflanze, hervorgerufen durch Nährstoffmangel. Die an xeromorphe Anpassungen erinnernden Wuchsformen bei Hochgebirgspflanzen (z.B. Rollblätter) sind Peinomorphosen. Auch der Kümmerwuchs von Pflanzen der Pflasterfugengesellschaften (*Poa annua*) und von Geröllstandorten (*Silene acaulis*) kann als Peinomorphose interpretiert werden.

Pelagial, der Bereich des freien Wassers, im Gegensatz zum Bodenbereich, dem ↗Benthal, je nach Tiefe gegliedert in das Epipelagial (bis –200 m), das obere (bis –1000 m) und untere (unter –1000 m) Bathypelagial und das viele 1000 m tiefe Abyssopelagial.

pelagisch ↗Meer.

Pelit ↗klastische Gesteine.

Pelosole, Klasse der ↗Deutschen Bodensystematik; Abteilung: ↗Terrestrische Böden. Zusammenfassung von Böden aus primär tonigen oder tonmergeligen Ausgangsgesteinen. Durch einen hohen Anteil an quellfähigen ↗Tonmineralen zeichnen sie sich durch eine ausgeprägte Schrumpfungs- und Quellungsdynamik in Abhängigkeit von der jahreszeitlichen Durchfeuchtung und Austrocknung aus, wodurch ein Absonderungsgefüge aus Polyedern und Prismen gebildet wird. Einziger ↗Bodentyp ist der Pelosol mit seinen Subtypen. Nach ↗FAO-Bodenklassifikation handelt es sich um ↗Vertisols oder zum Teil andere Bodentypen mit vertic properties.

Peloturbation ↗Turbation.

Penck, *Albrecht*, deutscher Geograph, geb. 25.9.1858 Reuditz/Sachsen, gest. 7.3. 1945 Prag. Penck studierte ab 1875 Geologie, Mineralogie, Chemie und Botanik in Leipzig, wo er 1878 mit einer vulkanologisch-petrographischen Arbeit promoviert wurde. In seiner ersten größeren Veröffentlichung, die u. a. auf Feldstudien in Norddeutschland, Ostpreußen und Skandinavien beruhte, widerlegte er 1879 die seinerzeit vorherrschende Drifttheorie, die schwimmende Eisberge als Verfrachter der Geschiebelehme annahm, durch den eindeutigen Nachweis einer dreigliedrigen nordischen Inlandvereisung. 1882 habilitierte er sich in München mit der ersten grundlegenden Arbeit über die Vergletscherung der Alpen. Darin gelang ihm der gesicherte Nachweis von drei getrennten Eiszeiten in den Alpen und somit eine Bestätigung seiner Untersuchungen im nördlichen Europa. Erstmals konnten zwingende Beweise für das exakte Ausmaß der Gletschererosion sowohl innerhalb der Alpentäler als auch in den Zungenbecken des Gebirgsfußes vorgelegt und übertriebene Anschauungen über die Glazialerosion zurückgewiesen werden. Das Werk enthielt auch die bis heute übliche Unterscheidung von Jung- und Altmoränen sowie deren Datierung durch Einordnung in die Lösssedimentation. 1885 übernahm Penck den Lehrstuhl für ↗Physische Geographie an der Universität Wien. 1906 wechselte er als Nachfolger ↗Richthofens auf den geographischen Lehrstuhl an der Universität Berlin und wurde dort wie sein Vorgänger auch Direktor des Museums für Meereskunde, das er neben dem Geographischen Institut bis zu seiner Emeritierung 1926 leitete. Seit 1891 trat er mit großer Energie für die Schaffung einer ↗Weltkarte 1:1 Mio. ein. Vor dem Hintergrund zahlreicher Regionalstudien zur Morphologie und Hydrographie erwuchs ein großes zweibändiges Werk zur Morphologie der Erdoberfläche, in dem der vergleichende Gesichtspunkt als methodisches Prinzip herausgestellt sowie eine klare physikalische Begriffsbildung vorgelegt und Möglichkeiten zur quantitativen Erfassung morphologischer Vorgänge aufgezeigt wurden. Nicht nur für die innerdisziplinäre Entwicklung bedeutsam wurden Pencks länderkundliche Arbeiten, insbesondere die als erster Band der Kirchhoff'schen Länderkunde publizierte Monographie »Das Deutsche Reich«. Dort wurden nicht nur der morphologisch-geologisch begründete »Dreiklang« von Ober-, Mittel- und Niederdeutschland geprägt, sondern auch Begriffe wie Alpenvorland, südwestdeutsches Becken, fränkisch-schwäbisches Stufenland, mitteldeutsche Gebirgsschwelle oder subherzynisches Hügelland in die Literatur eingeführt. Diese länderkundlichen Arbeiten wurden von ihm während bzw. nach dem Ersten Weltkrieg erneut aufgegriffen. Um die Jahrhundertwende galt Pencks Hauptinteresse der Eiszeitforschung. Die Ergebnisse von Untersuchungen im gesamten Alpenraum publizierte er gemeinsam mit seinem Schüler E. Brückner zwischen 1901 und 1909. Sein politisches Engagement begann während des Ersten Weltkrieges und ließ ihn 1923 in der Weimarer Republik zum Mitbegründer der »Deutschen Stiftung für Volks- und Kulturbodenforschung« werden.

Werke (Auswahl): »Studien über lockere vulkanische Auswürflinge«, 1878; »Die Geschiebeformation Norddeutschlands«, 1879; »Die Vergletscherung der deutschen Alpen, ihre Ursache, periodische Wiederkehr und ihr Einfluss auf die Bodengestaltung«, 1882; »Morphologie der Erdoberfläche«, 1894; »Die Alpen im Eiszeitalter«, 1901–1909. [AMe/HB]

Pendelwanderung, Bezeichnung für ↗Pendlerverkehr.

Pendler, Person, die einen periodisch wiederkehrenden Wechsel zwischen Wohnort und Arbeitsort (oder Ausbildungsort) vornimmt und dabei eine Gemeindegrenze überschreitet. Im Gegensatz zur ↗Migration handelt es sich hierbei um einen regelmäßigen Verkehrsvorgang. Pendlerbewegungen vollziehen sich zwischen Wohn- und Arbeitsstätte (*Berufspendler*) bzw. Ausbildungsstätte (*Ausbildungspendler*) als Tages- oder Wochenpendler.

Auspendler sind Personen, die in einer gewissen Periodizität den Wohnort verlassen, um die Ausbildungsstätte oder den Arbeitsplatz in einem anderen Ort aufzusuchen. Sie verringern die Arbeitsbevölkerung des Wohnortes. *Einpendler*, sind Personen, die im Arbeitsort (bzw. Ort der Ausbildung) permanent wohnen, sondern diesen nur in einer gewissen Periodizität aufsuchen. Wird eine Staatsgrenze überschritten, spricht man von »Grenzgängern«. ↗Zirkulation.

Pendlereinzugsgebiet, bezogen auf den Arbeitsort umfasst er jene Wohnorte, aus denen die Mehrzahl der Pendler stammt. ↗Mobilitätstransformation, ↗Zirkulation.

Pendlerquote, Anteil der Auspendler an allen in einer Gemeinde wohnhaften Erwerbspersonen (Auspendlerquote) bzw. Anteil der Einpendler an allen in einer Gemeinde Beschäftigten (Einpendlerquote).

Pendlerverkehr, Verkehr durch Berufspendler und Ausbildungspendler (↗Pendler), die außerhalb ihres Arbeitsortes bzw. Ausbildungsortes wohnen und den Weg zur Arbeitsstätte bzw. Ausbildungsstätte in der Regel täglich (Tagespendler) oder wöchentlich (Wochenpendler) zurücklegen. Pendler werden in ihrer Wohngemeinde als Auspendler, am Arbeits- bzw. Ausbildungsort als Einpendler gezählt. Der Pendlersaldo einer Gemeinde ist die Differenz zwischen

Penck, *Albrecht*

Einpendlern und Auspendlern (↗Verkehrsstatistik).

Peneplain, *Fastebene*, ↗*Rumpffläche*.

Penitentes ↗*Büßerschnee*.

Pennsylvanian, in Nordamerika gebräuchliche Periode der Erdgeschichte im ↗Paläozoikum. Sie entspricht in etwa dem Oberkarbon.

Pensionsvieh, Vieh, vornehmlich Jungrinder, die auf einer (fremden) Pensionsweide (teilweise eingestallt) gegen Entgelt (Pension) gehalten werden. Pensionsviehhaltung dient insbesondere dem regionalen Futterausgleich zwischen futterknappen Herkunftsbetrieben, z. B. grünlandschwachen Ackerbaubetrieben oder Weidewirtschaften mit Futterengpässen während der Trockenzeit, und futterreichen Bestimmungsbetrieben, d. h. Betrieben mit zeitweiliger Futterschwemme, beispielsweise in niederschlagsreichen Mittel- und Hochgebirgen (↗Almwirtschaft) oder in ↗Marschen.

Peplopause ↗Grundschicht.

Peplosphäre ↗Grundschicht.

perennierend, *ausdauernd*, Bezeichnung für Pflanzen die länger als eine Vegetationsperiode leben. ↗Lebensformen.

perennierender Abfluss ↗Abfluss.

Performance, wichtige Metapher der Geistes- und Sozialwissenschaften in den 1990er-Jahren. Im weiteren Sinne bezeichnet Performance alltägliche Praktiken und in deren Rahmen durch improvisierte Unmittelbarkeit und Präsenz entstehende Bedeutungen. Innerhalb der ↗Geographie dient Performance als neues Konzept, spezifische, oftmals instabile Raumzeiten zu überdenken, auszufüllen und zu produzieren. Gemäß dieser Vorstellung hat ↗Raum keine a priori Bedeutung, die als Ganzes aufgrund definierter Theorien und Modelle erfasst werden kann. Räume werden vielmehr durch menschliche und »nichtmenschliche« ↗Akteure (Aktanten) produziert und erweitert (↗Akteursnetzwerktheorie). Vor allem zwei Arbeitsrichtungen bilden den Rahmen für das in den 1990er-Jahren gewachsene Interesse von Geographen an dem Prozesscharakter von Performance (Performativität). Zum einen liefern Judith Butlers Arbeiten über die performative Verräumlichung von Geschlechteridentitäten einen bedeutenden Ausgangspunkt für geographische Arbeiten. Aufbauend auf Schriften von Althusser, Austin, Bourdieu und Foucault entwickelte Butler eine Theorie der Identitätsbildung, welche die normative Dimension von Performance betont. Für Butler stellen performative Ereignisse weniger expressive Improvisationen als vielmehr Zitationsketten dar, deren Bedeutungen und Auswirkungen vom historischen und geographischen Kontext vorausgegangener performativer Ereignisse abhängig sind. Auf diese Weise werden Geschlechternormen und -identitäten durch wiederholtes Praktizieren geprägt und verfestigt. Allerdings können Normen nur näherungsweise bestimmt und erreicht werden, sodass Spielraum sowohl für Fehlidentifikationen als auch für Einflussnahme besteht. Zum anderen haben Geographen ein weniger eingeschränktes Verständnis von Performance aus jüngeren Entwicklungen der interdisziplinären Performanceforschung und Diskussionen um eine nicht repräsentationsbezogene Theorie aufgegriffen. Aus dieser Sicht bietet Performance die Möglichkeit der Wertschätzung und Arbeit mit alltäglichen Praktiken und spontanen Aktivitäten. Performance lenkt die Aufmerksamkeit auf die praktischen und einstudierten Mittel, mit denen improvisierte und oftmals nicht verstandesgemäß erfassbare Fertigkeiten erprobt und verbessert werden, um Darbietungen verschiedenster Art und auf verschiedenen Maßstabsebenen zu konstruieren. Deshalb interessieren sich Geographen in zunehmendem Maße für umfangreiches Archivmaterial in den Darstellenden Künsten, sei es Musik, Tanz, Film oder Theater. Aufgrund der relativ neuen Einführung von Performance-Studien in geographische Forschung ist jedoch die »Räumlichkeit« von Performance noch weitgehend unerforscht. Kritiker haben darauf hingewiesen, dass die geographische Untersuchung von Performance lediglich eine theoretische Anleitung gibt, die es gestattet, Praktiken über Repräsentationen zu stellen, anstatt neue Strategien vorzuschlagen, die beide Aspekte zusammenbringen könnten. Erforderlich scheint eine Verbindung der kreativen Anstöße interdisziplinärer Performance-Studien mit einer erneuerten Aufmerksamkeit für die Komplexität der politischen, ökonomischen und kulturellen Geographien, die durch Performance ständig in Beziehung zueinander gesetzt und modifiziert werden. [AVa]

Literatur: [1] BUTLER, J. (1997): Excitable Speech: A Politics of the Performative. – London. [2] CARLSON, M. (1996): Performance: A Critical Introduction. – London. [3] FRANKO, M., Richards A. (Eds.) (2000): Acting on the Past: Historical Performance across the Disciplines. – Hanover. [4] PRATT, G. (2000): Research Performances. In: Environment and Planning D: In: Society and Space 18, 5.

perhumides Klima, ↗Humidität.

Peridotit, magmatisches oder metamorphes Gestein aus den Hauptgemengteilen Olivin (>40 %), Ortho- und Klinopyroxen und einem aluminiumreichen Mineral, das mit steigendem Druck als Plagioklas, Spinell bzw. Granat vorliegt. Als Mantelperidotite bilden sie den Hauptbestandteil des oberen Erdmantels. In der Kruste bilden sich Peridotite meist durch Kumulation (Kumulat) basischer Intrusionen (↗Erdaufbau).

Periglazial, hat trotz des Wortursprungs (»im Umkreis der Gletscher«) keine Beziehung zu ↗Gletschern. Periglaziale und glaziale Prozesse schließen sich i. d. R. gegenseitig aus. Periglaziale Gebiete sind klimatisch determiniert und in ihrer Morphodynamik durch frostgesteuerte Prozesse geprägt. Sie sind u. a. durch ↗Frostverwitterung, ↗Permafrost und ↗Solifluktion gekennzeichnet und treten im ↗Polar-Subpolargebiet sowie in Hochgebirgen auf. Da sich kein einzelnes Phänomen zur allgemeinen Abgrenzung der periglazialen Zone eignet, gibt es verschiedene Abgren-

periglaziale Höhengrenzen

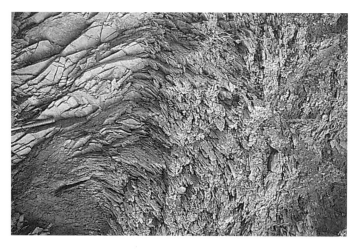

periglaziäre Lagen 1: Basislage mit Hakenschlagen an der Obergrenze des anstehenden Tonschiefers (Hunsrück).

periglaziäre Lagen 2: Schematische Darstellung des Einflusses periglaziärer Lagen auf die Abflussprozesse im Boden.

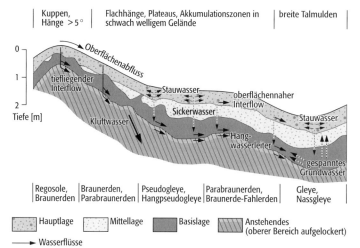

zungs- und Definitionskriterien. Beim polaren und subpolaren Periglazial verwendet man zur äquatorwärtigen Abgrenzung zumeist das Auftreten von Permafrost, in den Hochgebirgen (alpiner Permafrost, ↗ periglaziale Höhengrenzen) die Untergrenze der Solifluktion. Da Wasser bzw. Eis für viele periglaziale Prozesse unverzichtbar ist, gibt es eine periglaziale Trockengrenze. Man unterscheidet fossile Periglazialgebiete (aktive Prozesse während der pleistozänen ↗ Kaltzeiten) von rezenten bzw. aktuellen Periglazialgebieten. Der Vorstellung einer starken periglazialen Talbildung wird überwiegend widersprochen, ebenso einer bedeutenden Wirkung des Eisrindeneffekts (↗ Eisrinde), d. h. der starken Tiefenerosion durch Auftauen des Tabereises der Eisrinde. Neben einer Seitenerosion durch Thermoerosion (↗ Thermokarst) haben periglaziale Flüsse zumeist einen ↗ verwilderten Flusslauf, der nur bedingt Tiefenerosion zulässt. Glazialisostasische Hebung kann regional zu verstärkter Tiefenerosion führen, einen generellen Trend zur starken Talbildung gibt es im Bereich des Periglazials nicht. [SW]

periglaziale Höhengrenzen, werden zur Abgrenzung der alpinen periglazialen Stufe in Hochgebirgen angewendet (↗ Periglazial). Die obere *Höhengrenze* wird durch perennierende Schneefelder und ↗ Gletscher vorgegeben. Zur Ausweisung der Untergrenze werden verschiedene Höhengrenzen verwendet, wobei spezielle periglaziale Formen als Indikatoren herangezogen werden. Da flächendeckende Kartierungen der Verbreitung des ↗ Permafrosts in Hochgebirgen nur in Einzelfällen vorliegen, gilt die Untergrenze des Vorkommens aktiver ↗ Blockgletscher als Untergrenze alpinen Permafrosts. Als Untergrenze der periglazialen Höhenstufe wird i. d. R. die Untergrenze aktiver ↗ Solifluktion angesehen. Die periglaziale Höhenstufe reicht tiefer hinab als die ↗ Frostschuttzone, teilweise bis unter die ↗ Baumgrenze.

periglaziäre Lagen, *Decklagen, Perstruktionszonen, Umlagerungszonen*, während des Pleistozäns in ↗ Periglazial-Gebieten durch Bodenfließen (↗ Solifluktion) gebildete (Boden-) Sedimente (↗ Deckschichten). Ursache der periglazialen Solifluktion sind, neben der hangabwärts gerichteten Materialbewegung infolge von Wassersättigung nach Auftauen des Oberbodens über gefrorenem Untergrund, auch der Substrattransport durch ↗ Frostkriechen und ↗ Kammeissolifluktion sowie an der Grenze zwischen Boden und Festgestein die Gesteinszerkleinerung durch ↗ Frostverwitterung (Abb.1). Nach der ↗ Deutsche Bodenkundlichen Gesellschaft werden periglaziäre Lagen als Lockergesteinsdecken im Sinne von Schichten im Boden verstanden, die im Bereich der Bodenbildung durch gelisolifluidale und -mixtive sowie äolische Prozesse des periglazialen Milieus entstanden oder überprägt sind. In Mitteleuropa erstreckte sich das Periglazialgebiet während der Kaltzeiten vom Südrand des nordischen Inlandeises bis zu den Alpengletschern. Neben ↗ Frostmusterböden sind als periglazialgeomorphologische Leitformen Solifluktionsdecken entstanden, die in weiten Bereichen der Mittelgebirge Ausgangsmaterial der holozänen Bodenbildung darstellen und anhand ihrer Substrateigenschaften neben den Standorteigenschaften insbesondere den Landschaftswasserhaushalt (Abb. 2) stark beeinflussen. In Abhängigkeit vom Paläorelief sowie von der Art und Verbreitung des Ausgangsgesteins und der äolischen Sedimente (in der Regel ↗ Löss) ist die stoffliche Zusammensetzung und Lagerungsart der periglaziären Lagen vertikal und lateral differenziert (Abb. 3). Nach dem relativen Alter und der stofflichen Zusammensetzung wird die Vertikalabfolge der periglaziären Lagen lithostratigraphisch differenziert in ↗ Oberlage, ↗ Hauptlage, ↗ Mittellage und ↗ Basislage (Abb. 4). [ThS]

Perihel ↗ Aphel.

Periodensterbetafel, *Querschnittsterbetafel*, ↗ Lebenserwartung.

periodischer Abfluss ↗ Abfluss.

periodischer Markt, ein in regelmäßigen Abständen an einem offenen Standort stattfindender Warenverkauf durch ambulante Händler (↗Einzelhandel). In ↗Entwicklungsländern bieten periodische Märkte ein breites Sortiment, das fast alle Warengruppen überdeckt.

periphere Region, *peripherer Raum*. 1) aus organisationstheoretischer Sicht (↗Organisationstheorie) eine Region, die von den Zentren der Macht aus gesehen »am Rande« liegt, welche die Basis der räumlichen Hierarchie darstellt und in vielen Bereichen marginalisiert ist. Im Zuge der ↗vertikalen Arbeitsteilung werden in ihr vorwiegend niedrig qualifizierte und niedrig entlohnte Routinearbeitsplätze geschaffen, die zu einem hohen Anteil fremdbestimmt bzw. von den Entscheidungen in den Zentren abhängig sind. Entgegen vieler Prognosen haben moderne Telekommunikations- und Informationstechnologien die Disparitäten des Arbeitsplatzangebots zwischen den Zentren und den peripheren Regionen eher noch verstärkt, weil sie dazu beigetragen haben, dass noch mehr Entscheidungsbefugnisse in den Zentren konzentriert (↗Wissen) und weitere Routinefunktionen in die Peripherie verlagert werden konnten. 2) im Kontext der nationalen Raumordnung eine Region, die überwiegend ländlich geprägt ist (↗ländlicher Raum), eine geringe ↗Bevölkerungsdichte aufweist, über keine leistungsfähigen Zentren verfügt, verkehrsgeographisch schlecht erschlossen ist, nur ein geringes, wenig differenziertes und niedrig qualifiziertes Arbeitsplatzangebot vorweisen kann und durch geringe wirtschaftliche Entwicklungsmöglichkeiten gekennzeichnet ist. Sie ist durch den Berufs- und Ausbildungspendlerverkehr mit der Stadtregion verbunden und weist einen hohen Auspendlerüberschuss auf. Damit sind Standortnachteile für Bevölkerung, Gewerbe- und Dienstleistungsbetriebe gegeben, welche die Vorzüge einer schönen und naturnahen Landschaft nicht wettmachen können. Die Zukunft dieses benachteiligten ländlichen Raumtyps wird ganz entscheidend von den Programmen und Maßnahmen der ↗Raumordnungspolitik abhängig sein. 3) im internationalen Kontext die ↗Entwicklungsländer, die nach der ↗Polarisierungstheorie eine Peripherregion darstellen, womit die vielfachen Abhängigkeitsbeziehungen von den Weltwirtschaftszentren hinsichtlich Handel und ↗Entwicklungszusammenarbeit gemeint sind. ↗Weltsystem.

peripherer Kapitalismus, den ↗Dependenztheorien in der ↗Entwicklungsländerforschung entstammendes Konzept, das die wirtschaftliche Entwicklung in Ländern der Dritten Welt als Folge ihrer Weltmarktintegration sieht. Die Theorie des peripheren Kapitalismus wurde in den 1970er-Jahren vor allem von Senghaas vertreten. Auf der Basis der Analyse von wirtschaftlichen Strukturen und Prozessen in Ländern Lateinamerikas ging er davon aus, dass die ↗Unterentwicklung in den ↗Entwicklungsländern als integraler und komplementärer Prozess der kapitalistischen Entwicklung in den ↗Industrieländern historisch bedingt ist und damit Grundlage und Voraussetzung dafür bildet. Mit dieser These unterschieden sich die Vertreter des peripheren Kapitalismus von den Dependenztheoretikern, die die Unterentwicklung im wachsenden Transfer des Mehrprodukts der Entwicklungsländer in die Industrieländer begründet sahen.
Entscheidende Strukturmerkmale des peripheren Kapitalismus bestehen in der stagnierenden Produktivität des auf den Binnenmarkt ausgerichteten landwirtschaftlichen Sektors, im weitgehenden Fehlen einer Produktion von Massenkonsumgütern für den internen Markt, in der dynamischen Entwicklung der Luxuskonsumgüterproduktion sowie in der Stagnation eines eigen-

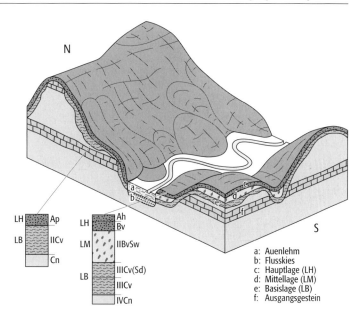

periglaziäre Lagen 3: Modell des Aufbaus und der Verbreitung periglaziärer Lagen in Mittelgebirgslandschaften in Abhängigkeit von der Reliefposition.

periglaziäre Lagen 4: Vereinfachtes Schema zur Systematik, Verbreitung und Genese periglaziärer Lagen.

Periglaziäre Lage	Verbreitung und Zusammensetzung	Genese
Oberlage	• Hochlagen an SW-Oberhängen > 700 mNN • meist Schutt, skelettreich • vom Anstehenden geprägt	• Frostverwitterung • Umlagerung • Aufarbeitung der liegenden Lage im Holozän
Hauptlage	• flächendeckend • äolische Anteile prägend (Löss, Bims-Tuff)	• äolische Akkumulation • Solifluktion, Kryoturbation • Einarbeitung von Material aus der liegenden Lage
Mittellage	• reliefabhängig, meist nur in verebneten Bereichen • äolische Anteile prägend (Löss, Bims-Tuff)	• äolische Akkumulation • Solifluktion, Kryoturbation • Einarbeitung von Material aus der liegenden Lage
Basislage	• flächendeckend • Ausbildung fast völlig vom unterlagernden Gestein abhängig	• Frostverwitterung • Solifluktion, Kryoturbation • z.T. äolische Akkumulation in jüngeren Basislagen (bis Frühweichsel)
Gestein, nicht periglaziär überprägt		

ständigen Produktionsgütersektors. Aus diesen Strukturdefiziten ergibt sich eine mangelnde Rückkopplung der Produktionsgüterindustrie mit der Massenkonsumgüterindustrie und dem ↗primären Sektor, der als wichtige Quelle der Kapitalakkumulation dient, die ihrerseits wiederum zentrale Voraussetzung für eine eigenständige wirtschaftliche Entwicklung ist. Diese Merkmale der ökonomischen Strukturen in den Entwicklungsländern stehen in engem Zusammenhang mit den typischen Mustern der Integration von Ländern der Dritten Welt in den ↗Weltmarkt. Im Gegensatz zu den Volkswirtschaften der Industrieländer, die den eigenen kohärenten Reproduktionsstrukturen und -notwendigkeiten folgen, sind die Ökonomien der Entwicklungsländer in ihrer gesamten Funktionsweise auf die Interessen der Wirtschaft in den Industrieländern ausgerichtet. Die dynamischsten Wirtschaftssektoren der Drittweltländer, der Primärgüter- und der Exportgüterindustrie, bilden die Basis der wirtschaftlichen Entwicklung, werden aber gleichzeitig vom Auslandskapital dominiert, das die Gewinne abschöpft und ins Ausland transferiert. Während der florierende Exportsektor immer mehr in den Weltmarkt integriert wird, zeichnet sich die binnenorientierte Volkswirtschaft durch eine zunehmende Desintegration aus. Gravierende soziale Folgen wie geringe Beschäftigungseffekte und die damit verbundene Marginalisierung (↗Marginalität) weiter Bevölkerungsteile sind dabei deutliche Zeichen der ↗strukturellen Heterogenität. Massive Kritik ernteten die Vertreter der Theorie des peripheren Kapitalismus für die Anwendung des Modells auf die gesamte Dritte Welt, denn für zahlreiche Länder Afrikas, des Orients und Südostasiens mit ihren völlig andersgearteten gesellschaftlichen, wirtschaftlichen und politischen Strukturen wies dieses Erklärungsmodell gravierende Lücken auf. [MN]
Literatur: SENGHAAS, D. (1974): Peripherer Kapitalismus. – Frankfurt am Main.

Peripherie, *Randzone*, relative Lagebezeichnung. Sie kann nur im Zusammenhang mit einem ↗Zentrum gesehen werden und ist durch Abhängigkeit und Benachteiligung gekennzeichnet. Die Entwicklung der Peripherie wird im Rahmen des ↗Zentrum-Peripherie-Modells thematisiert.

Peripherisierung, sozioökonomische und politische Prozesse, die ↗Entwicklungsländer bzw. einzelne Regionen an den Rand des globalen Beziehungssystems drängen (↗Peripherie).

Perkolation, *Sickerung*, *Versickerung*, Durchsickerung von Wasser im Boden. Infolge der durch Kapillar- und Adsorptionskräfte hervorgerufenen ↗Wasserspannung im Boden kann Wasser nur in den Grobporen (Durchmesser > 50 µm) frei versickern. Entsprechend ist die Perkolation in grobporenreichen, gut durchlässigen Sanden besonders hoch.

Perlmutterwolken, hohe, orographisch induzierte ↗Wolken, die gelegentlich in der Stratosphäre (22–29 km) v. a. in Nordeuropa zu beobachten sind. Wenn sie von der tiefstehenden Sonne angestrahlt werden, bilden sie schöne irisierende Perlmutterfarben aus. Sie bestehen aus Salpetersäure und Wasser, die sich bei den bis zu −80 °C tiefen Temperaturen zu Kristallkomplexen verbinden, und spielen eine wichtige Rolle in der Ozonchemie der Stratosphäre.

Perlschnurblitz ↗Blitz.

Perm, ↗System der Erdgeschichte (siehe Beilage »Geologische Zeittafel«) zwischen 290 und 250 Mio. Jahren v. h.; oberster Abschnitt des ↗Paläozoikums. Charakteristisch für den Zeitraum sind meist marine Schelfablagerungen, in vielen Gebieten aber auch kontinentale Ablagerungen. Die bekanntesten permischen Ablagerungen finden sich auf der Russischen Tafel mit dem Ural, in Nordasien, im Kongo- und Karroobecken in Afrika, in Brasilien, Texas, aber auch in Mitteleuropa und in den Südalpen. In Mitteleuropa wird das Perm in einen unteren, durch festländische Ablagerungen geprägten Teil, das ↗Rotliegende, und einen oberen, das ↗Zechstein, mit marinen Gesteinen unterteilt. In vielen Gebieten der Südhalbkugel (↗Gondwana) ist eine exakte Trennung vom ↗Karbon nicht möglich, und die Abfolgen werden deshalb als Permokarbon bezeichnet. In den marinen Ablagerungen sind ↗Brachiopoden, ↗Cephalopoden und ↗Foraminiferen bedeutende Fossilgruppen. In festländischen Ablagerungen dominieren Pflanzen und Reptilien. Die festländischen Floren lassen mehrere Provinzen erkennen (Cathaysia- oder Gigantopteris-Flora in China, Gondwana- oder ↗Glossopteris-Flora in Gondwana). Am Ende des Perms kam es zum größten Massenaussterben der Erdgeschichte (↗Trilobiten, ↗Korallen, einige ↗Brachiopoden-Gruppen). Das Klima war oft sehr gegensätzlich. Auf den Südkontinenten (Südamerika, Südafrika, Madagaskar, Indien, Australien) fanden im tiefsten Perm umfangreiche Vergletscherungen statt. Postglazial kam es dort zu weit reichenden ↗Transgressionen, die durch die Eurydesmen-Schichten belegt sind. In Europa war das Klima zeitweilig trocken-heiß. Im Rotliegenden kam es zur Bildung von roten ↗Arkosen und Fanglomeraten. In den Binnenmeeren des Zechsteins wurden die umfangreichsten Salzlager (Stein- und Kalisalze) Europas abgelagert. Reiche Steinkohlevorkommen in Nordasien und Nordchina zeugen von feuchtwarmen Verhältnissen. In der äquatorialen Paläotethys lebte eine reiche subtropische Fauna. [GG]

Permafrost, *Dauerfrost*, bezeichnet Boden, Sediment oder Gestein, welches in unterschiedlicher Mächtigkeit und Tiefe unter der Erdoberfläche mindestens 2 Jahre (3 Jahre) ununterbrochen Temperaturen unter dem Gefrierpunkt aufweist. Trockener Permafrost (dry-frozen ground) besitzt durch geringen Wassergehalt nicht genügend Eis als Bindemittel, nicht alle Poren sind eisgefüllt. Bei eisreichem Permafrost (wet-frozen ground) ist sogar ein Gleichgewicht zwischen gefrorenem und ungefrorenem Wasser in Abhängigkeit von Temperatur, Druck und Korngröße möglich. ↗Gletscher und deren geomorphologischer Formenschatz zählen nicht zum

Permafrost. Die synonym gebräuchlichen Begriffe *Dauerfrostboden* und *Pergelisol* sind unglücklich, da es sich bei Permafrost nur teilweise um gefrorenen ↗Boden (per Definition) handelt.

Das Eis des Permafrosts kann bis zu 80 % seines Volumens ausmachen, Klareislinsen oder -blöcke können auftreten. Die unterschiedlichen periglazialen Eistypen werden als ↗Grundeis oder Bodeneis bezeichnet. Übersteigt der Eisgehalt die vorhandenen Porenräume und ist klares Eis sichtbar, spricht man von supergesättigtem Permafrost. Sind Eis und Porenräume im Gleichgewicht, liegt gesättigter Permafrost vor. Kann das Eis die Porenräume nicht ausfüllen, ist dies untersättigter Permafrost. Die Neubildung von Permafrost nennt man Permafrostaggradation, seinen Abbau Permafrostdegradation (↗Thermokarst). Permafrost besitzt ein charakteristisches vertikales Profil. Unter einer nicht überall auftretenden geringmächtigen Zone hochsommerlicher Austrocknung liegt der sommerliche *Auftauboden* (*Auftauschicht*, *active layer*), der wenige Meter mächtig werden kann. Durch den saisonalen Wechsel von Gefrieren und Tauen finden dort wichtige, den periglazialen Raum prägende geomorphologische Prozesse der Frostdynamik statt (↗Frosthub, ↗Frostmusterboden, ↗Kryoturbation, ↗Solifluktion). Die Untergrenze des in seiner Mächtigkeit kurz- wie langfristigen Schwankungen unterworfenen Auftaubodens ist die Permafrostfront. Der sich unterhalb befindende Permafrost kann zusätzlich in eine obere Zone periodischen und episodischen Temperaturschwankungen unterworfenen Permafrosts (↗Eiskeil), sowie in eine darunterliegende Zone isothermen Permafrosts untergliedert werden.

Im Gebiet von kontinuierlichem Permafrost sind nur unter Flüssen, Seen, dem Meer und Gletschern ungefrorene Abschnitte (↗Talik) vorhanden. Als klimatische Kenngröße wird mit einer Jahresmitteltemperatur unter −6 bis −8 °C operiert. Bei diskontinuierlichem Permafrost sind Taliki in den Permafrost eingestreut, der Anteil des Permafrosts liegt aber noch über 50 %. Bei Jahrestemperaturen von höchstens −3 bis −4 °C wird diese Zone als reliktisch und ein Neuaufbau von Permafrost nur in Ausnahmen als möglich angesehen. Bei einem Anteil von weniger als 50 % spricht man von sporadischem Permafrost, der inselhaft verbreitet meist ein Relikt ist (Jahresmitteltemperaturen weniger als −1 bis −2 °C) (Abb.). Neben den polaren und subpolaren Gebieten tritt Permafrost auch in Hochgebirgen auf (↗periglaziale Höhengrenzen). Unter temperierten Gletschern (↗Gletschertypen) tritt kein Permafrost auf, unter polaren und subpolaren Gletschern ist dies möglich, selbst wenn es zum Auftreten von Permafrost unter Gletschern widersprüchliche Messungen gibt. Submariner (untermeerischer) Permafrost wird ebenfalls als ein Relikt der letzen Kaltzeit, verursacht durch ↗Meeresregression und die dadurch vorhandene Möglichkeit des Aufbaus von Permafrost, angesehen. Die maximale Mächtigkeit von Permafrost be-

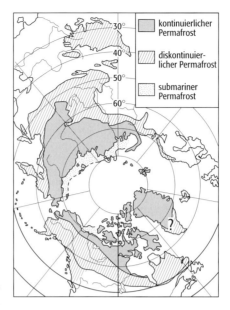

Permafrost: Verbreitung des Permafrost auf der Nordhalbkugel, wobei das Vorkommen von Permafrost in Grönland als nicht endgültig erwiesen gilt (?).

trägt in Sibirien 1500 m, wobei diese Mächtigkeiten wahrscheinlich im Verlauf mehrerer Kaltzeiten aufgebaut wurden. Eine geringe isolierende Schneedecke und fehlende Vereisung sind Grundvoraussetzungen für große Mächtigkeiten. Durch die gute Isolationswirkung tritt Permafrost auch unter Moor und Wald auf und erreicht dort teilweise seine größten Mächtigkeiten. [SW]

permanenter Welkepunkt ↗Welkepunkt.

Permeabilität, *Durchlässigkeit, hydraulische Leitfähigkeit, Wasserdurchlässigkeit, Wasserleitfähigkeit*, Durchlässigkeit des Bodens für einen durchströmenden Stoff, in der Bodenkunde normalerweise Wasser. Die Permeabilität eines Substrats oder Bodens wird durch den Permeabilitäts- oder Leitfähigkeitskoeffizienten K (in der Bodenkunde für Wasser als ↗K_f-Wert bezeichnet) beschrieben.

permokarbone Vereisung, glaziale Periode an der Wende vom ↗Karbon zum ↗Perm, die mehr oder minder auf den damaligen Superkontinent ↗Gondwana auf der Südhalbkugel beschränkt blieb. Dabei bildeten sich ↗Tillite im Kongo- und im Karroo-Becken des südlichen Afrika (↗Dwyka), auf der Indischen Tafel und im Bereich des heutigen Australiens.

Persistenz [von lat. *persistere* = verharren], **1)** *Bildungsgeographie:* Persistenz des Schulbesuchs; nach ↗UNESCO und ↗Weltbank der Prozentsatz jener Kinder, die in einem bestimmten Jahr in die erste Stufe der Grundschule eingetreten sind und bis zur vierten Schulstufe »ausgeharrt« haben. Die Persistenz des Schulbesuchs kann in ↗Entwicklungsländern als Korrektiv der ↗Einschulungsquoten und ↗Schulbesuchsquoten verwendet werden (Indikatoren des ↗schulischen Bildungsverhaltens). **2)** *Landschaftsökologie:* Bezeichnung für die Beständigkeit chemischer Stoffe in der Umwelt; die Verweilkapazität eines Stoffes in einem beliebigen Umweltkompartiment ohne physikalische, chemische oder biologische Veränderung (↗Schadstoff). Obwohl z. B. organisch-chemische Stoffe grundsätzlich metastabil sind und damit prinzipiell nur für begrenzte Zeit existieren, werden einige (z. B. ↗FCKW, ↗PCB's und ↗Dioxine) in der Umwelt nur sehr langsam abgebaut, weil entweder der Abbau selbst nur langsam vor sich geht oder weil die Stoffe ihre Senken nur sehr langsam erreichen. Persistenz ist auch die Fähigkeit eines ↗Ökosystems zu seiner Regeneration (*ökologische Persistenz*) (↗Stabilität). **3)** *Sozialgeographie*: im Konzept der ↗Münchner Sozialgeographie spielt die Persistenz »funktionierender Stätten« (Investitionen in Einrichtungen), die länger überdauern als die sie prägenden Funktionen, eine wichtige Rolle. Den Freiheiten menschlicher Zielvorstellungen stehen konkrete, häufig recht stabile Raumsituationen gegenüber. **4)** *Soziologie*: das Phänomen, dass das materielle (↗Relikt) und immaterielle Erbe (etwa regionale Identitäten) vergangener Generationen, das aktuelle Handeln von Einzelpersonen und sozialen Gruppen in der Gegenwart beeinflusst. **5)** *Wirtschaftsgeographie*: räumliche Persistenz sozioökonomischer Strukturen, das Gleichbleiben (Beharren) oder mehrmalige Wiederauftreten von ↗regionalen Disparitäten der Wirtschafts- und Gesellschaftsstrukturen über lange Zeiträume hinweg.

Personenkilometer ↗Verkehrsstatistik.

Personenverkehr, Verkehr, der nach drei Gesichtspunkten differenziert werden kann: a) nach der Organisationsform in ↗Individualverkehr (motorisiert, nicht motorisiert) und öffentlichen Verkehr (↗Eisenbahn, ↗ÖPNV, Personenschifffahrt, ↗Luftverkehr); b) nach dem technischen Verkehrsweg in straßengebundenen (↗Straßenverkehr), schienengebundenen (↗Straßenbahn, ↗U-Bahn, ↗S-Bahn, Eisenbahn), wassergebundenen (Personenschifffahrt) und luftgebundenen Personenverkehr (↗Luftverkehr) und c) nach dem ↗Verkehrszweck. Während die Zahl der Fahrten bzw. Wege pro Person und Tag in den letzten Jahrzehnten im Wesentlichen konstant geblieben ist (↗Verkehrsmobilität), haben sich erhebliche Veränderungen in der Verkehrsmittelwahl (↗Modal Split) zugunsten des motorisierten Individualverkehrs vollzogen. Eine der zentralen Ursachen hierfür ist die anhaltende Zunahme der ↗privaten Motorisierung. Drei Viertel der erwachsenen Bundesbürger können inzwischen regelmäßig über einen Pkw verfügen. Da zugleich die pro Fahrt zurückgelegten Entfernungen erheblich zugenommen haben, ist die Verkehrsleistung (in Personenkilometern) in den letzten Jahrzehnten erheblich angestiegen, und zwar um rund 280 % 1960–1990 (früheres Bundesgebiet) und um 9 % 1991–1999. Bezogen auf die Fahrtzwecke trägt der Urlaubs- und Freizeitverkehr überproportional zum Verkehrszuwachs bei. Neben der Förderung des ÖPNV und des Fahrradverkehrs wird in den letzten Jahren auch verstärkt mit Maßnahmen des ↗Mobilitätsmanagements versucht, dieser Tendenz entgegenzuwirken. [AK]

Peschel, *Oskar*

perspective view, nichtvertikaler Blick auf eine Oberfläche. In einem ↗GIS wird perspective view vor allem als Präsentationsmittel eingesetzt, um plastische, dreidimensionale Darstellungen eines Gebietes zu erzeugen, ähnlich einer Schrägaufnahme aus einem Flugzeug. Hierzu muss zunächst ein Höhenmodell (↗DHM) erzeugt werden. Über dieses meist als Gitternetz visualisierte 3D-Modell der Topographie können zusätzlich topographische oder thematische Informationen und/oder Bilddaten gelegt werden; dieser Prozess wird auch als ↗draping bezeichnet. Standpunkt und Blickrichtung des fiktiven Betrachters werden dann so gewählt, dass ein Schrägblick auf das 3D-Modell entsteht.

Perzentile, *Perzentilwerte*, *Percentil-Werte*, Korngrößen, die einer bestimmten prozentualen Häufigkeit der Korngrößen einer Sedimentprobe entsprechen und auf der Kornsummenkurve (↗Korngrößenanalyse) abgelesen werden können. Man sucht z. B. beim Perzentilwert 25 die zugehörige Korngröße auf der Kurve und weiß, dass 25 % der Probe einen größeren Durchmesser als der der abgelesenen Korngröße haben. Die Form und Steigung der Summenkurve ergibt sich dabei aus der ↗Korngrößenverteilung der Probe.

Perzeptionsgeographie ↗Wahrnehmungsgeographie.

Peschel, *Oskar*, deutscher Geograph und Journalist, geb. 17.3.1826 Dresden, gest. 31.8.1875 Leipzig. Er machte zunächst eine kaufmännische Ausbildung, studierte dann Jura, promovierte aber zum Dr. phil. Seit 1848 war er Journalist und übernahm von 1854 an die Redaktion der länder- und völkerkundlichen Zeitschrift »Das Ausland«. Peschel trat v. a. mit historischen Abhandlungen hervor (»Geschichte des Zeitalters der Entdeckungen«, 1858; »Geschichte der Erdkunde« 1865, mehrere Auflagen). Sein 1869 publiziertes Werk »Neue Probleme der vergleichenden Erdkunde – als Versuch einer Morphologie der Erdoberfläche« wurde, obwohl in Ergebnissen und Methode schon bald überholt, für die Professionalisierung der ↗Geographie als Hochschulfach überaus wichtig und trug ihrem Verfasser 1870 den ersten Lehrstuhl für Geographie an der Universität Leipzig ein.

Pestizide, Sammelbezeichnung für die in der Land- und Forstwirtschaft und im Gartenbau verwendeten chemischen Stoffe zur Bekämpfung von Schädlingen und Krankheiten. Die zum Schutz von Nutz- und Zierpflanzen eingesetzten Pestizide sind identisch mit Pflanzenschutzmitteln; zu diesen zählen auch Unkrautbekämpfungsmittel (↗Herbizide) als Sonderkategorie, die nicht unbedingt den Pestiziden zugerechnet wird. Alle Pestizide bestehen aus einem Wirkstoff und einer flüssigen oder pulverigen Trägersubstanz. Sie werden einerseits unterteilt nach der chemischen Zusammensetzung der Wirkstoffe, z. B. halogenierte Kohlenwasserstoffe wie ↗DDT, Thiophosphorsäureester wie E 605, oder Verbindungen mit giftigen Elementen wie Arsen, Fluor, Thallium usw. Eine andere Unterteilung von Pestiziden erfolgt nach den Organismen, die abgetötet werden sollen (Zielorganismen): Akarizide (Spinnmilben, Rote Spinne), Avizide (Vögel), Bakterizide (Bakterien), Fungizide (Pilze), Insektizide (Insekten), Molluskizide (Schnecken), Nematizide (Fadenwürmer) und Rodentizide (Nagetiere). Die Mittel wirken, oft selektiv, als Kontakt-, Fraß-, Atem- oder Nervengifte. Wenn sie nicht gegen Land-, Forstwirtschafts- und Gartenbauschädlinge, sondern gegen Überträger von Krankheiten und Seuchen, z. B. Pest, Malaria, Bilharziose eingesetzt werden, wird die abwertende Bezeichnung als »Pestizid« oft vermieden. Diese bezieht sich auf gefährliche oder schädliche Neben- und Nachwirkungen in der Umwelt, die vor allem von Pestiziden mit Langzeitwirkung, die chemisch relativ stabil (↗Persistenz) und schwer abbaubar sind, verursacht wurden (DDT als Prototyp). Solche wurden bei Einführung des chemischen Pflanzenschutzes zunächst bevorzugt, da ihre Nachteile nicht bekannt oder nicht abschätzbar waren. Heute werden aus ökologischen Gründen überwiegend kurzfristig wirkende, doch rasch abbaubare Verbindungen eingesetzt, auch wenn sie, z. T. auch für Menschen, akut giftig sind. In der ↗biologischen Landwirtschaft wird auf die Anwendung von Pestiziden grundsätzlich verzichtet. [WHA]

PET ↗*physiologisch äquivalente Temperatur*.

Petermann, *August*, deutscher Kartograph und Geograph, geb. 18.4.1822 Bleicherode, gest. 25.9.1878 Gotha. Nach gründlicher Kartographen-Ausbildung bei ↗Berghaus in Potsdam 1839–44 hielt Petermann sich bis 1854 in Großbritannien auf. In London eröffnete er 1850 eine eigene kartographische Anstalt. 1854 folgte er einem Angebot des Verlagsinhabers Perthes in Gotha und wurde kartographischer Leiter der Anstalt. Ein Jahr später erschien das erste Heft der von ihm herausgegebenen Mitteilungen, die sich rasch zur führenden geographischen Fachzeitschrift entwickelten (»Petermanns geographische Mitteilungen«). Seine kartographischen und organisatorischen Fähigkeiten und seine weltweiten Kontakte verhalfen dem Gothaer Verlag in der »Ära Petermann« dazu, ein Mittelpunkt der geographisch-kartographischen Arbeit zu sein. Daneben bemühte er sich um einen organisatorischen Zusammenschluss der Geographen in Deutschland und propagierte ↗Forschungsreisen und Expeditionen. Auf seine Initiative hin kam es 1868 zur ersten deutschen Nordpolar-Expedition. [HPB]

Petrologie [von griech. petra = Stein], *Gesteinskunde*, ist die Teildisziplin der Geowissenschaften, die sich mit Vorkommen, Mineralbestand, Gefüge, chemischer Zusammensetzung und der Entstehung der Gesteine befasst. Als eigenständige Forschungsrichtung gibt es die Petrologie seit der zweiten Hälfte des 18. Jahrhunderts. Entsprechend der traditionellen Untergliederung der Gesteine nach ihrer Genese in ↗Magmatite, ↗Metamorphite und ↗Sedimentgesteine, hat sich auch in der Petrologie diese Dreiteilung eingebürgert. Zusätzlich lassen sich die folgenden methodischen Teilbereiche der Petrologie unterscheiden: Petrographie (Beschreibung und Klassifikation); Petrogenese (Entstehungsgeschichte), chemische Petrologie (chemische Zusammensetzung), Petrophysik (physikalische Eigenschaften), Angewandte oder Technische Petrologie (Anwendungsmöglichkeiten in Technik und Industrie), Experimentelle Petrologie (Klärung der in der Erde ablaufenden gesteinsbildenden Prozesse durch Laborexperimente), Theoretische Petrologie (Klärung der gesteinsbildenden Vorgänge auf und innerhalb der Erde durch Anwendung von physikalischen und chemischen Gesetzmäßigkeiten).

Peuplierungspolitik, sieht in einer hohen Bevölkerungszahl und in einer gut ausgebildeten Bevölkerung eine Quelle des staatlichen Reichtums. ↗Merkantilismus.

Pfadanalyse, Verfahren der multivariaten ↗Statistik zur Bestimmung und Überprüfung von Ursache-Wirkungs-Zusammenhängen, wobei zwischen den unabhängigen Variablen Multikollinearitäten (= Korrelationen zwischen den Variablen) auftreten können (Abb.). Das Modell der ↗Regressionsanalyse ist formal ein Spezialfall des pfadanalytischen Modells, nämlich eines solchen ohne indirekte Wirkungen. Die Pfadanalyse ist insbesondere dann einzusetzen, wenn man nicht nur mit einer guten Schätzung für Y zufrieden ist, sondern darüber hinaus eine »kausale Struktur« aufgedeckt werden soll und dabei davon auszugehen ist, dass die unabhängigen Variablen in Wechselwirkung miteinander stehen.

Pfanne, *Pan*, flache, meist rundliche abflusslose ↗Hohlform von wenigen ha bis vielen km^2 Größe (Etoschapfanne) in der Halbwüste des südlichen Afrika, v. a. in Namibia und Botswana. Begriff wird aber auch synonym für ↗Endpfanne, ↗Vlei oder ↗Playa verwendet. Dementsprechend

Petermann, *August*

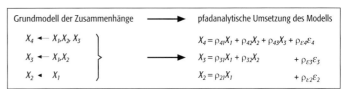

Pfadanalyse: Erklärung der Ärztedichte in Norddeutschland – Pfadanalyse auf Ebene der Kreise (a) Zusammenhänge und pfadanalytische Umsetzung des Modells; b) graphische Darstellung des Ergebnisses der Pfadanalyse). X_1 = Anteil der Siedlungsfläche an der Gesamtfläche 1981, X_2 = Zahl der Einwohner 1983, X_3 = Bevölkerungsentwicklung 1980–1983, X_4 Ärztedichte (Zahl der Ärzte in freier Praxis je 1000 Einwohner), εi = Residualvariable.

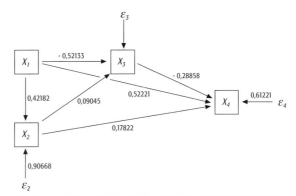

b   Die Werte an den Pfeilen sind die berechneten ρ-Koeffizienten des pfadanalytischen Modells.

gibt es eine Vielzahl von Genesen für die Pfannenbildung, von ↗Tektonik bis ↗Deflation. Viele der namibischen Pans sind als Lösungswannen in mächtiger Kalkkruste entstanden. Die Beckenfüllung der Fallen kann von reinem Ton bis zu reinem Salz reichen.

Pfannkucheneis ↗Meereis.

Pfeifer, *Gottfried*, deutscher Geograph, geb. 20.1.1901 Berlin, gest. 6.7.1985 Freiburg. Er studierte Geschichte und ↗Geographie in Marburg, München und Kiel und promovierte bei ↗Waibel in Kiel (»Das Siedlungsbild der Landschaft Angeln«, 1928). 1928–1932 war er zunächst Research Associate, dann Assistant Professor in Berkeley und arbeitete dort mit ↗Sauer zusammen; er habilitierte sich 1933 in Bonn bei Waibel mit einer Arbeit über »Die räumliche Gliederung der Landwirtschaft im nördlichen Kalifornien«. 1935 führte er die Vorstellungen des US-amerikanischen Historikers und Soziologen Turner über die nach Westen über den Kontinent wandernde Siedlungsgrenze, die ↗frontier, in die deutsche Geographie ein. Seit 1941 war er apl. Prof. in Bonn, 1947 übernahm Pfeifer das wirtschaftsgeographische Ordinariat in Hamburg, seit 1949 lehrte er bis zu seiner Emeritierung in Heidelberg. Sein Forschungsschwerpunkt lag auf der Kulturgeographie der Neuen Welt. Pfeifer hatte als langjähriger Herausgeber der zusammen mit ↗Plewe 1963 wiederbegründeten »Geographischen Zeitschrift« (51. Jahrgang), die 1895 von ↗Hettner ins Leben gerufen worden war, maßgeblichen Einfluss auf die deutsche Geographie. [UW]

Pfeifer, *Gottfried*

Pfeiffer, *Ida*, geb. Reyer, österreichische Weltreisende und Reiseschriftstellerin, geb. im Oktober 1797 in Wien, gest. 27.10.1858 in Wien. Im Alter von vierundvierzig Jahren, nachdem ihre beiden Söhne erwachsen waren, floh sie aus einer unglücklichen Ehe und unternahm ausgedehnte Reisen. Ausgestattet mit einer mäßigen Summe privater Ersparnisse fuhr Pfeiffer zunächst 1842 nach Palästina mit einem Abstecher zu den noch unerforschten Ruinen Baalbecks. Die Veröffentlichung ihres Reisetagebuchs war ein Erfolg und ermöglichte ihr 1845 eine weitere große »Reise nach dem skandinavischen Norden und Island« (1846). Sie lernte Sprachen und die Benutzung eines Daguerreotypieapparates. Die ersten fotografischen Aufnahmen der Insel Island stammen vermutlich von ihr. Auch legte sie umfangreiche zoologische und botanische Sammlungen an. Pfeiffer, der eine akademische Bildung verschlossen war, hatte sich durch das Studium von Reisebeschreibungen eine theoretische Grundlage für ihre Reisen geschaffen. An den großen Museen in London, Wien und Berlin erwarb sie Kenntnisse über fachgerechtes Sammeln und Präparieren. 1846 begab sie sich auf ihre erste zweieinhalb Jahre während Weltreise, die sie über Südamerika, Tahiti, Kanton, durch Indien, den Persischen Golf bis Bagdad führte. Als erste Europäerin überquerte sie zu Pferde das Zagros-Gebirge. Unter dem Titel »Eine Frauenfahrt um die Welt« wurden die Reisenotizen 1850 in drei Bänden aufgelegt. Neue Reisepläne besprach sie mit den führenden Geographen: ↗Humboldt, ↗Petermann und ↗Ritter. 1851 trat sie ihre zweite Weltreise an und bereiste insbesondere die indonesische Inselwelt. Auf Sumatra drang sie fast bis zu dem seinerzeit nur vom Hörensagen bekannten Toba-See vor, besuchte Borneo und die Molukken. In Südamerika brachte ihr die Überquerung der ecuadorianischen Westkordillere in der Nähe des Chimborazos einmal mehr die Hochachtung ihres Gelehrtenfreundes Humboldt ein. 1856 erschien in vier Bänden »Meine zweite Weltreise« und 1861 ihr Bericht über eine Reise durch das kaum erforschte Madagaskar. Pfeiffer legte auf ihren Reisen eine Strecke zurück, die einer achtmaligen Umrundung der Erde entspricht. Sie hat Gebiete bereist, die vor ihr kein Europäer zu betreten wagte. Obwohl sie sich nie als Wissenschaftlerin bezeichnete, hielt sie Vorträge und nahm an Sitzungen verschiedener geographischer Gesellschaften teil. Als erster Frau wurde Ida Pfeiffer 1856 die Ehrenmitgliedschaft der »Gesellschaft für Erdkunde zu Berlin« verliehen und vom preußischen Königspaar wurde sie mit der »Goldenen Medaille für Wissenschaft und Kunst« ausgezeichnet. [HJe]

Pferch, Einhegung, eingezäunte Fläche.

Pflanzenbau, der systematische Anbau von Pflanzen zum Zwecke der direkten oder indirekten (↗Veredelung) Erzeugung von Nahrung für den Menschen und von ↗nachwachsenden Rohstoffen. Der Anbau erfolgt durch die Anpassung der ↗Kulturpflanzen an die Standortbedingungen, durch Auswahl bestimmter Pflanzenarten und durch den Einsatz der pflanzenbaulichen Produktionstechnik, die in die Umweltfaktoren eingreift und so die Prozesse der Ertragsbildung beeinflusst.

Pflanzenformation ↗Formation.

Pflanzenfresser, *Phytophage, Herbivore*, bezeichnet die ↗Ernährungsweise der lebende Pflanzen bzw. Pflanzenteile oder -produkte fressenden Organismen: Fruchtfresser (Frugivore), Samenfresser, Säftesauger, Nektaraufnehmende (Nektarivore), Weidegänger, Holzfresser (Xylophage oder Lignivore).

Pflanzengeographie, *Vegetationsgeographie, Phytogeographie*, fächerübergreifende Wissenschaft der ↗Geographie und der ↗Botanik; Teilbereich der ↗Biogeographie. Einer konzentrierten Phase der Entdeckung und Beschreibung von Arten (bis ca. 1750) folgt eine solche der bewussten ökologischen Einbindung (bis ca. 1900), jene der geordneten Systemanalyse (bis ca. 1980) und seither verstärkt die der detaillierten Struktur- und Prozessanalyse. In den 1950er-Jahren führte in Mitteleuropa die stark formalisierte Pflanzensoziologie der Geobotaniker zur Abspaltung der Vegetationsgeographie. Sie beschreibt das Pflanzenkleid der Erde in seiner Bedeutung für den unterschiedlichen Charakter der Erdgegenden. Im Gegensatz zur ↗Geobotanik sind nicht die Pflanzen oder deren Lebensgemeinschaften das eigentliche Forschungsobjekt. Die heutige pflanzengeographische Forschung lehnt sich zunehmend an die angelsächsische »vegetation science« an und löst sich wieder von dem beschreibenden Ansatz der Vegetationsgeographie. In den Vordergrund rücken nun Untersuchungen zu jahreszeitlichen Entwicklungen, Ausbreitungsstrategien, ökologischen Toleranzen und Konkurrenzen, Nachbarschaftseffekten, populationsökologischen Vorgängen, Indikationsverfahren, Diversitätsmustern sowie Biomassenveränderungen. Dabei betrachtet die allgemeine Pflanzengeographie gesetzmäßige oder regelhafte Beziehungen zwischen Objekt, Gestalt und formenden Prozessen. In der regionalen Pflanzengeographie rücken lokale Unterschiede in der Kombination wirksamer Faktoren in den Vordergrund. Weitere Teilgebiete sind die soziologische Pflanzengeographie (↗Pflanzensoziologie), die floristische Pflanzengeographie (↗Arealkunde), die ↗genetische Pflanzengeographie, die ↗chorologische Pflanzengeographie und die ↗ökologische Pflanzengeographie.

Pflanzengesellschaft, ↗*Assoziation*, ↗*Phytozönose*.

Pflanzennährstoffe, die Gesamtheit der für die Ernährung von Pflanzen und Mikroorganismen notwendigen anorganischen Stoffe, welche der Organismus für den Aufbau seiner Körpersubstanz und die Aufrechterhaltung von deren Lebensfunktionen benötigt. Dazu gehören H_2O, CO_2, NO_3 sowie verschiedene Salze. Zu den Nährstoffen gehören die ↗Nährelemente.

Pflanzenökologie, Wissenschaft von den Beziehungen zwischen Pflanze und der Umwelt. Je nach Betrachtungsebene unterscheidet man ↗Autökologie, ↗Demökologie und ↗Synökologie. ↗Tierökologie.

Pflanzenpathologie, befasst sich mit den Schadwirkungen auf Pflanzen, die durch fremde Organismen (Parasiten) oder durch abiotische Faktoren (Frost, Trockenheit, Nährstoffmangel, Immissionen) ausgelöst werden. Als biotische Pflanzenpathogene treten Viroide, Viren, Bakterien und Pilze auf. Bekannt sind z. B. pflanzenspezifische Mosaikviren oder Erwinia, der bakterielle Erreger des Feuerbrands bei Obstgehölzen. Besondere Bedeutung haben Mehltau-, Rost- und Brandpilze. Die Verbreitung der Schadpilze erfolgt meist über ↗Sporen, die auf der Blattoberfläche auskeimen; die Hyphen dringen über Verletzungen oder Spaltöffnungen in die Pflanze ein. Viele der pflanzenpathogenen Pilze besitzen einen Generationswechsel, der mit einem Wirtswechsel verbunden ist. Die Pflanze reagiert auf den Befall mit Phytopathogenen mit der Bildung von Abwehrstoffen, den Phytoalexinen.

Pflanzenschutzmittel, Stoffe zur Fernhaltung oder Bekämpfung von Schadorganismen an Nutz- und Zierpflanzen sowie von Unkräutern. ↗Pestizide, ↗Biozid.

Pflanzensoziologie, *zönologische Geobotanik*, *soziologische Pflanzengeographie*, maßgeblich von ↗Braun-Blanquet entwickelte Arbeitsrichtung der ↗Geobotanik bzw. ↗Pflanzengeographie. Auf der Basis von pflanzensoziologischen Aufnahmen (↗Bestandsaufnahme) ermittelt sie statistisch abgesicherte (= wiederkehrende) Artenkombinationen in der Pflanzendecke und untersucht, welche Gesetzmäßigkeiten zur deren Ausbildung führen. Im Mittelpunkt steht die Vegetationsklassifikation nach floristischer Ähnlichkeit durch ↗Charakterarten und ↗Differenzialarten. Ein gestufter Bindungs- (= Treue-)grad führt zu einem hierarchischen System (*Braun-Blanquet-System*, *Synsystematik*, *Syntaxonomie*, *Gesellschaftssystematik*) der Ähnlichkeit. Neben der zentralen Kategorie ↗Assoziation werden folgende Rangstufen (*Syntaxa*) abnehmender Ähnlichkeit unterschieden: Verband, Ordnung und Klasse (Abb.). Ein Schwerpunkt der Pflanzensoziologie ist die Untersuchung der Standortbedingungen der Pflanzengesellschaften und der Interaktionen zwischen den Arten (ökologische Pflanzensoziologie, ↗Synökologie). Weitere Teilgebiete der Pflanzensoziologie sind Symmorphologie (Gestaltmerkmale und räumliche Struktur von Gesellschaften), Syndynamik (Veränderung der Gesellschaften, ↗Sukzession), Synchorologie (Verbreitung der Gesellschaften) und Sigmasoziologie (Untersuchung wiederkehrender ↗Vegetationskomplexe). [DU]

pflanzensoziologische Aufnahme ↗*Bestandsaufnahme*.

pflanzenverfügbare Nährstoffe, *Nährstoffverfügbarkeit*, Zustand der im Boden in gebundener oder gelöster Form vorliegenden ↗Nährelemente, die nach ihrer Bindung verschiedenen Verfügbarkeits-Fraktionen (Pools) zugeordnet werden. In der Reserve- und nachlieferbaren Fraktion befindet sich der größte Teil (98 %) der Nährelemente in fester bzw. schwacher mineralischer und organischer Bindung, der erst durch ↗Verwitterung und ↗Mineralisierung lang- bis mittelfristig mobilisierbar ist. In der austauschbaren Fraktion sind etwa 2 % der Nährelemente an Bodenkolloiden (↗Tonminerale, ↗Huminstoffe) adsorbiert. Sie sind leicht und kurzfristig mobilisierbar. Nur etwa 0,2 % des Nährstoffvorrats sind im ↗Bodenwasser gelöst und können sehr leicht und sofort als freie Ionen von den Wurzeln aufgenommen werden.

pflanzenverfügbares Wasser ↗*nutzbare Feldkapazität*.

Pflanzstockbau ↗*Grabstockbau*.

Pflanzung, landwirtschaftlicher Betrieb mit (Binnen-)Marktorientierung, der i. d. R. vom Besitzer und seiner Familie selbst geleitet wird. Es erfolgt ein Anbau von mehrjährigen ↗Kulturpflanzen (bzw. ↗Dauerkulturen). Pflanzungen sind in den Außertropen (Wein, Äpfel, Hopfen), den Subtropen (Olive, Mandel) und den Tropen (Banane, Kaffee) anzutreffen, und sie sind im Gegensatz zur ↗Plantage in allen Betriebsgrößenklassen vertreten. Auch schließt sich anders als in der Plantage keine größere Aufbereitung oder Verar-

Einheit	Endung	Beispiel
Klasse	-etea	Querco-Fagetea (Laubmischwälder)
Ordnung	-etalia	Fagetalia sylvaticae (Buchenmischwälder)
Verband	-ion	Fagion sylvaticae (Buchenwälder)
Assoziation	-etum	Luzulo-Fagetum (Hainsimsen-Buchenwald)

Pflanzensoziologie: Synsystematische Einheiten.

beitung der Produkte an. Entsprechend besitzen Pflanzungen eine geringere technische und kapitalmäßige Ausstattung. Insbesondere Kleinbetriebe weisen eine Vielfalt von Arten und Altersstufen der Fruchtbäume und Sträucher auf. Schwankungen der Nachfrage und der Marktpreise machen die gleichzeitige Beibehaltung eines Selbstversorgungsanbaus nötig.

Pflege- und Entwicklungsplan, Plan, der Entwicklungsziele, Nutzungsformen, Pflegemaßnahmen sowie weitere Maßnahmen zur Zielerreichung (»Schutzgebietsmanagement«) für rechtsförmlich festgesetzte Schutzgebiete (z. B. ↗Naturschutzgebiete) sowie andere Flächen mit besonderer Schutzwürdigkeit aus der Sicht des Naturschutzes festschreibt. Pflege- und Entwicklungspläne werden insbesondere für solche Flächen erstellt, deren Artenzusammensetzung und Biotopeigenschaften nur durch laufende Eingriffe des Menschen in die natürlichen Abläufe (z. B. ↗Sukzession) erhalten werden können. Hierunter fallen u. a. Biotoptypen wie ↗Magerrasen, ↗Heiden oder bestimmte ↗Feuchtgebiete, bei denen regelmäßig Mahd oder Beweidung, Entbuschung und Gehölzschnitte zur Erhaltung des gewünschten Zustandes erforderlich sind. Pflege- und Entwicklungspläne werden häufig von externen Umweltgutachtern in Abstimmung mit der zuständigen Naturschutzbehörde aufgestellt und dienen neben ihrer naturschutzfachlichen Zielsetzung auch als Grundlage für die Steuerung und Abwicklung von Förderprogrammen, z. B. im Rahmen des sogenannten Vertragsnaturschutzes. [AM/HM]

Pflichtschule, dazu gehören jene ↗Schulformen, die zur Erfüllung der gesetzlichen ↗Schulpflicht besucht werden können. Pflichtschulen weisen die höchste Standortdichte auf.

Pflugbau, hoch entwickelte Form der ↗Bodenbearbeitung mithilfe des Pfluges. Der Pflugbau tritt sehr häufig in Verbindung mit Großviehhaltung auf. Vor dem Maschinenzeitalter wurden Pferde und Rinder als Zugtiere eingesetzt. Der Pflugbau gehört zu den kultivierenden Formen der Bodennutzung. Er erfordert pflugfähigen und damit gerodeten Boden. Pflugähnliche Geräte finden sich bereits bei den Babyloniern. Bei den Römern fand der von Rindern gezogene Hakenpflug Einsatz. Die verbreitetste Pflugform ist der Schar-Pflug. Eine moderne Form ist der am Traktor befestigte Volldreh-Pflug.

Pflughorizont ↗A-Horizont von ackerbaulich genutzten Böden.

P-Formen, eigentlich »plastically moulded forms«, sind kleine Erosionsformen auf ehemals vergletscherten Felsoberflächen. Ihre Entstehung ist umstritten. Eine Bildung durch unmittelbare Gletschererosion, durch wassergesättigte Grundmoräne oder durch Schmelzwasser wird für möglich gehalten.

pF-Wert, dekadischer Logarithmus der in cm Wassersäule (WS) angegebenen ↗Wasserspannung im Boden (z. B. pF 0 = 1 cm WS = 0,1 kPa; pF 3 = 100 cm WS = 10 kPa).

Phaeozems [von griech. phaios = schwärzlich, düster und russ. zemlja = Erde, Land], Bodenklasse der ↗FAO-Bodenklassifikation und der ↗WRB-Bodenklassifikation; dunkelgraue, humusreiche, kalkfreie, fruchtbare Mineralböden mit mächtigem ↗A-Horizont und einer ↗Basensättigung von mindestens 50 % bis in eine Tiefe von 125 cm (100 cm nach WRB) Boden. Phaeozems sind häufig aus ↗Löss entstanden und typische Vertreter der Waldsteppenböden gemäßigthumider bis semiarider Klimate (↗Weltbodenkarte); sie sind weit verbreitet unter ↗Steppen-, ↗Prärie- und ↗Pampa-Vegetation sowie deren Übergangsbereich zu den angrenzenden Waldlandschaften. Ihre Entstehung wird häufig als Degradierungsstadium der ↗Chernozems interpretiert. Phaeozems fallen in der ↗Deutschen Bodensystematik teilweise in die Klasse der ↗Schwarzerden und entsprechen weitgehend den Udolls der US-amerikanischen ↗Soil Taxonomy. [ThS]

Phanerogamen, *Samenpflanzen*, *Blütenpflanzen*, ↗*Spermatophyten*.

Phanerophyten ↗Raunkiaer'sche Lebensformen.

Phanerozoikum, Äonothem (↗Stratigraphie) der Erdgeschichte vor dem ↗Präkambrium; der Teil der Erdgeschichte, der durch Gesteine mit reichem Vorkommen von ↗Fossilien gekennzeichnet ist (siehe Beilage »Geologische Zeittafel«). Definitionsgemäß beginnt das Phanerozoikum mit dem Beginn des ↗Kambriums und reicht bis heute. Es bildet somit das Gegenstück zum ↗Präkambrium.

Phänologie [von griech. phainestai = erscheinen und logos = Lehre], allgemein die Lehre von den Erscheinungsformen; Mitte des 19. Jh. für die Wissenschaft von den Wachstumserscheinungen und Entwicklungsvorgängen der Pflanzen vorgeschlagen und in dieser einengenden Form seitdem gebräuchlich. Eine entsprechende Tierphänologie hat sich bisher kaum entwickelt. Die Phänologie hat die Aufgabe, alle Wachstumserscheinungen, vor allem die verschiedenen, im Jahresablauf periodisch wiederkehrenden Entwicklungen des Pflanzenwachstums zu beobachten oder zu messen (↗Phänometrie), den jeweiligen Zeitpunkt ihres Eintritts sowie deren Abhängigkeiten von klimatischen Gegebenheiten, insbesondere von den Temperaturbedingungen sowie den Bodenverhältnissen festzustellen oder zu untersuchen. Vor allem seit dem 19. Jh. begannen von Botanikern und Meteorologen angeregte länger- bis langfristige Aufzeichnungen von Blühzeitpunkten und anderen phänologischen Stadien zahlreicher Pflanzen (in Anlehnung an Vorschläge, die K. von Linné bereits Mitte des 18. Jh. machte). Bereits 1905 wurde von E. Ihne eine »Phänologische Karte des Frühlingseinzugs in Mitteleuropa« vorgelegt, in der sog. Isophanen (↗Isolinien) Räume annähernd zeitgleicher Frühlingsentwicklung der ↗Vegetation abgrenzten. Mit der Etablierung der ↗Wetterdienste in den Ländern Mitteleuropas sind auch hauptamtliche Phänologische Dienste entstanden, die mit einem großen Stab von mehreren Tausend ehrenamtlichen Mitarbeitern (für die es ausführliche Anleitungen gibt: z. B. Zentralamt Deutscher Wetterdienst 1991) seitdem regelmäßig nach

denselben Richtlinien an über 40 Pflanzenarten und Kulturen (z. B. Getreide, Grünland) den zeitlichen Eintritt z. B. von Aufblüte, Vollblüte, Blattentfaltung, Fruchtreife, Blattfall u. a. in Formbögen erfassen und an den Wetterdienst melden. Besonders hat sich dafür F. Schnelle eingesetzt und zahlreiche Auswertungen vorgenommen. Die Beobachtungen zu einer Pflanzenart werden über die ganze Vegetationszeit an derselben Pflanze oder demselben Bestand vorgenommen; die ausgewählten Individuen, Kollektive oder Standorte sollen möglichst über viele Jahre beibehalten werden. Da sich die Eintrittstermine bestimmter *Phänophasen*, wie z. B. die Vollblüte von Vogelkirschen, in den einzelnen Jahren um Wochen verschieben können, ist im Hinblick auf die Bestimmung des mittleren Eintrittsdatums dieser Phase an einem Standort im Vergleich zu einem anderen der Rückgriff auf ein langjähriges Datenkollektiv notwendig, das sich aus vielen Tausend punktuellen Einzelbeobachtungen zusammensetzt. Gelegentlich wird dafür eine Beobachtungsperiode von mindestens 10 Jahren verwendet, in der Regel aber, wie z. B. bei Temperatur oder Niederschlag, eine Normperiode von 30 Jahren zu Grunde gelegt. Solche Karten finden sich für zahlreiche Arten und Phänophasen in allen Klimaatlanten, die für die Länder der Bundesrepublik Deutschland erschienen sind. Trotz der vielen Tausend Beobachter ist das Netz aber – vor allem in Gebieten mit großer Reliefenergie und starker Zertalung – immer noch so dünnmaschig, das eine große Interpolation der statistisch bearbeiteten Daten in der Regel nur Karten in kleinen Maßstäben (z. B. 1 : 1.000.000, selten 1 : 500.000) zulässt. Da das Pflanzenwachstum in sehr starkem Maße von den jeweiligen Witterungsbedingungen abhängig ist, ergeben sich darüber hinaus auch zwischen den gemittelten phänologischen Beobachtungen und den Mittelwerten der Temperatur enge Beziehungen.
Um sich aber auch kurzfristig den unbestrittenen ↗Zeigerwert der Pflanzendecke für die thermische Gunst oder Ungunst von Standorten oder Landschaftsteilen vor allem für die Planung nutzbar zu machen, hat ↗Ellenberg sich völlig von dem Datum des Eintritts von Phänophasen gelöst und eine Methode entwickelt, die die relativen Unterschiede der Entwicklung zahlreicher Arten der Pflanzendecke zwischen verschiedenen Standorten bzw. Landschaftsteilen an einem bestimmten Tag erfasst. Auf einer Eichstrecke können die unterschiedlichen *phänologischen Stufen*, die den phänologischen Gesamtzustand der Phänophasen aller zur Kartierung verwendeten Arten in einem klimatisch einheitlichen Geländeausschnitt charakterisieren, vom fahrenden Wagen erkannt und in einem sog. Spektrum aufgenommen werden. Dieses dient zur Kartierung angrenzender Landschaftsteile auf einer großmaßstäbigen Karte, auf der alle Stufen gleicher Entwicklung mit demselben Farbton eines Buntstifts eingezeichnet werden. Durch Wiederholung der Aufnahme eines phänologischen Spektrums auf der erstmalig in Stufen abgegrenzten Eichstrecke kann man auch in den folgenden Wochen vor allem vom Frühjahr bis in den Frühsommer entweder einmalig oder zur Absicherung mehrjährig mit zahlreichen, verbreitet zur Verfügung stehenden Pflanzen aus Wald, Grünland, Feld, Flur, Garten-, Park- und Grünanlagen in Städten ein sehr dichtes Netz von sich überschneidenden, Täler und Niederungen häufig querenden phänologischen Kartierungsrouten anlegen, die – im Gegensatz zu den punktuellen Beobachtungen des Wetterdienstes – eine kontinuierliche Aufzeichnung entlang der Fahrtstrecken aufweisen – und daraus mit relativ wenig Interpolationsarbeit ↗Wuchsklimakarten in den Maßstäben 1 : 25.000 bis vor allem 1 : 200.000 konstruieren, die fast noch grundstücksgenaue Zuordnungen erlauben und kleinklimatische Besonderheiten, wie z. B. durch ↗Spätfrost gefährdete Lagen, erkennen lassen. Es können recht enge Beziehungen zwischen den phänologischen Stufen und ihrer jeweiligen Jahresmitteltemperaturamplitude hergestellt werden. Solche Karten liegen für die Schweiz, Baden-Württemberg, Hessen und Nordrhein-Westfalen und kleinere Räume vor. [KFS]
Literatur: [1] IHNE, E. (1905): Phänologische Karte des Frühlingseinzugs in Mitteleuropa. [2] ELLENBERG, H. (1954): Naturgemäße Anbauplanung, Melioration und Landespflege. [3] ELLENBERG, H. (1956): Wuchsklimakarte von Südwestdeutschland. [4] SCHNELLE, F. (1955): Pflanzenphänologie. [5] SCHREIBER et al. (1977): Wärmegliederung der Schweiz. Zentralamt Deutscher Wetterdienst (1991): Anleitung für die phänologischen Beobachter des Deutschen Wetterdienstes.

phänologische Stufe ↗Phänologie.

Phänomenologie, von Edmund Husserl (1859–1938) begründete philosophische Tradition und Methode. Mit der Parole »Zu den Sachen selbst«, die soviel bedeutet wie die Aufforderung, das Bewusstsein von den Sachen zu thematisieren, wird die Frage nach der Konstitution der Bedeutungen ins Zentrum der Philosophie gestellt. Dabei wird davon ausgegangen, dass einerseits das Subjektive den Gegenstandsbezug unauflöslich impliziert, und dass andererseits die Bedeutungen der Sachen subjektive Leistungen voraussetzen. Damit wendet man sich gegen die Verkürzungen der Erfahrung von Wirklichkeit, wie sie für den ↗Positivismus typisch sind, gleichzeitig aber auch gegen Psychologismus, gemäß dem alle Bedeutungen auf die Psyche des Individuums rückführbar sind. Husserl geht es gleichzeitig auch um die Erarbeitung der Grundlagen einer »strengen Wissenschaft«. Darunter verstand er aber nicht die Forderung nach mathematischer Formalisierung, sondern ein umfassenderes Programm. Denn der Phänomenologie geht es um die Aufdeckung aller Voraussetzungen des Erkennens, auf denen sowohl die Natur- als auch die Sozialwissenschaften beruhen. In dieser Absicht steht die Formulierung einer ↗Erkenntnistheorie im Zentrum, welche die verdeckten Voraussetzungen allen habituellen Denkens offenlegt, sodass man zu objektiv wahren Aussagen gelangen kann. Jede Wissenschaft, die sich von den lebensweltlichen (/Lebenswelt) Bedeutungen entfremdet, entfernt sich von ihren Grundlagen, was zur »Krisis der europäischen Wissenschaften« führt. Dabei weigert sich Husserl, das Postulat einer unabhängig existierenden objektiven Wirklichkeit unkritisch zu übernehmen, die als Überprüfungsinstanz der Wahrheit gelten kann. Deshalb fragt er nicht mehr nach den Ursachen für das, was in der Welt besteht, und den Ereignissen, die in ihr stattfinden, sondern nach der Konstitution der Bedeutung der zu erkennenden Sachverhalte. Dieser Anspruch setzt voraus, dass alle scheinbar fraglos vorgegebenen Daten der Erfahrung kritisch infrage gestellt werden müssen, indem sich der Erfahrende von der naiven Einstellung löst. Ausgangspunkt ist nicht die Objektwelt, sondern das erkennende und denkende Ich, das als Ursprung unseres Wissens betrachtet wird. Deshalb kann man seine Erkenntnistheorie als eine subjektive Erkenntnistheorie bezeichnen. Dabei wird der intentionale Charakter (/Intentionalität) des Denkens betont. Für Phänomenologen gibt es keine Gedanken, keine Ideen als solche. Gedanken verweisen nämlich immer auf die erfahrenen Gegebenheiten, sodass jedes Denken, Erinnern, Phantasieren usw. immer Denken von, Erinnern von, Phantasieren von etwas sein muss, das gedacht, erinnert oder phantasiert werden wird. Demgemäß weist jeder Denkakt eine intentionale Struktur auf: Bewusstsein ist immer »Bewusstsein-von-etwas«. Konsequenterweise werden die Bedeutungen nicht als Eigenschaften der Bedeutungsträger betrachtet, sondern als Ergebnis der Bewusstseinsleistungen der Subjekte. Dabei wird besonderer Wert auf die Unterscheidung des Wahrgenommenen und des wahrnehmenden Aktes (mit der die intentionale Bewusstseinsleistung erbracht wird) gelegt. Obwohl der wahrgenommene Gegenstand unabhängig vom wahrnehmenden Subjekt in der äußeren Welt besteht, kann es diesen nur so wahrnehmen, wie er ihm erscheint und nicht so, wie er »als solcher« tatsächlich besteht. Das wahrgenommene Phänomen (als Ergebnis einer intentionalen Bewusstseinsleistung) ist somit auch unabhängig vom »tatsächlich Gegebenen«. Mit ihm kann in der äußeren Welt zu einem späteren Zeitpunkt geschehen was will: So wie ihn das Subjekt zu einem gegebenen Zeitpunkt wahrgenommen hat, kann er im Bewusstsein unabhängig von seinem äußeren Schicksal bestehen bleiben. Jede Wahrnehmung ist somit als das Ergebnis eines komplizierten Interpretationsprozesses zu verstehen, in dem die Gegebenheiten ihre Bedeutung erlangen. Das Problem der /Intersubjektivität und /Objektivität wird somit von der subjektiven Seite her aufgelöst.

In der Geographie ist zunächst im Rahmen der /humanistischen Geographie – wenn auch nicht immer auf konsistente Weise – auf die (konstitutive) Phänomenologie Bezug genommen worden. Die /verhaltenstheoretische Sozialgeographie nimmt in Zusammenhang mit der subjektiven Raumwahrnehmung und den /mental maps auf phänomenologische Grundlagen Bezug. Die /handlungstheoretische Sozialgeographie orientiert sich hinsichtlich der subjektiven Perspektive sowie dem verständigungsorientierten Handlungsmodell an der konstitutiven Phänomenologie und der Sozialtheorie von A. Schütz. [BW]

phänomenologischer Raum, leiblich und/oder geistig erfahrbarer Raum, der als Extension des eigenen Bewusstseins und Handelns interpretiert werden kann. Beim phänomenologischen Raum handelt es sich um eine /Raumkonstruktion, die in der /Phänomenologie ihre philosophische Basis hat. Sie verweist zuerst subjektiv und unmittelbar auf den eigenen Körper, kann dann jedoch auch intersubjektiv erweitert und so auch in mittelbarer Form erfasst werden. Die phänomenologische Raumauffassung spielt v. a. in der /handlungstheoretischen Sozialgeographie eine Rolle.

Phänometrie, Messung phänologischer Erscheinungen, z. B. Dickenwachstum bzw. täglicher Zuwachs von Bäumen, Längenzuwachs von Sprossen und Wurzeln. /Phänologie.

Phäno-Parabraunerde, Böden mit einer Texturdifferenzierung zwischen einem tonärmeren Oberboden und einem tonreicheren Unterboden, die jedoch nicht oder nicht vollständig durch Tonverlagerung (/Lessivierung) entstand, sondern meist im Periglazial als Zweischichtprofil durch Ablagerung von tonarmen äolischen oder fluviatilen Decksedimenten über tonreicheren Schichten. Die morphologische Ähnlichkeit führt oft zur Verwechslung mit einer Norm-/Parabraunerde. Die Klärung, ob es sich um eine echte Tonverlagerung handelt, ist mit mikromorphologischen Untersuchungen möglich.

Phänophase /Phänologie.

Phänotyp, *Phänotypus*, *Erscheinungsbild*, in der Genetik das Erscheinungsbild eines Organismus, das von Erbanlagen (Genotyp) und Umwelteinflüssen geprägt ist.

phi-Korrelationskoeffizient /Korrelationsanalyse.

Philipson, *Alfred*, deutscher Geograph, geb. 1.1.1864 Bonn, gest. 28.3.1953 Bonn. Von 1882 studierte er /Geographie, Geologie, Mineralogie und Nationalökonomie in Bonn und Leipzig. Dort wurde er bei /Richthofen 1886 promoviert. Anschließend bereiste Philipson auf mehreren Reisen das griechische Festland. Ehe er sich 1891 in Bonn mit einer Arbeit über den Peloponnes habilitieren konnte, musste allerdings der Referent im preußischen Kultusministerium, Friedrich Theodor Althoff (1839–1908), eingreifen, denn bis dahin hatten mehrere Universitäten die Einleitung eines Habilitationsverfahrens mit formalrechtlichen, im Grunde aber antisemitischen Argumenten abgelehnt. Als Privatdozent sammelte Philipson auf weiteren ausgedehnten /Forschungsreisen im Mittelmeerraum Material für seine Landeskunden über Griechenland und das westliche Kleinasien. Diese in ihrer Vollständigkeit und Vielseitigkeit einmaligen Darstellungen wurden für Historiker und Archäologen Grundlage und Vorbild eigener Arbeiten über die

Philipson, *Alfred*

Entwicklung des Siedlungsbildes von der Antike bis zur Gegenwart. Einen zusammenfassenden Überblick gab Philipson in der 1904 erschienenen Monographie »Das Mittelmeergebiet«, die bis 1922 vier Auflagen erlebte und eine weit über die Fachgrenzen hinausreichende, hohe Anerkennung erfuhr. Diese, wie auch seine Arbeiten über Russland und Europa gehören zu den Klassikern der ↗Länderkunde in der deutschen Geographie. 1904 erhielt er einen Ruf auf das Ordinariat für Geographie an der Universität Bern, 1906 folgte er einem Ruf nach Halle und 1911 übernahm er den Lehrstuhl für Geographie in seiner Heimatstadt Bonn. Dort konnte er bei seiner Emeritierung 1929 auf eine weithin anerkannte Lehr- und Forschertätigkeit zurückblicken. Mit seinem Lehrer F. v. Richthofen gehört Philipson zu den Begründern der beziehungswissenschaftlichen ↗Geomorphologie. Wegweisend für die Entwicklung der ↗Physischen Geographie wurde sein zwischen 1921 und 1924 erschienenes dreiteiliges Lehrbuch »Grundzüge der Allgemeinen Geographie«. Als sich Ende der 1920er-Jahre ein offener Disput um die wissenschaftliche Länderkunde entwickelte, wurde spätestens Anfang Mai 1933 offenkundig, dass es hierbei nicht nur um eine wissenschaftliche Auseinandersetzung ging, da E. ↗Banse bei der Gesellschaft für Erdkunde zu Berlin und beim Kultusministerium mit rassistisch antisemitischer Begründung gegen die Verleihung der »Goldenen Ferdinand-von-Richthofen-Medaille« an Philipson, »den Sohn eines Rabbiners« protestierte. 1942 wurde Philipson mit seiner zweiten Frau, der Geographin Dr. Margarete geb. Kirchberger und seiner Tochter Dora nach Theresienstadt deportiert. Auf Bitten von Kollegen und Verwandten Philipsons setzte sich der mit dem NS-Regime sympathisierende schwedische Asienforscher Sven Hedin (1865–1952) bei den deutschen Machthabern für seinen früheren Studienkollegen ein. Diese Interventionen führten zur Hafterleichterung der Familie, sodass sie letztlich überleben konnte. 1945 kehrte Philipson nach Bonn zurück, nahm die Arbeiten an seiner Landeskunde Griechenlands wieder auf und publizierte bereits 1947 eine ↗Stadtgeographie von Bonn. Auch beteiligte er sich am Wiederaufbau des Lehrbetriebes der Universität Bonn. Philipson erhielt im Laufe seines Lebens viele Auszeichnungen. Er war Träger der silbernen Carl-Ritter-Medaille der Gesellschaft für Erdkunde zu Berlin, Mitglied der Leopoldina und des deutschen Archäologischen Instituts, Ehrenmitglied der Archäologischen Gesellschaft Athen, Ehrendoktor der Universitäten Athen und Bonn, Mitglied bzw. Ehrenmitglied zahlreicher deutscher und internationaler Geographischer Gesellschaften. 1952 erhielt er das Bundesverdienstkreuz.

Werke (Auswahl): »Studien über Wasserscheiden«, 1886; »Der Peloponnes. Versuch einer Landeskunde auf geologischer Grundlage«, 1892; »Das Mittelmeergebiet, seine geographische und kulturelle Eigenart«, 1904; »Grundzüge der Allgemeinen Geographie«, 1921 f.; »Das Byzantinische Reich als geographische Erscheinung«, 1939; »Die Stadt Bonn, ihre Lage und räumliche Entwicklung«, 1947; »Die Griechischen Landschaften«, 1950 f. [AMe/HB]

Phonolith, *Klingstein*, i. e. S. eine Gruppe von feinkörnigen vulkanischen Gesteinen, die hauptsächlich aus Alkalifeldspat (bes. Natronfeldspat oder Sanidin) und Nephelin als Feldspatvertreter bestehen. Er ist das vulkanische (extrusive) Gegenstück zum Nephelinsyenit. I. w. S. ein Vulkanit aus Alkalifeldspäten, mafischen Mineralen und Feldspatvertretern (Nephelin, Leucit, Sodalith, etc.). ↗Streckeisen-Diagramm.

P-Horizont, mineralischer Unterbodenhorizont der ↗Pelosole, aus Ton- und Mergelgesteinen mit > 45 Masse-% Ton und einem hohen Gehalt an quellfähigen ↗Tonmineralen; bei Entstehung aus Tonmergelgesteinen carbonathaltig; Wechsel von anhaltender Durchfeuchtung und Austrocknung bedingt eine Quellungs- und Schrumpfungsdynamik, die im oberen Teil ein ausgeprägtes Subpolyeder- und Polyedergefüge entstehen lässt, das zur Tiefe in ein Prismengefüge übergeht; oft sind glänzende Gefügeoberflächen (slicken sides) und Schrumpfrisse bis > 50 cm Tiefe ausgebildet.

Phosphorkreislauf, unterscheidet sich von den Flüssen der anderen Makroelemente C, H, O, N und S wesentlich dadurch, dass dem Luftpfad im globalen Rahmen nur sehr geringe Bedeutung zukommt. Obwohl mit 0,12 Gew.-% das 11. häufigste Element der Erdkruste, verweist schon das sog. Redfield-Verhältnis – es besagt, dass in lebender Substanz im Mittel auf 106 C-Atome 16 N- und 1 P-Atome entfallen – auf die vielfach produktionsbegrenzende Rolle des Phosphors. In Böden, Sedimenten und Gesteinen liegt er in über 200 unterschiedlichen anorganischen Verbindungen vor; in Form des Orthophosphats (PO_4^{3-}) ist er in mehr als 70 Mineralien meist an Ca, Fe, Al und ↗Silicate gebunden. Im Tier- und Pflanzenreich findet sich Phosphor in anorganischen und vor allem organischen Bindungsformen wie Aminosäuren, Proteinen, Enzymen und

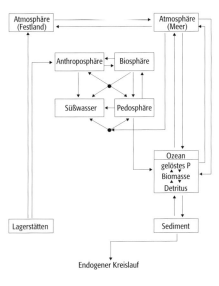

Phosphorkreislauf 1: Verteilung des Phosphors in der Umwelt und globale Phosphorflüsse.

Nukleinsäuren; Adenosintriphosphat (ATP) nimmt im Energiehaushalt der Zelle eine zentrale Stellung ein. Die Verfügbarkeit des Phosphors kann für Pflanzen sowohl in terrestrischen wie aquatischen ↗Ökosystemen stark eingeschränkt sein. Abgesehen von tropischen ↗Ferralsols sind anhaltende P-Mangelzustände jedoch weitgehend auf Binnengewässer beschränkt, wie das Redfield-Verhältnis eines typischen, unbelasteten kalkreichen Sees zeigt (106 C:28 N:0,0015 P). Hier bestimmt in der Regel die Nachlieferung von Phosphor aus dem Einzugsgebiet, zusammen mit dem P-Austausch zwischen Sediment und Wasserkörper, unmittelbar die Intensität der Primärproduktion (↗limnische Ökosysteme). Eine P-Überversorgung hat allerdings, anders als in terrestrischen Ökosystemen oder beim Menschen, erhebliche negative Auswirkungen. Am bekanntesten sind Massenentwicklungen von ↗Algen, die nach dem Absterben und Absinken zu intensiven sauerstoffzehrenden Abbauprozessen in tieferen Wasserschichten führen, die dann als Lebensraum für die meisten Tierarten ausscheiden. Zudem kommt es unter reduzierenden Bedingungen zur Bildung von Methan, Ammonium und Schwefelwasserstoff, die in höheren Konzentrationen toxisch wirken. In globaler Betrachtung ergibt sich das in der Abbildung 1 wiedergegebene Bild der Phosphorverteilung in Erdkruste, Pedo-, Bio- und Hydrosphäre und der resultierenden Flüsse; genauere quantitative Kennzeichnungen enthält die Abbildung 2. [OF]

photoaktinisch, auch *aktinisch*, durch die ↗Zirkumglobalstrahlung (Sonnen-, Himmels- und Umgebungsstrahlung) hervorgerufen. In der ↗Bioklimatologie wird dabei die Wirkung der Strahlung auf den Menschen (bioklimatische ↗Wirkungskomplexe) untersucht.

photochemischer Smog ↗Smog.

Photogrammetrie, *Bildmessung*, Herstellung von Karten aus ↗Luftbildern, Fotografien oder Satellitenbildern. Dabei wird in erster Linie geometrische Information (Form, Größe, Lage u. a.) aus den Bildern extrahiert. Mithilfe der Photogrammetrie werden vor allem Basisdaten für die Erstellung und Fortschreibung ↗topographischer Karten und ↗thematischer Karten sowie für die Weiterverarbeitung in Geoinformationssystemen (↗GIS) gewonnen. Die Bildaufnahmeverfahren der Photogrammetrie waren ursprünglich analog (Fotografien), in zunehmendem Maße werden aber digitale Bildaufnahmen verwendet. Die Plattformen (↗Fernerkundungssystem) für beide Aufnahmeverfahren sind Flugzeuge und ↗Satelliten. Digitale Bilder werden dabei mit ↗optoelektronischen Abtastsystemen bzw. optomechanischen Zeilenabtastern aufgenommen und gespeichert oder gleich zur Empfangsstation auf der Erde gesendet. Aufgenommen werden Einzelbilder und auch Bildreihen mit einer vorgegebenen ↗Bildüberlappung zur flächenhaften Erfassung von Teilen der Erdoberfläche oder anderer Planeten sowie zur ↗stereoskopischen Bildbetrachtung. Die photogrammetrische Bildauswertung der Messbilder erfolgt je nach Anzahl der vorliegenden Bilder mit den Verfahren der photogrammetrischen Einbildauswertung, Zweibildauswertung oder Mehrbildauswertung. Während durch Einbildauswertung ein Objekt nur zweidimensional erfasst werden kann (z. B. Grundriss eines Gebäudes oder Geländeabschnitts), gestattet die gemeinsame Auswertung von zwei oder mehr Bildern eine dreidimensionale Messung der aufgenommenen Objekte (*Stereophotogrammetrie*) und damit die Erstellung von digitalen Höhenmodellen (↗DHM). Bei der Einbildauswertung werden die Bilder unter Einbeziehung von Höheninformationen so transformiert, dass der Bildpunktversatz (↗Zentralperspektive) der ↗Senkrecht-Luftbilder mit guter Annäherung beseitigt wird. Das Ergebnis sind lagerichtige Bilder (↗Orthophotos) in einem einheitlichen und runden Maßstab.

photographische Aufnahmesysteme, wegen vormals fehlender technologischer Möglichkeiten der digitalen Erdbeobachtung wurde die *Weltraum-Photographie* in Russland (bzw. in der vormaligen Sowjetunion) zur Perfektion gebracht (↗Luftbildfernerkundung). Sowohl in den Satelliten der KOSMOS-Serie als auch in der Raumstation MIR (Modul Priroda) wurde der ↗Spektrozonalfilm verwendet. In KFA-1000 Reihenmesskameras wurden Aufnahmen im Format 30×30 cm mit einem Objektiv von 1 m Brennweite gemacht. Die räumliche Auflösung (Bildschärfe) dieser Fotografien (von der MIR aus fotografiert ist der Aufnahmemaßstab 1:400.000) übertrifft jene der ↗Landsat-TM-Daten (↗KFA 1000 Abb. im Farbtafelteil). Die Bilder zeigen jedes Einzelhaus, entsprechen

Phosphorkreislauf 2: Phosphorspeicher und -flüsse in der Umwelt.

Speicher		Flüsse		
Name Betrag [mol P]		von	nach	Betrag [mol P/a]
Atmosphäre (Land) $8,1 \times 10^8$		Atmosphäre (Land)	Atmosphäre (Ozean)	$3,2 \times 10^{10}$
Atmosphäre (Ozean) $1,0 \times 10^8$		Atmosphäre (Ozean)	Atmosphäre (Land)	$1,0 \times 10^{10}$
		Lagerstätten	Atmosphäre (Land)	$13,8 \times 10^{10}$
		Atmosphäre (Land)	Pedosphäre	$10,2 \times 10^{10}$
		Ozean	Atmosphäre (Ozean)	$1,0 \times 10^{10}$
Biosphäre $8,3 \times 10^{13}$		Atmosphäre (Ozean)	Ozean	$4,5 \times 10^{10}$
Lagerstätten $6,1 \times 10^{14}$		Lagerstätten	Pedosphäre	$2,1 \times 10^{12}$
Pedosphäre $5,1 \times 10^{15}$		Pedosphärisch-biosphärische P-Flüsse		$6,4 \times 10^{12}$
		Anthroposphärische P-Flüsse		$1,8 \times 10^{11}$
Süßwasser $2,9 \times 10^{12}$		Süßwasser	Ozean	$6,1 \times 10^{11}$
Marines, gelöstes P $2,6 \times 10^{15}$				
Marine Biomasse $3,8 \times 10^{12}$				
Mariner Detritus $2,1 \times 10^{13}$				
Marine Sedimente $2,7 \times 10^{19}$				

Photooxidantien, in der ↗Atmosphäre oder auf Blättern vorhandene und auf photochemischem Wege entstandene, stark oxidierende gasförmige Stoffe und Sauerstoffradikale wie z. B. ↗Ozon, Superoxidradikalanion, Singulettsauerstoff, Hydroxylradikal, Peroxiacylnitrate (PANs) und Alkylperoxiradikale. Ihre Bildung wird hauptsächlich durch den kurzwelligen Anteil insbesondere UV-A- und UV-B-Bereich der Sonnenstrahlung ausgelöst. Die Photooxidantien wirken stark oxidierend, schädigen pflanzliche und tierische Gewebe, wirken auf Zellmembranen und hemmen die ↗Photosynthese.
Das aus Auto-Abgasen und Verbrennungsprozessen stammende NO_2 wird durch UV-Strahlung gespalten zu NO und O, wobei der atomare Sauerstoff O mit O_2 zu Ozon (O_3) reagiert. Ozon reagiert mit flüchtigen Kohlenwasserstoffen zu komplexen organischen Peroxidverbindungen weiter, in die auch NO und NO_2 eingebaut werden (Peroxiacylnitrate). Das von vielen Bäumen (Pappeln, Platanen, Eichen) im Sommer bei hohen Temperaturen (> 28 °C) und hoher Lichteinstrahlung in großen Mengen emittierte gasförmige Isopren (C_5H_8) trägt ganz entscheidend zur Bildung von Photooxidantien und bodennahem Ozon bei. Die Photooxidantien sind auch die Hauptkomponenten des photochemischen ↗Smogs (oxidierender Smog, Los-Angeles-Typ, Sommer-Smog) in Großstädten und industriellen Ballungsgebieten insbesondere bei Inversionswetterlagen. [HLi]

Photoperiodismus, durch ↗Licht als äußeren Zeitgeber gesteuerte oder synchronisierte Aktivitäten und physiologische Reaktionen von Organismen. Beispiele sind die Tageslängen abhängige Blühinduktion (Lang- bzw. Kurztagpflanzen) und die jahresperiodische Zugaktivität bei Vögeln.

Photosphäre, gasförmige, 400 km dicke Oberflächenschicht der Sonne mit Temperaturen zwischen 5500–6000 K, von der der größte Teil der ↗Sonnenstrahlung ausgeht, die die Erde erreicht. Der Photosphäre überlagert ist die Chromosphäre und die Sonnenkorona. Die Photosphäre wird durch Protuberanzen – das sind glühende Gaswolken –, die weit in die Chromosphäre aufsteigen und ↗Sonnenflecken in periodischen Abständen gestört. Das Auftreten dieser Störungen führt zu Intensitätsschwankungen der Sonnenstrahlung, die an der Obergrenze der ↗Atmosphäre maximal ein Prozent der ↗Solarkonstanten betragen. Gleichzeitig mit diesen Störungen treten Verschiebungen im ↗Strahlungsspektrum der Sonnenstrahlung auf.

Photosynthese, Synthese im Licht; der Aufbau von energiereichen, organischen Substanzen (Kohlenhydrate, Fette und Eiweiße) aus den energiearmen, anorganischen Verbindungen Wasser und Kohlendioxid unter Verwendung von Sonnenenergie, wobei gleichzeitig Sauerstoff freigesetzt wird (oxigene Photosynthese). Organismen, die über die Photosynthese Lichtenergie in chemisch gebundene Energie umwandeln können, sind die grünen Pflanzen, verschiedene Algengruppen, die Cyanobakterien und einige andere Bakteriengruppen. Letztere betreiben eine anoxigene Photosynthese, da sie andere Substanzen als H_2O als Elektronendonatoren verwenden und daher auch keinen O_2 freisetzen. Die Photosynthese grüner Pflanzen, auch CO_2-Assimilation genannt, besteht aus Licht- und Dunkelreaktionen die zur Reduktion von CO_2 zu Zuckern führt (Abb. 1). Sie ist der grundlegendste

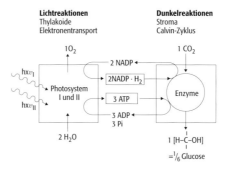

Photosynthese 1: Kastenschema der Photosynthese grüner Pflanzen mit Unterteilung in Licht- und Dunkelreaktionen. Die Bedeutung von ATP und NADP · H_2 aus den Lichtreaktionen für den Ablauf der Dunkelreaktion ist dargestellt.

biochemische Prozess auf der Erde und schafft die Basis für das Leben und die Ernährung der heterotrophen Organismen. Die Bilanz der pflanzlichen Photosynthese lässt sich durch folgende Gleichung wiedergeben, wobei Energie in Höhe von 2826 kJ gebunden wird:

$$6\ CO_2 + 12\ H_2O \rightarrow C_6H_{12}O_6 + 6\ O_2 + 6\ H_2O.$$

Die grünen Chloroplasten (Abb. 2) mit ihren Pigmenten (Chlorophylle, Carotinoide) haben die Gesamtkompetenz für die Photosynthese, sie reduzieren CO_2 zu Zucker und setzen aus Wasser (H_2O) Sauerstoff frei. Man spricht daher auch von oxigener Photosynthese. Tatsächlich stammt der heutige Luftsauerstoff (ca. 20,8 Volumen %) aus der Tätigkeit photosynthetischer Organismen früherer Erdepochen. Bei der Photosynthese wird genauso viel O_2 entwickelt wie CO_2 freigesetzt wird. Der Photosynthesequotient ist daher 1. Die Photosyntheseintensität kann über den Gaswechsel der Blätter durch Messung der CO_2-Aufnahme oder der O_2-Abgabe erfasst werden. Der Photosyntheseapparat der Pflanzen ist bezüglich der Lichtausnutzung und CO_2-Fixierung den äußeren Standortbedingungen angepasst. So liegt bei Starklichtpflanzen die Photosyntheseintensität bei Lichtsättigung höher als bei Schwachlichtpflanzen, welche dafür ihren Lichtkompensationspunkt und maximale Photosyntheseleistung schon bei geringerer Lichtintensität erreichen. Bei hohem Lichtangebot wird CO_2 zum limitierenden Faktor, weshalb Mechanismen entstanden sind zur besseren CO_2-Fixierung, wie z. B. bei den ↗C_4-Pflanzen. Viele sukkulente Pflanzen (Opuntien, Crassulaceen, Euphorbiaceen) binden dagegen bei Wassermangel CO_2 nur in der Nacht (offene Spaltöffnungen) in Form

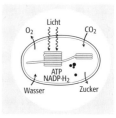

Photosynthese 2: Chloroplast als Zellorganell der Photosynthese mit grünen Biomembranen (Thylakoiden), die die Lichtreaktionen, die Wasserspaltung und O_2-Freisetzung durchführen. Mit den Coenzymen ATP und NADP · H_2 werden CO_2 in Zucker umgewandelt.

von Malat, das in der Vakuole zwischengelagert wird. Am Tag (dann geschlossene Spaltöffnungen um Transpirationsverluste zu vermeiden) wird das CO_2 aus Malat freigesetzt und in den Chloroplasten zur Photosynthese benutzt. Mit dieser »Erhaltungsphotosynthese« überdauern diese ↗CAM-Pflanzen extrem trockene Perioden bzw. das Wachstum auch an salzigen Standorten. In Regenperioden reagieren CAM-Pflanzen als normale ↗C_3-Pflanzen (offene Stomata und CO_2-Fixierung am Tag) und haben dann normalen Biomassezuwachs.

Die Chloroplasten als Ort der Photosynthese sind ein Angriffspunkt für ↗Herbizide und Stressfaktoren. Der photosynthetische Elektronentransport kann durch Herbizide (z. B. Diuron, Bentazon, Atrazin) blockiert und damit die Photosynthese (Licht- und Dunkelreaktionen) gehemmt werden. Andere Herbizide hemmen die Carotinoid- oder Chlorophyllbildung, die Isoprenoid- oder Aminosäurebildung im Chloroplasten, was den Aufbau eines funktionsfähigen Photosyntheseapparates blockiert. Die Herbizide werden so entwickelt, dass die ↗Kulturpflanzen tolerant sind, die Unkräuter in den landwirtschaftlichen Kulturen jedoch eingehen. Neuerdings werden durch molekulargenetische Methoden (↗Gentechnologie) vermehrt auch transgene Pflanzen hergestellt, die zusätzliche Enzyme haben, mit denen sie Herbizide abbauen und detoxifizieren können. Alle natürlichen oder durch den Menschen verursachten (anthropogenen) Stressfaktoren wie Hitze, Wassermangel, Starklicht, Magnesiummangel, ↗Luftschadstoffe, ↗saurer Regen, ↗Photooxidantien reduzieren direkt oder indirekt die Photosynthesefunktion und CO_2-Assimilation. Die absorbierte Lichtenergie wird dann nur noch in geringem Umfang zur photosynthetischen Lichtquantennutzung verwendet, es erfolgt eine erhöhte Abstrahlung der absorbierten Lichtenergie als Wärme und als rote und dunkelrote Chlorophyllfluoreszenz. Die Letztere ist umgekehrt proportional zur photosynthetischen CO_2-Assimilation (Kautsky-Effekt). Daher kann man über die relativ einfache Messung von Chlorophyllfluoreszenz-Kinetiken sozusagen zerstörungsfrei sehr schnell Aussagen über die Photosyntheseaktivität und Funktionsfähigkeit der Blätter und den Gesundheitszustand von Pflanzen gewinnen. [HLi]

phototroph, Wachstum der Pflanze (Spross) hin zum Licht (= positiv phototrophe Reaktion). Die Wurzel wächst hingegen vom Licht weg (= negative phototrophe Reaktion).

phreatisches Gebiet, Gebiet mit humidem Klima, in dem aufgrund ausreichend hoher Temperaturen die Bildung flüssigen Grundwassers möglich ist (↗Humidität, ↗Aridität).

phreatische Zone, Bereich unter dem Grundwasserspiegel (Gegensatz: ↗vadose Zone). In der phreatischen Zone sind die Porenräume ständig mit Wasser gefüllt (juvenile Wässer).

Phreatomagmatismus, magmatische Aktivitäten (↗Magmatismus), die durch die Berührung von ↗Magmen mit Grundwasser gekennzeichnet sind. Dadurch entstehen besonders heftige Vulkanausbrüche. Die ↗Maare der Eifel sind Ergebnisse von Phreatomagmatismus.

Phrygana, im östlichen Mittelmeergebiet großflächig verbreitete, häufig übernutzte kniehohe Zwergstrauchgesellschaften, die physiognomisch der westmediterranen ↗Garrigue entsprechen, aber durch das weitgehende Fehlen von Sippen mit potenziell baumförmigem Wuchs gekennzeichnet sind. Die Phrygana lässt sich charakterisieren durch viele bewehrte Taxa (wie *Genista*-Arten, *Calicotome*-Arten, *Sarcopoterium spinosum*) und zeichnet sich vielfach durch Zwergsträucher mit hohem Gehalt an ätherischen Ölen und Fetten (*Cistus*-Arten, *Coridothymus capitatus*) aus. Genutzt wird sie vorwiegend zur extensiven Beweidung mit Schafen und Ziegen sowie zur Beschaffung von Brennholz. Wie die Garrigue ist auch die Phrygana als spätes Stadium im Rahmen einer regressiven bzw. als frühes bei einer progressiven ↗Sukzession zu sehen.

pH-Wert, negativer dekadischer Logarithmus der Wasserstoff-Ionenkonzentration in wässrigen Lösungen. Ausgehend vom Neutralbereich bei pH 7 kennzeichnen geringere pH-Werte saure und höhere pH-Werte alkalische Bedingungen.

Phyllit, petrologisch ein toniger ↗Metamorphit, der meist durch Regionalmetamorphose (↗Metamorphose) gebildet wurde und im Metamorphosegrad zwischen Dachschiefer und ↗Glimmerschiefer steht. Kleine Kristalle von Sericit und ↗Chlorit verleihen den Schieferungsflächen einen seidigen Glanz.

Phylogenese, *Phylogenie*, die stammesgeschichtliche Entwicklung der Organismen und deren Ablauf während der Erdgeschichte.

physikalische Verwitterung, *mechanische Verwitterung*, Lockerung und Störung des Gesteinsverbands aufgrund gerichteten Druckes (max. Zugfestigkeit von Festgestein ca. 25 MPa, von Kristallen ca. 50 MPa) auf das und v. a. innerhalb des Gesteins. Die einzelnen Arten werden nach der Ursache des Drucks unterschieden in ↗Insolationsverwitterung, ↗Frostverwitterung, ↗Salzverwitterung, ↗Hydratationsverwitterung, Verwitterung durch ↗Quellung, ↗Kavitation, ↗Abrieb und biologisch-physikalische ↗Verwitterung.

physikotheologische Schule, eine Forschungsrichtung der Religionsgeographie, die im 18./19. Jh. stark ausgeprägt war und theologische Erklärungen für räumliche Erscheinungen auf der Erde heranzog. So sollten auf der gesamten Erde Beweise für die göttliche Weisheit gefunden werden. Die Verbreitung des Klimas, der Vegetation und Tierwelt, der Oberflächenformen, Seen und Flüsse ist nicht zufällig, sondern konnte durch theologische Begründungen – nämlich Gott als »Weltlenker« – plausibel erklärt werden.

Physiognomie, äußere Erscheinung, i. e. S. der Gesichtsausdruck; beschreibt auf Pflanzen bezogen die verschiedenen Formen in Verbindung mit ihrer geographischen und klimatischen Verbreitung. Über die »Physiognomik der Gewächse« lässt sich im Sinne von ↗Humboldt der natürliche Vegetationscharakter einer Erdgegend ermitteln, eine Methode, die eine Gruppierung kontrastierender Formen in verschiedenen Breiten- und Höhenzonen hervorbringt. Übereinstimmungen von physiognomisch-strukturellen Merkmalen in den Pflanzenformen haben also in einer weiträumig vergleichenden Betrachtung dazu beigetragen, eine Übersicht über die räumliche Ordnung der Vegetation und der landschaftlichen Großräume der Erde zu gewinnen (Savannen, Steppen, Wüsten, Regenwälder etc.). Humboldts Einteilung der Pflanzen in 19 nach Gattungen oder Familien benannte Grundformen (z. B. Palmenform, Kasuarinenform etc.) folgten zahlreiche weitere Klassifizierungen. Ende des 19. Jahrhunderts wurde für die Physiognomie der Pflanzen auch die Ökologie eines Raumes zur Erklärung von ↗Wuchsformen hinzugezogen. In diesem Begriff wird jeder Pflanzenart aufgrund ihrer Erbeigenschaften und Lebensbedingungen eine spezifische Form und Umwelt zugewiesen, d. h. es erfolgt eine Klassifikation nach Ähnlichkeiten in der Vegetationsperiode, Ernährungsweise, Fortpflanzung und im Wachstum. In solche *physiognomisch-ökologische Vegetationstypen* fügt sich die Unterteilung nach Anpassung an die Feuchtigkeit bzw. Trockenheit von Habitaten ein (Hygrophyten, Xerophyten usw., ↗Lebensformen). Anders als in der Pflanzensystematik, bei der nur die genetische Verwandtschaft für eine taxonomische Einteilung herangezogen wird, sind in den physiognomischen Systemen nach Wuchsformen beliebig viele Gruppierungen möglich, da (je nach Fragestellung) verschiedenen Kriterien unterschiedliches Gewicht beigemessen werden kann bzw. die Formen unterschiedliche Gewichtungen in einem Einteilungsschema erhalten können. Physiognomische Kriterien werden auch bei einer Zuordnung ganzer Bestände zugrundegelegt. In struktureller Hinsicht betrifft dies den Begriff der ↗Formation, in ökologischer jenen der ↗Phytozönose. Aufgrund der Konvergenz von Wuchsformen bei gleichen Lebensbedingungen finden sich in weit voneinander entfernten und mit gänzlich verschiedenen Sippen ausgestatteten Gebieten auf gleichen Standorten physiognomisch ähnliche Pflanzenformationen bzw. analoge Biozönosen. Hierzu zählen auf der Makroebene z. B. die Hartlaubwälder in mediterranen Teilgebieten oder die sukkulentenreichen Dornsavannen sowie auf der Mikroebene die epiphytischen Moosgemeinschaften auf feuchten Stamm- bzw. Flechtengemeinschaften auf trockenen Astpartien in den Tropen. Gegenüber der rein floristisch orientierten Pflanzensoziologie der Geobotanik spielen physiognomische Kriterien in der ökologisch orientierten Pflanzengeographie eine deutlich größere Rolle. [MR]

physiognomisch-genetische Stadtgeographie, Teilbereich der ↗Stadtgeographie; konzentriert sich auf die physiognomisch wahrnehmbaren Aspekte bzw. auf die Morphologie der Stadt (z. B. Grundriss, Aufriss, Häuser- und Dachformen) sowie die Genese einer Stadt; entstand als Reaktion auf die deterministische (beziehungswissenschaftliche) Phase; ein wichtiger Vertreter ist Otto ↗Schlüter.

physiognomisch-ökologische Vegetationstypen ↗Physiognomie.

physiographische Trockengrenze ↗Trockengrenze.

Physiologie [von griech. physiologia = Naturkunde), Teilgebiet der Biologie, das sich mit den Lebensvorgängen in Pflanzen (Pflanzenphysiologie), Tieren (Tierphysiologie) und beim Menschen (Humanphysiologie) befasst. Spezialdisziplinen wie die Stoffwechsel-, die Keimungs- oder die Bewegungs-Physiologie untersuchen einzelne Lebensleistungen.

physiologisch äquivalente Temperatur, *physiological equivalent temperature* (engl.), *PET*, thermischer Index zur Kennzeichnung von ↗Wärmebelastung, beruht auf der Transferierung der aktuellen Klimawerte der Umgebung in ein vergleichbares Raumklima, das durch die gleiche thermophysiologische Belastung charakterisiert ist. Raumklimawerte, die zugrundegelegt werden, sind: Luftgeschwindigkeit 0,1 m/s, Wasserdampfdruck 12 hPa (= 50 % relative Feuchte bei 20 °C Lufttemperatur, wobei die Lufttemperatur der Strahlungstemperatur entspricht), leicht sitzende Tätigkeit (80 W), Wärmedurchgangswiderstand der Kleidung = 0,14 K m^2/W. PET entspricht damit der Raumlufttemperatur (mittlere Strahlungstemperatur), bei der die menschliche Energiebilanz im Raum gleich ist mit der im zu bewertenden Außenklima.

physiologische Amplitude ↗Potenz.
physiologisches Optimum ↗Potenz.
physiologisches Verhalten ↗Potenz.

Physiosystem, Wirkungszusammenhang der abiotischen natürlichen Bestandteile einer Landschaft. Die natürlichen Kompartimente (↗Partialkomplexe) Boden, Gestein, Relief, Wasser und Klima (bodennahe Luftschicht) werden dabei als Teilsysteme gesehen, die in enger Wechselwirkung miteinander stehen. Physiosysteme können allen räumlichen Ebenen (↗geographische Dimensionen) von der Ebene der Einzelareale (Physiotop, ↗Geotop) bis in die geosphärische Dimension zugeordnet werden. Dem Physiosystem steht das ↗Anthroposystem gegenüber. Physiosysteme sind ein zu stark eingeschränktes Konstrukt, weil mit Ausnahme der ↗Geosysteme biotische Prozesse die natürlichen Systemfunktionen von Landschaften stark mitbestimmen. In der Landschaftsökologie wurde der Begriff des Physiosystems deshalb durch den Begriff ↗Landschaftsökosystem ersetzt.

Physiotop ↗Geotop.

Physische Geographie, *Physikalische Geographie, Physiogeographie, Physiographie*, Teilgebiet der Allgemeinen ↗Geographie, befasst sich mit verschiedenen Sphären der Erde (↗Geosphäre) als Realobjekt der Geographie auf unterschiedlichem Maßstabsniveau. Dazu zählen ↗Lithosphäre, ↗Hydrosphäre und ↗Kryosphäre, ↗Pedosphäre (Sonderrolle durch Einbeziehung des ↗Edaphon) sowie ↗Atmosphäre. Neben diese vorwiegend abiotisch bestimmten Sphären tritt die biotisch geprägte ↗Biosphäre mit Flora und Fauna. Durch die Einbeziehung des Menschen im zweiten großen Fachbereich der ↗Humangeographie ergibt sich eine enge Vernetzung zwischen Natur- und ↗Anthroposphäre im Rahmen des Erdsystems und damit die Möglichkeit zur Realisierung eines holistischen Ansatzes der Geographie.

Die Physische Geographie lässt sich zunächst mehr schematisch in folgende Einzeldisziplinen untergliedern: ↗Geomorphologie, Klimageographie bzw. ↗Klimatologie, ↗Hydrogeographie, ↗Bodengeographie, ↗Vegetationsgeographie und ↗Tiergeographie bzw. ↗Biogeographie. Diese befassen sich mit der Analyse von abiotischen und biotischen Bestandteilen und Strukturen der ↗Landschaft, ihren Prozessen und Haushalten. Ihre qualitative und quantitative Analyse erfolgt in raum-zeitlicher Sicht bei unterschiedlichen Zeit- und Raumskalen. Dabei muss hervorgehoben werden, dass die ursprünglich auch so intendierte Abgrenzung der Teildisziplinen untereinander in den letzten Jahrzehnten, ausgehend von neuen Fragestellungen und Aufgabenfeldern notwendigerweise abgemildert und zum Teil sogar aufgelöst worden ist. Dieser Sachverhalt ist bei der von ↗Troll begründeten ↗Landschaftsökologie, bei der die Synthese im Mittelpunkt steht, eine unverzichtbare Voraussetzung. Dieser inter- und transdisziplinäre Fachbereich, an dem verschiedene Fachdisziplinen beteiligt sind (Leser u. Schneider-Sliwa 1999), könnte ohne eine enge und vielfältige Einbeziehung und Vernetzung der physisch geographischen Teildisziplinen ihre wesentlichen Aufgabenstellungen im Rahmen einer übergeordneten Mensch-Umweltforschung (Ehlers 2000 a,b) sowie einer Angewandten Landschaftsökologie (Mosimann 2000; Schneider-Sliwa u. a. 1999) nicht erfüllen. Untersuchungsobjekte sind dabei vorrangig ↗Kulturlandschaften, gegebenenfalls — wenn auch wesentlich seltener — ↗Naturlandschaften, da unterschiedlichste anthropogene Einflüsse und Eingriffe zunehmend von lokaler bis globaler Ebene raumprägend werden.

Die Teildisziplinen der Physischen Geographie orientieren sich bei der Wahl und dem Einsatz ihrer Untersuchungsmethoden an den jeweiligen Nachbardisziplinen. Zu denen zählen ↗Geologie, Bodenkunde bzw. ↗Pedologie, ↗Meteorologie, Physik, Chemie, ↗Ozeanographie, ↗Hydrologie, ↗Botanik und ↗Zoologie, ↗Geoökologie und ↗Raumplanung.

Als wichtiges Teilgebiet der Geowissenschaften ist die Physische Geographie spätestens seit der Weltkonferenz in Rio (↗Agenda 21) im Jahre 1992 vermehrt mit drängenden Gegenwarts- und Zukunftsfragen auf unterschiedlicher Maßstabsebene befasst. Dazu zählen Ressourcennutzung und -schutz, regionalspezifische Verluste der Biodiversität (↗Diversität), ↗Naturschutz, ↗Nachhaltigkeit, ↗Hazardforschung sowie schließlich auf der Basis von regionalem und globalem Klima- und Landnutzungswandel mit ↗Treibhauseffekt, ↗Meeresspiegelschwankungen und ↗Desertifikation die Entwicklung von Monitoringsystemen zur Stabilisierung und zum Schutz des Systems ↗Erde und seiner Teilsysteme (WBGU 1993; Senatskommission 1999). Für die Analyse derartiger Probleme und die Erarbeitung von Lösungskonzepten sind monokausale Ansätze ungeeignet. An ihre Stelle müssen innige Vernetzungen bzw. Kopplungen der verschiedenen Zielsetzungen von geowissenschaftlichen Disziplinen und ihres jeweiligen speziellen methodischen Instrumentariums treten (Barsch u. a. 2000). Nur so kann man dem hohen Komplexitätsgrad lokaler, regionaler und globaler Systeme gerecht werden. Verstärkte Beachtung muss dabei insbesondere den prähistorischen, historischen und aktuellen Eingriffen des Menschen in natürliche Prozesse und Stoffflüsse zukommen. Denn zunehmend stellt sich die Frage nach Ursachen und Ausmaß von Störungen im Landschaftshaushalt (Goudie 1995) und inwiefern bzw. in welchem Umfang aktuell nachzuweisende Prozesse als natürliche Ereignisse oder aber als Resultate anthropogen bedingter Einflussnahme anzusehen sind. Gerade im Rahmen der Hazardforschung erhalten diese Überlegungen in der Physischen Geographie eine zunehmende Bedeutung. Dabei handelt es sich auch aus internationaler Sicht zweifellos um eines der zentralen Schlüsselthemen physisch-geographischer Forschung. Einen wesentlichen Beitrag leistet die Physische Geographie weiterhin durch die Analysen des globalen Wandels unter Einbeziehung von Paläoklima, Paläoböden und Paläovegetation. Erst durch deren Berücksichtigung können kurzfristige Oszillationen von langfristigen Trends eines regionalen und zonalen Wandels von z. B. Klima, Vegetation sowie Land- und Bodennutzung unterschieden werden. Diese naturgesetzlichen Veränderungen der Lebensbedingungen bewirken zugleich gravierende Änderungen im sozio-ökonomischen und sozio-kulturellen Bereich mit entscheidenden Rückwirkungen auf den Lebens- und Wirtschaftsraum. Somit ergeben sich zahlreiche Vernetzungen der Physischen Geographie mit der Humangeographie und ihren Teildisziplinen (Meurer 1998). Unter Einsatz modernster geowissenschaftlicher Technologie sowie immer komplexerer Modellierungen und Prognosenbildung sind gezielte Problemlösungsstrategien unter interdisziplinärer und internationaler Beteiligung der Physischen Geographie schon lange keine Singularität mehr. Aus der Sicht zahlreicher Fachvertreter ist dieser Sachverhalt bislang aber nur unzureichend von Bildungspolitikern zur Kenntnis genommen worden, wie die rigide Kürzung des Geographieunterrichts (↗Schulgeographie) an Schulen vieler Bundesländer ebenso wie die Schließung mehrerer Geographieinstitute bundesweit erkennen lässt. Verstärkte Öffentlichkeitsarbeit – wie z. B. im Rahmen der Leipziger Erklärung (Haubrich 1998) – sowie Umsetzung neuer Forschungsergebnisse gezielt für den Einsatz im Schulunterricht (Mosimann 1998) werden daher für zwingend erforderlich angesehen. [MM]

Literatur: [1] BARSCH, H., BILLWITZ, K. und H.-R. BORK (Hrsg.) (2000): Arbeitsmethoden in Physiogeographie und Geoökologie. – Gotha. [2] EHLERS, E. (2000a): Geographie in der Welt von heute – Möglichkeiten und Grenzen eines integrativen Faches. In: Geographica Helvetica, 3. – Zürich. [3] EHLERS, E. (2000b): Globale Umweltforschung und Geographie – ein »State-of-the-art«-Bericht. In: PGM, 144. – Gotha. [4] GOUDIE, A. (1995): Physische Geographie. Eine Einführung. – Heidelberg, Berlin, Oxford. [5] HAUBRICH, H. (1998): Die Leipziger Erklärung zur Bedeutung der Geowissenschaften in Lehrerbildung und Schule – ein Kommentar. In: Die Erde, 129. – Berlin. [6] LESER, H. und R. SCHNEIDER-SLIWA (1999): Geographie – eine Einführung. Das geographische Seminar. – Braunschweig. [7] MEURER, M. (1998): Physiogeographische Analyse raumbezogener nachhaltiger Zukunftsplanung. 51. Deutscher Geographentag Bonn 1997, Bd. 2. – Stuttgart. [8] MOSIMANN, T. (1998): Landschaftsökologie in der Schule – Grundlage für das Verständnis der Welt von heute und morgen. In: Die Erde,1. – Berlin. [9] MOSIMANN, T. (2000): Angewandte Landschaftsökologie: Der Weg von der Forschung in die Praxis. In: Geographica Helvetica, 3. – Zürich. [10] SCHNEIDER-SLIWA, R., SCHAUB, D. und G. GEROLD (Hrsg.) (1999): Angewandte Landschaftsökologie – Grundlagen und Methoden. – Berlin, Heidelberg, New York. [11] SENATSKOMMISSION FÜR GEOWISSENSCHAFTLICHE GEMEINSCHAFTSFORSCHUNG DER DFG (1999): Geotechnologien: »Das System Erde«: Vom Prozessverständnis zum Erdmanagement. – Potsdam. [12] WISSENSCHAFTLICHER BEIRAT DER BUNDESREGIERUNG GLOBALE UMWELTVERÄNDERUNGEN (WBGU) (1993): Welt im Wandel: Grundstruktur globaler Mensch-Umwelt-Beziehungen. Jahresgutachten 1993. – Bonn.

Phytochorologie ↗Arealkunde.
Phytodiversität, Vielfalt der Pflanzen und der durch sie gebildeten Lebensgemeinschaften, Teil der Biodiversität. ↗Diversität
Phytogeographie ↗Pflanzengeographie.
Phytomasse ↗Biomasse.
Phytoplankton, pflanzlicher und mikrobieller Anteil des ↗Planktons, der zur ↗Photosynthese und damit zur photoautotrophen Ernährung fähig ist. Die Organismen des Phytoplanktons besitzen eine Größe von maximal 2 mm, die wichtigsten Phytoplanktongruppen sind Blaualgen (Cyanophyceae), Grünalgen (Chlorophyceae), Kieselalgen (Bacillariophyceae) und Dinoflagellaten (Dinophyceae). Die Photosyntheseleistung des Phytoplanktons macht einen erheblichen Anteil der ↗Primärproduktion in Gewässern aus.
Phytozönose, Pflanzenbestand, der als ortsfester Anteil zusammen mit dem eher ortsvagen Tierbestand (Zoozönose) in einer Lebensgemeinschaft verankert ist (↗Biozönose). Phytozönosen bilden also in einer Lebensstätte (↗Biotop) eine relativ beständige Grundstruktur und tragen über Bestandsabfälle, Nährstoffentzug, Nahrungsangebote für Tiere und Mikroorganismen sowie hygrothermische Effekte auf den Energiehaushalt zur fortwährenden Gestaltung eines ↗Ökosystems bei. Phytozönosen sind organisierte Komplexe aus Sippen (*Pflanzengesellschaften*), haben eine bestimmte Physiognomie (↗Formation) und sind als funktionaler Bestandteil im Ökosystem einer Raumeinheit verankert (↗Ökotop).
Piche-Evaporimeter ↗Evaporimeter.
Piedmont, Oberbegriff für das gesamte Formeninventar der mehr oder weniger ausgedehnten Fußzonen von Gebirgen und Höhenzügen. Er umfasst sowohl Abtragungs- und Aufschüttungsformen als auch damit verbundene tektonisch induzierte und vulkanische Formen. Rein morphographisch sind die flach abdachenden Teile des Piedmont als ↗Fußflächen bzw. »piedmont plains« zu bezeichnen. Abtragungsformen werden ↗Pedimente genannt; soll die petrographische Beschaffenheit mit in den Begriff eingehen, so lässt sich dieser leicht zu Grundgebirgs-, Festgesteins-Pediment usw. erweitern. Bei Aufschüttungsformen wird von ↗Bajadas gesprochen; ihr proximaler Teil erweist sich gelegentlich als verschüttetes Pediment und wird dann entsprechend der nordamerikanischen Terminologie als suballuvial bench, resp. »peripediment« bezeichnet. Als weitere, teils akzessorische, teils dominante Aufschüttungsformen sind die auf den Gebirgsrand fixierten Schwemmkegel (alluvial cones) sowie bisweilen Zehner von Kilometern lange ↗Schwemmfächer (alluvial fans) zu nennen. ↗Bolson. [EB]
Pilgerreise, *Pilgerfahrt*, religiös motivierte, asketisch-spirituelle *Wallfahrt* zu heiligen Glaubensstätten mit dem Ziel der inneren Reinigung oder als Ausdruck selbst auferlegter Buße. Bei massenhaftem Charakter als ↗Pilgertourismus bezeichnet. Im ↗Islam stellt eine Pilgerreise nach Mekka eine der fünf Säulen dieser Religion dar und hat deshalb im Leben des Gläubigen eine zentrale Bedeutung. Im Christentum gehören das Heilige Land mit Jerusalem sowie Rom zu den wichtigsten Pilgerzielen. Wallfahrtsorte wie Lourdes oder Santiago de Compostella haben als Fernziele überregionale Bedeutung für den Pilgertourismus. Sie werden auf der regionalen bzw. lokalen Ebene von einer Vielzahl von kleineren Wallfahrtszielen ergänzt.
Pilgerstätten, *Pilgerorte*, *Pilgerzentren*, religiöse Stätten, die von den Anhängern einer Religionsgemeinschaft aus religiösen Motiven aufgesucht werden. ↗Wallfahrtsstätten, ↗religiöse Zentren, ↗Pilgerreise.
Pilgertourismus, massenhafte Reisebewegung von Pilgern zu außerhalb des Wohnorts gelegenen heiligen Glaubensstätten mit temporärem Aufenthalt. Besondere Bedeutung kommt stationären Heiligtümern zu. Dort können rituelle Verrichtungen, z. B. in Form einer Wassertaufe, der Verbrennung von Opfergaben oder als ekstatische Anbetung, hinzutreten. Im Unterschied zum ↗Religionstourismus vollzieht sich Pilgertourismus vor dem alleinigen Hintergrund reli-

giöser Beweggründe, wie z. B. innere Reinigung oder selbst auferlegte Buße.

Pillow-Lava ↗Kissenlava.

Pilotballon, frei fliegender geschlossener Kautschukballon zur Ermittlung des Höhenwindfeldes. Der Ballon steigt mit nahezu konstanter Geschwindigkeit, wobei er sich dem nachlassenden ↗Luftdruck entsprechend ausdehnt. Der Ballon wird mit dem Radar von zwei Bodenstationen aus anvisiert. Durch diesen Doppelanschnitt kann die Bahn des Ballons im Raum verfolgt werden. Aus seiner Abdrift sind Richtung und Geschwindigkeit des Windes in einem Vertikalprofil bestimmbar.

Pilze, *Fungi*, chlorophyllfreie, heterotroph (saprophytisch oder parasitisch) lebende Organismen, die innerhalb des Pflanzenreichs eine Sonderstellung einnehmen und überwiegend terrestrisch (ca. 98 % aller Arten) sowie im Süßwasser, seltener im Meer leben. Als wichtige Gruppe innerhalb der ↗Destruenten besitzen sie für den Abbau toter organischer Substanz und damit für den Nährstoffkreislauf in ↗Ökosystemen eine große Bedeutung. Viele höhere Pflanzen, aber auch niedere Pflanzen gehen mit Pilzen eine ↗Symbiose ein (↗Mykorrhiza, ↗Flechten). Pilze umfassen etwa 100.000 Arten, deren älteste Funde ins Präkambrium zurück reichen. Als Holzzerstörer, Krankheitserreger und beim Verderben von Lebensmitteln treten Pilze als bedeutsame Schadorganismen auf. Andererseits besitzen einzelne Pilze auch Nutzanwendungen (z. B. Antibiotika, alkoholische Gärung).

Pilzfelsen, *Tischfelsen*, frei stehender Felsturm, dessen Sockel schmaler als sein oberer Teil ist, im humiden Klima entstanden durch stärkere allseitige ↗Verwitterung morphologisch weniger widerständigen Gesteins gegenüber resistenterem Gestein im oberen Teil. Die Abtragung des »Stiels« wird durch sich selbstverstärkende Schattenverwitterung als Folge immer stärker verzögerter Abtrocknung gefördert. Pilzfelsen sollen in ariden Klima auch durch Wind- bzw. Sandschliff (↗Korrasion) entstehen können; bei allseitiger Auskehlung, die nur bei Sandsturm aus allen möglichen Richtungen denkbar wäre, handelt es sich allerdings i. d. R. um feuchtklimatische Vorzeitformen. Nur die Stirn und Flanken betreffende Auskehlung schafft rezenter ↗Windschliff, der schwächer als der vorzeitliche ist, bei unidirektionalem Wind (z. B. ↗Passat) in ↗Yardangs bzw. ihren Festgesteinsäquivalenten, den Windhöckern. Im Brandungsbereich an Küsten können Pilzfelsen durch die Ausbildung von Brandungshohlkehlen (↗Hohlkehle) in Kombination mit Salzwasserverwitterung und, bei kleineren Formen, ↗Biokarst entstehen. [DB]

Pinge, *Binge*, ursprünglich Einsturzform, die auf Untertageabbau zurückgeht und die Oberfläche von Hängen und Ebenen als trichterförmige Vertiefung unterbricht. Ein Beispiel ist die Pinge bei Altenberg im Erzgebirge mit einer Fläche von 2,5 ha und einer Tiefe von 80 m. Heute bezeichnet man auch ähnliche ↗Hohlformen, die durch lokale Abgrabungen entstanden sind, als Pinge.

Pingo, aus einem großen Eiskern und einer permanent gefrorenen mineralischen Deckschicht (Kora) bestehender, bis zu 70 m hoher Hügel im Gebiet des kontinuierlichen ↗Permafrosts. Der Grundriss von Pingos ist bei Durchmessern zwischen 30 und 600 m oft rundlich. Pingos des geschlossenen Typs (Mackenzie-Typ) entstehen nach Verlandung eines Sees, wenn der zuvor vorhandene ↗Talik unter dem See zufriert und aus dem eingeschlossenen, noch ungefrorenen Sediment Wasser ausgepresst wird. Dieses gefriert und bildet einen Eiskern. Bei Pingos des offenen Typs (Ost-Grönland-Typ) ist ebenfalls ein initialer Talik zur Entstehung des Eiskerns notwendig. Ursache des Talik ist ein See oder starke Wasserzufuhr von Quellen aus dem Untergrund. Durch den Permafrost kann das Wasser nicht an die Oberfläche gelangen, sondern gefriert von oben her zu einem Eiskern.

Pionierarten ↗Sukzession.

Pioniergesellschaft ↗*Initialgemeinschaft*.

Piping, der oberflächennahe Abfluss von Wasser (↗interflow), wo besondere Schwachstellen im Bereich des Kontakts zum wasserstauenden Untergrund vorliegen (beispielsweise Mauslöcher, Trockenrisse). Wenn das Wasser dabei Material mitreißen kann, so werden diese Fließbahnen vergrößert, was wieder mehr Wasser dort konzentriert. Dadurch entstehen Röhren (engl. pipes; Piping steht für den Prozess), die in genügend standfestem Substrat mehrere Dezimeter Durchmesser aufweisen können. Bei Andauern des Prozesses stürzt die Röhre ein, und es entsteht eine ↗Runse.

Pixel, *Bildpunkt*, kleinste Einheit des Datenrasters einer Fernerkundungs-↗Rasterdaten-Szene, geometrisch definiert durch x/y-Werte. Pro Bildpunkt wird ein Messwert gespeichert, der über einen ↗Sensor die Reflexion von Objekten der Erdoberfläche erfasst. Ein Pixel entspricht je nach ↗Fernerkundungssystem einer unterschiedlichen Bodenfläche (räumliche ↗Auflösung).

Plaggenesch, ↗Bodentyp der ↗Deutschen Bodensystematik der Abteilung ↗Terrestrische Böden und der Klasse Terrestrische ↗Kultosole; Profil: Ah, Ap/E/II- … Horizonte des überdeckten Bodens; nach ↗FAO-Bodenklassifikation: Fimic oder Cumulic ↗Anthrosol; Bildung des humosen ↗E-Horizonts durch Auftrag von kompostierten oder als Stalleinstreu verwendeten Gras- und Heideplaggen im Zuge der ↗Plaggenwirtschaft seit dem 8. Jh.; Subtypen je nach Ausprägung von Bodenmerkmalen in der Eschauflage und nach Art des unterlagernden Bodens; Verbreitung vor allem in den Geestgebieten Norddeutschlands; Nutzung meist als Acker; zum Teil werden mittelalterliche Plaggenesche unter Wald angetroffen.

Plaggenwirtschaft, *Sodenwirtschaft*, v. a. im niederländisch-westfälisch-niedersächsischen Raum wurde mineralreicher Oberboden (z. B. aus Heiden) in ziegelartigen Bodensoden (Plaggen) gestochen, dann kompostiert oder in Tierställen mit Mist angereichert und anschließend auf das Daueracker land aufgebracht (Erhöhung der ↗Bodenfruchtbarkeit). Durch diesen Auftrag entstanden bis heute an der Bodenstruktur und -färbung gut erkennbare Plaggenesche (↗Esch) mit einer Mächtigkeit von 30–120 cm, was u. a. »ewigen Roggenanbau« ermöglichte.

Plagioklas ↗Feldspäte.
Plan ↗Planung.
Planation, *Planierung*, einebnende Abtragung. Dazu gehören ↗Flächenbildung, Bildung von ↗Pedimenten, ↗Kryoplanation, ↗glaziale Erosionsprozesse, marine ↗Abrasion.
Planck'sches Strahlungsgesetz, von M. Planck (1858–1947) abgeleitetes Gesetz, das die spektrale Ausstrahlung eines ↗schwarzen Körpers in Abhängigkeit von der Wellenlänge und der absoluten Temperatur beschreibt. Die Strahlungsleistung eines emittierenden schwarzen Körpers steigt nach diesem Gesetz bei einer gegebenen Temperatur mit wachsender Wellenlänge zunächst rasch bis zu einem Maximalwert an und nimmt dann mit weiter wachsender Wellenlänge exponentiell ab (Abb.). Diese Gesetzmäßigkeit

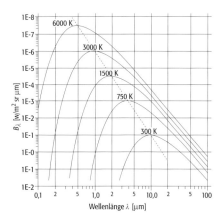

gilt in guter Näherung für alle Strahlungsvorgänge in der ↗Atmosphäre.
Pläner, nach dem Vorkommen Plänen (bei Dresden) benannte, unter weichen Geländeformen verwitternde, mergelige Kalksteine und Kalksandsteine der Oberkreide Sachsens und Nordböhmens.
planetarische Dimension, *geosphärische Dimension*, Maßstabsbereich, in dem zonale und subzonale Räume untersucht und dargestellt werden. Geoökozonen bzw. Ökozonen und deren Subzonen sind hauptsächlich durch das ↗Makroklima bestimmte Räume, die durch ↗zonale Vegetation und ↗zonale Böden gekennzeichnet werden. Das Makroklima ergibt sich aus der ↗atmosphärischen Zirkulation, für die solare und tellurische Einflüsse maßgeblich sind. Neben dieser hauptsächlich an Strukturmerkmalen orientierten Kennzeichnung werden die Ökozonen neuerdings auch durch stoffliche und energetische Umsatz- sowie Produktivitätsbetrachtungen an zonal repräsentativen ↗Ökosystemen beschrieben und damit als geozonale Ökosysteme behandelt. ↗geographische Dimensionen.

Literatur: SCHULTZ, J. (2000): Handbuch der Ökozonen. – Stuttgart.

planetarische Frontalzone, kennzeichnet auf beiden Hemisphären die Grenze zwischen der polaren und gemischten Luft, die jahreszeitlich variierend im Mittel zwischen 35° und 60° Breite auftritt. Das häufige Auftreten von ↗Fronten entlang dieser Grenze war für die Namensgebung durch die ↗Bergener Schule entscheidend. Im Bereich der planetarischen Frontalzone maximieren sich die meridionalen Temperatur- und Druckdifferenzen. Werden kritische Gradienten überschritten, so kommt es zur Ausbildung ↗barokliner Wellen und zur ↗Zyklogenese in der ↗außertropischen Westwindzone, die aus den meridionalen Druckgradienten resultiert. Die baroklinen Wellen und die zugehörigen ↗außertropischen Zyklonen wandern mit ihren Fronten in der Westwinddrift im Mittel entlang der planetarischen Frontalzone ostwärts (↗atmosphärische Zirkulation).
planetarische Grenzschicht ↗*atmosphärische Grenzschicht*.
planetarischer Formenwandel, von den vier Kategorien des geographischen ↗Formenwandels diejenige, welche den Einfluss der geographischen ↗Breite betrifft. Der planetarische Formenwandel kommt in der ↗Landschaftsökologie zum Ausdruck in den regelhaften Veränderungen von abiotischen Geofaktoren (vor allem Klima, Boden, Wasserhaushalt) und von biotischen Geofaktoren (Flora, Fauna, Vegetation) mit zunehmender Entfernung vom Äquator. Diese regelhaften Veränderungen beruhen vor allem auf Unterschieden des Strahlungshaushaltes und der atmosphärischen Zirkulationssyteme, welche mit der Ausbildung von ungefähr breitenparallel verlaufenden Klimazonen einhergehen. In engem Zusammenhang mit der klimazonalen Gliederung stehen ↗Landschaftsgürtel und ↗Vegetationszonen. Die zunehmenden Jahresschwankungen der Tageslänge, welche zur Ausbildung von thermischen Jahreszeiten führen, sind ein Beispiel für den planetarischen Wandel eines Geofaktors vom Äquator zu den Polen. Der regelhafte Formenwandel kann auch bedeuten, dass Geofaktoren sich nicht proportional zur geographischen Breite ändern. So zeigen die Jahressummen der Niederschläge zwei Maximalzonen, eine in den inneren Tropen und eine in den mittleren Breiten.
Für die Darstellung des planetarischen Formenwandels eignen sich in erster Linie kleinmaßstäbige Karten der Erde. Durch kombinierte Betrachtung des planetarischen Formenwandels und der weiteren Kategorien des geographischen Formenwandels lassen sich verfeinerte landschaftsökologische Gliederungen der Erdoberfläche entwerfen, die über einen rein zonalen Ansatz hinausgehen (Abb.). [GKa]
planetarische Wellen ↗*Rossby-Wellen*.
planetarische Zirkulation ↗*atmosphärische Zirkulation*.
Planfeststellungsverfahren, wird für Großbauvorhaben vom Gesetzgeber vorgeschrieben und

Planck'sches Strahlungsgesetz: Strahlungsflussdichte schwarzer Körper B_λ unterschiedlicher absoluter Temperatur in Abhängigkeit von der Wellenlänge λ nach dem Planck'schen Strahlungsgesetz (in doppelt-logarithmischem Maßstab).

Plankton

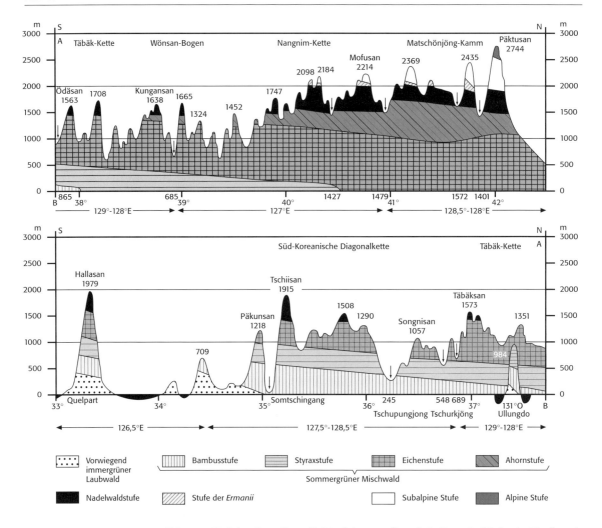

planetarischer Formenwandel: Vegetationsprofil in Nord-Süd-Richtung durch Korea, die Interferenz des planetarischen und hypsometrischen Formenwandels zeigend.

soll den vom Vorhaben Betroffenen die Möglichkeit geben, im Rahmen eines Anhörungs- und Beteiligungsverfahrens Bedenken und Einwendungen deutlich zu machen. Die Pläne des Vorhabens werden vom Bauherrn der zuständigen Behörde vorgelegt, die diese an betroffene Gemeinden und ↗Träger öffentlicher Belange weiterleitet. Anschließend erfolgt die öffentliche Auslegung (»Offenlage«) der Pläne. Das weitere Vorgehen ist im Verwaltungsverfahrensgesetz (VwVfG) festgelegt. Nach der öffentlich bekannt zu gebenden Auslegung der Pläne können in der *Anhörung* Stellung genommen und Einwendungen vorgetragen werden. Wird im Rahmen der Erörterung mit dem Bauherrn der Plan abgeändert und dadurch ein Dritter betroffen, muss dieser ebenfalls davon in Kenntnis gesetzt werden. Das Anhörungsverfahren endet mit einer Stellungnahme der Planfeststellungsbehörde. Im Planfeststellungsbeschluss entscheidet die Planfeststellungsbehörde über noch ungeklärte Einwendungen und beschließt nach Abwägung der vorgebrachten Stellungnahmen nötige Auflagen, falls die Allgemeinheit oder Rechte anderer betroffen sind. Der abschließende Planfeststellungsbeschluss wird allen Beteiligten vorgelegt und entspricht, als Abschluss des Genehmigungsverfahrens, der Plangenehmigung. Die Planfeststellung entspricht einer Bestätigung der Zulässigkeit des Vorhabens. Es ist festgelegt, dass Planänderungen vor Fertigstellung des Bauvorhabens erneut ein Planfeststellungsverfahren erfordern, falls Dritte davon berührt werden. [GRo]

Plankton, ↗Lebensform des freien Wassers in limnischen und marinen ↗Ökosystemen, die durch die Abhängigkeit von der Wasserbewegung gekennzeichnet ist. Hierzu gehören auch kleinere schwimmende, v.a. aber schwebende Organismen der Pflanzen- (Phytoplankton) oder Tierwelt (Zooplankton). Planktogene ↗Sedimente sind hauptsächlich aus planktischen Organismenresten gebildet. Hierzu gehören die meisten ↗Foraminiferen, ↗Radiolarien, ↗Coccolithen und andere Mikrofossilgruppen (↗Fossil).

Planosols [von lat. *planus* = flach], Bodenklasse der ↗FAO-Bodenklassifikation und der ↗WRB; von ↗Stauwasser beeinflusste Mineralböden in flachen Senken oder Plateaulagen. Der ↗E-Horizont ist stark gebleicht und zeigt wesentliche Merkmale der ↗Hydromorphierung in Form von Rostflecken. Der unterlagernde, infolge eines durch ↗Lessivierung oder Schichtwechsel hervorgerufenen ↗Texturwechsels sehr viel dichtere und tonreiche ↗B-Horizont staut das Oberflächenwasser, sodass der E-Horizont periodisch wassergesättigt ist. Ausgangsgesteine der Bodenbildung sind häufig tonige ↗Bodensedimente oder alluviale Sedimente. Planosols sind weit verbreitet in ausgedehnten Ebenen der gemäßigten bis subtropischen Klimaregionen unter Grasvegetation oder Wald. Hinsichtlich der Stauwasserdynamik weisen sie gewisse Ähnlichkeiten mit den ↗Stagnogleyen und den Böden der Klasse der ↗Stauwasserböden der ↗Deutschen Bodensystematik auf. [ThS]

Plansiedlung, planmäßig angelegte, ländliche oder städtische Siedlung, die auf einen Planungsakt zurückgeht und eine geregelte Grundrissform aufweist. Bei den planmäßig angelegten Agrarsiedlungen wird zumeist auch die regelhaft geordnete ↗Flur in den Begriff Plansiedlung einbezogen. Es kann sich dabei um linienhafte Siedlungen (z. B. ↗Waldhufendorf, ↗Straßendorf), um geregelte Platzsiedlungen (z. B. ↗Platzdorf, ↗Angerdorf), um regelhafte Rundformen (z. B. Rundling) oder um Siedlungen mit einem geregelten (rechtwinkligen oder radial-konzentrisch verlaufenden) Straßennetz (z. B. Schachbrettsiedlungen, Siedlungen mit sternförmigem Straßennetz) handeln.

Die ältesten Plansiedlungen sind die Städte der Induskultur (ca. 2400–1700 v. Chr.). Frühe Plansiedlungen waren auch viele nordchinesische Städte (z. B. Xian) mit orientierten Stadtmauern und Straßen (↗Geomantik). Auch indische Städte weisen z. T. einen Idealplan auf (z. B. die Palaststadt Jaipur). Im antiken Griechenland ging man, Gedanken aus dem Orient übernehmend, seit der Mitte des 5. Jh. v. Chr. zu Plananlagen über. Frühestes Beispiel einer griechischen Planstadt ist Milet (hippodamischer Grundriss auf Hippodamos von Milet zurückgehend). Die erste Stadtplanung auf europäischem Boden war Athen-Piräus. Viele hellenistische und römerzeitliche Stadtanlagen sind ebenfalls Plansiedlungen. In anderen Kolonisationsgebieten sind Plansiedlungen seit dem Hochmittelalter angelegt worden. Sie entstanden v. a. in Bereichen gelenkter Besiedlung, etwa die linearen ländlichen Siedlungen im Jungsiedelland Mitteleuropas (z. B. Waldhufensiedlungen in den Sudeten, ↗Marschhufendörfer an der Nordseeküste) oder die seit Anfang des 12. Jh. planmäßig angelegten Gründungsstädte West- und Mitteleuropas, wie die ↗Zähringerstädte. Mit der Wiederaufnahme von Architekturideen der Antike, v. a. durch den Rückgriff auf die Werke des römischen Architekten Vitruvius (88–26 v. Chr.), wurden seit der Renaissancezeit idealtypische Stadtanlagen in Italien (Palmanova 1593), Frankreich oder Deutschland (Freudenstadt 1599) geschaffen. Auch bei der Grundrissgestaltung spanischer Kolonialstädte der Renaissancezeit in der Neuen Welt griff man wieder auf die Anregungen im Werk des Vitruvius zurück. In der Barockzeit wurden auf Anordnung der Landesherren im Zusammenhang mit der »Peuplierung« entvölkerter Gebiete, u. a. in Preußen und den Habsburger Landen (z. B. Banat) zahlreiche strikt geplante ländliche Siedlungen angelegt. Geplante Grundrisse weisen auch die damals neu entstandenen Festungs- und Residenzstädte verschiedener Territorien, v. a. Frankreichs, der Habsburger Monarchie, Preußens und Russlands auf. Plansiedlungen sind auch die im Rahmen der ↗Binnenkolonisation im 16.–18. Jh. gegründeten ↗Moorhufensiedlungen und ↗Fehnsiedlungen. Außerhalb Europas sind besonders im 19. und 20. Jh. in Kolonialgebieten der Engländer, Franzosen und Russen neben bereits bestehenden älteren Städten mit unregelmäßigem Grundriss zahlreiche geplante Stadtsiedlungen entstanden, z. B. im islamischen oder indischen Kulturkreis. Auch in Nordamerika finden sich geplante Städte. Schon die französische Gründung New Orleans ist eine Plansiedlung des frühen 18. Jh. Planmäßig angelegte Städte sind auch Washington D.C., Brasilia, Canberra, Islamabad (Pakistan) oder ↗Satellitenstädte im Umland von großen Agglomerationen (z. B. die ↗Gartenstädte und ↗New Towns um London; Satellitenstädte um Moskau, cites nouvelles um Paris), aber auch die Mehrzahl der ↗Großwohnsiedlungen und ↗Werkssiedlungen. [AS]

Literatur: [1] BORN, M. (1977): Die Geographie der ländlichen Siedlungen Bd. 1: Die Genese der Siedlungsformen in Mitteleuropa. – Stuttgart. [2] NITZ, H.-J. (1998): Allgemeine und vergleichende Siedlungsgeographie. Ausgewählte Arbeiten. 2 Bände. [3] SCHWARZ, G. (1966, 1989): Allgemeine Siedlungsgeographie. 3. Aufl. (ländl. Siedlungen u. Städte) und 4. Aufl. (nur ländl. Siedlungen). – Berlin/New York.

Planstadt, nach einem (oft idealistischen) Plan zu einem bestimmten Zweck neu gegründete oder ausgebaute Stadt mit regelhaftem Grundriss. Planstädte entstehen typischerweise zu Zeiten von Reichsgründungen, zum ersten Mal im Hellenismus, dann um die Zeitenwende im Römischen und Chinesischen Reich sowie als fürstliche Gründungen des europäischen Absolutismus und Barock (↗Residenzstädte) und schließlich in der Neuzeit als ↗New Towns oder ↗sozialistische Städte. ↗Plansiedlung.

Plantagenwirtschaft, agrarwirtschaftliche ↗Betriebsform in den ↗Entwicklungsländern, die durch arbeitsintensive und/oder kapitalintensive Produktionsweise gekennzeichnet ist und zumeist Monoprodukte für den Weltmarkt produziert. Ihre Anfänge hat die Plantagenwirtschaft im beginnenden Kolonialzeitalter (16.Jh.), als Europäer zur Befriedigung der europäischen Nachfrage Plantagen in den heutigen ↗Entwicklungsländern aufbauten. Es wurden diejenigen pflanzlichen Erzeugnisse produziert, die aus klimatischen Gründen in Europa nicht erzeugt werden konnten (z.B. Zuckerrohr, Kakao, Kaffee, Ananas, Baumwolle, Tee, Ölpalmen und Kautschuk). Die benötigten Plantagenarbeiter wurden über Versklavung aus Afrika (↗Dreieckshandel, ↗Sklaverei) und später über Anwerbung von Kontraktarbeitern aus Asien importiert. Die Hauptmerkmale der kolonialzeitlichen Plantagen sind: Erzeugung von Rohstoffen der tropisch-subtropischen Klimazonen, intensive Wirtschaftsweise, Großbetriebe mit ausgedehnten Kulturflächen und mit teilweise technisch-industriellem Charakter, hoher Kapital- und Arbeitskräftebedarf, Weltmarktorientierung, Führungskräfte und Eigner waren in der Regel Europäer und Nordamerikaner, Unterscheidung vom bäuerlichen Betrieb durch Tendenz zur Monokultur, Größe der Anbaufläche und höhere technische Ausstattung. Seit der Entkolonisierung und infolge der allgemeinen sozio-ökonomischen Veränderungen hat sich auch in der Plantagenwirtschaft ein Wandel vollzogen. Die moderne Plantage der Postkolonialzeit kann wie folgt beschrieben werden: Sie ist ein Wirtschaftsunternehmen unter zentralem Management, das auf die Produktion und die unmittelbare Verarbeitung von Pflanzen spezialisiert ist und dabei wissenschaftliche Methoden und effiziente Produktionstechniken anwendet. Kulturen, die ihren Anbauschwerpunkt in Plantagen haben, sind überwiegend Dauerkulturen mit ganzjähriger Erntezeit. Diese sind vorteilhafter als Saisonfrüchte mit ausgesprochenen Arbeitsspitzen, da die Auslastung von Arbeitskräften und technischen Anlagen gleichmäßiger ist. Für Saisonfrüchte eignet sich dagegen der kleinbäuerliche Betrieb mit seiner größeren Arbeitselastizität besser. Gingen infolge der Entkolonisierung Anzahl und Betriebsfläche der Plantagen vorübergehend zurück, spielen die Plantagen heute eine wichtige Rolle in der Weltwirtschaft. Die moderne Plantagenwirtschaft hat sich zu einem komplexen agrarindustriellen Produktionssystem (dem sog. ↗Agrobusiness) entwickelt, das weitgehend von multinationalen Kapitalgesellschaften organisiert und kontrolliert wird (Abb. 1–6 im Farbtafelteil). [KK]

Planung, bedeutet allgemein die Festlegung einzelner Handlungsschritte in Bezug auf ein systematisches Vorgehen zum Erreichen eines bestimmten Planungszieles. Als Endprodukt steht häufig der *Plan*. Der Planungsbegriff wie auch die Planung selbst erfuhren im Sinne eines Paradigmenwechsels eine grundlegende Wandlung. Während anfänglich meist nur die Erstellung eines Plans unter Planung verstanden wurde, steht heute Planung als Prozess und auch die Moderation und Koordination der Fachplanungen und Einzelinteressen im Mittelpunkt. Planung ist als Oberbegriff nur abstrakt verwendbar und erfährt erst durch Bezug auf konkrete Vorhaben praktische Bedeutung (↗Fachplanung). Zur Systematisierung kann Planung untergliedert werden nach dem Planungsgegenstand (aufgaben- oder querschnittsbezogene Planung), nach dem Planungsträger (fächerübergreifend integrierte oder sektorale Planung) oder nach der zeitlichen Planungsausrichtung (lang-, mittel-, kurzfristige Planung). Das Endprodukt (der Plan) beinhaltet meist verschiedene Einzelinteressen und ist als solches i.d.R. ein Konsens- und Kompromissprodukt. Ist die Planung zu langfristig ausgerichtet, kann dies je nach Sachlage in Konflikt treten mit der für die gegenwärtige Zeit charakteristischen Schnelllebigkeit, d.h. kurzfristiger Änderung von Situation und Anforderung. [GRo]

Planungsbeirat ↗Landesplanung.

Planungsgebot, in verschiedenen ↗Landesplanungsgesetzen verankertes Recht des Landes, per Verwaltungsakt gegenüber den Trägern der ↗Bauleitplanung die Anpassung der Bauleitpläne an die Ziele der ↗Landesplanung durchsetzen zu können. Das Recht zur Aufstellung von Planungsgeboten kann auch ↗Regionalverbänden übertragen werden. So kann der »Verband Region Stuttgart« bei regional bedeutsamen Vorhaben, wie Schwerpunkte der Wirtschaft und des Wohnungsbaus sowie Standorte von Infrastruktureinrichtungen, die Träger der Bauleitplanung zur Aufstellung von Bebauungsplänen zwingen. Diese Schwerpunkte und Standorte muss der Verband verpflichtend und gebietsscharf ausweisen.

Planungsgemeinschaften, regionale, in den meisten Ländern der BRD vorzufindende Zusammenschlüsse von Gemeinden und Gemeindeverbänden zur gemeinsamen Erledigung der ↗Regionalplanung. Die Bildung von regionalen Planungsgemeinschaften ist eine Voraussetzung für die Aufstellung von ↗regionalen Flächennutzungsplänen.

Planungskontakt ↗Kontakt.

Planungsrecht, Begriff für das gesamte Recht der Planung durch staatliche Institutionen. Es lässt sich in das Gesamtplanungsrecht und das Fachplanungsrecht unterteilen. Das Gesamtplanungsrecht definiert überfachliche Anforderungen an die zulässige Flächen- bzw. Bodennutzung bestimmter Gebiete. Das Fachplanungsrecht bezieht sich hingegen auf die Planung eines einzelnen Sachbereiches, wie der Abfall- und Energiewirtschaft, der Verkehrswege oder der Landschaftsplanung.

Planungsregion ↗Region.

Planungsverband, Zusammenschluss von Gemeinden und sonstigen öffentlichen Planungsträgern zur Durchführung einer gemeinsamen Bauleitplanung gemäß § 205 ↗Baugesetzbuch (BauGB). Wenn es zum Wohl der Allgemeinheit geboten ist, kann ein Planungsträger bei der Landesregierung den Zwangszusammenschluss zu einem Planungsverband beantragen. Aus Gründen der ↗Raumordnung kann auch die oberste Landesplanungsbehörde einen derartigen Antrag stellen. Planungsverbände eröffnen u.a. Möglichkeiten einer koordinierten Siedlungsflächenplanung, für gemeindeübergreifende Frei- und Ausgleichsflächenkonzepte und Vorsorgeplanungen. Planungsverbände existieren in unterschiedlichen Rechtsformen: Es überwiegen Verbandsgemeinden oder Verwaltungsgemeinschaften bei landesgesetzlicher Aufgabenübertragung nach § 203 BauGB, bedingt durch Eigenheiten der ↗kommunalen Gebietsreform in den Ländern

Baden-Württemberg, Niedersachsen und Rheinland-Pfalz. Auch ↗Zweckverbände und Zusammenschlüsse in Folge spezieller Landesgesetze sind vertreten. [JPS]

Plan-UVP, ↗Umweltverträglichkeitsprüfung, die verwaltungsbehördliche Pläne (Regionalplan, Flächennutzungsplan, Bebauungsplan usw.) vor der Erklärung der Rechtskräftigkeit im Hinblick auf die zu erwartenden Auswirkungen auf die Umwelt untersucht. Hierdurch soll eine wirksamere Umweltvorsorge gewährleistet werden, als dies durch die Berücksichtigung bei Einzelfällen, z. B. im Rahmen eines Genehmigungsverfahrens möglich ist. Die ökologischen Risiken, die bei Plänen gravierender sein können als bei Einzelvorhaben, sollen erfasst werden, um sie in politischen Entscheidungsprozessen berücksichtigen zu können.

Planwirtschaft, *Zentralverwaltungswirtschaft*, Wirtschaftsordnung in den ehemals sozialistischen Staaten Ostmittel- und Osteuropas, bei der eine zentrale Planungsbehörde die Volkswirtschaft steuerte. Investitions- und Produktionsentscheidungen sowie der Arbeits- und Kapitaleinsatz wurden entsprechend den allgemeinen Zielvorgaben der staatlichen Führung von der Planungsbehörde getroffen. Die Gründe, warum jede Planwirtschaft (Kommandowirtschaft) zwangsläufig scheitern muss, haben die Ökonomen Ludwig v. Mises (1922) und Friedrich A. v. Hayek (1937) schon in den Anfängen des Experimentes einer sozialistischen Planwirtschaft präzise vorausgesagt. Wer glaubt, dass eine Planwirtschaft funktionieren kann, unterschätzt die Bedeutung des Wissens und der Informationsverarbeitung. Das in einer Marktwirtschaft auf Millionen von Individuen verstreute Wissen wird für eine zentrale Planungsbehörde nie verfügbar sein, sodass sie aufgrund ihrer Wissensdefizite und Informationsmängel eine Fehlentscheidung nach der anderen fällen wird. Die marxistischen Theoretiker der Planwirtschaft haben das entscheidende Allokationsproblem einer Planwirtschaft, nämlich die Frage, »woher wissen wir, was wir für wen mit welchen Mitteln zu produzieren haben«, gar nicht erkannt. Je größer die Bedeutung des Wissens und der Informationsverarbeitung für die wirtschaftlichen Produktions- und Distributionsprozesse wurden, umso größer wurden die Fehlleistungen und ökonomischen Verluste der Planwirtschaft.

Planzeichenverordnung ↗Baurecht.
Plastosol ↗*Fersiallit*.
Plateaukames ↗*Kames*.
Plateosaurus, ↗Dinosaurier der Keuperzeit, ca. 5 m hoch und 8 m lang. Reste von *Plateosaurus plieningeri* kommen im Knollenmergel des mittleren ↗Keupers in Süddeutschland vor.

Platt, *Robert Swanton*, amerikanischer Geograph, geb. 14.12.1891 Columbus (Ohio), gest. 1.3.1964 Chicago (Illinois). 1910 begann Platt sein Studium der Volkswirtschaft, Physik, Geologie und ↗Geographie an der Yale Universität. 1913 unterbrach er das Studium, um mit seinem Vater und seinem Bruder den Westen der USA, Kanada, Japan und China zu bereisen. 1914 erhielt er einen Lehrauftrag in Changsho in China für biblische Topographie. Nach seiner Rückkehr studierte er ab 1915 Geographie in Chicago, wo er 1920 mit einer wirtschaftsgeographischen Arbeit über die Bermudas promovierte. Auf insgesamt 7 längeren Reisen lernte er zwischen 1922 und 1941 alle Länder Lateinamerikas kennen. 1949 bis 1957 war er Direktor des Geographischen Institutes in Chicago. Nach seiner Pensionierung übernahm er Gastprofessuren in Frankfurt a. M., Münster und Saarbrücken (1957/58), an der Ohio State University (1960/61), der Universität Dacca in Bangladesh (1961/62) und an der Universität von Indiana (1962/63). Platt hat durch seine fundierten Regionalstudien maßgeblich dazu beigetragen, dass in der amerikanischen Geographie die natur- bzw. sozialdeterministischen Ansätze der 1920er-Jahre durch probabilistische und funktionale Erklärungsmodelle ersetzt wurden. Seine klaren Beschreibungen der Regionen Lateinamerikas basierten auf für die Feldarbeit geschickt ausgewählten Stichproben.

Platt, *Robert Swanton*

Werke (Auswahl): »A classification of manufactures, exemplified by Porto Rican industries« (1927), »A detail of regional geography: Ellison Bay Community as an industrial organism« (1928), »Latin America: countrysides and united regions« (1942), »Determinism in geography« (1948), »Field study in American geography« (1959). [HB]

Platte, Stück der ↗Lithosphäre, das gegen benachbarte Platten deutlich abgegrenzt ist (Plattenrand) und auf der Asthenosphäre schwimmt. Seine Entstehung und Weiterentwicklung ist Gegenstand der ↗Plattentektonik. Man kann zwischen mächtigeren kontinentalen und dünneren ozeanischen Platten unterscheiden. Zu den Großplatten gehören u. a. die Eurasische und die Nordamerikanische Platte, zu den kleineren Platten zählen die Karibische und die Arabische Platte.

Plattenrand ↗Plattentektonik.

Plattentektonik, globales tektonisches Konzept der Erde. Das Prinzip beruht auf der Annahme einer kleineren Anzahl (10–25) von großen, dicken ↗Platten (Abb. im Farbtafelteil) von entweder ozeanischer oder kontinentaler ↗Kruste, die auf einer viskosen Unterlage des Erdmantels (wie Eisschollen auf einem Fluss) mehr oder weniger unabhängig voneinander driften. Die dynamische Aktivität konzentriert sich dabei auf die peripheren *Plattenränder*. Die Bewegungen der ozeanischen Platten werden primär durch aufdringende Lavamassen an den ↗mittelozeanischen Rücken verursacht, die zum Auseinanderweichen der Platten führen (↗sea floor spreading). Entscheidend für gebirgsbildende Prozesse sind die dynamischen Lagebeziehungen zwischen ozeanischen und kontinentalen Platten bzw. kontinentalen Platten untereinander an den sog. aktiven Kontinentalrändern. Die dünneren ozeanischen Platten tauchen bei konvergenten Bewegungen unter die kontinentalen Platten ab und bilden eine ↗Subduktionszone. Der obere Teil der ozeanischen Kruste wird dabei abgeschrammt und bildet zusammen mit Sedimentakkumulationen als /Detritus vor dem Kontinentalrand einen *Akkretionskeil*. Der Rand der kontinentalen Platte erleidet starke Deformationen, die meist zu Faltengürteln führen. Der Rand der abtauchenden und verschluckten kontinentalen Platte wird im Erdmantel aufgeschmolzen. Das aufgeschmolzene Material steigt häufig auf, perforiert als leichte, heiße Gesteinsschmelze den darüber liegenden Kontinentrand und tritt an vulkanischen Gebirgsketten wieder in Erscheinung. Typische Beispiele von solchen Kordillerenorogenen sind der Westrand Südamerikas mit den Anden und dem vorgelagerten Pazifik und die Kettengebirge Kaliforniens. Kollidierende Ränder von kontinentalen Platten führen zu gewaltigen Stauchungen, die zur /Orogenese eines sog. Kollisionsorogens führen. Dabei kann es zu immensen Krustenverdickungen kommen. Die kinetische Energie entlädt sich zum einen in Deckenstapel, aber auch in der Bildung von hyperlangen /Blattverschiebungen (Transformstörungen), die Hunderte von Kilometern lang sein können. Der Himalaya mit dem angrenzenden Hochland von Tibet ist ein Ergebnis der Kollision zweier kontinentaler Platten. Auch konvergierende ozeanische Platten bilden ein System mit einer abtauchenden Platte aus. Der spezifische Chemismus der aufgeschmolzenen ozeanischen Kruste sorgt dabei für eine typische Assoziation von basaltischem /Vulkanismus. Diese Konfiguration ist sog. /Inselbogens ist beispielsweise für Teile der Karibik verantwortlich und kann auch als Relikt in stark umgewandelten fossilen Orogenen identifiziert werden. Der größte Teil Mitteleuropas war im /Kambrium Teil eines komplexen Systems von Inselbögen. Schließlich können kontinentale Platten sich durch Ausbildung von ausgedehnten Riftsystemen teilen. Solche Riftsysteme entstehen als tiefreichende Brüche in den Platten, an denen Magma aufsteigt und den entstandenen Grabenbruch als Riftgraben erfüllen. Der Vorgang des Auseinanderweichens von solchen Plattenfragmenten selbst wird als Rifting bezeichnet. Ein Rifting ist heute im Bereich Ostafrikas (Ostafrikanischer Grabenbruch) und, in seiner Fortsetzung, im Roten Meer zu sehen. /Kontinentalverschiebung, /Rift. [GG]

Plattform /Fernerkundungssystem.

Platzdorf, ländliche Siedlung mit polarer Anordnung der Wohnstätten um einen zentralen Platz (/Dorfgrundriss). Die bekannteste Form bildet der *Rundling*. Die Hofstellen sind hier um einen runden bis hufeisenförmigen Platz angelegt, wobei dieser Innenraum ursprünglich nur eine Straßenzufahrt von außen besaß. Rundlinge sind nahezu ausschließlich im ehemaligen deutsch-slawischen Grenzraum anzutreffen.

Platzregen /Schauer.

Playa [span = Strand], Begriff aus dem Südwesten der USA, heute international für /Salztonebenen verwendet. Sie ist umgeben von einem Schwemmfächer- (/Bajada) oder Pedimentsaum und angrenzender mehr oder weniger vollständiger Gebirgs- und Flächenpassumrahmung, deren Entwässerung zentripetal mit ausklingenden, meist mäandrierenden Rinnen randlich in sie eingreift. Je nach dem Anteil von Sediment- und Lösungseintrag, der Wassermenge und der Verdunstungsintensität kann der Sedimentkörper aus allen Übergängen von reinem, schwach salzigen Ton (meist Dreischichtminerale, Farbe von fast weiß oder grau bis beige) bis zu rein-weißen, für den Abbau geeigneten evaporitischen Salzen bestehen. Die besonders in tektonischen Senkungsbereichen sehr mächtigen Sedimentabfolgen dokumentieren die Abfolge pluvialzeitlicher Phasen mit zeitweiligen Süßwasserseen und ariden verdunstungsdominierten Phasen. Periodische episodische Überschwemmungen sind besonders für Playas in Winterregengebieten mit jahreszeitlich reduzierter Verdunstung typisch. Je nach Tongehalt und Salzgehalt besteht das Mikrorelief aus Trockenrissen unterschiedlicher Durchmesser oder aus salzreichen, durch das Kristallwachstum entstandenen Polygonen mit Aufpressungsrändern. Infolge des Salzgehalts finden sich spärliche /Salzpflanzen nur am Rande; unter weißen Salzkrusten leben grüne Fensteralgen. [DB]

Pleistozän, wird heute mit dem Eiszeitalter gleichgesetzt. Pleistozän und Holozän sind die Untereinheiten des /Quartärs.

Plenterwald /Hochwald.

Plewe, *Ernst*, deutscher Geograph, geb. 22.5.1907 Preußisch Stargard, gest. 18.5.1986 Heidelberg. Er studierte seit 1926 in Leipzig, Innsbruck und Greifswald die Fächer /Geographie, Geologie, Germanistik, /Volkskunde und Philosophie, promovierte 1931 in Greifswald mit Untersuchungen über den Begriff der »vergleichenden« Erdkunde und seine Anwendung in der neueren Geographie (1932) und habilitierte sich 1937 in Heidelberg mit einer Arbeit über geomorphologische Untersuchungen am pfälzischen Rheingrabenrand (1938). In Heidelberg entwickelte sich eine prägende Freundschaft zum emeritierten Alfred /Hettner, dessen nachgelassene Schriften Plewe später herausgab. Nach 1941 war Plewe Dozent in Heidelberg und war ab Kriegsende allein für drei Geographische Institute (Heidelberg, Mannheim und Darmstadt) zuständig. Von 1948–1972 war Plewe Professor für Geographie an der damaligen Wirtschaftshochschule Mannheim und war bis 1949 (Berufung von G. /Pfeifer) für die Geschäftsführung des Geographischen Instituts in Heidelberg zuständig. Sein Hauptarbeitsgebiet war die Erforschung der Entwicklung der Geographie seit Mitte des 18. Jh., wobei viele seiner nach 1957 erschienenen Studien von einem biographischen Ansatz geprägt sind. [UW]

Plinius, *der Ältere*, (Gaius Plinius Secundus), römischer Schriftsteller, geb. 23 oder 24 n. Chr. Comum (heute Como), gest. 79 n.Chr. Stabiae (heute Castellammare di Stabia). Er reiste als Offizier durch Gallien, Germanien, Spanien und Afrika. Seine 37 Bücher umfassende »Naturalis historia« ist ein Versuch, in enzyklopädischer Kompilation alle Erscheinungen der Natur dar-

Plewe, *Ernst*

zustellen. Das Werk beschäftigt sich mit Kosmologie, Geographie und Ethnographie, Anthropologie, Zoologie, Botanik, pflanzlichen und tierischen Heilmitteln sowie der Mineralogie und der Verwendung der Metalle und Steine. Sowohl im Altertum wie im Mittelalter hatte das Werk aufgrund seiner Materialfülle Vorbildwirkung.

Plinthit [von griech. plinthos = Ziegel], diagnostischer Bestandteil der ↗Plinthosols; dichte, an ↗Sesquioxiden reiche, humusarme, häufig fleckige Mischung aus Ton, überwiegend Kaolinit (↗Tonminerale), und ↗Quarz; wurde früher als ↗Laterit bezeichnet; kann in Trockenzeiten irreversibel verhärten und zur Krustenbildung führen.

Plinthosols [von griech. plinthos = Ziegel], Bodenklasse der ↗FAO-Bodenklassifikation und der ↗WRB; sehr nährstoffarme, nach Austrocknung verhärtete und schwer durchwurzelbare Mineralböden mit sehr geringer Kationenaustauschkapazität und Basensättigung, die einen verhärteten, sehr dichten Horizont in einem mindestens 15 cm mächtigen Abschnitt des Bodens mit >25 Vol.-% ↗Plinthit innerhalb der oberen 50 cm Boden aufweisen oder, sofern sich der Plinthit unterhalb eines ↗E-Horizonts oder eines Stauwasserhorizonts befindet, innerhalb der oberen 125 cm (100 cm nach WRB) des Bodens. Plinthosols entstehen unter immer- und wechselfeuchten tropischen Klimaten in grundwasserbeeinflussten Landschaftspositionen. ↗Bodenerosion und ↗Tektonik können zur Freilegung und Austrocknung des Plinthits führen, wodurch in randtropischen Gebieten oder nach Klimawechsel Eisenkrusten entstehen. Ihre Verbreitung zeigt die ↗Weltbodenkarte. [ThS]

Pliozän, Zeitabschnitt des ↗Tertiärs (siehe Beilage »Geologische Zeittafel«).

Pluralismus, entstammt der politischen Philosophie und gilt in der neueren politischen Theorie im Sinne einer gleichmäßigen Verteilung von ↗Macht als Wesensmerkmal westlicher Demokratien. Verstanden wird darunter die Koexistenz der in einer ↗Gesellschaft vorhandenen verschiedenen ↗sozialen Gruppen und Interessen, die zwar nebeneinander, jedoch in einem konkurrierenden Verhältnis zueinander stehen. Pluralismus basiert auf einem Gewebe sich gegenseitig bedingender Differenzen. Im Sinne von Normenvielfalt und kultureller Vielfalt sowie im Kontext der gesellschaftlichen Transformation in der ↗Postmoderne und der Diskussion um Lebensstile gewinnt die Bezeichnung pluralistische Gesellschaft zunehmend an Bedeutung. Umstritten ist, ob es sich dabei tatsächlich um gesellschaftliche Partizipationsmöglichkeiten handelt oder ob Pluralismus nur ein politischen Idealzustand beschreibt.

Pluton, magmatische Masse, die nicht die Erdoberfläche erreicht, sondern in einiger Tiefe (gewöhnlich 5 bis 10 km) in der Erdkruste erstarrt. Plutone erreichen zum Teil bedeutende Dimensionen (Ostafrikanischer Zentralgranit mit rund 250.000 km^2). Sie werden erst zugänglich, wenn die beträchtliche Überdeckung durch Abtragung zumindest teilweise entfernt wurde. ↗Batholithe sind Plutone, die sich stockartig in die Tiefe fortsetzen. Meist werden Plutone durch saure Gesteine wie ↗Granite oder Granodiorite gebildet. In Richtung des Magmazustromes sind Kristalle oft charakteristisch angeordnet (Fluidaltextur) und es können Teile von mitgerissenem Nebengestein erkennbar sein. Spalten im Dach eines Plutons füllen sich mit Restschmelzen und ↗Ganggesteinen, die eine vom eigentlichen plutonischen Körper stark abweichende chemische Zusammensetzung und einen differenzierten Mineralbestand haben und durch die häufig ↗Erzlagerstätten entstehen. [GG]

Plutonismus, alle Vorgänge, Phänomene und Erscheinungen, die mit dem Aufstieg und den Lagerungsverhältnissen von magmatischen Körpern innerhalb der Erdkruste und mit der Bildung von ↗Plutonen verbunden sind.

Plutonit, *Intrusivgestein*, *Tiefengestein*, *abyssisches Gestein*, Gestein, das in beträchtlicher Tiefe innerhalb der Erde aus Magma oder chemischer Veränderung vorhandener Gesteine gebildet wurde (↗Magmatit). Plutonite sind durch eine charakteristische mittel- bis feinkörnige, sog. granitoide Textur gekennzeichnet. Typische Plutonite sind ↗Granit, Granodiorit, ↗Diorit, ↗Syenit und ↗Gabbro. ↗Streckeisen-Diagramm.

Pluvialzeit, Beweise für höhere Niederschläge in heutigen Trockengebieten (z. B. See- und Strandterrassen) lassen auf feuchte, bzw. durch verstärkte Niederschläge (»Regenzeit«) gekennzeichnete Perioden (= Pluvial) außerhalb der damaligen nivalen Bereiche (z. B. in der Sahara) schließen. Diese Pluvialzeiten wurden als zeitgleich mit den pleistozänen Glazialzeiten gesehen und dadurch erklärt, dass der planetarische Westwindgürtel der Nordhemisphäre aufgrund der großen Vereisungen äquatorwärts gedrückt wurde und mit seinen regenbringenden Winden die nördlichen Randgebiete des subtropischen Wüstengürtels erfasste. Da aber insgesamt die Eiszeiten auf der Erde weniger feucht waren als die Warmzeiten und sich somit die Kaltzeiten durch vermehrte Trockenheit auszeichneten, wird die Gleichzeitigkeit von Glazialen und Pluvialen in neuerer Zeit mindestens teilweise angezweifelt. Die zeitliche Stellung der Pluviale ist sehr unsicher, da es an direkten Beobachtungen und vor allem an genauen Datierungen fehlt. [HNM]

pluviometrischer Koeffizient, Abweichung der monatlichen Niederschlagsmenge von einer ideal gleichmäßigen Verteilung über das Jahr. Der 1895 von Angot eingeführte pluviometrische Koeffizient ist der Quotient aus der Jahres- oder Monatsmenge des Niederschlags dividiert durch 365 bzw. 12. Er dient zur besseren Typisierung des Niederschlags-Jahresgangs.

pluvionivales Regime ↗Abflussregime.

pluviothermischer Index, speziell für Westafrika entwickelter Index zur Ermittlung des Grades der ↗Aridität bzw. ↗Humidität. Der pluviothermische Index ist der Quotient von Niederschlagssumme N (in mm) und einem Wert P (in mm), der aus der Temperatur T (in °C) berechnet wird und die theoretische Niederschlagssumme an der ↗Trockengrenze repräsentiert. Für Jahreswerte ist $P = T^2 – 10 · T + 200$, für einzelne Monate $P = T^2/10 – T + 20$. ↗Regenfaktor.

PMV ↗*Predicted Mean Vote*.

Pneumatolyse, *pneumatolytische Reaktion, pneumatolytisches Stadium*, Abschnitt in der Endphase der Erstarrung von ↗Plutoniten. Bei der Pneumatolyse erfolgt der Transport der Elemente und des Wassers gasförmig in einem überkritischen (fluiden) Zustand. Der hohe Anteil an Fluor, Chlor und anderen leichtflüchtigen Bestandteilen führt zu einer hohen Aggressivität der Gase gegenüber bereits ausgeschiedenen Mineralen, insbesondere den ↗Silicaten, sodass es häufig zu Verdrängungen (↗Metasomatose) des Nebengesteins kommt. Bei der Pneumatolyse reagieren solche Gasgemische auf geringe Änderungen der Zustandsvariablen sehr empfindlich. Die Abscheidung der pneumatolytischen Minerale, insbesondere ↗Quarz, ↗Hämatit, Zinnstein und Wolframit, vollzieht sich räumlich in einem eng begrenztem Bereich von wenigen hundert Metern Ausdehnung. Durch Pneumatolyse bilden sich Zinnerz-Lagerstätten, Wolfram-Lagerstätten, Molybdän-Lagerstätten sowie kontaktpneumatolytische Verdrängungslagerstätten.

Pneumatophoren ↗Luftwurzeln.

Pod, runde bis ovale, sehr flache abflusslose ↗Hohlform in der osteuropäischen Löss-Steppe mit Durchmessern von wenigen Dekametern bis 5–10 km bei Tiefen von wenigen Dezimetern bis einigen Metern. Pods entstanden nicht durch ↗Deflation, sondern bereits primär bei der Lössablagerung im Pleistozän durch rhythmische Unregelmäßigkeiten des Windfeldes. Im Gegensatz zur umgebenden Lössfläche kommt es in den Pods durch Füllung mit Schneeschmelzwasser im Frühjahr zu ↗Entkalkung und ↗Verlehmung des Lössuntergrundes sowie infolge sommerlicher Austrocknung zu vorübergehender Versalzung. Geringe rezente äolische Weiterbildung der Pods durch Deflation nach der sommerlichen Austrocknung ist möglich.

Podsol, ↗Bodentyp der ↗Deutschen Bodensystematik der Abteilung ↗Terrestrische Böden und der Klasse ↗Podsole. Profil: Ahe/Ae/B(s)h/B(h)s/C (↗Bodentyp Abb. im Farbtafelteil); entstanden durch ↗Podsolierung; Subtypen: neben Norm-Podsol (Bh/Bs) werden Eisenpodsol (Bs), Humuspodsol (Bh), Bändchenpodsol mit ↗Ortstein-Bändchen sowie Übergänge zu anderen ↗Bodentypen unterschieden; ↗FAO-Bodenklassifikation: ↗Podzols; Verbreitung vor allem in niederschlagsreichen Gebieten der kalt- bis gemäßigt-humiden Klimazonen auf sandigen Sedimenten, vor allem in Norddeutschland und Skandinavien; nährstoffarme, stark saure Böden mit Auflagehumus; in Norddeutschland verbreitet unter Acker- und Grünlandnutzung nach Aufkalkung und Düngung.

Podsole, Klasse der ↗Deutschen Bodensystematik; Abteilung: ↗Terrestrische Böden. Zusammenfassung von Böden aus vorwiegend kalk- und silicatarmen, quarzreichen Sanden und Sandsteinen, ↗Quarziten und Kieselschiefern, die durch ↗Podsolierung geprägt wurden. Einziger ↗Bodentyp ist der ↗Podsol mit zahlreichen Subtypen.

Podsolierung, Bildungsprozesse der ↗Podsole in kalt bis gemäßigt humidem Klima, bei hohen Niederschlägen, hoher relativer Luftfeuchte, niedriger Jahresmitteltemperatur und unter Pflanzenarten mit geringen Nährstoffansprüchen (Nadelhölzer, Heide) mit nährstoffarmen Vegetationsrückständen. Gehemmter Streuabbau führt zur Bildung von Auflagehumus. Wasserlösliche organische Komplexbildner und Reduktoren im Sickerwasser führen zur Mobilisierung und Auswaschung von Fe-, Mn- und Al-Oxiden aus dem Aeh- und Ae-Horizont und Bildung von weißgrauem Bleichsand sowie zur Ausfällung und Anreicherung von ↗Huminstoffen im Bh-Horizont und Fe-, Mn- und Al-Oxiden im Bs-Horizont.

Podzol [von russisch pod = unter und zola = Asche], Bodenklasse der ↗FAO-Bodenklassifikation und der ↗WRB-Bodenklassifikation; nährstoffarme, stark saure Mineralböden aus quarzreichen, kalk- und silicatarmen Ausgangsgesteinen (beispielsweise Sandstein, Quarzit, Kieselschiefer, Schmelzwassersand, Flugsand). Kennzeichnend ist ein durch Lösungs- und Auswaschungsprozesse (↗Podsolierung) entstandener, grau bis grauweißer ↗E-Horizont oberhalb eines durch Einwaschung von Eisen, Mangan, Aluminium und Huminstoffen gekennzeichneten, rostroten bis schwarzen ↗B-Horizonts, Letzterer nach WRB innerhalb der oberen 200 cm Boden. Podzols sind weit verbreitet in den kühl-gemäßigten, humiden Klimaregionen (↗Weltbodenkarte) und entsprechen weitgehend den ↗Podsolen der ↗Deutschen Bodensystematik und den ↗Spodosols der US-amerikanischen ↗Soil Taxonomy.

Podzoluvisols, (von ↗Podzols und ↗Luvisols), Bodenklasse der ↗FAO-Bodenklassifikation; nährstoffarme, saure, lessivierte (Lessivierung), z. T. Wasser stauende Mineralböden, die bodengenetisch den Übergang vom ↗Luvisol zum ↗Podsol repräsentieren. Der ton-, sesquioxid- und humusangereicherte ↗B-Horizont zeigt eine unregelmäßige oder unterbrochene Obergrenze, in die der stark gebleichte ↗E-Horizont zungenförmig hinein reicht. Podzoluvisols sind typische Böden der borealen Regionen und ähneln den ↗Fahlerden der ↗Deutschen Bodensystematik. Ihre Verbreitung zeigt die ↗Weltbodenkarte.

Poetik des Raumes, *Raumpoetik, poétique de l'espace* (frz.), von G. Bachelard eingeführter Begriff, der eine Beschreibungsform des ↗Raumes bezeichnet, bei welcher der sprachliche Ausdruck eine innere Realität des Menschen mithilfe von Raummetaphern wiedergibt. Die sprachlichen Räume können einer psychologisch-geographischen Analyse (Topoanalyse) unterzogen werden, welche die psychische Topographie unseres Innern entschlüsselt. Als Untersuchungsobjekte der Topoanalyse stellt Bachelard u. a. Häuser und das Universum, Keller und Boden, Nest und Muschel, Kleinheit und Unendlichkeit vor, die auf

ihre symbolische Bedeutung für den ↗Gelebten Raum hin analysiert werden. Das Konzept spielt in der ↗Humanistischen Geographie, der ↗Postmodernen Geographie und der ↗New Cultural Geography eine Rolle. [WDS]
Literatur: BACHELARD, G (1957): La poétique de l'espace. – Paris.

poikilohydrisch, Eigenschaft von Pflanzen oder Pflanzenteilen, auch nach langer und intensiver Austrocknung bei Rehydrierung die volle physiologische Funktionsfähigkeit wieder erlangen zu können. Samen und Sporen sind typischerweise poikilohydrisch, ebenso sog. Wiederauferstehungspflanzen (resurrection plants) wie die bekannte »Rose von Jericho«, aber auch terrestrische Algen und Blaualgen, Flechten, viele Moose und der mediterrane Schriftfarn *Ceterach officinarum*. Algen, Flechten und Moose sind aufgrund fehlender Verdunstungsschutzmechanismen auf diese Fähigkeit angewiesen. Im ausgetrockneten Zustand haben die Pflanzen noch etwa 10 % des Frischgewichts an Wasser, ihr ↗Wasserpotenzial entspricht stets dem der Umgebung. Während des Austrocknungsprozesses werden alle physiologischen Funktionen (Photosynthese, Atmung) fortlaufend reduziert. ↗Homoiohydre Arten hingegen sind in der Lage, gegenüber ihrer Umgebung ein positives Wasserpotenzial aufrecht zu erhalten. [MSe]

poikilotherm, Eigenschaft von Organismen, keine konstante Körpertemperatur aufrechterhalten zu können, sondern sich der Umgebungstemperatur anzupassen. Tiere mit dieser Eigenschaft werden auch als Wechselwarme oder Kaltblüter bezeichnet, z. B. Reptilien, Insekten (Gegensatz ↗homoiotherm: Vögel, nicht hibernierende Säugetiere). Pflanzen sind generell poikilotherm; im engeren Sinne verwendet man den Begriff für Pflanzen, die sich an ein weites Spektrum von Umgebungstemperaturen akklimatisieren können, beispielsweise durch Verschiebung des Temperaturoptimums der Photosynthese oder durch Frostakklimation (Verhinderung von intrazellulärer Eisbildung). Frostakklimation bei Bäumen ist ein Vorgang, der im Herbst durch kürzere Tageslängen ausgelöst wird und mit dem Übergang zur Dormanz verbunden ist.

point-in-polygon-operation, GIS-Analysefunktion (↗GIS), mit der festgestellt werden kann, ob ein Punkt innerhalb oder außerhalb eines Flächenobjektes liegt. Durch Abgleich der Punkt-Koordinaten mit den Koordinaten der Flächenbegrenzungen des ↗Polygons kann ermittelt werden, ob der untersuchte Punkt innerhalb des Flächenobjektes liegt. Der hierfür gängigste Lösungsalgorithmus ist die sogenannte »half-line« oder Jordan-Methode. Hierbei wird – ausgehend von dem zu untersuchenden Punkt – eine Linie parallel zur x-Achse des Koordinatensystems gezogen. Ist die Anzahl der Schnittpunkte mit der Polygongrenze ungerade, dann liegt der Punkt innerhalb des Polygons.

Poisson'sche Gleichung, bei trockenadiabatischen Zustandsänderungen (↗adiabatische Prozesse) ist die relative Änderung der absoluten Temperatur T der relativen Änderung des Druckes p direkt proportional:

$$dT/T = k \cdot dp/p,$$

bzw. nach Integration:

$$T \cdot p^{-k} = \text{const.}$$

Die Proportionalitätskonstante k ergibt sich aus den spezifischen Wärmekapazitäten c_p (notwendige Wärmemenge zur 1K-Erwärmung der Masseneinheit bei gleichbleibendem Druck) und c_v (notwendige Wärmemenge zur 1K-Erwärmung der Masseneinheit bei gleichbleibendem Volumen):

$$k = (c_p - c_v)/c_p.$$

Für trockene Luft ist $k = 0{,}286$. ↗Gasgesetze.

Polarbanden, streifenförmig angeordnete, flächenhafte Eiswolken. ↗Wolken.

polare Gletscher ↗Gletschertypen.

polares Klima ↗arktisches Klima.

Polarfront, eine zirkumpolare, beständig wirksame Temperaturdiskontinuität zwischen subtropischer Warmluft und polarer Kaltluft (↗atmosphärische Zirkulation). In der gemäßigten Zone (45–60°N) grenzen die beiden Luftmassen aneinander, hier entsteht die ↗planetarische Frontalzone und dort, wo der Temperaturgradient am stärksten ist, eine ↗Front. In dieser zunächst geradlinig verlaufenden Polarfront bildet sich im Bereich höchster Gradienten infolge kleinster Störungen eine Wellenstörung dadurch aus, dass östlich dieses Bereiches, also der Vorderseite der Welle bezüglich der ost-west gerichteten Grundströmung, Warmluft polwärts vordringt und westlich davon, auf der Wellenrückseite, Kaltluft äquatorwärts vorstößt. Auf der Wellenvorderseite bildet sich eine Warmfront, auf der Wellenrückseite eine Kaltfront aus, die sich mit der westlichen Grundströmung fortbewegen. Dabei gleitet die Warmluft entlang der Frontfläche auf die Kaltluft auf, während sich die Kaltluft entlang der Frontfläche unter die Warmluft schiebt. Durch diese Vertikalbewegungen bildet sich nach der *Polarfronttheorie* im Bodenniveau eine ↗Frontalzyklone. Nach der Polarfronttheorie ist die Polarfront permanent vorgegeben und die Zyklone bildet sich erst durch die frontalen Prozesse. Die Beobachtungen zeigen, dass keine durchgängige, permanent ausgebildete Polarfront existiert. In Wirklichkeit bildet sich zunächst ein Tief im Bodenniveau als Folge einer Höhendivergenz aus. In dieses strömen subtropische und polare Luftmassen, zwischen denen sich dann erst auf engstem Raum scharfe Eigenschaftsdiskontinuitäten mit frontalen Charakter ausbilden. Eine Front wird demzufolge allgemeiner als in der Polarfronttheorie als ein dreidimensionales Gebiet definiert, in dem der horizontale Gradient einer oder mehrerer Zustandsvariablen deutlich höhere Werte aufweist als in der Umgebung. Diese Definition lässt eine Mischung der Luftmassen im Bereich der Fronten zu, die als Folge von quer zu den Fronten verlaufenden Zirkulationen auch tatsächlich beobachtet wird und maßgeblich die Vertikalbewegungen und die Wettererscheinungen im frontalen Bereich bestimmt. [DKl]

Polarfrontstrahlstrom ↗Strahlstrom.

Polarfronttheorie ↗Polarfront.

Polargrenze, die polwärtige, klimatisch bedingte Grenze der Verbreitung verschiedener Pflanzen, Tiere oder menschlicher Nutzungen. Da die klimatischen Ansprüche sehr unterschiedlich sind, gibt es verschiedene Polargrenzen, die sich nicht nur durch die thermischen Ansprüche erklären lassen. In engerem Sinne wird der Begriff für die polwärtigen Grenzen von ↗Kulturpflanzen gebraucht. Wichtige Polargrenzen wie die polare ↗Waldgrenze oder ↗Baumgrenze bestimmen die Grenzen der Ökozonen. Für tropische Pflanzen ist die Polargrenze bereits beim Auftreten von Frösten erreicht. Der Verlauf der Polargrenzen ist ein geeigneter klimatologischer Summenindikator. Infolge der meridionalen Wärmetransporte im Ozean (Golfstrom) haben viele Polargrenzen ihre nördlichste Position in West- und Nordeuropa. Die südlichste Lage erreichen die Polargrenzen der Nordhemisphäre i. A. in Zentralasien. Die Verschiebung von Polargrenzen ist ein anschaulicher paläoklimatischer Indikator, z. B. lag die Polargrenze des Weinbaus im hochmittelalterlichen Wärmeoptimum in Skandinavien. [JVo]

Polarhoch, beständige ↗Hochdruckgebiete polwärts der ↗subpolaren Tiefdruckrinne, die auf die untere Troposphäre beschränkt sind. Es handelt sich dabei um Kältehochs, die durch absinkende Kaltluft entstehen. Polarhochs werden in der Höhe vom ↗Polartief abgelöst.

polarimetrisches Radar ↗Radar-Niederschlagsmessung.

Polarisationsmodelle, Modelle, die ungleiche räumliche Entwicklungstendenzen (Wachstum, Innovationspotenzial, Siedlungsentwicklung) innerhalb oder zwischen »Zentrum« und »Peripherie«, d. h. strukturstarken und strukturschwachen Regionen und Städten (↗Verdichtungsräumen) analysieren und erklären. Motor der ungleichen Entwicklung ist die Faktormobilität (selektive Migration, Kapitalflüsse). Sie zieht Wachstumsdeterminanten aus einer Region oder Stadt ab und begünstigt dadurch deren Strukturschwäche und führt diese andernorts zu und stärkt damit die Wirtschaft. Im Gegensatz zu neoklassischen Wirtschaftstheorien, die in der Faktormobilität einen langfristig nivellierenden Wachstumsprozess der Regionen erkennt, wird in den Polarisationsmodellen das gesamtwirtschaftliche Wachstum als ein Prozess interpretiert, der sich punktuell und schubhaft an einzelnen Entwicklungspolen abspielt und bestehende Entwicklungsgefälle verschärft. ↗Polarisationstheorie. [RS/SE]

Polarisationstheorie, repräsentiert die Alternative zu neoklassischen ↗Gleichgewichtsmodellen der räumlichen Ordnung. Sie betont die a priori bestehenden regionalen Unterschiede in der Ausstattung mit Produktionsfaktoren, deren partielle Immobilität und das Vorhandensein von oligopolistischen oder monopolistischen Machtstrukturen. Es gehört zum Kern der Polarisationstheorie, dass die bestehenden regionalen Unterschiede nicht zum Ausgleich gelangen, wie es die Neoklassik vorsehen würde, sondern aufgrund eines kumulativen Entwicklungsprozesses verstärkt oder immer wieder neu strukturiert werden. Die Hypothese der zirkulären Verursachung eines sozialen und ökonomischen Peripherisierungsprozesses stellt die entscheidende Gegenthese zur Gleichgewichtsannahme dar. Die Polarisationstheorie hat daher einen räumlichen Bezug, wenn auch die Frage nach dem gültigen Maßstab gänzlich offen ist. Sowohl innerhalb eines Landes als auch im internationalen Maßstab vollzieht sich die Differenzierung von Wachstumszentren und entwicklungsbenachteiligten Regionen. Die Polarisationstheorie geht auf G. Myrdal (1957) zurück, der das Auseinanderdriften der wirtschaftlichen Leistungsfähigkeit von Regionen als Folge von Entzugseffekten (↗backwash effects oder auch Sogeffekte) und von Ausbreitungseffekten (↗spread effects) beschrieb. Die Agglomerationsvorteile des Zentrums locken zusätzliche Investoren an, während die Peripherie noch weiter an endogenem Potenzial verliert. Aufgrund der bestehenden Ungleichgewichte in der Ausstattung mit Produktionsfaktoren, wobei diese a priori bestehenden Ungleichgewichte im Rahmen der Polarisationstheorie nicht begründet werden, wird beispielsweise eine Arbeitskräftewanderung initiiert. Die Wanderung erfolgt in ökonomisch attraktive Gebiete und entzieht aufgrund ihres selektiven Charakters den Abwanderungsregionen »Humanressourcen«. Die Möglichkeiten von internen und externen Ersparnissen in den Unternehmen der Zentren, auch aufgrund der Zuwanderung qualifizierter Arbeitskräfte, schaffen einen Wettbewerbsvorsprung. Dies führt in weiterer Folge dazu, dass die Peripherie von Produkten des Zentrums überflutet wird, welche sie selbst nicht oder zu nicht konkurrenzfähigen Preisen herstellt. Trifft Letzteres zu, so werden in der Peripherie ansässige Unternehmen langfristig zurückgedrängt, und die Abhängigkeit vom Zentrum verstärkt. Antagonistisch zu diesem Prozess können spread effects die Ausbreitung von ↗Wissen oder technischen Standards vom Zentrum in die Peripherie, aber auch die gesteigerte Nachfrage des Zentrums nach Produkten oder Dienstleistungen (z. B. Fremdenverkehr) der Peripherie bedeuten. In der Regel überwiegen aber nach Myrdal die Entzugseffekte und übertreffen die Ausbreitungseffekte hinsichtlich ihrer Wirkung auf die regionale Entwicklung. Werden also dem freien Spiel der Marktkräfte keine Eingriffe des Staates entgegengesetzt, so führt die Polarisation zu einer ungleichen räumlichen Verteilung von wirtschaftlichen Aktivitäten, wobei die Möglichkeiten der Arbeitsteilung diese räumliche Entmischung von Funktionen fördern. Der wohl prominenteste polarisationstheoretische Ansatz ist das ↗Zentrum-Peripherie-Modell. [HF]

Polarisierung, i. A. Herausbildung zweier sich diametral gegenüberstehender Kräfte; im sozialgeographischen Sinne Aufteilung einer homo- oder heterogenen gesellschaftlichen Gruppe in zwei sich gegenüberstehende Teilgruppen, die durch unterschiedliche Einstellungen und Verhaltensweisen charakterisiert sind. Im Gegensatz zur Differenzierung (/Differenzen) mit ihren vielfältigen Abstufungsmöglichkeiten und z. T. fließenden Übergängen basiert die Polarisierung auf eindeutig Entgegengesetztem. Die geographische /Stadtforschung erfasst beispielsweise sozialräumliche Polarisierung als Muster der Verteilung armer und reicher Bevölkerungsgruppen auf die einzelnen Stadtteile als besonders ausgeprägtes Muster der /Segregation.

Polarität /Erdmagnetismus.

Polaritätsprofil, graphische Darstellung eines *semantischen Differenzials* (Abb.). Mit einem semantischen Differenzial wird versucht ein Phänomen auf der Basis von Gegensatzpaaren, die einzelne Aspekte dieses Phänomens (Person, Gegenstand, Problem) beschreiben, zu charakterisieren. Die Position einer Person hinsichtlich des Gegensatzpaares wird mittels einer Intensitätsskala bestimmt, und daraus ein Gesamtwert ermittelt.

Polarkreise, Breitenkreise in 66°30′N und 66°30′S. Zur Wintersonnenwende berührt hier die Sonne mittags den Horizont, zur Sommersonnenwende bleibt sie um Mitternacht gerade noch sichtbar. Die Polarkreise begrenzen folglich die Polargebiete, die durch exzeptionelle Beleuchtungsverhältnisse gekennzeichnet sind. So tritt die Polarnacht an den Polarkreisen nur an einem Tag, an den Polen hingegen während des ganzen Winterhalbjahres auf. Gleiches gilt für den Polartag im Sommerhalbjahr.

Polarlicht /Aurora borealis.

Polarluft /Luftmasse.

Polarschnee /Schnee.

Polartief, *Polarwirbel, Polarzyklone*. 1) Kaltlufttropfen über einer relativ warmen Meeresfläche, der bis ins Bodenniveau zyklonal umströmt wird, wodurch wärmere Luft angesogen werden kann, die in einem späteren Stadium zur Bildung von /Fronten führt. Im Bereich kleinräumiger Polartiefs können sich in hohen Breiten sehr plötzlich ungewöhnlich starke Schneestürme entwickeln. 2) in der mittleren und oberen Troposphäre über dem bodennahen Polarhoch ganzjährig ausgebildetes kaltes Tiefdruckgebiet. Es ist sehr großräumig entwickelt und kann als Folge der winterlichen /Ausstrahlung und der daraus resultierenden Abkühlung über dem Festland in einen Kern über NE-Kanada und einen zweiten über NE-Sibirien aufgespalten sein.

polarumlaufender Satellit, Satellit, dessen Umlaufbahn über die Polarregionen hinweg führt, im Falle der meisten /Wettersatelliten in Höhen von ca. 850 km, die der /Erdbeobachtungssatelliten /Landsat TM und ETM in Höhen von ca. 710 km über der Erde. Die Umlaufdauer dieser Satelliten beträgt ca. 100 Minuten. Während des Fluges von Pol zu Pol wird stets nur ein Streifen der Erdoberfläche beobachtet. Für die globale Erdbeobachtung müssen die einzelnen Beobachtungsstreifen aneinandergefügt werden. Die meisten der polar-

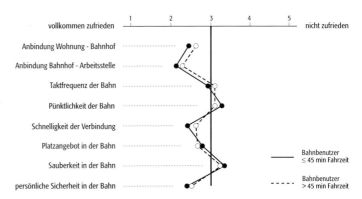

Polaritätsprofil: Bewertung der Bahnverbindung Köln-Au (S-Bahn, Regionalbahn) durch Nutzer mit unterschiedlich langen Fahrzeiten.

umlaufenden Satelliten haben eine *sonnensynchrone Umlaufbahn*, d. h. alle Teile der Erde werden unter der gleichen Sonnenbeleuchtung überflogen. Die Erdbeobachtungssatelliten Landsat 4 und 5 überqueren z. B. den Äquator um jeweils 9:45 Ortszeit. Im Gegensatz zu den /geostationären Satelliten ist der Vorteil der polarumlaufenden Satelliten, dass mit einem Satelliten alle Teile der Erde beobachtet werden können, wenn auch nicht zeitgleich. Typische polarumlaufende Satelliten sind: die Wettersatelliten der /NOAA (National Oceanic and Aeronautical Agency) (/TIROS) oder METOP von /EUMETSAT, die experimentellen Satelliten /ERS 1 und 2 oder ENVISAT der /ESA sowie die länderkundenden Satelliten Landsat, /SPOT oder /IKONOS.[MS]

Polder, eingedeichtes Marschland (/Marschen), dessen Grundwasserstand üblicherweise wegen seiner tiefen Lage künstlich geregelt werden muss.

Pole, 1) *geomagnetische Pole*, Orte an der Erdoberfläche, durch welche die Achse des geomagnetischen Dipols (Kugelfunktionsanalyse) stößt. Nord- und Südpol liegen adjungiert gegenüber und stellen die beste Dipol-Approximation an das tatsächlich vorhandene Erdmagnetfeld dar. Da das Restfeld sehr rasch nach außen abnimmt, ist in Magnetosphärenhöhe der geomagnetische Pol gleich dem magnetischen Pol. 2) *magnetischer Pol*, geographischer Ort, an dem die Magnetfeldlinien senkrecht auf der Erdoberfläche stehen. Nord- und Südpol stehen nicht adjungiert gegenüber, sie wandern aufgrund der /Säkularvariation etwa 0,3° pro Jahr (ca. 30 km pro Jahr). 3) *paläomagnetischer Pol*, zeitlicher und räumlicher Mittelwert zahlreicher virtueller geomagnetischer Pole (VGP). Dabei werden die Nichtdipolanteile des Erdmagnetfeldes und seine langperiodischen zeitlichen Variationen (/Säkularvariation) herausgemittelt. Der paläomagnetische Pol ist dann identisch mit dem Rotationspol der Erde.

Politikberatung, Tätigkeitsfeld von privaten Unternehmen und wissenschaftlichen Einrichtungen, die mithilfe von Gutachten und Expertisen die politischen /Akteure vor Entscheidungen hinsichtlich der Konsequenzen ihres Handelns beraten. /Technikfolgenabschätzung.

Politikverflechtung, Bezeichnung für wechselseitige Einflüsse zwischen staatlicher Verwaltung,

Landes- oder Kommunalbehörden und -parlamenten sowie regionalen oder örtlichen Interessensgruppen.

Politikwissenschaften, *Politologie*, Wissenschaft von den institutionellen Formen, Prozessen, Inhalten und Grundlagen der Politik. Ihre Hauptforschungsgebiete sind die Geschichte von politischen Ideen und Theorien, die internationalen Beziehungen und die Struktur und Dynamik politischer Systeme einschließlich ihres Vergleichs. Sie bedient sich der Methoden von ↗Soziologie, Philosophie sowie ↗Geschichtswissenschaften und Rechtswissenschaft.

Politische Geographie, Teilgebiet der ↗Humangeographie, das ursprünglich besonders die Abhängigkeit politischer Strukturen und Prozesse von natürlichen Eigenschaften der Erdoberfläche oder von absoluten und relativen Lagebeziehungen herausgestellt hat. Die frühe geodeterministische Perspektive (↗Geodeterminismus) von ↗Ratzel oder die lagedeterministische Geopolitik von ↗Mackinder wurde später ergänzt durch Konzepte, die die Rolle und Funktion des Staates als Gestalter der Erdoberfläche bzw. der Landschaft in den Vordergrund rückten. Diese klassischen Perspektiven der Politischen Geographie sind in der zweiten Hälfte des 20. Jahrhunderts aus unterschiedlichen Gründen aufgegeben worden (↗Geopolitik). Wesentliche Impulse für eine Neuentwicklung hat das Teilgebiet in den letzten beiden Jahrzehnten erhalten. Dabei haben verschiedene Aspekte eine wichtige Rolle gespielt: a) Die zunehmende Aufmerksamkeit für lokale Konflikte in und um die bebaute Umwelt wie Stadtsanierung, Standortentscheidungen von technologischen Großanlagen und Verkehrsplanung haben verschiedene konzeptionelle Entwürfe für die Erklärung von ↗Landnutzungskonflikten ergeben. b) Die Auflösung des Ost-West-Gegensatzes und die damit verbundene abnehmende Bedeutung der Blocklogik für die Erklärung weltpolitischer Probleme hat ein neues Interesse an Fragen der Weltordnungspolitik und ihrer räumlichen Bezüge eröffnet. Damit ist die Wiederbelebung geopolitischer Denkmuster und ein zunehmendes Interesse an internationalen Beziehungen verbunden gewesen. c) Die mit der ↗Globalisierung verbundene Frage nach der Auflösung territorialstaatlicher Regulationsweisen hat Untersuchungen stimuliert, die die Raumbezüge staatlichen Handelns wieder in den Vordergrund rücken. Von besonderem Interesse ist dabei das Zusammenspiel verschiedener Maßstabsebenen (politics of scale), die z. B. in neuen interregionalen Kooperationsformen und supranationalen Integrationsprozessen sichtbar werden. d) Die Zunahme militanter Konflikte und militärischer Auseinandersetzungen, die mit ausgeprägten Formen des ↗Regionalismus und ↗Nationalismus verbunden sind, haben Themen wie die Entstehung territorialer Ideologien, Staatszerfall und ↗Ethnizität, besonders im postkolonialen Kontext befördert und Neuinterpretationen von Sicherheitskonzepten und von Bedingungen für die Friedenserhaltung erzeugt. e) Die globalen ökologischen Fehlentwicklungen sind im Kontext der Politischen Geographie besonders im Hinblick auf die gesellschaftlichen Ursachen und den damit verbundenen Ungerechtigkeiten behandelt worden. Themen wie Umweltflüchtlinge oder ökologische Kriegsführung kennzeichnen ein junges Feld innovativer Ansätze.

Dieser sicherlich nicht vollständige Überblick verdeutlicht die verschiedenen Impulsgeber für die in den letzten Jahren schnell anwachsende Publikationstätigkeit in der Politischen Geographie. Trotz der bestehenden Vielfalt können drei konzeptionelle Strömungen abgegrenzt werden: a) Große Bedeutung für die Neuentwicklung der angelsächsischen Politischen Geographie hat die Auseinandersetzung mit marxistischen Interpretationen gehabt. b) Diese orthodoxen und schematischen Interpretationen sind von anderen »post-marxistischen« Autoren modifiziert und weitergeführt worden. c) Auf der Grundlage postmoderner und poststrukturalistischer Kritik an materialistischen Ansätzen haben sich in den letzten Jahren diskurstheoretische Ansätze in der Politischen Geographie etabliert. Sie werden in der Bezeichnung »critical geopolitics« zusammengefasst. Stark vereinfacht liegt ihr Hauptaugenmerk auf Formen und Funktionen, in denen über die Geographie in politischen Zusammenhängen gesprochen wird. Weiterhin wird untersucht, welche »geographischen« Weltbilder in den Diskursen entstehen bzw. gefestigt werden und welche Bedeutung sie für politische Entscheidungsprozesse und das politische Handeln haben. Die diskurstheoretische Politische Geographie geht jedoch nicht davon aus, dass ↗Raum ausschließlich als ein sprachliches Phänomen anzusehen ist. Vielmehr steht die Aufklärung der Prozesse im Vordergrund, in denen sprachliche Diskurse über geographische Differenzen hegemoniale Vorstellungen erzeugen und stabilisieren. Daher überrascht es auch kaum, dass diese Neuentwicklung sich zu dem Zeitpunkt stark bemerkbar gemacht hat, als Diskussionen über die neue Weltordnung, über neue Aufgabenfelder der NATO oder – allgemeiner – über erweiterte Sicherheitskonzepte eingesetzt haben. Obwohl bereits zahlreiche Fallstudien entstanden sind, steht eine theoretisch stringente Aufarbeitung in der Politischen Geographie noch aus.

Eine Ordnung der Diskurse über und in der Politischen Geographie ist derzeit schwer darstellbar. Primär ist dieses ein Kennzeichen der ablaufenden Dynamik in diesem Teilgebiet. Wichtiger als die Klärung der internen Fachsystematik erscheint derzeit eine Auseinandersetzung mit den Zielperspektiven der Politischen Geographie und ihren erkenntnistheoretischen Voraussetzungen unter den Bedingungen der Globalisierung. [JO]

politische Stiftungen, werden trotz ihrer Parteinähe als private Träger gesehen und der privaten ↗Entwicklungszusammenarbeit deutscher ↗Nichtregierungsorganisationen (NRO) zugerechnet. Die politischen Stiftungen der sechs im Deutschen Bundestag vertretenen Parteien sind:

Friedrich-Ebert-Stiftung (SPD), Friedrich-Naumann-Stiftung (FDP), Hanns-Seidel-Stiftung (CSU), Heinrich-Böll-Stiftung (Bündnis 90/ Die Grünen), Konrad-Adenauer-Stiftung (CDU) und seit 1999 die Rosa-Luxemburg-Stiftung (PDS). Stiftungen beraten in vielfältiger Weise Institutionen und gesellschaftliche und soziale Gruppen in den ↗Entwicklungsländern und den Ländern des ehemaligen Ostblocks. 1996 erhielten die politischen Stiftungen einen Anteil von rund 4,4 % an den Gesamtausgaben des deutschen Entwicklungshilfehaushalts.

Polje [serbokroatisch = Feld], bis zu mehreren 100 km^2 ausgedehntes, allseits geschlossenes Becken innerhalb von ↗Karstlandschaften. Schwankungen des Grund- bzw. Karstwasserspiegels können zur saisonalen Überflutung der Polje führen. Da viele dieser sehr ausgedehnten Karsthohlformen mit ihrer Lage tektonisch geprägte Zonen nachzeichnen, wird eine Begünstigung der ↗Lösungsvorgänge durch tektonische Einflüsse nicht ausgeschlossen, obwohl die Poljen sich nicht direkt an die Störungen halten. Meist sind die ebenen Poljeböden von Karstresiduen und größeren Mengen allochtonen Akkumulationsmaterials bedeckt. Wegen der Nähe zum Karstwasserkörper und den vergleichsweise günstigen Bodenverhältnissen werden Poljen verbreitet zur intensiven landwirtschaftlichen Nutzung innerhalb der sonst wenig ertragreichen Karstgebiete genutzt. Bei sehr stark wechselnder Wasserführung ist ein (jahreszeitlicher) Wasserstau in der Polje (*Staupolje*) mit Bildung eines Sees möglich. Tritt innerhalb des Poljes Karstwasser aus, das an anderer Stelle durch ein Ponor (↗Karsthydrologie) wieder abgeführt und auf den undurchlässigen Schichten am Poljeboden zum oberflächigen Abfluss kommt, liegt eine *Überflusspolje* vor. Ist ein Polje in den Verlauf eines (Trocken-)tales eingebunden und damit nicht allseits geschlossen, spricht man von einer *Talpolje*. Am Rand eines Karstgebietes liegende *Randpoljen* mit nicht geschlossener Umrahmung aus Karstgestein leiten zu den noch ausgedehnteren ↗Korrosionsebenen über. *Semipoljen* werden teilweise von Nichtkarstgesteinen eingerahmt, die einem größeren Karstgesteinskomplex eingelagert sind (↗Karstgesteine). *Hochflächenpoljen* sind in gehobene Flachreliefs des Karstgesteinskomplexes eingesenkt. Inwieweit genetische Beziehungen zu den ↗intramontanen Becken bestehen, ist noch offen. [BS]

Pollen, Gesamtheit der aus Meiose hervorgehenden haploiden, zunächst einkernigen, später mehrkernigen bzw. mehrzelligen Mikrosporen der Samenpflanzen (↗Spermatophyten) als Träger des väterlichen Erbgutes bei der Bestäubung (Blütenstaub). Der Pollen ist in die Staubblätter eingeschlossen und gelangt durch verschiedene Mechanismen (Tiere, Wind) auf die Narbe der weiblichen Blüten (Bestäubung). In jüngerer Zeit wurde die Bedeutung des Pollenbaus für die Beurteilung verwandtschaftlicher Zusammenhänge der Samenpflanzen deutlich. Die äußere Wand der Pollenkörner wird Exine genannt. Sie weist charakteristisch ausgeprägte Oberflächenstrukturen auf, ist widerstandsfähig und Gegenstand der ↗Pollenanalyse.

Pollenanalyse, pflanzengeographische Methode zur Ermittlung der historischen Floren- und Vegetationsverhältnisse anhand von fossil abgelagerten Pollenkörnern und Sporen. Ermöglicht wird die Pollenanalyse durch die Resistenz der Pollenkörner gegenüber Zersetzung. Besonders unter anaeroben Bedingungen, wie sie in Sedimenten, Torfen etc. herrschen können, sind die Außenwände des ↗Pollens (Exine) extrem haltbar. Die charakteristisch ausgeprägten Strukturen der Exine ermöglichen eine systematische Zuordnung zu den entsprechenden Pflanzensippen. Für die Pollenanalyse genutzt wird vor allem der Pollen windblütiger Pflanzenarten, weil nur dieser flächendeckend verbreitet und sedimentiert wird. Daraus folgt, dass die Pollenanalyse kein reales Abbild der wahren Vegetationsverhältnisse vergangener Perioden rekonstruieren kann, da z. B. der Pollen insektenblütiger Arten keine vergleichbar starke Verbreitung findet. Anhand der Mengenverhältnisse bestimmter Pollengruppen können Rückschlüsse auf die nacheiszeitliche Klimaentwicklung sowie auf menschliche Einflüsse auf die Pflanzendecke gezogen werden. Dies wird dadurch ermöglicht, dass sowohl die wichtigsten Baumarten Mitteleuropas wie auch die Süßgräser zu den windblütigen Pflanzensippen gehören. Besonders für die Abschätzung anthropogener Einflüsse wie Rodungen oder die Zunahme von Ackerflächen spielt das Verhältnis von Baumpollen zu Nichtbaumpollen (NBP) eine wichtige Rolle. Die Bestimmung von Pflanzenarten anhand ihres Pollens kann sehr schwierig sein, daher erfolgt teilweise eine Zusammenfassung zu Gruppen (z. B. Gräserpollen). Durch Pollendiagramme (Abb.) lässt sich besonders gut die nacheiszeitliche Vegetationsentwicklung und der Wechsel der dominierenden Gehölze darstellen. Dies wird ermöglicht durch mächtige Torflagerstätten, die durch ihr permanentes Wachstum während des Holozäns ein lückenloses Pollenarchiv darstellen können. Bei dieser Darstellungsform werden Mengenanteile von Pollen gegen eine Zeitskala aufgetragen. Diese Zeitskala wird häufig in Pollenzonen unterteilt. Pollenzonen kennzeichnen die Mengenverhältnisse von Pollen, die durch die Gesamtheit von klimatischen, ausbreitungsbiologischen und anthropogenen Faktoren bedingt werden. Eine wichtige Anwendung der Pollenanalyse ist die Datierung von Torfen, Sedimenten oder Böden. [DT]

Pollenflugvorhersage, Information der Bevölkerung während der Vegetationsperiode, insbesondere der Blühphase, über den zu erwartenden Flug von Pflanzen- bzw. Schimmelpilzpollen. Einteilung in vier Klassen: kein bis schwach, mäßig, stark, sehr stark. Die Pollenflugvorhersage beruht auf aktuellen phänologischen Beobachtungen des Blühbeginns und der Vollblüte sowie der Wettervorhersage (insbes. Windgeschwindigkeit, -richtung und Niederschlagswahrscheinlichkeit) und der Messung der Zahl der Pollen mittels Pollenfallen. Pollenflugkalender infor-

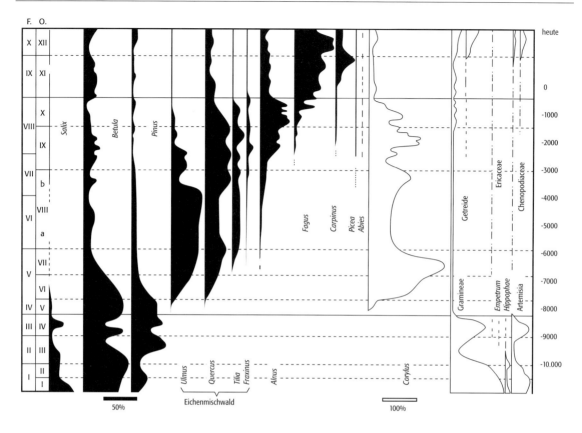

Pollenanalyse: Pollendiagramm.

mieren über die mittleren Eintrittszeiten der Blüte von Pflanzen und Gräsern. In Einzeljahren kann es, bedingt durch den sich aktuell einstellenden Witterungsverlauf, zu erheblichen Abweichungen kommen. Die Pollenflugvorhersage dient dazu, pollenempfindlichen Menschen die prophylaktische Einnahme von Medikamenten zu ermöglichen. [WKu]

Pollenkunde ↗ *Palynologie*.

Pollenspektrum, die Pollenspektren zeigen die Vegetationsmuster einer untersuchten Lokalität auf und ermöglichen anhand charakteristischer Pflanzen bzw. Pflanzengesellschaften die Beschreibung der ihnen entsprechenden Klimaverhältnisse. Die Veränderungen in den Pollenspektren lassen auf die Vegetationsentwicklung und damit verbundene Klimaschwankungen schließen. Außerdem geben sie Hinweise auf die Veränderungen in der Vegetation durch menschliche Einflüsse. Die ↗ Pollenanalyse (Palynologie) hat eine besondere Bedeutung vor allem für die Vegetations- und Klimageschichte des ↗ Quartärs gewonnen. In vorquartären Ablagerungen ist sie paläoklimatisch von geringerer Bedeutung. Die mikroskopisch kleinen Pollenkörner von Blütenpflanzen und Sporen von Farnen und Moosen können Hinweise zur Vegetationsentwicklung der näheren und weiteren Umgebung des untersuchten Sees oder Moors liefern. Die Auszählung des aus dem Sediment gewonnenen Probenmaterials muss zur statistischen Absicherung mind. einige hundert Pollenkörner und Sporen umfassen. Die Zählresultate werden in Form eines Pollendiagramms in der Abfolge der Profiltiefe aufgetragen. Dabei wird das Baumpollen-Nichtbaumpollen-Verhältnis (BP/NBP) im Hauptdiagramm dargestellt, was Aufschluss über die Waldgeschichte und im Waldgrenzbereich über die Höhenlage von Wald- und Baumgrenze gibt. In Nebendiagrammen werden weitere häufige Baum- und Strauchpollen sowie Krautpollen und Farnsporen dargestellt. Den Prozentmaßstab mit den eingetragenen Häufigkeitswerten nennt man Pollenspektrum. Das Baumpollenspektrum beispielsweise informiert über die Zusammensetzung des Waldes bzw. den Anteil der verschiedenen Arten am gesamten Baumbestand. Ihr Auftreten lässt auf bestimmte klimatische Verhältnisse schließen. In der Zunahme der Nichtbaumpollen hingegen spiegelt sich die Rodung des Waldes wieder, das Auftreten von Getreidepollen und Unkräutern zeigt den Beginn menschlicher Siedlungstätigkeit. [HNM]

Polsterpflanzen, zeichnen sich durch extrem dicht gedrängte Sprosse aus, die zu einer geschlossenen Oberfläche führen, durch die die Verdunstungsoberfläche optimal reduziert wird. Grundsätzlich sind Polsterpflanzen als strahlungsadaptierte Wuchsformen zu erachten und treten vor allem in Hochgebirgen und in Mediterrangebieten auf; stärkste Verbreitung finden sie als Hartpolsterformationen in den tropischen

Anden, wo Wegeriche und Sauergräser sogar »Polstermoore« bilden. Bekanntestes Beispiel für Hartpolster ist die andine »llareta« (*Azorella compacta*), die aufgrund ihres langsamen Wachstums bei Höhen von ca. 1 m und Durchmessern von ca. 2,5 m rund 300 Jahre alt wird. In subtropischen Gebirgen gewinnen Dornpolster, in den alpinen Bereichen Kleinpolster mit großteils hygromorpher Belaubung an Bedeutung. Abb. im Farbtafelteil. [MR]

Polyedergefüge, ↗Bodengefüge mit Polyederstruktur.

Polygamie, Lebensgemeinschaft bzw. Ehe von mehr als zwei erwachsenen Personen. Man unterscheidet Polygynie, das eheliche Zusammenleben eines Mannes mit mehreren Frauen, von Polyandrie, dem Zusammenleben einer Frau mit mehreren Männern. Im Gegensatz zur Polyandrie, wie bei Bergvölkern in China, ist Polygynie weit verbreitet und fester Bestandteil z. B. im Wertemuster islamischer Gesellschaften: Eine hohe Kinderzahl hebt den Status des Mannes. Wirtschaftliche Gründe setzen aber Grenzen für die Familiengröße. In verschiedenen Regionen haben Frauen unterschiedliche Einstellungen zur Polygynie, wie in Bangladesh, wo eine weitere Ehefrau eher als Konkurrentin, in Afrika eher als Partnerin zur Aufteilung häuslicher Pflichten gesehen wird. Polygynie tritt häufig gemeinsam mit *Monogamie* auf, bei der ein Mann und eine Frau miteinander verheiratet sind.

polygenetische Reliefformen, durch das Zusammenwirken mehrerer Prozesse entstandenes Relief (Die wenigsten Reliefformen sind durch einen einzigen geomorphologischen Prozess entstanden.). Bei der periglazialen Hangformung sind dies z. B. solifluidale Schuttbewegung, flächenhafte Verspülung, lineare Zerrunsung, äolischer Aus- und Eintrag.

polygenetische Windrippeln, *mehrphasig entstandene Windrippeln*, ↗Windrippeln, die nach ihrer Hauptbildungsphase durch äolische ↗Akkumulation noch weitere Überprägung(en) durch veränderte Windbedingungen erlebt haben. Zu den möglichen Überprägungen gehören z. B. a) Akkumulation kleinerer Sekundär-, Tertiär- und ggf. sogar Quartärrippeln; b) die ↗Deflation (mit Folge der korngrößenmäßigen Verarmung und damit längerfristigen Stabilisierung der Rippeloberflächen); c) die teilweise Aufzehrung der bisherigen Rippelkörper durch Wind neuer Richtung und Intensität und seine entsprechende Modifizierung durch diese Rest-Rippeln oder d) die Entstehung ↗gekappter Windrippeln durch Planation der Rippelkämme und Rippelkörper. Voraussetzung für die morphodynamische Persistenz von Windrippeln ist, dass die Rippeln aufgrund ihrer Korngrößenzusammensetzung oder ihrer Größe und Exposition durch die Energie des neuen Windes nicht vollständig abgetragen werden und somit die Plattform für die nächste Phase äolischer Prozesse bilden können. Hinter dem Konzept der polygenetischen Windrippeln steckt die Beobachtung, dass Windrippeln auch unterhalb der Dimension von ↗Megarippeln Tage bis Wochen oder sogar Monate überdauern und Spuren mehrerer bis zahlreicher Windereignisse in sich tragen können. [IS]

Polygon, Darstellung einer Fläche im Vektormodell. Ein Polygon wird dabei definiert durch eine aus mindestens drei Punkten bestehende Umgrenzungslinie und einen innerhalb liegenden Punkt – in der Regel der ↗Zentroid – zur Identifizierung. Polgyone können ↗Attributdaten aufweisen, die die durch das Polygon definierte Fläche näher beschreiben. ↗Flächenerzeugung, ↗Diskretisierung von Oberflächen.

polygonaler Karst, *Polygonkarst*, ↗Vollformenkarst.

Polygonboden ↗Frostmusterboden.

polygonization ↗Flächenerzeugung.

Polygonmoor ↗Moore.

polyhemerob ↗Hemerobie.

Polynia, offenes Meer im Bereich von Pack- bzw. Meereiszonen (↗Meereis).

Polyphonie [von griech. poly = viel und phon = Klang], ↗Vielperspektivität.

Polyploidie, Vervielfachung der Chromosomensätze aufgrund eines gestörten Ablaufes von Mitose oder Meiose, welche zwar zur Teilung der Chromosomen, nicht aber zur Aufteilung der Chromosomenhälften auf die Tochterzellen geführt hat. Im Pflanzenreich tritt die Polyploidie recht häufig auf, besonders bei den Angiospermen (↗Spermatophyten). Auch kann ihre Häufigkeit durch äußere Einwirkungen (Kältebehandlung, Röntgenstrahlung, Colchizinbehandlung) stark angehoben werden. Im Tierreich ist sie dagegen selten.

polytome Variable ↗Skalenniveau.

polytroph ↗Trophiegrad.

Ponor ↗Karsthydrologie.

Ponordoline ↗Doline.

Pools ↗Sohlenstrukturen.

Population, 1) *Landschaftsökologie*: im potenziellen Genaustausch befindliche Gruppe von Individuen einer *Art*, mit benachbarten Populationen eine ↗Metapopulation bildend. 2) *Statistik*: ↗Grundgesamtheit.

Populationsökologie ↗Ökologie.

Porenvolumen, Anteil der ↗Bodenporen am Bodenvolumen.

Porosität, die Eigenschaft eines ↗Gesteins, ↗Sediments, ↗Bodens oder sonstigen Materials, Zwischenräume zwischen den Partikeln oder Komponenten zu besitzen. Sie wird gewöhnlich als Prozentsatz des Gesamtvolumens angegeben, das durch die Zwischenräume eingenommen wird. Bei geophysikalischen Messstudien wird die durch elektrische Messgeräte ermittelte Porosität durch das Verhältnis des Lückenvolumens zum Gesamtvolumen des porösen Mediums angegeben.

Porphyr, vulkanisches Gestein beliebiger Zusammensetzung, das auffallend große Kristalle in einer feinkörnigen Grundmasse besitzt. Der Begriff wurde zunächst für purpurrote Gesteine benutzt, die in Ägypten gewonnen wurden und große Alkalifeldspäte besaßen.

Portionsweide, *Rationsweide*, mit einem Elektrozaun in Tagesportionsflächen unterteilte Einzelkoppel. Da die Tiere gezwungen sind, das Futter in sehr kurzer Zeit zu fressen (6–10 Stunden/Tag), wird eine bessere Ausnutzung erreicht, die Selektionsmöglichkeit ist geringer. Somit ist die Portionsweide eine Form der ↗Umtriebsweide mit schärfster Futterzuteilung nach Zeit und Raum und findet vor allem in der Form der Mähweide (↗Weide) ihre Vervollkommnung. Die Portionsweide wird nur für Milchvieh betrieben. Ihre Arbeitsintensität setzt hofnahe Flächen voraus.

Poser, *Hans*, deutscher Geograph, geb. 13.3.1907 Hannover, gest. 4.11.1998 Göttingen. Er studierte ↗Geographie, Geologie und Geschichte in Göttingen, promovierte 1930 bei ↗Meinardus mit der Dissertation »Morphologische Studien aus dem Meißner-Gebiet« und habilitierte sich 1935 mit »Talstudien in Westspitzbergen und Ostgrönland«. Ab 1941 – im Krieg nur nominell – war er kommissarischer Leiter des Geographischen Instituts der TH Braunschweig, seit 1948 dort apl. Prof., o.Prof. in Hannover (1955–1962) und in Göttingen (1962–1971). Beginnend mit Dissertation und Habilitationsschrift hat Poser grundlegende Beiträge zur Periglazialmorphologie der Arktis und zur Kenntnis der pleistozänen periglazialen Formung in Mitteleuropa geleistet. Die paläoklimatische Auswertung von Indikatoren des pleistozänen ↗Permafrostes und von vorzeitlichen äolischen Sedimenten Mitteleuropas öffnete – wiewohl im Detail heute überholt – neue Wege einer quantitativen Paläoklimatologie des Quartärs. (»Boden- und Klimaverhältnisse in Mittel- und Westeuropa während der Würmeiszeit« in: Erdkunde, 1948; »Zur Rekonstruktion der spätglazialen Luftdruckverhältnisse in Mittel- und Westeuropa aufgrund der vorzeitlichen Binnendünen« in: Erdkunde, 1950). Mit seiner Arbeit »Geographische Studien über den Fremdenverkehr im Riesengebirge« (1936) schuf Poser der ↗Fremdenverkehrsgeographie eine neue Basis. [JH]

Poser, *Hans*

Posidonia, im ↗Paläozoikum bisweilen weit verbreitete, marine Muschelgattung. Massensammlungen von *P. becheri* in unterkarbonen Gesteinen führten zum Namen Posidonienschiefer für diese Schichten. Der Posidonienschiefer des ↗Lias ist durch die sehr ähnliche *Bositra buchi* (früher *Posidonia buchi*) charakterisiert.

positive Rückkoppelung ↗Feed-back-System.

Positivismus (lat.), Lehre vom Tatsächlichen, Gegebenen, bezeichnet eine der einflussreichsten – wenn auch heftig umstrittenen – wissenschaftstheoretischen (↗Wissenschaftstheorie) Grundpositionen der Wissenschaftsgeschichte. In ihr wird das wissenschaftliche Forschen auf die Erfassung und ↗Erklärung von sinnesgebunden erfahrbaren, wissenschaftlich beobachtbaren Tatsachen verpflichtet. Alle übrigen Bereiche werden der (rein spekulativen) Metaphysik zugeordnet und aus dem wissenschaftlichen Bereich ausgeschlossen. Die Übertragung dieser naturwissenschaftlich begründeten Wissenschaftstradition auf die ↗Sozialwissenschaften wurde vom Begründer der wissenschaftlichen Soziologie, August Comte (1798–1857), stark gefördert. Die Sozialwissenschaften sollten damit für die Lösung der sozialen Probleme eine ebenso große technische Kompetenz erlangen wie die ↗Naturwissenschaften. Gleichzeitig sollten sie so die Bedürfnisse des liberalen Bürgertums nach technischem und wirtschaftlichem Fortschritt fördern und die klerikale Dominanz in der Deutung gesellschaftlicher Strukturen ablösen. Den Anspruch der umfassenden Übertragbarkeit naturwissenschaftlicher Standards und Methoden auf die Sozialforschung ist insbesondere im sogenannten »Positivismusstreit« der deutschen Soziologie in den 1960er-Jahren von den Vertretern der ↗Kritischen Theorie mit aller Heftigkeit zurückgewiesen worden. [BW]

Possibilismus [von franz. possibilités = Möglichkeiten], ist eine von ↗Vidal de la Blache begründete sozialwissenschaftliche Schule. Sie beruht auf einer dem ↗Naturdeterminismus und ↗Geodeterminismus entgegengesetzten These und betont die Interpretations- und Entscheidungsmöglichkeiten der Menschen innerhalb bestimmter physischer und sozialer Begrenzungen. Kulturen und Gesellschaften werden nicht als Ausdruck der natürlichen Verhältnisse betrachtet, sondern als Ausdruck der Geschichte der verwirklichten Möglichkeiten. Die Vielfalt menschlicher ↗Lebensformen unter vergleichbaren physisch-materiellen Bedingungen erlangt damit besondere Beachtung.

Die possibilistische Argumentation richtet sich aber nicht nur gegen den Natur-, sondern auch gegen den Sozialdeterminismus (↗Determinismus), welcher im Rahmen der strukturalistischen Soziologie (↗Strukturalismus) davon ausgeht, dass menschliche Tätigkeiten weitgehend gesellschaftlich bestimmt sind. Beiden Positionen hält der Possibilismus einen ↗Kulturrelativismus entgegen, nach dem die ↗Kultur nicht naturbestimmt ist, sondern vielmehr selbst für die Interpretation der Natur maßgebend ist.

Jede Regionalkultur wird im Sinne des Possibilismus als eine besondere Adaptationsform der Menschen an die jeweiligen Bedingungen gewürdigt. Sie können sich von Ort zu Ort, von Region zu Region in erheblichem Maße unterscheiden, selbst dann, wenn die physischen Bedingungen große Gemeinsamkeiten aufweisen. Kulturelle Vielfalt ist dann nicht mehr als Ausdruck der natürlichen Vielfalt zu sehen, sondern vielmehr als Ausdruck lokal differenzierter Lösungen der menschlichen Existenzprobleme. Der Mensch ist demnach nicht der Determinierte sondern der Gestalter seiner Lebensbedingungen. [BW]

Postfordismus, industrielle Entwicklung, deren Schwergewicht nicht mehr auf der Massenproduktion standardisierter Produkte liegt (↗Fordismus). Im Rahmen neuer Organisationsformen (dezentrale, kleine und eng verflochtene Produktionseinheiten mit qualifizierten Beschäftigten) wird eine flexiblere Produktion möglich, die eine individuellere Produktgestaltung ermöglicht und damit den differenzierten Konsumentenwünschen entgegenkommt. Als räumliches Kennzeichen des Postfordismus kann das

Entstehen von Clustern mit kleineren Betrieben der gleichen sektoralen Zugehörigkeit in einer Region beobachtet werden.

Flexible Spezialisierung, Verringerung der ↗vertikalen Arbeitsteilung, flachere ↗Hierarchien und die Betonung der Gruppenarbeit erfordern mitdenkende und motivierte Arbeitskräfte, die selbstständig Entscheidungen fällen können. Der Postfordismus benötigt wesentlich mehr hoch qualifizierte Arbeitskräfte als der Fordismus. Weil die benötigten Qualifikationen nicht überall zur Verfügung stehen, wird der Postfordismus nur in bestimmten Bereichen und Regionen verwirklicht werden können. Der Postfordismus löst nicht einfach den Fordismus ab, sondern existiert neben diesem. [PM]

Postglazial, der Zeitraum nach der pleistozänen Vereisungsperiode (seit ca. 10.000 v. h.); entspricht dem ↗Holozän. ↗Quartär, ↗Nacheiszeit.

postglaziales Wärmeoptimum, innerhalb der Vielzahl unterschiedlich starker und verschieden lang andauernder Klimadepressionen des Postglazials (↗Nacheiszeit) beschränken sich kürzere und längere Phasen mit gegenüber heute deutlich höheren Temperaturen hauptsächlich auf die Zeit des sog. mittelholozänen Klimaoptimums (ca. 8500–5500 BP). Es handelt sich aber nicht um eine einheitliche Warmphase, da in diesen Zeitraum mindestens zwei Klimadepressionen fallen. In dem von Mitte Boreal bis Mitte Jüngeres Atlantikum reichenden Zeitabschnitt war die Vegetationsperiode in den Alpen im Mittel um ca. +0,7 °C wärmer, aber wahrscheinlich nur wenig feuchter als heute. Die Wald- und Baumgrenzen lagen um 50–100 m (in Skandinavien um 100–300 m) höher, was die höchsten Lagen im Holozän bedeutet.

postglaziale Waldentwicklung, am Ende der letzten Vereisung einsetzende Etablierung von Wald und dessen Veränderung in der Zusammensetzung durch ↗Sukzession, Einwanderung von Gehölzarten, Klimaänderungen sowie später durch anthropogene Einflüsse. In bestimmten, z. B. durch ↗Pollenanalyse gut rekonstruierbaren Schritten, erfolgte dem Klima, den Standortfaktoren und der Einwanderung der Arten entsprechend eine allmähliche Bewaldung der nunmehr eisfreien Gebiete. Die Waldentwicklung begann zunächst mit Birken-Kiefer-Wäldern, gefolgt von Hasel-Kiefer- und Hasel-Wäldern. Darauf folgten Eichenmischwälder mit Eichen, Ulmen, Linden und Eschen. Diese wurden durch Buchen-Eichen und später durch Buchen-Wälder (Klimaxgesellschaft) abgelöst, die heute vielerorts durch Forste und Kulturpflanzen ersetzt wurden. Das heutige mitteleuropäische Klima fördert sommergrüne Laubhölzer z. B. Rotbuche (*Fagus sylvatica*) und Stieleiche (*Quercus robur*). Lediglich Salzmarschen, windbewegte Dünen, übernasse und nährstoffarme Moore, Felsen und Höhen über der klimatischen Baumgrenze wären ohne den Einfluss des Menschen heute in Mitteleuropa waldfrei. In Europa ist die Gehölzflora im Allgemeinen artenärmer als in Amerika oder Asien, da ein Zurückweichen vor den ungünstigen Klimaverhältnissen während der Eiszeiten nicht möglich war. Abb. [DT]

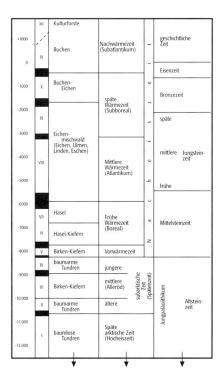

postglaziale Waldentwicklung: Zeitangaben, Pollenzonen (I-XII), Vegetationsperioden, Klimageschichte und Vorgeschichte des Menschen.

postindustrielle Gesellschaft, *nachindustrielle Gesellschaft*. Der amerikanische Sozialwissenschaftler Daniel Bell hat 1973 in seinem Buch »The Postindustrial Society« (deutsch: Die nachindustrielle Gesellschaft, 1975) eine Prognose der zukünftigen gesellschaftlichen Entwicklung gewagt. Als wichtige neue Entwicklungen betont er die zentrale Stellung des theoretischen ↗Wissens als Achse, die sich in der postindustriellen Gesellschaft die technologische Entwicklung, das Wirtschaftswachstum und die ↗soziale Schichtung der Gesellschaft organisieren werden. In der postindustriellen Gesellschaft, die durch einen Übergang von der Güterproduktion zu den Dienstleistungen gekennzeichnet ist, werden neue wissenschaftlich fundierte Industrien, neue professionalisierte und technisch qualifizierte Berufe und neue technische und wissenschaftliche Eliten entstehen. Wichtigste Grundlagen der neuen Technologien sind nicht mehr Rohstoffe und Energie, sondern Informationsverarbeitung. Anstatt Erfahrung und Empirie werden abstrakte Theorien, Simulationen, mathematische Modelle und Systemanalysen zu den wichtigsten Methoden werden. Anstatt einer Orientierung an der Vergangenheit oder Vorausberechnungen wird es zukunftsorientierte Voraussagen geben. Rohstoffe und Energien werden an Bedeutung verlieren, während Wissenschaft, Forschung, Information und Kommunikation eine immer stärkere Rolle spielen werden. In der nachindustriellen Gesellschaft wird nach Bell nicht mehr Eigentum, das schon in der Industriegesellschaft für die Zuweisung sozialer Positionen an Bedeutung verloren hat, das wichtigste Kriterium der sozialen Schichtung sein. Vielmehr werden Ausbildung, technische und wissenschaftliche Kenntnisse und Fertigkeiten zu den wichtigsten statusbestimmenden Faktoren gehören. Wissen und Information stehen im Zentrum dieses Konzepts und werden zur wichtigsten Machtquelle innerhalb jedes politischen oder wirtschaftlichen Aggregats werden. Bell betont, dass es mehrere Formen von nachindustriellen Gesellschaften geben wird, so wie es ja auch mehrere Ausprägungen der Industriegesellschaft gibt. Bell spricht in seinem Konzept mehrere Entwicklungen an, die auch im Rahmen der ↗Meritokratisierung und ↗Professionalisierung der Gesellschaft diskutiert werden und einen zentralen Baustein der ↗Bildungsgeographie darstellen. Einige dieser prognostizierten Tendenzen waren schon Ende des 20. Jh. verwirklicht. Das Konzept der nachindustriellen Gesellschaft ist jedoch stark im »Machbarkeitsdenken« und »social engineering« der 1960er-Jahre verhaftet. [PM]

Postkolonialismus, eine der kulturtheoretischen und künstlerischen Diskussion entstammende antiimperialistische Bewegung und Denkrichtung, die gegen den vorherrschenden Ethno- und ↗Eurozentrismus gerichtet ist. Der Postkolonialismus steht in Zusammenhang mit anderen kritischen Diskursen, insbesondere des ↗Poststrukturalismus, des ↗Dekonstruktivismus und des Feminismus. Im Unterschied dazu hat er jedoch seine Wurzeln in der sog. Dritten Welt und kann als stark modifizierte Fortführung der antikolonialen Unabhängigkeitsbewegungen verstanden werden. Zentrales Thema ist der fortgesetzte Einfluss kolonialer Strukturen auf eine formal dekolonisierte Gegenwart, um zu verdeutlichen, dass die kolonialen Machtverhältnisse nicht überwunden sind. Im Mittelpunkt steht die Thematisierung von ↗Konflikten, die sich aus der Gleichzeitigkeit von kulturellen Traditionen und Modernisierungsbestrebungen ergeben und die als Kulturbrüche besonders stark von Migranten erfahren werden. Durch die Dekonstruktion von Feindbildern kritisiert die postkoloniale Theorie rassistische Zuschreibungen und deren Ausdrucksformen (↗Rassismus). Wesentlicher Bestandteil der politischen Zielsetzung ist die Forderung nach Repräsentation von marginalisierten Bevölkerungsgruppen. Daraus resultierender politischer Widerstand wird allerdings häufig mit kultureller Praxis gleichgesetzt. [ASt]

Postmoderne, ein der ästhetisch-kunstkritischen sowie philosophisch-kulturkritischen Diskussion entstammender Begriff, mit dem die Ablehnung normierender Wertemuster und Universaltheorien der Moderne einerseits und eine Offenheit gegenüber gesellschaftlicher Vielfalt andererseits assoziiert wird. Das Präfix ›post‹ bezeichnet dabei vor allem die kritische Auseinandersetzung mit der ↗Moderne und gilt als Vorbedingung für die Möglichkeit, neue Gesellschaftstheorien entwerfen zu können. Neben dieser allgemeinen Charakterisierung ist das Konzept der Postmoderne besonders eng mit architektonischen, zeitdiagnostischen und wissenschaftstheoretischen bzw. methodischen Fragen verbunden, wovon vor allem Letztere Aufmerksamkeit in der ↗Geographie erlangt haben.
Als Bezeichnung für eine Epoche findet allerdings häufig eine Gleichsetzung von Postmoderne und ↗Postfordismus statt. Diese Reduzierung auf eine Phase des globalen ↗Kapitalismus wurde aufgrund ihrer Fixierung auf die wirtschaftliche Entwicklung wiederholt als totalisierend kritisiert.
Im Zentrum postmoderner Wissenschaftsdiskurse stehen, in Anlehnung an die postmoderne Philosophie, den ↗Dekonstruktivismus und die Prinzipien des ↗Poststrukturalismus, die Dezentrierung und Pluralisierung des Subjekts, die gleichzeitige Anerkennung von Individualität, Differenz und Heterogenität sowie Fragen der Repräsentation von Wirklichkeit im Allgemeinen und von Forschungsergebnissen im Besonderen. Gegner des postmodernen Konzepts sehen in diesem Denkansatz die Gefahr einer allgemeinen Beliebigkeit, die auf gesellschaftlicher Ebene zu Entsolidarisierung führt und auf wissenschaftlicher einem neuen Relativismus Vorschub leistet. [ASt]

postmoderne Geographie, Gruppe von geographischen Ansätzen, die versucht, auf die Herausforderungen der ↗Postmoderne mit adäquaten theoretischen, methodologischen und empirischen Überlegungen und Untersuchungen zu antworten. Die postmoderne Geographie hat ihre Ursprünge in der kalifornischen Geographie. Dort begannen im Jahr 1984 E. Soja und M. Dear, angeregt durch einen bahnbrechenden Artikel von F. Jameson über »Postmodernism or the cultural logic of late capitalism« im »New Left Review«, die neuen räumlichen Formationen, die sich in der Stadt Los Angeles zeigten, theoretisch mithilfe poststrukturalistischer Ansätze zu reflektieren. Daraus ergab sich im Laufe der Zeit ein loser Diskussionszusammenhang (genannt Los-Angeles-Schule) und es wurde versucht, ähnlich wie seinerzeit in der ↗Chicagoer Schule der Soziologie, am Modell der südkalifornischen Stadt allgemeine geographische Entwicklungen aufzuzeigen. Daneben entwickelte sich in Vancouver (British Columbia) in Verbindung mit der Zeitschrift »Society and Space« eine eher phänomenologische Ausrichtung der postmodernen Geographie (↗Phänomenologie). Als dritter Diskussionszusammenhang wäre noch die Gruppe der ↗New Cultural Geography zu nennen, welche sich in England etwa um 1988 formierte.
Die Herausforderungen, die die Postmoderne der Geographie stellt, sind dreifacher Art. Zum einen ergibt sich im ökonomischen, politischen, sozialen und kulturellen Feld eine bis heute kaum gekannte Fragmentierung und Differenzierung, die trotz der vereinheitlichenden Tendenzen zur ↗Globalisierung im ↗Weltsystem und im Kommunikationswesen zu erheblichen Brüchen in der Kohärenz althergebrachter Gesellschaftsformationen führt. Dies hat direkte Auswirkungen auf die räumliche Konfiguration der ↗Staaten, der

↗Regionen, der ↗Städte, und sogar des ↗Ländlichen Raumes. Heute präsentieren sich auf immer kleinerem Raum Mosaike unterschiedlicher Sozialgruppen und Kulturen in scharfen Kontrasten, wobei die einzelnen Einheiten kaum eine Kontinuität zum Nachbargebiet aufweisen, sondern eher enklavenartig strukturiert sind.

Die zweite Herausforderung ist eher geistiger Art und kreist um die Überholung der Aufklärung als rationaler Weltgestaltung. Die postmoderne Geographie versucht, in einer Art ↗Kulturrelativismus Frauen (↗Feministische Geographie), ethnische und andere ↗Minderheiten, transnationale Migranten sowie andere gesellschaftliche Gruppen aus ihren eigenen Rationalitäten heraus zu verstehen und damit einer multiplen oder transversalen Vernunftkonzeption zuzuarbeiten. Dadurch erhält die Definition des ↗Subjekts als Zentrum aller geographisch wirksamen Aktionen einen neuen Inhalt. Gleichzeitig verliert traditionelle ↗Regionalisierung ihren einheitlichen Strukturierungscharakter.

Die dritte Herausforderung ist eher methodischer Art und antwortet direkt auf den ↗linguistic turn und die Einbeziehung von Ansätzen aus der ↗Semiotik und dem ↗Poststrukturalismus französischer Prägung in die Geographie. Wesentlich ist in diesem Zusammenhang die Akzeptanz der ↗différance, der differenzierenden Differenz, als Untersuchungsgegenstand und Methode, die mit Verfahren der ↗Hermeneutik, der ↗Dekonstruktion und des ↗Dialogismus erforscht wird. Dabei hat sich in empirischen Untersuchungen gezeigt, dass vor allem die Beziehung zwischen dem Subjekt des Forschers und dem Objekt des Untersuchten neu bedacht und gleichwertiger organisiert werden müsste als bisher geschehen.

Die postmoderne Geographie wurde von zwei sehr unterschiedlichen Richtungen rezipiert. Vertreter der ↗Humanistischen Geographie begrüßen sie wegen ihrer Hinwendung zu kulturellen Fragen, weisen jedoch daraufhin, dass die Infragestellung der Integrität des Subjekts problematisch sei und große ethische Probleme aufwerfe. Vertreter einer ↗Marxistischen Geographie dagegen, allen voran D. Harvey, kritisieren, dass die kulturelle Fragmentierung nichts anderes sei als das Resultat einer neuen Strategie des Spätkapitalismus, um neue Märkte zu schaffen und auszubeuten. Sie sehen deshalb auch nicht die Notwendigkeit, sich der Untersuchung kultureller Elemente in einem autonomen Feld zu widmen, sondern behaupten, dass dies immer nur in Verbindung mit polit-ökonomischen Bedingungen erfolgen könne.

Während die postmoderne Geographie in der englischsprachigen Geographie (England, USA, Kanada, Australien, Neuseeland) ungebrochen Zuspruch findet, ist die Reaktion unter Geographen in Frankreich und anderen romanischen Ländern eher zögerlich. Dies überrascht insofern, als die bahnbrechenden theoretischen Überlegungen der postmodernen Geographie in erster Linie aus dem französischen Poststrukturalismus und der französischen Soziologie kommen. Auch in Deutschland ließen sich bis Ende des 20. Jahrhunderts nur sporadische Versuche ausmachen, postmoderne Überlegungen in die Forschungsarbeiten einzubeziehen, so z. B. bei Fragen der ↗Regionalentwicklung, des ↗Stadtmarketing, der ↗Didaktik der Geographie und der Entwicklungsforschung. [WDS]

Poststrukturalismus, *Neostrukturalismus*, eine aus Frankreich stammende politisch-philosophische Denkrichtung, die den linguistisch-ethnologischen ↗Strukturalismus kritisch weiterentwickelt und radikalisiert hat. Trotz der Vielzahl von Positionen existieren gemeinsame Grundannahmen zur Bedeutung von ↗Sprache, zur Dezentrierung des Subjekts, zur Rationalitätskritik sowie zur Ablehnung von Universaltheorien. Dahinter stehen die Fragen, auf welche Weise über gesellschaftliche Diskurse (d. h. Sprache, Bedeutungszuschreibungen, Symbolisierungen) Subjekte konstituiert, Machtbeziehungen ausgeübt sowie gesellschaftliche Strukturen verändert werden können. Poststrukturalistische Perspektiven ersetzen die humanistische Vorstellung vom rationalen Vernunftsubjekt durch ein Verständnis von Subjekten, die durch gesellschaftsspezifische Diskurspraktiken konstituiert und somit von raumzeitlichen Faktoren abhängig sind. In dieser dezentrierten Subjektauffassung befindet sich die Identitätskonstitution in einem andauernden Prozess und ermöglicht Veränderungen. Innerhalb der Geographie dient dieser theoretische Hintergrund insbesondere in Verbindung mit Ansätzen des ↗Postkolonialismus und der ↗Feministischen Geographie zur Erfassung und Veränderung gesellschaftlicher Raumstrukturen. Zugleich wird durch die Anwendung des ↗Dekonstruktivismus der Wahrheitsanspruch der Wissenschaften infrage gestellt, da sie die ihr zugrunde liegenden Machtverhältnisse reproduzieren. [ASt]

Potamal ↗Fischregionen.

potamogene Küstenformen, durch Flüsse geformte ↗Küstenformen. Allerdings sind hierbei nicht alle fluvial angelegten (wie ↗Rias) gemeint, sondern lediglich die potamogenen Schwemmlandküsten, wie ↗Deltas und Schwemmebenen aus Flusssedimenten.

Potenz, in der Biologie die genetisch festgelegte Reaktion eines Organismus oder einer ↗Sippe gegenüber einem Umweltfaktor (z. B. Temperatur, Strahlungsintensität, Salzgehalt). Die graphische Darstellung (Abb.) zeigt meist einen glockenförmigen Verlauf. Kenngrößen sind die durch die existenzbegrenzenden Minimum- und Maximumwerte (↗Toleranzwert) bestimmte Reaktionsbreite (Toleranzbereich = Amplitude = Plastizität) und die Lage und Höhe des Optimums. Im Pessimumbereich lebende Organismen zeigen häufig nach einiger Zeit Konditionierung bzw. Anpassung (z. B. ↗Hitzeresistenz durch Abhärtung). Die Reaktion (bei Pflanzen z. B. die Wuchsleistung, bei Tieren z. B. die Häufigkeit des Auftretens) ohne interspezifische ↗Konkurrenz oder Wechselwirkung mit anderen

Potenz: Schematische Darstellung des Potenzbereiches eines Lebewesens.

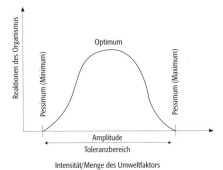

Arten ist das *physiologische Verhalten* (die *physiologische Amplitude*), die Reaktion unter natürlichen Bedingungen (bei Interaktionen mit anderen Arten) das *ökologische Verhalten* (die *ökologische Amplitude*) einer Art. Ebenso ist zwischen *physiologischem Optimum* (= autökologischem) und *ökologischem Optimum* (= synökologischem) zu unterscheiden. Organismen mit schmaler ↗ökologischer Amplitude nennt man stenök, solche mit breiter ökologischer Amplitude euryök. [UD]

Potenzgesetz, nach G. Hellmann, Gleichung zur eindimensionalen standortbezogenen Höhenextrapolation der Windgeschwindigkeit v [m/s] in der ↗atmosphärischen Grenzschicht, ausgehend von Messungen in nur einer Höhe z_{ref} [m]:

$$v_z = v_{ref}\left(\frac{z}{z_{ref}}\right)^\alpha.$$

v [m/s] ist dabei die Windgeschwindigkeit in Abhängigkeit von der Höhe z. Im Gegensatz zum ↗logarithmischen Windgesetz wird die ↗Rauigkeit z_0 und der Zustand der ↗thermischen Schichtung in nur einer Maßzahl, dem Hellmann'schen Exponenten α berücksichtigt. α nimmt sowohl mit größer werdender Rauigkeit als auch mit zunehmender Änderung der thermischen Schichtung zu stabileren Verhältnissen hin zu. Die Abbildung enthält einige Richtwerte zum Hellmann'schen Exponenten α.

Potenzialmodell, dient zur Charakterisierung einer Raumeinheit i im Hinblick auf den möglichen Interaktionsumfang mit den $n-1$ anderen Raumeinheiten j einer Region. Die Summe der durch das ↗Gravitationsmodell bestimmten möglichen Gravitationen I_{ij} einer Raumeinheit i mit den $n-1$ anderen Raumeinheiten j wird als das Potenzial V_i der Raumeinheit i bezeichnet:

$$V_i = \sum_{\substack{i=1\\i\neq l}}^{n} I_{ij}.$$

Das Potenzialmodell ist ein generelles Konzept und kann auf unterschiedlichste Interaktionssysteme wie z. B. Pendlerströme, Migrationsströme, Kommunikationsströme angewendet werden. Wie das Gravitationsmodell ist das Potenzialmodell kein Erklärungs-, sondern ein Beschreibungsmodell und kann als ↗Black-box-Modell angesehen werden kann.

potenzielle Äquivalenttemperatur ↗Äquivalenttemperatur.

potenzielle Energie, wird ein Körper der Masse m [kg] um einen Höhenbetrag h [m] angehoben, so besitzt er die potenzielle Energie $g \cdot m \cdot h$, wobei $g = 9{,}81$ m/s² die Schwerebeschleunigung aufgrund der Anziehungskraft der Erde bezeichnet (↗Geopotenzial). Physikalische Einheit der Energie ist das Joule [J] mit 1 J = 1 Nm = 1 Ws.

potenzielle natürliche Vegetation, *pnV*, ein Modell, welches einen erdachten Endzustand (↗Klimax) der ↗Vegetation für den heutigen oder einen beliebigen anderen Zeitpunkt entwirft, der konsequent die jeweils aktuellen menschlichen Einflussnahmen ausschließt. Um mögliche Wirkungen inzwischen sich vollziehender Klimaveränderungen und deren Folgen auszuschließen, wird die pnV sozusagen schlagartig gedacht. Liegt der Bezugspunkt in der Gegenwart, wird ein kleines h für heutig vorgestellt (*hpnV, heutige potenzielle natürliche Vegetation*). Sie ist als summarischer Standortparameter in der ökologisch orientierten Forschung und Planung gebräuchlich.

potenzielle Temperatur, Θ, diejenige theoretische Temperatur, die Luft annehmen würde, wenn sie durch adiabatische ↗Zustandsänderungen auf ein Referenzluftdruckniveau von $p_0 = 1000$ hPa, also näherungsweise auf Meereshöhe, gebracht wird [K]:

$$\Theta = T\left(\frac{p_0}{p}\right)^{\frac{R}{c_p}}$$

mit T = absolute Lufttemperatur [K], p_0 = Referenzluftdruck = 1000 hPa, p = aktueller Luftdruck in Messhöhe [hPa], R = individuelle Gaskonstante der Luft = 287,05 J/(K·kg) und c_p = spezifische Wärmekapazitätsdichte der Luft = 1004,67 J/(K·kg). Mithilfe der potenziellen Temperatur ist es anhand der Druckkorrektur möglich, den Inhalt an ↗sensibler Wärme in der Luft in verschiedenen Höhenschichten miteinander zu vergleichen. Die ergänzende Berücksichtigung des Inhaltes an ↗latenter Wärme in feuchter Luft kann über drei verschiedene Modifikationen der potenziellen Temperatur erfolgen: a) virtuelle potenzielle Temperatur [K]:

Potenzgesetz: Richtwerte des Hellmann'schen Exponenten α für Oberflächen mit unterschiedlicher Rauigkeit z_0 bei labilen, neutralen und stabilen Schichtungsverhältnissen.

Oberfläche		Hellman'scher Exponent α		
Beispiel	Rauigkeit z_0 [m]	Schichtung		
		labil	neutral	stabil
Wasserflächen	0,01	0,06	0,12	0,44
Wiesen und Felder	0,03	0,08	0,16	0,43
Heckenreiche Agrarlandschaft	0,1	0,09	0,16	0,43
Parklandschaften	0,3	0,14	0,28	0,46
Dichte Bebauung	1,0	0,18	0,27	0,50
Hochhaus-City	3,0	0,29	0,37	0,58

$$\Theta_v = \Theta(1+0{,}608\,s)$$

mit s = spezifische ↗Luftfeuchte [g/kg]; b) potenzielle Äquivalenttemperatur [K]:

$$\Theta_\ddot{A} = (T + 2{,}5\,s)\left(\frac{p_0}{p}\right)^{\frac{R}{c_p}}$$

und c) *pseudopotenzielle Temperatur*, bei der die Luft trockenadiabatisch und oberhalb des Kondensationsniveaus feuchtadiabatisch soweit angehoben wird, bis sämtlicher Wasserdampf kondensiert ist, um anschließend trockenadiabatisch wieder in das Referenzdruckniveau p_0 gebracht zu werden. Die pseudopotenzielle Temperatur lässt sich aus ↗thermodynamischen Diagrammen bestimmen. [DD]

potenziell natürlicher Gewässerzustand, *heutiger potenziell natürlicher Gewässerzustand*, hpnG, ↗Leitbild.

Potenzmoment, Maßzahl in der ↗Statistik zur Kennzeichnung von Variablen. Das Potenzmoment k-ter Ordnung ist definiert als:

$$p_k = \frac{1}{n}\sum_{i=1}^{n}(x_i - \bar{x})^k.$$

Von besonderer Bedeutung sind die Potenzmomente der Ordnungen 1 bis 4, da sie die Berechnungsbasis bilden für wichtige statistische Parameter einer Verteilung: p_1: Mittelwert (↗Lageparameter), p_2: Standardabweichung, Varianz (↗Streuungsparameter), p_3: ↗Schiefe, p_4: ↗Kurtosis.

Powell, *John Wesley*, amerikanischer Geologe und Ethnologe, geb. 29.3.1834 Mount Morris (N.Y.), gest. 23.9.1902 Haven (Maine). Nach Beendigung des Sezessionskrieges und seinem Ausscheiden aus der Armee übernahm Powell 1865 eine Geologieprofessur an der Universität von Illinois. 1867–1869 leitete er eine Expedition in die Rocky Mountains. 1869 durchfuhr er mit einem kleinen Boot den Grand Canyon des Colorado. 1879–1881 war er Direktor des Bureaus of American Ethnology und zwischen 1881 und 1894 Direktor des Geological Survey ebenfalls in Washington. 1886 wurde ihm die Ehrendoktorwürde der Universität Heidelberg verliehen. Seine Feldstudien dienten nicht nur der kartographischen Aufnahme bislang unzureichend dokumentierter Regionen, sie erbrachten auch grundlegende und weiterführende Erkenntnisse über die Wirkung des fließenden Wassers und die Entstehung von Oberflächenformen. Powell beschrieb und erklärte in diesem Zusammenhang bereits Verebnungsflächen, die später unter dem Namen »Davis als »peneplains« in der geomorphologischen Literatur Eingang fanden. Powell gehört zu den wenigen Forschern, die sich auf ihren ↗Forschungsreisen mit den Indianern in deren Muttersprache unterhalten konnten. Um die Kenntnis dieser Sprachen zu erweitern, sammelte er auf seinen Reisen systematisch indianisches Sprachgut. [HB]

Präboreal ↗Quartär.

Prädation, 1) Form der ↗Ernährungsweise eines ↗Räubers. 2) wichtige biotische Interaktion, die für die Strukturierung einer ↗Biozönose von Bedeutung ist. ↗Mutualismus, ↗Konkurrenz.

Prädator ↗Räuber.

Prädestinationslehre, Form der christlichen Religionslehre, die an die absolute Souveränität Gottes und an die Vorherbestimmung des menschlichen Schicksals durch Gott glaubt. Im Kalvinismus wurde die Prädestination als zentrale Glaubenswahrheit betrachtet, deren Schicksal unumgänglich und durch die weltlichen Lebensumstände für jedermann sichtbar war. In ↗Entwicklungsländern erfährt die Prädestinationslehre vor allem durch die wachsende Bedeutung evangelikaler Kirchen und Sekten, die besonders der Unterschichtbevölkerung eine vermeintliche Zukunftsperspektive bieten, eine Wiederbelebung.

Prädilektionsgebiet, ein Begriff aus der dynamischen Geomedizin (↗Medizinische Geographie), die sich mit Wanderungen von ↗Infektionskrankheiten beschäftigt. Unabhängig von menschlichen Aktivitäten können derartige Bewegungen dann stattfinden, wenn die Krankheitserreger ursprünglich in der Tierwelt vorhanden sind, von wo sie durch unmittelbaren Kontakt oder über Vektoren (z. B. Zecken) die ↗Infektion einzelner gesunder Menschen verursachen können. Prädilektionsgebiete bilden sich dort aus, wo die entsprechenden Tierspezies optimale geoökologische Bedingungen vorfinden.

Präferenzabkommen, Vereinbarungen, zumeist zwischen ↗Industrieländern und ↗Entwicklungsländern, zur präferenziellen Behandlung von Importen zugunsten der Letzteren. Es handelt sich dabei um Abnahme- und Preisgarantien oder andere günstige Konditionen, die über die Festlegung von Quoten und/oder Senkungen der ↗Zölle (Präferenzzölle) eingeräumt werden. Umfangreiche Präferenzabkommen existieren z. B. innerhalb des ↗Lomé-Abkommens. Dieses der ↗Meistbegünstigungsklausel widersprechende Vorgehen wird von ↗GATT bzw. der ↗WTO explizit zugelassen und entwicklungspolitisch begründet. Im Zuge der weltweiten Handelsliberalisierungen sollen solche Präferenzabkommen von WTO-Mitgliedsstaaten langsam abgebaut werden.

Präkambrium, der gesamte Zeitraum der Erdgeschichte vor dem Beginn des ↗Phanerozoikums (und damit auch des ↗Kambriums). Es ist mehr als fünfmal so lang wie die restliche Erdgeschichte. Das Präkambrium umfasst das ↗Archaikum und das ↗Proterozoikum.

praktisches Bewusstsein, bezeichnet in der ↗Strukturationstheorie einen Bewusstseinsbereich der zwischen dem ↗diskursiven Bewusstsein und dem ↗Unterbewusstsein angesiedelt ist. Das praktische Bewusstsein besteht aus Wissenselementen, die uns befähigen, bestimmte Praktiken auszuüben, ohne dass wir über sie artikuliert reden können. Der größte Teil der ↗Routinen beruht auf dem praktischen Bewusstsein.

Prallhang, typische Uferform am Außenbogen eines ↗Mäanders. Der einem flach ausgebildeten

Powell, *John Wesley*

↗Gleithang gegenüberliegende steile Prallhang wird durch Uferunterschneidung aufgrund hoher ↗Strömungsgeschwindigkeiten an der Außenseite einer scharfen Flusskrümmung bedingt. Wichtig für die Ausformung eines solchen ↗Ufers ist die Kombination von ↗Seitenerosion und ↗Tiefenerosion. Entlang des ↗Fließgewässers lagern sich Sedimente ab. Vor allem bei Hochwasser wird grobkörniges Material abgelagert. Die Anordnung der akkumulierten Kornfraktionen ist durch eine stetige Abnahme der Korngrößen vom flussnahen zum flussfernen Uferbereich gekennzeichnet. Auf den überwiegend grobkörnigen Prallufern bilden sich ↗Uferdämme, die flussseitig steil ansteigen und landseitig sanft abfallen. Durch ↗Flussabschnürungen oder sprunghafte Flusslaufverlagerungen können mehrere Generationen von Uferdämmen in der ↗Aue vorkommen. Häufig bildet ein Fluss einen ↗Kolk vor dem Prallhang aus. [II]

Prämoderne, Bezeichnung gesellschaftlicher Bedingungen, welche nicht durch die ↗Modernisierung verändert wurden, sondern im Wesentlichen von den lokalen Traditionen beherrscht werden und damit vom Typus der traditionellen Gesellschaft geprägt sind. Im Rahmen der ↗handlungstheoretischen Sozialgeographie wird die prämoderne ↗Lebensform, auf der die prämodernen ↗Gesellschaften und ↗Kulturen beruhen, im idealtypischen (↗Idealtypus) Sinne als räumlich und zeitlich verankert (↗Verankerung) charakterisiert. Die prämodernen Gesellschaften sind gemäß dieser Beschreibung räumlich eng gekammert und zeitlich äußerst stabil. Diese Stabilität ist in spezifischen sozialen, kulturellen und technischen Bedingungen des ↗Handelns begründet. Die idealtypische Charakterisierung prämoderner Gesellschaften sieht so aus: a) Die lokale Gemeinschaft bildet den vertrauten Lebenskontext. b) ↗Kommunikation ist weitgehend an Face-to-face-Situationen gebunden. c) Traditionen verknüpfen Vergangenheit und Zukunft. d) Verwandtschaftsbeziehungen bilden ein organisatorisches Prinzip zur Stabilisierung sozialer Bande in zeitlicher und räumlicher Hinsicht. e) Soziale Positionszuweisungen erfolgen primär über Herkunft, Alter und Geschlecht. f) Es gibt geringe interregionale Kommunikationsmöglichkeiten. [BW]

Prandtl-Rohr, *Staurohr*, *Prandtl-Staurohr*, nach dem Physiker Ludwig Prandtl (1875–1953) benanntes Instrument zur Bestimmung der Windgeschwindigkeit, das in ↗Anemographen sowie bei Untersuchungen im Windkanal und in der Lüftungstechnik eingesetzt wird. Es besteht aus einem zylindrischen Rohr, das zur Strömung hin geöffnet ist. Bei Anströmung von vorn entsteht im Inneren ein Staudruck, der mit unterschiedlichen Verfahren bestimmt werden kann. Die Bestimmung der Differenz zwischen statischem Luftdruck und dynamischem Druck der strömenden Luft ist eine vor allem zeitlich hoch auflösende Technik der Windgeschwindigkeitsmessung.

Prandtl-Schicht ↗atmosphärische Grenzschicht.

Prärie, Sammelbezeichnung für verschiedene Steppentypen (↗Steppe) Nordamerikas, deren Zone sich meridional von Kanada bis an den Golf von Mexiko (von ca. 55°N bis ca. 30°N) erstreckt. Das Flachland der Prärie steigt von Ost nach West insgesamt bis auf 1500 m Höhe an, gleichzeitig nehmen die Niederschläge in gleicher Richtung ab und die durchschnittliche Jahrestemperatur nimmt von Nord nach Süd zu. Ökologisch lassen sich daher mit zunehmender Aridität von Ost nach West drei unterschiedliche Zonen der Prärie unterscheiden: a) die Langgrasprärie, b) die Gemischte Prärie und c) die Kurzgrasprärie. Innerhalb jeder Zone tritt wiederum aufgrund der Temperaturzunahme von Nord nach Süd ein deutliches floristisches Nord-Süd-Gefälle auf.

Präsenz ↗*Stetigkeit*.

Präskription, Vorschrift, die im Ggs. zur ↗Deskription, im befehlenden und wertenden Sinne festlegt, was zu geschehen hat oder sein sollte.

präskriptive Begriffe, normative und wertende Begriffe, die Werturteile zum Ausdruck bringen und im Sinne des ↗Kritischen Rationalismus und des ↗Positivismus in der Wissenschaftssprache vermieden werden sollten.

Prävalenz, Anzahl der Erkrankten eines bestimmten Leidens in einer definierten Personengruppe zu einem Zeitpunkt. Die Prävalenzrate ist die Anzahl der Erkrankten/100.000 Personen.

Präzession, langfristige und periodische Richtungsänderung der Erdrotationsachse in Bezug auf ein raumfestes Bezugssystem, das ebenso wie die ↗Nutation, z. B. durch die Positionen extragalaktischer Radioquellen gegeben ist. Aufgrund der Präzession bewegt sich die Erdachse relativ zum raumfesten System auf einem Kegel mit einem Öffnungswinkel von 23,5°, dem Winkel zwischen Erdäquator und Erdbahn (↗Ekliptik). Die Umlaufperiode beträgt ungefähr 25.800 Jahre. Verursacht wird diese langsame Bewegung durch Gezeitenkräfte (↗Gezeiten) des ↗Mondes und der ↗Sonne. Da die Erde keine Kugel ist, sondern als ein abgeplattetes Rotationsellipsoid beschrieben werden kann und ihre Äquatorebene um 23,5° gegenüber der Ekliptiknormalen geneigt ist, versuchen die auf die Erde wirkenden Anziehungskräfte die Erdachse aufzurichten. Die Erdachse aber weicht aus und umläuft den eben genannten Kegelmantel, dessen Bahn sich sehr genau berechnen lässt. Wegen des Umlaufs der Knotenlinie um die Erdbahn entgegengesetzt zur Bewegung der Erde ist das tropische ↗Jahr, das unsere Jahreszeiten bestimmt, etwa 20 Minuten kürzer als das siderische Jahr, das auf dem Umlauf der Erde in Bezug auf die Fixsterne beruht.

precipitable water ↗*Niederschlag*.

precision farming, *Präzisionslandwirtschaft*, *precision agriculture*, *Präzisionsackerbau*, landwirtschaftliche Bestell- und Bearbeitungstechnik, bei der mithilfe von ↗GPS und Ackerschlagdateien eine teilflächenspezifische Aussaat sowie bedarfsorientierte Pestizidanwendung und ↗Düngung punktgenau ermöglicht ist. Das Verfahren trägt den schlaginternen Variationen von Wachstumsbedingungen und Erträgen der ↗Kulturpflanzen Rechnung. Beispielsweise ermittelt der Landwirt

mithilfe von Bodenproben und einem GPS-Empfänger den differenzierten Nährstoffbedarf der unterschiedlichen ↗Pedons eines genau vermessenen Ackerschlages, speichert die geocodierten Werte auf einer Chip-Karte und überträgt sie auf dem Hofcomputer in eine digitale Nährstoffkarte. Dies geschieht mithilfe einer GIS-Software, die die Messdaten in Schlagdateien ablegt. Das ↗GIS führt die notwendigen räumlichen Verknüpfungen und geostatistischen Bewertungen durch. So errechnet es die individuellen Düngermengen, die auf jeder Teilfläche des ↗Schlages ausgebracht werden müssen, um überall die gleiche Nährstoffmenge zu erreichen. Ein ebenfalls mit GPS-Empfänger und EDV ausgestatteter Traktor mit Düngerstreuer übernimmt den praktischen Teil. Die nötigen Informationen für eine bedarfsgenaue kleinräumige Düngung erhält der Traktor mit seinem Leitrechner vom Hofcomputer und gibt sie an den Düngerstreuer weiter. Bei der Ernte registriert der mit GPS-Technik bestückte Mähdrescher über Durchflussmessgeräte, wie viel Getreide jede Teilfläche des Ackers erbringt. Gleichzeitig kann der Feuchtegehalt des Druschgutes ermittelt werden. Zur Auswertung werden mit den Rohdaten Äquifertile erstellt, die in der Schlagdatenbank gespeichert und in der Ertragskarte dargestellt werden können. Die gewonnenen Daten dienen als Grundlage für die Düngung im kommenden Jahr.
Ferner können Feldauffälligkeiten aufgezeichnet und in einer Boniturkarte dokumentiert werden. Weitere mögliche Applikationskarten können so den Pflanzenschutz oder die Aussaat beinhalten mit Informationen zur differenzierten Durchführung dieser Arbeitsgänge. Das terrestrische Monitoring von Agrarflächen kann mit ↗Fernerkundung durch Flugzeuge und Satelliten ergänzt werden, deren Bilder ebenfalls in einem GIS räumlich definierbar sind.
Mit dem precision farming, erwartet man Einsparungen durch effizientere Nutzung des Produktionsmitteleinsatzes wie Düngung, Saatgut und Pflanzenschutz, Ertragssteigerungen, umweltschonendere Landbewirtschaftung sowie den Nachweis über Art und Umfang der Nahrungsmittelproduktion gegenüber der Lebensmittelindustrie und Kontrollorganen.
Eine Weiterentwicklung des Systems zielt zunächst auf eine Ausdehnung der lokalen Ertragsermittlung für weitere Feldfrüchte (Zuckerrüben und Kartoffeln, Häckselgut wie Silomais, Halmgut wie ↗Heu und Grassilage sowie bedeutende ↗Sonderkulturen wie Baumwolle und Zuckerrohr), um damit die Ertragsverhältnisse ganzer ↗Fruchtfolgen aufzeichnen und analysieren zu können. Weiter entfernt liegt noch der Einsatz von Robotern, die unbemannt und vollautomatisch die Felder bearbeiten. [KB]

predicted mean vote, *PMV, vorhergesagter Mittelwert*, gibt anhand einer psychophysischen Skala denjenigen Prozentsatz einer Personengruppe an, der sich bei Exposition entsprechender thermischer Bedingungen subjektiv unbehaglich fühlt. *PMV* wird nach der Behaglichkeitsgleichung berechnet, diese gibt die menschliche Wärmeabgabe an die Umgebung unter Berücksichtigung der Körperwärmeproduktion und der Isolation durch Bekleidung an:

$$PMV = f(H/A_{Du}, I_{clo}, t_l, t_{mrt}, e, v_r)$$

mit H/A_{Du} = innere Wärmeisolation der Bekleidung, I_{clo} (clo von engl. cloth = Kleidung) = Wärmedurchgangswiderstand von Kleidung bezogen auf die gesamte Körperoberfläche [K · m²/W] (1 clo entspricht dem Wert von 0,155 K · m²/W, 0,0 clo bedeutet, dass keine Wärme durch Kleidung zurückgehalten wird, 1,0 clo bedeutet, dass 0,155 K m²/W durch Kleidung zurückgehalten werden und entspricht einem Straßenanzug), t_l = Lufttemperatur [°C], t_{mrt} = mittlere Strahlungstemperatur [°C], e = Wasserdampfdruck der Luft [hPa], v_r = relative Windgeschwindigkeit [m/s]. Positive Werte drücken Wärmebelastung (1 = leicht warm, 2 = warm, 3 = heiß), negative Zahlen hingegen einen zunehmenden Kältereiz (–1 = leicht kühl, –2 = kühl, –3 = kalt) aus. Thermische Behaglichkeit entspricht *PMV* = 0. Das *PMV* ist ein gruppenbezogener und kein individuenbezogener Wert; dies bedeutet, dass sich bei PMV = 0 durchschnittlich noch 5 % der Personen im Wärmediskomfort befinden. Bei *PMV* = –2 bzw. +2 befinden sich 80 % der Personen im Wärmediskomfort. *PMV* ist ursprünglich zur Angabe der thermischen Behaglichkeit von Innenräumen entwickelt worden, wird aber heute auch für außenklimatische Verhältnisse z. B. für das ↗Klima-Michel-Modell verwendet. ↗gefühlte Temperatur. [WKu]

Preiskauf ↗Konsumentenverhalten.
Press-Schnee, metamorpher ↗Schnee mit verhärteter Oberfläche. Die Verhärtung entsteht durch Winddruck, wodurch die Schneekristalle an der Oberfläche ineinander gedrückt werden.
Pretest, Vorerhebung bzw. Testerhebung zur Überprüfung der Qualität eines hypothesengeleitet erstellten Fragebogens oder zur Erarbeitung der im Fragebogen zu benutzenden Kategorien. ↗Befragung.
Priel, Wattwasserlauf (↗Watt). Eine von den Gezeitenströmungen (Flut- und Ebbestrom) durchflossene lang gestreckte und talartige Hohlform, meist mit flussartigen Verzweigungen.
Primärdaten, direkt erhobene »Ursprungsdaten« (z. B. durch Befragung oder Vermessung im Gelände), im Gegensatz zu auf anderen Daten basierenden, bereits weiterverarbeiteten ↗Sekundärdaten. Die Begriffe Primärdaten und Sekundärdaten werden sowohl im Zusammenhang mit ↗geographischen Daten als auch bei ↗Attributdaten verwendet.
Primärdüne, 1) häufig unkorrekt für Draa, die Dünen tragen, verwendet (↗Erg). 2) ↗Küstendünen.
Primärenergie ↗Energieträger.
primärer Arbeitsmarkt ↗Arbeitsmarkt.
primärer Sektor, derjenige Teil der Gesamtwirtschaft, der sich mit der Urproduktion von Roh-

stoffen befasst. Dazu zählen Landwirtschaft, Forstwirtschaft, Fischerei und der reine Bergbau (ohne Aufbereitung). ↗sekundärer Sektor, ↗tertiärer Sektor, ↗quartärer Sektor.

primäres Standortsystem ↗Einzelhandel.

primäre Sukzession ↗Sukzession.

Primärhöhlen ↗Höhlen.

Primärkonsumenten ↗Konsumenten.

Primärproduktion, umfasst die durch photosynthetische CO_2-Assimilation gebildete organische Substanz von Pflanzen, Algen und photosynthetischen Bakterien (↗Photosynthese). Hiervon abgezogen sind bereits die durch Atmung (↗Dissimilation) und bei den ↗C_3-Pflanzen auch die durch ↗Lichtatmung (beide Prozesse geben CO_2 ab) metabolisierten organischen Verbindungen. Die Primärproduktion entspricht auch der Nettoproduktion und Biomassenbildung der Pflanze.

Primärproduzenten, Produzenten im eigentlichen Sinne, Pflanzen und Bakterien, die als autotrophe Organismen durch Photo- bzw. Chemosynthese aus anorganischen Elementen und Verbindungen energiereiche organische Substanzen aufbauen. Die grünen Pflanzen sind die mengenmäßig bedeutsamsten Produzenten, die am Anfang der Konsumenten-Nahrungskette stehen und auch den größten Teil der toten, organischen Substanz als Grundlage für die Destruenten-Nahrungskette (↗Nahrungskette) liefern.

Primärreligionen, *Naturreligionen, Stammesreligionen*, spezielle Formen der ↗ethnischen Religionen, die sich durch ihre Gruppengröße, ihre einmalige Identität mit lokalen ethnischen Gruppen, geringe Integration in die moderne Gesellschaft und ihre engen Bindungen an die Natur auszeichnen. Sie sind noch in 141 Staaten der Erde verbreitet, machen weltweit jedoch nur noch 4% der Weltbevölkerung aus. Primärreligionen sind heute in ihrem ursprünglichen Zustand vor allem noch in jenen Regionen zu finden, die relativ schwer zugänglich sind, wie im Inneren Neuguineas oder im Amazonasgebiet. Angepasst oder auch verdeckt bzw. offiziell missioniert sind sie noch in Grönland, Labrador, Schwarzafrika, Ostsibirien und Indien, in den Bergländern Südostasiens und Indonesiens, Australiens und Neuseelands sowie auf den Pazifischen Inseln anzutreffen.

Primärreligionen sind z. T. schon unter dem Einfluss der Religionen des Altertums und der großen ethnischen Religionen und ↗Universalreligionen in Kombination mit den Einflüssen moderner Zivilisation in den aufstrebenden Regionen der Erde zurückgegangen. In jüngster Zeit leben Primärreligionen vereinzelt wieder auf. Die Ausbreitung der europäischen Kultur und des abendländischen ↗Christentums sowie des Materialismus geriet im 20. Jh. zunehmend in Misskredit. Die Verachtung der Erde, der Gemeinschaft und des Immateriellen hat heute die ganze Menschheit in Gefahr gebracht. Eine Rückkehr zu traditionellen Werten, ein wachsendes Selbstbewusstsein, zunehmende Unabhängigkeit und ein Wechsel in der Politik der Regierungen führen in manchen Gruppen zum Aufleben alter Kulte. Stammesvölker sammeln sich wieder um ihre Kulte, rufen verdrängte Lehren in Erinnerung, erneuern alte Formen und hoffen auf einen Neuanfang auf dieser Erde. [GR]

Primärrumpf, theoretisches Stadium der ↗Morphogenese bei langsamer Landhebung, dem ein flaches Abtragungsrelief zugeschrieben wird. Der Begriff ist von ↗Penck eingeführt, aber nicht durch konkrete Beispiele belegt worden.

Primary Metropolitan Statistical Area, *PMSA*, seit 1983 werden ↗Metropolitan Statistical Area mit über einer Million Einwohnern als PMSA bezeichnet.

Primatstadt, *primate city*, Groß- oder Hauptstadt, die durch die Konzentration eines überdurchschnittlich großen Anteils von Bevölkerung und Wirtschaftskraft eines Landes sowie durch ein überproportionales Wachstum gekennzeichnet ist. Kennzeichen des Primatstadt-Syndroms ist das Fehlen weiterer großer oder mittlerer Zentren im Land, was zu einer unausgewogenen Versorgungslage der Bevölkerung führt. Sie entsteht in zentralistisch regierten Staaten oder in ↗Entwicklungsländern infolge starker ↗Landflucht und des urban-industriellen Fokus der ↗Entwicklungszusammenarbeit, die über Jahrzehnte hinweg auf wenige Metropolen konzentriert war und ↗Migration induzierte.

primitive Gleichungen, spezielle und verbreitete Form des physikalischen Gleichungssystems, wie es heute vielfach Wettervorhersage und Klimamodellen zugrunde liegt. Sie wurden bereits 1922 von L. F. Richardson (1881–1953) vorgeschlagen, wurden aber erst seit ca. 1960 nach Verfügbarkeit leistungsfähiger Computer vermehrt als Grundlage für numerische ↗Zirkulationsmodelle und Modelle der ↗Wettervorhersage verwendet. Hierdurch wurden z. B. die Zeiträume für Wettervorhersagen auf 7–10 Tage ausgedehnt. Anders als der Name vermuten lässt, enthalten die primitiven Gleichungen weniger Näherungen als andere Gleichungssysteme, etwa als die seit etwa 1950 verwendeten quasi-geostrophischen Gleichungen. Der Ausdruck primitiv hat eher die Bedeutung von grundlegend oder ursprünglich. Die primitiven Gleichungen bestehen aus zwei ↗Bewegungsgleichungen für den horizontalen Wind, der hydrostatischen Grundgleichung, der Massenerhaltungsgleichung, der Energieerhaltungsgleichung und dem idealen ↗Gasgesetz. Durch die hydrostatische Approximation sind die Gleichungen gut zur Beschreibung großräumiger Bewegungsvorgänge, aber nicht zur Darstellung mesoskaliger Prozesse (z. B. von ↗Gewittern, ↗Fronten oder ↗Land- und Seewind-Zirkulationen) geeignet. Die primitiven Gleichungen wurden in auf die rotierende Erde bezogenen Koordinatensystemen mit verschiedenen Vertikalkoordinaten formuliert. Die Gleichungen sind als zukunftsweisender Baustein für die numerische Wettervorhersage anzusehen. [CK]

principal component ↗Hauptkomponenten-Transformation.

Prismengefüge, ↗Bodengefüge mit prismatischer Struktur.

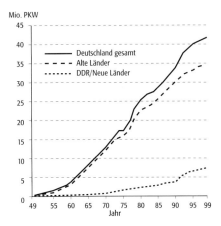

private Motorisierung: Pkw-Bestand 1949–1999.

private Motorisierung, Indikator für die Verkehrsentwicklung eines Landes und darüber hinaus für den sozioökonomischen Entwicklungsstand einer Volkswirtschaft (Lebensstandard). Die Anzahl der Pkw und Kombi pro 1000 Einwohner wird als Motorisierungsgrad oder Pkw-Dichte der Bevölkerung bezeichnet. Sie weist im internationalen Vergleich erhebliche Unterschiede auf. Mit 516 Pkw je 1000 Einwohner (1999) gehört Deutschland zu den Ländern mit dem höchsten Motorisierungsgrad. Die Entwicklung der privaten Motorisierung seit 1950 zeigt für die alten Bundesländer erst in den 1990er-Jahren eine nachlassende Wachstumstendenz und für die neuen Bundesländer den rasanten Aufholprozess (Abb.).

privater Raum, im geographischen Sinne der Stadtraum, der dem Bereich der Privatsphäre zuzuordnen ist. Dieser ist im interkulturellen Vergleich unterschiedlich: So hat der private Raum in traditionellen Stadtteilen ↗islamisch-orientalischer Städte größere Bedeutung als in westlichen Städten, was sich in der nicht öffentlich zugänglichen Sackgassen (*Sackgassenstruktur*) im Grundriss manifestiert. Neuere Entwicklungen in postindustriellen Gesellschaften zeigen, dass der ↗öffentliche Raum in zunehmenden Maße »privatisiert« wird, z. B. durch Schutzmaßnahmen privater Interessen im öffentlichen Raum (Videoüberwachung von Straßen und Plätzen vor Banken, Versicherungen usw.; Abbau von Parkbänken in öffentlichen Anlagen zum Schutz gegen »imagebeeinträchtigende« Obdachlose und andere Personenkreise; Verbote gegen Obdachlose in öffentlichen Räumen usw.) oder dadurch, dass viele Personen den öffentlichen Raum aus Sicherheitsgründen nur noch in ihrem Privatwagen durchqueren. [RS]

Privatschulen, Schulen, die im Gegensatz zu öffentlich-staatlichen Bildungsinstitutionen (in den USA: public schools) der privaten Kontrolle unterliegen und deren Budget zumindest teilweise aus nichtstaatlichen Quellen bestritten wird. In Staaten, in denen Privatschulen eine relativ große Bedeutung zukommt (USA 1997: etwa 10 % der Gesamtschülerzahl), eignen sich entsprechende bildungsstatistische Merkmale sehr gut zur Analyse sozial- und wirtschaftsgeographischer Unterschiede. In der Regel werden Privatschulen nach ihrer Organisationsform in religiös-kirchliche und nichtkonfessionelle Einrichtungen klassifiziert. Gelegentlich werden die nichtkonfessionellen Schulen nach ihrem Lehrplan und ihrer pädagogischen Philosophie weiter in »alternative« (z. B. Montessori- oder Waldorf-Schulen) und »unabhängige« Einrichtungen (oft mit betontem Elitecharakter) unterteilt. Nach ihrer Gewinnorientierung können karitative (meist religiöse) von kommerziellen Institutionen unterschieden werden. Privatschulen wurden bereits zu einem wesentlich früheren Zeitpunkt etabliert als öffentliche Schulen, deren Geschichte erst mit dem 18. Jh. einsetzt. Privatschulen besaßen deshalb lange Zeit eine gewisse Monopolstellung, mit der sie Schüler aus sozial meist besser gestellten Familien rekrutierten. Ihre Hauptfunktion lag zunächst in der gezielten Vermittlung ethisch-religiöser oder philosophischer Werte. Mit der allmählichen Errichtung eines öffentlichen (und für die Schüler in der Regel kostenlosen) Schulsystems gerieten viele Privatschulen unter einen verschärften Konkurrenzdruck, dem sie mit einer qualitativen Verbesserung des Lehrplans und einer Erhöhung der Anforderungen zu begegnen suchten. Allerdings konnten sich vielerorts Privatschulen auch als überzeugende Alternativen zu einem immer stärker kritisierten öffentlichen Schulsektor präsentieren. Vor allem in den angelsächsischen Staaten findet sich der öffentliche Bildungsbereich seit den beiden letzten Jahrzehnten des 20. Jh. einem Druck zur Privatisierung und Rationalisierung nicht nur der Organisation und Infrastruktur, sondern auch der pädagogischen Instrumente ausgesetzt. Die strukturellen Differenzen zwischen staatlichem und privatem Sektor werden durch administrative Dezentralisierungsmaßnahmen sowie erweiterte finanzielle Kompetenzbereiche für die öffentlichen Schulen zusehends nivelliert. Pädagogische Studien zeigen, dass hinsichtlich des Schulerfolgs weiterhin Differenzen zugunsten der privaten Einrichtungen bestehen. Ursachen sind u. a. größere Ressourcen und entsprechend qualifiziertes und motiviertes Personal in den Privatschulen. [WGa]

probabilistisches Verfahren, statistisches Verfahren zur Analyse bzw. Modellierung von Phänomenen (Prozess, Struktur) unter bestimmten Wahrscheinlichkeitsannahmen über das Eintreffen von Ereignissen. Solche Verfahren sind insbesondere dann adäquat anzuwenden, wenn davon auszugehen ist, dass das zu untersuchende Phänomen (Prozess, Struktur) unter gleichen Bedingungen kein eindeutiges Resultat aufweist, sondern unterschiedliche Ergebnisse mit einer gewissen Wahrscheinlichkeit auftreten können. Tritt hingegen immer das gleiche Ergebnis ein, so liegt ein deterministisch strukturiertes Phänomen vor und es bietet sich an, ↗deterministische Verfahren einzusetzen. Das ↗Entropie-Maximierungs-Modell und das ↗Markov-Ketten-Modell sind Beispiele für probabilistische Verfahren.

probabilistische Wanderungsmodelle, gehen im Gegensatz zu ↗deterministischen Wanderungsmodellen davon aus, dass sich Einstellungen und Verhaltensweisen von Personen oder Haushalten nicht vollständig abbilden lassen und deuten die komplexen Entscheidungen, die evtl. in einen Wohnstandortswechsel münden, als stochastischen Prozess.

Probit-Modell, Verfahren der kategorialen ↗Datenanalyse zur Ermittlung der Form des Zusammenhangs zwischen einer abhängigen Variablen Y mit kategorialem ↗Skalenniveau und unabhängigen Variablen $X_1, \ldots, X_m$. Im Gegensatz zum ↗Logit-Modell wird der Regressionsansatz nicht mithilfe der Variable der Logits durchgeführt, sondern über die Variable der Probits, die sich in ähnlicher Weise wie die Logits über die Standardnormalverteilung bestimmen lassen.

Produktinnovation, *Produkterneuerung,* Entwicklungsprozess von Produkten, bei der neue Produkte (↗Innovationen) ältere Produkte verdrängen. Kleinere Produktverbesserungen ergeben kumuliert erhebliche Veränderungen der Produkte.

Produktion, *Biologie:* Erzeugung und Umformung von Biomasse in Organismen sowie in ↗Populationen, ↗Biozönosen oder ↗Ökosystemen: a) Primärproduktion – autotrophe Erzeugung von Biomasse durch ↗Photosynthese oder Chemosynthese durch ↗Primärproduzenten; b) Sekundärproduktion – heterotrophe Erzeugung von Biomasse durch Assimilation von autotroph erzeugter Biomasse durch ↗Sekundärproduzenten.

Produktion des Raumes, *Raumproduktion,* von H. Lefebvre eingeführtes Konzept, das die Herstellung des Raumes unter drei Gesichtspunkten beleuchtet. Der ↗gelebte Raum ist, auf der Basis von Wahrnehmungen (espace perçu), das Ergebnis räumlich-materieller Praktiken, wie Flächennutzung, Mobilität, finanziellen Transaktionen, Besitzverhältnissen, lebensweltlicher Raumgestaltung u. Ä. Der repräsentierte Raum (espace conçu) umfasst die mentalen und ideologischen Darstellungen des Raumes wie z.B. religiöse Raumwelten, ↗mental maps, die Markierung von ↗öffentlichem Raum und ↗privatem Raum, und wissenschaftliche und politische Konstrukte wie zentralörtliche Hierarchien (↗Zentrale-Orte-Konzept), ↗Flächennutzungspläne usw. Daneben gibt es noch den repräsentierten Raum, in dem die Bindungen des Einzelnen an den Raum durch emotionale, psychosoziale und ontologische Beziehungen ausgedrückt und gelebt werden (espace vecu), d.h. hier verbinden sich phänomenologisch-praktische und semiotische (↗Semiotik) Aspekte des Raumes. Lefebvre betont, dass alle drei Dimensionen dialektisch untereinander verbunden sind. Sein Konzept hat erheblichen Einfluss auf die Diskussion der ↗marxistischen Geographie und der ↗postmodernen Geographie ausgeübt. [WDS]
Literatur: [1] LEFEBVRE, H. (1974): La production de l'espace. – Paris. [2] HARVEY, D. (1989): The condition of postmodernity. – Oxford. [3] SOJA, E. (1989): Postmodern Geographies. – London.

Produktionsfaktoren, Rahmenbedingungen, die notwendig sind, um den Produktionsprozess durchführen zu können. Eine traditionelle Trennung der Produktionsfaktoren in Boden, Arbeit und Kapital wird heute viel stärker differenziert in alle Determinanten, die zur Produktion notwendig sind, von der Erfindung eines Produktes über die Herstellung bis hin zu den Absatzmöglichkeiten. Daher besteht ein inhaltlicher Zusammenhang zu den Standortfaktoren der Wirtschaft. Zu unterscheiden sind die betrieblichen von den volkswirtschaftlichen Produktionsfaktoren; zu den betrieblichen gehören Rohstoffe, Halb- und Fertigprodukte bis hin zu den Betriebs- und Hilfsstoffen; die volkswirtschaftlichen Produktionsfaktoren beziehen sich auf die gesamtwirtschaftlichen Zusammenhänge als Voraussetzungen für die Produktion.

Produktionskomplexe, regional auf wenige Zentren des ↗Städtesystems konzentrierte Ansiedlung von modernen Industrie- und Dienstleistungsunternehmen, die seit Mitte der 1980er-Jahre besonders in der Nähe von Wissenschafts- und Hochschuleinrichtungen durch Planungen und Planungsallianzen der öffentlichen Hand und der Privatwirtschaft (↗Public-Private-Partnerships) gefördert werden. Vorläufer dieses Modells der regionalen Entwicklung sind die Silicon Landscapes der USA, z. B. das Silicon Valley (Santa Clara County, California) oder Bostons Hochtechnologie-Korridor I-128. Nach der Phase der ↗Deindustrialisierung entstehen auf diese Weise neue Wachstumszentren der postfordistischen »flexiblen« (Kleinserien-)Produktion (↗Flexibilisierung). Ursache für räumliche Konzentration von Unternehmen ist u. a. deren symbiotische Beziehung zu Wissenschaftseinrichtungen, ihre Verflechtungen zu hierarchischen und kooperativen Netzwerken sowie die Kommunikationskosten, die mit verschiedenartigen Produktionsweisen anfallen und mit räumlicher Distanz zunehmen. Speziell die Produktion der Kleinserienfertigung und die Hochtechnologieproduktion mit schnell wachsender Produktion bedürfen einer dichteren Forschungs- und Entwicklungs- sowie diesbezüglicher Kommunikationsstruktur als industrielle Massenfertigung. Zugleich wächst in einer Zeit der beschleunigten Kapitalkonzentration und der globalen Ausrichtung der Wirtschaft die Bedeutung einer territorial integrativen Unternehmenspolitik um die Wirtschaftskraft einer Region zu erhalten bzw. zu fördern. Unter territorialer Integration wird die enge sektorale und regionale Zusammenarbeit von Unternehmen auf der personalen, materiellen und informativen Ebene (»Fühlungsvorteile«) auf der Basis eines regionsspezifischen Wirtschaftskonzepts verstanden. [RS/SE]

Produktionsmittel, die für die Produktion verwendeten materiellen Güter aller Art. Aus technischen und wirtschaftlichen Gründen ist ihr Einsatz für die Schaffung anderer wirtschaftlicher Güter notwendig. Sie können sowohl in dauerhafte Kapitalgüter (z. B. Maschinen) als auch in nicht dauerhafte Produktionsmittel (z. B. Roh-, Hilfs-, Betriebsstoffe) unterteilt werden. In diesem Sinn können Produktionsmittel auch als Synonym für ↗Produktionsfaktoren gebraucht werden.

Produktionsökologie, *Produktionsbiologie*, untersucht, als Teilgebiet der Synökologie, die Energie- und Stoffumsätze in ↗Ökosystemen. Ausgangspunkt ist die zu einem bestimmten Zeitpunkt vorhandene ↗Biomasse. Deren Bilanzierung (Zu- oder Abnahme) bzw. die Bilanzierung der in ihr gebundenen Energie und Stoffe innerhalb einer Zeiteinheit ist zentrales Anliegen. Der Energieumsatz bzw. die Weitergabe von Energie in der ↗Nahrungskette erfolgt in Ökosystemen über vier bis fünf verschiedene Stufen bzw. trophische Ebenen. Grundsätzlich sollte bei der Bilanzierung zwischen lebender und toter Biomasse und deren Anteilen an Energie- und Stoffumsätzen getrennt werden. Neben der Größe der Umsätze interessiert v. a. die Umsatzdauer (Zeitraum, in dem alle Vorräte im Mittel einmal ausgetauscht werden) und die Umsatzrate (Anteil von Phytomasse, Zoomasse, Streu oder Humus, der im Mittel während eines Jahres zugeführt bzw. verloren geht). [TSc]

Produktionsstruktur, wettbewerbsbedingte Veränderung zu flexiblen Produktionsstrukturen mit der Möglichkeit der schnellen und effizienten Anpassung an Schwankungen von Nachfrage und Bedarf. Werden Arbeitsschritte und Bearbeitungsstationen nicht vorgegeben, können durch neue Technologien und Veränderungen der Produktions- und Arbeitsorganisation, z. B. durch neue Steuerungstechniken und Mehrzweckmaschinen, Materialfluss und Kapazitätsauslastung erhöht, Stillstandszeiten verringert und die Wettbewerbsfähigkeit verbessert werden.

Produktionsstufen, einzelne Phasen eines Produktionsprozesses. Zu unterscheiden sind diese in Bezug auf ↗Ökosysteme mit Primärproduktion bei Pflanzen, Sekundärproduktion bei höheren Lebewesen inklusive der sogenannten Reproduktionsstufe. In der Wirtschaft lassen sich die einzelnen Phasen des Produktionsprozesses in Abschnitte der Herstellung eines Produktes stufenartig gliedern. Auf der gleichen Produktionsstufe steht beispielsweise in der Nahrungsmittelindustrie die Herstellung verschiedener Backwaren, in der Stahlindustrie die Verwendung von Blechen unterschiedlicher Qualität, in der Textilindustrie die Verwendung von Garnen in Webereien oder Stickereien.

Produktionssystem, (in)direkte funktionale Verflechtungen zwischen Unternehmen und Institutionen, die der Herstellung eines Endproduktes dienen. Befinden sich die Elemente des Produktionssystems in räumlicher Konzentration, dann spricht man von einem Produktionscluster.

Produktionstiefe, bezieht sich auf die vertikale Gliederung des Produktionsprozesses vom Rohstoff bis hin zum Fertigprodukt und berücksichtigt dabei die verschiedenen Produktionsstufen, die in Unternehmen zusammengefasst sind. So werden heute z. B. in Großunternehmen der Schwerindustrie wichtige Fertigungsprozesse beginnend mit dem Abbau von Erzen und Kohle über integrierte Eisenhüttenwerke bis hin zur Edelstahlproduktion zusammenfassend durchgeführt.

Produktionsverhältnisse ↗allokative Ressourcen.

Produktivität, Maßgröße für die Ergiebigkeit der in der Produktion eingesetzten ↗Produktionsfaktoren. Sie wird ausgedrückt im Verhältnis zwischen Produktionsertrag (Output) und einem Produktionsfaktor (Input).

In der Landwirtschaft unterscheidet man folgende Produktivitäten:
a) Flächenproduktivität (Produktionsergebnis/Flächeneinheit; beim Vergleich verschiedener Produkte kann dieser Ertrag auch in Bezug zum Nährwert gesetzt werden); b) Arbeitsproduktivität (Produktionsergebnis/Arbeitskräfte); c) Kapitalproduktivität (Produktionsergebnis (Produktionsmenge abzüglich zugekaufter Vorleistungen)/Kapitaleinsatz); d) Energieproduktivität (Energieertrag/Energieeinsatz); e) Globalproduktivität (Produktionsergebnis/gesamter Faktoreinsatz).

Produktlebenszyklus ↗Produktzyklus.

Produktzyklus, *Produktlebenszyklus*, beschreibt die phasenhafte Entwicklung eines Produkts in fünf Etappen: Entwicklung und Markteinführung, Wachstum, Reifung und Sättigung, Kontraktion, Marktaufgabe. Wesentlich ist, dass jede Etappe ihre eigenen »idealen« Standortbedingungen kennt (↗Produktzyklus-Theorie).

Produktzyklus-Theorie, *Produktlebenszyklustheorie*, Erklärungsansatz zu Entwicklungsprozessen von Produkten, Branchen und Regionen. Ihre Kernaussage lautet, dass Produkte (z. B. Konsumgüter) nur eine begrenzte Lebensdauer besitzen und einen mehrphasigen Lebenszyklus (↗Produktzyklus) durchlaufen, wobei sich beim Übergang von der Entwicklungs- und Einführungsphase, über die Wachstums-, die Reife- bis zur Schrumpfungsphase die Produktions- und Absatzbedingungen verändern. Im Laufe des Lebenszyklus eines Produkts verschiebt sich der betriebswirtschaftlich optimale Produktionsstandort.

Die Entwicklung eines neuen Produkts ist in der Regel humankapitalintensiv, erfordert besonders qualifizierte Arbeitskräfte und Risikokapital, Standortvoraussetzungen also, die vornehmlich in urbanindustriellen Zentren vorhanden sind. Zunehmende Standardisierung der Herstellung, Prozessinnovationen mit dem Ziel der Rationalisierung und Massenproduktion bewirken dann nicht selten eine funktionale Standortspaltung mit Zweigbetriebsgründungen an der Peripherie und schließlich eine völlige Verlagerung (z. B. in Niedriglohnländer).

Die Produktlebenszyklus-Hypothese war ursprünglich auf einzelne Produkte (z. B. Kühlschränke, Videorecorder) bezogen, wurde jedoch in der Praxis häufig auf ganze Branchen (z. B. Eisen- und Stahlindustrie, Textilindustrie) oder gar auf den Aufstieg und Niedergang bestimmter Regionen bezogen. Danach können vormals dynamische Regionen, Stadtökonomien oder städtische Teilräume einen Niedergang erfahren, gleichsam an das Ende ihres »Produktzyklus« geraten.

Mit solchen Ausweitungen der ursprünglich produktbezogenen Theorie erscheint diese aber doch etwas überstrapaziert; kritisiert wurden auch ihr ökonomischer Determinismus und die Vernachlässigung außerwirtschaftlicher Handlungsbedingungen, wie sie beispielsweise in der ↗Regulationstheorie berücksichtigt werden. [HG]

Produzenten ↗Primärproduzenten, ↗Sekundärproduzenten.

Professionalisierung, Einführung von Ausbildungs- und Zulassungsvorschriften (Zertifizierung) für qualifizierte oder privilegierte Berufe. Der funktionale Zweck einer Professionalisierung besteht darin, die Zuverlässigkeit, Wirksamkeit und Effizienz eines Systems zu erhöhen, die Kunden vor unqualifizierten Anbietern von Dienstleistungen und Produkten zu schützen, unqualifizierte Bewerber von wichtigen Positionen fernzuhalten und die Vergabe von wichtigen Positionen zu objektivieren. Professionalisierung ist eine Methode, um in einer arbeitsteiligen, komplexen, räumlich weit ausgedehnten und deshalb für den Einzelnen nicht mehr überschaubaren Gesellschaft Vertrauen in die Kompetenz und Zuverlässigkeit des anderen zu schaffen und Unsicherheit zu reduzieren. Die ersten Anfänge der Professionalisierung betraf die Ausbildung von Ärzten (Sizilien im 12. Jh.). Die Forderung nach einer Professionalisierung resultiert aus den erhöhten Anforderungen, welche Kunden an die Qualität und Sicherheit von Dienstleistungen und Produkten stellen. Die Professionalisierung dient nicht nur funktionalen Zwecken sondern auch berufs- und machtpolitischen Interessen. Sie wird von Berufsverbänden dazu benutzt, um den Zustrom zu privilegierten Berufen gering zu halten oder die Preise für die angebotenen Dienstleistungen zu erhöhen. Die Professionalisierung ist eng verknüpft mit der ↗Meritokratisierung und ↗Bürokratisierung der Gesellschaft. Sie stärkt die Verknüpfung zwischen Bildungs- und Beschäftigungssystem und trägt stark zur Ausprägung zentral-peripherer Disparitäten des Ausbildungsniveaus der ↗Arbeitsbevölkerung bei. [PM]

proglaziär, wird der Bereich außerhalb des Eises (vor dem Eisrand) bezeichnet.

Prognose, wissenschaftlich fundierte Voraussage von Entwicklungen, Zuständen oder Ereignissen; in den ↗Naturwissenschaften häufig eine Vorhersage auf physikalischer Grundlage, z.B. die ↗Wettervorhersage auf der Grundlage eines Wettervorhersagemodells und empirisch gewonnener Kenntnisse.

Prognosehorizont, gibt den Zeitpunkt (Jahr) und damit auch den Zeitraum an, für den eine ↗Bevölkerungsvorausberechnung gemacht wird.

Prognosemethode, Methode, die angewendet wird, um den zukünftigen Zustand oder die zukünftige Entwicklung der Umwelt zu prognostizieren. Sie findet vielfältige Anwendungsfelder im Rahmen der ↗Umweltplanung von ↗Umweltverträglichkeitsprüfungen, über ↗Bewertungsverfahren bis hin zur ↗Landschaftsplanung. Mathematische Prognosemethoden (z.B. ↗numerische Simulation) operieren mit quantifizierten Eingangsgrößen und können in vielen Fällen computergestützt durchgeführt werden. Fehlen für mathematische Methoden geeignete Datengrundlagen, werden auch verbal-argumentative Methoden eingesetzt (z.B. ↗Delphi-Verfahren).

prognostische Gleichung, physikalische Gleichung, die mit zeitabhängigen Termen zur Prognose der Entwicklung eines physikalischen Systems geeignet ist (Gegensatz ↗diagnostische Gleichung zur Darstellung des Zustandes ohne zeitliche Entwicklung). In prognostischen Gleichungssystemen für atmosphärische Vorgänge werden die zeitlichen Änderungen durch die Summe der einwirkenden Größen (z.B. Kräfte) bestimmt. Die zugrunde liegenden Gleichungen repräsentieren die Erfahrungssätze der Massen-, Energie- und Impulserhaltung. In prognostischen Gleichungen können lokal-zeitliche Änderungen und advektiv-zeitliche Änderungen der Zustandsgrößen berücksichtigt werden.

prognostisches Modell ↗GIS-Modelle.

progressive Methode ↗Historisch-geographische Betrachtungsweisen.

Projektalternative, einerseits verschiedene technische Alternativen eines geplanten Vorhabens, z.B. statt einer Müllverbrennungsanlage eine Thermoselect- oder eine Pyrolyse-Anlage; andererseits aber auch völlig andere Alternativen, z.B. anstelle der Müllverbrennung ein grundlegendes Konzept zur Müllreduzierung und -vermeidung oder die Deponierung der Abfälle. Eine wichtige Rechtsgrundlage für die Erarbeitung von Projektalternativen ist §6 des ↗UVP-Gesetzes, wonach der Träger eines Vorhabens verpflichtet ist, eine Übersicht über die wichtigsten Vorhabensalternativen, einschließlich der ↗Nullvariante, unter Angabe der wesentlichen Auswahlgründe, vorzulegen.

Projektevaluierung, Vergleich der Ist-Situation mit Planungsvorgaben des Projekts. Ziel der Projektevaluierung ist die Schaffung einer Informationsgrundlage zur Steuerung des Projekts während der Durchführung und zur Beurteilung des Erfolges der Projektmaßnahmen nach deren Abschluss. In der Praxis der ↗Entwicklungszusammenarbeit wird zwischen interner und externer Evaluierung unterschieden. Die regelmäßige interne Evaluierung (↗Monitoring) dient als Verlaufskontrolle und Instrument des Projektmanagements zur Verbesserung der Zielerreichung. Die externe Evaluierung durch Gutachter oder Projektträger wird meist zum Abschluss einzelner Planungsphasen durchgeführt (Projektfortschrittskontrolle) und dient als Grundlage für Entscheidungen über Projektfortführung oder Plananpassungen. ↗Evaluierung.

Projektmanagement, Gesamtheit der Planungs-, Leitungs- und Kontrollaktivitäten, die bei zeitlich befristeten Vorhaben anfallen. Ein Projekt ist eine komplexe Aufgabe mit definiertem Ziel und mit typischerweise mehreren Beteiligten und begrenzten Ressourcen insbesondere in zeitlicher und finanzieller Hinsicht. Bezogen auf ein einzelnes Projekt umfasst das Management die Gliederung, Planung, Terminierung und Kontrolle einer komplexen Aufgabe. Im Einzelnen zählen dazu die Koordination und Delegation einzelner Teilaufgaben in den Leistungsphasen der Planung, Organisation, Durchführung (Implementierung, Umsetzung) bis hin zur Dokumentation und Erfolgskontrolle (Controlling, Überwachung) des Projektes, ebenso wie Kostenentwicklung und Personaleinsatz. Das Projektmanagement ist Gegenstand wirtschaftswissenschaftlicher Forschung. In der unternehmerischen Praxis werden immer differenziertere, auch EDV-gestützte Techniken des Projektmanagements entwickelt und eingesetzt.

Für die ↗Stadtplanung und auch für die ↗Regionalplanung ist Projektmanagement bei Projekten im Bauwesen relevant: Es kommt auf verschiedenen Maßstabsebenen zur Anwendung, von einzelnen Neubau- und Sanierungsobjekten, bis hin zur großflächigen integrierten Standortentwicklung. In diesem Zusammenhang wird insbesondere auch von Projektplanung und Projektentwicklung gesprochen. Da Projektmanagement wie andere Formen der Beratung (Consulting) heute von externen und professionellen Dienstleistern angeboten und in Anspruch genommen wird, steigt auf diese Weise die Zahl der an einem Planungsprozess beteiligten ↗Akteure (Projektentwickler, ↗developer). [RF]

Projektvariante, Begriff, der ebenso wie die ↗Projektalternative eine Alternative zu einem geplanten Vorhaben bezeichnet, allerdings unter Beibehaltung der gleichen Technik bzw. des gleichen Planungsdesigns z. B. Trassenvarianten einer Bundesstraßenplanung (↗Nullvariante).

Pro-Kopf-Einkommen, *PKE*, errechnet sich aus dem ↗Bruttosozialprodukt oder dem ↗Bruttoinlandprodukt einer Raumeinheit (zumeist eines Landes oder einer Region) geteilt durch die Zahl der Einwohner der Raumeinheit. Das PKE gibt die durchschnittliche Wirtschaftsleistung einer Raumeinheit pro Einwohner an. Es stellt einen der am häufigsten verwendeten ökonomischen Indikatoren zur Messung des sozioökonomischen Entwicklungsstandes einer Raumeinheit dar (Wohlstandsindikator). Die Aussagekraft des PKE als Wohlstandsindikator erfährt allerdings Einschränkungen in mehrfacher Hinsicht: a) Die Erfassungsmethode für den Ausgangswert ↗Bruttoinlandprodukt bzw. ↗Bruttosozialprodukt führt dazu, dass z. B. wohlstandssteigernde Effekte, wie vermehrte Freizeit durch Verkürzung der Wochen- oder Lebensarbeitszeit oder durch Verlängerung der Urlaubszeiten, das PKE verringern oder umgekehrt z. B. wohlstandsmindernde Effekte, wie der Abbau nicht erneuerbarer Rohstoffe oder Leistungen, die aufgrund von Umwelt- oder Unfallschäden notwendig werden, das PKE erhöhen. b) Für internationale Vergleiche müssen die in landeseigener Währung angegebenen PKE anhand amtlicher Wechselkurse in eine einheitliche Währung umgerechnet werden. Dabei kommt es häufig zu Verzerrungen, wenn die Wechselkurse nicht die tatsächlichen Unterschiede in der ↗Kaufkraft widerspiegeln. c) Ungenauigkeiten in der Erfassungsmethode für den Ausgangswert ↗Bruttoinlandprodukt bzw. ↗Bruttosozialprodukt potenzieren sich beim Vergleich von Ländern, die hinsichtlich des Umfangs der nicht erfassten Wirtschaftsleistungen (z. B. ↗Subsistenzwirtschaft, Schwarzarbeit, ↗informeller Sektor) oder der nicht korrekt zu erfassenden Wirtschaftsleistungen (z. B. öffentlicher Sektor) große Unterschiede aufweisen. [KWe]

Proletariat ↗Proletarier.

Proletarier, bezeichnet in der marxistischen (↗Marxismus) Gesellschaftstheorie jene ↗Klasse einer industriekapitalistischen (↗Kapitalismus) ↗Gesellschaft, welche keine Verfügungsmacht über die ↗Produktionsmittel aufweist. Im Gesellschaftsverständnis von K. Marx waren Bourgeoisie und *Proletariat* die Antipoden des Kapitalverhältnisses und als solche soziale Klassen mit eigenem Bewusstsein.

Prosperität, Phase im ↗Konjunkturzyklus.

protalus rampart, meist wallförmige Akkumulation am Fuß von Schutthalden in Hochgebirgen, teilweise unterhalb von Nivationsnischen (↗Nivation). Während protalus ramparts in der mitteleuropäischen Geomorphologie zumeist als Initialformen von ↗Blockgletschern interpretiert werden, wird dies international abgelehnt. Zwar können sie Vorstufen zur späteren Ausbildung eines Blockgletschers (protalus rock glacier) sein, aus maritimen Gebirgsregionen existieren aber Belege für eine aktive Genese durch Nivationsprozesse unterhalb perennierender Schneefeldern (bei Abwesenheit von ↗Permafrost). Für letztgenannte Formen wird der Alternativbegriff pronival rampart vorgeschlagen. Der manchmal synonym verwendete Ausdruck Schneeschuttwall ist unglücklich, die ebenfalls verwendeten Begriffe Schneehaldenmoräne bzw. Firnmoräne missverständlich und genetisch falsch, da es sich bei protalus ramparts eindeutig nicht um durch ↗Gletscher entstandene ↗Moränen handelt. Durch die unterschiedliche Genese eignen sich protalus ramparts nicht als Indikatoren für fossilen oder rezenten Permafrost. [SW]

Protektionismus, Schutz des einheimischen ↗Wirtschaftsraumes bzw. dort ansässiger ↗Unternehmen vor ausländischer Konkurrenz durch ↗Handelsbarrieren oder die Gewährung sonstiger Vergünstigungen. Protektionismus wird bei längerfristiger Praktizierung aus gesamtwirtschaftlichen Überlegungen abgelehnt. Zur Begründung werden u. a. genannt: Wahrung der binnenwirtschaftlichen Stabilität in einer vorübergehenden Krisensituation; Umsetzung wirtschaftspolitischer Konzepte zur Stärkung der eigenen Produktionsstrukturen (z. B. importsubstituierende ↗Industrialisierung, ↗Importsubstitution); Anpassung an veränderte Rahmenbedingungen (z. B. bei Systemtransformation) sowie unvertretbare soziale oder ökologische

Kosten bei der Freisetzung von ↗Arbeitskräften oder zu befürchtender Umweltschäden (↗Umweltbelastung).

Proterozoikum, *Algonkium*, *Eozoikum*, das Äonothem (↗Stratigraphie) der Erdgeschichte vor dem ↗Phanerozoikum, also zwischen etwa 2500 und 545 Mio. (oder älteren Datierungen zufolge 570 Mio.) Jahre vor heute (siehe Beilage »Geologische Zeittafel«). Proterozoische Gesteine sind v. a. in den alten ↗Schilden verbreitet und meist durch ↗Metamorphosen stark überprägt. ↗Tillite in proterozoischen Ablagerungen von Kanada, Australien, China, Indien, Ostgrönland, Skandinavien und Südafrika belegen frühe Vereisungsphasen, zumeist gegen Ende des Proterozoikums. An proterozoische Gesteinskomplexe der alten Schilde gebunden treten häufig ungewöhnlich reiche ↗Erzlagerstätten (Eisenerze, Gold, Nickel, Magnetit, Kupfer) auf. Besonders bedeutsam sind die Itabirite, silicatische Eisenlagerstätten, die in dieser Form in der späteren Erdgeschichte nicht mehr entstanden. Proterozoische Gesteine sind arm an erkennbaren Organismenreste. Häufig sind ↗Stromatolithen und Cyanobakterien-Matten. Nur gegen Ende des Proterozoikums treten makroskopische Organismenreste auf, wie die Ediacara-»Fauna« und Spurenfossilien, die als Zeugen erster ↗Metazoen gedeutet werden. [GG]

protestantische Ethik, im viel zitierten Aufsatz »Die protestantische Ethik und der Geist des Kapitalismus« von Max ↗Weber vertetene These, dass der Calvinismus die Entstehung des Kapitalismus stark gefördert habe, indem die reformierten Christen den durch harte Arbeit und sparsame Lebensweise erworbenen Reichtum als eine Bestätigung der Berufung zur ewigen Seligkeit im Jenseits betrachteten. Am weltlichen Erfolg sollte die Erwählung des Menschen abgelesen werden. Nach Max Weber, war die religiöse Komponente, Protestantismus, nur ein konstitutiver Bestandteil des modernen kapitalistischen Geistes. Der Protestantismus war somit nur ein Verstärker für die Entwicklung des Kapitalismus.

Die protestantische Ethik hatte großen Einfluss auf die mormonische Geisteshaltung. Das ↗Mormonentum ist heute eine der wenigen Religionen mit einer signifikant positiven Bewertung der Arbeit, die somit zur Verbesserung der Lebensqualität führt und vor allem auch Konsequenzen für die Ewigkeit und das Jenseits hat. [GR]

Protolyse ↗Hydrolyse.

Protonosphäre, Bezeichnung für den äußersten Rand der ↗Atmosphäre oberhalb etwa 1000 km, die weitgehend aus Protonen besteht, welche durch die solare Bestrahlung und Ionisierung von Wasserstoff gebildet sind.

Protopedon, ↗Bodentyp der ↗Deutschen Bodensystematik der Abteilung Semisubhydrische und Subhydrische Böden und der Klasse: ↗Subhydrische Böden; Profil: Fi/C. Der Fi-Horizont als initialer ↗F-Horizont kennzeichnet einen Unterwasserboden aus unterschiedlichen Sedimenten, ohne makroskopisch sichtbaren Humus, aber bereits durch Organismen besiedelt.

Protozoa, *Einzeller*, *Urtierchen*, einzellige Tiere oder Pflanzen; stehen als Unterreich den ↗Metazoa gegenüber und leben frei, in losen Aggregaten oder in strukturierten Kolonien. Etwa 30.000 Arten wurden beschrieben. Die überwiegende Zahl lebt im Gewässer. Ihre Einteilung erfolgt in vier Klassen: Flagellaten (Geißeltierchen), Rhizopoden (Wurzelfüßer), Sporozoen (ausschließlich parasitisch lebende Sporentierchen) und Ciliophoren (z. B. Wimperntierchen). Unter den Protozoen finden sich Vertreter, die an der Bildung von marinen Sedimenten beteiligt sind (↗Radiolarien). Die in ihren Kapseln eingelösten Sauerstoffisotope lassen Rückschlüsse auf vergangene Klimaperioden zu. Sie stellen damit biogene Klimaarchive dar.

proximity function, GIS-Analysefunktion (↗GIS), mit der Abstände zwischen räumlichen Objekten (Punkt-, Linien- oder Flächenobjekten) gemessen bzw. verglichen werden. Eine Proximity-Operation wird z. B. verwendet, um festzustellen, welcher von zwei Punkten näher an einer Straße liegt.

proxydata, indirekte Klimazeiger oder Klimazeugen wie Baumringe (Abb.), Pollen, Warven, Eisbohrkerne, Hinweise auf Gletscherstände aber auch historische Quellenangaben, Ernteertragszahlen, phänologische Phasen, Vereisungs- und Hochwasserangaben, die Rückschlüsse auf das Vorzeitklima oder auf vergangene Zustände der Atmosphäre zulassen. Besonderes Augenmerk ruht in den letzten Jahren auf den stabilen und radioaktiven Isotopen im Zusammenhang mit der quartären Klimageschichte. Sie finden weite Verbreitung in der Paläoklimatologie, der Paläoökologie und der ↗historischen Klimaforschung. Nur mit ihrer Hilfe lassen sich meist lange, über die instrumentelle Messperiode zurückreichende, hoch aufgelöste Informationen zum Zustand der Atmosphäre und der Umwelt ableiten, wobei meist nach dem Prinzip des ↗Aktualismus verfahren wird.

Prozessinnovation, neue und verbesserte Produktionsverfahren (↗Innovation), die in einem ↗Unternehmen eingeführt werden.

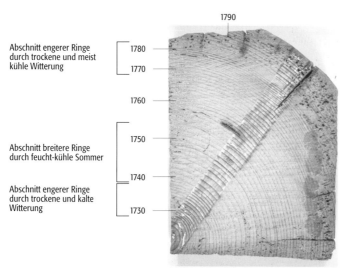

proxydata: Baumscheibe aus Bad Windsheim mit deutlichen, meist klimatisch begründeten unterschiedlich breiten Ringweiten zwischen 1712 und 1800.

Abschnitt engerer Ringe durch trockene und meist kühle Witterung

Abschnitt breitere Ringe durch feucht-kühle Sommer

Abschnitt engerer Ringe durch trockene und kalte Witterung

Prozessmodell, *dynamisches Modell*, computergestütztes mathematisches Modell, das die zeitabhängigen Prozesse und Zustandsänderungen eines betrachteten Systems auf der Grundlage physikalischer Gesetzmäßigkeiten und/oder empirisch-statistischer Zusammenhänge beschreibt. Die in den Umweltwissenschaften eingesetzten Prozessmodelle erfassen neben der zeitlichen auch die räumliche Dimension. Prozessmodelle dienen neben der Erforschung komplexer Umweltsysteme auf unterschiedlichen räumlichen und zeitlichen Skalen u. a. der Quantifizierung von Energie-, Wasser- und Stoffflüssen in der Umwelt sowie der Prognose von Umweltveränderungen und -belastungen.

Prozess-Response-System, ein ↗Prozesssystem, in welchem über ↗Abhängigkeitsrelationen Rückkopplungen dargestellt sind.

Prozesssystem, in der ↗Landschaftsökologie und ↗Hydrologie die kybernetische Darstellung der Transporte von Wasser, Stoffen und Energie und der In-/Output-Relationen zwischen den Kompartimenten eines ↗Geoökosystems. Ein Prozesssystem besteht aus den Elementen Speicher, Regler und Flüsse. Es stellt dar, auf welchen Wegen Stoffe und Energie transportiert werden, welche wichtigen Zwischenspeicher existieren, welche Systemgrößen diese Flüsse in Menge und Richtung (↗Intensitätsregler) steuern und wo an den Systemgrenzen der In- und Output stattfindet. Prozesssysteme sind also auch eine Grundlage für eine korrekte Bilanzierung.

PR-Sensor ↗Radar-Niederschlagsmessung.

Psammit ↗klastische Gesteine.

Psammophyten, *Sandpflanzen*, ↗Sandrasen

Psephit ↗klastische Gesteine.

Pseudoadiabate, *Feuchtadiabate*, ↗Adiabate.

Pseudogley, ↗Bodentyp der ↗Deutschen Bodensystematik der Abteilung ↗Terrestrische Böden und der Klasse ↗Stauwasserböden; Profil: Ah/S(e)w/(II)Sd (↗Bodentyp Abb. im Farbtafelteil); nach ↗FAO-Bodenklassifikation: Stagnic ↗Gleysol, Stagnic ↗Luvisol; geprägt durch periodische Staunässe im Sw-Horizont über dem Sd-Horizont als Staukörper; zahlreiche Subtypen, u. a. Hangpseudogley, Kalkpseudogley, Humuspseudogley und Anmoorpseudogley sowie Übergänge zu anderen terrestrischen und semiterrestrischen Bodentypen; durch den eingeschränkten Wurzelraum (Sw-Horizont) und den Wechsel von Nass- und Trockenphasen ungünstige Standorteigenschaften; Ackernutzung nur bei mächtigem Sw-Horizont, sonst Grünland oder Wald.

Pseudoisolinien ↗Isolinien.

Pseudokarst, Relief, das morphologisch den echten Karstformen sehr stark ähnelt, aber nicht vorrangig durch ↗Lösungsvorgänge entstanden ist. Wesentlicher Formungsprozess ist mechanische unterirdische Materialabfuhr, die zur Bildung von unterirdischen Hohlräumen führt und Sackungen bzw. Einstürze an der Geländeoberfläche hervorruft. Hierzu gehören z. B. ↗Thermokarst, ↗Vulkanokarst sowie Formen der ↗Suffosion. Teilweise wird der Begriff Pseudokarst synonym mit *Parakarst* verwendet.

Pseudomorphose, Prozess, bei dem ein Mineral (sog. sekundäres Mineral) die Form eines anderen Minerals (sog. primäres Mineral) annimmt, wobei jedoch sein chemischer Aufbau und seine Eigenschaften anders sind.

Pseudoplankton, Tiere oder Pflanzen, die in anderen Organismen aufgewachsen sind und mit diesen durch das Wasser schweben. ↗Plankton.

pseudopotenzielle Temperatur ↗potenzielle Temperatur.

Pseudosand ↗Lehmdüne.

Psychrometer ↗Aspirationspsychrometer.

pt ↗gefühlte Temperatur.

Pt-100, gebräuchlichstes Messelement der Gruppe der *Widerstandsthermometer*. Das Messprinzip beruht auf der Eigenschaft von elektrischen Leitern mit der Temperatur ihren Widerstand zu ändern. In kleinen Intervallen kann die Widerstandsänderung als linear angenommen werden, bei größeren Intervallen ist eine rechnerische Linearisierung erforderlich (Abb.). Ein Pt-100-

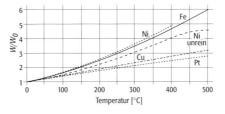

PT-100: Abhängigkeit des Widerstandes W einiger Metalle von der Temperatur.

Messfühler besteht aus Platin. Er hat einen elektrischen Widerstand von 100 Ohm bei einer Temperatur von 0 °C. Die Widerstandsänderung beträgt ca. 0,4 Ohm je Kelvin. Platin hat gegenüber anderen Metallen den Vorteil, dass es in sehr reiner Form hergestellt werden kann und entsprechend genaue Messungen ermöglicht. Die thermische Trägheit wird dadurch vermindert, dass dünner Platindraht auf einen keramischen Träger aufgespult wird. Meist resultiert der verbleibende Trägheit aus dem mechanischen Schutz des gesamten Gebers. In der Mikroklimatologie werden daher sehr dünne Platindrähte ($d < 0,1$ mm) direkt exponiert, wodurch eine sehr schnelle und genaue Lufttemperaturmessung möglich ist. [JVo]

Pteridophyten, *Gefäßkryptogamen*, ↗Farnpflanzen.

Pterosaurier, *Flugsaurier*, flugfähige Reptilien des ↗Juras und der ↗Kreide. Wichtige Gattungen sind *Pterodactylus*, *Pteranodon* und *Rhamphorhynchus*.

Ptolemäus, *Claudius*, griechischer Astronom, Mathematiker und Naturforscher, geb. um 100 n. Chr. in Ptolemais (Oberägypten), gest. 160 vermutlich in Canopus bei Alexandria. Er legte mit seiner »Syntaxis mathematike« die maßgebliche Grundlage für alle astronomischen Handbücher bis über Nikolaus Kopernikus hinaus. Durch seine acht Bücher umfassende »Geographia« wurde das geographische Weltbild bis in die Neuzeit hinein maßgeblich geprägt. Das Werk enthält u. a. die Anleitung zur Konstruktion von Gradnetzen

(↗Kartennetzentwürfe), eine Länderaufteilung sowie vorwiegend astronomische Lagebestimmungen von rund 8100 Orten der antiken Welt.

public choice, Staatstheorie, die Konzepte der neoklassischen Ökonomie auf politische Strukturen und Prozesse überträgt (↗Standortkonflikte).

public health, gemäß einer Definition der Weltgesundheitsbehörde(↗WHO) die Wissenschaft und Kunst, mittels organisierter Anstrengungen einer Gesellschaft Krankheiten zu vermeiden, das Leben zu verlängern und die Gesundheit zu fördern. Die wörtliche deutsche Übersetzung des Begriffes (öffentliche Gesundheit) ist missverständlich und findet kaum Verwendung. Public health integriert viele verschiedene Disziplinen (u. a. Medizin, Sozialwissenschaften, Ökonomie, Umweltwissenschaften) und ist charakterisiert durch ihren multidisziplinären Zugang. Innerhalb der Gesundheitsforschung ist Public-Health-Forschung bevölkerungs- bzw. systembezogen, wogegen die klinische Forschung individuell, die biomedizinische Forschung subindividuell orientiert ist. Die ↗Epidemiologie stellt ein wesentliches methodisches Instrumentarium der somit bevölkerungsorientierten Public-Health-Forschung. Daneben sind u. a. Methoden der Genetik, der quantitativen und qualitativen Sozialforschung, der Informatik und Statistik sowie der Mikro- und Makroökonomie von Bedeutung. Neben der Humanbiologie bestimmen Umwelt, Verhalten und Systeme der Gesundheitsversorgung (↗Gesundheitssystem) die Gegenstände von Public-Health-Forschung. Das erste Public-Health-Team wurde 1847 in Liverpool berufen. Es bestand aus einem Arzt, einem Bauingenieur und einem »Ordnungs-Inspektor«. Hauptaufgabe war die Verbesserung der hygienischen Lebensbedingungen der städtischen Bevölkerung. In Großbritannien lebt diese Tradition in den Public-Health-Professionals der District Health Authorities fort, zu denen neben Ärzten stets auch Wirtschafts- und Sozialwissenschaftler, u. a. Geographen, gehören. In Deutschland begann sich erst in den 1980er-Jahren ein moderner, insbesondere an angelsächsischen Vorbildern orientierter New-Public-Health-Sektor in Forschung, Lehre und Praxis zu entwickeln. Die Hinwendung der ↗WHO zu präventiven Strategien der Gesundheitsförderung und -erhaltung, die insbesondere in ihrem Programm »Health for all« (1985) und der sogenannten Ottawa-Charta zum Ausdruck kam, gab hierzu einen wesentlichen Impuls. Inzwischen wurden mehrere regionale Public-Health-Forschungsverbünde mit unterschiedlichen Arbeitsschwerpunkten gegründet sowie, orientiert an Konzepten bestehender Schools of Public Health in Nordamerika, Großbritannien, Skandinavien u. a., zehn universitäre Postgraduierten-Studiengänge eingerichtet, die mehrheitlich Hochschulabsolventen eines weiten Fächerspektrums offenstehen. Das Studienangebot wird auch von Geographen wahrgenommen. [TK]

Public-Private-Partnership, Kooperationen aus Privatwirtschaft und Staat, die sich seit den 1980er-Jahren in den USA und Westeuropa herausbilden. Sie wurden in zunehmendem Maße in jenen Städten relevant, die den Rückbau des Sozialstaates erfahren und sich auf unternehmerische Stadtentwicklungspolitik ausrichten. Zugrunde liegt der Gedanke, dass die Privatwirtschaft sehr viele soziale Aufgaben besser, schneller, effektiver und kostengünstiger übernehmen könne als Bundes- oder Länderregierungen. In Zeiten einer verschärften Konkurrenz zwischen Wirtschaftsregionen und einer zunehmenden Kapitalkonzentration in der Privatwirtschaft liegt die Chance von Public-Private-Partnerships in der Einbeziehung von unterschiedlichen Interessen bei der Erarbeitung von regions- und fallspezifischen Wirtschafts- und Stadtplanungskonzepten. Ein weiterer Vorteil ist, dass Public-Private-Partnerships eine solche Fülle von finanziellen und Humankapital-Ressourcen auf sich vereinen, dass sie in vielen Fällen Pläne und Projekte effektiver ausarbeiten und durchführen können, als es einzelnen Behörden möglich ist. Die Planung und Durchführung von Projekten erfolgt gemeinsam von Staat und privater Wirtschaft, wobei die öffentliche Hand die »Richtlinienkompetenz« behält. Risiko- und Vorfinanzierung übernimmt ebenfalls der Staat, private Unternehmen fungieren als Co-Investoren. Die genaue Aufteilung der Kosten, des ↗Projektmanagements sowie der Gewinnaufteilung werden von Fall zu Fall individuell ausgehandelt. Durch die laufende Information der Stadtpolitiker über den Verlauf der Verhandlungen und der Projektdurchführung gewinnen sie die Möglichkeit einer aktiven Mitwirkung an der Stadtentwicklung zurück. [RS]

Pufferkapazität, Aufnahmefähigkeit des Bodens für Säuren und Basen bei gleichbleibendem ↗pH-Wert. Die Pufferkapazität des Bodens ist abhängig von der Höhe der Kationenaustauschkapazität (↗Austauschkapazität), der ↗Basensättigung, dem Carbonatgehalt und dem Anteil verwitterbarer Primärsilicate. Ulrich et al.(1979) teilen die Pufferkapazität von Böden in fünf pH-Wert-Bereiche ein, denen bestimmte Pufferreaktionen und ökologische Funktionen zugrunde liegen: a) Carbonat-Pufferbereich: Reaktion des CO_3-Anion des Carbonats unter Bildung des HCO_3-Anion, ≈ pH 8,6 bis 6,2, führt zur ↗Entkalkung des Bodens; b) Silicat-Pufferbereich: Freisetzung von randständigen Kationen und Protonierung der Silicate, ≈ pH 6,2 bis 5,0, bewirkt eine ↗Verbraunung und ↗Verlehmung des Bodens; c) Austauscher-Pufferbereich: Freisetzung von Aluminium-Ionen aus ↗Tonmineralen und Silicatresten und damit einhergehende Verdrängung austauschbar gebundener Kationen, ≈ pH 5,0 bis 4,2, Auswaschung basischer Nährstoffkationen und Abnahme der Basensättigung; d) Aluminium-Pufferbereich: Desorption austauschbar gebundener und verstärkte Freisetzung in Tonmineralen und Silicatresten gebundener Aluminium-Ionen, ≈ pH 4,2 bis 3,0, teilweise phytotoxische Aluminium-Konzentrationen in der Bodenlösung und vollständige Auswaschung basischer Nährstoffkationen bei weiterer Abnahme der Basensättigung; e) Eisen-Pufferbereich: Auflösung von Eisenoxiden, ≈ pH < 3,0, bewirkt eine ↗Podsolierung des Bodens. [ThS]

Pufferzone ↗ *buffer*.
Pull-Faktoren ↗ Push-and-Pull-Modelle.
Pultscholle ↗ Scholle.
Pulverschnee ↗ Schnee.
Puna, eine Höhenstufe über der Waldgrenze in den semihumiden bis ariden Anden von Peru, Bolivien, Nordchile und Nordwestargentinien. Oberhalb 3400–3600 m gelegen sind mit abnehmenden Niederschlägen die Strauchpuna, Graspuna (Abb. 1 im Farbtafelteil) und Dornstrauchpuna zu unterteilen. Darüber folgt eine sehr lückige Polsterpuna (Abb. 2 im Farbtafelteil), unterhalb kann bei sehr trockenen, waldlosen Bedingungen in Nordchile eine Sukkulentenpuna ansetzen. Fast alle Arten der offenen Bestände zeigen xeromorphe Merkmale, wobei an den Sträuchern (»tola«) derbe, immergrüne Blätter, an den pyramidenförmigen Grashorsten (»ichu«) stachelspitze, harte Spreiten oder an den Hartpolster (»llareta«) winzige, dicht gepackte Blätter auffallen. Bei weniger als vier humiden Monaten reichen Kakteen bis in die Frostregionen auf 4400 m hinauf.
punktaxiales Modell ↗ Achsenkonzept.
punktaxiales Siedlungskonzept ↗ Achsenkonzept.
Pürckhauer, ↗ Bohrstock zur ↗ Bodenkartierung.
Purpurlicht, die regelmäßigste optische Erscheinung in der ↗ Dämmerung. Es handelt sich um eine intensive Rotfärbung des Himmels im Segment über dem Sonnenuntergangspunkt. Das Purpurlicht tritt in der Phase der bürgerlichen Dämmerung bis 50 Minuten nach Sonnenuntergang auf und hat sein Maximum ca. 30 Minuten nach Sonnenuntergang. Neben der ↗ Rayleigh-Streuung sind auch ↗ Lichtstreuung und ↗ Beugung an ↗ Aerosolen in der oberen Troposphäre und unteren Stratosphäre beteiligt. Daher ist das Purpurlicht nach Vulkaneruptionen und in der Umgebung großer Ballungsräume bei austauscharmen Wetterlagen besonders ausgeprägt.
Push-and-Pull-Modelle, Ansatz zur Erklärung von ↗ internationaler Wanderung und ↗ interregionaler Wanderung. Wesentlich ist die simultane Analyse von im Herkunftsraum wirkenden abstoßenden Kräften (*Push-Faktoren,* z. B. niedrige Löhne, Arbeitslosigkeit) und den attraktiven Kräften im Zielgebiet (*Pull-Faktoren,* z. B. höhere Löhne, Nachfrage nach Arbeitskräften). Dabei hegt ein Migrant gegenüber seinen Chancen im Zielgebiet insgesamt positive Erwartungen. Push-and-Pull-Modelle zählen zu den deterministischen ↗ Wanderungsmodellen und verknüpfen formal die Distanz d_{ij} zwischen den Gebieten i und j mit den Push- und Pull-Faktoren A_i, B_j zur Erklärung des Migrantenstroms M von i nach j

$$M_{ij} = A_i B_j (d_{ij}).$$

Heute finden bei der Analyse von Wanderungsbewegungen neben den ökonomischen Bedingungen in der Herkunfts- und Zielregion zunehmend weitere Push-Pull-Faktoren Berücksichtigung. Besonders der sozialen und technischen Infrastrukturausstattung, dem Kultur- und Bildungsangebot sowie der Umweltbelastung in Abwanderungs- und Zuwanderungsgebieten werden immer größere Bedeutung zugemessen. Im entwicklungsländerspezifischen Kontext werden Push- und Pull-Faktoren im Wesentlichen zur Erklärung von ↗ Land-Stadtwanderung und ↗ Landflucht herangezogen. Eine Folge der Abwanderung aus ländlichen Gegenden ist eine starke und unkontrollierte ↗ Urbanisierung in den meisten ↗ Entwicklungsländern, die im städtischen Bereich zu vielen infrastrukturellen und planerischen Problemen führt und ein rasantes Wachstum städtischer Elendsviertel verursacht. Entsprechend entstehen viele Pulleffekte des städtischen Bereichs mehr aus der Hoffnung auf ein besseres Leben durch Arbeits- und Bildungsmöglichkeiten in stadtnahen Gebieten als durch das dort in der Realität vorhandene Angebot. In den ↗ Industrieländern sind dagegen zunehmend Wanderungsbewegungen von der Stadt auf das Land zu beobachten. Dort machen eine ↗ Flexibilisierung des Arbeitslebens, günstige Mieten und Grundstückspreise sowie bessere Umweltbedingungen das Leben im ↗ ländlichen Raum immer attraktiver.

Push Broom Scanner ↗ optoelektronische Abtastsysteme.
Push-Faktoren ↗ Push-and-Pull-Modelle.
P-Welle ↗ Erdbeben.
Pyknokline ↗ Sprungschicht.
Pyramidendüne ↗ Erg.
Pyranometer, Sammelbezeichnung für Messgeräte der kurzwelligen direkten und diffusen ↗ Strahlung. Die Sensoren werden durch eine schlierenfrei geblasene oder geschliffene Glaskuppel geschützt, welche gleichzeitig die langwellige Strahlung abschirmt. Messtechnisch werden Geräte verwendet, welche die Temperaturdifferenz zwischen verschiedenen der Strahlung exponierten schwarzen und weißen Flächen bestimmen. Die unterschiedliche Erwärmung beruht auf deren unterschiedlichem Absorptionsvermögen. Die Temperaturdifferenz erzeugt einen Thermostrom, dessen Stromstärke der Energieflussdichte der kurzwelligen Strahlung proportional ist. Zur Fehlerverringerung wird meist eine größere Zahl von Thermoelementen verwendet, die in Reihe geschaltet sind. Die spektrale Transmission der Glashaube und die spektrale Absorption der Schwärzung ermöglichen eine wellenlängenunabhängige Empfindlichkeit zwischen 0,3 bis 3,0 μm. Im Regelfall wird die Empfangsfläche horizontal ausgerichtet. Davon wird nur bei speziellen bioklimatischen Fragestellungen abgewichen. Soll nur die diffuse Himmelsstrahlung gemessen werden, dann wird die Sonnenbahn durch einen dünnen Schattenring abgedeckt, der dem täglichen Sonnengang anzupassen ist (Schattenring-Pyranometer). Zur Vermeidung von Tau- und Reifansatz auf der Kuppel wird diese häufig künstlich ventiliert. Soll auch die kurzwellige Strahlung mit erfasst werden, so

wird die Glaskuppel durch eine Polyäthylenhaube ersetzt, welche für die langwellige Strahlung durchlässig ist. Derartige Geber heißen Pyrradiometer und finden u. a. in ↗Strahlungsbilanzmessern Verwendung. Pyranometer haben die früher gebräuchlichen Schwarzkugelthermometer abgelöst, deren mit Quecksilber gefülltes Thermometergefäß geschwärzt war und deren Übertemperatur gegenüber einem nichtgeschwärzten Geber die Bestimmung der Globalstrahlung ermöglichte. [JVo]

Pyrheliometer, Sammelbezeichnung für Messgeräte der ↗Sonnenstrahlung. Bei der Mehrzahl der Geräte wird die Erwärmung eines exponierten Körpers infolge der Absorption der Strahlung gemessen und mit einem nichtbestrahlten Referenzkörper verglichen oder wie beim ↗Pyranometer der Thermostrom zwischen schwarzen und weißen Flächen ermittelt. Um die Himmelsstrahlung auszuschalten, wird bei Pyrheliometern der Himmel außer der direkten Strahlungsquelle abgeschattet. Daher müssen die Messwertgeber der Sonne nachgeführt werden, was bei Kurzzeitmessungen manuell, sonst automatisch erfolgt.

Pyrit, verbreitetes, goldfarbenes bis messinggelbes oder bronzefarbenes, kubisch geformtes Mineral mit metallischem Glanz, ohne Spaltbarkeit, mit der chemischen Formel: FeS_2; Härte nach Mohs: 6,0–6,5; Dichte 5,0–5,2 g/cm^3; von Laien oft mit Gold verwechselt. Pyrit kristallisiert meist als Würfel oder Oktaeder, aber kommt auch in gestaltlosen Massen vor. Es ist eines der häufigsten und verbreitetsten Sulfidminerale und kommt in allen Typen von Gesteinen vor, wie in Konkretionen, in Sedimenten und Kohleflözen oder als als Mineral in ↗Ganggesteinen. Pyrit bildet ein wichtiges Schwefelerz.

Pyroklastika, allgemeine Bezeichnung für Ablagerungen von Fragmenten oder Gesteinsbruchstücken (Klasten), die durch vulkanische Explosionen oder Auswurf aus vulkanischen Förderschloten gebildet wurden. ↗Vulkanismus.

Pyrolyse, Umwandlung von Stoffen unter Wärmezufuhr (250–1100 °C) bei gleichzeitig weitestgehendem Sauerstoffabschluss. Es bilden sich volumenreduzierte Rückstände, die stofflich weiterverwendet werden können. Der Prozess wird u. a. bei der thermischen Abfallbehandlung genutzt, wo die Bildung brennbarer Gase oder Öle die Energiebilanz einer Müllverbrennungsanlage optimiert. Dieser Prozess kommt auch natürlich vor und spielt eine Rolle bei der Bildung von Erdöl-, Erdgas- und Kohlelagerstätten. Er wird ebenfalls genutzt, um die Quantität, Qualität und thermischen Eigenschaften fossiler ↗Energieträger in Gesteinen zu bestimmen. Eine weitere Anwendung liegt bei verschiedenen Methoden der analytischen Chemie, bei der Proben durch die Pyrolyse für die nachfolgende Analyt-Detektion aufbereitet werden.

Pyrophyten, feuerresistente oder sogar feuerbegünstigte Pflanzenarten. Bei Phanerophyten und Nanophanerophyten hat dabei die Ausbildung einer ausgeprägten Borke eine zentrale Bedeutung, wie das Protobeispiel der Korkeiche (*Quercus suber*) im westlichen Mittelmeerraum verdeutlicht. Kürzere Brandereignisse können von ausgewachsenen Individuen vergleichsweise gut ertragen werden, jüngere Korkeichen weisen dagegen deutliche brandbedingte Schäden auf. Im Regelfall gelingt es jedoch sowohl den älteren als auch den jüngeren Individuen durch geschützte perennierende Basisknospen und unterirdische Überdauerungsorgane bzw. durch basalen Stockausschlag zu regenerieren. Zahlreiche weitere Arten brennen zwar oberirdisch weitgehend ab, können aber durch Wurzelknospen recht schnell wieder ihre Regeneration einleiten. Zu dieser Gruppe gehört beispielsweise die Kermeseiche (*Quercus coccifera*), eine omnimediterrane Art. Die dritte häufig realisierte Strategie ist ein Überdauern als Samen im Boden (sog. passive Pyrophyten). Dabei zeigt sich zudem, dass verschiedene – vor allem tropische – Samen zur Keimungsstimulation der Brandwirkung bedürfen wie z. B. Protea-, Eukalyptus-, Palmen- und auch einige Grasarten. Im Mediterranraum bildet die Zistrosen-Garrigue mit den vorherrschenden Arten *Cistus monspeliensis* und *C. salvifolius* ein Pionierstadium nach Bränden. An strauchfreien Standorten verfügen sie bei schneller Ansamung und Auskeimung über die höchste Konkurrenzkraft, was ihre großflächige Dominanz erklärt. Neuerdings ist der Begriff Pyrophyt aber stärker umstritten, da eine eigentliche absolute Feuerresistenz bei keiner Art nachgewiesen werden kann. Neben der fraglichen absoluten Resistenz geht es dabei insbesondere um die Frage, ob eine Art für einen Regenerationserfolg zwingend auf Feuer angewiesen ist, um als Pyrophyt gelten zu können. [MM]

Pyroxene, Mineralgruppe mit der chemischen Formel: $(Ca,Na,Mg,Fe^{2+})(Mg,Fe^{3+},Al)Si_2O_6$. Sie gehören zu der Gruppe der dunklen, gesteinsbildenden ↗Silicate, die einander in Kristallform und Zusammensetzung ähneln. Pyroxene sind häufige Bestandteile von ↗Magmatiten und in der chemischen Zusammensetzung analog den Amphibolen.

QAPF-Doppeldreieck ↗Streckeisen-Diagramm.

QBO, *quasi-biennial Oscillation*, Eigenschwingung der globalen ↗Atmosphäre, bei der das Windsystem der tropischen Stratosphäre wechselseitig an das nord- bzw. südhemisphärische Stratosphärenregime angeschlossen ist. Die QBO manifestiert sich in einem Wechsel zwischen Ost- und Westwinden im Höhenbereich zwischen 100–10 hPa mit einer etwa zweijährigen Periodizität, welche zwischen 36 und 24 Monaten variiert (Mittel = 28 Monate). Die jeweils vorherrschende Windphase setzt sich mit einer Geschwindigkeit von 1 km/Monat von oben nach unten durch (Abb.) Die QBO hängt mit der Aus-

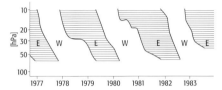

bildung von konvektionserregten langen Wellen in der tropischen Atmosphäre zusammen. Im Zusammenhang mit Schwankungen der solaren Aktivität wirkt sich die QBO auch auf das Klima in anderen geographischen Breiten aus. So korreliert die Westphase der QBO beispielsweise hoch mit der solaren Einstrahlung, wobei bei Sonnenfleckenmaxima eine mittwinterliche Erwärmung der arktischen Stratosphäre feststellbar ist. Bei Ostphasen treten markante Erwärmungen demgegenüber nur bei Fleckenminima auf. [JB]

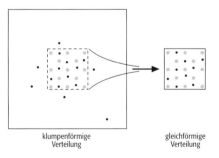

Quadratanalyse, ein Verfahren der bivariaten ↗Statistik zur Beschreibung und Analyse zweidimensionaler Punktverteilungen. Bezüglich eines über die zugrundeliegende Fläche gelegten Gitternetzes wird die zweidimensionale Verteilung auf eine eindimensionale empirische Verteilung reduziert (Abb. 1) und diese dann mit theoretischen eindimensionalen ↗Wahrscheinlichkeitsverteilungen verglichen. Wie bei der ↗Nächst-Nachbar-Analyse unterscheidet man klumpenförmige, zufällige und regelmäßige Punktverteilungen, die von folgenden Verteilungen approximiert werden können: Binomialverteilung (regelmäßige Anordnung der Punkte), Negativ-Binomialverteilung (klumpenförmige Anordnung der Punkte), Poisson-Verteilung (zufällige Anordnung der Punkte).

Ein ganz zentrales Problem in der Anwendung und der Interpretation der Ergebnisse ist der zugrundeliegende Bezugsraum, da dessen Abgrenzung in besonderem Maße mitbestimmt, welche Form der Verteilung vorliegt (Abb. 2). [JN]

Quadtree, spezielle Variante des Rasterdatenmodells (↗Rasterdaten), bei der eine beliebige Rasterfläche solange rekursiv in vier Quadranten unterteilt wird, bis alle Rasterzellen innerhalb eines Quadranten einheitliche Werte aufweisen oder eine vorgegebene maximale Auflösung der Daten erreicht wurde. Durch die so erreichte baumartige Datenstruktur (Abb.) wird in der Regel eine erhebliche Datenkomprimierung (verglichen mit »normalen« Rasterdatenstrukturen) erreicht. Quadtree-Algorithmen werden daher bevorzugt zur ↗Datenkompression von Rasterdaten eingesetzt. De facto ist ein Quadtree das zweidimensionale Pendant zur (eindimensionalen) Komprimierung durch ↗Lauflängencodierung.

Qualifikation, die Summe der Fähigkeiten, Kenntnisse, Fertigkeiten, Verhaltensweisen und Einstellungen, die für eine bestimmte Aufgabe oder das Anforderungsprofil einer bestimmten beruflichen Position als notwendig oder wünschenswert erachtet werden. Im Gegensatz zu den Begriffen ↗Bildung oder ↗schulisches Ausbildungsniveau ist der Begriff Qualifikation stets zielgerichtet. Man ist immer für etwas qualifiziert. Qualifikationen werden durch Prüfungen, Leistungs- und Persönlichkeitstests, Assessment-Centre-Methoden, Management-Audits, Gutachten oder Auswahlverfahren erfasst. Neben den üblichen Unterscheidungen nach allgemeinen, speziellen, fachbezogenen und persönlichkeitsbezogenen Merkmalen gibt es noch verschiedene andere Kategorisierungen von Qualifikationen; diese sind jedoch nur vor dem Hintergrund eines konkreten Berufs (Anforderungsprofils) in sinnvoller Weise zu erstellen. ↗meritokratische Gesellschaft, ↗Arbeitsteilung, ↗Hierarchie, ↗Redundanz. [PM]

qualitative Befragung ↗Befragung.

qualitative Darstellung, kartographische Darstellung von Merkmalen, Sachverhalten, Erscheinungen ohne Angabe von Größen, Mengen, Werten oder Anteilen. Wiedergegeben wird lediglich ihre Verteilung oder Verbreitung. Qualitative Darstellungen beantworten die Frage: »Was ist wo?«. Die ihnen zugrunde liegenden Daten sind nominal skaliert. Die Qualitäten werden durch die ↗graphischen Variablen Form, Farbe, Muster oder Orientierung ausgedrückt. Positionssigna-

QBO: Windverhältnisse der tropischen Stratosphäre zwischen 100 und 10 hPa (schraffiert = Ostwinde (E) und nicht schraffiert = Westwinde (W)).

Quadratanalyse 2: Form der Verteilung und räumlicher Bezugsrahmen.

Quadratanalyse 1: Zwei- und eindimensionale empirische Verteilung.

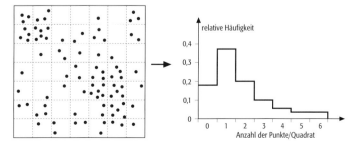

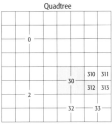
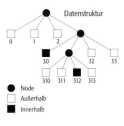

Quadtree: Prinzip des Quadtree-Modells.

turen, Linearsignaturen (↗Signatur), die Punktmethode, die Flächenmethode sowie Pfeile werden in ihrer elementaren Form eingesetzt (↗kartographische Darstellungsmethoden). Beispiele qualitativer Darstellungen sind politische Karten und Standortkarten nach der Punktmethode. Auch die als Ergebnis einer ↗Raumgliederung ausgewiesenen Gebietstypen haben qualitativen Charakter.

qualitative Forschung, Etikettierung für alle Ansätze und ↗Methoden der Forschung, die sich an einem interpretativen ↗Paradigma von Wissenschaft orientieren.

Qualitative Geographie, Bezeichnung für eine Gruppe von Forschungsansätzen, die sich in ihrem Selbstverständnis und ihrem methodischen Vorgehen von der ↗Quantitativen Geographie unterscheidet. Der Terminus Qualitative Geographie, nicht aber die entsprechenden Forschungsprogramme, entstand nach der Quantitativen Geographie, die sich ihrerseits als hypothesen- und theoriegeleiteter, mit statistischen Methoden und quantifizierten Modellen arbeitender Ansatz von der vorhergehenden landschafts- und länderkundlichen Ausrichtung der ↗Geographie abzugrenzen suchte. Qualitative Geographie ist daher auch nicht als die Wiederkehr der ↗Landschaftskunde und der ↗Länderkunde zu werten, sondern als ein Wiedererstarken bzw. auch die Durchsetzung nicht scientischer, interpretativer ↗Paradigmen wissenschaftlicher Forschung. Als solche waren qualitative Ansätze ebenso wie die empiristischen und positivistischen Vorläufer der Quantitativen Geographie bereits in den Strömungen des Faches vor dem 2. Weltkrieg enthalten.

Der epistomologische Hintergrund der Quantitativen Geographie, der ↗kritische Rationalismus, wie er insbesondere durch die Habilitationsschrift von ↗Bartels in der deutschen Geographie Fuß fasste, entstand in den 1930er-Jahren. Etwa gleichzeitig entstanden auch die neueren epistomologischen Programme der Qualitativen Geographie wie ↗Phänomenologie, ↗hermeneutische Wissenssoziologie, ↗symbolischer Interaktionismus, ↗Ethnomethodologie, ↗Konstruktivismus usw., die sich aber angesichts der Erfolge von Naturwissenschaften und Technik nicht als wissenschaftstheoretischer »main stream« durchsetzen konnten, sodass Ende der 1960er-Jahre die Methodologie des kritischen Rationalismus beanspruchte, die »Einheitsmethode« der Wissenschaften insgesamt zu sein. Bartels sprach sogar in diesem Zusammenhang bezogen auf alternative Paradigmen von »Restpositionen früherer Weltbilder«. Darin eingeschlossen waren auch die ↗Hermeneutik mit ihrer langen Tradition der Exegese und Textdeutung, obwohl diese gerade im »Positivismusstreit« die andere Seite der kritischen Theorie charakterisierte.

Übersehen wurde dabei, dass die hypothesenzentrierten und standardisierten Erhebungsmethoden zumindest im sozialen Bereich auch nach standardisierten Sinngehalten handelnde Menschen erforderten, um eine solche Form fordistischer Wissensproduktion – analog zur fordistischen industriellen Massenproduktion – zu ermöglichen (↗Fordismus).

Es waren insbesondere die nicht eingelösten Versprechen auf valide Zukunftsprognosen, die Planbarkeit und Steuerbarkeit von Entwicklungen und der Berechenbarkeit menschlichen Handelns der »Massengesellschaft« u. a., die interpretative, rekonstruktive, qualitative Paradigmen auch in der Geographie wieder in den Vordergrund rückten. Insbesondere gesellschaftliche Umbrüche wie die zunehmende Individualisierung, die stärkeren internationalen und interkulturellen Verflechtungen oder die Transformation von Wohlfahrts- oder sozialistischen Gesellschaften zu Ende des vorigen Jahrtausends zeigten der Quantitativen Geographie die Grenzen auf.

Wenngleich die Etikettierung der verschiedenen Ansätze der Qualitativen Geographie aus ihrer Abgrenzung gegenüber der Quantitativen Geographie resultiert, lässt sich doch ein gewisses Grundverständnis konstatieren. Dazu zählt in gerafter Form:

Qualitative Geographie richtet ihr Augenmerk stärker auf unstrukturierte Forschungsfelder und ist stärker an der Generierung von Theorien interessiert als lediglich an deren Prüfung. Dieses setzt Offenheit bei der ↗Feldforschung und allen einzelnen Arbeitsschritten voraus, um sensibel Neues zu bemerken. Sie arbeitet zugleich selbstreflexiv, denn sie weiß um den Einfluss des Forschers sowie des situativen Kontextes der Forschung auf die Untersuchung. Daher versteht sie ihre Ergebnisse nicht als eine objektive Abbildung einer vorgegeben Wirklichkeit, sondern als ein Ergebnis subjektiver Konstruktion, das nur durch die nachvollziehende Akzeptanz anderer eine weitergehende »soziale Konstruktion von Wirklichkeit« erreicht. Das Wirklichkeitsverständnis der Qualitativen Geographie ist daher nicht als naturalistisch, sondern als konstruktivistisch zu bezeichnen. Ihr Ziel ist nicht die Entdeckung einer objektiv vorgegebenen Realität, sondern die Suche nach gangbaren Wegen zur Lösung von Problemen des ↗Alltags. Sie sieht zugleich eine strukturelle Gleichheit bei der Bildung von Alltags- und wissenschaftlichem ↗Wissen. Maßstab ihrer Arbeit ist daher nicht empirische Relevanz, sondern praktischer Nutzen. Zur Lösung praktischer Fragen des Alltagslebens ist es zudem notwendig, dieses aus der Perspektive der handelnden/betroffenen Subjekte zu »verstehen«, d. h. diese relativ zu den Sinngehalten der handelnden Subjekte zu rekonstruieren (gelegentlich auch als Insider-Perspektive – im Unterschied zur Outsider-Perspektive – der scientistischen Forschung bezeichnet). Die Handlungen eines Subjektes sind somit nach dem Prinzip von Finalität statt durch Kausalität (d. h. durch Regress auf eine unabhängige Variable) zu deuten. Methodisch stehen bei der Qualitativen Geographie Fallstudien (↗Einzelfallforschung) im Zentrum, da im einzelnen Fall die Vielfalt von Deutungs- und Handlungsmustern und -möglichkeiten bereits enthalten ist, und man immer nur in der Auseinandersetzung mit vergangenen Fällen lernt. Bei der Datenerhebung (besser: Tatsachenermittlung) stehen nichtstandardisierte Formen der ↗Beobachtung und der ↗Befragung im Vordergrund, aber auch andere Dokumente und ↗Artefakte können als Quelle der Forschung dienen. Da i. d. R. Beobachtungen protokolliert oder Befragungen aufgezeichnet und transkribiert (↗Transkription) werden, bilden zumeist Texte die Grundlage der Auswertung (↗Inhaltsnalyse), für deren methodisch geleitete Arbeit zahlreiche Verfahren wie ↗Paraphrasierung, Codierung in der gegenstandsbezogenen Theoriebildung (↗Grounded Theory), Sequenzanalyse in der objektiven Hermeneutik, die dokumentarische Methode usw. für eine keineswegs beliebige und nachvollziehbare Interpretation solcherart Quellen verfügbar sind. [PS]

Literatur: [1] BUTTIMER, A. (1984): Ideal und Wirklichkeit in der angewandten Geographie. In: Münchener Geographische Hefte 51. – Kallmünz. [2] MEIER, V. (1989): Frauenleben im Calanca-Tal. Eine sozialgeographische Studie. – Gauco/GR. [3] POHL, J. (1986): Geographie als hermeneutische Wissenschaft. Ein Rekonstruktionsversuch. In: Münchener Geographische Hefte 52, – Kallmünz. [4] SEDLACEK, P. (ed.) (1989): Programm und Praxis qualitativer Sozialgeographie. – Wahrnehmungsgeographische Studien zur Regionalentwicklung 9, – Oldenburg. [5] SEDLACEK, P.; WERLEN, B. (1998): Texte zur handlungstheoretischen Geographie. In: Jenaer Geographische Manuskripte 18. – Jena.

Qualmwasser, *Qualmgewässer*, natürlicherweise hinter ↗Uferwällen vorkommende Gewässertümpel, die vom Grundwasser gespeist oder von ↗Quellen am Talrand gefüllt werden. Da die Ufer höher als die flussbegleitende ↗Aue sind, kommt es je nach Wasserstand im ↗Gerinnebett zur Füllung dieser Geländemulden mit Grundwasser. Zwischen dem Gerinnebett und dem obersten Grundwasserstockwerk bestehen hydraulische Verbindungen. Es kann bei höheren Flusswasserständen zu einem Übertritt von Fluss- in Grundwasser kommen, sodass das Grundwasser zurückgedrängt wird und in Geländemulden zutage tritt. Hier bildet es Vernässungen. Ebenso kann es sich bei künstlich ausgebauten Gewässern um hinter Deichen austretendes Grundwasser bei erhöhter Wasserführung in Fließgewässern handeln. ↗Druckwasser.

Quantifizierung der Landschaft, in der Landschafts- und Geoökologie gebräuchliche Bezeichnung für die auf gemessenen oder simulierten Größen beruhende quantitative Beschreibung der energie-, wasser- und stoffhaushaltlich relevanten Landschaftsprozesse, die auf die bilanzmäßige Kennzeichnung der Energie-, Wasser- und Stoffumsätze in einer Landschaft bzw. im ↗Landschaftsökosystem abzielt. Das methodische Vorgehen bei der Quantifizierung der Landschaft beschreibt der ↗geoökologische Arbeitsgang.

Quantil ↗Lageparameter.

quantitative Darstellung, kartographische Darstellung von Merkmalen, Sachverhalten, Erscheinungen nach ihrer größen-, mengen-, wertmäßigen oder relativen Ausprägung. Quantitative Darstellungen beantworten die Frage: »Wieviel bzw. welche Dichte ist wo?«. Die dargestellten Daten sind ordinal oder höher skaliert. Als ↗graphische Variablen zur Wiedergabe von Quantitäten eignen sich die Größe und die Helligkeit der ↗Kartenzeichen. Zu unterscheiden sind Absolutwertdarstellung und Relativwertdarstellung, die häufig in Kombination verwendet werden. Nahezu alle ↗kartographischen Darstellungsmethoden vermögen Quantitäten auszudrücken. Eine Ausnahme bildet die Flächenmethode. Die Übergänge von der quantitativen Darstellung zur ↗qualitativen Darstellung sind fließend, wobei Letztere in der Regel die Elementarform der jeweiligen Darstellungsmethode verkörpert.

Quantitative Geographie, methodischer Ansatz der ↗Geographie, der sich insbesondere mit der Entwicklung und Anwendung quantitativer Methoden zur Analyse und Prognose sowie der Modellbildung beschäftigt. Es lassen sich im wesentlichen zwei Bereiche unterscheiden: a) Methoden der ↗Statistik und b) mathematische Verfahren zur Modellbildung. Die Ursprünge der Quantitativen Geographie sind in den 1950er-Jahren anzusiedeln. Damals wurde in der englischsprachigen Geographie damit begonnen verstärkt mathematisch-statistische Verfahren zur Analyse und Modellierung einzusetzen. Gleichzeitig hatten sich neue Forschungsfelder und Fragestellungen entwickelt (z. B. ↗Innovations- und Diffusionsforschung, ↗Sozialraumanalysen, ↗Faktorialökologie), bei denen diese Methoden Gewinn bringend eingesetzt werden konnten. Innovationszellen waren z. B. die Geographischen Institute der Northwestern University (Evanston, Illinois) und der University of Chicago (Chicago, Illinois) in den USA (z. B. Garrison, Marble 1967), die Arbeitsgruppe um Haggett (1965) am Geographischen Institut der University of Bristol (England) und die »Lund Schule« von Hägerstrand (University of Lund, Schweden; z. B. Hägerstrand 1957).

Die Entstehung dieses neuen Forschungszweiges basierte dabei auf mehreren miteinander verflochtenen bzw. sich gegenseitig beeinflussenden Entwicklungen, nämlich: a) Wissenschaftstheoretisch ergab sich – ausgehend von dem in den 1930er-Jahren entwickelten ↗Positivismus und besonders gefördert durch den ↗Kritischen Rationalismus – eine Neuorientierung auf eine stärker deduktiv ausgerichtete Vorgehensweise mit dem Ziel, allgemeine Regelhaftigkeiten und Erklärungszusammenhänge herzustellen und so einen Beitrag zu Theorie- und Modellbildung zu leisten. b) Gleichzeitig entwickelte sich (etwa in der Soziologie) eine verstärkte Hinwendung zu empirisch-analytisch orientierten Arbeiten mit dem Ziel, komplexe Strukturen der Realität aufzudecken. So entstand in der ↗Chicagoer Schule der Soziologie schon in den 1920er-Jahren die ↗Sozialökologie, ein in der ↗Stadtforschung grundlegender Ansatz zur Analyse sozialräumlicher Strukturen, der von der Annahme eines komplexen Geflechts unterschiedlicher Einflussfaktoren ausgeht und der später in die Faktorialökologie mündet. c) Teilweise ebenfalls schon in den 1930er-Jahren sind in der Mathematik und Statistik wie auch in den ↗Sozialwissenschaften multivariate (mathematisch-statistische) Verfahren entwickelt worden, die in der Lage sind, komplexe Strukturen, bei denen eine Vielzahl von Faktoren eingehen, zu analysieren bzw. zu modellieren. So wurden die Grundlagen der faktorenanalytischen Verfahren schon zu dieser Zeit gelegt. Allerdings bestand ein zentrales Problem darin, diese Methoden anzuwenden, da bei großen Datenmengen (viele Variable, viele Objekte) der Rechenaufwand außerordentlich hoch ist, was mit den damals zur Verfügung stehenden Mitteln nicht zu leisten war. d) Mit der Entwicklung der Computer seit den 1950er-Jahren ergaben sich ideale Möglichkeiten, solche komplexen mathematisch-statistischen Verfahren effizient für große Datenmengen anzuwenden.

Für die Geographie führte das zu einem deutlichen Paradigmenwechsel: einer Abwendung von der ideographischen Betrachtungsweise, in der die Beschreibung des Spezifischen (Einzigartigkeit) eine große Bedeutung hat, und einer Ausrichtung auf ein nomothetisches Vorgehen, mit dem Ziel allgemeine regelhafte räumliche Strukturen aufzudecken, zu analysieren und zu modellieren. Die Komplexität der Realität war schon immer ganz bewusst ein zentrales Anliegen der Geographie gewesen und in diesem Sinne hatten Geographen auch versucht, Realität beschreibend zu erfassen und darzustellen. Nun aber ergaben sich neue Möglichkeit, diese Komplexität methodisch-analytisch anzugehen und in Modellen abzubilden. So kann es auch nicht überraschen, wenn Anfang der 1960er-Jahre von einer »quantitative revolution« in der Geographie gesprochen wird.

In der deutschsprachigen Geographie beginnt die hier dargelegte Entwicklung erst in der zweiten Hälfte der 1960er-Jahre. Der Kieler Geographentag 1969 mit seiner Kritik an der ↗Länderkunde als dem damals zentralen Forschungsfeld deutschsprachiger Geographie ist von der wissenschaftstheoretischen Seite zusammen mit der Habilitationsschrift von ↗Bartels als Anfangspunkt zu sehen. Die Bedeutung der Quantitativen Geographie nahm dann in den 1970er-Jahren rasch zu. 1974 wurde das erste Symposium der Quantitativen Geographie in Giessen abgehalten. Auf dem zweiten Symposium in Bremen 1977 erfolgte dann die Gründung des Arbeitskreises »Theorie und Quantitative Methodik in der Geographie«. Er war einer der ersten offiziell anerkannten Arbeitskreise innerhalb des Zentralverbandes Deutscher Geographen (jetzt Deutsche Gesellschaft für Geographie, ↗geographische Verbände), was die Bedeutung der Quantitativen Geographie und das Interesse, das diesem Zweig entgegengebracht wurde, unterstreichen mag. Die Bezeichnung weist zudem ganz deutlich auf den zweiten Interessenschwerpunkt, die Theoriebildung, hin. Belegt wird das auch durch eine Reihe von Themen etwa zum ↗Wachstumspolkonzept oder ↗Zentrale-Orte-Konzept, die auf den Symposien angesprochen wurden bzw. durch Arbeiten anderweitig publiziert wurden. In der DDR sind seit Mitte der 1970er-Jahre ähnliche Entwicklungen festzustellen mit den beiden Arbeitskreisen »Theoretische Probleme der Physischen Geographie« (gegründet 1972) und «Mathematische Methoden und Informatik» (1986 hervorgegangen aus dem «colloquium parvum»). Die Aktivitäten innerhalb der Quantitativen Geographie wurden dann auf der europäischen Ebene weiter verstärkt durch die seit 1978 in zweijährigem Turnus veranstalteten europäischen Kolloquien.

Im Mittelpunkt des Interesses stand zu Anfang insbesondere die Anwendung und Weiterentwicklung multivariater statistischer Verfahren zur Analyse räumlicher Strukturen. ↗Faktorenanalytische Verfahren und ↗Clusteranalysen waren zum einen wichtige methodische Hilfsmittel bei Fragestellungen in der stadtgeographischen Forschung zur Aufdeckung sozialräumlicher Strukturen oder in der Regionalforschung zur Abgrenzung von Regionen (↗Regionalisierung) und zum anderen standen sie im Zentrum intensiver Diskussionen hinsichtlich ihrer Einsatzmöglichkeiten. Ein zweiter Schwerpunkt bildete sich mit der Analyse ↗raum-zeit-varianter Prozesse. Die Diffusionsforschung ist als ein erster fachinhaltlicher Ausgangspunkt hierfür anzusehen. Quantitative Methoden, wie ↗Monte-Carlo-Methode und ↗Quadratanalyse wurden eingesetzt um die raum-zeitliche Ausbreitung von Neuerungen zu simulieren bzw. zu analysieren. Gegen Ende der 1970er-Jahre erfolgte eine Ausweitung und das Interesse richtete sich allgemeiner auf die Analyse und Modellierung raum-zeitvarianter stochastischer Prozesse. ↗Autokorrelation, ↗Autoregressivmodelle und ↗Markov-Ketten-Modelle wurden hierzu eingesetzt. Ein dritter Schwerpunkt waren Verfahren der ↗räumlichen Optimierung zur Analyse und Modellierung von Problemen der Standortwahl bzw. -entscheidung.

Die bisher angesprochenen Fragestellungen und die verwendeten Verfahren bewegten sich vornehmlich auf der makroanalytischen Ebene. Dieses änderte sich – insbesondere seit den 1980er-Jahren – mit dem verstärkten Interesse an Fragestellungen zu räumlichem Wahl- und Entscheidungsverhalten (Einkaufsverhalten, Wohnstandortwahl) von Individuen. Die Analyse bzw. Modellierung solcher Prozesse bzw. Strukturen auf der Mikroebene setzt Methoden voraus, die auf kategorialem ↗Skalenniveau durchführbar sind.

Betrachtet man die 40-jährige Entwicklung der Quantitativen Geographie im deutschsprachigen Raum, so ist festzustellen, dass sie nach ihren Anfängen sehr schnell an Bedeutung gewann und in den 1970er- und den frühen 1980er-Jahren einen beträchtlichen Einfluss auf die Ausrichtung in der Geographie genommen hat. Quantitative Methoden sind in den Lehrplänen der Geographischen Instituten als feste Bestandteile enthalten und sind für viele Forscher zu einem methodischen Grundbestandteil geworden. Die Quantitative Geographie hat allerdings in den deutschsprachigen Ländern immer eine geringere Rolle gespielt als im englischsprachigen Raum (Nordamerika, England). Gründe hierfür liegen sicher zum einen begründet in der Tradition des Faches in den Ländern, zum anderen in der universitären Organisation und Zielsetzung. Die Größe der Institute und das Ziel, eine inhaltlich breite Ausbildung zu gewährleisten, lassen in den deutschsprachigen Ländern in den meisten Fällen eine stark methodisch ausgerichtete Professur nicht zu.

An der Wende des Jahrtausends stieß die Quantitative Geographie als Disziplin nicht mehr in dem Maße auf Interesse, wie in den 1970er-Jahren. Die Gründe hierfür sind unterschiedlich. Zu nennen sind: a) die schon erwähnte Etablierung quantitativer Methodik etwa durch die Einrichtung von Pflichtkursen in den Studienplänen, b) die Hinwendung zu neuen Fragestellungen, bei denen Verfahren der qualitativen Methodik (↗Qualitative Geographie) eine zentrale Rolle spielen, c) die Entwicklung Geographischer Informationssysteme (↗GIS) mit der Folge, das quantitativ arbeitende Geographen sich stärker in diesem sich z. T. eigenständig entwickelnden Feld engagieren.

Nach 50 Jahren Quantitativer Geographie stellt sich zudem die Frage, ob es eine quantitative Revolution in der Geographie gegeben hat, wie es zu Anfang der 1960er-Jahre formuliert wurde. Revolution im Sinne einer Beherrschung des Faches hat es sicher nicht gegeben; quantitativ arbeitende Geographen haben aber ebenso gewiss einen ansehnlichen Beitrag geleistet bei der Neuausrichtung des Faches in Richtung auf eine stärkere theoretisch-analytische Fundierung. Sowohl auf dem Feld der Theoriebildung als auch insbesondere der Methodik sind von Seiten quantitativ arbeitender Geographen Impulse gekommen. Hat das Fach zuvor versucht die Komplexität der Realität beschreibend zu erfassen, so hat die Quantitative Geographie mitgeholfen, dies stärker empirisch-analytisch auf der Basis präziser Messung der Phänomene und einer mathematisch fundierten Analyse der Daten zu tun. Das Fach hat sich dadurch von einer stark beschreibenden zu einer mehr analytischen Wissenschaft entwickelt, was gleichzeitig eine stärkere Anwendungsbezogenheit ermöglichte, etwa auf dem Feld räumlicher Planung und Analyse.

Felder, auf denen die Quantitative Geographie in Zukunft arbeiten wird, sind weiterhin in Zusammenhang zu sehen mit der technologischen Entwicklung (etwa bei den Geographischen Informationssystemen und der ↗Fernerkundung) und der zunehmenden Informations- bzw. Datenfülle. Hier sind neue effiziente Methoden und Vorgehensweisen gefragt. Neurocomputing bzw. neuronale Netze werden zurzeit als eine Möglichkeit gesehen, hier Lösungen zu finden. Darüber hinaus bleibt sicher Forschungsbedarf auf dem Gebiet der kategorialen ↗Datenanalyse bestehen. War das Interesse an diesem Feld bisher fast ausschließlich im Bereich sozialwissenschaftlicher Fragestellungen angesiedelt, so zeigt sich nun zunehmend, dass solche Methoden auch in ökologischen Studien mit Erfolg eingesetzt werden können. [JN]

Literatur: [1] BARTELS, D. (1968): Zur wissenschaftstheoretischen Grundlegung einer Geographie des Menschen. In Erdkundliches Wissen, Beihefte zur Geographischen Zeitschrift, 19. – Wiesbaden. [2] GARRISON, W. L., MARBLE, D. F. (eds) (1967): Quantitative Geography. In Northwestern University, Studies in Geography, 13. – Evanston. [3] GIESE, E. (ed) (1975): Symposium «Quantitative Geographie» Gießen 1974. Giessener Geographische Schriften, Heft 32. – Gießen. [4] HÄGERSTRAND, T. (1957): Migration and area. Survey of a sample of Swedish migration fields and hypothetical considerations on their genesis. In HANNERBERG, D., HÄGERSTRAND, T., ODEVING, B. (eds): Migration in Sweden. Lund Studies in Geography, 13 B, Lund, 168–173. [5] HAGGETT, P. (1965): Locational analysis in human geography. – London. (Deutsche Übersetzung durch D. BARTELS, B. und V. KREIBICH (1973): Einführung in die kultur- und sozialgeographische Regionalanalyse. – Berlin/New York). [6] STEINER, D. (1965): Die Faktorenanalyse: ein modernes statistisches Hilfsmittel des Geographen für die objektive Raumgliederung und Typenbildung. In Geographica Helvetica, 20, 20–34. [7] WRIGLEY, N. (1985): Categorical data analysis for geographers and environmental scientists. – London/New York.

Quartär, jüngstes stratigraphisches ↗System; wird grob in zwei Abschnitte von sehr unterschiedlicher Länge untergliedert (Abb. 1): das Pleistozän (das Eiszeitalter) und das Holozän (die Nacheiszeit). Der Beginn des Quartärs wird in Mitteleuropa i. d. R. mit dem Beginn des Prä-Tegelen-Komplex angenommen (ca. 2,6 Mio. Jahre vor heute). Im Prä-Tegelen treten erstmals kaltzeitliche Spuren im Niederrheingebiet auf. International gilt jedoch eine andere Tertiär/Quartär-Grenze: die Untergrenze der marinen Ablagerungen des Calabrien bei Vrica (Italien), die das erste Auftreten kaltzeitlicher Faunenelemente im Mittelmeer kennzeichnet. Diese Grenze ist auf etwa 1,6 Mio. Jahre vor heute datiert worden (siehe Beilage »Geologische Zeittafel«). Folgt man der internationalen Quartärgliederung, so liegt die Grenze Tertiär/Quartär in der Eburon-Kaltzeit. Die älteren Kalt-Warmzeit-Zyklen werden zum Pliozän gerechnet. So kommt es, dass z. B. in den USA ausgedehnte tertiäre Vereisungen nachgewiesen werden konnten. Das Pleistozän wird untergliedert in Alt-, Mittel- und Jungpleistozän. Das Altpleistozän umfasst den Zeitraum vom Beginn des Quartärs bis zur Matuyama/Brunhes-Grenze, das Mittelpleistozän den Zeitraum bis zum Beginn der Eem-Warmzeit und das Jungpleistozän Eem-Warmzeit und ↗Weichsel-/Würm-Kaltzeit. Während die Abfolge der Ereignisse im Jungpleistozän heute relativ

Quartär 1: Stratigraphische Tabelle für das Quartär (unterbrochene Linien bedeuten, dass die stratigraphische Einordnung in der Diskussion ist).

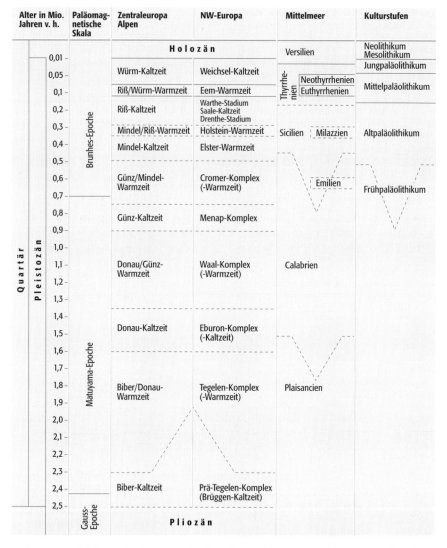

gut bekannt und sicher datiert ist, gibt es für die älteren Kalt- und Warmzeiten größere Probleme. Es ist z. B. bis heute nicht eindeutig geklärt, ob die vorletzte Warmzeit Norddeutschlands, die Holstein-Warmzeit, mit dem Sauerstoff-Isotopenstadium 7, 9 oder 11 (↗Eiszeittheorie) korreliert werden muss. Ob die Riß-Kaltzeit der alpinen Eiszeit-Chronologie der Saale-Kaltzeit entspricht oder Saale und Elster umfasst, ist ebenfalls strittig. Die Untersuchungen der Tiefsee-Bohrkerne haben gezeigt, dass die terrestrische Quartärstratigraphie sehr unvollständig ist. Selbst wenn man davon ausgeht, dass die bisher bekannten Abschnitte des Altpleistozäns in Wirklichkeit jeweils aus mehreren Kalt- und Warmzeiten bestehen, so gibt es dennoch größere Lücken. Als der Beginn des Holozän wird das Ende des letzten Kälterückschlags der Weichsel-/Würm-Vereisung angenommen (↗Jüngere Dryaszeit). Dieses liegt ungefähr 10.000 Jahre vor heute (Abb. 2; neuster Forschungsstand: 11.650). Die in Europa übliche Untergliederung des Holozäns in *Präboreal, Boreal, Atlantikum, Subboreal* und *Subatlantikum* beruht auf Untersuchungen der postglazialen Vegetationsentwicklung. In Deutschland war das Präboreal durch Wiederbewaldung und raschen Temperaturanstieg gekennzeichnet. Im Boreal setzte sich die Erwärmung weiter fort. Im Atlantikum wurde das Klimaoptimum des Holozäns erreicht. In Norddeutschland lagen die Sommertemperaturen damals 2–3° höher als heute. Die kräftige Erwärmung führte dazu, dass die Gebirgsgletscher in Norwegen und in den Alpen stark zurückgingen und z. T. völlig abschmolzen. Ihre Neubildung im kühleren Subboreal wird als Neoglaziation bezeichnet. Seit dem Beginn des Subboreals macht sich in Deutschland der Ackerbau im Vegetationsbild bemerkbar. Im Subatlantikum wurde das Klima feuchter und kühler. Neue Gletschervorstöße gipfelten in der ↗Kleinen Eiszeit. Seither sind die Gletscher wieder zurückgeschmolzen. [JE]

quartäre Lockersedimente, Oberbegriff für alle im ↗Quartär entstandenen unverfestigten Ablagerungen.

quartärer Sektor, Teil von ↗Dienstleistungen, zu dem vor allem höherwertige Tätigkeiten mit spezialisierten Kenntnissen der Beschäftigten zählen. Üblicherweise gehören Forschung und Entwicklung, Banken und Versicherungen, Steuer-, Rechts- und Unternehmensberatung dazu. Der quartäre Sektor verzeichnet in hoch entwickelten Volkswirtschaften einen überproportionalen Zuwachs. ↗Sektorentheorie.

quartärgeologische Datierungsmethoden, umfassen eine Reihe von Verfahren, mit denen das Alter quartärer Ablagerungen bestimmt werden kann. Das chronostratigraphische Grundgerüst für das ↗Quartär stammt aus den Sauerstoff-Isotopenuntersuchungen (↗Sauerstoffisotopenkurve) der Tiefsee-Bohrkerne. Die beiden Sauerstoffisotope ^{16}O und ^{18}O kommen zu unterschiedlichen Anteilen im ↗Meerwasser vor. Bei der ↗Verdunstung wird dem Meerwasser bevorzugt das leichtere ^{16}O entzogen. Gewöhnlich hat dies keinen Einfluss auf die Isotopenzusammensetzung des Meerwassers, da Sauerstoff durch den ↗Wasserkreislauf in gleichen Anteilen wieder ins Meer zurückgelangt. Wird jedoch in einer Kaltzeit ein großer Teil des ↗Niederschlags in Form von ↗Gletschereis auf dem Festland zurückgehalten, so ändert sich die Zusammensetzung des Meerwassers zugunsten des schwereren Isotops ^{18}O. Kalkschalige Lebewesen (z. B. ↗Foraminiferen) bauen zu ihren Lebzeiten Sauerstoffisotope in der Zusammensetzung in ihre Gehäuse ein, die sie im Meerwasser vorfinden. Ihre Fossilien können daher zur Rekonstruktion der Klimazyklen des Quartärs genutzt werden. Änderungen im erdmagnetischen Feld (↗Erdmagnetismus) sind nicht nur an der unterschiedlichen Einregelung magnetischer Minerale in erstarrter Lava feststellbar, sondern auch an der abweichenden Einregelung magnetischer Körner in feinkörnigen Sedimenten. Die gegenwärtige Brunhes-Epoche hat etwa 780.000 v. h. eingesetzt; davor war das Magnetfeld der Erde umgekehrt (revers) polarisiert. Die Matuyama-Epoche (780.000–2,6 Millionen Jahre vor heute) war durch zwei Abschnitte normaler Polarisierung unterbrochen (Olduvai Event, Jaramillo-Event). Die *Matuyama/Brunhes-Grenze* sowie die Ober- und Untergrenzen der events sind wichtige Zeitmarken für die Datierung langer Schichtenfolgen.
Verschiedene Verfahren der ↗radiometrischen Altersbestimmung lassen sich auf bestimmte Ablagerungen und bestimmte Zeitabschnitte des Quartärs anwenden. Dazu gehören die ↗Radiokarbonmethode (^{14}C), die ↗Kalium-Argon-Datierung und die ↗Uranreihen-Datierung. Die Radiocarbondatierung wird für organisches Material von einem Alter bis zu 70.000 Jahren verwendet. Mit der Kalium-Argon-Datierung können vulkanische Gesteine bis zu einem Alter von vielen Millionen Jahren datiert werden. Mit der Uranreihen-Datierung können Kalke und Molluskenschalen bis zu einem Alter von etwa 500.000 Jahren datiert werden. Hinzu kommt die Datierung mithilfe der Spaltspuren, die beim Zerfall radioaktiven Urans (^{238}U) in bestimmten Mineralen (z. B. Zirkon) zurückbleiben. Die Methode wird zur Datierung vulkanischer Gesteine angewandt.
Strahlung führt dazu, dass das Kristallgitter von Mineralen mit zunehmendem Alter stärkere Schäden aufweist. Diese Schäden können mit der ↗Thermolumineszenz-Datierung (TL), der optisch stimulierten Lumineszenz-Datierung (OSL) oder der Elektronen-Spin-Resonanzdatierung (ESR) zur Altersbestimmung genutzt werden. Während die TL-Datierung vor allem in jungpleistozänem Löss gute Ergebnisse zeigt, kann die OSL zur Datierung von Schmelzwasserablagerungen eingesetzt werden. Mit der ESR können Carbonate (z. B. Tropfsteine oder Molluskenschalen) datiert werden. Die Methode kann auf das gesamte Quartär angewendet werden. Zur relativen Altersbestimmung von Molluskenschalen kann auch die Untersuchung von Aminosäuren

Jahre v. h.	Gliederung NW-Europas	Ostsee-Stadien	Kultur-Folgen
0		Mya-Meer	Historische Zeit
1000		Limnaea-Meer (Dünkirchen-Transgr.)	
2000	Subatlantikum		
3000			Eisenzeit
4000	Subboreal	Littorina-Meer (Flandrische Transgression)	Bronzezeit
5000			Neolithikum
6000	Atlantikum		
7000			
8000	Boreal	Ancylus-See	Mesolithikum
9000	Präboreal	Yolida-Meer	
10.000			
11.000	Jüngere Dryaszeit	Baltischer Eisstausee	Spät-Paläolithikum
	Alleröd-Interstadial		
12.000	Ältere Dryaszeit		
	Bölling-Interstadial		
13.000			Magdalenien/ Hamburger-Kultur
	Älteste Dryaszeit		
14.000	Pommersches Stadium		
15.000	Frankfurter Stadium		
20.000	Brandenburger Stadium		Gravettien
30.000	Denekamp-Interstadial		Aurignacien
40.000	Hengelo-Interstadial		
50.000	Moershoofd-Interstadial		Moustérien und Micoquien
60.000	Odderade-Interstadial		
	Brörup-Interstadial		
70.000	Amersfoort-Interstadial		

Holozän: Postglazial
Weichsel-Kaltzeit: Spätglazial, Hochglazial, Frühglazial
Eem-Warmzeit (Interglazial)

Quartär 2: Statigraphische Tabelle für die Weichsel-Kaltzeit und das Holozän in NW-Deutschland (unterbrochene Linien bedeuten, dass die stratigraphische Einordnung in der Diskussion ist).

(↗Aminosäuremethode) genutzt werden. Die Methode beruht darauf, dass sich nach dem Tode der Organismen das Verhältnis links- und rechtsdrehender Isomere zueinander langsam ändert, bis nach mehr als 300.000 Jahren ein Gleichgewichtszustand erreicht ist. Die Umwandlung ist artenspezifisch und temperaturabhängig. Vor allem für nacheiszeitliche Ablagerungen können Verfahren wie die ↗Warvenchronologie, ↗Dendrochronologie oder ↗Lichenometrie eingesetzt werden. [JE]

Quartier, *Viertel*, bezeichnet als moderner Raumbegriff ein in sich geschlossenes merkmalsgleiches oder -ähnliches Gebiet, dessen Größe und geometrische Form nicht festgelegt sind. Voraussetzungen sozial- und funktionalräumlicher Viertelsbildung sind Arbeitsteilung, Spezialisierung und Trennung von Wohn- und Arbeitsstätten, sowie die sozioökonomische Heterogenität der Stadtbevölkerung. Auslöser der Viertelsbildung sind gesellschaftliche Selektionsmechanismen, die bestimmten Bevölkerungs- und Berufsgruppen gewisse Standorte zuweisen (Ghettobildung), ferner Präferenzstrukturen und unterschiedliche finanzielle Möglichkeiten, individuelle Lebensstile zu verwirklichen. Während in Vierteln gehobener Lebensstile diese Lebensweisen, Wertvorstellungen der Bewohner die Quartiersidentität ausmachen, gilt es in den Vierteln der Unterschicht (Urban Underclass) eine Quartiersidentität als Voraussetzung für selbsttragende Verbesserungen zu schaffen. [RS/SE]

Quarz, eines der wichtigsten gesteinsbildenden Minerale, in Form kristalliner Kieselsäure (SiO_2); mit fettigem Glanz und muscheligem Bruch; Härte nach Mohs: 7; Dichte: $2,65\,g/cm^3$. Es ist nach ↗Feldspat das verbreitetste Mineral und bildet entweder farblose und durchsichtige hexagonale Kristalle (Bergkristall); durch Verunreinigungen auch mit gelblicher Färbung als Citrin, blaupurpur als Amethyst, schwarz als Rauchquarz. Quarz ist das häufigste Gangmineral von ↗Erzlagerstätten, bildet die Hauptmasse von Sanden und hat eine weite Verbreitung in ↗Magmatiten (bes. ↗Plutoniten), ↗Metamorphiten und sedimentären Gesteinen. Quarz wird ausschließlich von Silicium-Sauerstoff-Tetraedern gebildet, bei denen die Sauerstoffkristalle ein dreidimensionales Netz bilden.

Quarzgang, magmatischer Gang, der überwiegend von ↗Quarz gebildet wird. Quarzgänge sind typische distale Ausbildungen von ↗Plutoniten, bei denen die Restschmelzen fast ausschließlich aus Kieselsäure bestanden. Sie bilden aufgrund ihrer Härte oft auffällige, lang gestreckte Härtlinge, die zum Teil als Teufelsmauern bekannt geworden sind. Der bekannteste Quarzgang in Deutschland ist der Pfahl in der Oberpfalz, der bei einer maximalen Breite von 120 m über eine Längserstreckung von rund 150 km nachweisbar ist.

Quarzit, im eigentlichen Sinn ein granoblastischer ↗Metamorphit, der hauptsächlich aus ↗Quarz besteht und durch Rekristallisation von Sandstein oder kieseligem Ausgangsmaterial entweder durch Regionalmetamorphose oder durch eine thermische ↗Metamorphose gebildet wurde. Im deutschen Sprachgebrauch wird der Begriff Quarzit häufig für einen harten, aber nicht metamorphen Sandstein verwendet, der hauptsächlich aus Quarzkörnern besteht, welche diagenetisch so vollständig und solide mit sekundärer Kieselsäure zementiert wurden, dass das Gestein beim Zerschlagen durch die Einzelkörner bricht. Der kieselige Zement wächst zusammenhängend um jedes Korn, sodass die Körner beim Füllen des ursprünglichen Porenraums fest verbacken werden. [GG]

quasinatürliche Oberflächenformung, nach ↗Mortensen geomorphologische Prozesse (und daraus resultierende Formen), die nach anthropogenen Eingriffen in ↗Ökosysteme unter natürlichen Bedingungen ablaufen (z. B. Auenlehmablagerungen entlang der Flüsse infolge ↗Bodenerosion nach ↗Rodung (↗Waldrandstufe).

quasi-zweijährige-Oszillation, deutsche Bezeichnung für quasi-biennial Oscillation (↗QBO).

Quelle, Stelle, an der ↗Grundwasser an die Oberfläche tritt und als Oberflächenabfluss (Bach, Fluss) dem Gefälle folgend einer ↗Mündung zustrebt.

Quellerosion, Prozess, bei dem ausfließendes ↗Grundwasser zunächst unterirdisch und dann an der Erdoberfläche Material aufnimmt und wegführt; Prozess der ↗Fluvialerosion. Im Zusammenwirken mit gravitativen Rutschungsprozessen entstehen z. B. ↗Quellmulden (↗rückschreitende Erosion). Quellerosion spielt auch bei der Formung von ↗Schichtstufen eine Rolle.

Quellfluren, Pflanzengemeinschaften im Bereich von Quellen, insbesondere an Sickerquellen, die durch das Quellwasser geprägt sind, welches für sehr gleichmäßige Standortbedingungen im Jahresverlauf sorgt. Das Artengefüge der Quellfluren setzt sich entsprechend des Kalkgehaltes des Wassers und der Art des Quellaustritts zusammen, wobei Moose und Kleinseggen eine wichtige Rolle spielen. Bei kalkhaltigen Quellwässern kommt es aufgrund der Kohlendioxidassimilation der Pflanzen zur Kalktuffbildung (↗Tuff). In Mitteleuropa machen Quellfluren einen wesentlichen Bestandteil der Gebirgsvegetation (↗Höhenstufen) oberhalb der ↗Waldgrenze aus, treten in tiefer gelegenen Vegetationszonen dagegen kaum auffällig in Erscheinung.

Quellhöhe, die Austrittshöhe über Grund bei punktförmigen Emittenten. Da die ↗Emission die Quelle mit einer Vertikalgeschwindigkeit und ggf. gegenüber der Umgebung überhöhten Temperatur verlässt, wird in der ↗Ausbreitungsrechnung die sich aus Quellhöhe und Schornsteinüberhöhung ergebende ↗effektive Quellhöhe zugrunde gelegt.

Quellkuppe, *Staukuppe*, ↗Vulkan.

Quellmoor ↗Moore.

Quellmulde, durch ausfließendes ↗Grundwasser infolge von Materialausspülung (↗Quellerosion) und Rutschungen entstandene flache Hohlform.

Quelltopf, schalen- oder trichterförmige Hohlform, in die ↗Grundwasser in einen Quellsee austritt. In Deutschland besitzen z. B. die Karstquellen der Flüsse Blau (Blautopf, Baden-Württemberg) und Rhume (Niedersachsen) bekannte Quelltöpfe.

Quellung, Ausdehnung vieler Tonminerale bei Durchfeuchtung in Folge von Wasseradsorption. Dieser Vorgang kann Druck auf umgebendes Gestein ausüben, was zu ↗physikalischer Verwitterung führt.

Quellverkehr ↗Verkehrsstatistik.

Quellwolken ↗Wolken.

Querbank, ortsfeste ↗Bank in einem ↗Fließgewässer, bei der es sich um lokale natürliche Aufhöhungen der ↗Gewässersohle handelt, die über die gesamte Gerinnebettbreite reichen, indem sie beide Uferseiten miteinander verbinden oder in ↗Uferbänke übergehen. Querbänke sind in der Regel bei Mittelwasser überströmt. Diese Bankformen, die natürlicherweise in regelmäßiger räumlicher Aufeinanderfolge in Erscheinung treten, bedingen durch ihre Aufhöhung der Flusssohle eine erhebliche Reduktion der Gewässertiefe und führen deshalb zu einer Wellung des Wasserspiegels. Sie stellen ein wichtiges Strukturelement bei der Erfassung und Bewertung der ↗Gewässerstrukturgüte dar, da das Auftreten von fließgewässertypischen Querbänken u. a. Ausdruck einer dynamischen Stabilität des ↗Ökosystems, eines ausgewogenen Geschiebehaushaltes und einer optimalen Funktionsfähigkeit ist. Es lassen sich verschiedene Querbankarten voneinander abgrenzen, wie z. B. ↗Furten und ↗Stromschnellen. [II]

Querbauwerk, im ↗Gewässerausbau quer zur Fließrichtung erstellte Stauanlagen (Wehre, Talsperren und Staustufen) sowie Sohlenstufen (Grundschwellen, Abstürze, Absturztreppen, Sohlgleiten), die z. B. der Energiegewinnung, Sohlstabilisierung oder landwirtschaftlichen Bewässerung dienen. Querbauwerke führen zu einer starken Beeinträchtigung der natürlichen Fließgewässerentwicklung. Neben einer Unterbindung der ↗Durchgängigkeit für Lebensgemeinschaften kommt es zu einem Aufstaubereich stromaufwärts des Querbauwerkes, in dem die Fliessgeschwindigkeit herabgesetzt und Feststoffe abgelagert werden, sodass umfangreiche Versandungen und Verschlammungen resultieren. Diese künstlich geschaffenen Barrierewerke führen zu tief greifenden Veränderungen der Fließcharakteristik und Habitatausprägung eines Gewässers. [II]

Querdüne ↗Dünentypen.

Querküste ↗atlantischer Küstentyp.

Querprofil, maßstäbliche Aufrissdarstellung einer (geomorphologischen) Form im rechten Winkel zu ihrer Längsachse.

querschnittliche Betrachtungsweise ↗Historisch-geographische Betrachtungsweisen.

query ↗Abfrage geographischer Daten.

query language ↗Abfragesprache.

Quotientenverfahren, *Normal-Verhältnis-Verfahren*, dient zur Ergänzung lückenhafter Niederschlagsreihen. Die fehlenden Werte werden mithilfe von Regenhöhen dreier benachbarter Messstationen geschätzt:

$$N_x = \frac{1}{3} \cdot \left(\frac{N_{xj}}{N_{Aj}} \cdot N_A + \frac{N_{xj}}{N_{Bj}} \cdot N_B + \frac{N_{xj}}{N_{Cj}} \cdot N_C \right)$$

mit N_x = Schätzwert des ↗Niederschlags an der Station x; N_A, N_B, N_C = Niederschlag der drei benachbarten Stationen desselben Zeitraums; $N_{xj}, N_{Aj}, N_{Bj}, N_{Cj}$ = mittlerer Jahresniederschlag aller Stationen (Werte in mm). Durch die Verwendung von langjährigen Mittelwerten wird bei diesem Verfahren die Gebietscharakteristik mit berücksichtigt.

Rabatt-Splitting ↗Unternehmenskonzentration.

Rachel, ↗Runse, schluchtartige Kerbe oder Talrinne, die durch abfließendes Niederschlagswasser in den Hang eingegraben wird. Racheln können sich verzweigen und ein dichtes Netz bilden.

Radar-Fernerkundung, ↗aktives Fernerkundungssystem mit Sender für die Energieabstrahlung und mit Antenne zum Empfang der (von der Erdoberfläche) reflektierten Strahlung. Die Radar-Fernerkundung arbeitet in drei Wellenlängenbereichen: X-Band (2,4–4,5 cm), C-Band (4,5–7,5 cm), L-Band (15–30 cm). Das gebräuchlichste Monitoringsystem ist SAR (Synthetic Aperture Radar). Die abgestrahlte Energie (»Radarkeule«) ist auf das Gelände seitlich der Überfluglinie gerichtet (side looking radar). Von dort erfolgt in Abhängigkeit von der Geländerauigkeit, dem Auftreffwinkel der Strahlung, der Landformen etc. eine spezifische Reflexion, die das Radarbild erzeugt. Dem Radarsender zugewandte Berghänge reflektieren dabei stärker als deren abgewandte Seite, was zu überzeichneten und verstärkten scheinbaren Terraindarstellungen führt. Auch die Reflexion bebauter Gebiete ist in Abhängigkeit vom Reflexionsverhalten der Materialien usw. sehr unterschiedlich.

Die erhöhte Eindringtiefe der L-Band-Wellenlänge ergibt wertvolle Information zur Petrographie und zum Wassergehalt in Bodenschichten und Vegetation. Als aus komplexen empirischen Formeln abgeleitete Faustregel kann gelten, dass bei trockener Vegetation bzw. trockenem Boden die Eindringtiefe rund die halbe Wellenlänge beträgt (Abb.). Allerdings wurden bei sehr trockenen Sanden mit L-Band-Radar bereits Eindringtiefen bis zu zwei, drei Metern erzielt. Dieses Phänomen konnte u. a. dazu verwendet werden, um mittels Weltraum-Radaraufnahmen vom Space Shuttle (Raumfähre Columbia) aus fossile Entwässerungssysteme unter der rezenten Sandbedeckung der Sahara zu kartieren.

Radar-Gleichung ↗Radar-Niederschlagsmessung.

Radar-Interferometrie, *Interferometrie*, Erzeugung von Höhenmodellen (digitale Reliefdaten) durch stereoskopische Radaraufnahmen. Erfasst wird bei diesem ↗aktiven Fernerkundungssystem nicht nur die reflektierte Energie, sondern auch der Phasenwert der Radarwelle beim Auftreffen auf die Erdoberfläche. Bedingt durch die Parallaxendistanz der Aufnahme ergibt sich eine Phasendifferenz pro Bildpunkt. Für interferometrische Anwendungen benötigt man zwei oder mehr Aufnahmen des Testgebietes von leicht unterschiedlichen Sensorpositionen. Dies kann entweder durch einmaliges Befliegen des Testgebietes erreicht werden, wobei sich auf der Sensorplattform zwei räumlich getrennte Antennen befinden (Single-Pass-Mode), oder bei Sensoren, die nur über eine Antenne verfügen, durch wiederholtes Überfliegen des Testgebietes mit leicht gegeneinander versetzten Flugwegen. Die räumliche Distanz zwischen den beiden Antennen wird als Baseline B oder Standline bezeichnet. Je nachdem ob die Antennen einen räumlichen Versatz parallel oder senkrecht zur Flugrichtung der Sensorplattform besitzen, spricht man von Along-track- oder Across-track-Interferometrie. Erstere wird hauptsächlich zur Detektion beweglicher Streuer (Moving Target Identification, MTI) verwendet, Letztere zur Erstellung digitaler Geländemodelle (↗DGM) oder zur multitemporalen Klassifikation.

Radarmeteorologie, Teildisziplin der ↗Meteorologie, welche sich der Technik der Radarmessung bedient. Dabei können Orts- oder Geschwindigkeitsbestimmungen erfolgen. Elektromagnetische Impulse im Wellenlängenbereich zwischen 5 und 6 cm werden von Bestandteilen der ↗Atmosphäre reflektiert und gestatten unter Auswertung des remittierten Signals und der Laufzeit Aussagen über den Höhenwind oder die Wolken- und Niederschlagsstruktur und -verteilung. Insbesondere die ↗Radar-Niederschlagsmessung gestattet flächenhafte Bestimmungen des ↗Niederschlags, da das rückgestreute Signal von der Größe und Dichte der ↗Regentropfen abhängig ist. Dadurch werden räumlich und zeitlich hochaufgelöste Felder bestimmbar, doch wird das empfangene Rückstreusignal auch von anderen Einflussparametern, z. B. Temperaturinversionen, bestimmt.

Radar-Niederschlagsmessung, Erfassung von Flächenniederschlägen über Reflexion der von einem Radar (Radio Detecting And Ranging) aktiv ausgesendeten Mikrowellen an Niederschlagsteilchen ↗Radarmeteorologie. Ein konventionelles Regen-Radar zur Erfassung von Niederschlagsfeldern besteht aus einer horizontal und vertikal schwenkbaren Parabolantenne, die wechselseitig als Sender oder Empfänger arbeitet, sowie einem Signalprozessor. Aufgezeichnet wird die horizontale Niederschlagsstruktur (*Horizontalscan*) im 360° Winkel um den Sender in verschiedenen Höhenstufen (*Vertikalscan*). Die empfangene Leistung P_E der von einem Luftpaket

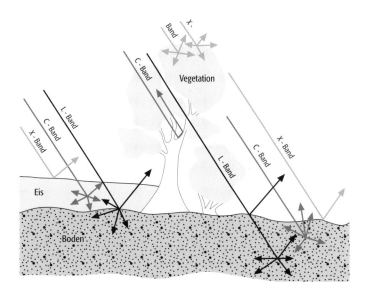

Radar-Fernerkundung: Unterschiedliche Eindringtiefen und Volumenstreuung von Radarwellen verschiedener Wellenlänge in Eis, Vegetation und Boden.

	A	B	R bei 28 dBZ (Z = 630,96) in [mm/h]
klimatologische Z/R-Beziehung DWD-Radarverbund	256	1,42	1,89
konvektiver Niederschlagstyp (Hacker 1996)	451	1,36	1,28
stratiformer Niederschlagstyp (Hacker 1996)	200	1,45	2,21

Radar-Niederschlagsmessung 1: Experimentell bestimme Koeffizienten A und B sowie klimatologische Z/R-Beziehung im Vergleich zu konvektiven und stratiformen Niederschlagstypen.

mit festen oder flüssigen Niederschlagsteilchen reflektierten Mikrowellenstrahlung ergibt sich aus der *Radar-Gleichung*:

$$P_E = \frac{\pi^3}{1024 \cdot \ln 2} \cdot \frac{P_t \cdot G^2 \cdot \theta \cdot \varphi \cdot h}{\lambda^4 \cdot R^2} \cdot |K^2| \cdot \sum D_i^6$$

mit P_t = Sendeleistung, G = Antennengewinn, θ = horizontale Keulenbreite, φ = vertikale Keulenbreite, h = Impulslänge im Raum, λ = Wellenlänge der Radarstrahlung, R = Zielentfernung, $|K^2|$ = Faktor in Abhängigkeit der Teilchenstruktur (0,93 für Wasser, 0,208 für Schnee) und D = Durchmesser der Teilchen.
Der Summenterm repräsentiert die *Radarreflektivität* Z, die in dBZ (= $10 \cdot \log Z$) angegeben wird. Sie steht über die *Z/R-Beziehung* in direktem Bezug zur ↗Regenintensität R [mm/h]:

$$Z = A \cdot R^B.$$

Die Koeffizienten A und B sind für Einzelereignisse nicht bekannt. Sie können je nach Wetterlage und Entwicklungsstadium der Wolke (↗Wolkentropfenspektrum und ↗Aggregatzustand der Niederschlagsteilchen) deutlich variieren (Abb. 1). Die Koeffizienten werden experimentell bestimmt, indem man die Radarreflektivität mit zeitgleichen Messungen von Tropfenspektrum und Regenrate für verschiedene Niederschlagstypen bzw. -intensitäten in Beziehung setzt. Im operationellen Betrieb (z.B. Radarverbund des ↗DWD) wird meist eine »klimatologische« Z/R-Beziehung verwendet. Neben der Ableitung von aktuellen Koeffizienten für die Z/R-Beziehung sind weitere Schritte bei der Auswertung von Z notwendig: Das durch Niederschlagsteilchen reflektierte Signal wird beim Transfer durch ein Niederschlagsfeld mit zunehmender Entfernung von der Antenne geschwächt. Diese Schwächung muss mithilfe der Dämpfungskorrektur bereinigt werden. Darüber hinaus können Hindernisse (Gebäude, Berge etc.) zu ungewollten Radarechos (*Festzielecho* bzw. *Ground Clutter*) führen. Sie werden eliminiert, indem man bei Strahlungswetter eine Cluttermap erzeugt und diese bei der Prozessierung der Daten berücksichtigt. Problematischer sind raum-zeitlich sehr variable dynamische *Clutter* wie z.B. ↗Inversionen, an denen der ausgesendete Radarstrahl reflektiert werden kann und durch Mehrfachreflexion als ungewolltes Radarecho wieder empfangen wird. Um Festzielechos und dynamische Clutter besser eliminieren zu können, werden heute zunehmend *Doppler-Radars* eingesetzt. Neben Z kann über den Doppler-Effekt eine weitere Größe, nämlich die Geschwindigkeit v der Niederschlagsteilchen ermittelt werden:

$$v = \frac{fd \cdot c}{-2 \cdot fc}$$

mit fd = Dopplerverschiebung (Frequenz), c = Lichtgeschwindigkeit, fc = Sendefrequenz.
Da Clutter normalerweise ortsfest sind, tritt keine Dopplerverschiebung auf, sodass sich ihre Radarechos gut von denen der beweglichen Niederschlagsteilchen mit Dopplerverschiebung trennen lassen. Um bei der Auswertung von Z eine auf den Niederschlagstyp (feste/flüssige bzw. große/kleine Niederschlagsteilchen) abgestimmte Z/R-Beziehung verwenden zu können, bedient man sich in jüngster Zeit auch *polarimetrischer Radars*. Hier wird das Radarsignal in horizontaler (H) und vertikaler (V) Polarisation gesendet und empfangen. Die empfangenen Intensitäten (Z_H und Z_V) lassen Rückschlüsse auf den Niederschlagstyp zu (Abb. 2). Ein Problem ist weiterhin

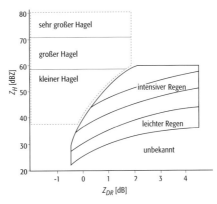

Radar-Niederschlagsmessung 2: Wertebereich für Regen- und Hageltypen im Z_{DR}-Z_H Diagramm. Z_{DR} ist dabei gleich $10 \cdot \log (Z_H/Z_V)$, wobei Z_H und Z_V die empfangenen Intensitäten der horizontalen bzw. der vertikalen Polarisation sind. Große abgeplattete Regentropfen weisen gegenüber kleinen runden Tropfen beispielsweise eine hohe horizontal polarisierte Reflektivität auf.

die hohe Reflektivität von festen Niederschlägen (↗Hagel, ↗Schnee), die beim Fallen eine Schmelzzone passieren, dort angetaut werden und sich mit einer Haut aus Flüssigwasser überziehen. Solche Tauzonen treten im Radarsignal als *Helle Bänder* (*Bright Bands*) in Erscheinung. Seit dem 27.11.1997 befindet sich ein satellitengestütztes Radar zur dreidimensionalen Erfassung tropischer Niederschläge im Orbit. Die von der amerikanischen (NASA) und japanischen (NASDA) Raumfahrtagentur gemeinsam durchgeführte Tropical Rainfall Monitoring Mission (*TRMM*) beinhaltet den *PR-Sensor* (Precipitation Radar, 13,8 GHz), mit dem die dreidimensionale Niederschlagserfassung in einer räumlichen Auflösung von 4,3 km möglich ist (Abb. 3 im Farbtafelteil). [JB]

Radarreflektivität ↗Radar-Niederschlagsmessung.

Radical Geography, in den 1970er-Jahren entstandene, gesellschaftskritische Richtung in der angelsächsischen ↗Geographie. Sie widmete sich zwar denselben Themen wie die christliche Sozialethik, also ↗Armut, ↗Minderheiten in Ghettos, ↗soziale Disparitäten, Ausbeutung der ↗Entwicklungsländer usw., führte jedoch gesellschaftliche Missstände und ↗soziale Ungleichheiten in erster Linie auf den ↗Kapitalismus zurück und warf der etablierten Wissenschaft vordergründige Wertneutralität und herrschaftsstabilisierende Funktionen vor. Radical Geography versteht sich also sowohl als wissenschaftskritische Richtung, die sich im angelsächsischen Raum besonders gegen die gerade etablierte Richtung der »spatial analysis« wandte, als auch als politische Wissenschaft, der es darum geht, ↗Gesellschaft und ↗Raum nicht nur zu beschreiben und zu erklären, sondern auch durch radikale Methoden zu verändern. Die daraus resultierende generelle Kritik an der kapitalistischen Gesellschaft wurde durch eine Rezeption von anarchistischen und marxistischen Schriften vertieft. Ab 1969 bildete die an der Clark University herausgegebene Zeitschrift »Antipode« das wichtigste Diskussionsforum der Radical Geography. Ab etwa 1972 änderte sich die linksliberale Ausrichtung der Zeitschrift in eine marxistisch-anarchistische Richtung. Eine wichtige Rolle haben dabei die Arbeiten von David Harvey gespielt, die den Übergang von einer bürgerlichen zu einer ↗Marxistischen Geographie verdeutlichen. Andere wichtige Vertreter waren K. Buchanan, J. M. Blaut, W. Bunge, Y. Lacoste und R. Peet. Die Kritik an der »spatial analysis«, welche die »radicals« vehement vortrugen, wurde nach und nach zum Gemeingut der angelsächsischen Geographie. Die anfänglich gleichbedeutend vorgetragenen revolutionären Ziele und Vorschläge für eine sozialistische Praxis blieben allerdings auf der Ebene der kritischen Rhetorik. Manche »revolutionären« Vorschläge wie z. B. die Durchführung von Exkursionen und Feldstudien im Rahmen der Geographieausbildung erschienen außerhalb der USA etwas weniger revolutionär. In den 1980er-Jahren wurde allerdings die Radical Geography selbst zunehmend Gegenstand der Kritik. Die härteste Kritik wurde von sowjetischen Geographen in der »Soviet Geography« (vol. 21, 1980) geäußert. Diese warfen den »radical geographers« vor, sie hätten nur ein dürftiges Wissen vom Marxismus, sie seien keine Marxisten sondern Anarchisten, sie hätten die Forschung in den kommunistischen Ländern negiert und würden die ↗Geopolitik wieder aufwärmen. Von anderen Autoren wurden der ↗Strukturalismus, der latente ↗Funktionalismus und die aus heutiger Sicht naiv erscheinenden, monokausalen Erklärungsmodelle kritisiert. Weiterhin entsprach die gesellschaftskritische Haltung der »radicals« nicht mehr der zunehmenden wissenschaftlichen Professionalität der Disziplin. Viele der frühen »radical geographers« avancierten zu führenden Fachvertretern und das Forum »Antipode« wurde bewusst als eine Zeitschrift, die den normalen wissenschaftlichen Kriterien entspricht, ausgebaut. Durch die in der Radical Geography artikulierten Herausforderungen sind grundsätzliche und weit reichende Modernisierungsimpulse in die angelsächsische Geographie hineingetragen worden, die sie in den vergangenen beiden Jahrzehnten in die Lage versetzt hat, in einer ganzen Palette von geographischen Teilperspektiven weltweit führend zu sein und nahezu alle theoretischen Debatten entscheidend zu prägen. Ähnliche Ansätze bestanden auch in der deutschsprachigen Geographie, die sich jedoch nicht durchsetzen konnten und marginalisiert wurden. Einen der Radical-Bewegung vergleichbaren Diskurs gibt es heute nicht mehr; allerdings bestehen immer wieder Versuche, gesellschaftskritische Haltungen in der Geographie organisatorisch zu festigen (»critical geography«).

radikaler Konstruktivismus ↗Konstruktivismus.

Radiokarbonmethode, ^{14}C-Methode, *Kohlenstoffmethode*, ↗Datierung mittels des ↗Isotops ^{14}C, eines ↗kosmogenen Nuklids. Dieses verteilt sich in der ↗Atmosphäre und unterliegt dem Zerfall, sodass sich eine Gleichgewichtskonzentration einstellt. Entsprechend assimilieren Organismen das ^{14}C. Nach deren Absterben zerfällt es mit der Zeit ohne Nachlieferung. Für die Messung wird der Kohlenstoff einer Probe extrahiert und die ^{14}C-Konzentration entweder indirekt als β-Strahlung oder durch Direktmessung (Beschleunigungsmassenspektrometrie, AMS) erfasst. Probleme ergeben sich aus Messungenauigkeiten, durch Kontamination der Probe mit älterem oder jüngerem Kohlenstoff und daraus, dass die primäre Produktion im Laufe der Erdgeschichte nicht konstant war, was eine Eichkurve nötig macht (↗Dendrochronologie). Aufgrund dieser Probleme und der exponentiellen Zerfallskurve des ^{14}C ist der erfassbare Zeitraum auf 30–50.000 Jahre, in günstigsten Fällen etwas mehr, beschränkt. Präzise Eichkurven gibt es für ca. 12.000 Jahre. Innerhalb dieses Zeitraums können Alter in kalibrierte Daten (Kalenderjahre; *kalibriertes Alter*) umgerechnet werden, ansonsten spricht man von Radiokarbonjahren. [AK]

Radiolarien, *Radolaria*, seit dem ↗Kambrium verbreitete, zu den ↗Rhizopoden gehörende Klasse; planktische Einzeller mit formenreichem Gehäuse aus Kieselsäure (Abb.). In wärmeren Meeren v. a. im Indischen und Pazifischen Ozean bilden sie den Radiolarienschlamm, tonreiche Sedimente der Tiefsee. *Radiolarit* ist ein an Radiolarien reiches Gestein, besonders verbreitet im ↗Jura der Alpen. Radiolarien wirkten auch bei der Entstehung der paläozoischen Lydite und ↗Kieselschiefer gesteinsbildend mit.

Radiolarit ↗Radiolarien.

Radiometer, i. a. S. Sammelbezeichnung für alle Messgeräte, welche die Intensität elektromagnetischer ↗Strahlung in definierten ↗Spektralbereichen messen. In speziellem Sinne zählen zu den Radiometern die Messgeräte der kurzwelligen sichtbaren ↗Sonnenstrahlung und ↗Him-

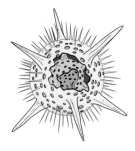

Radiolarien: Gattung *Actinomma* (Gitterkugel vorne aufgebrochen).

melsstrahlung (↗Pyranometer) sowie der langwelligen (infraroten) Strahlung aus dem Halbraum. Spezielle Radiometer messen in einem sehr engen Kegel und werden in der ↗Fernerkundung zur Erzeugung von Bildern (Bitmaps) der Erdoberfläche verwendet, indem das Radiometer die Oberfläche zeilenweise abtastet (↗optoelektronisches Abtastsystem, ↗Scanner). Dabei werden die Emissionen in verschiedenen Wellenlängenbereichen gemessen und zu Bildern zusammengefügt. Als Radiometer wird auch ein für Demonstrationszwecke eingesetztes Gerät bezeichnet, mit welchem die Wirkung der Wärmestrahlung sichtbar gemacht wird. In einem evakuierten Glasgefäß sind dabei an einer leicht drehbaren Achse einseitig berußte Metallplättchen angebracht. Durch die stärkere Absorption der berußten Fläche entsteht ein Temperaturgradient, der die Achse in eine Drehbewegung versetzt und so lange beschleunigt, bis sich ein Gleichgewicht aus Reibungskraft und Torsionskraft einstellt. [JVo]

radiometrische Altersbestimmung, alle Methoden der Altersermittlung (in Jahren) für geologische Materialien, die auf einem nuklearen Zerfall natürlicher Elemente (bzw. deren Isotope) beruhen. Bei kurzlebigen radioaktiven Elementen, wie dem Kohlenstoff-Isotop ^{14}C, wird der vorhandene Anteil gemessen, bei langlebigen Elementen, wie dem Kalium- und Argon-Isotopen $^{40}K/^{40}Ar$, werden die Konzentrationen von Ausgangselement und Zerfallsprodukt ermittelt.

radiometrische Auflösung ↗Auflösung.

Radiosonde, Standardinstrument der ↗Aerologie. Man unterscheidet ↗Abwurfsonden von *Ballonsonden*. Bei Letzteren ist die Sonde, die meist aus einer Kombination von Thermo-, Hygro- und Druckgeber besteht, an einem frei fliegenden ↗Wetterballon, der sich beim Aufstieg infolge des nachlassenden ↗Luftdrucks ausdehnt, befestigt. Die Daten werden mit einem kleinen Kurzwellensender an die Empfangsstation gesendet. Zwischen Sonde und Ballon befindet sich ein Reflektor, durch dessen Anpeilung mit dem Radiotheodoliten Windrichtung und -geschwindigkeit bestimmt werden. Radiosonden erreichen im Allgemeinen Gipfelhöhen um 30 km, im Einzelfall über 50 km. Der Ballon, inzwischen infolge des geringen Luftdrucks auf ein Vielfaches seines Startvolumens vergrößert, platzt, die Sonde fällt frei oder am Fallschirm zu Boden und ist meist nicht wieder verwendbar. Das weltweite aerologische Messnetz umfasst etwa 700 Stationen, allerdings in sehr ungleichmäßiger räumlicher Verteilung. An ihnen erfolgen um 12 Uhr und 00 Uhr UTC (↗Zeitsysteme) Radiosondenaufstiege. Die Vertikalprofile umfassen aufgrund der Aufstiegsgeschwindigkeit einen zeitlichen Ausschnitt von ca. 90 Minuten. [JVo]

Rahmenhöhen, Saum von Erhebungen, der flächenhaftes Relief (z. B. intramontane Becken oder Spülmulden bzw. Flachmuldentäler) umgrenzt.

Rain, *Feldrain, Ackergrenze, Ackerrain*, Bezeichnung für Feldgrenze. Man unterscheidet: a) Längsrain und Querrain bei streifenförmigen ↗Flurformen; b) Furchenrain mit pflugbedingten Grenzfurchen; c) Stufenrain mit in Pflugrichtung verlaufender Grenze einer ↗Ackerterrasse; d) Steinwallrain, Blockrain, Gebüschheckenrain, Erdwallrain, Grasrain als aufgeschüttete Raine; e) Pflugwendestreifen (Anwand) oft in Gestalt hoher, mit Gras bestandener ↗Ackerberge als Grenze am Kopfende von ↗Gewannen. Bei der Ausräumung der ↗Kulturlandschaft wurden die Raine großteils beseitigt, was einen Verlust an morphologischer, biotischer, ökologischer und ästhetischer Vielfalt bedeutet und eine geringere ökologische Stabilität zur Folge hat. Raine sind häufig von Ruderalfluren (↗Ruderalstelle) oder Extensiv-Grünland bewachsen. Bei längerfristiger Nicht-Nutzung (Mahd, Beweidung) kann Gehölz-Sukzession beginnen. Standortbedingungen und Vegetation sind, da es sich um meist wenige Meter (zum Teil < 0,5 m) breite Saumbiotope (↗Ökoton) handelt, stark von Art und Intensität der angrenzenden Flächennutzung abhängig.

Rain-out, *in-cloud-scavening*, die Anlagerung von Gasen und ↗Aerosolen an Wolkentröpfchen und Eiskristallen innerhalb der Wolken. Der Prozess führt nur zum kleineren Teil zur ↗Deposition, da der größere Teil der Wolkentröpfchen wieder verdunstet ohne Niederschlag gebildet zu haben. Der größere Teil der atmosphärischen Auswaschung findet durch den ↗Wash-out statt.

Ramark, ältere Bezeichnung für terrestrische Rohboden der (sub-)arktischen Gebiete und Hochgebirge mit der Horizontfolge Ai/mC oder Ai/lC; entspricht dem ↗Syrosem oder Lockersyrosem nach ↗Deutscher Bodensystematik; nach ↗FAO-Bodenklassifikation: ↗Leptosols, ↗Regosols.

Rambla, ↗Bodentyp der ↗Deutschen Bodensystematik der Abteilung ↗Semiterrestrische Böden und der Klasse: ↗Auenböden; Profil: aAi/alC/aG. aAi+alC über 80 cm mächtig; ↗FAO-Bodenklassifikation: ↗Fluvisols; Verbreitung im Bereich junger Flussablagerungen und auf Ablagerungen unverwitterten Gesteinsmaterials in Flusstälern im Einzugsbereich der Hochgebirge; auch als Auen-Lockersyrosem bezeichnet; Unterbrechung der Bodenentwicklung durch häufige Trockenphasen, Überflutung, Erosion und Sedimentation; Nutzung als Grünland nur eingeschränkt möglich; aufgrund des geringen Alters ist meist nur Pioniervegetation verbreitet.

Rampenstufe, flache bis sehr flache Böschung, die sich an ↗Inselberge anschließt. Sie ist weit verbreitet in gegenwärtig wechselfeuchten tropischen Gebieten.

Raña, zentralspanische Regionalbezeichnung für zerschnittene Schuttdecken auf Fußflächen in den dortigen Trockengebieten. Über einem zerschnittenen, wohl bis zum Ende des Tertiär durch chemische ↗Verwitterung und Abschwemmung gebildeten ↗Pediment liegt eine wenige dm bis wenige Meter dicke murenartige Schuttauflage (Fanglomerat), die aus mit einer hellen Verwitterungsrinde umgebenen Kernsteinen in einer roten Bodensedimentmatrix stammt. Es handelt sich dabei um Abschwemmmassen endtertiär ausklingender Tiefenverwitterung und warmfeuchter »tropoider« Bodenbildung, die im Übergang zu semiaridem Klima von Starkregen abgespült worden sind. Entsprechende, nur infolge intensiverer pleistozän-periglazialer Überprägung seltener erhaltene Sedimentdecken gibt es auch in den deutschen Stufenvorländern.

Ranch, Betrieb mit extensiver ↗Weidewirtschaft (hauptsächlich Rinder, Schafe auf Dauerweiden) auf natürlichen Futterflächen von zumeist beträchtlicher Größe und mit festen Betriebsgrenzen. Meist wird nur eine Tierart gehalten, wobei wie im Falle australischer Schafhalter noch eine weitere Spezialisierung in Fleisch- und Wollschafhaltung möglich ist. Man wählt i. d. R. anspruchslose Tierrassen, die futterknappe Zeiten gut überstehen. Je nach Rentabilität des Betriebes wird Futter dazugekauft. Die Monostruktur hat ein sehr hohes Produktionsrisiko (naturbedingt wie auch marktbedingt) zur Folge. Die Eigentums- und Nutzungsrechte an Weideflächen und Vieh können sehr unterschiedlich sein (Familienbesitz, Kapitalgesellschaften, ganz- oder halbstaatlich, genossenschaftlich). Ranchbetriebe ermöglichen zum einen eine recht gute Arbeitsproduktivität, zum anderen dulden sie eine extrem niedrige Bodenproduktivität, die von keinem anderen Betriebssystem unterschritten wird, mit Ausnahme des ↗Nomadismus. Viehbesatz, Arbeits- und Kapitaleinsatz sowie Betriebsertrag sind, bezogen auf die Fläche, extrem niedrig. Der Kapitalbedarf für die Einrichtung einer Ranch ist andererseits hoch.

Moderne Ranches sind heute mit stationärer Infrastruktur ausgestattet und durch Zäune in Kämpe bzw. ↗Koppeln unterteilt, sodass ein geregelter Weideumtrieb erfolgen und der Viehbestand in homogene Gruppen aufgeteilt werden kann. Lokal noch vorhandene Betriebe mit freiem Weidegang innerhalb der Betriebsfläche passen sich verstärkt an heutige Normen an. Dem Vieh stehen ausschließlich oder vorwiegend Naturweiden zur Verfügung. Teilweise erfolgt eine Weideverbesserung durch Aussaat geeigneter Futtergräser. Moderne Verfahren der Tierzucht und Tierpflege (u. a. künstliche Besamung, Veterinärbetreuung) sind üblich.

Die Minimalgröße einer US-amerikanischen Ranch beträgt 500 ha. In den Great Plains und den intramontanen Becken werden über 100.000 ha erreicht, in Argentinien rd. 200.000 ha. Die größten Betriebe liegen in den trockensten Regionen; dort überwiegt meist Schafhaltung, sonst Rinderhaltung. ↗ranching. [KB]

ranching, moderne Form einer extensiven, stationär und kommerziell betriebenen ↗Weidewirtschaft, die von europäischen Siedlern in Amerika (Vermischung der traditionellen anglo-amerikanischen und spanisch-mexikanischen Rinderhaltungsformen in Texas und Louisiana) und Australien entwickelt und von dort in einige Gebiete der Alten Welt (z. B. südliches Afrika) übertragen wurde. Allerdings werden ihre Wurzeln im sommertrockenen Iberien angenommen, wo im Zuge der Reconquista menschenleere, semi-aride Räume durch große Herden von Merinoschafen und Rindern unter Aufsicht berittener Hirten genutzt wurden. Dieses Agrarsystem fand mit der spanisch-portugiesischen Eroberung im 16. Jh. Eingang in die menschenleeren Grasländer Amerikas, den ↗Pampas, den ↗Gran Chaco, die ↗Sertãos Brasiliens, die ↗Llanos von Venezuela, die Trockengebiete des nördlichen Mexikos, Kaliforniens und von Texas.

Ähnlich wie der ↗Nomadismus ist das ranching unter dem Druck feldbaulicher Interessen immer mehr in Gebiete jenseits der agronomischen ↗Trockengrenze abgedrängt worden. ↗Ranches treten vor allem in den Trockensteppen der mittleren Breiten und der Subtropen sowie den semiariden Savannen auf. Im Gegensatz zum Nomadismus ist das ranching mit seinen hochspezialisierten Großbetrieben rentabilitäts- und marktorientiert. Die Betriebe waren zeitweise (Beginn des 20. Jh.) sogar vorwiegend auf den Weltmarkt ausgerichtet. Heute ist die weltwirtschaftliche Verflechtung des ranching deutlich geringer, was u. a. auf den starken Bevölkerungsanstieg und die Verstädterung in den südamerikanischen Ländern sowie den ↗Agrarprotektionismus der Industrieländer zurückzuführen ist. [KB]

Randanpassung, *edge matching*, automatisierte bzw. halbautomatisierte Verfahren zur Zusammenführung blattschnittsweise vorliegender digitaler ↗geographischer Daten; beinhaltet z. B. die Zusammenfassung von durch einen Kartenrand getrennten Flächen oder Linien und ihrer Attribute (Abb).

Randbedingung, Bestandteil der ↗Erklärung, welche die Anwendbarkeit einer allgemeinen Gesetzesaussage oder Regelmäßigkeit auf einen bestimmten Einzelfall sicherstellt.

Randhöhenmaximum der Niederschläge, Klimaphänomen in tropischen Hochgebirgen. Randhöhen, die Hochplateaus oder Hochbecken überragen, erhalten aufgrund von topographisch verstärkter ↗Konvektion höhere Regensummen.

Randkluft, bezeichnet einen Spalt am Kontakt zwischen Gletscher und Fels. Die Randkluft ist wie die an den Rändern des Gletschers auftretende *Randsenke* ablationsbedingt (↗Ablation), d. h. sie entsteht durch die Wärmeemission des Gesteins. Im Kontrast zu Randspalten (↗Gletscherspalten) sind Randkluft und Randsenke von der ↗Gletscherbewegung unabhängig.

Randmeere, ↗Nebenmeere, die dem Festland nur randlich angelagert sind und durch Halbinseln oder Inselketten vom offenen Meer getrennt sind. Im Gegensatz zu ↗Mittelmeeren.

Randpolje ↗Polje.

Randschwellen, flache Aufwölbungen der Kontinentalränder, die unabhängig von geologischen Strukturen etwa küstenparallel verlaufen. Im Rahmen der ↗Plattentektonik können sie als Formen der ↗Epirogenese des passiven Kontinentalrandes erklärt werden.

Randsenke ↗Randkluft, ↗Auenvegetation.

Randspalte ↗Gletscherspalten.

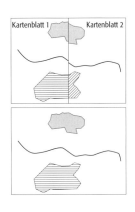

Randanpassung: Typische Randanpassungsprobleme.

Randstörung, *Randtief, Tochterzyklone*, tritt randlich eines ausgedehnten ↗Tiefdruckgebietes auf, ist aber wenigstens von einer Isobare dieses Haupttiefdruckgebietes umschlossen. In Randstörungen kommt es oft zum Drehen und Auffrischen des Windes bei gleichzeitig aufziehender Bewölkung und Niederschlagsbildung. Dabei kann die Randstörung eine Intensivierung erfahren und mit dem Haupttiefdruckgebiet, der Mutterzyklone, zusammenwachsen. ↗Druckgebilde.

Ranggrößenregel, *Rank-Size-Rule*, mathematische Formel zur Berechnung der Größenverteilung von Städten innerhalb eines annähernd ausgewogenen ↗Städtesystems. Sie geht von regelhaften Beziehungen zwischen der Rangfolge einer Stadt und der Einwohnerzahl aus: die n-größte Stadt hat demnach 1/n der Einwohnerzahl der größten Stadt im System. So lassen sich Siedlungsstruktur und Bevölkerungsverteilung eines Landes ebenso erfassen wie das Phänomen der ↗Primatstadt. Die Anwendung der Ranggrößenregel gibt Aufschluss über die Notwendigkeit von raumplanerischen Maßnahmen zum Aufbau intermediärer Zentren (↗Wachstumspolkonzept, ↗Zentrale-Orte-Konzept).

Rangkorrelationskoeffizient ↗Korrelationsanalyse.

Ranker, ↗Bodentyp der ↗Deutschen Bodensystematik der Abteilung: ↗Terrestrische Böden und der Klasse: ↗Ah/C-Böden; Profil: Ah/imC; entstanden aus carbonatfreien bzw. -armen (< 2 Masse-% Carbonat) Kiesel- und Silicat-Festgesteinen. Der Ah-Horizont ist 2 cm bis 3 dm mächtig, meist skelettreich und stets carbonatfrei; Subtypen: Norm-Ranker (↗Basensättigung unter 50%), Euranker (Basensättigung über 50 %) sowie Übergänge zu anderen Bodentypen. Nach ↗FAO-Bodenklassifikation: Eutric und Dystric ↗Leptosols, je nach Basensättigung; Verbreitung vor allem in steilen Hanglagen der Hoch- und Mittelgebirge auf Festgesteinen; flachgründige Böden mit verschiedenen ↗Humusformen; Nutzung als extensives Grünland oder Wald.

Raoult'sches Gesetz, *Lösungseffekt*, Erniedrigung des zum Tropfenwachstum notwendigen ↗Sättigungsdampfdrucks gegenüber reinem ↗Wasser aufgrund von gelösten Stoffen. Der Lösungseffekt entsteht durch die Anziehung von ↗Wasserdampf-Molekülen durch hygroskopische Luftbeimengungen (v. a. Salzkristalle). Hygroskopisch gebildete, initiale Tropfen stellen konzentrierte Lösungen dar, über denen der Sättigungsdampfdruck mit zunehmender Konzentration der Lösung sinkt. Die zur Tropfenbildung in Abhängigkeit des ↗Krümmungseffekts (rechte Seite, 1. Term) notwendige Sättigung ergibt sich unter Berücksichtigung des Lösungseffekts (rechte Seite, 2. Term) aus:

$$\frac{E_{Tr}}{E} = \exp\left(\frac{2\sigma \cdot m}{\varrho_w \cdot R_w \cdot T} \cdot \frac{1}{r}\right) - \frac{750 \cdot m_s \cdot G}{\varrho_w \cdot \pi \cdot \beta \cdot r^3}$$

mit E_{Tr} = Sättigungsdampfdruck über einem Tropfen und E = über einer ebenen Wasserfläche, σ = Oberflächenspannung von Wasser, m = Molekulargewicht von Wasser, ϱ_W = Dichte von Wasser, R_w = spezifische Gaskonstante für Wasserdampf, T = Temperatur, r = Tropfenradius, m_s = Masse des gelösten Stoffs, G = Proportionalitätsfaktor (z. B. 0,04 kg/kmol für NaCl), β = Molekulargewicht der gelösten Substanz (z. B. 58 kg/kmol für NaCl). Der Lösungseffekt bewirkt, dass an hygroskopischen Substanzen Kondensation schon ab einer relativen Feuchte von ≈ 80 % einsetzen kann. Er ist besonders wirksam beim Wachstum kleiner Tropfen, während der Einfluss des Krümmungseffekts bei größeren Tropfen dominiert. [JB]

Rasenabschälung, *turf exfoliation*, vorwiegend in ↗Hochgebirgen auftretendes Phänomen, welches innerhalb geschlossener Rasenflächen ausgedehnte Kahlflächen entstehen lässt. Nach der Verletzung der Rasenfläche (natürlich oder anthropogen) können durch Bildung von Kammeis (↗Kammeissolifluktion) Partikel des Bodensubstrats angehoben werden. Diese trocknen aus und werden durch Wind (↗Deflation) abgetragen. Durch den zweigliedrigen Prozess wird das Wurzelgeflecht des Rasens freigelegt und durch seitliche Unterhöhlung die kahle Fläche stetig erweitert. Dabei kann eine bis zu mehreren Metern hohe Kante (Rasenkliff) entstehen.

Raseneisenstein, durch starke Anreicherung von Eisenoxiden verfestigte, sehr harte, oberflächennahe Oxidationshorizonte in ↗Gleyen; entstanden in Landschaften mit geringen Schwankungen des Grundwasserspiegels bei lateraler Zufuhr von gelöstem Eisen und Mangan aus den höher gelegenen terrestrischen Böden, meist ↗Podsole. Die Anreicherungen sind 10 bis 50 cm mächtig und wurden in der Vergangenheit verbreitet abgebaut und als Erz verhüttet.

Rasenwälzen ↗Solifluktion.

RASS ↗SODAR.

Rasse, 1) *Anthropologie*: Gruppe von Menschen, die biologisch von anderen Personen unterscheiden. Äußere Merkmale sind z. B. Körperbau, Haut- und Augenfarbe, die sich im Laufe der Ausbreitung des Menschen über die Erde als eine Anpassung an die jeweiligen Umweltbedingungen, insbesondere an das ↗Klima, ergeben haben. Schon aufgrund der außerordentlichen Heterogenität der Genstruktur in kleinen Ortschaften ist es wissenschaftlich nicht zu begründen, Menschen verschiedenen Rassen zuzuordnen. Entsprechende Klassifikationen sind das Ergebnis politischer oder sozialer Konstrukte, um bestimmte Gruppen zu diskriminieren, und basieren nicht auf signifikant unterschiedlichen Erbanlagen. 2) *Biologie*: Unterart, ↗Art, ↗Assoziation.

Rassismus, kultur-imperialistische Ideologie der Differenz, schreibt bestimmten Personengruppen aufgrund ihrer regionalen Herkunft und/oder ihrer Hautfarbe negative Eigenschaften zu und begründet diese als biologisch determiniert. Die daraus resultierende ↗soziale Ungleichheit sowie Praktiken der ↗Diskriminierung werden infolge der essentialistischen Argumentation teilweise gesellschaftlich nicht hinterfragt. Während des Nationalsozialismus beispielsweise war die Verbindung von Individuum bzw. Kultur und Raum Element der deutschen ↗Geopolitik. Im Kontext des ↗Postkolonialismus und anderen kritischen Diskursen wird der Begriff Rasse oftmals durch ↗Ethnizität ersetzt, um die gesellschaftlichen Konstruktionsmechanismen der Unterschiede zu betonen.

Rasterdaten, Datenmodell, in dem Bildinhalte (z. B. Fotos) oder räumliche Objekte als (quadratische) Rasterzellen in einer zweidimensionalen Datenmatrix abgebildet werden. Rasterdaten werden sowohl in der allgemeinen Computertechnik verwendet (z. B. Bildschirmdisplay), als auch in verschiedenen Anwendungsprogrammen. In der ↗Geoinformatik kommen sie insbesondere in der digitalen Bildverarbeitung und in (Raster-)↗GIS zum Einsatz. Enthalten die Rasterzellen Bildinformationen, spricht man auch von ↗Pixel. Bei einem Schwarz-Weiß-Bild enthält ein solches Pixel den sogenannten Grauwert, der Abstufungen zwischen Schwarz und Weiß quantifiziert. Bei einer Farbaufnahme entspricht der Pixelwert dem Farbwert für eine der drei Grundfarben. Um ein Farbbild durch additive oder subtraktive ↗Farbmischung zu generieren, sind folglich drei Raster-Datensätze erforderlich. Bei Raster-GIS-Daten enthält eine Zelle hingegen in der Regel eine vom Anwender willkürlich festgelegte Codezahl für eine bestimmte thematische Information. Beispiel: In einer Landnutzungskarte etwa könnte allen Zellen, deren Gebiet die Landnutzung »Wald« aufweist, der Wert »1« zugewiesen sein, allen Wiesen der Wert »2« usw. Das Flächenobjekt »Wald« würde also durch alle Rasterzellen mit dem Wert »1« abgebildet. Im Rasterdatenmodell wird die Lage eines Objektes grundsätzlich durch die Position der entsprechenden Zellen in der aus Zeilen und Spalten bestehenden Datenmatrix erfasst. Anders als beim Vektormodell (↗Vektordaten) wird die Objektgeometrie (↗Geometriedaten) also nicht explizit abgespeichert; gleiches gilt auch für ↗Nachbarschaftsbeziehungen. Da räumliche Objekte im Rastermodell nicht in ihrer Gesamtheit erfasst, sondern in diskrete Einheiten – die Rasterzellen – unterteilt werden, ist dieses Datenmodell für eine Reihe von GIS-Analysen, wie z. B. ↗Overlay- und ↗Nachbarschaftsoperationen besonders gut geeignet. Auf der anderen Seite erfordern Rasterdaten – zumindest ohne ↗Datenkompression – im Allgemeinen erheblich mehr Speicherplatz als eine entsprechende Abbildung im Vektormodell. Rasterdaten sind außerdem für verschiedene andere Zwecke – z. B. Netzwerkanalysen, interaktive Visualisierung von Attributdaten – und für computerkartographische Zwecke weniger geeignet. Abb. [TC]

Raster-Vektor-Konvertierung, Verfahren zur Umwandlung von ↗Rasterdaten in ↗Vektordaten. Die Zellen der Rasterdatenmatrix werden dabei in Punkte, Linien oder ↗Polygone umgewandelt. Je nach System entstehen topologische oder nichttopologische Vektordaten. ↗Flächenerzeugung, ↗Nachbarschaftsbeziehung.

Rationaldaten ↗Skalenniveau.

rationale Erklärung, ↗Erklärung, bei der es darum geht, die Gründe einer problematischen Folge zu rationalisieren, das heißt empirisch (↗Empirie) zu rekonstruieren. Diese Gründe können sich auf problematische Zielsetzungen des ↗Handelns beziehen, aber auch auf vom Handelnden unerkannte Bedingungen des Handelns, die dann zu unbeabsichtigten Handlungsfolgen führen. Ausgangspunkt einer rationalen Erklärung ist eine problematische Handlungsfolge, die unter eine bekannte und bisher empirisch nachgewiesene Grund-Folge-Beziehung subsumiert wird. Rationale Erklärungen zielen im Gegensatz zur Kausalerklärung nicht auf allgemeine, universal gültige Ursache-Wirkungsbeziehungen, sondern auf Regelmäßigkeiten des Handelns in der Form von Wenn-Dann-Aussagen. Der hypothetisch (↗Hypothese) postulierte Zusammenhang zwischen »Wenn« und »Dann« basiert auf dem Verhältnis zwischen einer ↗notwendigen Bedingung und einer daraus hervorgehenden Folge. Damit ist gemeint, dass das Auftreten einer Handlungsweise eine notwendige Voraussetzung ist, damit sich eine bestimmte Handlungsfolge einstellt. Diese Handlungsweise ist aber nicht ausreichend bzw. hinreichend, um immer und überall dieselbe Folge zur Konsequenz zu haben. Der Hauptunterschied zwischen kausaler und rationaler Interpretation des hypothetisch-deduktiven Erklärungsschemas ist konsequenterweise darin zu sehen, dass bei Letzterer die »Wenn-Komponente« nicht mehr als hinreichende Bedingung für jene Gegebenheiten betrachtet wird, die mit der »Dann-Komponente« beschrieben werden. Das Auftreten von »p« ist notwendig, aber nicht zwingend hin- oder ausreichend, damit die Handlungsfolge »q« eintreten kann.

[BW]

Rationalisierung, erlangt in ↗Soziologie, Ökonomie und Psychologie jeweils eine besondere Akzentuierung des ursprünglichen Bedeutungskerns, den man mit »Orientierung an der Vernunft« umschreiben kann. Die unterschiedlichen Akzentuierungen betreffen die Hinwendung zu einer vernünftigeren und bewussteren Gestaltung des praktischen ↗Handelns (soziologische und ökonomische Bedeutung) oder der Zuwendung zu Handlungsweisen zum besseren Ver-

Rasterdaten: Raster- und Vektordarstellung räumlicher Objekte.

Rasterdarstellung	Objektbeispiele	Vektordarstellung
	Punkte: z.B. Haus, Vermessungspunkt	
	Linien: Straße	
	Flächen: z.B. Wald, See	

ständnis derselben (soziologische und psychologische Bedeutung).

Im soziologischen Verwendungskontext ist die Bedeutung von Rationalisierung eng an den Prozess der ↗Modernisierung gekoppelt. Es wird davon ausgegangen, dass ein wesentliches Merkmal im Prozess der Modernisierung in der Rationalisierung der Lebensgestaltung besteht, insofern damit ein eher zufälliges und weniger planvolles traditionelles Handelns durch ein überlegtes, von zweck-mittel-orientierter Kalkulation geprägtes Handeln ersetzt wird. Diese Rationalisierung des Weltbildes ist begleitet von der »Entzauberung der Natur« (Max ↗Weber). An die Stelle magisch-religiöser Interpretationen treten die modernen naturwissenschaftlichen Erkenntnisse.

Der naturwissenschaftliche Fortschritt wird insbesondere zur Entwicklung einer leistungsfähigen Technik zur Umgestaltung und Nutzung der Natur fruchtbar gemacht. Die erste wichtige Etappe in der praktischen Umsetzung des rationalisierten Weltbildes kann in der ↗Industrialisierung gesehen werden, insbesondere in deren Kombination mit der Entwicklung des ↗Kapitalismus zur Ausformung des ↗Industriekapitalismus. Mit der Industrialisierung und der kapitalistischen Wirtschaftsordnung ist bis heute ein zunehmendes Maß der ↗Arbeitsteilung verbunden. Der Prozess der Rationalisierung ist insgesamt eng mit dem wissenschaftlichen Fortschritt verbunden und ↗Wissenschaft wird als die wichtigste Antriebskraft gesehen.

Die weiteren Folgen des Rationalisierungsprozesses werden ebenso in der Intellektualisierung oder Akademisierung der Alltagswelt gesehen. Eingebettet ist dies in die der Rationalisierung zugrunde liegenden Vorstellung, dass die meisten Lebensbereiche der vernunftgeleiteten Kontrolle unterworfen werden können und dadurch wesentliche Leistungssteigerungen erzielbar werden. Die Vorherrschaft der Zweck-Mittel-Rationalität wird als Technokratie umschrieben, die ihrerseits als unmittelbarer Ausdruck des (abendländischen) Rationalisierungsprozesses verstanden wird.

Ein fundamentales Paradoxon des Rationalisierungsprozesses besteht darin, dass einerseits die Beherrschung der Natur als Voraussetzung der menschlichen Freiheit gilt, andererseits die dafür notwendige Technik und Arbeitsteilung zur Isolation und Anomie führt, die der Grundidee der Aufklärung, dem autonom erkennenden und handelnden Subjekt, entgegengesetzt sind.

In der Ökonomie bezeichnet Rationalisierung alle Maßnahmen, welche eine Steigerung der ↗Produktivität ermöglichen. Dabei spielt der Einbezug technischer Neuerungen (↗Innovation) eine zentrale Rolle.

In der Psychologie ist der Begriff »Rationalisierung« von Sigmund Freud (1856–1939), dem Begründer der Psychoanalyse, im Sinne einer rationalisierenden Begründung von triebhaft, irrational oder affektuell bestimmten Tätigkeiten angewendet worden. Mit diesem Verfahren – so Freud – versuchen Individuen sich selbst und anderen gegenüber, Tätigkeiten, die nicht einer rationalen Erwägung entspringen, als vernünftige Handlungen darzustellen. In der ↗Strukturationstheorie von A. Giddens bedeutet Rationalisierung die Aufdeckung der im Verborgenen liegenden Gründe des Handelns. Er bezeichnet damit den Vorgang, in dem die Handlungsweisen, die auf der Grundlage des ↗Unterbewusstseins oder des ↗praktischen Bewusstseins verrichtet wurden, im Nachhinein (rekonstruktiv) auf die Stufe des reflexiven Bewusstseins gehoben wurden. [BW]

Rationalisierungsinvestition, Investition, um das Verhältnis von Aufwand und Nutzen zu optimieren, die Produktivität zu erhöhen und den Gewinn zu verbessern. Negative Folgen der Rationalisierungsinvestition sind in manchen Bereichen ↗Dequalifizierung und der Verlust von Arbeitsplätzen.

Rationalismus, ↗Geisteshaltung und Philosophie, nach denen allein die Vernunft des denkenden Menschen als Ausgangspunkt aller Erkenntnis anerkannt wird. Die menschlichen Lebensgrundlagen sollen nach rationalen Gesichtspunkten gestaltet werden. Der Rationalismus ist eng mit der Philosophie der Aufklärung und damit mit der ↗Moderne und dem mit ihr verbundenen Prozess der ↗Rationalisierung verbunden. Insbesondere die Ablehnung jeglicher Metaphysik – welche sowohl die materielle wie die geistige Welt von jenseits des Erfahrbaren liegenden Grundprinzipien verstehen will – richtete sich gegen die mittelalterliche Ordnung. Der Rationalismus stützte damit die Emanzipationsbestrebungen des Bürgertums und den darauf aufbauenden ↗Liberalismus.

Rationalität, vernunftbezogene Orientierung des ↗Handelns. Eine rationale Orientierung ist nach M. ↗Weber dann gegeben, wenn bewusst und planvoll das verfügbare ↗Wissen zur Erreichung eines gegebenen Zwecks eingesetzt wird, einerlei worin dieses Wissen besteht. Dabei ist zuerst die grundlegende Unterscheidung zwischen formaler und empirischer Rationalität zu beachten. Die formale Rationalität bezeichnet das logisch korrekte Schließen von einem allgemeineren Wissen auf die besonderen Bedingungen der Situation, unabhängig davon, ob das allgemeinere Wissen wahr ist oder nicht. Die empirische Rationalität bezieht sich darüber hinaus auf die richtige Anwendung des wahren Wissens auf die situativen Bedingungen.

Die rationale Orientierung kann sich auf verschiedene Prinzipien beziehen, meistens ist jedoch die zweckorientierte Rationalität bzw. Zweckrationalität gemeint, die häufig auch als technische Rationalität bezeichnet wird. Bei beiden geht es um die (häufig berechnende) angemessene Wahl der Mittel für gegebene Zwecke. Dabei wird zwischen der subjektiv und objektiv rationalen Wahl unterschieden. Bei der subjektiven Rationalität beziehen sich die bewussten Erwägungen auf das subjektiv für richtig gehaltene Wissen, die subjektiv für richtig gehaltene Mittelwahl zur Erreichung gegebener Zwecke. In die-

Ratzel, Friedrich

sem Sinne kann der subjektiv verfügbare Bezugsrahmen verschiedene Annäherungsgrade an den objektiv richtigen Bezugsrahmen aufweisen. Die ↗Entscheidungstheorie ist darauf ausgelegt, unter Bezugnahme auf die subjektive Rationalität den Zugang zu den Handelnden zu erschließen und unter Bezugnahme auf wissenschaftlich gesichertes Wissen eine objektive Rationalität der Handlungsanweisungen zu erreichen.

Das bekannteste wissenschaftliche ↗Modell für zweckrationales Handeln stellt der ↗Homo oeconomicus dar. Diesem Modell entsprechend verfügt der hypothetisch konzipierte Handelnde nicht nur über objektiv richtiges Wissen, er kennt auch alle Alternativen des Handelns. Die größten Schwachstellen des Konzepts vom rational handelnden ↗Akteur liegen darin, dass es mehr auf eine statische als auf eine dynamische Gesellschaft ausgerichtet ist, dass es den gesellschaftlichen und ökonomischen Wandel, die ↗soziale Evolution und ↗regionale Disparitäten der Gesellschaft und Wirtschaft nicht erklären kann. Mit Rationalität kann man nicht beurteilen, ob das verfolgte Ziel »richtig« ist, ob es dem Individuum Nutzen bringt oder dem Überleben des Systems sichert. Ob eine Handlung oder Entscheidung als rational empfunden wird, hängt vor allem vom ↗Wissen und Informationsstand ab, den jemand hat. Deshalb kann Rationalität auch nicht universell, global oder losgelöst vom Zeithorizont definiert werden. Mit Rationalität kann man keine Innovation erzielen und keine Ungewissheit abbauen. Um in einer dynamischen, ungewissen Umwelt oder in einem Wettbewerb bestehen zu können, benötigt man nicht so sehr Rationalität, sondern Lernfähigkeit, (neues) Wissen und Kompetenzen. Die rationale Orientierung kann sich aber auch auf Werte beziehen. Dann spricht man im Sinne von Max Weber von wertrationalem Handeln bzw. von Wertrationalität. Darunter ist nach Weber »ein Handeln nach ›Geboten‹ oder gemäß ›Forderungen‹, die der Handelnde an sich gestellt glaubt«, zu verstehen. Das oberste Orientierungsprinzip stellt somit die Beachtung geltender Werte und Normen bei der Wahl von Mitteln dar. Die vernunftmäßige Orientierung kann sich allerdings sowohl auf die Mittel, als auch auf die Zwecke bzw. die Ziele des Handelns beziehen. Dann spricht man von Sinnrationalität. Insbesondere die technische Rationalität gehört zu den grundlegenden Charakteristika moderner und spät-moderner Gesellschaften. Sie beruht auf der Nutzung des naturwissenschaftlichen Wissens zum rationalen Eingreifen in die Natur und deren Beherrschung.   [BW]

Ratzel, *Friedrich*, deutscher Journalist, Naturwissenschaftler und Geograph, geb. 30.8.1844 Karlsruhe, gest. 9.8.1904 Ammerland am Starnberger See. Er absolvierte zunächst eine Apothekerlehre, holte das Abitur nach und studierte dann 1866–1868 in Karlsruhe, Heidelberg, Jena und Berlin Naturwissenschaften. Er promovierte 1868 in Heidelberg mit der Arbeit »Beiträge zur anatomischen und systematischen Kenntnis der Oligochäten«. Seit 1870 verfasste er hauptsächlich journalistische, auf Reiseberichterstattung ausgelegte Arbeiten (»Wandertage eines Naturforschers«, 2 Bde. 1873/74; »Städte- und Kulturbilder aus Nordamerika«, 2 Bde., 1876; »Aus Mexico«, 1878). 1875 habilitierte sich Ratzel in München für ↗Geographie und wurde im Jahr darauf als ao. Prof. an die TU München berufen. In rascher Folge entstanden nun Werke, die das Forschungsspektrum der noch jungen Hochschulgeographie nachhaltig prägen sollten: 1878/80 »Die Vereinigten Staaten von Amerika«, 1882/1891 »Anthropogeographie I – Grundzüge der Anwendung der Erdkunde auf die Geschichte«, »Anthropogeographie – Die geographische Verbreitung des Menschen«; 1855–1888 »Völkerkunde« (3 Bde.). 1886 wurde Ratzel als o. Prof. nach Leipzig berufen, wo er bis zu seinem Tod lehrte. Aufbauend auf seinen – z. T. heftig kritisierten – Ideen zur ↗Humangeographie publizierte er als weitere Hauptwerke 1897 »Politische Geographie oder die Geographie der Staaten, des Verkehrs und des Krieges« sowie 1901/02 »Die Erde und das Leben« (2 Bde). Durch seine überaus umfangreiche Publikationstätigkeit (Ratzel veröffentlichte im Laufe seines Lebens rund 1200 Bücher, Aufsätze und sonstige Beiträge) und seine Anziehungskraft als Hochschullehrer – mit mehr als 300 Hörern war er der erfolgreichste Hochschulgeograph seiner Zeit – hat er das Profil das Faches im In- und Ausland wie kein anderer bestimmt.   [UW]

Raubbau, die nicht auf ↗Nachhaltigkeit ausgerichtete Nutzung von natürlichen Ressourcen abiotischer und biotischer Art. Der Raubbau beachtet nicht die Regenerationsfähigkeit von ↗nachwachsenden Rohstoffen, die dadurch deutlich reduziert werden, aber auch nicht die Endlichkeit von nicht erneuerbaren Ressourcen, wie z. B. fossiler Energien. War es in der Antike vor allem die Übernutzung von mediterranen Waldgesellschaften, so werden heute vielfach tropische und subtropische sowie boreale Waldgesellschaften durch eine nicht standortgemäße Nutzung geschädigt. Raubbau wird vielfach auch beim Abbau von ↗Torf in Hochmooren (↗Moore), aber auch durch Jagd und Fischfang betrieben. Indikatoren sind die rückgehenden Bestandszahlen.

Räuber, *Prädator*, Bezeichnung für Tiere mit zoophager ↗Ernährungsweise. Unterschieden werden nach der Art des Beuteerwerbs aktive Jäger, Lauerjäger, Fallensteller. Räuber finden sich in allen Klassen und Ordnungen; ohne Ausnahme räuberisch sind z. B. die Spinnen, die als Modell für einen terrestrischen (wirbellosen) Prädator gelten.

Rauchschaden, Schäden, die durch Rauchgasimmissionen verursacht worden sind. In der Vergangenheit dominierten in Mitteleuropa die Belastungen durch Schwefeldioxid (↗saurer Regen), die insbesondere das Resultat von Verbrennung schwefelhaltiger fossiler Brennstoffe sowie von nicht sachgemäß gelagertem Holz waren. Anders verhält es sich mit Stickoxiden, die als Leitagens der starken Zunahme des motorisierten ⁄Verkehrs gelten können. Im Gegensatz zum Schwefeldioxid stagniert dieses Rauchgas in der Bundesrepublik auf vergleichsweise hohem Niveau. Hinzu treten weitere Rauchgase wie Salz- und Schwefelsäure, Arsen, Fluor und Ammoniak, die auf sehr unterschiedliche Emittenten zurückgehen. Seit langem umstritten ist die Frage der Richt- und Grenzwerte sowohl für Pflanzen und Tiere als auch für den Menschen. Ähnliches gilt für deren Resistenz gegenüber den Rauchgasimmissionen. Dabei muss vor allem überprüft werden, inwiefern antagonistische bzw. synergistische Wirkungen der verschiedenen Substanzen vorliegen. Unbestritten ergeben sich bei Pflanzenarten Blattnekrosen und zum Teil bei Tierarten Beeinträchtigungen physiologischer Prozesse, die mit massiven Schäden einhergehen können (⁄neuartige Waldschäden). Auch die Erträge von landwirtschaftlichen Anbaufrüchten zeigen artspezifisch deutliche Rückgänge. Berücksichtigt werden muss zudem die geschwächte Widerstandskraft vorgeschädigter Individuen. Neben umfangreichen Laboranalysen mit Einsatz von Phytokammern sind zur Ermittlung der Rauchschäden auch Freilanduntersuchungen durchgeführt worden. Dabei kamen auch spezielle Reaktions- und Akkumulationsindikatoren zum Einsatz. Nicht schlüssig beantwortet werden konnte dagegen bisher, inwieweit Pflanzenarten über Rauchhärten verfügen können. [MM]

Raueis, fester abgesetzter ⁄Niederschlag, geht aus unterkühlten Wassertropfen (⁄gefrierender Regen) hervor. Raueis bildet sich bei Kontakt von großen, unterkühlten Wassertropfen auf Oberflächen mit einer Temperatur unter dem Gefrierpunkt, bevorzugt unter schwachwindigen Bedingungen. Boden und Vegetation werden rasch mit einer glasigen Eisdecke überzogen, die sich zu einem sehr harten Panzer entwickeln kann (Abb. 1 im Farbtafelteil). Bei höherer Windgeschwindigkeit und kleinen Regentropfen bildet sich auf der Luvseite von unterkühlten Hindernissen *Nadeleis* aus, eine Form von ⁄Grundeis, die meist synonym zu Kammeis verwendet wird (⁄Kammeissolifluktion; Abb. 2 im Farbtafelteil).

Raufrost ⁄Raureif.

Rauigkeit, 1) *Geomorphologie*: *Rauheit, Fließwiderstände,* in der Flussmorphologie der gesamte Fließwiderstand in einem natürlichen ⁄Fließgewässer. Die Rauigkeit setzt sich aus verschiedenen Teilwiderständen zusammen. Es sind Ufer- von Sohlenwiderständen zu unterscheiden. Die Sohlenwiderstände sind wiederum in Oberflächen- und Formrauigkeit zu differenzieren. Die Oberflächenrauheit beschreibt die Energieverluste infolge der Korngrößendurchmesser des anstehenden Substrats an der Gerinnebettoberfläche. Sie wird auch als Kornwiderstand oder Kornrauheit bezeichnet. Je größer die Kornfraktionen, desto höher die Energieverluste. Entscheidend ist die Gerinnetiefe, die ins Verhältnis zum größten Korndurchmesser gesetzt werden muss. An größeren Gewässern kann u. U. auch sehr dicht stehende, die Durchströmung der bewachsenen Flächen des ⁄Gerinnequerschnitts fast komplett unterbindende Gehölzvegetation als Oberflächenrauheit angesehen werden, das gleiche gilt für umfangreiche krautige Wasservegetation kleinerer Fließgewässer. Die Formrauheit beschreibt dagegen Energieverluste infolge verschiedener strömungswirksamer Ufer- und Sohlenstrukturen wie ⁄Bänke usw. und vegetationsbedingter Strukturen (z. B. Wurzelgeflecht). Die Formrauigkeit wird daher oftmals auch als Strukturrauheit oder Formwiderstand bezeichnet. Sie lässt sich noch weiter nach typischen Formrauheitskomponenten infolge der ⁄Laufform und somit der ⁄Laufkrümmung, dem ⁄Totholz usw. unterteilen. Zur Erfassung der Widerstände des Gerinnes existieren diverse Berechnungsverfahren. Fließwiderstände können jedoch kaum exakt erfasst werden, da in natürlichen Gerinnen keine konstanten Werte vorkommen. **2)** *Klimatologie*: *Bodenrauigkeit,* durch die topographische Ausstattung und das Relief hervorgerufene Unebenheit der Erdoberfläche. Die Rauigkeit führt in der ⁄atmosphärischen Grenzschicht zu ⁄dynamischer Turbulenz und beeinflusst die vertikale Verteilung der Windgeschwindigkeit, indem bei zunehmender Annäherung an die Erdoberfläche der ⁄Wind durch die ⁄Reibung verstärkt abgebremst wird. Die Stärke des Bremseffektes hängt von der räumlichen Verteilungsdichte und Geometrie der Hindernis- bzw. Rauigkeitselemente ab, z. B. topographische Elemente und Reliefformen. Zur Abschätzung der vertikalen Windgeschwindigkeitsverteilung mittels des ⁄logarithmischen Windgesetzes wird die Rauigkeit über den Rauigkeitsparameter bzw. die *Rauigkeitslänge* z_0 [m] quantifiziert. Die Rauigkeitslänge z_0 gibt für eine Hinderniskonstellation die theoretische Höhe an, unterhalb derer, verursacht durch die Reibung, Windstille herrschen müsste. Die Rauigkeitslänge lässt sich näherungsweise über die mittlere Höhe der Hinderniselemente h_H [m] mit $z_0 \approx 0{,}1\, h_H$ abschätzen. Die Tabelle enthält eine Übersicht von Rauigkeitslängen verschiedener Oberflächenformen. Liegen die Rauigkeitselemente extrem nahe beieinander, wie z. B. Getreidehalme, Waldbäume oder innerstädtische Bauten, so stellt die Oberseite dieser Rauigkeitselemente aus strömungsdynamischer Sicht eine neue, gegenüber der Erdoberfläche abgehobene Bezugsoberfläche für den Wind dar, deren Abstand von der Erdoberfläche als *Nullpunktverschiebung d* [m] bezeichnet wird

Rauigkeit: Richtwerte der Rauigkeitslänge z_0 für verschiedene Oberflächentypen.

Oberfläche	z_0 [m]
Windstille Gewässer	0,001
Schneebedeckte Äcker	0,002
Rasenflächen	0,005
Wiesen und Weiden	0,02
Getreidefelder	0,05
Heckenreiche Agrarlandschaft	0,1
Parklandschaften	0,2
Vororte, lichte Wälder	0,5
Innenstädte, Wälder	1,0
Hügellandschaft	5,0
Mittelgebirge	10,0

und über die Beziehung $d \approx 0{,}6\ h_H$ näherungsweise abgeschätzt werden kann.

Rauigkeitslänge, *Rauigkeitsparameter*, z_0, ↗Rauigkeit.

Raum, ist der komplexe Basisbegriff für ↗Raumforschung, ↗Raumordnung und ↗Raumwissenschaft. Er umfasst etwa folgende Bedeutungsinhalte. Nach I. Kant ist der Raum wie die Zeit eine gegebene und notwendige Voraussetzung zur Sinneswahrnehmung, eine »Anschauungsform«; nach I. Newton ist der Raum als unendlich, homogen und unabhängig von Körpern, als absoluter »Behälter« aufzufassen; während G. W. Frh. v. Leibniz den Raum als bloßes System von Lagerelationen materieller Objekte auffasst. Diese relationale Raumauffassung bildet einen wesentlichen theoretischen Baustein der heutigen ↗Raumwissenschaften (Wissenschaften, die sich wesentlich mit dem Raum als Ressource menschlichen Handelns befassen). Ausgehend von ↗Ritter und ↗Ratzel ist der Raum aber auch die natürliche, d. h. die »dinglich erfüllte Erdoberfläche«. Das Verhältnis Mensch-Natur, das unter dem Postulat der ↗Nachhaltigkeit wieder stark in den Vordergrund von ↗Raumforschung und ↗Raumplanung tritt, legt diesen Raumbegriff zu Grunde. In der ↗Geographie stehen unter Zugrundelegung dieses Raumbegriffs Fragen nach dem Raum als Wirkungsgefüge wechselseitiger natürlicher und anthropogener Faktoren, Raum als Ergebnis landschaftsprägender Prozesse und Raum als Prozessfeld menschlicher Handlungen im Vordergrund des Interesses. Raum ist aber auch ein soziales und ökonomisches Konstrukt sozialer Handlungen von Gesellschaften, Organisationen und Individuen, deren Ergebnis sich auch als erdräumlich-materielles Substrat niederschlägt, was nicht zuletzt zu einer verstärkten Auseinandersetzung mit dem Raum, u. a. in der Soziologie, führt. Schließlich ist Raum auch Medium und Ziel der Machtausübung, der Einflussnahme von Organisationen und anderen sozialen oder politischen Systemen, z. B. als staatliches Territorium oder als ökonomisches Kräftefeld, das gekennzeichnet ist durch Wachstum und Schrumpfung, sodass ↗regionale Disparitäten entstehen. Die Berücksichtigung der Bedeutungsvielfalt des Raumbegriffs bildet die Voraussetzung und Grundlage für jede räumliche Planung.   [KW]

Raumanalyse, *spatial analysis*, dient einerseits dazu, Strukturen, ↗räumliche Disparitäten, Verflechtungen und Prozesse in vorgegebenen Raumeinheiten wie z. B. Verwaltungseinheiten, Planungsräumen u. Ä. aufgrund exogener Kriterien abgegrenzter Gebiete zu analysieren. Für diesen Ansatz ist es typisch, dass der Untersuchungsraum festliegt; seine Grenzen sind oftmals sogar gesetzlich geregelt. Andererseits kann es Aufgabe der Raumanalyse sein, Gebiete mit einer bestimmten Merkmalsausprägung zu ermitteln. In diesem Fall ist die Raumabgrenzung das Ergebnis der Untersuchung. Hierbei finden zwei verschiedene Methoden Verwendung: beim datenorientierten Ansatz wird die räumliche Verteilung von ausgewählten Daten und Merkmalskombinationen untersucht. Aufgrund der Verteilungsmuster wird dann die Raumabgrenzung vorgenommen. Im Gegensatz hierzu wird bei der problemorientierten Raumanalyse zunächst ein Problemkomplex definiert und dann die Aufgabe gestellt, entsprechend strukturierte Räume zu ermitteln und abzugrenzen. Grundsätzlich ist zu beachten, dass das Ergebnis einer jeden Raumausgliederung von den gewählten Abgrenzungskriterien, den Merkmalsabstufungen und weiteren Vorgaben wie der räumlichen Aggregationsstufe (lokal, regional usw.) abhängt.

Ein großer Teil der Raumanalyse befindet sich in der Tradition einer kritisch-rationalistischen Geographie bzw. der ↗Quantitativen Geographie und wendet verschiedene bi- oder multivariable, statistische Verfahren (z. B. ↗Korrelationsanalyse, ↗Clusteranalyse) und Geographische Informationssysteme (↗GIS) an. Letztere bieten nicht nur den Vorteil, Datenbankanalyse und raumbezogene Visualisierung (↗digitale Kartographie) zu verknüpfen, sondern auch Flächenverschneidungen bei unterschiedlichen räumlichen Bezugssystemen oder unterschiedlichen Datenformaten (↗Vektordaten versus ↗Rasterdaten) in die Raumanalyse einzubeziehen. Während die Raumanalyse noch zu Beginn der quantitativen Revolution als Werkzeug zur Auffindung »objektiver« räumlicher Einheiten angesehen wurde, wird sie mittlerweile kritischer als ein normatives Verfahren gesehen, dessen Erkenntnisse auch immer als Ergebnis einer wissenschaftlichen Konstruktion angesehen werden müssen.   [TS]

Raumbeobachtung, die indikatorgestützte, laufende, systematische und umfassende, quantitative und qualitative, textliche und graphische Berichterstattung über raumrelevante Entwicklungsprozesse in einem bestimmten Planungsgebiet. Das bekannteste und am häufigsten verwendete Raumbeobachtungssystem für das Bundesgebiet ist die »Laufende Raumbeobachtung« des ↗Bundesamtes für Bauwesen und Raumordnung, früher Bundesforschungsanstalt für Landeskunde und Raumordnung (BfLR). Das System der »Laufenden Raumbeobachtung« wurde mittlerweile gesetzlich festgeschrieben. Nach § 18, Abs. 5 ↗Raumordnungsgesetz ist ein räumliches Informationssystem zu führen und mit dessen Hilfe die räumliche Entwicklung zu beobachten, zu bewerten und darüber zu berichten. Ergebnisse aus der »Laufenden Raumbeobachtung« sind den Ländern und damit auch den Regionen zur Verfügung zu stellen. Es gilt das Prinzip der »Koordination durch Information«. So verstandene Raumordnungspolitik benötigt laufend Informationen über ↗regionale Disparitäten, über Maßnahmenalternativen und über die raumwirksamen Effekte dieser Maßnahmen. Raumbeobachtung als Informationsinstrument vereint auch Elemente der Erfolgskontrolle und der Prognose. Dahinter steht der Anspruch, Informationen für die Diskussion von Zielen, die Aufstellung von Programmen, die Auswahl von Maßnahmen sowie deren Vollzug bereitzustellen. Gleichzeitig soll beurteilt werden, inwieweit Ziele und Maßnahmen verwirklicht worden sind oder überprüft werden müssen. Indikatoren sind das wichtigste Instrument der Raumbeobachtung. Sie liefern den Maßstab, mit dem räumliche Entwicklungen eingeschätzt werden können. Die Daten müssen vergleichbar sein, flächendeckend vorliegen und eine möglichst kurze Periodizität haben. Neben dem Datenangebot der amtlichen Statistik werden in den Bereichen Infrastruktur, Flächennutzung und Umwelt für die Raumbeobachtung auch andere Quellen genutzt. Es handelt sich dabei vornehmlich um raumbezogene Daten, die mittels Geographischer Informationssysteme (↗GIS) Daten für die Raumbeobachtung erschließen. [FS]

Raumbewertung, die auf der Erfassung eines Ist-Zustandes beruhende zweckbezogene Bewertung eines ↗Raumes im Hinblick auf seine Eignung für bestimmte Nutzungsansprüche des Menschen (z. B. ↗touristische Raumbewertung) und/oder in Bezug auf den Schutz der belebten und unbelebten Umwelt (↗Umweltschutz). Bei der Raumbewertung werden die für einen bestimmten Raum flächendifferenziert erfassten und nach entsprechenden Regeln ermittelten Eigenschaften des Bewertungsgegenstandes mit definierten Grenz-, Ziel- oder Normwerten verglichen und einem wertenden Urteil unterzogen. Die Raumbewertung ist ein wichtiges Hilfsmittel der auf den verschiedenen Ebenen der Planungshierarchie multidisziplinär betriebenen räumlichen Gesamtplanung und dient der Entscheidungsfindung in Planungsprozessen. Hierbei finden je nach disziplinärer Ausrichtung und Bewertungszweck Verfahren der sozioökonomischen und/oder der ökologischen Raumbewertung Anwendung. Bei der sozioökonomischen Raumbewertung steht üblicherweise die Frage nach der Eignung eines Raumes in Bezug auf die aus den menschlichen ↗Daseinsgrundfunktionen erwachsenden Raumnutzungsansprüche im Mittelpunkt. Die ökologische Raumbewertung zielt auf die Beurteilung räumlicher Strukturen, Nutzungen und Funktionen im Hinblick auf die Leistungsfähigkeit des Naturhaushaltes (↗landschaftsökologisches Potenzial), den Schutz von Pflanzen- und Tierwelt, die nachhaltige Nutzung der Naturgüter und den Erhalt von Vielfalt, Eigenart und Schönheit von Natur und Landschaft ab. Die im Rahmen ökologischer Raumbewertungen eingesetzten Bewertungsverfahren lassen sich folgenden Grundtypen zuordnen: a) ökologische ↗Eignungsbewertung, b) ökologische Belastungsbewertung, c) ökologische Wertanalyse und d) ökologische Risiko- und Wirkungsanalyse. [RD]

Raumforschung, ist der das gesamte menschliche Leben in seinen räumlichen Bezügen auf der Erde umfassende, die Raumentwicklung analysierende Wissenschaftsverbund (↗Raumwissenschaften), der in seinen Leitvorstellungen auf ↗Nachhaltigkeit und gerechte Raumentwicklung ausgerichtet ist (*Raumwirksamkeit*). Raumforschung ist der zentrale Forschungsverbund, an dem im Wesentlichen Geographie, Soziologie, Ökonomie, Architektur, Agrar-, Verkehrswissenschaften sowie die spezifische Raumforschung und ↗Raumplanung beteiligt sind und der sich mit den Handlungen des Menschen in seinem gesamten Lebensraum auseinandersetzt. Raumforschung umfasst damit nicht nur die genannten Disziplinen, sondern darüber hinaus auch wesentliche Inhalte der Umweltforschung sowie aller anderen Disziplinen, deren Fragestellungen über die fachliche Spezifik hinaus raumbezogen sind und deren Gesamtthematik über den Raum als Lebensraum des Menschen definierbar ist. Spezifische Lehrstühle oder Institute für Raumforschung oder Regionalforschung, auch in Verbindung etwa mit ↗Stadtplanung oder ↗Landesplanung und ↗Raumordnung sind zwar seit den 1970er-Jahren an verschiedenen deutschen Universitäten entstanden, aber, gemessen an der Bedeutung der Forschungsrichtung, noch nicht genügend in der Hochschullandschaft vertreten. Raumforschung hat die Aufgabe, leitbildorientierte theoretische Konstrukte im Wissenschaftsverbund räumlich ausgerichteter Wissenschaften auszuarbeiten, die zur zukünftigen Raumentwicklung beitragen. Sie legt die wissenschaftlichen Grundlagen für die Raumordnung. Ihre Raumanalyse ist zielorientiert, sie wertet damit ihre Analysen hinsichtlich der zukünftigen Raumentwicklung. Raumforschung verwendet dazu sowohl quantitative als auch qualitative Verfahren für die Analyse und für die Prognose. Raumforschung ist in ihren Aussagen, Wertungen und Leitvorstellungen über die räumliche Entwicklung auf mittlere Zeithorizonte ausgerichtet, ihre Aussagen sind damit zunächst relativ abstrakt, sodass die Akzeptanz der von ihr vorgelegten Ergebnisse im Alltagsleben, aber auch in der auf kurzfristige Entscheidungen fixierten Politik nicht immer rechtzeitig wahrgenommen und in politisches Handeln umgesetzt werden und somit mehr unbeabsichtigte Folgen raumbezogenen Handelns zu beobachten sind als notwendig. Eine stärkere Popularisierung ihrer Ergebnisse kann dazu beitragen, raumbezogene Fehlentscheidungen kurzfristiger, häufig partikularer Interessen abzuschwächen. Dazu bedarf es u. a. im universitären Bereich der Überwindung tradierter Fächer- und Organisationsgrenzen, in der Politik der Errichtung oder stärkerer Kompetenzzuweisung vorhandener Querschnittsreferate, die Fachpolitiken hinsichtlich der Raumverträglichkeit ihrer Vorhaben und Entscheidungen stärker kontrollieren und koordinieren. [KW]

Raumgesetz, bezeichnet in der raumwissenschaftlichen Geographie (↗Raumwissenschaft) eine Regelmäßigkeit des erdräumlich gemeinsamen Auftretens natürlicher und sozial-kultureller Gegebenheiten. Die Aufdeckung von Raumgesetzen soll gemäß ↗Bartels der Erreichung der obersten Zielsetzung der raumwissenschaftlichen ↗Geographie dienen, der Entwicklung einer umfassenden Raumtheorie, sowohl für die Bereiche der ↗Physischen Geographie als auch der ↗Sozialgeographie und ↗Wirtschaftsgeographie.

Raumgliederung, *Gebietsgliederung, Gebietstypisierung, Rayonierung*, 1) synonym für ↗Regionalisierung 2) in der ↗Kartographie häufig verwendete Bezeichnung für (kartographische) Methoden und Ergebnisdarstellungen von ↗Regionalisierungen. Die einfachste Form der Raumgliederung ist die Zusammenfassung von gestreut verteilten Einzelobjekten gleicher Art zu einem Pseudoareal innerhalb einer ↗Karte. Werden zwei verschiedene Objektarten betrachtet, deren Verteilungen sich im ↗Georaum durchdringen bzw. überlagern, kann dieser Überlagerungsbereich als ein drittes Areal (Gebietstyp, Rayon) mit eben diesen Merkmalen ausgewiesen werden.

In ähnlicher Weise wird die Raumgliederung nach den Eigenschaften von kontinuierlich verbreiteten Erscheinungen oder Sachverhalten vorgenommen. Auch die integrierende Betrachtung von Kontinua und Diskreta ist möglich. Die im Georaum real gegebene Überlagerung wird vom Kartenautor durch Aufeinanderlegen der entsprechenden Karten bzw. Folien nachvollzogen und seinem wissenschaftlichen Konzept gemäß herausgearbeitet. Eine weitere Möglichkeit besteht in der Aufbereitung (Klassifizierung, Typenbildung) von statistischen Daten (↗Verschneidung von Merkmalen), die für ↗Bezugsflächen vorliegen. Bei Benutzung einer derartigen Karte ist jedoch zu beachten, dass sich die dargestellten Flächen gleichen Typs stets aus den Grenzen der Bezugsflächen ergeben und die angestrebten Regionen mitunter nur unscharf wiedergeben. Ein entsprechendes Beispiel liegt mit den in der Raumordnung vorgesehenen ↗siedlungsstrukturellen Gebietstypen vor.

Karten von Gebietstypisierungen, gleich welcher Themen, erfordern langwierige Autorenarbeit, da in der Regel zur Absicherung von Grenzverläufen umfangreiches Kartenmaterial, Fachtexte und Statistiken als Quellen herangezogen werden müssen. Im Ergebnis der Raumgliederung entstehen Mosaikkarten, die den Komplexkarten bzw. Synthesekarten (↗Gestaltungskonzeption) zuzurechnen sind.

Wesentliches Merkmal dieser Karten ist, dass sie keine realen Flächen abgrenzen, sondern abstrakte Regionen ausweisen, z. B. Natur-, Wirtschafts- oder Sozialräume. Eine besondere Form der Raumgliederung verkörpert die historisch gewachsene, häufig unter politischen Gesichtspunkten pragmatisch festgelegte Verwaltungsgliederung. Die Einheiten der Verwaltung sowie anderer allgemein anerkannter Raumgliederungen, z. B. der Naturräumlichen Gliederung Deutschlands können als Bezugsflächen für Flächenkartogramme (↗Kartogramm) und Kartodiagramme dienen (↗kartographische Darstellungsmethoden).

Raumgliederungen lassen sich seit der Einführung von ↗GIS durch Verschneidung von Flächen gewinnen. Die Ergebnisse der Verschneidung können sehr kleinflächige Mosaike sein, die häufig der ↗Generalisierung bedürfen. [KG]

Raumkategorien ↗Strukturraum.

Raumklima, das Klima in geschlossenen Räumen, meist untersucht im Rahmen von Fragestellungen der ↗Angewandten Klimatologie. Steuergrößen des Raumklimas sind die physikalischen Einflüsse der ↗Atmosphäre auf die Außenhaut des Gebäudes sowie die Wärme- und Masseflüsse durch die Wände. Dadurch entstehen im Innern unterschiedlich temperierte Bereiche, die eine autochthone Raumluftzirkulation in Gang setzen. Sie wirkt mit künstlichen Lüftungen, Heizungen und anderen Klimatisierungen zusammen. Neben Anwendungen in Wohnbau, Gewerbe und Lagerhaltung kommen raumklimatische Fragestellungen auch im ↗Denkmalschutz und in Museen zur Anwendung.

Raumkonstrukt, Konkretisierung einer ↗Raumkonstruktion. Der ↗geometrische Raum wird real erfahrbar in Form von Kuben, Pyramiden, Kegel u. A., der ↗phänomenologische Raum durch die lebensweltliche Gestaltung wie Wohnzimmer, körperliche Nähe etc., der ↗symbolische Raum durch imaginäre Vorstellungen wie z. B. Paradies, Zauberwald, Kriegerdenkmal.

Raumkonstruktion, Art und Weise, wie die Idee des ↗Raumes theoretisch erfasst werden kann. Die Konstruktion des ↗geometrischen Raumes z. B. erfolgt über mathematisch-geometrische Lagebeziehungen, die des ↗phänomenologischen Raumes über das Körperhandeln und die daraus abgeleitete geistige Konstruktion des erfahrbaren Raumes. Raumkonstruktionen konkretisieren sich in ↗Raumkonstrukten.

räumliche Arbeitsmarktsegmentierung, das Resultat eines systematischen Zusammenhanges zwischen wirtschaftsräumlicher Gliederung und der ↗Arbeitsmarktsegmentierung. Ausgangspunkt des Konzepts ist die Beobachtung, wonach ↗Kernunternehmen stabile Arbeitsplätzen mit einer mittleren bis hohen Qualifikationsanforderung erzeugen, Klein- und Mittelbetriebe dagegen einen überdurchschnittlich hohen Anteil an instabilen Arbeitsplätzen mit einem geringen Ausmaß an Know-how. Dort, wo Kernunternehmen zu finden sind, wird auch der primäre Arbeitsmarkt überdurchschnittlich stark entwickelt sein, und dort, wo hauptsächlich Randunternehmen lokalisiert sind, der sekundäre. Das Konzept der räumlichen Arbeitsmarktsegmentierung verknüpft in weiterer Folge das ↗duale Arbeitsmarktmodell mit einem dualen Raummodell und weist dem Zentrum vor allem das primäre Arbeitsmarktsegment zu und der Peripherie das sekundäre. Der städtische Arbeitsmarkt kann daher als ein insgesamt attraktiver Arbeitsmarkt mit einem hohen Anteil an primären Arbeitsplätzen angesehen werden, der ländliche Arbeitsmarkt wird dagegen überdurchschnittlich viele sekundäre Arbeitsplätze aufweisen. Auch wenn sich diese Dualität in der Realität nicht als Dichotomie darstellt, so lenkt das Konzept der räumlichen Arbeitsmarktsegmentierung das Analyseinteresse auf die Merkmale, die im Rahmen der Arbeitsmarktsegmentierung Bedeutung besitzen. [HF]

räumliche Auflösung ↗Auflösung.

räumliche Bevölkerungsbewegungen, alle Standortwechsel einer Person (↗Mobilität) unabhängig davon, ob es sich um ↗Migrationen oder

↗Zirkulationen handelt. Einen besonderen Stellenwert nehmen Wohnungswechsel über Gebietsgrenzen ein, da sie die Einwohnerzahl und Bevölkerungsstruktur in der jeweiligen Raumeinheit relativ rasch verändern können. Sind die Zu- größer als die Abwanderungen, liegen für den Raum *Wanderungsgewinne*, positive Wanderungssalden oder -bilanzen vor; man spricht von *Zuwanderungsgebieten*. Im umgekehrten Falle heißt es *Abwanderungsgebiet*, d. h. das Gebiet weist *Wanderungsverluste*, negative Wanderungssalden oder -bilanzen auf.

räumliche Daten ↗geographische Daten.

räumliche Disparitäten, *Disparitäten* innerhalb einer Region (↗regionale Disparitäten), ungleiche Ausstattung eines Raumes mit Arbeitsplätzen, Dienstleistungen, Infrastruktur sowie sozioökonomischen und demographischen Merkmalen (↗soziale Disparitäten). Disparitäten ergeben sich infolge unterschiedlicher naturräumlicher Ausstattung und Inwertsetzung, verschiedener Standortbewertungen bzw. -entscheidungen der öffentlichen Hand sowie Segregationsprozessen. Innerhalb eines Metropolitangebietes z. B. treten Disparitäten zwischen Zentrum und den zunehmend höher bewerteten Peripherieräumen auf; durch selektive Abwanderung verstärken sich soziale Ungleichheiten zwischen Kernstädten und suburbanem Raum zunehmend und lösen ihrerseits weitere selektive Abwanderung sowie sich selbst verstärkende Abwärtsentwicklungen von Quartieren aus.
Dem Anspruch der ↗Raumordnung entsprechend, eine Entwicklung »gleichwertiger Lebensbedingungen« aller Regionen in Deutschland zu gewährleisten, wird mithilfe der Raumordnung, der ↗Landesplanung und der ↗Regionalplanung versucht, die Unterschiede durch gezielte Entwicklungsmaßnahmen zu nivellieren (↗Regionalentwicklung). Zu den verwendeten Instrumenten, die regionale Disparitäten ausgleichen sollen, gehören auch verschiedene Fonds der ↗EU, v. a. der EFRE und der ESF (↗Europäische Raumordnung).
Prinzipiell gibt es räumliche Disparitäten auf jeder Maßstabsebene: Neben regionalen Unterschieden lassen sich auch nationale (z. B. innerhalb der EU) und supranationale Unterschiede (zwischen entwickelten und weniger entwickelten Nationen) feststellen. Als Versuch, räumliche Disparitäten auf internationaler Ebene zu erklären, können ↗Zentrum-Peripherie-Modelle betrachtet werden.

räumliche Entwicklungstheorien, befassen sich mit der theoretischen Erklärung von räumlicher Entwicklung. Ähnlich wie bei den ↗Arbeitsmarkttheorien existieren zwei unterschiedliche Denkschulen. Die eine geht von der Annahme aus, dass die unterschiedliche Ausstattung der Regionen mit Produktionsfaktoren vor dem Hintergrund eines liberalen und ungehinderten Marktes langfristig zum Ausgleich gelangt. In einer Welt ungehinderter Mobilität von Arbeit und Kapital sowie perfekter Markttransparenz wird sich Konvergenz räumlicher Strukturen einstellen (↗Gleichgewichtsmodelle). Dies gilt im besonderen für die arbeitsmarktrelevanten Größen des ↗Arbeitskräfteangebots, der ↗Arbeitskräftenachfrage und der Lohnhöhe. Im Gegensatz dazu betonen ↗Ungleichgewichtsmodelle, dass bei einem ungehinderten Wettbewerb der Regionen eine zunehmende Divergenz zwischen den Regionen eintritt. Gedanklich liegen damit Ungleichgewichtsmodelle und die Segmentationstheorie (↗Arbeitsmarkttheorien) auf einer ähnlichen Ebene. Strukturelle Unterschiede gelangen nicht zum Ausgleich, sondern vertiefen sich. Die Vorstellung einer ordnenden »invisible hand« wird abgelehnt. [HF]

räumliche Mobilität ↗Mobilität.

räumliche Optimierung, mathematische Verfahren der (linearen) Optimierung zur Festlegung von (Angebots-, Nachfrage-) Standorten und/oder Zuordnungen zwischen ihnen nach bestimmten Kriterien. Die Kriterien sind zum einen Neben- und Randbedingungen, die in jedem Fall erfüllt sein müssen, zum anderen ist es die Zielfunktion, die zu minimieren bzw. maximieren ist. Sind alle Nachfragestandorte gegeben und ist nur ein Angebotsstandort gesucht, handelt es sich um ein reines Standortproblem (z. B. Standort einer Universität in einer Region). Sind die Standorte gegeben und es werden die optimalen Zuordnungen (Verflechtungen) gesucht, spricht man vom Zuordnungsproblem (z. B. Transportproblem: optimale Zuordnung von Angebots- und Nachfragestandorten). Solche Probleme können mit Verfahren der linearen Programmierung bearbeitet werden. Sind nur die Nachfragestandorte gegeben und es sind die Angebotsstandorte und die optimalen Zuordnungen gesucht (z. B. Errichtung von öffentlichen Einrichtungen, Standort von Warenhäusern), so ist das sogenannte Standort-Zuordnungsproblem oder Lokations-Allokations-Problem zu lösen. Hier ist häufig eine exakte Lösung (aufgrund der hohen Zahl an Unbekannten) nicht oder nur schwer möglich, sodass heuristische Algorithmen zur Erzeugung von *Lokations-Allokations-Modellen* herangezogen werden. Diese führen zu lokalen Optima. Es ist aber nicht gewährleistet, dass die absolut optimale Lösung gefunden wird. [JN]

räumliche Planung ↗Raumplanung.

räumliches System, bezeichnet in der raumwissenschaftlichen ↗Geographie (↗Raumwissenschaft) ein erdräumliches Anordnungsmuster von Elementen der Raumstruktur, die untereinander in einer (funktionalen) Beziehung stehen. Zuerst wurde die Vorstellung von einem räumlichen System in ↗Christallers ↗Zentrale-Orte-Konzept als System der zentralen Orte mit unterschiedlichen Hierarchiestufen der A-, B-, C-Orte usw. thematisiert. Dabei wird das formale Raster der allgemeinen ↗Systemtheorie derart auf Siedlungen angewandt, dass die Elemente des Raumsystems durch die Siedlungseinheiten mit ihrer jeweiligen räumlichen Verortung konstituiert werden. Die funktionalen Beziehungen unter den Elementen werden durch die Nachfragehandlungen der Konsumenten gebildet. Sie werden je nach Zentralitätsmaß unterschiedlichen Hierarchiestufen zugewiesen.

räumlich-statistische Bezugseinheit, Einteilung eines (Stadt-)Gebietes in Einheiten, für die statistische Daten zur Verfügung stehen. Die Größe der räumlich-statistischen *Bezugseinheiten* ist entscheidend für die Aussagekraft geographischer und besonders sozialräumlicher Stadtgliederungen. Je kleinräumiger stadt- und sozialgeographische Arbeiten vorgehen, um so differenziertere Aussagen sind möglich.

Raumnutzungskonzeptionen, beabsichtigte Regelung der Raumnutzung. Sie wird in Raumnutzungskonzeptionen oder regionalen Entwicklungskonzepten niedergelegt. Zur Erarbeitung von Raumnutzungskonzeptionen werden von den Planungsbehörden häufig externe, interdisziplinär arbeitende Planungsteams beauftragt. Die häufigsten Formen von Raumnutzungskonzeptionen sind die Erarbeitung von Vorrangfunktionen und ↗Vorranggebieten. Als Vorbehaltsgebiete werden Raumnutzungskonzeptionen bezeichnet, die den Vorschlagscharakter im Planungsprozess noch nicht überschritten haben. Im Sinne der rechtlich verbindlichen Festsetzung von Planung werden förmliche Vorranggebiete festgelegt. »Klassische« Vorranggebiete stellen die Wasserschutzgebiete dar.

raumordnerische UVP, Umweltverträglichkeitsprüfung, die für UVP-pflichtige Projekte, für welche nach der geltenden Rechtslage ein gestuftes Verfahren (↗gestufte UVP) erforderlich ist, erfolgt. Die raumordnerische Umweltverträglichkeitsprüfung ermittelt, beschreibt und bewertet die raumbedeutsamen Auswirkungen des Vorhabens auf die im ↗UVP-Gesetz genannten Schutzgüter entsprechend dem Planungsstand des Vorhabens.

Raumordnung

Klaus Wolf, Frankfurt am Main

Der Begriff Raumordnung ist von der Wortbedeutung her nicht eindeutig definiert und wird in unterschiedlichen Bedeutungen verwendet. Zunächst wird darunter die tatsächlich vorhandene Struktur eines Gebietes verstanden. Dazu gehören die natürlichen Ressourcen, die Infrastruktur, die Siedlungsstruktur, ja alle ↗Artefakte menschlichen ↗Handelns im ↗Raum, von der wirtschaftlichen Tätigkeit bis zu den kulturellen und sozialen Einrichtungen, dem Wohnen und der Freizeitgestaltung in Verbindung mit der Raumüberwindung.

Häufiger wird der Begriff der Raumordnung jedoch mit dem Inhalt einer leitbildorientierten zukünftigen Ordnung des Raumes verbunden, z. B. dem Abbau von ↗regionalen Disparitäten, der Verwirklichung ↗gleichwertiger Lebensbedingungen oder einer auf ↗Nachhaltigkeit ausgerichteten Raumentwicklung. Der Begriff Raumordnung kann aber auch für die Bedingungen und Handlungen stehen, die zur Verwirklichung einer angestrebten räumlichen Ordnung durchgeführt werden. Dabei ist Raumordnung immer auf größere, überörtliche Gebietseinheiten bezogen und arbeitet mit übergreifenden Konzepten, die Einzelmaßnahmen und fachliche Partialinteressen zu bündeln und auf ein räumliches Gesamtziel hin zu integrieren suchen. Raumordnung kann somit als klassische Querschnittsaufgabe bezeichnet werden.

Raumordnung im Sinne der Festlegung von Grundsätzen und Leitlinien für die zukünftige Gestaltung des Raumes und ihre Verwirklichung ist im Grunde so alt wie die Geschichte der Menschheit, wenn auch der Begriff der Raumordnung erst wenige Jahrzehnte alt ist. Zur Sicherung eines Territoriums und der Aufrechterhaltung hoheitlicher Macht wurden z. B. Straßen angelegt, Gelände urbar gemacht, die Wasserversorgung sichergestellt und Verwaltungsstrukturen sowohl immateriell als auch materiell verwirklicht. Besonders in absolutistischen Herrschaftssystemen wurden raumwirtschaftliche Systeme entworfen (↗absolutistische Stadt), die man auch als staatswirtschaftliche Raumordnung bezeichnen kann.

Seit Beginn der ↗Industrialisierung und dem damit verbundenen Wachstum der Städte und der Industrieregionen seit der Mitte des 19. Jh. klaffte eine Lücke zwischen der Gestaltung der Infrastruktur und der Entwicklung genereller Vorstellungen über die anzustrebende räumliche Ordnung.

Mit der zunehmenden Verstädterung in der ersten Hälfte des 20. Jahrhunderts entstanden, zunächst in Großberlin, dann im Ruhrgebiet und im mitteldeutschen Industrierevier Planungsverbände, die erstmals Gesamtkonzepte für die räumliche Planung größerer zusammenhängender Gebiete entwickelten. Diese Planungen blieben aber zunächst Aufgabe der kommunalen Selbstverwaltung. Dabei wurde aber auch schon erkannt, dass Planung für größere Gebietskategorien nicht nur notwendig ist, sondern dass sie sich nicht nur auf die Planung der Flächennutzung beschränken dürfe, sondern auch die wirtschaftliche und gesellschaftliche Komponente in die Planung miteinbeziehen müsse.

Während der Nazi-Herrschaft des Dritten Reiches wurde die Raumordnung dem machtpolitischen Streben des totalitären Systems untergeordnet und entwickelte etwa im »Generalplan Ost« schlimmste Auswüchse einer totalitären raumbeanspruchenden Planung. Mit dem Entstehen der Bundesrepublik Deutschland nach dem 2. Weltkrieg entwickelte sich mit dem fortschreitenden Wiederaufbau und einer sich deutlicher artikulierenden Flächeninanspruchnahme aufgrund intensiver Neubautätigkeit im industriell-gewerblichen und privaten Bausektor sowie einer rasch wachsenden ↗privaten Motorisierung mit der daraus folgenden Nachfrage nach weiteren Verkehrsflächen besonders für den straßengebundenen Individualverkehr ein deutlicher werdendes Bewusstsein für eine für das Gebiet der Bundesrepublik insgesamt verbindliche Raumordnung. Aufgrund der föderativen Struktur der Bundesrepublik mit einer starken Stellung der Länder und der Freiheit der kommunalen Selbstverwaltung verzichtete die Bundesregierung zunächst auf das ihr nach dem Grundgesetz zustehende Recht der Rahmengesetzgebung, sie begnügte sich vielmehr zunächst mit dem Abschluss eines am 16. 12. 1957 in Kraft getretenen Verwaltungsabkommens, das sich allerdings als wenig hilfreich erwies, da es keine sachlichen Grundsätze und Ziele für die Raumordnung des Bundes festlegte und sich daher die Gemeinden, die öffentlichen Planungsträger und Landesparlamente nicht an diese Vereinbarung gebunden fühlten.

Trotz erheblicher Bedenken und Widerstände der Länder und marktwirtschaftlich denkender Gruppen in den Regierungsparteien, die durch die Verabschiedung eines Raumordnungsgesetzes eine erneute Einführung staatlicher Planwirtschaft befürchteten, konnte am 8. 4. 1965 das erste ↗Raumordnungsgesetz (ROG) der Bundesrepublik Deutschland von der Bundesregierung verabschiedet werden.

Die Raumordnung der Bundesrepublik Deutschland als eines freiheitlich-demokratischen Rechtsstaats hat wesentliche Grundrechte und Rahmenbedingungen dieser rechtsstaatlichen Verfassung und der daraus entwickelten gesellschaftlichen Strukturen zu berücksichtigen. Dazu gehören vor allem die im Grundgesetz (GG) Artikel (Art.) 1–19 niedergelegten Grundrechte der Bürger gegenüber dem Staat, die auch für jede Planung und Raumordnung verbindliche Rahmenbedingung sind. Besonders ist hier neben der Unantastbarkeit der Würde des Menschen (Art. 1 GG) auf die freie Entfaltung der Persönlichkeit (Art. 2 und 5 GG), auf die Gewährung von Freizügigkeit (Art. 11 GG) oder auf die Rechtsstellung des Eigentums, auch in seiner dem Gemeinwohl dienenden Verpflichtung (Art. 14 GG), zu achten. Schon daraus leiten sich wesentliche Leitvorstellungen für die Raumordnung ab, die sich etwa in dem Ziel der Schaffung gleichwertiger Lebensbedingungen in allen Teilräumen Deutschlands im ROG niederschlagen.

Ebenso ist der föderative Staatsaufbau (Art. 28 GG) Grundlage der Raumordnung in Deutschland oder der in das Grundgesetz eingefügte Art. 20 a, der den Schutz der natürlichen Lebensgrundlagen im Grundgesetz verankert hat. Gleichermaßen ist die Raumordnung durch die grundgesetzlichen Festlegungen zum Finanzwesen, besonders im Rahmen des Finanzausgleichs zwischen den Ländern (Art. 107 GG), geprägt.

In ökonomischer Hinsicht gilt in Deutschland das Prinzip der »sozialen Marktwirtschaft«, das vom Grundsatz her den Markt nach den Regeln des Wettbewerbs entscheiden lässt, gleichzeitig aber soziale Benachteiligungen minimieren soll. Da sich besonders die wirtschaftliche Entwicklung heute über nationalstaatliche Grenzen hinweg setzt, Informations-, Fertigungs- und Verteilungsentscheidungen hinsichtlich ihrer Standortwahl von Unternehmensseite weltweit getroffen werden, sind hier für Ziele und Durchsetzung der Raumordnung auf nationaler Ebene trotz Regulierungsbehörden und kartellrechtlicher Kontrollfunktionen Rahmenbedingungen erwachsen, die die Konzeptionen und Vorgaben für die Raumordnung und -planung auf den nachgeordneten räumlichen Ebenen zusehends erschweren. Ob das 1999 verabschiedete ↗Europäische Raumentwicklungskonzept (EUREK), das die Länder der Europäischen Gemeinschaft lediglich auf die Selbstverpflichtung der Beachtung in ihren jeweiligen Territorien festlegen konnte, ein taugliches Instrument ist, dieser »Global-Player«-Entwicklung raumordnerische Akzente entgegenzusetzen, bleibt abzuwarten.

Die seit 1965 gesetzlich verankerte Raumordnung der Bundesrepublik Deutschland hat die Aufgabe, die für die räumliche Entwicklung maßgeblichen Aktivitäten der ↗Gebietskörperschaften, also von Bund, Ländern und Kommunen, im Rahmen übergreifender Konzepte aufeinander abzustimmen. Der Bundesraumordnung obliegen dabei Aufgaben sowohl auf horizontaler Ebene – also innerhalb der Aufgaben des Bundes, soweit sie räumliche Relevanz haben – als auch in vertikaler Richtung, also gegenüber der Europäischen Union (↗EU) einerseits und den Ländern und Gemeinden andererseits. Der Bund nimmt über eine Vielzahl von unmittelbar oder mittelbar wirkenden Maßnahmen auf die räumliche Entwicklung Einfluss – sei es durch Gesetzgebung, durch Förderungsprogramme, durch steuerliche Rahmenbedingungen oder auch durch Bundesfachplanungen und durch raumrelevante Entscheidungen von bundeseigenen Verwaltungen (Behördenstandorte, Bundesliegenschaften). Die Zuständigkeit des Bundes für die Raumordnung ist damit folgendermaßen gekennzeichnet: »Der Bund hat eine Rahmenkompetenz für die Gesetzgebung der Länder sowie eine Vollkompetenz für eine Raumplanung für den Gesamtstaat. Die Bundesraumordnung hat ihre Aufgaben im ROG vor allem mit der Formulierung von generellen Grundsätzen definiert. Sie hat mit dem ROG ein System der Verwirklichung der raumordnerischen Grundsätze für die Ebenen des Bundes und der Länder entwickelt und darüber hinaus ein Koordinatensystem für die verschiedenen Verantwortungsebenen von Raumordnung und Landesplanung geschaffen«.

Die allgemeinen Vorschriften der Bundesraumordnung sind im ↗Raumordnungsgesetz in seiner Fassung vom 18.8.1997 in den §1 (Aufgabe und Leitvorstellungen der Raumordnung) und 2 (Grundsätze der Raumordnung) niedergelegt. Dabei tritt neben die Herstellung gleichwertiger Lebensverhältnisse in allen Teilräumen als wesentliche neue Aufgabe und Leitvorstellung der Raumordnung die nachhaltige Raumentwicklung (/Nachhaltigkeit), die die sozialen und wirtschaftlichen Ansprüche an den Raum mit seinen ökologischen Funktionen in Einklang bringt und zu einer dauerhaften, großräumig ausgewogenen Ordnung führt (§ 1). Neu sind in der Fassung vom 18.8.1997 die in § 2 formulierten 15 Grundsätze der Raumordnung, die im Sinne der Leitvorstellung einer nachhaltigen Raumentwicklung nach § 1, Absatz 2 anzuwenden sind. Zu diesen Grundsätzen gehört u. a. die Entwicklung einer ausgewogenen Siedlungs- und Freiraumstruktur im Gesamtraum der Bundesrepublik Deutschland, die Erhaltung einer leistungsfähigen dezentralen Siedlungsstruktur, eine Infrastruktur, die mit der Siedlungs- und Freiraumstruktur in Übereinstimmung steht, die Sicherung verdichteter Räume als Wohn-, Produktions- und Dienstleistungsschwerpunkte, eine räumlich ausgewogene, langfristig wettbewerbsfähige Wirtschaftsstruktur, die Gewährleistung der Wohnraumversorgung der Bevölkerung, die Erhaltung einer leistungsfähigen Land- und Forstwirtschaft, nicht zuletzt zur Pflege und Gestaltung von Natur und Landschaft, der Schutz von Natur und Landschaft einschließlich Gewässer und Wald (/Naturschutz) oder die gute Erreichbarkeit aller Teilräume untereinander durch Personen- und Güterverkehr (/Verkehrsplanung).

Die verfasste Raumplanung in der Bundesrepublik Deutschland ist in vier Stufen gegliedert, in die Bundesraumordnung, die /Landesplanung, die /Regionalplanung und die /Bauleitplanung der Gemeinden. Die Raumplanung selbst obliegt den Ländern, die an die Rahmengesetzgebung des Bundes (Art. 75,4 GG) gebunden sind, während Regional- und Bauleitplanung jeweils die Vorgaben von Bundesraumordnung, Landesplanung und Regionalplanung zu beachten haben. Die Abschnitte 2 und 3 des ROG enthalten die entsprechenden Rechtsgrundlagen für die Zusammenarbeit zwischen Bund und Ländern auf dem Gebiet der Raumordnung.

Zur Wahrnehmung der raumordnerischen Aufgaben auf Bundesebene wurde 1972 das Bundesministerium für Raumordnung, Bauwesen und Städtebau geschaffen; seit 1998 ist es mit dem Bundesministerium für Verkehr zusammengelegt zum Bundesministerium für Verkehr, Bau- und Wohnungswesen, sodass die Raumordnung auf ministerieller Ebene geschwächt wurde. Für die Raumordnung, besonders in dem erweiterten derzeitigen Ministerium, ist es schwierig, der Querschnittsaufgabe der Raumordnung, die in viele Ressorts, vom Verkehr über Wirtschaft, Umwelt, Finanzen, Landwirtschaft, Forschung u. a. hineinreicht, gerecht zu werden, zumal jeder Minister gemäß Grundgesetz (Art. 65 GG) seinen Verantwortungsbereich innerhalb der Richtlinienkompetenz des Bundeskanzlers selbständig leitet. So entstehen immer wieder Interessensgegensätze zwischen dem für die Raumordnung zuständigen, auf die Lösung von Querschnittsaufgaben ausgerichteten Ministerium und den einzelnen Fachressorts.

Zur Wahrnehmung und Verwirklichung der allgemeinen Grundsätze des Raumordnungsgesetzes hat das für Raumordnung zuständige Ministerium im Jahre 1992 einen Raumordnungspolitischen Orientierungsrahmen vorgelegt, der nicht zuletzt aufgrund der Wiedervereinigung Deutschlands Perspektiven, Leitbilder und Strategien für die räumliche Entwicklung des Bundesgebiets aus der Sicht der Bundesraumordnung enthält. Er kennzeichnet die künftige Raumstruktur anhand von fünf Leitbildern: Siedlungsstruktur, Umwelt und Raumnutzung, Verkehr, Europa sowie Ordnung und Entwicklung. Durch die /Ministerkonferenz für Raumordnung (MKRO) wurde am 8.3.1995 in Folge dieses Orientierungsrahmens der Raumordnungspolitische Handlungsrahmen zur Koordination und Moderation komplexer räumlicher Entwicklungen durch Projekte und Aktionen beschlossen, um positive Anstöße zur Weiterentwicklung der Raum- und Siedlungsstruktur zu geben. Er umfasst vier Themenbereiche, die in einzelne Schwerpunkte untergliedert sind: die Region als Umsetzungsebene raumordnerischer Aktivitäten, die europäische Dimension von raumordnerischem Handeln, Fachplanungen von raumwirksamer Bedeutung sowie die Erfordernis eines modernen Planungsrechts. Wesentliche, diesen Themenbereichen zugeordnete Schwerpunkte sind z. B. die sog. regionalen Entwicklungskonzepte, /Städtenetze, Ressourcenschutz in den großen /Verdichtungsräumen und ihrem Umland oder die Bedeutung europäischer Metropolregionen für die Raumentwicklung in Deutschland und Europa.

Zur Klärung grundsätzlicher Fragen der Raumordnung und Landesplanung und zur gegenseitigen Unterrichtung zwischen Bund und Ländern ist die Ministerkonferenz für Raumordnung zuständig, deren wesentliche Sacharbeit im Hauptausschuss geleistet wird. Auch wenn die MKRO keine für Bund und Länder verbindlichen Festlegungen treffen kann, spiegeln die Entschließungen der MKRO übereinstimmende Positionsbestimmungen der für die Raumordnung zuständigen Ministerien aus Bund und Ländern.

Die Arbeit des für die Raumordnung zuständigen Ministeriums wird durch den Beirat für Raumordnung unterstützt, der den Bundesminister in Grundsatzfragen berät.

Das /Bundesamt für Bauwesen und Raumordnung erstattet in regelmäßigen Abständen gegenüber dem für Raumordnung zuständigen Bundesministerium zur Vorlage an den Deutschen Bundestag /Raumordnungsberichte über die räumliche Entwicklung des Bundesgebiets.

Die Raumordnung und die ihr nachgeordnete Landes-, Regional- und Bauleitplanung, für die in planungsrechtlicher Hinsicht als Oberbegriff oder als synonyme Bezeichnung der Begriff

⁊Raumplanung Verwendung findet, ist ein integrativer Bestandteil staatlichen Handelns in einer freiheitlich-demokratischen Gesellschaftsordnung, deren Leitbilder und ihre Verwirklichung zur Erhaltung und Bewahrung einer menschengerechten räumlichen Ordnung unabdingbar notwendig sind, auch wenn aufgrund der mittel- und langfristigen Handlungskonzepte der Raumordnung und des hohen Abstraktionsgrades ihrer Leitvorstellungen und Instrumente zur Durchsetzung, manchmal auch aufgrund höher bewerteter fachlicher Partikularinteressen der Raumordnung zurzeit nicht immer die Aufmerksamkeit beschieden ist, die notwendig wäre, um eine Raumentwicklung zu erhalten, die im wirklichen Sinne als nachhaltig zu bezeichnen ist.

Literatur: [1] ERNST, W. (1995): Raumordnung. In: Handwörterbuch der Raumordnung. [2] AKADEMIE FÜR RAUMFORSCHUNG UND LANDESPLANUNG (Hrsg.)(1999): Grundriss der Landes- und Regionalplanung. [3] KRAUTZBERGER, M. (1995): Bundesraumordnung. In: Handwörterbuch der Raumordnung.

Raumordnungsbericht, Bericht, welcher raumbedeutsame Tatbestände und Entwicklungstendenzen aufzeigt und bewertet. Auf Bundesebene fordert das ⁊Raumordnungsgesetz (ROG) die regelmäßige Berichterstattung durch das ⁊Bundesamt für Bauwesen und Raumordnung. Neben einer Bestandsaufnahme sind dabei raumbedeutsame Planungen und Maßnahmen, deren räumliche Verteilung im Bundesgebiet sowie die Auswirkungen der Politik der ⁊EU auf die räumliche Entwicklung der BRD darzustellen. Die Mehrzahl der Bundesländer sieht in den jeweiligen ⁊Landesplanungsgesetzen analog zum ROG die Erstellung von Landesentwicklungsberichten vor.

Raumordnungsgesetz, ROG, Teil des ⁊Planungsrechts. Mit dem 1965 beschlossenen und seither mehrfach novellierten ROG macht der Bund Gebrauch von der ihm in Artikel 75 Grundgesetz zugewiesenen raumordnerischen Rahmenkompetenz. Das ROG enthält detaillierte Vorschriften zur bundeseinheitlichen Aufstellung und Ausgestaltung von Landes- und Regionalplänen, zur Durchführung von Raumordnungsverfahren sowie zur Abstimmung der unterschiedlichen Planungsebenen. Mit der Formulierung von inhaltlichen Leitvorstellungen bzw. Zielen und von Grundsätzen der ⁊Raumordnung geht der Bundesgesetzgeber über rein organisationsrechtliche Fragen hinaus. In das ROG sind verschiedene Wertvorstellungen des Grundgesetzes eingegangen: So hat die Raumordnung u. a. der freien Entfaltung der Persönlichkeit in der Gemeinschaft zu dienen. Bis zum Vollzug der deutschen Einheit war das Ziel der Wiedervereinigung des gesamten Deutschlands zu berücksichtigen. Mit den Novellierungen von 1989 und 1998 wurde die Raumordnung verstärkt auf den ⁊Umweltschutz und zuletzt auch auf das Prinzip der ⁊Nachhaltigkeit verpflichtet. Seit 1998 ist den Ländern zudem unter bestimmten Bedingungen die Zusammenfassung von Flächennutzungs- und Regionalplänen zum sog. ⁊regionalen Flächennutzungsplan möglich. [JPS]

Raumordnungspolitik, hat als Teil der Gesamtpolitik Beschlüsse über die künftig anzustrebende Entwicklung eines Gebietes/Raumes zum Gegenstand. Hintergrund ist der Gedanke, dass räumliche Entwicklung nicht sich selbst überlassen werden darf, sondern gelenkt werden muss. Hierbei orientiert sich die Raumordnungspolitik an ⁊Leitbildern der räumlichen Entwicklung, die sich meist auf Ergebnisse der ⁊Raumforschung stützen. Als Teil der Gesamtpolitik ist Raumordnungspolitik jedoch geltendem Recht unterworfen und muss bei der Umsetzung der Leitbilder gesetzliche Vorgaben und Zielvorstellungen berücksichtigen. Ziel der Raumordnungspolitik ist heute v. a. eine ausgewogene Raumstruktur innerhalb der Bundesrepublik, verbunden mit der Vorgabe, überall ⁊gleichwertige Lebensbedingungen zu schaffen. Über die raumordnerischen Aktivitäten im Rahmen der Raumordnungspolitik geben Bund und Länder seit 1963 in den sog. ⁊Raumordnungsberichten Auskunft. [GRo]

Raumordnungsverfahren, ROV, förmliche Prüfung eines überörtlich raumbedeutsamen Vorhabens nach § 15 ⁊Raumordnungsgesetz bzw. dem jeweiligen ⁊Landesplanungsgesetz, um dessen Übereinstimmung mit den Zielen und Grundsätzen der ⁊Raumordnung und ⁊Landesplanung festzustellen und um zu prüfen, wie verschiedene Vorhaben unter den Gesichtspunkten der ⁊Raumordnung aufeinander abgestimmt oder durchgeführt werden können (Abb.). Diese sog. ⁊Raumverträglichkeitsprüfung hat planungssichernde Funktion. Das Ergebnis des ROV entfaltet gegenüber dem Träger des Vorhabens aber keine unmittelbare Rechtswirkung. Es ist ein vorgelagertes Verfahren, z. B. vor Durchführung eines ⁊Planfeststellungsverfahrens, das der verwaltungsinternen Abklärung der raumordnerischen Verträglichkeit und insbesondere der Beurteilung von Trassen- bzw. Standortalternativen dient. Die Raumordnungsverordnung gibt die Hauptanwendungsfälle des ROV an: Errichtung von Deponien und Kraftwerken, Gewässerumgestaltungen, der Bau von Bundesfernstraßen, die Errichtung von Feriendörfern, Hotelkomplexen und Freizeitanlagen sowie die Errichtung von Einkaufszentren und großflächigen Einzelhandelsbetrieben. [MO]

Raumplanung, im allgemeinen Sprachgebrauch das gezielte Einwirken auf die räumliche Entwicklung der Gesellschaft, der Wirtschaft und der natürlichen, gebauten und sozialen Umwelt in einem Gebiet. Im deutschen Planungsrecht ist der Begriff nicht definiert. Raumplanung setzt sich

Raumordnungsverfahren:
Schematische Darstellung des Raumordnungsverfahrens nach Art. 23 Bayrisches Landesplanungsgesetz (einschließlich raumordnerischer Umweltverträglichkeitsprüfung).

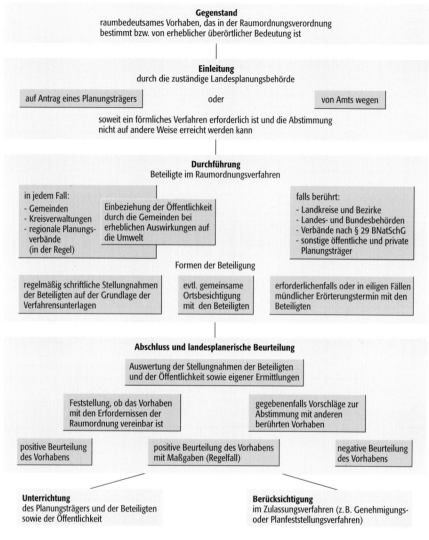

mit dem gesamten Lebensraum der Menschen unter politischen, wirtschaftlichen und gesellschaftlichen Aspekten auseinander und versucht die Voraussetzungen für eine erträgliche Lebensqualität der jetzigen und zukünftiger Generationen zu schaffen. Da auch nichtstaatliche oder gebietskörperschaftliche Institutionen Raumplanung in diesem Sinne betreiben, spricht man heute in diesem Zusammenhang auch mehr und mehr von *räumlicher Planung*. Im Planungsrecht und in der Planungsadministration umfasst der Begriff Raumplanung die drei überfachlichen Planungsebenen der ∕Raumordnung des Bundes, der ∕Landesplanung einschließlich der ∕Regionalplanung sowie der ∕Bauleitplanung. Diese Planungsebenen sind einerseits rechtlich, organisatorisch und inhaltlich eindeutig definiert und inhaltlich voneinander abgegrenzt, andererseits sind sie durch Rahmengesetzgebung und weitere rechtliche Normen eng untereinander verknüpft, sodass sie ein gegenseitig verschränktes Raumplanungssystem ergeben (Abb.). Das System der Raumplanung als überfachliche Planungsaufgabe ist insoweit rechtlich, organisatorisch und inhaltlich von den raumrelevanten ∕Fachplanungen abzugrenzen.

Eine Dimension der Raumplanung, die wesentlich stärker als bisher zu berücksichtigen ist, ist die Ethik der Raumplanung. Die sich immer mehr verstärkenden Eingriffe des Menschen in den Naturraum und die Umgestaltung der Lebensräume durch den Menschen erfordern eine deutlich stärkere ethische Verantwortung für diese Lebensräume durch die Raumplanung, die sich mit den Voraussetzungen und zukünftigen Entwicklungen des politischen, wirtschaftlichen und gesellschaftlichen Lebens in seiner Einbindung und Rücksichtnahme auf die natürlichen Lebensgrundlagen auseinandersetzt. ∕Raumforschung und Raumplanung als zukunftsbezogene Forschungs- und Realisierungsdisziplinen sind gehalten, stärker ihre Ergebnisse unter den Prämis-

Raumplanung (Tab.): Das System der deutschen Raumplanung.

Staatsaufbau	Planungsebenen	Rechtliche Grundlagen	Planungsinstrumente		Materielle Inhalte
Bund	Bundesraumordnung	Raumordnungsgesetz von 1997 (ROG)	–		Grundsätze der Raumordnung
Länder	Landesplanung (Raumordnung der Länder)	Raumordnungsgesetz und Landesplanungsgesetz	Übergeordnete und zusammenfassende Programme u. Pläne		Ziele der Raumordnung und Landesplanung
	Regionalplanung		Räumliche Teilprogramme und Teilpläne (Regionalprogramme und -pläne)		
Gemeinden	Bauleitplanung	Baugesetzbuch von 1997 (BauGB)	Bauleitpläne	Flächennutzungsplan	Darstellung der Art der Bodennutzung
				Bebauungsplan	Festsetzungen für die städtebauliche Ordnung

sen ethischer Verantwortung zu vollziehen. Dabei kann das Prinzip der ↗Nachhaltigkeit eine solche Leitidee darstellen. Zu beachtende Normen sollten unter anderem die Ehrfurcht vor dem Leben, die Einhaltung fairer Verfahren und der sorgsame Umgang mit nicht vermehrbaren Ressourcen sein. [KW]

Raumpoetik ↗*Poetik des Raumes*.

Raumproduktion ↗*Produktion des Raumes*.

Raumreihe, in Analogie zum Begriff der ↗Zeitreihe eine Bezeichnung für eine Variable $X(i)$ (i = Raumeinheit), die eine raum-variante Struktur beschreibt und bei der die Lokalisation der Objekte i bei der Analyse von Bedeutung ist. Ist die Lokalisation durch Raumkoordinaten gegeben (das heißt $X(i) = X(u,v)$ (u,v = Koordinaten)), so spricht man in der ↗Geostatistik (Geologie, Lagerstättenkunde) auch von einer regionalisierten Variablen (regionalized variable). Raum-variante Variablen können als räumliche Realisation eines (stochastischen) Prozesses zu einem Zeitpunkt betrachtet werden. In der englischsprachigen Literatur wird daher in diesem Kontext auch der Begriff »spatial process« (raum-varianter Prozess) verwendet. Solche Raumreihen sind vielfach durch unterschiedliche Formen räumlicher ↗Erhaltensneigung charakterisiert, sodass die herkömmlichen Verfahren der Statistik, die auf stochastischer Unabhängigkeit basieren, nicht unbedingt angewendet werden können. Die Geostatistik stellt spezifische Verfahren zur Analyse und Modellierung bereit. [JN]

raum-varianter Prozess ↗raum-zeit-varianter Prozess.

Raumverschwinden, frz. »*disparition de l'espace*«, Konzept des französischen Philosophen P. Virílio, nach dem durch neue physisch-materielle und virtuelle Kommunikationsformen die Zeitvektoren so verkürzt werden, dass es zu einem Verschwinden der räumlichen Distanzen kommt. Die ↗Ubiquität der Telepräsenz (Fotografie, Fernsehen, Kino, Internet) führt zu einer zunehmenden Dominanz der Geschwindigkeit bei der Botschaftsvermittlung gegenüber der räumlichen Verortung der Botschaft. Virílio spricht von topographischer Amnesie. Die Dominanz der ↗Telematik lässt sich im 20. Jahrhundert v. a. bei kriegerischen Auseinandersetzungen und dem Siegeszug der Bildmedien beobachten. Das Konzept kann als Weiterentwicklung der Idee des ↗global village von McLuhan interpretiert werden. Auch D. Harveys ↗Zeit-Raum-Kompression weist in ähnliche Richtung.

Raumverträglichkeitsprüfung, Begriff aus dem Raumordnungsgesetz (ROG). Im Rahmen eines ↗Raumordnungsverfahrens wird festgestellt, ob raumbedeutsame Planungen oder Maßnahmen mit den Erfordernissen der ↗Raumordnung übereinstimmen und wie raumbedeutsame Planungen und Maßnahmen unter den Gesichtspunkten der Raumordnung aufeinander abgestimmt oder durchgeführt werden können. Beide Prüfbereiche zusammen werden als Raumverträglichkeitsprüfung bezeichnet.

Raumwirksamkeit ↗Raumforschung.

Raumwissenschaft

Heiner Dürr, Bochum

Geographie – eine oder die Raumwissenschaft?

»Geographie ist die Raumwissenschaft.« Als Beobachtungssatz ist diese Aussage zweifellos falsch. Sie entspricht nicht der aktuellen Forschungspraxis. Diese ist durch eine auffällige Inflation räumlichen Denkens in vielen Nachbar- und Mutterfächern der ↗Geographie geprägt. Schon ist die Rede von einem »spatial turn« der ↗Sozialwissenschaften. Dann also eher: »Geographie ist eine Raumwissenschaft«? Diesem Satz

Raumwissenschaft

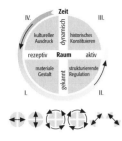

Raumwissenschaft 1: Raumaspekte: ein Modell mit der Zeit als Entwicklungsspirale.

dürften viele Geographen aller Richtungen und aller paradigmatischen Orientierungen zustimmen. Ja, jede Geographin und jeder Geograph ist Raumwissenschaftler, und zwar in dem Sinne, dass die Leitperspektive des Forschens eine räumliche ist. Als eine Wissenschaft vom ↗Raum ist Geographie spezialisiert auf oder zuständig für räumliche Sachverhalte und räumliche Einheiten (Erdteile, Regionen, Territorien, Orte usw., ausgenommen der Weltraum und räumliche Strukturen von Zellen oder Atomen). Für die Geographie sind Raum und die Räumlichkeit (engl. spatiality) von Sachverhalten ebenso bindende Aspekte wie die Zeit und die Historizität von Sachverhalten für die Geschichtswissenschaft. Bindend im mehrfachen Sinne dieses Wortes, d. h. auch Identität stiftend, Wir-Gefühle auslösend, Disziplin schaffend. Es ist deshalb nicht überraschend, dass sich bei Umschreibungen des Forschungs- und Unterrichtsfaches Geographie häufig Ausdrücke finden wie »räumliche Sichtweise« oder »räumliches Denken« (als Grundperspektiven), »Raumrelevanz« (als Kriterium für die Auswahl von Beschreibungsobjekten und Erklärungsfaktoren) »räumliche Analyse« und »Raumtheorie« (als Erklärungsansätze), »Raumverhaltenskompetenz« (als Ziel des Lernens im Fach Geographie). Aber all diese konzeptuellen Eigenarten der Disziplin Geographie reichen nicht aus, um ihr die alleinige wissenschaftliche Kompetenz für Fragen des Raumes und räumliche Aspekte unserer Wirklichkeit zu sichern.

»Raum« in Kunst, Alltag und Politik

Jede Präzisierung eines wissenschaftlichen Verständnisses von und für Raum wird dadurch erschwert, dass Raum ein sehr generelles Konzept für das Verstehen und zum Ordnen der Welt in Alltag, Kunst und Wissenschaft ist. Viele Menschen, nicht nur Wissenschaftler, verwenden in ihrem Denken und Sprechen räumliche Kategorien in vielfältiger Weise. Der »Große Brockhaus« führt unter dem Stichwort Raum wohl den »philosophischen Raum« und den »physikalischen Raum« an und verweist auf den »Raum in der Kunst«, nicht aber Raum als Objekt einer spezifischen Raumwissenschaft. Der Raum als Konzept der Physik ist Gegenstand der stärksten Umwälzungen wissenschaftlicher Weltbilder gewesen, die man im Zeitalter der Wissenschaft erlebt hat (Fliedner 1984). Vielfältige Raumkonzepte und Raummetaphern werden auch in den Kultur- und Kunstwissenschaften verwendet. Im alltäglichen Sprachgebrauch schließlich ist Raumgestaltung eine Sache von Innenarchitekten; ↗Raumforschung legt die wissenschaftlichen Grundlagen für die ↗Raumordnung; und der virtuelle Raum des Cyberspace ist ohnehin in aller Munde.

Die Sozialwissenschaften im »spatial turn«

Ein spezifisch raumwissenschaftliches Verständnis von Raum scheint der breiteren Öffentlichkeit also erstaunlich fremd zu sein. Das wird auch dadurch begünstigt, dass in den raumbezogenen Wissenschaften eine große Vielfalt von Raumkonzepten anzutreffen ist. G. Sturm (2000) hat diese Vielfalt in einem »Quadrantenmodell« geordnet (Abb. 1). Sie unterscheidet vier Aspekte von Raum (Quadranten I-IV) und erläutert diese mittels präziser Forschungsfragen; insgesamt wird damit die Weite und Vielfalt der Raumwissenschaft(en) gut verdeutlicht. I: Welche Elemente machen die materiale Raumgestalt aus? Welche von ihnen interessieren uns? Welche Aspekte dieser Materialität von Räumen, Gebieten, Orten – z. B. Oberflächenstrukturen, Gerüche, Temperaturen, Geräusche, Dinge und Lebewesen – wählen wir aus? II: Wer beeinflusst und regelt mit welchen Mitteln die Vergegenständlichung im Raum? Welche und wessen Ordnung(en) setzen sich durch bzw. werden durchgesetzt? Welche gesellschaftlichen Normen haben zur Entstehung dieser Ordnung(en) beigetragen? III: Wie wirken und wirken gesellschaftliche Interaktions- und Handlungsstrukturen, die in der Familie, in Schulen, Betrieben oder Nachbarschaften aufgebaut worden sind, auf die Nutzung, Aneignung und Produktion von Räumen, Plätzen, Orten ein? Welchen Einfluss hatten und haben Alter, Geschlecht, Lebensstil, Klasse, Ethnie und Machtposition auf diese Strukturen? IV: Welche Symbole, Zeichen und Spuren entdecken wir an der materialen Gestalt des Raumes? Welchen Symbolgehalt ordnen wir ihnen zu? Wer repräsentiert was warum in diesen kulturellen Ausdrucksformen? Mit welchem Sinn lädt wer welche Räume auf? Zu welchen Nutzungs- und Aneignungsformen regen diese Spuren vorgängiger und heutiger Praxis der Raumgestaltung an? Welche Beziehungen gibt es zwischen unseren Raumwahrnehmungen und unserem Empfinden, z. B. Vertrautheit, Angst, Fremdheit, Identität?

Geographie als Disziplin in einer arbeitsteiligen Raumwissenschaft

Raumwissenschaftliche Forschung wird in verschiedenen Fächern betrieben. Diese zunehmend dicht von Angehörigen verschiedener Wissenschaftskulturen besiedelte Landschaft der Raumforschung muss die Geographie im Blick behalten, wenn es um ihre Rolle im Rahmen einer sinnvollen und effizienten Arbeitsteilung zwischen den »raumbezogenen« Fächern geht. Welche Aufgabe(n) kann die Geographie unter den Raumwissenschaften übernehmen? Welche soll sie übernehmen? Diese Fragen im Blickfeld, geht die folgende Darstellung nacheinander auf die beiden Grundaufgaben wissenschaftlicher Arbeit ein: das Beschreiben (die Deskription) und das Erklären (die Analyse, das Verstehen) von Räumen:

Raumbeschreibung in der Geographie: Punkte, Linien, Flächen als Beobachtungseinheiten; Raumensembles als Aussageeinheiten

Die Darstellung von physisch meist klar abgegrenzten Gebieten aller Größenordnungen für alle möglichen Zwecke und mittels Informationen über alle möglichen Sachverhalte ist eine traditionelle, wichtige Aufgabe der Geographie. Die räumlich differenzierende Weltdarstellung ist ein Grund dafür, dass ↗Karten in allen Maßstäben in der Geographie als Darstellungs- und Analyseinstrumente eine weitaus größere Rolle spielen als in anderen Fächern. Geographen als Produzenten von Einzelkarten und topographischen und thematischen Atlaswerken: das ist nach wie vor nicht nur eine weit verbreitete Vorstellung von Geographie, sondern auch eine aktuelle und künftige Grundaufgabe der Raumwissenschaften. Keine andere Disziplin hat auf diesem Gebiet so viel Expertise wie die Geographie. Die Verfügbarkeit riesiger geographischer Datenbanken und leistungsfähiger Softwareprogramme für ihre geostatistische und kartographische Aufbereitung sorgen heute dafür, dass diese beschreibende Aufgabe zugleich sehr komplex ist und sehr präzise ausgeführt werden kann. Dass diese raumdifferenzierende Beschreibung von Teilen der Erdoberfläche praktisch eine endlose Aufgabe ist, lässt sich leicht einsehen.

Kennzeichnend für viele geographische Beschreibungsmodelle ist die Fokussierung auf räumliche Verteilungsstrukturen, auf zu Punkten, Flächen oder Linien zusammengefügten Verbreitungsmustern, auf Regelhaftigkeiten räumlicher Anordnung. Geographie fokussiert vorrangig solche räumlichen Ensembles und Mosaike, nicht so sehr deren Grundkomponenten, die als unteilbare Elemente behandelt werden. Diese dienen als Einheiten der Erhebung und Beobachtung, jene aber als wesentliche Aussageeinheiten. Über solche Raumgeometrien, über Raumensembles und -mosaike, über Netzwerke, Punkt- und Flächenmuster will Geographie verallgemeinernde Aussagen machen, wenn schon keine Gesetzmäßigkeiten formulieren.

Je nach Maßstabsebene der geographischen Studie sind die räumlichen Basiselemente unterschiedlich groß. Es können (Stand-)Orte sein, Grundstücke, ↗Geotope, Stadtviertel, aber auch ganze Städte und Regionen. Bei der Beschreibung dieser Basiselemente der Raumstruktur betonen Geographen deren Lage zu anderen Raumelementen. Die Lage von Punkten, Flächen und Linien zueinander, ggf. auch ihre Überlagerung, konstituiert die genannten räumlichen Muster (Strukturen, Ensembles). Gemäß diesem in der Geographie verbreiteten – jedoch nicht überall vorherrschenden – Verständnis der Geographie als raumbezogene Wissenschaft gehören die Pedotope der Bodenkunde nicht zum zentralen Wissensbestand der Bodengeographie, wohl aber Bodencatenen und räumliche Pedotopgefüge. Vom Orientwissenschaftler untersuchte Armutshaushalte sind für den Stadtgeographen nicht per se wesentlich, sondern vor allem als Grundelemente einer Stadtgeographie, die ↗Slums und andere Armutsinseln als Teile der räumlichen Stadtstruktur begreift. Orte, Schauplätze und Handlungsarenen (engl. places, locale) finden in der ↗Humangeographie wohl Beachtung, werden aber vielfach vor allem als Elemente der Raumstruktur (engl. spatiality) größerer Gebietseinheiten gesehen; Humangeographen sind nach diesem Verständnis eher Spatialisten als Lokalisten.

Die Zusammenstellung grundlegender Beschreibungskategorien geographischer Weltbeschreibung (Abb. 2) verdeutlicht und differenziert dieses spezifische Raumverständnis der Geographie; sie enthält die Konzepte und Begriffe, die eine integrierte Raumgeographie konstituieren; sie wirken noch immer als »Fahnenwörter«, mit denen sich die Geographie als eine Raumwissenschaft unter den Raumwissenschaften profilieren kann.

Raumklassifikationen als angewandte Aufgabe

Eine komplexere Form dieser multifaktoriellen Raumbeschreibung sind zweckorientierte Raumklassifikationen; an ihnen besteht in Wissenschaft und Politik zunehmender Bedarf; man denke nur an die Regionalisierung vieler Politikbereiche in der Europäischen Union (↗EU). Die Geographie kann diesem Bedarf um so präziser entsprechen, je mehr sie bei der Auswahl der raumdifferenzierenden Daten und deren Kombination zu Indices auf ihre bewährten Wissensbestände über den Zusammenhang von menschlichen und natürlichen Umwelten zurückgreift.

Geographische Kategorien
im Sinne von Grundbegriffen mit fachspezifisch-empirischem Gehalt

1. Kategorien aufgrund der dem Geographen vorgegebenen empirischen Welt:
   Erdräumliche Dimension (als unbestrittene Übereinkunft)
   Räumliche Differenzierung (als Voraussetzung, Grundkategorie)
2. Abstrakte, formallogische Grundbegriffe mit wenig empirischem Gehalt:
   Entfernung (Distanz)
   Richtung
   Räumlicher Beziehungs- und Verknüpfungszusammenhang
3. Komplexere oder konkretere Grundbegriffe mit mehr empirischem Gehalt:
   a) absolute Lage (site, place)
      relative Lage (situation, location)
   b) räumliches Verbreitungsmuster (pattern, spatial arrangement)
      räumliches Verknüpfungsmuster (spatial structure, spatial organization)
      räumliches Beziehungsgefüge (spatial relations, spatial interactions)
      räumlicher Prozess (spatial process, dynamisches Gefüge)
         Häufung – Streuung
         locker verknüpft – eng vermascht
         Mischung – Entmischung
         Diffusion – Kontraktion
   c) räumliches Feld
      Gradient (räumliches Gefälle)
      zentral – peripher (zentrumsorientiert – randständig)
      Ströme (flows)
      räumliche Dichte, räumliche Intensität
      Flächenanspruch, spezifischer Flächenbedarf
   d) räumliche Koinzidenz, Standortvergesellschaftung
      nach außen abgegrenzter Raum (Areal, Gebiet, Region usw.)
      Grenze
      Ausdehnung (Flächenumfang)
      räumliche Form (Gestalt)
4. Grundbegriffe mit spezifischer Bedeutung in der Kulturgeographie
   Transportaufwand
   Zugänglichkeit (accessibility)
   Zurückgezogenheit (privacy)
   Interaktionsfeld, Informationsfeld, Kontaktfeld
   Raumhierarchie (übergeordnet – untergeordnet)
   Persistenz (historisch überkommene Strukturen)

Raumwissenschaft 2: Räumliche Grundkategorien beschreibender Geographie als Raumwissenschaft.

Raumwissenschaft

Räume (er-)denken	Räume machen/schaffen	Räume ordnen	Orte/Räume verknüpfen	an (k)einen Ort gebunden	auf mehrere Orte ausgerichtet	Räume durchmessen
Raumwissenschaftler	Developer	Stadtplaner	Bote	Asiate	Vielörter	Passant
Spatialist	Architekt	Regionalplaner	Händler	Europäer	internally displaced person (IDP)	Vagabund
Geodeterminist	Grundstückseigentümer	Grenzer	Pendler	Tschetschene	Exilant	Flaneur, Schlenderer
Geograph	Globalisierer	Gärtner	global player	Städter	Flüchtling	Spaziergänger
Heimatkundler	Hausbesetzer	Landschaftsarchitekt	Importeur, Exporteur	Deutscher	Asylant	Surfer
Globalist	Kolonialist		Ferntourist	Pfälzer	Vertriebener	Weltenbummler
Räumler	Kreuzfahrer		Grenzgänger	Heimatloser	Nylon[1]	Reisender
Nationalist	Lokalpatriot		Nomade	Obdachloser		
Kartograph	Weltverbesserer		Weltbürger	Provinzler		
Utopist	Netzwerker					
	Raumbildner		Migrant			
	Territorialfürst					

[1] Doppelstädter (New York (N.Y.) – London (Lon))

Raumwissenschaft 3: Menschen, gruppiert nach ihrem Raumbezug.

Menschen und Raumstrukturen

Das Verständnis der Geographie als Spezialfach für räumliche Muster und Strukturen wirkt sich auf viele Eigenheiten geographischer Beschreibungen aus, auf die Art der Forschungsfragen ebenso wie auf die Verfahren der Datenerhebung und die Methoden des Erklärens und Verstehens. So nehmen Humangeographen menschliche Gruppen oder Individuen in erster Linie in ihren Beziehungen zu Räumen wahr, als Bewohner und Nutzer von Räumen, als Sachwalter von oder Machthaber über Raumstrukturen. Die Übersicht der Abbildung 3 führt solche Gruppen auf, ordnet sie nach Maßgabe ihrer Beziehung zu und ihrer Befugnisse über räumliche Konstellationen. In der Beschreibung von Bevölkerungen, Gruppen und Individuen analysiert die Humangeographie vor allem die derart aufgefassten räumlichen Aspekte menschlichen Daseins. Ihre Bedeutung für das Funktionieren von Gesellschaften und für die Lebensqualität von Individuen und Gruppen nimmt laufend zu. Dafür gibt es viele Gründe, darunter die zunehmende, zum Teil erzwungene räumliche Mobilität vieler Menschen in allen Teilen der Erde, das Anwachsen der Raum-Zeit-Distanziation, die Verfügbarkeit raumüberwindender Kommunikationsmittel. Die räumliche Mobilität in allen ihren Erscheinungsformen ist ein wesentliches Zukunftsthema für Umwelt-, Sozial- und Siedlungspolitik. Diese Darstellung ist unvollständig. Sie lässt vor allem jene Varianten der Humangeographie aus, die als Folge der kulturellen Wende oder aufgrund von handlungstheoretischen Sichtweisen (/ Handlungstheorie) praktiziert werden. Nicht nur in den Forschungsthemen, sondern auch im Hinblick auf das Raumverständnis herrscht unter Geographen beträchtliche Vielfalt, gibt es Dissens. Das ist nichts Schlechtes. Aber gleichzeitig sollte versucht werden, sich der konzeptuellen Basis zu versichern, auf der Geographen aller Ausrichtung stehen. In diesem Sinne bildet die Erläuterung des raumstrukturellen Verständnisses von Raum einen Versuch, gemeinsame Seh- und Darstellungsweisen von Geographen zu identifizieren und dabei den größten gemeinsamen Nenner zu finden. Dies geschieht vor allem auch in der Absicht, einen konzeptionellen Brückenschlag zwischen / Physischer Geographie und Humangeographie herzustellen.

Raum und Raumstrukturen als Erklärungsfaktoren

Die Auffassung, die Beschreibung räumlicher Differenzierungen und Muster aller Art sei ein Kennzeichen aller Geographie, scheint sowohl für das Selbst- als auch für das Fremdbild von Geographen bedeutsam zu sein. Dagegen wird der Stellenwert so verstandener räumlicher Sachverhalte in wissenschaftlichen Erklärungen weitaus kontroverser diskutiert und gehandhabt. Die Abbildung 4 unterscheidet grundlegende und häufige wissenschaftslogische Varianten bei Erklärungen durch Raumwissenschaftler. Dabei ist Erklärung im engeren Sinne des positivistischen Paradigmas der Geographie aufgefasst, also als theoretisch plausibler und empirisch bewährter

Raumwissenschaft 4: Zur logischen Struktur erklärender Aussagen in Raumwissenschaften.

		zu erklärende, abhängige Variable	
		räumlich	un-räumlich
erklärende, unabhängige Variable	räumlich	Räumler	Geodeterminist
	un-räumlich	Distributionist	Alleswoller

Zusammenhang zwischen unabhängigen (erklärenden) und abhängigen (zu erklärenden) Variablen. Anhand dieser Vierfeldermatrix sollen vor allem drei Dinge verdeutlicht und thesenhaft erläutert werden. Erstens sind Geographen gut beraten, wenn sie als zu erklärende (abhängige) Variable jene Sachverhalte wählen, die im vorstehenden Abschnitt als spezifische Aussageeinheiten der Raumwissenschaft Geographie bestimmt wurden. Geschieht das nicht, bleibt die Analyse leicht disziplinlos im mehrfachen Sinne dieses Wortes; im Extremfall endet man auf der wenig glaubwürdigen Position des »Alleskönners« oder besser »Alleswollers«. Zweitens weist die Matrix auf die latente Gefahr des ↗Geodeterminismus hin. Weil Geographen gewohnt und trainiert sind, die Wirklichkeit durch eine räumliche Brille zu betrachten und also Ausschnitte der Erdoberfläche aller Art in ihrer räumlichen Differenzierung zu sehen, neigen sie dazu, diesen Aspekt auch für die Erklärung solcher Sachverhalte heranzuziehen oder sogar in den Vordergrund zu stellen. Sie »räumeln« (Dürr 1986). Räumlich-distanzielle oder räumlich-strukturelle Faktoren liefern aber in den meisten Fällen nur Teilerklärungen für natur- oder humangeographische Sachverhalte.

Geographie als multi-skalare Raumstrukturanalyse

Die grundsätzlichen Schwächen eines solchen »Geographismus« lassen sich schon dadurch reduzieren, dass man systematisch geographische multi-skalige Untersuchungen anstellt. Naturräume, insbesondere aber sozialgeographische Räume aller Größenordnungen stehen heute vielfach unter dem Einfluss von Entscheidungen, die auf hohen und höchsten Ebenen getroffen werden (↗global players) und sich auf die geographischen Strukturen von größeren Raumeinheiten auswirken. Die zunehmenden Verinselungen und die sozialräumliche Spaltung einer Metropole wie Jakarta sind mit verursacht durch die Form der ↗internationalen Arbeitsteilung in der Produktion von Textilien, Schuhen und Automobilen usw. Aber eine solche Vervollständigung geographischer Erklärungsweisen durch multi-skalige Raumanalysen reicht für überzeugende Erklärungen vielfach noch immer nicht aus. Unmissverständlich verweist die Abbildung 4 drittens auf die Notwendigkeit, bei der Erklärung von geographischen Strukturen die eigenen Fachgrenzen offen zu halten und die interdisziplinäre Zusammenarbeit zu suchen.

In Zukunft werden Wissenschaftler in vielen Forschungseinrichtungen versuchen, die gegenwärtige Inflation wissenschaftlichen und politischen Raumdenkens zu nutzen für die Ausarbeitung neuer raumbezogener Forschungsvorhaben. Die jüngsten Erfahrungen lehren, dass wirkliche Fortschritte nur zu erwarten sind, wenn den sehr verschiedenen Aspekten räumlicher Organisation durch interdisziplinäre Programme Rechnung getragen wird. Die Geographie sollte sich bei dieser Kooperation auf ihre komparativen Vorteile besinnen, wie sie im raumbezogenen Strang ihrer Tradition angelegt sind. Präzision der raumdifferenzierenden Beschreibung, verstehende Analyse von Mensch-Natur-Komplexen in ihrer räumlichen Differenzierung, Mehrskalen-Analyse: Mit diesen methodischen Orientierungen kann die geographische Raumforschung der aktuellen und für die Zukunft absehbaren Dialektik von Prozessen der ↗Globalisierung und Glokalisierung gut gerecht werden.

Literatur:
[1] DÜRR, H. (1986): Was könnte das sein: Eine geographische Theorie? In: Köck, H. (Hrsg.): Theoriegeleiteter Geographieunterricht. – Lüneburg.
[2] FLIEDNER, D. (1984): Umrisse einer Theorie des Raumes. – Saarbrücken.
[3] LÖW, Martina (2001): Raumsoziologie. – Frankfurt a. M.
[4] MICHEL, P. (Hrsg.) (2000): Symbolik von Ort und Raum. – Bern.
[5] REICHERT, Dagmar (Hrsg.) (1996): Räumliches Denken. – Zürich.
[6] STURM, G. (2000): Wege zum Raum. Methodologische Annäherungen an ein Basiskonzept raumbezogener Wissenschaften. Opladen.
[7] WIRTH, E. (1979): Theoretische Geographie. – Stuttgart.

---

raum-zeit-varianter Prozess, *raum-zeit-varianter stochastischer Prozess*, ein zufallsbeeinflusster Prozess, der über Raum und Zeit variiert. In der Geographie können alle räumlichen Ausbreitungs- (z. B. Diffusion von Innovationen) und Entwicklungsprozesse als solche Prozesse interpretiert werden. Wird nur die Entwicklung an einem Raumpunkt betrachtet, so spricht man auch von einem *zeit-varianten* Prozess. Die räumliche Struktur zu einem Zeitpunkt wird (in Anlehnung an den in der englischsprachigen Literatur verwendeten Begriff des spatial process) auch als *raum-varianter Prozess* bezeichnet. Die statistische Analyse bzw. Modellierung geht dabei davon aus, den Prozess:

$$X = X(i,t)$$

(mit: i = Raumeinheit, t = Zeiteinheit) in einzelne Komponenten aufzuteilen, nämlich: X = endogene Komponente X_{en} + exogene Komponente X_{ex}. Der Einfluss exogener Komponenten wird durch Verfahren der ↗Korrelationsanalyse und der ↗Regressionsanalyse analysiert. Die endogene Komponente X_{en} beinhaltet insbesondere unterschiedliche Formen der ↗Erhaltensneigung des Prozesses und kann unterteilt werden in:

$$X_{en} = D + S + E$$

raum-zeit-varianter stochastischer Prozess

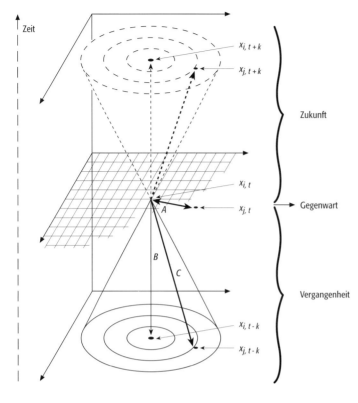

deckt werden. Die dritte Komponente des sog. weißen Rauschens beinhaltet eine reine Zufallskomponente. Abb. [JN]

raum-zeit-varianter stochastischer Prozess
↗ raum-zeit-varianter Prozess.

Raunkiaer'sche Lebensformen, bilden eine physiognomische Kategorie des Pflanzenwuchses (↗ Lebensformen), in der die ungünstige Jahreszeit (Winter, Aridität) die ökologischen Anpassungsmerkmale vorgibt. Prägend ist hierbei vor allem das Faktorenbündel Temperatur, Licht und Wasserverfügbarkeit, vereinzelt auch Nährstoffangebot. Der in der ersten Hälfte des 20. Jh. von dem Dänen Raunkiaer vorgelegten Klassifikation liegen fünf Hauptgruppen zugrunde, die die Lage der Erneuerungsknospen beschreiben: *Phanerophyten*: durchweg verholzte Pflanzen, deren Knospen in beträchtlicher Höhe über dem Grund liegen; eine Einteilung in Mega- (>50 m), Makro- (10–50 m), Meso- (5–20 m), Mikro- (2–5 m) und Nanophanerophyten (0,5–2 m) von Riesenbäumen bis Sträuchern bietet sich an. *Chamaephyten*: zumeist verholzte *Zwergsträucher*, deren Knospen bis 50 cm über dem Grund liegen. *Hemikryptophyten*: krautige Pflanzen inkl. Gräser mit eng am Erdboden anliegenden Überdauerungsknospen. *Geophyten* (auch *Kryptophyten* genannt): krautige Pflanzen mit absterbenden oberirdischen Trieben und unterirdischen Speicherorganen mit Knospen (Zwiebeln, Rhizome). *Therophyten* (*Anuelle*): einjährige Pflanzen inkl. Gräser, die die ungünstige Jahreszeit als Samen überdauern. Das System umfasst neben weiteren Hauptgruppen wie ↗ Lianen oder ↗ Epiphyten in einer erweiterten Fassung morpho-ökologische Merkmale, wie etwa Verholzungsgrad, Sukkulenz, Verzweigungstyp oder Blattkonsistenz. Individuen derselben Art können – abgesehen von Unterschieden der Lebensstadien – verschiedene Formen annehmen: so wächst in nordwestdeutschen Heiden der Wacholder als Baum, auf Trockenrasen als Strauch und in alpinen Matten eng dem Boden anliegend als Zwergstrauch. In Wüsten bezeugen viele Arten nach spärlichen Regenfällen einen üblicherweise therophytischen Wuchs; in feuchten Ausnahmejahren (z. B. bei ↗ El Niño) können sich aber dieselben Taxa zu Chamaephyten weiter entwickeln.

In *Lebensformenspektren* werden die Analysen der Erhebungen zusammengestellt, indem der prozentuale Anteil der Arten bzw. der Deckungsgrade eines Standortes aufgeschlüsselt wird. Die

raum-zeit-varianter Prozess: Typen endogener Dynamik in einem raum-zeit-varianten Prozess. A = Relation zwischen den Zuständen an den zwei Raumpunkten i und j zum gleichen Zeitpunkt t (räumliche Erhaltensneigung); B = Relation zwischen den Zuständen an den beiden Zeitpunkten t und $t-k$ für den gleichen Raumpunkt i (zeitliche Erhaltensneigung); C = Relation zwischen dem Zustand am Raumpunkt i zum Zeitpunkt t und dem Zustand am Raumpunkt j zum Zeitpunkt $t-k$ (raum-zeitliche Erhaltensneigung).

mit: D = deterministische Komponente, S = stochastische Komponente, E = weißes Rauschen.
In deterministischen Prozessen werden bei beliebigen Wiederholungen an gleichen Zeit- oder Raumkoordinaten stets die gleichen Werte generiert. Solche Prozesskomponenten können durch ↗ Trendanalysen bzw. ↗ Trendoberflächenanalysen extrahiert werden, wobei vor allem lineare Trends und periodische Trends eine wichtige Rolle spielen. Stochastische Prozesse erzeugen bei Wiederholungen infolge des Zufallseinflusses nicht notwendigerweise identische Werte. Der ↗ Markov-Prozess ist ein spezifischer Typ eines zeit-varianten stochastischen Prozesses. Zur Ermittlung der internen Struktur der Erhaltensneigung solcher endogener stochastischer Prozesskomponenten werden vor allem ↗ Autokorrelationskoeffizienten und ↗ Autoregressivmodelle eingesetzt; frequenzbezogene Charakteristika können gut durch die ↗ Spektralanalyse aufge-

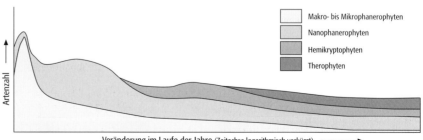

Raunkiaer'sche Lebensformen: Veränderung der Lebensformenspektren während einer Sekundärsukzession auf einer mitteleuropäischen Ackerbrache.

Darstellung dient der genauen physiognomischen Beschreibung einer Pflanzenformation (↗Formation) im standörtlichen Vergleich und zur Kennzeichnung von Veränderungen während einer ↗Sukzession (Abb.). Während etwa die Wildkrautflora eines Getreideackers einen hohen Therophyten- und ferner Hemikryptophytenanteil bietet, setzt sich ein Kiefernwald mit verschiedenen Heidearten auf saurem Untergrund fast nur aus Phanerophyten und Chamaephyten zusammen. [MR]

Raureif, fester abgesetzter ↗Niederschlag, bildet sich bei Lufttemperaturen unter 0°C durch Anlagerung von ↗Nebeltröpfchen an unterkühlten Gegenständen, die ebenfalls eine Temperatur < 0°C aufweisen. Bei ↗nässendem Nebel und schwacher ↗Advektion (häufig im Gebirge) ergeben sich federartige, poröse Eisablagerungen, die als *Raufrost* bezeichnet werden. Bei höheren Windgeschwindigkeiten und hohem Wassergehalt des ↗Nebels bilden sich kompakte Raufrostablagerungen im Luv von Hindernissen (Abb.).

Rayleigh-Streuung, die Streuung des Lichts an Teilchen der Atmosphäre, deren Radius im Verhältnis zur Wellenlänge des Lichtes sehr klein ist; benannt nach J. W. Strutt Baron Rayleigh. Die Streuung der Lichtstrahlen beim Durchgang durch die Atmosphäre erfolgt an den Luftmolekülen und an den in der Luft schwebenden Partikeln. Da sie sich auch qualitativ grundlegend unterscheiden, differenziert man zwischen einer Rayleigh-Streuung für die Wirkung der Luftmoleküle und einer ↗Mie-Streuung für die Streuung an den Partikeln. Wenn die Luftmoleküle von der Strahlung getroffen werden, wirken sie als schwingende Dipole und senden eine elektromagnetische ↗Strahlung aus, die der absorbierten Sonnenstrahlung entspricht. Da die gesamte Energiemenge sich nicht ändert, wird bei der Streuung nur der Anteil der ungestreuten Sonnenstrahlung vermindert und um denselben Betrag die von den streuenden Partikeln emittierte Strahlung erhöht. Bei der Rayleigh-Streuung, die für Luftmoleküle gilt, ist das Ausmaß der Streuung umgekehrt proportional λ^4 mit λ als Wellenlänge des Lichts. Je kleiner die Wellenlänge, also kurzwelliger die Strahlung ist, desto stärker wird das Licht gestreut. Die Wellenlängen des sichtbaren Spektrums umfassen einen Bereich von ca. 0,4 µm (blauviolett) bis 0,8 µm (rot), daher wird kurzwellige Strahlung um den maximalen Faktor 16 stärker gestreut als langwellige. Infolge dieser Streuung wird das blaue Licht beim Durchgang durch die Atmosphäre entsprechend stärker gestreut als das rote. Die Schwächung oder Extinktion (als Summe von Absorption und Streuung) ist insgesamt um so stärker, je länger der Strahlengang durch die Atmosphäre ist. Beim längsten Strahlengang, wenn die Sonne knapp über dem Horizont steht, wird der blaue Anteil des Sonnenlichts so stark gestreut, dass nur noch der rote übrig bleibt. Auf die Rayleigh-Streuung ist es auch zurückzuführen, wenn der Mond bei Mondfinsternis eine kupferrote Farbe annimmt, denn dann erreichen ihn nur noch Teile des roten

langwelligen Anteils der Sonnenstrahlung. Die Streuung des blauen Lichtes erfolgt in alle Richtungen, wenngleich mit unterschiedlicher Intensität. Der nach unten gestrahlte Anteil bewirkt, dass der Himmel blau (↗Himmelsblau) erscheint, der nach oben gestreute, dass die Erde vom All aus als »blauer Planet« erscheint.
Die Streuung ist nicht in alle Richtungen gleich. Die Rayleigh-Streufunktion beschreibt die Strahldichte der in unterschiedliche Winkel δ gestreuten Strahlung:

$$L_{R_\lambda}(\delta) = const\, \sigma_R(\lambda) \cdot \left(1 + \cos^2 \delta\right).$$

Sie hat bei der Vorwärtsstreuung (0°) und Rückwärtsstreuung (180°) ein Maximum, bei 90° hingegen ein Minimum. [JVo]

RDBMS, *Relationales Datenbankmanagementsystem*, Datenbankmanagementsystem, das auf dem Ende der 1960er-Jahre entwickelten relationalen Datenbankmodell (↗Datenbank) beruht. Es basiert auf der Organisation der abzuspeichernden Daten in zweidimensionalen Tabellen. Diese Tabellen – auch »Relationen« genannt – sind durch gemeinsame Felder (Spalten) miteinander verknüpft. Um zu Relationen im Sinne des relationalen Datenbankmodells zu werden, müssen die Tabellen bestimmten Kriterien erfüllen, durch die die Datenredundanz minimiert wird. Die meisten der zurzeit verfügbaren Datenbanksysteme (z. B. MS Access oder Oracle) sind RDBMS.

Reagonomics, *Thatcherism*, spezifische nationalstaatliche Varianten einer liberalen Wirtschafts- und Sozialpolitik, die eine ↗Deregulierung des ↗Arbeitsmarktes, einen massiven Abbau staatlicher Transferleistungen und eine Privatisierung staatlicher Unternehmen beinhalten. Namensgeber waren in den USA Präsident Ronald Reagan und in Großbritannien Premierministerin Margaret Thatcher.

Reaktion, Grundbegriff des ↗Behaviorismus, der alle Aktivitäten eines Organismus bezeichnet, die als Antwort auf die stimulierenden Umweltreize (↗Umwelt; ↗verhaltenstheoretische Sozialgeographie) verstanden werden.

Raureif: Raufrost in Scharenstetten (Schwäbische Alb), 27.12.1992, 14.00 MEZ. Die Mächtigkeit der Ablagerungen ist ein Indikator für die bodennahe Windverhältnisse. Mit zunehmender Höhe der Stängel nimmt auch die Breite des Raufrostbelags zu, da gleichzeitig die Reibung abnimmt und somit bei höheren Windgeschwindigkeiten mehr unterkühlte Tropfen herangeführt werden können.

Reclus, *Elisée*

Reaktionsindikatoren ↗Bioindikation.

Reaktionszahl, ↗Zeigerwert für das ökologische Verhalten und Vorkommen der Pflanzensippen im Gefälle der Bodenreaktion und des Kalkgehaltes. Die Zeigerwerttafeln der Gefäßpflanzen in Mitteleuropa nach ↗Ellenberg ordnen die Pflanzenarten in einer neunstufigen Skala ein (1 = Starksäurezeiger bis 9 = Basen- und Kalkzeiger).

Reaktionszeit, *Glaziologie*: bezeichnet normalerweise die Zeitspanne zwischen einer größeren, zumeist mehrjährigen Abweichung des Massenhaushalts eines Gletschers von einer ausgeglichenen Nettobilanz (↗Massenhaushalt) bis zu einer mess- bzw. beobachtbaren Veränderung der Gletscherfrontposition bzw. der Gletscherfläche (↗Gletscherstandsschwankung, ↗Gletscher). Bei Modellierungen des Gletscherverhaltens wird auch die Zeitspanne zum Einstellen eines (nur theoretischen) Gleichgewichts zwischen der Gletschermasse und den aktuellen oder modellierten Klimabedingungen als Reaktionszeit bezeichnet.

reaktive Verfahren, methodische Schritte, die das Untersuchungsobjekt modifizieren. In der quantitativen Forschung gilt Reaktivität als Störquelle, die möglichst auszuschließen ist. Dagegen ist Reaktivität in der qualitativen Forschung unvermeidbarer Bestandteil des Forschungsprozesses.

reale Vegetation, *aktuelle Vegetation*, Zusammensetzung der ↗Vegetation unter heutigen Umwelt- und Nutzungsbedingungen im Gegensatz zur ↗potenziellen natürlichen Vegetation.

Realteilung, *Realerbteilung, Freiteilbarkeit*, Vererbung des landwirtschaftlichen Betriebes an alle Erbberechtigten. In der Regel dient der Grund und Boden als Teilungsmasse, während das eigentliche Gehöft von der Teilung ausgespart bleibt. Trotz notariell vollzogener Aufteilung des Erbgutes kann der Fortbestand des Betriebes gewahrt werden, wenn einer der Erben oder ein Pächter den Hof übernimmt, die anderen Erben in nichtlandwirtschaftlichen Berufen tätig sind und Pachtgeld beziehen. Die Mobilität des Bodens ist in Realteilungsgebieten meist größer als in Gegenden mit vorherrschendem ↗Anerbenrecht. Vor allem sind Stückelung (↗Besitzersplitterung) und Gemengelage des Grundbesitzes meist sehr beträchtlich. Das bedeutet überdurchschnittlich lange Fahrtzeiten, Erschwerung des Maschineneinsatzes etc. Die ↗Flurbereinigung mindert die Folgen der Realteilung. Zu den besonderen Vorzügen der Realteilung gehört neben der größeren Erbgerechtigkeit, dass für jeden Erben Anreize zu wirtschaftlichem und sozialem Aufstieg geschaffen sind, Tüchtigkeit und innovatives Handeln werden damit gefördert. Der Zwang zur Abwanderung großer Teile der jungen Generation ist daher in Realteilungsgebieten, die meist eine wachsende Bevölkerung aufweisen können, nicht so stark. Charakteristisch ist die berufliche Mischung von Landwirten und Nichtlandwirten. Typische Realteilungsgebiete liegen in SW-Deutschland, Hessen und Franken. [KB]

Reclus, *Elisée*, französischer Geograph, geb. 5.3.1830 Ste. Foy-la-Grande, gest. 4.7.1905 Ixelles. Reclus entstammte einem calvinistischen Elternhaus und erhielt seine Schulausbildung u.a. bei den Herrnhutern in Neuwied. Nachdem er das Theologiestudium in Montauban abgebrochen hatte, ging er 1851 nach Berlin und hörte dort auch ↗Geographie bei ↗Ritter. Aus seinen republikanischen Sympathien entwickelte sich allmählich eine anarchistische Überzeugung, basierend auf christlichen Grundwerten. Nach dem Staatsstreich Napoleons III. Ende 1851 verließ Reclus Frankreich und suchte im Ausland Asyl, zunächst in England und Irland, schließlich in Amerika. 1857 kehrte er nach Frankreich zurück und begann mit einer umfangreichen geographischen Publikationstätigkeit. Als aktiver Teilnehmer der Pariser Commune 1871 konnte er der Verbannung nur durch öffentliche Intervention entkommen. Er musste abermals ins Exil, machte in dieser Zeit zahlreiche Reisen und lebte zunächst in der Schweiz, schließlich in Brüssel, wo er seit 1894 eine Professur an der Université libre bekleidete. Reclus führte keine großen Forschungsreisen durch, förderte keine neuen wissenschaftlichen Erkenntnisse, hatte keinen großen Einfluss als Lehrer und bildete keine Schule aus. Seine Bedeutung für die Geographie liegt in seinem umfangreichen schriftstellerischen Werk, in dem sich wissenschaftliche Exaktheit und literarische Eloquenz ideal verbanden. Breitenwirkung und Popularisierung geographischer Kenntnisse waren seine Hauptanliegen. Dies gelang ihm in seinen Reiseberichten ebenso wie in seinem Frühwerk »La terre« (1868), das in mehrere Sprachen übersetzt wurde. Von der seit 1876 in wöchentlichen Lieferungen erscheinenden »Nouvelle géographie universelle« lagen 1894 19 umfangreiche Bände vor. Sein großes kompilatorisches Werk trug ihm das Prädikat des »letzten Enzyklopädisten« ein. In seinem Spätwerk »L'homme et la terre« (6 Bde, 1905–08) lassen sich am stärksten Einflüsse seiner anarchistischen Überzeugung finden; die darin untersuchten Beziehungen zwischen Gesellschaft und Raum enthalten Aspekte einer frühen ↗Sozialgeographie. [HPB]

Recycling, Wiedernutzung eines Materials, ohne dabei notwendig seine ursprüngliche Form oder Zusammensetzung zu erhalten. Natürliches Recycling ist die Basis aller Lebensvorgänge auf der Erde. In der menschlichen Konsumgesellschaft kommt der Rückgewinnung von Rohstoffen aus ↗Abfall wachsende Bedeutung zu, wodurch es zur Verminderung der Abfallmenge und Schonung primärer Rohstoffe kommt. Voraussetzung ist eine möglichst gute Trennung der Abfallfraktionen. Wirtschaftlich attraktiv ist Recycling bei zahlreichen Metallen, Papier, Glas und zunehmend auch Kunststoffen. Man unterscheidet Produktionsabfallrecycling (Rückführung von Produktionsabfällen direkt oder indirekt in einen neuen Produktionsprozess); Produktrecycling (nochmalige Nutzung eines Produktes unter Nutzung der Produktgestalt) und Altstoffrecycling (Rückführung verbrauchter Produkte bzw. Stoffe mit oder ohne Aufbereitung in einen neuen Produktionsprozess). [JMt]

Redevelopment, Wiederaufbau totalsanierter innerstädtischer Slumviertel oder Umnutzung verödeter innerstädtischer Flächen im Zuge der staatlich gelenkten ↗Stadterneuerung.

Reduktion, chemischer Prozess, bei dem ein Stoff Elektronen aufnimmt, die vom Reduktionsmittel abgegeben wurden, das dadurch oxidiert wird (↗Oxidation).

reduktive Methode ↗Historisch-geographische Betrachtungsweisen.

Reduktosole, Klasse der ↗Deutschen Bodensystematik der Abteilung ↗Terrestrische Böden; Zusammenfassung von Böden, die durch reduzierend wirkende Gase beeinflusst werden. Durch Sauerstoffmangel als Folge der Anreicherung von Methan, Schwefelwasserstoff oder Kohlendioxid in der ↗Bodenluft entsteht ein diagnostischer Y-Horizont. Die Gase stammen aus postvulkanischen Mofetten, Leckagen von Gasleitungen oder der mikrobiellen Zersetzung von leicht zersetzbarer ↗organischer Bodensubstanz unter Sauerstoffmangel in Müll-, Klärschlamm- oder Hafenschlammaufträgen. Einziger ↗Bodentyp ist der Reduktosol mit mehreren Subtypen. Nach ↗FAO-Bodenklassifikation handelt es sich um Böden mit gleyic properties.

Redundanz, **1)** Absicherung der Funktionsfähigkeit von wichtigen Steuerungselementen in technischen und sozialen Systemen durch eine Ausstattung, die im Normalfall nicht erforderlich wäre. Bei technischen Systemen wird Redundanz erzielt, indem wichtige Steuerungselemente überdimensioniert oder mehrfach eingebaut werden. Dies ist z. B. dann der Fall, wenn bei Stromausfall automatisch ein Notstromaggregat anspringt oder wenn ein Flugzeug auch dann noch sicher landen kann, wenn zwei von vier Triebwerken ausfallen. Bei sozialen Systemen liegt Redundanz vor, wenn für bestimmte Funktionen und Steuerungselemente einer arbeitsteiligen Organisation Qualifikationen, Kompetenzen und Ausbildungen verlangt werden, die nur zur Bewältigung von seltenen, nicht vorhersehbaren Krisensituationen (Störfällen, Katastrophen, plötzlich auftretenden politischen Umbrüchen), zur Bewältigung von Unsicherheit oder von raschem technologischem Wandel erforderlich sind. Für die Durchführung der alltäglichen Routine ist keine Redundanz erforderlich. **2)** Eigenschaft einer Menge von Variablen, die besagt, dass eine echte Teilmenge der Variablen die gleiche Aussage treffen kann wie die Gesamtmenge. In einer solchen Situation ist in der Regel die Zahl der Variablen auf die gerade notwendige Anzahl zu reduzieren, um nicht Überinterpretationen zu erzeugen.

Reduzenten, *Mineralisierer*, sind Teil des komplexen Energie- und Stoffkreislaufs eines ↗Ökosystems und stehen an letzter Stelle des Nährstoffzyklus, schließen diesen also ab. Es handelt sich um Mikroorganismen (↗Bakterien und ↗Pilze), die sich entweder von den Ausscheidungsprodukten der saprophagen ↗Destruenten oder auch direkt von abgestorbenem pflanzlichem oder tierischem Material ernähren. Dabei finden Zersetzungsprozesse statt, die eine Umwandlung und Mineralisierung (↗Zersetzung) des biotischen Ausgangsmaterials zu anorganischen Stoffen (Kohlendioxid, Wasser etc.) bewirken. Mit diesem Schritt werden die im organischen Material gebundenen Nährstoffe aufbereitet und stehen damit erneut für das Pflanzenwachstum zur Verfügung.

Referenzatmosphäre, international standardisierte Werte der mittleren physikalischen Zustandsgrößen und Vertikalgradienten der ↗Atmosphäre bis zu einer Höhe von 80 km in breitenkreisabhängiger und jahreszeitlicher Differenzierung.

Referenzfläche, *Referenzgebiet*, ↗Trainingsgebiet bei der ↗überwachten Klassifizierung von Fernerkundungsdaten.

Referenzgewässer, ↗Fließgewässer bzw. Fließgewässerabschnitte, an und in denen die natürliche Struktur- und Formenvielfalt, Gewässerdynamik, Entwicklungsmöglichkeiten usw. in naturnahen Regionen der heutigen ↗Kulturlandschaft erhalten geblieben sind. Es gibt keine künstlichen Schadstrukturen, da anthropogene Einflüsse im gesamten Einzugsgebiet höchstens minimal vorhanden sind; es herrschen keine Materialentnahmen oder Einleitungen usw. vor. Von der naturraumtypischen Erscheinungform können charakteristische Merkmale abgeleitet werden, sodass ein spezifisches ↗Leitbild für Fließgewässer mit ihrer Hilfe erstellt werden und sie als Beispiel für die ↗Renaturierung von anderen Gewässerläufen im gleichen oder ähnlichen Naturraum dienen können.

Reflexion [von lat. *reflexio* = zurückbeugen], Richtungsänderung von Wellen beim Auftreffen auf eine Grenzfläche zwischen zwei verschiedenen Medien. Die Reflexion ist diffus, erfolgt also in viele unterschiedliche Richtungen, wenn die Rauigkeiten einer Oberfläche in Relation zur Wellenlänge groß sind. Die Reflexion ist gerichtet, also bevorzugt in eine Richtung spiegelnd, wenn die Rauigkeiten der Oberfläche in Relation zur Wellenlänge klein sind. Für Spiegelungen ist der Einfallswinkel gleich dem Ausfallswinkel, wobei Ein- und Ausfallswinkel mit dem Einfallslot in einer Ebene liegen. In der ↗Klimatologie ist das Reflexionsvermögen einer Grenzfläche, das als ↗Albedo bezeichnet wird, von großer Bedeutung. Die ↗Fernerkundung nutzt die unterschiedliche Reflexion der Land- bzw. Wolkenoberflächen in den verschiedenen ↗Spektralbereichen.

Refraktion ↗Strandversetzung.

Refugium, *Refugialgebiet*, Gebiet, in das sich pflanzliche oder tierische ↗Relikte zurückziehen und überdauern können.

Reg ↗Serir.

Regelation ↗Frost-Tau-Zyklus.

Regelungssysteme, Ausdruck der Machtverhältnisse und der Rollenverteilung in der Gesellschaft. Formelle und informelle Regelungen

Regenbogen 1: Weg des Lichts bei a) einmaliger innerer Reflexion; b) zweimaliger innerer Reflexion.

Regenbogen 2: Der Beobachter B sieht den Hauptregenbogen H und Nebenregenbogen N unter einem Winkelabstand von 42° und 51° um den Sonnengegenpunkt G, der unter dem Horizont liegt.

(z. B.: durch Verfassung, Gesetze, Verordnungen, Konventionen, Normen und Gewohnheiten) steuern und beeinflussen die ↗Produktionsstruktur, die Konsumstruktur (↗Akkumulationsregime) und die Austauschprozesse zwischen Produktions- und Konsumstruktur. Regelungssysteme sind Akteure (u. a. der Staat, die Kommune, Gewerkschaften und Arbeitgeberverbände). Regelungen gibt es u. a. für die Güter- und Faktormärkte und für den ↗Arbeitsmarkt (z. B. Streikrecht, Mitbestimmungsrechte und Kündigungsschutz). Regelungen bestimmen den ↗Wettbewerb, die ↗Mobilität und den Ausgleich von Interessenskonflikten.

Regenbogen, optische Erscheinung eines in Spektralfarben leuchtenden Kreisbogens auf einem Vorhang von Regentropfen im Gegenpol der Sonne. Im allgemeinen erscheint ein Hauptregenbogen in einem Winkelabstand von 42° um den Sonnengegenpunkt, seltener ein schwächer ausgebildeter Nebenregenbogen von 51°. Dies hat zur Folge, dass Regenbogen nur sichtbar sind, wenn die Sonne in einem Winkel unter 51° über dem Horizont steht. Der von der Sonne ausgehende Lichtstrahl wird, wie in der Abbildung (Abb. 1 Teil a) gezeigt, an der Grenzfläche des Regentropfens beim Ein- und Austritt aus dem Tropfen gebrochen und reflektiert. Daraus ergibt sich insgesamt ein Winkel zwischen eintreffendem und austretendem Strahl von 42°. Er resultiert aus dem mittleren für gelbes Licht geltenden Brechungsindex des Wassers mit 1,333. Erfolgt im Inneren des Regentropfens eine doppelte Reflexion, dann bilden der eintreffende und der austretende Lichtstrahl einen Winkel von 51° (Abb. 1 Teil b). Der ausgehende Lichtstrahl ist schwächer als im ersten Fall, weil bei jeder Reflexion auch Anteile der Strahlung aus dem Tropfen austreten und die Intensität des zum Beobachter gerichteten Strahls verringern. Der Beobachter sieht also zwei konzentrische Bögen um den Gegenpol der Sonne im Winkel von 42° und 51° (Abb. 2). Die Farben dieser Bögen resultieren aus der Abhängigkeit der Brechung von der Wellenlänge des Lichts. Für blaues Licht beträgt der Brechungsindex von Wasser 1,344, für rotes Licht 1,329. Blaues Licht wird folglich stärker gebrochen als rotes. Die doppelte Lichtbrechung am Regentropfen bewirkt, dass der Winkel des Kreisbogens beim Hauptregenbogen für blaues Licht kleiner ist als für rotes und das blaue Licht zum Gegenpol der Sonne hin weist. Beim Nebenregenbogen bewirkt die Kreuzung der Strahlengänge, dass der rote Strahl einen etwas kleineren und der blaue Strahl einen etwas größeren Bogen bildet. Haupt- und Nebenregenbogen wenden also ihre roten Seiten zueinander. Die Intensität der einzelnen Farben des Regenbogens ergibt sich aus dem Radius der Tropfen. Im durch den Hauptregenbogen begrenzten Kreissegment ist eine Himmelsaufhellung zu beobachten, weil dorthin alle diffus abgelenkten Strahlen gerichtet sind und in der Summe ein weißes Licht ergeben.

Diese einfache geometrische Erklärung, die bereits von Descartes 1637 entwickelt wurde, muss ergänzt werden um das Phänomen der Interferenz, indem Strahlen sich gegenseitig aufheben können, wenn sie bestimmte Laufzeitdifferenzen aufweisen. Die sichtbare Folge davon sind zuweilen schwache Sekundärbögen an der Innenseite des Hauptbogens, die als Interferenzbögen bezeichnet werden.

Regenbögen entstehen nicht nur bei Sonnenlicht, doch kann das menschliche Auge aus physiologischen Gründen die schwachen Mondregenbögen nicht mehr farbig wahrnehmen, sodass sie grau erscheinen. [JVo]

Regeneration, Wiedereinstellung des ursprünglichen Zustands nach Störungen. Öko- oder Biosysteme besitzen die Fähigkeit, sich nach anthropogenen und natürlichen Störungen in einem gewissen Umfang vollständig oder teilweise zu regenerieren. Auch gezielte Eingriffe des Menschen in gestörte Systeme, um einen natürlichen oder naturnahen Ausgangszustand wieder herzustellen werden, als Regeneration bezeichnet. Die Regeneration und die Herstellung einer ursprünglichen Dynamik sind ein wesentlicher Bestandteil des ↗Naturschutzes.

Regenerationsfähigkeit ↗ökologische Belastbarkeit.

regenerative Energie ↗Energieträger.

regenerierte Gletscher ↗Gletschertypen.

Regenfaktor, Quotient aus Jahresniederschlagssumme (in mm) und Jahresmitteltemperatur (in °C), der für eine einfache Bestimmung der ↗Aridität bzw. ↗Humidität eines Gebietes verwendet werden kann. Bei einem Regenfaktor von weniger als 40 gilt das Gebiet als arid, über 100 als humid.

Regenfeldbau, im Gegensatz zum ↗Bewässerungsfeldbau die Form des ↗Ackerbaus, bei der der zur Verfügung stehende ↗Niederschlag alleiniger Feuchtigkeitsspender für das Wachstum der angebauten Feldfrüchte ist. Dabei ist deren jahreszeitliche Verteilung entscheidend. Im winterkalten Mitteleuropa kommt er nur als Sommerfeldbau in Betracht, im Savannenklima als Regenzeitfeldbau, das äquatoriale Klima ermöglicht Dauerfeldbau. Die Grenze des Regenfeldbaus ist die ↗Trockengrenze des Anbaus (*agronomische Trockengrenze*). Diese kann durch extensivere Anbaumethoden, z. B. durch ↗dry farming in Richtung der Trockengebiete verschoben werden.

Regenintensität, *Niederschlagsintensität*, *Regenrate*, Quotient aus Regenhöhe (↗Niederschlagsmessung) und Niederschlagsdauer, angegeben meist in mm/h. Konvektive ↗Niederschläge weisen in der Regel eine höhere Intensität auf, als Niederschläge aus stratiformen ↗Wolken. Die Niederschlagsintensität wird auch verwendet, um spezielle Typen von Niederschlagsereignissen (z. B. ↗Starkregen, ↗Dauerregen) per Definition abzugrenzen.
Regenmoor ↗Moore.
Regenrate ↗Regenintensität.
Regentag, Tag, an dem eine bestimmte Mindestniederschlagsmenge erreicht wird. Aus den Ergebnissen dieser ↗Klimaobachtung wird die monatliche und jährliche Zahl der Regentage 3 mal, und zwar mit einer Niederschlagsmenge von mindestens 0,1 mm, 1,0 mm und 10,0 mm, ermittelt.
Regentropfen, Wassertropfen, die aufgrund ihrer Größe und ↗Tropfenfallgeschwindigkeit als ↗Niederschlag meistens mit einer Geschwindigkeit von 4–5 m/s aus der Wolke ausfallen. Die Grenze zwischen schwebenden ↗Wolkentropfen und fallenden Regentropfen liegt bei einem Radius von 0,05 mm. Regentropfenradien >0,7 cm sind nicht möglich, da der aerodynamische Widerstand der Luft zu groß wird. In der Regel begrenzen die aktiven *break-up Prozesse* das Tropfenwachstum auf < 0,5 cm. Dabei zerplatzen große Regentropfen durch Kollision und die Größenverteilung der verbleibenden Tropfen hängt von der Art der Kollision ab. Bei einer streifenden Kollision bleibt die Identität der Regentropfen erhalten, im Kollisionsbereich entwickeln sich einige kleine Tochtertropfen. Wird ein großer Regentropfen von einem anderen in der Mitte getroffen, verschmelzen beide kurzfristig zu einer dünnen Scheibe, diese zerfällt dann sofort in viele kleine Tochtertropfen. In diesem Fall ist die Identität des Ursprungstropfens nicht mehr gewährleistet. Große Regentropfen haben eine oblate Form, d. h. sie sind an ihrer Basis aufgrund des aerodynamischen Widerstands der Luft stark abgeplattet. [JB]
Regentropfenspektrum ↗Niederschlag.
Regenwald, *tropischer Regenwald*, *immergrüner Regenwald*, bezeichnet zunächst alle immergrünen Wälder, in denen keine Trockenperiode auftritt und die unter thermisch günstigen Wuchsbedingungen gedeihen. Bezeichnenderweise tragen Stämme und Äste der Regenwälder hohe Moos- und Flechtenbesätze, die zusammen mit einem erhöhten Anteil an bodenständigen Farnen auftreten können. Regenwälder kommen außer in den immerfeuchten Tropen (↗Vegetationszone) im begrenzteren Maße in den Subtropen an den Kontinent-Ostseiten (südliches Ostasien, Ostaustralien und Nordinsel Neuseelands, südöstliches Südafrika, Südostbrasilien) und in der temperierten Zone auf den Westseiten vor (Valdivianische Regenwälder im südlichen Chile, Regenwälder im Westen von Tasmanien und der neuseeländischen Südinsel, nordwestpazifische Regenwälder in Nordamerika). In den Subtropen handelt es sich um Bereiche inmitten der verbreiteten ↗Lorbeerwälder, in der nemoralen Zone um immergrüne Südbuchenwälder in Chile und Neuseeland bzw. um Koniferenwälder im küstennahen Oregon bis British Columbia. Außerhalb der Feuchttropen sind also die immergrünen Regenwälder, für die in Ostasien und Chile auch Bambusunterwuchs bezeichnend ist, auf hochozeanische Klimate begrenzt.
In den Tropen treten die immergrünen Regenwälder auch in den kontinentalen Zentren auf, großflächig vor allem im Napo-Gebiet Amazoniens und im Kongo. Fragmentiert sind sie auf den südostasiatischen Inseln verteilt, konzentriert im Darien und Choco (Grenze Panama-Kolumbien) sowie im Nordosten Australiens und als schmale Säume im östlichen Zentralamerika, Madagaskar und Neuguinea; ferner kommen sie auf den Passatseiten der Inseln im westlichen und zentralen Ozeanien vor. Sie werden von ↗Saisonregenwäldern umrahmt, in denen während einer kurzen Trockenphase einige Baumarten ihr Laub abwerfen. An Gebirgsabdachungen gehen die immergrünen Tiefland- in Bergregenwälder über, wobei der epiphytische Moosanteil mit abnehmender Verdunstung höhenwärts zunimmt. Tropische Regenwälder zeichnen sich durch große Üppigkeit aus, die sich in Phytomassen bis 1000 t Trockensubstanz pro ha und bis 70 m aufragenden »Überstehern« dokumentiert. Das Kronendach ist uneben, Bäume und kleinere Gehölze besetzen ohne klare »Schichtung« den gesamten Stammraum ab etwa 5–8 m. Die Kraut- und Strauchschicht sind relativ offen. Als häufige Lebensformen spielen epiphytische Gefäßpflanzen (z. B. Farne, Bromelien, Orchideen) und ↗Lianen eine große Rolle. Die Artenvielfalt erreicht in tropischen Regenwäldern globale Höchstwerte; beteiligt sind hieran in erster Linie Holzarten mit Maximalwerten um 280 Spezies pro ha (Iquitos, Peru); hinzu kommt die Vielzahl an ↗Epiphyten. Haupturasche für den Artenreichtum bildet der fortgeschrittene evolutive Reifegrad tropischer Regenwälder, die sich über Jahrmillionen unter relativ konstanten hygrothermischen Gunstbedingungen entwickeln konnten. Dies schließt monotypische Strukturen nicht aus, die sich z. B. bei Dominanz weniger Baumarten auf günstigen Böden einstellen kann. [MR]
Regenwippe ↗Niederschlagsmessung.
Regierungsbezirk ↗staatliche Mittelinstanz.
Regierungspräsidium, *RP*, ↗staatliche Mittelinstanz.
Regimepolitik, *regime Politik*, *Urban Regimes*, Planungstradition, die sich zunächst in amerikanischen Städten über Jahrzehnte hinweg etabliert hat. Damit ist ein informelles Arrangement zwischen Behörden der öffentlichen Hand und privatwirtschaftlichen Interessen gemeint. Beide wirken zusammen, um bedeutende Planungsentscheidungen zu treffen und auszuführen. Regime Politik bedeutet nicht, dass alle Aspekte des öffentlichen Lebens von der informellen Allianz aus Wirtschaft, privaten Interessen und Politik bestimmt werden, sondern lediglich die, welche sich mit der Stadtentwicklung und -bebauung

Maß/Verfahren	Ziel
Shiftanalyse	Analyse der strukturellen Entwicklung von Regionen
Schwerpunkt	zentrale Lage einer räumlichen Punktverteilung
Standarddistanz	Maß für die mittlere Entfernung der Punkte voneinander in einer räumlichen Punktverteilung
Lorenzkurve	Konzentration der räumlichen Verteilung eines Sachverhaltes im Vergleich zu derjenigen eines anderen Phänomens
Koeffizient der Lokalisierung	Grad der Konzentration eines Phänomens (z.B. Wirtschaftsbereich) in einem Raum
Standortquotient	Lokalisierung von Konzentration eines Phänomens (z.B. Wirtschaftsbereich) in einem Raum
Koeffizient der Spezialisierung	Grad der Spezialisierung eines Teilraumes im Vergleich zur Struktur des Gesamtraumes
Diversifikationsindex	Grad der Unterschiedlichkeit der Struktur eines Teilraumes im Vergleich zu einer gleichverteilten sektoralen Struktur
Segregationsindex nach Duncan/Duncan	Grad der räumlichen Konzentration einer Bevölkerungsgruppe im Vergleich zur Komplementärmenge
Segregationsindex nach Bell	Grad der räumlichen Konzentration einer Bevölkerungsgruppe im Vergleich zur Gesamtmenge

regionalanalytische Methoden: Zielrichtung einfacher regionalanalytischer Methoden.
Literatur:

befassen. Ein wesentlicher Aspekt des Urban Regime ist, dass sich die privaten Interessen nicht auf die Interessen der Privatwirtschaft beschränken, sondern alle gesellschaftsrelevanten Gruppen mit eingeschlossen sind, z. B. Gewerkschaften, gemeinnützige Organisationen und Stiftungen, Kirchen und Parteien sowie Vertretungen und Verbände von Minoritäten. Diese sind, um ihre gemeinsame Vision von der zukünftigen Stadtentwicklung auszuarbeiten, in einer eigens zu diesem Zwecke gegründeten privatwirtschaftlichen Planungsgemeinschaft oder -organisation (↗Public-Private-Partnership) zusammengeschlossen. [RS]

Region, Bezeichnung für einen durch bestimmte Merkmale, funktionale Abhängigkeiten oder Wahrnehmung gekennzeichneten Teilraum mittlerer Dimension innerhalb eines Gesamtraums. Der Begriff wird im alltagssprachlichen Umgang, besonders im politischen Bereich, für einen räumlichen Ausschnitt, der größer ist als der örtliche Zusammenhang, dessen tatsächliche Ausdehnung aber nicht unbedingt bekannt ist, verwendet und dient zur Bezeichnung der verschiedensten räumlichen, nicht näher präzisierbaren Phänomene von der wirtschaftlichen über die arbeitsmarktliche bis zur sozialen und kulturellen Situation des so gemeinten Gebietes. Besonders häufig wird der Begriff Region im alltagssprachlichen Gebrauch als Synonym für ↗Heimat oder ↗Landschaft verwendet.

Im Kontext von Wissenschaft und Planung wird der Begriff der Region als zielorientierte Raumabstraktion mittlerer Ebene verstanden, dessen räumliche Dimension und Abgrenzung sich aus dem oder den definierten Ziel(en) ableitet. Es werden *Strukturregionen* oder homogene Regionen unterschieden, die analytisch aufgrund gemeinsamer oder ähnlicher Merkmale oder Merkmalskombinationen gebildet werden (z. B. Regionen gleicher Bevölkerungsdichte), außerdem *Funktionalregionen*, die wechselseitige, meistens zweiseitige Beziehungen zwischen zentralen und von ihnen abhängenden Raumelementen beschreiben (z. B. ↗Einzugsbereiche von Einzelhandelsstandorten). Daneben existieren Wahrnehmungs- oder Identitätsregionen aufgrund subjektiver Identifikationen. In der ↗Raumordnung werden auf der Basis analytisch ermittelter Regionen normative Regionen festgelegt (*Planungsregionen* oder *Verwaltungsregionen*). Häufig gehen in diese Regionskonzepte als normative Kriterien analytisch ermittelte Tatbestände ein. Die Gebietseinheiten des Bundesraumordnungsprogramms von 1975 zur Verwirklichung ausgeglichener Funktionsräume oder die seit 1982 von der Raumordnung auf Bundesebene zum Zwecke der raumordnerischen Berichterstattung eingeführten Raumordnungsregionen zählen dazu. Solche normativen Regionen werden auch von der ↗Landesplanung und ↗Regionalplanung zur Erreichung bestimmter Ziele gebildet. ↗Regionalisierung. [KW]

regionalanalytische Methoden, *regionalanalytische Verfahren*, ein Begriff unter dem gewöhnlich einfache Maßzahlen und mathematische Verfahren zur Analyse und Darstellung räumlicher Verteilungs- und Entwicklungsstrukturen zusammengefasst werden. Es handelt sich dabei insbesondere um Methoden zur Bestimmung räumlicher Dichte sowie räumlicher Konzentration bzw. Segregation. Der Begriff kann aber auch umfassender verwendet werden und z. B. auch Verfahren der ↗Clusteranalyse beinhalten. Die Tabelle zeigt einige einfache Maße bzw. Verfahren, die in der ↗Geographie häufiger angewendet werden: ↗Shiftanalyse, Schwerpunkt, Standarddistanz, ↗Lorenzkurve, *Koeffizient der Lokalisierung*, Standortquotient, *Koeffizient der Spezialisierung*, Diversifikationsindex und ↗Segregationsindices. [JN]

Regionalatlas, ↗Atlas, in dem die für das Teilgebiet eines Staates bestimmenden Charakteristika deutlicher zum Ausdruck kommen und wegen des kleineren Gebietes größere Kartenmaßstäbe möglich sind. Abgesehen von einigen Frühformen im 19. Jh., entwickelte sich der moderne Regionalatlas nach dem 1. Weltkrieg, wozu u. a. das Aufblühen der geschichtlichen ↗Landeskunde seit der Jahrhundertwende und das Bedürfnis nach Dokumentation der Folgen des Krieges mit den Grenzveränderungen und verwaltungsmäßigen Neugliederungen beitrugen. Gute Beispiele stellen in Österreich der Kärntner Heimatatlas (1925), als die mehr gegenwartsbezogene Variante, und in Deutschland der Geschichtliche Handatlas der Rheinprovinz (1926), als die überwiegend geschichtlich orientierte Variante, dar. Über ein Dutzend vergleichbarer Atlanten wurden bis zum 2. Weltkrieg herausgegeben. Nach dem Krieg erschienen, jetzt fast immer in Einzellieferungen, weitere Regionalatlanten, je nach den regionalen Bedürfnissen mehr geschichtlich bzw. auch oder überwiegend auf die Gegenwart ausgerichtet. Herausragende Beispiele bilden der Historische Handatlas von Brandenburg und Berlin (1963–1978), der Pfalzatlas (1963–1994), der Historische Atlas von Baden-Württemberg (1972–1988), der geschichtliche Atlas der Rheinlande (seit 1982), der Geographisch-Landeskundliche Atlas von Westfalen (seit 1985) und der Atlas zur Geschichte und Landeskunde von Sachsen (seit 1997). Das größte regionale Atlaswerk ist der Deutsche Planungsatlas (1950–1969) mit einzelnen Landesbänden. Auch in Österreich entstand eine Reihe von bedeutenden Regionalatlanten, wie z. B. der »Atlas von Niederösterreich«, der »Atlas von Oberösterreich« oder der besonders innovative »Tirol Atlas«. In Frankreich wurden Atlanten für zahlreiche Planungsregionen wie auch für die Überseebesitzungen herausgegeben. Regionalatlanten gibt es auch von mehreren Provinzen Kanadas. Der »British Columbia Atlas of Resources« (1956) gilt wegen seiner Benutzeranleitung als vorbildlicher Regionalatlas Nordamerikas. Methodisch völlig neu angelegt ist der preisgekrönte »Economic Atlas of Ontario« (1969), der die übliche länderkundliche durch eine auf der Faktorenanalyse (↗faktorenanalytische Verfahren) resultierende Struktur ersetzte. Für die meisten Städte der USA gibt es komplexe thematische Atlanten, die durch eine Reihe von regionalen Geschichtsatlanten ersetzt werden. Neben einfarbigen, graphisch einfach konzipierten Atlanten entstanden aufwändig gestaltete, durchgehend mehrfarbig gedruckte Werke wie der »Historical Atlas of Massachusetts« (1991), der sich u. a. durch die anamorphotische Darstellung (↗Kartenanamorphote) der Bezugsflächen bei bevölkerungsrelevanten Karten auszeichnet. Bedeutende thematische Stadtatlanten sind: »Atlas de Paris et de la Région Parisienne« (1967), »Atlas of Jerusalem« (1973), »Atlas Warszawy« (1975) und der »Atlas Krakowa« (1987). Sogenannte Umweltatlanten gibt es von Berlin, Göttingen, Stuttgart u. a., Censusatlanten von australischen, indischen, einigen amerikanischen und kanadischen Großstädten. Der Deutsche Städteatlas (ab 1973) hat wie die parallel erscheinenden Atlanten in anderen europäischen Ländern die Rekonstruktion des Städtegrundrisses mittels einer genauen Katasterkarte zum Ziel samt einem Kommentar über Lage, Gestalt, Wachstum und Gefüge der Stadt. Als komplexer Atlas bietet demgegenüber der Historische Atlas von Wien (seit 1981) eine Längsschnittanalyse vom Anfang des 19. Jh. bis zum 2. Weltkrieg. [HMu]

Regionalbahn, ↗Verkehrsmittel, das zumeist das Umland größerer Städte und deren dünner besiedelten Randbereiche bedient. Als ↗Schienenpersonennahverkehr (SPNV) ist die Regionalbahn im weiteren Sinne Bestandteil des Öffentlichen Personennahverkehrs (↗ÖPNV). Die ↗Deutsche Bahn AG hat in nur vier Jahren nach der ↗Bahnreform die Zugleistung um 10 % erhöht. Als Betreiber kommen durch Wettbewerb (Ausschreibung) zunehmend NE-Bahnen (Nichtbundeseigene Eisenbahnen) zum Zuge, die ihren Anteil am SPNV von 3 % auf knapp 7 % (1999) verdoppeln konnten. Die Bahnreform hat in Deutschland einen erheblichen Innovationsschub zugunsten des SPNV in der Fläche ausgelöst. Der Einsatz neuentwickelter ↗Triebwagen, die Erhöhung der Reisegeschwindigkeit und die Verbesserung des Fahrtenangebotes haben beträchtliche Fahrgastzuwächse bewirkt.

Regionalbewusstsein, soziale Konstruktion einer über Regionsnamen oder physisch-materielle »Wahrzeichen« einer Region symbolisierten Form der territorialen Identität und Zugehörigkeit. Die Untersuchung von Regionalbewusstsein und regionaler Identität zählt zu den jüngeren, in den 1980er-Jahren aufgekommenen idiographischen Forschungsansätzen. Beide Begriffe finden häufig synonym Verwendung. Blotevogel, Heinritz und Popp definieren Regionalbewusstsein als die Gesamtheit raumbezogener Einstellungen und Identifikationen, fokussiert auf eine mittlere Maßstabsebene. Der dabei zugrundegelegte Raumbegriff umfasst sowohl den physisch-materiellen als auch den sozial strukturierten Raum, zwischen denen enge wechselseitige Beziehungen bestehen. Hinsichtlich des Maßstabes ist das Forschungsinteresse unter Ausgrenzung der lokalen und nationalen Ebene auf die räumliche Mesoebene zentriert. Raumbezogene Identität ist dabei nicht auf ein Maßstabskontinuum ausgerichtet (anders Weichhart); unterhalb der Quartiersebene und auf der nationalstaatlichen Ebene treten abweichende charakteristische Bewusstseinsformen auf, die nicht mit Regionalbewusstsein vergleichbar sind. Die raumbezogenen Einstellungen umfassen mit der Wahrnehmung der Region, der regionalen Verbundenheit bzw. dem Heimatgefühl sowie der regionalen Handlungsorientierung eine kognitive, affektive und konative Dimension. So können Abstufungen von Regionalbewusstsein unterschieden werden, die von einem latenten, unartikulierten Zugehörigkeitsgefühl über die Identifikation mit der Region bis zu aktivem Einsatz für die Region reichen. Die Gruppenkohäsion, welche durch Regionalbewusstsein entsteht, beruht auf dem räumlichen Lebenszusammenhang und zeichnet sich durch unverbindliche Beziehungen von vergleichsweise geringer emotionaler Bindung aus. Hard kritisiert diesen Ansatz fundamental als »Verräumlichung nichträumlicher Phänomene«, die zu einer inadäquaten Homogenisierung der sozialen Welt führe und demnach in funktional differenzierten Gesellschaften weitgehend versage. Dem steht entgegen, dass Regionalbewusstsein als regionsbezogenes Gemeinsamkeitsgefühl auch im Zeitalter moderner, funktional gegliederter Gesellschaften existiert, jedoch in einer anderen Ausprägung als in segmentären Gesellschaften. Die Region bildet, gerade auch in der modernen Gesellschaft, eine geeignete Bezugsgröße zur Identifikation und stellt einen Orientierungsrahmen, weil durch sie die Komplexität der immer differenzierter werdenden Welt auf ein übersichtliches Maß reduziert werden kann. Voraussetzungen wie eine klar erkennbare Abgrenzbarkeit, ein eigener Raumname, eine individuelle Geschichte, eine eigene Sprache, aber auch Besonderheiten wie spezifische Verhaltensweisen, Wanderungsvorgänge, Interessenskonflikte, regionale Eliten, Einrichtung sperriger Infrastruktur, territoriale Fremdbestimmung, kollektive Betroffenheit usw. begünstigen die Herausbildung eines spezifischen Regionalbewusstseins.

Die zentralen Fragestellungen der Regionalbewusstseinsforschung betreffen zum einen den Inhalt der Raumvorstellungen, die jeweils mit dem Raumnamen einer Region assoziiert werden, zum anderen die Rahmenbedingungen, die für die Entstehung, den Wandel und das Erlöschen solcher regionalen Raumideen verantwortlich sind. So wird z. B. hinterfragt, welche Umstände und Faktoren für die soziale Kohäsion auf regionaler Ebene besonders wichtig sind, inwieweit die Entstehung von Raumassoziationen einem der Innovationsdiffusion vergleichbaren Prozess unterliegt und welche Medien, Formen und Akteure sich im Kommunikationsgeschehen für diesen Prozess als wichtig erweisen. Weitere Forschungsfelder sind Fragestellungen zum regionalen Identitätsmanagement, zur Bedeutung des Regionalbewusstseins für die regionale Entwicklung und zu Zusammenhängen mit politischem ↗Regionalismus und Autonomiebestrebungen.   [TS]

Literatur: [1] BLOTEVOGEL, H. H.; HEINRITZ, G.; POPP, H. (1989): »Regionalbewußtsein«. Zum Stand der Diskussion um einen Stein des Anstoßes. In: GZ 77, H. 3, S. 65–88. [2] HARD, G. (1987): »Bewußtseinsräume« – Interpretationen zu geographischen Versuchen, regionales Bewußtsein zu erforschen. In: GZ 75, H. 3, S. 127–148. [3] POHL, J. (1993): Regionalbewußtsein als Thema der Sozialgeographie. – Kallmünz. [4] WEICHHART, P. (1990): Raumbezogene Identität. Bausteine zu einer Theorie räumlich-sozialer Kognition und Identifikation. – Stuttgart.

regionale Arbeitslosigkeit ↗Arbeitslosigkeit.

regionale Bildungsplanung, Planung der ↗Standorte und ↗Einzugsgebiete von Bildungseinrichtungen. Anwendung von Methoden und Konzepten der ↗Raumordnung und ↗Regionalplanung auf das Bildungswesen. Die regionale Bildungsplanung hatte ihren Höhepunkt in den 1960er- und 1970er-Jahren, als es zu einer Ausdünnung des Standortnetzes von Grundschulen und einer Verdichtung des Standortnetzes von höheren Schulen und Hochschulen gekommen ist. Nach dem Ende dieser parallel ablaufenden Schrumpfungs- und Ausbauphase des Schulwesens ist die regionale Bildungsplanung wieder etwas in den Hintergrund getreten. ↗Schulentwicklungsplan.

regionale Disparitäten, Grundbegriff der ↗Raumordnungspolitik, welcher die Ungleichheiten (Disparitäten) der regionalen Lebensbedingungen thematisiert, die als räumlicher Ausdruck ↗sozialer Disparitäten verstanden werden. ↗räumliche Disparitäten.

Regionale Geographie, *regional geography* (engl.), *Géographie régionale* (franz.), wichtiger Bereich der ↗Geographie neben der Allgemeinen Geographie, der sich mit der Erforschung und Darstellung von bestimmten Teilräumen der Erdoberfläche bzw. gesellschaftlichen Raumkonstrukten wie Staaten, Ländern, Länderteilen oder größeren zusammenhängenden Räumen sowie ↗Kulturerdteilen befasst. Weil eine strenge begriffliche Unterscheidung zwischen ↗Länderkunde, ↗Landeskunde und Regionaler Geographie kaum möglich ist, werden die Begriffe häufig synonym verwendet. Über eine bloße Stoffsammlung hinausgehend, will diese Teildisziplin den Zusammenhang aller wesentlichen geographischen Erscheinungen aufzeigen und, einem idiographischen Erkenntnisinteresse folgend, den individuellen Charakter des betreffenden Raumausschnittes herausarbeiten.

Diese Auseinandersetzung schließt eine intensive Beschäftigung mit den Fragenkomplexen ↗Regionalbewusstsein, ↗Raum und ↗Region ein. Im angloamerikanischen Sprachraum kam es zur Reformulierung der Regionalen Geographie als explizit sozialwissenschaftlich orientierte ↗New Regional Geography.

Es ist bis heute nicht gelungen, die Regionale Geographie und damit auch die länderkundliche Monographie wissenschaftstheoretisch überzeugend zu fundieren. Derzeit wird Länder- bzw. Landeskunde vorwiegend als Akt der Popularisierung geographischen Wissens (Wardenga 2001) bzw. als gesellschaftsbezogene Dienstleistung der Geographie für die Öffentlichkeit (Popp 1996) oder als »Wissensanwendung« (Bartels 1981) verstanden. Damit entfällt auch die Notwendigkeit einer wissenschaftstheoretischen Begründung und »Forschungsverbrämung«.

Gegenstände regionaler Geographien können und müssen damit nicht wissenschaftsimmanent begründet werden. Weshalb z. B. Verkehr, Energie- und Wasserversorgung, nicht aber Literatur und Musik, Kultur und Alternativkultur üblicherweise behandelt werden, lässt sich allenfalls wissenschaftshistorisch belegen. Aufbau und Gliederung einer regionalen Geographie stellen einen »Aushandlungsprozess« zwischen Autor(en) und antizipiertem Leser dar.

Regionale Geographie bzw. Länderkunde als Dienstleistung für die Öffentlichkeit hat also nach den Motiven der Leser und nach Nutzungsformen für entsprechende Informationen zu fragen. Trotz der immer wieder beschworenen Adressatenorientierung regionalgeographischer Darstellungen gibt es innerhalb der Geographie – auch auf internationaler Ebene! – bisher kaum empirische Studien, die wirklich zeigen, wie popularisiertes Fachwissen in Gestalt von regionalgeographischem bzw. länder-/landeskundlichem Wissen in der Öffentlichkeit kontextualisiert, (re-)interpretiert und in bestehende Wissens- und Erfahrungskontexte eingebaut wird (Wardenga, 2001).

Aufgrund des Fehlens einer solchen Rezeptionsforschung sind auch nur schwer Aussagen über Adressaten und deren Interessen möglich. Die Anwendung von regionaler Geographie ist in drei Richtungen denkbar, die jeweils spezifische

Nutzerkreise erschließen: Bildung und Erziehung, Wirtschafts- und Politikberatung sowie Freizeit und Unterhaltung.
Die Bildungs- und Erziehungsfunktion wurde in der Nachkriegszeit von Bartels (1981) betont, der eine »innerhalb eines gegebenen gesellschaftlichen Zusammenhangs« durchgeführte »Bewertung durch Auswahl und Aufbereitung von Materialien« als eine »völlig legitime Aufgabe« einer »bei der Erziehung der Gesellschaftsmitglieder« mitwirkenden Länder-/Landeskunde sah, ihr also »eine pädagogische Aufgabe« zusprach, die »nicht als Wissenschaft der möglichst objektiven Magazinierung zahlloser Detailkenntnisse, sondern der engagierten Lebensorientierung« diente (Bartels, 1981).
Für den Bereich Wirtschafts- und Politikberatung wird ein stärker gutachterlicher Charakter mit entsprechend pragmatischem Stil gefordert, welche im Falle der deutschen Landeskunde beispielsweise als Grundlage in raumplanerisches oder -gestaltendes Handeln einfließen kann.
In den letzten Jahren wird auch zunehmend die Rolle von regionaler Geographie für Freizeit und Unterhaltung thematisiert. In der Tat bietet ja der Reiseführermarkt ein sehr weites Feld, auf dem sich Geographen/innen aber bisher nur in Ausnahmefällen tummeln.
Betrachtet man regionale Geographie/Länderkunde als adressatengerechte Popularisierung von Forschungsergebnissen, als geographische Darstellungsaufgabe, so ergeben sich gerade im Kontext neuer Medien und Kommunikationstechniken eine ganze Reihe von Fragen: Was bedeutet Popularisierung, wie unterscheidet sich Forschungswissen von seiner popularisierten Form, auf welche Perspektiven hin wird Komplexität reduziert (Wardenga, 2001)? Welche Rolle spielen in diesem Kontext geographische Informationssysteme, welche Darstellungsformen sind den Medienerfahrungen am Beginn des 21. Jahrhunderts adäquat etc.? [HG, TS]
Literatur: BARTELS, D. (1981): Länderkunde und Hochschulforschung. In: Bähr, J. und R. Stewig (Hrsg.): Beiträge zur Theorie und Methodik der Länderkunde. Kieler Geograph. Schriften 52. – Kiel. [2] POPP, H. (1983): Geographische Landeskunde – Was heißt das eigentlich?. In: Berichte zur deutschen Landeskunde, 57. [3] WARDENGA, U. (2001): Theorie und Praxis der länderkundlichen Forschung und Darstellung in Deutschland. In: Wardenga, U. und F.-D. Grimm (Hrsg.): Zur Entwicklung des länderkundlichen Ansatzes. Beiträge zur Regionalen Geographie 53. – Leipzig.

Regionale Geomorphologie ↗Geomorphologie.
regionale Länderkunde ↗Länderkunde.
Regionalentwicklung, i. A. Maßnahmen, mit deren Hilfe die wirtschaftliche Entwicklung einer Region unterstützt werden soll. Ziel der Regionalentwicklung in Deutschland ist der Ausgleich ↗regionaler Disparitäten und damit die Schaffung ↗gleichwertiger Lebensbedingungen in allen ↗Regionen. Die ↗endogene Regionalentwicklung versucht dabei insbesondere Kräfte aus der Region »von unten« heraus zu nutzen, um die Regionalwirtschaft mit diesen endogenen Potenzialen zu stützen oder zu entwickeln. Endogene Regionalentwicklung ist ein klassischer »Bottom-up-Ansatz«. Integrative und nachhaltige Regionalentwicklung – beide Begriffe werden inhaltlich synonym verwandt – versuchen, eine dauerhafte Entwicklung der Region zu erreichen. Dazu wird versucht, mithilfe ganzheitlicher Konzepte, die die Bereiche des Sozialen bzw. Politischen, der Ökonomie und der Ökologie umfassen sollen, Entwicklungsziele zu definieren, die anschließend unter Beteiligung der Betroffenen der Region umgesetzt werden sollen. Betroffene in diesem Sinn sind nicht nur die Bürger, sondern auch Unternehmer, ehrenamtlich Engagierte oder allgemein Persönlichkeiten, die ein Interesse an der Entwicklung der Region haben. Die nachhaltige Regionalentwicklung orientiert sich bei der Festsetzung ihrer Inhalte an der ↗Agenda 21. ↗ländliche Regionalentwicklung. [CLR]

regionaler Arbeitsmarkt, geographische Differenzierung eines gesamtstaatlichen ↗Arbeitsmarktes in Teilräume, wobei das Kriterium der Verflechtung oder der Ähnlichkeit im Vordergrund stehen kann. Ein regionaler Arbeitsmarkt ist damit eine räumliche Einheit und zugleich auch eine Vermittlungsinstanz von Erwerbsarbeit. Auf ihm treffen sich das ↗Arbeitskräfteangebot und die ↗Arbeitskräftenachfrage und streben nach der Durchsetzung ihrer Interessen an. Das Arbeitskräfteangebot offeriert Arbeitsbereitschaft und ↗Qualifikation und versucht dafür einen hohen ↗Lohn, Beschäftigungssicherheit und berufliche Aufstiege zu erzielen. Die Nachfrager nach Arbeitskräften (Gewerbetreibende, ↗Unternehmer, öffentliche Einrichtungen) suchen dagegen die Arbeitskräfte mit spezifischen Qualifikationen und offerieren dafür Lohn, Beschäftigungssicherheit und berufliche Entwicklungsmöglichkeiten. Arbeitskräfteangebot und Arbeitskräftenachfrage sind keine fixen Größen. Stärker als auf einem nationalen Arbeitsmarkt kann das Volumen der angebotenen und der nachgefragten Arbeit auf einem regionalen Arbeitsmarkt schwanken (↗Pendelwanderung, Standortverlagerung von Unternehmen). Neben den genannten Faktoren kommen Effekte der veränderten Erreichbarkeit und der Auf- oder Abwertung von regionalen Arbeitsmärkten hinzu. So kann der Bau von Straßen und schienengebundenen Massenverkehrsmitteln die Erreichbarkeit erhöhen, das Einpendeln erleichtern und damit das Arbeitskräfteangebot ebenso verändern wie die Neuerrichtung oder die Verlagerung eines Unternehmens die Nachfrage verstärkt oder schwächt. Ein regionaler Arbeitsmarkt ist eine Unterteilung eines gedachten und übergeordneten Arbeitsmarktes. Wie groß ein regionaler Arbeitsmarkt jedoch ist, auf welcher Maßstabsebene und nach welchen Kriterien er abgegrenzt wird, ist zu diskutieren. Zwei unterschiedliche Zugänge bei der Abgrenzung sind möglich. Der erste Zugang besteht in der Ausweisung von gegebenen administrativen Einheiten, homogenen Räumen oder Raumtypen. Regionale Arbeitsmärkte können reale Abgrenzungen der Erdoberfläche sein (z. B. der Arbeitsmarkt einer konkreten Stadt) oder typologische Zusammenfassungen von Räumen (z. B. städtischer Arbeitsmarkt, Arbeitsmarkt alter Industriegebiete, ländlicher Arbeitsmarkt). Die funktionale Verflechtung mit anderen benachbarten Räumen, z. B. im Rahmen der Pendelwanderung, ist Inhalt der Analyse, aber nicht Definitionsgrundlage. Dies steht im Gegensatz zum zweiten Ansatz der Abgrenzung von regionalen Arbeitsmärkten, bei der die funktionelle Verflechtung im Vordergrund steht. Die Abgrenzung eines regionalen Arbeitsmarktes in Abhängigkeit zur Pendelwanderung und damit zur Erreichbarkeit und Verflechtung eines Arbeitsmarktzentrums mit einem Ergänzungsgebiet ist eine gebräuchliche Vorgangsweise, die in der Literatur auch als »Königsweg« bei der Definition von regionalen Arbeitsmärkten angesehen wird. In der Realität ist die Abgrenzung, die mit Pendlerverflechtung arbeitet, immer mit dem Problem verbunden, dass an den Rändern von regionalen Arbeitsmärkten keine eindeutigen Zuordnungen mehr vorgenommen werden können. Problematisch ist auch, dass Pendlerdaten die tatsächliche Reichweite eines regionalen Arbeitsmarktes unterschätzen. Denn Pendlerdaten ergeben sich aus der Angabe des aktuellen Wohn- und Arbeitsortes. Die Tatsache, dass jemand im Pendlereinzugsbereich wohnt und dort seinen Arbeitsplatz aufsucht, bedeutet natürlich nicht, dass der Betreffende immer dort gewohnt hat. Es ist genauso möglich, dass die Person aus großer Distanz zugewandert ist, um einen Arbeitsplatz anzunehmen. Die Abgrenzung eines regionalen Arbeitsmarktes anhand der Pendlerdaten orientiert sich jedoch nur an dem aktuellen Wohnort und negiert eine vorangegangene Zuwanderung. Wenn die Reichweite eines regionalen Arbeitsmarktes beurteilt werden soll, dann ist dies von erheblicher Bedeutung. Generell gilt, dass regionale Arbeitsmärkte immer zeit- und problembezogene Konstrukte sind. Sie stellen keine a priori vorhanden Gebietseinheiten dar, die nur durch entsprechende Analysen »gefunden« werden müssen, sondern gesellschaftlich erzeugte räumliche Einheiten. Administrative Grenzen können sich ebenso ändern, wie die Einzugsbereiche eines Zentrums. Die Verkehrsinfrastruktur formt regionale Arbeitsmärkte gleichermaßen, wie die Standortentscheidung von Unternehmen und das Wirken von Institutionen. Die Gründung eines neuen oder die Schließung eines bestehenden Großunternehmens kann – je nach Analysemaßstab – existierende Pendlerströme entscheidend verändern. Auch die Öffnung von früher geschlossenen Grenzen und die Auf- oder Abwertung einer Währung können die Pendlerströme in Grenzgebieten kurzfristig umleiten. So definierte ↗Arbeitsmarktregionen müssen also alle paar Jahre überprüft und eventuell neu abgegrenzt werden. Ein offenes und weitgehend ungeklärtes Problem ist auch die Größe eines regionalen Arbeitsmarktes. In Abhängigkeit zum gewählten Maßstab existieren lokale, regionale und nationale Arbeitsmarktzentren mit entsprechenden Einzugsbereichen. Ein nationaler Arbeitsmarkt kann in regionale Arbeitsmärkte zerlegt werden, diese wiederum ebenfalls in »subregionale« bis lokale Arbeitsmärkte. Der *lokale Arbeitsmarkt*, liegt auf einer unteren Maßstabsebene mit geringer Reichweite. Arbeitskräfte mit geringer Qualifikation werden nur auf lokalen Arbeitsmärkten gesucht. Präzise Grenzen, wann der lokale Arbeitsmarkt in einen regionalen übergeht und welche Maßstabsebene den regionalen Arbeitsmarkt definiert, sind nicht vorhanden. Trotz aller Schwierigkeiten und offenen Fragen gilt jedoch: Die Abgrenzung und Erforschung von regionalen Arbeitsmärkten führt zu einem differenzierten und realitätsnäheren Bild über Prozesse und Strukturen in der Arbeitswelt. Arbeitsmärkte sind eben auch immer räumliche Phänomene und die Konstruktion eines übergeordneten, einheitlichen und undifferenzierten »nationalen« Arbeitsmarktes führt zu einer unscharfen Durchschnittsbildung. [HF]

Literatur: [1] BRÖCKER, J. (1988): Regionale Arbeitsmarktbilanzen 1978 bis 1984. Methoden und Ergebnisse. In: Raumforschung und Raumordnung 3. – Köln. [2] ECKEY, H.-F., HORN, J., KLEMMER, P. (1990): Abgrenzung von regionalen Diagnoseeinheiten für die Zwecke der regionalen Wirtschaftspolitik. Gutachten im Auftrag des Untersuchungsausschusses der Gemeinschaftsaufgabe »Verbesserung der regionalen Wirtschaftsstruktur«. – Bochum-Kassel. [3] FISCHER, M., NIJKAMP, P. (1987): Spatial Labour Market Analysis: Relevance and Scope. In: FISCHER, M., NIJKAMP, P. (Hrsg.): Regional Labour Markets. Contribution to Economic Analysis. – Amsterdam-New York-Oxford-Tokyo.

Regionaler Flächennutzungsplan, RFP, raumordnerisches Planungsinstrument, welches seit Inkrafttreten des novellierten ↗Raumordnungsgesetzes (ROG) zum 1.1.1998 den Bundesländern die Möglichkeit eröffnet, durch Zusammenfassung von ↗Regionalplanung und vorbereitender ↗Bauleitplanung eine Planungsstufe einzusparen. Voraussetzungen sind der räumliche Bezug des RFP auf einen ↗Verdichtungsraum bzw. das Vorhandensein sonstiger raumstruktureller Verflechtungen und die Durchführung der Regionalplanung in Form von Zusammenschlüssen von Gemeinden oder Gemeindeverbänden. ↗Flächennutzungsplan.

regionaler Teufelskreis, bildhafter Ausdruck für eine im peripheren ↗ländlichen Raum vorkommende negative Wirkungskette, die einander bedingende Benachteiligungen zur Folge hat. Das zu geringe Angebot an Arbeitsplätzen führt zu Abwanderungen gerade der jungen Generation. Durch den Bevölkerungsrückgang wird die infrastrukturelle Ausstattung ausgehöhlt und schließlich – bei Anwendung der bevölkerungsbezogenen normativen Richtwerte zur Infrastrukturversorgung – abgebaut. Dies mindert aber zugleich die lokale und regionale Standortqualität für die Ansiedlung bzw. den Bestand von Arbeitsplätzen. Der negative Kreislauf setzt sich fort, wobei mit jedem Umlauf eine Verschlechterung der Situation eintritt.

regionales Entwicklungskonzept, *REK*, regionalpolitisches Instrumentarium zur Förderung ausgewählter ⁊Regionen, besonders zur Verbesserung regionaler Wirtschaftsstrukturen. Anhand der REK legen die Länder Fördergebiete fest, deren Grad der Unterstützung von der Förderbedürftigkeit bestimmt wird. Inhalt ist die Festlegung von Entwicklungszielen, förderwürdigen Projekten und Durchführungsmaßnahmen aufgrund von *Teilraumgutachten*. Des Weiteren dienen REK als Bewertungsgrundlage für Förderanträge, die je nach Grad der Übereinstimmung mit der zuvor festgelegten Förderbedürftigkeit bewilligt werden (Festlegen der Förderungspriorität).

regionales Milieu ⁊ *regionales Produktionsmilieu*.

regionales Produktionsmilieu, *regionales Milieu*, Erfassung von Regionen als Wirtschaftsräume, die durch die Besonderheit ihrer formalen, informellen und sozialen Interaktions- und Verflechtungsbeziehungen sowie damit verbundener ökonomisch-kultureller Merkmale charakterisiert sind. Die einzelnen Unternehmen werden dabei nicht als isolierte Bestandteile einer Wirtschaftsregion, sondern als Ko-Akteure in ⁊Netzwerken eines vielschichtigen ökonomischen und politischen Prozesses gesehen. Die Qualität regionsinterner Beziehungen wirkt sich entscheidend auf die Innovationspotenziale aus, die wiederum eine Voraussetzung für regionalwirtschaftliche Entwicklung ist. Entwicklungsfördernde Effekte eines regionalen Produktionsmilieus sind ferner die räumliche Nähe der Akteure zueinander, wodurch die Möglichkeit zu intensiver regionaler Kooperation gegeben ist sowie die Identifikation der Akteure mit der Region (»Wir-Gefühl«). Dies verbessert eine vertrauensvolle Zusammenarbeit nach innen sowie das Image der Region nach außen. [SE]

regionale Verwaltungsstrukturen, oberhalb der bisherigen Landkreise und unterhalb der Länder angesiedelte Verwaltungseinheiten. Zu den klassischen regionalen Verwaltungsstrukturen gehören die höheren ⁊Kommunalverbände, die ⁊staatliche Mittelinstanz und regionale ⁊Planungsgemeinschaften. Die Bedeutung der regionalen Ebene im globalen Standortwettbewerb, anhaltende ⁊regionale Disparitäten zwischen den Kernstädten und ihrem Umland, Debatten um ⁊Funktionalreformen und eine ⁊Regionalisierung von Lebensweisen führen zu Vorschlägen zur Etablierung regionaler Kooperationsformen mit unterschiedlich hoher Verbindlichkeit. ⁊Regionalkreise oder ⁊Regionalstädte setzen dabei wegen ihres Eingriffs in bestehende Verwaltungsgrenzen eine Gebietsreform voraus.

regionale Wachstumszyklen, beschreiben den wirtschaftlichen Transformationsprozess von Standorten und/oder Regionen, die außerhalb der von einer Basisinnovation gekennzeichneten Kernregion liegen. Dabei werden zeitversetzt zur Kernregion die Phasen Wachstum, Stagnation und Schrumpfung durchlaufen.

Durch Standortvorteile einer Region können extern entstandene Basisinnovationen zur Wachstumsdynamik in dieser Region beitragen. Dieses hält solange an, wie es der Region gelingt sich der Weiterentwicklung der Basisinnovation anzupassen oder sie zu erweitern. Innerhalb der regionalen Wachstumszyklen kann zwischen vertikalen und horizontalen Wellen unterschieden werden. Die vertikalen Wellen beschreiben die Veränderung der Ranggrößen-Struktur von Städten und Regionen, ausgelöst durch Wachstumsimpulse oder Schrumpfungsprozesse. Die horizontalen Wellen erklären die Diffusion von Basisinnovationen aus der jeweiligen Kernregion. [SH]

Regionalfaktor ⁊ *Shiftanalyse*.

Regionalforschung, ist ein Forschungsgebiet der Raumwissenschaften, das auch als Synonym für ⁊Raumwissenschaft oder ⁊Raumforschung steht. Beteiligte Disziplinen an der Regionalforschung sind u. a. die ⁊Geographie, Ökonomie, Soziologie, Bevölkerungswissenschaft, Ökologie, Architektur, Stadt- und Landesplanung. Ihre auf die Anwendung in ⁊Raumordnung, ⁊Landes-, ⁊Regional-, ⁊Stadt- und Ortsplanung sowie in jeder Standortplanung ausgerichtete Methodik und ihre Forschungsinstrumente entwickelt sie aus den fachspezifischen Methodiken und Verfahren der an der Regionalforschung beteiligten Wissenschaften. Regionalforschung wird auch als deutsche Übersetzung des engl. Begriffs *regional science* gebraucht. Regional science ist eine in den USA begründete Forschungsrichtung, die zunächst den Theorien und Methoden der Wirtschaftswissenschaften nahe stand und die Verteilung und Entwicklung vornehmlich durch mathematische Modelle beschreib- und prognostizierbarer ökonomischer Phänomene analysierte, sich inzwischen aber zu einem raumwissenschaftlichen Forschungsverbund entwickelt, der unter Verwendung der Methoden und Verfahren der verschiedensten raumwissenschaftlichen Disziplinen theoriegeleitete Forschungsergebnisse zur Raumentwicklung vorlegt. In den USA und in vielen Ländern der Welt, darunter auch in Deutschland, gehören eine große Zahl von Wissenschaftlern und Praktikern der »Regional Science Association« oder den jeweiligen Landesgruppierungen an. [KW]

Regionalisierung, 1) *Allgemein*: zentraler Begriff der ⁊Geographie, der weder im Hinblick auf seine theoretische Grundlegung eindeutig definiert noch für die praktische Anwendung verbindlich operationalisiert ist. I. A. wird unter Regionalisierung die Untergliederung eines Raumes in kleinere Teilgebiete (⁊Regionen) verstanden. Die zur Abgrenzung dieser Teilräume zu verwendenden Kriterien werden problemorientiert definiert und sind vom jeweiligen Untersuchungsziel abhängig. In dem so verstandenen Sinne ist Regionalisierung eine spezifische Art von Klassifikation, bei der die Raumeinheiten nach bestimmten Kriterien so in Gruppen zusammengefasst werden, dass alle Raumeinheiten einer Gruppe aneinandergrenzen. Solche Gruppen werden dann als Regionen bezeichnet. Bildet man Gruppen, ohne die räumliche Nachbarschaft zu beachten, so spricht man von einer Typisierung und die Gruppen sind als Raumtypen aufzufassen. Eine solche Regionalisierung (Regionalisierung als Klassifikationsproblem) ist zu unterscheiden von der ↗alltäglichen Regionalisierung einer ↗handlungstheoretischen Sozialgeographie.

In der Geographie ist früher häufig die sogenannte Grenzgürtelmethode für eine Regionalisierung eingesetzt worden. Man versteht darunter die Abgrenzung von Verbreitungsgebieten raumprägender Einzelmerkmale durch ↗Isolinien und eine generalisierende Zusammenfassung sich deckender Areale. Meist erhält man auf diese Weise eine klare Vorstellung über den abzugrenzenden Kernraum, aber nur selten eine scharfe Außengrenze, da sich in der Regel Grenzräume unterschiedlicher Breite und Ausformung ergeben. Die Verfahren zur ↗Raumgliederung und Regionalisierung sind seit den 1970er-Jahren durch die Rezeption numerisch taxonomischer Methoden und multivariater statistischer Verfahren (z. B. ↗Clusteranalyse, ↗Diskriminanzanalyse, ↗faktorenanalytische Verfahren) erheblich verbessert worden.

Je nach dem Ziel bzw. Grundprinzip der Klassifikation ergeben sich unterschiedliche Arten von Regionen: a) Homogenitätsprinzip: Werden die Raumeinheiten aufgrund struktureller Ähnlichkeit zusammengefasst, so erhält man eine ↗Strukturregion (homogene Region, uniforme Region oder formale Region). Wird die Klassifikation nur auf der Basis eines Merkmals vorgenommen, so spricht man auch von einem Areal. Die Gruppierung erfolgt nach dem Kriterium:

$$\frac{interregionale\ Variation}{innerregionale\ Variation} = Maximum.$$

Solche Regionalisierungen werden häufig auf der Basis von Clusteranalysen unter Beachtung der Nachbarschaftsbeziehungen vorgenommen. b) Ergänzungsprinzip: Bei Funktionalregionen ist die Intensität der Beziehungen zwischen den Raumeinheiten inhaltliche Basis der Regionalisierung. Wird die Klassifikation nur auf der Basis eines Merkmals vorgenommen, so spricht man auch von einem Feld. Die Zusammenfassung einzelner Raumeinheiten erfolgt hier nach dem Kriterium:

$$\frac{innerregionale\ Beziehungen}{interregionale\ Beziehungen} = Maximum.$$

Als Funktionalregionen sind in der Geographie insbesondere solche von Interesse, bei denen Beziehungen zwischen Kernen und weiteren Raumeinheiten die zentrale Rolle spielen (z. B. Stadt-Umland-Beziehungen). Je nach Anzahl der Kerne wird unterschieden zwischen Nodalregionen (Einkernregionen) und Mehrkernregionen. c) planerisch-politische Zielsetzung: In Planungsregionen sind Raumeinheiten zusammengefasst, um gemeinsame planerische und politische Ziele zu verfolgen. Solche Regionen müssen nicht notwendigerweise mit Struktur- bzw. Funktionalregionen übereinstimmen. 2) *Physische Geographie*: über die Untergliederung eines Raumes in kleinere Teilgebiete hinaus, die regionale Übertragung oder die räumliche Verallgemeinerung einer Größe (Variablen), einer (Modell-) Funktion oder der Parameter einer (Modell-) Funktion. Sie zielt darauf ab, die räumliche Verteilung der für die Modellierung landschaftsökologischer, geomorphologischer, hydrologischer und meteorologischer Prozesse erforderlichen Modelleingangsgrößen, Randbedingungen und Modellparameter in Abhängigkeit vom jeweils betrachteten Skalenbereich (mathematisch) zu beschreiben. Dies schließt den Transfer von Daten zwischen verschiedenen räumlichen Skalen mit ein. Die Regionalisierung unterscheidet folgende Haupttypen: a) ↗Interpolation: Generierung flächenhafter Datenfelder auf der Grundlage punktförmig erfasster Daten (z. B. Bestimmung der Temperaturverteilung in einem Gebiet auf der Basis von Messdaten eines Klimastationsnetzes) mithilfe von Interpolationsmethoden und geostatistischen Verfahren (u. a. ↗Kriging, ↗Thiessen-Polygon-Verfahren). Bei der Interpolation erfolgt kein Skalenwechsel, da die Eigenschaften und der räumliche Bezug der lokalen Eingangsvariablen nicht verändert werden. b) Einfache Übertragung der an einer Lokalität erfassten Größe auf andere merkmalsgleiche Orte sowie auf Bezugsflächen mit ähnlichen Eigenschaften und gleichartigem prozessualen Verhalten durch Analogieschluss. c) ↗Aggregation: Der für eine höhere Raumskala (z. B. Mesoskala) zu bestimmende Variablenwert wird aus räumlich stärker differenzierten Daten einer niedrigeren Raumskala (z. B. Mikroskala) erzeugt. Beispiele für einfache Aggregierungsmethoden sind Mittelwert- oder Summenbildung. d) ↗Disaggregierung: Der für eine niedrigere Raumskala (z. B. Mikroskala) zu bestimmende Variablenwert wird aus räumlich weniger detaillierten Daten einer höheren räumlichen Skala (z. B. Mesoskala) abgeleitet. Die Disaggregierung erfordert in der Regel zusätzliche Informationen über solche Größen, von denen die Verteilung und die Ausprägung der Werte einer auf niedrigerem Skalenniveau liegenden Zielvariablen abhängig sind. Aggregierung und Disaggregierung sind mit einem Wechsel der Raumskala verbunden. 3) *Wirtschafts- und Sozialgeographie*: Unter Berücksichtigung des Verwendungszusammenhangs bzw. des Regionalisierungsziels kann zwischen informationsorientierter und entscheidungsorientierter Regionalisierung differenziert werden (Abb.). Im ersten Falle geht es darum, einen Erdraum unterschiedlicher Größe anzusprechen, dessen Grenzen nicht genau festliegen, der aber als Einheit wahrgenommen wird wie z. B. der Nahe Osten oder die Lüneburger Heide. Im zweiten Falle wird die Region als territoriale Raumeinheit mit einer pla-

Regionalisierungsziele und Abgrenzungsmethoden

- **Regionalisierungsziel**
  - informationsorientiert
    - informelle Region (ohne genaue Abgrenzung)
    - formale Region (definiert durch Abgrenzung)
  - entscheidungsorientiert (Planungsregion)
- **Regionalisierungsmethode**
  - Abgrenzungsprinzip
    - strukturell; homogen (Strukturregion; uniforme Region)
    - funktional; nodal (Funktionalregion; Nodalregion)
  - Abgrenzungsmerkmal
    - Einzelkriterien (Einkomponentenregion)
    - Kriterienkomplex (Mehrkomponentenregion)
  - Abgrenzungsverfahren
    - Gruppierung (Klassifizierung)
    - Teilung (logische Gliederung)

Regionalisierung: Ziele und Methoden.

nungs- und entscheidungsorientierten Zielsetzung definiert z. B. als Raumordnungs-, Regionalplanungs- oder Arbeitsmarktregion. Hierzu gehören auch supranationale Wirtschaftsräume bzw. Freihandelszonen, zu denen sich Gruppen von Staaten aufgrund von Verträgen zusammenschließen, wobei ein politischer Prozess und eine de Jure-Blockbildung vorliegt wie im Falle der ↗EU, des ↗MERCOSUR oder der ↗NAFTA. Daneben gibt es aber auch überstaatliche *Wirtschaftsregionen*, die sich aufgrund ökonomischer Prozesse sozusagen auf natürlichem Wege durch die Verdichtung des Waren- und Dienstleistungsaustausches und der Kapitalverflechtungen entwickelt haben zu de facto Blöcken, wie der südostasiatische Raum. In diesem Falle handelt es sich um eine informelle Begriffsverwendung, da die Regionalisierung nicht durch zentrale öffentliche Institutionen gesteuert wird, sondern von der Mikroebene der Unternehmen aus erfolgt, die Vorteile in verdichteten Produktions- und Absatzgebieten suchen. Ein solcher Prozess der wirtschaftsräumlichen Strukturierung und Verflechtung kann (grenzüberschreitende) politische oder historisch-kulturelle Identitätsbildung unterstützen (↗Regionalbewusstsein, ↗Regionalismus).

Regionalisierung des ÖPNV ↗Bahnreform.

Regionalisierungsvorteile, regionsspezifische Vorteile aus einer regionalen Konzentration von Wissen, Kapital und Nachfrage, aus kultureller und institutioneller Nähe und aus regionalen Lernprozessen und Vernetzungen, aus dem regionalen Marktpotenzial und durch Entwicklung, Design und Fertigung in Kundennähe. Regionale ↗Akteure koordinieren die Transaktionen auf den Märkten und vermitteln Veränderungen. Der Zusammenhang von lokaler Einbettung und globaler Wettbewerbsfähigkeit (↗Globalisierungsvorteile) wird in dem Begriff der Glokalisierung (↗Globalisierung) zusammengefasst.

Regionalismus, regionales Bewusstsein der Eigenständigkeit und Versuche territorial definierte Interessen zu institutionalisieren. Als politischer Kampfbegriff wird Regionalismus in der Regel als eine gegen eine bestehende territorialstaatliche Organisation gewendete Orientierung angesehen, die sich anti-zentralistischer, separatistischer oder föderalistischer Argumente bedient. Vor dem Hintergrund zunehmender internationaler Beziehungen wird der Begriff Regionalismus auch zum Erläutern von Sonderregelungen zwischen grenzüberschreitenden und benachbarten Staaten verwendet. Die vielfältigen Erscheinungsformen des Regionalismus lassen sich in folgende fünf Merkmalsdimensionen unterscheiden:

a) Regionalismus beruht auf der Vorstellung, dass sich eine Region aufgrund ihrer besonderen politischen oder ökonomischen Interessen oder aufgrund der Dominanz von ethnischen, sprachlichen oder religiösen Minderheiten von übergeordneten Räumen, in der Regel dem Nationalstaat, abgrenzen lässt. Dazu können historisch-kulturelle, ethnische, sprachliche oder auch sozioökonomische Merkmale Verwendung finden. Für das Entstehen einer regionalistischen Bewegung ist von entscheidender Bedeutung, dass über derartige Merkmale eine Gemeinschaftlichkeit im Sinne eines ↗Regionalbewusstseins oder einer ↗regionalen Identität vermittelt wird, die besondere regionale Interessen begründen lassen. Derartige Interessen sind daher partikular und ortsgebunden und stehen häufig im Widerspruch zu zentralistischen, universalistischen oder egalitären Prinzipien.

b) Zum Regionalismus gehören zumeist übergeordnete Raumeinheiten. Dieses sind überwiegend Staaten, deren Gewaltmonopol über ein definiertes Territorium und die damit verbundenen Möglichkeiten der Durchsetzung einheitlicher Politik und Verwaltung häufig in Widerspruch mit regionalen Besonderheiten geraten kann. Derartige Abhängigkeiten von einer Mehrheitsbevölkerung und Regierung in einem Staat werden auch als interner ↗Kolonialismus kritisiert.

Entstehen und Intensität regionalistischer Interessen sind jedoch nicht unbedingt mit einer spezifischen räumlichen Organisation des Staates gekoppelt. Regionalistische Bewegungen gibt es im zentralistischen Frankreich ebenso wie im föderalistischen Kanada. Jedoch spricht vieles für die These, dass eine zunehmende räumliche Zentralisierung von politischer und ökonomischer Macht zu einem Aufbau von Gegenmacht in der Peripherie führt.

c) Eine etwas andere Perspektive eröffnet sich, wenn als »Gegenpol« nicht eine politische Raumeinheit, sondern allgemeine Prozesse des kulturellen, politischen und ökonomischen Wandels herangezogen werden. Regionalismus kann dann eine ablehnende Reaktion auf nivellierende Wirkungen beispielsweise westlicher Konsummuster, universalistisch konzipierter politisch-ideologischer Grundwerte oder globaler Wirtschaftsverflechtung sein. Dieses, als global-lokale Dialektik bezeichnete Phänomen ist in den letzten Jahren als ↗Fundamentalismus und Globalisierungskritik sehr bedeutungsvoll geworden.

d) Der regionalistische Mobilisierungsprozess ist abhängig von den Zielen der ↗sozialen Bewegung. Je nach Reichweite der Forderungen nach erhöhter ↗Autonomie kann das Spektrum von der Gewährung von zusätzlichen Rechten für ↗Minderheiten, z. B. garantierter Sprachunterricht, über den Aufbau eigenständiger Politik- und Verwaltungsstrukturen und föderalistischem Staatsaufbau bis hin zu separatistischen Bestrebungen mit Abspaltung aus bestehenden Staatsgebilde und Gründung eines eigenen Staates reichen (↗Föderalismus, ↗Separatismus).

e) Als funktionaler Regionalismus werden Maßnahmen bezeichnet, die der regionalen Ebene eine größere Eigenständigkeit »von oben«, d. h. ohne größere politische Auseinandersetzungen, zugestehen. Dazu lassen sich beispielsweise Ansätze der »selbstverantworteten Regionalentwicklung« zählen, die Anfang der 1980er-Jahre zum Bestandteil der deutschen Raumordnungspolitik geworden sind. Hierunter sind auch spezielle EU-Förderungen für grenzüberschreitende regionale Zusammenarbeit zu zählen, mit denen die alten Staatsgrenzen als vermeintliche Barrieren im europäischen Integrationsprozess abgebaut werden sollen (↗Regionalpolitik). [JO]

Regionalitätsgrad, Begriff, der den Grad der Streuung bzw. der Konzentration der Studierenden eines Stadt- oder Landkreises auf einen oder mehrere ↗Hochschulstandorte angibt. Von einem hohen Regionalitätsgrad wird gesprochen, wenn ein hoher Anteil der Studierenden (z. B. 50 %) eines Kreises an einer einzigen Universität studieren. Wenn sich die Studierenden eines Kreises auf mehrere Hochschulstandorte verteilen und keine Hochschule überdurchschnittlich viele Studierende aus dem Kreis anzieht, ist ein niedriger Regionalitätsgrad gegeben. Bei einem hohen Regionalitätsgrad wird meistens die nächst gelegene bzw. die Landesuniversität aufgesucht.

Regionalklima, das ↗Klima einer mesoskaligen Raumeinheit (↗Scale). Es wird meist mit Bezug auf eine landschaftliche, naturräumliche oder verwaltungstechnische Gebietseinheit untersucht und dargestellt. Da das Regionalklima für viele Anwendungen der Planung von der forstlichen, landwirtschaftlichen und verkehrsinfrastrukturellen Planung bis hin zur ↗Raumordnung und ↗Landesplanung große Bedeutung hat, sind in Deutschland regionale Klimatologien und Klimaatlanten sowie umfangreiche regionalklimatische Karten für die Planungsatlanten der Länder erstellt worden, welche in den meisten Fällen die räumliche Bezugseinheit zur Darstellung des Regionalklimas sind (↗Klimakarten). Doch auch grenzüberschreitend wurde das Regionalklima untersucht, so im REKLIP-Projekt im südlichen Oberrheingraben, den Territorien der Schweiz, Frankreichs und Deutschlands, oder im ALPEX-Projekt mit Bezug auf den Alpenraum. [JVo]

Regionalkreis, Konzept zur Etablierung ↗regionaler Verwaltungsstrukturen durch die Zusammenfassung von Landkreis- und mittlerer Verwaltungsebene (↗staatliche Mittelinstanz) mit dem Ziel eines dreistufigen, dann aus Städten und Gemeinden, Regionalkreisen und der Landesebene gebildeten Verwaltungsaufbaus. Die Bildung von Regionalkreisen setzt eine ↗kommunale Gebietsreform voraus. Mit dem räumlich über die Größe bisheriger ↗Landkreise hinauswachsenden Regionalkreis beständen so nur noch eine Verwaltungsebene für alle regionalen Steuerungs-, Bündelungs- und Kontrollfunktionen. Eine bedeutende Verlagerung von aktuell bei den Landkreisen und der staatlichen Mittelinstanz angesiedelten Funktionen auf die Städte und Gemeinden soll die Bürgernähe erhöhen und der gestiegenen Verwaltungskraft dieser Verwaltungsebene Rechnung tragen. Bislang kreisfreie Kernstädte würden diesen Status verlieren und dem Regionalkreis angehören. Den ↗regionalen Disparitäten zwischen Stadt und Umland soll durch Trägerschaften des Regionalkreises u. a. in den Bereichen Verkehr, Kultur und Sport, z. T. auch Sozialaufgaben, begegnet werden. [JPS]

Regionalmarketing, 1) Marketing einer Region im Sinne einer Werbekampagne. Dabei wird stets das Typische oder Besondere der Region hervorgehoben. Die Ziele dieser Art des Marketings sind unterschiedlich und können von der Profilierung einer Tourismusregion bis zum Versuch, neue Unternehmen anzusiedeln, reichen. **2)** ganzheitliches Konzept der Regionalentwicklung, bei dem versucht werden soll, unter Mitarbeit möglichst vieler Akteure eine Entwicklung der Region anzustoßen. Zu den Akteuren zählen sowohl die Bevölkerung, die Politiker als auch Unternehmer aus der Region. Durch die Bündelung verschiedener Aktivitäten sollen endogene Potenziale aktiviert werden. I. d. R. wird in einer ersten Phase ein Stärken-Schwächen-Profil der Region erarbeitet, dem in einer zweiten Projektphase ein Leitbild als vorläufiges Entwicklungsziel gegenübergestellt wird. In der dritten Phase werden Einzelziele erarbeitet, die helfen sollen, das angestrebte Leitbild zu erreichen. Oft werden hier Arbeitsgruppen gebildet, die themenbezogen arbeiten. Implizites Ziel solcher Ansätze ist meist die Bildung eines positiven Images bzw. die Schaffung sog. »weicher Standortfaktoren«. Auch auf diese Weise soll die wirtschaftliche Entwicklung der Region gefördert werden. Ein konzeptionell ähnlicher Ansatz auf einer anderen räumlichen Ebene ist das ↗Stadtmarketing. [CLR]

Regionalmetamorphose ↗Metamorphose.

Regionalmetropole, *Regionalstadt*. 1) zur Gruppe der höheren Zentren (Metropolen, Regionalmetropolen, Oberzentren) innerhalb eines hierarchisch strukturierten ↗Städtesystems gehörende Stadt. In Deutschland handelt es sich dabei um ehemalige Residenz- und Territorialhauptstädte oder um Handelsstädte, deren heutiger Beschäftigungsschwerpunkt auf Handel, Verwaltung oder Kultur liegt. Beispiele sind Essen, Bonn, Münster, die rangmäßig zwischen Metropolen (z. B. Hamburg, Frankfurt) und Oberzentren (Aachen, Basel) liegen. 2) siedlungsstruktureller Begriff für eine ausgedehnte ↗Stadtregion unterhalb der größten Metropole eines Landes mit ca. 20 km Radius mit einem größeren funktional verflochtenen Umland. 3) eine auf Zentren und öffentliche Nahverkehrssysteme orientierte punktaxiale Siedlungsstruktur, die als zielgerichtetes Planungsmodell fungiert.

Regionalökonomie, Forschungsansatz der Wirtschaftswissenschaften, der sich mit ökonomischen Faktoren als Ursache und Motor der Stadtentwicklung befasst. Die Regionalökonomie erforscht insbesondere die räumliche Organisation von Arbeitsplätzen und Wirtschaftsstandorten in nationalen Siedlungssystemen, die Wirtschafts- und Arbeitsplatzdynamik in nationalen Teilräumen, ferner die Regionalpolitik zur Steuerung regionalwirtschaftlicher Entwicklungen sowie deren Auswirkungen. Da sich technologische Fortschritte und Kapitalinvestitionen nicht nur auf der nationalen Ebene abspielen, beziehen die Untersuchungen verstärkt auch den internationalen Maßstab bzw. die Wechselwirkungen zwischen internationalen Standortentscheidungen und Wirtschaftsverflechtungen sowie lokalen und regionalen wirtschaftlichen Entwicklungen (↗Globalisierung) ein.

regionalökonomische Prozesse, wirtschaftsräumliche Veränderungsprozesse innerhalb eines Siedlungsgebietes, die durch ↗Suburbanisierung, den allgemeinen ökonomischen Strukturwandel sowie innerbetriebliche Entscheidungsprozesse ausgelöst werden. Nach der ↗Bodenpreistheorie siedeln sich städtische Funktionen mit unterschiedlichem Flächenanspruch und/oder Umweltverträglichkeit an verschiedenen Standorten in Zentrums- oder Peripherienähe an. Mit Suburbanisierung und ↗Globalisierung erfolgt eine Verdrängung des Einzelhandels aus der City. Fusionierende Kapitalgesellschaften mit einer vielfältigen Produktpalette und entsprechend differenzierten Standortstrategien bilden einen privatwirtschaftlichen ↗quartären Sektor (Kombination aus Spitzenmanagement, Forschung und Vermarktung), der in die internationale Kapitalverflechtung eingebunden ist und lokale/regionale Standorte neu bewertet. Durch die Kapitalkonzentration entstehen zunehmend Großbetriebe, die mit verbessertem Organisations- und Technologieniveau eine horizontale und vertikale Aufspaltung erfahren. Die Büros der Steuerungs- und Kontrollfunktionen verbleiben zu repräsentativen Zwecken an einem zentralen Standort (front offices) in den ↗Central Business Districts, alle anderen Funktionen (Großbüros, Routinefunktionen) werden an die Peripherie des Verdichtungsraumes oder in Niedriglohnländer dezentralisiert (back offices). [RS/SE].

regionalökonomische Theorien, suchen Erklärungen für die räumliche Organisation und Struktur von wirtschaftlichen Funktionen und Nutzungsansprüchen in nationalen Siedlungssystemen. Sie liefern theoretische Begründungen für eine Gliederung von städtischen Systemen in intermetropolitane Systeme, zentralörtliche Systeme und an »natürliche Ressourcen gebundene Reviere«. Zu den regionalökonomischen Theorien zählen z. B. die ↗Bodenpreistheorie von Alonso und das ↗Zentrale-Orte-Konzept von ↗Christaller. Beide Theorien beschreiben und erklären Zustände von räumlichen Mustern, sie enthalten keine Aussagen über zukünftige Entwicklungen. Mit räumlich ungleichgewichtiger Wirtschaftsentwicklung befassen sich speziell die neoklassischen Ansätze zum regionalen Wirtschaftswachstum sowie die Polarisationstheorien. Während neoklassische Theorien nach Harrod-Domar, Siebert, Richardson oder Hirschmann die regional unausgewogene Entwicklung als Zwischenstadium zu einem Equilibrium sehen, gehen die Polarisationstheorien nach Myrdal, Furtado und Cardoso sowie Friedmann von einer kumulativen und zirkulären, d. h. sich gegenseitig bedingenden Verschlechterung der regionalen Ungleichheiten aus. ↗Polarisationsmodelle. [RS/SE]

Regionalpark, 1) eine rechtsförmlich festsetzbare Schutzgebietskategorie, die zusammen mit ↗Naturparks und international nicht als solchen anerkannten Nationalparks zur Schutzgebietskategorie V der Systematik der International Union for Conservation of Nature and Natural Resources (IUCN) gerechnet wird. Insbesondere die im romanischen Raum (Italien, Spanien, Frankreich) vorhandene Form der Regionalparks weist dabei zwar einige Parallelen, aber auch wichtige Unterschiede zu den bundesdeutschen Naturparks auf: Im Gegensatz zu deren Zielen (vorrangiges Ziel Erholung) steht das Ziel der umweltfreundlichen, integrativen Regionalentwicklung meist peripherer ↗ländlicher Räume bei den romanischen Regionalparks an erster Stelle. Sie verfolgen damit Strategien einer ganzheitlich angelegten nachhaltigen Regionalentwicklung, wie sie teilweise auch bei den Schutzgebietskategorien ↗Biosphärenreservat bzw. ↗Biosphärenpark zu finden sind. Allerdings stehen bei Regionalparks wirtschaftliche Ziele gleichberechtigt neben denen von ökologischen und sozialen Belangen. In Deutschland sind Regionalparks in diesem Sinne rechtsförmlich nicht festsetzbar. Als Schutzstrategie für bestimmte periphere Raumtypen schlägt man jedoch freiwillige Regionalparks als Gebiete mit Konzeptpflicht und Vorranggebietsbonus vor. 2) in Deutschland benutzter Begriff vor allem als Bezeichnung für siedlungsraumnahe, urbane bzw. suburbane »Strategieräume«, in denen als Gegengewicht zur Flächeninanspruchnahme für Siedlungs- und Verkehrszwecke Sicherungs- und Entwicklungsstrategien (z. B. Vernetzungen) für öffentlich zugängliche Freiflächen mit Erholungs-, Freizeit- und ökologischen Funktionen gebündelt werden sollen. Häufiges Charakteristikum solcher, meist großflächiger, Regionalparks ist der Versuch der Bewusstseinsbildung aller beteiligten Akteure und Zielgruppen (Kommunen, Behörden, Verbände, Vereine, Bürger) für den Wert von Freiräumen durch partizipativ und kooperativ organisierte Projekte, z. B. in interkommunaler Form (Kooperative Freiraumentwicklung, Schnittstelle zur ↗Agenda 21). Je nach örtlichen Zielen werden dabei auf der für die Regionalparkidee entscheidenden Projektebene unterschiedliche Schwerpunkte gesetzt. So reicht die Palette möglicher Regionalparkprojekte von der Erschließung von Ausflugszielen mittels öffentlicher Verkehrssysteme über die Konzeption von Infrastruktureinrichtungen für das bildungsorientierte Landschafts- und Naturerleben (z. B. in Form von Naturerlebnispfaden) bis hin zur Etablierung von Vermarktungssystemen für regionale landwirtschaftliche Produkte. Bei dieser Bedeutung des Begriffs Regionalpark handelt es sich demzufolge um keine rechtsförmlich festsetzbare Schutzgebietskategorie, sondern um eine Art Marketinglabel, welches zur Koordination der verschiedenen ausgestaltenden Projekte und zur »Identitätsstiftung« dienen soll. Beispiele anderer Bezeichnungen für regionalparkidentische oder -ähnliche Freiraumkonzepte sind ↗Landschaftspark, Landschaftsband oder Grüngürtel.

Regionalplan, wichtigstes Instrument zur Umsetzung der ↗Regionalplanung. Regionalpläne sind gemäß ↗Raumordnungsgesetz in Bundesländern der BRD aufzustellen, deren Gebiet die Verflechtungsbereiche mehrerer zentraler Orte oberster Stufe umfasst (↗Zentrale-Orte-Konzept). Sie steuern die räumliche Entwicklung der Region durch die Sicherstellung von Flächen, Trassen und Standorten für die verschiedenen Nutzungen. Die Darstellung erfolgt regelmäßig in einem Text- und einem Kartenteil. Die im Text genannten Ziele der ↗Raumordnung und die Darstellungen des Kartenteils sind für öffentliche Planungsträger verbindlich. Abweichungen bedürfen der Zulassung. Sie stellen so eine zentrale Vorgabe für die ↗Bauleitplanung der Kommunen dar. Auch die ↗Fachplanungen u. a. in den Bereichen ↗Naturschutz, ↗Verkehr, ↗Land-, Wasser-, Forst- und Abfallwirtschaft sind an die Ziele des Regionalplans gebunden. Die Inhalte orientieren sich an den raumstrukturellen Festlegungen der ↗Landesentwicklungspläne, die mittels der Regionalpläne konkretisiert werden. [JPS]

Regionalplanung, überörtliche und fachübergreifende Planung zur raumstrukturellen Entwicklung einer Region. Die Regionalplanung ist im vierstufigen Planungssystem der BRD die Mittlerin zwischen staatlicher ↗Landesplanung und kommunaler ↗Bauleitplanung. Hier werden die abstrakteren Vorgaben der Landesplanung in konkrete flächenbezogene Ausweisungen umgesetzt. Ihre wichtigsten Instrumente sind der ↗Regionalplan und landesplanerische Verfahren. In den meisten Bundesländern der BRD wird die Regionalplanung von regionalen Planungsverbänden oder ↗Planungsgemeinschaften unter Mitwirkung der kommunalen Ebene betrieben. Rechtsgrundlagen sind das ↗Raumordnungsgesetz des Bundes und ↗Landesplanungsgesetze.

Regionalpolitik, bündelt Maßnahmen u. a. zur ↗Wirtschaftsförderung mit unterschiedlicher Ausrichtung: ↗mobilitätsorientierte Regionalpolitik, ↗innovationsorientierte Regionalpolitik, ↗bestandsorientierte Regionalpolitik. ↗Regionalplanung.

Regionalstadt, Konzept der Vereinigung einer ↗Kernstadt mit suburban gelegenen Umlandgemeinden im Zuge einer ↗kommunalen Gebietsreform. Regionalstadt-Vorschläge orientieren sich an den in Berlin bereits in den 1920er-Jahren realisierten Vorstellungen zur Etablierung einer Großkommune. Als Regionalstadt verfasste Stadtregionen könnten dank gebündelter Planungs- und Umsetzungskompetenzen an politischer Reaktionsfähigkeit gewinnen und in ihrem territorialen Rahmen einen intraregionalen Finanzausgleich herbeiführen. Die Notwendigkeit zur Aufgabe der Selbstständigkeit zahlreicher Umlandgemeinden macht dieses Modell politisch kaum durchsetzbar. Es spielt daher in der Debatte um die Etablierung ↗regionaler Verwaltungsstrukturen eine untergeordnete Rolle.

Regionalverband, als Körperschaft des öffentlichen Rechts in Baden-Württemberg Träger der ↗Regionalplanung auf der Grundlage des ↗Landesplanungsgesetzes. Die wichtigste Aufgabe des Regionalverbandes ist die Entwicklung und Fortschreibung des ↗Regionalplans für den Verbandsbereich. Im Sinne des Gegenstromprinzips der Regionalplanung hat der Regionalverband als mittlere Planungsbehörde auch die Aufgabe, zwischen der ↗Landesentwicklungsplanung und der kommunalen Entwicklungsplanung zu vermitteln. Daraus ergibt sich eine weit reichende, hauptsächlich beratende Beteiligung an unterschiedlichsten Planungsverfahren, angefangen von den raumbezogenen Gesamt- und ↗Fachplanungen auf Landesebene bis hin zur Beratung kommunaler und privater Planungsträger bei der konkreten Aufstellung von Flächennutzungs- und Bebauungsplänen. Der Regionalplan ist ein rechtsverbindliches Leitbild für die Entwicklung der Siedlungs- und Wirtschaftsstruktur und die Sicherung und Verbesserung der natürlichen Lebensgrundlagen in der ↗Region. Organe des Regionalverbandes sind die Verbandsversammlung und der ehrenamtlich tätige Verbandsvorsitzende. Die Verbandsverwaltung wird hauptamtlich vom Verbandsdirektor geleitet. Bei dieser besonderen Form kommunal verfasster Regionalplanung sind die Stadt- und Landkreise nicht Verbandsmitglieder, entsenden aber nach einem bestimmten Schlüssel gewählte Vertreter in die Verbandsversammlung und tragen neben den gesetzlich festgelegten Landeszuschüssen durch Umlagen zu ihrer Finanzierung bei. Regionalverbände haben eigene Planungsstäbe und Planungsverwaltungen.

In anderen Bundesländern wird die Funktion der Regionalverbände von regionalen ↗Planungsverbänden und regionalen ↗Planungsgemeinschaften wahrgenommen.

Regionalwind, mesoskaliger Wind, der meist aufgrund thermischer Unterschiede entsteht und eine mehr oder weniger geschlossene Regionalwindzirkulation bildet. Ursachen sind mesoskalige Unterschiede im thermischen Verhalten des Untergrundes (↗Land- und Seewind-Zirkulation) oder horizontale Temperaturdifferenzen in einem absoluten Höhenniveau aufgrund der Höhenlage der Oberfläche – als Hauptenergieumsatzfläche der Atmosphäre – im Gebirge (↗Vorlandwind, ↗Berg- und Talwind). Regionalwinde sind daher häufig tagesperiodische Winde. Sie erfahren als überwiegend autochthone Winde bei austauscharmen Wetterlagen ihre stärkste Ausprägung, sind jedoch nicht an diese gebunden. Regionalwinde sind ein Phänomen der ↗atmosphärischen Grenzschicht, sie liegen meist unmittelbar dem Boden auf und erreichen nur selten Mächtigkeiten über einige hundert Meter. Für den bodennahen Luftaustausch und die Ausbreitung von bodennah emittierten Schadstoffen haben sie große Bedeutung, weshalb sie im Rahmen der ↗Angewandten Klimatologie untersucht werden. Sie ergeben sich häufig aus der Addition der Masseflüsse lokaler Winde. Als Regionalwind werden darüber hinaus besondere regionale Ausprägungen oder Eigenschaften des Windfeldes bezeichnet, wenn es sich nicht um einen Bestandteil einer autochthonen Zirkulation handelt, sondern um einen solchen des großräumigen Windfeldes. [JVo]

Regionen der Zukunft, Wettbewerb, der vom Bundesministerium für Verkehr, Bau- und Wohnungswesen (BMVBW) 1997 in Auftrag gegeben und vom Bundesamt für Bauwesen und Raumordnung (BBR) konzipiert und durchgeführt wurde. Der Wettbewerb fand im Juli 2000 im Rahmen der Weltkonferenz zur Zukunft der Städte URBAN 21 seinen Abschluss. Er verfolgte das Ziel, die Kommunen für eine nachhaltige Regionalentwicklung und eine regionale Kooperation zu gewinnen. Es handelt sich damit um eine neue Form der Regionalförderung, die eine nachhaltige Raum- und Siedlungsentwicklung auf regionaler Ebene anzustoßen versucht. Von zunächst 130, dann 87 Anträge einreichenden Regionen wurden 26 ausgewählt, die das Prädikat »Regionen der Zukunft – auf dem Weg zu einer nachhaltigen Entwicklung« erhielten. Jede Region präsentierte ihre Ziele, Strategien und Projekte für eine nachhaltige Raum- und Siedlungsentwicklung (regionale ↗Agenda 21). Es wurden Regionen mit dem 1. Preis ausgezeichnet, die eine vorbildliche regionale Entwicklung in Gang gesetzt, integrierte Konzeptionen entworfen und innovative Projekte umgesetzt haben. Zu diesen Regionen gehören: die Metropolregion Hamburg, Großraum Braunschweig, Wirtschaftsregion Chemnitz-Zwickau, Kooperationsraum Bodensee-Oberschwaben, Freiburg/Breisgau, Hochschwarzwald/Emmendingen, Modellregion Märkischer Kreis, Region Rhön und Region Cham. [FS]

regionische Dimension, Maßstabsbereich, in dem das Raumgefüge der ↗Ökotope wegen des hohen Aggregierungsgrades und der damit verbundenen Vielfalt des topischen und chorischen Inventars an Aussagekraft verliert und klimatische, biotische und bodengenetische Normtypen inhaltsbestimmend werden. Die Gesamtheit der Normtypen wird im ↗Geom zusammengefasst, das damit kennzeichnend für die inhaltliche Struktur der regionischen Naturraumeinheiten ist. Auch in der regionischen Dimension werden mehrere ↗Ordnungsstufen unterschieden: Mikro-, Meso- und Makroregionen. ↗geographische Dimensionen.

Regolith, 1) Sammelbegriff für unterschiedliche Typen von nicht bzw. gering verfestigtem Material, welches das unverwitterte Festgestein überlagert. Zum Regolith gehören Verwitterungsdecken (z. B. Saprolith), Böden, oberflächennah lagernde klastische Sedimente, chemische Ausfällungen und eingetragene Aschen und Stäube. Vor allem in der älteren Literatur wird der Begriff Regolith eingeengt auf 2) Verwitterungsmaterial unterhalb des Bodens oder 3) tiefgründige Verwitterungsdecken der Tropen.

Die Analyse von Regolithdecken erlaubt Schlüsse auf paläogeomorphologische, paläoklimatologische und paläohydrologische Gegebenheiten und ist hierdurch ein wichtiges Hilfsmittel zur Rekonstruktion der Landschaftsgeschichte. Im Rahmen der Explorationsgeologie kann der Untersuchung des Regoliths eine große Bedeutung u. a. bei der Aufspürung von Lagerstätten von Kaolin (und anderen technisch verwertbaren Tonen), Bauxit, Nickel, Edelmetallen, Edel- und Halbedelsteinen zukommen. [HS]

Regosol [von griech. rhegos = Decke], ↗Bodentyp der ↗Deutschen Bodensystematik der Abteilung ↗Terrestrische Böden und der Klasse Terrestrische ↗Rohböden; Profil: Ah/ilC; entstanden aus carbonatfreien bzw. -armen (< 5 Masse-% Carbonat) Kiesel- und Silicat-Lockergesteinen von mehr als 3 dm Mächtigkeit; Ah-Horizont stets carbonatfrei; Subtypen: neben Norm-Regosol (↗Basensättigung im Ah < 50 %) und dem Euregosol (im Ah Basensättigung > 50 %) Übergänge zu anderen ↗Bodentypen; geringe Wasser- und Sorptionskapazitäten, daher meist stärker versauert; kleinflächig auf ↗Dünen, Abraumhalden, Deponien oder an Erosionsstandorten verbreitet; Nutzung durch Trockenheit und geringe Nährstoffvorräte stark eingeschränkt.

Regosols, Bodenklasse der ↗FAO-Bodenklassifi-

Regression

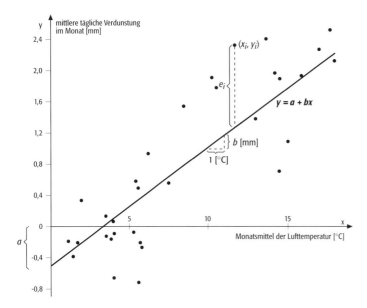

Regressionsanalyse: Korrelogramm: Mittlere tägliche Verdunstung im Monat – Monatsmittel der Lufttemperatur.

kation und der ↗WRB-Bodenklassifikation; junge, schwach entwickelte, humusarme Mineralböden aus Lockergestein bzw. unverfestigtem, mindestens 100 cm mächtigem Lockermaterial mit geringer Wasserspeicherkapazität, niedrigen Nährstoffvorräten, guter ↗Durchwurzelbarkeit und mittel- bis feinkörniger ↗Textur (< 70 Masse-% Sand, >15 Masse-% Ton). Regosols sind weltweit anzutreffen (↗Weltbodenkarte), vor allem in den Höhenlagen der Gebirge, ariden Klimaten und trockeneren Gebieten der Tropen. Sie entsprechen weitgehend dem Bodentyp ↗Regosol sowie den Böden der Bodenklassen ↗Terrestrische Rohböden und ↗Ah/C-Böden nach der ↗Deutschen Bodensystematik.

Regression, geologisch-stratigraphisch der Rückzug eines Meeres von einem Landgebiet bzw. seine Flächenverringerung, wodurch sich Festlandsflächen vergrößern und/oder Gebiete mit deltaischer Ablagerung erweitern. Regressionen sind somit auch alle Veränderungen (Meeresspiegelfallen, Heraushebung eines Landgebietes), die küstennahe, typische Flachwasserareale in Gebiete verschieben, die vorher in küstenferneren, typischen Tiefwasserarealen lagen oder die die Grenze zwischen marinen und nicht marinen Ablagerung (bzw. zwischen Ablagerung und Erosion) näher zum Zentrum eines Meeresbeckens verschieben. ↗Transgression, ↗Meeresspiegelschwankungen.

Regressionsanalyse, statistisches Verfahren zur Bestimmung der Form des (linearen) Zusammenhangs zwischen einer abhängigen Variablen Y und einer oder mehreren unabhängigen Variablen $X_1, \ldots, X_m$. Die Regressionsanalyse steht in enger Beziehung zur ↗Korrelationsanalyse, die den Grad (der Abhängigkeit) bestimmt. Für die in die Analyse eingehenden Variablen wird ein metrisches ↗Skalenniveau benötigt, für Variablen mit kategorialem Skalenniveau lassen sich Verfahren der ↗kategorialen Datenanalyse und der ↗Varianzanalyse einsetzen. Zudem hat die Regressionsanalyse als statistisches Verfahren eine Reihe weiterer Anforderungen an die Variablen, wie z. B. Multinormalität. Je nachdem, ob eine oder mehrere Unabhängige vorhanden sind, spricht man von Einfachregression bzw. von multipler Regression (Mehrfachregression).

Einfachregression: Im Grundansatz wird nach einer linearen Funktion (= Gerade)

$$Y = a+bX$$

gesucht, die eine durch die y_i- und x_i-Werte erzeugte Punktwolke (*Korrelogramm*) (Abb.) optimal beschreibt. Als Verfahren verwendet man hierzu die Gauß'sche Methode der kleinsten Quadrate; diese bestimmt die Gerade so, dass die Summe der quadratischen Abweichungen e_i der Punkte von der Geraden minimiert wird. Die Abweichung e_i wird als *Residuum* bezeichnet. Die *Regressionskonstante* a gibt den Schnittpunkt der Geraden mit der Y-Achse an, der *Regressionskoeffizient* b ist die Steigung der Geraden und gibt an, um wie viel sich die Variable Y ändert, wenn X um eine Einheit anwächst. Die Güte der Anpassung der Geraden an die Punktwolke wird durch den Pearson'schen Korrelationskoeffizienten r bzw. durch das Bestimmtheitsmaß B gemessen (↗Korrelationsanalyse). B gibt an, wie viel von der Varianz der unabhängigen Variablen Y durch die Gerade und damit durch X erklärt wird.

Multiple Regression: Analog zum Verfahren in der Einfachregression wird eine lineare Funktion

$$Y = a+b_1X_1+b_2X_2+ \ldots +b_mX_m$$

bestimmt, wobei vorausgesetzt wird, dass die unabhängigen Variablen X_i paarweise nicht miteinander korreliert sind. b_i nennt man den partiellen Regressionskoeffizienten. Er gibt an, wie viel sich die Unabhängige Y ändert, wenn X_i um eine Einheit zunimmt (bei Konstanthaltung aller anderen Variablen X_j). Häufig verwendet und von großem praktischen Wert ist die schrittweise multiple Regressionsanalyse. Hierbei gehen nicht alle Unabhängigen X_i gleichzeitig in die zu bestimmende Gleichung ein, sondern es wird schrittweise jeweils eine weitere Variable X_k in das Modell einbezogen und zwar immer diejenige, die für den größten Zuwachs an der noch nicht durch die vorhergehenden Variablen erklärten Varianz von Y verantwortlich ist.

Polynomiale Regressionsansätze der Form

$$Y = a_0+a_1X^1+a_2X^2+ \ldots +a_kX^k$$

werden als multiple Regressionsanalysen interpretiert mit $X_1 = X^1, \ldots, X_k = X^k$. Nichtlineare Zusammenhänge können durch eine *nichtlineare Regression* modelliert werden. Hierzu wird in der Regel versucht den nichtlinearen Ansatz in einen linearen zu transformieren, um dann die Gleichung mithilfe der Gauß'schen Methode der kleinsten Quadrate zu bestimmen. [JN]

regressionsanalytische Wanderungsmodelle ↗deterministische Wanderungsmodelle.
Regressionskoeffizient ↗Regressionsanalyse.
Regressionskonstante ↗Regressionsanalyse.
regressive Methode ↗Historisch-geographische Betrachtungsweisen.
reguläre Eiskristalle ↗Eiskristalle.
Regulationstheorie, *Regulationsansatz*, ein seit den 1970er-Jahren in Frankreich entwickelter Forschungsansatz, der versucht, Wirtschaft und Gesellschaft nicht nur aus sich heraus zu verstehen, sondern Produktions- und Konsumstrukturen in Verbindung mit gesellschaftlichem und staatlichem Handeln zu bringen. In der Regulationstheorie wird die langfristige wirtschaftlich-gesellschaftliche Entwicklung als eine nicht-deterministische Abfolge von stabilen Entwicklungsphasen (Formationen) und Entwicklungskrisen (Formationskrisen oder Krisen der Akkumulation) aufgefasst (Bathelt, 1994). Regulationstheoretische Ansätze setzen sich also mit der Frage auseinander, wie regelhaft auftretende Krisensymptome in einer kapitalistischen Volkswirtschaft erklärt werden können, d. h. insbesondere mit dem Problem, wie und wann ein stabiler ökonomischer Zustand in einen krisenhaften übergeht und weshalb in spezifischen historischen Phasen solche Prozesse in unterschiedlichen Staaten signifikant verschieden ablaufen, räumlich variierende Verläufe nehmen.

Die Regulationstheorie untergliedert die wirtschaftlich-gesellschaftliche Struktur einer Volkswirtschaft in zwei Teilkomplexe, die sich wechselseitig beeinflussen: die Wachstumsstruktur (Akkumulationsregime) und den Koordinationsmechanismus (Regulationsweise). Die Wachstumsstruktur lässt sich aus dem Zusammenwirken von Produktionsstruktur und Konsummuster ableiten (Abb.). Basistechnologien generieren eine Branchenstruktur, innerhalb der sich dominante Industriesektoren entwickeln. Dem steht ein Konsummuster mit einer nach Höhe und Zusammensetzung entsprechend differenzierten Nachfrage gegenüber. Es ist abhängig von der Einkommensverteilung, den kulturellen Traditionen und anderen gesellschaftlichen Präferenzen. Produktion und Konsum stehen über marktbedingte, aber auch über nicht-marktbedingte Austauschprozesse miteinander in Beziehung. Der Koordinationsmechanismus umfasst Normen, Gesetze, Politiken, Machtverhältnisse, gesellschaftliche Steuerung und definiert somit den Handlungsrahmen, innerhalb dessen die Austauschprozesse zwischen Konsum und Produktion ablaufen. Marktprozesse finden nicht im luftleeren Raum statt, sondern werden in einer Gesellschaft »ausgehandelt«. Oberste Institutionenebene ist in einer Volkswirtschaft in der Regel der Nationalstaat, der durch Gesetze und Politiken den prinzipiellen Handlungsrahmen festlegt, innerhalb dessen die Austauschprozesse zwischen Produktion und Konsum erfolgen. Insgesamt handelt es sich bei der Regulationstheorie nicht um einen eindeutigen Ansatz, sondern es gibt eine ganze Reihe verschiedener Gedankenschulen zu Regulationsweisen des Akkumulationsregimes in fordistischer und postfordistischer Zeit.

Literatur: BATHELT, H. (1994): Die Bedeutung der Regulationstheorie in der wirtschaftsgeographischen Forschung. In: Geograph. Zeitschrift, 82, S. 64–90.

Regulationsweisen, handlungssteuernde Regeln und Richtlinien, die sozioökonomische Organisations-, Produktions-, Kontroll- und Kooperationsbeziehungen leiten. Sie prägen die komplexen wirtschaftlichen Interaktionsmuster, aber auch politische Wechselbeziehungen sowie kulturelle Wechselbeziehungen. Raum-zeitlich wechselnde Regulationsweisen wirken sich räumlich in bestimmten gesellschaftlichen Raumstrukturmustern aus. Der Begriff entstammt der ↗Regulationstheorie, die die Herausbildung neuer Regulationsweisen und ihrer sozial- und wirtschaftsräumlichen Auswirkungen in den verschiedenen Epochen und Formen des ↗Kapitalismus untersucht. Der ↗Postfordismus als aktuelle Entwicklungsstufe des Kapitalismus in postindustriellen Gesellschaften ist durch verstärkte Marktsteuerung, Flexibilisierung und ↗Deregulierung charakterisiert.

Rehne, *Rähne*, ↗Uferwall.

Reibung, an der Grenzfläche eines in Bewegung befindlichen Körpers, einer Flüssigkeit oder eines Gases wirkender Widerstand, der auftritt, wenn sich die angrenzende Schicht nicht mit gleicher Geschwindigkeit oder in gleicher Richtung bewegt. Reibung zwischen zwei Schichten der gleichen Flüssigkeit oder des gleichen Gases bezeichnet man als innere Reibung, Reibung zwischen unterschiedlichen Medien als äußere Reibung. Äußere Reibung tritt in der ↗Atmosphäre nur an

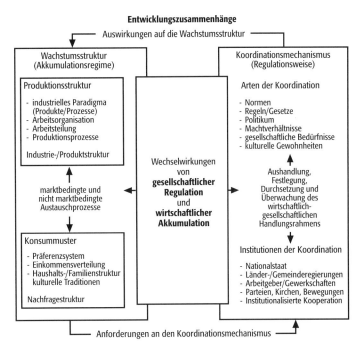

Regulationstheorie
Regulationstheoretische Grundstruktur der wirtschaftlich-gesellschaftlichen Beziehungen einer Volkswirtschaft.

der Erdoberfläche auf. Die von der Reibung ausgeübte Kraft ist die Reibungskraft, die in einfachen Reibungsansätzen für die Reibung der Erdoberfläche (↗Guldberg-Mohn'scher Reibungsansatz) als eine Kraft angenommen wird, welche der ↗Windrichtung entgegengesetzt und proportional zur ↗Windgeschwindigkeit ist. Der hierbei auftretende Proportionalitätsfaktor heißt Reibungskoeffizient und lässt sich aus dem Ablenkungswinkel zwischen der Richtung des ↗Gradientwindes und dem beobachteten Wind am Boden bestimmen. Er ist über dem Festland größer als über dem Meer und ist von der ↗Rauigkeit der Erdoberfläche abhängig. Die Reibung führt zum bodennahen Reibungswind (↗ageostrophischer Wind), der immer schwächer als der Wind oberhalb der Reibungsschicht und zum tieferen Druck hin abgelenkt ist (↗Buys-Ballot'sches Windgesetz). [DD]

Reibungstiefe, Maß für die Mächtigkeit der Reibungsschicht. Auf der globalen Skala bezeichnet man mit der planetarischen Reibungstiefe die Ekmantiefe (↗Ekman-Spirale).

Reibungswind ↗ageostrophischer Wind.

Reichsbodenschätzung ↗Bodenbewertung.

Reichweite stellt einen zentralen Begriff der Aktionsraumforschung dar, insbesondere im Rahmen der ↗Münchner Sozialgeographie. Er bezeichnet in diesem Zusammenhang die räumliche Spannweite von menschlichen Tätigkeiten, nach denen die Ausdehnung des ↗Aktionsraums festgelegt werden kann. Im Rahmen des ↗Zentrale-Orte-Konzepts identifiziert ↗Christaller die Reichweite der an einem zentralen Ort angebotenen Güter als eines der wichtigsten Bestimmungsmerkmale des Zentralitätsgrades. Dabei unterscheidet er zwischen der unteren Reichweite und der oberen Reichweite. Die untere Reichweite bezeichnet den erforderlichen ↗Einzugsbereich, über den ein Anbieter verfügen muss, damit sein Geschäft längerfristig überleben kann. Die obere Reichweite beschreibt die unter Konkurrenz größte mögliche Spannweite und im Rahmen der Modellannahmen auch die Situation, welche dem Anbieter den größten möglichen Gewinn erlaubt. [BW]

Reif, fester Beschlag aus feinsten ↗Eiskristallen, der sich bei Erreichen des ↗Reifpunkts durch ↗Deposition von Wasserdampf auf unterkühlten Oberflächen (< 0°C) absetzt. Die Reifbildung ist typisch für die Übergangsjahreszeiten. Sie ist ein Phänomen klarer windschwacher Nächte mit intensiver ↗nächtlicher Ausstrahlung.

Reifephase ↗Sukzession.

Reifgraupel ↗Graupel.

Reifikation, bedeutet wie ↗Hypostasierung soviel wie Vergegenständlichung eines Begriffs. Damit ist erstens gemeint, dass man in entsprechenden Aussagen und Urteilen dem konventionalen Charakter der Bedeutungen von Begriffen nicht Rechnung trägt. Die entsprechenden Begriffsverwendungen gehen davon aus, dass die Bedeutungen wesensimmanente Eigenschaften der bezeichneten Gegebenheiten sind. Zweitens ist die Reifikation darauf angelegt, abstrakte oder rein gedankliche Gegebenheiten als substantielle erscheinen zu lassen oder zu behandeln. ↗Begriffe oder Aussagen werden auf der Basis der Reifikation als Elemente der gegenständlichen Wirklichkeit betrachtet. Die konsequenzenreichsten Reifikationen aus dem Bereich der Geographie stellen die Vergegenständlichungen von »Raum« und »Landschaft« dar.

Reifpunkt, Temperatur, bei der feuchte Luft bei negativen Temperaturen mit Wasserdampf gesättigt ist. Bei dieser Temperatur kann es zur ↗Deposition und in diesem Fall zur Reifbildung kommen. ↗Tau.

Reihendorf, lineare Siedlung mit lockerer Reihung von Höfen, wobei die Gehöftreihung einer natürlichen oder künstlichen Leitlinie folgt (↗Dorfgrundriss). Als Leitlinien dieser meist durch gelenkte Waldrodung oder Neulandgewinnung entstehenden Ortsform dienen Deiche, Uferdämme, Kanäle und Wege. Von den aufgereihten Höfen ziehen sich die Parzellen (↗Hufen) rechtwinklig zur Siedlungsachse bis zur Gemarkungsgrenze. ↗Plansiedlung.

Reihenmesskamera, photogrammetrische Bildkamera zur Aufnahme von ↗Luftbildern oder Satellitenbildern während eines ↗Bildmessfluges mit einer vorgegebenen Längs- und Querüberdeckung zur späteren ↗stereoskopischen Bildbetrachtung.

Reinig-Linie zoogeographische Linie.

Reinluft, Luft mit geringer Belastung durch Beimengungen. Als Reinluftgebiete werden Räume außerhalb von Ballungsräumen oder anderen Verunreinigungsquellen bezeichnet. Dort gemessene Luftbeimengungen geben Hinweise auf makroskalige Transportprozesse in der ↗Atmosphäre. Das Luftmessnetz in Reinluftgebieten wird in Deutschland vom Umweltbundesamt betreut, während die Länder auf meso- und mikroskalige Transportprozesse und die Belastungsspitzen in den Emissionsräumen orientierte lufthygienische Messnetze unterhalten.

Reisboden, beschreibende Bezeichnung für anthropogene Böden der Tropen und Subtropen unter Reisanbau; infolge der langfristigen Überstauung mit Wasser gekennzeichnet durch ↗Hydromorphierung und niedrige Redoxpotenziale im Oberboden; die Bodenbearbeitung unter wassergesättigten Bedingungen (puddling) bewirkt die Ausbildung einer verdichteten, wasserstauenden Lage an der Pflugsohle. Die selektive Erosion bei Ablaufen oder Überlaufen der Reisbeete, einhergehend mit einer Zerstörung der ↗Tonminerale durch Wechsel des ↗pH-Werts (Ferrolyse) zwischen Trocken- und Nassphase, bewirkt zudem häufig eine Tonverarmung des Oberbodens.

Reisebüro, Handelsunternehmen, das Angebote von Reiseveranstaltern, Unterkunfts- und Transportunternehmen, Veranstaltern von ↗Event-Tourismus, ↗Musicals etc. gegen Provision i. d. R. an den Endverbraucher verkaufen. Darüber hinaus bieten sie Zusatzleistungen an, die im Zusammenhang mit Reisen nachgefragt werden (Versicherungsleistungen, Visabeschaffung etc.). Die-

	allgemeine Erläuterung	touristische Beispiele
Entwicklungsbedürfnisse	Selbstverwirklichung, Unabhängigkeit, Freude, Glück	Reisen als Selbstzweck, Vergnügen, Freude, „Sonnenlust"
Wertschätzungsbedürfnisse	Anerkennung, Prestige, Macht, Freiheit	Reisen als Prestige und gesellschaftliche Anerkennung
soziale Bedürfnisse	Liebe, Freundschaft, Solidarität, Kontakt, Kommunikation	private und gesellschaftliche Besucherreise (zur Kommunikation)
Sicherheitsbedürfnisse	Vorsorge für die Zukunft, Gesetze, Versicherungen	Reisen zur Sicherung des Grundeinkommens, z. B. zur Regeneration der Arbeitskraft, Handelsreisen, Kurzreisen
Grundbedürfnisse	Essen, Trinken, Schlafen, Wohnen, Sexualität	Reisen zur unmittelbaren Deckung des Grundbedarfs, z. B. Fahrten zur Arbeitsstätte, evt. Handelsreisen

Reiseentscheidung: Bedürfnishierarchie.

ses ursprüngliche Kerngeschäftsfeld der Reisebüros ist in den vergangenen Jahren zugunsten des Verkaufs vorgefertigter Pauschalreisen großer ↗Reiseveranstalter in den Hintergrund getreten. Hierfür sind Konzentrationsbewegungen innerhalb der Tourismusbranche verantwortlich: Während der Marktanteil selbstständiger mittelständischer Reisebüros sinkt, verzeichnen die Reisebüros Zuwächse, die als Filialbetriebe von Ketten geführt werden und die i. d. R. Bestandteil eines ↗Reisekonzerns sind (vertikal integrierte Unternehmen). [ASte]

Reisedeviseneffekte, *effects of foreign currency/exchange,* volkswirtschaftliche Auswirkungen, die durch den Zu- oder Abfluss von Devisen (↗Reiseverkehrsbilanz) aus dem Reiseverkehr entstehen. Die Reiseverkehrsbilanz für die Bundesrepublik weist schon traditionell einen negativen Saldo auf. Damit trägt sie wesentlich zu der negativen bundesdeutschen Leistungsbilanz bei, trotz hoher Überschüsse aus dem Außenhandel. In Spanien wiederum bewirken die Reisedeviseneffekte einen Ausgleich der chronisch defizitären Handelsbilanz.

Für viele ↗Entwicklungsländer sind der Tourismus und die damit verbundenen Reisedeviseneffekte von besonderer Bedeutung, weil oftmals exportfähige Güter – bei hohem eigenen Importbedarf – fehlen oder weil die Exportmärkte Zugangsbeschränkungen unterliegen. Bei den Reisedeviseneffekten der Entwicklungsländer wird zwischen Brutto- und Nettodeviseneffekten unterschieden, die sich aus der Differenz von Bruttodeviseneffekt und der »Sickerrate« ergeben. Diese umfasst denjenigen Anteil der touristischen Deviseneinnahmen, der für importierte Vorleistung (↗Investitionsgüter und ↗Konsumgüter, Zins- und Tilgungsleistungen, Marketing usw.) wieder ins Ausland abfließt.

Je diversifizierter eine Volkswirtschaft ist, desto geringer ist die Sickerrate. Für kleine Inselstaaten (z. B. Malediven, Seychellen, Mauritius) betragen die Sickerraten 60–85 %. [CB]

Reiseentscheidung, Prozess und Resultat der Entscheidung für eine Reise. Die Dynamik der Reiseentscheidung lässt sich anhand des AIDA-Modells vereinfacht darstellen: 1. Phase der Anmutung und der ersten Anregung zur Reise (A = Attention); 2. Phase der Bekräftigung der Reiseabsicht und der bewussten Orientierung (I = Information); 3. Phase der Reiseentscheidung und Reisebuchung (D = Decision); 4. Phase des Reiseantritts und der Reisedurchführung (A = Action). Generell zählen die Einflussfaktoren und Entscheidungsabläufe, die einen Menschen letztlich zur Durchführung einer bestimmten Reise bewegen, zu den zentralen und noch nicht abschließend beantworteten Fragen der Tourismusforschung. Als besonderes Problem erweist sich dabei die individuelle Kombination unterschiedlicher Reisemotive, die zum einen bestimmten Restriktionen unterworfen sind (Zeitbudget, Einkommen, Familie, Gesundheit), zum anderen aber auch jeweils gesellschaftlichen Einflüssen und damit einem steten Wandel unterliegen. Abb. [ASte]

Reisehäufigkeit, durchschnittliche Anzahl der ↗Urlaubsreisen pro Kopf und pro Jahr. Ermittelt wird die Reisehäufigkeit über die Gesamtsumme der Urlaubsreisen dividiert durch die Anzahl der Reisenden (älter als 14 Jahre). Während die ↗Reiseintensität lediglich ausdrückt, ob jemand überhaupt verreist, beschreibt die Reisehäufigkeit, wie oft jemand verreist. Bei den Urlaubsreisen beläuft sich die Reisehäufigkeit in der Bundesrepublik Deutschland derzeit auf ca. 1,2 (Reisen pro Reisender). Im ↗Geschäftsreiseverkehr erreicht die Reisehäufigkeit deutlich höhere Werte. Der Index schwankt hier zwischen 4 (bei Reisen mit Übernachtung) und 30 (wenn Tagesgeschäftsreisen einbezogen werden). Gesicherte Untersuchungen dazu liegen allerdings nicht vor.

Reiseintensität, prozentualer Anteil der Bevölkerung mit mindestens einer ↗Urlaubsreise von mindestens fünf Tagen Dauer. Während die ↗Reisehäufigkeit angibt, wie oft jemand pro Jahr

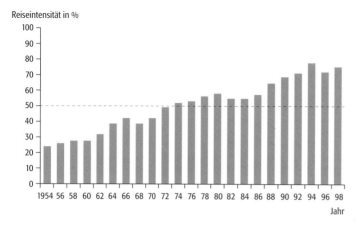

Reiseintensität: Bevölkerungsanteil, der den Urlaub zum Reisen nutzt (1954–1998).

verreist, drückt die Reiseintensität aus, ob jemand überhaupt verreist. Für die Messung der Reiseintensität werden verschiedene Verfahren eingesetzt, deshalb liegen keine einheitlichen Angaben vor. Mit Netto-Reiseintensität wird der Anteil der Bevölkerung im Alter von über 14 Jahren mit mindestens einer Urlaubsreise pro Jahr bezeichnet. Die Brutto-Reiseintensität bezieht sich auf den Anteil der Reisen in der Gesamtbevölkerung. Am gebräuchlichsten ist ein Verfahren, das ursprünglich vom Starnberger Studienkreis für Tourismus entwickelt wurde (Abb.).

Reisekonzerne, touristische Leistungsträger, die über die strategische und operative Kontrolle mehrerer Elemente der touristischen Leistungskette verfügen (↗Reisebüros, Transportunternehmen, ↗Reiseveranstalter, Betriebe des ↗Hotel- und Gaststättengewerbes, Zielgebietsagenturen, ↗Mietwagenfirmen usw.). Befinden sich derartige vor- und nachgelagerte Marktpartner im Besitz von Reiseveranstaltern, spricht man auch von vertikal integrierten Unternehmen. Die großen Reiseveranstalter werden als Reisekonzerne bezeichnet, weil sie neben der Integration zahlreicher Elemente der touristischen Leistungskette (z. B. eigener Luftfahrtunternehmen) durch ihre Größe einen erheblichen Einfluss auf die Angebotspolitik ihrer Marktpartner und auch ihrer Wettbewerber haben sowie in manchen Zielgebieten durch Großmengeneinkauf touristischer Leistungen bereits eine marktbeherrschende Stellung erreicht haben. In den letzten Jahren ist in Europa durch den gezielten Erwerb ausländischer Leistungsträger (speziell Reiseveranstalter) eine zunehmende Internationalisierung der Reisekonzerne zu beobachten. [ASte]

Reisemotive, *Reisebeweggründe*, Beweggrund eines Reiseverhaltens, der als auslösende, richtunggebende und antreibende Zielvorstellung bewusst oder unbewusst wirken kann. Im Allgemeinen haben Reisende ein Bündel von Beweggründen hinsichtlich ihrer Reise, speziell ihrer ↗Urlaubsreise. Üblich ist, Arten und Formen des Tourismus nach den wichtigsten Beweggründen zu unterscheiden in ↗Erholungstourismus, ↗Kulturtourismus und ↗Geschäftsreiseverkehr. Einen genauen Einblick in Motive bei Urlaubs-

reisen bietet die vom Starnberger Studienkreis für Tourismus initiierte und von der Forschungsgemeinschaft Urlaub und Reisen e. V. (F. U. R.) fortgeführte Reiseanalyse. In der 1998 neu konzipierten Motivuntersuchung werden 28 verschiedene Urlaubsmotive genannt, die zu acht Gruppen bzw. Themenkomplexen zusammengefasst sind: a) Motive der physischen Erholung und psychischen Entspannung, Distanz zum Alltag; b) Motive des Zusammenseins mit Kindern, Familie, Partnern; c) Motive des Wiedersehens (z. B. einer Landschaft); d) Motive des Sich-Wohlfühlens/ Wohlbefindens und Sich-Pflegens; e) Motive des Natur- und Umwelt-Erlebens; f) Motive der Abwechslung und des sozialen Kontakts zu anderen Menschen; g) Motive des Erlebens und Kennenlernens neuer Länder/neuer Aktivitäten; h) Motive der sportlichen Betätigung.

Das Untersuchen von Reise- bzw. Urlaubsmotiven gehört zu den zentralen Fragen der Tourismusforschung. Reise- bzw. Urlaubsmotiv-Analysen bilden eine unverzichtbare Basis für die Entwicklung von Marketing-Konzepten. In verschiedenen Wissensgebieten finden Fragen nach Reise- und Urlaubsmotiven und ihrer Veränderung vor allem vor dem Hintergrund der ↗Globalisierung im ↗Tourismus und des gesellschaftlichen Wandels ein besonderes Interesse. Während Urlaubsreisen aus Gründen des Prestiges oder der Exklusivität abnehmen, wächst die Zahl der Touristen, die ein Reiseziel aufsuchen, welches einerseits die Hoffnung auf Erlebnis und Abwechslung beinhaltet, andererseits aber Sicherheit, Übersichtlichkeit und eine gewisse Vertrautheit bietet. Übergreifend ist der Trend zum sog. hybriden Touristen, für den mehrfache Reisemotive und rascher, teilweise spontaner Motivwechsel kennzeichnend sind. Modulartig aufgebaute Reiseangebote, die sich der Kunde nach eigenen Bedürfnissen und finanziellen Möglichkeiten zusammenstellt, erfreuen sich deshalb zunehmender Beliebtheit. [HHo]

Reiseveranstalter, *Reiseunternehmer*, Unternehmer, die Einzelangebote aus dem eigenen Unternehmen oder von ↗touristischen Leistungsträgern (Transport, Unterkunft, Verpflegung, Animation usw.) bündeln und sie als neues, eigenständiges Produkt (↗Pauschalreise) direkt oder über ↗Reisebüros an den Endkunden verkaufen. Der Kunde hat als alleinigen Vertragspartner den Reiseveranstalter und zahlt einen Gesamtpreis an, der durch die erzielbare Massenproduktion (Verkauf identischer Pauschalangebote an mehrere Kunden) unter der Summe der Einzelpreise liegen kann. Der Reiseveranstalter ist für eventuelle Mängel der Pauschalreise haftbar im Sinne des Reisevertragsrechts.

Reiseverkehrsbilanz, *balance of tourist traffic*, bezeichnet den Saldo der monetären Ströme, die sich aus dem ↗Outgoing-Tourismus und dem ↗Incoming-Tourismus eines Landes ergeben und ist Teil der Dienstleistungsbilanz. Die Reiseverkehrsbilanz für Deutschland ist seit Jahrzehnten negativ. Für 1999 gibt die Deutsche Bundesbank einen Reisedevisenabfluss von 86,6 Mrd. DM und Reisedeviseneinnahmen von 30,1 Mrd. DM an (↗Reisedeviseneffekte), dies entspricht einer Reiseverkehrsbilanz von –56,5 Mrd. DM.

Reiseverkehrsmittel, ↗Verkehrsmittel, mit denen die Hauptbeförderungsleistung während einer Reise erbracht wird. Es wird unterschieden zwischen *Autoreiseverkehr*, *Bahntourismus* bzw. -reiseverkehr, *Bustourismus*, *Flugtourismus* und *Schiffsreiseverkehr*, wobei Letztgenannter von geringer Bedeutung ist. Alle Verkehrsträger verzeichnen starke Zuwächse, wobei Flug- und Autotourismus im jährlichen Vergleich die größten Steigerungen erfahren. Damit hat sich auch die Bedeutung von Pkw und Flugzeug gegenüber den anderen ↗Verkehrsträgern deutlich verschoben (Abb.). Den höchsten Anteil hält das Auto.

Jahr	PKW	Flugzeug	Bus	Bahn	Sonstige
1954	19	0	17	56	8
1960	38	1	16	42	3
1964	53	3	10	34	0
1970	61	8	7	24	0
1972	57	13	6	23	1
1974	58	12	7	20	3
1976	64	12	6	17	1
1978	60	14	7	17	2
1980	59	16	8	16	1
1982	59	16	9	14	2
1984	60	18	8	11	3
1986	62	19	9	9	1
1988	57	22	10	10	1
1990	59	20	8	12	1
1992	55	26	11	7	1
1994	50	31	10	7	1
1996	49	34	9	6	2
1998	48	35	9	6	2
1999	47	37	9	6	2

Anmerkungen: PKW einschließlich Wohnmobil, Wohnwagen, Kleinbus; bis 1989 nur Alte Bundesländer, ab 1990 Alte und Neue Bundesländer

Reiseverkehrsmittel: Beförderte Personen in Mio.

Auf nationaler Ebene nutzen ca. 80 %, auf internationaler Ebene über 50 % der bundesdeutschen Reisenden das Kfz. Eine Abkehr von diesem Trend ist nicht absehbar. Die Vorzüge der maximal möglichen individuellen und – im Vergleich zu den anderen Verkehrsträgern – kostengünstigen Mobilität werden im Urlaub bevorzugt. Etwa ein Drittel der bundesdeutschen Touristen benutzt das Flugzeug als Transportmittel. Seit Beginn der 1980er-Jahre verzeichnet der Flugverkehr enorme Zuwachsraten. Den höchsten Anteil trägt dazu der Privatreiseverkehr bei. Die gestiegene Nachfrage gründet vor allem im Trend zum Zweit- und Dritturlaub, wobei die Reisenden lange Strecken möglichst schnell zurücklegen möchten.

Vom Busreiseverkehr wird bei den Urlaubsreisen ein Marktanteil von nicht ganz 10 % gehalten. Dabei unterscheidet man zwischen Linien- und Gelegenheitsverkehr, wobei Erstgenannter im Reisegeschäft keine nennenswerte Bedeutung hat. Bedeutendstes Marktsegment im Gelegenheitsverkehr sind Kurz- und Städtereisen. Dementsprechend ist der Anteil von Busfahrten bei der zweiten oder dritten Urlaubsreise überdurchschnittlich hoch. Bemerkenswert ist der geringe Marktanteil der großen Reiseveranstalter im Busverkehr, zudem sind Veranstalter und Verkehrsträger häufig identisch. Diese Erscheinung wird durch das Personenbeförderungsgesetz (PbeF) bedingt. Es regelt den Marktzugang durch ein Genehmigungsverfahren, bei dem die Vergabe von Linienkonzessionen sehr restriktiv gehandhabt wird, der Zugang zum Gelegenheitsverkehrsmarkt aber relativ einfach ist. Das PbeF behindert ein Engagement überregionaler Reiseveranstalter dadurch, dass Maßnahmen zur optimalen Auslastung im Gelegenheitsverkehr in der Bundesrepublik Deutschland nicht zulässig sind (eine Situation, wie sie sich in den europäischen Nachbarländern anders darstellt und wo z. B. einzelne Unternehmen den Bustouristikmarkt beherrschen können).

Die Bahn ist im Tourismus weniger bedeutend als andere Verkehrsträger. Sie hält etwa 7 % Marktanteil als Verkehrsmittel bei Urlaubsreisen. Von Bedeutung ist sie vor allem bei Städte- und Rundreisen. Da die Bahn mit Bus und Pkw nicht über den Preis konkurrieren kann, ist im Tourismus die Qualitätsstrategie geboten. Auf den Strecken der Hochgeschwindigkeitszüge können zudem bei Entfernungen bis 500 km günstigere Reisezeiten als mit dem Flugzeug erzielt werden. Diesen Ansprüchen wird die Bahn aber nicht immer gerecht. Deshalb, und weil die Entwicklung beim Ersturlaub weiterhin zugunsten von Fernreisen geht, resultieren die jährlich steigenden Fahrgastzuwächse nicht aus dem Tourismussektor, sondern dem Berufsverkehr (z. B. Pendler). [BK]

Reiz, engl. *stimulus*, bezeichnet als Grundbegriff des ↗Behaviorismus den Auslöser des ↗Verhaltens eines Organismus, das seinerseits als Reaktion auf Umweltreize verstanden wird.

Reizklima, Klima, das durch Reizfaktoren eine Erregung im menschlichen Organismus (u. a. im vegetativen Nervensystem) auslöst. Reizfaktoren sind: niedriger Sauerstoffpartialdruck, niedriger Wasserdampfgehalt, erhöhte Flussdichte der Sonnen- und UV-Strahlung, niedrigere Luft- und Strahlungstemperaturen und hohe Windgeschwindigkeit. Reizklimate finden sich an Meeresküsten, im Hochgebirge und im Innern der Kontinente. ↗Heilklima, ↗Kurortklima.

Rekreationsgeographie, *Geografie der Erholung*, eine mittlerweile veraltete, zuvor vorwiegend in der DDR und osteuropäischen Ländern verwandte Bezeichnung eines stark systemtheoretisch ausgerichteten Forschungsansatzes. Das Kernstück bildet das »territoriale Rekreationssystem« mit fünf Subsystemen: die Erholungs- und Erlebnissuchenden, die kultur- und naturräumlichen Komplexe der jeweiligen Örtlichkeit, die dort vorhandene Infrastruktur, die touristischen Dienstleistungseinrichtungen und das Management. Hierauf aufbauend ist das Greifswalder Modell der Rekreationsgeographie mit vier Modulen (Grundbedürfnis Erholung, Basismodell, Forschungsfelder, Ergebnisformen) entstanden.

Rektifizierung ↗*Entzerrung*.

Rekultivierung, bauliche und pflanztechnische Neu- und Umgestaltung von Eingriffsflächen mit dem Ziel der erneuten land- oder forstwirtschaftlichen Nutzung oder der Herstellung geeigneter ↗Biotope und ↗Habitate für die Tier- und Pflanzenwelt. Beispiele sind die Rekultivierung von Abgrabungsflächen oder Abraumhalden.

relationaler Raum, ↗orientierter Raum, der sich über die Konstruktion von abstrakten (↗geometrischer Raum) oder konkreten Beziehungen (↗gelebter Raum) aufbaut.

relationales Datenbankmodell ↗RDBMS.

Relativdatierung, ↗Datierung innerhalb eines Bezugssystems. Ergebnis ist eine Altersbeziehung von der Art »Phänomen B ist älter als A aber jünger als C«. Gegensatz: ↗Absolutdatierung.

relative Armut, bedeutet die relative Unterversorgung mit materiellen und immateriellen Ressourcen. Der relative Zustand der Unterversorgung bemisst sich an den in einer Gesellschaft geltenden sozioökonomischen Standards eines »normalen« gesellschaftlichen Lebens. ↗Armut.

relative Entzerrung ↗Bildüberlagerung.

relative Feuchte ↗Luftfeuchte.

relativer Lichtgenuss, ist die relative Lichtmenge, die die Pflanzen oder ihre Blätter an einem Standort im Vergleich zu vollem Sonnenlicht (Quantenstromdichte ca. 2300 µmol Photonen pro m^2 und Sekunde) erhalten. Hoher Lichtgenuss liegt vor in der Sonne (Lichtpflanzen), geringerer Lichtgenuss im Halbschatten oder Schatten (Schattenpflanzen). In einem Mischwald erreichen im Sommer nur 2 % der photosynthetisch aktiven Strahlung den Boden. Der Lichtgenuss kann von Hangneigung oder Taleinschnitten, sowie von offenem Pionierbewuchs oder geschichteter Bewaldung engräumig stark beeinflusst werden. Viele der landwirtschaftlich genutzten Kulturpflanzen sind ausgesprochene Lichtpflanzen und angepasst an hohen Lichtgenuss, mit hoher Photosyntheseleistung und Primärproduktion. ↗Licht.

relative Topographie ↗Topographie.

relative Vorticity ↗Vorticity.

Relativwind, vektorielle Differenz von ↗geostrophischen Winden in zwei Luftdruck- bzw. Höhenniveaus. Der Relativwind entspricht dem Gradienten der Isohypsen (↗Isolinien) einer relativen ↗Topographie wie der geostrophische Wind dem Gradienten in einer absoluten Topographie.

Relevanzdebatte, Bezeichnung für eine besonders in der Zeitschrift »Area« in den 1970er-Jahren geführte Diskussion über immanente und explizite Werturteile geographischer Forschung. Das Einsetzen dieser Debatte bedeutet die schrittweise Abwendung von dem damals dominierenden »spatial approach«, der auf einem positivistischen ↗Paradigma und der Orientierung an vermeintlich neutralen, sozial-technologischen Vernetzungszusammenhängen aufbaut. Innerhalb der Relevanzdebatte entwickelten sich rasch unterschiedliche Strömungen. Sehr bekannt sind der »welfare approach«, der mit der Leitfrage: »wer bekommt was, wo, wie?« gesellschaftliche Ungleichheiten anspricht, der »radical approach« mit seiner grundsätzlichen Kritik an der kapitalistischen Gesellschaft und der sie strukturierenden räumlichen Organisation sowie der »humanistic approach« mit seiner normativen Ausrichtung an Subjektivität und der dialogischen Forschung. Die zunehmende Professionalisierung der Diskussion und Ausformulierung der unterschiedlichen Positionen belegten die überaus fruchtbaren Impulse dieser sehr kontrovers geführten Debatte. [JO]

Reliabilität, Kriterium für die Güte eines Erhebungsinstrumentariums, z. B. Fragebogens oder Tests in der empirischen Forschung; bezieht sich auf Stabilität und Genauigkeit der Messung sowie die Konstanz der Messbedingungen.

Reliefasymmetrie, Reliefform mit ungleichseitigem Querschnitt. Rein morphographisch lassen sich Neigungs- und Höhenasymmetrie unterscheiden, je nachdem, ob die Hangböschungen oder die von einem bestimmten Bezugspunkt (z. B. Talgrund) gemessenen Hanghöhen verschieden sind. Das Auftreten der einen Art von Asymmetrie schließt keineswegs aus, dass dieselbe Hohl- oder Vollform sich auch durch das andere Merkmal auszeichnet. Soweit nicht anders vermerkt, wird der Begriff Asymmetrie in der Literatur im Sinne von Neigungsasymmetrie verstanden. ↗asymmetrische Täler.

Reliefdarstellung, *Geländedarstellung*, kartographische Darstellung der Formen der Geländeoberfläche der Erde oder anderer Himmelskörper. Die Abbildung des dreidimensionalen Reliefs in der zweidimensionalen Kartenebene gehört zu den schwierigsten Aufgaben der ↗Kartographie. So soll dem Kartenbenutzer ein anschaulicher, plastischer visueller Eindruck vermittelt werden – gleichzeitig besteht aber, zumindest in Karten großer und mittlerer Maßstäbe, die Forderung nach Messbarkeit und Lagegenauigkeit. Verschiedene Methoden der graphischen Darstellung stehen zur Verfügung. Die Wahl der Methoden wird vor allem bestimmt durch Funktion, Thema und Maßstab der zu bearbeitenden Karte. Bis in die letzten Jahrzehnte des 20. Jh. entstand die Reliefdarstellung aus einem graphischen Entwurf. Heute werden mehr und mehr rechnergestützte Verfahren angewendet, die ein Digitales Geländemodell (↗DGM, ↗ATKIS) als numerische Basis nutzen.

Versuche zu einer anschaulichen Reliefdarstellung reichen bis in die Frühzeit der Kartenherstellung zurück. Stark vereinfachte Ansichtszeichnungen, umgeklappte Bergkonturen und schematische Gebirgsprofile waren die Ausdrucksmittel in Karten der Antike und des Mittelalters. Für die Regional- und Übersichtskarten des 16. Jh., die als Vorläufer der ↗topographischen Karten angesehen werden können, waren Aufrissdarstellungen, zumeist in Maulwurfshügelmanier, typisch. Als historische Darstellungsmittel zur Verdeutlichung des Reliefs sind weiterhin Schraffen (Böschungsschraffen, Schattenschraffen und vereinfachte Gebirgsschraffen) einzustufen. Die wichtigsten Darstellungsmethoden, die sich seit der Mitte des 19. Jh. herausgebildet haben, sind: a) Höhenlinien (Isohypsen) und Höhenpunkte: Höhenlinien entstehen als spezielle ↗Isolinien indirekt durch graphische oder rechnerische Interpolation oder direkt auf photogrammetrischem Wege. Sie verbinden benachbarte Punkte gleicher Höhenlage und können als Schnittlinie einer horizontalen Ebene mit der Geländeoberfläche definiert werden. Sie gestatten eine geometrisch exakte Wiedergabe der Reliefformen in großen und mittleren Kartenmaßstäben. Höhenpunkte ergänzen das Höhenlinienbild und vermitteln Höheninformationen für ausgewählte markante Stellen, wie Kuppen, Senken, Sättel, Mulden usw. b) Höhenschichten (hypsometrische Darstellung) werden vor allem in kleinmaßstäbigen, ↗chorographischen Karten verwendet. Sie entstehen, indem die Flächen zwischen zwei Höhen- bzw. Formlinien mit einem Flächenton (mehrfarbig oder als Grauskala) versehen werden. c) Reliefschummerung ist eine Darstellung der Oberflächenformen in einer verlaufenden Helldunkelmanier. Dabei führen die erzeugten Schatteneffekte zu einer unmittelbaren Anschaulichkeit. Zu unterscheiden sind Böschungsschummerung, Schräglichtschummerung und Kombinationsschummerung. Schummerungen sind in den Maßstäben 1:25.000 und kleiner einsetzbar, im mittelmaßstäbigen Bereich vielfach kombiniert mit Höhenlinien. d) Formzeichen und Formzeichnung: Mit signaturartigen Zeichen kann das Höhenlinienbild ergänzt werden und Felsregionen werden durch Felszeichnung charakterisiert. e) verschiedene Sondermethoden: Geländeschrägschnitte, physiographische Methode, gegenständliches Kartenrelief, Chromostereoskopie, Anaglyphenverfahren, 3D-Display und Holographie. Die letztgenannten fünf Methoden gehören zu den ↗kartenverwandten Darstellungen. [WK]

Reliefenergie, als Höhenunterschied zwischen höchstem und tiefstem Punkt eines Gebietes Größe des lokalen Reliefs, zugleich Maß seines Erosionspotenzials.

Reliefgeneration, Oberflächenformen, die der gleichen ↗morphogenetischen ↗Aktivitätsphase entstammen. Beispielsweise findet man in den deutschen Mittelgebirgen eine Altersfolge von tertiärzeitlichen ↗Rumpfflächen mit Flachtälern und ↗Inselbergen als ältester Generation, von pleistozänen ↗Muldentälern mit Solifluktionshängen und Schotterterrassen als mittlerer und von holozänen Talauen (↗Aue) als jüngster Generation. Die älteren Generationen sind in der Regel nur noch als Relikte erhalten.

Reliefgrundformen, *Grundformen des Reliefs*. Voraussetzung für die Erfassung der Grundformen des Reliefs (in Hinblick auf eine generelle Reliefklassifikation) ist die exakte Objektbeschreibung. *Form* im geomorphologischen Sinne ist ein Teil der Erdoberfläche, der sich in Gestalt, Größe und Lage von anderen Teilen der Erdoberfläche unterscheidet und durch Gefällsunstetigkeiten begrenzt wird. Die *Einzelform* besteht aus *Formelementen*, d. h. kleinsten Bauteilen des Reliefs, deren weitere Unterteilung geomorphologisch nicht sinnvoll ist. Die Gestalt der Einzelform wird maßgeblich vom Grad der ↗Wölbung (messbar durch die Größe des Wölbungsradius), von der Wölbungsrichtung (konvex, gestreckt, konkav) und von der Wölbungsart, d. h. der Vertikal- und Horizontalkomponente der Wölbung, bestimmt. Formelemente sind also Teile der Erdoberfläche mit in sich gleicher Wölbung. Aus ihren beiden Grundtypen – flächenartige (Radius der Wölbung = unendlich) und kantenartige Formelemente (Radius der Wölbung = Null) – setzen sich sämtliche Reliefformen der Erde zusammen. Aus der Vergesellschaftung von Einzelformen mit weiteren Formelementen resultieren *Gruppenformen* verschiedener Ordnung und schließlich *Formengemeinschaften*. Beispiele: Eine Flussterrasse mit den drei Formelementen Terrassenfläche, Terrassenkante und Terrassenböschung ist eine Einzelform. Durch randliche Zertalung, z. B. durch eine periglaziale ↗Delle, wird sie bereits zur Gruppenform. Eine Gruppenform höherer Ordnung ist das zugehörige Tal mit seinen durch vorzeitliche Muldentälchen und aktuelle Bachkerben gegliederten Hängen. Eine Formengemeinschaft ist schließlich das Rheinische Schiefergebirge. [EB]

Reliefgrundtypen, *Grundtypen des Reliefs*. Alle Einzel- und Gruppenformen (↗Reliefgrundformen) lassen sich drei Grundtypen zuordnen. a) ↗Hohlformen, b) ↗Vollformen und c) ↗flächenartige Formen.

Reliefsphäre, äußerer Grenzsaum der ↗Lithosphäre, in dem durch exogene und endogene Prozesse die Oberflächenformen und Verwitterungsdecken entwickelt sind. Die Reliefsphäre ist Untersuchungsobjekt der ↗Geomorphologie.

Reliefumkehr, *Reliefinversion*, morphologisch widerstandsfähigere Gesteine oder Einheiten (Horst, ↗Graben), die in ↗orographisch tieferen Positionen liegen, werden durch Verwitterung und Abtragung der geringer resistenten, höher liegenden Schichten als ↗Vollformen herausgearbeitet. Ein bekanntes Beispiel für Reliefumkehr ist der Hohenzollern-Graben bei Hechingen, der heute als Bergrücken das Gelände überragt.

Religion, religiöses Orientierungssystem (↗Geisteshaltungen), mit dessen Hilfe der Mensch eine geistige und physische Harmonie mit dem Universum erreicht, seine Existenz sinnvoll erklären und sein Leben danach ausrichten will. Für die ↗Religionswissenschaft ist Religion eine ausschließlich kulturell (d. h. vom Menschen) geschaffene Erscheinung. Sie unterscheidet sich damit systematisch nicht von anderen kulturellen Produkten wie Technologie, Literatur, Musik usw. Das Grundelement des religiösen Orientierungssystems ist die Erfahrung, dass Heiliges (Überirdisches) sich im Profanen (Irdischen) offenbart und mit ihm Kontakt tritt. Dagegen verbleiben die ↗Ideologien im säkularen Bereich. Dieses auf griechisch-christlichem Boden entstandene Schema (Natur/Übernatur, Diesseits/Jenseits) beschreibt Religion als Beziehung zu einer übernatürlichen Welt und schließt den

Religionsausbreitung

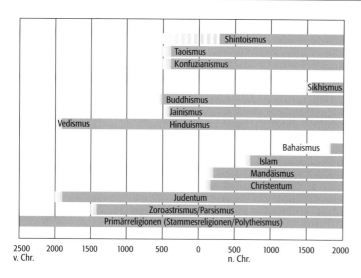

Religionsausbreitung: Historische Entwicklung der Religionen der Welt.

Religionsausbreitung, Ausbreitung der Religionen. Die heutigen großen Religionen (↗Religionsgemeinschaften) sind in einer kulturellen Umwelt entstanden, die von einem in vor- und frühgeschichtlicher Zeit weit verbreiteten Ahnen- bzw. Geisterglauben, Animatismus und ↗Animismus geprägt wurde. Auch wenn schon frühe Formen des Mono- und Polytheismus zu jener Zeit vorhanden waren, ähneln diese Anfänge der Religion in vielen Bereichen den heutigen Primär-, Natur- und Stammesreligionen.

Es ist ein erstaunlicher Aspekt der Religionsgeschichte, dass die bedeutsamsten gegenwärtigen Religionen weit später entstanden sind und sich ausgebreitet haben als die großen Sprachfamilien (Abb.). Sogar die älteste dieser Religionen, der ↗Hinduismus, entwickelte sich sehr viel später, nachdem die erste agrarische Revolution schon längst die Kulturlandschaft des süd- und südwestasiatischen Raumes beeinflusst hatte. Das ↗Christentum bildete sich, als schon das Römische Reich in voller Blüte stand, und der ↗Islam wurde erst einige Jahrhunderte später gegründet. Die Ausbreitung von Religionen erfolgte vergleichbar mit der Verbreitung von Ideen und Werten sowohl innerhalb als auch zwischen einzelnen Bevölkerungsgruppen, die z. T. durch beträchtliche Entfernungen voneinander getrennt sein können. Man unterscheidet einerseits die Expansionsdiffusion mit den Unterarten der direkten Kontaktdiffusion und der hierarchischen Diffusion und anderseits die Verlagerungsdiffusion, die durch ↗Migration oder ↗Missionierung ablaufen kann. Unter den Expansionsdiffusionen ist die direkte Kontaktdiffusion recht bedeutsam. Die Konvertierung ist hier das Ergebnis der täglichen Kontakte zwischen Gläubigen und Nichtgläubigen. Diese direkt stattfindenden Kontakte wurden in den letzten Jahrzehnten durch mediale Kontakte (Radio, Fernsehen, Internet) ergänzt. Die religiösen Botschaften können nunmehr weit schneller und über größere Entfernungen übertragen werden. Auch die hierarchische Diffusion hat im Laufe der Religionsgeschichte große Bedeutung gehabt, z. B. wenn Missionare zunächst die Könige und Stammesführer bekehrten, in der Hoffnung, dass ihre Untertanen ihnen folgen würden. Nach Eroberungskriegen wurden ganze Völker zum Glaubenswechsel veranlasst, nachdem ihr Herrscher konvertiert war. Im Bereich der Verlagerungsdiffusion stellt die Migration ein wichtiges Mittel der Ausbreitung von Religionen dar. Denn jene, die aus ihrem Kulturraum auswandern, nehmen ihre Religion, Wertvorstellungen, Verhaltensweisen und sonstige Aktivitäten mit in die neue Region. Auch das Missionieren ist unter dem Aspekt der Auswanderung in fremde Kulturräume dieser Kategorie zuzurechnen. [GR]

↗Animismus, die Mana-Religionen Melanesiens und manche asiatischen Religionen aus, da diese keine abgehobene Jenseitswelt kennen.

Um das kulturelle Phänomen »Religion« näher zu charakterisieren, lassen sich sieben Aspekte unterscheiden, die den Merkmalen der ↗Ideologien recht ähnlich sind: a) ritueller Aspekt (Gottesdienste, Predigten, Gebete, Yogaübungen, Meditationen); b) emotionaler Aspekt (Erfahrungen auf Gefühlsebene bei Riten, Lehren und Mythen, die die Gläubigen bewegen); c) mythischer Aspekt (überlieferte Schriften und Erzählungen z. B. über die Entstehung der Erde und das Ende der Welt oder über Heilige und Religionsgründer); d) dogmatischer Aspekt (intellektuelle Aussagen entwickelt aus den mythischen Erzählungen über die Grundlage des Glaubens); e) ethischer Aspekt (Werte, Regeln und Gesetze (Gebote und Verbote)); f) sozialer Aspekt (Bedeutung der Religion in der Gruppe, innerhalb der sozialen Gemeinschaft) und g) materieller Aspekt (religiöse Gebäude, Kunstschätze und natürliche Objekte (Flüsse, Berge usw.)). Diese siebendimensionale Betrachtung der Religion ist nicht nur bei der Definition und Charakterisierung der Religion hilfreich, sondern auch bei der Betrachtung der verschiedenen Wissenschaften und ihrer Teilbereiche, die sich mit dem Phänomen Religion beschäftigen. Für die Forschungsperspektive der ↗Religionsgeographie als eigenem Teilgebiet der ↗Geographie sind der soziale Aspekt und der materielle Aspekt besonders relevant, da auf der Indikatorebene die Religion mit ihren verorteten Mustern und Raumstrukturen ihren räumlichen Ausdruck findet. Auch die ersten fünf mehr abstrakten Aspekte sind in die geographische Betrachtung mit einzubeziehen. Denn religiös geprägte Geisteshaltungen, Vorstellungen von der Umwelt, höchstrangige soziokulturelle und abgeleitete instrumentelle Werte (Grundrechte, Normen) sind hier aufeinander aufbauende Elemente, die den abstrakten Aspekten der Religion entsprechen. [GR]

Religionseinflüsse, 1) auf wirtschaftliche Entwicklung: Religiöse Vorstellungen, Werte und Aktivitäten haben einen entscheidenden Einfluss auf den wirtschaftlichen Entwicklungsprozess. So können religiöse Werte und individuelles Verhalten von Personen, die in der ↗Entwicklungszusammenarbeit eine bestimmte Rolle übernommen haben, Entscheidungen in wirtschaftlichen Bereichen beeinflussen. Religiöse Institutionen (zahlreiche christliche und islamische Hilfswerke) haben eine ähnliche Bedeutung. Triebkräfte dieser Institutionen sind in erster Linie religiösen Ursprungs, zeigen aber, dass zwischen religiösen Werten und wirtschaftlicher Entwicklung eine enge Beziehung besteht. Religiöse Werte können sowohl Katalysatoren als auch Hemmnisse in wirtschaftlichen Prozessen darstellen. So stellte ↗Weber, Max die positiven Einflüsse der mehr diesseitig orientierten Religionen auf die wirtschaftliche Entwicklung (↗protestantische Ethik) und demgegenüber die negativen Auswirkungen der östlichen Religionen heraus. Auch der Lebensstandard zahlreicher protestantischer Minderheitengruppen wird durch das Glaubensgebot, Müßiggang zu meiden und der Arbeit absoluten Vorrang zu geben, mitbeeinflusst. Zahlreiche Wirtschaftswissenschaftler betrachten heute die negativen Einflüsse der Religion als eine Hauptursache für wirtschaftliche Unterentwicklung. Beispiele sind die Versorgung hunderttausender Mönche in Myanmar, der Bau der großen Kathedralen in Europa, die Anhäufung von Grundbesitz in der Hand von religiösen Institutionen, komplizierte Bestattungsriten und die männerzentrierte religiöse Ideologie des ↗Hinduismus, die für die niedrige soziale Stellung der Frau und die ↗Armut im Lande mit verantwortlich ist. Diese vereinfachende, allgemein übliche Betrachtungsweise des Einflusses der Religion auf die wirtschaftliche Entwicklung ist jedoch zu wenig differenzierend. Denn man muss davon ausgehen, dass alle Religionen über bestimmte wirtschaftsfördernde und -hemmende Werte verfügen, die in spezifischen Umfeldsituationen durchaus unterschiedliche Auswirkungen haben können.

2) auf die Bevölkerungsentwicklung. Die natürliche ↗Bevölkerungsentwicklung wird in allen Gesellschaften von religiösen Vorstellungen, Sitten und Strukturen beeinflusst, da bei Geburt, Heirat und Tod als Marksteinen der menschlichen Biographie transzendente Bezüge hergestellt werden. Erst mit Aufklärung und ↗Säkularisation ist die geistige Grundlage für den ↗demographischen Übergang gelegt, der parallel zur ↗Industrialisierung und ↗Urbanisierung verläuft. Verschiedene Untersuchungen weisen z. B. statistische Zusammenhänge zwischen ↗Religionszugehörigkeit und ↗Fruchtbarkeit in verschiedenen Gesellschaften auf. Im globalen Maßstab fallen neben den Staaten Afrikas südlich der Sahara, in denen das ↗Christentum in den letzten Jahrzehnten die traditionellen Religionen weitgehend abgelöst hat, die islamischen Staaten Nordafrikas sowie West- und Südasiens durch eine weiterhin hohe Fruchtbarkeit ihrer Bevölkerung auf. Demgegenüber sind die Bevölkerungen der überwiegend katholischen Staaten Südamerikas und die buddhistisch bzw. konfuzianistisch geprägten Staaten Ostasiens im demographischen Übergang weit fortgeschritten und haben Fertilitäten erreicht, die wie diejenigen der europäischen Staaten unter dem Bestandserhaltungsniveau liegen. Innerhalb eines Landes unterscheiden sich Religionsgruppen oft deutlich in ihrem generativen Verhalten. So ist nachgewiesen, dass die Juden in Deutschland im 19. Jh. deutlich vor den Protestanten und den Katholiken vom demographischen Übergang erfasst wurden. Der Zusammenhang zwischen Religionszugehörigkeit und Fruchtbarkeit ist jedoch nicht so eindeutig und einfach, wie er oft erscheint. Untersuchungen in verschiedenen Ländern zeigen, dass katholische Familien höhere Kinderzahlen als Protestanten aufweisen. Hierfür wird meist die stärker konservative Grundhaltung vieler Katholiken sowie ethische Einstellungen und das päpstliche Verbot künstlicher Geburtenkontrolle angeführt. Jedoch passt etwa die jüngste demographische Entwicklung in den südamerikanischen Staaten nicht in dieses Bild, und in Europa sind heute die katholischen Länder Italien und Spanien diejenigen mit der niedrigsten Fruchtbarkeit. In vielen Ländern konvergieren die verschiedenen Religionsgruppen im Verlauf des Modernisierungsprozesses hinsichtlich ihres generativen Verhaltens. Der Zusammenhang zwischen Religion und ↗Sterblichkeit ist weniger gut untersucht. Wenn hier Beziehungen festgestellt werden konnten, dann waren sie in der Regel indirekter Natur. So ist die Säuglingssterblichkeit in afrikanischen Staaten bei Christen niedriger als bei Angehörigen anderer Religionen. Dies ist aber auf Unterschiede im sozioökonomischen Status, in Bildung und im Zugang zu medizinischer Versorgung zurück zu führen.

3) auf Migration: Die meisten ↗Migrationen größerer Bevölkerungsgruppen haben sozioökonomische Motive; manche Wanderungsbewegungen sind jedoch auch religiös bedingt. Bei diesen kann man zwischen erzwungenen und freiwilligen Wanderungen unterscheiden. Zu den erzwungenen sind zum Beispiel die Wanderungen im Zusammenhang mit der Unabhängigkeit Britisch-Indiens 1947/48 zu zählen: 8,5 Mio. Muslime flohen in den neu gegründeten islamischen Staat Pakistan und 9 Mio. Hindus in die überwiegend hinduistische Indische Union. Ein früheres Beispiel für religiös bedingte Fluchtbewegungen sind die Wanderungen der Hugenotten aus Frankreich in benachbarte Länder, aber auch nach Übersee, nachdem mit der Aufhebung des Edikts von Nantes 1685 der protestantische Glaube dort nicht mehr toleriert wurde. Als freiwillige religiös bedingte Wanderungen sind zunächst alle solche zu bezeichnen, die im Zusammenhang mit Missionsbemühungen in jeweils anderen Räumen als in den Herkunftsräumen bestimmter Religionen stehen. Die neuere christliche Missionsbewegungen des 19. und 20. Jh., die sich parallel zur ↗Kolonisierung v. a. auf Afrika, den Pazifik und Teile Asiens richteten, gehören hierzu, aber auch etwa die Kolonisierung des östlichen Mitteleuropa im Hochmittelalter, für die die Klöster eine große Bedeutung hatten, durch die das Christentum in den germanischen

und slawischen Gebieten eingeführt wurden. Zumindest ein Teil der Wanderungen von Juden aus aller Welt nach Israel vor allem nach dem Zweiten Weltkrieg gehören in diese Kategorie. Die meisten auch der religiös bedingten Migrationen bewegen sich jedoch zwischen den Kategorien »erzwungen« und »freiwillig«. Ein großer Teil der frühen Siedler Nordamerikas von den Britischen Inseln und aus Mitteleuropa gehörten zu religiösen ↗Minderheiten. Sie konnten in ihren Siedlungsgebieten, teilweise in Gemeinschaftssiedlungen, ihren Glauben ausüben, der in ihren Herkunftsgebieten nicht toleriert wurde. Manche religiösen Gruppen assimilieren sich in der Zielregion und verlieren ihre ethnische und religiöse Identität, die oft eng verbunden sind, andere behalten sie auch in einer fremden Umgebung. Zur letzten Gruppe gehören die Mennoniten, eine vom »radikalen Flügel« der Reformation herkommende täuferische Glaubensgemeinschaft, die pazifistisch ausgerichtet ist. Die Ablehnung des Kriegsdienstes zwang die verschiedenen Gruppen immer wieder zur Auswanderung, zunächst von Mitteleuropa vor allem nach Russland und Nordamerika, später auch nach Südamerika.

4) weitere Einflüsse der Religionen, z. B. auf Siedlungen (↗religiöse Gebäude, ↗religiöse Siedlungen), Tourismus (↗Religionstourismus), Politik (↗Religionskonflikte).

Religionsgemeinschaften, *Religionen*, sind häufig zweigliedrig klassifiziert worden: christliche und nichtchristliche Religionen, wahre und falsche Religionen, primitive und Hochreligionen, Natur- und Kulturreligionen, Natur- und Offenbarungsreligionen, schriftlose und Schriftreligionen sowie östliche und westliche Religionen. Die größte Schwierigkeit dieser groben zweigliedrigen Klassifikationen besteht darin, dass die Verschiedenheit und Komplexität der Religionen zu wenig berücksichtigt wird und dass teilweise Bewertungen vorgenommen werden. Heute werden folgende Klassifikationskriterien angewendet: nach Glaubensinhalten, nach Ursprungsgebieten und nach Ausbreitungstendenzen. Die Klassifikation nach Glaubensinhalten untergliedert Religionen, die von der Existenz einer Gottheit ausgehen (theistische Religionen) und Religionen, in denen man nicht an eine Gottheit glaubt (nichttheistische Religionen). Die theistischen Religionen lassen sich noch unterscheiden nach der Anzahl der Gottheiten: monotheistische Religionen, die nur an einen Gott glauben und diesen verehren wie z. B. ↗Judentum, ↗Christentum und ↗Islam und polytheistische Religionen, die an mehr als einen Gott bzw. an eine Vielzahl von Göttern glauben und diese verehren, wie z. B. der ↗Hinduismus und verschiedene Religionen der alten Hochkulturen im eurasischen Raum. Den nichttheistischen Religionen fehlt der Glaube an eine Gottheit, obwohl sie seine Existenz nicht unbedingt ablehnen. Beispiele sind der Theravada-Buddhismus in Sri Lanka und Südostasien, aber vor allem die animistischen Religionen (↗Primärreligionen), die davon ausgehen, dass sämtliche natürlichen Objekte wie Berge, Steine, Flüsse, Bäume, Tiere und Naturkräfte wie Blitze usw. von Geistern bewohnt werden (↗Animismus).

Bei der Einteilung in Religionen nach Ursprungsgebieten werden teilweise geographische und historische Aspekte miteinander kombiniert. Zum inhaltlichen Verständnis der bestimmten Religion oder Religionsgruppe trägt diese Klassifikation nur wenig bei. Trotzdem hilft sie, die Herkunft der heute bedeutsamen Religionen, ihre Ausbreitungsrichtung und heutige Verbreitungsmuster zu verstehen (Abb.). Bemerkenswert ist, dass die großen Religionen in einem relativ kleinen Gebiet der Erde, und zwar in Süd- und Südwestasien entstanden sind. Alle drei großen monotheistischen Religionen – Judentum, Christentum und Islam – sind außerdem unter semitischsprachigen Völkern in oder am Rande der großen Wüsten Südwestasiens entstanden. Der Hinduismus bildete sich in Südasien in der Indusregion des Pandschab lange vor dem Christentum und dem Islam. Der ↗Buddhismus schließlich entwickelte sich auf der Grundlage des Hinduismus im Nordosten Indiens. Diese Ursprungsgebiete der großen Religionen stimmen grob betrachtet auch mit den antiken Kulturzentren Mesopotamien, Nil- und Indus-Tal, Ganges-Delta und Hwang-Ho überein.

Die Einteilung von Religionen nach der Ausbreitungstendenz ist im wesentlichen aus dem Blickwinkel der aktiven oder fehlenden Missionstätigkeit zu betrachten. Demnach lassen sich ↗Universalreligionen und ↗ethnische Religionen unterscheiden. Letztere sind eng an eine ethnische Gruppe gebunden, regional begrenzt, suchen in der Regel keine Konvertiten und breiten sich deshalb nur langsam und über große Zeiträume aus. Unter diesen lassen sich einfache Primärreligionen und größere ethnische Religionsgemeinschaften, wie z. B. das Judentum, der ↗Shintoismus als ursprüngliche Religion in Japan, der Hinduismus und die ↗chinesischen Religionen des ↗Konfuzianismus und ↗Taoismus, die sich im wesentlichen auf eine bestimmte nationale Kultur konzentrieren, unterscheiden. Die Universalreligionen wie Christentum, Islam, ↗Bahaismus und einige Formen des Buddhismus haben sich ausgehend von ihrem Ursprungsgebiet weit ausgebreitet und zeichnen sich durch ihre weltweiten, meist missionierenden Aktivitäten aus. Oberstes Ziel ist es, die gesamte Menschheit zu ihrem Glauben zu konvertieren. Niemand ist wegen seiner Nationalität, Ethnizität oder vorheriger Religionszugehörigkeit ausgeschlossen. Der Übertritt bzw. die Bekehrung zu jeder dieser Religionen kann schon nach minimalen Kontakten stattfinden, einerseits formal durch missionierende Aktivitäten, andererseits auf informelle Weise durch sonstige Kontakte (wie z. B. in der Geschichte des Islam durch geschäftliche Kontakte islamischer Händler). Diese sogenannte Kontakt-Bekehrung geschieht, wenn einzelne Personen den religiösen Glauben von Freunden oder Bekannten akzeptieren, obwohl formal keine Missionstätigkeit stattgefunden hat. Unter

Religionsgeographie

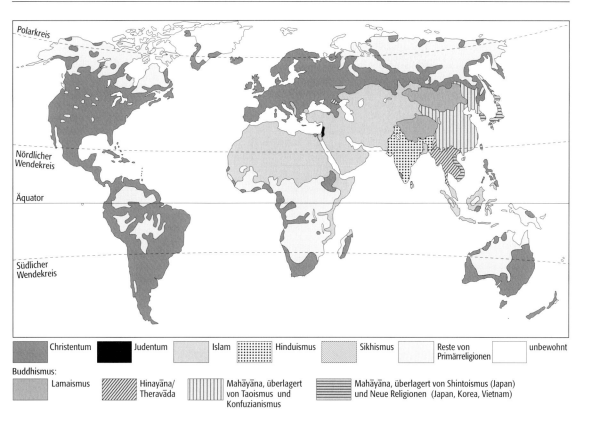

den Universalreligionen gibt es solche mit und ohne Alleinvertretungsanspruch. Christentum und Islam sind Religionen, die nicht nur glauben, dass ihre Religion für die ganze Welt bestimmt ist, sondern auch, dass ihre Religion das einzig wahre Glaubensbekenntnis darstellt. Anhänger dieser beiden Religionen können nicht gleichzeitig einer anderen Religionsgemeinschaft angehören. Der Buddhismus dagegen ist eine Gemeinschaft ohne Alleinvertretungsanspruch: Ihre Mitglieder können neben der Lehre des Buddhismus auch andere Glaubenslehren akzeptieren.

Die Klassifikationen, von denen hier drei ausführlich dargestellt wurden, vermitteln unterschiedliche Einsichten in das Wesen der Religionen und haben Bedeutung für das Verständnis von Religion-Raum-Beziehungen, die im Rahmen der ↗Religionsgeographie untersucht werden. [GR]

Religionsgeographie, neben der ↗Ideologiegeographie ein Teilgebiet der ↗Geographie der Geisteshaltung; je nach Standpunkt und Auffassung als Disziplin der ↗Religionswissenschaft, Teilbereich der ↗Humangeographie bzw. der ↗Sozialgeographie oder interdisziplinäres Arbeitsgebiet, das vor allem als zwischen ↗Geographie und Religionswissenschaft stehend betrachtet werden kann.

Als eine Disziplin der Religionswissenschaft beschäftigt sie sich verstärkt mit den Einflüssen des Raumes, d. h. den Einflüssen geographischer Faktoren auf die ↗Religionen sowie mit der Verbreitung religiöser Vorstellungen und Gruppen. Dabei ist man heute der Meinung, dass der Einfluss des Raumes nicht die Substanz religiöser Vorstellungen tangiert, wohl aber bestimmte Akzidenzien verursacht. Die Disziplin, die sich mit diesen Fragestellungen auseinandersetzt, nennt man ↗Religionsprägungslehre.

Als ein Teilgebiet der Geographie geht die Religionsgeographie überwiegend den Einflüssen von Religionen und ↗Religionsgemeinschaften auf den geographischen Raum nach (↗Umweltprägungslehre). Religionen prägen Räume, sind raumwirksam, indem sie über höchstrangige soziokulturelle Grundwerte und daraus abgeleitete institutionelle Werte (Grundrechte und Normen) bestimmte Leitbilder räumlicher Ordnung (wie Zielvorstellungen für die Raumplanung) steuern, die verschiedene Raumstrukturen beeinflussen (Abb.). Diese Einflüsse implizieren zunächst die Beziehung der Religion zur natürlichen Umwelt, vor allem aber Themen wie Verbreitung der Religionen (↗Religionsausbreitung), sowie Einflüsse der Religion auf Kultstätten, Siedlung, religiös motivierten Reiseverkehr, Wirtschaft, Bevölkerung, Politik, Nationalitätenkonflikte u. a. mehr (↗Religionseinflüsse).

Die interdisziplinäre, zwischen Geographie und Religionswissenschaft stehende Auffassung von Religionsgeographie ist gekennzeichnet durch die Erfassung der gegenseitigen Beeinflussungen von Religion und Raum. Diese Beziehungen be-

Religionsgemeinschaften: Verbreitung der Religionen.

Religionsgeographie: Dialektischer Prozess der Religion-Umwelt-Beziehung.

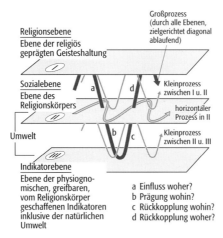

stehen in der Regel nicht direkt, und ihre Ursachen und Wirkungen sind nicht linear voneinander abhängig, sondern bilden ein vielschichtiges und komplexes Gewebe dynamischer Wechselwirkungen zwischen Religion und Raum. Zwischen Religion und Raum (natürliche, kulturelle und soziale Umwelt) verläuft somit ein dialektischer Prozess. Eingeschaltet zwischen Religion und Indikatorebene (Umwelt) ist hier die Sozialebene, die Ebene des Religionskörpers (Religionsgruppe) der sozialgeographischen Gruppe (Abb.). Will man diese wechselseitigen Beziehungen zwischen Religion und Umwelt und ihren dialektischen Prozess untersuchen, kann es kein Nebeneinander von geographischer und religionswissenschaftlicher Betrachtung geben. Hierzu benötigt man eine spezielle interdisziplinäre und überdisziplinäre Forschungsrichtung der Religionsgeographie.

Religionsgeographische Untersuchungen zum Religion-Umwelt-Einfluss (= Umweltprägung) schließen Teilbereiche der Physio- und Humangeographie ein. Dem physiogeographisch-umweltökologischen Bereich ist in verschiedener Hinsicht der Einfluss der Religionen auf die natürliche Umwelt zuzuordnen. Religionsgeographische Aspekte innerhalb der ⁊Politischen Geographie beziehen sich u. a. auf die Beeinflussung von Wahlverhalten, auf Freiheitsbewegungen, Territorialkonflikte und Religionskriege (⁊Religionskonflikte). In der ⁊Bevölkerungsgeographie lässt sich die ⁊Bevölkerungsentwicklung unter religionsspezifischen Aspekten untersuchen. Im Teilbereich der ⁊Siedlungsgeographie werden von ⁊religiösen Gruppen speziell geschaffene Kultstätten, aber auch nach religiösen Leitbildern entstandene ländliche und städtische Siedlungen untersucht. In der ⁊Wirtschaftsgeographie wird der Einfluss religiöser Einstellungen auf verschiedene Wirtschaftsformen (Ackerbau, Viehwirtschaft und Fischerei) und wirtschaftliche Entwicklung durchleuchtet. Die signifikante Wirtschaftsethik der wichtigsten Religionsgemeinschaften wird herausgestellt. Bei der Analyse des Religionstourismus wird der sozialgeographische Ansatz dieses Teilbereiches der interdisziplinären Religionsgeographie deutlich, bei dem die Organisationsformen der Gruppen bzgl. Anzahl, benutzte Verkehrsmittel, Saisonalität und Sozialstruktur behandelt werden (⁊Religionstourismus). Bei den religiösen Massenmedien zeigt sich der Einfluss der verschiedenen Religionsgemeinschaften u. a. auch in der regionalen Verbreitung der TV-Programmproduzenten (⁊religiöser Rundfunk, ⁊religiöses Fernsehen). Untersuchungen zum Umwelt-Religion-Einfluss (= Religionsprägung) sind bisher weniger vielfältig und umfassend. Der Einfluss der natürlichen Umwelt auf die Religion trifft zwar nicht das Wesen der Religion, ist jedoch nicht zu übersehen. Politik, Massenmedien und andere raumrelevante Faktoren wie u. a. Tourismus können das religiöse Verhalten und religiöse Einstellungen beeinflussen.
⁊Religiöse Geographie, ⁊Biblische Geographie, ⁊physikotheologische Schule, ⁊Geodeterminismus, ⁊Religionsökologie. [GR]
Literatur: [1] PARK, Ch. D. (1994): Sacred Worlds. – London and New York. [2] RINSCHEDE, G. (1999): Religionsgeographie. – Braunschweig.

Religionskonflikte, im Laufe der Geschichte eine der häufigsten Ursachen von Kriegen. So kann es z. B. um die Durchsetzung religiösen Rechts und/oder religiöser/ethnischer Unabhängigkeit gehen. Die Religion ist hier in Kämpfe um die Entfaltung ethnischer oder nationaler Identitäten »aktiv verwickelt«, sodass diese als religiöse Kämpfe verstanden werden. Dies ist vor allem der Fall auf dem islamisch-orientalischen »Kulturerdteil, in dem sich muslimische Gruppen u. a. mit anderen religiösen ⁊Ethnien auseinandersetzen: im Sudan mit Christen und traditionellen Gläubigen; in Nigeria mit Christen; in Ägypten mit Kopten und im Iran mit den Minderheiten der Bahai. Darüber hinaus kann die Religion auch neben territorialen, politischen und ethnischen Gründen ein zusätzlicher Faktor für Konflikte sein. Beispiele sind Konflikte zwischen Katholiken und Protestanten in Nordirland; Christen und Muslimen in Bosnien; Christen, Juden, Drusen und Muslimen im Libanon; Muslimen und Kommunisten (1993) in Afghanistan; Muslimen und Hindus in Kaschmir und im übrigen Indien; Buddhisten, Hindus und Muslimen in Sri Lanka sowie Buddhisten, Christen und Muslimen in Burma. Zum Teil gehen diesen Kämpfen eine Geschichte lange schwelender religiöser Spannungen voraus, die jedoch erst in Verbindung mit anderen gesellschaftlichen Faktoren zu offenen Feindschaften eskalieren. Manchmal sind die territorialen, politischen und ethnischen Faktoren in diesen Kämpfen um Autonomie von ausschlaggebender Bedeutung. Die Religions- bzw. Konfessionszugehörigkeit der rivalisierenden Gruppen tritt jedoch hinzu wie zwischen Christen und Muslimen in Tschetschenien-Inguschien, auf den Süd-Philippinen und Ost-Timor; den sunnitischen bzw. prämuslimisch geprägten Kurden und den Schiiten im Irak sowie den unterschiedlichen christlichen Konfessionen in Moldawien und in Bougainville/Papua-Neuguinea.

Weniger komplex als die Klassifikation nach der Bedeutung des religiösen Faktors in den Konflikten ist die Einteilung in interreligiöse Konflikte und intrareligiöse, d. h. interkonfessionelle Konflikte. Interreligiöse Konflikte, die weltweit mit Abstand die meisten religiösen Konflikte darstellen, sind zu einem großen Teil in und am Rande des islamisch-orientalischen Kulturerdteils gelagert. Sie sind z. T. in dem grundsätzlichen Interesse der Ausbreitung des Islam an den Randbereichen, aber auch in der Wiederbelebung der traditionellen Werte im Gegensatz zu den Werten und Praktiken der säkularen Regierungen begründet. Weitere Beispiele sind: Judenverfolgungen durch die Christen, Eroberungskriege, die weltweit mit der Ausbreitung des Christentums verbunden waren, Ausbreitung des Islam (»Heilige Kriege«), Konflikte in Südosteuropa, Zypern, Libanon, Ägypten, der Sahelzone, Indien, Indonesien etc. Intrareligiöse Konflikte, d. h. zwischen verschiedenen Konfessionen und Richtungen einer bestimmten Religionsgemeinschaft, sind im Europa des ausgehenden 20. Jh. selten. [GR]

Religionsökologie, kann als ein später, »geläuterter« Forschungsansatz des streng geodeterministischen (↗Geodeterminismus) Denk- und Erklärungsmusters betrachtet werden. Sie zeigt den indirekten und komplizierten Weg auf, wie die Umwelt die Religion beeinflusst. Die natürliche und kulturelle Umwelt stellt Materialien für religiöse Aktionen und religiöse Konzeptionen zur Verfügung. Religiöse Riten, Glaubensinhalte und Mythen nutzen die natürlichen Gegebenheiten in verschiedener Weise: Übernatürliche Wesen nehmen die Gestalt eines innerhalb der Gesellschaft bedeutenden Tieres an; die natürliche Umgebung im Jenseits hat häufig die gleiche Gestalt wie im Diesseits. ↗Religionsgeographie.

Religionsprägungslehre, eine Forschungsrichtung der ↗Religionsgeographie, die den Einfluss der Umwelt auf die Religion in geodeterministischer Weise (↗Geodeterminismus) erklärte. Man versuchte, die wesentlichen Elemente der verschiedenen Religionen durch die geographische Umwelt zu erklären.

Religionstourismus, stellt neben dem Erholungs-, Kultur-, Gesellschafts-, Sport-, Wirtschafts- und Politiktourismus eine eigenständige, nach der Motivation klassifizierte Form des ↗Tourismus dar. Er lässt sich auch dem Kulturtourismus zuordnen. Der Religionstourismus ist jene Tourismusart, bei der die Teilnehmer auf ihrer Reise und während ihres Aufenthaltes am Zielort ausschließlich oder stark religiös motiviert sind. Er schließt den Besuch religiöser Feste und Tagungen, vor allem aber den Besuch lokaler, regionaler, nationaler und internationaler ↗religiöser Zentren ein.
Religiöse Motive führten zu den ältesten Formen des Reiseverkehrs und stellen in ↗Entwicklungsländern vielerorts heute noch eine sehr wichtige, häufig sogar die dominierende Art des Tourismus dar. Auch in den Industrieländern zeichnet er sich in den letzten Jahrzehnten durch ständig steigende Zahlen aus. Der Religionstourismus ist heute ein weltweit verbreitetes Phänomen, das in jeder großen Religion, aber auch in zahlreichen kleineren Religionsgemeinschaften, und in jedem ↗Kulturerdteil, allerdings in unterschiedlicher Bedeutung und Ausprägung anzutreffen ist. Insgesamt sind alljährlich über 200 Mio. Pilger an internationalen, nationalen und überregionalen ↗Pilgerreisen beteiligt. [GR]

Religionswissenschaft, wissenschaftliche Disziplin, deren Aufgabe die Erforschung sämtlicher ↗Religionen, ihrer Erscheinungsformen und ihrer Beziehungen zu anderen Lebensbereichen ist. Sie basiert auf der Religionsgeschichte und sucht die von dieser genetisch dargestellten Phänomene und Formen systematisch und vergleichend zu erfassen. Dadurch unterscheidet sich Religionswissenschaft von Religionsphilosophie und -theologie, die das religionsgeschichtliche Datenmaterial unter normativen Rücksichten analysieren. Dennoch ist auch die Religionswissenschaft nur der Intention nach voraussetzungslos, denn in der Forschungspraxis impliziert allein die Abgrenzung dessen, was zur Religion gerechnet werden soll, Vorentscheidungen, die weit über die historischen Daten hinausgreifen. Werden Rekonstruktionen der Geschichte einzelner, seltener aller Religionen, übernommen, muss entschieden werden, was zur Religion gehören soll. Am einflussreichsten erweist sich nach wie vor die auch von der Religionsgeschichte zugrunde gelegte Unterscheidung von heilig und profan.
Die Religionswissenschaft hat viele Teilbereiche: So geht die Religionssoziologie den wechselseitigen Beziehungen zwischen Religion und Gesellschaft, die Religionspsychologie den psychischen, die ↗Religionsgeographie den räumlichen Determinanten nach; Religionsethnologie untersucht die Glaubens- und Kultformen der Stammeskulturen; die jüngste Disziplin ist die Religionsästhetik. [KH]

Religionszugehörigkeit, Zuordnung einer Person, einer Familie oder einer größeren sozialen Einheit zu einer Religion. Bei ihrer Erfassung kann man nach mehreren Prinzipien vorgehen: Aus der Sicht der jeweiligen ↗Religionsgemeinschaft gehören diejenigen Personen zu ihr, die die Mitgliedschaftsbedingungen (Initiationsritus, z. B. Taufe, Zahlung von Mitgliedsbeiträgen wie Kirchensteuer, Zustimmung zu Glaubensgrundsätzen usw.) erfüllen oder/und auf einer Mitgliederliste erfasst sind. Aus der Sicht des Einzelnen oder der jeweiligen kleinen sozialen Einheit gehört man zu einer Religion, wenn man sich ihr zugehörig betrachtet. Dies kann bei ↗Befragungen festgestellt werden. Als dritte Möglichkeit kann man die (Stärke der) Teilnahme an den religiösen Veranstaltungen bzw. Riten als Kriterium für die Zugehörigkeit definieren. Nach westlichem Verständnis gehört eine Person jeweils nur einer Religion oder Konfession an. In vielen ost- und südostasiatischen Ländern betrachten sich viele Menschen jedoch als zu mehreren ↗Religionsgemeinschaften zugehörig. [RH]

religiöse Gebäude, Kultbauten, Sakralbauten und Heiligtümer, in denen gottesdienstliche Kulte einer ↗Religionsgemeinschaft stattfinden. Sie fehlen in den Lebensräumen zahlreicher Naturvölker, wo meist einfache Kultzeichen oder noch ↗Naturheiligtümer vorherrschen. Bei den sakralen Bauwerken wird in der Regel eine starke Funktionsteilung deutlich; mehrere Funktionen können jedoch auch in einem Gebäude zusammengefasst sein (↗Kirchen, ↗Moscheen, ↗Klöster, ↗Synagogen, ↗Tempel, ↗Stupas, ↗Pagoden, ↗Schreine). Nach speziellen Kultaufgaben kann man unterscheiden: a) Beherbergungsstätten Gottes bzw. der Gottheiten; b) Tauf- und Reinigungsstätten; c) Opfer- und Bußstätten; d) Versammlungs- und Gebetsbauten; e) Mahn- und Gedenkstätten; f) Grabstätten und Reliquienschreine und g) Wohnstätten von Kultdienern, z. B. Einsiedeleien und Klöster. Neben diesen mehr praktischen Kultfunktionen haben auch mystische Gesichtspunkte Einfluss auf die Physiognomie der Kultbauten (z. B. Kuppel als Abbild des Himmels und des Kosmos, Kreuze und Dreiecke als Symbol Christi oder der Dreifaltigkeit usw.). [MB]

religiöse Gemeinschaften, Gruppen von Personen, die sich für eine kürzere oder längere Zeit aus religiösen Gründen oder mit religiöser Zielsetzung zusammenfinden. Hierzu gehören einerseits die großen und kleineren ↗Religionsgemeinschaften, andererseits Gruppierungen innerhalb größerer Gemeinschaften wie etwa ↗religiöse Orden, Kultgemeinschaften oder auch einzelne Kirchengemeinden und Gottesdienstgemeinschaften (↗religiöse Gruppe).

religiöse Geographie, lässt schon in der Antike erstes religionsgeographisches Denken erkennen. So sah z. B. der griechische Kartograph Anaximander in der räumlichen Ordnung der Welt eine Manifestation religiöser Prinzipien. Einer der bedeutsamen Lehrsätze stellte die Beziehung zwischen himmlischen Ereignissen und Strukturen einerseits und denen der irdischen Welt andererseits dar. Heute noch findet man religiöse Prinzipien, die sich im Grundmuster zahlreicher asiatischer Städte und Landnutzungsmuster widerspiegeln (↗Religionsgeographie).

religiöse Gruppe, Menschen, die sich aus religiösen Motiven zu gemeinsamem Handeln organisiert haben. Der Begriff religiöse Gruppe geht vom soziologischen Gruppenbegriff aus, der jede Gesamtheit von Menschen, die in Interaktion miteinander stehen und deren Handeln sich daraus herleitet, als Gruppe definiert. Konstitutiv für den Gruppenbegriff ist die ↗Face-to-face-Kommunikation der Gruppenmitglieder wodurch die Gruppengröße automatisch begrenzt wird. Religiöse Gruppen entstehen entweder als Fremdreligion, meist als Ergebnis von ↗Migration, oder als gezielt abweichende Religionsgründung. Sie lassen sich nach unterschiedlichen Merkmalen typisieren: a) Art der Mitgliederrekrutierung: So lassen sich z. B. ausschließlich missionierende Gruppen von solchen unterscheiden, die ihre Erneuerung ausschließlich über die Sozialisation des biologischen Nachwuchses praktizieren. Dazwischen liegen Mischformen von Sozialisation und Mission. Selten findet sich die Variante, dass eine religiöse Gruppe vollständig auf Nachwuchs verzichtet (Shaker, Rappisten). Gruppen, die ihren Nachwuchs ausschließlich über Sozialisation gewinnen, verfügen über eine höhere normative und soziale Stabilität und können daher ihre religiöse Identität besser bewahren (z. B. Hutterer, Amish). b) formaler Organisationsgrad: Hier treten Fragen nach der internen Hierarchisierung und dem Grad der charismatischen Organisation von Gruppen in den Vordergrund. Eine charismatische »Struktur« – soweit man überhaupt davon sprechen kann – entzieht sich weitgehend jeder formalen Organisation. In der Frage von Ämterbesetzungen z. B. kann eine Kombination von Gruppenkonsens und charismatischen Eigenschaften von Führerpersönlichkeiten existieren. Von einer formalen Organisationsstruktur kann hingegen dann gesprochen werden, wenn die religiösen Ämter und die dafür benötigten Qualifikationen genau definiert sind. Kommt es zu einer dauerhaften Professionalisierung u. a. mit Berufsämtern, folgt daraus sehr häufig eine vertikale Verbindung verschiedener religiöser Gruppen, wodurch der Gruppencharakter gefährdet wird. Je höher der Grad der Formalisierung der Organisation, umso stärker tritt der Gruppencharakter zurück. c) Verhältnis zur Welt: Das Verhältnis religiöser Gruppen zur Welt bewegt sich zwischen Weltbejahung und Weltverneinung. Mit zunehmender Größe und differenzierter Organisation besteht die Tendenz zur Anpassung der Religion an die umgebende Kultur. Von besonderem Interesse ist die Frage, unter welchen Umständen es einer religiösen Gruppe gelingt den identitätsstiftenden Abstand zur umgebenden Realität zu erhalten. Je weltablehnender eine Gruppe ist, umso höher sind die Zeitinvestitionen, die sozialen und wirtschaftlichen Verflechtungen, Emotionen etc., welche die Mitglieder innerhalb der Gruppe binden. Automatisch werden dadurch auch die Möglichkeiten für nicht konforme Aktivitäten reduziert. Letztendlich begrenzen sich hierdurch die Beziehungen zur umgebenden Gesellschaft auf Bereiche, die nur noch wenig Raum für identitätsgefährdende religiöse Konflikte bieten. Wichtiges Instrument für die Aufrechterhaltung der religiösen Identität ist dabei häufig eine strenge Kirchenzucht verbunden mit dem Ausschluss abweichender Mitglieder.

Die kontinuierliche Andersartigkeit einer Gruppe ist auch davon abhängig, wie tolerant die umgebende Gesellschaft ist, Andersartigkeit und Regelverstöße zu tolerieren. [JV]

religiöse Minderheit, *religiöse Minorität*, impliziert sowohl eine zahlenmäßige Relation als auch ein spezifisches Verhältnis zur umgebenden Großgruppe bzw. Gesellschaft. Ihre Mitglieder unterscheiden sich häufig aufgrund dominanter gemeinsamer Merkmale von Werten und Normen von der umgebenden Gesellschaft. Diese Merkmale sind konstitutiv für den Minoritätenstatus und verstärken sich durch eine geringe Teilhabe an der dominanten Kultur oder durch ihre negative Bewertung (z. B. »weltlich«). Religiöse Minderheiten verweigern häufig der sie umgebenden Gesellschaft den Grundkonsens. Äußerlich auffallende Kennzeichen können u. a. sein: ein spezieller Kleidungskodex, eine besondere Bevölkerungs- (Kinderreichtum, religiös endogame Heiraten etc.), Berufs- und Wirtschaftsstruktur, ein spezielles Erziehungs- oder Schulsystem sowie ein eigenes Brauchtum. Religiöse Minoritäten siedeln bevorzugt in enger räumlicher Nähe, um auf diese Weise die Gruppenkohäsion zu stärken oder auch den rituellen Anforderungen der Religion zu entsprechen. Hierdurch kommt es zu räumlichen Schwerpunkten in der Verbreitung und damit zu religiös geprägten, signifikanten Erscheinungen in der Kulturlandschaft, die sich z. B. in Haus- und Flurformen oder Siedlungsmustern niederschlagen (↗religiöse Siedlungen). [JV]

religiöse Orden, Personengruppen innerhalb einer größeren ↗Religionsgemeinschaft, die für kürzere oder längere Zeit zusammenleben, um religiöse Riten und Prinzipien zu pflegen. Im ↗Christentum bildete sich das *Mönchtum* bereits im 4. Jh. zu einer festen Institution heraus. Vor allem im Katholizismus hatten und haben die verschiedenen Orden mit ihren ↗Klöstern eine große Bedeutung für die Ausbreitung und Tradierung des Glaubens. Im ↗Buddhismus, in dem das Mönchtum ebenfalls eine große Rolle spielt, werden die Mönche und Nonnen, die sich oft nur für begrenzte Zeit im Kloster aufhalten, von den Laien mit dem Lebensnotwendigen versorgt.

religiöser Rundfunk, Übertragung religiöser Inhalte über das Radio. Es begann in den 1920er-Jahren in den USA, wo religiöse Rundfunksendungen im wesentlichen von den großen christlichen ↗Konfessionen produziert und in den großen Rundfunkgesellschaften gesendet wurden. Heute verfügen die Christen weltweit über mehr Rundfunksender als irgendeine andere institutionalisierte ↗Religionsgemeinschaft. Einerseits spiegelt sich hier die besondere Bedeutung wider, die der Wortverkündung im ↗Christentum zukommt. Andererseits ist es einfach eine Folge des wirtschaftlichen Lebensstandards, der in vielen Ländern mit christlicher Mehrheit herrscht. Sicher spielt auch die internationale Verbreitung der englischen Sprache eine große Rolle. Christliche Rundfunksendungen können jedes Land der Welt erreichen; 1,6 Mrd. zählen zu ihren Hörern. Während es viele internationale protestantische Radiosender gibt, wie z. B. »Jesus lebt« in Deutschland, gibt es nur einen einzigen großen katholischen Radiosender, »Radio Vatikan«. Dieser ist allerdings so stark, dass man ihn in der ganzen Welt empfangen kann. 32 Staaten verbieten offiziell die Ausstrahlung christlicher Sendungen in ihrem Land. Ziel des religiösen Rundfunks ist es, bestimmte Glaubensvorstellungen zu verkünden, die Zuhörer und Zuschauer zu bekehren und den Glauben zu erhalten und zu stärken. Aufgrund der christlichen Radiosendungen bildeten sich neuartige, unabhängige Glaubensgemeinschaften, die sog. Radiokirchen, die keine Verbindungen zu (offiziellen) kirchlichen Religionsgemeinschaften unterhalten.

Indem die religiösen Radio- und Fernsehprogramme den Glauben der Zuhörer und Zuschauer erhalten und stärken, beeinflussen sie aber auch gleichzeitig die räumlichen Verbreitungsmuster der Religion (↗Religionsausbreitung). In zahlreichen Staaten der westlichen, christlich dominierten Welt hat der christliche Funk die Aufgabe, die zunehmende ↗Säkularisierung, die in Nordamerika von 1 % (1900) auf etwa 10 % (1993) angestiegen ist und in Europa schon fast 15 % (1993) umfasst, zu bremsen. Vielleicht ist die geringere Säkularisierung in den USA auch z. T. auf den Einfluss des dort weit verbreiteten Radios und Fernsehens zurückzuführen (↗religiöses Fernsehen). [GR]

religiöses Fernsehen, Übertragung religiöser Inhalte über das Fernsehen. Es begann 1940 in New York und knüpfte an die Erfahrungen entsprechender Sendungen des ↗religiösen Rundfunks an. Bis in die späten 1980er-Jahre hatten die »Fernsehkirchen« in den USA eine ständige Aufwärtsentwicklung zu verzeichnen. In den Jahren danach gingen die Anzahl der Zuschauer und das Spendenaufkommen, mit dem sich das religiöse Fernsehen finanzierte, jedoch bei den meisten Fernsehkirchen dramatisch zurück. Kritiker waren der Meinung, dass bei Fernsehkirchen geschäftliche Interessen einen größeren Raum einnahmen als religiöse Interessen. Sogar die Anzahl der religiösen Fernsehstationen und der Programmproduzenten ging zurück. Seitdem erholt sich das religiöse Fernsehen wieder, wenn auch recht langsam.

In Deutschland haben die katholische und protestantische Kirche die Möglichkeit, an der Produktion religiöser Fernsehprogramme teilzunehmen, die in der Regel eine Art von Verkündigung in Form von Gottesdienst, Meditationen oder in der der Abendsendung »Wort am Sonntag« darstellen. Auch die Fernsehsender selbst haben ihre eigenen religiösen Abteilungen, die keine direkte Beziehung zur Kirche haben müssen und Dokumentarfilme, Interviews und Diskussionen vor allem über die großen Religionen produzieren. [GR]

religiöse Siedlungen, Kultstätten der Religionen in Form von Siedlungselementen, die den Charakter ländlicher und städtischer Räume mitbestimmen. Sie sind direkte Symbole der Religion im Raum. Teilweise wurden auch ländliche und städtische Siedlungen nach religiösen Leitbildern entwickelt (↗heilige Städte).

Bei der Besiedlung von vielen Regionen in Europa waren die ↗Klöster von großer Bedeutung. Sie bildeten strategische Brückenköpfe, von denen aus Land besiedelt wurde. Wo immer ein Kloster Kern oder Bestandteil einer Siedlung wurde, stellte es in äußerer Erscheinung und Struktur etwas besonderes dar. Vor allem die Klosterkirche tritt durch Größe und Stil stärker in Erscheinung als die umliegenden Siedlungen.

Religiös kommunitäre Siedlungen deutscher Auswanderer in den USA, wie z. B. die Siedlun-

RELIGIÖSE GRUNDLAGE:

- besondere Stärke der weltanschaulichen Überzeugungen;
- separatistische Lebensgemeinschaften auf traditioneller und religiöser Grundlage (»homogene Primärgruppen«);
- Auftreten von dualen Organisationsformen und Strukturen (z.B. kollektiv – privat; männlich – weiblich; Zölibat – Ehe; Mitglied (auserwählt) – Nichtmitglied; Führung – Gefolgschaft; heilig – profan; Diesseits – Jenseits; zentral – peripher)

SOZIALE ORGANISATION:

- prophetisch-theokratische und patriarchalisch-charismatische Einzelführung oder Ältestenrat;
- Disziplin, Unterordnung und subtiler Zwang als »Preis« für persönliche Sicherheit in der Gemeinschaftsexistenz;
- weitgehende wirtschaftliche Autonomie;
- Entscheidungszentralismus

WIRTSCHAFTSWEISE:

- Gemeineigentum

SIEDLUNGSWEISE:

- Siedlungsräumliche Konsequenzen (Sondergrundrisse, die überwiegend Ausdruck weltanschaulicher Überzeugungen sind):
  – Garten-Eden-Ideal, Arbeitssiedlungen und Modell des Zusammenlebens oft nicht trennbar;
  – geplante, überschaubare Gemeindegrößen;
  – Wiederholung von Grundrissformen als Kontinuitätssignum
- Siedlungsräumliche Kennzeichen:
  – Kompassorientierung, d.h. »himmlische« Ausrichtung;
  – biblische Rechtfertigung von Grundrissen und biblische Namensgebung;
  – Kompaktheit der Siedlungen, Fußgängerdistanzen;
  – Gemeinschaftsgebäude wie kollektive Wohnanlagen, Küchen oder Speisesäle, Betsäle, z.B. Gemeinhaus;
  – zentraler Platz als Ausdruck der sozialen Gemeindemitte und -kontrolle;
  – keine Rathäuser oder prominente Bürgerhäuser;
  – wenige Kirchenbauten;
  – Bausymbolismus, z.B. Gartenanlagen mit Zahlenmystizismus und Pflanzensymbolik;
  – Standbilder;
  – egalitäre Friedhofsgestaltung (bewusster Symbolgehalt)

RAUMBEWERTUNG:

- geringe individuelle Raumbemessung; großer, sozial-öffentlicher Kollektivraum;
- sehr starke bis permanente Territorialität;
- Abgrenzung des Raumes gegenüber der Außengesellschaft, aber nicht nur formal, sondern z.B. auch durch moralischen Rigorismus (»moralische Landschaft«) und durch Beibehaltung der deutschen Sprache und Verhaltensweisen wie Geschlechtertrennung, Kleidung und innere Organisation, z.B. Chorsystem; künstlerische Tätigkeiten; stabilisierende, räumliche Identitätsstiftung (»Topophilie«)

religiöse Siedlungen: Charakteristische Merkmale religiös-kommunitärer Siedlungen in den USA.

gen der Hutterer und Herrnhuter Brüdergemeinde sind ein einfach zu erfassendes Beispiel für die Religion-Raum-Beziehung, d.h. die Beziehung zwischen religiöser Grundlage, Weltsicht, Raumauffassung und besonderer Siedlungsanlage (Abb.). Zeigen die religiös-kommunitären ländlichen Siedlungen aufgrund ihrer Gründung durch homogene Primärgruppen wenigstens in ihren Idealtypen eine einfache Gliederung und einen eindeutigen Religion-Raum-Bezug, so besitzen die religiös geprägten städtischen Siedlungen eine komplexere Struktur. In ihnen ergänzen und überlagern sich Auswirkungen verschiedener Leitbilder. Aus der Gesamterscheinung einer Stadt kann deshalb kaum ein einheitliches, z.B. religiöses Leitbild abgelesen werden. An einigen Beispielen (↗hinduistische Stadt, ↗islamisch-orientalische Stadt, ↗chinesische Stadt, und ↗christliche Stadt) wird jedoch gezeigt, wie religiöse Leitbilder verschiedener Religionen die Stadtstruktur zur Zeit ihrer Gründung, Umgestaltung oder Erweiterung mitgeprägt haben. [GR]

religiöse Toponyme, verknüpfen als religiöse ↗Ortsnamen Landschaften, Fluren und Orte mit Glaubenswerten und überziehen so den natürlichen Raum mit einer eigenen kulturellen Textur. Dies gilt für viele Religionen: Der römische Hercules gab dem Ort Herculaneum seinen Namen. Das judäische Bethlehem heißt nach dem heidnischen »Haus der Göttin Lachama«. Die aztekische Göttin Tonantzin (»unsere Mutter«) wird im mexikanischen Ortsnamen Tonantzintla/Pue. fassbar. In römisch-katholischen Kulturräumen wie auch in griechisch-orthodoxen Einflussregionen sind Heilige gängige Ortsnamen bildende Bestandteile. Dies ist besonders häufig in Eroberungsgebieten (Südspanien, Lateinamerika, Französisch-Kanada) der Fall. In Mexiko haben die Missionsorden den Heiligennamen der örtlichen Hauptkirche dem autochthonen Ortsnamen vorangesetzt (San Juán Cuauhtinchan/Pue.; San Luís Potosí/S. L. P.). Missionseifer lässt auch religiöse Kultgegenstände zu Namengebern werden (Santa Cruz = »Heiliges Kreuz«, Bolivien; Rosario = »Rosenkranz«, Argentinien). Gott selbst (Trinidad oder Sancti Spiritus, beide in Cuba, gegr. 1514) oder der Haupttheilige (San Francisco/USA gegr. 1776; São Paulo, Brasilien gegr. 1554) wurden zu Ortspatron und Ortsnamen erhoben. Einige Patronate wurden besonders bevorzugt (Santa María, San José, San Juán, Santiago) und durch einen Zusatz näher bestimmt, um Verwechslung zu vermeiden (Santiago de Cuba; Santiago de Chile; Santiago del Estero = »Santiago an der Sumpfniederung«, Argentinien). Kombinierte Advokationen ergaben üppige Toponyme (São Salvador, Brasilien, gegr. 1549 als São Salvador da Bahia da Todos os Santos = »Stadt des Heiligen Erlösers an der Bucht von Allerheiligen«). Ähnliche Namen finden sich in Europa (Sankt Michael, heute: Mikkeli, Finnland; Sankt Konstantinow, Ukraine; Sankt Petersburg, Russland; Sankt Andrä, heute: Szentendre, Ungarn; Sankt Ingbert, Saarland). Auch Tage des kirchlichen Festkalenders können namengebend wirken (Südpazifische Osterinseln, entdeckt am Ostersonntag 1722; Weihnachtsinseln, heute: Kiritimati, im Zentralpazifik entdeckt am Heiligen Abend 1777; Corpus Christi = »Fronleichnam«, südliche USA, gegr. 1838). Der plateauförmige Zeugenberg Walberla, Oberfranken kam über die Heilige Walburga aus der Bergkapelle zu seinem volkstümlich verballhornten Namen. Lokal sind mönchische Ortsgründer fassbar (München: Erstnennung 1158 als apud Munichen =»bei den Mönchen«). Selbst protestantische Ortsnamen der südlichen USA sind nicht frei von religiösem Bezug: Hier wird »chapel« als Präfix oder Suffix zum Bestandteil ländlicher Siedlungsnamen (Chapel Hill). Ähnliches findet sich in europäischen Ortsnamen (Kapellendorf, Thüringen; Fünfkirchen, heute: Pécs, Ungarn) und südindischen Ortsnamen (Tirutschirapalli), wo das dravidische Präfix »Tiru«- auf Tempelstätten verweist. [KT]

religiöse Zentren, *religiöse Stätten*, meist in städtischen Siedlungen gelegen, die für die Anhänger einer ↗Religionsgemeinschaft von zentraler Bedeutung sind. Dies können internationale Verwaltungszentren von Religionen sein, wie z. B. Rom (Katholische Kirche), London (Anglikanische Kirche), Moskau (Russisch-orthodoxe Kirche), Jerusalem (↗Judentum) oder auch nationale und regionale religiöse Zentren wie Bischofsstädte oder Zentren mit Mormonentempeln wie z. B. in Freiberg/Sachsen. Pilgerorte, -stätten sind unter den religiösen Zentren von besonderer Bedeutung, vor allem weil sie für die Anhänger der Religionsgemeinschaft Ziele von Pilgerreisen darstellen. ↗heilige Städte.

Relikt, 1) *Biogeographie*: eine Sippe, die aus einem Gebiet, in dem sie früher weiter verbreitet war, bis auf einen oder wenige Fundorte verschwunden ist. Die reliktischen Vorkommen sind durch Schrumpfung aus einem früher erheblich größeren Areal hervorgegangen (↗Arealkunde). Ursachen für Arealschrumpfungen liegen häufig in Klimaänderungen; es können aber auch andere Faktoren verursachend sein, z. B. die Evolution überlegener Konkurrenten. Dem Zurückweichen von Arealgrenzen in bestimmten Gebieten steht besonders bei Klimaänderungen oft eine Ausweitung des Areals in andere Richtungen gegenüber; deshalb bezieht sich der Begriff Relikt häufig nur auf bestimmte Teilbereiche der Erdoberfläche. Ein Beispiel sind die Glazialrelikte in Mitteleuropa; sie waren hier während der ↗Eiszeiten weiter verbreitet, kommen heute aber nur noch in wenigen kleinen Gebieten vor. Viele der im außeralpinen Mitteleuropa als Glazialrelikte betrachteten Sippen sind in Nordeuropa weit verbreitet oder dehnen ihr Siedlungsgebiet dort immer noch weiter aus. Die reliktischen Vorkommen stellen bei solchen Sippen ↗Exklaven des disjunkten Gesamtareals dar (Exklavenrelikte; Abb.). Ein anderer Fall liegt vor, wenn das Gesamtareal so stark geschrumpft ist, dass es nur noch aus einem oder wenigen kleinen Resten besteht (Reduktionsrelikte); dann handelt es sich um regressive Endemiten (↗Paläoendemismus). Ein Nachweis des reliktischen Charakters von Vorkommen (↗Relikttheorie) ist in vielen Fällen durch fossile oder subfossile Funde möglich, welche eine Rekonstruktion der früher weiteren Verbreitung erlauben. In anderen Fällen kann ein reliktischer Charakter indirekt aus ökologischen und erdgeschichtlichen Indizien erschlossen werden. Es gibt jedoch auch Fälle, in denen eine junge Einwanderung mit Ausbildung einer Exklave durch Ferntransport von Diasporen aus dem Hauptareal einen Reliktcharakter nur vortäuscht. Außer nach Exklaven- oder Reduktionsrelikten kann eine Klassifizierung auch vorgenommen werden nach dem räumlichen Bezug der Relikte (z. B. nördliche Relikte, d. h. Sippen, die heute weiter im Norden verbreitet sind) oder in zeitlicher bzw. erdgeschichtlicher Hinsicht (z. B. Glazial-, ↗Tertiärrelikte). Als Kulturrelikte werden Pflanzenvorkommen bezeichnet, die auf frühere Kultivierung durch den Menschen zurückgehen und sich nach Aufgabe der Kultur am Wuchsort noch längere Zeit halten können. **2)** *Kulturgeographie*: eine überlieferte landschaftliche Erscheinung, die ihre einstige Funktion zum Teil oder gänzlich verloren hat oder den heutigen Ansprüchen nicht mehr oder nicht mehr ausreichend genügt und daher unter den herrschenden Bedingungen in der bestehenden Form nicht mehr geschaffen wird. Relikte sind die historischen Konstanten einer gewachsenen ↗Kulturlandschaft, die in einem lückenlosen Zusammenhang mit den heutigen stehen. Das macht sie vor allem als geschichtliche Dokumente und Ankerpunkte regionaler Identität wertvoll, weshalb sie in Inventaren (Reliktkarten) lokalisiert, nach funktionalen und formalen (flächen- und linienhaft, punktförmig) Aspekten beschrieben und mit Blick auf ihre Erhaltung oder Neunutzung in Planungsprozessen bewertet werden (↗Angewandte Historische Geographie). Im Sinne der ↗Persistenz einmal getätigter Investitionen wirken sie damit auf unser heutiges Handeln ein.

Reliktendemismus, *Paläoendemismus*, ↗konservativer Endemismus.

Reliktform, *Altform, Vorzeitform, Paläoform*, als Restform der ↗Morphogenese Überbleibsel älterer Formungsphasen (↗Reliefgeneration).

reliktische Böden, *Reliktböden*, alte Bodenbildungen, die unter einer anderen Konstellation der ↗Bodenbildungsfaktoren entstanden und sich an oder nahe der heutigen Bodenoberfläche befinden und von der gegenwärtigen Bodenbildung überprägt wurden. Teilweise werden Reliktböden von jüngeren Decksedimenten in geringer Mächtigkeit überlagert. Als ↗Paläoböden sind sie Bildungen des Pleistozäns oder Präpleistozäns, als holozäne Böden wurden sie in älteren Klimaphasen des Holozäns, z. B. als ↗Schwarzerden des Boreals, geprägt oder sie entstanden unter einem anderen Landschaftswasserhaushalt, z. B. als Re-

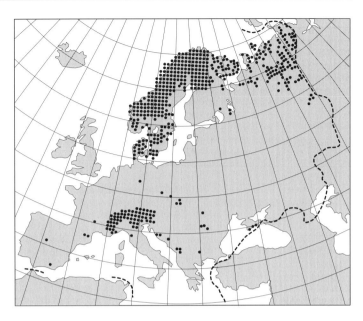

Relikt: Verbreitung der Spieß-Weide (*Salix hastata*) in Europa; die in den Alpen und in Skandinavien verbreitete Art ist im Harz und einigen anderen Gebieten als Glazialrelikt einzustufen.

liktgleye bei ehemals höheren Grundwasserständen.

Reliktstandort, ein nur kleinflächig ausgebildeter ↗Standort mit bestimmten auf die Pflanzen einwirkenden Umweltfaktoren, der im betrachteten Raum in früheren Zeiten weiter verbreitet war. Reliktstandorte sind gleichzeitig ↗Sonderstandorte in einer andersartigen landschaftsökologischen Matrix. Der Begriff Reliktstandort wird (ähnlich wie Standort) nicht selten unscharf verwendet, etwa im Sinne von Fundort von Reliktarten. Sofern nicht das standörtliche Faktorengefüge im Zentrum der Betrachtung steht, sollte besser der Begriff Reliktvorkommen oder Reliktfundort gewählt werden.

Relikttheorie, pflanzengeographische Theorie zur Erklärung der Entstehung disjunkter Areale (↗Arealkunde), nach der die Teilareale früher einmal zusammengehangen haben. Das frühere kontinuierliche Areal sei dann aber, z. B. infolge von ↗Klimaänderungen, in mehrere Teilareale zerfallen. In vielen Fällen lassen sich frühere zusammenhängende Areale durch Fossilfunde belegen, in anderen Fällen fehlen solche Beweise (↗Relikt). Andere Hypothesen gehen davon aus, dass entlegene Teilareale vielfach durch Fernausbreitung gebildet worden seien oder dass Sippen an mehreren Orten unabhängig voneinander entstanden seien.

Relokationsdiffusion, *Verlagerungsdiffusion*, ↗Innovations- und Diffusionsforschung.

Remigration, *Rückwanderung*, nach einer ↗Emigration die Rückkehr eines Migranten in das Herkunftsland. Stets waren Auswanderungen von Remigrationen begleitet, die stark saisonale Ausprägungen haben konnten. Motive für die Remigration können das Erreichen des Ruhestandes sein, den man in der Heimat verbringen möchte, eine deutliche Verschlechterung der ökonomischen und sozialen Situation im Einwanderungsland oder die unerfüllten Erwartungen, die der Emigrant mit der Auswanderung hegte. Hinweise auf eine intendierte Rückwanderung sind Sparverhalten, Pflegen kultureller Eigenarten und Beibehalten von Kontakten in das Herkunftsland (↗Migrantennetzwerk). Doch ändern sich während des Aufenthalts im Auswanderungsland die Rückkehrabsichten: Soziale Kontakte binden die Emigranten an das Zielland, die Beziehungen zum Herkunftsland schwächen sich ab, Erfolge stellen sich ein. Die Bereitschaft einer Person zur Rückwanderung hängt von der Legalität ihres Aufenthaltes und von Wanderungsgesetzen ab. So tendieren ausländische Arbeitnehmer und ihre Familien, die aus Nicht-EU-Staaten stammen, zum Verbleib in Deutschland, da eine erneute Zuwanderung nach ihrer Rückkehr erschwert ist. Die Remigration bessert die Zahlungsbilanz der Staaten, führt zu Gründungen kleiner Dienstleistungsunternehmen und zu Änderungen in der Landwirtschaft bzgl. Anbau- und Betriebsformen. Allerdings überwiegt der konsumtive Bereich und innovative Impulse sind eher unbedeutend. Zudem legen die Remigranten ihre Ersparnisse in Regionen mit Wachstumschancen an, zumindest in Siedlungen mit einer gewissen Zentralität und verstärken daher bestehende ↗regionale Disparitäten. [PG]

remote sensing ↗*Fernerkundung*.

Renaturierung, bauliche und pflanztechnische Umgestaltung von Landschaftsausschnitten oder ↗Biotopen mit dem Ziel naturnähere Zustände zu erreichen. Sie ist meist eingebunden in einen planerischen Prozess, der bei Bachrenaturierungen beispielsweise eine Konzeptplanung, eine Ausführungsplanung und im Optimalfall auch eine Erfolgskontrolle umfasst. Vermehrt werden renaturierte Flächen heute der ↗Sukzession überlassen. ↗Fließgewässerrenaturierung.

Rendzina, ↗Bodentyp der ↗Deutschen Bodensystematik der Abteilung ↗Terrestrische Böden und der Klasse ↗Ah/C-Böden; Profil: Ah/cC; entstanden aus festem oder lockerem Carbonatgestein mit Carbonatgehalten über 75 Masse-%, oder Sulfat-(Gips-)gestein; Ah-Horizont ist 2 cm bis 4 dm mächtig, krümelig, humusreich und teilweise noch von Kalksteinen durchsetzt; Subtypen: Normrendzina mit ↗Basensättigung >50 %, Sauerrendzina mit ↗Basensättigung im Ah-Horizont < 50 % und Übergänge zu anderen Bodentypen; nach ↗FAO-Bodenklassifikation Rendzic oder Mollic ↗Leptosol; Verbreitung auf Kalksteinen; flachgründige Böden, die insbesondere an Südhängen sehr trocken sind und meist als Forst- oder Grünland genutzt werden.

Renten, dauerhafte »unverdiente« Einkommen, denen keine unmittelbar entsprechende Gegenleistung wie Arbeit oder Investitionen entspricht, sondern die für geographisch-strategische Lagevorteile (Lagerente), politisches Wohlverhalten (Entwicklungshilfe-Rente) oder Rohstoff-Lagerstätten (Ölrente) transferiert werden. Das Einwerben und die Verteilung von Renten werden in den Theorien des ↗Rentenkapitalismus und der ↗Rentier-Ökonomie thematisiert.

Rentenkapitalismus, vor allem im ↗Orient verbreitetes Wirtschaftssystem, das auf der Abschöpfung von ↗Renten basiert. Charakteristisch sind die folgenden Merkmale: a) enge Verbindung von Herrschaft und Stadt, b) Ausbeutung der landwirtschaftlichen und gewerblichen Produzenten durch Abschöpfung bedeutender Ertragsanteile (»Renten«), c) Kommerzialisierung von »Rentenansprüchen«, d) keine oder möglichst geringe produktive Investitionen durch die Besitzenden, e) Stagnation in der Entfaltung der materiellen Produktivkräfte sowie stationärer Charakter dieser Gesellschaften. Das von der geographischen Orientforschung (↗Bobek) hervorgebrachte Konzept des Rentenkapitalismus meint eine wirtschaftliche bzw. gesellschaftliche Entwicklungsstufe, die zwischen der herrschaftlich organisierten Agrargesellschaft (dem Feudalismus) und dem modernen bzw. produktiven Kapitalismus steht. Ursprünglich herrschaftlich legitimierte Rentenansprüche werden kommerzialisiert und als Waren frei gehandelt. Im Unterschied zu dem in Mitteleuropa entwickelten Industriekapitalismus ist Rentenkapitalismus dadurch gekennzeichnet, dass auf den handwerklichen und landwirtschaftlichen Produktionsfaktoren Rententitel ruhen, die dem Eigner einen festen Anteil am Produkt des Bauern und Gewerbetreibenden garantieren. Da die Titel auf einzelnen Produktionsfaktoren eines Betriebs – in der Landwirtschaft z. B. Boden, Wasser, Saatgut, Zugvieh/Gerät und Arbeitskraft – liegen können und in der Regel jeweils gleich bemessen sind, erfolgt keine Reinvestition der Gewinne mit dem Ziel der Verbesserung eines einzelnen Produktionsfaktors; denn die dadurch möglichen Ertragssteigerungen wären allen und nicht einzig dem Investor zugute gekommen. So bedeutete Rentenkapitalismus auch Minimumwirtschaft. Das »Kapitalistische« daran ist die freie Handelbarkeit der Titel, wodurch die Konzentration vieler Titel in den Händen weniger erfolgen kann und Reichtumsbildung möglich wird. Dieses einzig auf Gewinn- und/oder Ertragsabschöpfung ausgerichtete Wirtschaftsverhalten wird vor dem Hintergrund despotischer Herrschaft verstehbar, deren tragende Elemente zentralistische Führung, stehendes Heer und abhängiger Beamtenapparat bildeten. In einem derartigen »Milieu« konnte ein selbstverantwortliches, zu kalkulierbarem Risiko bereites kapitalistisches Unternehmertum, wie es sich im mittelalterlichen Mitteleuropa im Rahmen politisch-herrschaftsmäßiger Differenzierung zwischen König, Adel und Klerus in den rechtlich abgesicherten Städten in Form des Bürgertums herauszubilden begann, nicht entfalten.

Bobeks Überlegungen zum Rentenkapitalismus, die erstmals 1948 vorgetragen worden waren und in einem Aufsatz aus dem Jahre 1959 weiter ausformuliert wurden, haben in der Folge sowohl Zustimmung als auch Kritik erfahren. Zustimmung insofern, als damit eine ganze Reihe von wirtschaftlichen und gesellschaftlichen Spezifika im Vorderen Orient wie die verbreitete Verschuldung von Bauern und Handwerkern bei Kaufleuten und Geldhändlern, die Unterbewertung menschlicher Arbeitsleistung, fehlender Innovationsgeist usw. in einen überzeugenden Zusammenhang gebracht werden konnten. Kritik insofern, als der Begriff Rentenkapitalismus als wenig geeignet zur Beschreibung der infrage stehenden Phänomene angesehen wurde und Bobek sowohl eine Fehlinterpretation der »Renten« und des orientalischen Feudalsystems als auch ein falsches Verständnis von »Kapitalismus« vorgeworfen wurde. So machte Wirth deutlich, dass die Beziehungen zwischen Stadt und Land nicht so einseitig parasitär und ausbeuterisch sind wie in der klassischen Theorie des Rentenkapitalismus postuliert. Städte waren immer auch aktive Organisationszentren und impulsgebende Ausstrahlungszentren, beispielsweise im Handwerk, im städtischen Verlegertum für das ländliche Heimgewerbe usw. Solche Funktionen der Stadt waren nicht primär vom schmarotzerhaften Abschöpfen möglichst hoher Ertragsanteile geprägt, sondern ließen Aktivität, Weitblick und Organisationsvermögen erkennen und stellen das Stadt-Landverhältnis im Orient in ein anderes Licht.

Grundsätzliche Kritik wurde von einigen Autoren an Bobek´s Kapitalismusbegriff geübt. In dem Bobek letztlich die Produktionsverhältnisse ausblende und allein auf die »Wirtschaftsgesinnung«, das Erwerbsstreben und die Rationalität wirtschaftlichen Handelns blicke, werde sein Kapitalismusbegriff sehr umfassend und allgemein. Insbesondere seine Aussage, dass es »Kapitalismus im echten Sinne des Wortes« bereits seit 4000 Jahre gebe, steht in schroffem Widerspruch zu Max Weber, Werner Sombart oder Karl Marx, welche den Begriff im Kontext der Aufklärung bzw. ↗industriellen Revolution verwenden. Letztlich handelt es sich bei Bobek´s Rentenkapitalismus weniger um eine abgeschlossene und in sich konsistente Theorie, sondern eher um eine heuristische Modellvorstellung, die gewisse Phänomene des orientalischen Wirtschaftssystems und des orientalischen Gesellschaftssystems zu beleuchten vermag. [HG]

Literatur: [1] BOBEK, H. (1959): Die Hauptstufen der Gesellschafts- und Wirtschaftsentfaltung in geographischer Sicht. In: Die Erde, 90, S. 259–298. [2] BOBEK, H. (1974): Zum Konzept des Rentenkapitalismus. In: Tijdschrift voor Econ. En Soc. Geografie 65, Nr. 2. S. 73–78. [3] WIRTH, E. (1973): Die Beziehung der orientalisch-islamischen Stadt zum umgebenden Lande. Ein Beitrag zum Rentenkapitalismus. In: Geographie heute. Einheit und Vielfalt. Ernst Plewe zu seinem 65. Geburtstag von seinen Freunden und Schülern gewidmet. Wiesbaden. S. 323–333.

Rentier-Ökonomie, bezeichnet die politökonomische Grundlage von Rentier-Staaten, deren Wirtschaftssystem nicht auf der Herstellung von eigenen wirtschaftlichen Leistungen, sondern auf dem regelmäßigen Zufluss von Einkommen von außen (↗Renten) beruht. Unterschieden werden Rohstoffrenten (z. B. für Öllieferungen), Lagerenten (z. B. für die Kontrolle über strategisch wichtige Kanaldurchfahrten) und internationale Renten in Form von ↗Entwicklungszusammenarbeit. Kennzeichnend für Rentier-Ökonomien ist die Tatsache, dass die externen Einnahmen direkt dem ↗Staat zufließen. Sie werden von der Staatsführung und ihrem bürokratischen Apparat (↗Staatsklasse) in erheblichem Umfang zum Zwecke der Selbstprivilegierung und zur Stabilisierung der herrschenden Machtstrukturen (↗Macht) eingesetzt. Rentier-Ökonomien sind nicht primär auf eine nachhaltige wirtschaftliche und soziale Entwicklung ausgerichtet, sondern auf eine Absicherung der Rentenzuflüsse von außen und eine Kontrolle über die Rentenverteilung im Innern durch die amtierende Staatsführung und ihre Klientel. Die politökonomische Theorie der Rentier-Ökonomie bzw. des Rentier-Staates bietet Erklärungen für Entwicklungsblockaden vor allem in den Staaten des ↗Vorderen Orients. Sie unterscheidet sich von dem Konzept des ↗Rentenkapitalismus unter anderem durch die Berücksichtigung der Außenbeziehungen von Rentier-Staaten und durch die theoretische Konzeptualisierung der Akkumulations- und Distributionsmechanismen von Renten. [DM]

Rentierwirtschaft, extensive ↗Weidewirtschaft einheimischer Völker – Samen (Lappen), Nenzen u. a. – in der Waldtundra und ↗Tundra Nordeuropas und Sibiriens. Saisonale Wanderungen führen die Tiere im Sommer in die Tundra oder Höhentundra, im Winter in Schutz und Nahrung (Rentierflechte) bietende Wälder. Das Management der Herden ist teils hoch entwickelt (z. B. winterliche Überwachung mit Motorschlitten), teils noch traditionell und dann weitgehend auf Selbstversorgung ausgerichtet. Erschließungsmaßnahmen unterschiedlichster Art beeinträchtigen diese Wirtschaftsweise. In Nordeuropa ist die (halb-)nomadische Rentierwirtschaft mit staatlicher Hilfe überwiegend einer stationären Form gewichen. Versuche, die Rentierhaltung in Nordamerika einzuführen, misslangen wegen des Desinteresses der Inuit.

Rentnerstadt, *Pensionopolis, Alterssiedlung, Retirement Communities*, stadtähnliche Wohnsiedlungen in klimatisch begünstigter und landschaftlich reizvoller Lage für aus dem Berufsleben geschiedene Bevölkerungsgruppen. Kennzeichnend für Rentnerstädte ist ihre speziell für die ältere Bevölkerung abgestimmte Infrastruktur und Architektur. Die Staaten des »Sunbelt« von Kalifornien bis Florida sind mit der Möglichkeit zum Wohnen im eigenen oder gemieteten Wohnwagen im Umland größerer und kleinerer Städte bis hin zu Alterssiedlungen der Luxusklasse auf die Rentner aller Einkommensklassen eingestellt. Alterssiedlungen stellen eine besondere Wohn- und Lebensform dar: Im Gegensatz zu Altenheimen für jene, die sich nicht mehr eigenständig versorgen können, zieht man häufig direkt nach dem Ausscheiden aus dem Erwerbsleben in die Alterssiedlungen. Zugangsvoraussetzung ist lediglich das Alter (ab 55 oder 60 Jahren) und der Status als kinderloser Haushalt. Gute Infrastruktur, die schnelle Hilfe in Notfällen, und das soziale Miteinander sind Faktoren, sich für die Wohnform in einer Alterssiedlung zu entscheiden. Dabei ist die ganze Bandbreite der Lebensformen einer alternden Bevölkerung möglich, das betreute Wohnen und die Versorgung im Pflegefall ebenso wie das Verbleiben in Selbstkompetenz. [RS]

Replikation, die Wiederholung einer Untersuchung zur Überprüfung der Ergebnisse, häufig durch andere Forscher.

Repräsentativität, Eigenschaft von ↗Stichproben, die Struktur einer ↗Grundgesamtheit, der die Stichprobe entnommen wurde, angemessen abzubilden. Schlüsse von der Stichprobe auf die Gesamtheit setzen eigentlich eine Zufallsauswahl voraus, bei der jedes Element der Gesamtheit eine gleiche Chance hat, in die Auswahl zu kommen, und bei der sich der Stichprobenfehler bestimmen lässt.

Reproduktion, 1) *Biologie*: Erzeugung von Nachkommen (↗Reproduktionsstrategie). 2) *Stadtgeographie*: bezieht sich i. w. S. auf die Art und Weise, wie die Gesellschaft den Stadtraum umwandelt und neu gestaltet. Dabei reproduziert jede Epoche, jedes Gesellschaftssystem oder jede Form des Kapitalismus (↗Regulationstheorie) den Stadtraum oder städtische Teilräume unterschiedlich. Reproduktion kann i. e. S. als Restauration und ↗erhaltende Stadterneuerung verstanden werden. Diese hat das Ziel, historische, schützenswerte Baustruktur zu erhalten. Wichtige Grund- und Aufrisselemente werden beibehalten und anstelle von Neubaumaßnahmen wird die vorhandene Bausubstanz nach Möglichkeit instand gesetzt, restauriert und modernisiert. In Einzelfällen werden ganze historische Stadtviertel nach Verfall oder Zerstörung völlig neu nach historischen Bildern reproduziert (z. B. Altstadt von Danzig). [RS]

Reproduktionsstrategie, unterschiedliche Organisationstypen von Organismen (Arten) in Bezug auf ihre relative energetische Investition in Nachkommenzahl und Überleben. Als r-Strategen werden Arten bezeichnet, die sehr viele Nachkommen mit geringerem Körpergewicht und kürzerer Lebensdauer produzieren und damit hohe Sterblichkeit ausgleichen, als K-Strategen Arten, die relativ konstante Populationsgrößen durch langsame Entwicklung und lange Lebensdauer erhalten. Die r-Strategen scheinen unter Verhältnissen mit nicht begrenzten Ressourcen besonders erfolgreich zu sein, K-Strategen unter begrenzten Ressourcen und hoher ↗Konkurrenz. Die meisten Arten sind in einem r-K-Kontinuum einzuordnen. ↗Strategie.

Reptation, kriechende, oft ruckartige, ↗äolische Vorwärtsbewegung von ↗Sandkörnern auf der Boden- oder Dünenoberfläche. Die nötige Bewegungsenergie stammt von in ↗Saltation transportierten, kleineren Sandkörnern und wird durch deren fortwährenden Aufprall auf die liegenden Körner übertragen, die für den Saltationstransport zu groß bzw. zu schwer sind. Ein entscheidender, aber bisher vernachlässigter Faktor ist der Einfluss elektrostatischer Kräfte auf die Reptation, da durch die fortwährenden Korn-Korn-Kontakte mittels Reibung elektrostatische Aufladung entsteht. Sie kann das Weiterrücken der reptierenden Körner trotz aufprallender saltierender Körner verhindern, sodass die groben Körner Zitterbewegungen von mehreren Millimetern Amplitude und sogar dem Wind entgegen gerichtete Bewegungen ausführen können. Bei plötzlicher Um- oder Entladung, insbesondere nach dem Ende von Windböen, kommt es infolge plötzlich auftretender gleichnamiger Ladungen zum Vorwärtsschießen der Reptationsfracht, wobei selbst Grobsand- und Feinkieskörner Sprünge von mehreren Zentimetern ausführen können. Der Schwellenwert zwischen den Korngrößen, die gerade noch durch Saltation oder aber nur durch Reptation transportiert werden können, hängt von der jeweiligen Windgeschwindigkeit und Böigkeit und der somit vorhandenen bzw. durch Impakt übertragbaren Transportenergie ab. Die Differenzierung des Materials nach Korngrößen in Saltations- und Reptationsfracht führt zu einer Zweigipfeligkeit (Bimodalität) bei der ↗Korngrößenverteilung äolischer Sedimente. ↗äolischer Sandtransport. [IS]

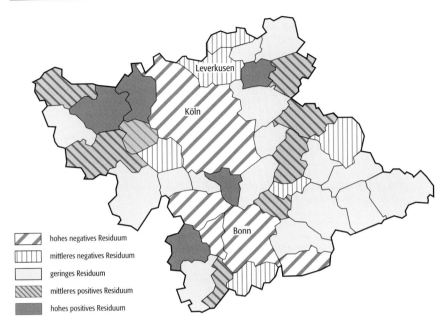

Residuenanalyse: Residuen der Regression: Personen pro Privathaushalt in Abhängigkeit vom Anteil der Erwerbstätigen im primären Sektor für die Gemeinden des Regierungsbezirks Köln

Reptilien, *Reptilia*, aus den Amphibien entstandene Klasse der Wirbeltiere mit Blütezeit im ↗Mesozoikum. Die ältesten Reptilien sind die Cotylosauria (↗Karbon bis ↗Trias) und die Pelycosauria (Karbon bis ↗Perm), die Stammgruppe der Säugetiere, an die sich die ↗Sauropterygier (Trias bis ↗Kreide), die Mesosauria (Perm) und die Theromorpha (Perm bis Trias) anschließen. Ende der Kreide sterben die meisten der in der Trias entstandenen Ordnungen aus (↗Ichthyosaurier, Saurischia, Ornithischia und ↗Pterosaurier). Die Saurischia und Ornithischia bilden die Gruppe der ↗Dinosaurier, die die größten Vertreter unter den landbewohnenden Wirbeltieren stellten.

Resequenz ↗konsequente Flüsse.

Residenzstadt, administrative Zentren zur Zeit des Absolutismus (↗absolutistische Stadt). Sie entstanden entweder als durchgeplante Neugründungen oder durch den Ausbau bereits bestehender Städte. Charakteristisch für diese prunkvollen, repräsentativen Städte ist die geometrische Ausrichtung des Stadtgrundrisses auf ein Schloss.

Residuenanalyse, Verfahren, in dem die Residuen einer ↗Regressionsanalyse auf Regelhaftigkeiten in ihrer Verteilung untersucht werden (Abb.). Die Residuenanalyse hat verschiedene Ziele: a) statistisches Ziel (Überprüfung, ob die Residuen den Bedingungen zur Durchführung einer Regressionsanalyse (z. B. stochastische Unabhängigkeit) genügen); b) fachinhaltliches (geographisches) Ziel (Ermittlung und Darstellung struktureller Regelhaftigkeiten der Residuen (z. B. räumliche Verbreitung) oder Erlangung von Hinweisen durch die Residuenstruktur auf weitere Variablen, die eine zusätzliche Erklärung der Variation der untersuchten unabhängigen Variablen zu geben vermögen. Das Einbeziehen dieser »neuen« Variablen kann das Regressionsmodell verbessern.)

Residuum ↗Regressionsanalyse.

Resistenz, kennzeichnet als Stabilitätstyp (↗Stabilität) die auf der Grundlage der Mutation und Selektion entwickelte Widerstandsfähigkeit von Organismen, Biozönosen oder Ökosystemen gegenüber Störfaktoren, beispielsweise gegenüber Schadstoffen oder Parasiten. Schadorganismen können ihrerseits resistent gegenüber den Abwehrmechanismen ihrer Wirtsorganismen oder künstlichen Bekämpfungsmitteln werden. Auf physiologischer Ebene bedeutet Resistenz eine verstärkte enzymatische Ab- oder Umbaufähigkeit, erhöhte Exkretionsfähigkeit oder Inaktivierung des Schadstoffes durch Einlagerung in bzw. Anlagerung an Moleküle. In ↗Ökosystemen spielen die verschiedenen Puffersysteme des Bodens eine entscheidende Rolle für deren Resistenz und Belastbarkeit.

Resistenzstufe, Geländeform, zusammengesetzt aus Stufenfläche, -kante und -böschung. Sie entsteht bei weitgehend horizontaler Lagerung von Schichtenfolgen unterschiedlicher Widerständigkeit gegenüber Verwitterung und Abtragung, d. h. vorwiegend in Sedimentgesteinen, aber auch in Flutbasalten.

resolution, Maß für die Genauigkeit der Messung räumlicher, spektraler oder temporaler Variation, insbesondere bei Daten der ↗Fernerkundung. ↗Auflösung.

Respiration ↗Dissimilation.

Ressource, 1) *Allgemein*: Hilfsmittel, Reserve, Geldmittel. 2) *Sozialgeographie*: ↗allokative Ressourcen und ↗autoritative Ressourcen. 3) *Zoogeographie*: biotische (Nahrung, Wirt, Fortpflanzungspartner) oder abiotische Lebensgrundlage (Raum, Licht, Wasser, Untergrund) für einen Organismus. Die Gesamtheit der benötigten Res-

Ressource: Klassifikation der Ressourcentypen basierend auf der Verfügbarkeit in der Zeit und im Raum; L = Level, d. h. Niveau von Ressourcen, das zur Fortpflanzung nötig ist.

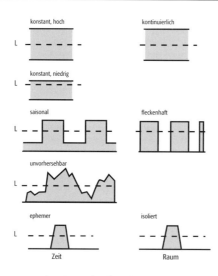

sourcen bestimmt die ↗Nische einer Art. Die begrenzte Verfügbarkeit einer oder mehrerer Ressourcen ist die Grundlage für ↗Konkurrenz. Die Verfügbarkeit von Ressourcen in der Zeit und im Raum lässt sich in Kategorien wie konstant, saisonal, unvorhersehbar, kurzfristig verfügbar bzw. fleckenhaft, isoliert und kontinuierlich einteilen (Abb.), die aber erst durch Skalierung mit der Generationszeit und Futtersuchezeit der betrachteten Art relevant werden.

Ressourcenmanagement, Wahrnehmung sachbezogener Führungs-, Leitungs- und Verwaltungsaufgaben sowie personenbezogener Aufgaben in Hinblick auf einen ökonomisch, ökologisch und sozial nachhaltigen Umgang mit knappen Ressourcen. Ziel des Ressourcenmanagements im Rahmen von Entwicklungsprojekten ist es, durch eine Anpassung regionaler Landnutzungssysteme an die natürlichen Rahmenbedingungen eine nachhaltige Existenzsicherung der Bevölkerung zu erreichen. ↗Nachhaltigkeit.

Restriktionsflächen, auch als ↗Vorranggebiete bezeichnete Flächen, denen eine vorrangige Nutzung zugesprochen wird. Restriktionsflächen werden in regionalen Raumordnungsplänen festgehalten. Schließen sich unterschiedliche Nutzungen nicht aus (z. B. Wald und Erholung), so können auf einer Fläche mehrere Nutzungen zugelassen werden. Gegensätzliche Nutzungen sind dann auf einer Fläche zulässig, wenn eine Nutzungsart der anderen vorausgeht. Arten (und Ziele) verschiedener Restriktionsflächen sind: Regionale Grünzüge (generelles Besiedelungsverbot, Erholungsfunktion), Abbauflächen für oberflächennahe Lagerstätten, Vorranggebiete für Landwirtschaft (Schutz landwirtschaftlich wertvoller Böden oder Existenzsicherung landwirtschaftlicher Betriebe), Wald (Holzproduktion, Schutz- und Erholungsfunktion) oder Fremdenverkehr.

Retentionsraum, Gebiet, in dem zeitweilig ein Wasser- oder Stoffrückhalt durch natürliche Gegebenheiten oder künstliche Baumaßnahmen erfolgen kann. Natürliche Überschwemmungsgebiete, zu denen neben dem Gewässernetz und den ↗Auen der Speicherraum im Boden- und Grundwasserkörper zählt, sind in der heutigen Kulturlandschaft meistens durch den erfolgten ↗Gewässerausbau und umfangreiche Flächenversiegelungen von dem ↗Fließgewässer abgeschnitten und daher stark dezimiert. Reduzierte Rückhalteräume führen zu erhöhten Abflussganglinien und einem häufigeren Auftreten dieser Abflüsse. Sind dagegen genügend Gebiete vorhanden, die nach dem Ausufern von Gewässern überschwemmt werden können, wird der ↗Abfluss zurückgehalten. Das Wasservolumen gelangt mit einem geringeren Maximalwert und einer zeitlichen Verzögerung zum Abfluss, sodass Hochwasserabflussspitzen gedämpft werden. Retentionsräume können neben der natürlichen Flutung künstlich und somit gesteuert geflutet werden. [II]

retrograde Zyklone [von lat. retrogradus = rückwärtsgehend], ein zeitweilig in Ost-Westrichtung wanderndes ↗Tiefdruckgebiet. Es wird als rückwärtsgehend angesprochen, da es entgegen der generellen, west-östlichen Bewegungsrichtung der ↗außertropischen Zyklonen gerichtet ist. Retrograde Zyklonen treten in Verbindung mit langen Wellen und darin eingelagerten hoch reichenden Hoch- und Tiefdruckgebieten auf. Die Verlagerung nach Westen erfolgt oft sprunghaft und wird durch ↗barokline Wellen ausgelöst, die den langen Wellen an der polwärtigen Seite der hoch reichenden Tiefdruckgebiete überlagert sind.

Reurbanisierung, Phase der Stadtentwicklung (↗Stadtentwicklungsmodell), in der die ↗Kernstadt eine relativ günstigere Bevölkerungsveränderung als der suburbane Raum verzeichnet. Notwendige Voraussetzungen sind allerdings Maßnahmen der Kommunalpolitik wie z. B. die Kooperation von Verwaltung, Unternehmen und Forschungseinrichtungen zur Verbesserung des städtischen Images, des ↗Städtebaus, der Wohn- und Verkehrsbedingungen und vor allem auch zur Beschleunigung des wirtschaftlichen Strukturwandels. Die erhöhte Attraktivität von zentral gelegenen Standorten in den Kernstädten kann zur Zuwanderung bestimmter Bevölkerungsgruppen führen und damit den Prozess der ↗Gentrification einleiten (↗Bevölkerungskonzentration).

reversible Prozesse, Zustandsänderungen in thermodynamischen Systemen, die ohne äußere Energiezufuhr vollständig umkehrbar sind. Reversible Prozesse sind besonders für geschlossene thermodynamische Systeme charakteristisch. In der ↗Atmosphäre sind die in ↗adiabatischen Prozessen ablaufenden trockenadiabatischen ↗Zustandsänderungen reversibel.

Revitalisierung, wird in der ↗Limnologie für alle technischen, baulichen und administrativen Maßnahmen verwendet, die zur Sanierung vorwiegend von Seen aber auch von Fließgewässern angewendet werden. Beispiele sind Belüftungen oder Fällungen aber auch die Anlage von Ringleitungen und Klärwerken. ↗Fließgewässerrevitalisierung.

Revolution, Bezeichnung für raum-zeitlich abgrenzbare, tief greifende Veränderungen und Umgestaltungen der Wirtschaft (z. B. ↗industrielle Revolution), der ↗Wissenschaft (z. B. Paradigmenwechsel), der Kunst und ↗Kultur (z. B. Kulturrevolution) sowie der gesellschaftlichen ↗Struktur und der politischen Organisation (↗Aufstand).

Reynolds-Zahl, *Re*, von O. Reynolds hergeleitete dimensionslose Maßzahl zur Bestimmung der ↗Turbulenz in Strömungen. Die Reynolds-Zahl beschreibt das Verhältnis von Trägheitskraft zu Reibungskraft nach der Formel:

$$\mathrm{Re} = \frac{\varrho L v}{\eta}$$

mit ϱ = Luftdichte [kg/m³], L = Strömungsdurchmesser [m], v = Geschwindigkeit [m/s] und η = ↗dynamische Viskosität [kg/(m · s)]. Bei Überschreitung der kritischen Reynolds-Zahl Re_k = 6000 wird eine laminare Strömung turbulent. Wegen der großen Querschnitte sind atmosphärische Strömungen fast immer turbulent.

rezente Böden, treten an der heutigen Landoberfläche auf und wurden im gesamten Holozän oder einem jüngeren Abschnitt gebildet. Ihre Bildung verlief im Rahmen der genetischen Sequenz harmonisch und hält bis heute an. Unterbrechungen der genetischen Sequenz durch starke Klimaänderungen oder Änderungen im Landschaftswasserhaushalt führten dagegen zur Bildung von ↗reliktischen Böden.

Rezession, Phase im ↗Konjunkturzyklus.

RGB-System ↗Farbmischung.

RGW, (engl. COMECON), <u>Rat für gegenseitige Wirtschaftshilfe</u>, der am 25.1.1949 durch Albanien, Bulgarien, CSSR, Polen, Rumänien, UdSSR und Ungarn in Moskau gegründet wurde. Hinzu traten später die ehemalige DDR (1950), die Mongolei (1962), Kuba (1972) und Vietnam (1978). Der RGW sollte ein Gegengewicht zum Integrationsprozess in Westeuropa bilden (OEEC/↗OECD). Gemeinsame Ziele der RGW-Länder waren die wirtschaftliche Integration und die Angleichung der Entwicklungsniveaus. Zur Zielerreichung wird die Koordinierung der Wirtschaftspläne und die Kooperation der Produktionsbetriebe vorgenommen. Damit ging die Schaffung weiterer multilateraler Organisationen einher. Sie hatten den Intrablockhandel zu kontrollieren, die nationalen ↗Produktionssysteme aneinander zu koppeln und die Investitionstätigkeit aufeinander abzustimmen. Der RGW wurde nach dem Zusammenbruch der sozialistischen Systeme am 28.6.1991 aufgelöst. [MP]

Rhät, *Rät*, der oberste Abschnitt der ↗Trias (siehe Beilage »Geologische Zeittafel«). Der Name leitet sich von den Rhätischen Alpen ab.

Rhenoherzynikum, neben ↗Moldanubikum und ↗Saxothuringikum eine der geotektonischen Einheiten der ↗variskischen Gebirgsbildung, zwischen Süd-England und Polnischem Mittelgebirge gelegen, heute in den Ardennen, im Rheinischen Schiefergebirge, Harz etc. repräsentiert. Das Rhenoherzynikum beinhaltet außerordentlich mächtige sedimentäre Gesteinskomplexe von v. a. mittelpaläozoischem Alter (↗Devon und Unterkarbon) mit vulkanitischen Einschaltungen. Seine Gesteinsserien wurden im oder am Ende des Unterkarbons verfaltet (bretonische bzw. sudetische »Faltungsphasen«).

Rhexistasie ↗Biostasie.

Rhithral ↗Fischregionen.

Rhizom, *Erdspross*, *Wurzelstock*, unter der Erdoberfläche wachsende Sprossachse, die zur Nährstoffspeicherung und Überdauerung dient (= Rhizomgeophyten). ↗Wurzelsystem.

Rhizopoden, *Rhizopoda*, *Sarcodina*, *Wurzelfüßer*, bilden eine Klasse im Unterreich der einzelligen Protozoen. Sie bestehen aus einem plasmatischen Zellleib, der von der Zellwand umschlossen ist und mindestens einem Zellkern. Charakteristisch ist die Fähigkeit zur Ausbildung von Pseudopodien (Scheinfüßchen), die zur Fortbewegung und Nahrungsaufnahme dienen. Sie entstehen als cytoplasmatische Fortsätze oder Ausstülpungen und können jederzeit wieder eingezogen werden. Die Ernährung erfolgt heterotroph, d. h. das Vorhandensein von organischem Material ist lebensnotwendig. Ihr Lebensraum ist Wasser bzw. wässrige Systeme. Zur Klasse der Rhizopoda gehören z. B. die Amöben (Wechseltierchen) sowie die ↗Foraminiferen und die ↗Radiolarien.

Rhizosphäre, der durchwurzelte Bodenraum mit seiner eigenständigen ↗Biozönose. ↗Wurzelsystem.

R-Horizont, anthropogener, über 40 cm mächtiger mineralischer Mischhorizont des ↗Hortisols, ↗Rigosols und ↗Tiefumbruchbodens, der durch unregelmäßige, tiefgründige Bodenbearbeitung entstand. Durch Tiefpflügen oder Durchreißen (Rigolen) des Bodens wird einer ↗Bodenverdichtung entgegengewirkt und es werden organische Substanz, sandige Decksedimente und Nährstoffe in den tieferen Wurzelraum eingetragen. Geringmächtige Auflagen aus Hoch- oder Niedermoortorf und Flusssand werden mit dem unterlagernden Mineralboden vermischt.

Rhyolith, Gruppe von vulkanischen Gesteinen, meist porphyritisch mit Fließtextur und großen Kristallen von ↗Quarz und Alkalifeldspat (besonders Orthoklas) in einer glasigen bis kryptokristallinen Grundmasse; chemisch das vulkanische Äquivalent zum ↗Granit. Rhyolith entwickelt sich bei abnehmendem Alkalifeldspatgehalt zu Rhyodacit und mit abnehmendem Quarzgehalt zu ↗Trachyt. ↗Streckeisen-Diagramm.

Ria, ertrunkene Flussmündung durch glazialeustatischen Meeresspiegelanstieg. Dabei entstehen je nach Taltyp schmale oder breitere, eher senkrecht zur ↗Küste verlaufende Buchten. Durch eine ↗Nehrung abgeschlossen werden Rias zu ↗Limanen. Auch ↗Calanquen können aus kleinen Rias hervorgehen. Unverzweigte Talbuchten werden auch monofluviale, verzweigte polyfluviale Rias genannt. In Westfrankreich, Südwestengland und Südirland, den östlichen USA oder Ost-Australien (Abb.) sind Riasvorkommen verbreitet.

Ria: Stark verzweigte Rias (Küste östliches Australien).

Richardson-Zahl, *Ri*, von L. F. Richardson 1920 entwickeltes atmosphärisches Stabilitäts- und Turbulenzindikationsmaß. Die dimensionslose Richardson-Zahl *Ri* beschreibt für eine definierte vertikale Atmosphärenschicht Δz [m] das Zahlenverhältnis von thermischen Auftriebskräften zu mechanischen Scherkräften des Windes nach allgemeiner Form:

$$Ri = \frac{g}{\Theta_v} \frac{\dfrac{\Delta \Theta_v}{\Delta z}}{\left(\dfrac{\Delta u}{\Delta z}\right)^2 + \left(\dfrac{\Delta v}{\Delta z}\right)^2}$$

mit g = Fallbeschleunigung [m/s²], Θ_v = virtuelle ↗ potenzielle Temperatur [K], u [m/s] und v [m/s] = meridionale und zonale Windgeschwindigkeitsvektoren. Bei Überschreitung der kritischen Richardson-Zahl Ri_k = 0,25 wird eine turbulente Strömung laminar. Bei Ri_k < 0 ist die Schichtung thermisch labil. Richardson-Zahlen > Ri_k treten insbesondere in Kaltluftströmen und während der Nacht auf, während negative Richardson-Zahlen besonders während der Tagstunden beobachtet werden. [DD]

Richter, *Eduard*, österreichischer Geograph, geb. 3.10.1847 Mannersdorf am Leithagebirge, gest. 6.2.1905 Graz. Nach einem Geschichtsstudium in Wien war Richter 1871–1886 zunächst Lehrer, seit 1886 Professor für ↗ Geographie in Graz. Seine Hauptforschungsgebiete waren die Gletscher- und Alpenseenforschung, die Geomorphologie und die historische Geographie. Unter seinen Zeitgenossen galt Richter als einer der besten Kenner des Alpengebiets. Zu seinen Hauptwerken zählen: »Die Gletscher der Ostalpen« (1888), »Urkunden zur Geschichte des Vernagt- und Gurglergletschers« (1892), »Lehrbuch der Geographie« (1893), »Atlas der österreichischen Alpenseen« (1896), »Seestudien« (1897), »Die Erschließung der Ostalpen« (3 Bde. 1892–1897), »Geomorphologische Untersuchungen in den Hochalpen« (1900) und »Historischer Atlas der österreichischen Alpenländer« (1906).

Richter-Skala ↗ Erdbeben

Richthofen, *Ferdinand*, Freiherr von, deutscher Geograph und Geologe, geb. 5.5.1833 Carlsruhe/Oberschlesien, gest. 6.10.1905 Berlin. Er studierte in Breslau und Berlin Naturwissenschaften und promovierte 1856 in Berlin mit einer Arbeit über das Gestein Melaphyr. Als Mitglied der Wiener Geologischen Reichsanstalt arbeitete er zunächst in den Alpen und Karpaten. Seit 1860 hielt sich Richthofen insgesamt 12 Jahre in Übersee auf. Insbesondere durch seine 1868–1872 in China durchgeführte Forschungsreise (»China, Ergebnisse eigener Reisen«, 5 Bde, 1877–1912; 2 Atlanten 1885/1912) wurde er weltberühmt. Die Ergebnisse seiner Kohleprospektion in der Provinz Schantung führten u. a. dazu, dass Kiautschou deutsches Schutzgebiet wurde. Seit 1875 war er Professor in Bonn, seit 1883 in Leipzig, 1886 wurde er als der damals berühmteste Geograph an die Berliner Universität berufen, wo er der Geographie an der Hochschule und im öffentlichen Leben eine breite Resonanz verschaffte. Durch seine gut ausgebildete und selbst nach seinem Tode noch eng kooperierende Schule ist Richthofen zur Gallionsfigur einer im wesentlichen auf der geomorphologischen Forschungsarbeit beruhenden, naturwissenschaftlich beeinflussten Geographie geworden. Seine methodologischen Auffassungen (z. B. »Aufgaben und Methoden der heutigen Geographie«, 1883) und seine Beobachtungsanleitungen (z. B. »Führer für Forschungsreisende«, 1886) blieben bis weit in das 20. Jh. hinein wegweisend. [UW]

Richtungsbandbetrieb ↗ bedarfsorientierter Verkehr.

Richtwert, ↗ quantitativer Bewertungsmaßstab, der nicht rechtsverbindlich ist. Richtwerte werden jedoch auf der Basis wissenschaftlicher Erkenntnisse durch ein autorisiertes Gremium festgelegt. Als Richtwerte gelten z. B. im Bereich der Luftschadstoffbelastung die MIK-Werte (maximale Immissionskonzentrationen) und die MAK-Werte (maximale Arbeitsplatzkonzentrationen). Richtwerte helfen bei einer orientierenden Bewertung, der z. B. im Rahmen einer ↗ Umweltverträglichkeitsuntersuchung ermittelten Schadstoffgehalte in den verschiedenen Umweltmedien. ↗ Grenzwerte, ↗ Orientierungswerte.

Riedel, niedrige, rückenartige ↗ Vollform mit mehr oder weniger deutlichem Längsgefälle als Zerschneidungsform von Terrassenflächen, Fußflächen und Hängen.

Riegel, 1) Begriff aus der Morphographie: gestreckte ↗ Vollform. 2) Felsberge glazial geprägter Täler (↗ glaziale Talformen), die durch ungleichmäßigen Tiefenschurf entstanden sind oder herauspräparierte harte Gesteinspartien darstellen. Sie entstanden häufig an Talstufen von Trogtälern. 3) bei der Bildung antezedenter oder epigenetischer Täler zerschnittene und nachträglich zu lang gestreckten Rücken herauspräparierte harte Gesteinspartien.

Rieselfeld, Acker- oder Wiesenfläche mit sickerfähigem Boden, auf die ↗ Abwasser aus Siedlungen zwecks Filterung und Abbau von Schmutzstoffen sowie zur ↗ Düngung geleitet wird. Technisch erfolgt dies durch Rohrleitungen und Gräben, aus denen das Abwasser zur Überstauung oder Berieselung entnommen wird. Diese Art der biologischen Abwasserreinigung ging auf einen Vorschlag für die Entsorgung der Abwässer Londons zurück und wurde in der 2. Hälfte des 19. Jh. auch für einige deutsche Städte (darunter Berlin, Münster) verwirklicht, ohne sich allgemein durchzusetzen. Sie wurde nach 1960 wieder aufgegeben, weil die Abwassermengen immer mehr anstiegen, schwer oder nicht abbaubare Stoffe (z. B. Schwermetalle) enthielten und toxische Boden- oder Grundwasserbelastungen verursachten. Auch hygienische Gefahren und Geruchsbelästigungen traten auf. Da überstaute, an Nährstoffen und Kleintieren reiche Rieselfelder sich als gesuchte Vogelbiotope und Zugvogelrastplätze erwiesen, haben sie z. T. hohen Naturschutzwert erlangt, der aber die Fortführung der Abwasserausbringung voraussetzt. [WHA]

Richthofen, *Ferdinand*, Freiherr von

Riff, allgemein und in der Seefahrt eine Untiefe, im geomorphologischen und ökologischen Sinne eine (oft durch Organismen wie Korallen) aufgebaute Struktur, die die physikalischen Bedingungen wie Wasserbewegung oder Lichtverhältnisse und damit auch die ökologischen Eigenheiten ihrer Umgebung nachhaltig beeinflusst und lange genug stabil ist, um eine Anpassung ihrer spezifischen Bewohner zu gewährleisten (↗Bioherm). Normalerweise reicht ein Riff bis nahe an die Meeresoberfläche und kann damit für die Schifffahrt ein Hindernis bilden.

Rift [engl. = Spalte, Riss], geomorphologisch eine enge Spalte, ein schmaler Bruch oder eine klaffende Stelle in einem Felsen. In der ↗Plattentektonik bezeichnet die Riftbildung (Rifting) den beginnenden Zerfall einer kontinentalen Platte und ist mit vulkanischer Aktivität verbunden.

Rigosol, ↗Bodentyp der ↗Deutschen Bodensystematik der Abteilung ↗Terrestrische Böden und der Klasse Terrestrische ↗Kultosole; Profil: R-Ap/(Ah-)R/C oder R/C; ↗FAO-Bodenklassifikation: Aric ↗Anthrosol, wenn R >5 dm. Die Bildung des ↗R-Horizonts geschieht durch 4 bis über 10 dm tiefes Rigolen (tief pflügen oder umgraben), das alle 20 bis 40 Jahre in Weinbergen durchgeführt wird. Dieses führt zu einer Vermischung von Gesteinsschutt mit aufgetragenen Mergeln und organischen Düngern. Daneben werden Rigosole in ↗Auen durch tiefgründiges Einmischen von Sandauflandungen gebildet. Dieses führt zur Strukturverbesserung der oft tonreichen Auenlehme und damit zu einem günstigeren Wasser- und Lufthaushalt.

Rillenkarren ↗Karren.
riming ↗Koagulation.
Ringmodell ↗*konzentrisches Ringmodell*.
Rinnenkarren ↗Karren.
Rinnensee, ein lang gestreckter, meist tiefer See im Aufschüttungsbereich ehemals vergletscherter Gebiete, der durch subglaziale Schmelzwassererosion entstanden ist. Rinnenseen sind ein charakteristisches Formelement vieler ↗Tunneltäler.

Rippelfleck, Deflationsstadium eines ovalen bis lang gestreckt-elliptischen, flachen ↗Sandflecks. Volumen und Höhe des Sandflecks haben durch fortgeschrittenen ↗äolischen Austrag feiner Korngrößen aus den ↗Rippeltälern so stark abgenommen, dass der Untergrund zwischen den ↗Rippelkämmen sichtbar wird. Die Rippelkämme sind durch die ↗Deflation stark verarmt und bestehen nur noch aus den gröbsten Korngrößen. Am Luvbeginn eines Rippelflecks, wo die stärkste Auswehung durch den noch sanduntersättigten auftreffenden Wind herrscht, bildet sich i. d. R. ein markanter ↗Deflationswall aus besonders groben Korngrößen. ↗Windrippeln.

Rippelindex, Verhältnis von Rippelwellenlänge, gemessen vom Luvbeginn des einen bis zum Luvbeginn des nächstfolgenden Rippels, zur Rippelhöhe, gemessen vom Rippeltal bis zum Rippelkamm. Der Rippelindex in der Sedimentologie ist ein quantitatives Maß zur Beschreibung von ↗Rippeln, um damit Aussagen über Sedimentationsmilieu und Strömungsgeschwindigkeit sowie die Ansprache besonders von fossilen Rippeln als Strömungs-, Wellen- und Windrippeln zu ermöglichen. Neben Höhe und Wellenlänge wurden zahlreiche weitere Parameter wie Gestrecktheit, Parallelität, Kurvatur, etc. von Rippeln zur Indexbildung vorgeschlagen. Aufgrund der im realen Windfeld beobachtbaren Bildung komplexer, ↗polygenetischer Windrippeln, aber auch aufgrund der Differenzierung selbst einfacher ↗monogenetischer Windrippeln bei aktiver ↗Windstreifung erscheint der Sinn solcher Indices zumindest für die Ansprache äolischer Rippeln eher fraglich. [IS]

Rippelkamm, höchster Bereich bzw. Grat von ↗Rippeln; verläuft i. A. senkrecht zur Strömungsrichtung.

Rippeln, Rippelmarken, allg. durch ↗Strömung und ↗Akkumulation entstandene Kleinformen an Grenzflächen zwischen unterschiedlich beweglichen Substraten: a) zwischen Wasser und Boden- bzw. Sedimentoberfläche, b) zwischen Wind und Bodenoberfläche und c) zwischen Wind und Wasseroberfläche. Rippelmarken verlaufen transversal, quer zur vorherrschenden Strömungsrichtung. Dabei können lokale Unterschiede in Neigung und Mikrorelief zur deutlichen Abweichungen der resultierenden Strömungsrichtung und damit auch der Rippelkammrichtung führen. Die größten Korndurchmesser bei Rippeln finden sich jeweils am Kamm. Asymmetrische Rippeln weisen auf eine gerichtete Strömung durch Wind oder Wasser und haben flache Luv- und steile Leeseiten. Symmetrische Rippeln mit gleichmäßiger Neigung von Luv- und Leeseite dagegen weisen auf oszillierende Wasserbewegung, z. B. im Tidalbereich. Die Größenordnung von Rippeln liegt bei Kammhöhen von wenigen Millimetern bis Zentimetern, bei äolischen Rippeln (↗Windrippeln) bis zu wenigen Dezimetern; die Rippelwellenlänge beträgt wenige Zentimeter bis Dezimeter, bei äolischen Rippeln im Extremfall bis zu 2–3 m. [IS]

Rippeltal, tiefster Bereich bzw. Senke zwischen zwei ↗Rippeln; verläuft i. A. senkrecht zur Strömungsrichtung.

Rippelwellenlänge, Abstand zweier ↗Rippelkämme gleicher Ordnung, oder auch die Entfernung vom Luvbeginn bis zum Lee-Ende eines ↗Rippels. Die Rippelwellenlänge ist ein Maß für die herrschende Strömungsgeschwindigkeit und wird zur Berechnung des ↗Rippelindex verwendet.

RIS, *Rauminformationssystem*, ↗GIS.

Risikogesellschaft, modernisierungstheoretisch begründete Diagnose der Gesellschaft am Ende des 20. Jh. Die besonders vom Soziologen Ulrich Beck vorgetragene Position beruht auf der Annahme, dass die gesellschaftliche Entwicklung im 20. Jh. zur Lösung ihrer grundlegenden ↗Konflikte, die sich besonders in der ungleichen Besitz- und Einkommensverteilung ansprechen lassen (↗Verteilungsgerechtigkeit), neue Probleme erzeugt hat. Diese Risiken sind besonders an den Gefahren der Umweltverschmutzung (↗Umweltbelastung), der nuklearen Verseuchung und der starken Zunahme und extremen Beschleunigungen der Mobilitätsprozesse erkennbar. Derartige Risiken erzeugen neuartige Formen der Betroffenheit, neue Artikulationsformen von Interessen (↗Zivilgesellschaft) und neue Politikziele. Insgesamt wird der in der »ersten« ↗Moderne vorherrschende Fortschrittsoptimismus in der »zweiten« Moderne, d.h. in der Risikogesellschaft, abgelöst durch technikskeptische und auf vergleichsweise kurzfristige Befriedigung der Bedürfnisse abzielende Strategien überlagert und abgelöst. [JO]

Riß-Eiszeit, *Riß-Kaltzeit*, nach einem rechten Nebenfluss der Donau benannte Kälteperiode der pleistozänen Vereisungsperiode (↗Pleistozän), entspricht der Saale-Eiszeit in der norddt. Gliederung.

Ritter, *Carl*, deutscher Pädagoge, Historiker und Geograph, geb. 7.8.1779 Quedlinburg, gest. 28.9.1859 Berlin. Nach seinem Studium der Kameralwissenschaften in Halle (1796–1798), das ihm der Frankfurter Bankier Joh. Jacob Bethmann-Hollweg ermöglichte, wurde Ritter Erzieher im Hause Bethmann-Hollweg in Frankfurt/M. Während dieser Zeit (1798–1813) unternahm er Reisen in die Schweiz und nach Italien, auf denen er (1807, 1809, 1811 und 1812) Pestalozzi in Iferten aufsuchte. Dabei erkannte er die Verwandtschaft seiner eigenen methodischen Überlegungen mit Pestalozzis Lehrmethoden. Schon vor dieser Reise verfasste Ritter die letztlich unvollendet gebliebene zweibändige Darstellung »Europa« sowie »Sechs Karten von Europa mit erklärendem Text« (1804/06). Mit der schon früher publizierten »Tafel der Culturgewächse von Europa, geographisch nach Climaten dargestellt« hatte er bereits die erst 13 Jahre später von ↗Humboldt errechneten Isothermen vorweggenommen. 1813 bis 1819 begleitete Ritter seine Zöglinge an die Universität Göttingen. Hier verfasste er den ersten Entwurf seines Hauptwerkes »Die Erdkunde im Verhältnis zur Natur und Geschichte des Menschen« (1817/18), das ihm 1820 den Ruf als a.o. Professor für militärische Statistik an die Allgemeine Kriegsschule und die Friedrich-Wilhelms-Universität in Berlin einbrachte. 1825 wurde er dann zum Ordinarius für »Länder und Völkerkunde und Geschichte« ernannt. Während der Berliner Zeit leitete er als Vorsitzender von 1828 bis 1859 die Geschicke der dortigen Gesellschaft für Erdkunde. Die Frage, was Ritter mit seiner »Erdkunde« wollte, was sie Neues brachte, ist in der Literatur umstritten. Einigkeit besteht darüber, dass er bestrebt war die ↗Geographie als selbstständiges Fach innerhalb der Wissenschaften zu begründen. Das später mehrfach überarbeitete und ergänzte Werk wuchs schließlich auf 21 Bände an, ohne je vollendet zu werden. Es wurde ein Kompendium, das den Stoff unzähliger Reisebeschreibungen zu verarbeiten suchte. Mit seiner »Erdkunde« beendete Ritter vorerst die wissenschaftliche Kontroverse zwischen Vertretern der traditionellen Staatenkunde und den Vertretern der »reinen Geographie«, die eine ↗Länderkunde propagierten. Bis in das ausgehende 19. Jh. errang das Ritter'sche Konzept eine Art Monopolstellung und galt als die dem Fach adäquate Sehweise. Im Sinne der teleologischen Betrachtungsweise seiner Zeit suchte er nicht nach der Erklärung natürlicher Kausalitäten, sondern nach den Wirkungen, die Naturverhältnisse auf den Menschen ausüben. Seine Auffassung von Geographie ist am überzeugendsten in der Akademierede von 1833 »Über das historische Element in der geographischen Wissenschaft« niedergelegt.
Werke (Auswahl): »Europa, ein geographisch-historisch-statistisches Gemälde, für Freunde und Lehrer der Geographie, für Jünglinge, die ihren Cursus vollenden, bey jedem Lehrbuche zu gebrauchen«, 1804/1807; »Die Vorhalle europäischer Völkergeschichten vor Herodotus um den Kaukasus und an den Gestaden des Pontus«, 1820; »Die Erdkunde im Verhältnis zur Natur und zur Geschichte des Menschen, oder allgemeine, vergleichende Geographie«, 1817/1818, sowie 1822/1859; »Über geographische Stellungen und horizontale Ausbreitung der Erdteile«, 1826; »Über die Verbreitung des Ölbaums«, 1844; »Über räumliche Anordnungen auf der Außenseite des Erdballs und ihre Functionen im Entwicklungsgange der Geschichten«, 1851. [HB]

Rivier, typisches ↗Trockental Südafrikas mit nur zeitweiser Wasserführung und daher meist unregelmäßigem Längsprofil. Das ↗Talquerprofil wird häufig durch steile Hänge akzentuiert. Vergleichbare Täler anderer Trockengebiete sind ↗Arroyo und ↗Wadi.

r-K-A-Strategie ↗Strategie.

Road Pricing ↗Wegekosten.

Roches moutonnées ↗*Rundhöcker*.

Rodung, zentraler Begriff der genetischen Siedlungsforschung, der sowohl den Vorgang (fassbar in Suffixen von ↗Ortsnamen wie -rot oder -schwend) als auch das Ergebnis (Rodungsinsel, Offenland) der Beseitigung von Wald zur Gewinnung von agrarischen Nutzflächen (↗landwirtschaftliche Nutzflächen) und Siedlungsraum (Rodungssiedlung) im Zuge des mittelalterlichen und frühneuzeitlichen Landesausbaus (↗Siedlungsperioden) beschreibt. Die Rodung wurde häufig durch Privilegien (rodungsfreie Bauern) gefördert und belohnt.

Rogen-Moränen ↗Moränen.

Rogenstein, 1) deutscher Begriff für Oolith. 2) lithostratigraphische Bezeichnung, z. B. Hauptrogenstein im badischen Dogger, Rogenstein im norddeutschen Buntsandstein am Harzrand.

Rohböden, *Initialböden*, Klasse der ↗Deutschen Bodensystematik; Abteilung: ↗Terrestrische Böden; Zusammenfassung von Böden, die sich im Initialstadium der Bodenbildung befinden. Sie sind durch eine schwache Humusakkumulation und erst sehr geringe chemische Verwitterung geprägt. Als ↗Bodentypen gehören der ↗Syrosem auf Festgestein und der Lockersyrosem auf Lockergestein dazu. Nach ↗FAO-Bodenklassifikation handelt es sich um ↗Leptosols oder ↗Regosols.

Rohhumus, ↗Humusform von Böden mit 5 bis >30 cm mächtigem Auflagehumus aus ↗L-Hori-

Ritter, *Carl*

zont, Of-Horizont und Oh-Horizont. Ein Ah-Horizont unter dem Rohhumus fehlt oder ist nur schwach ausgeprägt; Bildung auf extrem nährstoffarmen und grobkörnigen Böden unter Vegetation, die schwer abbaubare und nährstoffarme Streu liefert (Heide, Koniferen), begünstigt durch kühl-feuchtes bis kaltes Klima; sehr niedrige ↗pH-Werte und weite C/N-Verhältnisse von 30 bis 40, daher gehemmter Streuabbau durch eine nur sehr geringe biologische Aktivität; Indikator für ungünstige Eigenschaften von Forststandorten.

Rohhumuszeiger ↗Zeigerpflanzen.

Rohmarsch, ↗Bodentyp der ↗Deutschen Bodensystematik der Abteilung Semi-terrestrische Böden der Klasse ↗Marschen; Profil: Go-Ah/zGr; aus meist carbonathaltigem Gezeitensediment, mit periodischer Überflutung und Sedimentzufuhr; im Ah-Horizont führt Oxidation von Metallsulfiden zur Bildung von Schwefelsäure und Fe-Oxiden; beginnende Setzung durch Entwässerung und Entsalzung; Subtypen: Norm-Rohmarsch, Brackrohmarsch, Flussrohmarsch; nach ↗FAO-Bodenklassifikation: Thionic oder Salic ↗Fluvisol; Verbreitung meerwärts vor dem Außendeich im Bereich der ↗Salzwiesen mit geschlossener Pflanzendecke aus Halophythen (↗Salzpflanzen).

Rohrfernleitungen, Leitungen, die dem Transport von Rohöl und Mineralölprodukten sowie von Gasen und Fernwärme dienen. Rohölleitungen im ↗Hinterland der Überseeumschlaghäfen von Nordsee und Mittelmeer haben in den 1970er-Jahren maßgeblich zum Aufbau von Raffineriezentren in den Räumen Rhein-Ruhr, Karlsruhe-Frankfurt und Ingolstadt beigetragen.

Röhricht, dichte Bestände aus hochwüchsigen Gräsern oder Grasähnlichen im Flachwasserbereich von Stillgewässern und langsam strömenden Fließgewässern (Litoralflora), in Auen (↗Auenvegetation), im Süßwassertidebereich von ↗Ästuaren, auf nährstoffreichen Niedermooren und anderen nassen, nährstoffreichen Standorten. Einige Röhrichtarten wie Schilf (*Phragmites australis*), Wasserschwaden (*Glyceria maxima*) und Breitblättriger Rohrkolben (*Typha latifolia*), sind äußerst konkurrenzstark und dulden kaum andere Pflanzen in ihren Beständen. Insbesondere Schilf kann großflächige, bis zu 3,5 m hohe Röhrichtbestände bilden, die in Deutschland geschützt sind, in anderen Ländern aber teilweise zur Zellulosegewinnung und zum Dachdecken genutzt werden.

Rohstoffabkommen, Vereinbarung zwischen Erzeuger- und Verbraucherländern über Produktion, Export und Preis von ↗Rohstoffen. Es existieren unterschiedliche Verfahren: a) Fixierung von Liefermengen, b) Fixierung von Lieferpreisen, c) Marktausgleichslager (↗bufferstock). Die ↗Entwicklungsländer sind als Haupterzeugerländer von Rohstoffen und als rohstoffexportabhängige Länder an Rohstoffabkommen interessiert, um sich vor kurzfristigen Preisschwankungen und langfristigem Preisverfall auf dem ↗Weltmarkt zu schützen. Es hat sich jedoch herausgestellt, dass Rohstoffabkommen bei lang anhaltenden Ungleichgewichten nur begrenzte Wirkung haben und dem Trend des Rohstoffpreisverfalls seit den 1980er-Jahren nicht entgegen wirken konnten. Für folgende Produkte bestehen Rohstoffabkommen: Jute, Kaffee, Kakao, Kautschuk, Olivenöl, Rindfleisch, Tropenholz, Weizen, Zucker. [KK]

Rohstoffe, Grundsubstanz, die unverarbeitet und nicht aufbereitet in den Produktionsprozess geht. Es gibt pflanzliche, tierische, mineralische und chemische Rohstoffe. Des Weiteren unterscheidet man nach ihrer Herkunft aus den jeweiligen Wirtschaftszweigen agrarische, forstwirtschaftliche, fischereiwirtschaftliche und bergbauliche Rohstoffe. Gesondert zusammengefasst wird oft die Gruppe der Energie-Rohstoffe (↗Energieträger).

Rohstoffindustrie, Teil der Rohstoffwirtschaft, in der Güter- bzw. Rohmaterialien durch Weiterverarbeitung, Aufbereitung und Veredlung transformiert werden, d. h. bereits Form- und/oder Substanzveränderungen erfolgen. Im Unterschied dazu findet im ↗Bergbau nur die Gewinnung, aber keine Verarbeitung der Rohstoffe statt.

Rohstofforientierung, besteht dann, wenn Betriebe ihren Standort nach der Beschaffung der Roh- und Grundstoffe ausrichten bzw. nach den Möglichkeiten ihrer Verarbeitung. In der Industriewirtschaft kann dadurch eine Verminderung der ↗Transportkosten erreicht werden, insbesondere dann, wenn sich nach der Verarbeitung der ↗Rohstoffe ein beträchtlicher Gewichts- bzw. Volumenverlust ergibt. Daher weisen vor allem Unternehmen der Rohstoffindustrie eine starke Rohstofforientierung auf. Sie gilt beispielsweise für Bereiche der Nahrungsmittelindustrie, Holz- oder Fischereiwirtschaft. Durch die Zunahme der Leistungsfähigkeit im ↗Verkehr und Verminderung der Transporttarife sowie Tendenzen zur Verminderung des Materialeinsatzes in der ↗Industrie hat die Bedeutung der Rohstofforientierung abgenommen. [VM]

Rollende Landstraße, RoLa, einfachste Organisationsform des ↗kombinierten Verkehrs (KV) Schiene/Straße, bei dem Lastzüge und Sattel-Kraftfahrzeuge über eine Rampe auf die hintereinander gekuppelten Spezialwaggons (als durchgehende Ladefläche) fahren. RoLa wird als begleiteter KV bezeichnet, weil die Fahrer ihren Lkw im Liegewagen des gleichen Zuges »begleiten«. Sie ist eine Form des ↗Huckepackverkehrs und spielt im Verkehr mit Ostmitteleuropa und im Alpentransit eine Rolle.

Romer, *Eugeniusz*, polnischer Geograph, geb. 1871 Lemberg (Lwów), gest. 1954 Krakau (Kraków). Romer darf als der einflussreichste polnische Geograph des 20. Jahrhunderts angesehen werden. Er trug in wesentlichem Maße zur Herausbildung einer modernen wissenschaftlichen ↗Geographie bei; aus seiner Lemberger Schule kamen zahlreiche renommierte polnische Fachvertreter hervor. Romer studierte Geschichte und vor allem Geographie in Krakau, Halle und Lemberg, wo er 1894 mit einer Arbeit über die Niederschlagsverteilung in den Karpaten promovierte. In den darauf folgenden Jahren setzte er seine physisch-geographischen Studien an den Universitäten Wien und Berlin fort, wo die damals bekanntesten Fachvertreter ↗Penck und ↗Richthofen lehrten. 1899 wurde Romer Privatdozent in Lemberg, blieb aber zunächst im höheren Schuldienst. Ab 1911 bekleidete er 20 Jahre lang das geographische Ordinariat an der Universität Lemberg, wo er sich verstärkt der ↗Humangeographie und der ↗Kartographie zuwandte. Seit dieser Zeit trat er offen für eine Wiederbegründung des polnischen Staates ein. Nach dem Ersten Weltkrieg nahm Romer als geographischer Experte für Polen an den verschiedenen Friedensverhandlungen teil; zwei von ihm 1916 und 1921 herausgegebene ↗Atlanten hatten entscheidenden Einfluss auf die Restauration Polens und die Grenzziehungen im östlichen Mitteleuropa und machten ihn in seiner Heimat überaus populär. Als Zusammenfassung seiner politisch-geographischen Arbeiten erschien 1939 »Ziemia i państwo« (Land und Staat). Romer verfügte über hervorragende internationale Beziehungen, war zweimal Vizepräsident der ↗Internationalen Geographischen Union und organisierte 1934 den Internationalen Geographenkongress in Warschau. Während des Zweiten Weltkriegs musste Romer in einem Kloster untertauchen, erhielt aber 1945 erneut eine Professur in Krakau und half beim Aufbau des nun polnischen Geographischen Instituts in Breslau. Von größter Bedeutung wurde Romer für die Kartographie. 60 Atlanten, Einzelkarten, Globen und Publikationen stammen von ihm, sein Schülerkreis setzte die Arbeit nach 1945 in Breslau fort, und die von ihm 1921 gegründete Kartographische Anstalt führt noch heute seinen Namen. [HPB]

Römerstädte, ↗kulturhistorischer Stadttyp, der auf römischer Gründung aus der Zeit von Christi Geburt bis ca. Mitte des 5. Jh. beruht. Sie gehören zur frühesten Stadtentstehungsperiode in Mitteleuropa. Ihre Merkmale sind: rechteckiger Grundriss, Marktplatz (Forum) im Zentrum, Straßenkreuz und dadurch entstehende Planquadrate (Insulae). Dieser für die Entwicklung des mitteleuropäischen Städtesystems bedeutsame Stadttyp weist eine siedlungsgeschichtliche Kontinuität auf, die bis zur Gegenwart im Städtesystem, in Städtenamen sowie in Grundrissstrukturen manifest ist.

Ro-Ro-Verkehr, *Roll on-Roll off*, Sonderform des ↗kombinierten Verkehrs in der ↗Seeschifffahrt, bei dem Lastkraftwagen oder Bahnwaggons an bzw. von Bord eines Spezialschiffes gefahren werden. Umschlaggeräte sind nicht erforderlich. Da die vergleichsweise teuren Transportmittel für die Dauer des Seetransportes anderweitigen Nutzungen entzogen sind, ist der Ro-Ro-Verkehr nur auf kurzen Relationen (short sea) wirtschaftlich. Typische Ro-Ro-Fahrtgebiete sind das Mittelmeer, die Nord- und Ostsee, die Irische See, die Karibik und die Großen Seen in Nordamerika.

Rosettenpflanzen, krautige Pflanzen mit grundständigen, gedrängt angeordneten Laubblättern (z. B. Löwenzahn).

Rossbreiten, Kernbereiche der ↗subtropischen Hochdruckgürtel beider Hemisphären. Diese treten in etwa 25–35° Breite auf und sind durch anhaltende Windstille oder schwach umlaufende Winde gekennzeichnet. Der Name verweist auf die Zeit der Segelschifffahrt. Bei lang anhaltenden Windstillen reichten die Wasser- und Lebensmittelvorräte oft nicht aus, um die Zone der Kernpassate zu durchqueren. Die auf den Schiffen mitgeführten Rösser wurden deshalb in diesen Breiten häufig aus Wasser- und Nahrungsmangel geschlachtet.

Rossby-Parameter, *Rossby Zahl*, dimensionslose Kennzahl $Ro = U/\Omega \cdot L$. Es bedeutet U die Strömungsgeschwindigkeit, Ω die Winkelgeschwindigkeit, mit der sich die Horizontalebene des betrachteten Ortes auf der Erde dreht und L ein Längenmaß, dass die Krümmung der Stromlinien erfasst. Der Rossby-Parameter setzt die Beschleunigung einer Strömung in Beziehung zur Coriolisbeschleunigung. Er ist für die von Rossby abgeleiteten Gleichungen der ↗Rossby-Wellen von großer Bedeutung. Mit ansteigender Rossby-Zahl wird das Gleichgewicht des ↗geostrophischen Windes zunehmend gestört.

Rossby-Wellen, *planetarische Wellen*. Carl-Gustav Rossby (1898–1957) konnte zeigen, dass sich in der Westdrift (↗außertropische Westwindzone) in Abhängigkeit zu der über die Westdrift gemittelten Windgeschwindigkeit (Grundstrom), planetarische Wellen, die auch Rossby-Wellen genannt werden, ausbilden. Initiale Störungen, die zur Wellenbildung führen, werden durch Änderungen der Erdoberflächeneigenschaften ausgelöst. So erhöhen sich beispielsweise die Reibungskräfte im Bereich der hochaufragenden Rocky Mountains, wodurch die Höhenwestdrift polwärts in Richtung zum tiefen Höhendruck ausgelenkt wird. Dadurch wächst die ↗Corioliskraft an, die am Äquator null und am Pol eins wird. Rossby konnte zeigen, dass die Summe aus Corioliskraft und Wirbelgröße, wobei Letztere die Krümmung einer Strömung quantitativ beschreibt, auf der rotierenden Erde konstant bleibt, wenn die Temperatur- und Druckflächen sich nicht schneiden (barotrope Schichtung). Die Summe aus Corioliskraft und Wirbelgröße (↗Vorticity) wird als absolute Vorticity bezeichnet. Für geradlinige Strömungen ist die Wirbelgröße Null, für zyklonale Strömungen positiv und für antizyklonale negativ.

In einer polwärts gekrümmten Strömung muss wegen der polwärts ansteigenden Corioliskraft die Strömung eine antizyklonale Verformung erfahren, wenn die absolute Vorticity konstant bleiben soll. Eine antizyklonale Strömungskrümmung führt aber eine zunächst polwärts gerichtete Strömung auf eine zunehmend äquatorwärtige Bahn (Abb.). Dadurch nimmt der Coriolisparameter ab, was einen kompensatorischen Anstieg der Strömungskrümmung, also ein Anwachsen der Zyklonalität der Strömung auslöst, die die äquatorwärts gerichtete Strömung all-

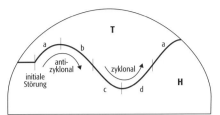

mählich wieder polwärts umlenkt. Insgesamt resultiert eine großräumige Wellenbewegung der Höhenwestströmung als Folge dieser Effekte, die sich stromab fortsetzt. Die Zahl ortsfester Rossby-Wellen ist abhängig von der Geschwindigkeit der Grundströmung, die wiederum vom meridionalen Temperaturgradienten und der geographischen Breite abhängt. Rossby-Wellen sind auf jeder täglichen Wetterkarte deutlich erkennbar. [DKl]

Rostrum, 1) *Donnerkeil*, aus Calcit und organischen Substanzen bestehender fingerförmiger oder keuliger Teil eines ⁊Belemniten. Biostratigraphisch wichtig im ⁊Jura und in der ⁊Kreide. 2) Schnauzenteil bei Wirbeltieren.

Röt, der oberste Teil des ⁊Buntsandsteins im Germanischen Becken, so genannt wegen der vorherrschend roten Sedimentfarben. Das Röt ist eine generell transgressive Sequenz, in deren Verlauf das Germanische Becken über komplizierte Ablagerungsbedingungen wieder in den weiteren Einfluss eines Binnenmeeres geriet.

Rotationsbrache ⁊Brache.

Rotationsrutschung, spontane Massenbewegung in weichen, plastisch verformbaren Gesteinen geringer Standfestigkeit. Das Gestein gleitet rückwärts rotierend längs einer annähernd schaufelförmigen Scherfläche.

Rotationsweide ⁊Umtriebsweide.

Rotbuchenwälder, ⁊sommergrüne Laubwälder und Mischwälder mit vorherrschender Rotbuche (*Fagus sylvatica*) und einem Hauptverbreitungsgebiet im Westen und Südwesten Mitteleuropas in der submontanen bis montanen ⁊Höhenstufe. Die Rotbuche gelangt hier auf allen feuchten bis mäßig frischen, sauren bis alkalischen, nährstoffarmen bis mäßig nährstoffreichen, nicht zu kalten Standorten im Wettbewerb mit den anderen Baumarten Mitteleuropas zur Herrschaft. Der Verband der Rotbuchenwälder (Fagion) gliedert sich in (Abb.):
a) den Unterverband der bodensauren, nährstoffarmen Hainsimsen-Buchenwälder (Luzulo-Fagion), b) den Unterverband der Waldmeister-Buchenwälder (Eu-Fagion oder Galio odorati-Fagion) basenreicher Standorte mit Mull als ⁊Humusform, c) den Unterverband der wärmeliebenden Orchideen-Buchenwälder (Cephalanthero-Fagion) auf flachgründigen, trockenen Kalkböden, d) den Unterverband der Bergahorn-Buchenwälder (Aceri-Fagion) in der hochmontanen bis subalpinen Stufe der Gebirge Südwest-Mitteleuropas (z. B. Schwarzwald, Vogesen, Nordalpen ab etwa 1000 m Höhe). [RG]

Rote Liste ⁊Naturschutz.

Roterde, ältere, beschreibende Bezeichnung für rote, nicht bindige (erdige) Böden der wechselfeuchten Tropen (z. B. ⁊Oxisols und ⁊Ferralsols), deren rote Farbe durch relative Anreicherung von Eisenoxiden und -hydroxiden (hauptsächlich ⁊Hämatit und ⁊Goethit) infolge der intensiven chemischen ⁊Verwitterung einhergehend mit einer Kieselsäureabfuhr hervorgerufen wird.

Rotliegendes, unterer Teil des kontinental entwickelten ⁊Perms in Mitteleuropa (siehe Beilage »Geologische Zeittafel«). Die in der ⁊variskischen Gebirgsbildung gebildeten Höhenzüge wurden abgetragen, die Abtragungsprodukte füllten mehr oder minder parallele Tröge mit bis über 1000 m Mächtigkeit. Örtlich herrschte bedeutende vulkanische Tätigkeit, besonders im mittleren Teil des Rotliegenden. Hauptsächlich entstanden saure Laven, die heute als Melaphyre und Quarzporphyre vorliegen. Zu Beginn des Rotliegenden herrschte ein relativ humides Klima, das im Laufe des Rotliegenden immer trockener wurde und am Ende des Rotliegenden nahezu vollaride Bedingungen erreichte. Diese Entwicklungen sind besonders im Saar-Nahe-Becken eindrucksvoll dokumentiert.

Routenoptimierung, *routing analysis*, ⁊GIS-Operation zur Analyse der effizientesten Fahrtroute, eingesetzt etwa in Car-Navigation-Systemen oder beim Fuhrparkmanagement von Taxizentralen, Speditionen usw. Eine spezielle Variante der Routenoptimierungsproblematik ist das *travelling salesman problem*. Dabei geht es darum, die Abfolge der aufzusuchenden Kunden so zu optimieren, dass die Fahrtroute (in Fahrzeit oder km) minimiert und jeder Ort nur einmal angefahren wird; zusätzlich muss die Tour wieder am Ausgangspunkt enden. Aufgrund der mit zunehmender Zahl von aufzusuchenden Orten exponentiell wachsenden Zahl möglicher Fahrtrouten kann dieses Problem (bisher) nur heuristisch – d. h. durch Ausprobieren der infrage kommenden Möglichkeiten – gelöst werden. ⁊räumliche Optimierung.

Routine, alle gewohnheitsmäßigen, als selbstverständlich durchgeführten und akzeptierten Aktivitäten des Alltagslebens (⁊Alltag). Sie zeichnen sich durch vertraute Handlungsmuster aus und sind somit in hohem Maße entlastend. Routinen können aufgrund persönlicher Ent-

Rossby-Wellen: Wechselwirkung zwischen Coriolisbeschleunigung und Strömungskrümmung (Wirbelgröße) führt zum Mäandrieren der Strömung nach initialer Störung: a) Coriolisbeschleunigung nimmt polwärts zu, kompensatorisch wird die Strömungskrümmung zunehmend antizyklonal; b) Coriolisbeschleunigung nimmt polwärts ab, entsprechend wird die Strömungskrümmung abnehmend antizyklonal; c) wie b), jetzt wird die Strömungskrümmung zunehmend zyklonal; d) Coriolisbeschleunigung nimmt polwärts zu, die Strömungskrümmung reagiert abnehmend zyklonal.

Rotbuchenwälder: Ökogramm zum ungefähren Feuchtigkeits- und Säurebereich der Verbände und Unterverbände mitteleuropäischer Laubwaldgesellschaften.

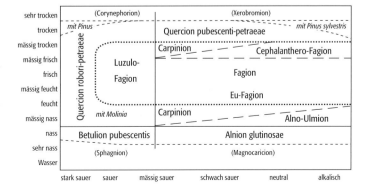

scheidungen verändert und neu gestaltet werden.
Routinekontakt ↗Kontakt.
routing analysis ↗*Routenoptimierung.*
Rückenberg, Berg meist rundlich-länglicher Gestalt. ↗Drumlin.
Rückhang ↗Schichtkamm.
Rückkopplung, Phänomen in dynamischen Systemen, das bei Veränderung einer Ausgangsgröße auf die Eingangsgrößen zurückwirkt. Man unterscheidet a) kompensierende Rückkopplung, bei der die Stabilität des Systems nicht beeinträchtigt wird, und b) kumulative Rückkopplung, die die Stabilität des Systems aufheben, das System zerstören oder qualitativ verändern kann.
Rückschreibung, landschaftsgeschichtliche Methode, bei der anhand der kombinierenden Interpretation von Katasterkarten (↗Kataster) v. a. des 19. Jh. und älteren schriftlichen Quellen (v. a. Lager- und Salbücher, Feldbeschreibungen) die Untersuchung Schritt für Schritt zu früheren Verhältnissen zurückschreitet. Mithilfe der Rückschreibung kann v. a. zu Vorformen der Flurauftteilung (↗Flurformen) und damit zur historischen Ortsstruktur vorgestoßen werden. Die Schnittstelle zwischen den herangezogenen Archivalien bilden darin festgehaltene Namen der Parzellenbesitzer (↗Parzelle), die Nummer der Gewannparzelle und die Namen der ↗Gewanne. ↗Krenzlin und Schülern gelang auf diese Weise, Blockgemengefluren als spätmittelalterliche Vorform der kleingliedrigen Gewannfluren im südwestdeutschen Realteilungsgebiet zu rekonstruieren.
rückschreitende Erosion, von der Erosionsbasis flussaufwärts gerichtete ↗Tiefenerosion (↗Erosion), die im Mittel- und besonders im Oberlauf zu einer Versteilung führt.

rückseitige Regionen, Begriff der ↗Soziologie und der ↗handlungstheoretischen Sozialgeographie, mit dem nach Erving Goffman (1922–1982) der zu einer Präsentation gehörige Ort beschrieben wird, an dem sich die Handelnden den Blicken der vorderseitig situierten Subjekte (↗vorderseitige Regionen) entziehen, um die persönliche Fassade zu überprüfen und zu korrigieren, das vorderseitige Agieren zu proben oder sich von diesem zu erholen. Rückseitige Regionen bezeichnen damit auch den sozialen Kontext informeller Interaktionen.
Der Blickentzug verlangt auch nach bestimmten baulichen Voraussetzungen, um die herum sich heftige Konflikte entspinnen können. Doch die Konflikte drehen sich im sozialwissenschaftlichen Verständnis weder um Orte, Türen oder andere bauliche Elemente an sich, sondern um deren Bedeutung für die soziale Präsentation. Typische Beispiele für rückseitige Regionen sind etwa das Lehrer- und Lehrerinnenzimmer, um sich den Blicken der Schüler und Schülerinnen zu entziehen, die Garderobe im Schauspielhaus usw. Alle rückseitigen Regionen existieren mit ihren spezifischen Bedeutungen jedoch immer nur im Rahmen von Handlungsvollzügen und weisen konsequenterweise per se keine räumliche Existenz auf. Die entsprechenden Territorien (↗Territorium) werden im Sinne der handlungstheoretischen Sozialgeographie erst im Handlungsvollzug zu rückseitigen Regionen. [BW]
Rückwanderung ↗*Remigration.*
Rückzugszentrum, in der historischen Zoogeographie Erhaltungsgebiete, in die sich die Landfauna und -flora während der Maximalvereisungen zurückzog (Glazialrefugien). Nach den Eiszeiten wurden in der Holarktis (↗Florenreiche) die Refugien des Arboreals, der Waldfauna im weitesten Sinne, und des Eremials, der Trockensteppen und Wüsten, zu Ausbreitungszentren. Die einzelnen Arten der Rückzugszentren werden als Faunenelemente bezeichnet. In der rezenten mitteleuropäischen Fauna herrschen holomediterrane und sibirische Faunenelemente vor, die beide dem Arboreal angehören. Ein Teil der von der Mediterraneis nach Mitteleuropa ausstrahlenden Arten lässt sich dem atlanto-, adriato- bzw. pontomediterranen Sekundärzentrum zuordnen. Abb.
Ruderalpflanzen [von lat. rudus = Schutt, Ruinen], Pflanzen, die auf stark anthropogen beeinflussten, oft erst vom Menschen geschaffenen und wiederholt überprägten Standorten (z. B. Schuttplätzen, Wegrändern) mit meist sehr nährstoffreichem, insbesondere stickstoffreichem Substrat (↗Ruderalstelle) wachsen. Ruderalpflanzen zeichnen sich durch eine sehr hohe Samenproduktion und damit eine rasche, intensive Besiedlung gestörter Standorte bei gleichzeitig geringer Konkurrenzkraft gegenüber anderen Arten aus. Arterhaltung bedeutet für diese r-Strategen (↗Strategie), dem Konkurrenzdruck an einem Standort durch die fortwährende und schnelle Besiedlung von immer neuen Ruderalstandorten auszuweichen. Typische Beispiele

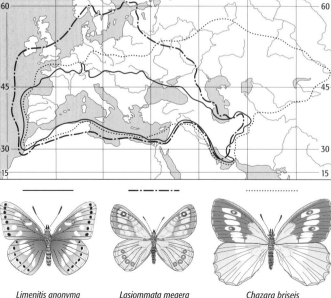

Rückzugszentrum: Areale holomediterraner Faunenelemente des expansiven Typs.

Limenitis anonyma   *Lasiommata megera*   *Chazara briseis* sind: *Echium vulgare* (Natternkopf), Große Brennessel (*Urtica dioica*), *Atriplex*-Arten (Melden), Nachtkerze (*Oenothera biennis*).

Ruderalstelle, Standort, der unter ständigem oder starkem wiederholtem menschlichen Einfluss steht, in der Regel nährstoffreich ist und dem eine echte Bodenhorizont-Bildung fehlt. Typische Ruderalstellen sind Hofplätze, Trümmerstellen, Abfallhaufen und Mülldhalden. ↗Ruderalpflanzen.

Rudisten, dickschalige, mitunter riffbildende Muschelgruppe mit einer bis 1 m hohen Klappe festgewachsen, die andere Klappe deckelförmig entwickelt. Sie traten mitunter massenhaft in warmen Flachmeeren des ↗Juras und der Kreidezeit auf. Besonders bedeutend sind die Hippuriten und Requienien im Oberjura der Alpen, daneben die Gattung *Diceras* im Oberjura.

Ruheform aktuell in Ruhe befindliche ↗Jetztzeitform.

ruhender Verkehr, Bezeichnung für die auf öffentlichen und privaten Flächen abgestellten Kraftfahrzeuge (im Unterschied zum fließenden Verkehr). Es ist Aufgabe der ↗Verkehrsplanung, den Bedarf an Stellplätzen zu ermitteln und mit Maßnahmen des *Parkraummanagements* (z. B. Verknappung und Verteuerung des innerstädtischen Stellplatzangebotes, Anwohnerparken in den citynahen Wohngebieten oder Einrichten von ↗Park-and-Ride-Anlagen (P+R) am Stadtrand) Flächen für den ruhenden Verkehr bereitzustellen.

Ruheperioden, *Ruhestadien*, ↗Jahresperiodizität.

Ruhesitzwanderer ↗Altenwanderung.

Rühl, *Alfred*, deutscher Geograph, geb. 21.7.1882 Königsberg, gest. 13.8.1935 Morschach/Vierwaldstätter See. Rühl studierte seit 1900 in Königsberg, Leipzig und Berlin ↗Geographie, Geologie, Geschichte und Sozialwissenschaften, wurde 1905 in Berlin promoviert und habilitierte sich 1909 in Marburg. 1911 nahm Rühl zusammen mit ↗Partsch an der dreimonatigen großen transkontinentalen Exkursion der amerikanischen geographischen Gesellschaft unter Leitung von ↗Davis durch die USA teil. Durch die Übersetzung der Berliner Vorlesungsniederschriften dieses amerikanischen Geomorphologen ins Deutsche schuf Rühl 1912 eine bis in die Gegenwart wichtige Voraussetzung für die Auseinandersetzung mit der Davis'schen Zyklenlehre. Nach einer Dozententätigkeit in Marburg (1910–1912) erhielt er 1912 die Leitung der wirtschaftsgeographischen Abteilung des Instituts für Meereskunde an der Universität Berlin. 1914 wurde er dort zum a. o. Professor und 1930 zum o. Professor für ↗Wirtschaftsgeographie ernannt. Gegen Ende des Ersten Weltkrieges lehrte Rühl vorübergehend auch an der von der deutschen Wehrmacht in Dorpat eröffneten deutschen Universität. Mit seinen Arbeiten zur Wirtschaftsgeographie betrat Rühl hinsichtlich der Frage- und Problemstellungen sowie der Methodik wissenschaftliches Neuland, indem er streng analytisch-induktiv vorging. Bereits in den 1920er-Jahren vertrat Rühl die Auffassung, die ↗Humangeographie müsse sich als Sozialwissenschaft verstehen. Seine Studien zum Wirtschaftsgeist und zum Standortproblem in der ↗Agrargeographie waren für die Konzeption der ↗Sozialgeographie ↗Hartkes bedeutend. Nach 1933 hatte Rühl wegen seiner jüdischen Vorfahren in Berlin unter starken Repressalien zu leiden, die für ihn so unerträglich wurden, dass er während eines Kuraufenthaltes in der Schweiz Selbstmord beging.

Werke (Auswahl): »Beiträge zur Kenntnis der morphologischen Wirksamkeit der Meeresströmungen«, 1906; »Geomorphologische Studien aus Katalonien«, 1909; »Die erklärende Beschreibung der Landformen«, 1912; »Vom Wirtschaftsgeist in Spanien«, 1928; »Das Standortproblem in der Landwirtschaftsgeographie«, 1929; »Einführung in die allgemeine Wirtschaftsgeographie«, 1938. [HB]

Rumpfbergland, die aus einer ↗Rumpffläche aufsteigenden bergigen Restformen der ↗Abtragung. Isolierte (inselartig auftretende) Rumpfberge sind die ↗Inselberge.

Rumpffläche, *Peneplain*, *Fastebene*, Abtragungsebene, die unabhängig von den Strukturen des Untergrundes entstanden ist. Wesentliche Merkmale sind die Ebenheit des Geländes und sein geringes Gefälle (wenige m auf 1 km). Charakteristische Formen sind Flachmuldentäler (↗Spülmulden) und ↗Inselberge. Der auf ↗Richthofen zurückgehende Begriff bezeichnet ein Kernproblem der ↗Geomorphologie: Wie sind die auf den ↗Kratonen weit verbreiteten Abtragungsebenen mit Erstreckungen in der Größenordnung von 10^3 km entstanden? Gemeinsam mit den ↗Faltengebirgen, als deren Gegenstück sie gesehen werden müssen, bilden sie die morphogenetischen Hauptformen der Erdoberfläche. Rumpfflächen sind im Laufe der Erdgeschichte vielfach entstanden. Wieder aufgedeckte ↗Altflächen aus präkambrischer Zeit sind u. a. in Skandinavien und Australien nachgewiesen worden. Erklärungen der Rumpfflächenbildung nach dem Prinzip des ↗Aktualismus sind also wegen der langfristigen ↗Klimaänderungen und Vegetationsentwicklungen (z. B. Aufkommen der ↗Savannen im ↗Tertiär) nicht möglich. Die zur Einebnung der ausgedehnten Erdoberflächen erforderliche Zeitspanne hat die Größenordnung von 10^7 Jahren, und die jüngsten großräumigen Rumpfflächen stammen aus dem Miozän. Untersuchungen der Rumpfflächenbildung sind deswegen stets mit vorzeitlichen Formungsbedingungen konfrontiert. Die Grundvorstellung der Einrumpfung (Peneplation i. S. von ↗Davis) ist durch Verallgemeinerung aktueller Planierungsprozesse zu Theorien der Rumpfflächenbildung weiter entwickelt worden, die die Auswirkung der Tiefenverwitterung (Etchplanation) und der Fußflächenbildung (Pediplanation nach ↗King) berücksichtigen. Versuche, die Rumpfflächenbildung ganz allgemein bestimmten Klimazonen zuzuweisen, sind dagegen ungeeignet. Das breite Klimaspektrum der Verbreitungsgebiete jüngster Rumpfflächen einerseits und die phasenhafte, in ↗Rumpftreppen manifestierte Abfolge der Re-

Rühl, *Alfred*

liefplanierung andererseits weisen den tektonischen Bedingungen eine Schlüsselrolle bei der Rumpfflächenbildung zu. In Verbindung mit der ↗Plattentektonik sind kontinentweite ↗morphogenetische Aktivitätsphasen und Passivitätsphasen nachgewiesen worden. Während der Aktivitätsphasen kommt es durch Taleintiefung und Talausweitung zur Aufzehrung von älteren Rumpfflächen oder ↗Rumpfbergländern. Während der Passivitätszeiten entstehen in Abhängigkeit vom Klima und von der Gesteinszusammensetzung Verwitterungsdecken oder ↗Krusten. Als zeitweilige Endform der Abtragung haben Rumpfflächen ein Minimum an ↗Reliefenergie. Sie sind primär ein energetisches Problem und damit eine Aufgabe der ↗tektonischen Geomorphologie. [JS]

Rumpfstufe, stark geböschter Absatz zwischen zwei ↗Rumpfflächen, wobei in der Regel die untere jünger ist und sich auf Kosten der oberen ausdehnt. Rumpfstufen können aber auch aus Monoklinalstufen (↗Morphotektonik) hervorgehen.

Rumpftreppe, *Flächentreppe*, vertikale Folge von ↗Rumpfstufen.

run, Spezialschaffarm in Australien zum Zwecke der Wollgewinnung.

Runder Tisch ↗Kommunikation.

Rundhöcker, *Roches moutonnées*, vom ↗Gletscher zu stromlinienförmigen Körpern umgestaltete Felsbuckel. An der Luvseite eines Felshindernisses führt der Gletscherdruck zur Schmelze und Ausbildung eines Gleitfilms. Hier erzeugt die Abrasion eine glatte, stromlinienförmige Oberfläche. Auf der Leeseite friert bei nachlassendem Druck das Gestein an der Gletscherbasis fest, wodurch einzelne Blöcke an Kluftflächen abgerissen werden (Abb.).

Rundkarren ↗Karren.

Rundling ↗Platzdorf.

run-length encoding ↗Lauflängenkodierung.

Runsen, *gullies* (engl.), tiefe, steilwandige Hang-Rillen mit überwiegendem Kerbprofil. Diese können bis ins Anstehende reichen und sind durch Prozesse der ↗Fluvialerosion entstanden.

Ruralität, zusammenfassender Begriff für die Merkmale des ↗ländlichen Raumes; steht im Ggs. zu Urbanität (↗Stadtkultur).

Rurbanität, aus ↗Ruralität und Urbanität (↗Stadtkultur) zusammengesetzter Begriff, der die Strukturen, die in den Randzonen von Verdichtungsräumen entstehen und die zwischen ländlicher und städtischer Kultur stehen, bezeichnet. Im Ggs. zur ↗Urbanisierung bleiben bei der Rurbanisierung ländliche Strukturen bestehen.

Ruschelzone, durch Bruchtektonik (↗Tektonik) zerrütteter, zertrümmerter oder stark geklüfteter Bereich in der Umgebung von tektonischen Bewegungsbahnen, wie ↗Verwerfungen oder ↗Überschiebungen.

Russell, *Richard Joel*, amerikanischer Geograph, geb. 16.11.1895 Hayward (California), gest. 17.9.1971 Baton Rouge. Nach dem Ersten Weltkrieg studierte Russell Geologie und Paläontologie in Berkeley. Während dieser Studienzeit entstand die enge Freundschaft zu ↗Sauer, aber auch die deutliche Distanzierung von ↗Davis und seinen Ideen. 1926 wurde er in Baton Rouge promoviert und erhielt noch im gleichen Jahr eine Dozentur für Geologie am Texas Technological College. 1928 erfolgte seine Berufung als Professor für ↗Geographie an die Universität von Louisiana (Baton Rouge). Gemeinsame Feldforschungen mit ↗Penck führten ihn in diesem Jahr in die Sierra Nevada. Die Leitung des Geographischen Institutes in Baton Rouge wurde ihm 1936 übertragen. Wie bereits 1931 konnte er 1938 in Europa mit A. Penck die Alpen, Skandinavien und das Rhonedelta bereisen. 1939 wurde er Mitherausgeber der Zeitschrift für Geologie und 1957 Mitherausgeber der Zeitschrift für Geomorphologie. Russells Forschungen umfassen ein breites Spektrum der Geomorphologie und Klimatologie. Zu seinen Forschungsschwerpunkten gehörten die Geomorphologie der ↗Hochgebirge, Fragen der quartären ↗Meeresspiegelschwankungen, die Morphodynamik im Bereich von Flussmündungen und Fragen der ↗Klimaklassifikation.

Werke (Auswahl): »Climates of California«, 1926; »Basin Range structure and stratigraphy of the Warner range, northwestern California«, 1928; »Alpine landforms of western United States«, 1933; »Climatic years«, 1936; »Quaternary surfaces in Louisiana«, 1938; »Geomorphology of the Rhone delta«, 1942; »The Mississippi river«, 1944; »Techniques of eustasy studies«, 1964; »River and delta morphology«, 1966; »Oregon and northern California coastal reconaissance«, 1970. [HB]

russische Stadt, ↗kulturgenetischer Stadttyp. Sie ist v. a. durch Elemente aus drei Epochen gekenn-

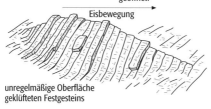
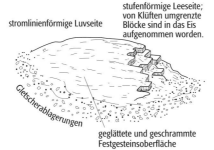

Rundhöcker: Bildung eines Rundhöckers durch Glättung an der Luvseite und Abreißen von Gesteinsblöcken an der Leeseite eines Festgesteins-Hindernisses.

zeichnet: den Anlageprinzipien des Kiewer Staates (9.-13. Jh.) und des zentralisierten russischen Staates (15.-17. Jh.), den Planformen der kolonialrussischen Epoche (18.-19. Jh.) sowie den Grundzügen des sozialistischen Städtebaus im 20. Jh. Aus strategischen Gründen erfolgte die Anlage russischer Städte häufig am westlichen Steilufer von Flüssen. Ihren Mittelpunkt bildet der symmetrisch aufgebaute Burg-(Kreml-) Bezirk. Daran schließen sich ringförmig die Vorstädte der Händler und Handwerker sowie weitere, nach Berufs- und Sozialstatus gegliederte Vorstädte an. Anfänglich war nur der Kreml innerhalb der Stadt befestigt, später wurden aber auch Stadtmauern um die Vorstädte gelegt. Nachdem der Kreml so seine strategischen Funktionen verlor, wandelte er sich zum Kultur- und Verwaltungsviertel der Stadt. Während der kolonialrussischen Epoche entstanden Stadtanlagen mit fächer- oder schachbrettartigem Grundriss. Auch Stadterweiterungen erfolgten in entsprechender Weise, sodass ein Nebeneinander von traditioneller Altstadt und kolonialrussischer Neustadt entstand. Der Gegensatz zwischen beiden Stadtteilen wird besonders im mittelasiatischen Raum deutlich, wo die traditionelle Altstadt orientalisch-arabische Züge aufweist. Um eine Verbindung zwischen beiden Stadtteilen zu schaffen, wurden dazwischen Verwaltungsgebäude angesiedelt. Als sozialistische Städte werden die Mitte der 1930er- bis Mitte der 1950er-Jahre neu gebauten oder fundamental überformten Städte bezeichnet, in denen ideologische Vorstellungen und zentralstaatliche Planung ihren städtebaulichen Ausdruck finden und wovon die russischen Städte deutlich gekennzeichnet sind (↗sozialistische Städte). [AKs]

Rutensträucher, *Rutengewächse*, häufig xerophytische Pflanzen (↗Xerophyten) mit weitgehend reduzierten oder frühzeitig abgeworfenen Blättern, die aber über grüne, photosynthetisch aktive Sprosse verfügen. Ein typisches einheimisches Beispiel ist der Besenginster (*Sarothamnus scoparius*), während *Ephedra*-Arten im Mittelmeerraum sowie in den trockenen Gebieten Asiens und Amerikas verbreitet sind.

Rutschung, gravitative Massenbewegung, bei der durchfeuchtete ↗Substrate aufquellen, die Vegetationsdecke aufreißen und dann als ↗Schlamm-

strom ausfließen. Die entstehende Abrissnische ist oft auch an Austritte von Grundwasser gebunden.

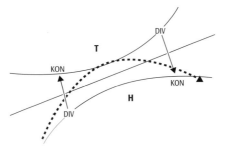

Ryd Scherhag Effekt: Quer zu den Isobaren verlaufende Strömungen im Bereich einer Zone maximaler Druckgradienten.

Ryd-Scherhag-Effekt, von Ryd (1865–1950) und Scherhag (1907–1970) entwickelte Theorie zur Entstehung von Luftdruckänderungen im Bereich der ↗planetarischen Frontalzone und des überlagernden Polarfrontjets (PFJ). Mit Annäherung an eine Zone maximaler Druckgradienten kann die Gradientkraft so rasch anwachsen, dass die Strömungsgeschwindigkeit im PFJ aus Trägheitsgründen eine verzögerte Anpassung erfährt. Dadurch vermag die geschwindigkeitsabhängige ↗Corioliskraft die ↗Gradientkraft zeitweilig nicht zum isobarenparallelen ↗Gradientwind auszubalancieren. Es resultiert ein Lufttransport quer zu den Isobaren von der warmen zur kalten Seite der Strömung (Abb.), also eine Luftakkumulation (Konvergenz) auf der kalten und ein Luftdefizit (Divergenz) auf der warmen Seite. Stromab der Zone maximaler Gradienten passt sich die Strömungsgeschwindigkeit aus Trägheitsgründen erst zeitverzögert an die rasch abnehmenden Druckgradienten an. Die Corioliskraft vermag auch hier die Gradientkraft zeitweilig nicht auszubalancieren, was nun aber zu einem Lufttransport von der kalten zur warmen Seite der Strömung führt. Stromab der Zone maximaler Gradienten entsteht dadurch ein Luftdefizit (Divergenz) auf der kalten und ein Luftüberschuss (Konvergenz) auf der warmen Seite der Strömung. Nach der Theorie sollte im Bereich maximaler Gradienten deshalb ein ↗Viererdruckfeld entstehen. Dieses tritt real nur selten auf. ↗außertropische Westwindzone, ↗atmosphärische Zirkulation. [DKl]

Säbelwuchs ↗Höhenstufen.
Sackgassenstruktur ↗privater Raum.
Safaritourismus, Dominanz eines i. d. R. begleiteten längeren Überlandmarsches, -ritts oder einer -fahrt überwiegend in landschaftlich attraktiven Regionen von ↗Entwicklungsländern.
saisonale Arbeitslosigkeit ↗Arbeitslosigkeit.
Saisonarbeiter, Arbeitskraft, die nur während eines begrenzten Zeitraums im Jahr eine Beschäftigung findet. Saisonarbeit findet hauptsächlich im Fremdenverkehr und in der Landwirtschaft statt.
Saisonregenwald, nimmt in den Tropen den Übergang zwischen den immergrünen ↗Regenwäldern und den halbimmergrünen ↗Feuchttropenwäldern ein. Die Saisonregenwälder ähneln den echten Regenwäldern insofern als die obersten Baumkronen noch immer bis 40 m aufragen, ↗Lianen und ↗Epiphyten reichlich vertreten sein können und die Bodenschicht eher licht ist. Jedoch nimmt die Artenvielfalt vor allem bei den Bäumen bereits ab und einige von ihnen werfen während der zwei- bis dreimonatigen Trockenzeit schon ihre Blätter ab. Im Umfeld der immergrünen tropischen Regenwälder konzentrieren sie sich weitgehend auf einen breiten Gürtel in Amazonien, große Teile des Kongobeckens und in Fragmenten auf die südostasiatischen Inseln. In Zentralamerika, Madagaskar und Ostaustralien bilden sie nur schmale ↗Ökotone.
Saisonwanderung, jahreszeitliche Abwanderung von Arbeitern des ↗ländlichen Raumes (vorwiegend im 19. Jh.), die ihrem Heimatort zunächst erhalten blieben, da ihre nichtlandwirtschaftliche Arbeit zeitlich beschränkt und ihre Zielorte für eine endgültige Zuwanderung zunächst noch nicht aufnahmefähig waren. Die wachsenden Industrielöhne wurden aber nach und nach zur Haupteinnahmequelle des Saisonarbeiters, dessen bäuerliche Arbeit im Heimatort vergleichsweise entwertet wurde. Als die Saisonarbeit dann zunehmend der Ganzjahresarbeit Platz machte, wurde die ganzjährige Anwesenheit des Saisonarbeiters am Zielort erforderlich, sollte der Arbeitsplatz nicht verloren gehen. Der Saisonwanderung folgte konsequent die endgültige Abwanderung mit einer entsprechenden Wohnplatzverlagerung.
Säkularisation, die ohne kirchliche Genehmigung erfolgte Einziehung kirchlichen Eigentums zugunsten weltlicher Staaten besonders in der Nachfolge der Reformation (ab 16. Jh.) und der Französischen Revolution (1789); in Mitteleuropa grundlegende Neuordnung der Territorialverhältnisse durch Auflösung geistlicher Staaten und Umverteilung der Landbesitzverhältnisse und der damit verbundenen Feudalrechte.
Säkularisierung, *Verweltlichung*, Prozess und Ergebnis des Bestrebens, die Welt und das menschliche Leben ohne religiöse Bindungen zu gestalten und sogar bewusst religiöse Motive und Vorstellungen aus dem menschlichen Verhalten auszuschalten. Es wird jede Form von Religion und Kult abgelehnt und den religiösen Ideen, Aktivitäten und Institutionen wird keine privilegierte Stellung im öffentlichen Leben erlaubt. Es ist ein global verbreitetes Phänomen, lässt sich aber im Verlauf der Menschheitsgeschichte kontinuierlich verfolgen. Statistiken scheinen den zunehmenden Säkularisierungsprozess in der modernen Welt zu belegen. So sind 15,5 % der Weltbevölkerung nicht religiös und atheistisch: Geringe Anteile haben Afrika (0,7 %), Lateinamerika (3,6 %), Nordamerika (9,1 %) und Australien/Ozeanien (12,4 %). Europa (inkl. Russland) (18,8 %) und Asien (Ost-, Süd-, Zentral- und Vorderasien) (20,2 %) besitzen den größten nicht religiösen und atheistischen Bevölkerungsanteil (Abb.). In den Gruppen der nicht religiösen Personen sind hier Ungläubige, Agnostiker, Freidenker und religionslose Säkularisten, die gleichgültig gegenüber Religionen sind, einbezogen. [GR]
Säkularstation, Klimastation oder Wetterstation mit einer mehr als 100 Jahre andauernden Beobachtungsreihe. Säkularstationen haben besondere Bedeutung für Zeitreihenanalysen von Klimaparametern, um langfristige Trends zu ermitteln. Daher kommt dem kontinuierlichen Erhalt

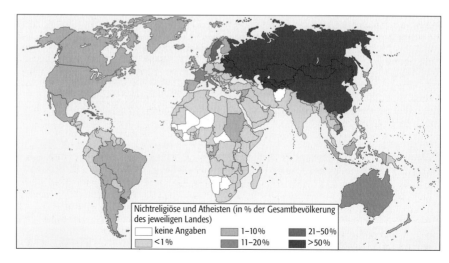

Säkularisierung: Verbreitung der Nichtreligiösen und Atheisten im Jahre 1982.

der Bedingungen in der Umgebung des ↗Messfeldes besondere Bedeutung zu.

Säkularvariation, die langsame zeitliche Veränderung des Erdmagnetfeldes (↗Erdmagnetismus) mit Zeitkonstanten in der Größenordnung von 10^2 bis 10^3 Jahren.

Salar, Bezeichnung für ↗Salztonebenen bzw. ↗Playas in den Trockengebieten Südamerikas.

Salinar, natürliche Ablagerungsfolgen von Salzsedimenten, i. A. als ↗Lagerstätten (↗Salzlagerstätten) wichtig. Sie können in Salzseen, Salzsümpfen, Salzpfannen, Salzebenen oder auch in ↗Playas entstehen. Die meisten fossilen Salinare sind marine Bildungen, die schematisch vereinfacht durch die ↗Barrentheorie erklärt werden können. Während die bedeutendsten mitteleuropäischen Salinare im Zechstein Norddeutschlands ausgedehnte Körper bilden, werden beispielsweise die Salinare des mittleren Muschelkalks in Süddeutschland bei 10 bis 20 km Länge durchschnittlich etwa 20 m mächtig. Infolge der Plastizität der ↗Evaporite sind die Salinare häufig nicht in der ursprünglichen Lagerung anzutreffen. Mobilisierte Evaporite können an Schwächezonen des Deckgebirges aufsteigen (Halokinese) und bilden dann kuppelförmige Salzstöcke (Diapire, Salzhorste, Salzdome). Dabei wird das Gefüge der umliegenden Schichten und Gesteine gestört und umgeprägt (Salztektonik). Der Aufstieg wird unter gemäßigten und relativ humiden Klimaten durch die Lösungskapazität der Oberflächenwässer begrenzt. Diese Auflösung von Evaporiten wird als ↗Subrosion bezeichnet. Oberflächennahe Subrosionsvorgänge haben gewöhnlich großen Einfluss auf die Oberflächenmorphologie und können zu umfangreichen Einstürzen und Nachsackungen führen. Salzstöcke sind zudem als potenzielle Erdölfallen häufig mit Erdöllagerstätten verknüpft. [GG]

Salinarkarst, ↗Lösungsvorgänge und Karstformen in Salzgesteinen, v. a. Chloriden (z. B. NaCl, KCl). ↗Karstgesteine, ↗Subrosion.

Salistschew, *Konstantin Alexejewitsch*, russischer Kartograph, geb. 20.1.1905 in Tula, gest. 25.8.1988 in Moskau. Nach der Ausbildung als Geodät und Kartograph erarbeitet er 1926 bis 1930 während mehrerer Expeditionen im Kolyma- und Indigirka-Gebiet neue Karten über dieses bislang fast unbekannte Gebirgsland. Nach einigen Jahren im Arktischen Institut in Leningrad wird Salistschew 1936 bis 1938 die Leitung der Kartographischen Abteilung zur Erarbeitung des »Bolschoi Atlas Mira« übertragen. Gleichzeitig beginnt seine Lehrtätigkeit in Moskau (Promotion 1938, Habilitation 1940), seit 1942 als Professor an der Moskauer Universität, an der er ein kartographisches (Forschungs- und Entwicklungs-) Laboratorium aufbaut. Herausragend wird neben Anderem die Entwicklung von physischen und thematischen Hochschul-Wandkarten sowie von ↗Regionalatlanten (vor allem Westsibiriens). Deren Präsentation in Rio de Janeiro 1956 führt zu seiner Wahl zum Vorsitzenden der IGU-Kommission für ↗National- und Regionalatlanten (bis 1972). Die Internationale Kartographische Assoziation (ICA) beruft ihn 1964 bis 1968 zum Vizepräsidenten und 1968 bis 1972 zu ihrem Präsidenten. Mit fundiertem Fachwissen, hohem Lehrgeschick, klarer theoretischer Gedankenführung und gewinnender persönlicher Ausstrahlung leitet er Gremien und Gesellschaften, national wie international, zu fruchtbarer Arbeit auch in politisch komplizierten Situationen. Wichtigste Schriften: »Kartografija« 2 Teile (1939 und 1943); »Osnovy Kartovedenie« [Grundlagen der Kartenkunde] (1959, 1962); »Einführung in die Kartographie« (1967). [FK]

Salmonidenregion ↗Fischregionen.

Saltation, *Sandtransport* durch Wind, wobei die Sandkörner durch das Zusammenwirken von a) impakt auftreffenden Körnern, b) Windschub, c) Windsog und d) Auftrieb von der Sandoberfläche aufgenommen und dann mit der Windströmung auf parabelförmigen Flugbahnen transportiert werden. Die Wolke der saltierenden Körner (Saltationswolke) erreicht Höhen von 1–2 m, teilweise aber auch von bis zu 3 m über der Sandoberfläche. Die Sprunghöhe und -weite hängt dabei von Windgeschwindigkeit, Turbulenz, Korngröße und Kornform, aber auch von der Wirkung elektrostatischer Kräfte in der Saltationswolke sowie der Elastizität bzw. Weichheit des Untergrundes: über hartem, grobkörnigem Untergrund oder festgerütteltem, deflatiertem Sand springen Körner wesentlich weiter als über weichem, frisch akkumuliertem Sand. Theoretische Ableitungen, dass Körner gleicher Größe immer wieder ähnliche und sich wiederholende Sprungweiten haben und damit auch die Bildung von ↗Windrippeln und Entstehung bestimmter ↗Rippelwellenlängen bedingen sollten, erweisen sich angesichts der chaotisch-turbulenten Vorgänge in einer Saltationswolke als hinfällig. Beim Wiederaufprall der Sandkörner auf die Sandoberfläche übertragen sie einen Teil ihrer kinetischen Energie auf die liegenden Körner, die durch diesen Bewegungsimpuls ihrerseits in die Luft geschleudert werden oder aber in ↗Reptation versetzt werden; ein Teil der Energie wird beim eigenen Abprall in Reibung (elektrostatische Aufladung) und Energie für den nächsten eigenen Sprung umgewandelt. [IS]

Salubrität, Beschreibung eines Orts unter medizinischen Gesichtspunkten. Dieser Begriff taucht bereits in der Antike auf, so wird in Rom vom griechischen Arzt Galenus Höhen- und Wüstenklima für Lungenkranke empfohlen.

Salzdrüsen, hochentwickelte Pflanzenzellen, die der Salzausscheidung dienen. Durch Druckfiltration werden die Ionen aktiv nach außen (exotrop) abgegeben. Da der Vorgang für die Pflanze energieaufwendig ist, erfolgt die Ausscheidung nur bei Salzüberschuss, z. B. nach Überflutungen. Salzdrüsen sind u. a. beim Strandflieder (*Limonium vulgare*), Milchkraut (*Glaux maritima*), Stranddreizack (*Triglochin maritimum*) und dem Schlickgras (*Spartina anglica*) zu finden. ↗Salzpflanzen.

Salzfaktor, abiotischer Standortfaktor, zumeist

Salistschew, *Konstantin Alexejewitsch*

Salzgehalt

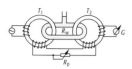

Salzgehalt: Prinzip der induktiven Leitfähigkeitsmessung. T_1+T_2 = Transformatoren, R_W = Widerstand, R_P = Potenziometer, G = Galvanometer.

Salzreihe: Zonierung der Salzwiesen.

durch die Konzentration von Na$^+$- und Cl$^-$-Ionen bestimmt.

Salzgehalt, Maß für die Konzentration der gelösten Salze im ↗Meerwasser und wichtige Grundgröße in der Ozeanographie, z.B. zur Berechnung der Dichte und damit zum Verständnis der ozeanischen Zirkulation sowie zur Analyse der Wassermassen. Mit der Einführung von physikalischen, bordtauglichen Messmethoden in der Ozeanographie, vor allem der spezifischen elektrischen Leitfähigkeit, wurde auch der Salzgehalt (S) neu definiert. Seit 1978 gilt die ›Practical Salinity Scale‹ (PSS78):

$$S = 0{,}0080 - 0{,}1692\,K_{15}^{1/2} + 25{,}3851\,K_{15} + 14{,}0941\,K15^{3/2} - 7{,}0261\,K15^2 + 2{,}7081\,K15^{5/2},$$

wobei K_{15} das Leitfähigkeitsverhältnis der Meerwasserprobe zu einer definierten Kaliumchlorid-Referenzlösung darstellt. Deshalb ist der »praktische Salzgehalt« eine dimensionslose Zahl (obwohl darunter natürlich die Masse Salz in g pro kg Meerwasser verstanden werden muss). Die PSS78-Gleichung gilt für Salzgehalte zwischen 2 und 42, nur für Messungen bei 15°C und einer Standardatmosphäre von 1013,25 hPa. Für die Umrechnungen von anderen Temperaturen und Drucken auf K_{15} existieren Algorithmen. Die PSS78-Definition hat gegenüber den früheren (chemischen) Gleichungen den Vorteil, dass sie unabhängig von der genauen Kenntnis der ionalen Zusammensetzung des Meerwassers ist, dass sie die Grundlage für die Berechnung wesentlich genauerer Dichtewerte bildet, und dass sie für Insitu-Messungen mittels CTD-Sonden angewendet werden kann. Die Eichung solcher Sonden sowie die Messung von S in Einzelproben erfolgt heute ausschließlich mithilfe von Salinometern unter Verwendung von Standardmeerwasser. Die in der Ozeanographie verbreiteten Instrumente verwenden die galvanische (über Elektroden) oder induktive Messmethode. Dazu verwendet man im Prinzip zwei mit niederfrequentem Wechselstrom betriebene Transformatoren (T_1+T_2), die über eine Meerwasserschleife (mit Widerstand R_w) gekoppelt werden (Abb.). Wenn die dadurch in T_2 induzierte Wechselspannung durch eine Kompensationsschleife (Einstellung erfolgt über Potenziometer R_p) gerade ausgeglichen wird, so zeigt das Galvanometer (G) Null ($R_w = R_p$). Damit ist der eingestellte Wert R_p ein Maß für die elektrische Leitfähigkeit der zu untersuchenden Probe. Die modernen Salinometer erzielen Genauigkeiten von S = 0,001.

Salzgesteine ↗Karstgesteine

Salzlagerstätten, natürliche Anreicherungen von ↗Evaporiten, die meist von wirtschaftlicher Bedeutung sind. War früher fast ausschließlich Steinsalz für den menschlichen Verbrauch von Interesse und die übrigen leicht löslichen Salze nur Abraum, so werden seit der Entwicklung künstlicher ↗Düngemittel v.a. Kalisalze gewonnen. Salzlagerstätten werden seit prähistorischer Zeit ausgebeutet. Die bedeutendsten Salzlagerstätten Mitteleuropas sind die permischen Zechstein-Salinare im Norden Deutschlands.

Salzpflanzen, *Halophyten*, Pflanzen, die salzhaltige Standorte an den Meeresküsten und im Binnenland besiedeln. Charakteristisch ist ihre Fähigkeit, hohe Salzkonzentrationen zu tolerieren (halophile Eigenschaft), wofür verschiedene Mechanismen entwickelt wurden (↗Salzresistenz). Unterschieden werden obligate und fakultative Salzpflanzen. Während obligate Salzpflanzen, wie z.B. der Queller (*Salicornia* spp.), physiologisch auf Salz angewiesen sind, tolerieren fakultative Salzpflanzen, wie z.B. die Strandaster (*Aster tripolium*), lediglich gewisse Salzkonzentrationen und können auch auf salzfreien Standorten wachsen. Der weit überwiegende Teil der Salzpflanzen wird zu den fakultativen Salzpflanzen gezählt. Gegenüber den Glykophyten sind Halophyten auf salzfreien Standorten wettbewerbsschwächer, weil sie aufgrund ihrer Plasmastruktur in ihrer Stoffproduktion beschränkt

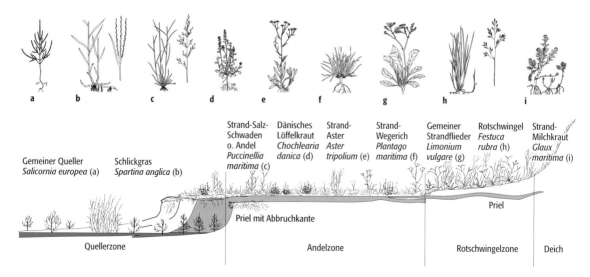

sind. Salzpflanzen sind zudem extreme Lichtpflanzen und können sich nur in offenem Gelände entwickeln, wo sie nicht von anderen Pflanzen überschattet werden. Das Entstehungszentrum der Salzpflanzen liegt vermutlich in den Salzpfannen der asiatischen Halbwüsten und Steppen (↗Salzwüsten) sowie im Küstenbereich des Mittelmeeres. Salzpflanzen sind weltweit zu finden. [DT]

Salzreihe, *Salzwiesenzonierung*, Anordnung halophytischer Pflanzengesellschaften (↗Salzpflanzen) entlang eines Salzgradienten in Abhängigkeit von Überflutungshäufigkeit und -dauer sowie des Salzgehaltes des Wassers und Bodens (Abb.). In Mitteleuropa werden die Salzwiesen in Verlandungsbereich (Quellerzone, täglich zweimalige Überflutung), untere Salzwiese (Andelzone, 150–200malige Überflutung jährlich) und obere Salzwiese (Rotschwingelzone, 30–70malige Überflutung jährlich) eingeteilt (Haloserie).

Salzresistenz, Fähigkeit von Pflanzen (↗Salzpflanzen), hohe Salzkonzentrationen zu ertragen. Dazu bedienen sich die Pflanzen verschiedener Mechanismen: a) Akkumulation von Ionen zur Kompensation hoher Bodensaugspannungen, b) Ausscheidung der Ionen über ↗Salzdrüsen oder Abwurf von Pflanzenteilen, in denen Salz eingelagert wurde (Blasenhaare, Blätter), c) Speicherung großer Wassermengen im Pflanzengewebe (↗Salzsukkulenz) und d) Verringerung der Transpiration und damit geringere Salzaufnahme aus der Bodenlösung durch reflektierende Oberflächen oder geringere Blattoberflächen.

Salzsukkulenz, Speicherung großer Wassermengen im Zellgewebe von Pflanzen, um die Salzkonzentration in Zellsaft auf nichttoxisches Niveau zu verdünnen. Diese Form der ↗Salzresistenz ist z. B. beim Queller (*Salicornia* spp.) zu beobachten.

Salztektonik, *Salinartektonik*, *Halotektonik*, tektonische Strukturen und Vorgänge, bei deren Gestaltung Salz maßgeblich beteiligt ist. Die Strukturformen haben Ähnlichkeit mit den durch ↗Halokinese entstandenen, daneben gibt es Übergänge zu tektonischen Formen (z. B. zu ↗Aufschiebungen).

Salztonebene, deutsche Sammelbezeichnung für in Trockengebieten häufige horizontale Flächen im Zentrum abflussloser, ↗endorhëischer Becken, in die aus der Gebirgsumrahmung nur das feinste Sediment bzw. Salze als Lösungsfracht hineingelangen, die im Laufe des Pleistozäns beträchtliche Mächtigkeiten erreicht haben können. Die normalerweise harte, meist von Trockenrissen durchzogene Oberfläche kann in der jeweiligen Regenzeit vorübergehend in einen unpassierbaren Salz-/Tonsumpf oder flachen Salzsee umgewandelt werden. Der Häufigkeit des weltweiten Vorkommens in Trockengebieten entsprechend erscheinen sie in der Literatur unter einer Vielzahl von Namen, z. B. als ↗Bajir in Innerasien, Kevir im Iran, ↗Schott oder ↗Sebcha in Nordafrika, ↗Salar in Südamerika und vermutlich am häufigsten unter dem aus dem Südwesten der USA stammenden Begriff ↗Playa. [DB]

Salzverwitterung, *Salzsprengung*, ↗physikalische Verwitterung durch das Kristallwachstum von Salzen. In Gesteinshohlräumen werden Salze ausgeschieden und kristallisieren, sobald die Salzkonzentration in der Lösung in Folge der ↗Verdunstung ansteigt, oder wenn die Temperatur einer beinahe gesättigten Lösung sinkt. Der dabei entstehende, gerichtete Kristallisationsdruck (in der Größenordnung von 50 bis 80 MPa, abhängig von der Art des Salzes, wobei besonders hohe Werte bei Steinsalz und Gips auftreten) greift das Gestein mechanisch an. Der Prozess wird durch wiederholtes Befeuchten (↗Hydratationsverwitterung) und Austrocknen besonders wirksam, findet also in wechselfeuchten Gebieten seine größte Verbreitung. Der Prozess wird ferner verstärkt, wenn in der Salzlösung wegen eines Mangels an Kondensationskernen (wie z. B. Staubkörnern) Übersättigung auftritt und die Kristallisation erst verzögert, dann aber äußerst rasch erfolgt. [AK]

Salzwiesen, azonale Vegetation im Küstenbereich der ↗gemäßigten Breiten, durch ↗Salzpflanzen (Halophyten) dominiert. Salzwiesen kommen vom ↗Eulitoral bis zum ↗Supralitoral vor und gehören, wie die Wiesen der Mittel- und Hochgebirge, zu den natürlichen Wiesen Mitteleuropas. Charakteristisch für Mitteleuropa ist die Dominanz von Süßgräsern (Poaceae), dagegen dominieren in den Salzmarschen Australiens und Neuseelands Sauergräser (Cyperaceae) und Binsen (Juncaceae). Während in den gemäßigten Breiten Salzwiesen bzw. -marschen aus krautigen Pflanzen vorherrschen, bilden in den boreoatlantischen und polaren Breiten nur Süßgräser die Salzwiesen.

Salzwüsten, vegetationsarme Stellen im Bereich abflussloser Senken oder Salzseen in temporär oder permanent (semi-)ariden Gebieten. Als Folge der Verdunstung nach episodischen Überflutungen kommt es zu einer Anreicherung der zurückbleibenden Salze. Nur wenige Pflanzen sind in der Lage die extrem hohen Salzgehalte (Elektrische Leitfähigkeit in der Bodenlösung beträgt mehr als 15 dS/m.) zu tolerieren. In der Flora der Salzwüsten dominieren Pflanzen aus der Familie der Gänsefußgewächse. Die typischen Bodentypen sind die Salzböden ↗Solonetze und ↗Solonchaks.

Salzzeiger ↗Zeigerpflanzen.

Same, Verbreitungseinheit von Samenpflanzen (↗Spermatophyten), die sich aus einer Samenanlage meist im Zuge der sexuellen Fortpflanzung entwickelt. Der Same enthält einen Embryo, ist von der Samenschale umgeben und kann spezielle Nährgewebe enthalten (Abb.). Der Embryo besitzt mit Keimwurzel (Radikula), Spross (Hypokotyl), Blättern (meist als Keimblätter = Kotyledonen, oft schon mit weiteren Blättern) und Sprossvegetationspunkt alle wichtigen Organe einer Sprosspflanze. Samen dienen als Ausbreitungskörper, durch ihre robuste Samenschale vor allem aber auch als Überdauerungseinheiten. Samen können im Extremfall über 1000 Jahre keimfähig bleiben (Lotusblume). Viele Samen

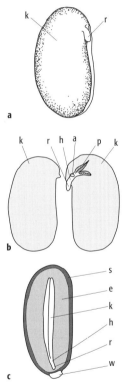

Same: a) Same ohne Samenschale von *Phaseolus vulgaris* (Bohne), b) aufgeklappter Same von *Phaseolus vulgaris*, c) Same von *Ricinus communis* (Wunderbaum) im Längsschnitt. (k = nährstoffspeicherndes Keimblatt, h = Hypokotyl (Keimspross), r = Radicula (Keimwurzel), p = Primärblätter, a = Ansatzstelle des abgetrennten Keimblatts, s = Samenschale, k = Keimblatt, e = Endosperm (Nährgewebe), w = Samenwarze (typisch für Wolfsmilchsamen).

sind aber nur ein bis wenige Jahre keimfähig, die Keimfähigkeit nimmt mit der Zeit mehr oder weniger rasch ab. Samen können entweder mitsamt der Frucht verbreitet werden (Schließfrüchte), oder sie können die reife Frucht passiv (Streufrüchte) oder durch spezielle Mechanismen (z. B. Schleudermechanismus bei *Impatiens*-Arten) verlassen (↗Ausbreitungsstrategie). Der Embryo im ruhenden Samen wird nur mit wenig Wasser versorgt, wodurch der Turgor niedrig bleibt, Zellwachstum ist nicht möglich. Samen sind ↗poikilohydrisch. Keimhemmung bzw. *Samenruhe* (Dormanz) wird durch das Pflanzenhormon Abszisinsäure (ABA) bewirkt. Die Dormanz wird mit fortlaufender Samenalterung reduziert, entweder durch Abbau von Keimhemmstoffen (z. B. ABA) oder durch äußere Einflüsse. Hierzu zählt die Stratifikation, eine mehrtägige Einwirkung von Temperaturen unter ca. 5°C, was in den gemäßigten Zonen mit ausgeprägten Jahreszeiten überlebenswichtig ist, damit der Samen nicht vorzeitig im Herbst oder im Winter keimt. Weitere äußere Faktoren, welche die Dormanz brechen können, sind Entfernung der Samenschale, Darmpassagen bei unverdaulichen Samen und bei *Lichtkeimern* ↗Licht. Viele Ackerwildkräuter benötigen nur einen kurzen Lichtimpuls, um zur Keimung zu gelangen (Pflügen im Frühjahr). Die Gesamtheit der keimfähigen Samen im Boden wird als *Samenbank* bezeichnet. Die Samenbank ist die Grundlage für ↗Sukzessionen bei Nutzungsänderungen eines ↗Biotops und stellt gleichzeitig auch ein Archiv vergangener Sukzessionsphasen dar. Die Samenbank enthält jedoch auch oft große Mengen über weite Strecken verfrachteter Samen benachbarter Biotope. [MSe]

Samenbank ↗Same.

Samenpflanze ↗*Spermatophyt*.

Samenruhe, *Dormanz*, ↗Same.

Sammelladungsverkehr, traditioneller Tätigkeitsbereich einer ↗Spedition, in dem eine Vielzahl kleiner Sendungen gesammelt, zu Wagenladungen für den Straßen- oder Schienentransport zusammengefasst und danach einer Vielzahl von Empfängern zugestellt wird.

Sand, Korngrößenbezeichnung für Partikel von 63–2000 μm Durchmesser, d. h. 0,063 mm bis 2 mm (↗Sandkorngrößen). Aufgrund seiner Korngröße ist Sand sowohl vom Wasser (↗fluvial, ↗marin) als auch vom Wind (↗äolisch) leicht transportierbar. Sand entsteht a) primär als Verwitterungsprodukt vulkanischer, intrusiver oder metamorpher ↗Gesteine, b) sekundär durch Aufarbeitung von Sandsteinen, wobei die bereits diagenetisch verfestigten Sandkörner wieder freigesetzt werden und c) durch mechanische Aufbereitung anderer Materialien (Kalkstein, Korallenriffe und andere). Sand hat entsprechend je nach Entstehung und Liefergebiet sehr unterschiedliche mineralogische Zusammensetzung; es gibt z. B. Quarzsande, Carbonatsande, Gipssande, Basaltsande, Korallensande. Die meisten Sande bestehen jedoch zu hohen Prozentanteilen aus dem verwitterungsresistenten Mineral ↗Quarz. Mechanische und chemische Beanspruchung beim Transport und der Verwitterung des Sandes führen zu einer Vielzahl unterschiedlicher Kornformen. [IS]

Sandbank, lang gestreckte Akkumulationsform des Vorstrandes, aufgewachsen bis über die Niedrigwasserlinie durch Welleneinwirkung auf den flachen Meeresboden und meist in Richtung der ↗Wellen bzw. auf den ↗Strand zu wandernd. Bei Aufhöhung mithilfe des Windes und Ansatz von Vegetation und Dünenbildung können aus Sandbänken Inseln (↗Nehrungsinseln) entstehen.

Sandberg ↗Erg.

Sanddom ↗Erg.

Sander ↗glazifluviale Akkumulation.

Sandfegen, Sandtransport bei mäßigem Wind, noch unterhalb der Intensität von ↗Sandsturm.

Sandfleck, in windparalleler Richtung lang gestreckte *äolische Akkumulation* geringer Höhe (wenige Dezimeter bis ca. 1 m), deren Scheitelpunkt im Längsprofil näher am Luvbeginn als am Lee-Ende liegt. Charakteristisch ist eine typische Verteilung der ↗Windrippeln über dem Sandfleck, wobei die höchsten, langwelligsten und grobkörnigsten Rippeln nahe am Luvbeginn liegen; direkt am Luvbeginn kann ein ↗Deflationswall ausgebildet sein. Zum Lee-Ende nehmen Rippelhöhe und ↗Rippelwellenlänge ab und die Rippeln zeigen Auszehrungserscheinungen. Die laterale Verteilung von Rippeltypen spiegelt die ↗Windstreifung und damit das Windströmungsmuster auf dem Sandfleck wider. Sandflecken treten häufig als kurzfristige Akkumulation nach Sandstürmen auf, wobei sie typischerweise auf Lücke zu Feldern oder Gruppen angeordnet sind. Ein Sandfleck kann durch weitere ↗Akkumulation zu einer Schilddüne und schließlich einem ↗Barchan anwachsen, durch ↗Deflation und Auszehrung bei mangelndem Sandnachschub dagegen zum ↗Rippelfleck degradiert werden. [IS]

Sandkeil ↗Eiskeil.

Sandkorngrößen, ↗Korngrößenklasse von ↗Sand. Sie reichen von Durchmessern von 0,063 mm bis 2,0 mm und werden nochmals unterteilt in Feinsand (0,063–0,2 mm), Mittelsand (0,2–0,63 mm) und Grobsand (0,63–2 mm). Bei äolischen Sanden spielt die ↗Korngrößenanalyse eine große Rolle, da aus den Korngrößenparametern und den Korngrößenverteilungen wichtige Rückschlüsse auf Sandquellen, Sandtransport, Dünenentstehung, ↗Dünentypen, Sand- und Dünenmobilität und -stabilität, Prozesse wie ↗Akkumulation und ↗Deflation und deren Bilanzen, Windstärken und Paläowinde, Paläodünen und ganze Paläo-Landschaften (z. B. auch in ↗Äolianiten) gezogen werden können. Die Auswertungsmethode wird als *Granulometrie* bezeichnet. Bewährt haben sich für die notwendige Fraktionierung durch Siebung sog. φ-Siebsätze, deren Maschenweiten dem negativen Logarithmus des Korndurchmessers zur Basis 2 folgen: $\varphi = -^2\log d$ (also z. B. Maschenweiten von $\varphi = 0$ (1 mm), $\varphi = 1$ (0,5 mm), $\varphi = 2$ (0,25 mm), $\varphi = 3$ (0,125 mm), $\varphi = 4$ (0,063 mm) oder Bruchteile davon (l/2 φ, 1/4 φ …). Die ausgewogenen und in Prozentanteile umgerechneten Fraktionen werden als Korngrößensummenkurve in ein Wahrscheinlichkeitsnetz (mit an beiden Enden logarithmisch gedehnter Ordinate) gezeichnet (oder digital danach berechnet). Auf der Abszisse werden die φ-Werte zu den Prozentwerten abgegriffen, die zur Berechnung der Korngrößenparameter Mittlere Korngröße (Mz), Sortierung (So), Schiefe (Sk) und Kurtosis (K) nach bestimmten Formeln benötigt werden:

$$Mz = (\varphi16+\varphi50+\varphi84)/3$$
$$So = (\varphi84-\varphi16)/4+(\varphi95-\varphi5)/6{,}6$$
$$Sk = (\varphi16+\varphi84-2\varphi50)/2(\varphi84-\varphi16)+(\varphi5+\varphi95-2\varphi50)/2(\varphi95-\varphi5)$$
$$K = (\varphi95-\varphi5)/2{,}44(\varphi75-\varphi25).$$

Die Mittlere Korngröße gibt genauer als der Median den Mittelwert aller in der Sandprobe enthaltenen Körner wieder. Da die meisten äolisch bewegten Sande ein Maximum in der Korngrößenfraktion 0,125–0,25 mm besitzen, bewegt sich auch die Mittlere Korngröße innerhalb dieser.
Die Sortierung ist ein Maß für die Breite der Häufigkeitsverteilung, wäre also am besten (kleinste Werte) bei einer Probe mit identischen Korngrößen (am nahesten kommt dem der ↗Treibsand). Sonst sind die Sande der aktiven ↗Dünenkämme am besten sortiert. Von Wasser abgelagerte Sande sind in der Regel deutlich schlechter sortiert.
Die Schiefe (Sk von engl. skewness) gibt die Asymmetrie der Korngrößenverteilung wieder und ist bei Dünensanden normalerweise positiv, weil der Feinkornanteil den Grobkornanteil überwiegt (bei Strandsanden z. B. negativ).
Die Kurtosis ist ein Maß für die Gipfelhöhe der Häufigkeitsverteilung und für die Interpretation besonders wichtig, weil übersteilte Gipfel (Leptokurtosis) ein Hinweis auf äolisch vorsortierte Sande und verflachte Gipfel (Platykurtosis) ein Hinweis auf Ablagerung in einem anderen (Paläo-) Milieu sind. Normale mobile Dünensande liegen dazwischen (Mesokurtosis).
Aussagekräftiger als die Korngrößenparameter sind jedoch die Korngrößenhäufigkeitsverteilungen selbst, sofern sie korrekt als 1. Ableitung der Summenkurve, d. h. Gew. %/dmm, auf der Ordinate, gezeichnet werden (Abb.). Offensichtlich reagiert die 1. Ableitung sensibler auf äolische Prozesse, die aus Einzelkornbewegungen bestehen, da nicht nur das Fraktionsgewicht (Gew. %) sondern auch die bei gleichem Gewicht unterschiedliche Kornzahl (dmm) mit berücksichtigt wird. Da jetzt die Feinkornfraktionen stärker betont werden, lassen sich die Korngrößenparameter (z. B. Schiefe) an diesem Diagramm nicht mehr überprüfen. Anhand der unterschiedlichen Kurvenformen lassen sich granulometrische Sandtypen unterscheiden, die in allen ↗Wüsten der Erde vorzukommen scheinen und kennzeichnend für die Ablagerungsgeschichte und äolische Dynamik des jeweiligen Sandes sind. Bei ↗Barchanen lässt sich auf diese Weise auch unterschiedliches Alter erkennen. [HBe]

Sandlöss, *Flottsand*, *Flottlehm*, nimmt aufgrund seiner Korngrößenzusammensetzung eine Übergangsstellung zwischen ↗Flugsand und ↗Löss ein. Er ist i. d. R. entkalkt und in seiner Verbreitung auf das Gebiet außerhalb der jüngsten Vereisung beschränkt.
Sandmassiv, Sand- und Dünengebiet mit deutlicher Erhebung über das Umland, häufig ohne erkennbares Muster, chaotisch. In den meisten Fällen handelt es sich um versandete Hügel oder Bergländer.
Sandpflanzen, *Psammophyten*, ↗Sandrasen.
Sandquelle ↗Erg.
Sandrampe ↗Dünentypen.
Sandrasen, ↗Magerrasen auf sandigem Substrat (z. B. Binnen- und festgelegte Küstendünen, Sandstein), die natürlich nur kleinflächig verbreitet waren und anthropo-zoogen durch Entwaldung und Beweidung ausgeweitet wurden. Es handelt sich um lückige, lichtbedürftige und niedrigwüchsige Pflanzenbestände mit geringer Phytomassenproduktion, in denen ↗Horstgräser, Annuelle (↗Raunkiaer'sche Lebensformen), ↗Moose und ↗Flechten vielfach dominieren. Viele Arten weisen xeromorphe Merkmale als ↗Anpassung an die Trockenheit der Standorte auf. Dies gilt auch für die Vielzahl an ausgesprochenen *Psammophyten*, d. h. Pflanzen, die Sandstandorte bevorzugen und z. T. auch an Sandüberschüttung mit weit verzweigten Ausläufern und Rhizomen gut angepasst sind. Sandrasen sind sehr anfällig gegenüber einer ↗Eutrophierung und dem Eindringen von ↗Neophyten, sodass sie in vielen Gebieten einer starken Bestandsgefährdung unterliegen. [ES]
Sandrücken, *whaleback*, ↗Draa.
Sandschild, schildartig gewölbter, großer ↗Sandfleck, meistens durch ein ↗Deflationspflaster aus Grobsand stabilisiert und mit typischer bimodaler ↗Korngrößenverteilung. Aus Sandschilden ohne Deflationspflaster können ↗Barchane entstehen.
Sandschwanz ↗Dünentypen.
Sandsee, *Edeyen*, *Nefud*, *Kum*, ↗Erg; im Gegensatz zu den Synonymen manchmal auch für größere dünenfreie Sandgebiete verwendet.

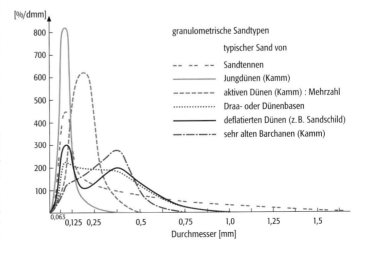

Sandkorngrößen: Granulometrische Sandkorngrößen.

Sandstein ↗klastische Gesteine.
Sandsteinkarst ↗Karstgesteine.
Sandström-Satz, bringt zum Ausdruck, dass eine temperaturbedingte Zirkulationsbeschleunigung anhaltend nur zwischen einer tief liegenden Wärme- und einer hoch liegenden Kältequelle erfolgen kann. Diese Bedingung ist in der Erdatmosphäre im Mittel erfüllt, da deren Erwärmung überwiegend vom Erdboden, deren Abkühlung aber durch langwellige Ausstrahlung in der gesamten Atmosphäre erfolgt.
Sandsturm, im Gegensatz zu Sandfegen sehr kräftiger Sandtransport in Wüsten- und Wüstenrandbereichen bei heftigem, trockenem Wind, bedingt durch a) starke lokale Druckgegensätze und durch ↗Turbulenz (Durchzug einer ↗Front), b) lokale bis regionale Aufheizung und starke ↗Konvektion (oft im diurnalen Rhythmus) oder c) großräumige, langfristige Luftmassengegensätze und Druckausgleich (↗Passat). Die Strömungsenergie des Windes wird auf die Bodenoberfläche übertragen und führt zur raschen Aufnahme von Sand, der dann je nach Korngröße auf dem Boden mittels ↗Reptation oder in der Luft als Saltationswolke (↗Saltation) mit bis zu mehreren Metern Höhe transportiert wird. Aufgenommene Staubpartikel werden in ↗Suspension transportiert und können je nach großräumiger Wetterlage sogar andere Kontinente erreichen. Bei kalten Luftmassen sind die Böen im Sandsturm nicht nur heftiger, sondern haben auch höhere Frequenzen, sodass enorme Sandtransportleistungen pro Zeiteinheit erreicht werden. Typisch für Sandstürme sind die hohe Luftelektrizität sowie die hohe elektrostatische Aufladung, bedingt durch die Reibung der in Saltation transportierten Körner. [IS]
Sandtenne, weitflächige, sandbedeckte Ebene randlich oder innerhalb von Dünengebieten, ohne jedoch selbst Dünenformen aufzuweisen. Trotz der feinen Korngrößenzusammensetzung, die bei ↗Deflation bestenfalls zur Anreicherung eines Grobsandpflasters oder eines Feinkiespflasters (Feinkies-↗Serir) führen würde, sind Sandtennen offensichtlich langfristig stabile Oberflächen.
Sandteufel ↗Trombe.
sanfter Tourismus, eine in der zweiten Hälfte der 1970er-Jahre entstandene Idee, die anfangs besonders die negativen ökologischen Auswirkungen des ↗Tourismus zu verhindern suchte, später auch sozio-kulturelle Aspekte aufgriff und – in der touristischen Praxis – meist zur Nischenstrategie wurde. Man unterscheidet: a) sanften Tourismus i. e. S. als alternatives Marktsegment, das vor allem die endogenen Potenziale ländlicher Räume nutzen will, ohne sie durch Erschließung und Technisierung in ihrem Charakter zu verfälschen. Demzufolge werden naturorientierte Freizeitaktivitäten propagiert. b) sanfter Tourismus i. w. S. als Marktkorrektiv der »Industrie« eines konfektionierten Massentourismus mit dem Ziel, eine generelle Umorientierung der Tourismuspolitik und -wirtschaft zu erreichen, indem gleichberechtigt neben umweltrelevanten, auch negative gesellschaftliche und wirtschaftliche Aspekte des Tourismus thematisiert werden.
sanfte Stadterneuerung ↗erhaltende Stadterneuerung.
Sanierung, Wiederherstellung der wirtschaftlichen Rentabilität eines Betriebes oder das Renovieren, Modernisieren (*Objektsanierung*) oder der Abriss (↗Totalsanierung) alter Gebäude (die durch neue ersetzt werden). Die Stadtteilsanierung bzw. Stadtsanierung ist eine mit öffentlichen Mitteln geförderte und auf bestimmte Bereiche konzentrierte Maßnahmen zur Behebung städtebaulicher Verfallserscheinungen (↗blight).
Sapper, *Karl Theodor*, deutscher Geograph und Geologe, geb. 6.2.1866 Wittislingen/Bayern, gest. 29.3.1945 Garmisch-Partenkirchen. Er studierte in München Naturwissenschaften, übersiedelte nach der Promotion in Geologie 1888 als Kaffeepflanzer nach Guatemala und beschäftigte sich dort, zunächst nur hobbymäßig, mit Fragen der Geographie Mittelamerikas (z. B. »Grundriss der physikalischen Geographie von Guatemala«, 1894; »Das nördliche Mittelamerika«, 1897; »Über Gebirgsbau und Boden des südlichen Mittelamerika«, 1899). 1900 habilitierte er sich in Leipzig, 1902 wurde er ao.Prof., 1907 o. Prof. für Geographie in Tübingen, 1910–1918 o. Prof. in Straßburg, 1919–1932 o. Prof. in Würzburg. Sapper galt als der beste Mittel- und Südamerika- sowie Südsee-Kenner des Faches.
Saprobiensystem, Zusammenstellung von Mikroorganismen-Arten (meist ↗Saprobionten) und auch höheren Organismen, die als Leitorganismen zur biologischen Beurteilung des Verschmutzungsgrades von Gewässern (↗Gewässergüte) dienen. Die Bestimmung des Verschmutzungsgrades (z. B. durch ↗Abwasser) erfolgt nach der Massenentwicklung einzelner Leitformen oder der Analyse der gesamten Lebensgemeinschaft des untersuchten Gewässers; die Verunreinigungsstufen werden nach der Stärke der Abwasserbelastung bezeichnet und farblich gekennzeichnet. In Fließgewässern folgen die Verunreinigungsstufen örtlich, in stehenden Gewässern zeitlich aufeinander, abhängig von der Stärke der Selbstreinigung. Die Leitorganismen sind nach ihrem ökologischen Verbreitungsschwerpunkt innerhalb einer bestimmten Verschmutzungsstufe des Gewässers ausgewählt. Sie müssen für den bestimmten Verunreinigungsgrad charakteristisch sein und sollten in den anderen Stufen überhaupt nicht oder nur sehr selten vorkommen. Ihre mikroskopische Bestimmung geht schneller und einfacher vonstatten als eine chemische Analyse des Wassers. Die Indikatorwirkung lässt sich auf die physiologischen Ansprüche der Organismen zurückführen (z. B. Verwertung organischer Stoffe, Sauerstoffbedarf) oder auch auf das Ertragen bestimmter Giftstoffe, die beim Abbau der Verunreinigungen auftreten (z. B. Ammoniak, Schwefelwasserstoff).
Saprobionten [von griech. *sapros* = in Fäulnis übergehend, faul, verfault und *bioōn* = lebend], ↗heterotrophe Organismen, die an Standorten mit faulenden bzw. verwesenden Stoffen vor-

kommen. Man unterscheidet ↗Saprophyten, ↗Saprophage und mikrobielle Saprobionten. Nach dem Vorkommen bestimmter saprober Mikroorganismen kann die ↗Gewässergüte beurteilt werden (↗Saprobiensystem).

Saprolit, Verwitterungshorizont in Festgesteinen, der als Bestandteil mächtiger und sehr alter Verwitterungsdecken der subtropischen und tropischen Klimazonen unterhalb der Böden folgt; Bildung durch Silicatverwitterung, Basenauswaschung, ↗Desilifizierung und Neubildung von ↗Tonmineralen. Die Massenverluste haben eine Zunahme der Porosität und Abnahme der Festigkeit des Gesteins zur Folge. Da ausschließlich chemische Verwitterungsprozesse wirksam sind, bleibt die primäre Gesteinsstruktur ungestört erhalten.

Sapropel, *Faulschlamm*, dunkles, feinkörniges Sediment stehender Binnengewässer und flacher Meeresbereiche, das als Anreicherung von Mikroorganismen (↗Plankton), die sich unter Sauerstoffabschluss zersetzen, entsteht. Sapropel ist oft nährstoffreich, aber schlecht durchlüftet und reich an Metallsulfiden als Folge stark reduzierender Bedingungen; in der Bodenkunde als ↗Bodentyp der ↗Deutschen Bodensystematik (Abteilung: Semisubhydrische und Subhydrische Böden; Klasse: ↗Subhydrische Böden; Profil: Fr-Horizont) angesprochen, jedoch in der ↗FAO-Bodenklassifikation nicht vorgesehen. ↗Protopedon, ↗Gyttja, ↗Dy.

Sapropelit, verfestigter ↗Sapropel.

Saprophage, [von griech. sapros = in Fäulnis übergehend, faul, verfault und griech. phagos = Fresser], *Detritusfresser, Totsubstanzfresser, Detrivore*, tierische Organismen, die sich von toter pflanzlicher Substanz ernähren, wichtiger Bestandteil der ↗Bodenfauna. ↗Destruenten. ↗Zersetzung.

Saprophyten, [von griech. sapros = in Fäulnis übergehend, faul, verfault und griech. phyton = Gewächs], ↗heterotrophe Organismen (Pflanzen bzw. Pilze und Bakterien, im Gegensatz zu den tierischen ↗Saprophagen), die ihre organische Nahrung aus dem Abbau von toten Organismen gewinnen (↗Zersetzung). Saprophyten remineralisieren abgestorbenes pflanzliches oder tierisches Material. Einzelne Saprophyten können sehr spezifische Abbauleistungen vollbringen. Beim Abbau von Holz unterscheidet man so Braunfäulepilze, die v. a. die Cellulose der Zellwände angreifen, und Weißfäulepilze, die insbesondere das Lignin abbauen. Bei Kälte, niedrigen pH-Werten oder anaeroben Bedingungen kann die Tätigkeit der Saprophyten und damit die Mineralisation ausreichend sein (z. B. Torfbildung, ↗Torf). Im Gegensatz zu Saprophyten leben Parasiten von lebenden Organismen.

Sargassumfauna, eigentümliche, relativ artenund endemitenreiche Fauna der treibenden Tangbündel der Sargassosee, die, obgleich pelagisch (↗Meer), aus litoralen Arten besteht. Zur Sargassumfauna gehören sessile Hydrozoen, Polychaeten, ↗Bryozoen, Cirripedier und Ascidien. Freibeweglich leben Schnecken, Garnelen, eine Krabbe und Fische darin (↗Wanderfische).

Sastrugi, *Zastrugi*, lang gestreckte, rückenförmige Erosionsformen aus hartem Schnee. Sastrugis entstehen durch Winderosion, sind parallel zur dominierenden Windrichtung angelegt und alternieren mit Ausblasungsrinnen. Sie können mehrere Meter lang sein und finden sich häufig auf Gletscheroberflächen von Eisschilden oder Plateaugletschern (↗Gletschertypen).

Satelliten, unbemannte Weltraumflugkörper, die zur Erdbeobachtung, Wetterbeobachtung, Telekommunikation oder Navigation genutzt werden. Je nach Umlaufbahn wird unterschieden nach ↗geostationären Satelliten, ↗polarumlaufenden Satelliten und anderen. Bei den ↗Erdbeobachtungssatelliten sind besonders die hochauflösenden Satelliten zur Landerkundung (↗LANDSAT, ↗SPOT) oder spezielle Erdbeobachtungssatelliten wie ↗ERS 1 und 2 zu nennen, bei den ↗Wettersatelliten zur Wettervorhersage und Klimaüberwachung ↗METEOSAT und ↗AVHRR.

Satellitenbildkarte ↗Bildkarte.

Satellitenbildszene, definierter Ausschnitt aus dem kontinuierlichen Aufnahmestreifen eines Satellitenbildscanners (↗optoelektronisches Abtastsystem). Eine Satellitenbildszene besteht aus einer Anzahl von Zeilen (quer zur Flugbahn des Satelliten aufgenommen oder abgetastet) und jede Zeile aus einer Anzahl von Bildpunkten (↗Pixel); bei ↗Landsat-TM-Szenen ca. 6900 Pixel pro Zeile und ca. 5400 Zeilen pro Szene. Die Szene selbst ist nach der Nummer des »path« (Pfad, Flugstreifen-Nr. der Flugbahn) und der »row« (Reihe, Bildstreifen quer dazu) definiert und zusätzlich durch das Aufnahmedatum. In einem Flugstreifen können meist auch »floating scenes« bestellt werden, d. h. Daten zwischen den Reihen (»row«), weil die Datenaufnahme durch das »Abtasten« der Erdoberfläche kontinuierlich verläuft. Ein einfaches »processing« (Aufbereiten) der Daten enthält eine für die visuelle Bildanalyse ausreichende ↗Geocodierung. Die Bildszene hat die Form eines Rhombus, weil sich während des Überfluges die Erde unter dem Satelliten weiter dreht.

Für die Datenbestellung z. B. bei den »national points of contact« (in Deutschland: DLR Oberpfaffenhofen bei München) liegen Ortungspläne von »path« und »row« pro Satellitensystem vor sowie eine Angabe über den Bevölkerungsanteil in den einzelnen Szenen. Schwarz-Weiß-Photos (etwa im Postkartenformat), sog. Quicklooks, geben Hinweise auf die Brauchbarkeit einer Aufnahme. [MS]

Satellitenstadt, in der Randzone einer Stadtregion gelegene Siedlung mit überwiegender Wohnfunktion (»Schlafstadt«). Sie ist v. a. in Bezug auf Erwerbsmöglichkeiten (hoher Auspendleranteil), Versorgungsgüter des mittleren und gehobenen Bedarfs sowie höhere zentralörtliche Funktionen weitgehend von der ↗Kernstadt abhängig. ↗Trabantenstadt.

Säterwirtschaft, ↗Weidewirtschaft auf den Gebirgsflächen Skandinaviens, die der alpinen ↗Almwirtschaft vergleichbar ist.

Satisfier, Unternehmer, der nach der relativ besten, d. h. einer für ihn befriedigenden Lösung sucht (subjektiv rationale Entscheidung). Dies ist realistischer als die Vorstellung vom ↗Optimizer. Fehlende Informationen, fehlende Fähigkeit, alle Entscheidungsoptionen und -folgen zu erfassen, oder die unvollständige Nutzung von Informationen verhindern optimale ↗Standortentscheidungen oder Investitionsentscheidungen.

Sattel ↗Antiklinale.
Sattelpunkt ↗Viererdruckfeld.
Sättigungsabfluss ↗Abfluss.
Sättigungsdampfdruck, *Sättigungsdruck*, temperaturabhängige Obergrenze des ↗Dampfdrucks in einem bestimmten Luftvolumen. Er ist ein Maß für die maximal mögliche Wasserdampfmenge, der *Sättigungsfeuchte*, die bei einer bestimmten Temperatur in einem Luftvolumen gehalten werden kann, ohne dass es zur ↗Kondensation bzw. ↗Deposition kommt. Der Sättigungsdampfdruck E [hPa] über ebenen Wasser- oder Eisflächen kann mithilfe der empirischen *Magnus-Formel* bestimmt werden:

$$E = 6{,}107 \cdot 10^{a \cdot T/(b+T)}$$

mit T = Lufttemperatur [°C], $a = 7{,}5$, $b = 235$ (über Wasser $>0°C$); $a = 7{,}6$, $b = 240{,}7$ (über ↗unterkühltem Wasser); $a = 9{,}5$, $b = 265{,}5$ (über Eis). E über Eis ist bei gleicher Temperatur kleiner als über unterkühlten Wasserflächen (Abb.). Übersteigt der aktuelle Dampfdruck den Sättigungsdampfdruck, liegt ↗Übersättigung vor und Bildung von Flüssigwasser durch ↗Kondensation bzw. Eis durch Deposition kann einsetzen. Die Temperaturen, bei denen die jeweiligen Prozesse beginnen, heißen Kondensationspunkt (↗Kondensation) bzw. ↗Gefrierpunkt. Gegenüber ebenen Flächen erhöht sich der Sättigungsdampfdruck über gekrümmten Oberflächen teilweise erheblich, sodass beispielsweise große Wolkentröpfchen auf Kosten kleinerer anzuwachsen vermögen (↗Krümmungseffekt). Liegt der aktuelle Dampfdruck unter dem Sättigungsdampfdruck, kann die Luft noch Wasserdampf durch ↗Verdunstung oder ↗Sublimation aufnehmen; es besteht somit ein *Sättigungsdefizit*. Man unterscheidet das absolute Sättigungsdefizit [hPa] vom relativen Sättigungsdefizit [%] (100% minus relative Feuchte (↗Luftfeuchte)). [JB]

Sättigungsdefizit ↗Sättigungsdampfdruck.
Sättigungsdruck ↗*Sättigungsdampfdruck*.
Sättigungsfeuchte ↗Sättigungsdampfdruck.
Sättigungsmischungsverhältnis, Masse Wasserdampf pro Masse trockener Luft bei Erreichen des ↗Sättigungsdampfdrucks. Das Sättigungsmischungsverhältnis M berechnet sich nach:

$$M = 622 \cdot \frac{E}{E - p}$$

mit E = Sättigungsdampfdruck [hPa], p = ↗Luftdruck [hPa]. Da der Sättigungsdampfdruck nur von der Temperatur abhängig ist, kann M bei Kenntnis von Temperatur und Luftdruck mithilfe eines vereinfachten ↗Stüve-Diagramms bestimmt werden.

Saturation ↗IHS-Farbsystem.
Satzendmoräne ↗Moränen.
Sauer, *Carl Ortwin*, US-amerikanischer Geograph, geb. 24.12.1889 Warrenton, Missouri, gest. 18.7.1975, Berkeley, Kalifornien. Sauer studierte von 1908–1909 an der Northwestern University, Evanston, Illinois, Geologie und Petrologie und von 1909 bis 1913 Geographie an der University of Chicago. Nach zwei Berufsjahren als Lektor eines Kartenverlages und Dozent an der State Norman School, Salem, Massachusetts, wurde ihm 1915 an der Universität Chicago der Doktortitel für eine Arbeit mit dem Titel »The geography of the Ozark Highland of Missouri« verliehen. Sauer erhielt daraufhin eine Dozentur an der Universität Michigan, Ann Arbor. Dort wurde er 1922 zum Professor ernannt. 1923 wechselte er an die University of California, Berkeley. Hier publizierte er 1925 einen seiner einflussreichsten Aufsätze »The Morphology of Landscape«, der Auswirkungen auf eine Reihe von theoretischen Ansätzen in der Kulturgeographie hatte und als Kritik einer geodeterministischen Vorstellung (↗Geodeterminismus) von ↗Geographie zu interpretieren ist. Zu Beginn seiner Tätigkeit in Berkeley beschäftigte sich Sauer vor allem mit den zerstörerischen Auswirkungen menschlichen Handelns auf die Landschaft sowohl in regionalen Studien als auch auf globaler Ebene, wie z. B. in dem Aufsatz »The Agency of Man on Earth« (1956) publiziert. Sauer entwickelte im Laufe seiner Karriere an der Universität Kalifornien eine zunehmend pessimistische Perspektive in Bezug auf die Zukunft der modernen Zivilisation. So erscheint es auch nicht verwunderlich, dass er sich bald einem anderen Feld zuwandte. Sauer versuchte die historischen und anthropologischen Wurzeln menschlicher Kulturen zu verstehen, indem er frühe landwirtschaftliche Aktivitäten, Veränderungen der Familienstrukturen und Lebensweisen vor allem in Lateinamerika untersuchte. Diese Forschungen publizierte er in einer Reihe von Aufsätzen zwischen 1930 und 1940. Eine Zusammenfassung dieser Aktivitäten legte er mit »Agricultural Origins and Dispersals« im Jahr 1952 vor und ergänzte diese in einem späten Aufsatz

Sauer, *Carl Ortwin*

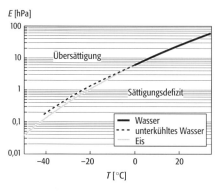

Sättigungsdampfdruck: Feuchtediagramm zur Bestimmung des Sättigungsdampfdrucks in hPa über ebenen Flächen in Abhängigkeit von der Temperatur.

»Plants, Animals and Man« (1970). Neben Sauers eigenen Publikationen und ihrem Einfluss auf die nordamerikanische Kulturgeographie verbreiteten seine Schüler seine Konzepte. Im Laufe der Jahre betreute Sauer über 40 Doktoranden, von denen eine große Zahl Professuren an nordamerikanischen Universitäten übernahmen und seine Gedanken zur Grundlage kulturgeographischer Lehre und Forschung machten. Heute werden die Konzepte dieser auf Sauer zurückgehenden Autoren als ↗ Berkeley School bezeichnet.

In jüngerer Zeit namen kulturtheoretisch orientierte Konzeptionen der Geographie, welche als ↗ new cultural geography bezeichnet werden, die Sauer'sche Schule als Ausgangspunkt für z. T. scharfe Kritik und eine konstruktive Erweiterung kulturgeographischer Konzepte (insbesondere die Paradigmen des »Cultural Materialism« und der »Landscape School«). In Sauers Arbeiten finden sich viele Ansätze, auf die aktuelle Arbeiten immer wieder zu sprechen kommen, wie z. B. die Beachtung materieller Landschaften, Interesse an kulturökologischen Fragestellungen, die Auswirkungen menschlichen Handelns auf die Umwelt usw. Sauer verfügte über gute Kenntnisse der deutschen Geographie. Seine Arbeiten wiesen Bezüge zu den Gedanken von ↗ Ratzel und insbesondere Herder auf. Sauer, der einen Teil seiner Kindheit auf einer methodistischen Schule in Calw, Baden-Württemberg, verbrachte, hatte enge Kontakte nach Deutschland. 1955 erhielt er die Ehrendoktorwürde der Universität Heidelberg, 1959 die Humboldt-Medaille der Gesellschaft für Erdkunde zu Berlin. Werke (Auswahl): »The Morphology of Landscape«, In: Univ. California Publ. Geogr., Vol. 2, Nr. 2, 1925; »Foreword to Historical Geography«, In: Ann. of the Ass. of Am. Geogr. 31, 1941; »Agricultural Origins and Dispersals«, 1952; »The Agency of Man on Earth«, In: Thomas, W. L. (Ed.): Man's Role in Changing the Face of the Earth, 1956; »Plants, Animals and Man«, In: Buchanan, R. E., Jones, E. and D. McCourt (Eds.): Man and his Habitat, 1970; »The Fourth Dimension in Geography«, In: Ann. of the Ass. of Am. Geogr. 64, 1974; »On the Background of Geography in the United States«, In: Heidelberger Geographische Arbeiten, Festgabe zum 65. Geburtstag von Gottfried Pfeiffer, Vol. 15, 1966. [TH]

Sauerstoffisotopenkurve, Schwankungen bei dem Verhältnis von abgelagerten Sauerstoffisotopen. Marine ↗ Foraminiferen lagern in ihre Kalkschalen die ↗ Isotope des Sauerstoffs ^{16}O und ^{18}O ein. Das Verhältnis der beiden Isotope hängt von der Wassertemperatur und von dem Mengenverhältnis im ↗ Meerwasser ab. Dabei ergeben sich zeitliche Schwankungen, die leicht zeitverzögert mit ↗ Milanković-Zyklen korrelieren und im Wesentlichen auf das relative Anreicherung des schwereren Isotops im Meerwasser bei Bindung großer Mengen Wassers auf den Festländern als Eis zurückgeführt werden; sie zeichnen also das globale Gletschereisvolumen nach. Gegenläufige Kurven lassen sich in der ↗ Eisschichtung in Eisbohrkernen erkennen.

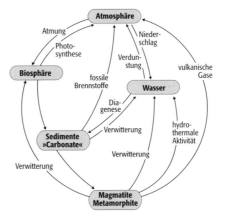

Sauerstoffkreislauf: Schematische Darstellung des geochemischen Sauerstoffkreislaufs. Die einzelnen Reservoire zeigen eine charakteristische Bandbreite der Sauerstoffisotope.

Sauerstoffisotopenstadium ↗ Eiszeittheorie.

Sauerstoffkreislauf, *Sauerstoffzyklus, geochemischer Kreislauf des Sauerstoffs*, Kreislauf der verschiedenen Formen des Sauerstoffs im System Erde-Atmosphäre (Abb.). Sauerstoff gehört zu den Chalkogenen. Seine Oxidationsstufen sind –2 und selten auch –1. Sauerstoff hat einen kleinen Atomradius (0,74 Å), als O$_2$-Anion dagegen einen sehr großen (1,40 Å). Die Ordnungszahl von Sauerstoff ist 8, es hat drei stabile Isotope (^{16}O, ^{17}O und ^{18}O) mit den durchschnittlichen Häufigkeiten 99,76 %, 0,037 % und 0,20 %, die aber durch Isotopenfraktionierungsprozesse verändert werden.

Säuglingssterblichkeit, die am häufigsten analysierte altersspezifische Mortalitätsrate. Untersuchungen basieren auf der *Säuglingssterblichkeitsrate* oder -ziffer (q_0), die sich aus der Zahl der Sterbefälle von unter einjährigen Personen (D_0), bezogen auf 1000 Lebendgeborene (B) in einem Kalenderjahr berechnet:

$$q_0 = D_0/B \cdot 1000.$$

Der weltweite Durchschnitt der Säuglingssterblichkeit von 58 ‰ verdeckt die großräumige Polarisierung zwischen Industrie- (8 ‰) und Entwicklungsländern (64 ‰, ohne China 70 ‰). Innerhalb der jeweiligen Staatengruppe existieren nennenswerte Unterschiede (Abb. 1): Japan, Hongkong, einige nord- und westeuropäische Länder registrieren eine Rate von weniger als 5 ‰, in einigen Ländern Ost- oder Südosteuropas liegt sie jedoch über 15 ‰. In Lateinamerika beträgt die Säuglingssterblichkeit 36 ‰, in Asien (ohne China) 66 ‰. Die afrikanischen Länder schneiden mit Raten oftmals über 100 ‰ am schlechtesten ab. Dort trägt die Säuglingssterblichkeit entscheidend zur niedrigen ↗ Lebenserwartung bei.

Als Ursache für die Unterschiede in der Säuglingssterblichkeit kommt zunächst die Wirtschaftskraft (Abb. 2) infrage. Staaten mit hohem Pro-Kopf-Einkommen verfügen über ein gut ausgebautes Gesundheitswesen und über eine Infrastruktur, die z. B. eine flächendeckende Wasserver- und -entsorgung sichert. In Entwick-

Säuglingssterblichkeitsrate

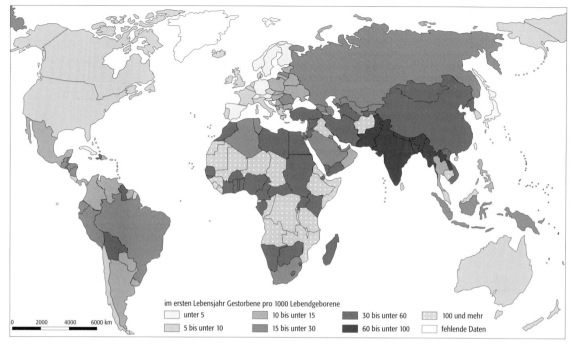

Säuglingssterblichkeit 1: Säuglingssterblichkeit in den Staaten der Erde Ende der 1990er-Jahre.

Säuglingssterblichkeit 2: Säuglingssterblichkeit und Pro-Kopf-Einkommen in den Staaten der Erde mit mehr als 5 Mio. Einwohnern Ende der 1990er-Jahre.

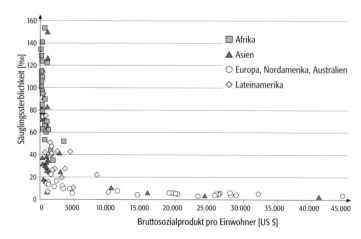

lungsländern sind diese Voraussetzungen nur partiell gegeben. In Indien liegt z. B. die Säuglingssterblichkeit in ländlichen Gebieten bei 80 ‰, in städtischen Räumen beträgt sie dagegen 49 ‰ (jeweils für 1995). Die Rate sinkt mit steigender Wirtschaftskraft, doch gibt es Abweichungen von dieser Relation, die auf weitere Einflussfaktoren schließen lassen. Soziokulturell geprägte Verhaltensweisen, wie z. B. eine Präferenz von Söhnen, verursacht eine ↗Übersterblichkeit von Mädchen, Neugeborene von sehr jungen Frauen leiden oft an Untergewicht, frühe Vermählungen (↗Heiratsverhalten) erhöhen tendenziell die Zahl der Geburten und verringern dadurch die Betreuung je Kind. Schulische Bildung von Frauen verbessert Kommunikationsmöglichkeiten, stärkt Kenntnisse zur Gesundheitsvorsorge und trägt zur Reduzierung der Säuglingssterblichkeit und ↗Fruchtbarkeit bei. Insgesamt ist die Säuglingssterblichkeit ein guter Indikator, um den Entwicklungsstand eines Landes einzuordnen. Aufgrund der besonderen Gefährdung von Säuglingen kurz vor bzw. nach der Geburt unterscheidet man zwischen perinataler (Totgeborene und in den ersten 7 Tagen Gestorbene), neonataler (in den ersten 28 Tagen Gestorbene) sowie postneonataler Sterblichkeit (vom 29. Lebenstag bis zum Ende des ersten Lebensjahres Gestorbene). [PG]

Säuglingssterblichkeitsrate, *Säuglingssterblichkeitsziffer*, ↗Säuglingssterblichkeit.

Saugspannung, 1) ↗Wasserspannung. 2) dem Betrag nach das ↗Wasserpotenzial der Vakuole einer Zelle, d. h. der Druck, mit dem von der Zelle Wasser aus umgebendem, reinem Wasser aufgenommen wird; häufig in folgender Beziehung zwischen den osmotischen Zustandsgrößen der Zelle ausgedrückt:

$$S = O - W$$

(S = Saugspannung, O = osmotisches Potenzial, W = Wanddruck). Einem negativen Wasserpotenzial entspricht eine positive Saugspannung. Es ist sinnvoll, statt dieser etwas veralteten Gleichung nur Wasserpotenziale bzw. Wasserpotenzialdifferenzen zu verwenden, um den Wasseraustausch zwischen zwei Kompartimenten zu beschreiben. 3) Transpirationssog im Xylem (Wasserleitbahnen) einer Pflanze (↗Transpiration). [MSe]

Säulengefüge, Ergebnis einer Absonderungsform bei erstarrenden magmatischen Schmelzen, entstanden durch Schrumpfungsprozesse bei der Abkühlung. Bei der Bildung von Säulen gruppiert sich das Gestein in mehr oder minder regelmäßig angeordnete prismatische Körper. Säulengefüge sind häufig bei basaltischen Gesteinen (↗Basalt) zu beobachten.

Saumbiotop ↗Übergangsgebiet.

Saumriffe ↗Korallenriffe.

Säurepflanzen, *Acidophyten*, auf sauren Böden wachsende Pflanzen, zu denen viele Heidekrautgewächse, Sauergräser und Torfmoose gehören, die auf Böden mit niedrigen ↗pH-Werten (bis 3,5) gedeihen. ↗Moore.

saurer Regen, *acid rain*, die durch hohen Gehalt an Säuren und Wasserstoffionen (H^+) stark angesäuerten ↗Niederschläge, die in Europa und Nordamerika pH-Werte von 3–4 besitzen und in Einzelfällen noch wesentlich darunter (bis pH 2,2) liegen können. Der »saure Regen«, seit Beginn der 1970er-Jahr bekannt, wird ausgelöst durch die bei Verbrennungsprozessen von Kohle, Braunkohle, Benzin (Kraftfahrzeuge) sowie bei der Raffinerie von Erdöl entstehenden Abgase und Rauchgase mit gewaltigen Mengen an den säurebildenden Gasen Schwefeldioxid und Stickoxiden. Hinzu kommen noch weitere saure Gase (HCl, HF) aus Industrieanlagen. In Verbindung mit der Luftfeuchtigkeit bilden diese Gase saure ↗Aerosole und Nebel, die vorwiegend schweflige Säure, Schwefelsäure, salpetrige Säure und Salpetersäure enthalten und die als saurer Regen, saurer Nebel, saurer Morgentau oder saurer Raureif und z. T. auch als sog. trockene Deposition (u. a. gebunden an Stäube) niedergeschlagen werden. Da viele der Schadgase aus hohen Schornsteinen abgegeben werden, können sie mit der Luftströmung über Hunderte von Kilometern transportiert werden und fallen dann als saurer Regen weitab von den emittierenden Industriezentren in Regionen, die man eher als »Reinluftgebiete« bezeichnen würde. Zwar weist auch natürlicher Regen aus Reinluftgebieten durch das in ihm gelöste Luft-CO_2 bereits einen leicht sauren pH-Wert von 5,6 auf, jedoch ist die Kohlensäuremenge darin gering und das ungestörte ↗Ökosystem daran angepasst. Saurer Regen mit seinen niedrigen pH-Werten ist anthropogen bedingt und ein Negativbeispiel für den Eingriff des Menschen in die Natur. Er schädigt die terrestrischen und aquatischen Ökosysteme und ist einer der Hauptauslöser der ↗neuartigen Waldschäden.

Der saure Regen führt in den deutschen Mittelgebirgen, insbesondere auf den basenarmen Sandsteinböden des Schwarzwaldes, zu verstärkter Auswaschung der Kationen K^+, Ca^{2+} und Mg^{2+}, was zu Bodenversauerung und schließlich auch zur Mobilisierung von Aluminium (Al^{3+})- und Schwermetall-Ionen (Zn^{2+}, Cd^+, Mn^{2+}, Fe^{2+}) führt, wodurch die ↗Pufferkapazität der Böden zerstört wird. Auf Silicatböden werden durch sauren Regen vor allem Mg^{2+} und Ca^{2+} ausgelaugt und durch Sickerwasser und Abflusswasser dem Boden entzogen. Bei pH-Werten niedriger als 4 werden ↗Tonminerale zerstört und Metallhydroxide gelöst, darunter auch toxische Schwermetalle. Auf Kalkböden wird vor allem lösliches $Ca(HCO_3)_2$ ausgeschwemmt, der pH-Wert sinkt nicht so stark ab, aber es entsteht u. a. Kalium- und Eisenmangel. Darüber hinaus wird durch sauren Regen die ↗Nitrifikation gehemmt und Phosphat als Komplex ausgefällt. Dadurch entsteht ein zu hohes Verhältnis von NH_4^+/NO_3^- und eine geringe Verfügbarkeit von Phosphat, was zusammen mit den anderen Auswirkungen der Bodenversauerung zu einem stark gehemmten Wachstum der Pflanzenwurzeln und der Waldbäume führt. Das hat auch zur Folge, dass das Regenwasser durch die dadurch kleineren Wurzelballen weniger zurückgehalten wird. Es fließt aus den Waldböden viel rascher aus als noch vor 40 oder 50 Jahren, und die basischen Kationen werden zunehmend schneller ausgeschwemmt.

Die Ansäuerung der Seen in Skandinavien, die sich häufig auf Granitböden befinden und keine Säurepufferkapazität haben, auf pH-Werte von 3–4 und z. T. noch niedriger durch die aus den Industriezentren von England und Mitteleuropa herangetragenen sauren Regen war zwar schon seit Ende der 1960er-Jahre bekannt. Die hierfür verantwortlichen Industrieländer wurden jedoch erst dann aktiv, als der saure Regen spätestens Anfang der 1980er-Jahre die mitteleuropäischen Wälder zerstörte. Auch aus USA ist der Ferntransport der sauren Gase bekannt. So werden die in den Industriezentren und Ballungsräumen gebildeten sauren Schadgase nach Osten verweht, fernab vom Entstehungsort in Vermont als saurer Regen niedergeschlagen und führten dort in den 1980er- und 90er-Jahren wie in Europa zu Bodenversauerung und zu großflächigen Waldschäden. Der Einbau von Entschwefelungs- und Entstickungssystemen in Großfeuerungs- und Industrieanlagen und in Raffinerien sowie der Einbau von Katalysatoren in Kraftfahrzeuge sind einige der erforderlichen Maßnahmen zur Reduktion der Emission von sauren Schadgasen und zur Minderung der dadurch ausgelösten katastrophalen Folgen für die Natur, die Wälder und die Ökosysteme. Während allerdings die Emission von SO_2 in Mitteleuropa seit 1990 zurück gegangen ist, hat jene von NO und NO_2

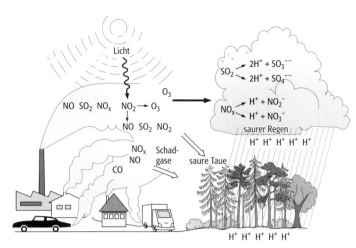

saurer Regen: Die von verschiedenen Emittenten (Kraftfahrzeuge, Industrie, Braunkohlekraftwerke) an die Atmosphäre abgegebenen sauren Oxide (SO_2, NOx, NO) wandeln sich mit der Luftfeuchtigkeit zu Säuren und Protonen um und werden dann, meist weit entfernt von den Industrie- und Ballungszentren, als saurer Regen niedergeschlagen.

durch ständig steigenden Verkehr eher noch zugenommen. Abb. [HLi]

Säurezeiger, *Acidophyten*, *acidophile Arten*, ↗Zeigerpflanzen.

Sauropterygier, ↗Reptilien mit flossenartigen Gliedmaßen. In mesozoischen, marinen Ablagerungen finden sich v. a. Nothosaurier und Plesiosaurier.

Sauschkin, *Julian Glebowitsch*, russischer Geograph, geb. 2.7.1911 in Moskau, gest. 30.7.1982 in Moskau. Er studierte an der Moskauer Universität. Von 1937 bis 1948 lehrte er ökonomische Geographie an der Moskauer Pädagogischen Hochschule, unterbrochen vom Fronteinsatz, von dem er schwer verwundet zurückkehrte. 1945 begründete er mit anderen den Moskauer Verlag »Geografgiz« und leitete ihn bis 1948. Von 1948 (Habilitation, Professur) bis 1981 hatte er den Lehrstuhl für ökonomische Geographie der Sowjetunion an der Lomonossow-Universität inne und leistete eine anerkannte Ausbildungsarbeit. Der Autor von mehr als 350 wissenschaftlichen Arbeiten widmete sich vor allem den theoretischen und methodologischen Fragen der ökonomischen Geographie und ihrer Geschichte. Vor allem die aufkommenden Richtungen der Kybernetik, Systemtheorie, der Modellierung und der mathematischen Methoden zur Erfassung der Wirtschaftsrayons griff er bewusst auf, bereicherte sie und hat sie den sowjetischen Verhältnissen angepasst und dienstbar gemacht, mehrfach auch recht streitbar. [FK]

Savanne, Grasland-Formation in den wechselfeuchten Tropen und demnach von den andersartig funktionierenden ↗Ökosystemen der außertropischen ↗Steppen zu trennen. Nach heutigem Erkenntnisstand leiten sich die offenen Bestände, die zumeist einen lockeren Baumbestand aufweisen, aus Gehölzen oder laubwerfenden bis halbimmergrünen Tropenwäldern ab. Gründe für die »Savannifikation«, also die Entstehung von Savannen, sind in häufigen Bränden sowie einem hohen Besatz an Mega-Herbivoren in den wechselfeuchten Tropen zu suchen. Im ersten Fall ist von einer starken anthropogenen Beteiligung infolge von Jagdfeuern und durch Brandrodung auszugehen; feuerresistente Einzelbäume (↗Pyrophyten) weisen Savannen als Feuerökosysteme aus. Hinzu kommt die Auflichtung durch Großwild (Elefanten, Nashörner, Büffel etc.) und eine nachfolgende Offenhaltung durch Antilopenartige, Zebras usw. Da menschliche Effekte sowie die intensive Naturbeweidung durch Herbivore in Afrika und Vorderindien stärker als in Südamerika waren (und sind), nehmen Savannen in der Paläotropis einen größeren Raum als in der Neotropis (↗Faunenreiche, ↗Florenreiche) ein. Eine Gegenüberstellung der entsprechenden klimaökologischen Zonen deutet darauf hin, dass die verschiedenen Savannentypen großenteils aus folgenden zugehörigen Waldformationen hervorgegangen sind (in Klammern die jeweilige Anzahl an ariden Monaten):

Dorngehölze → *Dornsavanne* (8–10)
Trockenwald → *Trockensavanne* (5–8)
Feuchtwald → *Feuchtsavanne* (3–6)
Bergwald → *Bergsavanne* (3–8).

Auf diese Zuordnungen weisen auch sog. »Savannen-Parklandschaften« hin, in denen Waldinseln inmitten tropischer Graslander überdauern. Die Überlappung der Humiditätsstufen ergibt sich aus den bodenstrukturellen Vorgaben, die für die Wasserversorgung der zugehörigen Vegetation entscheidend sind. Feuchtsavannen zeichnen sich durch einen großen Anteil an meterhohen, mehrjährigen Gräsern mit oftmals derblaubigen Einzelbäumen aus. In Trockensavannen überwiegen kleinere, oftmals annuelle Gräser und Kräuter, wobei neben schirmförmigen Fiederlaubbäumen (v. a. Akazien) auch ↗Flaschenbäume bezeichnend sein können. In Dornsavannen kommen neben Sträuchern unter der Vorgabe periodischer Regenfälle stammsukkulente Lebensformen vor. Eine Sonderform bilden *Termitensavannen* (Abb. 1 im Farbtafelteil), ein Formationsgemisch mit kleinen Waldinseln im Umfeld zerfallener Termitenbauten. Hier ist der Boden durch die Tätigkeit der Insekten in weitläufigen Gängen mit Humus angereichert und sorgt für eine bessere Durchlüftung, Wasserhaltekapazität und Nährstoffversorgung; Termitenbauten tragen somit zur (Wieder-) Bewaldung bei. Als weitere Sonderform zeichnen sich die in Südamerika in den ↗Llanos und im ↗Gran Chaco verbreiteten Nass- oder Überschwemmungssavannen durch einen hohen Anteil an Palmen aus.

Da die wechselfeuchten Tropen als Träger der Savannen-Landschaften mit 25 % der Landfläche die größte ↗Vegetationszone der Erde einnehmen, bilden tropische Grasländer eine überragende Rolle in der Evolution von fortschrittlichen Wirbeltieren, den Menschen inbegriffen. Abb. 2. [MR]

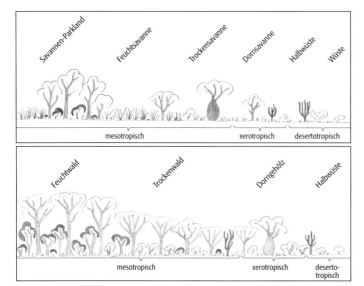

Savanne 2: Abfolge von Bestandstypen von der relativ feuchten Parklandsavanne bis zur Dornsavanne bzw. Halbwüste (oben) sowie bei analogem Humiditätswandel von tropischen Feuchtwäldern bis zu Dorngehölzen (unten).

Sawicki, *Ludomir Ślepowran*, polnischer Geograph, geb. 14.9.1884 Wien, gest. 3.10.1928 Krakau. Sawicki, Sohn eines polnischen Offiziers und einer österreichischen Mutter, studierte in Wien ↗Geographie und ↗Geologie und promovierte 1907 mit einer geomorphologischen Arbeit über die Westkarpaten. Als Oberlehrer in Krakau habilitierte er sich 1910, erhielt 1915 eine apl. Professur und 1917 einen Lehrstuhl. Von 1922 bis zu seinem frühen Tod war er Direktor des Geographischen Instituts der Universität Krakau. Neben seiner Hochschultätigkeit war Sawicki in der Polnischen Geographischen Gesellschaft maßgeblich engagiert, organisierte Kongresse, unterstützte die Gründung von Zweigvereinen und begründete die Vereinszeitschrift »Przeglad Geograficzny«. Expeditionen führten ihn nach Siam und Ostasien (1923), Nordafrika und Palästina (1925) und auf den Balkan, wo er sich 1928 an der Malaria ansteckte, an der er kurz darauf verstarb. Trotz seines kurzen Lebens hatte er großen Einfluss auf die Entwicklung der Geographie in Polen, zu deren Institutionalisierung und Popularisierung er maßgeblich beitrug. [HPB]

saxonische Tektonik, durch germanotype ↗Tektonik (im wesentlichen Bruchtektonik) und Rahmenfaltung (faltenähnliche Deformationen, die durch Pressungserscheinungen an Rändern von starren Blöcken entstehen) gekennzeichneter Typ einer tektonischen Beanspruchung im außeralpinen Mitteleuropa. Die Entstehung der saxonischen Strukturen fällt zeitlich mehr oder minder mit tektonischen Deformationen im Rahmen der alpinen Gebirgsbildung zusammen.

Saxothuringikum, neben dem ↗Moldanubikum und ↗Rhenoherzynikum eine der geotektonischen Einheiten der variskischen Gebirgsbildung. Sie erstreckt sich vom ↗Pariser Becken bis Ostsachsen und ist heute in den Nordvogesen, dem Nordschwarzwald, Thüringer Wald, Frankenwald, Vogtland, Erzgebirge und Granulitgebirge repräsentiert. Das Saxothuringikum beinhaltet sedimentäre Gesteinskomplexe kambrischen bis unterkarbonen Alters und ist durch eine Gliederung in submarine Schwellen und Tröge gekennzeichnet, die starke Faziesdifferenzierungen bewirkten. Ein nördlich der saxothuringischen Zone angegliederter Streifen stärker metamorpher Gesteine wird als ↗Mitteldeutsche Schwelle bezeichnet.

S-Bahn, Massenverkehrsmittel des ↗Schienenpersonennahverkehrs und somit Bestandteil des Eisenbahnverkehrs. Im Unterschied zur ↗Regionalbahn bedienen S-Bahnen die dichtbesiedelten, verkehrlich hoch belasteten Achsen der großen Ballungsräume im dichten Fahrplantakt. Die S-Bahn zählt neben der ↗U-Bahn zu den leistungsfähigsten Verkehrsmitteln. Träger und Betreiber sind die ↗Deutsche Bahn AG bzw. deren Tochtergesellschaften.

SB-Laden ↗Betriebsformen.

Scale, englische Bezeichnung für Maßstab oder Größenordnung, wird häufig im Zusammenhang mit atmosphärischen Phänomenen verwendet. Alle Prozesse in der ↗Atmosphäre vollziehen sich in Raum und Zeit. Sie haben sehr unterschiedliche räumliche Ausdehnung, z.B. die Turbulenz im Lee eines Gebäudes und eine subpolare Zyklone. Man kann sie in Raumskalen systematisch ordnen. Auf dieselbe Weise lassen sich zeitliche Dimensionen der Phänomene ordnen. Die Turbulenz hinter dem Gebäude ist an wesentlich kleinere Zeitabschnitte gekoppelt als das Tiefdruckgebilde. Analog den Raumskalen lassen sich Zeitskalen definieren. Räumlicher und zeitlicher Scale stehen in einem Zusammenhang, der in der Abbildung 1 dargestellt ist.

In der Meteorologie und Klimatologie wird üblicherweise in Macroscale, Mesoscale und Microscale eingeteilt, eine genauere Differenzierung wird mit griechischen Buchstaben bezeichnet (Abb. 2). Im Macroscale mit typischen Längen von mehr als 2000 km werden die langen Wellen (z. B. Rossby-Wellen), Zyklonen und Antizyklonen untersucht, im Mesoscale mit typischen Längen zwischen 2000 und 2 km kleinere Druckgebilde wie Fronten, tropische Zyklonen, größere Wolkencluster oder Gewitterzellen. Im Microscale mit typischen Längen unterhalb von 2 km werden einzelne Wolken, Mikroturbulenzen oder lokale Zirkulationssysteme wie Hangwinde oder Berg- und Talwinde untersucht. In der Atmosphäre treten alle zeitlichen und räumlichen Scales gleichzeitig auf und sind eng aneinander gekoppelt. Dies begründet wesentlich die Schwierigkei-

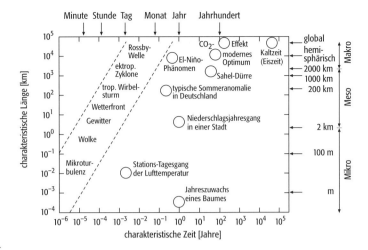

Scale 1: Zusammenhang von räumlichem und zeitlichem Scale bei Prozessen in der Atmosphäre.

Scale 2: typische Skaleneinteilung atmosphärischer Prozesse.

Scale		
Scale-Definition	Phänomene	horizontale Erstreckung
Makro-Scale α	allg. Zirkulation, lange Wellen	10.000 km
Makro-Scale β	barokline Wellen, Hoch- und Tiefdruckgebiete	2000 km
Meso-Scale α	Fronten, tropische Zyklonen	250 km
Meso-Scale β	orographische Effekte, Land-See-Wind, Wolkencluster	25 km
Meso-Scale γ	Gewitterzellen, Stadteffekte	2 km
Mikro-Scale α	Konvektion, Tornados	250 m
Mikro-Scale β	Staubtrombe, Thermik	25 m
Mikro-Scale γ	kleinräumige Turbulenz	

ten bei der Analyse des Gesamtsystems oder von Teilsystemen. [JVo]

Scanner, Geräte, die mittels geeigneter Sensoren in bestimmten Bereichen des Spektrums der elektromagnetischen Wellen die Intensität der Rückstrahlung von Objekten messen. Die Messung erfolgt durch zeilenförmiges Abtasten der Erdoberfläche quer zur Flugrichtung. In der ↗Fernerkundung sind je nach Konstruktionsprinzip optomechanische Zeilenabtaster, bei denen der Scanvorgang durch die mechanische Bewegung eines optischen Bauteiles erfolgt (↗Landsat), oder ↗optoelektronische Abtastsysteme, bei denen der Scanvorgang durch elektronische Mittel erfolgt (↗SPOT), im Einsatz. Die Messung ergibt Rasterdaten-(Pixel-)Werte, die sich auf eine bestimmte Bodenfläche beziehen (räumliche ↗Auflösung). Nach der Anzahl der Kanäle werden einkanalige Scanner, die Bilder in einem Kanal aufnehmen, und *multispektrale Scanner*, mit denen Bilder gleichzeitig in mehreren ↗Spektralbereichen (Kanälen) aufgenommen werden können, unterschieden. Multispektrale Scanner erzeugen die digitalen Primärdaten der Satellitenfernerkundung, sie finden aber auch in der ↗Flugzeug-Fernerkundung Verwendung. [MS]

Scattergramm, *Streuungsdiagramm*, *scatter diagram* (engl.), charakteristische Verteilung der Pixel-Werte (↗Grauwerte) im zwei- oder mehrdimensionalen Merkmalsraum, abhängig von den verwendeten Kanälen und den erfassten Objekten (↗multispektrale Klassifizierung Abb.). Jede Achse entspricht einem Spektralkanal, d. h. das Scattergramm eines ↗Landsat MSS-Datensatzes würde einen vierdimensionalen spektralen Merkmalsraum aufspannen. Mithilfe von Scattergrammen wird geprüft, bei welchen Kanalkombinationen sich eine deutliche Differenzierung der Messwerte, das heißt im Scattergramm gut voneinander unterscheidbare Punktewolken, ergibt. Das ist in der Regel der Fall, wenn man Kanäle aus dem sichtbaren Licht mit dem nahen Infrarot kombiniert oder mit dem mittleren Infrarot.

Die Grauwertverteilung von ausgewählten Objektklassen, z. B. ↗Trainingsgebiete für die ↗überwachte Klassifizierung, lässt sich auch in Form von Scattergrammen darstellen. Dabei handelt es sich um spezifische Punktwolken, deren Ausdehnung und Lage zueinander durch statistische Maße wie Schwerpunkt, Streuung, Varianz und Kovarianz ausgedrückt werden. Diese Maße sind Grundlagen der Verfahren der multispektralen Klassifizierung. Scattergramme können nur zur Abschätzung der Signifikanz ausgewählter Trainingsgebiete für eine folgende automatische Klassifizierung genutzt werden.

Schachbrettdorf, ländliche Siedlung mit regelmäßigem flächigen Grundriss (↗Dorfgrundriss). Das Schachbrettdorf gilt als Prototyp einer solchen Grundrissform und war vornehmlich bei Dorferweiterungen des 18. Jh. verbreitet.

Scavenging, aus dem Englischen entlehnte Bezeichnung für den Prozess der Anlagerung von Luftbeimengungen an den Wassertöpfchen oder Eiskristallen der Atmosphäre. Beim In-Cloud-Scavenging oder Rain-out erfolgt die Anlagerung innerhalb der Wolke, beim Below-Cloud-Scavenging oder Wash-out während des Niederschlags durch die fallenden Tropfen oder Schneeflocken (↗Deposition, ↗Aerosole).

Schachtschabel, *Paul*, deutscher Bodenkundler, geb. 4.6.1904 Gumperda, Thüringen, gest. 4.2.1998 Marburg. In der Zeit von 1948–1971 war er Professor in Hannover und verfasste grundlegende Arbeiten zur Tonmineralsynthese und zum Kationenaustausch von Böden. Methoden zur Bestimmung des H-Wertes und des daraus abgeleiteten Kalkbedarfes, der Gehalte an verfügbarem Mg und Mn sowie der K-Reserven von Böden wurden von ihm entwickelt. Die seit 1952 mit Fritz Scheffer herausgegebene »Bodenkunde« ist seit Jahrzehnten (14. Aufl. 1998) deutschsprachiges Standardwerk.

Schadbreiteneffekte, Umweltbeeinträchtigungen, welche über eine direkt in Anspruch genommene Vorhabensfläche räumlich hinausgehen, an diese aber unmittelbar angrenzen, z. B. Immissionen, Trittschäden.

Schadstoff, grundsätzlich ein Stoff beliebiger Zusammensetzung, der bereits in geringer Konzentration entweder selbst, im Zusammenwirken mit anderen Stoffen oder durch seine Abbauprodukte Mensch oder Umwelt schädigt bzw. dessen Menge oder Konzentration in einem definierten Umweltkompartiment (Wasser, Boden, Luft, Nahrungsmittel) den natürlichen Durchschnittsanteil überschreitet und damit potenziell zu Schäden in diesem Umweltkompartiment führen kann. Als Schaden angesehen werden z. B. Gesundheitsschäden, wesentliche Beeinträchtigungen des menschlichen Wohlbefindens oder funktionsstörende Veränderungen der Umwelt. Schaden darf nicht mit Gefährlichkeit (= Potenzial, einen Schaden zu verursachen) verwechselt werden. Die korrekte Anwendung des Begriffs Schadstoff setzt die Kausalitätskette Stoff, betroffenes System und Schaden voraus, d. h. der Begriff ist relativ zu verwenden und gilt nur in eindeutigem Bezug auf ein Zielsystem. So sind z. B. viele Spurenelemente in hoher Dosis schädlich, in niedriger hingegen lebensnotwendig. Umgangssprachlich wird Schadstoff fälschlich mit ↗Umweltchemikalie gleichgesetzt. [JM]

Schaduf, ägyptischer Schwing- oder Hebelbrunnen. Zwei nebeneinander liegende Säulen aus Lehm oder anderem Material tragen einen am kürzeren Ende durch einen Stein beschwerten Brunnenhebel. Am längeren Hebel ist der Eimer befestigt, der mit menschlicher Kraft in das Flusswasser oder in den Brunnen gesenkt wird. Durch das Gegengewicht am kürzeren Hebelende ist die Förderung des Eimers relativ leicht. Das Prinzip ist global verbreitet.

Schafskälte, eine der bekanntesten und häufigsten ↗Singularitäten der Witterung in Mitteleuropa. Sie schließt sich an die Schönwetterperiode des Spätfrühlings Ende Mai an und ist mit einer Zufuhr maritimer Luft nach Mitteleuropa verbunden, die infolge des relativ kalten Ozeans mit einer markanten Abkühlung der Luft verbunden ist. Das Frieren der Schafe nach der ersten Schur wurde für diese Kälteperiode namensgebend. Mitte Juni ist der Höhepunkt der Schafskälte. Sie leitet eine Periode häufiger Einbrüche maritimer Luft ein, die Roediger 1929 als europäischen Sommermonsun bezeichnet hat.

Schalenbau ↗Erdaufbau.

Schallradar ↗SODAR.

Schamanismus, ist weniger eine eigene ↗Religion als vielmehr eine religiöse Praxis, die ihren Namen von den Schamanen (durch jenseitige Wesen berufene Männer, seltener auch Frauen) hat, die nach langer Schulung und Übung unter Anleitung eines erfahrenen Schamanen die Fähigkeit besitzen, sich in einen ekstatischen, körperlichen und seelischen Ausnahmezustand zu versetzen, um sich von Geistern in Besitz nehmen zu lassen oder sich in der Über- oder Unterwelt mit ihnen zu verbinden bzw. sie zu verschiedenen Dienstleistungen heranzuziehen. Schamanismus heißt die Institution, in deren Mittelpunkt eine Gestalt steht, die ihre Kontakte zu den übermenschlichen Wesen ohne Rücksicht auf Religionszugehörigkeit im Dienste der sozialen Gruppe, zu Krankenheilung, Jagd- und Wetterzauber, Wahrsagung, Seelengeleit verstorbener Gruppenmitglieder und dergleichen einsetzt. Schamanismus ist fast ausschließlich in Nord- und Innerasien verbreitet. Schamanistische Komplexe unterschiedlicher Ausprägung sind jedoch in allen fünf Erdteilen nachzuweisen, sollten aber im Interesse begrifflicher Klarheit nicht als Schamanismus bezeichnet werden. ↗Primärreligionen. [KH]

Schäre, durch Glazialerosion im Festgestein gestalteter Rundhöcker als Insel, meist zahlreich vergesellschaftet zu einer Schärenküste an ↗Fjorden und ↗Fjärden; Vorkommen in allen ehemals vergletscherten Küstengebieten der Erde wie Nordamerika, Patagonien und Feuerland, Nordeuropa oder der Antarktis.

Schattenblätter, Blätter im Inneren einer Baumkrone bzw. einer im Schatten wachsenden *Schattenpflanze*, die im Mittel deutlich weniger ↗Licht erhalten als Sonnenblätter. Zwischen diesen beiden Blatttypen gibt es sowohl morphologische als auch physiologische Unterschiede. Schattenblätter sind dünner, besitzen weniger Chlorophyll pro Flächeneinheit und haben einen niedrigeren Lichtkompensationspunkt. Bei diesem ist die Netto-Assimilation gleich Null, d.h. die Lichtintensität, bei der ↗Photosynthese gleich ↗Dissimilation ist. Bei hohen Lichtflüssen geht die Netto-Photosynthese in einem Schattenblatt bzw. einer Schattenpflanze zurück (Photoinhibition).

Schattenpflanze ↗Schattenblätter.

Schattner, Isaac, israelischer Geograph, geb. 13.9.1910 Peczenizyn (Ukraine, damals Österreich-Ungarn), gest. 15.2.1981 Jerusalem. 1921–1925 studierte er Geographie und Geschichte an der Universität Wien, wo er zum Dr. phil. promovierte. Neben seinem Studium interessierte er sich zunehmend für den Zionismus und bereitete sich mit landwirtschaftlichen Kursen für eine Einwanderung nach Palästina vor. Zusätzlich absolvierte er eine Ausbildung zum Baumeister und war nach deren Abschluss 1928 zwei Jahre als solcher in Wien tätig. Von 1932 bis 1936 arbeitete Schattner u. a. mit ↗Hassinger und ↗Sölch an der Universität Wien, unternahm zahlreiche Forschungsreisen in Europa und schrieb 1933 »Lettland. Versuch einer Länderkunde« und 1935 »Die Entwicklung der sibirischen Kulturlandschaft«; beide Arbeiten wurden nur als Manuskript vervielfältigt. Aufgrund des zunehmenden Antisemitismus in Wien wanderte er 1936 nach Palästina aus, wo er im Geologischen Institut in Jerusalem für die Jewish Agency Karten für die Siedlungsplanung erstellte und an Gymnasien in Jerusalem und Tel Aviv unterrichtete. Ab 1947 war er in Jerusalem in der Hagana zuständig für die Abteilung »Karten und Luftbild«; später leitete er die Abteilung für Luftbildinterpretation der 1948 gegründeten Streitkräfte. Im 1950 gegründeten Geographischen Institut der Hebrew University in Jerusalem arbeitete er zunächst als Dozent, seit 1952 als »senior lecturer« zusammen mit David Amiran (ursprünglich Horst Kallner), der seine geographische Ausbildung in Deutschland erhalten hatte und ebenfalls emigriert war. Mit seinem ersten großen Forschungsprojekt untersuchte er die Geschichte der Kartographie von Erez Israel (The maps of Palestine and their History, Jerusalem, 1951). Schattners Schwerpunkte in Forschung und Lehre waren Geomorphologie, Geschichte der Kartographie und Länderkunde. Bereits in den 1930er-Jahren hatte er sich auf geomorphologische Luftbildinterpretation spezialisiert und belegte dies später beispielhaft durch seine Arbeiten über die Mäanderbildung des Jordan. Seine international bekanntesten Arbeiten sind die Untersuchungen, die er zu Klima und Witterung der ariden Gebiete im Süden Israels und im Sinai durchführte. Seine geomorphologischen Arbeiten wurden die Grundlage für seine Betätigung gegen die Zerstörung der Naturlandschaften Israels, besonders die der Küsten. [YBG]

Schätzstatistik, Teilgebiet der ↗analytischen Statistik, das sich mit Verfahren zur Schätzung von ↗Parametern der ↗Grundgesamtheit aus den Parametern der ↗Stichprobe beschäftigt. Es sind zwei Formen der Schätzung zu unterscheiden:
a) Punktschätzung: Hier wird der mithilfe der Stichprobenwerte berechnete Parameterwert als Schätzung für den Parameterwert der Grundgesamtheit genommen. Eine solche Punktschätzung kann keine quantifizierbare Aussage über die Genauigkeit der Schätzung treffen.
b) Intervallschätzung: Hier wird auf der Basis des Stichprobenparameters das *Konfidenzintervall* (*Vertrauensbereich*) bestimmt, in dem der Parameter der Grundgesamtheit mit einer zuvor festgelegten Wahrscheinlichkeit liegt. Eine solche Intervallschätzung kann also eine quantifizierbare Aussage treffen, in welchem Wertebereich der Grundgesamtheitsparameter mit einer bestimmten Wahrscheinlichkeit liegt. [JN]

Schauer, kurzes Niederschlagsereignis mit hoher, sich schnell ändernder ↗Regenintensität, die bei konvektiven Ereignissen (↗Gewitter) eine hohe Intensität erreichen. Bei sehr hohen Intensitäten spricht man von *Platzregen* und in Extremsituationen (Intensität 15–20 mm/min) von *Wolkenbruch*. An ↗Fronten gebundene Schauer (meist aus Nimbostratus-↗Wolken) sind in der Regel wenig ergiebig, die Niederschläge fallen oft in aufeinanderfolgenden kurzen Wellen.

Schauerstraßen, *Schauerzugstraßen, Schauerlinien*, linear angeordnete Gebiete mit intensiver Schauertätigkeit (↗Schauer). Schauerstraßen finden sich in den Mittelbreiten meist hinter ↗Kaltfronten und verlaufen in der Regel parallel zu diesen. Bei starker Schauertätigkeit und Abkühlung innerhalb der Schauerzone kann eine solche Linie auch mit der Lage der Kaltfront übereinstimmen. In Mitteleuropa weisen Schauerstraßen eine typische Breite von etwa 10 km auf. Die räumlich diskontinuierliche Niederschlagsverteilung innerhalb der Schauerstraßen ist vor allem bei der Ermittlung des ↗Gebietsniederschlags aus Punktmessungen für hydrologische Fragestellungen problematisch.

Schaufensterindex, Messgröße zur räumlichen Abgrenzung von Geschäftsgebieten (Haupt- oder Nebengeschäftsstraße, ↗City, Subzentrum usw.). Der Schaufensterindex ergibt sich aus dem Verhältnis von Schaufenster- zur Hausfrontlänge multipliziert mit dem Faktor 100. Mithilfe von gebietsspezifischen Schwellenwerten für den Schaufensterindex kann man Geschäftsbereiche abgrenzen. Dies dient der approximativen Erfassung der innerstädtischen Differenzierung und gibt im zeitlichen Verlauf Aufschluss über den innerstädtischen Funktionswandel.

Schaumboden, beschreibende Bezeichnung für schluffreiche Böden der Trockenklimate, insbesondere ↗Yermosols, mit »schaumiger«, versicularer oder takyrischer Struktur im Oberboden, entstanden durch den infolge starker Austrocknung hohen Gehalt an Bodenluft, welche bei Starkregen durch Luftokklusion und -kompression in den Poren die ↗Infiltration und die Benetzung des Bodens hemmt und so in hängigem Gelände zu vermehrtem Oberflächenabfluss und damit einhergehender Flächenspülung führt.

Schaumkalk, oolithisches Gestein (↗Oolith), besonders im unteren ↗Muschelkalk Thüringens und Frankens. Die schaumige Beschaffenheit entsteht durch Lösung einzelner ↗Ooide.

Scheffer, *Fritz*, deutscher Bodenkundler und Agrikulturchemiker, geb. 20.3.1899 in Haldorf, Hessen, gest. 1.7.1977 in Göttingen. 1936–1945 war er Professor in Jena, 1945–1967 in Göttingen. Er betrieb Forschungen zur Bodenfruchtbarkeit und zum Humushaushalt von Ackerböden; seine bahnbrechenden Lehrbücher der »Ackerbaulehre« (1933 mit Theodor Roemer, 5. Aufl. 1959), der »Bodenkunde« (1937, ab 1952 mit ↗Schachtschabel), der »Pflanzenernährung« (1938, 3. Aufl. 1955 mit Erwin Welte) und der Humuskunde (1941, 2. Aufl. 1959 mit Bernhard Ulrich) haben das bodenkundliche Denken seiner Zeit entscheidend geprägt. Außerdem war Scheffer langjähriger Präsident der Deutschen Bodenkundlichen Gesellschaft und erhielt den Ehrendoktor in Jena.

Scheitelfläche ↗Schichtkamm.

Schelf, oberer Teil des Kontinentalrandes (↗Meer Abb.) bis zu einer mittleren Wassertiefe von 200 m bzw. bis zu einem deutlich steileren Abhang (↗Kontinentalabhang) in die Tiefsee. Der Schelfbereich hat enge Wechselwirkungen mit dem Festland (Abfluss und Sedimenteintrag einschließlich der Verschmutzungen) und der Atmosphäre (gute Durchmischung, Licht- und Sauerstoffreichtum) und ist daher gewöhnlich fischreich und ökologisch reichhaltig ausgestattet. Schelfe sind entweder sedimentäre Randbereiche der Kontinente oder durch unterstützende Strukturen wie tektonische Hochschollen und ↗Korallenriffe zusätzlich aufgebaut.

Schelfeis, schwimmende Eisplatte von großflächigen Ausmaßen und mindestens 2 m Höhe über dem Meeresspiegel, die von einem Inlandeis, ↗Gletscher oder Eisstrom gespeist wird und durch Abschmelzen an der Ober- bzw. Unterseite sowie Kalben von Tafeleisbergen (↗Eisberg) an Masse verliert (↗Meereis). Filchner-Ronne- und Ross-Schelfeis in der Antarktis haben mit jeweils etwa $0,5 \times 10^6$ km² die weltweit größten Ausmaße. Während Schelfeis gewöhnlich aus meteorischem Eis besteht, kann es auch zu einem Anfrieren von in der Wassersäule gebildetem Eis, so z.B. unter dem Filchner-Ronne-Schelfeis, kommen.

Scherbenkarst ↗Karstlandschaft.

Scherung, in der Geologie ein tektonischer Vorgang, der zu einer Gesteinsverformung führt, bei der der Gesteinskörper zerteilt und in kleinere Abschnitte zerlegt wird, ohne seinen Zusammenhang als Gesamtkörper zu verlieren. Die Scherung ist das Resultat von schräg auf einen Gesteinskörper wirkenden Scherspannungen, die im Zusammenwirken mit Druck- und Zugkräften eine Volumen- und Gestaltänderung der beanspruchten Gesteinskörper herbeiführen können. Die maximale Scherung erfolgt in den beiden Ebenen, die den Winkel zwischen maximaler und minimaler Hauptspannung halbieren. In diesen beiden Richtungen entstehen bevorzugt Scherflächen, an denen durch Gleitbewegungen Druckentspannung bewirkt wird.

Scherungsfläche ↗Gletschertransportsystem.

Scherungsturbulenz ↗Turbulenz.

Scheunenviertel, Ansammlung von Scheunen am Ortsrand. Scheunenviertel sind besonders in eng bebauten Dörfern West- und Süddeutschlands anzutreffen, wo eine Ausdehnung der Höfe im Ortskern nicht möglich war.

Schicht, plattig-flächiger Gesteinskörper, der durch eine obere Schichtfläche, die *Dachfläche*, und eine untere Schichtfläche, die *Sohlfläche*, begrenzt wird. Die Schichtfuge trennt zwei Schichten entlang der Schichtflächen voneinander.

Schichtflut, flächenhafter ↗Abfluss nach Niederschlägen mit hoher Intensität. Voraussetzung ist ein geringes Oberflächengefälle. Hinzu kommt,

Scheffer, Fritz

dass in Gebieten mit längerer Trockenzeit (z. B. Subtropen und wechselfeuchte Tropen) die Poren des Bodens häufig fast vollständig mit Luft gefüllt sind und durch diesen Luftkisseneffekt zu Beginn des Niederschlags das Wasser kaum eindringen kann. Die abfließenden Wassermassen haben i. A. eine Mächtigkeit von bis zu 20 cm und führen meist eine große Menge an ↗Schwebfracht mit sich. Es entstehen lediglich flache ↗Spülmulden, das Ergebnis ist eine flächenhafte Abtragung (↗Denudation).

Schichtfugenhöhle ↗*Schichtgrenzhöhle*.

Schichtgrenzhöhle, *Schichtfugenhöhle*, ist eine Karsthöhle, die an der Grenze von zwei Schichten mit unterschiedlichem Lösungsverhalten entstehen kann. Höhlen zwischen verkarstungsfähigen Gesteinen sowie zwischen verkarstungsfähigem und wasserundurchlässigem Gestein sind möglich. ↗Höhlen.

Schichtkamm, *Schichtrippe*, in seinem Habitus hebt sich das Schichtkammrelief deutlich vom Schichtstufenrelief (↗Schichtstufe) ab. Als Ausdruck besonders enger Bindung an die strukturellen Gegebenheiten des geologischen Untergrundes folgen Schichtkämme streng dem Ausstrich stark resistenter Gesteine, deren Schichten in der Regel mit mehr als etwa 10–12° einfallen. Im Grundriss verlaufen sie – in deutlichem Unterschied zu Schichtstufen – weitgehend geradlinig, können aber auch dem umlaufenden Streichen von Syn- und Antiklinalen folgen, wie z. B. in der Hils-Mulde in Südniedersachsen (Abb.). Zeugenberge und Auslieger fehlen ebenso wie große Stirnseitentäler. Analog zu den petrographischen Verhältnissen der Schichtstufen unterscheidet man stark resistente Kamm- und gering resistente Sockelbildner. Der Aufriss der Schichtkämme ist durch eine kammartige Zuschärfung des Querprofils gekennzeichnet: Stirn- und *Rückhang* verschneiden sich zumeist in einem First. Nur gelegentlich wird der Firstbereich von einer (zumeist schmalen) *Scheitelfläche* eingenommen. Insbesondere in solchen Fällen kann wie bei den Schichtstufen zwischen Traufstirnhang ohne Walm, Traufstirnhang mit Walm und Walmstirnhang unterschieden werden. Das Schichtkammquerprofil kann sowohl symmetrisch als auch asymmetrisch sein.

Der untere Stirnhang geht über eine Hangfußzone in die vor dem Schichtkamm gelegene konträre Fußfläche über. Der Schichtkammrückhang leitet in die konforme Fußfläche des Hinterlandes über. Er schneidet in der Regel die Gesteinsschichten. Wo diese aus einer Wechselfolge von gering und stark resistenten Schichtfolgen bestehen, können infolge engständiger Rückhangzertalung kleinere Stufen mit dreieckigem Grundriss auftreten, so genannte »chevrons« oder »flat irons«. [EB]

Schichtlücke, durch Aussetzen der Sedimentation verursachte Unterbrechung einer kontinuierlichen Schichtenfolge. Konkordante Schichtlücken sind in Schichten mit gleichem Fallen und ↗Streichen oft nur schwer erkennbar; diskordante Schichtlücken machen sich durch winkliges Aufeinandertreffen von sich überlagernden Schichten bemerkbar. ↗Konkordanz, ↗Diskordanz, ↗Hiatus.

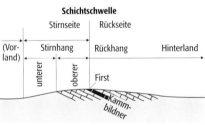

Schichtrampe: Morphographisches Schema von Schichtrampen und Schichtschwellen.

Schichtrampe, wenn im Ausstrich unterschiedlich resistenter Gesteine mit flacher Lagerung, welche alle Voraussetzungen für die Entwicklung prägnanter Schichtstufen haben, eine rampenartige Landoberfläche ausgebildet ist, spricht man von Schichtrampen. Zwischen dem gering resistenten und dem stark resistenten Gestein vermittelt ein flacher, maximal 8–10° geneigter Rampenhang. Schichtrampen und ↗Schichtschwellen sind schwach ausgeprägte Strukturformen, die zwischen Rumpffläche und Schichtstufen oder Schichtkämmen vermitteln. Abb.

Schichtrippe ↗*Schichtkamm*.

Schichtschwelle, Übergangsform zwischen reinen Skulptur- und Strukturformen im Ausstrich unterschiedlich resistenter Gesteine, die aufgrund ihres starken Schichtfallens als ↗Schichtkämme hervortreten könnten, jedoch weder durch aus-

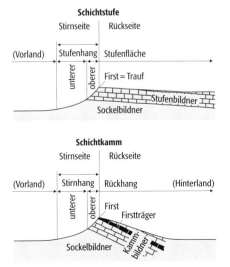

Schichtkamm: Morphographisches Schema für Schichtkämme und Schichtstufen.

geprägte Stirn- oder Rückhänge im Relief hervortreten. ↗Schichtrampe Abb.

Schichtstufe, *Landstufe* (veraltet). In ihrem Aufriss zeichnen sich typische Schichtstufen durch ein deutlich asymmetrisches Querprofil aus. Entsprechend der Sinnbedeutung des Begriffs ↗Stufe sind sie durch den Gegensatz von annähernd ebenen *Stufenflächen* (*Landterrasse*) und steilen, meist scharf davon abgesetzten *Stufenhängen* gekennzeichnet. Die Bildung von (heterolithischen) Schichtstufen setzt einen Wechsel horizontal bis schwach geneigt lagernder Schichtfolgen unterschiedlicher Verwitterungsresistenz voraus. Wo schwach und stark resistente Schichtglieder an die Erdoberfläche ausstreichen, werden die stark resistenten Gesteinsschichten durch selektive Abtragung aus dem Schichtverband herauspräpariert. Dabei treten die stark resistenten Gesteine als *Stufenbildner*, die schwach resistenten Gesteine als *Sockelbildner* in Erscheinung. Der Stufenbildner bildet die erhabenen Teile der Schichtstufe, also die Stufenfläche und den oberen, zumeist steilsten Abschnitt der Stufenhänge bzw. der *Stufenstirn*. Der Sockelbildner unterlagert den Stufenbildner und tritt im mittleren und unteren Teil der Stufenhänge zu Tage (Abb. 1).

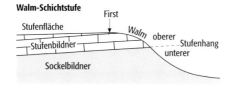

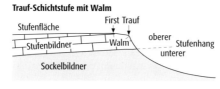

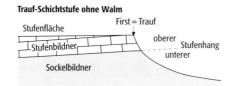

Schichtstufe 1: Schichtstufentypen.

Die petrographische Grenze wird in Trockengebieten regelhaft durch einen Hangknick, im humiden Gebieten eher durch Quellaustritte markiert. Größe und Erscheinung der Schichtstufe sind primär von der Mächtigkeit und Schichtneigung ihrer Sockel- und Stufenbildner (und deren Relationen), sekundär von der Eintiefung der subsequenten Fließgewässer des Stufenvorlandes wie auch von der flächenhaften Abtragung des Stufenbildners abhängig. Stufenflächen können grundsätzlich mit Schichtflächen zusammenfallen. In Mitteleuropa schneiden sie den Stufenbildner zumeist spitzwinklig; damit sind sie als Kappungsflächen Zeugen mehrphasiger Stufengenese. Nach ihrem Querprofil werden drei Schichtstufentypen unterschieden: Bei der Walmstufe vermittelt eine konvexe Übergangsböschung vom First, dem höchsten Punkt im Querprofil, zum sigmoidalen Stufenhang. Bei der *Traufstufe* mit *Walm* verschneidet sich der konkave Stufenhang mit dem Walm zu einer scharfen *Stufenkante*. Fällt diese Kante mit dem First zusammen, liegt eine reine Traufstufe (ohne Walm) vor.

Bezüglich des geologischen Baus unterscheidet man bei den heterolithischen Schichtstufen Achter- und Frontstufen. Bei *Achterstufen* fallen die Schichten zum Stufenhang hin ein, bei Frontstufen neigen sie sich von der Stufenfront zur Stufenfläche. Die unterschiedliche Beziehung des Stufenhanges (Stufenstirn) zum Schichteinfallen kann durch die Adjektive »konträr« und »konform« gekennzeichnet werden. Danach haben *Frontstufen* konträre, Achterstufen dagegen konforme Stufenstirnen und Fußflächen.

Neben dem klassischen Typ, der *heterolithischen Schichtstufe*, gibt es (insbesondere in den wechselfeuchten Tropen) *homolithische Schichtstufen* ohne ausgesprochenen Gesteinswechsel innerhalb der betroffenen Schichttafel. Die Stufenbildung wird dadurch möglich, dass nur die obersten Partien einer mächtigen Sedimentdecke petrographisch fest (z. B. als Sandsteine), die liegenden Partien dagegen infolge tief greifender Verwitterung insbesondere in bergfeuchtem Zustand weich und damit leicht ausräumbar sind.

Der Grundriss der Schichtstufen zeichnet sich häufig dadurch aus, dass die Stufenstirn durch Stufenrandbuchten gegliedert und oft auch durch kilometerweit in die Stufenfläche eingreifende Stufenrandtäler in Sporne und Vorsprünge aufgelöst ist. Als Ausdruck der Rückverlegung der Stufenstirn (*Stufenrückverlegung*) wird diese von Zeugenbergen (↗Ausliger) gesäumt. Die für das ↗Quartär ermittelten Rückverlegungsbeträge belaufen sich in Mitteleuropa von wenigen hundert Metern bis zu mehreren Zehnern von Kilometern.

Die mitteleuropäischen Schichtstufen haben sich als Vorzeitformen erwiesen. Die holozäne Formung beschränkt sich an den Stufenstirnen weitgehend auf Quellerosion und zumeist lokale ↗Rutschungen und ↗Bergstürze. Abb. 2, 3 und 4 im Farbtafelteil. ↗Schichtkamm Abb. [EB]

Schichttreppenkarst ↗Karstlandschaft.

Schichtung der Pflanzendecke, *Stratifikation*, vertikale Strukturierung in terrestrischen ↗Ökosystemen; oft grafische Darstellung in einem *Vegetationsprofil* (= *Schichtungsdiagramm*). Bei einer ↗Bestandsaufnahme werden nach Höhe und vorherrschender ↗Lebensform folgende *Vegetationsschichten* (Straten, Einzahl *Stratum*) unterschieden: Baum-, Epiphyten-, Strauch-, Zwergstrauch- und Feldschicht (alle oberirdisch), Diasporen- und Wurzelschicht (unterirdisch). Nach pflanzensystematischen Kriterien kann man die Feldschicht weiter in Kraut-, Gras- und Kryptogamenschicht gliedern.

Schichtvulkan, *Stratovulkan*, ↗Vulkan.
Schichtwolken ↗Wolken.
Schiefe, statistischer ↗Parameter zur Kennzeichnung der Abweichung einer unimodalen Verteilung von der Symmetrie. Diese Abweichung wird als Schiefe bezeichnet (Abb.). Exakt bestimmt

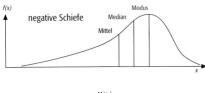
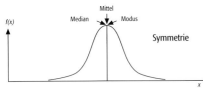
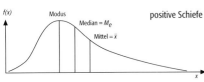

sich die Schiefe g mithilfe des zweiten und dritten ↗Potenzmomentes als:

$$g = \frac{p_3^2}{p_2^3}.$$

Als einfacheres Maß für die Schiefe wird gewöhnlich verwendet:

$$g = \frac{\bar{x} - M_e}{s},$$

wobei $\bar{x}$ = arithmetischer Mittelwert, M_e = Median und s = Standardabweichung. Für beide Maße gilt: $g > 0$: positive Schiefe, $g \approx 0$: Symmetrie, $g < 0$: negative Schiefe.

Schiefe der Ekliptik ↗Ekliptik.
Schiefer, im deutschen Sprachgebrauch häufig ungenau für alle dünnblättrig oder schiefrig absondernden Gesteine benutzt; i. e. S. für ein kristallines Gestein, das durch Metamorphose gebildet wurde. Solche »kristallinen Schiefer« lassen sich leicht in dünne Scheiben zerteilen, da mehr als 50 % der enthaltenen Minerale parallel zueinander eingeregelt sind, besonders solche mit einem scheibigen und gestreckt-prismatischen Habitus wie ↗Glimmer und ↗Hornblende. Dabei ist die mineralogische Zusammensetzung primär nicht entscheidend für die Ansprache als Schiefer und wird erst durch eine spezifische Benennung (z. B. als Quarz-Muscovit-Schiefer oder Kalk-Silicat-Schiefer) wichtig. Ungenau werden von deutschsprachigen Autoren auch dünnblättrig spaltende, feinklastische ↗Sedimentgesteine (Tonsteine, Siltsteine, Tonmergelsteine, etc.) als Schiefer bezeichnet, meist mit einem Präfix, der die Korngröße bezeichnet (wie Tonschiefer oder Siltschiefer). Die Spaltbarkeit folgt bei diesen Gesteinen aber der ursprünglichen Schichtung und wird durch Kompaktion und/oder Zementation verstärkt. [GG]

Schienengüterverkehr, Transport von Gütern aller Art (↗Güterverkehr) mit der ↗Eisenbahn. Der Transport erfolgt im Ganzzugverkehr (Massengüter der Montan-, Baustoff-, Mineralöl-, chemischen Industrie) und im *Wagenladungsverkehr* (Einzelwagen und Wagengruppen). Das System Cargo ist mit über 6000 Zügen pro Tag das Basisangebot für Wagenladungen und verbindet ca. 3000 Versand- und Empfangsbahnhöfe in Deutschland. Die 17 bedeutendsten Wirtschaftszentren werden mit Inter-Cargo-Zügen im Nachtsprung verknüpft. Auf europäischer Ebene verkehren Euro-Cargo-Züge; geplant ist der Einsatz internationaler Direktzüge im Hochgeschwindigkeitsverkehr.

Schienenpersonennahverkehr, *SPNV*, Schienenverkehr der ↗Eisenbahnen bis 50 km Reichweite (Regeltarif) sowie ↗S-Bahn-, Berufs- und Schülerverkehr (Sondertarif). Seit der ↗Bahnreform wird der SPNV von der DB Regio AG, einem Tochterunternehmen der ↗Deutsche Bahn AG, durchgeführt. Die Bestellung und Finanzierung von Fahrleistungen im SPNV ist seitdem Angelegenheit der Bundesländer bzw. der von diesen eingesetzten kommunalen Zweckverbände. Der Auftragserteilung muss eine öffentliche Ausschreibung vorangehen. Im Wettbewerb mit der DB Regio AG sind die NE-Bahnen (↗Eisenbahn) bisher sehr erfolgreich (↗Regionalbahn).

Schienenverkehr ↗Eisenbahn.
schießender Abfluss ↗Abfluss.
Schiffsbeobachtungen, instrumentelle und visuelle ↗Wetterbeobachtungen und ↗Klimabeobachtungen auf speziellen, ortsfesten ↗Wetterschiffen und auf zahlreichen, von den Wetterdiensten dazu ausgerüsteten Handelsschiffen. Schiffsbeobachtungen sind mit besonderen Problemen verbunden, die durch Bewegungen des Schiffs und andere Störungen durch den Schiffskörper verursacht werden. Im Vergleich zu Festlandsgebieten ist das ↗Stationsnetz auf den Ozeanen sehr weitmaschig.

Schiffsreiseverkehr ↗Reiseverkehrsmittel.
Schild, präkambrischer Kontinentalkern, der durch orogenetische und metamorphe Prozesse verschweißt wurde und heute als leichte Aufwölbung von Deckschichten weitgehend entblößt vorliegt. Die bekanntesten Schilde sind der Baltische Schild, der Ukrainische Schild, der Kanadische Schild und der Guayana-Schild. ↗Fennoskandia.

Schildinselberg ↗Inselberg.
Schildvulkan ↗Vulkan.
Schill, *Bruchschill*, *Lumachelle*, gesteinsbildende Anreicherung von ganzen oder zerbrochenen

Schiefe: Verteilungen mit unterschiedlicher Schiefe.

Schalen oder Gehäusen von Muscheln, ↗Gastropoden, ↗Brachiopoden, ↗Cephalopoden und anderen Organismen. Schill bildet sich in flachmarinen Bereichen und in Strandnähe, wenn Organismenreste durch Strömungen zusammengespült werden. Nach Lithifikation entstehen Gesteine, die meist lückig sind. Wegen der verbleibenden Lücken bilden Schillkalke oder -sandsteine gute Erdölspeichergesteine. Schillkalke sind oft begehrte Bausteine.

Schlackerschnee ↗Schnee.

Schlag, 1) historisch ein größeres Feld; z. B. bei der ↗Schlagflur eine von der Größe her gleiche Abfolge des Besitzgemenges, ferner gleichbedeutend mit ↗Zelge oder Bezeichnung für das Außenfeld (Außenschläge) einer ↗Flur. Bei der ↗Fruchtwechselwirtschaft kann z. B. nach Getreideschlag oder Kartoffelschlag unterschieden werden. 2) als Fruchtfolgeschlag ein Ackerstück, das fruchtfolgemäßig einheitlich oder annähernd einheitlich behandelt bzw. bebaut wird. Es weicht oft von der ↗Parzelle als Eigentumsfläche ab. Die Schlaggröße sollte 5 ha möglichst nicht überschreiten. Bei Größen oberhalb von 10 ha ergeben sich nur noch geringe Einsparungen im Arbeits- und Maschinenzeitbedarf. Großschläge von 100 ha und mehr, wie sie in den neuen Bundesländern bzw. bereits in der DDR geschaffen wurden, sind aus wirtschaftlichen und ökologischen Gründen nachteilig. Derartige Großflächenbewirtschaftung erhöht die Gefahr von ↗Bodenerosion und hat gleichzeitig zur Folge, dass der Anteil an ökologisch wichtigen Landschaftselementen, wie ↗Feldhecken, Feldgehölzen, Feldrainen und Wegen, abnimmt. [KB]

Schlagflur, Vegetation auf nach dem Einschlag von Baumbeständen freigelegtem Boden als erster Schritt einer anthropogen ausgelösten, spontan ablaufenden ↗Sukzession, die zur Wiederbewaldung führt. Die Standortveränderungen infolge des ↗Kahlschlags bewirken ein verbessertes Nährstoffangebot, von dem hochwüchsige, lichtliebende Kräuter und Stauden profitieren. Pflanzensoziologisch sind Schlagflur und ↗Vorwald mit ihren Gesellschaften in der Klasse Epilobietea angustifolii (Schlaggesellschaften und Vorwaldgehölze) zusammengefasst. Nach Tollkirschen-Schlagfluren und Weidenröschen-Gesellschaften treten phasenverschoben Gebüschgesellschaften auf, aus denen sich der Wald regeneriert.

Schlammstrom, 1) vulkanische Aschen, die nach der Eruption mit Wasser durchtränkt wurden und in steilem Relief mit großer Geschwindigkeit abfließen. Das Wasser stammt entweder aus ↗Niederschlägen oder aus Schmelzwässern von ↗Gletschern. 2) mit Grundwasser durchtränkter Lockersedimentstrom aus tonigem Material, der aus einem Schlammvulkan austritt. 3) wassergesättigter Lockersedimentstrom, der bei der Ablagerung das Fanglomerat bildet.

Schlenken ↗Bulte.

Schleppkraft, kinetische Energie der Flüsse, die in Erosions- und Transportleistung umgesetzt wird.

Schlichting, *Ernst*, deutscher Bodenkundler, geb. 25.01.1923 in Kellinghusen, Schleswig-Holstein, gest. 17.04.1988 in Stuttgart. 1961–1988 war er Professor in Stuttgart-Hohenheim; er verfasste Arbeiten über Kupferbindung durch Bodenhumus, Stoffumlagerungen in Landschaften sowie die Genese und Ökologie von Pelosolen. Schlichting versteht Böden als Teile von Bodenlandschaften, die miteinander durch Wasser- und Stoffumlagerungen verknüpft sind, was bei Bodennutzung und -schutz zu berücksichtigen ist. In der »Einführung in die Bodenkunde« (1964, 3. Aufl. 1993) werden die Eigenschaften realer Böden und Bodenlandschaften analysiert, um daraus Aussagen über Genese und Ökologie abzuleiten; das »Bodenkundliche Praktikum« (mit Hans-Peter Blume, 1966 und 1995) gibt Anleitungen dazu.

Schlier, feinsandig-mergelig-tonige Schichten der Oberen Meeresmolasse (↗Molasse) im ostbayerisch-österreichischen Raum und in den Karpaten.

schließende Statistik ↗*analytische Statistik*.

Schliffbord ↗Schliffgrenze.

Schliffgrenze, morphologisch ausgeprägte Grenze (eiszeitlicher) glazialer Überformung an Talflanken, erkennbar durch den Kontrast von glazialerosiv überformten Felspartien (z. B. Gletscherschrammen) zu starker ↗Frostverwitterung ausgesetztem Gestein. Je nach morphologischer Ausprägung dieser Grenze spricht man auch von *Schliffbord*, *Schliffkante* oder *Schliffkehle*.

Schliffkante ↗Schliffgrenze.

Schliffkehle ↗Schliffgrenze.

Schlingpflanzen, *Kletterpflanzen*, ↗*Lianen*.

Schloßen ↗Hagel.

Schlot, *Eruptionsschlot*, der Aufstiegskanal für vulkanische Produkte in vulkanischen Bauten. Im Schlot erstarrte oder abgesetzte Produkte heißen Schlotfüllung.

Schlotströmungen, besonders starke Form von atmosphärischen ↗Vertikalbewegungen, die auf engem Raum in ↗Tornados oder ↗Gewittern als vertikale Aufwinde auftreten und hohe Geschwindigkeiten von über 30 m/s bzw. 100 km/h aufweisen können.

Schlotte ↗Doline.

Schlucht, ↗Tal mit typischem ↗Talquerprofil, d. h. steilen, im Vergleich zur ↗Klamm jedoch etwas abgeschrägten Hängen (Abb.). Der schmale ↗Talboden wird meist in seiner gesamten Breite vom Fließgewässer eingenommen und weist ein steiles, häufig unregelmäßiges Längsgefälle auf. Die Gesamtform ist Ausdruck starker ↗Tiefenerosion (↗Belastungsverhältnis < 1) und demgegenüber zurückbleibender Hangformung (vor allem ↗Sturzdenudation). Ähnlich wie bei Klammen erfolgt die Bildung von Schluchten in standfesten, jedoch etwas weniger widerständigeren Gesteinen.

Schluckoser, *engorged eskers*, ↗glazifluviale Akkumulation.

Schluff, *Silt*, ↗Korngrößenklassen.

Schluffstein ↗klastische Gesteine.

Schlüsselart, *keystone species*, eine Art, die wegen ihrer Biomasse, ihrer strukturbildenden Eigenschaften oder ihrer ökologischen Wirkungen

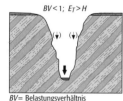

Schlucht: Talquerprofil.

BV = Belastungsverhältnis
H = Hangabtrag
E_T = Tiefenerosion
Hangdenudation

(z. B. durch Bereitstellung von Keimnischen oder Nistplätzen, durch allelopathische Effekte) von besonderer Bedeutung in einer /Biozönose ist. Sie muss nicht ausschließlich an diese Biozönose gebunden und damit /Charakterart sein. /Assoziation.

Schlussgesellschaft /Sukzession

Schlüter, *Otto*, deutscher Geograph, geb. 12.11.1872 Witten/Ruhr, gest. 12.10.1959 Halle/Saale. Er studierte anfänglich Germanistik, wandte sich jedoch unter dem Einfluss /Kirchhoffs der Geographie zu. Er promovierte 1896 in Halle mit einer Arbeit über die »Siedlungskunde des Thales der Unstrut«. Schon im Rahmen seiner Habilitationsschrift »Die Siedelungen im nordöstlichen Thüringen« (1903) sowie in einigen, wenige Jahre später erscheinenden Schriften (z. B. »Die leitenden Gesichtspunkte der Geographie des Menschen«, 1906) entwarf Schlüter einen neuen anthropogeographischen Ansatz, der mit der von /Richthofen vertretenen beziehungswissenschaftlichen Lehre zugunsten eines kulturmorphologischen Konzeptes brach. Neben Arbeiten zur Methodik und Theorie der Anthropogeographie lagen Schlüters Arbeitsschwerpunkte insbesondere auf der Siedlungsgeographie und der Altlandschaftsforschung (z. B. »Mitteldeutscher Heimatatlas«, 1935; »Siedlungsräume Mitteleuropas in frühgeschichtlicher Zeit«, 3 Bde., 1952, 1953, 1958). [UW]

Schmarotzer, *Parasit*, /Parasitismus.

Schmelzenergie /Schmelzpunkt.

Schmelzenthalpie /spezifische Schmelzwärme.

Schmelzpunkt, Temperatur, bei der die feste Phase eines Stoffes in den flüssigen /Aggregatzustand übergeht. Flüssige und feste Phase stehen am Schmelzpunkt im thermodynamischen Gleichgewicht. Der Schmelzpunkt ist identisch mit dem /Gefrierpunkt. In der Klimageographie beschreibt der Schmelzpunkt im Allgemeinen den Phasenübergang von Eis zu Wasser. Dabei wird die geordnete Molekularstruktur von Eis in den molekular ungeordneten Zustand von flüssigem Wasser überführt. Die dazu notwendige Energie (*Schmelzenergie*) wird als /spezifische Schmelzwärme oder Schmelzenthalpie bezeichnet. Der Schmelzpunkt von Wasser liegt unter normalen atmosphärischen Bedingungen bei 0°C.

Schmidt, *Otto Julewitsch*, russischer Wissenschaftler, geb. 30.9.1891 in Mogiljow, gest. 7.9.1956 in Moskau. Der Absolvent der Universität Kiew (Mathematik, Physik) arbeitet nach der Oktoberrevolution in verschiedenen Ministerien, wird zum Mitbegründer der Großen Sowjetenzyklopädie. 1930 wird er Direktor des Arktischen Instituts, 1932 bis 1939 Leiter der Hauptverwaltung Nördlicher Seeweg. Er ist maßgeblich am Erfolg des II. Internationalen Polarjahres beteiligt, ebenso an der wirtschaftlichen Erschließung des Seeweges entlang der sibirischen Küste mit der Leitung mehrerer Eisbrecher-Expeditionen, mit denen er das geographische Wissen bereichert. Schmidt ist der geistige Vater der driftenden Stationen auf dem Eis des Polarmeeres.

Ab 1937 leitet er das von ihm geschaffene Institut für theoretische Geophysik, an dem er eine neue Hypothese zur Entstehung des Erdkörpers entwickelt. [FK]

Schmidt-Hammer, ursprünglich zur Betonprüfung (Betonprüfhammer Schmidt Modell N) entwickeltes Instrument zur Bestimmung der Härte von Gesteinsoberflächen. In der Geomorphologie und Geologie wird es vor allem als Methode der relativen Altersdatierung von /Moränen und anderen als Klimaindikatoren bzw. Zeitmarken geeigneten geomorphologischen Formen verwendet. Prinzip hinter dieser Methode ist die mit zunehmender Zeitdauer der Exposition einer Gesteinsoberfläche infolge oberflächlicher /Verwitterung abnehmende Oberflächenhärte. Der Schmidt-Hammer wird oft in Kombination mit der /Lichenometrie zur Ausweisung von /Gletscherstandsschwankungen während des /Holozäns angewendet. Die Methode ist für den gesamten Zeitraum des Holozäns geeignet, die maximale Auflösungsgenauigkeit beträgt einige hundert Jahre. [SW]

Schmieder, *Oskar*, deutscher Geograph, geb. 27.1.1891 Bonn, gest. 12.2.1980 Kiel. Er studierte in Königsberg, Bonn und Heidelberg, promovierte 1914 bei /Hettner in Heidelberg (»Die Sierra de Credos«, 1915) und habilitierte sich 1919 in Bonn (»Siedlungs- und Wirtschaftsgeschichte Zentralspaniens, insbesondere in der Provinz Avila«, 1919). Nach Professuren in Cordobà/Argentinien und Berkeley wurde Schmieder 1930 nach Kiel berufen. Schmieders Forschungsschwerpunkte lagen auf der Landeskunde Amerikas (z. B. »Länderkunde von Südamerika«, 1932; »Länderkunde von Nordamerika«, 1933; »Länderkunde von Mittelamerika«, 1934).

Schmithüsen, *Josef*, deutscher Geograph, geb. 30.1.1909 Aachen, gest. 2.9.1984 Formentera. Er studierte zunächst Biologie in Aachen, dann Geographie in Bonn und promovierte 1932 bei /Waibel (»Der Niederwald des linksrheinischen Schiefergebirges«, 1934). 1939 folgte die Habilitation mit einer landeskundlichen Schrift über Luxemburg. Nach dem 2. Weltkrieg war er an der TH Karlsruhe als Dozent und Professor tätig, ehe einem Ruf an die Universität des Saarlandes folgte, wo er 1962–77 lehrte. Als Schüler von Waibel und /Troll war Schmidhüsen ein profilierter Vertreter des Landschaftskonzeptes, worüber er mehrere wissenschaftstheoretische Beiträge verfasste (zuletzt »Allgemeine Geosynergetik«, 1976). Landschaftskunde und Pflanzensoziologie verbanden sich bei ihm zu einer umfassenden Vegetationsgeographie (z. B. »Allgemeine Vegetationsgeographie«, 1959; »Atlas der Biogeographie«, 1976; »Landschaft und Vegetation«, Slg. 1974; Hrsg. der Reihe »Biogeographica«, 1972–85). Mit /Meynen war er wesentlich an der Erarbeitung einer /naturräumlichen Gliederung Deutschlands beteiligt. [HPB]

Schmitthenner, *Heinrich*, deutscher Geograph, geb. 3.5.1887 Neckarbischofsheim, gest. 18.2.1957 Marburg. Er studierte Geographie,

Schlüter, *Otto*

Schmidt, *Otto Julewitsch*

Schmieder, *Oskar*

Schmithüsen, *Josef*

Schmitthenner, *Heinrich*

Geologie, Volkswirtschaftslehre und Soziologie in Heidelberg und Berlin, 1911 promovierte er bei ↗Hettner in Heidelberg (»Die Oberflächengestaltung des nördlichen Schwarzwaldes«, 1913). Aus einer Tätigkeit als Kriegsgeologe im Schichtstufenland zwischen Maas und Mosel entwickelte sich Schmitthenners Habilitationsschrift (»Die Oberflächenformen der Stufenlandschaft zwischen Maas und Mosel«, 1923), in der er eine neue Theorie der Schichtstufenlandschaft vorstellte. Seit 1928 war er o. Prof. für Kolonialgeographie in Leipzig, seit 1946 o. Prof. für Geographie in Marburg. Beeinflusst durch seinen Lehrer Hettner, lagen Schmitthenners Forschungsschwerpunkte neben der Geomorphologie und der Landeskunde Ostasiens (z. B. »Chinesische Landschaften und Städte«, 1925; »China im Profil«, 1934; »Lebensräume im Kampf der Kulturen«, 1938) auf der Methodik und Theorie der Geographie (z. B. »Zum Problem der Allgemeinen Geographie und der Länderkunde«, 1954). [UW]

Schmutzwasser, engl. *wastewater*, *sewage*, durch Gebrauch verunreinigtes Wasser. ↗Abwasser.

Schnee, Festniederschlag in Form von Schneekristallen, die aus mehreren meist verzweigten hexagonalen Eiskristallen entstehen. Schnee ist die häufigste Form fester Niederschläge und entsteht bevorzugt in ↗Mischwolken mit geringer ↗Konvektion, bei Temperaturen um bzw. unter 0°C in Gegenwart einer großen Zahl von Eiskeimen. *Schneekristalle* bilden sich aus ↗Eiskristallen im hexagonalen System, da sie sich meistens flächenhaft entwickeln, spricht man auch von Schneesternen. Form und Größe der Schneekristalle hängt von den Bildungsbedingungen (Temperatur und Luftfeuchte) in der ↗Wolke ab. Durch die Verkettung von Schneekristallen während des Falls werden Schneeflocken gebildet. Große Schneeflocken entstehen vor allem bei wärmeren Temperaturen >−5°C und höherer Luftfeuchte in den unteren Schichten maritim-polarer Kaltluftmassen. Dabei werden die Schneekristalle von nicht zu stark unterkühlten Wassertröpfchen aneinandergekoppelt. In trockener polarer Kaltluft können sich teilweise nur Eiskristalle ausbilden. Man unterscheidet verschiedene Schneefallarten: *Schneegriesel* (↗Griesel) fällt aus niedrigen Stratuswolken (↗Wolken) oder ↗Hochnebel. *Schneehagel* (*snow hail*) besteht aus schneeähnlichen Körnern von fester Konsistenz mit 2–5 mm Durchmesser. Er entsteht in niedrigen, völlig vereisten Cumulonimbuswolken, die in den Mittelbreiten häufig im Frühling auftreten. *Schlackerschnee* ist ein sehr feuchter, angetauter Schneeniederschlag, der bei leicht positiven Temperaturen in maritim-polarer Luft auftritt. *Schneeregen* besteht aus einer Mischung von Schneeflocken und Regentropfen. Er ist in Mitteleuropa charakteristisch für Tauwetterfronten oder entsteht beim Überströmen von warm-feuchter Mediterranluft über bodennahe Kaltluft. *Polarschnee* besteht aus fallenden Eisnadeln, die meist in den hohen Breiten durch ↗Deposition ohne den Einfluss kompakter Wolken entstehen. Wird Schnee vom Boden durch Wind (meist bei Windgeschwindigkeiten >10–12 m/s) bis in Augenhöhe (1,80 m) aufgewirbelt und die Sicht stark behindert, spricht man von Schneetreiben. Wird der Schnee nur bis in geringe Höhen über dem Erdboden aufgewirbelt, sodass die Horizontalsicht nicht merklich herabgesetzt wird, bezeichnet man dies als Schneefegen. Schneetreiben mit Schneeniederschlag vermischt nennt man Schneegestöber, wobei oft nicht eindeutig feststellbar ist, ob tatsächlicher Schneeniederschlag beteiligt ist. *Schneestürme* werden in einigen Teilen der Erde durch synoptisch bedingte Kaltlufteinbrüche in Sturmstärke hervorgerufen, die mit Schneetreiben einhergehen. Ein bekanntes Beispiel sind die ↗Blizzards in Nordamerika. Als Folge einer flächenmäßigen Ansammlung von abgesetzten Schneeniederschlägen bildet sich an der Erdoberfläche eine Schneedecke aus. Bei großen trockenen Flocken entstehen anfänglich lockere luftreiche *Pulverschnee*-Decken, die sich jedoch bald umwandeln (↗Press-Schnee, ↗Harsch, ↗Nass-Schnee). Kleinflockiger Schnee bildet feste Decken. Schneewehen bestehen aus Ablagerungen von durch Wind verwehtem Schnee. Die Schneedichte ist ein Maß für das Schneegewicht pro Volumeneinheit (g/cm^3) und kann durch Wiegen eines ausgestochenen Schneewürfels bestimmt werden. Während frischer, trockener Pulverschnee Dichten von 0,05 – 0,15 g/cm^3 besitzt, kann alter Nassschnee oder windgepresster Schnee Dichten von bis zu 0,4 g/cm^3 erreichen. Eine besondere Restform von Schneedecken stellt der ↗Büßerschnee dar. Schneeglätte ist eine Folge von festgefahrenem oder festgetretenem Lockerschnee. In einem jahrelangen Prozess kann Schnee zu ↗Firn bzw. letztlich Eis umgeformt werden und bildet damit eine Grundvoraussetzung zur Bildung von ↗Gletschern. [JB]

Schneebodengesellschaften, überwiegend produktionsschwache Pflanzengesellschaften in der Subarktis und Arktis sowie in der subalpinen und alpinen ↗Höhenstufe, die durch eine mehr als moderate Schneebedeckung während des Winters einen guten Schutz gegenüber starken Frosteinwirkungen erhalten (↗Schneeschutz). Der Begriff schließt Schneetälchengesellschaften mit ein. Die prägenden und zugleich differenzierenden Standortfaktoren zwischen verschiedenen Schneebodengesellschaften sind insbesondere unterschiedlich lange Schneebedeckung bzw. unterschiedlich lange Aperzeiten, starker Schmelzwassereinfluss während der Schneeschmelze, verschieden lange, aber immer langandauernde Wassersättigung der Böden bzw. eine zeitweise schlechte Bodendurchlüftung, häufiger Frostwechsel, vielfach auch während der Vegetationszeit und damit verbunden eine latente Substratinstabilität durch Kammeisbildung, Solifluktion und Kryoturbation. Unter diesen Gegebenheiten setzen sich ↗Moose häufig stärker durch als Phanerogamen (↗Spermatyphyten) und ↗Flechten, deren Bedeutung mit steigender Schneebedeckungsdauer geringer wird, bis sie in extremen

Schneebodengesellschaften (äußerst kurze Aperzeiten) ganz ausfallen. [DT]

Schneebruch, winterliche Baumschäden durch Ast-, Kronen- und Stammbruch infolge einer Überlastung durch auflagernden Nassschnee (evtl. auch durch ↗Raureif, dann Eisbruch).

Schneedruck, Belastungsdruck durch auflastenden (Nass-) Schnee, der überwiegend auf holzige Pflanzen wirkt und zu einer Deformation des Wuchses und zu einer Herabsetzung der Vitalität führen kann. Zu starke Auflast führt zum ↗Schneebruch.

Schneeflechte, *Chlamydomonas nivalis*, durch rote Pigmente gekennzeichnete Grünalgenspezies, die im Sommer auf Schnee- und Gletscheroberflächen auftreten und diesen eine rote Färbung verleihen kann. Die durch sie hervorgerufene Färbung darf nicht mit windtransportierten Staublagen verwechselt werden.

Schneegebläse, vom Wind transportierte Schnee- (= Eis-) kristalle mit ihrer mechanischen Schliffwirkung (Schneeschliff); in Gebirgen und in den arktischen Zonen von großer Bedeutung für die Verbreitung und die Wuchsform von verholzenden Pflanzenarten.

Schneegrenzbestimmung, kann mit verschiedenen Methoden durchgeführt werden. Die Schneefleckenmethode (niedrigste Lage von Schneeflecken) gibt zu tiefe Höhenlagen an. Parallel zum ↗Glaziationsniveau kann auch die Schneegrenze mit der Gipfelmethode unter Verwendung von Schnee-/Firnfeldern angewendet werden. Der Schneegrenze entspricht auf Gletschern die ↗Firnlinie (Firngrenze). Diese wird auch als Gletscherschneegrenze bezeichnet, soweit es sich um die Firnlinie am Ende der Ablationssaison als Mittelwert über eine längere Beobachtungsperiode handelt. In Gletscherregionen wird an kleinen Gletschern ohne große Vertikalerstreckung die THAR (toe-to-headwall-altitude-ratio) angewendet, bei der die Firnlinie der mittleren Höhe zwischen Gletscherzunge und Höhe der Gletscherumrahmung entspricht. Die AAR (accumulation area-ratio) geht als Methode zur Firnlinienbestimmung bei ausgeglichenem ↗Massenhaushalt von einem regional differenzierten Verhältnis des Akkumulationsgebiets von $0{,}65 \pm 0{,}05$ an der Gesamtgletscherfläche (beispielsweise in maritimen Küstengebirgen) aus, wobei in diesem Fall die Grenze des Akkumulationsgebiets der Gleichgewichtslinie bzw. Firnlinie entspricht. Die ↗klimatische Schneegrenze wird oft aus klimatischen Schwellenwerten ohne eine detaillierte Feldkartierung berechnet. [SW]

Schneegrenze, Höhenlinie, oberhalb welcher Sonnenenergie, ↗Advektion von Warmluft, Verdunstung und Erdwärme die abgesetzten festen ↗Hydrometeore nicht mehr in flüssiges ↗Wasser oder ↗Wasserdampf umzusetzen vermögen. Man unterscheidet die ↗klimatische Schneegrenze und die temporäre Schneegrenze. In orographisch gegliedertem Gelände spielt der kleinräumige Wechsel von Schlagschatten und Besonnung eine bedeutende Rolle für Tauvorgänge.

Hier definiert man die *orographische* bzw. *örtliche Schneegrenze* als diejenige Linie, welche die untersten Flecken von ↗Firn verbindet. In Gebirgsbereichen spielen für die Ausprägung der Schneegrenze vor allem Luv- und Leeeffekte in Bezug auf die den Niederschlag bringende Windrichtung eine bedeutende Rolle. ↗Schneegrenzbestimmung.

Schneehagel ↗Schnee.

Schneehöhenmessung, zur Messung der Schneehöhe wird ein senkrechtes bis zum Erdboden reichendes Loch in die Schneedecke gebohrt und die Schneehöhe mithilfe eines Metermaßes bestimmt. An schneereichen, ständig betreuten Klimastationen ist meist ein fester *Schneepegel* installiert. Neuerdings verwendet man auch *Ultraschall-Schneehöhenpegel*. Der Sensor wird in einer geeigneten Höhe senkrecht zur Erdoberfläche angebracht und sendet ein periodisch wiederkehrendes Ultraschallsignal aus. Die Echoverzögerungszeit ist proportional zur Schneehöhe; je schneller das von der Schneeoberfläche reflektierte Schallsignal empfangen wird, desto kürzer ist der Weg zwischen Sensor und Schnee und umso mächtiger ist die Schneedecke.

Schneeklima ↗boreales Klima.

Schneekristalle ↗Schnee.

Schneelawine, *Lawine*, ist das plötzliche, ruckhafte Abgehen von Schnee oder Eis an Talhängen oder Bergflanken. Die hohe Geschwindigkeit der Lawinen kann 100 km/h übersteigen und unterscheidet diese Form der Massenverlagerung z. B. vom langsamen Schneekriechen. Ursachen für Lawinenabgänge liegen im Relief, den Witterungsverhältnissen und dem Aufbau der Schneedecke. Man unterscheidet Lockerschnee-, Festschnee- und Eislawinen bzw. differenziert noch detaillierter zwischen einzelnen Lawinentypen, beispielsweise Staub- oder *Grundlawinen*.

Schneepegel ↗Schneehöhenmessung.

Schneeregen ↗Schnee.

Schneeschutz, schützende Wirkung einer ausgeprägten Schneedecke für die Vegetationsdecke durch Schutz vor absoluter Kälte, frühsommerlichem Austrocknen (auch Frosttrocknis), zu frühem Austreiben grüner Pflanzenorgane und Schneeschliff/-gebläse. Weitere günstige Wirkungen entstehen durch einen düngenden Effekt niedergeschlagenen Staubes während und nach der Schneeschmelze, eine gute Wasserversorgung durch Schmelzwasser und das »Warmhalten« des Bodens durch Isolierung. Infolge eines sehr starken Schneeschutzes entstehen aber auch Nachteile für die Vegetation, z. B. durch erhöhten ↗Schneedruck und eine verkürzte Vegetationszeit durch lang andauernde Schneebedeckung.

Schneesturm ↗Schnee.

Schneetälchen, Sonderstandorte in der subalpinen und alpinen Höhenstufe, meist in Form von Mulden, Senken oder Tälchen, mit langer Schneebedeckung, hoher Bodenfeuchte, geringer Bodenentwicklung mit sehr geringmächtigen Humusauflagen und einer charakteristischen Vegetation. Letztere ist in den arktischen Zonen nicht zwangsläufig an die Reliefform »Tälchen«

Schokalski, *Juli Michailowitsch*

Schneiteln: Verschiedene Schneitelarten: a) Stockschneitelung, b) Kopfschneitelung, c) Astschneitelung und d) Laubrupfen.

Schöller, *Peter*

gebunden, weshalb dort und im Allgemeinen besser von Schneebodenvegetation (/Schneebodengesellschaften) gesprochen werden sollte.

Schneiteln, *Schneitelung*, Futter- und Streugewinnung durch Abschlagen von Ästen. Anhand gefundener Schneitelmesser datiert /Gams (1938) die Anfänge der Schneitelung im Alpenraum bis in die Spät-la-Tène-Zeit bzw. Bronzezeit zurück. Die periodische Stockschneitelung von Bäumen, die sich bei zu intensiver Nutzung stark schädigend auf Holzgewächse auswirken kann, initiiert eine Regeneration durch die Wurzelstöcke. Folglich können die Stockschneitelformen mehrere Hundert Jahre alt werden. Die traditionelle Betriebsweise der Schneitelung ist eng mit der bäuerlichen Wirtschaftweise verknüpft. So stellen Waldweide und Schneitelwirtschaft eine optimale weidewirtschaftliche Kombination dar. Der stete Entzug von Phytomasse und Photosyntheseflächе setzt den Holzertrag der Bäume erheblich herab und ändert auch ihre Wuchsform. So kann man zwischen Kopf-, Ast- und Stockschneitelung sowie Laubrupfen unterscheiden (Abb.). Am besten ertragen Baumarten mit großem Ausschlagvermögen diesen drastischen Eingriff, wie z. B. Esche, Hainbuche, Ulme, Ahorn, Eiche, Hasel und Birke. Dazu werden möglichst junge Zweige und Äste mit geringerem Anteil an schwer verdaulicher Rohfaser und Lignin vom lebenden Baum abgeschnitten, um vor allem Laub, das sog. »Laubheu«, aber auch Nadeln (bevorzugt in den Alpen) als Futter und Einstreu zu erhalten. Dabei entspricht der Nährwert von Futterlaub bei früher Schneitelung in etwa dem von Heu mittlerer Qualität, von später Schneitelung dem von Stroh. Das getrocknete Laub kann sowohl gelagert und im Winter verfüttert oder aber direkt portionsweise entnommen und dann unmittelbar verfüttert werden. Wie entsprechende Futterwertanalysen von Schneitelfutter aus NW-Benin belegen, ist letzteres Verfahren sehr viel produktiver. Denn der Futterwert verschlechtert sich in kürzester Zeit. Aus dieser Erkenntnis heraus erntet die Ethnie der Peulh nur jeweils einen kleinen Teil der jungen Triebe und des Laubs trotz der dadurch drastisch ansteigenden Kletterbelastung, incl. der Unfallgefährdung. Während die Bedeutung des Schneitelns in Mitteleuropa in den letzten Jahrzehnten erheblich zurückgegangen ist, besitzt diese Nutzungsform in den meisten Ländern der Dritten Welt – wie z. B. Indien, Pakistan, Nepal, Bolivien – auch heute noch einen erheblichen Stellenwert. Negative Aspekte des Schneitelns sind zu kurze Nutzungszeiträume und damit Übernutzung der geschneitelten Bäume, möglicher Pilzbefall, Nährstoffentzug, Verminderung der Holzqualität bis hin zur fehlenden Verjüngung und somit mittelfristig ein Zusammenbruch der Schneitelbäume. [MM]

Schnittfläche /*Kappungsfläche*.

Schnittstelle, *interface*, allgemeine Bezeichnung für eine Verbindungsstelle zwischen verschiedenen Komponenten eines Computers oder zwischen Anwender (AW) und Computer. Über Schnittstellen werden /Daten bzw. /Informationen ausgetauscht. Schnittstellen gibt es zwischen /Hardware (HW) und /Software (SW), zwischen verschiedenen HW- bzw. zwischen verschiedenen SW-Komponenten sowie zwischen AW und HW bzw. AW und SW.

Schokalski, *Juli Michailowitsch*, russischer Wissenschaftler, geb. 17.10.1856 in Petersburg, gest. 26.3.1940 in Leningrad. Er besuchte die Seekadettenschule und die Seeakademie in Petersburg. Nach kurzem Borddienst in der Ostsee arbeitete er im Physikalischen Hauptobservatorium als Meeresmeteorologe. Zugleich unterrichtete er ab 1882 an der Seekadettenschule Mathematik, Geographie, Meteorologie und Navigation. Er gab den Meteorologischen Vestnik mit heraus und erarbeitete ab 1909 das Jahrbuch für Ebbe und Flut an den russischen Küsten. Ab 1907 hielt er an der Seeakademie die Vorlesung über Ozeanographie, ab 1910 als Professor, ab 1919 auch an der Universität Leningrad. 1897 bis 1903 untersuchte er das Temperaturregime im Ladoga-See, die geplanten Schwarzmeer-Forschungen verschoben sich auf die Jahre 1923 bis 1928. Stattdessen entstand zu Beginn des Ersten Weltkrieges das fundamentale Werk »Ozeanographie« (1917), für das er von der Pariser Akademie der Wissenschaften die Goldmedaille erhielt. Schokalski gilt als Spezialist für Kartometrie; dazu gab er eine Reihe von Spezialkarten heraus. Seit 1882 war er aktives Mitglied der Russischen Geographischen Gesellschaft, hatte maßgeblichen Anteil daran, dass die Gesellschaft ihr eigenes Gebäude erwarb und wurde von 1917 bis 1931 ihr Präsident. [FK]

Scholle [von althochdeutsch Scolla = Gespaltenes], ganz oder teilweise von tektonischen Störungen begrenztes Stück der Erdrinde. Abhängig von der Bewegungstendenz der Nachbarschollen unterscheidet man Bruchschollen in Hoch- (strukturell relativ emporgehoben) und Tiefschollen (strukturell relativ abgesunken), schräggestellte Schollen heißen *Pultschollen*.

Schollengebirge, aus Bruchschollen (/Morphotektonik) bestehendes Gebirge. Beispiele sind der Harz und das Basin-Range-Relief des Großen Beckens (USA).

Schöller, *Peter*, deutscher Geograph, geb. 5.12.1923 Berlin, gest. 16.3.1988 Münster. Schöller studierte Geographie, Germanistik, Geschichte und Geologie in Berlin (1946–1948) und Bonn (1949–1951). Nach seiner Promotion 1951 wechselte er nach einer kurzen Assistententätigkeit in Bonn 1952 nach Münster an das Provinzialinstitut für westfälische Landes- und Volkskunde, dessen Direktor er 1961 wurde. 1959 habilitierte er sich in Münster. 1959–1963 führten Schöller mehrere Reisen nach Japan und Ostasien. 1964 erhielt er einen Ruf auf den Lehrstuhl für Geographie an der Universität Bochum, an der er bis zu seinem Tode wirkte. Schöllers Untersuchungen zur Stadt- und Industriegeographie Deutschlands und Japans sowie seine kritische Auseinandersetzung mit der deutschen /Geopolitik gaben der /Humangeographie wesentliche Impulse und neue Fragestellungen. Er verstand es, in seinen Forschungen immer wieder historische Ereignisse und Prozesse mit aktuellen politischen, wirtschaftlichen und sozialen Vorgängen zu verbinden. [HB]

Schonklima, Klima, das die Gesundheit des Menschen nicht belastet. Zu den Schonfaktoren zählen niedrige Konzentrationen an atmosphärischen Spurenstoffen, Allergenarmut (insbesondere geringe Belastung durch Pollen und Schimmelpilzsporen), günstige Schattenmöglichkeit (Waldschatten), geringe Nebelhäufigkeit und thermisch ausgeglichene Bedingungen im Behaglichkeitsbereich (↗Behaglichkeit), sodass die Thermoregulation kaum gefordert ist. Schonklima ist hauptsächlich verbreitet in den waldreichen Mittelgebirgen und Tallagen der Alpen zwischen 200 m und 600 m NN. ↗Heilklima, ↗Kurortklima.

Schönwetterwolken ↗Wolken.

Schopfbäume, bilden im Kontrast zu Astkronenbäumen unverzweigte Holzgewächse, an denen sich große Blattwedel erst am Stammgipfel rosettenartig drängen (nur in Einzelfällen schwache Verzweigung von Gipfelknospen, z. B. Drachenbaum, Dum-Palme). Durchweg handelt es sich um altertümliche Formen ohne Dickenwachstum in warmen Klimaten. Hierzu gehören wenige, aber umfassende Sippen, vor allem die Baumfarne, Palmfarne (Cycadeen), die Fieder- und Fächerpalmen, Grasbäume und einige Aloen. Unter den modernen Zweikeimblättrigen bilden Lobelien, Bromelien (*Puya*), Senecien und Espeletien sog. »Kerzen-Schopfbäume« in den kalttropischen ↗Höhenstufen oberhalb der Waldgrenze; sie zeigen aber trotz beträchtlicher Wuchshöhen bis 8 m eher krautige Merkmale. Abb. im Farbtafelteil.

Schornsteinüberhöhung ↗effektive Quellhöhe.

Schorre, *Abrasionsplattform*, *Brandungsplattform*, *Felsplattform*, flach seewärts geneigte Flachform vor einem ↗Kliff, entweder als Schnittfläche im Anstehenden (Felsschorre bzw. Abrasionsplattform, Abb.), oder als Akkumulationsform, oft aufgebaut aus den am Kliff durch ↗Abrasion gewonnenen Fragmenten. Die Breite der Schorre ist abhängig von der Dauer der ↗Brandungswirkung, der Gesteinsresistenz, der Stabilität des Meeresspiegels (↗Meeresspiegelschwankungen) und anderen Faktoren. Extrem breite Schorren können sich nur bei einem langsam steigenden relativen Meeresspiegel ausbilden, weil bei stabiler Meeresspiegellage mit dem Breitenwachstum die Brandungsenergie allmählich erlischt.

Schott, *Carl*, deutscher Geograph, geb. 12.02.1905 in Jena, gest. 22.12.1990 in Marburg/Lahn. Nach dem Studium der Geographie, Geologie und Biologie in Breslau (v. a. bei M. Friederichsen) war er Privatassistent bei ↗Penck in Berlin. 1930 promovierte er bei ↗Krebs mit einer grundlegenden Arbeit über »Blockmeere in den deutschen Mittelgebirgen«. 1931 war Schott dann Assistent bei ↗Schmieder in Kiel. Er habilitierte sich mit der Arbeit »Landnahme und Kolonisation am Beispiel Südontarios«. Nach Kriegsdienst und Gefangenschaft war er apl. Prof. in Kiel (ab 1942 bzw. 1947–1951). Schott schrieb zahlreiche Aufsätze zur Rodung, Landnahme, Kolonisation in NW-Deutschland, Skandinavien und in Kanada (v. a. nach 1952). 1955 – 1970 hatte er einen Lehrstuhl in Marburg als Nachfolger von ↗Schmitthenner inne und 1955–1974 war er Vorsitzender des Zentralausschusses für deutsche Landeskunde; 1959–1973 Vorsitzender des Wissenschaftlichen Beirats des Instituts für Landeskunde in Bad Godesberg). Schott war lange Zeit der Kanada–Spezialist unter den deutschen Geographen. Seit den 1960er-Jahren beschäftigte er sich zunehmend mit dem Mittelmeerraum (v. a. Arbeiten zum Tourismus). [AS]

Schott, *Chott*, Regionalbezeichnung für ↗Salztonebenen in den Hochplateaus des nordafrikanischen Atlas-Gebirges (auf deutsch auch als »Hochebene der Schotts« bezeichnet) und am östlichen Atlas-Südrand beiderseits der tunesisch-algerischen Grenze. Durch Oberflächenwasserzufuhr während der Winter- und Frühjahrsregen und zusätzlicher ganzjähriger Grundwasserzufuhr zur zweitgenannten Gruppe, die sich in Quellen in den Schotts äußert, kann viel Wasser verdunsten und eine starke Salzanreicherung stattfinden. Ausweislich ihrer Sedimente waren die Schotts ↗pluvialzeitlich Süßwasserseen.

Schotterfeld ↗glazifluviale Akkumulation.

Schräg-Luftbild ↗Senkrecht-Luftbild.

Schrägschichtung ↗*Diagonalschichtung*.

Schreine, ↗religiöse Gebäude, die Ahnenfiguren (»Ahnenschreine«) oder andere kultisch verehrte Objekte beinhalten. In Japan sind Schreine shintoistische Kultstätten im Gegensatz zu buddhistischen ↗Tempeln. Sie sind meist kleine und dem Baustil nach den ursprünglichen japanischen Hausformen nachempfundene religiöse Stätten und in der Regel hölzerne Gebäude, die auf Pfählen ruhen und mit einem Satteldach versehen sind. Sie liegen stets am Wasser, um dem Besucher vor dem Betreten des Schreins die rituelle Reinigung zu ermöglichen.

Der Schrein besteht aus zwei hintereinander liegenden Kulthallen, die durch einen überdeckten

Schorre: Schorre mit durch Abrasion gekappten Schichtköpfen an der äußeren St. Lorenz-Mündung, Kanada.

Gang miteinander verbunden sind. Die erste größere Halle dient der Gebetsrezitation und Opferdarbringung. Die hintere und kleinere Haupthalle ist das Sanktuarium, die Wohnung Gottes, die nur von Priestern betreten werden darf. Der Schrein ist geistiger Mittelpunkt des Dorfes, der Stadt, der Provinz bzw. des gesamten Landes, je nach dem, welche Stellung der Schrein besitzt.
Es gibt drei Haupttypen von Shinto-Schreinen: a) lokale Schreine, in denen der Gott (kami) des Ortes weilt, b) die für bestimmte Personen und Anliegen im ganzen Land zu findenden Schreine und c) Nationalschreine. Die letzten beiden Typen stellen regionale bzw. nationale ↗Pilgerstätten dar.
Da der ältere ↗Shintoismus noch keine Gotteshäuser kannte und Berge, Wälder und Wasser die Aufenthaltsorte der Götter waren, begann man erst unter dem Einfluss des ↗Buddhismus mit der Errichtung von Gebäuden (↗Religionsausbreitung). Die Shinto-Schreine haben deshalb zahlreiche Elemente des Buddhismus übernommen, sodass man dort heute Buddha-Statuen kombiniert mit traditionellen japanischen Symbolen findet. Sonst sind in reinen Shinto-Schreinen keinerlei Bilder zu finden, weil die Gläubigen denken, dass ihre Gottheiten unsichtbare Geister sind. [GR]

Schriftkultur, eine ↗Kultur, die eine Schrift entwickelt oder übernommen hat und in der zumindest ein Teil der Bevölkerung lese- und schreibkundig ist. Die Erfindung der Schrift (in Mesopotamien ca. 3100 v. Chr.) war eine der wichtigsten Zäsuren der menschlichen ↗Zivilisation. Die Einführung der Schrift hat die Koordination von Aktivitäten in Raum und Zeit ermöglicht, ohne dass der Koordinierende oder der Inhaber der Macht persönlich vor Ort anwesend sein mussten (↗ambulante Herrschaftsausübung). Die Einführung der Schrift hat ein riesiges Potenzial an ↗Arbeitsteilung, Koordinations-, Herrschafts- und Kontrollmöglichkeiten geschaffen und ist deshalb auch aus geographischer Sicht von hoher Relevanz.
Sie verlieh den Rechtsansprüchen auf Eigentum und der politischen Autorität eine dauerhafte Form. Die Schrift hat die räumliche Arbeitsteilung, die Steuerungs- und Koordinationstätigkeiten über Raum und Zeit sowie die Herrschaftsausübung über große Distanzen erleichtert und war somit eine Grundvoraussetzung für die Entstehung des Städtewesens und die Verwaltung großräumiger Reiche.
Nach der Verbreitung der Schrift mussten die Menschen nicht mehr nur durch Rituale sozialisiert werden, sondern es wurde mit »Erziehung durch Konzepte« möglich. Die Schrift ist anfangs vor allem den dominanten Gruppen (Priestern, Herrschern, Händlern) zugute gekommen. Sie unterstützte die Ziele der Mächtigen und stabilisierte deren Wertsystem. Deshalb hatten in einigen Kulturen auch nur Priester das Recht, »heilige Bücher« zu lesen oder zu interpretieren. Die gesellschaftlichen, wirtschaftlichen, politischen und räumlichen Auswirkungen der Schrift wären allerdings viel geringer gewesen, wenn nicht auch neue Medien zur Speicherung von Informationen erfunden worden wären (Tontafeln, Pergament, Papier, Disketten etc.). ↗orale Kultur. [PM]

Schrumpfungsinversion ↗Inversion.
Schubspannung, 1) *Geomorphologie*: sich aus dem Gewicht der Wassersäule und der Fließgeschwindigkeit ergebende Kraft, die auf die Flusssohle (Geröll, Geschiebe) wirkt. 2) *Meteorologie*: τ, in der ↗atmosphärischen Grenzschicht diejenige durch ↗Reibung hervorgerufene Reibungskraft, welche parallel zur Reibungsfläche wirkt und von einer unteren auf eine obere Strömungsschicht ausgeübt wird. Die Schubspannung τ [Pa] wird als Quotient aus Reibungskraft und Fläche berechnet.
Schubspannungsgeschwindigkeit, u_*, den Reibungswiderstand der Luft beschreibendes Viskositätsmaß. Die Schubspannungsgeschwindigkeit u_* [m/s] ist abhängig von der synoptischen Anströmgeschwindigkeit:

$$u_* = \sqrt{\frac{\tau}{\varrho}} = \sqrt[4]{\overline{u'w'}^2 + \overline{v'w'}^2}$$

mit τ = ↗Schubspannung [kg/(m · s²)], ϱ = Luftdichte [kg/m³] und u', v', w' = kartesische zonale, meridionale und vertikale Windgeschwindigkeitsvektoren [m/s]. Über die Schubspannungsgeschwindigkeit wird beim ↗logarithmischen Windgesetz der Geschwindigkeitsbereich des gesamten Vertikalprofils skaliert.

Schulatlas ↗Atlas.
Schulauflassung, endgültige Aufgabe des Standorts einer Schule (meistens ↗Kleinschule) durch die verantwortliche Schulbehörde. Die wichtigsten Ursachen sind eine Unterschreitung der Mindestzahl an Schülern, eine Zentralisierung des Grundschulwesens oder ein gravierender Lehrermangel. ↗Schulschließung, ↗Schulentwicklungsplan.
Schulbefreiung, ist ein von der Schulbehörde erlaubtes, jedoch zeitlich befristetes Fernbleiben vom Schulunterricht (↗Schulschwänzen, ↗Schulversäumnis). Eine Schulbefreiung wurde von den Schulbehörden meistens dann genehmigt, wenn die Eltern aus ökonomischen Gründen oder wegen saisonaler Arbeitsspitzen (z. B. Erntezeit) auf die Mitarbeit ihrer Kinder angewiesen waren. Regionale Unterschiede im Anteil der Schulbefreiungen und der Schulversäumnisse sind besonders in der Einführungsphase der allgemeinen Schulpflicht (in Europa bis zum Ersten Weltkrieg) ein aussagekräftiger Indikator für die Verbreitung der Kinderarbeit. ↗schulisches Bildungsverhalten.
Schulbesuchsquote, 1) Anteil der schulbesuchenden Kinder an den schulpflichtigen Kindern eines Jahrgangs oder einer Altersgruppe. 2) Anteil der Schüler eines bestimmten Jahrgangs oder einer Altersgruppe, die eine bestimmte Schulform besuchen. ↗schulisches Bildungsverhalten.
Schuldendienst, Zins- und Tilgungsleistungen auf gewährte Kredite. Am angemessensten wird

das Ausmaß der Schuldenbelastung eines Landes mithilfe des *Schuldendienstquotienten* berechnet. Dieser gibt den Schuldendienst auf die öffentlichen Verschuldungen in % der Exporte von Gütern und Dienstleistungen an. Die kritische Grenze wird bei 20–35 % gezogen.

Der Schuldendienst entwickelte sich seit den 1970er-Jahren für viele ↗Entwicklungsländer zu einem unlösbaren Problem. Die kritische Grenze des Schuldendienstquotienten wurde in den 1980er-Jahren von vielen afrikanischen Staaten und einigen lateinamerikanischen ↗Schwellenländern überschritten und löste eine Verschuldungskrise aus, die in vielen Ländern bis heute nicht gelöst wurde.

Schuldendienstquotient ↗Schuldendienst.

Schuldknechtschaft, ausweglose ↗Verschuldung und daraus resultierende totale Abhängigkeit von Kreditnehmern, z. B. im Zusammenhang mit der Teilpacht im ↗Rentenkapitalismus.

Schuldorf, funktionaler Dorftyp, der durch seinen Schulstandort auch benachbarte Siedlungen mitversorgt und damit zu den unteren Versorgungszentren zählt.

Schuleintrittsjahrgang, die Zahl der Schüler, welche in einem gegebenen Areal in die erste Schulstufe einer ↗Grundschule eintreten. Ein Schuleintrittsjahrgang kann mehrere Altersjahrgänge umfassen.

Schulentwicklungsplan, ein von Institutionen der ↗Raumplanung oder ↗Bildungsplanung (Schulverwaltung) erstelltes oder in Auftrag gegebenes Planungskonzept, in dem Prognosen über die Entwicklung der Schülerzahlen und die erforderliche Zahl von Lehrkräften, Zielvorstellungen oder konkrete Vorschläge über die Neugründung und Auflassung von Schulen sowie die Organisation des ↗Schülertransports enthalten sind.

Schülertransport, Sammelbegriff für Schülerfahrten als Sonderform des Linienverkehrs – unter Ausschluss anderer Fahrgäste – und des freigestellten Schülerverkehrs (die unentgeltliche Schülerbeförderung im Auftrag des Schulträgers). Im ländlichen Raum entfallen rund drei Viertel der öffentlichen Personenbeförderung auf diese Fahrten. Die Integration der Schülerbeförderung in den allgemeinen Linienverkehr war in den 1980er- und 1990er-Jahren die Hauptaufgabe zur Verbesserung des Öffentlichen Personennahverkehrs (↗ÖPNV) in der Fläche.

Schülerverlaufsstatistik, beschreibt die Verlaufsströme der Schüler in einem ↗Schulsystem. Sie besteht aus ↗Übertrittsraten, ↗Wiederholerquoten und ↗Dropout-Quoten. Schülerverlaufsstatistiken können für einen Schuleintrittsjahrgang (Kohorte) oder einen bestimmten Zeitpunkt (Anfang oder Ende des Schuljahrs) erstellt werden. In vereinfachter Form kann eine Schülerverlaufsstatistik auch nur die Übertrittsraten an den Nahtstellen des Schulsystems beschreiben. Eine Schülerverlaufsstatistik ist ein wichtiges Prognose- und Planungsinstrument des ↗Schulentwicklungsplans, steht jedoch nur in wenigen Ländern zur Verfügung. Indikatoren des ↗schulischen Bildungsverhaltens.

Schulform, *Schultyp*, Organisationsform innerhalb des ↗Schulsystems, die sich von anderen Organisationsformen hinsichtlich des Unterrichtsstoffs, des Fächerkanons (Lehrplans), der Leistungsanforderungen, der Zugangsbedingungen (z. B. Aufnahmeprüfungen), der Lehrerqualifikationen, der regionalen und sozialen Einzugsgebiete und der durch ein Zeugnis erworbenen Berechtigungen unterscheidet. Ein Schulsystem besteht aus mehreren Schulformen, deren Kategorisierung auf verschiedenen Ebenen erfolgen kann. Eine erste grobe Unterscheidung kann nach ↗Pflichtschulen und ↗weiterführenden Schulen, nach Pflichtschulen, ↗mittleren Schulen und ↗höheren Schulen, nach Primar- und Sekundarschulen oder nach öffentlichen und privaten Schulen vorgenommen werden. Jede dieser Ebenen kann noch weiter differenziert werden.

Schulgeographie, Teilbereich der ↗Geographie, der sich dem Geographie- bzw. Erdkundeunterricht widmet. Die Schulgeographie hat eine lange Tradition; die Anfänge gehen bis in das 17. Jh. zurück, doch erst im letzten Drittel des 19. Jh. wird die Geographie selbstständiges und obligatorisches Unterrichtsfach. Seither haben sich die Ziele, die Inhalte und die Methoden mehrfach gewandelt.

Gegenstand der Schulgeographie ist die Erde als Lebens- und Gestaltungsraum des Menschen. Von daher ergibt sich ein enger Bezug zur wissenschaftlichen Disziplin ↗Geographie. Dennoch sind Fachwissenschaft und Schulfach nicht deckungsgleich. Zum einen repräsentiert die Schulgeographie auch andere raumbezogene Wissenschaften, die nicht in der Schule vertreten sind, z. B. die Geologie, die Meteorologie, die Völkerkunde oder die Wirtschaftswissenschaften; sie ist ein raumwissenschaftliches Zentrierungsfach. Zum anderen steht das Fach in der Schule in einem pädagogischen Bezug; es geht um Unterricht für Schüler verschiedener Altersstufen, der anschaulich, lebensnah und praxisbezogen gestaltet werden muss. Geographieunterricht braucht dazu einen anderen Aufbau als die entsprechende Wissenschaftsdisziplin und er muss mit Blick auf die Schüler Prinzipien der ↗Didaktik der Geographie berücksichtigen.

Nahezu ein Jahrhundert lang war Schulgeographie von ihrem Beginn an gleichzusetzen mit ↗Länderkunde. Von ihren Anfängen her erhielt sie eine Ausrichtung auf Länder und Völker, auf längste Flüsse und höchste Berge, auf Ausfuhr- und Einfuhrprodukte u. a. Der Geographieunterricht soll v. a. ein Faktenwissen über die Erde vermitteln, will »erdkundig« machen, wie auch die z. T. heute noch übliche Bezeichnung »Erdkunde« ausdrückt. Der Unterricht folgt dabei dem Prinzip »Vom Nahen zum Fernen«. Mit exemplarischem Vorgehen wird später versucht, dem enzyklopädischen Charakter zu begegnen und die Stofffülle zu begrenzen.

Während das für den Geographieunterricht in der DDR weithin bis zur Vereinigung Deutschlands gilt, setzt in der Bundesrepublik Deutschland etwa ab 1970 ein recht radikaler Umbruch

Schulgeographie 1: Entwicklung der Schulgeographie in Deutschland.

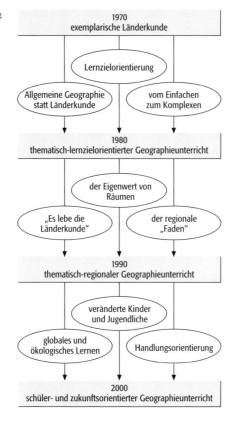

len Klassenstufen weltweiter Sicht. Die damals entstehenden Lehrpläne stehen stark unter dem Einfluss der ↗Sozialgeographie, physisch-geographische Inhalte treten dagegen zurück.

Die 1980er-Jahre sind gekennzeichnet durch eine Wiederbetonung der regionalen Geographie im Unterricht. Es wird hervorgehoben, dass Räume im Unterricht nicht nur als Raumtypen zum Erkennen von allgemeingeographischen Strukturen behandelt werden, sondern dass das Betrachten von ausgewählten Raumindividuen ebenfalls zu den Zielen des Geographieunterrichts führt. Auch die Forderung nach einer im Sinne einer Staatengeographie erneuerten Länderkunde wird aufgegriffen. Das Prinzip »Vom Nahen zum Fernen« lebt wieder auf, insbesondere um das Topographielernen zu erleichtern. Doch nicht alle Ansätze der 1970er-Jahre werden aufgegeben. Die inhaltliche Seite des Schulfachs ist seither gekennzeichnet durch eine Kombination von thematischer und regionaler Geographie.

Gegen Ende des 20. Jh. ergeben sich noch weitere Impulse, die diese Ausrichtung modifizieren. Insbesondere die Veränderungen in der Lebenswelt von Kindern und Jugendlichen, die zu veränderten Einstellungen, Interessen und Verhaltensweisen führen, machen ein erneutes Nachdenken über die Zielsetzungen, Inhalte und Methoden des Schulfachs notwendig. In der Unübersichtlichkeit der modernen Welt kommt der Schulgeographie z. B. die Aufgabe zu, Orientierung zu geben – und das nicht nur in räumlicher und sachlicher Hinsicht, sondern auch in ethischen Fragen. Auch im Rahmen der internationalen Erziehung gewinnt die Schulgeographie ein neues Profil, das mit »Globalem Lernen« und mit »Weltverantwortung« angedeutet werden kann. Ein wichtiger Bereich geographischer Bildung ist die Umwelterziehung geworden, mit der – nach einer Phase der Überbetonung der gesellschaftswissenschaftlichen Seite des Fachs – nun auch die Geowissenschaften wieder verstärkt in die Schule zurückkehren.

ein (Abb. 1). Die Lehrpläne in den Ländern werden im Rahmen der Curriculumdiskussion zunehmend nicht mehr als regionaler, sondern als thematischer Lehrgang gestaltet, der auf Lernziele und übertragbare Einsichten ausgerichtet ist. Die Länderkunde wird zugunsten eines allgemeingeographischen Vorgehens zurückgedrängt, an ihre Stelle tritt eine Auswahl von weitgehend austauschbaren »Raumbeispielen«. Viele Bundesländer geben auch das Vorgehen in konzentrischen Kreisen auf zugunsten einer Abfolge »Vom Einfachen zum Komplexen«, bei durchweg in al-

Die Abbildung 2 gibt Auskunft über den Stufenbau der Lehrpläne für die Sekundarstufe I. Eine besondere Situation für die Schulgeographie be-

Schulgeographie 2: Grundlehrplan Geographie des Verbandes Deutscher Schulgeographen 1999.

Stufenziele	Jahrgangsstufe	thematischer Schwerpunkt			regionaler Schwerpunkt	vorherrschende Betrachtungsweisen	vorherrschende Raumeinheiten
Stufe 1: Grundlegende Einsichten in Mensch-Raum-Beziehungen	5	Arbeit und Versorgung in räumlichen Zusammenhängen	Umgang mit geographischen Arbeitsmitteln, Methodenschulung	Topographie und Orientierung	Welt und Deutschland	vorwiegend physiognomisch; dabei: beschreiben	Fallbeispiele Lebensräume Landschaften
	6				Deutschland und Europa		
Stufe 2: Analyse von raumprägenden und raumverändernden Faktoren	7	Auseinandersetzung mit Naturbedingungen			vorwiegend Europa/Afrika	vorwiegend kausal/genetisch; dabei: analysieren	Regionen Großräume
	8	Gestaltung von Kulturräumen			vorwiegend Asien/Lateinamerika		
Stufe 3: Auseinandersetzung mit Gegenwartsfragen und -aufgaben	9	Industriestaaten			Nordamerika, Russland, Japan, Europa	vorwiegend funktional; dabei: problematisieren	Regionen Staaten Großräume Welt
	10	Regionale und globale Fragen			Heimatraum, Deutschland in Europa, Welt		

steht in der gymnasialen Oberstufe. In den Klassenstufe 12 und 13 ist sie seit einem Beschluss der Kultusministerkonferenz von 1962 mit Geschichte und Sozialkunde zur Gemeinschaftskunde gleichrangig zusammengefasst, was zu einer engeren Kooperation dieser Fächer geführt hat. Bei der Neugestaltung der gymnasialen Oberstufe 1972 wird die Geographie dem gesellschaftswissenschaftlichen Aufgabenfeld zugeordnet. Seither besteht die Möglichkeit zu zwei Niveaustufen des Geographieunterrichts: der Grundkurs mit dem Ziel der vertieften Allgemeinbildung sowie der Leistungskurs, der zu einem vertieften wissenschaftspropädeutischen Verständnis führen soll. Die Entfaltungsmöglichkeiten der Geographie sind in den Bundesländern jedoch sehr verschieden, die Gleichrangigkeit ist häufig zugunsten der Geschichte verändert. Die Unterrichtsinhalte entsprechen denen der Sekundarstufe I, sie werden – entsprechend den Zielsetzungen der gymnasialen Oberstufe – mit höherem Anspruch, größerer Wissenschaftsnähe und verstärkter Betonung der Methoden fortgeführt.

Die Geographie in der Schule ist heute ein schüler- und zukunftsorientiertes Fach, das neben Kenntnissen auch Verständnis, Einsichten, Werte und Fähigkeiten vermittelt. Die Schulgeographie wird gesehen als ein Schlüsselfach für Raumverhaltenskompetenz, für erdgerechtes Verhalten (↗Nachhaltigkeit), was ihre neue Rolle in Bildung, Erziehung und Hinführung zu Lebenspraxis charakterisiert. Schulgeographie verbindet unter dieser Zielsetzung allgemeine und regionalgeographische Inhalte und sie schließt sowohl kultur- wie auch physisch-geographische Aspekte ein. Sie ist dazu an der Fachwissenschaft Geographie orientiert, ohne jedoch ihr Abbild zu sein. Die Internationale Charta der geographischen Erziehung von 1992 gibt für diese heutige Ausrichtung des Fachs auch einen überstaatlichen Bezugspunkt.

Wesentlich sind auch die Veränderungen in der Unterrichtsgestaltung. Heute haben handlungsorientierte Vorgehensweisen, offene Lernformen und kooperatives Arbeiten weite Verbreitung; sie haben das früher dominierende »Zur-Kenntnis-Nehmen« von fertigen Informationen mit starker Lehrerzentrierung abgelöst. Die Unterrichtspraxis ist durch die Vielfalt der Medien und Arbeitsmittel bis hin zur modernen Informationstechnik belebt und intensiviert. Geographieunterricht ist lebendiger, vielseitiger und offener geworden. Die aktive Selbsttätigkeit und die vermehrten Mitwirkungsmöglichkeiten kommen den heutigen Kindern und Jugendlichen sehr entgegen. Zudem zielen diese Vorgehensweisen und der Umgang mit dem breiten Repertoire geographischer Arbeitsmittel auf eine Methodenkompetenz; sie ist – neben den Inhalten – ein wichtiger gewordener Lernbereich.

Freilich gibt es auch eine Reihe von offenen Fragen und ungelösten Problemen, die einerseits Divergenzen in der Geographiedidaktik wiederspiegeln, andererseits aus der Kulturhoheit der Länder resultieren. In Deutschland ist die Lehrplan- und Unterrichtssituation in den Bundesländern deshalb recht verschieden und – zumal durch die neuen Länder mit ihrer stärker regional geprägten Lehrplantradition – zudem unübersichtlich. Schwer wiegt, dass der Geographieunterricht seit den 1960er-Jahren immer wieder zugunsten anderer Fächer oder im Rahmen genereller Unterrichtskürzungen reduziert wurde. Zugleich ist jedoch sein Bild in der Öffentlichkeit ausgesprochen positiv. Hier muss künftig fachpolitisch entschiedener angesetzt werden.

In manchen Ländern wurde darüber hinaus die Schulgeographie in so genannte Lernbereiche oder in künstliche Schulfächer integriert, – seltener aus didaktischen Motiven, sondern eher um Stunden einzusparen. Nun ist das Schulfach Geographie – wie dargestellt – in sich bereits interdisziplinär, darüber hinaus von jeher auf Zusammenarbeit mit anderen Schulfächern ausgerichtet. Es ist ein wichtiges Anliegen moderner Schulgeographie, diese Fachoffenheit in der Schulpraxis auch weiter zu verstärken. Integrative »Überfächer« wie »Welt- und Umweltkunde« oder »Gesellschaftslehre« führen jedoch zu unscharfen, unverbindlichen Lernfeldern, sie sind in der Gefahr des Beliebigen und Sprunghaften. Es muss entschieden bezweifelt werden, ob damit für die Schüler ein solides fachliches Grundlagenwissen und eine stabile Orientierungsperspektive erreicht werden kann.

Die Schulgeographie geht jedenfalls von der Überzeugung aus, dass geographische Kenntnisse und Fähigkeiten zu Weltverstehen und Lebensbewältigung Wesentliches beitragen. Es geht vorrangig nicht um die Geographie als Fach, sondern um die Zukunftsfähigkeit der heutigen Schüler. Die wesentliche pädagogische Aufgabe und die immer neue Herausforderung besteht darin, die Jugendlichen in ihre Welt zu setzen und zugleich die Welt in diese Kinder. Schulgeographie baut auf der durchaus optimistischen Überzeugung auf, dass ein Verständnis der räumlichen Strukturen und Prozesse in der Welt dazu beiträgt, die Erwachsenen von morgen besser auf ihre Zukunft vorzubereiten. [GK]

Literatur: [1] HAUBRICH, H., KIRCHBERG, G., BRUCKER, A., ENGELHARD, K., HAUSMANN, W.& RICHTER, D. (1997): Didaktik der Geographie – konkret. – München. [2] KIRCHBERG, G. (1998): Neue Impulse für die Geographielehrpläne vor der Jahrhundertwende. In: Zeitschr. für den Erdkundeunterricht 50, H.2, S. 84–89. [3] KÖCK, H. (1997): Zum Bild des Geographieunterrichts in der Öffentlichkeit. Eine empirische Untersuchung in den alten Bundesländern. – Gotha. [4] SCHULTZE, A. (Hrsg.) (1996): 40 Texte zur Didaktik der Geographie. – Gotha.

schulisches Ausbildungsniveau, das *Ausbildungsniveau* einer Person, d. h. die höchste Ebene des schulischen (und universitären) Ausbildungssystems, die von einer Person erfolgreich abgeschlossen wurde. Das schulische Ausbildungsniveau gehört zusammen mit Beruf und Einkom-

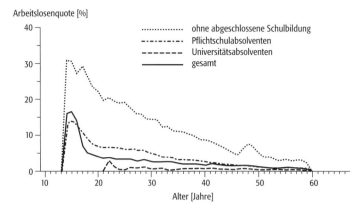

schulisches Ausbildungsniveau
1: Ausbildungsniveau und Arbeitslosigkeit in Ungarn 1990.

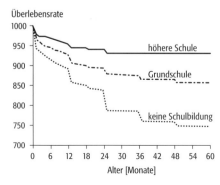

schulisches Ausbildungsniveau
2: Ausbildungsniveau der Mütter und Überlebensrate der Säuglinge im Senegal (1986).

men zu den wichtigsten objektiven Indikatoren der ↗sozialen Schichtung. Es hat den Vorteil, dass es, im Gegensatz zum Einkommen, in den meisten Ländern von den Großzählungen der amtlichen Statistik erfasst wird, und somit für großräumige geographische Studien zur Verfügung steht, bei denen subjektive Indikatoren der sozialen Schichtung (Prestige, Selbst- und Fremdeinschätzung) aus Kostengründen nicht mehr erfasst werden können. Manche sozioökonomischen Strukturen und Prozesse werden erst bei der Verwendung von Massendaten oder erst bei der Analyse großer Untersuchungsräume erkennbar. Sozialgeographische Analysen, die nur auf der Mikroebene anhand kleiner Stichproben und ausschließlich mit qualitativen Methoden durchgeführt werden, bergen die Gefahr, dass wichtige Einflussfaktoren übersehen werden, dass die Spannweite von Ungleichheiten unterschätzt und ein individueller oder kontextueller Fehlschluss begangen wird (↗Methodenmix).

Das schulische Ausbildungsniveau hat sich deshalb als sehr aussagekräftiger Indikator erwiesen, weil es Ermöglichungs- und Verhinderungscharakter hat, weil es im Rahmen der ↗Meritokratisierung der Gesellschaft ein wichtiges Kriterium der sozialen Schichtung geworden ist und deshalb mit vielen anderen sozioökonomischen Indikatoren in einem starken statistischen Zusammenhang steht. Da das Ausbildungsniveau maßgeblich die erste Positionierung auf dem Arbeitsmarkt, die Karriereverläufe und die vertikale soziale Mobilität bestimmt, steht es in engem Zusammenhang mit der ↗Erwerbsbeteiligung, der ↗Arbeitslosigkeit, der ↗Migration und anderen Bereichen. In Abbildung 1 ist der Zusammenhang zwischen Ausbildungsniveau und Arbeitslosigkeit und in der Abbildung 2 der Zusammenhang zwischen dem Ausbildungsniveau der Mütter und der Überlebensrate der Säuglinge (↗Säuglingssterblichkeit) dargestellt.

Die Aussagekraft und Validität von Indikatoren des schulischen Ausbildungsniveaus variiert allerdings in der zeitlichen und räumlichen Dimension. Sie hängt u. a. ab vom Untersuchungsthema und Untersuchungsmaßstab, vom theoretischen Ansatz der Untersuchung, vom Ausmaß der Statusinkonsistenzen zwischen Beruf, Einkommen und Ausbildungsniveau, von der Selektionswirkung des Schulsystems (↗Selektion) und von den Rekrutierungskriterien der Eliten. Da der ökonomische Wert einer Ausbildungsebene auf dem Arbeitsmarkt um so geringer ist, je mehr Personen diese Ebene erreicht haben (↗Wissensvorsprung), haben sich berufliche Selektionskriterien im Laufe der Zeit auf immer höhere Ausbildungsebenen verlagert. Diesem Trend muss sich auch die Auswahl der Indikatoren anpassen. Am aussagekräftigsten sind meistens die höchsten und niedrigsten Ebenen des Schulsystems, wobei jeder Indikator nur einen bestimmten Lebenszyklus hat. ↗Wissen. [PM]

schulisches Bildungsverhalten, durch verschiedene Kategorien von Faktoren beeinflusstes ↗Bildungsverhalten innerhalb des Schulsystems: a) Faktoren, welche die Schichtzugehörigkeit, den Lebensstil und das soziokulturelle Milieu des Elternhauses betreffen; b) Faktoren, welche sich auf die Begabung, Leistungsmotivation und die beruflichen Aspirationen der Schüler beziehen; c) Faktoren, welche das schulische Umfeld umfassen, z. B. die schulische Infrastruktur, das Standortmuster verschiedener Schultypen, die Schulwegbedingungen und die Qualifikation des Lehrpersonals und d) Faktoren, die das gesellschaftliche und ökonomische Umfeld im weitesten Sinne beschreiben, wozu u. a. der Stellenwert der schulischen Ausbildung und des meritokratischen Prinzips im gesellschaftlichen Wertsystem, die Bildungspolitik und Bildungsfinanzierung, die Vielfalt und Qualifikationsstruktur des Arbeitsplatzangebotes in der Wohnregion der Schüler, Mangelkrisen und Überfüllungskrisen auf dem akademischen Arbeitsmarkt sowie das Angebot an kulturellen Einrichtungen dazugehört. Der Einfluss der einzelnen Faktoren auf das schulische Bildungsverhalten und die Stärke der Wechselbeziehungen zwischen den Faktoren werden durch den lokalen Kontext und historische Traditionen modifiziert. Während einige Faktoren (z. B. soziokulturelles Milieu des Elternhauses) unter fast allen politischen, gesellschaftlichen und infrastrukturellen Rahmenbedingungen einen großen Einfluss auf das schulische Bildungsverhalten ausüben, ist eine zweite Gruppe (z. B. ↗Schulwegbedingungen) nur bei Überschreitung von bestimmten Schwellenwerten wirksam. Eine dritte Gruppe von Faktoren (z. B.

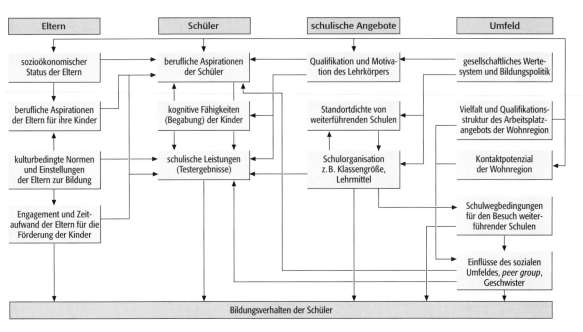

Arbeitsplatzangebot der Wohnortregion) hat nicht bei allen sozialen Schichten oder nicht in allen politischen Systemen dieselben Auswirkungen auf das schulische Bildungsverhalten. Entscheidend ist die Erkenntnis, dass statistische Zusammenhänge zwischen Einflussfaktoren und Bildungsverhalten in der räumlichen Dimension variieren bzw. nicht für alle Gemeindetypen und lokalen Kontexte gültig sind. Der lokale Kontext bestimmt den Stellenwert der Einflussfaktoren, die in der Abbildung dargestellt wurden.

Die Indikatoren des schulischen Bildungsverhaltens werden für eine große Bandbreite von Fragestellungen herangezogen. Sie dienen dazu, die Leistungsfähigkeit einer Schule, Schulform oder eines Schulsystems, die Bildungsbereitschaft der Bevölkerung, die räumliche Verteilung sozialer Schichten, die Verlaufsströme der Schüler im Schulsystem sowie Prozessabläufe eines gesellschaftlichen und ökonomischen Strukturwandels zu analysieren. Sie werden auch als Input für Prognosemodelle über die Entwicklung von Schülerzahlen sowie für das Monitoring und die Evaluation von bildungspolitischen und schulorganisatorischen Reformen verwendet. Die Auswahl und Aussagekraft einzelner Indikatoren hängt vom Ausbauniveau und der inneren Differenzierung des Schulsystems, vom Untersuchungszeitraum, der Quellenlage, dem Kulturkreis der Untersuchungsregion, dem Grad der angestrebten räumlichen Differenzierung der Ergebnisse, von der Selektionswirkung des Schulsystems (↗Selektion) und von der Phase des Lebenszyklus der Indikatoren ab. Je höher die Selektionswirkung eines Schulsystems, umso größer die Aussagekraft dieser Indikatoren. In der Anfangsphase der allgemeinen ↗Schulpflicht oder in Ländern mit einer niedrigen Bildungsbeteiligung werden u. a. folgende Indikatoren verwendet: ↗Schulbesuchsquoten in Grundschulen (= Anteil der schulbesuchenden an den schulpflichtigen Kindern), Dauer des Schuljahrs, ↗Schulbefreiung, ↗Schulversäumnisse, ↗Schulschwänzen. In Ländern mit einem gut ausgebauten Schulsystem gehören ↗Abschlussquoten, ↗Schulbesuchsquoten von weiterführenden Schulen, ↗Übertrittsraten, ↗Studienverzichtsquoten, Quoten der ↗dropouts, ↗Persistenz des Schulbesuchs, ↗Wiederholerquoten und Ergebnisse von Leistungstests zu den aussagekräftigsten Indikatoren. Ein besonderes methodisches Problem betrifft die Vergleichbarkeit dieser Indikatoren in der zeitlichen und räumlichen Dimension. [PM]

schulische Selektion ↗Selektion.

Schulpflicht, gesetzliche Verpflichtung zum Besuch einer Grundschule. Die Schulpflicht beginnt in der Regel mit dem vollendeten 6. Lebensjahr, ihre Dauer variiert zwischen den einzelnen Ländern. Die Schulpflicht wurde in Europa im Laufe des 18. oder 19. Jahrhunderts eingeführt (Preußen 1717, Österreich 1764, England und Wales 1880). In Preußen galt im frühen 18. Jahrhundert die Schulpflicht allerdings nur dort, wo Schulen vorhanden waren. Wichtiger als das Datum der gesetzlichen Einführung der Schulpflicht ist der Zeitpunkt ihrer flächenhaften Durchsetzung. Die gesetzliche Einführung der Schulpflicht wurde vielfach nicht befolgt und hatte nur dann Erfolg, wenn sie entweder von den Behörden kontrolliert und mit Zwang durchgesetzt wurde, oder wenn die Bevölkerung vom ökonomischen Nutzen eines Schulbesuchs überzeugt werden konnte. Zwischen der Einführung und der flächenhaften Verwirklichung der Schulpflicht konnten u. U. mehr als 100 Jahre vergehen. ↗Schulbefreiung, ↗Schulversäumnisse, ↗Schulschwänzen. [PM]

schulisches Bildungsverhalten: Einfluss verschiedener Faktoren auf das schulische Bildungsverhalten.

Schulschließung, vorübergehende (meist nur wenige Jahre andauernde) Stilllegung einer Schule (meistens ↗Kleinschule) durch die verantwortliche Schulbehörde. Die Ursachen sind dieselben wie bei der ↗Schulauflassung. Im Gegensatz zur Schulauflassung kann die Schließung einer Schule nach einigen Jahren wieder rückgängig gemacht werden. ↗Schulentwicklungsplan.

Schulschwänzen, weder von der Schulbehörde noch von den Eltern erlaubtes Fernbleiben vom Schulunterricht. Während ↗Schulbefreiung und ↗Schulversäumnisse in einem starken statistischen Zusammenhang mit dem sozioökonomischen Entwicklungsniveau eines Gebiets stehen, sind hohe Quoten des Schulschwänzens eher ein Zeichen des Auseinanderbrechens von Familienstrukturen, der sozialen Desintegration und der Auflösung gesellschaftlicher Normen. Im Rahmen der ↗Chicagoer Schule der Soziologie wurden die innerstädtischen Disparitäten des Schulschwänzens in der Stadt Chicago untersucht und nachgewiesen, dass Schulschwänzen vielfach der Beginn einer Laufbahn als Krimineller ist und dass dies der Grund sei, warum Schulschwänzen so eng mit anderen Formen delinquenten Verhaltens korreliere. Maßzahlen des Schulschwänzens gehören nicht nur zu den wichtigen Indikatoren des ↗Bildungsverhaltens, sondern sind auch für Fragestellungen der ↗Kriminalgeographie sehr aussagekräftig. [PM]

Schulstufe, die Stufe eines ↗Schulsystems, sie kann mehrere Klassen umfassen.

Schulsystem, die Gesamtheit aller ↗Schulformen und Hochschularten eines Landes. ↗staatliches Schulsystem.

Schultyp ↗Schulform.

Schulversäumnis, ein Fernbleiben vom Schulunterricht, das von der Schulbehörde nicht genehmigt aber von den Eltern (Erziehungsberechtigten) toleriert oder sogar angeregt wurde. Schulversäumnisse kommen vor allem in solchen Gebieten häufig vor, in denen in der Landwirtschaft, in der Industrie oder im ↗informellen Sektor nicht auf Kinderarbeit verzichtet werden kann und/oder in denen ein Großteil der Eltern ↗Analphabeten sind und im Schulbesuch keinen ökonomischen oder kulturellen Vorteil sehen. Schulversäumnisse sind auch dort stark verbreitet, wo ethnische Gruppen oder sprachliche ↗Minderheiten befürchten müssen, dass ihre Kinder vom Schulsystem des Mehrheitsvolkes zwangsweise assimiliert und ihrer Kultur entfremdet werden. Maßzahlen über die Schulversäumnisse zählen zwar zu den wichtigen Indikatoren des ↗schulischen Bildungsverhaltens, sie sollten aber nur zusammen mit anderen Indikatoren verwendet werden, da eine isolierte Betrachtung dieser Maßzahlen leicht zu Fehlschlüssen führen kann. [PM]

Schulwegbedingungen, können anhand des Zeitaufwandes für den Weg zur Schule, der für den Schulweg verwendeten Verkehrsmittel, der räumlichen Distanz zur Schule und dem Gefährdungspotenzial auf dem Schulweg (z. B. durch Verkehr, Lawinengefahr) beschrieben werden. Der Zeitaufwand für den Schulweg wird durch die Siedlungsstruktur, die Standortdichte der Schulen und das Angebot eines ↗Schülertransports beeinflusst. In der Anfangsphase nach der Einführung der allgemeinen ↗Schulpflicht haben die Schulwegbedingungen die ↗Schulbesuchsquoten der Grundschulen noch stark beeinflusst. Ab dem Beginn des 20. Jh. wurde im ↗ländlichen Raum nur noch der Besuch von ↗Hauptschulen und ↗weiterführenden Schulen durch Schulwegdistanzen negativ beeinflusst. Eine besondere Bedeutung haben Schulwegbedingungen in Gebirgsländern, wo neben den Distanzen auch der Erschließungsgrad der Bergbauernsiedlungen (Anteil der unerschlossenen Höfe) und winterliche Verkehrsbehinderungen berücksichtigt werden müssen. In der Schulentwicklungsplanung wird für 6–10-jährige Kinder ein Zeitaufwand von 30 Minuten für einen einfachen Schulweg für zumutbar gehalten, für über 10-jährige Schüler werden Wege bis zu 60 Minuten für zumutbar erachtet. Planerische Richtwerte werden jedoch nicht von allen Bevölkerungsgruppen in gleichem Maße akzeptiert. Höhere Sozialschichten lassen sich in ihrer Schulwahl von einem unzumutbar langen Schulweg weniger beeinflussen als bildungsferne Sozialschichten. Die Bedeutung der Schulwegbedingungen für den Besuch weiterführender Schulen hat deutlich abgenommen. Schulwegbedingungen wirken sich erst ab gewissen Extremwerten negativ auf den Schulbesuch aus. [PM]

Schummerung ↗hill shading.

Schüsseldoline ↗Doline.

Schuttdecke ↗Deckschicht.

Schüttellaub ↗Laubausschüttung.

Schuttfluren, offene Pflanzengesellschaften auf carbonatischem und silicatischem Gesteinsschutt von Moränen, Gletschervorfeldern und Gesteinsschutthalden. An die spezifischen Standortverhältnisse (aktive Schuttzufuhr, rutschender oder ruhender Schutt, Wasserdurchlässigkeit, eingespülte Feinerde erst in größerer Tiefe) sind die Pflanzen vor allem durch besondere Bewurzelungssysteme angepasst. Daraus ergibt sich eine Einteilung nach verschiedenen Wuchsformen: z. B. Schuttwanderer, Schuttdecker, Schuttstrecker, Schuttstauer.

Schuttgletscher ↗Blockgletscher.

Schutthalde ↗Halde.

Schuttkegel, 1) steile, kegelförmige ↗Akkumulation von Schutt unterhalb von ↗Wänden oder Steilhängen (Schutthalde). 2) frühere Bezeichnung für Schwemmkegel (↗Schwemmfächer).

Schutzgebiete ↗Freiraumplanung.

Schutzwald ↗Bannwald.

Schutzwürdigkeit, der Wert eines zu schützenden Gutes. Dieser Wert wird durch Kriterien wie bestehende oder geplante Schutzgebietsausweisungen, Seltenheit und/oder Begrenztheit der zu schützenden Ressource, moralisch-ethische sowie gesellschaftspolitische Wertvorstellungen definiert. In manchen Fällen leitet sich die Schutzwürdigkeit aus der ↗Empfindlichkeit des zu schützenden Gutes ab. In der ↗Naturschutzplanung ist der Grad der Schutzwürdigkeit eines Gebietes eine wichtige Voraussetzung für dessen Ausweisung, z. B. als Naturschutz- oder Landschaftsschutzgebiet.

Schutzzoll, handelspolitische Maßnahme zum Schutz eines (Inlands-)Marktes. Es handelt sich um die Abschirmung der ausländischen Konkurrenz und somit Förderung der einheimischen Wirtschaft durch eine auf Importabgaben abzielende staatliche Wirtschaftspolitik (Erhebung eines Einfuhrzolls, ↗Protektionismus). Solche, den grenzüberschreitenden Warenverkehr belegende Abgaben lösen die Inlandspreise von den Weltmarktpreisen und stellen somit Handelsschranken dar. Der Schutz einheimischer Wachstums-, Beschäftigungs- und Verteilungsaspekte steht im Mittelpunkt der Erhebung von Importzöllen, da die Abgaben das Produkt verteuern und negative Konsumeffekte auslösen. Die Errichtung eines gemeinsamen Marktes durch den Zusammenschluss mehrerer Staaten mit einem einheitlichen Außenzoll führt zur Bildung einer ↗Zollunion, gleichzeitig folgt der Abbau von Handelshemmnissen zwischen den einzelnen Mitgliedsstaaten (z. B. ↗EU). Die Beseitigung der Binnenzölle und die weiterführende Liberalisierung des Güterverkehrs unter den Mitgliedern hat eine verstärkte Handelsexpansion zur Folge. [MG]

Schwachwindlage, Wetterlage mit geringen großräumigen Druckgegensätzen, z. B. bei einer Hochdruckbrücke über Mitteleuropa. Schwachwindlagen sind die Voraussetzung für die austauscharme Wetterlage, bei welcher lufthygienische Belastungen aufgrund fehlender turbulenter Durchmischung der atmosphärischen Grenzschicht auftreten können. Sie sind auch die Bedingung für die Ausbildung einer ↗autochthonen Witterung, wenn zusätzlich ungehinderte vertikale Strahlungsflüsse wie bei der ↗Strahlungswetterlage möglich sind.

Schwadbreite ↗Abtastspur.

Schwaige ↗Schwaighof.

Schwaighof [von altdeutsch *Schwaige* = Viehherde, Viehstall, Viehhof], *Swaige*, in Tirol und einigen angrenzenden Gebieten seit dem 12. Jh. verwendete Bezeichnung für Viehhöfe, in denen Vieh des Grundherrn eingestellt wurde und die dem Grundherrn jährlich einen Zins von 300 Laiben Käse (ca. 450 kg), gelegentlich noch Butter und Schafwolle, zu entrichten hatten. Der Käsezins entsprach der damaligen Milchleistung von etwa 6–10 Kühen und machte vermutlich weniger als ein Drittel des Gesamtertrages eines Hofes aus. Der Zins war nicht nur eine Gegenleistung für das eingestellte Vieh des Grundherrn, sondern auch für den vom Grundherrn überlassenen Grund und Boden, sowie dessen Weidenutzungsrechte auf den ↗Almen. Außerdem bekamen die Schwaighöfe vom Grundherrn auch unentgeltlich Getreide und Salz. Ging der Viehbestand verloren, so ersetzte der Grundherr diesen wieder. Neben dem grundherrlichen Vieh (5–6 Stück) besaß der Schwaighof auch noch eigenes Vieh. Schwaighöfe konzentrierten sich auf Höhenlagen zwischen 1200 und 2000 m, lagen wegen des großen Holzbedarfs (Sennerei) allerdings nicht weit oberhalb der ↗Waldgrenze. Sie wurden vorwiegend im 12., 13. und frühen 14. Jh. unter der Führung der Grundherrschaft errichtet. Sie dienten der Ausdehnung der bisherigen Grenze der ↗Dauersiedlungen und sollten die steigende Nachfrage nach Molkereierzeugnissen und Fleisch decken. Durch die Errichtung von neuen Schwaighöfen oder die Umwandlung von bestehenden Höfen in Schwaighöfe konnte die Grundherrschaft nach der weitgehenden Auflassung der Eigenbetriebe im 12. Jh. ihren Viehbestand ertragreich einsetzen. Außerdem erhielt die Grundherrschaft durch die hohen Käsezinse, die weit über den örtlichen Nahrungsmittelbedarf hinausgingen, eine wichtige Einnahmequelle. Man schätzt die Käsemenge, die um das Jahr 1300 in der Grafschaft Tirol abgeliefert wurde, auf 100.000 kg.

Schwaighöfe sind nur eine von mehreren Formen der Höhenkolonisation (↗Walserkolonisation), es gab auch hoch gelegene Zinshöfe, die nicht als Schwaighöfe bezeichnet werden dürfen. Die Einzigartigkeit des Schwaighofes liegt nicht in seiner Höhenlage oder seiner Wirtschaftsweise, sondern in seiner Beziehung zum Grundherrn. Eine starke Ausrichtung auf Viehwirtschaft und Käseerzeugung ist auch für andere, hoch gelegene Höfe typisch. Ab dem 16. Jh. haben Schwaighöfe unterhalb der Getreidegrenze zusätzlich zur Viehzucht auch kleine Ackerflächen bewirtschaftet und Selbstversorgung mit Getreide angestrebt. Da viele Schwaighöfe an der obersten Grenze der Dauersiedlung lagen, waren sie von der Entsiedlung im 19. Jh. besonders stark betroffen. [PM]

Schwallgrenze, nur kurzfristig erhaltene Spülmarke der höchsten ↗Wellen auf einem Strand, erkennbar am Absatz leichter Stoffe wie Muscheln, Algen, Treibholz.

Schwämme, *Porifera*, Tierstamm der Wirbellosen mit hornigen, kalkigen oder kieseligen Skelettelementen, der seit dem ↗Kambrium vertreten ist. Als Riffbewohner sind Schwämme in fossilen wie rezenten ↗Korallenriffen stets vertreten. Die rezenten Schwämme sind weitestgehend marin, es sind aber auch Vertreter aus dem Süßwasser bekannt. Sie werden kommerziell genutzt (Schwammfischerei) und einige sind potenzielle Lieferanten pharmazeutisch verwertbarer Naturstoffe. Physiologisch entsprechen die Schwämme einer natürlichen Kläranlage, indem sie gelöste und partikuläre organische Substanz über einen aktiven Filterapparat verwerten. Sie sind deshalb wichtig zur Rekonstruktion fossiler Nahrungsnetze und der Abschätzung ozeanographischer Rahmenbedingungen (z. B. Gehalte suspendierter Nahrung, Strömungsmuster).

Schwarzbrache ↗Brache.

Schwarzerden, Klasse der ↗Deutschen Bodensystematik; Abteilung: ↗Terrestrische Böden; Zusammenfassung von Böden mit einem >4 dm mächtigen Axh-Horizont. Dazu gehören als ↗Bodentypen der ↗Tschernosem und der ↗Kalktschernosem als (ehemalige) Steppenbö-

schwarzer Körper

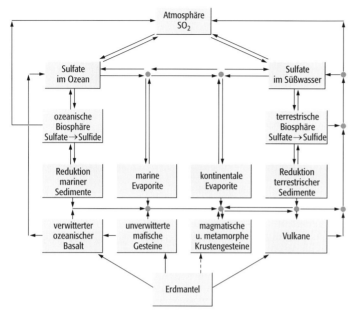

Schwefelkreislauf 1: Schema der exogenen und endogenen Schwefelkreisläufe.

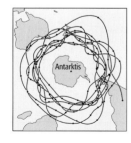

Schwebeballon: Trajektion und tägliche Position eines Schwebeballons in 12 km Höhe, der für ein meteorologisches Experiment 102 Tage die Antarktis umrundete.

den kontinentaler Klimaregionen. Der als Folge tiefreichender ↗Bioturbation sehr mächtige Ah-Horizont weist eine ↗Basensättigung >50 % auf und ist durch hohe Humusgehalte, schwarze Färbung und ein stabiles Aggregatgefüge geprägt.

schwarzer Körper, Schwarzkörper, *schwarzer Strahler, Planck-Strahler,* Kennzeichnung für einen idealen Körper mit der Eigenschaft, elektromagnetische Strahlung aller Wellenlängen vollständig zu absorbieren und selbst Strahlung in Abhängigkeit zur absoluten Temperatur des schwarzen Körpers gemäß dem ↗Planck'schen Strahlungsgesetz bezogen auf die spektrale Emission und gemäß dem ↗Stefan-Boltzmann-Gesetz bezogen auf die Gesamtemission zu emittieren. Für einen schwarzen Körper sind Absorptionsgrad und Emissionsvermögen stets gleich und nehmen den Maximalwert 1 an.

Schwarz-Weiß-Grenze, zumeist auf das Reflektionsverhalten von Schnee (Eis) und die hohe Wärmekapazität angrenzenden (dunklen) Gesteins bezogener Effekt, der infolge stärkerer Temperaturschwankungen des Gesteins (↗Frostwechselhäufigkeit) die ↗Frostverwitterung intensivieren soll. Inzwischen ist erwiesen, dass stärkere Frostverwitterung an der Grenzen von Schneeflecken v.a. auf ein erhöhtes Feuchtigkeitsangebot zurückzuführen ist und der postulierte thermische Effekt praktisch unwirksam ist.

Schwebeballon, *constant-level-balloon,* Ballon mit fehlendem oder geringem freien Auftrieb, welcher in horizontaler Richtung vom Wind verdriftet wird und die Bestimmung von Windrichtung und -geschwindigkeit durch Radarverfolgung oder optische Verfahren (Anschnitt mit Radiotheodolit) ermöglicht. Mit Schwebeballons lassen sich groß- und kleinräumige ↗Trajektorien bestimmen. Die bei makroskaligen Versuchen mitgeführten Sonden können dabei die Veränderungen des Zustandes eines Luftkörpers über lange Zeiträume erfassen. In der Mikroklimatologie werden Schwebeballons zur Bestimmung von Trajektionen in der Grenzschicht verwendet, um vor allem die Bewegungsfelder der bodennahen Luft zu bestimmen. Die Abbildung zeigt die Bahn und die tägliche Position eines in Neuseeland gestarteten Schwebeballons, welcher die Antarktis 102 Tage in 12 km Höhe umrundete. [JVo]

Schwebfracht, *Flussfege, Spülfracht, wash load, Suspensionsfracht,* Anteil an der Feststofffracht eines Fließgewässers, der schwebend transportiert wird. Es findet beim Schwebstofftransport in der Regel keine Wechselwirkung mit der ↗Gewässersohle statt. Dieser Prozess, der in erster Linie von der Verfügbarkeit von Sedimenten abhängt, tritt verstärkt bei ansteigender Hochwasserwelle auf. Die Remobilisierung der im Gerinnebett zwischendeponierten und die Aufnahme der dem Lauf zugeführten Sedimente erfordern ebenso wie die kontinuierliche Mitführung der Schwebstoffe hohe Transportenergien.

Schwefelkreislauf, der exogene Schwefelkreislauf wird natürlicherweise durch die Reduktion gelösten Sulfats zu Sulfid durch anaerobe Bakterien, vor allem den im Boden und insbesondere im Schlamm von Süß- und Salzwasser vorkommenden *Desulfovibrio desulfuricans* bestimmt. Bei Anwesenheit genügender Mengen Fe^{2+}-Ionen führt das anschließende Sulfidfällung zur Pyritbildung. Sulfate bilden sich in großem Umfang im randmarinen Milieu als Evaporite (vgl. Anhydrit und Gips des Zechsteins und des Mittleren Muschelkalks). Der Rückfluss des Schwefels aus den Sedimenten in die Hydrosphäre erfolgt durch chemische Verwitterung, die im Falle des Pyrits gemäß folgender Gleichung abläuft:

$$4\ FeS_2 + 15\ O_2 + 10\ H_2O \rightarrow 4\ FeOOH + 8\ H_2SO_4.$$

Auch an dieser Reaktion sind Bakterien beteiligt, insbesondere *Thiobacterium ferrooxidans.* Beim Abbau der organischen Substanz wird der Schwefel schwefelhaltiger Aminosäuren und anderer Verbindungen als H_2S frei und in dieser Form in die Hydrosphäre oder Atmosphäre eingeschleust, wo er dann rascher Oxidation unterliegt.

Im endogenen Kreislauf gelangt Schwefel durch Magmenaufstieg in die Erdkruste, wo er durch Verwitterungsprozesse in den exogenen übertritt. Die durch vulkanische Aktivität frei gesetzten Schwefelverbindungen gelangen entweder direkt in die Hydrosphäre (submariner Vulkanismus) oder zunächst in die Atmosphäre, aus der sie dann in Sulfatform ausgewaschen oder ausgeregnet werden. Die Magmatite und Metamorphite enthalten Schwefel, der primär aus marinen oder terrestrischen Sedimenten stammt; hinzu kommen Anteile aus dem Erdmantel in Form basaltischer Magmen.

Der Schwefelkreislauf, in dem natürlicherweise 400×10^6 t/a zirkulieren, ist seit der ↗Industriellen Revolution durch SO_2-Emissionen von

Kohlekraftwerken, Motoren und dem Rösten sulfidischer Erze um mehr als 150×10^6 t/a erhöht worden. Hinzu kommt die mit Oxidationsprozessen verbundene Freilegung sulfidführender Gesteine im Rahmen des Bergbaus und großräumiger Bauprojekte.

Zusammengefasst ergibt sich das in Abbildung 1 wiedergegebene Schema der exogenen und endogenen Schwefelkreisläufe, deren Speicherkapazitäten in Abbildung 2 beziffert sind.   [OF]

Schweizerische Meteorologische Anstalt, *SMA*, *SMA-MeteoSchweiz*, gegr. 1880, nationaler Wetterdienst der Schweiz. Aufgaben der SMA sind die Bearbeitung meteorologischer Fragen und die Bereitstellung meteorologischer Dienstleistungen zum Nutzen von Bevölkerung, Wirtschaft und öffentlichen Institutionen sowie die Kooperation mit anderen europäischen ↗Wetterdiensten und internationalen meteorologischen Institutionen.

Schwellenländer, ↗Entwicklungsländer auf der Schwelle zum ↗Industrieland. Der Begriff kennzeichnet die Gruppe von ehemaligen Entwicklungsländern, die seit den 1960er-Jahren den Prozess der industriellen Entwicklung erfolgreich durchlaufen haben. Die am häufigsten angewendeten Kriterien zur Messung des Industrialisierungsgrades sind das ↗Bruttoinlandsprodukt, das ↗Bruttosozialprodukt, das ↗Pro-Kopf-Einkommen und Grad der ↗Industrialisierung. Diese Indikatoren sagen jedoch wenig über die Lebensverhältnisse der jeweiligen Bevölkerungen aus. In der Tat ging und geht wirtschaftliches Wachstum immer mit einer breitenwirksamen Verbesserung der Lebenssituation der Menschen in jenen Ländern einher. Somit ziehen viele Institutionen auch soziale Messkriterien wie z. B. die Quote der ↗Alphabetisierung, die Einschulungsrate und/oder die Lebenserwartung hinzu. Je nach verwendeten Abgrenzungskriterien variiert die Zahl der als Schwellenländer bezeichneten Länder zwischen 10 und mehr als 40. Die ↗Weltbank bezeichnet als Schwellenländer jene Länder mit einem Bruttosozialprodukt über 100 Mrd. US-Dollar (Abb.). Fünf der Schwellenländer der »ersten Generation« haben in den 1990er-Jahren die Schwelle zu den Industrieländern überschritten und werden als Neue Industrieländer (↗Newly Industrialising Countries) bezeichnet. Dies sind die ostasiatischen sog. *Tigerstaaten* (Hongkong, Süd-Korea, Singapur und Taiwan) sowie Israel. Die bedeutendsten lateinamerikanischen Schwellenländer Argentinien, Mexiko und Brasilien verloren hingegen in den 1980er-Jahren aufgrund der Verschuldungskrise an Dynamik. Diese Differenzierung der Schwellenländer der ersten Generation ging einher mit dem wirtschaftlichen Aufschwung einiger weiterer asiatischer Länder: Malaysia, Thailand, Indonesien sowie rezent Vietnam und China. Sie werden oft als die Schwellenländer der zweiten Generation bezeichnet. Die Schwellenländer-Entwicklung ist von hoher weltwirtschaftlicher und -politischer Bedeutung. Für die Industrieländer sind sie interessante Handelspartner und -konkurrenten zugleich. Sie bestimmen zunehmend das weltpolitische Geschehen, haben bedeutenden Anteil an den sozialen und ökologischen Weltproblemen und entwicklungspolitische Effekte für andere Entwicklungsländer.   [KK]

Schwemmebene, ↗Schwemmfächern und Schwemmkegeln vorgelagerte oder in Mündungsgebieten von Flüssen auftretende Ebene, die bei ↗Hochwasser oder bei ↗Schichtfluten flächenhaft überschwemmt wird und bei der aufgrund abnehmender Fließgeschwindigkeit meist die ↗Fluvialakkumulation von Sand, Schluff und Ton vorherrscht.

Schwemmfächer, *Schotterfächer*, flache, dreieckige (fächerartige) Aufschüttungsform terrestrischer Sedimente, die bei einer plötzlichen Gefällsverminderung und/oder Querschnittserweiterung eines Flusses auftritt (↗Fluvialakkumulation). Diese Situation tritt vor allem dann ein, wenn ein Fluss mit höherem Längsgefälle in das größere Haupttal seines ↗Vorfluters mit deutlich geringerem Längsgefälle mündet oder wenn ein Fluss aus einem Gebirge in eine Ebene austritt (Abb.). Aufgrund der abnehmenden Strömungsenergie und der daraus resultierenden geringeren Transportkapazität schüttet er dann große Teile seiner Sedimentfracht in alle möglichen Richtungen des Halbkreises. Schwemmfächer kommen in allen Regionen der Erde vor, in denen fluviale Prozesse formend wirken. Ideale Bildungsbedingungen existieren dort, wo Flüsse große Mengen grobklastischen Materials transportieren, also z. B. am Ausgang von Hochgebirgstälern. Dies gilt insbesondere für semiaride Gebiete, die durch vorwiegend ↗physikalische Verwitterung, stoßweise Wasserführung mit teilweise extremen Abflussspitzen und geringe Vegetationsbedeckung gekennzeichnet sind. Schwemmfächeroberflächen weisen im Allgemeinen ein konkaves Längsprofil auf. Dabei nimmt die vorherrschende Korngröße von der Schwemmfächerwurzel bis zum äußeren Schwemmfächerrand ab. Die sukzessive Aufschüttung erfolgt durch einen ↗verwilderten bis ↗verzweigten Flusslauf, da das Gerinne seinen abgelagerten Schottern immer wieder ausweichen muss und sich in viele Nebengerinne zerteilt. Trotz der vorherrschenden Ak-

Speicher	Betrag [mol S]	Hauptform
Ozean	$4{,}0 \times 10^{19}$	Sulfat
Atmosphäre	$5{,}6 \times 10^{10}$	SO_2
Frischwasser	$4{,}0 \times 10^{16}$	Sulfat
Sediment		
Ozean	$0{,}8 \times 10^{19}$	Sulfid
Kontinent (reduziert)	$1{,}45 \times 10^{20}$	Sulfid
Kontinent (oxidiert), Evaporite	$1{,}92 \times 10^{20}$	Sulfat
Ozeanische Basalte	$2{,}5 \times 10^{19}$	Sulfid
Matite	$1{,}06 \times 10^{20}$	Sulfid
Metamorphite und Magmatite	$4{,}30 \times 10^{20}$	Sulfid

Schwefelkreislauf 2: Hauptspeicher der exogenen und endogenen Schwefelkreisläufe.

Land	Bruttosozialprodukt in Mrd. (1997)
China	1219
Brasilien	773
Russland	404
Indien	374
Mexiko	349
Argentinien	306
Indonesien	222
Türkei	200
Thailand	170
Südafrika	130
Malaysia	98

Schwellenländer: Schwellenländer nach Weltbankeinteilung.

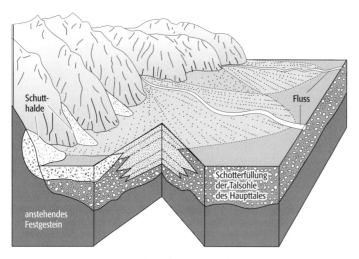

Schwemmfächer: Aufbau und Gestalt eines Schwemmfächers.

kumulation entstehen so auch ständig neue Rinnen durch ↗Fluvialerosion. Die meisten großen Seitentalschwemmfächer mitteleuropäischer Flusstäler sind in ihrer Hauptmasse unter periglazialen Verhältnissen im ↗Pleistozän entstanden und demnach ↗Vorzeitformen. Aktuell werden sie zumeist von einfadigen Gerinnen zerschnitten. Der Begriff *Schwemmkegel* (Schotterkegel) wird zum Teil synonym verwendet, bezeichnet jedoch meist halbkegelförmige Akkumulationskörper, die aus grobklastischeren Sedimenten aufgebaut sind und ein steileres Längsgefälle aufweisen. [OB]

Schwemmkegel, *Schotterkegel,* ↗Schwemmfächer.

Schwemmlinge, von Flüssen bei Hochwasser als Samen, Brutknospen oder Pflanzenteile aus anderen ↗Vegetationszonen herantransportierte Arten, die als Pioniervegetation (↗Sukzession) auf den durch das Hochwasser abgelagerten Sedimenten wachsen, meist alpine und subalpine Arten, die vom Gebirge aus mit den Flüssen weit ins Vorland hinaus gelangen.

Schwerekorrektur, erforderliche Ausgleichsrechnung bei der Luftdruckbestimmung mit Quecksilberbarometern. Quecksilberbarometer, die meist als ↗Stationsbarometer Verwendung finden, beruhen auf der Schwere- oder ↗Erdbeschleunigung des in einem Gefäß befindlichen Quecksilbers. Da die Schwerebeschleunigung jedoch keine Konstante ist, muss eine Bezugsschwere definiert und eine Schwerekorrektur durchgeführt werden. Als Normalschwere wird die Erdbeschleunigung in 45° nördlicher oder südlicher Breite angenommen. Sie steigt zu höheren Breiten an und fällt zu niedrigeren ab. An den Polen wird folglich ein niedrigerer als der tatsächliche und am Äquator ein höherer als der tatsächliche Luftdruck gemessen. Wie die ebenfalls erforderliche Temperaturkorrektur der Barometer wird die Schwerekorrektur Tabellenwerken entnommen.

Schwerewinde ↗*Fallwinde*.

Schwerindustrie, im engeren Sinn zusammenfassender Begriff für die Eisen- und Stahlindustrie, der die Verhüttung von Erzen und die Weiterverarbeitung von Metallen umfasst. Im weiteren Sinn wird dem Begriff zusätzlich der Eisen- und Steinkohlebergbau zugeordnet.

Schwerkraft ↗*Gravitation*.

Schwermetalle, *heavy metals*, Metalle mit einer Dichte von >5 g/cm³; Beispiele, sowohl bei den Nebengruppenelementen als auch bei den Hauptgruppenelementen, nach aufsteigender Dichte geordnet: V, Zr, Cr, Zn, Mn, Fe, Nb, Co, Ni, Cu, Mo, Pb, Hg, W, Pt. Schwermetalle stellen einen großen Anteil der Nichteisenmetalle dar, während die Edelmetalle im Allgemeinen als gesonderte Gruppe betrachtet werden. Oft wird der Begriff der Schwermetalle missbräuchlich für Metalle und Halbmetalle verwendet, die durch Schadwirkungen allgemein bekannt sind (beispielsweise Al, As). Die meisten Schwermetalle kommen in der Natur (Gesteine, Böden, Wasser, Pflanzen) nur in sehr geringen Konzentrationen vor (↗Spurenelement). Einige Schwermetalle sind als Spuren- oder Mikronährstoffe für den Stoffwechsel von Mikroorganismen, Pflanzen und Tieren essentiell, so beispielsweise als Bestandteile von Metallproteinen in Enzymen. Andererseits entfalten zahlreiche Schwermetalle, nicht nur als elementarer Staub, sondern besonders in Form der löslichen Salze schon in sehr geringen Konzentrationen toxische Wirkungen. Die wachstumshemmende oder abtötende Wirkung auf Mikroorganismen wird bei verschiedenen Methoden der Trinkwasserentkeimung ausgenutzt. Quellen für die Schwermetall-Immissionen sind teils natürlichen Ursprungs (↗Vulkanismus, ↗Verwitterung), teils anthropogen als Folge der Industrialisierung (Rauchgase, ↗Industrieabwasser, Sondermüll, Autoabgase). Die Schwermetallanalytik profitiert von den hoch entwickelten Methoden der Spurenanalyse. Die Entfernung von Schwermetallen bereitet Schwierigkeiten. Die Maskierung von Schwermetallionen mit Chelatbildnern, die einerseits als Antidote bei Schwermetallvergiftungen eine wichtige Rolle spielen, führt auf der anderen Seite zu erheblichen Problemen in der Wasser-Reinigung, weil bereits abgelagerte Schwermetalle remobilisiert werden können. Dieselben Bedenken gelten der Verwendung von Komplexbildnern wie NTA in Waschmitteln. [JMt]

Schwermetallzeiger ↗*Zeigerpflanzen*.

Schwerpunkt ↗*Lageparameter*.

Schwerspat ↗*Baryt*.

Schwimmpflanzen, Gruppe von ↗Wasserpflanzen, die entweder frei im oder auf dem Wasser schwimmen, z. B. Wasserschlauch (*Utricularia* spec.) und Wasserlinse (*Lemna* spec.), oder am Gewässergrund haften oder wurzeln und gleichzeitig auf der Wasseroberfläche schwimmende Blätter besitzen, z. B. Seerose (*Nymphaea* spec.) und Teichrose (*Nuphar* spec.). Letztere, die sog. Schwimmblattpflanzen, besitzen für den Gasaustausch, im Gegensatz zu den Landpflanzen, ↗Spaltöffnungen auf der Luft zugewandten Blattoberseiten der Schwimmblätter.

Schwingrasen, bei der Verlandung von Gewässern an der Wasseroberfläche entstehende Vegetationsdecke, die beim Betreten schwingt. Schwingrasen entstehen insbesondere bei der Verlandung von Hochmooren (/Moore), wo sie aus Torfmoosen (*Shagnum* spec.) aufgebaut sind, denen höhere Pflanzen, wie Schmalblättriges Wollgras (*Eriophorum angustifolium*) und Blasenbinse (*Scheuchzeria palustris*) beigemischt sind. Bei der Verlandung von Übergangsmooren bilden sich Fadenseggen-Sümpfe, die ebenfalls zu den Schwingrasen zählen.

Schwüle, thermische Unbehaglichkeit (/Diskomfort) bei feuchtwarmer Witterung aufgrund der Behinderung der Wärmeabgabe des menschlichen Körpers. Schwüle tritt bei einem atmosphärischen Dampfdruck von 18,8 hPa und Temperaturen zwischen 18 °C und 33 °C auf. Es existieren verschiedene Angaben zur Festlegung der Schwülegrenze. Für mitteleuropäische Kurorte (/Kurortklima) wurde eine /Äquivalenttemperatur $t_ä$:

$$t_ä = t + 2{,}5s$$

(mit t = Lufttemperatur, s = spezifische Feuchte) von 49 °C festgelegt. Luftfeuchtigkeit und Windgeschwindigkeit sind neben der Temperatur die maßgeblichen Einflussgrößen. Unter Zugrundelegung des genannten Dampfdrucks ergeben sich bei Berücksichtigung der relativen Luftfeuchtigkeit folgende Schwülegrenzen: 100 %/16,5 °C, 80 %/20,1 °C, 50 %/27,9 °C, 30 %/36,9 °C. Die für das Auftreten von Schwüle wichtigen Einflussgrößen Luftbewegung, Wärmestrahlung und körperliche Aktivität wurden hierbei allerdings nicht berücksichtigt.

Das Auftreten von Schwüle beschränkt sich im mitteleuropäischen Raum auf die Sommermonate Juni, Juli, August. Durchschnittlich muss im Tiefland an insgesamt 15 Tagen dieser drei Monate zumindest zeitweilig mit Schwüle gerechnet werden. Im Bergland oberhalb 800 m tritt Schwüle kaum noch auf. Linien gleicher Schwüleintensität werden Kaumatoisoplethen genannt. Die Methoden zur Festlegung von Schwülegrenzen sind durch den grundsätzlichen Nachteil gekennzeichnet, dass ihre Eingangsgrößen in den meisten Fällen ausschließlich physikalischer Natur sind. Thermophysiologisch wichtige Parameter wie die endogen produzierte Körperwärme bei verschiedenen Aktivitätszuständen und die Auswirkung von Bekleidung auf den Wärmehaushalt werden dabei nicht ausreichend berücksichtigt. Sinnvoll wäre es auf thermische Indices wie PMV (/Predicted Mean Vote), PET (/Physiologisch Äquivalente Temperatur), pt (/gefühlte Temperatur) zurückzugreifen. Bei diesen Indices wird die /Wärmebelastung, die auf dem Wärmehaushalt des Menschen beruht, und der thermohygrische Komfort erfasst. [WKu]

Science Park, mit Gründerzentren oder /Technologieparks vergleichbare Einrichtungen, in denen der /Technologietransfer von Forschungsinstitutionen durchgeführt wird. Auf Flächen bzw. in Gebäuden, die meist von der öffentlichen Hand geplant und bereitgestellt sind, werden Synergieeffekte durch nachbarschaftliche Kooperation zu technischen Fachhochschulen bzw. Universitäten genutzt. Die Entwicklung begann im Jahre 1948 an der Stanford University in Kalifornien. Das Konzept wurde auch später in vielen Ländern übernommen und wird in das Stadtmarketing einbezogen. In Europa erfolgte 1973 die Gründung des Cambridge Science Parks. Er gehört zu den größten und erfolgreichsten Beispielen. 1983 begann mit dem Berliner Innovations- und Gründerzentrum eine Boomphase der Entwicklung, oft aber nicht mit dem angestrebten Erfolg. [WM]

Scoping, [von engl. scope = Bereich, Rahmen, Umfang], beinhaltet den Verfahrensschritt der Vorgabe eines im Hinblick auf Inhalte und Methoden klar definierten Untersuchungsrahmens für eine /Umweltverträglichkeitsprüfung. Den generellen Ablauf des Scoping-Verfahrens zeigt die Abbildung. Das /UVP-Gesetz nennt den Begriff Scoping nicht direkt; beinhaltet ist er jedoch in § 5, der »Unterrichtung über den voraussichtlichen Untersuchungsrahmen«. Im Rahmen dieses Verfahrensschrittes sind Gegenstand, Umfang und Methoden der Umweltverträglichkeitsprüfung zwischen dem Träger des Vorhabens und der zuständigen Behörde zu erörtern. Eine Beteiligung anderer Behörden, Sachverständiger und Dritter ist möglich und wird in der Praxis meist auch durchgeführt. Wenn ein interaktiver Scoping-Prozess nicht zum Ergebnis eines klar definierten Untersuchungsrahmens führt, so bleibt in Deutschland der Behörde jederzeit die Möglichkeit, den Vorhabensträger einseitig zu »unterrichten«. [AM/HM]

Screening-Hypothese /Signaling-These.

SDSS, *Spatial Decision Support System*, allgemeine Bezeichnung für ein Computersystem zur Entscheidungsunterstützung bei der Analyse und Bewertung komplexer räumlicher Probleme. Ein SDSS geht über ein /GIS hinaus, da es neben den eigentlichen /geographischen Daten weitere Daten enthält, die zur Entscheidungsfindung notwendig sind, z. B. betriebs- bzw. organisationsinterne Managementdaten, Detailinformationen zu relevanten gesetzlichen Vorgaben und Ähnliches.

sea floor spreading, der Vorgang des Auseinanderweichens von ozeanischen Platten (Krustensegmente) an /mittelozeanischen Rücken. /Plattentektonik.

Sebcha, *Sebkha*, in der nördlichen Sahara und in der östlichen Küstenebene der arabischen Halbinsel gebräuchliche Bezeichnung für /Salztonebenen bzw. /Playas. An der arabischen Küste des Persischen Golfs werden auch durch regelmäßige Meerwasserüberflutung und starke Verdunstung entstandene Salzpfannen umgestaltete Lagunen als Sebkhas bezeichnet. Die Entstehung der Hohlformen der angrenzenden Inland-Sebkhas, in denen sich die Salzton- und Gipssedimentation abspielte, wird v.a. durch /Deflation, vermutlich rezent durch Überweidungsschäden, der dortigen Halbwüste erklärt.

Sebka /Sebcha.

Scoping: Allgemeines Ablaufschema der Voruntersuchung im Rahmen des Scoping.

Sediment, Bezeichnung für im Rahmen der ↗Sedimentation abgelagerte oder ausgeschiedene natürliche Substanzen. Biogene oder organogene Sedimente sind Ablagerungen, die überwiegend durch Organismen erzeugt wurden oder sich aus Organismenresten zusammensetzen, wie Schillkalke, Riffe, Kalktuff oder Torf. Klastische Sedimente sind Ablagerungen, deren Komponenten in der Hauptsache durch mechanische ↗Verwitterung erzeugt wurden, nämlich Tone, Schluffe, Sande und Kiese. Chemische Sedimente entstehen durch chemische Ausfällung von gelösten Substanzen, wie z. B. reine Kalke, ↗Evaporite und Oolithsande. Nach dem transportierenden Medium unterscheidet man: a) äolische Sedimente (aus bewegter Luft), die entweder in ↗Hohlformen der Erdoberfläche abgelagert werden (wie Löss) oder Dünen bilden; b) aquatische Sedimente (im Wasser abgelagert), wobei zwischen fluviatilen (Ablagerungen in bewegtem Süßwasser), deltaischen (Ablagerungen in Delta-Bereichen), limnischen oder lakustrinen (Ablagerungen in Seen und Teichen), brackischen (Ablagerung in hinsichtlich des Salzgehaltes schwankenden Übergangsbereichen zwischen Meer- und Süßwasserarealen) und marinen Sedimenten (Ablagerungen im Meeresbereich) unterschieden wird; und c) glaziale Sedimente (durch Eis erzeugte Ablagerungen). Fluvioglaziale Sedimente sind Ablagerungen von Schmelzwässern. [GG]

Sedimentation, Vorgang der Ablagerung von minerogenen oder organogenen Substanzen unter Mitwirkung anorganischer oder organischer Faktoren. Die Sedimentation ist abhängig von den im Sedimentationsraum herrschenden physikalischen und chemischen Bedingungen. Bei Ablagerung von festen Partikeln (Klastika) sind die Tragkraft des transportierenden Mediums und die Eigenschaften der Partikel (spezifisches Gewicht, Größe, Gestalt etc.) entscheidend, bei chemischer Ausfällung Parameter wie Temperatur, Sättigungsgrad oder Gasgehalt. Die Ablagerung von organogenem Material ist abhängig von den spezifischen Bedingungen des Lebensraums, wobei das biochemische Potenzial der Organismen ebenso wie die Ablagerung abgestorbener Organismenreste (biogen, organogen) den Charakter eines ↗Sediments bestimmen. Rhythmische Wiederholungen von Sedimentabfolgen führen zu rhythmisch geschichteten Sedimenten, wie den Bändertonen oder auch Ton-Mergel-Wechsellagerungen. In Sedimentationszyklen wiederholen sich Sedimentabfolgen mehrmals in einer bestimmten Weise. Solche Zyklen kommen besonders bei carbonatischer Sedimentation oder in ↗Salinaren vor, wo geringe Schwankungen im Environment oder in den Beckenkonstellationen deutliche Wechsel in den Sedimenten hervorrufen. [GG]

Sedimentationsbecken ↗Becken.

Sedimentgesteine, *Sedimentite*, *Absatzgesteine*, verfestigte ↗Sedimente. In der Regel werden sedimentäre Partikel durch die ↗Diagenese lediglich verbacken. Bei ↗klastischen Gesteinen wird ein Zement gebildet, der die sedimentären Komponenten verbindet. So sind die Sandkörner in einem Sandstein in eine Matrix eingebettet. Bei ↗Carbonaten führt die Diagenese meist zu einer Umkristallisation, wobei auch biogene Komponenten betroffen sind. Sedimentäre Lagerstätten sind Anreicherungen von wirtschaftlich interessanten Mineralen, Erzen oder anderen Rohstoffen in Sedimentgesteinen, die durch Prozesse in Sedimenten entstanden. Zu ihnen gehören mechanosedimentäre Lagerstätten, wie ↗Seifen und Trümmererze, oder chemosedimentäre Lagerstätten, wie der Kupferschiefer. ↗Sedimentation.

Sedimentisostasie ↗Meeresspiegelschwankungen.

Sedimenttransport, Summe der Prozesse, die zwischen der Abtragung und der Ablagerung eines Materials liegen. Betrachtet man beispielsweise den *Transport* eines Korns von einem Hang bis zur Ablagerung als ↗Auenlehm, so wird es im Zuge der ↗Bodenerosion aufgenommen, im Hangwasser transportiert, gelangt in den Fluss, der es weiter verfrachtet, bis es schließlich bei einer Überschwemmung und damit dem Erlahmen der ↗Schleppkraft des Flusses in der ↗Aue sedimentiert wird. Der Sedimenttransport ist korngrößenabhängig, da die meisten Agenzien (↗Agens) der ↗Abtragung (mit Ausnahme der Gletscher) kleinere Körner leichter und damit weiter transportieren können als große (↗Transportrate, ↗Hjulström-Diagramm).

Sedimentzyklus, mehrfache Wiederholung bestimmter Gesteinsfolgen. Ein Beispiel wäre ein Randmeerbecken, welches durch wiederholten Anstieg und Abfall des Meeresspiegels immer wieder vom offenen Meer abgeschnitten wird, wobei jedesmal typische Brackwasser-Sedimente (z. B. Salz, Kohle) zwischen die marinen ↗Ablagerungen eingeschaltet werden.

See ↗limnische Ökosysteme.

Seegang, an der Wasseroberfläche durch den Wind erzeugte ↗Wellen. Unter dem Einfluss zunehmenden Windes wächst sowohl die mittlere Wellenlänge L als auch die Wellenhöhe H des Seegangs. Die *Wellenhöhe* beschreibt den vertikalen Abstand zwischen Wellenberg und -tal, die *Wellenlänge* den räumlichen Abstand zweier benachbarter Wellenberge. Den Quotienten H/L aus Wellenhöhe und -länge bezeichnet man als Steilheit der Welle. Länge und Höhe der Seegangswellen hängen neben der Windgeschwindigkeit auch von der Zeit ab, die der Wind wirkt (*Wirkdauer des Windes*) und der Strecke, auf der der Wind wirkt (*Wirklänge des Windes*). Bei hinreichender Wirkdauer und -länge bildet sich ein ausgereifter Seegang. Solange der Seegang dem Einfluss des Windes unterliegt, spricht man von *Windsee*. Das Verhältnis der Fortpflanzungsgeschwindigkeit der Seegangswellen zur Windgeschwindigkeit bezeichnet man als Alter des Seegangs. Seegang, der nicht mehr dem Einfluss des Windes unterliegt, heißt ↗Dünung. Maximale Wellenlängen liegen bei 150 m, maximale Wellenhöhen bei 20 m. Winderzeugter Seegang ist fast immer vorhanden. Die Wellen werden lokal erzeugt (Windsee) oder stammen aus großen Entfernungen (Dünung). Beim Anprall von Seegangswellen gegen feste Teile der Küste entsteht ↗Brandung, beim Auslaufen in seichtere Küstenwasser bilden sich Sturzseen (brechende Wellen). Kreuzseen entstehen durch Reflexion der Wellen an einer Steilküste und Überlagerung von ankommenden und reflektierten Wellen. Seegangsmessung erfolgt mit verschiedenen Methoden. An festen Bauwerken (z. B. Bohrinseln) lassen sich Schwimmpegel oder elektrische Wellenmessdrähte installieren, mit denen die vertikale Wellenauslenkung als Funktion der Zeit gemessen wird. Im offenen Meer benutzt man Bojen, deren Bewegung mit Beschleunigungs- und Neigungsmessern erfasst wird. Neben der Wellenhöhe erhält man Informationen über die Richtungsverteilung des Seegangs. Die Bojenbewegung lässt sich mit hinreichender Genauigkeit auch durch das Satellitensystem ↗GPS verfolgen. Ebenfalls vom Satelliten aus erstellt das SAR (Synthetic Sperture Radar) Bilder der Meeresoberfläche, aus denen sich unter gewissen Voraussetzungen das Frequenzrichtungsspektrum des Seegangs ableiten lässt. Die im Seegang vorhandene Energiemenge reicht aus, um damit Wellenkraftwerke zu betreiben. Bisher existieren jedoch nur Prototypen mit geringem Wirkungsgrad. Das größte Problem ist, dass die erforderlichen Bauwerke der mechanischen Belastung durch extrem hohe Wellen standhalten müssen. Wellenkraftwerke basieren auf unterschiedlichen Methoden. Sie nutzen dabei entweder die kinetische Energie der Orbitalbewegung oder auch die potenzielle Energie aus dem Druckunterschied zwischen Wellenberg und -tal. [DK]

Seegat, Lücke zwischen ↗Nehrungsinseln, durchströmt vom Tidewasser, gleichzeitig Mündungsgebiet der ↗Priele.

Seegras-Wiesen, Pflanzengemeinschaften am seeseitigen Außenrand des Wattenmeeres (↗Watt), die von grasartigen, untergetauchten Meerespflanzen gebildet werden. Seegras-Wiesen treten an zahlreichen Küsten des ↗Florenreiches Holarktis bis zu einer Wassertiefe von 10 m auf und fördern unterhalb der mittleren Niedrigwasserlinie die Schlicksedimentation. Ihre Produktion von ↗Biomasse leistet einen entscheidenden Beitrag im Stoffkreislauf des Wattenmeeres. An der deutschen Nord- und Ostseeküste werden die Seegras-Wiesen überwiegend vom Gewöhnlichen Seegras (*Zostera maritima*) und dem Zwerg-Seegras (*Zostera nana*) gebildet. Ihre z. T. dichten Rasen wurden früher wirtschaftlich genutzt, z. B. für Matratzenfüllungen.

Seehafen ↗Seeschifffahrt.

seek function, *stream function*, Raster-GIS-Funktion (↗GIS), die von einem definierten Ausgangspunkt aus schrittweise nach außen gerichtete Suche durchführt. Dieser Prozess wird solange fortgesetzt, bis jede weitere Bewegung den (vom Anwender vorgegebenen) Entscheidungsalgorithmus verletzen würde. Seek functions werden für verschiedene GIS-Analysen benötigt, ein typisches Beispiel ist etwa die Generierung von Abflusslinien aus digitalen Höhendaten. Hierbei überprüft der Suchalgorithmus – beginnend mit der »höchstgelegenen« Zelle des Datensatzes – die Höhenwerte der acht angrenzenden Zellen und »wandert« dann zur »tiefstgelegenen« der acht Nachbarzellen. Von hier aus beginnt anschließend ein neuer Überprüfungszyklus usw.

Seekreide, *Wiesenkalk*, *Quellkalk*, feinkörniges, kreideartiges Kalksediment in Seen, teils pflanzlichen Ursprungs (durch Abscheidung von Characeen und anderen ↗Algen), teils chemisch-anorganischen Ursprungs.

Seenebel, Nebelart, die dort entsteht, wo kalte Luft über eine warme Seefläche streicht. Es bildet sich ein ↗Dampfdruckgefälle gegen die kältere Luft, die sich in Wassernähe durch ↗Verdunstung mit Wasserdampf sättigt. Die durch den Temperaturgradienten zwischen Wasser und Luft verursachte ↗Turbulenz führt zu weiterer Einmischung von kälterer Luft in die wassernahe warm-feuchte Schicht. Abkühlung, Kondensation und Nebelbildung ist die Folge. Genetisch vergleichbare Nebelarten finden sich über Flüssen (*Flussnebel*), Meeren (*Meernebel*) bzw. warmfeuchten Bodenoberflächen wie ↗Moore (*Moornebel*) und lassen sich unter dem Begriff *Dampfnebel* subsumieren. ↗Nebel.

Seerauch, nebelartige Erscheinung, die wie *Flussrauch*, *Meerrauch*, bei extrem hohen Temperaturunterschieden zwischen einer warmen Wasserfläche und extrem kalter Luft entsteht. Das Wasser gibt Wärme an die direkt angrenzende Luftschicht ab, wodurch eine lebhafte ↗Verdunstung von der Wasseroberfläche einsetzt. Die Folge ist eine labile und feucht-warme Schicht, aus der ↗Wasserdampf in die darüber liegende kältere Luft konvergiert und sich mit dieser vermischt. In dem übersättigten Luftgemisch tritt ↗Kondensation ein. Im Gegensatz zu ↗Seenebel ist die ↗Konvektion in einzelnen Blasen organisiert, es entstehen senkrechte Dunstschwaden, die den Eindruck einer rauchenden Wasseroberfläche erwecken. Die Mächtigkeit der Seerauchschicht hängt vom Temperaturgradienten zwischen Wasser und Luft sowie den weiteren Witterungsbedingungen ab, sie ist im Allgemeinen aber recht gering (mehrere 10 cm). ↗Nebel. [JB]

Seeschifffahrt, *Seeverkehr*, überseeischer ↗Verkehrsträger, mit dem zwei Drittel der Welthandelsgüter befördert werden. Mit der Liberalisierung des ↗Welthandels und der fortschreitenden ↗internationalen Arbeitsteilung ist das globale Transportaufkommen (↗Transportwirtschaft) stark angewachsen. Die Leistungsfähigkeit des Seeverkehrs beruht im Wesentlichen auf dem Einsatz immer größerer Schiffseinheiten (vor allem für Massengüter wie Erze, Kohle, Rohöl), auf der technologischen Neuerung des Containerverkehrs für den überseeischen Stückguttransport (↗Stückgutverkehr) mit hoher Wertschöpfungsrate sowie auf dem Ausbau der Infra- und Suprastruktur der *Seehäfen* (Vertiefung des Fahrwassers, neue Umschlaganlagen und Lagerkapazitäten, spezielle ↗Logistik der Seehäfen, Koope-

Seeschifffahrt

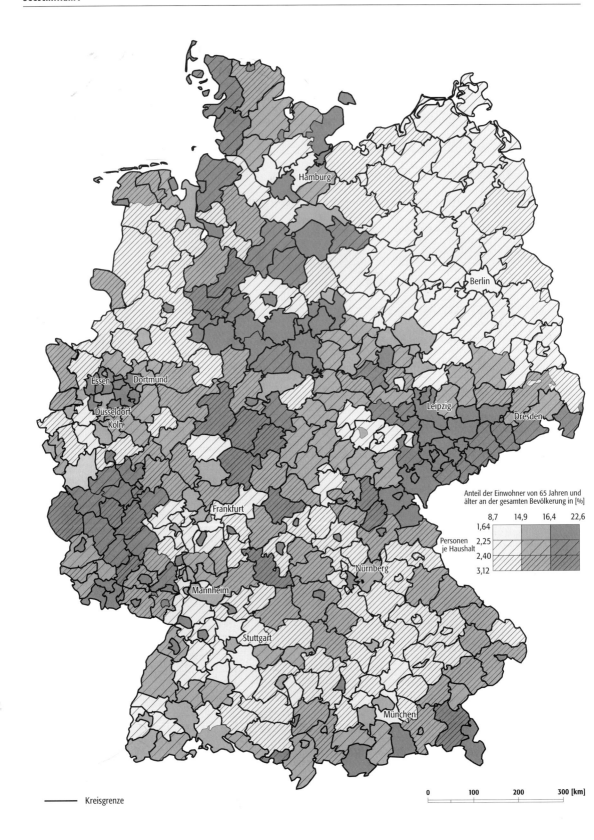

ration der Reedereien). Im Wettbewerb der Seehäfen spielt neben der günstigen ↗Erreichbarkeit für Seeschiffe mit hoher Tragfähigkeit ein aufkommensstarkes ↗Hinterland mit guter Verkehrsanbindung eine wichtige Rolle. Unter den europäischen Seehäfen verfügt Rotterdam in dieser Hinsicht über die besten Voraussetzungen, gefolgt von Antwerpen und Hamburg (Wachstumsschub nach der Wiedervereinigung). Es zeichnen sich deutliche Konzentrationstendenzen ab. Stückgüter (Container) werden im Linienverkehr (↗Stückgutverkehr), Massengüter zumeist im Trampverkehr (Gelegenheitsverkehr) befördert. Seegängige Schiffe der *Küstenschifffahrt* können auch Binnenhäfen (z. B. Duisburg) anlaufen. Eine Spezialform der küstennahen Schifffahrt ist der ↗Ro-Ro-Verkehr. Die im internationalen Vergleich hohen Personalkosten der unter deutscher Flagge fahrenden Seeschiffe haben zur Ausflaggung (Streichung im nationalen Seeschiffsregister und Anmeldung in einem sog. Billigflaggenstaat) und zur Einrichtung von sog. Zweitregistern (mit der Möglichkeit, bei Beschäftigung ausländischer Seeleute vom geltenden Tarif abzuweichen) geführt. [JD]

Seeterrassen, *parallel roads*, Gesteinsterrassen die sich unter dem Einfluss periglazialen Klimas am Rande von ↗Eisstauseen im Festgestein bildeten. In Spalten und ↗Klüfte eindringendes Wasser führt im Niveau des Seespiegels zu verstärkter winterlicher ↗Frostverwitterung; der dabei entstehende Gesteinsschutt wird zum Teil durch Treibeis abtransportiert. So kommt es zu einer Verbreiterung der Terrasse um mehrere cm pro Jahr. Ein bekanntes Beispiel für eine Abfolge derartiger Felsterrassen sind die drei »Parallel roads« von Glen Roy in Schottland, die dadurch entstanden sind, dass beim Abschmelzen des Eises immer tiefere Abflusswege für das Schmelzwasser frei wurden, sodass sich der Spiegel des Eisstausees in mehreren Stufen senkte.

Seewetterbericht, Wetterbericht und Wettervorhersage des ↗Deutschen Wetterdienstes für den Bereich der ↗Seeschifffahrt. Seewetterberichte werden separat für verschiedene Meeresregionen erstellt und enthalten Wetterlage, Wettervorhersage, Sturmwarnungen und Stationsmeldungen angrenzender Landstationen. Seewetterberichte werden über Radio und Funk verbreitet oder in Form von Seewetterkarten dargestellt.

Seewetterkarte, ↗Wetterkarte, die speziell für die Bereiche der See- und Küstenschifffahrt erstellt wird (↗Seewetterbericht).

Segetalflora, *Ackerunkrautflora, Ackerwildkrautflora*, auf Äckern und Weinbergen vorkommende, heute vielfach in ihrem Fortbestand bedrohte ↗Ackerwildpflanzen.

Seggenried ↗Moore.

Segment, **1)** *Allgemein*: Abschnitt, Teilstück in Bezug auf ein Ganzes. **2)** *Geoinformatik*: Linienstück beim topologischen Vektordatenmodell (↗Vektordaten).

Segmentationstheorie ↗Arbeitsmarkttheorien.

Segmentierung des Arbeitsmarktes ↗Arbeitsmarktsegmentierung.

Segregation, *räumliche Trennung*, Begriff aus der ↗Sozialökologie, der sich sowohl auf einen Prozess der räumlichen Differenzierung als auch auf dessen Ergebnis bezieht: eine disproportionale Verteilung von Bevölkerungsgruppen. Ein Maß hierzu liefert die Anwendung des ↗Dissimilaritätsindex und des ↗Segregationsindex. Aus der ↗Bevölkerungsstruktur leiten sich drei Formen ab: die demographische, die ethnische und die soziale Segregation. Untersuchungen zur postmodernen Stadt diskutieren eine kulturelle Dimension, die auf Wertvorstellungen und Konsummustern von Lebensstilen der Bevölkerung beruht. Merkmale zur Bevölkerungsgliederung verzeichnen nicht nur innerhalb von Städten Regelhaftigkeiten in der räumlichen Verteilung, sondern es sind wie bei der Alters- und Haushaltsstruktur sowie bei den ↗Ausländern auch Unterschiede zwischen und innerhalb der Regionen zu erkennen. Ältere und kleinere Haushalte überwiegen in Deutschland in den kreisfreien Städten sowie in weniger dicht besiedelten, landschaftlich attraktiven Räumen, eine Bevölkerung mittleren Alters und größere Haushalte im suburbanen Raum (Abb. 1). Als Ursachen kommen sich wechselseitig beeinflussende Faktoren infrage wie natürliche Bevölkerungsbewegungen, Wohnpräferenzen von Haushalten je nach Lebenszyklus (↗interregionale Wanderungen und ↗intraregionale Wanderungen), Wohnungsangebot, Ausbildungsplätze oder die regionale Wirtschaftsstruktur. Die Segregation nach ethnischen Merkmalen wurde vor allem am Beispiel nordamerikanischer Städte untersucht, steht aber seit der Zuwanderung von ↗Gastarbeitern und anderen Gruppen aus Übersee auch in Europa stärker im Vordergrund. Das Ausmaß der Se-

Segregation 1: Alters- und Haushaltsstruktur in den Kreisen der Bundesrepublik Deutschland (1995).

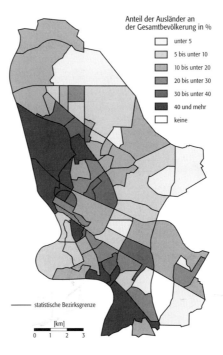

Segregation 2: Ausländeranteil in den Statistischen Bezirken Mannheims (1998).

Segregation 3: Dissimilaritätsindices für ausgewählte Nationalitäten in den Statistischen Bezirken Mannheims (1998).

Nation	Deutschland	Griechenland	Italien	ehemaliges Jugoslawien	Spanien	Türkei
Deutschland	–	–	–	–	–	–
Griechenland	0,44	–	–	–	–	–
Italien	0,46	0,27	–	–	–	–
ehemaliges Jugoslawien	0,39	0,30	0,21	–	–	–
Spanien	0,36	0,37	0,37	0,30	–	–
Türkei	0,40	0,22	0,27	0,22	0,26	–

gregation nach dem ethnischen Status, gemessen z. B. durch die ↗Staatsangehörigkeit, das Geburtsland der Person oder ihrer Zugehörigkeit zu einer ↗Ethnie aufgrund der ↗Sprache, ist von der sozialen Distanz zwischen Mehrheit und Minderheit, von ↗Diskriminierungen und Vorurteilen abhängig. Einstellungen und Verhaltensweisen werden vom Einkommen, von der Bildung, der Aufenthaltsdauer und vom Zugang zum Wohnungsmarkt beeinflusst. In Mannheim erkennt man überdurchschnittliche Ausländeranteile in zentral gelegenen Stadtteilen mit einer hohen Bedeutung von Wohngebäuden aus der Gründerzeit sowie in den Arbeitervierteln nahe der Industriegebiete im Norden und Süden (Abb. 2). Die Dissimilaritätsindices in Abbildung 3 zeigen eine hohe räumliche Trennung zwischen den Deutschen und den ausgewählten nationalen Gruppen, die untereinander deutlich geringer segregiert sind (↗Lokationsquotienten). Diese Unterschiede verweisen weniger auf die ↗Integration, sondern eher auf eine Binnenintegration (↗Multikulturalismus). Unter sozialer Segregation (*Sozialsegregation*) versteht man das Ausmaß der disproportionalen Verteilung und Trennung von sozialen Schichten (Abb. 4). Mithilfe von ↗Stadtstrukturmodellen können räumliche Prinzipien der Segregation im Stadtraum dargestellt werden.

Segregationseis, bestimmter Typ von ↗Grundeis, d. h. Eis im Bereich des ↗Permafrosts. Segregationseis bildet sich durch die stark wasseranziehende Wirkung von Eis bzw. der ↗Frostfront, wobei das Wasser aus dem gefrierenden Untergrund (z. B. Porenwasser aus Boden, Torf oder Sediment) stammt. Poreneis, Tabereis, ↗Eisrinde und Intrusiveis werden zum Segregationseis gezählt. Intrusiveis, welches die Eiskerne von ↗Pingos bildet, bezeichnet man auch als Aggradationseis, das seitlich oder aus dem Untergrund angesaugt wird.

Segregationsindex, IS, vergleicht die Verteilung einer Bevölkerungsgruppe x mit der aller Einwohner y über n Teilgebiete eines Raumes (↗Bevölkerungsverteilung). Für jedes Gebiet i berechnet man den Prozentsatz x_i der Gruppe x an ihrer Gesamtzahl X im Untersuchungsraum, entsprechend verfährt man mit y_i bzgl. der Wohnbevölkerung Y. Der Segregationsindex IS ergibt sich dann aus:

$$IS = \frac{\sum_{i=1}^{n}|x_i - y_i|}{1 - \frac{X}{Y}}.$$

Der *Dissimilaritätsindex* ID vergleicht die Verteilung einer Bevölkerungsgruppe x mit der einer anderen Gruppe y über n Teilgebiete eines Raumes. x_i und y_i berechnet man als den Prozentsatz der jeweiligen Gruppe an ihrer Gesamtzahl. Der Dissimilaritätsindex ID ergibt sich dann aus

$$ID = \frac{1}{2}\sum_{i=1}^{n}|x_i - y_i|.$$

Verwendet man für x_i den Flächenanteil des Gebietes i, erhält man den *Konzentrationsindex*. Der Dissmilaritätsindex schwankt zwischen 0 und 1 bzw. 100. Der untere Wert 0 liegt bei vollständiger Übereinstimmung der Verteilungen (x_i, y_i) vor, die obere Grenze 1 bzw. 100 bei völlig räumlicher Trennung beider Gruppen. Das Ausmaß der ↗Segregation verringert sich mit zunehmender Größe der zugrunde liegenden Raumeinheiten und

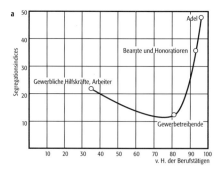
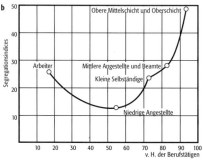

Segregation 4: Segregationskurven in Wien 1846 (a) und 1961 (b).

hängt auch von der Verwaltungsgliederung ab (Abb.). [PG]

segregativer Naturschutz, Konzept des ↗Naturschutzes, das eine räumliche Trennung von Schutz- und Nutzflächen (Vorranggebiete des Naturschutzes und Nutzökosysteme) vorsieht. Dafür wird ein Flächenanteil von mindestens 10 bis 15 % für erforderlich gehalten. Diese Größenordnung resultiert aus dem Flächenbedarf der anspruchsvollsten Arten und aus dem Ausbreitungsvermögen von Individuen. Den Gegensatz dazu bildet der ↗integrative Naturschutz; beide Ziele werden allerdings zunehmend nicht als Alternative zueinander, sondern als Ergänzung betrachtet.

Seiche, Eigenschwingung der Wasseroberfläche in einem Binnensee oder einer Meeresbucht, die nahezu ganz von Land umgeben ist. Seichen werden manchmal durch Erdbeben oder ↗Tsunamis angeregt. Die Periode der Schwingung beträgt einige Minuten bis einige Stunden. Die Schwingungen können bis zu ein bis zwei Tage andauern.

seif, *sief*, *sif* ↗Dünentypen.

Seife, lokale Anreicherung besonders widerstandsfähiger oder schwerer Minerale in Sanden oder Kiesen nach Aufbereitung älterer Gesteine oder von Sedimenten durch fluviatile, marine oder äolische Kräfte. Genetisch unterscheidet man solche durch fließendes Wasser (*alluviale Seifen*), Wellen- und Gezeitenbewegung im Küstenbereich (*litorale Seifen*) oder durch Windtransport (*äolische Seifen*) entstandene Seifen. Zu den Mineralen, die in Seifen angereichert werden, gehören ↗Diamanten, Gold, Platin, Zinn und andere Schwerminerale. Nach ihnen werden die Seifentypen benannt (z. B. Diamant-Seife, Zinn-Seife). Entsprechend dem Anreicherungsgrad und dem Weltmarktpreis sind Seifen oft wirtschaftlich wichtige Lagerstätten.

Seismik, 1) natürliche Erschütterungen der Erdoberfläche durch ↗Erdbeben. 2) *Seismologie*, *Erdbebenkunde*, Wissenschaft von der Entstehung, Ausbreitung und Auswirkung von Erdbeben.

Seitendenudation, laterale Unterschneidung von Vollformen durch Fließgewässer oder Flächenspülung.

Seitenerosion, *Lateralerosion*, Teilprozess der ↗Fluvialerosion, der die Uferböschung unterschneidet. Er wird vor allem von der Strömungsenergie, die sich aus Abflussmenge und Fließgeschwindigkeit ergibt, der Zusammensetzung des Bett-, und Ufermaterials sowie der ↗Flussfracht bestimmt. Weitere Einflussfaktoren sind Klima, Vegetation (vor allem Ufervegetation), Fauna (Uferbauten, Trittschäden), Gestein (vor allem morphologische Gesteinshärte), Relief (vor allem Tallängsprofil und ↗Talquerprofil) und der Mensch (z. B. Rodung im Einzugsgebiet oder wasserbauliche Maßnahmen). Die Seitenerosion führt, vor allem durch die Arbeit der ↗Uferwalzen, zu einer Rückverlegung der Gerinneufer. Gleichzeitig wirken meist Prozesse der ↗Tiefenerosion und ↗gravitative Prozesse. Die an den Ufern durch Reibungswiderstände entstehenden Walzen nehmen Material auf, unterscheiden die Ufer und führen zu einer Verbreiterung oder zu einer Verlagerung der Gerinne. Letzteres tritt vor allem bei gekrümmten Gerinnen auf, da dort der ↗Stromstrich aus der Gerinnemitte zum ↗Prallhang hin ausgelenkt wird (↗Mäander). Das Zusammenwirken der Seiten- und der Tiefenerosion sowie der Hangdenudation unter den oben genannten Rahmenbedingungen führt – auch über Rückkopplungseffekte – zur Ausbildung typischer Tallängsprofile, Talquerprofile und ↗Gerinnebettmuster. [OB]

Seitenkorrosion ↗Korrosionsebene.

Seitenmoräne ↗Moränen.

Sekretion ↗Exkretion.

Sekte, ein Typ einer ↗Religionsgemeinschaft; meist Bezeichnung einer kleinen Religionsgemeinschaft, die sich von einer größeren abgespalten hat. In der Religionssoziologie M. ↗Webers eine christliche Gemeinschaft, zu der man sich im Unterschied zu den großen Kirchen freiwillig bekennt. Durch die religiöse Pluralisierung ist der Begriff der Sekte in der wissenschaftlichen Diskussion problematisch geworden, da er einen stark pejorativen Charakter hat und teilweise zu einem Kampfbegriff geworden ist. In der englischsprachigen Religionssoziologie, in der der Begriff weniger negativ besetzt ist, wird mit Sekte eine neue Organisation eines alten Glaubens bezeichnet. Im Unterschied dazu ist ein ↗Kult eine zumindest in der jeweiligen Gesellschaft neue ↗Religion.

Sektoralstruktur, beschreibt den Anteil von Landwirtschaft, Industrie und Dienstleistungen an der Gesamtzahl der Beschäftigten bzw. des gesamten ↗Bruttoinlandsproduktes einer Raumeinheit. Auf internationaler Ebene können Sektoralstrukturen als Indikator für den Entwicklungsstand einer Volkswirtschaft dienen (↗Sektorentheorie, ↗Sektorenwandel); mit zunehmendem Entwicklungsstand steigt zuerst der Anteil der Industrie und später der von Dienstleistungen. Auf nationaler Ebene weisen die Sektoren unterschiedliche räumliche Verteilungen auf. Die Landwirtschaft besitzt in kleineren Orten des ländlichen Raumes höhere Anteile. Mit steigender Ortsgröße (↗Gemeindegrößenklasse) nimmt der Anteil des Dienstleistungssektors zu; in den Oberzentren und der ↗global cities der Industrieländer sind über drei Viertel der Beschäftigten im Dienstleistungsbereich tätig.

Sektorenmodell ↗Kreissektorenmodell.

Sektorentheorie, beschreibt und erklärt die im Verlauf des Entwicklungsprozesses von Volkswirtschaften erfolgende Verschiebung in der Bedeutung der Wirtschaftssektoren. Langfristig zeigen sich regelhafte Veränderungen in den Beschäftigten- und Bruttoinlandsprodukt-Anteilen; zuerst dominiert die Landwirtschaft, dann die Industrie und später der Dienstleistungssektor (Abb.)

Entscheidende Einflussfaktoren des ↗Sektorenwandels sind nach Clark (1940) und Fourastié (1954) Erhöhungen der Arbeitsproduktivität und der damit verbundene Anstieg der Einkom-

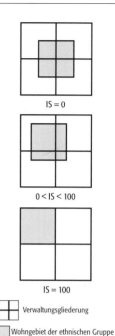

Segregationsindex: Segregationsindex und Verwaltungsgliederung bei vollständiger Segregation einer Bevölkerungsgruppe.

Sektorentheorie: Modell des sektoralen Wandels nach Fourastié.

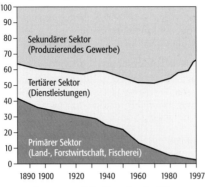

Datengrundlage: 1882–1939 Volkszählungen Deutsches Reich
1950–1997 Statistisches Jahrbuch der Bundesrepublik Deutschland (nur Westdeutschland)

men. Der im Verlauf der wirtschaftlichen Entwicklung auftretende Einkommenszuwachs führt bei Vollversorgung mit Lebensmitteln zuerst zu einem Anstieg der Nachfrage nach Industriegütern (z. B. Haushaltsgeräte, langlebige Konsumgüter, Fahrzeuge) und später nach Dienstleistungen (z. B. Freizeitgestaltung, Urlaubsreisen). Technische Innovationen (z. B. Maschinen und Geräte) und neue Organisationskonzepte erlauben in der Landwirtschaft und später der Industrie Erhöhungen der Produktivität; die freigesetzten Arbeitskräfte finden im expandierenden und durch niedrigeren Produktivitätsfortschritt (weil arbeits- oder humankapitalintensiv) gekennzeichneten Dienstleistungsbereich Beschäftigung.

In jüngerer Zeit lassen sich zusätzliche Einflussfaktoren, die zum Zuwachs im Dienstleistungssektor führen, beobachten. Die *Interaktionsthese* bzw. *Externalisierungsthese* begründet den Zuwachs durch steigende Nachfrage des produzierenden Sektors. ↗Globalisierung, ↗internationale Arbeitsteilung, neue Logistikkonzepte (z. B. ↗Just-in-time-Systeme) und kürzere ↗Produktzyklen führen zu einem steigenden Bedarf an Transport-, Kommunikations-, Forschungs- und Beratungsdiensten (= Interaktion). Zugleich tragen neue interne Organisationskonzepte (z. B. lean production) zur kostenorientierten Auslagerung vorher selbst erbrachter Dienste an spezialisierte Dienstleistungsunternehmen bei (= Externalisierung). Die *Parallelitätsthese* geht davon aus, dass Dienstleister parallel zum wirtschaftlichen Fortschritt ihr Angebot diversifizieren und sich damit neue Märkte erschließen (z. B. Fitnesscenter, Umweltberatung) oder dass sie selbstständige Aktivitäten entwickeln (z. B. Finanzholdings, Aktiengeschäfte).

Der sektorale Wandel lässt sich für die Industrieländer in den letzten zwei Jahrhunderten belegen. In den heutigen ↗Entwicklungsländern kommt es allerdings sehr häufig zu einem direkten Übergang von der Landwirtschaft zu einem aufgeblähten Dienstleistungssektor (mit personellem Überbesatz in der Verwaltung, mit hohen Beschäftigtenanteilen im ↗informellen Sektor), ohne dass diese Länder die Merkmale einer Dienstleistungsgesellschaft (mit technologisch hochwertigem produzierenden Sektor) aufweisen. [EK]

Sektorenwandel, beschreibt die im Verlauf der Entwicklung erfolgende Bedeutungsverschiebung der Wirtschaftssektoren. In gering entwickelten Volkswirtschaften dominiert die Landwirtschaft (*Agrargesellschaft* mit einem Beschäftigtenanteil von ca. 80 %). Im weiteren Entwicklungsverlauf gewinnt zuerst die Industrie (*Industriegesellschaft* mit rund 50 % Beschäftigtenanteil der Industrie), später der Dienstleistungssektor (*Dienstleistungsgesellschaft* mit über 60 % Beschäftigtenanteil) an Bedeutung, während auf die Landwirtschaft nur noch unter 5 % entfallen (↗Sektorentheorie).

Der Sektorenwandel in Deutschland zeigt die langfristige Veränderung der Beschäftigtenanteile der Wirtschaftssektoren entsprechend der Sektorentheorie. Im Deutschen Reich waren 1882 42,2 % der Beschäftigten in der Landwirtschaft tätig, auf das Produzierende Gewerbe nur 35,6 % und auf Dienstleistungen nur 22,2 % entfielen. Im Verlauf der Industrialisierung gewann das Produzierende Gewerbe immer mehr an Bedeutung und erreichte den maximalen Beschäftigtenanteil 1970 mit 48,9 % (BRD). Seitdem verringert sich die Zahl der Industriebeschäftigten, während sich die Zahl der Erwerbstätigen im Dienstleistungsbereich kontinuierlich erhöht (1997: 64,5 %).

Dieser Sektorenwandel erfolgte in West-Deutschland stetig. In der DDR hatte dagegen die materielle Güterproduktion in Landwirtschaft und Industrie gegenüber Dienstleistungen Vorrang; Ende der 1980er-Jahre waren dort weniger als 40 % der Beschäftigten im Dienstleistungsbereich tätig. Nach der Wiedervereinigung kam es zu einem starken Arbeitsplatzabbau in Industrie und Landwirtschaft und durch zahlreiche Unternehmensgründungen zu einem starken Zuwachs bei Dienstleistungen. [EK]

Sekundärdaten, nichtoriginäre, von ↗Primärdaten abgeleitete Daten der »zweiten Generation«. Bei der Erstellung eines digitalen Höhenmodells (↗DHM) wären beispielsweise die Koordinaten und die Höhenwerte der im Gelände direkt eingemessenen Höhenpunkte Primärdaten, während die entsprechenden Werte daraus interpolierter Hilfspunkte (↗Interpolation) bereits Sekundärdaten darstellen.

Sekundärdüne ↗Küstendünen.

sekundärer Arbeitsmarkt ↗Arbeitsmarkt.

sekundärer Sektor, der Wirtschaftsbereich, in dem Rohstoffe be- und verarbeitet werden. Zum sekundären Sektor gehören Industrie (einschließlich Energiegewinnung und Aufbereitung von Bergbauprodukten), Bauwesen, Handwerk und Heimarbeit. ↗primärer Sektor, ↗tertiärer Sektor, ↗quartärer Sektor.

sekundäres Standortsystem ↗Einzelhandel.

sekundäre Sukzession ↗Sukzession.

Sekundärkonsumenten ↗Konsumenten.

Sekundärluftmassen, entstehen, wenn eine ↗Luftmasse, deren Temperatur, Stabilität, Feuchte und Aerosolzusammensetzung durch das Ursprungsgebiet der Luftmasse geprägt wurde, bei der Verlagerung in andere Gebiete Erdoberflächeneigenschaften anhaltend ausgesetzt ist, die von denen des Ursprungsgebietes deutlich abweichen. Kontinental geprägte Luftmassen können durch die langanhaltende Verlagerung über Ozeangebiete maritime Luftmasseneigenschaften annehmen, maritime Luftmassen können bei der Verlagerung über kontinentale Gebiete eine sekundäre kontinentale Überprägung erfahren.

Sekundärproduzenten, in einem ↗Ökosystem alle ↗heterotrophen Organismen, die organische Substanz konsumieren und zum Aufbau eigener Körpersubstanz (↗Produktion) verwenden. Ihnen stehen die ↗Primärproduzenten gegenüber.

Sekundärvegetation, die Nachfolgevegetation, die sich nach vollständiger oder partieller Zerstörung (z.B. Rodung) der Primärvegetation (natürliche bzw. ursprüngliche ↗Vegetation) von selbst einstellt; Begriff wird z.T. aber auch für die Bezeichnung anthropogener ↗Ersatzgesellschaften herangezogen.

Selbstbestimmung, das eigenverantwortliche Regeln der eigenen Angelegenheiten ohne äußeren Zwang. Es wird unterschieden zwischen a) individueller und kollektiver Selbstbestimmung und b) Selbstbestimmung von Völkern auf nationaler und internationaler Ebene. Die Forderung nach Selbstbestimmung (↗self reliance) war ein Kernpunkt der Unabhängigkeitsbewegungen der jungen Staaten Afrikas in den 1960er- und 1970er-Jahren. Das Recht auf Selbstbestimmung ist heute ein anerkannter Grundsatz des Völkerrechts.

Selbsthilfe, das Bemühen um eine eigenverantwortliche, aktive Gestaltung der Lebensbedingungen und der Lösung von Problemen durch die Bevölkerung eines ↗Entwicklungslandes. Selbsthilfe richtet sich meistens auf die materielle Situation, umfasst aber auch die Beeinflussung politischer und sozialer Lebensbedingungen. Das Konzept der Selbsthilfe basiert dabei auf drei notwendigen Voraussetzungen: a) dem Erkennen der eigenen Probleme, b) der Fähigkeit zu ihrer Lösung und c) der Schaffung geeigneter Rahmenbedingungen zur Verwirklichung der Lösungsansätze. Das Praktizieren von Selbsthilfe ist durch drei Charakteristika gekennzeichnet: (Selbst-) Organisation, Beteiligung (↗Partizipation) und ↗Nachhaltigkeit. In der ↗Entwicklungszusammenarbeit wird davon ausgegangen, dass die Eigeninitiativen von Selbsthilfegruppen durch bestimmte Engpässe und strukturelle Widerstände behindert werden und folglich die »Hilfe zur Selbsthilfe« bei der Überwindung von Blockaden ansetzen muss. Die »Hilfe zur Selbsthilfe« konzentriert sich auf die ↗Grundbedürfnisbefriedigung und die ↗Armutsbekämpfung. Ein wichtiges Instrument ist dabei z.B. das ↗ländliche Sparen. Die Selbsthilfe ist in das Konzept der ↗ländlichen Regionalentwicklung eingebunden. [DM]

Selbstmulchung, Mischung des Bodens durch ↗Bodenfauna. ↗biotische Aktivität.

Selbstständige, Erwerbspersonen, die in keinem arbeitsrechtlich definierten Abhängigkeitsverhältnis stehen. Sie umfassen sehr unterschiedliche Personengruppen. Kleine Gewerbetreibende werden in der Statistik ebenso als Selbstständige geführt wie Unternehmer oder Rechtsanwälte.

Seldner, landloser Teil der unterbäuerlichen Schicht im feudalen Agrarsystem bis zum 19. Jh., die in das System der Lehensgrundherrschaft eingebunden war. Der Begriff der Seldner kam ausschließlich im süddeutschen Raum vor. Parallel dazu war im norddeutschen Bereich der Begriff ↗Kötter und in Bayern der Begriff Häusler gebräuchlich.

Selektion, **1)** *Bildungsgeographie*: schulische Selektion. Die Selektionswirkung des ↗Schulsystems hängt vom Schwierigkeitsgrad und den Leistungsanforderungen von ↗weiterführenden Schulen und ↗Hochschulen ab. Je geringer der Anteil eines Schuleintrittsjahrgangs ist, der die oberste Ebene des Schulsystems abschließt, umso größer ist die Selektionswirkung des Schulsystems. Die Selektionswirkung des Schulsystems variiert in der zeitlichen und räumlichen Dimension. Je geringer die Selektionswirkung ist, um so geringer ist die Aussagekraft von ↗Übertrittsraten, ↗Schulbesuchsquoten und ↗Abschlussquoten. Bei einer geringen Selektionswirkung müssen diese Maßzahlen des ↗Bildungsverhaltens noch durch zusätzliche Merkmale ergänzt werden. Eine ↗meritokratische Gesellschaft muss sich auf eine hohe Selektionswirkung von weiterführenden Schulen und Hochschulen verlassen können (↗Professionalisierung). Wenn die Selektionswirkung des Hochschulsystems sehr niedrig ist, also ein hoher Prozentsatz eines Altersjahrgangs einen Hochschulabschluss erreicht, gibt es zwei Alternativen. Entweder kommt es innerhalb der Hochschulen zu einer starken hierarchischen Abstufung des Niveaus der Hochschulen (z.B. Japan, USA) oder es entstehen neben dem Hochschulsystem andere Institutionen, die für die Rekrutierung von Führungskräften eine größere Bedeutung haben (Parteihochschulen in kommunistischen Systemen, »école normale superieure« in Frankreich). Die Selektionswirkung des Schulsystems ist vor allem im Interesse der unteren und mittleren Sozialschichten. Wenn sie nicht funktioniert, dehnen sich Klientelismus, ↗Nepotismus und ↗Protektionismus aus, von denen vor allem die Kinder der Oberschichten profitieren. **2)** *Geoinformatik*: ↗GIS-Funktion, mit der bestimmte räumliche Objekte für eine nachfolgende Operation markiert und ausgewählt werden. Dies kann sowohl manuell-interaktiv als auch durch eine Abfrage erfolgen. Im ersten Fall markiert der GIS-Anwender die gewünschten Objekte direkt – etwa durch »Anklicken« mit der Computer-Maus –, im zweiten Fall wird eine bestimmte Bedingung vorgegeben (z.B. »Selektiere alle Wahlbezirke mit einem Ausländeranteil von mehr als 5 %«). **3)** *Landschaftsökologie*: Auswahl besonders angepasster Organismen. Die Selektion wirkt über äussere Einflüsse und durch intra- und interspezifische Interaktionen. Die *ökologische Selektion* bestimmt über die Wirkung von Umweltbedingungen das Überleben von Individuen und damit letztlich den Fortpflanzungserfolg einer Art. Über die Auswahl der erfolgreichen Individuen wird die Anpassung an die jeweiligen Umwelteigenschaften gefördert. *Sexuelle Selektion* bezeichnet die Auswahl bevorzugter Paarungspartner mit bestimmten Eigenschaften (Stärke, komplementäres Immunsystem, Brutpflege). Die *innere Selektion* steuert schließlich noch vor der freien Individualentwicklung z. B. Keimerfolg oder Abbruch der Embryonalentwicklung und damit die Auswahl ungeeigneter Mutationen.

self-reliance, Konzept, das im Vertrauen auf die eigenen Kräfte endogene Ressourcen (∕Ressourcenmanagement) zur ∕Grundbedürfnisbefriedigung einsetzen will. Das Konzept der Self-Reliance zählt somit zu den ∕grundbedürfnisorientierten Entwicklungsstrategien. Es ist in Reaktion auf die westlich-kapitalistische ∕Entwicklungsstrategien entstanden.

Semantik, *Bedeutungslehre*, ∕Semiotik.

semantisches Differenzial ∕Polaritätsprofil.

Semiökumene ∕Ökumene.

Semiotik, *Zeichenlehre*, *Semiologie*, manchmal auch *Semantik*, Wissenschaft, die sich mit der Bildung von Zeichen und ihrer Benutzung beschäftigt. Die Semiotik entwickelte sich im 20. Jh. zu einem interdisziplinären Theoriegebäude, welches zunehmend auch in der ∕Geographie Anwendung findet, v. a. in der ∕Kartographie, der ∕postmodernen Geographie, der ∕New Cultural Geography, aber auch in der ∕Stadtgeographie und der ∕Sozialgeographie.

Als Begründer der modernen Semiotik gilt allgemein C. S. Peirce (1839–1914). Nach seinen Vorstellungen setzt sich ein Zeichen aus drei Elementen zusammen: dem materiellen Zeichensymbol, »Repräsentamen«, z. B. ein Wort, ein Fingerzeig, ein anzeigendes Geräusch, das beim Zeichenempfänger eine bestimmte Idee, den »Interpretant«, hervorruft. Dieser findet seinen Widerpart in einem außerhalb der Vorstellung des Interpreten liegenden Objekt, dem »Referens«. Das triadische Modell von Peirce verbindet damit die materielle Objektebene mit der Zeichenebene und dem Handlungs- und Interpretationsaspekt. Der semiologische Ansatz von F. de Saussure (1857–1913), einem Vertreter des linguistischen ∕Strukturalismus, weist dagegen dem Zeichen rein ideellen Charakter zu. Saussure differenziert dyadisch zwischen Signifikant als bezeichnendem Lautbild und Signifikat als bezeichneter Idee. Die Beziehung zwischen beiden ist beliebig, unterliegt aber sozialen Konventionen, um Verständlichkeit zu garantieren. Dabei muss Bedeutungskonstanz gewährleistet sein, Spielräume sind jedoch möglich. Die Saussure'sche Semiotik wurde von R. Barthes und U. Eco auf nichtsprachliche »Sprechweisen«, wie Mode, Essensgebräuche, Architektur u. Ä. übertragen. Barthes führt dazu den Begriff des Syntagma als eines logischen (= grammatischen) Zusammenhangs im Gegensatz zum kulturell differenzierten Paradigma ein. Zum Beispiel besteht der syntagmatische Raum eines Hauses aus Wand, Tür, Fenster und Dach, während seine Konstruktionsformen paradigmatisch bei einer gotischen Kathedrale zu Pfeilerwänden, Portalen, Glasbildfenstern und Spitzbogengewölben werden. Jedes Zeichen hat insofern seinen funktionalen Wert (Denotation), unterliegt jedoch vielfältigen symbolischen Belegungen (Konnotationen).

Die Beziehungen zwischen Signifikant und Signifikat sind interpretierbar und in sogenannten Semiosen ständig veränderlich. Dies hat v. a. im ∕Poststrukturalismus Aufmerksamkeit gefunden. Derrida z. B. beschreibt die wahrgenommene Welt als unbegrenzten semiotischen Prozess, der sich aus ständig neuen Kontextualisierungen ergibt.

In der Geographie haben semiotische Theorien indirekt schon immer Einfluss auf die Disziplin genommen. Bereits die ∕Kulturgeographie von ∕Sauer betrachtete die Landschaft als Matrix kultureller Spuren des Menschen, sozusagen als Signifikantenplatte, eine Betrachtungsweise, die sich ähnlich auch bei ∕Hartke (∕Indikatorenansatz) und G. Hard (∕Artefaktanalyse) findet. Herausragend in semiotisch-geographischer Hinsicht sind v. a. die Interpretationen des Landschaftsbegriffs von G. Hard sowie die des psychologischen Raumes durch die präsentative Raumsymbolik von P. Jüngst und O. Meder. In der englischsprachigen Geographie hat die New Cultural Geography neue zeichentheoretische Bezüge in der Geographie aufgedeckt. Dazu gehören z. B. die Interpretationen von Landschaften und Städte als ∕Text und die Unzahl poststrukturalistischer Arbeiten, die sich mit Fragen der ∕Identität, des ∕Subjektes und der ∕Dekonstruktion von Machtbeziehungen auseinandersetzen. [WDS]

Literatur: [1] BARTHES, R. (1964): Éléments de sémiologie. – Paris. [2] DERRIDA, J. (1992): Grammatologie. – Frankfurt/M. [3] DUNCAN, J. (1990): The City as Text. – Cambridge. [4] ECO, U. (1994): Einführung in die Semiotik. – München. [5] HARD, G. (1970): Die »Landschaft« der Sprache und die »Landschaft« der Geographen. Colloquium Geographicum 11. – Bonn. [6] HARTKE, W. (1956): Die »Sozialbrache« als Phänomen der geographischen Differenzierung in der Landschaft. Erdkunde 10, 4, 257–269. [7] JÜNGST, P. & MEDER, O. (1990): Psychodynamik und Territorium, Bd. 1. *Urbs et regio* 54. – Kassel. [8] PEIRCE, C. S. (2000): Semiotische Schriften. – Frankfurt/M. [9] SAUSSURE, F. de (1916): Cours de linguistique générale. – Paris.

Semipolje ∕Polje.

Semisubhydrische Böden, Klasse der ∕Deutschen Bodensystematik der Abteilung Semisubhydrische und subhydrische Böden; Zusammenfassung von Böden im Einflussbereich der ∕Gezeiten an der Küste und am Unterlauf von Flüssen im Sedimentationsraum zwischen der meerwärts liegenden Grenze des Mittelniedrigwassers

(MNW) und der landwärts gelegenen Grenze des mittleren Hochwassers (MHW). Einziger ↗Bodentyp ist das ↗Watt. Die weitere Untergliederung erfolgt nach Sedimentationsräumen und Korngrößenzusammensetzung im Profilbereich bis 4 dm unter Geländeoberfläche. Nach FAO-Bodenklassifikation handelt es sich meist um ↗Fluvisols, bei sehr sandigen Böden auch um ↗Arenosols.

Semiterrestrische Böden, Abteilung der ↗Deutschen Bodensystematik; Zusammenfassung von Böden, die durch den Einfluss des Grundwassers geprägt werden. Der geschlossene Kapillarsaum muss (im nicht entwässerten Zustand) zeitweilig bis mindestens 4 dm unter Geländeoberfläche reichen; dadurch entstehen charakteristische ↗G-Horizonte, die in ihren Merkmalen vor allem vom Grundwasserstand, der jahreszeitlichen Amplitude und dem zeitlichen Verlauf der Grundwasserschwankungen, bis hin zur zeitweiligen Überflutung, geprägt werden. Dazu gehören die Klassen der ↗Auenböden, ↗Gleye und ↗Marschen.

Semjonow-Tjan-Schanski, *Peter Petrowitsch*, russischer Geograph, geb. 14.1.1827 in Ussurowo, Lipezk, gest. 11.3.1914 in Petersburg. Nach dem Abschluss der Universität Petersburg trat er 1849 der Russischen Geographischen Gesellschaft bei. Eine Reise führte ihn 1852 bis 1855 in die Schweiz, nach Frankreich und Deutschland, die er u. a. zu vertiefenden Studien nutzte. U. a. hörte er bei ↗Ritter und gab dessen »Erdkunde Asiens« in russischer Sprache mit zahlreichen Ergänzungen heraus. 1856 bis 1857 unternahm er eine Forschungsreise zum Tjan Schan, während der er den Sailijski Alatau, den Kungej-Alatau, den Terskej-Alatau, den Issyk-Kul und das Tschu-Tal untersuchte und schließlich den Chan-Tengri (6995 m) entdeckte. Semjonow-Tjan-Schanski charakterisierte das Relief und gab einen ersten Überblick über die geologische Struktur des Gebietes. Er erörterte die vertikalen Naturzonen und belegte sie mit reichen botanischen und zoologischen Sammlungen. Angesichts der bedeutenden Ergebnisse der Reise erhielt er die Erlaubnis, den Zusatz Tjan-Schanski in seinem Familiennamen zu tragen. Im Jahr 1864 übernahm er die Leitung des gerade gegründeten statistischen Kommitees als Mitglied des Staatsrates (etwa Rang eines Ministers) und bereitete in entscheidenden Punkten die erste Volkszählung des Russischen Reiches vor, wenn er auch 1874 aufgrund von Meinungsverschiedenheiten aus dem Amt schied. Die gewonnene Zeit setzt er 1881–1885 in ein 12-bändiges Werk »Malerisches Rußland«, in ein 19-bändiges Werk »Rußland«. Vollständige geographische Darstellung unseres Vaterlandes« (1899–1914) sowie in eine »Geographisch-statistische Enzyklopädie des Russischen Reiches« (1863–1885, in 5 Bänden) um. [FK]

Semple, *Ellen Churchill*, amerikanische Geographin, geb. 8.1.1863 Louisville, gest. 8.5.1932 West Palm Beach. Semple war zunächst als Lehrerin tätig, ehe sie 1891/92 nach Leipzig ging, um hier bei ↗Ratzel zu studieren. Begeistert von seiner Lehre, begann sie nach ihrer Rückkehr, die Werke Ratzels in amerikanischen Zeitschriften zu besprechen und sie zu übersetzen und damit im anglo-amerikanischen Raum bekannt zu machen. Daneben publizierte sie geographische Beiträge, darunter ein viel beachteter Aufsatz »The Anglo-Saxons of the Kentucky Mountains« (1901). Darin wie auch in ihren beiden Hauptwerken »American history and its geographic conditions« (1903) und besonders »Influence of geographic environment« (1911) setzte sie die Konzeption von Ratzels »Anthropogeographie« um und vertrat – entgegen rassischen Argumentationslinien in der Geographie – geodeterministische Positionen. Obwohl ihre Bücher bereits zu Lebzeiten stark umstritten waren, gilt sie als einer der Begründer der ↗Humangeographie in den USA. Sie lehrte seit 1906 an der Universität in Chicago und erhielt 1921 eine Professur für Anthropogeographie an der Clark University in Worcester, im gleichen Jahr wurde sie als erste Frau Präsidentin der Association of American Geographers, zu deren Gründern sie 1904 gezählt hatte. [HPB]

Seniorentourismus, eine spezifische Form des Vereisens, bei der die besonderen Bedürfnisse und Ansprüche älterer Menschen Berücksichtigung finden (sollen). Die heutigen Senioren, in der ↗Freizeitforschung oft als »50plus-Generation« bezeichnet, bilden eine zunehmend wichtige Zielgruppe auf dem Reisemarkt. Gründe hierfür sind beispielsweise der wachsende Anteil der Senioren an der Gesamtbevölkerung (↗Bevölkerungsstruktur), die geistige und räumliche Mobilität der reiseerfahrenen »jungen Alten« sowie ihre hohe Finanzkraft (Erbengeneration). Andererseits sinkt die ↗Reiseintensität jenseits von 60 Jahren mit zunehmendem Alter rasch ab.

Senioritätsprinzip, 1) *Allgemein*: spezifische Erbfolgeordnung, bei der das älteste Mitglied der Familie ohne Rücksicht auf die Linie und den Verwandtschaftsgrad das Erbe erhält. 2) *Arbeitsmarktgeographie*: Im Arbeitsleben besitzt das Senioritätsprinzip bei Lohnerhöhungen oder bei selektiven Kündigungen Bedeutung. Es umfasst spezifische Vergünstigungen materieller oder immaterieller Art, welche an die Dauer der Betriebszugehörigkeit (oder an das Alter) gebunden sind. Auf betriebsinternen Arbeitsmärkten und im primären Segment spielt es als Instrument zur Schaffung stabiler Arbeitsverhältnisse eine besondere Rolle.

Senkrecht-Luftbild, gebräuchlichster Daten- und Informationsträger des Luftbildwesens und der ↗Luftbildfernerkundung. Das Senkrecht-Luftbild lässt sich in ein geodätisches Koordinatensystem einpassen und ist daher ein wichtiges Hilfsmittel bei der topographischen Kartenerstellung und ihrer Fortschreibung. Das *Schräg-Luftbild* vereint die Vorteile der Luftaufnahme (hochgelegener Aufnahmestandpunkt, großer Überblick) mit jenen der terrestrischen Photographie (Abbildung von Objekten in der dem Betrachter gewohnten Erscheinungsform). Es ist daher gut geeignet als visuelle Unterstützung im

Semjonow-Tjan-Schanski, *Peter Petrowitsch*

Semple, *Ellen Churchill*

didaktischen und ökonomischen Bereich (z. B. der Tourismuswerbung), die Einpassung in ein geodätisches Koordinatensystem ist jedoch nicht möglich. ↗Zentralperspektive.

Senkungsküste, durch Transgression gekennzeichnete meist flache ↗Küste, an der terrestrische Landformen allmählich ertrinken.

Sennalpe, ↗Alm mit vorwiegender Milchviehhaltung.

sensible Wärme, *fühlbare Wärme*, Bezeichnung für eine Wärmemenge, die zur Erwärmung eines Mediums aufgewendet wird und die als ↗Temperatur des Mediums gefühlt sowie mit einem ↗Thermometer gemessen werden kann. Sensible Wärme gelangt von warmen Oberflächen durch Wärmeleitung bzw. Wärmestrahlung in die ↗Atmosphäre und wird dort durch ↗Konvektion weiter transportiert. In der Atmosphäre wird durch Verdunstung ein Teil der sensiblen Wärme in ↗latente Wärme überführt, sodass die Lufttemperatur abnimmt.

Sensoren, Messfühler zur Erfassung der Intensität elektromagnetischer ↗Strahlung und deren Umwandlung in digitale Datenwerte. Häufig wird als Sensor das gesamte Fernerkundungsmessgerät bezeichnet (↗Fernerkundungssystem). Ein Fernerkundungs-Satellit trägt meist mehrere Messgeräte unterschiedlicher Funktion. ↗optoelektronisches Abtastsystem.

Separation, räumliche und zeitliche Entwicklung geoökologischer Ordnungssysteme unter dem Einfluss geographischer Isolierung (z. B. Beeinflussung der Entwicklung und Verbreitung von Tieren und Pflanzen). Politik: Gebietsabtrennung mit dem Ziel einer separaten Staatsgründung (politische Verselbstständigung) oder zur Angliederung an einen anderen Staat.

Separatismus, Bezeichnung für Bestrebungen, eine Abspaltung aus einem bestehenden Territorialstaat häufig auf Grundlage regionalistischer Motive herbeizuführen.

separative Klimageographie, von W. Weischet vorgeschlagene Bezeichnung für dasjenige Teilgebiet der Klimageographie und analog der ↗Klimatologie, in welchem die Klimaelemente oder Klimaparameter zunächst getrennt analysiert werden. Daran schließt sich die synoptische Klimageographie, analog ↗synoptische Klimatologie, an, welche die komplexen atmosphärischen Vorgänge in der Zusammenschau der daran beteiligten Klimaelemente und ihrer Wechselwirkungen im ↗Klimasystem zum Gegenstand hat.

Septarien, knollenförmige Konkretionen kalkigmergeliger Partien in tonreichen Sedimentgesteinen, die im Inneren oft durch Schrumpfungsprozesse hohl, kammerartig oder rissig sind.

Septum, 1) Kammerscheidewand im Gehäuse von ↗Cephalopoden, besonders ↗Ammoniten und ↗Nautiliden. Die Anheftungslinie des Septums, die Sutur oder ↗Lobenlinie, ist ein Unterscheidungsmerkmal für Ammoniten. 2) Scheidewände im Kelch von ↗Korallen und Hydrozoen. 3) plattenartige Struktur im Inneren von ↗Brachiopoden.

Sérac ↗Gletscherspalten.

Serie ↗Stratigraphie.

Serir, arabischer, die Feinkörnigkeit beschreibender Begriff für teils sehr ausgedehnte Kiesoberflächen der Sahara (z. B. Serir Tibesti, Serir Calanchio). Das feinkörnige, aus gut bis perfekt gerundeten Kiesen von einigen mm bis einigen cm Durchmesser aufgebaute und damit gut begeh- und befahrbare Pflaster steht im Gegensatz zum blockig-scharfkantigen und schwer passierbaren Pflaster der ↗Hamada. Im englischen Sprachraum werden alle Größen und Sortierungsgrade von Pflastern aus gut gerundeten Komponenten als *Reg* bezeichnet, im deutschen werden darunter entweder Pflaster gemischter oder sehr feiner Grobsandpflaster auf Dünensand verstanden. Das – wie auch die Hamada – immer nur aus einer Kornlage bestehende Pflaster überlagert ein fluvial transportiertes Korngrößengemisch oder darin ausgebildete ↗Paläoböden, aus denen das Pflaster durch dieselben Vorgänge wie bei der Hamada – Auswehung, Auswaschung, Aufwärtswandern – angereichert worden ist und ohne Störung von außen auch gegen Auswehung sehr stabile Oberfläche schafft. Oft sehr zahlreich eingebettete neolithische ↗Artefakte belegen das junge Alter des bei Störung sich regenerierenden Pflasters. Die Herkunft der Kiese wurde zuerst vorwiegend eluvial, durch Auswittern von Kieseln aus alten Sandsteinen, erklärt, bei nur geringen fluvialen Transportwegen. Tatsächlich ist dies bei dem leichten Zerfall häufig saprolitischer, durch alte chemische Verwitterung zermürbter Sandsteine gut möglich. Der weit überwiegende Teil der Kiese, aus denen das Pflaster angereichert wurde, stammt jedoch aus einer noch unbekannten Zahl von quartären Pluvialen, geschüttet von großen, von den saharischen Gebirgen ausgehenden Flüssen, deren Terrassen noch vielfach erhalten sind, in der Südsahara in alten Tiefenlinien sumpferzverbacken sind und deren hohes Alter durch auflagerndes Paläolithikum belegt ist. Ihr oft fast ausschließlicher Quarz- und Quarzitgehalt weist sie als Anreicherungsprodukte einer langen nachsedimentären Verwitterung aus.

[DB]

Serosems, russische Grauerde; ↗lithomorpher, silicatischer ↗Ah/C-Boden der Halbwüsten und Wüsten mit abgrenzbarem ↗A-Horizont; zur Gruppe der ↗Ranker zählende bodengenetische Weiterentwicklung des ↗Yerma.

Sertão [port. = das Innere des Landes], tropische Trockengebiete des nordost-brasilianischen Binnenlandes, überwiegend flach-welliges Hochland zwischen 300 und 600 m NN mit semiaridem Klima, größtenteils mit Caatinga, einer Vegetation aus Trockenwald sowie regengrünem Dornbaum- und Sukkulentenwald, bestanden, im Zentrum Halbwüste vorherrschend. Infolge von Dürreperioden kam es wiederholt zu Migrationen großer Bevölkerungsteile zum Amazonasbecken und in die Städte SO-Brasiliens; verschiedene staatliche Bestrebungen zur Kultivierung der Region, einschließlich Bau von Staudämmen und Wasserkraftwerken, sollten dieser Abwanderung entgegenwirken. Die wechselvolle Geschichte des Sertão, in dem bis ins 20. Jh. hinein das Banditentum verbreitet war, ist bis heute geprägt von den sozioökonomischen Strukturen der Kolonialzeit.

Sesquioxide, ältere Bezeichnung für die im Boden meist nebeneinander vorkommenden Oxide, Hydroxide und Oxidhydroxide des Eisens, Mangans und Aluminiums, ungeachtet ihres chemischen Charakters, häufig auch als pedogene Oxide bezeichnet.

Sesshaftigkeit, Lebensform, die mit der Einführung des Ackerbaus und der Haustierhaltung im Übergang von der Mittel- zur Jungsteinzeit (⁊Agrargeschichte) einsetzte und die mit der erhöhten Sicherheit bei der Nahrungsmittelproduktion zu einer deutlichen Bevölkerungsvermehrung führte.

Severly Indebted Low Income Countries, *SILIC*, anhand der Definition der ⁊Weltbank die am stärksten verschuldeten Länder (⁊Low Income Countries). Für Länder, über die genaue Schuldenstatistiken vorliegen, dient zur Einordnung die Überschreitung einer der zwei Schwellenwerte: a) der ⁊Schuldendienst > 80 % des Brutto-Inland-Produktes und/oder b) das Verhältnis des Schuldendienstes zu Exporterlösen entspricht 220 %. Im Jahr 2000 gehören 46 ⁊Entwicklungsländer zur Gruppe der SILIC. Länder, über die keine Schuldenstatistiken vorliegen, gehören zu den SILIC, wenn drei der vier Schwellenwerte überschritten werden: a) das Verhältnis der Schulden zum Brutto-Sozial-Produkt liegt bei 50 %, b) das Verhältnis Schulden zu Exporterlösen liegt bei 275 %, c) das Verhältnis von Schuldendienstleistungen zu Exporterlösen liegt bei 30 % und d) das Verhältnis von Zinszahlungen zu Exporterlösen liegt bei 20 %. 1995 gehörten 36 Entwicklungsländer zur Gruppe der SILIC. [BF]

Severly Indepted Middle Income Countries, *SIMIC*, nach Definition der ⁊Weltbank stark verschuldete ⁊Middle Income Countries (MIC). Für Länder, über die genaue Schuldenstatistiken vorliegen, dient zur Einordnung die Überschreitung einer der zwei Schwellenwerte: a) der Schuldendienst > 80 % des Brutto-Inland-Produktes und/ oder b) das Verhältnis des Schuldendienstes zu Exporterlösen entspricht 220 %. Länder, über die keine Schuldenstatistiken vorliegen, gehören zu den SIMIC, wenn drei der vier Schwellenwerte überschritten werden: a) das Verhältnis der Schulden zum Brutto-Sozial-Produkt liegt bei 50 %, b) das Verhältnis Schulden zu Exporterlösen liegt bei 275 %, c) das Verhältnis von Schuldendienstleistungen zu Exporterlösen liegt bei 30 % und d) das Verhältnis von Zinszahlungen zu Exporterlösen liegt bei 20 %. 1995 gehörten 17 ⁊Entwicklungsländer zu den SIMIC. [BF]

SEVIRI ⁊METEOSAT.

Sewerzow, *Nikolai Alexejewitsch*, russischer Naturforscher, geb. 24.10.1827 in Woronesh, gest. 26.1.1885 in Woronesh. Der Offizierssohn absolvierte die Moskauer Universität (1846), wo er zum bedeutendsten Schüler des Naturforschers Karl F. Roullier wurde. Mit den periodischen Erscheinungen im Leben der Säugetiere, Vögel und Reptilien promovierte Sewerzow 1855 und erhielt dafür Auszeichnungen. Die russische Expansion nach Mittelasien macht den Weg frei für Untersuchungen, die ihn 1857 bis 1879 auf sechs große Expeditionen nach Kasachstan, in die Turanische Tiefebene, in den Tjan-Schan, Pamir und andere Gebiete Mittelasiens führten. Er durchforschte die ⁊Steppen um Aral und Kaspi, nahm die Ufer des Aral kartographisch auf, entwickelte erste geologische Karten und analysierte das hydrographische Regime von Syr-Darja und Tschu. Hauptwerke: »Reisen in Turkestan und Forschungen in den Bergländern des Tjan-Schan«, 1873; »Vertikale und horizontale Verteilung der Lebewelt in Turkestan«, 1873; »Erforschung des Tian-Schan-Gebirgssystems«, 1863, 2 Teile, Gotha: 1875. Er entwickelte sich vom Zoologen (und Darwinisten) zum Ökologen und Biogeographen, der höchste Anerkennung fand, nicht zuletzt von ⁊Darwin. Der Forschungsreisende, der in Mittelasien viele Gefahren mit Takt und stoischer Ruhe überstand (er wurde schwer verwundet vom Sklavenmarkt in Taschkent befreit), brach mit seinem Gespann in das Eis des Don ein, ertrank und hinterließ zahlreiche wissenschaftliche Arbeiten unvollendet. [FK]

Sewerzow, *Nikolai Alexejewitsch*

Sexismus (lat.) (engl. *sexism*), bezeichnet einen Diskurs, der geschlechtsspezifische Merkmale in verallgemeinernder Weise zur wesensmäßigen Begründung einer sozialen Typisierung herbeizieht, die dann zur Herstellung von (meist diskriminierender) Differenz oder zur Ableitung bestimmter Rechte bzw. von Unrechten usw. verwendet werden. Die entsprechenden Folgerungen äußern sich in Vorurteilen, Einstellungen, Meinungen und Handlungsweisen als politisch wirksame Argumentation bzw. Demagogie. Danach werden Frauen und Männern allein aufgrund des biologischen Geschlechts pauschalisierend je besondere positive oder negative Eigenschaften zugewiesen. Diesbezüglich weist Sexismus argumentativ große Ähnlichkeit mit ⁊Rassismus auf, auch wenn man Geschlecht und ⁊Rasse auf der biologischen Ebene nicht gleichsetzen kann. Bezeichnet Geschlecht eine biologische oder anatomische Differenz zwischen Frau und Mann, sind die aus ihnen in sozial-kultureller Hinsicht abgeleiteten Differenzierungen und Qualifizierungen allein das Ergebnis einer sozialen Konstruktion, für welche die biologisch/anatomischen Unterschiede keine Basis abgeben, wenn man einen umfassenden biologischen Determinismus nicht akzeptiert. Auf die Unterschiede, die zwischen sozial-kultureller Konstruktion und biologisch/anatomischer Differenz bestehen, verweist in der englischen Sprache die begriffliche Trennung von »sex« (biologisches Geschlecht) und »gender« (soziale Konstruktion). [BW]

Sexualproportion ⁊Geschlechtsgliederung.

sexuelle Selektion ⁊Selektion.

sferics, *atmosferics*, *atmosphärische Störung* im Langwellenbereich (5 kHz – 10 kHz). Dabei handelt es sich um Impulsstrahlung, die von elektrischen Entladungen (v. a. Gewitterblitze) in der

Shaler, *Nathaniel Southgate*

Atmosphäre ausgeht. Geeignete Empfangsanlagen (Peilstationen) zum Nachweis von sferics können über Häufigkeit, Verbreitung und Lokalität von Gewittern Auskunft geben. Unklar ist die biotrope Auswirkung (↗Biotropie) von sferics auf das menschliche Wohlbefinden.

shaded relief map, *Schummerungskarte, relief shading*, kartographische Darstellungstechnik, um Gelände- bzw. Höhenkarten (↗perspective view) so zu bearbeiten, dass für den Betrachter ein möglichst plastischer Eindruck entsteht. Hierzu werden die dem Menschen aus der Natur vertrauten Schatteneffekte der natürlichen Beleuchtung durch so genannte Schummerung simuliert. Die notwendige fiktive Lichtquelle wird hierzu im Allgemeinen »links oben« platziert. Steile, der angenommenen Blickrichtung abgewandte Hänge werden dunkler, flachere und der Lichtquelle zugewandte Hänge heller geschummert.

Shalem, *Nathan*, israelischer Geograph, geb. 10.10.1897 Saloniki, gest. 20.9.1959 Jerusalem. Shalem war ein Pionier der Erforschung von Erdbeben und Naturkatastrophen in Israel. Er war 1914 als Jugendlicher in Palästina eingewandert und hatte eine Ausbildung am Lehrerseminar in Jerusalem absolviert. Von 1921–1925 studierte er Geologie in Florenz und promovierte dort mit dem Thema »The Cenoman beds in the mountain of Jerusalem«. 1925 kehrte er aus Italien nach Palästina zurück und führte während seiner Feldforschungen geologische und geomorphologische Kartierungen im Bergland und in der Umgebung des Toten Meeres durch. Als er in den 1930er- und 1940er-Jahren am Gymnasium unterrichtete, hatte er bereits Arbeiten zur Seismologie, Hydrologie und Klimatologie Palästinas veröffentlicht. Von 1935 bis 1937 studierte er Geographie in London und arbeitete gleichzeitig weiter an seinen geologischen Projekten. Er schrieb verschiedene Gutachten für Siedlungsvorhaben der Jewish Agency in semiariden Gebieten Palästinas. Die Bandbreite der Forschungen von Shalem ist groß: sie reicht von Arbeiten zur Anthropologie oder Frühgeschichte bis hin zu klimatologischen Untersuchungen. Er sammelte umfangreiches Material über das Tote Meer sowie zum Leben der Beduinen am Rande der Wüste und wies zudem auf Verbindungen zwischen historischen Textquellen wie der Bibel und dem Talmud und modernen Ergebnissen der Forschung zur Kulturlandschaftsentwicklung hin. Er war der Erste der die Karstlandschaften in Israel und den Kontinentalschelf der Küste Israels untersuchte. Zu Beginn der 1950er-Jahre initiierte und gründete er eine Reihe von seismologischen Messstationen und gründete das Institut für Geophysik des Staates Israel. [YBG]

Shaler, *Nathaniel Southgate*, amerikanischer Geologe, geb. 20.2.1841 Newport, gest. 10.4.1906 Cambridge. 1864 wurde Shaler Dozent und 1869 Professor für Paläontologie an der Harvard Universität. Zwischen 1866 und 1868 hielt er sich zu Feldstudien in Europa auf. Shalers Forschungsinteresse richtete sich nicht nur auf die klassischen Probleme der Strukturgeologie. Er war ein exzellenter Beobachter und Landschaftsanalytiker, der sein Augenmerk vor allem auf die anthropogen bedingten Veränderungen der Naturlandschaft richtete. Zu seinen Schülern gehörte ↗Davis. Da dessen Zyklenlehre zu Beginn des Jahrhunderts zum Paradigma der amerikanischen Geographie wurde, konnten die von Shaler initiierten Frageansätze nach der Bedeutung des Menschen bei der Veränderung der Oberflächengestalt nicht wirksam werden. [HB]

shanty towns ↗Hüttensiedlungen.

Shiftanalyse, eine mathematische Methode, um die strukturelle Entwicklung einer Region (aufgeteilt nach unterschiedlichen Aspekten) zwischen zwei Zeitpunkten relativ zur Entwicklung eines Vergleichsgebietes (meistens ein übergeordneter Raum, in dem die Region ein Teil ist) zu erfassen. Es gibt zwei Modelle der Shiftanalyse: das additive und das multiplikative. In Deutschland wird in den Regionalwissenschaften stärker das multiplikative Modell verwendet. Dieses Modell geht davon aus, dass die Entwicklung der Struktur in der Region (gemessen als *Regionalfaktor RF* = Verhältnis der Entwicklung in der Region zur Entwicklung im Vergleichsgebiet) sich zurückführen lässt auf die beiden Ursachenkomplexe *Struktureffekt* und *Standorteffekt* in folgender Weise:

$$RF = SF \cdot SO.$$

SF = Struktureffekt = Entwicklung in der Region, die auf die zu Anfang vorhandene regionale Struktur zurückzuführen ist, SO = Standorteffekt = Entwicklung in der Region, die auf spezifische Besonderheiten der Region (Standort) zurückzuführen ist.

Die Shiftanalyse wird vor allem zur Untersuchung wirtschaftlicher Entwicklung einer Region verwendet, wobei als Messgrößen häufig Beschäftigtenzahlen oder das BIP in den einzelnen Wirtschaftssektoren bzw. -bereichen benutzt werden. [JN]

shifting cultivation, *wandernde Brandrodewirtschaft, Anbauflächenwechsel, Urwechselwirtschaft*, Oberbegriff für eine Vielfalt von Formen tropischen ↗Feldbaus mit Flächenwechsel. Shifting cultivation ist heute noch in den feuchten südamerikanischen, südostasiatischen (starker Rückgang) und vor allem afrikanischen Tropen und Subtropen verbreitet. Die Abgrenzung ist nicht eindeutig, da sie mit den anderen Betriebsformen der Tropen vermischt auftritt. Die Nutzung beruht auf dem Wechsel zwischen mehrjährigem Anbau und langdauernder ↗Brache mit Sekundärvegetation. Somit dehnen sich die Nutzflächen nicht geschlossen aus, sondern liegen verstreut im Übergang zwischen Regenwald und Feuchtsavanne oder inselförmig innerhalb des Waldes. Die Erschließung bebaubarer Flächen erfolgt durch Abbrennen der natürlichen Vegetation (↗Brandrodung; Asche liefert Nährstoffe und hebt pH-Wert; durch den Brand werden Unkraut und Schädlinge vernichtet) gegen Ende der

Trockenzeit, die Aussaat zu Beginn der Regenzeit. Der meist mit der Hacke oder dem Pflanzstock auf kleinen, unregelmäßigen ↗Parzellen mit unscharfer Begrenzung gegenüber der Naturvegetation betriebene Anbau umfasst ↗Mischkulturen mit Mais, Hirse, Batate, Yams, Taro, Bergreis, Maniok (Cassava), Bananen usw. und dient vorwiegend der Selbstversorgung. In feuchten Gebieten dominieren Knollenfrüchte, in trockeneren Körnerfrüchte. Baumwolle, Erdnüsse, Tabak usw. gelangen auch in den Verkauf (↗Exportkulturen). Zur Bodenbearbeitung werden Pflanzstock, Grabstock und Hacke eingesetzt; wegen fehlender Zugtiere und störender Wurzelstöcke ist die Bodenbearbeitung pfluglos. Fruchtwechsel (↗Fruchtfolge) und künstliche ↗Düngung fehlen häufig (Ausnahme ist das Chitimene-System in Afrika, bei dem brennbare Materialien herbeigeschafft und auf den Feldern verbrannt werden). Die Nutzfläche zeigt häufig eine ringförmige Anordnung mit intensiv und dauernd bestellten, z. T. auch gedüngten Innenfeldern und extensiv im Wechsel genutzten Außenfeldern. Diese werden jährlich neu verteilt und sind von sekundärem Wald, Busch oder Grasland durchsetzt. Nach zwei bis vier Jahren lässt der Ertrag nach. Erschöpfung und häufig auch Abschwemmungen des ↗Bodens zwingen zur Verlagerung der Anbaufläche und zur Neurodung benachbarter Gebiete. Der Anbauflächenwechsel kann mit einer Verlegung der Siedlung verbunden sein und wird dann ↗Wanderfeldbau (shifting cultivation im engeren Sinne) genannt. Bei der ↗Landwechselwirtschaft (engl. bush fallow) bleiben die Siedlungen stationär, und nur die Anbauflächen wandern in ihrem Umkreis.

Mit vorwiegender Selbstversorgungswirtschaft (↗Subsistenzwirtschaft) liegt die agrare ↗Tragfähigkeit bei shifting cultivation je nach Bodenqualität bei ca. 20–40 Personen/km². Unter ökologischen Gesichtspunkten ist die traditionelle shifting cultivation eine angepasste und auf ↗Nachhaltigkeit ausgerichtete Wirtschaftsweise. Bei geringen Bevölkerungsdichten und großen Landreserven stellt sie eine optimale Anpassung an die ökologischen Möglichkeiten dar. Angaben über die aktuelle Verbreitung der shifting cultivation streuen stark. [KB]

Shintoismus, ein Sammelbegriff für eine Vielzahl von religiösen Praktiken, die ihre Wurzeln im prähistorischen Japan haben und die man in ihrer einfachsten Form als animistisch bezeichnen kann (↗Animismus). Man glaubt an eine übernatürliche Lebenskraft, die in Bergen, Bäumen oder Tieren wohnt. Die Epoche des Shintoismus als allein geltende ↗Staatsreligion endete, als im Jahre 552 n. Chr. der ↗Buddhismus eingeführt wurde. Der Shintoismus blieb jedoch die traditionelle Religion Japans, die Liebe zur Natur, zur Nation und zum Herrschenden miteinander verknüpfte. Die enge Verbindung von Shintoismus und staatlicher Macht endete mit der Kapitulation Japans (1945). In kultureller Hinsicht sind sämtliche Japaner heute noch Shintoisten. Zahlreiche Japaner bekennen sich in gleicher Weise zum Shintoismus und Buddhismus, besonders in den ruralen Regionen des Landes, weswegen es schwierig ist, die Zahl der Shintoisten genau anzugeben. [TB]

Shopping Center, geplante ↗Einkaufszentren mit mindestens 10.000 m² Verkaufsfläche und zahlreichen Ladengeschäften (Abb.). Sie weisen einen vielfältigen Mix verschiedener Sortimentsbereiche (kurz-, mittel-, langfristiger Bedarf) und ↗Betriebsformen (Fachgeschäft, Fachmarkt, Supermarkt, Verbrauchermarkt, Warenhaus) auf. Neben zahlreichen kleineren Ladengeschäften und einem oder mehreren Magnetgeschäften befinden sich dort auch Gastronomie- und Dienstleistungsbetriebe (z. B. Bank, Reisebüro, Kino). Ein zentrales Management/Verwaltung vermietet die Flächen und übernimmt gemeinsame Funktionen (z. B. Werbung, Aktionen). ↗Urban Entertainment Center.

S-Horizont, mineralischer Unterbodenhorizont mit Stauwassereinfluss in ↗Stauwasserböden und ↗Knickmarsch; oft durch ↗Marmorierung und Oxidkonkretionen geprägt; Sw-Horizont: stauwasserleitend oder -führend, Rostflecken und Oxidkonkretionen; Sew-Horizont: durch Nassbleichung geprägt, Abfuhr der Metallionen durch Hangzugwasser; Sd-Horizont: stauender Horizont, zeitweilig oder ständig luftarm, mar-

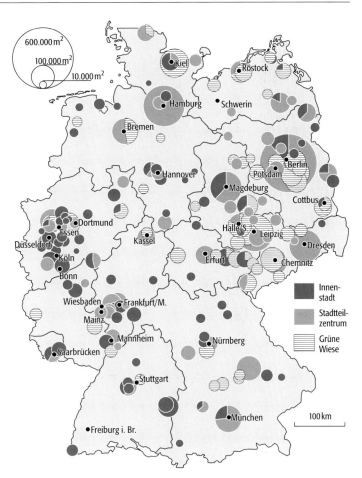

Shopping Center: Shopping Center in Deutschland 2000.

moriert; Sg-Horizont: haftnass, hoher Schluffgehalt; Sq-Horizont: tonreicher, dichter Knickhorizont.

shortest path analysis ↗*Kürzeste-Wege-Suche.*

Showalter-Index, *Labilitätsindex*, nach A. K. Showalter benannter Index, der die Wahrscheinlichkeit eines ↗Gewitters aufgrund des Schichtungszustandes der Atmosphäre beschreibt. Je größer die ↗Labilität, desto größer ist die Gewitterwahrscheinlichkeit. Der Showalter-Index beschreibt die Labilität durch die Temperaturdifferenz zwischen der aktuellen Lufttemperatur und der Temperatur einer fiktiven Luftmasse im 500-hPa-Niveau. Letztere geht vom Vertikaltransport eines Luftkörpers vom 850-hPa-Niveau zunächst trockenadiabatisch bis zum Kondensationsniveau und anschließend feuchtadiabatisch bis zum 500-hPa-Niveau aus. Ist es wärmer als die Umgebungsluft, wird es weiter vertikal beschleunigt, wodurch die Konvektion diejenige Mächtigkeit erreicht, die für die Entstehung von Gewitterwolken mit den typischen ladungstrennenden Effekten erforderlich ist. Negative Indexwerte bedeuten eine stabile Schichtung, positive eine labile. Je größer der Wert, desto ausgeprägter ist die Labilität und mit ihr die Gewittererwartung. [JVo]

Sial ↗*Erdaufbau.*

siallitische Verwitterung, bei intensiver ↗chemischer Verwitterung und Abfuhr der ↗Verwitterungslösung verbleibt ein Residuum, in dem Silicium und Aluminium (ferner oft Eisen, dann »*fersiallitisch*«) dominieren. Fehlt auch Silicium weitgehend, sodass sich keine ↗Tonminerale mehr bilden können, so wird dies als *allitische* (bei Anwesenheit von Eisenoxiden »*ferallitisch*«, ↗Laterit) Verwitterung bezeichnet.

Sichelbrüche, glazialerosive Kleinformen des Prozesses der ↗Abrasion, die entstehen, wenn in der Gletscherbasis eingefrorene, mittransportierte Gesteinsfragmente so großen Druck auf das Gestein des Gletscherbetts ausüben, dass kleine Partikel abgesprengt werden (↗Gletscherschramme, ↗Parabelrisse). Die Öffnung der Sichelbrüche zeigt dabei in die Richtung des Eisursprungs, die Öffnung der reversiblen Sichelbrüche in die Richtung der Eisbewegung.

Sicheldüne ↗*Barchan.*

Sichtbarkeitsanalyse, *viewshed analysis*, ↗GIS-Analysefunktion, die berechnet, welche Gebiete von einem bestimmten Punkt aus sichtbar sind oder – umgekehrt – von wo aus ein bestimmter Punkt oder ein bestimmtes Objekt gesehen werden kann. Sichtbarkeitsanalysen beruhen auf der Auswertung der Höhenangaben in einem digitalen Gelände- bzw. Höhenmodell (↗DHM). Solche Analysen werden insbesondere in vielen Genehmigungsverfahren eingesetzt, etwa bei der Planung von Mülldeponien, Windparks oder Autobahntrassen, aber auch bei der Planung von Kommunikationseinrichtungen, wie z. B. Richtfunkstrecken.

Sichtweite, Maß für die Trübung der Atmosphäre durch ↗Aerosole im sichtbaren Spektralbereich. Es ist zu unterscheiden zwischen ↗Bodensicht und Horizontalsicht. Die *Horizontalsicht* gibt die Entfernung an, aus der die dunkelfarbige Gegenstände am Horizont noch ausreichend gut sichtbar sind. Zur Ermittlung der Sichtweite können neben der reinen visuellen Beobachtung auch Sichtmessgeräte verwendet werden. Dabei wird in den Sehstrahl zwischen Beobachter und einer nahe gelegenen Sichtmarke durch Mattscheiben oder -keile eine zusätzliche Trübung eingebracht, bis die Sichtmarke unsichtbar wird.

Sickerwasser, nach Infiltration in den Boden eingedrungenes Wasser, das entsprechend der Durchlässigkeit von Boden oder Gestein langsam oder schneller dem ↗Grundwasser zuströmt.

Siderisches Jahr ↗*Jahr.*

Siebenschläfer, ein ↗Lostag, der auf den 27. Juni fällt und auf den sich zahlreiche ↗Bauernregeln beziehen. Meist wird in Regentag zum Siebenschläfer als sichere Prognose für die folgenden sieben Wochen ausgegeben. Klimatologischer Hintergrund können Vorstöße von Meeresluft sein, welche sich tatsächlich mit relativ großer Regelmäßigkeit Ende Juni und Anfang Juli wiederholen und eine hohe zeitliche Beständigkeit aufweisen, wenn einmal eine zonal-zyklonale Zirkulation vorliegt. In diesen Fällen liegt die ausgeprägte ↗Singularität des europäischen Sommermonsuns vor, der einen verregneten und kühlen Sommer bewirkt.

Siedepunkt, *Siedetemperatur*, *Kochpunkt*, Temperatur, die eine Flüssigkeit annehmen muss, damit ↗Verdampfung einsetzt. Erreicht die Flüssigkeit die entsprechende Temperatur, geht die geordnete ↗Verdunstung in Verdampfung über. Unter ↗Normaldruck beträgt der Siedepunkt von Wasser 100°C. Allerdings ist der Siedepunkt stark druckabhängig, er beträgt bei einem Luftdruck von 800 hPa nur noch 93,5°C und bei 200 hPa nur noch 60,2°C. In Hochgebirgen, wo der auflastende Luftdruck geringer ist, siedet Wasser daher schon bei Temperaturen unter 100°C. Die Druckabhängigkeit des Siedepunkts macht man sich bei der Bestimmung des Luftdrucks mit dem Siedethermometer zu Nutze.

Siedetemperatur ↗*Siedepunkt.*

Siedlungsform ↗*Dorfgrundriss.*

Siedlungsgeographie, Teildisziplin der ↗Humangeographie, die sich mit den menschlichen Siedlungen, ihrer Lage, Verteilung, Größe, Gestalt (Grundriss, Aufriss), ↗Genese, ↗Infrastruktur, sozioökonomischen Struktur, inneren Differenzierung und ihren Funktionen befasst. Als Begründer der Siedlungsgeographie gilt (ab 1882) F. ↗Ratzel, der allerdings auf J. G. ↗Kohl (1841, 1874) als ersten Stadtgeographen verweist. In Frankreich geht die »Géographie de l'habitat« auf P. ↗Vidal de la Blache zurück (ab 1898). Schon 1895 bzw. 1902 widmete A. ↗Hettner zwei Aufsätze der Lage bzw. den wirtschaftlichen Typen der Ansiedlungen. Die von F. von ↗Richthofen seit 1891 gehaltenen »Vorlesungen über Allgemeine Siedlungs- und Verkehrsgeographie« wurden 1908 posthum veröffentlicht. Seit Beginn des 20. Jh. erwuchs dann, angeregt durch den Agrarhistoriker August Meitzen (1822–1910) und die Erforschung der ↗Ortsnamen Wilhelm Arnolds

(1826–1883) eine sehr stark historisch-genetisch orientierte geographische Siedlungsforschung, als deren wichtigste Vertreter R. ↗Gradmann, O. ↗Schlüter, H. ↗Hassinger, H. ↗Mortensen, A. ↗Krenzlin, G. ↗Pfeifer, K. ↗Scharlau, K. Schröder, F. Huttenlocher (1893–1973), C. ↗Schott, H. Jäger, M. Born (1933–1978) und H.–J. Nitz (1929–2001) zu nennen sind. Intensive historisch–genetische Siedlungsforschung wurde seit Beginn des 20. Jh. auch in Skandinavien, Großbritannien und Frankreich betrieben.
Die ↗Stadtgeographie, zu der K. ↗Hassert bereits 1910 ein erstes zusammenfassendes Werk (»Die Städte geographisch betrachtet«) und R. Gradmann eine Studie über die städtischen Siedlungen Württembergs (1914) verfasst hatten, begann sich nach 1920 deutlich zu verselbständigen. Mit den Arbeiten von H. ↗Bobek (ab 1927) begann die funktionale Betrachtungsweise der Stadtgeographie. ↗Christallers ↗Zentrale-Orte-Konzept hat Anstöße zur räumlich-hierarchischen Ordnung von Siedlungssystemen geliefert. Die Ausweisung sozioökonomischer bzw. funktionaler Gemeindetypen und die Untersuchung von Stadt-Umlandbeziehungen spielten in der Zeit nach dem 2. Weltkrieg eine wichtige Rolle. Obwohl sich städtische und ländliche Siedlungen heute nur noch formal abgrenzen lassen und sich im Prozess der ↗Suburbanisierung bzw. »Zwischenstadtbildung« alte Unterschiede aufzulösen beginnen, haben die beiden Teilbereiche der Siedlungsgeographie, die Geographie der ländlichen Siedlungen (↗Geographie des ländlichen Raumes) und die ↗Stadtgeographie, seit den 1960er-Jahren eine sehr eigenständige Entwicklung genommen. [AS, HG]
Literatur: [1] NIEMEIER, G. (1977): Siedlungsgeographie. – Braunschweig. [2] NITZ, H.-J. (1998): Allgemeine und Vergleichende Siedlungsgeographie. (Ausgewählte Arbeiten Band III). Kleine Geographische Schriften, Band 9. – Berlin. [3] SCHWARZ, G. (1966): Allgemeine Siedlungsgeographie. – Berlin. [4] SCHWARZ, G. (1989): Allgemeine Siedlungsgeographie 1. Die ländlichen Siedlungen – Die zwischen Land und Stadt stehenden Siedlungen. – Berlin. [5] SCHWARZ, G. (1989): Allgemeine Siedlungsgeographie 2. Die Städte. – Berlin.

Siedlungsgrenze ↗Dauersiedlung.

Siedlungsgunst, Zusammenspiel naturräumlicher Bedingungen, die sich positiv auf die Siedlungslage auswirken. Hierzu zählen v. a. das Relief, die Lage zum Wasser sowie das Klima, der Boden und die Vegetation. Eine große Bedeutung hat i. d. R. die Reliefllage, die als Hanglage, Tallage, Terrassenlage, Muldenlage, Kammlage, Passlage, Spornlage o. Ä. in Erscheinung treten kann. Die Lagefaktoren sind in der Vergangenheit von den Siedlern sehr unterschiedlich bewertet worden. So ist die Lage am Wasser ein prägendes Merkmal der frühmittelalterlichen Siedlungen. Besonders prekär und wachstumshemmend war die schlechte Wasserlage der Siedlungen auf den Hochflächen der Karstgebiete, z.B. der Schwäbischen Alb und des Französischen Jura. Hier ist die Größe einer Siedlung, die Zahl der dort lebenden Menschen und v. a. die Zahl der Nutztiere bis ins 20. Jh. davon bestimmt gewesen, wieviel Wasser sich in Zisternen oder in den Regenwasserteichen sammeln ließ. Mit zunehmenden technischen Innovationen, z.B. Brunnen- und Wasserleitungsbau, verlor u.a. der Lagefaktor Wasser seine beherrschende Bedeutung. [GH]

Siedlungsperioden, Perioden, die nach dem Vorherrschen von Kolonisation, Transformation, Regression oder einer bestimmten Kombination drei Kriterien zuzugliedern sind (wie siedlungsgeschichtliche Forschungen ausgehend von der Erforschung der ↗Ortsnamen in Mitteleuropa ergeben haben). Zieht man damit verbundene Siedlungs- und Landnutzungsmuster sowie demographische und sozioökonomische Prozesse und Strukturen ergänzend hinzu, so können sie als Perioden der Kulturlandschaftsgeschichte verstanden werden. Es werden die folgenden Perioden für gewöhnlich ausgewiesen: a) die Periode der germanischen Völkerwanderungen und Landnahme (3.-5. Jh.) durch Stämme mit einer Sozialstruktur, die auf Sippen und Klientel-Gruppen basierte; b) die frühmittelalterliche Periode (7-10. Jh.), gekennzeichnet durch grundherrliche Kolonisation mit einem Höhepunkt unter den Karolingern (speziell unter Karl dem Großen); c) die zweite grundherrschaftliche Kolonisationsphase des hohen Mittelalters, die hochmittelalterliche Ausbauzeit (11.-13. Jh.), die eine starke Ausbreitung der Besiedlung in den slawischen Gebieten östlich der Elbe (*Ostkolonisation*) sowie in den westlichen Bergländern und in den Flussmarschen brachte; d) die spätmittelalterliche Wüstungsperiode (↗Wüstung) von ca. 1350 bis Ende des 15. Jh.; e) die frühneuzeitliche Periode (16.-18. Jh.), in der v. a. absolutistische Staaten letzte Kolonisationen in den noch verbliebenen Ödländereien und in Wüstungsgebieten durchführten (Dieses war zugleich die Periode des Handelskapitalismus, die durch zahlreiche Wandlungen in der Kulturlandschaft als Anpassung an neue Ansprüche des expandierenden Weltwirtschaftssystems, speziell entlang der Küsten und der Flüsse, charakterisiert war.); f) die Periode der frühen ↗Industrialisierung vom 19. Jh. an, in der sich die Industriestadt mit dichtbebauten Arbeitervierteln entwickelte und ↗Flurbereinigungen in ländlichen Regionen zu grundlegenden Veränderungen der traditionellen ↗Flurformen führte und g) die Periode der sich fortsetzenden Industrialisierung, der ↗Urbanisierung und des allmählichen Übergangs zur Dominanz des ↗tertiären Sektors. Letztere ist zugleich die Periode der gesellschaftspolitischen Herausbildung des ↗Wohlfahrtsstaates seit den 1920er-Jahren, der die Entwicklung durchgrünter Wohngebiete in den Städten und eine stetige Ausweitung der ↗Suburbanisierung (und in einigen Regionen des ↗Tourismus) in die Dörfer hinein förderte, was die bisherigen ländlichen Siedlungsformen grundlegend veränderte. Periphere ländliche Regionen leiden heute oft unter Abwanderung, selbst erste Anzeichen einer Regression sind erkennbar. Diese Phase ist noch nicht beendet. [WS]

Siedlungsstruktur, phänomenologisch erkennbare unterschiedliche Formen der Besiedlung, die zumeist historisch entlang von Verkehrsachsen und topographischen Gegebenheiten gewachsen sind und durch städtebauliche ↗Leitbilder sowie durch Planungen zur Verkehrsminimierung und zum Landschaftserhalt überlagert wurden. Typische Grundformen sind das Band durch lineare Besiedlung entlang von Verkehrswegen (*Bandstadt*), ferner das Kreuz und der Stern (*Sternstadt*) entlang sich kreuzender Verkehrsachsen, die sich häufig durch Ring- und Radialstraßensysteme zu einer komplexen Siedlungsstruktur mit radialkonzentrischen Netzen entwickelt.

siedlungsstrukturelle Gebietstypen, Regions-, Kreis- und Gemeindetypen, die als Instrument insbesondere für inter- und intraregionale Vergleiche genutzt werden. Diese Gebietstypen schreiben keine räumlichen Problemkategorien fest und stellen auch keine raumordnungspolitische Funktionszuweisung dar. Sie dienen ausschließlich als analytisches Raster für die laufende ↗Raumbeobachtung und ermöglichen Vergleiche von Regionen, Kreisen oder Gemeinden mit ähnlicher Siedlungsstruktur. Die siedlungsstrukturellen Gebietstypen wurden im Zusammenhang mit der Neuabgrenzung der Raumordnungsregionen 1996 ebenfalls neu formuliert. Zentrale Bestimmungsfaktoren der räumlichen Entwicklung und damit wesentliche Kriterien zur Beschreibung der Siedlungsstruktur sind »Zentralität« und »Verdichtung«. Die Typisierung der Analyseregionen nach diesen Kriterien führt zu drei siedlungsstrukturellen Regionsgrundtypen: Agglomerationsräume (Regionen mit großen Verdichtungsräumen), Verstädterte Räume (Regionen mit Verdichtungsansätzen) und Ländliche Räume (ländlich geprägte Räume). Angesichts der erheblichen internen Heterogenität dieser Grundtypen werden zusätzlich differenzierte Regionstypen angeboten, sodass insgesamt 7 Regionstypen, 9 Kreistypen und 17 Gemeindetypen unterschieden werden können. [HG]

Siedlungsstrukturmodelle, Begriff zur Charakterisierung gewachsener ↗Siedlungsstrukturen sowie siedlungsstruktureller Planungsleitbilder. Drei Grundmodelle lassen sich unterscheiden: die punktförmige (konzentrische), bandförmige und flächenhafte Struktur. Durch Kombination der Grundmodelle entstehen dann zusammengesetzte Stadtentwicklungs- und Planungsmodelle wie das ↗Sternmodell, die Ring- und die Kettenstruktur oder die polyzentrische ↗Regionalstadt. Mit ihnen wird versucht, die großräumige zukünftige Planung für Freiräume sowie die infrastrukturelle, wirtschaftliche und kulturelle Ausstattung eines größeren Raumes sicherzustellen.

sief, *seif*, *sif*, ↗Dünentypen.

Siefen, in der Regel mehrere hundert Meter lange und mehrere Meter tief eingeschnittene Schluchten. Auf ihren steilen Böschungen stockt zumeist Wald oder Buschwerk; ihre Tiefenlinien sind schmal und unwegsam. Die Siefenschluchten setzen meist mit einem tiefen Kerbensprung am unteren Ende einer Quellmulde ein. Beispielhaft und engständig treten Siefenschluchten am Westrand des Bergischen Landes am Abfall zur Rheinebene auf.

sif, *seif*, *sief*, ↗Dünentypen.

sightseeing ↗Besichtigungstourismus.

Sigillaria, *Siegelbaum*, Bärlappgewächs, wichtiger Kohlebildner und häufig im Oberkarbon, vereinzelt im ↗Rotliegenden.

Sigmasystem, σ-*System*, Koordinatensystem, das in unterschiedlicher Form bei Mesoskalen-, Regional-, Wettervorhersage- und Klimamodellen verwendet wird. Die Vertikalkoordinate ist dabei geländefolgend, d.h. an der (geglättet dargestellten) Erdoberfläche wird überall der Wert $\sigma = 0$ angenommen, das Anwachsen von σ mit zunehmender Höhe hängt von der tatsächlichen Höhe des betrachteten Punktes über der Erdoberfläche und damit von den Horizontalkoordinaten x und y ab (Abb.). Die transformierten Horizontalkoordinaten $\tilde{x}$ und $\tilde{y}$ behalten unveränderte Länge, sind aber tangential zu den σ-Flächen orientiert. Die Verwendung der σ-Vertikalkoordinate hat den Vorteil, dass die Formulierung der unteren Randbedingung in Atmosphärenmodellen einfacher als bei einem kartesischen Koordinatensystem ist und dass die Rechnerzeiten bei der Simulation mit solchen Modellen generell verkürzt werden. Verschiedene Versionen der Formulierung von σ-Vertikalkoordinaten unterscheiden sich durch den Bezug auf den am Erdboden herrschenden Luftdruck, die potenzielle Temperatur oder die tatsächliche Höhe z_g und sind jeweils mit Vor- und Nachteilen verbunden. In der Abbildung wird die σ-Koordinate für die Definition:

$$\sigma = s(z-z_g)/(s-z_g)$$

dargestellt, wobei in der Höhe $z = s$ der vorgegebene Referenzwert s erreicht wird und $\sigma = 1$ ist. Es kann gezeigt werden, dass das σ-System für flache und mäßig steile Geländeneigungen mit Anstiegswinkeln $\alpha \ll 45°$ geeignet ist, dagegen für $\alpha \geq 45°$ zu Fehlern in der Formulierung der hydrostatischen Gleichungen führt. [CK]

SIGMET, <u>Sig</u>nificant <u>Met</u>eorological Information, Warnmeldung (↗Wettermeldung) einer Flugwetterüberwachungsstelle über in einem bestimmten Gebiet (FIR, Flight Information Region) vorhandene oder zu erwartende Wetterphänomene, die die Flugsicherheit beeinträchtigen könnten. SIGMETs werden für aktive Gewitterzonen, starke Böenlinien, starken Hagel, starke Turbulenz, starke Vereisung, starke Gebirgswellen, Sand- oder Staubstürme, tropische Wirbelstürme, Vulkanausbrüche und vulkanische Aschenwolken erstellt. Sie besitzen eine Gültigkeitsdauer bis zu 4 Stunden. Die SIGMET-Warnungen können im Flug über Funk empfangen bzw. bereits bei der Flugplanung berücksichtigt werden.

Sigmasytem: Sigma-Koordinatensystem mit geländefolgenden Sigmaflächen, wie sie im kartesischen Koordinatensystem erscheinen würden.

sigmoidale Hangformen, durch S-förmige Querprofile gekennzeichnete Hänge, bei denen ein schwach konvexer Oberhang in einen geraden Mittelhang übergeht, an den ein konkaver Unterhang anbindet. /Hangform.

Signaling-These, *Screening-Hypothese*, geht davon aus, dass ausgewählte Merkmale von Arbeitsuchenden eine Signalfunktion besitzen. Bei der Auswahl und Anstellung neuer Arbeitskräfte muss deren zukünftige Produktivitätsentwicklung beurteilt werden. Weil das objektiv jedoch nicht möglich ist, werden aufgrund von personenbezogenen Merkmalen und der Übertragung allgemeiner und auch vorurteilsbehafteter Meinungen Abschätzungen über den zukünftigen Arbeitsertrag getroffen. Die formale und schulische Qualifikation besitzt eine zentrale Bedeutung, da anhand von Zeugnissen und Abschlüssen signalisiert wird, dass Lernbereitschaft, Disziplin und ein spezifisches Ausmaß an Produktivität zu erwarten sind. Andere personenbezogene Merkmale mit einer Signalfunktion sind das Geschlecht, die ethnische Zugehörigkeit und das Alter.

Signatur, 1) *Fernerkundung*: Reflektionseigenschaften eines Objekts oder einer Landbedeckung (/spektrale Signatur). 2) *Kartographie*: *Gattungssignatur, Gattungszeichen*, das sich in /Karten und anderen /kartographischen Darstellungsformen auf einen Punkt (Position, Ort) oder eine Grundrisslinie beziehende /Kartenzeichen.

Signaturmaßstab /Wertmaßstab.

Signifikanzniveau, *Irrtumswahrscheinlichkeit*, bezeichnet in der /Schätzstatistik und der /Teststatistik die Wahrscheinlichkeit für das Über- (Unter-) schreiten der Schwellenwerte eines Konfidenzintervalls bzw. des Schwellenwertes bei einem Signifikanztest.

Signifikanztest /Teststatistik.

Signifikation, (engl.) *Bedeutung, Bezeichnung*, ist im Rahmen der /Strukturationstheorie ein wichtiger Teilbereich der sozialen Struktur, die sich durch Regeln und Ressourcen konstituiert. So wie bei den Ressourcen zwischen /allokativen Ressourcen und /autoritativen Ressourcen unterschieden wird, wird bei den Regeln des Handelns zwischen normativen und interpretativen bzw. signifikativen Regeln unterschieden. Giddens spricht auch von Strukturen der Signifikation und meint damit die spezifischen Bedeutungsstrukturen der sozial-kulturellen Wirklichkeit, auf welchen die /Kommunikation innerhalb einer intersubjektiv (/Intersubjektivität) geteilten sozialen Wirklichkeit aufbaut. Kommunikation besteht in diesem Verständnis zu einem beachtlichen Teil in der Interpretation der in der Praxis eingelassenen Bedeutungen der Codes. Für diese interpretativen Akte kommen im Sinne der Strukturationtheorie interpretative Schemen und die entsprechenden Regeln der Auslegung zur Anwendung. Deutungsschemata sind als Set semantischer Regeln in der Strukturierungsdimension der Signifikation zu begreifen. Deutungsschemata ermöglichen dem /Subjekt, die Auslegung der sozial-kulturellen Welt als sinnhafte Wirklichkeit zu erfahren.

Im Rahmen der /handlungstheoretischen Sozialgeographie ist in Bezugnahme darauf von /alltäglichen Regionalisierungen der Signifikation die Rede. Damit sind alle Formen der symbolischen Aneignung und des /symbolischen Ortsbezuges gemeint, wie sie von den Subjekten im Rahmen ihres alltäglichen Handelns (/Alltag) hergestellt und reproduziert werden. [BW]

Sikhismus, eine /ethnische Religion mit 22.518.000 Anhängern, d.h. 0,4 % der Weltbevölkerung. Von ihnen leben 95 % in Asien, vor allem in Indien. Verbreitet ist der Sikhismus nur in 32 Ländern. Der Sikhismus entstand im 15./16. Jh. als eine Reformbewegung des /Hinduismus im Pandschab. Als der indische Subkontinent jedoch entsprechend den Religionsschwerpunkten in Pakistan und Indien aufgeteilt wurde, befanden sich noch zahlreiche Sikh-Gemeinden im Westpandschab und in anderen Staaten Pakistans. Da Pakistan aber überwiegend islamisch, Indien mehr hinduistisch ist und die Sikh eine mehrere Jahrhunderte lange Feindschaft mit dem Islam hinter sich hatten, wurden die Sikh veranlasst, den Westpandschab und andere Staaten Pakistans zu verlassen und nach Indien auszuwandern. Dort entwickelte sich ein Sikh-Nationalismus, basierend auf einer eigenen Sprache und Religion, die dann 1966 zur Entstehung eines eigenen Bundesstaates Punjabi führte. [GR]

SILIC /<u>S</u>everly <u>I</u>ndepted <u>L</u>ow <u>I</u>ncome <u>C</u>ountries.

Silicate, Mineralgruppe mit einheitlichem Grundbaustein: Tetraeder aus einem Siliciumion, das zwischen 4 Sauerstoffionen sitzt: $[SiO_4]^{4-}$. Je nach Art der Verknüpfung dieser Tetraeder miteinander teilt man die Silicate in Insel-, Gruppen-, Ring-, Ketten-, Band-, Schicht- und Gerüstsilicate ein (Abb.). Wichtige Silicatgruppen sind die /Amphibole, die /Feldspäte, die /Pyroxene und die /Granate. Silicate bilden die wichtigsten und häufigsten Gemengteile der Gesteine der Erdkruste, aber auch aller anderen festen Himmelskörper. Sie bilden mit Abstand auch den größten Anteil an technischen Rohstoffen. Besonders großtechnische, anorganische Industrieprodukte, Baumaterialien, Bindemittel wie Zement, Feuerfesterzeugnisse, Nutzsteine usw. entstehen aus Silicaten. Silicatische Rohstoffe sind u. a. auch die Asbeste und die Tonminerale, die Feldspäte für Glas und Porzellan sowie für die Fein- und Grobkeramik. Aus Silicaten bestehen die Schmelzgesteinserzeugnisse, Hochofenschlacken, Füllstoffe der chemischen Industrie.

Silicatkarst /Karstgesteine.

Silicatpflanzen, *Kieselpflanzen*, Pflanzen, die vorwiegend auf Silicatböden auftreten. Sie gehören als /Zeigerpflanzen zu den Acidophyten (Säurezeigern), die auf sauren Böden auftreten. Es gibt /vikariierende Arten und Pflanzengesellschaften, die einander auf Böden aus Silicat- und Kalkgestein vertreten (/Kalkpflanzen).

Silicatverwitterung, Summe der Prozesse der /chemischen Verwitterung, durch welche Silicat-Minerale angegriffen werden können. Im

Anordnung und Verknüpfung der SiO₄-Tetraeder	Beispiele für Mineralien oder Mineralgruppen
Inselsilicate: Keine gemeinsamen Sauerstoffbrücken zwischen den Tetraedern. Die einzelnen Tetraeder sind miteinander über dazwischenliegende Kationen verknüpft.	Granate
Gruppensilicate: Tetraeder über eine Ecke durch einen gemeinsamen Sauerstoff verknüpft (Doppeltetraeder).	Melilith Epidot
Ringsilicate: Verbunden über gemeinsame Brückensauerstoffe zu Dreier-, Vierer- und Sechserringen.	Cordierit Beryll Turmalin
Kettensilicate: Jedes Tetraeder ist über gemeinsame Brückensauerstoffe mit zwei anderen zu einer eindimensionalen Kette verknüpft. Die Verbindung der Kette erfolgt über Kationen.	Pyroxene
Bandsilicate: Bei den unendlichen Doppelketten sind zwei einfache Ketten aus SiO₄-Tetraedern über Brückensauerstoffe verbunden. Die Doppelketten ihrerseits sind durch dazwischenliegende Kationen miteinander verknüpft.	Amphibole
Schichtsilicate: Jedes SiO₄-Tetraeder ist über drei Brückensauerstoffe mit den benachbarten Tetraedern verknüpft zu zweidimensionalen Schichten. Diese Schichten wiederum sind durch Kationen verbunden.	Glimmer
Gerüstsilicate: Jedes Tetraeder ist über vier Sauerstoffbrücken mit den anderen SiO₄-Tetraedern oder AlO₄-Tetraedern verknüpft.	Feldspäte

Silicate: Einteilung der Silicate nach ihrer Struktur.

Wesentlichen sind dies ↗Hydrolyse (oft wird auch nur diese so bezeichnet) und ↗Oxidationsverwitterung.

Silk ↗Dünentypen.

Silt, *Schluff,* ↗Korngrößenklassen.

Silur, ↗System der Erdgeschichte (siehe Beilage »Geologische Zeittafel«) zwischen etwa 438 und 410 Mio. Jahren v. h.; Teil des ↗Paläozoikums; früher auch als *Gotlandium* bezeichnet. Im Silur entstanden zumeist marine Ablagerungen, die gebietsweise stark differieren. Charakteristisch für den Zeitraum sind dunkle Tonsteine, die in tieferen Meeresbereichen bei vergleichsweise stagnierenden Bedingungen abgelagert wurden und wegen des häufigen Vorkommens von ↗Graptolithen als Graptolithenschiefer bezeichnet werden. Sie sind signifikante Ablagerungen der orogenen Bereiche, die im Silur bestanden, nämlich des kaledonischen und des takonischen Bereichs, also aus Wales, Norwegen, Schweden, den Ardennen, Thüringen, den Sudeten und Böhmen bzw. dem östlichen Nordamerika. Andere Gebiete zeigen fossilreiche Kalksteine des flachen Schelfs. Kalksteine, teils mit Riffbildungen, sind besonders von den klassischen Lokalitäten in Gotland und England beziehungsweise Wales bekannt. Die charakteristischen Graptolithen stellen die Leitfossilien des Silurs. Das Silur von Gotland zeigt eine hochdiverse marine Wirbellosenfauna. [GG]

Sima ↗Erdaufbau.

SIMIC ↗*S*everly *I*ndepted *M*iddle *I*ncome *C*ountries.

Simulakrum, nach Platon künstlich erzeugtes Bild, das als Kopie eines nicht vorhandenen Originals verstanden wird. In der Geographie bezeichnet Simulakrum künstliche Räume und ↗Hyperräume, welche die traditionellen Raumerfahrungen durch symbolische Überladungen und/oder schwache lebensweltliche Bindungen zum Interpreten überschreiten.

Singularität, *Regelfall, Witterungsregelfall,* besonders regelmäßig auftretendes Ereignis der Witterung, das von der einfachen Schwingung des Jahresganges abweicht. Singularitäten werden von der typischen Häufigkeit der ↗Großwetterlagen in Mitteleuropa bestimmt. Beispiele sind die ↗Eisheiligen, die ↗Schafskälte, der ↗Altweibersommer und der ↗Martinssommer. Singularitäten können zu einem Singularitätenkalender zusammengefasst werden, der das wichtigsten Witterungsregelfälle in Form eines idealen Jahresganges darstellt. Er vermag die traditionelle mittelwertbezogene Darstellung sinnvoll zu ergänzen.

Sinter, Mineralabsatz (meist aus ↗Calcit) in kristalliner oder amorpher Form z. B. an Quellen und Fließgewässern. Man unterscheidet ↗Kalksinter und *Kieselsinter* (↗Tuff). ↗Karstlandschaft.

Siphon ↗Höhle.

Sippe, *Taxon,* durch gemeinsame verwandtschaftliche Beziehung abgegrenzte Gruppe von Organismen beliebiger Rangstufe. ↗Systematik.

Situation, zentraler Begriff der ↗Handlungstheorie bzw. der sozialwissenschaftlichen und sozialgeographischen Theorie des Handelns (↗handlungstheoretische Sozialgeographie). Dabei wird die Situation als Ergebnis der zielspezifischen, intentionsabhängigen (↗Intention) Situationsdefinition betrachtet. Demzufolge ist Situation als ein relationales Konzept zu begreifen, d. h. dass es im handlungstheoretischen Sinne keine Situation per se gibt, sondern die Ausprägung einer spezifischen Situation immer davon abhängt, in welchem Handlungszusammenhang die beteiligten Akteure engagiert sind. Im allgemeinsten Sinne kann man eine Situation definieren als einen raum-zeitlich definierten Kontext des Handelns, der immer sowohl sozial-kulturelle, physisch-materielle als auch subjektiv-mentale Komponenten aufweist. Die sozial-kulturellen Rahmenbedingungen (soziale ↗Normen, kulturelle Werte, rechtliche Grundlagen etc.) sind für die Handelnden als ein intersubjektiver (↗Intersubjektivität) Bedeutungszusammenhang präsent, auf den sie verpflichtet werden können. Die physisch-materiellen Bedingungen schließen die Körper der Handelnden ein, die im Rahmen kopräsenter Situationen des Interagierens besondere Bedeutung erlangen. Die subjektiv-mentale Komponente findet in der Persönlichkeitsstruktur und dem verfügbaren Wissensvorrat der Handelnden ihre spezifische Ausprägung. Die verfügbaren sozial-kulturellen und physisch-materiellen Elemente der Situation werden je nach Verfügungsgewalt zu Elementen oder zu Zwängen des Handelns. Die handlungszugänglichen und (ziel-) relevanten Elemente können als Mittel der Zielerreichung bestimmt und für die Handlungsverwirklichung ausgewählt werden. Die nicht verfügbaren zielrelevanten Elemente werden als »Zwänge« des Handelns bzw. der Situation erfahren. Eine Form der Handlungsanalyse, welche sich ausdrücklich auf die Situation konzentriert, stellt die ↗Situationsanalyse dar. [BW]

Situationsanalyse, besondere Methode der Sozialwissenschaften, die im Rahmen des ↗kritischen Rationalismus die gleiche Bedeutung erlangt, wie die Kausalerklärung (↗Erklärung) im Rahmen der Naturwissenschaften. Allerdings wird sie in der Fachliteratur kontrovers diskutiert. Die Grundidee des Verfahrens besteht darin, von den objektiven Folgen des Handelns zur rationalen Erklärung des Handelns vorzudringen. Der Vorschlag geht davon aus, dass man die Analyse der Verhaltensweisen von Spinnen anhand von Spinnengeweben auch auf die Gesellschaftsanalyse übertragen kann. Analog dazu fordert Popper (1964–1994) für die sozialwissenschaftliche ↗Methodologie, dass man streng zwischen Problemen, die im Zusammenhang mit den Herstellungsakten stehen, und Problemen in Zusammenhang mit den objektiven Strukturen dieser Erzeugnisse sowie deren Rückwirkungen auf die Handlungsweisen unterscheidet. Diese Forderung ist an die Überzeugung gebunden, dass die Probleme, die mit den Erzeugnissen an sich zu tun haben, fast in jeder Beziehung wichtiger sind als die Probleme, die mit der Herstellung verbunden sind. Dies wird zunächst damit begründet, dass man mehr über die Herstellungsakte lernen kann, wenn man die Erzeugnisse untersucht, als wenn man die Herstellungsakte selbst untersucht. Erst mit diesem Vorgehen werde die in allen Wissenschaften dominierende Logik, gemäß der man von den Wirkungen bzw. Folgen zu den Ursachen bzw. Gründen fortschreitet, konsequent angewendet. Dieses Vorgehen wird deshalb postuliert, weil die Wirkung (Folge) das zu erklärende Problem (Explicandum) aufwirft und die wissenschaftliche Forschung ist bestrebt, dieses durch eine erklärende ↗Hypothese zu lösen. Dementsprechend entspricht das Verfahren der Situationsanalyse der deduktiven Forschungslogik (↗Deduktion) und läuft darauf hinaus, eine vorliegende Problemsituation durch das Auffinden der problematischen Handlungsweisen zu erklären bzw. zu überwinden. Das Verfahren der Situationsanalyse ist bisher vor allem im Rahmen der historischen Forschung und der ↗handlungstheoretischen Sozialgeographie zur Anwendung gekommen. Eine wichtige Rolle – allerdings ohne offene Bezugnahme auf das Werk von Popper – spielt es auch im Rahmen der ↗Feministischen Geographie und sozialwissenschaftlichen ↗gender studies. [BW]

Skagerrak-Zyklone, relativ häufige Form einer orographischen ↗Zyklogenese, bei der ein Tiefdruckgebiet über dem Skagerrak gebildet wird. Es entsteht durch Aufspaltung einer in nordöstlicher Richtung ziehenden subpolaren Zyklone, welche in Südnorwegen in einen nördlich und einen östlich ziehenden Ast geteilt wird. Der östliche Teil erfährt über dem Skagerrak eine Verstärkung durch einen Kaltluftvorstoß aus Norden und bildet eine eigenständige wetterwirksame Zyklone.

Skalenniveau, Einteilungsschema für Daten auf der Basis ihres mathematischen und inhaltlichen Aussagegehaltes. Im Allgemeinen unterscheidet man folgende Skalenniveaus mit entsprechend der Reihenfolge zunehmenden Informationsgehaltes: a) Nominalskala oder Klassifikationsskala (= *Nominaldaten*), b) Ordinalskala oder Rangskala (= *Ordinaldaten*), c) Intervallskala (= *Intervalldaten*) und d) Rationalskala oder Verhältnisskala (= *Rationaldaten*).
Eine genauere Charakterisierung der einzelnen Skalen hinsichtlich Aussagegehalt und ihrer mathematischen Eigenschaften ist aus der Tabelle ersichtlich. Intervallskala und Rationalskala bil-

Skalenniveau	Zweck	Mögliche Relationen und Operationen	Beispiele
Nominalskala	Identifikation von Untersuchungselementen i, j	$x_i = x_j$ $x_i \neq x_j$	Geschlecht, Stellung im Beruf
Ordinalskala	Identifikation und Ordnung (der Größe nach) von Untersuchungselementen i, j	$x_i = x_j$ $x_i < x_j$ $x_i > x_j$	Städte der Größe nach geordnet, Schüler der Leistung nach geordnet
Intervallskala	Identifikation, Ordnung und Bewertung von Untersuchungselementen, so dass Aussagen wie »i ist um a Einheiten größer/kleiner als j« möglich sind	wie oben und zusätzlich $x_i = x_j + a$ $x_i = x_j - b$ $x_i + x_j = c$	Temperatur in °C
Rationalskala	Identifikation, Ordnung und Bewertung von Untersuchungselementen, so dass zusätzlich Aussagen wie »i ist a-mal so groß wie j« möglich sind	wie oben und zusätzlich $x_i = a \cdot x_j$ $x_i = x_j/b$ $x_i \cdot x_j = c$	Größe von Gebieten in km², Länge von Wegen in km

Skalenniveau: Charakterisierung von Skalenniveaus.

den zusammen die metrische Skala (= *metrische Daten*). Nominalskala und Ordinalskala werden auch als kategoriale Skala (= *kategoriale Daten*) bezeichnet. Nominalskalierte Variablen werden weiter unterteilt in *dichotome Variablen* (nur zwei mögliche Ausprägungen, z. B. Geschlecht) und in *polytome Variablen* (mehr als zwei mögliche Ausprägungen).

Die Anwendung statistischer Verfahren bzw. die Berechung statistischer ↗Parameter setzt bestimmte Skalenniveaus bei den zugrundeliegenden Daten voraus. Je nach Verfahren reagieren diese mehr oder weniger empfindlich bei Verletzung dieser Voraussetzung bzw. sie haben keine inhaltliche Aussage. Traditionelle statistische Verfahren sind insbesondere für Daten mit metrischem Skalenniveau geeignet. Mit der zunehmenden empirischen Ausrichtung der Sozialwissenschaften sind in den letzten Jahrzehnten zunehmend Methoden zur Analyse von Daten mit kategorialem Skalenniveau entwickelt worden (z. B. für Auswertung von Befragungen). Eine Reihe solcher Methoden werden auch unter dem Begriff der ↗kategorialen Datenanalyse subsummiert. [JN]

Skalierung, Verfahren zur Erzeugung einer (metrischen) Skala, an der Attribute (z. B. Einstellungen, Eigenschaften von Personen) die zunächst auf kategorialem ↗Skalenniveau erhoben sind, gemessen werden können. In den Sozialwissenschaften sind hierzu unterschiedliche Verfahren entwickelt worden, wie Likert-Skala, Guttman-Skala (Skalogramm-Analyse), ↗Polaritätsprofil. Das Verfahren der ↗multidimensionalen Skalierung kann ebenfalls als ein solches Verfahren angesehen werden, wobei hier meistens mehrere Grunddimensionen (Skalen) vorhanden sind.

Skelettboden, Texturklasse nach DIN 4220, Zusammenfassung von Böden mit über 75 Vol.-% und über 85 Masse-% Steinen, Kiesen und Grus; typisch für Skeletthumusboden in der Klasse der ↗O/C-Böden der ↗Deutschen Bodensystematik.

Skeletthumusboden ↗O/C-Böden.

Skitourismus, durch das Ausüben von Skisport im weiteren Sinn motivierter ↗Sporttourismus, einschließlich Sportarten, die nicht direkt oder überhaupt nicht an touristische Transportanlagen und ausgewiesene Skipisten gebunden sind, wie etwa Skilanglauf, Skitouren, Variantenskifahren und ähnliche Sportarten. Wichtigste Infrastruktureinrichtungen (↗touristische Infrastruktur) für den Skitourismus sind Abfahrtspisten, Langlaufloipe und Aufstiegshilfen sowie spezielle Angebote für Snowboardfahrer (z. B. fun-parc). Der traditionelle alpine Skisport hat durch eine Diversifizierung der Sportarten innerhalb des Skitourismus (z. B. Snowboard) relativ an Attraktivität verloren, ist aber aufgrund der hohen absoluten Zahl von Alpinskifahrern und den durch diese ausgelösten ökonomischen Effekte für die ↗Wintersportorte weiterhin von großer Bedeutung.

Sklavenhandel ↗Sklaverei.

Sklaverei, Status der Leibeigenschaft, verbunden mit persönlicher Entrechtung und fremdbestimmter Ausbeutung der eigenen Arbeitskraft. Sklaverei war schon in den antiken Hochkulturen anzutreffen und lässt sich historisch in fast allen Kulturkreisen nachweisen. Die Sklaverei stellt auch Anfang des 21. Jh. in über 40 Staaten der Welt ein Problem dar, sodass sich auch die UNO damit zu befassen hat. Auch die Nachwirkungen der Sklaverei sind bis heute gesellschaftlich relevant.

Eine völlig neue Dimension erhielten Sklaverei und *Sklavenhandel* im Zuge des merkantilistischen Kapitalismus und Kolonialismus, als die Handelsware Sklaven zu einem lukrativen Geschäft des Welthandels wurde. Damals wurde Afrika zum wichtigsten Reservoir der Arbeitskräfte, Nord- und Südamerika zum wichtigsten Zielgebiet und der Rassismus zur ideologischen Basis der Sklaverei. Den Handel mit afrikanischen Sklaven begannen die Portugiesen im Jahre 1444, 1517 genehmigte der spanische König Karl I die Einfuhr von Afrikanern in die spanischen Kolonien, vor allem in die Karibik, um die sich der Zwangsarbeit verweigernden Indianer zu ersetzen. Die erste Sklavenlieferung für Nordamerika (Virginia) ist aus dem Jahre 1619 überliefert.

Die Produktion von Zuckerrohr, Indigo und Tabak, später auch von Reis und Baumwolle war die Basis für den im 17. und 18. Jh. stark expandierenden Sklavenmarkt (↗Plantagenwirtschaft). Die härtesten Arbeitsbedingungen und die höchste Sterblichkeit von Sklaven waren auf Zuckerrohrplantagen zu verzeichnen. Bis Ende des 17. Jh. wurde der Sklavenhandel in die Karibik und in die USA vor allem durch englische, französische und niederländische Handelskompanien betrieben, der Sklaventransport nach Brasilien erfolgte durch portugiesische Händler. Im 18. Jh. dominierten dann englische Kaufleute im Rahmen des vornehmlich über Liverpool und Bristol abgewickelten ↗Dreieckshandels den sehr lukrativen Sklavenhandel. Die Zahl der deportierten Schwarzafrikaner lässt sich wegen der hohen Sterblichkeit – bis zu einem Viertel der Menschenfracht verstarb während der zweimonatigen Überfahrt auf den Sklavenschiffen – nur sehr vage bestimmen; neueste Schätzungen schwanken zwischen 12 und 30 Mio. Mehr als die Hälfte der afrikanischen Sklaven wurde in die Karibik verschleppt, etwa 30 % nach Brasilien, der Rest gelangte in die britischen Kolonien Nordamerikas. Aus verschiedenen Gründen wurden Sklaven in den katholisch geprägten spanischen, portugiesischen und französischen Kolonien, in denen sie einen gewissen Rechtsschutz genossen (französischer Code Noir 1685, spanischer Sklavencode 1789), besser behandelt als in den britischen Kolonien Nordamerikas. Sexuelle Beziehungen zwischen Weißen und Schwarzen waren in Iberoamerika selbstverständlicher als in Nordamerika, wo den schwarzen Sklaven selbst die elementarsten Grundrechte wie Bildung, Versammlungs-, Rede- und Bewegungsfreiheit verweigert wurden, um Unruhen und Aufstände verhindern zu können. Während einige US-amerikanischen

Staaten noch in der ersten Hälfte des 19. Jh. unter Strafe verboten, Sklaven das Lesen und Schreiben beizubringen oder schwarze Kinder in öffentlichen Schulen zu unterrichten, konnten sich Sklaven in französischen, spanischen und portugiesischen Kolonien durchaus eine gewisse Bildung aneignen.

Die erste Opposition gegen die Sklaverei kam 1671 von den Quäkern, in Frankreich wurde 1781 die »Société des Amis des Noirs« und in den USA 1787 die »Abolition Society« gegründet. Zwischen 1777 und 1804 haben alle US-Staaten nördlich von Maryland die Sklaverei abgeschafft. 1807 wurde sie in den USA insgesamt verboten. Auf englischen Druck wurde die Sklaverei zuerst in der britischen Karibik (1838), dann in der französischen Karibik (1848) abgeschafft. Mit der »Emancipation Proclamation« durch Präsident Lincoln am 1.1.1863 und der Ratifizierung des 13. Zusatzartikels zur Verfassung 1865 wurde die Sklaverei in den gesamten USA für gesetzwidrig erklärt. Erst 1888 wurde die Sklaverei in Brasilien, 1898 in Kuba beendet. [WGa, PM]

sklerophyll [von griech. skleros = trocken, hart, rauh und phylla = Blätter], *hartlaubig*, bezeichnet den Blattaufbau von immergrünen ↗Hartlaubgewächsen, der sich durch dicke, ledrige und wachsüberzogene Blätter auszeichnet. Die Hartlaubigkeit wird durch einen hohen Anteil an Festigungsgewebe erreicht, die eine Versteifung der Blätter bedingt und es den Pflanzen erlaubt, auch bei anhaltender Trockenheit in nicht welkem und stets assimilationsbereitem Zustand zu überdauern. Ggs.: *mesophyll*.

Skulpturformen, Abtragungsformen der Erdoberfläche, die (im Unterschied zu ↗Strukturformen) vom geologischen Bau des Untergrundes unabhängig sind. Beispiele sind ↗Talmäander und ↗Rumpfflächen.

slipface, steil geneigter Gleithang; Rutschhang im aktiven Sand auf der Leeseite von aktiven ↗Dünen, besonders bei Transportformen wie ↗Barchanen. Ein slipface entsteht, wenn durch ausreichenden Sandtransport von der Dünenluvseite die Böschungsstabilität überschritten wird, der Sand in flachen Zungen gravitativ abzugleiten beginnt und sich der natürliche Ruhewinkel von 33° einstellt. Die Position eines slipfaces ist ein Indiz für Sandakkumulation und zumindest lokalen Sandüberschuss auf einer Düne.

slope ↗*Hangneigung*.

SLP, *sea level pressure*, ↗*Luftdruck*.

Slum, *Elendsviertel*, räumlich segregiertes Wohngebiet in städtischen ↗Agglomerationen, das bauliche Verfallserscheinungen, einen hohen Anteil von Sozialhilfeempfängern, Arbeitslosen, unvollständigen Familien und im ↗informellen Sektor Tätigen aufweist, vorwiegend von unteren und untersten Einkommensgruppen (urban underclass) bewohnt wird und sozial stigmatisiert ist. Je nach Entstehung und Kulturkreis sind mehrere Arten von Slums zu unterscheiden: a) Slums, die das Ergebnis einer längeren sozialen »Abwärtsentwicklung« im Rahmen von mehreren Sukzessionszyklen (↗Sukzession) darstellen bzw. durch einen starken städtebaulichen Verfall, Industriebrachen, eine Politik der Vernachlässigung durch die öffentliche Hand und negativ selektierende soziodemographische Prozesse gekennzeichnet sind. In den USA sind solche »slums of despair« häufig das Ergebnis der Auslagerung von innerstädtischen Industriearbeitsplätzen in Billiglohnländer (↗Globalisierung) und eines Rückbaus des Sozialstaats. b) Slums, die von Anfang an im Rahmen des sozialen Wohnungsbaus und vor dem Hintergrund eines »ecological racism« an ungünstigen Standorten (in der Nähe von Schlachthöfen, Eisenbahnarealen, Autobahnen und umweltbelastenden Industrien) angelegt wurden, sich überwiegend in öffentlichem Besitz befinden und deshalb auch Federal Slums genannt werden. Auch ihnen fehlen meistens Stabilisierungsmöglichkeiten über den Arbeitsmarkt. Im Gegensatz zum ersten Typ waren sie jedoch nie Mittelschichtgebiete. c) Slums, die in ↗Entwicklungsländern meist am Rande von Agglomerationen aus einfachsten Baumaterialien in Form von Baracken- oder Hüttenviertel errichtet wurden. Diese weisen eine sehr hohe Bevölkerungsdichte auf und beruhen oft auf einer »illegalen Landnahme« (↗Favela, ↗squatter settlements). Sie sind durch einen gravierenden Mangel an infrastrukturellen Einrichtungen gekennzeichnet. Ihre Bewohner sind überwiegend im informellen Sektor tätig und verfügen über nur sehr geringe und unsichere Einkommen. Wichtigste Ursache der schnellen und planlosen Ausbreitung von Elendsvierteln in Entwicklungsländern ist die ↗Landflucht. Je nach lokalen Politik- und Standortbedingungen können diese Hüttensiedlungen im Laufe der Zeit eine soziale und bauliche Aufwärtsentwicklung erfahren, indem sie nachträglich mit Wasserleitungen, Elektrizität und Kanalisation versorgt, die Häuser baulich verbessert und die Eigentumsverhältnisse nachträglich legalisiert werden. Auch Slums der ersten und zweiten Kategorie können gelegentlich durch Bürgerinitiativen und bottom-up development ihren Status wieder verbessern (»slums of hope«). ↗Inner-City-Slums. [RS,PM]

slushflow, *Sulzstrom*, murenähnlicher (↗Mure) Fluss von wassergesättigtem Schnee. Die Geschwindigkeit von slushflows ist meist hoch. Als Ursache wird plötzliches starkes Abtauen angegeben, bei dem das entstehende Schmelzwasser nicht durch den Schnee versickern kann. Slushflows sind meist linear und orientieren sich an Flussläufen/Tiefenlinien. Durch slushflow können schwemmfächerartige Ablagerungen aus weitgehend unsortiertem Sediment entstehen. In den letzten Jahren werden slushflows besonders in schneereichen ↗polaren und ↗subpolaren Gebirgsregionen zunehmend eine bedeutende Rolle innerhalb der geomorphologischen Prozesssysteme eingeräumt.

SMA ↗*Schweizerische Meteorologische Anstalt*.

small area statistics, bezeichnet: 1) die Aufteilung eines größeren Untersuchungsgebiets in kleinere, geeignete räumliche Bezugseinheiten, wodurch ein räumliches Raster aus Planquadraten oder

Parameter	Smog »Typ London« (schwefeliger Smog, Wintersmog)	Smog »Typ Los Angeles« (photochemischer Smog, Sommersmog)
Hauptsächlich chemische Komponenten	SO_2, CO, Staub, Sulfat, H_2SO_4	NO, NO_2, O_3, C_nH_m, CO
Verbrennungsstoffe	Kohle, Öl	Benzin
Hauptemittenten	Industrie, Hausbrand	Kraftfahrzeuge
Jahreszeit	Winter (Jan., Feb.)	Sommer (Aug., Sept.)
Tageszeit	früh morgens	mittags
Lufttemperatur	< 0 °C	> 20 °C
Inversionstyp	Strahlungsinversion	Absinkinversion
Relative Feuchte	> 85 %	< 70 %
Windgeschwindigkeit	Windstille	≤ 3 m/s
Sichtweite	gering	≤ 1,5 km

Smog: Vergleich ausgewählter Charakteristika von Wintersmog und Sommersmog.

Koordinatensystemen entsteht, das die Abgrenzung homogener Teilgebiete ermöglicht, 2) die auf dem jeweiligen kleinräumigen Aggregierungsniveau zu erhebenden oder vorhandenen Daten sowie 3) die kleinräumige Raumtypisierung.

small hail ↗ Graupel.

Smart-Shopping ↗ Konsumentenverhalten.

Smectit ↗ Tonminerale.

Smog, künstliche Wortzusammensetzung aus smoke (engl. für Rauch) und fog (engl. für Nebel), welche den Zustand stark überhöhter Luftbelastung aufgrund ungünstiger Witterung beschreibt. Die Wortprägung ergab sich historisch dadurch, dass in den altindustrialisierten Ballungsräumen mit intensiven staubförmigen Emissionen die Austauschbedingungen schlecht waren, wenn bodennahe Nebel vorlagen, meist infolge einer bodennahen oder dem Boden aufliegenden ↗ Inversion. Zudem wirken die staubförmigen Emissionen (↗ Aerosole) als zusätzliche Kondensationskerne. Es ergibt sich eine Kombination aus geringer Sichtweite und starker lufthygienischer Belastung, welche gesundheitsgefährdende Ausmaße erreichen kann. Sie hat ihr Häufigkeitsmaximum in den Wintermonaten, da zu den Emissionen der industriellen Verbrennungsprozesse diejenigen des Hausbrandes treten und die Konvektion am Tage häufig nicht ausreicht, um eine hochreichende Labilisierung herbeizuführen, sodass eine Höheninversion bestehen bleibt. Der bei den Verbrennungsprozessen frei werdende Schwefel ist in der Form des SO_2 die Leitsubstanz dieses Smogs, der auch als Wintersmog oder *London-Smog* bezeichnet wird. Namensgebend wurden die im 19. und in der ersten Hälfte des 20. Jahrhunderts in London besonders häufigen Smog-Ereignisse. Im Dezember 1952 traten in London während einer vierzehntägigen Smog-Periode ca. 4000 Todesfälle auf. Der maximale 24h-Wert von SO_2 betrug 3,8 mg/m³. Als Folge der Luftreinhaltepolitik sind die SO_2-Emissionen in den westlichen Industrieländern stark gesunken.

Davon zu unterscheiden ist der Sommersmog oder *photochemische Smog*, der aufgrund der Typlokalität in Kalifornien auch als *Los-Angeles-Smog* bezeichnet wird. Er tritt bei austauscharmen Wetterlagen mit ungehinderten Strahlungsflüssen auf. Seine Leitsubstanzen sind ↗ Photooxidantien, insbesondere Ozon (O_3) und Peroxyacetylnitrat (PAN), welche sich als Ergebnisse der photochemischen Reaktion von Stickoxiden und Kohlenwasserstoffen mit den Bestandteilen der Atmosphäre bilden. Sie entstammen im wesentlichen dem Kfz-Verkehr. Eine Unterscheidung beider Smogarten enthält die Abbildung. [JVo]

smoothing, *Glättung*, allgemeine Bezeichnung für Techniken, mit denen störende, informationsirrelevante Signale (so genannter local noise) aus statistischen oder ↗ geographischen Daten herausgefiltert werden. Typisches Beispiel aus der Statistik ist das »Glätten« eines auf Tageswerten basierenden Klimadatendiagramms durch Bildung gleitender Mittelwerte oder anderer Interpolations- bzw. Generalisierungstechniken. In der digitalen Bildverarbeitung kommen prinzipiell ähnliche Techniken zum Einsatz, wobei diese hier jedoch auf zweidimensionale Daten angewendet werden. Durch verschiedene Filtertechniken lässt sich so etwa unerwünschtes »Bildrauschen« vermindern und hierdurch die Bildqualität verbessern.

snow grains ↗ Griesel.

snow hail ↗ Schnee.

snow pellets ↗ Graupel.

SO ↗ Southern Oscillation.

social survey movement, eine Bewegung von humanitären Organisationen, statistischen Gesellschaften und Einzelpersonen, die sich im 19. Jh. der empirischen Erfassung und Erklärung von sozialen Missständen wie Armut, Trunksucht, Kriminalität und Analphabetismus zugewandt haben. Aus der Analyse dieser sozialen Probleme sollten Erkenntnisse für die Umsetzung von sozialen Reformen gewonnen werden. Dieses soziale Engagement traf zeitlich mit dem Aufkommen der so genannten Sozialarithmetik und der ersten statistischen Verfahren zusammen. Die Wurzeln von Kriminalität und Armut wurden anfangs vor allem in der Unwissenheit der Bevölkerung bzw. in einer mangelhaften moralischen Erziehung gesehen. Leitbild der Bemühungen war die Ansicht, dass der Mensch durch Bildung besser oder moralischer werde. Deshalb konzentrierten sich die empirischen Untersuchungen auf die Lese-, Schreib-, Rechen- und Bibelkenntnisse der Kriminellen und Armen sowie auf die schulische Infrastruktur, die Qualifizierung der Lehrkräfte und das Milieu des Elternhauses. Die ersten umfassenden Studien wurden in Frankreich durchgeführt, wo seit 1818 die Lese und Schreibkundigkeit der Rekruten untersucht wurde. Außerdem wurde durch Auswertung der Kirchenbücher die ↗ Alphabetisierung seit dem 17. Jh. rekonstruiert. Ab den 30er-Jahren des 19. Jh. entstand das social survey movement in Großbritannien. Dieses konnte sich auf die seit 1835 erfassten Daten über die Lese- und Schreibkenntnisse der verurteilten Kriminellen stützen, haben jedoch auch selbst umfangreiche eigene Erhebungen über den Zusammenhang zwischen »Ignorance«, Armut und Kriminalität durchgeführt. Viele Ergebnisse dieser empirischen Untersuchungen wurden in 40er- und 50er-Jahren des

19. Jahrhunderts im »Journal of the Statistical Society of London« publiziert. Wichtige Vertreter dieser Richtung waren in Großbritannien R. W. Rawson, J. Fletcher, J. Clay, C. R. Weld, E. W. Edgell und vor allem Ch. ↗Booth, unter dem diese social surveys ihren Höhepunkt erreichten. Ch. Booth hat sich u. a. ausführlich mit dem Problem der Armutsgrenze befasst und das Ringmodell der ↗Chicagoer Schule der Soziologie vorweggenommen. Das social survey movement hat außerordentlich interessante Fragestellungen behandelt, ist jedoch meistens auf der beschreibenden Ebene stehen geblieben. ↗Bildungsgeographie, ↗Kriminalgeographie. [PM]

Sockelbildner ↗Schichtstufe.

SODAR, *Sonic Detection And Ranging*, *Schallradar*, *akustisches Radar*, Impulsmessgerät, das zur zeit-höhenkontinuierlichen Vertikalsondierung der Temperaturstruktur (z. B. Erkennung von ↗Inversionen und ↗Konvektion) und des Windfelds in der atmosphärischen ↗Grundschicht eingesetzt wird. Die SODAR-Messung basiert auf der Tatsache, dass die Schallausbreitung in der Grundschicht durch das Temperatur- und Windfeld beeinflusst wird. Das SODAR-Prinzip stellt wie das Radar ein *Impulsmessverfahren* dar, das heißt ein Signal wird vom Gerät erzeugt, ausgesendet und seine Reflexion wieder aufgenommen und gemessen. Mit einer monostatischen Antenne (Sende- und Empfangsantenne sind identisch) wird ein Schallimpuls ausgesendet und das an Temperaturinhomogenitäten (z. B. Inversionen) zurückgestreute Signal wieder empfangen (Abb. 1). Die Intensität des Rückstreusignals ist proportional zum Temperaturstrukturparameter (C_T^2), der die mittlere quadratische Temperaturdifferenz zwischen zwei Höhenpunkten mit dem Abstand Δz repräsentiert:

$$C_T^2 = \left(\frac{T(z) - T(z + \Delta z)}{\Delta z^{\frac{1}{3}}} \right)^2$$

mit T = Temperatur [K], z = Höhe über Grund [m]. Der Temperaturstrukturparameter steht mit der empfangenen Leistung eines monostatischen SODARs (Streuwinkel = 180°) über die SODAR-Gleichung in direktem Zusammenhang:

$$P_E = 4{,}98 \cdot 10^{-3} \cdot \frac{P_t \cdot k^{\frac{1}{3}} \cdot c \cdot \tau}{R^2 \cdot T^2} \cdot C_T^2 \cdot A \cdot L$$

mit P_E = akustische Empfangsleistung, P_t = akustische Sendeleistung, k = Wellenzahl der akustischen Welle, c = mittlere Schallgeschwindigkeit, τ = Pulsdauer, A = Antennenfläche, L = Schwächung der akustischen Welle, R = Abstand Antenne – rückstreuende Schicht und T = mittlere absolute Temperatur der sondierten Schicht.

Mit einem einfachen Vertikal-SODAR (eine vertikal ausgerichtete Schallantenne) können verschiedene Typen von Temperaturinhomogenitäten erfasst werden, indem die als SODARgramm aufgezeichnete akustische Empfangsleistung entsprechend ausgewertet wird. Zur Ableitung von Windfeldern werden *Doppler-SODARs* mit drei Schallantennen eingesetzt (Abb. 2). Wenn sich die Luft mit den eingebetteten Temperaturinhomogenitäten in Bewegung befindet, erfährt die Frequenz des rückgestreuten Signals eine Verschiebung, die proportional zur Windkomponente und parallel zum Schallstrahl ist. Diese ergibt sich näherungsweise aus:

$$u = \frac{fd \cdot c}{-2 \cdot fc}$$

mit fd = Dopplerverschiebung (Frequenz), c = Schallgeschwindigkeit und fc = Sendefrequenz. Bei Regen kann keine Sondierung vorgenommen werden, da die auf das Empfangsmikrophon fallenden Tropfen Störlärm verursachen. Das Verfahren reagiert darüber hinaus sensitiv gegenüber einem hohen Schallpegel aus der Umgebung. Zur Messung von Windfeld und Temperaturprofilen werden heute vermehrt Mikrowellenverfahren und akustische Techniken im Verbund eingesetzt. Ein solches Messverfahren wird als *RASS* (Radio Acoustic Sounding System) bezeichnet. [JB]

soft hail ↗Graupel.

Software, nicht physisch greifbare Teile eines Computersystems und damit Gegenstück zur ↗Hardware. Software umfasst insbesondere das Betriebssystem sowie die verschiedenen Service- und Anwendungsprogramme.

Sohlenkerbtal, *Kerbsohlental*, Tal mit typischem ↗Talquerprofil, das eine Mehrphasigkeit in der Entstehung aufweist. Zunächst durchläuft es die Entwicklung eines ↗Kerbtals mit steilen, gestreckten Hängen, die beiderseits des Gerinnes enden. Der ↗Talboden ist mit dem Gerinnebett identisch (Phasen 1a oder 2a in der Abbildung). Die charakteristische Form ist Ausdruck starker ↗Tiefenerosion und starker Hangdenudation (↗Belastungsverhältnis < 1). Die weitere Talentwicklung kann so verlaufen, dass verstärkte ↗Seitenerosion bei immer noch vorhandener Tiefenerosion zu einer Ausweitung des felsigen Talbodens führt (Phase 1b, Felssohle). Andererseits

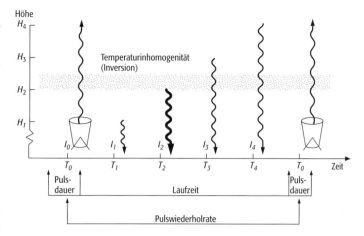

SODAR 1: Messprinzip eines monostatischen SODARs. Über eine Schallantenne wird während der Pulsdauer um den Zeitpunkt T_0 ein kurzer Schallimpuls ausgesendet. Danach wird der Lautsprecher auf Empfang (Mikrophon) umgestellt und die von Temperaturinhomogenitäten zurückgestreuten Schallwellen empfangen. Die Zeitdifferenz zwischen Sendeimpuls I_0 und empfangenem Signal I_N (Laufzeit) ist proportional zur Entfernung von der Schallquelle und damit ein Maß für die Höhenlage der Temperaturinhomogenität. Die Intensität des empfangenen Signals (z. B. I_2) ist ein Maß für die Stärke der Inhomogenität.

Sohlenpflasterung

SODAR 2: Schall- und Radarantennen eines RASS. In der Mitte die drei großen Schallantennen, neben der vertikal ausgerichteten Schallquelle, sind zwei schräg geneigte Antennen mit einem Abstrahlwinkel < 90° notwendig.

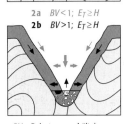

BV = Belastungsverhältnis
H = Hangabtrag
E_T = Tiefenerosion
↙ = Hangdenudation
↑ = Akkumulation
↓ = Tiefenerosion

Sohlenkerbtal: Entwicklung eines Sohlenkerbtals aus einem Kerbtal (graue Angaben beziehen sich auf Kerbtal).

kann eine Form bei der Aufschüttung einer Schottersohle infolge ⁄Fluvialakkumulation entstehen (Phase 2b, Belastungsverhältnis > 1). Führt die Seitenerosion zu einer ⁄Hangrückverlegung und Ausweitung des Talbodens, sodass die Talbreite größer als die Taltiefe wird, spricht man von einem *Sohlental*. [OB]

Sohlenpflasterung, *gepflasterte Sohle*, Gewässersohlentyp eines ⁄Fließgewässers. Die gepflasterte Sohle kann als natürlicher Sohlentyp vorkommen, der in Abhängigkeit von den hydraulischen Verhältnissen gebildet wurde. In diesem Fall bestimmen entweder nur grobe Komponenten die Zusammensetzung des Sohlenuntergrundes, oder es existiert eine Geschiebeschicht auf der Gerinnebettoberfläche, die im Vergleich zum Untergrund aus gröberen Material besteht und eine Deckschicht bildet. Bei der Sohlenpflasterung kann es sich aber auch um einen Typ des ⁄Sohlenverbaues handeln. Das anthropogen geschaffene Deckwerk besteht aus massivem Pflaster, um ⁄Erosionen zu verhindern.

Sohlenstrukturen, natürliche Formelemente der ⁄Gewässersohle. Hierzu gehören ⁄Furten, ⁄Bänke, *Flachwasserzonen* (Teilbereiche des Gewässers, die eine breite, relativ ebenflächige Gewässersohle bei geringer Wassertiefe besitzen), Inseln, Kaskaden, *Kehrwasser* (auch Kehrströmung; lokaler Wasserkörper am Rande des Gerinnestromes, der bei ⁄Mittelwasser lateral angeströmt und ständig in Rotation entgegengesetzt zur Fließrichtung des Hauptstromes gehalten wird), ⁄Kolke, Schnellen (aus Steinen und Blöcken bestehende Rampen, die durch Kolke voneinander getrennt sind), durchströmte *Pools* (beckenförmige Eintiefungen des ⁄Gerinnebettes, die fortwährend mit reduzierter Strömungsgeschwindigkeit durchströmt werden), Wurzelflächen, Tiefenrinnen usw. Ihre Gestalt wird vom Feststofftransport, dem ⁄Sohlgefälle, dem ⁄Gerinnebettmaterial, der Vegetation sowie der ⁄Laufform bestimmt. Sohlenstrukturen besitzen natürliche morphologische Zeigerfunktionen und stellen daher ein wichtiges Strukturelement bei der Bewertung der ⁄Gewässerstrukturgüte

dar. Es gilt, die verschiedenen Formelemente, ihre Ausprägung und die Häufigkeit des Auftretens vor dem Hintergrund des jeweiligen ⁄Leitbilds zu registrieren und zu bewerten. [II]

Sohlental ⁄Sohlenkerbtal.

Sohlenverbau, anthropogene Fixierungen der ⁄Gewässersohle durch künstlichen Verbau. Die Festlegung des ⁄Gerinnebettes bedingt eine Unterbindung der ⁄Lateralerosion. Sohlendeckwerke sollen eine durch überhöhte ⁄Schleppkraftbelastung resultierende ⁄Tiefenerosion verhindern, die ohne diese ⁄Gewässerausbaumaßnahme greifen würde. Sohlenverbau unterbindet die Morphodynamik der Sohle und beeinflusst u. a. den Abfluss und die Ökologie, da das Siedlungssubstrat zerstört wird. Als Verbauarten sind z. B. Massivsohlen aus Beton oder Steinsatz, Steinschüttungen und Steinstickungen zu nennen. Sie können komplett oder teilweise von ⁄Sedimenten überdeckt oder ohne Überlagerungen vorkommen.

Sohlfläche ⁄Schicht.

Sohlgefälle, *Sohlengefälle*, das Gefälle der ⁄Gewässersohle oder der Talsohle (⁄Talboden) entlang des gesamten Fließgewässerverlaufs oder eines betrachteten Laufabschnitts. Bei Fließgewässern wird zwischen dem Sohlengefälle und dem ⁄Wasserspiegelgefälle unterschieden, die jedoch bei stationär gleichförmiger Fließbewegung identische Werte aufweisen würden. Das Sohlengefälle des ⁄Gerinnebettes, das die Strömungsgeschwindigkeit des Wassers beeinflusst, wird durch sein ⁄Gewässerlängsprofil repräsentiert. Zur Errechnung wird der Höhenunterschied zwischen zwei Punkten (der Quelle und der Mündung oder dem Anfangs- und Endpunkt eines konkreten Laufabschnittes) durch die jeweilige Flusslauflänge dividiert. Das Ergebnis wird mit einhundert multipliziert, um den Prozentwert zu erhalten. Dieses Ergebnis führt jedoch zu stark gemittelten Gefällewerten. Das Talsohlengefälle steht in engem Zusammenhang mit dem Flussgefälle und dem ⁄Relief des Gebietes. Es wird errechnet, indem an zahlreichen Geländepunkten das Gefälle mittels der kürzesten Strecken senkrecht zu den Höhenlinien des Talrandes bestimmt wird. Das Geländegefälle gilt als relativ konstant. [II]

SOI ⁄Southern Oscillation.

Soil Taxonomy, 1975 eingeführte, US-amerikanische Bodenklassifikation, hervorgegangen aus der so genannten ⁄Approximation, 7 th. Die Klassifikation der Böden erfolgt ausschließlich nach bodeneigenen Merkmalen, wobei die Zuordnung weniger nach bodengenetischen Prozessen, sondern auf der Basis von diagnostischen Merkmalen vorgenommen wird. Die oberste Ebene umfasst 11 Bodenordnungen, die anhand von exakt definierten physikalischen, chemischen und morphologischen Bodeneigenschaften weiter in Unterordnungen (Suborders) unterteilt werden. Literatur: Soil Survey Staff (1994): Keys to soil taxonomy. Blacksburg.

Solarenergie, *Sonnenenergie*, entsteht im Inneren der Sonne durch thermonukleare Reaktionen und gilt auf der Erde als Grundlage allen Lebens (/Licht). Der Gesamteintrag der Sonnenstrahlung auf den Kontinenten umfasst etwa das Dreitausendfache des derzeitigen globalen Energieverbrauchs. Dieses enorme Energiepotenzial kann direkt durch thermische oder elektrische Verwertung der Sonnenstrahlung genutzt werden. Die Umwandlung von Sonnenstrahlung in elektrische Energie erfolgt mithilfe photovoltaischer Zellen, z. B. in Sonnenkollektoren. /Energieträger.

Solarimeter, Bezeichnung für das von Moll und Gorczynski 1926 entwickelte /Pyranometer nach dem Prinzip der geschwärzten Flächen zur Messung der Globalstrahlung. Zwischen geschwärzten, thermisch sehr wenig trägen Lötstellen, die der Strahlung exponiert werden, und solchen, die in einem thermisch trägen Gefäß vor der Strahlung abgeschirmt werden, entsteht eine Temperaturdifferenz. Diese erzeugt eine Thermospannung, die unter Berücksichtigung von Fremdeinflüssen in die Energieflussdichte der Globalstrahlung umzurechnen ist.

Solarklima, Klima, welches sich allein aufgrund der Sonneneinstrahlung, also unter Ausschluss der Atmosphäreneinflüsse auf der Erde ergeben würde. Unter dieser Voraussetzung kann die Temperatur eines Ortes aus der Einstrahlungsdauer, der Strahlungsintensität und dem Einfallswinkel der Strahlung berechnet werden.

Solarkonstante, beschreibt die näherungsweise konstante Bestrahlungsstärke der /Sonnenstrahlung an der Obergrenze der Atmosphäre bei einem mittleren Sonnenabstand. Die Solarkonstante wird für eine Fläche senkrecht zur Einstrahlung mit 1368 W/m^2 bzw. 8,15 J/(m$^2 \cdot$ min) angegeben. In Abhängigkeit zu solaren Aktivitätsschwankungen erfährt die Solarkonstante kurzfristige Änderungen in der Größenordnung von etwa 4 W/m^2, für längerfristige Schwankungen werden Änderungen der Bestrahlungsstärke von bis zu einem Prozent der Solarkonstanten angenommen.

Sölch, *Johann*, österreichischer Geograph, geb. 16.10.1883 Wien, gest. 10.9.1951 Wien. Sölch studierte zunächst /Geographie, Geologie und Geschichte in Wien und Bern, u. a. bei /Penck; die Dissertation wurde 1906 an der Universität Wien eingereicht (»Studien über Gebirgspässe mit besonderer Berücksichtigung der Ostalpen«, 1908). Nach kurzer Assistenzzeit bei /Partsch in Leipzig und mehrjähriger Tätigkeit im Schuldienst erfolgte 1917 die Habilitation in Graz. Sölch bekleidete die Ordinariate in Innsbruck (1920–1928), in Heidelberg als Nachfolger /Hettners (1928–1935) und Wien (1935–1951). Er war u. a. Doktorvater von /Bobek und /Kinzl und etablierte sich als Experte besonders auf dem Gebiet der Alpenmorphologie (»Die Landformen der Steiermark«, 1922; »Fluss- und Eiswerk in den Alpen zwischen Ötztal und St. Gotthard«, 1935) und der Britischen Inseln (»Die Landschaften der Britischen Inseln«, 1951/52). Er hatte hohe Ämter im österreichischen Wissenschaftsbetrieb inne, u. a. als Rektor der Universität Wien und Präsident der Geographischen Gesellschaft Wien. [BSc]

Solifluktion, *Erdfließen*, *Bodenfließen*, per Definition die langsame Massenbewegung wassergesättigten Materials hangabwärts. Solifluktion ist für /periglaziale Gebiete charakteristisch, jedoch nicht nur auf diese beschränkt und mit /Permafrost gekoppelt. Meist werden die ausschließlich auf periglaziale Solifluktion beschränkten Begriffe *Gelifluktion* und Kongelifluktion synonym zu Solifluktion verwendet. /Frostkriechen und /Kammeissolifluktion werden nicht immer zur Solifluktion gezählt.

Hauptsächlich findet Solifluktion in der Auftauzone des Permafrosts statt. Man unterscheidet zwischen gebundener Solifluktion bei vegetationsbedeckter Oberfläche und ungebundener Solifluktion bei weitgehend vegetationsloser Oberfläche. Typische Formen der gebundenen Solifluktion sind Solifluktionsloben (wulstförmige Zungen)(Abb. im Farbtafelteil) und Solifluktionsterrassen, die durch die Behinderung der Massenbewegung durch Vegetation entstehen (*Rasenwälzen*). Die Formen ungebundener Solifluktion kann man in geregelte und ungeregelte Solifluktionsformen unterteilen. Ungeregelte Solifluktion verursacht die Bildung von so genannten amorphen Solifluktionsschuttdecken, wie sie für das Periglazial Mitteleuropas typisch sind. Während Schuttloben und Blockzungen aufgrund ansatzweiser Sortierung (Konzentration von Grobmaterial im Stirnbereich) als Übergangsstadium anzusehen sind, sind die Formen geregelter Solifluktion durch Zusammenwirken von Solifluktion und Frostsortierung entstanden (/Frostmusterboden). Nicht-sortierte Streifen sind Vegetationsstreifen mit zwischengeschalteten vegetationsfreiem Feinmaterial. Sortierte Streifen bestehen aus Streifen von Fein- und Grobmaterial, welche sind abwechseln. Die Streifen sind dabei immer gefälleparallel. Meist sind die *Feinerdestreifen* breiter als die Streifen mit Grobmaterial (*Steinstreifen*). Über Permafrost sind sortierte Streifen am besten entwickelt.

Es existieren verschiedene Sonderformen der Solifluktion (z. B. /Bremsblock). Durch ihre weite Verbreitung wird die Solifluktion in Hochgebirgen zur Abgrenzung der periglazialen Höhenstufe verwendet (/periglaziale Höhengrenzen). Da Solifluktion aber auch durch tauenden Winterfrost verursacht werden kann, ist diese Methode nicht ganz genau. [SW]

Solifluktionslöss, *Fließlöss*, /periglazial umgelagerter, häufig mit Hangschutt vermischter /Löss.

soligenes Moor /Moore.

Soll, ca. 1,5–4,5 m tiefe und im Durchmesser 20–60 m große Toteishohlform; abflusslose Hohlform, charakteristisch für Jungmoränenlandschaften. Die meisten dieser Hohlformen sind durch begrabenes und nachträglich ausschmelzendes /Toteis entstanden. Auskolkung im Bereich ehemaliger Gletschermühlen, Pingos, Thermokarst und Auswehung können zu ähnlichen Formen führen. Die Geschwindigkeit des Austauens hängt u. a. von der Mächtigkeit der Sedi-

Sölch, *Johann*

mentbedeckung ab. In Norddeutschland hat Toteis im Untergrund zum Teil bis über das ↗Alleröd hinaus existiert.

Solnhofen, Ort an der Altmühl, weltbekannt durch Steinbrüche in marinen Plattenkalken des oberen ↗Malms (Oberjura). Die Fossilien zeichnen sich zum einen durch eine vorzügliche Erhaltung und zum anderen durch das außerordentlich breite Spektrum (über 600 Arten) von sonst aus gleichaltrigen Schichten unbekannten Organismen aus. Besonders bekannt geworden sind der Urvogel *Archaeopteryx*, Flugsaurier, Pfeilschwanzkrebse und Insekten. Der Solnhofer Schiefer wurde auch berühmt, weil er als Grundlage für den Steindruck (Flachdruck) verwendet wurde und in der Kartenproduktion des 19. Jh. eine Rolle spielte.

Solonchaks [von russisch sol = Salz], Bodenklasse der ↗FAO-Bodenklassifikation und der ↗WRB-Bodenklassifikation; trockene, zum Teil periodisch überflutete Salzböden mit lockerer Struktur und hohem Gehalt an wasserlöslichen Salzen sowie entsprechend hoher elektrischer Leitfähigkeit. Der hohe Salzgehalt entsteht durch aszendente Salzzufuhr aus dem oberflächennahen Grundwasser oder in Küstennähe durch Einwehung bzw. Einspülung durch Schichtfluten. Solonchaks sind typische Böden heißer, semiarider bis arider Klimate mit salzreichem Grundwasser in geringer Tiefe, die hauptsächlich in Senken und Depressionen sowie entlang der Meeresküsten vorkommen. Nach ↗Deutscher Bodensystematik können sie teilweise der Klasse der ↗Marschen zugeordnet werden. Ihre Verbreitung zeigt die ↗Weltbodenkarte.

Solonetz [von russisch sol = Salz und etz = stark, deutlich], Bodenklasse der ↗FAO-Bodenklassifikation und der ↗WRB-Bodenklassifikation; Salzböden mit alkalischen ↗pH-Werten zwischen 8,5 und 11, hoher Natriumsättigung in den oberen 100 cm des Bodens und entsprechend hoher elektrischer Leitfähigkeit. Solonetze entstehen oft nach Grundwasserabsenkung oder nach Klimaänderung hin zu höheren Niederschlägen durch Entsalzung aus ↗Solonchaks. Die hohe Natriumsättigung bewirkt eine Dispergierung der Bodenkolloide, gefolgt von Ton- und Huminstoffverlagerung aus dem häufig blockigen ↗E-Horizont. Infolge der resultierenden Tonanreicherung im ↗B-Horizont wirkt dieser als Wasserstauer, was unter wechselfeuchten Bedingungen zur Ausprägung des für Solonetze typischen Säulengefüges im Unterboden führt. Solonetze sind in Depressionen und Niederungen arider, semiarid-gemäßigter und subtropischer Klimate weit verbreitet, häufig vergesellschaftet mit Solonchaks. Ihre Verbreitung zeigt die ↗Weltbodenkarte. [ThS]

Solstitialregen ↗Niederschlag.

Solstitium, *Sonnenwende*, Punkte der Erdumlaufbahn, die auf der Solstitiallinie liegen. Auf der Nordhalbkugel ist der Sommerpunkt (21. Juni) der längste Tag des Jahres und der astronomische Sommerbeginn. Der kürzeste Tag des Jahres, der Winterpunkt, tritt am 22. Dezember ein. Es ist der Tag im Jahresablauf, an dem astronomisch der Winter beginnt. ↗Erde.

Solum, *Bodenkörper*, ↗Pedon.

Sommererholungsorte, touristische Ziele, die vor allem während der Sommersaison als Ausflugs- oder Urlaubsorte aufgesucht werden. Derartige Orte sind weitaus häufiger als Wintererholungsorte, bei denen andere Bedingungen an das ↗touristische Potenzial (Höhenlage, Schneesicherheit, Skiinfrastruktur) erfüllt sein müssen.

Sommerfeldbau, Bezeichnung für den an eine Jahreszeit gebundenen ↗Feldbau der gemäßigten Zone mit Beschränkung auf die Nordhalbkugel von einzelnen Ausnahmen (SE-Australien, Tasmanien, Neuseeland, Südafrika und Südchile) abgesehen. Es handelt sich um einen Jahreszeitenfeldbau (im Gegensatz zum Dauerfeldbau der Tropen), genau wie die Winterregenfeldbaugebiete der Subtropen und die Sommerregenfeldbaugebiete der äußeren Zenitalregenzone vergleichbar sind.

Sommergetreide, Getreideformen, die im Ggs. zum *Wintergetreide* ohne einen Kältereiz schossen (Beginn des Höhenwachstums) und somit im Frühjahr gesät werden. Sie sind in unseren Breiten den relativ früh einsetzenden Langtagbedingungen ausgesetzt, wodurch ihre vegetative Entwicklung, besonders die Bestockung (Fähigkeit von Gräsern und Getreidepflanzen, mehrere Seitensprosse (Halme) hervorzubringen), stark verkürzt wird. Die dadurch bedingte Ertragsminderung muss über eine erhöhte Saatmenge ausgeglichen werden. Außerdem sollte Sommergetreide möglichst früh ausgesät werden, um eine möglichst lange Vegetationsperiode zu erreichen.

sommergrüner Laubwald, *nemoraler Laubwald*, charakteristische Vegetation der nemoralen ↗Vegetationszone bzw. der gemäßigten immerfeuchten Klimazone der Nordhemisphäre, vor allem in West-, Mittel- und Osteuropa, im Osten von Nordamerika und in Ostasien, aber kleinräumig auch im südwestlichen Südamerika verbreitet. Er hat sommergrüne Bäume, die im Herbst regelmäßig das Laub abwerfen, Knospenschutz aufweisen und eine kälte- und trockenheitsbedingte Winterruhe halten. Zu den sommergrünen Laubwäldern Mitteleuropas (*Querco-Fagetea*) gehören die Edellaubwälder (*Fagetalia sylvaticae*) mit den ↗Rotbuchenwäldern (*Fagion sylvaticae*).

Sommermonsun ↗Monsun.

Sommernachtfröste, Temperaturen unterhalb des Gefrierpunktes in Sommernächten, die in außertropischen Klimazonen auftreten können. In der Regel handelt es sich um Bodenfröste, bei denen die Temperatur nur in der bodennächsten Luftschicht unter 0°C abfällt, in 2 m Höhe aber noch über dem Gefrierpunkt bleibt. Sommernachtfröste können sich in windschwachen und klaren Nächten infolge der ↗nächtlichen Ausstrahlung der Erdoberfläche einstellen und bei frostempfindlichen Kulturen zu erheblichen wirtschaftlichen Schäden führen. In Nordeuropa treten regelmäßig und großflächig Sommernachtfröste auf, in Mitteleuropa sind sie meist auf räumlich begrenzte, ungünstige Lagen beschränkt.

Sommertag, Tag mit Höchstwerten der Lufttemperatur von mindestens 25°C.

Sonderabfälle, *hazardous wastes* oder *toxic wastes* (engl.), Abfälle, an deren Beseitigung wegen ihrer Art gemäß Abfallgesetz zusätzliche Anforderungen zu stellen sind, d.h. besonders überwachungsbedürftige Abfälle, die einer gesonderten Behandlung bedürfen. ↗Abfall.

Sondergebiet, *SO*, im ↗Bebauungsplan festzusetzendes ↗Baugebiet, das solche Anlagen, Einrichtungen und Nutzungen umfasst, die mit dem Charakter der anderen Baugebiete der Baunutzungsverordnung (BauNVO) nicht vereinbar sind (↗Baurecht). Zu unterscheiden sind Sondergebiete, die der Erholung dienen (§ 10 BauNVO), also Wochenendhaus-, Ferienhaus-, Campingplatzgebiete und sonstige Sondergebiete (§ 11 BauNVO), bei denen es sich meist um großflächige Anlagenkomplexe wie Klinik-, Hochschul- und Messegelände, aber auch Windenergieparks und Einkaufszentren (auf der »grünen Wiese«) handelt. Bei der Ausweisung von Wochenend- oder Ferienhausgebieten tritt häufig das Problem der Dauerwohnnutzung ohne ausreichende Infrastruktur und das der Bildung einer ↗Streusiedlung auf.

Sonderkultur, Kultur, die nicht in die übrige Einteilung des ↗Bodennutzungssystems in Hackfrüchte, Getreide und Futterpflanzen, hineinpasst, die daneben mit besonders großer Sorgfalt und häufig mit großem Arbeitsaufwand kultiviert wird sowie zum großen Teil außerhalb der sonst üblichen ↗Fruchtfolge steht. Zumeist handelt es sich um ↗Dauerkulturen wie Obst, Wein, Hopfen, Dauer-Gemüsekulturen (Rhabarber, Spargel), Tabak, Farb-, Arznei-, Gewürz- und Aromapflanzen. Oft wird auch der Feldgemüseanbau dazugerechnet. Kennzeichnend für Sonderkulturen ist häufig ihre hohe räumliche Dichte und ihr hoher Arbeits- und Kapitaleinsatz.
Verschiedene Faktoren beeinflussen die Standortwahl von Sonderkulturen. Diese sind u.a.: a) physisch-geographische Faktoren; b) das Vorhandensein eines nachfragenden Marktes im Thünen'schen Sinne (↗Thünen'sche Ringe) mit entsprechender Bedeutung der Transportkosten; c) die Erscheinung der Freizeitlandwirtschaft neben einem Haupterwerb außerhalb der Landwirtschaft; d) ↗Realteilung mit Besitzzersplitterung, bei der lediglich Sonderkulturen ein ausreichendes Einkommen ermöglichen; e) ↗Persistenz als Folge der sachkapitalintensiven Produktion bzw. des Dauerkulturanbaus (Hemmung der räumlichen Mobilität und der kurzfristigen Produktionsumstellung); f) Anbautradition und g) Agglomerationsvorteile. [KB]

Sonderstandort, ↗Standort mit einer sehr speziellen ↗Flora, die in der Lage ist, den besonderen physiologischen Bedingungen zu entsprechen. Beispiele sind salzhaltige Standorte wie Meeresküsten oder Salzwüsten (mit obligaten ↗Salzpflanzen) oder schwermetallkontaminierte Standorte wie Industriebrachen oder Klärschlammdeponien (↗Schwermetalle, ↗Zeigerpflanzen).

Sonne, ist der Zentralkörper unseres Sonnensystems (Fixstern), d.h. alle Planeten (Merkur, Venus, ↗Erde, Mars, Jupiter, Saturn, Uranus und Neptun und Pluto) umrunden sie auf einer elliptischen Bahn. Die Entfernung zur Erde beträgt 149,6 Mio. km, wobei sie durch die Anziehungskraft der Sonne auf ihrer Umlaufbahn bleibt. Sie bewegt sich mit einer Geschwindigkeit von 19,4 km/s um die eigen Achse. Die Sonne besteht aus komprimiertem Gas mit einer Masse von $1,99 \cdot 10^{30}$ kg und einem Durchmesser von 1,39 Mio. km. Die Angaben über die genaue Zusammensetzung der Sonne schwanken erheblich. Demnach besteht die Sonne zu etwa 82 bis 95 % aus Wasserstoff (H) und zu 1 bis 18 % aus Helium (He). Sauerstoff, Kohlenstoff und Stickstoff bilden etwa 1,0 bis 0,1 % der Sonne. Alle übrigen Elemente machen nur etwa 0,02 % der Sonne aus. Insgesamt wurden 84 Elemente in der Sonne nachgewiesen. Bei einer Oberflächentemperatur von 5785 K kommt es zu einer Strahlungsleistung (↗Sonnenstrahlung) von 6,35 kW/cm². Diese Strahlungsleistung ist die Energiequelle aller Prozesse auf der Erde.

Sonnenfinsternis, vollständige oder teilweise Verdeckung der Sonne über einen begrenzten Zeitraum. Dabei tritt der Mond zwischen Erde und Sonne. Eine totale Sonnenfinsternis, für die eine bestimmte Konstellation der drei Gestirne notwendig ist, erfolgt für einen Ort auf der Erde ca. alle 200 Jahre. Abb.

Sonnenflecken, dunkle, durch solare Magnetfelder erzeugte Bereiche der Photosphäre mit einem Durchmesser von 10.000 bis 50.000 km. Im Bereich der Sonnenflecken wird die Konvektion unterhalb der Troposphäre der Sonne gestört. Dadurch wird der nach außen fließende Energiestrom abgeschwächt. Als Folge ist die Fläche der Sonnenflecken, insbesondere deren Kernbereich (Umbra) mit 4500–5000 K deutlich kälter als die angrenzende ungestörte Photosphäre, die Temperaturen um 6000 K aufweist. Die Lebensdauer

Sonnenfinsternis: Schematische Darstellung der Konstellationen bei einer Sonnenfinsternis.

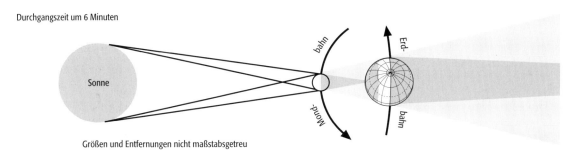

Durchgangszeit um 6 Minuten

Größen und Entfernungen nicht maßstabsgetreu

Sonnenpflanzen

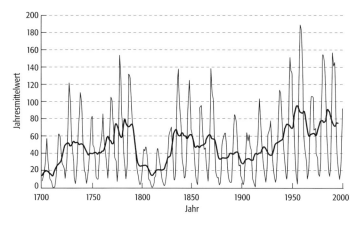

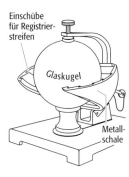

Sonnenflecken: Jährliche Sonnenfleckenrelativzahlen für den Zeitraum 1700–1999. Glättung mit 11-jährigem gleitenden Mittel.

Sonnenscheinautograph: Schematische Darstellung eines Sonnenscheinautographen.

der Sonnenflecken beträgt in der Regel wenige Tage. Sie können aber bis maximal 100 Tage wirksam bleiben. Sonnenflecken treten einzeln oder als Doppelfleck in 5–40° solarer Breite auf. Ihre Häufigkeit folgt einem quasi-elfjährigen Zyklus. Dabei treten die Sonnenflecken zu Beginn eines Zyklus regelmäßig in höheren solaren Breiten auf als in der Phase maximaler Fleckenhäufigkeit. Die mittlere Periodenlänge beträgt 11,2 Jahre und schwankte im Ablauf der letzten drei Jahrhunderte zwischen 7,3 Jahren und 17,1 Jahren. Kürzere Zyklen weisen in der Regel deutlich mehr Sonnenflecken auf als lange Zyklen. Zwischen der Zyklenlänge und der globalen bodennahen Jahresmitteltemperatur konnte eine statistisch signifikante negative Korrelation für den Zeitraum 1870–1990 nachgewiesen werden. Die tägliche Häufigkeit der Sonnenflecken wird durch Sonnenfleckenrelativzahlen

$$SRZ = 10\,g + f$$

mit g = Zahl der Gruppen, f = Zahl der Einzelflecke, erfasst (Abb.). Die Zeitreihe der *SRZ* reicht bis ins 18.Jh. zurück und belegt außer der 11-jährigen auch eine 22-, 90- und 180-jährige Periodizität. Phasen hoher *SRZ* gehen mit starker solarer Aktivität, die mit Ausbrüchen solarer Materie und Strahlung verbunden ist, einher und beeinflussen durch die Intensitätsschwankungen des ↗Sonnenwindes das erdmagnetische Feld ganz erheblich.
Die Beeinflussung des Erdklimas durch solare Aktivitätsschwankungen ist deshalb sehr naheliegend und wurde in einer unüberschaubaren Zahl wissenschaftlicher Arbeiten untersucht. Dabei zeigte sich, dass der 11-jährige Rhythmus der solaren Aktivitätsschwankungen sich zeitweilig in den Variationen vieler Klimaparameter wiederspiegelt, diese Beziehung aber nicht ununterbrochen gilt. Eine prognostische Bedeutung für das Erdklima kommt deshalb den *SRZ* nur in sehr begrenztem Umfang zu, da bis heute kein überzeugender und deshalb allgemein akzeptierter ursächlicher Zusammenhang zwischen den solaren Aktivitätsschwankungen und dem Erdklima hergeleitet ist. [DKl]

Sonnenpflanzen, *Heliophyten*, *Starklichtpflanzen*, vertragen intensive ↗Strahlung und sind daher an heißen bzw. trockenen ↗Standorten und Lebensräumen anzutreffen, wie Wüsten, Steppen, Savannen und Felsstandorten. Trotz ihrer Heliophilie wenden die Sonnenpflanzen die Blätter der Sonne nicht voll zu. Außerdem sind sie mit verschiedenen Formen des Strahlungsschutzes ausgerüstet, wie dicke Epidermis, Cuticula und/oder Behaarung. Die Effizienz der ↗Photosynthese ist bei vollem Sonnenlicht höher als die der Schattenpflanzen (↗Schattenblätter). Die Kompensationsbeleuchtungsstärke liegt häufig über 1 bis 2 %.

Sonnenscheinautograph, *Heliograph*, Gerät zur Messung der Dauer der direkten Sonneneinstrahlung. Bei dem von Campbell und Stokes entwickelten Sonnenscheinautographen wird die direkte Strahlung mittels einer Vollkugel aus Glas mit 9–12 cm Durchmesser gebündelt, sodass die Sonnenstrahlung auf einem Kartonstreifen eine Brennspur hinterlässt (Abb.). Die Länge der Brennspur entspricht der Andauer der direkten Sonneneinstrahlung. Die Kartonstreifen müssen täglich gewechselt werden, in den Tropen und dem Polarsommer sogar zweimal täglich. Dieser Aufwand und die manuelle Auswertung führen dazu, dass Sonnenscheinautographen mehr und mehr durch ↗Pyranometer ersetzt werden, mit deren kontinuierlichen Registrierungen der Energieflussdichte die Daten der Sonnenscheindauer synthetisch erzeugt werden können.

Sonnenscheindauer, Dauer der direkten Sonnenstrahlung an einem bestimmten Ort für jeden Tag des Jahres. Zu unterscheiden sind die astronomische, die tatsächliche und die relative Sonnenscheindauer. Die astronomische Sonnenscheindauer erfasst die nur von der geographischen Breite abhängige Zeit zwischen dem Sonnenauf- und Sonnenuntergang (Tageslänge) für einen vorgegebenen Ort, unter Ausschluss topographisch bedingter Horizonteinschränkungen. Werden diese berücksichtigt, so erhält man die maximal mögliche Sonnenscheindauer eines Ortes. Die tatsächliche Sonnenscheindauer ist abhängig vom Bewölkungsgrad und deshalb in der Regel geringer als die maximal mögliche Sonnenscheindauer. Die relative Sonnenscheindauer ergibt sich aus dem Verhältnis von tatsächlicher und maximaler Sonnenscheindauer. Sie wird in Prozent ausgedrückt. [DKl]

Sonnenstrahlung, *Solarstrahlung*, *solare Strahlung*, ist die von der Photosphäre der Sonne emittierte elektromagnetische ↗Strahlung, die nach dem ↗Planck'schen Strahlungsgesetz der Strahlung eines ↗Schwarzen Köpers der Temperatur 6000 K entspricht. Der mittlere Energiefluss der Sonnenstrahlung an der Obergrenze der Atmosphäre (extraterrestrische Sonnenstrahlung) wird als ↗Solarkonstante bezeichnet. Das Maximum der spektralen Energieverteilung tritt im sichtbaren Bereich nach dem ↗Wien'schen Verschiebungsgesetz bei 0,5 µm auf (Abb. 1). Das solare ↗Strahlungsspektrum wird in drei Bereiche eingeteilt (Abb. 2). 99 % der Energieabstrahlung erfolgt im Wellenlängenbereich 0,23–5 µm. An

Strahlungsbereich	Wellenlängenintervall (µm)
1. UV-Strahlung	
UV-C	0,100–0,280
UV-B	0,280–0,315
UV-A	0,315–0,400
2. Sichtbares Licht	
Violett	0,400–0,436
Blau	0,436–0,495
Grün	0,495–0,566
Gelb	0,566–0,589
Orange	0,589–0,627
Rot	0,627–0,760
3. Infrarot-Strahlung	0,760–1000

der Obergrenze der Atmosphäre sind davon 9 % UV-Strahlung, 45 % sichtbares Licht und 46 % Infrarotstrahlung. Beim Durchgang durch die Atmosphäre wird die Sonnenstrahlung insgesamt abgeschwächt (↗Extinktion), in einigen Wellenlängenbereichen erfolgt sogar eine fast gänzliche Auslöschung der Strahlung durch die atmosphärischen Gase und Spurenstoffe. Dies gilt u. a. für Wellenlängen < 0,29 µm, die in der zwischen 20–50 km auftretenden Ozonschicht weitestgehend absorbiert werden (Abb. 1). Dadurch wird das Leben auf der Erde vor der gefährlichen UV-Strahlung geschützt (↗UV-Index). Weitere Schwächungen erfolgen durch die Streuung an Stickstoff- und Sauerstoffmolekülen sowie den Dunstpartikeln. Besonders im Infrarotbereich wird die Sonnenstrahlung von Wasserdampf- und Kohlendioxidmolekülen absorbiert, während das gesamte Spektrum durch die Dunstabsorption erheblich abgeschwächt wird (Abb. 1). ↗Strahlungsbilanz. [DKl]

sonnensynchrone Umlaufbahn ↗polarumlaufender Satellit.

Sonnenwende ↗Solstitium.

Sonnenwind, *Solarwind*, ionisierter Partikelstrom, der kontinuierlich von der Sonne ausgeht, bestehend aus Protonen (Wasserstoffionen), Alphateilchen (Heliumionen) und geringen Mengen weiterer Ionen und Elektronen. Die Bahnen des Sonnenwindes im interplanetarischen Raum werden durch das solare Magnetfeld festgelegt. Dieses ändert sich in Abhängigkeit zu den solaren Aktivitätsschwankungen, die wiederum eng mit der Zahl der auftretenden ↗Sonnenflecken korrelieren. Der Sonnenwind erreicht in Abhängigkeit zu den solaren Aktivitätsschwankungen die Erde auf sehr unterschiedlichen Bahnen aus unterschiedlichen Richtungen. Das hat erhebliche Folgen für die Struktur und die Intensität der Störungen des erdmagnetischen Feldes sowie der daraus resultierenden solarterrestrischen Erscheinungen wie Polarlichter, Funkwellenstörungen und möglicherweise auch Wetter- und Klimabeeinflussungen. [DKl]

SOP, *special observing period*, Zeitraum mit erhöhter Beobachtungsdichte der in synoptischen oder klimatologischen Sondermessnetzen, etwa durch stündliche Sondenaufstiege o. Ä. ↗Wetterbeobachtung.

Sorption ↗Adsorption.
Sortiment ↗Einzelhandel.
Southern Oscillation, *Südliche Oszillation*, *SO*, drei- bis fünfjährige Luftdruckschwingung zwischen dem tropischen West- und Südostpazifik mit Auswirkungen auf Windsysteme und Meeresoberflächenströmungen (besonders auf den kalten Humboldt-Strom vor der Westküste Südamerikas). Die SO ist direkt mit der ↗Walker-Zirkulation gekoppelt. Kehrt sich die SO um, ändert auch die Walker-Zelle ihren Drehsinn. Als Maßzahl für die SO wird der *Southern Oscillation Index* (*SOI*) (*Walker-Index*) verwendet. Er wird aus der Luftdruckdifferenz zwischen West- und Ostpazifik ermittelt, wobei in der Regel die Klimastationen Tahiti bzw. Osterinseln (Westpazifik) und Darwin (Australien, Ostpazifik) verwendet werden (Abb.). In Normaljahren ist der SOI positiv, dann herrscht niedriger Luftdruck im Westpazifik und hoher Luftdruck im Ostpazifik. Negative Werte des SOI weisen auf ↗El Niño, eine charakteristische Klimaanomalie im pazifischen Raum. [JB]

Southern Oscillation Index ↗Southern Oscillation.

Souveränität, Bezeichnung für die Hoheitsgewalt in einem ↗Staat, die, getragen vom Volk oder von einem Staatsoberhaupt, nach innen und außen unbeschränkt ist und die Unabhängigkeit von anderen Staaten einschließt. In einem Bundesstaat geht die Souveränität auf den Gesamtstaat über, in einem ↗Staatenbund verbleibt sie beim Einzelstaat.

Sowchose, von der russischen Bezeichnung für Sowjetwirtschaft (*sovetskoe chozjajstvo*) abgeleiteter Begriff für eine von drei landwirtschaftlichen Betriebsformen (neben den ↗Kolchosen und den sog. individuellen Nebenwirtschaften) der früheren UdSSR. Die Sowchose war ein juristisch selbstständiges, jedoch mit allen Produktionsmitteln in Staatsbesitz befindliches Unternehmen. Die Beschäftigten der Sowchose waren Lohnarbeiter, im Gegensatz zu den Genossenschaftsbauern der Kolchose. Die Sowchosen erreichten teilweise über 100.000 ha. Ungefähr 60 % der landwirtschaftlich genutzten Fläche

Sonnenstrahlung 2: Differenzierung der Sonnenstrahlung nach Wellenlängenintervallen.

Sonnenstrahlung 1: Spektrale Flussdichte der direkten Sonnenstrahlung in Abhängigkeit zur Wellenlänge senkrecht zur Strahlungsrichtung. 1: Spektrum eines Schwarzkörpers bei einer Temperatur von 6000 K, 2: tatsächliches extraterrestrisches Solarspektrum, 3: Solarspektrum nach Ozon-Absorption, 4: Solarspektrum nach Streuung an Stickstoff- und Sauerstoffmolekülen, 5: Solarspektrum nach Streuung an Dunstpartikeln, 6: Solarspektrum nach Absorption im Bereich der Wasserdampfbanden, 7: Solarspektrum nach Dunstabsorption.

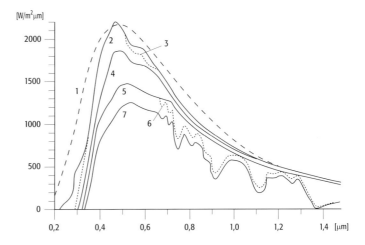

Soziabilität

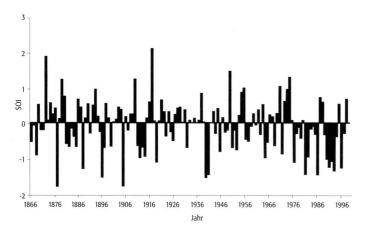

Southern Oscillation: Jährliche Ausprägung des Southern Oscillation Indexes seit 1866. Auffallend ist die Häufung negativer Indexwerte seit etwa 1975.

wurden durch Sowchosen bewirtschaftet. Zum Teil bestehen Sowchosen heute noch, allerdings in anderer Rechtsform.

Soziabilität [von lateinisch sociabilitas = Verträglichkeit], *Geselligkeit*, Häufungsweise (Klumpungsgrad) von Individuen oder (wenn klonal wachsend) Sprossen einer Art in einem Pflanzenbestand. Dieses räumliche Verteilungsmuster wird als Strukturmerkmal bei der ↗Bestandsaufnahme oft nach der Soziabilitätsskala von ↗Braun-Blanquet erfasst. Abb.

Sozialbrache ↗Brache.

Sozialdarwinismus, Übertragung der biologischen Vorstellung, die von C. S. Darwin entwickelt wurde, dass im Wettbewerb der Arten diejenige Art am besten bewährt, die die höchsten Anpassungsleistungen an ihre Umwelt erbringt, auf den sozialen Bereich. Der Sozialdarwinismus geht davon aus, dass – vor allem in einer konkurrenzorientierten Gesellschaft – diejenigen Menschen und Sozialgruppen sich behaupten, die sich durch ökologische Anpassung an die Natur, aber auch durch kompetitive Durchsetzungskraft in der sozialen Umwelt auszeichnen. Als Umwelt ist dabei nicht nur die natürliche Umwelt zu verstehen, sondern auch die ↗gebaute Umwelt. Sozialdarwinistische Vorstellungen haben deutlich das Denken von Friedrich Engels (1820–1895), ↗Ratzel und ↗Passarge beeinflusst. ↗soziale Evolution.

Sozialdeterminismus ↗Determinismus.

soziale Bewegungen, dient als Sammelbegriff für Aktionsgruppen, deren Protest sich gegen verschiedene Aspekte des politisch-kulturellen Systems richtet und die ihre Wurzeln in der Arbeiterbewegung des 19. Jh. haben. Die mit der Studentenbewegung in den 60er- und 70er-Jahren des 20. Jh. einsetzenden neuen sozialen Bewegungen (z. B. Umwelt-, Friedens-, Anti-AKW-, Frauenbewegung) sind innerhalb ihrer Teilbewegung durch gemeinsame Wertemuster und Handlungsnormen charakterisiert. Ihr Aktionismus richtet sich gegen bestehende soziale Verhältnisse und zielt meist auf eine radikale Erneuerung der Gesellschaft. Vor diesem Hintergrund streben soziale Bewegungen durch ihren Protest keine gesellschaftliche Teilhabe oder Akzeptanz an und sind selten formal organisiert (wie beispielsweise Parteien).

soziale Beziehung, Beziehung, bei der Subjekte auf der Basis einer gegenseitigen Orientierung, im Rahmen einer allseits vorhandenen dauerhaften Einstellung, miteinander in Kontakt treten. Ist die ↗soziale Interaktion eine besondere – auf kurzfristiger gegenseitiger Orientierung beruhende – Form des ↗sozialen Handelns, so stellt die soziale Beziehung eine bestimmte Form der sozialen Interaktion dar. Soziale Beziehungen stellen die Grundlage für alle sozialen Gebilde, insbesondere für alle Arten von ↗Organisationen dar.

soziale Degradierung, Prozess der Umwandlung ehemaliger Wohnquartiere der Ober- und Mittelschicht im randlichen Altstadt- und Hauptgeschäftsbereich in sozial abgewertete, übervölkerte innerstädtische Elends- und Notstandsviertel (↗Slums) der ärmeren Bevölkerungsschichten. ↗sozialer Stadtteilwandel.

soziale Dienstleistungen ↗öffentliche Dienstleistungen.

soziale Disparitäten, ↗räumliche Disparitäten in Bezug auf sozioökonomische und demographische Merkmale. Zur Beschreibung sozialer Disparitäten werden in den Sozialwissenschaften die Begriffe Kaste, Stand, Klasse und soziale Schicht verwendet. Von einem Kastensystem (↗Kastenordnung) spricht man bei einer häufig durch Mythen legitimierten und durch Religion gestützten sozialen Ungleichheit, die sich durch Zugehörigkeit aller Individuen einer Gesellschaft zu hierarchisch geordneten sozialen Gruppierungen (Kasten) äußert. Die Zuordnung eines Individuums zu einer Kaste findet durch Vererbung statt. Von einer Gliederung nach Ständen spricht man im Zusammenhang mit einer feudalistischen Gesellschaftsordnung, insbesondere des vorindustriellen Europas. Insgesamt wird zwischen den Ständen Hochadel, Klerus, Militäraristokratie und Bauern unterschieden. Die Legitimation dieser sozialen Ungleichheit ging auf die sogenannte gottgewollte Ordnung zurück und beruhte ökonomisch gesehen auf der Grundherrschaft (König lehnt Boden an Adeligen, dieser verpachtet ihn an Bauern weiter, welche den Boden unter Abgabepflicht an die übergeordneten Stände wirtschaftlich nutzen). In Klassen im marxistischen Sinne werden Menschen je nach ihrem Verhältnis (der Art ihres Zugangs) zu den Produktionsmitteln, ihrer Stellung im Kreislauf der gesellschaftlichen Reproduktion und vor allem durch die sich daraus ergebenden Machtverhältnisse unterschieden. Die Klasse, welche die Verfügungsmacht auf sich vereinigt, nennt Marx Kapi-

Soziabilität: Soziabilitätsskala nach Braun-Blanquet.

1	einzeln wachsend, Einzelsprosse oder -stämme
2	gruppen- oder horstweise wachsend
3	truppweise wachsend (kleine Flecken oder Polster bildend)
4	in kleinen Kolonien wachsend oder ausgedehnte Flecken (Teppiche) bildend
5	in großen Herden wachsend

talisten, solche ohne Verfügungsmacht Proletarier.
↗Soziale Schichtung kann einerseits den Prozess einer gesellschaftlichen Differenzierung beschreiben, andererseits die Gliederung der Bevölkerung einer differenzierten Gesellschaft nach vorwiegend einkommensbezogenen Kriterien. Jede soziale Schicht besteht aus einer Vielzahl von Individuen, die mindestens ein statusrelevantes soziales Merkmal gemeinsam haben. Sie bezieht sich auf den distributiven Bereich und umfasst diejenigen Individuen, die einen sozial-ökonomisch gleichbewerteten Berufsstatus aufweisen und damit derselben Einkommenskategorie angehören. Ob nun mit einem bestimmten Beruf ein hoher oder niedriger Status verknüpft ist, hängt von der kulturellen Wertung ab. Form und Bedeutung einer Schicht bzw. der Schichtung einer gegebenen Gesellschaft sind in dieser Betrachtungsweise demzufolge jeweils von den vorherrschenden Wertvorstellungen einer Gesellschaft bestimmt. [BW]

soziale Evolution, Evolution der Wirtschaft und Gesellschaft; dynamischer Prozess, der Individuen und ↗soziale Systeme ständig zu Lernprozessen und Anpassungsleistungen zwingt (↗noogenetische Evolution). Der Kern der sozialen Evolution besteht im Erwerb von ↗Wissen und in der Lernfähigkeit. Das Konzept der sozialen Evolution unterscheidet sich in vielen Aspekten von der biologischen Evolution, hat mit dieser jedoch ein Ziel gemeinsam: Überleben in einer dynamischen und ungewissen Umwelt (Wettbewerbssituation) durch flexible Anpassung. Soziale Evolution durch Lernen ist eine morphogenetische Verhaltensweise, die es sozialen Systemen immer wieder erlaubt, sich neu zu organisieren, die internen Entscheidungs- und Organisationsstrukturen zu ändern, Signale aus der Umwelt besser zu verstehen, die Wissensbestände zu erweitern, neue Qualifikationen zu rekrutieren und neue Aufgaben zu suchen. Ungewissheit, Irrtümer und Fehlentscheidungen können reduziert werden, indem zusätzliches Wissen und neue Informationen über die Umwelt (den Markt, die Konkurrenten) erworben werden. Bei der Frage, warum einige soziale Systeme erfolgreich sind bzw. den Wettbewerb überleben und andere nicht, spielen der Erwerb und die Anwendung von Wissen bzw. ein Informations- und Wissensvorsprung eine zentrale Rolle. Selbstverständlich können zusätzliches Wissen und neue Informationen wieder neue Fragen und Probleme aufwerfen und neue Ungewissheit schaffen. Aber schon die Erkenntnis, dass es neue Fragen oder bisher nicht beachtete Probleme gibt, kann der Beginn eines neuen Lern- und Anpassungsprozesses sein. Die ständige Aufnahme und Bewertung der von der Umwelt ausgehenden Signale ist sowohl für biologische als auch für soziale Systeme eine Grundvoraussetzung für das Überleben in einer ungewissen Umwelt (↗Organisationstheorie). Soziale Systeme und regionale Einheiten, die über einen längeren Zeitraum hinweg einen Informations- und ↗Wissensvorsprung in Form von hoch qualifizierten Entscheidungsträgern, einer hoch entwickelten Wissenschaft, eines hohen Erfindungspotenzials, eines ↗kreativen Milieus, einer überlegenen Technologie oder aber in Form von effizienteren Organisationsstrukturen hatten, sind, wie zahlreiche Beispiele aus der Geschichte belegen, mittel- und langfristig erfolgreicher als Systeme, welche nicht über das notwendige Wissen und die erforderlichen Qualifikationen verfügen. [PM]
Literatur: MEUSBURGER, P. (1998): Bildungsgeographie. – Heidelberg.

soziale Gruppen, bestehen aus mehreren Personen, zwischen denen regelmäßig ↗soziale Interaktionen stattfinden. Diese Interaktionen sind durch eine gruppeninterne Struktur systematisiert, die durch verschiedene Rollen und deren Zuordnung zu den einzelnen Mitgliedern charakterisiert werden kann. Von sozialen Gruppen sind soziale Kategorien, soziale Aggregate sowie ↗sozialgeographische Gruppen zu unterscheiden.
Die Art der Rollen-Zuordnung zu einzelnen Mitgliedern einer sozialen Gruppe ist jeweils auf die Ziele und Zwecke, um deren Willen eine Gruppe besteht, abgestimmt. Jede dieser Rollen ist an Handlungsmuster gebunden, welchen gruppenspezifische Werte und Normen zugrunde liegen. Diese jeweils besonderen internen Strukturen grenzen soziale Gruppen einerseits nach außen ab (indem Personen als Mitglieder einer bestimmten Gruppe erkannt werden können) und stellen andererseits (über die Handlungsmuster) das zentrale Integrationselement dar. Das Wir-Gefühl einer Gruppe, bezieht sich schließlich ebenfalls auf diese interne Struktur. Dieserart ist der innere Zusammenhang einer Gruppe und deren längerfristiges Bestehen möglich.
Anhand der Kriterien Größe, Art der Interaktionsabläufe und Mitgliedschaft lassen sich schließlich verschiedene Typen sozialer Gruppen unterscheiden. Die erste und – gerade im Hinblick auf die sozialgeographische Fragestellung – wichtigste Unterscheidung bezieht sich auf die Figuren Primär- und Sekundärgruppen. Primärgruppen sind meist kleine Gruppen. Sie zeichnen sich durch häufige und unmittelbare Kontakte, die sogenannte ↗Face-to-face-Kommunikation, ihrer Mitglieder aus; zudem durch ein affektiv bestimmtes Zusammengehörigkeitsgefühl, nicht formelle Mitgliedschaft und einen hohen Integrationsgrad der Einzelnen durch persönliche Bindungen. Wichtige Beispiele dafür sind Familien, Intimgruppen oder die als »peer-group« bezeichneten Gruppen gleichaltriger Jugendlicher. Die Bindung dieser Gruppenform an die unmittelbaren Kontakte, macht die Kopräsenz der interagierenden Personen zur wichtigen Vorbedingung. Das heißt, dass das Bestehen der Gruppe an die räumliche Erreichbarkeit und das tatsächliche Zusammentreffen der einzelnen Mitglieder gebunden ist. Das heißt gleichzeitig auch, dass allein bei dieser Gruppenform die räumlichen Bedingungen sozial besonders relevant werden. Dies heißt aber nicht, dass sie über räumliche

bzw. territoriale Kategorien begrenzt und definiert werden können. Vielmehr ist umgekehrt zu fragen: Welche räumlichen Bedingungen müssen erfüllt sein, damit das Be- und Entstehen von Primärgruppen möglich ist/wird?

Sekundärgruppen sind meist größere Gruppen, die eine formale Organisation mit formeller Mitgliedschaft und einen mittelbaren (durch Zwischenglieder aufrechterhaltenen) sowie meistens auch anonymen Interaktionsablauf aufweisen. Eine klare Ziel-, bzw. Zwecksetzung ist bei ihnen besonders stark ausgeprägt (z. B. Wirtschaftsbetriebe oder Berufsverbände). Ist eine Sekundärgruppe, um ein Ziel optimal erreichen zu können, mit einer formalen Organisation und einem administrativen Apparat ausgestattet, der die mittelbaren Interaktionsabläufe reguliert, dann spricht man von einer sozialen ↗Organisation. Weil bei sozialen Organisationen die mittelbaren, relativ anonymen Interaktionen prägend sind, spielt bei ihnen die Kopräsenz eine geringere Rolle. Ihr Interaktionsfeld umspannt, gestützt auf den administrativen Apparat und viele technische kommunikative Hilfsmittel, sehr große Raum- und Zeitspannen. [BW]

soziale Interaktion, besondere Art des ↗sozialen Handelns. Die soziale Interaktion trägt dabei alle Merkmale sozialen Handelns, setzt aber voraus, dass alle beteiligten ↗Akteure ihr Handeln gegenseitig aneinander orientieren und ist meistens ein zeitlich begrenzter Ausschnitt sozialen Handelns. Die gegenseitigen Erwartungen, als besonderes Merkmal der Interaktion, orientieren sich auf normative Art an den Handlungsmustern, d. h. an Handlungsregelmäßigkeiten, die bei bestimmten Personen oder in bestimmten Situationen immer wieder auftauchen. Diese gegenseitige Orientierung strukturiert gewissermaßen die Interaktion. Die gegenseitigen Erwartungen sind als konstitutiver Inhalt der ↗sozialen Rollen der Interagierenden zu begreifen. Mit sozialer Rolle ist die Summe bestimmter Rechte und Pflichten gemeint, die dem Inhaber einer sozialen Position und eines bestimmten ↗sozialen Status zusteht. Werden diese zu verbindlichen Erwartungen, spricht man von Normen (also: bewertete Erwartungen), in diesem Zusammenhang von rollenspezifischen Normen, an denen sich jeder Rolleninhaber zu orientieren hat, will er nicht negative Sanktionen erleiden. Handelt eine Person nicht seiner Rolle entsprechend, dann geht die oft zu beobachtende Entrüstung der Interaktionspartner auf die Enttäuschung zurück, dass sich die eigenen Erwartungen beim andern nicht als angebracht erwiesen haben, obwohl man es bei ihm, seiner Rolle gemäß, hätte erwarten dürfen. Erwartungen, von denen der andere annimmt, dass sie an ihn gerichtet werden, können also nur dann gegenseitig entsprochen werden, wenn sich a) alle Beteiligten an gemeinsamen ↗Werten und ↗Normen, also am gleichen intersubjektiven (↗Intersubjektivität) Bedeutungszusammenhang, an gleichen Handlungsmustern orientieren und sich b) in der gegebenen ↗Situation der gleichen Entschlüsselungscodes von Handlungsbedeutungen bedienen. Nur unter diesen Bedingungen ist der Interaktionsablauf für die Beteiligten voraussagbar, interpretierbar und somit überhaupt erst möglich. In diesem Sinne beruhen soziale Interaktionen nicht auf einer jedesmal neu zu schaffenden Grundlage. Weil sie vorstrukturiert sind, laufen sie in geordneten Bahnen ab und sind damit zu einem bestimmten Teil voraussehbar. Das ist es, was ihren sozialen, gesellschaftlichen Charakter ausmacht.

Trotzdem können soziale Interaktionen auch eine Eigendynamik aufweisen, da jede soziale Situation von den Akteuren persönlich interpretiert werden kann. Durch die Ich-Leistung der Akteure werden deren Persönlichkeitsmerkmale (z. B. Redegewandtheit, Ausstrahlung) in die Interaktion eingebracht, womit deren Vorstrukturiertheit »persönlichere« Formen annehmen kann.

Treten nun Akteure a) bestimmter Ziele bzw. Zwecke willen (Vertragstreue, Liebe), also so, dass nach Max ↗Weber in einer angebbaren Art sozial gehandelt wird, b) unter der Voraussetzung einer allseits vorhandenen dauerhaften Einstellung und c) dem Vorhandensein bestimmter spezifischer Formen des äußeren Ablaufs der Interaktion miteinander in Kontakt, so spricht man von einer ↗sozialen Beziehung. Ist die Interaktion eine besondere Form des sozialen Handelns, so stellt die soziale Beziehung eine bestimmte Form der sozialen Interaktion dar. [BW]

soziale Kategorie, bezeichnet eine Einordnung von Individuen unter einem spezifischen Betrachtungsgesichtspunkt der Beobachtung. Die einer solchen Kategorie zugeordneten Individuen brauchen keinen Kontakt und keine sozialen Interaktionen aufzuweisen, um als soziale Kategorie bestehen zu können. Die Merkmale zur Bildung einer sozialen Kategorie können sich auf Abstammung, Geschlecht, Besitz, Einkommen, Beruf, Religion u. Ä. beziehen. Als Beispiele für soziale Kategorien können genannt werden: alle 30-jährigen Männer der BRD, alle Studentinnen einer Universität, die Christen, alle Bauern Bayerns usw. In der traditionellen ↗Sozialgeographie sind im Gegensatz zur soziologischen Definition soziale Kategorien als ↗soziale Gruppen bzw. als ↗sozialgeographische Gruppen charakterisiert worden.

soziale Marktwirtschaft, Wirtschaftsordnung, die das Prinzip der Freiheit des Marktes mit dem Prinzip des sozialen Ausgleichs verbindet und dem Staat zubilligt, im Rahmen seiner Ordnungsfunktion aktiv in das Marktgeschehen einzugreifen, um den freien Wettbewerb zu gewährleisten oder unerwünschte gesellschaftliche Entwicklungen abzuwenden. Marktbeeinflussung ist zulässig zur Verfolgung ökonomischer und sozialer Ziele (z. B. Energieeinsparung durch Ökosteuer oder Warnung der Raucher vor Zigarettenkonsum wegen Gesundheitsgefährdung). Im Rahmen der Einkommens- und Sozialpolitik werden steuerliche Maßnahmen zur Umverteilung des Vermögens sowie für Sozialleistungen getätigt (z. B. Arbeits- und Ausbildungsförderung, Mutterschutz, Kindergeld). Marktregulierungen gelten auch als angebracht, um die Versorgung der Verbraucher sicherzustellen und übergroße Preisschwankungen zu dämpfen (z. B. Mineralölbevorratung, Einlagerung von Agrargütern bei Angebotsüberhang und Verkauf bei Verknappung). Zur Erhaltung des wirtschaftlichen und gesellschaftlichen Gleichgewichts wird eine globale Konjunktur- und Wachstumssteuerung betrieben (z. B. Struktur- u. Stabilitätspolitik), konzertierte Aktion zur Koordinierung von Gruppeninteressen, Orientierungsdaten zur wirtschaftlichen Entwicklung. Gesetze gegen unlauteren Wettbewerb oder Wettbewerbsbeschränkungen sollen die Marktwirtschaft schützen (z. B. Ladenschlusszeiten, Qualitätskontrolle). Spezielle Eingriffe zur Sicherung des Wettbewerbs erfolgten in der BRD durch das Kartellgesetz von 1958, die Fusionskontrolle von 1973 und die Erweiterung der Befugnisse des Kartellamtes von 1974. [HN]

soziale Mobilität, bezeichnet die Bewegung zwischen verschiedenen Positionen gesellschaftlicher Schichten. Sie drückt sich in einer Veränderung derjenigen Merkmale aus, die für die Einordnung einer bestimmten Person in eine bestimmte soziale Schicht oder innerhalb derselben sozialen Schicht herangezogen werden. Die soziale Mobilität ist im Gegensatz zur räumlichen Mobilität (↗Mobilität) nur über soziale Indikatoren wahrnehmbar; d. h. dass die Bewegungen, die mit diesem Begriff beschrieben werden, abstrakt sozialer Art sind und in Bezug auf Skalen stattfinden.

Der Begriff »soziale (Status-)Mobilität« kann nach den Bewegungsaspekten »Beteiligung«, »Richtung« und generationsspezifischem »Zeitraum« differenziert werden. Die Unterscheidung zwischen individueller und kollektiver Bewegung ist primär forschungspraktischer Art (Individuelle Mobilität ist dann erfasst, wenn man feststellt, dass eine bestimmte Person beispielsweise ihre Berufsposition verändert hat; von kollektiver Mobilität spricht man einerseits dann, wenn ganze Berufsstände ihren Status verändern und andererseits wenn eine Bevölkerungsgruppe oder die Bevölkerung eines Gebietes in der sozialen Rangordnung als konstruiertes Kollektiv eine neue Position einnimmt, z. B. »Türken in der BRD« oder »Bewohner des schweizerischen Berggebiets«.). Der sozialpolitisch wohl wichtigste Bewegungsaspekt ist die Richtung, in der sich soziale Mobilität abspielt. In vertikaler Dimension führen Bewegungen zu sozialem Auf- bzw. Abstieg. Wird hingegen bei Positionsveränderungen die soziale Statuskategorie (Schicht) nicht verlassen, wie bei einem Stellenwechsel unter Beibehaltung des Berufes oder bei einem Berufswechsel, z. B. innerhalb derselben Lohn- oder Prestigekategorie, handelt es sich um horizontale soziale Mobilität (z. B. vom Handwerksmeister zum leitenden Angestellten). Beide Dimensionen sozialer Mobilität sind nicht mit räumlicher Mobilität gleichzusetzen. Soziale Mobilität ist zwar oft Voraussetzung räumlicher Mobilität, findet aber in Bezug auf einen sozialen und nicht auf einen räumlichen Bezugsrahmen statt. Im Hinblick auf den Zeitraum, in welchem sich soziale Mobilität abspielt, wird unter Berücksichtigung der generativen Verhältnisse zwischen Intra-Generations- und Inter-Generationen-Mobilität unterschieden. Bewegungen, die sich im Lebenslauf einer Person abspielen (Karrierestart als Tellerwäscher mit sozialem Aufstieg bis zum Fabrikdirektor), werden als Intra-Generations-Mobilität bezeichnet. Die Inter-Generationen-Mobilität bezieht sich auf die Familiengeschichte; als sozialer Aufstieg würde sie dann stattfinden, wenn der Vater beruflich als Bahnwärter tätig ist und sein Sohn oder sein Tochter als Lehrer(in) arbeitet.

Ob soziale Mobilität in irgendeiner Kombination der eben beschriebenen Formen überhaupt eintritt, hängt vom Vorhandensein einer Reihe von Bedingungen auf verschiedenen sozialen Ebenen ab, die im Mobilitätsvorgang zu Bestimmungsfaktoren der Bewegung werden können. Zunächst kommt es darauf an, wie soziale Ungleichheit legitimiert wird und inwiefern ihre sozialen Kategorien von Individuen oder Kollektiven gewechselt werden können, wie die Rechtsordnung konstituiert ist und wie die Bedingungen des Tausches (ökonomische Tauschverhältnisse und ihre Folgen für die Formen der Vergesellschaftung) sind. In Bezug auf diese Gruppe von Bedingungen unterscheiden sich Gesellschaftssysteme grundsätzlich. [BW]

soziale Morphologie, gesellschaftliche Formenlehre; als Weiterführung des Werkes von Emile Durkheim (1858–1917) vor allem von Marcel Mauss (1872–1950) und Maurice Halbwachs (1877–1945) zu einem wichtigen Forschungsbereich der ↗Sozialwissenschaften ausgebaut. Die soziale Morphologie beeinflusste insbesondere die Geschichtswissenschaften (↗École des annales) und die ↗Sozialgeographie. Als sozialwissenschaftliche Teildisziplin beschäftigt sie sich insbesondere mit dem »materiellen Substrat« der Gesellschaft an sich und den erdräumlichen Aspekten der Lebensbedingungen. Unter »Substrat« sind nach Durkheim zunächst vor allem die Zahl und die (räumliche) Ordnung der Bevölkerung sowie ihre Siedlungsform und alle Arten materieller ↗Artefakte zu verstehen. Insofern steht die Erforschung und Darstellung demographischer Größen (Geburten, Geschlecht, Heirat, Dichte, Wanderung u. Ä.) in ihrer regionalen Differenzierung (↗Regionale Geographie) im Zentrum des Interessenfeldes. Besondere Bedeutung erlangen zudem die materiellen Artefakte. Sowohl ihre Art als auch ihre Anordnung in erdräumlicher Hinsicht erlangen im Sinne der sozialen Morphologie für die Gesellschaftsstruktur und alle möglichen Arten gesellschaftlichen Handelns ebenso prägende Kraft wie die immateriellen Handlungsmuster einer Gesellschaft (↗Institution). Artefakte weisen einen handlungsleitenden Gehalt auf; jedes materielle Artefakt gibt somit eine bestimmte Zweck-Mittel-Relation vor, die vom Handelnden bei dessen Gebrauch nicht beliebig und meist nur sehr beschränkt uminterpretiert werden kann, sodass er gezwungen ist, auf die Intentionen des Erdenkers und Erbauers einzugehen. Derart erlangen materielle Artefakte die Bedeutung von instrumentellen Institutionen mit einer handlungsleitenden normativen Komponente und werden für die Sozialstruktur über die bloße Sachnutzung hinaus relevant.

Marcel Mauss (1927) sieht die »morphologie sociale« als Verbindungsglied zwischen Soziologie und einer »Geographie der Gesellschaft« und konzentrierte sich auf quantifizierbare und kartographisch darstellbare Merkmale der Bevölkerung. Maurice Halbwachs (1938) war stärker an den qualitativen Aspekten interessiert. Er rekonstruierte die Bedeutung der zeitlichen und räumlichen Dimensionen für das ↗kollektive Gedächtnis. In der Erforschung nationaler und regionaler Identitäten gilt er heute immer noch als einer der wegweisenden Pioniere. [BW]

Literatur: [1] DURKHEIM, E. (1899): Morphologie sociale. In: L'Année Sociologique, vol. 2, 520–552. [2] HALBWACHS, M. (1938): Morphologie sociale. – Paris. [3] MAUSS, M. (1927): Divisions et proportions des divisions de la sociologie. In: L'Année Sociologique, Nouvelle Serie, vol. 2, , 98–173.

soziale Position, bezeichnet den statischen Aspekt der ↗sozialen Rolle. Eine soziale Position umfasst im Rahmen einer sozialen Struktur die Rechte und Pflichten, denen ein Positionsinhaber mit seinem ↗sozialen Handeln im Rahmen der entsprechenden sozialen Rolle mehr oder weniger verbindlich nachzukommen hat. Die Anzahl der in einer ↗Gesellschaft verfügbaren sozialen Positionen hängt von dem Maß der Arbeitsteilung und der damit verbundenen gesellschaftlichen Differenzierung und funktionalen Ausdifferenzierung ab. In modernen (↗Moderne) und spät-modernen (↗Spätmoderne) Gesellschaften nehmen alle Personen je nach Handlungskontext zahlreiche unterschiedliche soziale Positionen und damit auch soziale Rollen ein. Bei einer mit sozialem Prestige bewerteten sozialen Position spricht man vom ↗sozialen Status.

sozialer Konstruktivismus ↗Konstruktivismus.

soziale Rolle, zentraler Grundbegriff der Soziologie, bezeichnet die Summe bestimmter Rechte und Pflichten, die mit einer ↗sozialen Position und einem bestimmten ↗sozialen Status verbunden ist. Diese können an jede Person gerichtet werden, welche eine bestimmte soziale Position und soziale Rolle einnimmt. Handelt eine Person nicht ihrer sozialen Rolle entsprechend, dann geht die oft zu beobachtende Entrüstung der Interaktionspartner auf die Enttäuschung zurück, dass sich die eigenen Erwartungen beim anderen nicht als angebracht erwiesen haben, obwohl man es bei ihm, seiner sozialen Rolle gemäß, hätte erwarten dürfen. Soziale Rollen sind in diesem Sinne mit normativen Erwartungen verknüpft. Deren Missachtung ist i. d. R. mit negativen Sanktionen verbunden. Das Lernen von sozialen Rollen ist ein wesentlicher Aspekt der ↗Sozialisation. ↗soziale Schichtung.

sozialer Stadtteilwandel, Abfolge sozioökonomischer, soziokultureller, demographischer und räumlich-funktionaler Veränderungen in einem Stadtviertel. Zugrundeliegender Mechanismus ist die durch gesellschaftlichen Wandel hervorgerufene soziale ↗Segregation. Dabei werden Bevölkerungsgruppen durch freiwillige Wanderungs- oder Verdrängungsprozesse nach Bildungsstand, Einkommens- und Berufsgruppen sowie Herkunft in verschiedene Stadtviertel getrennt. Als Folge der Zuwanderung von Minoritäten können z. B. Abwanderungsprozesse des Mittelstandes ausgelöst werden, die zu einem »Umkippen« (↗soziale Degradierung) des Stadtteils führen. Die Sukzession verschiedener Bevölkerungsgruppen in einem Stadtteil führt wiederum nicht selten zu räumlich-funktionalen Veränderungen durch Leerstand oder Vernachlässigungspolitik der öffentlichen Hand.

sozialer Status, bezeichnet im Sinne der Verwendung in Soziologie und ↗Sozialgeographie die bewertete soziale Lage und ↗soziale Position einer Person im Vergleich zu anderen Mitgliedern einer Gesellschaft, mit der immer eine bestimmte Wertschätzung des Ranges und des Prestiges zum Ausdruck gebracht wird. Das Prestige drückt sich insbesondere in bestimmten Privilegien bzw. Benachteiligungen aus, die mit bestimmten sozialen Statuspositionen und damit verbundenen ↗sozialen Rollen verknüpft sind. Je nach dem – häufig kulturbedingten – Kriterium, welches für die Statuszuweisung entscheidend ist, wird auch zwischen verschiedenen Statusarten wie Einkommens-, Abstammungs-, Berufs- oder Bildungsstatus unterschieden. Bei einer Mehrzahl von Personen mit vergleichbarem sozialen Status wird auch von Statusgruppen gesprochen. Mit dem Gesamtstatus einer Person werden alle Statusarten bezeichnet, die eine einzelne Person auf sich vereinigen kann. [BW]

sozialer Wandel, Umstrukturierungsprozess der Gesellschaft in Richtung auf eine größere Komplexität und Differenzierung, die teilweise mithilfe der ↗Sozialraumanalyse, zu einem großen Teil jedoch nur mit den qualitativen Methoden der empirischen Sozialforschung zu erfassen ist. Während Einkommen in der Nachkriegszeit ein wichtiges Differenzierungsmerkmal und Indikator sozialen Wandels war, erweist sich in einer internationalisierenden Gesellschaft zunehmend Kultur als das Wesensmerkmal des Menschen und Differenzierungsprinzip der Gesellschaft. Dabei wird Kultur nicht als kulturelle Herkunft, sondern auch als Lebensstil und soziales Milieu verstanden. Analysen und Entwicklung methodischer Verfahren zur Untersuchung sozialen Wandels in der Spätmoderne gehören zu der aktuellen Forschungsfront sozialwissenschaftlichen Arbeitens.

soziales Aggregat, bezeichnet eine Ansammlung von Personen an einem gegebenen Ort. Sie ist dabei entweder von einem bestimmten Zweck (z. B. Zuschauer im Fußballstadion, Besucher eines Konzertes usw.) oder durch einen äußeren (Situations-)Zwang geleitet (z. B. Wartende vor einer Ampel). Dabei eher zufällig auftretende ↗soziale Interaktion oder ↗Kommunikation bleibt nebensächlich, denn das soziale Aggregat ist per Definition in seinem Bestehen nicht von sozialen Interaktionen abhängig. Sein territorialer Charakter kommt insbesondere bei funktionellen Aggregaten (z. B. Verwaltungseinheiten, Publikum usw.) zum Ausdruck. Ergeben sich bei sozialen Aggregaten Regelmäßigkeiten des Zusammentreffens und der Zusammensetzung, können sie sich durchaus zur ↗sozialen Gruppe entwickeln; andererseits kann sich eine soziale Gruppe auch zum sozialen Aggregat auflösen, wenn die Interaktionen abbrechen. So kann aus einer gut harmonierenden Nachbarschaftsgruppe ein soziales Aggregat werden. In der traditionellen Sozialgeographie sind im Gegensatz zur soziologischen Definition soziale Aggregate als ↗soziale Gruppe bzw. als ↗sozialgeographische Gruppe charakterisiert worden. [BW]

soziale Schichtung, einerseits Differenzierungsvorgang, der soziale Ungleichheit bewirkt, und andererseits makro-soziologische Gliederung der Bevölkerung einer differenzierten ↗Gesellschaft nach vorwiegend leistungsbezogenen Kriterien. Diese Gliederung ist als systematisch und hierarchisch geordnete Menge sozialer Kategorien zu betrachten. Jede dieser Kategorien besteht aus einer Vielzahl von Individuen, die mindestens ein für den Status einer gegebenen Gesellschaft als maßgebend erachtetes, soziales Merkmal gemeinsam haben. Diese sozialen Kategorien werden im Rahmen der analytischen ↗Sozialwissenschaft, je nach Gesellschaftstyp, als Kaste, Stand oder soziale Schicht bezeichnet; alle drei umfassen also im deskriptiven Sinne Teilmengen der Gesamtgesellschaft.

Die Schichtungstheorie geht grundsätzlich davon aus, dass jede Differenzierung einer Gesellschaft auf einer fortschreitenden ↗Arbeitsteilung beruht, d. h. dass die Mitglieder einer Gesellschaft unterschiedliche Arbeiten in einer Vielzahl verschiedener Positionen ausführen. Jede dieser Positionen verlangt ein unterschiedliches Maß an ↗Ausbildung und ↗Wissen. Gleichzeitig geht man davon aus, dass Personen, die fähig sind, sich solche Eigenschaften zu erwerben, knapp sind. Demgemäß werden für Positionen, welche Funktionen erfüllen, die für das Überleben der Gesellschaft wichtiger sind, höhere materielle, ideelle und symbolische Belohnungen in Aussicht gestellt, damit diese von den fähigen Personen auch tatsächlich begehrt und besetzt werden (↗Meritokratisierung, ↗Wissensvorsprung). Die Rangordnung zu erfüllender Funktionen, d. h. bedürfnisbefriedigender Leistungen, leitet sich in dieser Betrachtungsweise aus dem Grad des Beitrags einer Position zur Integration und zum Fortbestand einer Gesellschaft ab. Dieser schlägt sich in der Nachfrage nach einer bestimmten Leistung nieder. Die Nachfrage wird demzufolge zum Zuordnungsprinzip, das jedem Mitglied eine entsprechende Rangposition in der Gesellschaft zuweist. Diese Rangposition ist bereits als solche gesellschaftlich bewertet. Aus dieser Bewertung leitet sich das Prestige einer Position ab, das sich auf die Inhaberperson überträgt. Die Stellung einer solchen Rangposition in der Prestigehierarchie in einer Gesellschaft macht demzufolge den Status einer Person aus. Wenn der Status eines Individuums bei verschiedenen Schichtungskriterien (Beruf, Ausbildungsniveau, Einkommen) sehr verschieden ist, spricht man von Statusinkonsistenz. Diese gesellschaftliche Wertung (objektiver Status) kann mit der persönlichen Einschätzung (subjektiver Status), identisch oder auch verschieden sein.

Obwohl neben der Berufstätigkeit auch die qualitativen Merkmale der Mitgliedschaft in einer Verwandtschaftsgruppe, persönliche Eigenschaften, Eigentum, Autorität und Macht als Aspekte der Statuszuordnung an ein Individuum berücksichtigt werden, interessiert sich die funktionalistisch orientierte empirische Sozialforschung vor allem für den Berufsstatus. Dieser gilt, zumindest in der industriellen und post-industriellen Leistungsgesellschaft, als das zentrale Bezugskriterium für die Zuordnung eines Positionsinhabers zu einer Schicht.

Eine soziale Schicht umfasst somit als soziale Kategorie diejenigen Individuen, die den sozial-ökonomisch gleich bewerteten Berufsstatus aufweisen. Form und Bedeutung einer Schicht bzw. der Schichtung einer gegebenen Gesellschaft sind in dieser Betrachtungsweise also von den vorherrschenden Wertvorstellungen der Personen dieser Gesellschaft bestimmt. [BW]

soziales Handeln, stellt die zentrale Forschungseinheit der handlungstheoretischen ↗Sozialwissenschaften – insbesondere auch der ↗handlungstheoretischen Sozialgeographie – dar, mit der man die ↗Gesellschaft in ihrer Komplexität vom sozialen Handeln her aufschlüsseln, verstehen (↗Verstehen) und erklären (↗Erklärung) will. ↗Handeln bedeutet für Max ↗Weber, dem Begründer der handlungstheoretischen Gesellschaftswissenschaften, eine mit einem bestimmten (subjektiven) Sinn verbundene Tätigkeit. Es unterscheidet sich von anderen Tätigkeiten, insbesondere im Sinne von ↗Verhalten, dadurch, dass es vom handelnden ↗Subjekt im Handlungsentwurf auf ein vom Handelnden gewähltes Ziel (deshalb subjektiv) ausgerichtet wird, das während der Realisierung zum Zweck der Handlung wird. Ziel und Zweck stehen für den Sinn einer Handlung; ein »sinnloses Handeln« ist in der handlungstheoretischen Konzeption demzufolge nicht denkbar. Der Sinn als Ziel einer Handlung kann idealtypisch (↗Idealtypus) betrachtet werthafter (Verwirklichung von idealen Werten: ↗wertrationales Handeln) Art sein, an der Nützlichkeit (Realisierung von Eigeninteressen: ↗zweckrationales Handeln) oder am Ausleben von Affekten (Begierde, Liebe, Neid: ↗affektuelles Handeln) orientiert sein.

Bei der subjektiven Sinngebung (subjektiver Sinn) geht der einzelne Handelnde allerdings nicht beliebig vor, sondern orientiert sich mehr oder weniger bewusst an einem intersubjektiven (↗Intersubjektivität) Bedeutungszusammenhang. Letzterer ist ein gesellschaftliches und kulturelles Orientierungsraster und umfasst bestimmte Werte und Normen, welche die Handlung mit einer idealen Vorstellung in Beziehung bringen, sowie ein bestimmtes erfahrungsbedingtes Wissen. Diese grenzen das Potenzial möglicher Ziel- und Zwecksetzung ab. Trotzdem bleibt aber die »Sinngebung« im Verständnis von Max Weber subjektiv, denn jeder Handelnde interpretiert dieses Möglichkeitsfeld unterschiedlich. Das objektive Bedeutungsraster existiert somit für den einzelnen nur in der Art, wie es vom Handelnden wahrgenommen wird. Weil er aber unabhängig vom einzelnen Handelnden besteht, eine sozialkulturelle Existenz hat, bleibt dieser Bedeutungszusammenhang gleichzeitig immer auch eine intersubjektive Gegebenheit.

Soziales Handeln soll ein solches Handeln heißen, das seinem (subjektiv gemeinten) Sinn nach »auf das (Handeln) anderer bezogen wird und daran in seinem Ablauf orientiert ist« (Weber, 1980). Diese Orientierung kann sich auf vergangenes, gegenwärtiges oder zu erwartendes sinnhaftes Handeln anderer beziehen. »Andere« können dabei »Einzelne und Bekannte oder unbestimmt Viele und ganz Unbekannte sein« (Weber, 1980). Damit ist stillschweigend vorausgesetzt, dass es bei Handlungsabläufen (zumindest im Rahmen einer gegebenen Gesellschaft) bestimmte Regelmäßigkeiten gibt, denn sonst wäre es nicht möglich, die Tätigkeiten anderer Handelnder im Handlungsentwurf zu berücksichtigen. Soziales Handeln setzt also voraus, dass die sinnhaften Tätigkeiten des oder der anderen abschätzbar sind. Das ist dann gegeben, wenn sich die am sozialen Handeln Beteiligten bei ihrer Handlungsorientierung auf den gleichen (gesellschaftlichen) Bedeutungszusammenhang beziehen. Wenn zwei oder mehr Handelnde gegenseitig aufeinander Bezug nehmen treten sie miteinander in ↗soziale Interaktion, die längerfristig zur ↗sozialen Beziehung werden kann. [BW]

Literatur: WEBER, M. (1980): Wirtschaft und Gesellschaft. – Tübingen.

soziale Transformation, auch als ↗sozialer Wandel bezeichnete Veränderungen der gesellschaftlichen Lebensbedingungen in quantitativer wie in qualitativer Hinsicht und auch der Sozialstruktur, insbesondere der Wertewandel innerhalb einer ↗Gesellschaft.

soziale Ungleichheit, bezeichnet im Allgemeinen die unterschiedlichen Möglichkeiten gesellschaftlicher Teilhabe, d.h. die ungleiche Verfügung über gesellschaftlich relevante Ressourcen (z.B. Geld, politische Macht, Wissen). Ungleichheit beruht auf der Differenzierung von Individuen in ↗soziale Positionen, unter denen die Zugriffsmöglichkeiten auf diese Ressourcen ungleich verteilt sind. Um soziale Ungleichheit handelt es sich, wenn größere Personengruppen relativ dauerhaft benachteiligt sind (z.B. durch geschlechtsspezifische Raumnutzung).

Oftmals werden derartige Ungleichheiten durch einen Rückgriff auf äußerliche Körpermerkmale oder Befähigungen als natürlich aufgefasst. Ungleichheiten werden jedoch erst durch den Rückgriff auf diese Unterschiede konstituiert. Diese Auffassung macht Unterschiede jedoch nicht irrelevant, sondern ist als Aufforderung zu verstehen, sie als grundsätzliche ↗Differenzen anzuerkennen. [ASt]

Sozialgeographie, bildet, neben der ↗Wirtschaftsgeographie und der ↗Kulturgeographie einen der drei zentralen Forschungsbereiche der ↗Humangeographie. Die sozialgeographische Perspektive der Untersuchung der Geographie der Menschen bzw. der Geographien der Menschen fokussiert das Verhältnis von ↗Gesellschaft und Erdraum (↗Raum). Damit bildet sie die Kerndisziplin der sozialwissenschaftlichen Geographie, zu der neben der ↗Politischen Geographie insbesondere die Vielzahl der sogenannten ↗Bindestrichgeographien aus dem humangeographischen Bereich (↗Siedlungsgeographie, ↗Bevölkerungsgeographie, ↗Verkehrsgeographie, Bildungsgeographie, ↗Geographie der Freizeit, ↗Religionsgeographie usw.) zu zählen sind. Die umfassenden Forschungsinteressen der Sozialgeographie lassen sich auf zwei Grundfragen zusammenfassen: Wie sind Gesellschaften in räumlicher Hinsicht organisiert? Welche Bedeutung erlangen räumliche Bedingungen für das gesellschaftliche Zusammenleben der Menschen? Auf diese beiden Fragen werden seit der Begründung der wissenschaftlichen Sozialgeographie immer wieder neue Antworten unterbreitet. Die zahlreichen Forschungsansätze, die unter je spezifischen gesellschaftlichen Rahmenbedingungen im Verlaufe der Entwicklungsgeschichte in den verschiedenen Sprachgemeinschaften entwickelt wurden, machen die Vielfalt der Sozialgeographie aus. Die Idee der wissenschaftlichen Sozialgeographie ist in der zweiten Hälfte des 19. Jahrhunderts im intellektuellen Umfeld von ↗Reclus in Frankreich entstanden. Er richtete sich gegen den in der Geographie zu dieser Zeit vorherrschenden Natur- bzw. ↗Geodeterminismus und wurde u.a. von den Arbeiten der katholisch-konservativen Le Play-Schule (↗Le Play) inspiriert. In seinem Ausgangspunkt der Sozialgeographie verband Reclus die Frage nach der Mensch-Umwelt-Beziehung mit der räumlichen Ordnung des gesellschaftlichen Zusammenlebens. Letztere wurde im Vollzug der Durchsetzung der ↗Moderne, vor allem der industriekapitalistischen Revolution und der damit einhergehenden starken ↗Urbanisierung des gesellschaftlichen Zusammenlebens sowie der explosionsartigen ↗Bevölkerungsentwicklung (↗demographischer Übergang), neu gestaltet. In diesem Sinne ist die wissenschaftliche Sozialgeographie als eine Konsequenz der Modernisierung der alltagsweltlichen Wirklichkeiten zu begreifen und ihre Leistungen auch in diesem Kontext zu beurteilen. Mit dieser Ausrichtung des Erkenntnisinteresses auf die Erforschung des Gesellschaft-Raum-Verhältnis ist die wissenschaftliche Sozialgeographie seit ihren Anfängen an der Schnittstelle von Soziologie und ↗Geographie positioniert. Ihre Fragen bilden die Brücke zwischen diesen beiden wissenschaftlichen Disziplinen. Erhebt die Soziologie den Anspruch, die Basisdisziplin der Erforschung gesellschaftlicher Wirklichkeiten zu sein, ergänzt die

Sozialgeographie deren Forschungsspektrum durch die Frage nach der Bedeutung der räumlichen Bezüge gesellschaftlicher Praktiken. Obwohl dies nicht zwingend war, klammerten die bedeutendsten Gesellschaftstheoretiker diese Frage aus ihren systematischen Überlegungen aus. Obwohl Entstehung und Ausgangspunkt der Sozialgeographie unmittelbar an die Durchsetzung der Moderne auf alltäglicher Ebene gekoppelt sind, wird die Forschungslogik – wie in den anderen Bereichen der Humangeographie – lange nicht auf die Analyse sozialer Prozesse und ihrer räumlichen Bezüge abgestimmt. Vielmehr blieb die Forschung vom dominierenden ↗Paradigma der allgemeinen Geographie und der entsprechenden Raumzentrierung – ganz im Sinne von ↗Vidal de la Blache – beherrscht, dem zu Folge die Humangeographie nicht als eine Wissenschaft vom Menschen zu verstehen sei, sondern vielmehr als eine von Orten und Räumen. Damit blieb die Humangeographie im raumwissenschaftlichen Denken befangen und behinderte die konsequente Entwicklung einer sozialwissenschaftlich anschlussfähigen Sozialgeographie. Seit rund drei Jahrzehnten ist jedoch eine zunehmend konsequentere Hinwendung auf die sozialen Prozesse und die dahinterstehenden sozialen Praktiken feststellbar. Dies ist insbesondere in der angelsächsischen Sozialgeographie unter dem Sammelbegriff ↗Radical Geography in Angriff genommen worden.

Die von ↗Weber, Max begründete handlungszentrierte Gesellschaftsforschung impliziert eine Forschungskonzeption, welche die Erfassung der subjektiven Bedeutungen der Handlungen für die handelnden Subjekte selbst fordert. Dieser Ausgangspunkt wurde später von der phänomenologischen Soziologie (↗Phänomenologie) weiter ausgearbeitet. Die entsprechenden empirischen Forschungen (↗Empirie) sind primär auf die Erfassung der sinnhaften Bedeutungen, die qualitativen Merkmale (↗Qualitative Geographie) alltäglicher Gegebenheiten auszurichten und nicht so sehr auf die Häufigkeiten und räumliche Verteilungen, wie dies die raumwissenschaftliche Geographie mit ihren quantitativen Methoden (↗Quantitative Geographie) postuliert.

Die konsequente Berücksichtigung der subjektiven Bewertungen räumlicher Wirklichkeitsausschnitte wurde in den 1950-Jahren bereits von ↗Hartke konzeptionell gefordert. Anhand landschaftlicher Indikatoren, wie etwa die Sozialbrache, sollen die subjektiven und sozialen Bestimmungsgründe für die beobachtbaren Inwertsetzungen natürlicher Grundlagen aufgedeckt werden, um einen vertieften Zugang zum »geography-making« der Menschen – insbesondere zu den sozialen, wirtschaftlichen und politischen Formen – zu erlangen. Nach Hartke ist die ↗Kulturlandschaft insgesamt als »Registrierplatte« der Spuren (Indikatoren) menschlicher Tätigkeiten verstehen. Diese Spuren sollen zum Ausgangspunkt der Gesellschaftsforschung gemacht und als Indikatoren des ↗sozialen Wandels betrachtet werden. Aus der Landschaftsforschung wird ein Spurenlesen zur Entschlüsselung sozialer Prozesse. Damit wird auch in der Analyse ökologischer Problemsituationen sozial-kulturellen Aspekten gegenüber natürlichen argumentativ der Vorrang gegeben.

Eine differenziertere theoretische Grundlegung der Bezugnahme auf menschliche Tätigkeiten im Sinne von Max Weber ist aber erst im Rahmen der ↗handlungstheoretischen Sozialgeographie konzipiert worden.

In der ↗Strukturationstheorie wird die räumliche Dimension erstmals zum zentralen Element einer umfassenden Gesellschaftstheorie gemacht. Dies führte im angelsächsischen Kontext zum Aufgreifen sozialgeographischer Themen im Rahmen der Sozialwissenschaften. Im Rahmen der deutschsprachigen Sozialgeographie ist die Strukturationstheorie für die Dynamisierung der ↗Regulationstheorie, vor allem aber für die Entwicklung der Sozialgeographie ↗alltäglicher Regionalisierungen als differenzierende Weiterführung der handlungstheoretischen Sozialgeographie fruchtbar gemacht worden.

Die ↗Globalisierung stellt im Kern die Radikalisierung der Fähigkeit des Handelns über Distanz in quasi Gleichzeitigkeit dar und impliziert eine radikale Neugestaltung des Gesellschaft-Raum-Verhältnisses. Der Tiefgang dieser Neugestaltung ist in seinem Ausmaß nur mit der industriellen Revolution vergleichbar. Schloss die industrielle Revolution neue Formen des alltäglichen Geographie-Machens ein, welche auch zur Begründung der Sozialgeographie führten, ist die Globalisierung vor allem ein neuer Modus des alltäglichen Geographie-Machens. Konsequenterweise erlangt die Sozialgeographie damit höchste sozialwissenschaftliche und lebenspraktische Relevanz. Dies ist die wohl größte Herausforderung in der Geschichte der Sozialgeographie und deren Bewältigung eine wichtigsten Aufgaben der wissenschaftlichen Geographie für die kommenden Jahrzehnte. [BW]

Literatur: [1] GREGORY, D. (1994): Geographical Imaginations. – Oxford. [2] GIDDENS, A. (1988): Die Konstitution der Gesellschaft. – Frankfurt a. M. [3] WERLEN, B. (2000): Sozialgeographie. Eine Einführung. – Bern.

sozialgeographische Gruppe, von ↗Bobek in die deutschsprachige Fachdiskussion eingeführte Bezeichnung für Mengen gleichartig agierender Menschen, die sich zu regional begrenzten größeren Komplexen zusammenfügen und die gleichzeitig von der ↗Landschaft als auch von der ↗Gesellschaft bestimmt sind. Trotz ausführlicher Auseinandersetzungen konnte der Begriff letztlich nie auf befriedigende Weise definiert werden. Insbesondere blieb die Bezugnahme auf den soziologischen Gruppenbegriff (↗soziale Gruppe) diffus. Für die differenziertere Erläuterung ist es deshalb notwendig, den Werdegang dieses Grundbegriffs der sozialgeographischen ↗Landschaftsforschung zu rekonstruieren:

Bobek führte den Begriff der sozialgeographischen Gruppen ein, um die soziale Dimension in der geographischen Forschung berücksichtigen zu können. Er ging davon aus, dass die landschaftsprägenden Funktionen auf der anthropogenen Ebene gewisser Träger bedürfen. Als solche Träger betrachtete er Gruppen gleichartig handelnder Menschen, die sich zu bestimmten, konkreten, historisch und regional begrenzten größeren Komplexen zusammenfügen. Sie stellen Lebensformgruppen dar, die sowohl von landschaftlichen als auch von sozialen Kräften gleichzeitig geprägt erscheinen und ihrerseits durch ihr Funktionieren (↗Funktion) sowohl in den natürlichen wie in den sozialen Raum hineinwirken. Als Beispiele sozialgeographischer Gruppen nennt Bobek Hirten, Fischer, Bergbauern, Talbauern usw. ↗Hartkes Definition von Sozialgruppe weist ähnliche Merkmale auf wie Bobeks Konzeption der sozialgeographischen Gruppe. Das Hauptkriterium für die Unterscheidung von Sozialgruppen bezieht sich auf den Beruf, die Art der wirtschaftlichen Tätigkeiten also. Er spricht in diesem Sinne auch von »Berufsgruppen«. Neben dem Beruf sollen, als zusätzliches Kriterium der Abgrenzung von Sozialgruppen, die Reichweiten der Tätigkeiten jener Personen, die zu einer bestimmten Sozialgruppe gezählt werden können, einen bestimmten sozialgeographischen Raum nicht überschreiten.

Die sogenannte sozialgeographische Verhaltensgruppe der ↗Münchner Sozialgeographie bezeichnet eine Menge von Individuen, die dieselben Bewertungen der Umwelt vornehmen, von denselben Informationen und Umweltwahrnehmungen geleitet sind und deshalb dieselben Reaktionsketten im Raum aufweisen. Befinden sich Menschen in einer vergleichbaren sozialen Lage und entwickeln sie infolgedessen Verhaltensweisen, die vergleichbare Einflüsse auf räumliche Prozesse und Strukturen ausüben, dann kann man diese Menschen derselben sozialgeographischen Verhaltensgruppe zurechnen. Bei agrargeographischen Studien, aber auch bei der Analyse des Wohn-, Bildungs- und Wahlverhaltens, kann man solche Verhaltensgruppen nachweisen« (Maier, Paesler, Ruppert, Schaffer, 1977).

Als aktionsräumliche Gruppen (↗Aktionsraum) werden Mengen von Individuen bezeichnet, die in Bezug auf einzelne oder mehrere Daseinsgrundfunktionen den gleichen Aktionsraum aufweisen. Der Aktionsraum wird dabei über Richtung und Reichweite der einzelnen Tätigkeiten abgegrenzt. Entscheidend ist dabei jeweils der Wohnstandort und der Zielort bzw. der Standort einer infrastrukturellen Einrichtung. So wären in diesem Sinne etwa alle Personen, die an einem Ort A wohnen und an einem Ort B arbeiten, als eine aktionsräumliche Gruppe in Bezug auf die ↗Daseinsgrundfunktion »arbeiten« zu betrachten. Ebenso wären alle Studierenden, die in einem bestimmten Stadtquartier wohnen und an demselben Geographischen Institut studieren, als eine aktionsräumliche Gruppe in Bezug auf die Daseinsgrundfunktion »sich bilden« zu bezeichnen. In der Konzeption von Klingbeil (1978) werden die aktionsräumlichen Gruppen in Bezug auf den ↗Lebensstil und den Aktionsraum der alltäglichen Verrichtungen von Individuen gebildet. »Lebensstil« wird dabei operationalisiert über die sogenannte Mittelausstattung eines Individuums (Zeit, Einkommen, Kapital, Arbeit, Verkehrsmittel). Diese Mittelausstattung beeinflusst gemäß Klingbeil die Wahl der Ziele in sozialer und räumlicher Hinsicht. Die äußerste Reichweite der räumlichen Zielorte grenzt den Aktionsraum der Individuen ab, in dem sich deren Bedürfnisse ihrem Lebensstil entsprechend abdecken lassen. Im Vergleich zu Bobek und Hartke unterscheidet sich dieses Vorgehen vor allem in Bezug auf die operationale (↗Operationalisierung) Definition von Lebensstil, die an die Stelle der Lebensform im Sinne von Bobek bzw. ↗Vidal de la Blache tritt. [BW]

Literatur: [1] BOBEK, H. (1948): Stellung und Bedeutung der Sozialgeographie. In Erdkunde, 2. [2] BOBEK, H. (1962): Über den Einbau der sozialgeographischen Betrachtungsweise in die Kulturgeographie. In Deutscher Geographentag Köln 1961. – Wiesbaden. [3] KLINGBEIL, D. (1978): Aktionsräume im Verdichtungsraum. Zeitpotenziale und ihre räumliche Nutzung. – Kallmünz b. Regensburg. [4] MAIER, J., PAESLER, R., RUPPERT, K. u. Schaffer, F. (1977): Sozialgeographie. – Braunschweig.

sozialgeographische Landschaftsanalyse, auf ↗Bobek zurückgehend, der die umfassende Berücksichtigung des Gesellschaftlichen bei der ↗Erklärung der beobachtbaren ↗Landschaft forderte. Die sozialgeographische Landschaftsanalyse soll erstens von der differenzierteren Analyse menschlicher ↗Lebensformen ausgehen und darauf aufbauend zweitens Erklärungen der landschaftlichen Erscheinungsformen anbieten, welche nicht mehr dem geodeterministischen (↗Geodeterminismus) Denken verpflichtet sind. Werden in der klassischen ↗Landschaftskunde und ↗Länderkunde die Ursachen einer Landschaftsform in den natürlichen Grundlagen gesucht, sollen von der sozialgeographischen Landschaftsanalyse vor allem die sozialen Prägekräfte ins Auge gefasst werden. Die bislang scheinbar eindeutige Vorherrschaft der Natur gegenüber der Gesellschaft soll aufgelöst werden. Dabei werden die ↗sozialgeographischen Gruppen als die zentralen Gestaltungskräfte der Landschaft angesehen. Deren Erforschung soll der ↗Sozialgeographie zu einem vertieften Verständnis des Raumes und der »menschlich durchdrungenen« landschaftlichen Erscheinungsformen, Wirkungszusammenhänge und Entstehungsprozesse verhelfen. Da Landschaften als Ausdruck der regional vorherrschenden Lebensform begriffen werden, können diese Gestaltungskräfte auch als wichtige Erklärungsfaktoren postuliert werden. Drittens soll die sozialgeographische Landschaftsanalyse das Tor zur sozialgeographischen Gesellschaftsforschung öffnen. Dies wird insofern begründet, als dass landschaftliche Bedingungen auch einen erheblichen Einfluss auf das ↗soziale Handeln ausüben.

Das Ziel sozialgeographischer Forschung soll in der Erfassung und im Vergleich von Landschaf-

Sozialintegration

Rang-Nr.	Bezirk	Sozialindex	
1	Zehlendorf	1,57	≥ 0,72
2	Wilmersdorf	1,17	
3	Steglitz	1,16	
4	Tempelhof	0,86	
5	Treptow	0,72	
6	Köpenick	0,59	≥ 0,48
7	Pankow	0,50	
8	Hellersdorf	0,48	
9	Marzahn	0,42	≥ 0,39
10	Hohenschönhausen	0,32	
11	Reinickendorf	0,39	
12	Lichtenberg	0,32	≥ 0,10
13	Weißensee	0,23	
14	Mitte	0,10	
15	Spandau	−0,02	≥ −0,60
16	Charlottenburg	−0,08	
17	Schöneberg	−0,60	
18	Neukölln	−0,80	≤ −0,80
19	Prenzlauer Berg	−0,90	
20	Friedrichshain	−0,90	
21	Wedding	−1,45	
22	Tiergarten	−1,52	
23	Kreuzberg	−2,66	

Zuwanderung	
Ausländer	829 000
Alter Bundesländer	511 000
Neue Bundesländer	136 000
Umland	211 000
Saldo	1 687 000

Abwanderung	
Ausländer	615 000
Alter Bundesländer	458 000
Neue Bundesländer	114 000
Umland	404 000
natürliche Entwickl.	188 000
Saldo	1 779 000

Der Berechnung des Sozialindexes liegen zugrunde:
- soziale Merkmale: Altersstruktur, Ausländeranteil, Bildungsniveau, Arbeitslosen- und Sozialhilfeempfängerquote, Einkommen;
- gesundheitliche Merkmale: Säuglingssterblichkeit, vorzeitige Sterblichkeit; Tb-Erkrankung, Ernährungsverhalten, Drogenkonsum, Gesundheitsvorsorge.

Zur Interpretation: Je niedriger der Sozialindex liegt, desto ungünstiger ist die Sozialstruktur.

sozialgeographische Stadtanalyse: Sozialstruktur der Berliner Stadtbezirke 1997.

ten und Ländern bestehen sowie der Erkenntnis der funktionellen (↗Funktion) und historisch-genetischen Zusammenhänge ihrer Einzelelemente, zu denen insbesondere die menschliche Gesellschaft zu zählen ist. Zu den wichtigsten Themenfeldern der sozialgeographischen Landschaftsanalyse zählen Bevölkerung, Siedlung, Verkehr, Wirtschaft und Politik. Analog werden die Bevölkerungsgeographie, Siedlungsgeographie, Verkehrsgeographie, Wirtschaftsgeographie und die Politische Geographie als die wichtigsten Teildisziplinen der sozialgeographischen Landschaftsanalyse betrachtet. [BW]

sozialgeographischer Raum, eine Abstraktion, deren Grenzen im Sinne der ↗Münchner Sozialgeographie durch spezifische Reaktionsreichweiten der sozialen Gruppen bestimmt werden, die ihre ↗Daseinsgrundfunktionen innerhalb eines Gebietes entwickeln. Falls sich die Reaktions-, Verhaltens- und Funktionsfelder der ↗sozialgeographischen Gruppen ändern, dann wandeln sich auch die Ausdehnungen der sozialgeographischen Räume. Sie können damit als die ↗Aktionsräume einer sozialgeographischen Gruppe begriffen werden, die als das Resultat der gleichmäßigen Verhaltensorientierung der Menschen zu verstehen sind.

sozialgeographische Stadtanalyse, Forschungsansatz, der auf mehreren Ebenen die soziale Struktur der Stadt, insbesondere die räumliche Auswirkungen der ↗Daseinsgrundfunktionen analysiert (z. B. soziale Schichtung in Großwohnsiedlungen, Berufspendlerverkehr, gruppenspezifisches Einkaufsverhalten). Die Sozialgeographie erstellt mithilfe verschiedener methodischer Verfahren ↗Stadtgliederungen bzw. Gliederungen städtischer Teilräume (Abb.). Auf der Grundlage verschiedener Indikatoren oder Indikatorenbündel werden sozialstrukturell und sozioökonomisch homogene Teileinheiten ausgeschieden und modellhaft dargestellt. Methodisch erfolgt die sozialgeographische Untersuchung durch Primärforschung auf der Mikroebene der Haushalte oder Individuen, auf der Mikro- und Mesoebene auch durch Sekundärdaten, d. h. durch Rückgriff auf amtliche oder halbamtliche Daten (z. B. Volkszählungsdaten). [RS/SE]

Sozialhilfe, Gesamtheit der früher als öffentliche Fürsorge bezeichneten Hilfen, die einem Menschen in einer Notlage gewährt werden. Sie ist neben der Sozialversicherung ein wichtiges Element der sozialen Sicherung. Sie ist das letzte vom Staat eingesetzte Mittel, um individuelle Notlagen zu beheben, weil der Bedürftige sich nicht selbst helfen kann und auch keine Hilfe durch andere (Verwandte) erhält.

Sozialindikator, statistische Messgröße, durch die ein theoretisches Konstrukt oder ein als unbeobachtbar geltender Sachverhalt aus dem Bereich der Gesellschaft operationalisiert wird.

Sozialintegration, im Unterschied zur ↗Systemintegration eine von handelnden Menschen geschaffene Gemeinschaft eines sozialen Systems. Der Begriff wurde vom englischen Soziologen D. Lockwood eingeführt und hat mehrere Adaptationen erfahren. In der Legitimationstheorie von Habermas erfolgt die Sozialintegration über die Identifizierung von Menschen mit Weltbildern, normierten Persönlichkeitsvorstellungen, Rechtssystemen und moralischen Normen. In der Giddens'schen ↗Strukturationstheorie dagegen stellt sich der Zusammenhang von Sozialintegration über Handlungen her, die in kleinen Raumeinheiten mit kurzen Zeitspannen in körperlicher Kopräsenz ablaufen. Die Diskussion über Sozial- und Systemintegration spielt in der ↗Geographie v. a. eine Rolle für die ↗handlungstheoretische Sozialgeographie und die Untersuchung von Regionalisierungsweisen einer Gesellschaft. [WDS]

Literatur: [1] HABERMAS, J. (1973): Legitimationsprobleme im Spätkapitalismus. – Frankfurt. [2] GIDDENS, A. (1992): Die Konstitution der Gesellschaft. – Frankfurt, New York.

Sozialisation

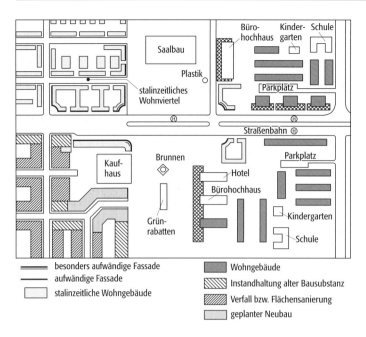

sozialistische Stadt: Plan eines Zentralbereichs einer sozialistischen Stadt der 1980er-Jahre.

Sozialisation, Anpassungsprozess eines Menschen an seine gesellschaftliche Umwelt. Die Sozialisation des Einzelnen erfolgt durch die Verinnerlichung (Enkulturation) von sozialen Fähigkeiten wie Sprache und Emotionen, von typischen Handlungsweisen und Handlungsmustern und von sozialen Werten der Gesellschaft. Allgemein wird zwischen der Primärsozialisation im Mikrosystem (Familie und Freunde) sowie der Sekundärsozialisation im Makrosystem (Schule, Arbeitsplatz, Verein, Gesellschaft) unterschieden. Neben der direkten Sozialisation spielt heutzutage die indirekte Sozialisation über Informations- und Massenmedien eine wesentliche Rolle. Die Sozialisation ist kulturell und sozialgruppenspezifisch; Untersuchungen haben zum Beispiel ergeben, das westlich orientierte Kinder durch frühe Stimuli schnell eigeninitiativ werden, dafür aber hohe Unsicherheiten im Umgang mit anderen zeigen, während indianische Kinder sich im Familienverband außergewöhnlich ruhig verhalten. Die Untersuchung von Sozialisationsprozessen ist in der ↗Geographie v. a. bei der Erfassung von ↗Lebenswelten, in der ↗Bildungsgeographie und in der ↗handlungstheoretischen Sozialgeographie relevant. [WDS]

sozialistische Stadt, Städte der sozialistischen Ära (Abb.), die nach folgenden Prinzipien gebaut bzw. ausgebaut wurden: a) Der Städtebau sollte (mit Prachtstraßen und Paradeplätzen) die Bedeutung des politischen Systems unterstreichen. b) Die städtebauliche Planung wurde in den Dienst des Systems gestellt und zentralisiert. Verstaatlichung von Grund und Boden beschränken die Planungsfreiheit und kanalisieren Planungen in die vorgegebene Richtung. c) Für die allgemeine Bevölkerung wurden in den Stadtregionen ausgedehnte Freiflächen als Erholungs- und Zweitwohngebiete ausgewiesen. d) Die Privatsphäre wurde in der Stadtplanung grundsätzlich den staatlichen Interessen untergeordnet. e) Die Trennung der Funktionen Wohnen (in Großwohnanlagen) und Arbeiten wurde durch ein öffentliches Verkehrsnetz für den Pendlerverkehr unterstützt. f) Der Umgang mit dem alten Baubestand aus kapitalistischer und imperialistischer Zeit wurde unterschiedlich gehandhabt und reichte von Erhalt (z. B. Moskau) bis zum Abbruch und Neubau (Berlin). [RS/SE]

Sozialökologie, beschäftigt sich mit den räumlichen Mustern gesellschaftlicher Verhältnisse, einschließlich ihres Wandels. Der sozialökologische Untersuchungsansatz versucht, sie in Anlehnung an die Ökologie (↗Nachbarschaft) auf der Grundlage dreier Interaktionsformen zwischen Individuen und Gruppen (Konkurrenz bzw. ↗Wettbewerb, ↗Anpassung, ↗Assimilation) zu erklären. Sie steht somit an der Schnittstelle zwischen Soziologie und ↗Geographie. Die Sozialökologie, deren Begründer ↗Park war, entstand um 1920 in Chicago (↗Chicagoer Schule der Soziologie), wo die damals außerordentliche städtische Expansion aufgrund der Industrialisierung und Immigration aus Europa sowie aus den Südstaaten der USA das Forschungsinteresse der Mitarbeiter der »Chicago School of Sociology« auf die Dynamik der innerstädtischen Differenzierung lenkte. Ausgehend von den drei Axiomen, dass soziale und räumliche Beziehungen korrelieren, die Entfernung zweier Standorte als Maß für die soziale Distanz zwischen Individuen beziehungsweise Gruppen gelten kann, dass Umwelt im weitesten Sinne und gesellschaftliche Struktur Teil eines umfassenden Komplexes sind, untersuchten Sozialökologen räumliche Muster (↗Sozialraumanalyse) und ihre Veränderungen anhand folgender Prozesse: Expansion als räumliche Ausdehnung von Nutzungen oder von ganzen Gebieten, Konzentration und Dispersion, *Zentralisation* als Prozess der Konzentration von Nutzungen, ↗Dezentralisierung als Verlagerung von Funktionen aus einem Zeitraum in mehrere Teilgebiete, ↗Invasion, ↗Sukzession, Dominanz und ↗Segregation. [PG]

Sozialraumanalyse, *social area analysis*, entwickelte sich aus der ↗Sozialökologie und hat die Klassifikation städtischer Teilgebiete zum Ziel. Ausgehend von einer fortschreitenden Arbeitsteilung und Komplexität der Industriegesellschaft werden drei Konstrukte abgeleitet, die als elementar zur Analyse räumlicher und sozialer Veränderungen in Städten angesehen werden: social rank (economic status), urbanization (family status), segregation (ethnic status). Diesen drei Faktoren werden spezifische Variablen zugeordnet, deren räumliche Verteilung auf der Basis von Verwaltungseinheiten analysiert werden. So wurde der Grundstein gelegt für systematische Vergleiche der ↗innerstädtischen Differenzierung, bei der sich drei Muster überlagern: sektoral (sozioökonomischer Rang), konzentrisch (Familienstatus) und zellenförmig (ethnischer Status) (↗Stadtstrukturmodelle).

Sozialsegregation ↗Segregation.

Farbtafelteil

Plantagenwirtschaft 1: Mechanisierte Ananasernte auf Maui, Hawaii.

Plantagenwirtschaft 2: Transportlift auf Bananenpflanzung bei Limón, Costa Rica.

Plantagenwirtschaft 3: Manuelle Zuckerrohrernte auf Viti Levu, Fiji.

Plantagenwirtschaft 4: Mechanisierte Zuckerrohrernte auf Kauai, Hawai.

Plantagenwirtschaft 5: Biologische Kaffeeplantage mit Schatttenbäumen und Kompost im Soconsuco, Mexico.

Plantagenwirtschaft 6: Chemotechnische Kaffeeplantage bei Turrialba, Costa Rica.

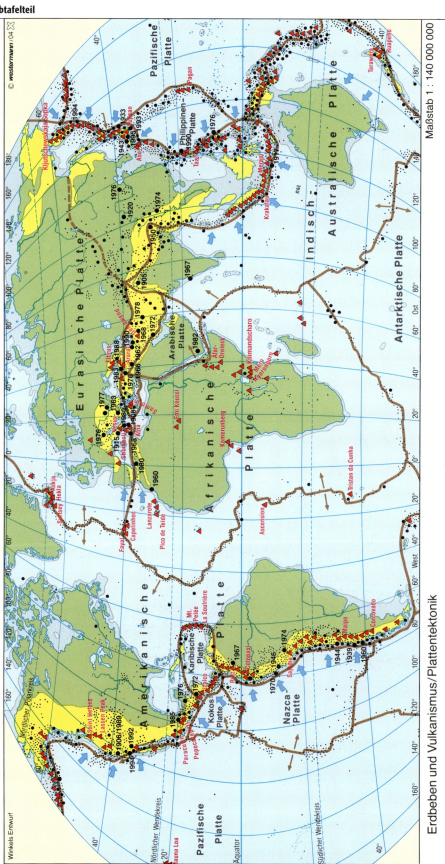

Farbtafelteil

Polsterpflanzen: Fast 2 m hohes Hartkugelpolster der "llareta" in Nordchile bei 4600 m NN.

Puna 1: Graspuna mit Horstgräsern (*Festuca chrysophylla*) in 4400 m NN in Nordchile.

Puna 2: Dornpolsterpuna mit *Opuntia atacamensis* vor dem Licancabur bei 3500 m NN.

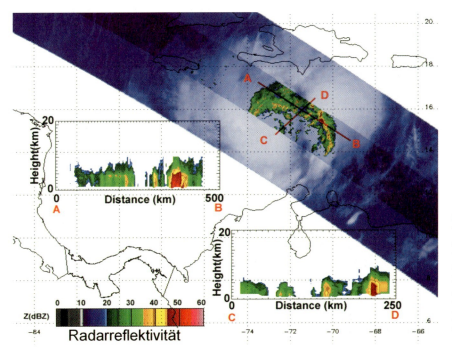

Radar-Niederschlagsmessung 3: TRMM-Aufnahme (PR-Sensor) des Hurrikans Lenny vom 16.11.1999, 0:45 UTC, südlich der Dominikanischen Republik. Zu erkennen sind die Horizontalaufnahme sowie zwei Vertikalprofile der Radarreflektivität Z durch den PR-Sensor.

Farbtafelteil

Raueis 1: Raueisbelag in Karlsruhe, 25.12.1996, 10.30 MEZ.

Raueis 2: Nadeleis im Lonetal (Schwäbische Alb), 7.1.1990, 13.30 MEZ.

Savanne 1: Termitensavanne in Namibia.

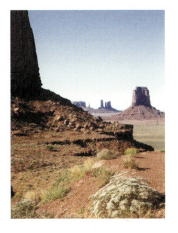

Schichtstufe 2: Schichtstufe im Hintergrund und Schichtkamm davor am Djebl Bliji, Südtunesien.

Schichtstufen 3: Zeugenberge in Arizona.

Schichtstufe 4: Schichtkämme im umlaufenden Streichen in der Atacama, Nordchile.

Schopfbäume: Espeletien als typische Schopfrosetten-Pflanzen im kolumbianischen Páramo (Nationalpark Los Nevados, 3900m NN).

Solifluktion: Solifluktionslobe im oberen Beiardalen, Nordnorwegen.

Steppen 2: "Mixed grass prairie" im Badlands-Nationalpark, USA.

Sukzession 1: Primärsukzession auf einem Lavastrom an der Mauna-Loa-Ostflanke (Hawai). Risse in der glasierten Oberfläche bieten Ansatzpunkte für die initiale Vegetationsentwicklung. Typische Erstbesiedler sind der Farn *Nephrolepis exaltata* und der auf Hawai weit verbreitete Eisenholzbaum (*Metrosideros polymorpha*).

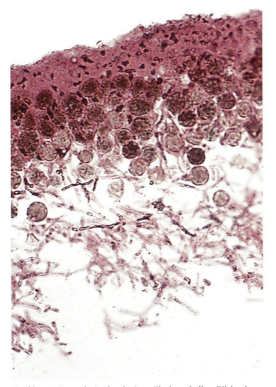

Symbiose 1: Querschnitt durch einen Flechtenthallus, Pilzhyphen oben (außen), darunter Algenzellen.

Symbiose 2: Bartflechten (*Usnea*) in einem Reinluftgebiet (nördlicher Schwarzwald)

Talmäander: Talmäander-Schleife im Gooseneck State Park, Utah.

Terrasse 2: Flussterrassen an einer Flussmündung im Schwemmfächer bei Kasbeki, Georgien.

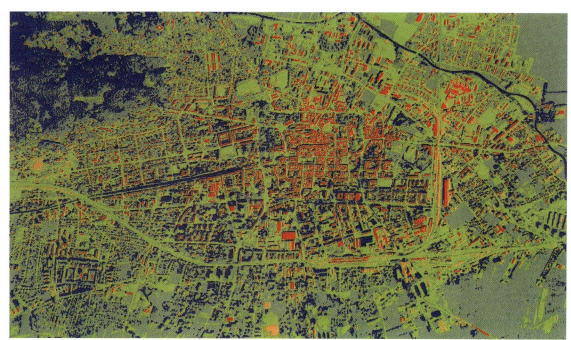

Thermisches Infrarot: Strahlungstemperaturbild der Stadt Klagenfurt und ihrer Umgebung in fünf Temperaturintervallen, aufgenommen um die Mittagszeit mit einer Bodenauflösung von 2 x 2 m. Dachflächen und offene Böden (rot) haben sich bis zur Mittagszeit am stärksten aufgeheizt, Baumgruppen und Wasserflächen sind um diese Zeit dagegen relativ kühl (blau) (blau<20°C, blaugrün=20-23,3°C, grün=23,4-26,6°C, orange=26,7-30°C, rot>30°C.).

Tombolo: Ein Tombolo verbindet zwei Inseln miteinander (Elaphonisos, südliches Griechenland).

Torf: Torfstich im Teufelsmoor mit Weißtorf (oben) und Schwarztorf (unten).

Trottoir: Trottoir aus Kalkalgen und Wurmschnecken an einer senkrechten Felsküste im Südosten Zyperns.

Tundra 1: Moos-Tundra inmitten der Frostschuttzone auf Spitzbergen.

Farbtafelteil

Vulkan 1: Flach ansteigender Schildvulkan des 4245 m hohen Mauna Kea, Hawaii.

Vulkan 3: Steil aufragender Stratovulkan des 970 m hohen Stromboli, Süditalien.

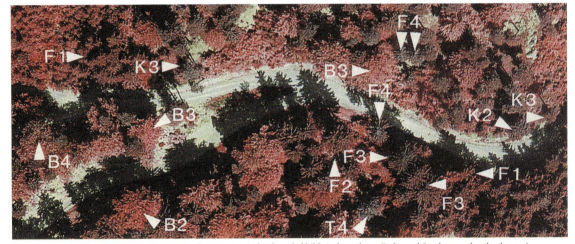

Waldschadenserhebung: Kronenzustand von Einzelbäumen im Farbinfrarotluftbild. Aufgrund von Farb- und Strukturmerkmalen kann ein geschulter Interpret die Baumkronen (F=Fichte, B=Rotbuche, T=Tanne) nach ihren Schadensstufen (1=sehr gut bis 4=absterbend) einordnen. Geschädigte Laubbäume erscheinen im Luftbild hellrot (Rotbuche), geschädigte Nadelbäume mit deutlich strahligen Hauptästen. Aufnahmezeitpunkt: Hochsommer, Bildmaßstab: 1:6000.

Wolken 2: Wolkengattungen

hohe Wolken:
a) Cirrus, **b)** Cirrocumulus, **c)** Cirrostratus;

mittelhohe Wolken:
d) Altocumuls, **e)** Altostratus;

niedrige Wolken:
f) Stratocumulus, **g)** Stratus;

Wolken mit großer vertikaler Erstreckung:
h) Nimbostratus, **i)** Cumulus, **j)** Cumulonimbus

a)

b)

c)

d)

e)

f)

g)

h)

i)

j)

Sozialwissenschaften, *Gesellschaftswissenschaften*, Sammelbezeichnung für alle wissenschaftlichen Disziplinen, die auf die theoretische Erschließung und empirische Erforschung menschlicher ↗Gesellschaften ausgerichtet sind. Sozialwissenschaften wird in der jüngeren Zeit auch häufig als Synonym für Geisteswissenschaften verwendet. Zu den Sozialwissenschaften sind neben der von Auguste Comte (1798–1857) begründeten modernen wissenschaftlichen Soziologie die Rechtswissenschaft, Sozialpsychologie, sprachwissenschaftliche Soziolinguistik, Sozialanthropologie, Pädagogik/Didaktik, Politologie, Sozialgeschichte, aber auch die ↗Sozialgeographie und die ↗Politische Geographie zu zählen. Die sozialwissenschaftliche Forschung ist in hohem Maße interdisziplinär angelegt und weist starke Überschneidungen mit den Kulturwissenschaften und den Wirtschaftswissenschaften auf.

sozialwissenschaftliche Modelle, rational-konzeptionelle Schemata, welche, unter der Vorgabe idealtypischer Annahmen, Gedankenexperimente ermöglichen sollen. Sie sollen einen thematisch relevanten Ausschnitt der sozialen Wirklichkeit vereinfachend wiedergeben. Die thematisch nicht relevanten Aspekte der sozialen Wirklichkeit sind zu vernachlässigen. Daher können sie auch nicht als verfehlt betrachtet werden, wenn sie die Realität nicht vollständig abbilden. Sie sollen aber trotzdem ausreichend wirklichkeitsnah sein, damit sie angemessene Ordnungsschemata und erfolgreiche Suchraster abgeben können. Die Rolle der sozialwissenschaftlichen Modelle ist durchaus mit dem ↗Experiment in den ↗Naturwissenschaften vergleichbar, denn beide sind wesentliche Mittel der Theoriebildung, sollten aber nicht mit einer ↗Theorie an sich verwechselt werden. Die anhand eines Modells durchgeführten Gedankenexperimente können zu Entdeckungen (↗Entdeckungszusammenhang) und Fragen führen, die später zu Leitgesichtspunkten der empirischen Forschung werden. Mit anderen Worten ausgedrückt: Die Aufgabe der sozialwissenschaftlichen Modelle ist es auch, der empirischen Forschung neue ↗Hypothesen zur Verfügung zu stellen. Diese Bedeutung der Modelle ist als ihre heuristische Funktion im entsprechenden Forschungsprozess zu bezeichnen. Dies ist z. B. auch die Bedeutung der klassischen Standortmodelle (↗Standorttheorie, ↗Standortentscheidungen) von Johann Heinrich v. ↗Thünen und Alfred ↗Weber.

Sozialwissenschaftliche Modelle beziehen sich im Allgemeinen auf die (Re-) Konstruktion von Akteuren, Handlungsabläufen, sozialen Konstellationen oder von zu erwartenden Resultaten sozialer Prozesse. Das bekannteste sozialwissenschaftliche Modell stellt der ↗Homo oeconomicus dar. Es bildet u. a. die Grundlage für Walter ↗Christallers ↗Zentrale-Orte-Konzept. [BW]

Soziation [von lateinisch sociatio = Vereinigung], (*Pflanzen-*) *verein*, Grundeinheit der Vegetationstypisierung nach der Nordischen (Uppsala-) Schule. Die Klassifizierung erfolgt nach dominierenden und steten Arten, nicht nach Charakterarten und ↗Differenzialarten. In floristisch armen Gebieten (Nadelwaldgebiete Skandinaviens, Halbwüsten) oder bei artenarmen Beständen (↗Salzwiesen) entsprechen sich Soziation und ↗Assoziation weitgehend. ↗Pflanzensoziologie, ↗Synusie.

Soziologie, *Gesellschaftswissenschaft*, Wissenschaft, die die Bedingungen und Formen menschlichen Zusammenlebens, die komplexen Struktur- und Funktionszusammenhänge der Gesellschaft und ihrer Institutionen in der geschichtlichen Entwicklung und in der Gegenwart systematisch untersucht und beschreibt.

soziologische Pflanzengeographie ↗*Pflanzensoziologie*.

soziologische Progression, Ordnungsprinzip von Vegetationstypen meist in Klassen des pflanzensoziologischen Systems (↗Pflanzensoziologie) nach zunehmender floristischer Vielfalt, struktureller Komplexität, biotischer Interaktion und ökosysteminterner Homöostase; beginnt mit treibenden einschichtigen Wasserpflanzengesellschaften und endet mit mehrschichtigen Waldgesellschaften mit ausgeprägtem Bestandsklima.

Spalierstrauch ↗*Raunkiaer'sche Lebensformen*.

Spaltenfüllungen, die Verfüllung ehemaliger ↗Gletscherspalten mit ↗Sediment in der Abschmelzphase des ↗Gletschers. Zum einen kann Schmelzwasser lang gestreckte ↗Kames aufschütten, zum anderen kann unter der Auflast des Eises wassergesättigtes Moränenmaterial von unten her in die Spalten eingepresst werden, was zu einem gitterartigen System von Lehmmauern führen kann. Nachträgliche Erosion erzeugt in beiden Fällen ein leicht kuppiges Relief.

Spaltenpflanzen ↗*Felswurzler*.

Spaltöffnungen, *Stomata*, regulierbare Gas-Diffusionswege eines Blattes (oder auch an Sprossen krautiger Pflanzen). Spaltöffnungen bestehen aus zwei Schließzellen, die je nach ihrer Turgeszenz einen Spalt freilassen oder diesen verschließen (Abb.). Durch den Spalt ist der Austausch von CO_2, O_2 und Wasserdampf (↗Transpiration) möglich. Die Regulierung der Spaltöffnung erfolgt in Abhängigkeit vom Wasserzustand des Blattes, der Temperatur, Luftfeuchtigkeit und der Belichtung nach einem komplexen Regelkreis. Physiologisch ist zur Spaltöffnung die aktive Aufnahme von Ionen in die Schließzellen und die Bildung von organischen Säuren erforderlich. Die dadurch bedingte Erhöhung des osmotischen Potenzials führt zum Wassereinstrom in die Schließzellen. Spaltöffnungen sind häufig an der Unterseite der Blätter angeordnet, bei Wasserpflanzen mit Schwimmblättern an der Oberseite. Jedoch sind auch Blätter mit Spaltöffnungen auf beiden Blattseiten nicht selten. [MSe]

Spaltspurendatierung ↗*fission track*.

Spannweite ↗*Streuungsparameter*.

Sparagmite, besonders in Norwegen verbreitete spätproterozoische Sandsteine mit vielen frischen ↗Feldspäten, charakteristisch für den kaledonischen Orogenbereich.

Spätfrost, im Frühjahr auftretende Frostereignisse. Durch vorangegangene Perioden relativer

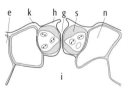

Spaltöffnungen: Schema einer Spaltöffnung (Blattquerschnitt; k = Cutikula, h = Cutikularhörnchen, s = Schließzelle mit auffallender Wandverdickung, g = Spalt, n = Nebenzelle, e = Epidermiszelle, i = substomatäre Interzellulare zum Gasaustausch).

Wärme kann die ↗Kälteresistenz von Pflanzen bereits wieder reduziert sein, sodass es zu Kälteschäden kommt. Diese zeigen sich im Zurückfrieren jüngerer Sprossabschnitte, erhöhte Schädlingsanfälligkeit, Blühausfall. Kälteschäden können auch an bereits aus der Winterruhe entlassenen Winterknospen entstehen, die ihre Frosthärte und den Schutz vor Dehydratation durch die derben Knospenschuppen verloren haben. Spätfrostgefährdet sind vor allem Pflanzen wärmerer Wuchsgebiete, die an der Grenze oder jenseits ihres natürlichen Verbreitungsgebietes wachsen.

spatial analysis, *räumliche Analyse*, 1) Sammelbegriff für Verfahren und Techniken zur Untersuchung räumlicher Phänomene, Objekte und Prozesse in einem ↗GIS. 2) Forschungsansatz innerhalb der ↗Quantitativen Geographie, in der die Beschreibung, Analyse und Modellierung formaler räumlicher (geometrischer, topologischer) Strukturen im Mittelpunkt steht. Ein wesentlicher Bestandteil innerhalb dieses Ansatzes ist zudem die Entwicklung und Evaluation von Methoden, um die oben angesprochenen Aufgaben durchführen zu können.

spatial behavior, bezeichnet im Rahmen der ↗verhaltenstheoretischen Sozialgeographie alle kognitiven (↗Kognition) Beziehungen zu einem räumlichen Ausschnitt bzw. alle Raumvorstellungen eines Menschen. Dies zeigt sich etwa in individuell unterschiedlichen Einschätzungen der Entfernungen zwischen Standorten oder in unterschiedlichen Einstellungen gegenüber bestimmten Räumen. Dabei wird hier von der These ausgegangen, dass die kognitive Raumrepräsentation das Verhalten im Raum beeinflusst. Wie man sich im Raum verhält, hängt damit wesentlich von der kognitiven Raumrepräsentation ab.

spatial data, ↗*geographische Daten*.

spatial query ↗*Abfrage geographischer Daten*.

Spätmoderne, zentraler Begriff der ↗Strukturationstheorie und der ↗handlungstheoretischen Sozialgeographie zur Charakterisierung der derzeit aktuellen gesellschaftlichen Lebensbedingungen und -verhältnisse. Im Gegensatz zum Begriff ↗Postmoderne wird davon ausgegangen, dass die Gegenwart als eine Konsequenz der ↗Moderne, der Aufklärung, zu begreifen ist bzw. als eine radikalisierte Moderne und nicht als eine Epoche, welche deren Grundprinzipien nicht mehr teilt. Die Spätmoderne ist zu charakterisieren als ein post-traditionales (↗Tradition) Zeitalter, das sich gegenüber der ↗Prämoderne vor allem durch drei Diskontinuitäten auszeichnet: erstens die Geschwindigkeit der gesellschaftlichen Transformation, bzw. des ↗sozialen Wandels, zweitens die Reichweite des Wandels, der nun alle Erdgegenden in faktischer Gleichzeitigkeit erfassen kann und drittens die institutionalisierte Reflexivität, das ständige kritische Hinterfragen der eigenen Handlungsweisen. Diese drei Dimensionen werden als untereinander eng verwoben betrachtet. Der Rhythmus des Wandels ist direkt mit seiner Reichweite verknüpft und schließlich auch mit dem Maß der Reflexivität, das die institutionalisierte Praxis voraussetzt. Alle drei Dimensionen beruhen gegenüber prämodernen Verhältnissen auf einer Neubestimmung des Verhältnisses von Gesellschaft, Raum und Zeit.[BW]

Spedition, Unternehmen zur Vermittlung und Organisation des Güterversands mithilfe von Frachtführern (Eisenbahnen, Güterkraftverkehrsgewerbe, Reedereien, Luftverkehrsgesellschaften), die den eigentlichen Transportvorgang abwickeln. Mehr als die Hälfte der Speditionsbetriebe in Deutschland verfügt über eigene Lkw und führt Transporte selbst durch (Spediteure mit Selbsteintritt). Speditionen sind zumeist auf bestimmte ↗Verkehrsträger (z. B. Luftfracht), Funktionen (z. B. ↗KEP-Dienste), Gütergruppen (z. B. Möbel) oder Standorte bzw. Gebiete ihrer Tätigkeit spezialisiert. Dienstleistungen im Bereich der ↗Logistik werden immer bedeutsamer.

Speiloch ↗*Karsthydrologie*.

Spektralanalyse, statistisches Verfahren zur Analyse stochastischer zeit-varianter Prozesse bzw. raum-varianter Strukturen mit dem Ziel, die Varianz in Anteile, die verschiedenen Frequenzbereichen zuzuordnen sind, zu zerlegen. Hierbei ist unter Frequenz die Anzahl der Zyklen (Perioden bzw. Wellenlängen) pro Zeit- bzw. Raumschritt zu verstehen. Vereinfacht dargestellt wird dazu die betreffende ↗Zeitreihe bzw. ↗Raumreihe mithilfe der ↗Fourieranalyse durch eine Reihe von trigonometrischen Funktionen mit kontinuierlich zunehmender Frequenz approximiert; die zugehörigen erklärten Varianzanteile ergeben in ihrer frequenzspezifischen Anordnung eine Schätzung des (Varianz-) Spektrums des stochastischen Prozesses. In der Klimatologie wird die Spektralanalyse zur Untersuchung nicht zufallsartiger Schwankungen klimatologischer Variablen wie Temperatur und Niederschlag benutzt.

Spektralband ↗*Spektralbereich*.

Spektralbanden, kennzeichnen in der Klimatologie relativ schmale Wellenlängenbereiche, innerhalb derer atmosphärische Gase absorbieren und emittieren. Während die spektrale Verteilung der

Spektralbereich 1: Spektralbereiche und Einsatzbereiche von Fernerkundungssystemen.

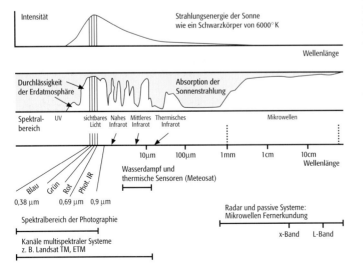

Strahlungsflussdichten im Falle der Sonnenstrahlung kontinuierlich ist, zeigen die spektralen Verteilungen der Strahlungsflussdichten atmosphärischer Gase diskrete Spektren, die aus einer oder mehreren Banden bestehen.

Spektralbereich, Ausschnitt aus dem ↗Strahlungsspektrum. Multispektrale ↗Scanner erfassen elektromagnetische Strahlung in verschiedenen Spektralbereichen, man spricht von einzelnen *Spektralkanälen* oder *Spektralbändern* (auch *Kanäle* oder *Bänder*). Für die geographische ↗Fernerkundung bedeutend sind die Spektralbereiche des sichtbaren Lichtes, des Nahen Infrarot sowie des Mittleren Infrarot und gegebenenfalls jene des Thermischen Infrarot sowie der Mikrowellen-Radiometrie (Abb. 1). Verschiedene Landoberflächen reflektieren je nach Spektralbereich unterschiedlich (Abb. 2, ↗spektrale Signaturen), dies macht sich die Fernerkundung zu Nutze, indem die Kanäle gerade in den Spektralbereichen aufnehmen, in denen die größten relativen Unterschiede vorhanden sind. Die Abbildung 3 zeigt die 7 Spektralbereiche des ↗Erdbeobachtungssatelliten ↗Landsat TM und deren Anwendungsbereiche. [MS]

spektrale Auflösung ↗Auflösung.

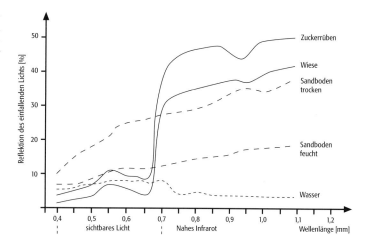

Spektralbereich 2: Reflexionseigenschaften ausgewählter Oberflächen in den Spektralbereichen 0,4–1,2 μm.

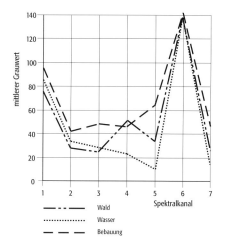

spektrale Signatur, Reflexionscharakteristik von Oberflächen in verschiedenen ↗Spektralbereichen in der ↗Fernerkundung (Abb.). Je höher die spektrale ↗Auflösung eines Fernerkundungssystems ist, um so eindeutiger sind verschiedene Landoberflächen voneinander zu unterscheiden. Oft kommen Signaturen nicht in einer reinen Form im Bild vor (nur Wald, Siedlung oder Wiese) sondern überlagern sich zu Mischsignaturen. Weiterhin ist eine Spektralsignatur (z.B. von Waldgebieten) durch unterschiedliche Aufnahmebedingungen (Feuchtigkeit, atmosphärische Verhältnisse, Beleuchtung, Relief) in jeder Satellitenbildszene bzw. auch in der Szene selbst unterschiedlich, sodass die Spektralsignatur durch ↗Trainingsgebiete an Hand der jeweiligen Aufnahme im Rahmen einer ↗überwachten Klassifizierung bestimmt werden muss.

Spektralkanal ↗Spektralbereich.

Spektrozonalfilm, Farbnegativfilm der russischen photographischen Erdbeobachtung mit je einer photochemisch empfindlichen Filmschicht im Nahen Infrarot und im Bereich des sichtbaren Lichtes (↗Spektralbereich, ↗Strahlungsspektrum). Der Spektrozonalfilm wurde z.B. in der KFA 1000 verwendet (↗KFA 1000 Abbildung im Farbtafelteil).

Spermatophyten, *Samenpflanzen*, *Phanerogamen*, *Blütenpflanzen*, zu denen die *Nacktsamer* (*Gymnospermen*) und *Bedecktsamer* (*Angiospermen*) gehören, nicht jedoch ↗Farnpflanzen und ↗Moose, die Sporen bilden (↗Systematik). Bei Bedecktsamern (Angiospermen) entwickelt sich der Samen aus einer im Fruchtknoten eingeschlossenen Samenanlage. Der Fruchtknoten wird zur Frucht. Bei Gymnospermen liegt die Sa-

spektrale Signatur: Spektrale Signatur von Wald, Wasser und Bebauung in einer Landsat TM-Szene.

Spektralbereich 3: Spektralkanäle von Landsat TM und ihre Anwendungsbereiche.

Spektralkanäle TM	Anwendungsbereiche
Band 1 0,45–0,52 μm (blau)	Wasserflächen (dunkel) und ihre Differenzierung, Differenzierung von Boden/Vegetation, häufig vergleichsweise kontrastarme Daten
Band 2 0,52–0,60 μm (grün)	Reflexion von Vegetation, Differenzierung Vegetation/Siedlungsflächen
Band 3 0,63–0,69 μm (rot)	Bestandteil des Vegetationsindex (geringe Reflexion von gesunder, Chlorophyll produzierender Vegetation), Differenzierung von Petrographie und Böden, kontrastreiche Daten
Band 4 0,76–0,90 μm (Nahes Infrarot)	Bestandteil des Vegetationsindex (starke Reflexion gesunder Vegetation), Biomassenabschätzung
Band 5 1,55–1,74 μm (Mittleres Infrarot)	Bodenfeuchte, Wassergehalt in Pflanzen
Band 6 2,08–2,35 μm (Mittleres Infrarot)	Boden und Gesteinsdifferenzierung, Bodenfeuchte, Wassergehalt in Pflanzen
Band 7 10,4–12,5 μm (Thermales Infrarot)	Temperaturdifferenzierung, Nachtflugdaten, Wolkenmaskierung

Spethmann, Hans

spezifische Wärme: Spezifische Wärmekapazität [J/(kg K)] ausgewählter Stoffe.

menanlage offen auf einer Samenschuppe, die häufig in Zapfen beieinander stehen (außer z. B. bei *Ginkgo, Taxus, Ephedra, Gnetum*).
Sperrschicht ↗Inversion.
Spethmann, Hans, deutscher Geograph, geb. 11.12.1885 Lübeck, gest. 20.3.1957 Lübeck. Er studierte Geologie und Geographie in Zürich, Berlin, Kiel und Freiburg, promovierte 1909 in Kiel mit einer Arbeit über »Vulkanologische Forschungen im östlichen Zentralisland« und habilitierte sich in Berlin über »Strom und Salzgehalt in der Beltsee und im Sunde«. Seit 1921 war er als Syndikus des Bergbauvereins in Essen tätig und beschäftigte sich hauptsächlich mit der Landeskunde des Ruhrgebiets (»Die Großwirtschaft an der Ruhr«, 1925; »12 Jahre Ruhrbergbau 1912 bis 1925,« 5 Bde. 1928–1931; »Das Ruhrgebiet im Wechselspiel von Land und Leuten, Wirtschaft, Technik und Politik«, 3 Bde. 1933–1938). Die daraus erwachsene methodologische Auffassung publizierte er in zwei, teilweise ausgesprochen polemisch gehaltenen Abhandlungen (»Dynamische Länderkunde«, 1929; »Das länderkundliche Schema in der deutschen Geographie. Kämpfe um Fortschritt und Freiheit«, 1931), die eine heftige Auseinandersetzung um moderne Formen länderkundlicher Forschung und Darstellung nach sich zogen. Als Konsequenz aus seiner anhaltenden Kontroverse mit der Hochschulgeographie legt Spethmann 1938 seine Dozentur an der Universität zu Köln nieder. [UW]
Spezialisierung, 1) die Reduktion der Produktionsvielfalt in einem Betrieb durch Funktionsausgliederung (Outsourcing) von Produktions- und Verwaltungsbereichen an Dritte zur Vereinfachung der Betriebsorganisation und zur Kostensenkung. Dazu gehören der Lohnunternehmereinsatz, die Ausgliederung von Verwaltungsaufgaben (Buchführung), die Beteiligung an Erzeugergemeinschaften (Ein- und Verkauf), die Verkürzung der übernommenen Produktionsabschnitte und Aufteilung der Erzeugung auf mehrere Betriebe und die Kooperation mit anderen Unternehmen der ↗Wertschöpfungskette. 2) die innerbetriebliche Spezialisierung der einzelnen Arbeitskräfte auf bestimmte Aufgaben (nur in Großbetrieben konsequent durchführbar). Eine effiziente Produktions- und Arbeitsorganisation ermöglicht eine flexible Spezialisierung, die es erlaubt viele Produktvarianten in geringen Mengen rentabel herzustellen. Verbundvorteile (economies of scope) sind wichtiger als Größenvorteile (economies of scale).
Spezialisten, Pflanzen- und Tierarten, deren Neubildung auf eine Anpassung an außergewöhnliche Standortvorgaben beruht. Hierzu zählen Pflanzen, deren Vorkommen auf besondere Bodenverhältnisse konzentriert bleiben, etwa das Galmei-Veilchen auf zinkhaltigen Halden im Aachener Raum. Neben solchen endemischen Taxa sehr enger Verbreitung zeigen andere Spezialisten weitere Areale, in denen sie durchweg gleichermaßen punktuell auftreten. Zu unterscheiden sind hier Spezialisten, die ansonsten ungenutzte Ressourcen aufzuschließen vermögen von solchen, die an besondere Standortvoraussetzungen gebunden sind. Beide Typen beschränken sich aber auf Sonderbedingungen; Außenposten einer ansonsten weiter verbreiteten Art zählen nicht dazu (also etwa xerophile Arten auf Wärmeinseln im kühlen Umfeld).
Speziation, auf der Grundlage des Konzepts der biologischen Art (ausschließlich bei sexuell sich fortpflanzenden Organismen) die Bildung mehrerer Arten aus einer Art heraus durch die reproduktive Isolation von Teilpopulationen mit unterschiedlichen Genbeständen. Die Trennung der Populationen kann räumlich und durch geographische Ereignisse verursacht sein (*allopatrische Speziation*), oder Teilpopulationen im gleichen Areal isolieren sich aufgrund ökologischer Bedingungen (*sympatrische Speziation*). Unterschiedliche Genbestände können auch durch zufällige Abweichung in Struktur oder Verteilung genetischer Information, d.h. durch eine Störung des Gleichgewichts des genetischen Polymorphismus, z. B. in einer kolonisierenden Population, entstehen (Gründereffekt) und letzlich zu allopatrischer Speziation führen. ↗Artbildung, ↗Gründer-Prinzip.
spezielle Länderkunde, *besondere Länderkunde*, ↗Länderkunde.
Spezies ↗Art.
spezifische Feuchte ↗Luftfeuchte.
spezifische Gefrierwärme, Energie, die frei wird, wenn 1 kg Wasser gefriert. Die spezifische Gefrierwärme beträgt $0,3337 \cdot 10^6$ J/kg.
spezifische Schmelzwärme, *Schmelzenthalpie*, Energie, die verbraucht wird, um 1 kg Eis zu schmelzen. Die spezifische Schmelzwärme beträgt $0,3337 \cdot 10^6$ J/kg. ↗Schmelzpunkt.
spezifische Verdampfungswärme ↗Verdampfung.
spezifische Wärme, *spezifische Wärmekapazität*, Energie, die einer Masse von 1 kg zugeführt (abgegeben) werden muss, um deren Temperatur um 1 K zu erhöhen (erniedrigen) (Abb.). Zur Erwärmung von 1 kg Wasser ist im Vergleich zu 1 kg Luft etwa die vierfache Energiemenge notwendig. Je größer die spezifische Wärme eines Stoffes ist, desto größer ist diejenige Wärmemenge, die für eine Temperaturänderung um 1 K abgegeben/zugeführt werden muss. Bei atmosphärischen Gasen wie Luft kann die Zufuhr von Energie sowohl zur Erhöhung der inneren Energie

Materie	spezifische Wärmekapazität [J/(kg K)]
Sandboden, Porenvolumen 40 %, trocken	800
Sandboden, Porenvolumen 40 %, gesättigt	1480
Tonboden, Porenvolumen 40 %, trocken	890
Tonboden, Porenvolumen 40 %, gesättigt	1550
Torf, Porenvolumen 80 %, trocken	1920
Torf, Porenvolumen 80 %, gesättigt	3650
Neuschnee	2090
alter Schnee	2090
reines Eis	2100
Wasser	4180
trockene Luft bei konstantem Druck (isobare Zustandsänderung)	1005
trockene Luft bei konstantem Volumen (isochore Zustandsänderung)	715

(Temperatur) als auch zur Verrichtung von Arbeit (Volumenausdehnung) führen. Bei einer Temperaturänderung des Gases unter konstantem Volumen (*isochore Zustandsänderung*) gilt daher für trockene Luft eine andere Wärmekapazität als bei konstantem Druck (*isobare Zustandsänderung*).
spezifische Wärmekapazität ↗ *spezifische Wärme*.
Sphagnum-Moor ↗ *Moore*.
Sphäroidalverwitterung ↗ *Desquamation*.
Spill-over-Effekt, Übergreifen von Zielvorstellungen, Verhaltensweisen, Produktionstechniken, Leistungen etc. eines Sektors, einer Branche, eines Betriebs oder Raumes auf andere Einheiten. Positive Rückkopplungen in Form von Spill-over-Effekten werden besonders in solchen ↗ Entwicklungsmodellen postuliert, die eine ungleichgewichtige Entwicklung durch ↗ Entwicklungspole zum Inhalt haben.
spin-off, Firmengründung durch Mitarbeiter von Unternehmen oder Forschungseinrichtungen.
Spiriferen, vom Altpaläozoikum bis zum ↗ Jura verbreitete Gruppe der ↗ Brachiopoden und wichtiges ↗ Leitfossil im ↗ Devon (Abb.).

Spitzenentladung, elektrische Entladungsvorgänge an exponierten Körpern, insbesondere elektrischen Leitern. Ist der Krümmungsradius der Spitze sehr klein, z. B. bei Blitzfangstäben, dann entstehen auch bei relativ geringen Spannungen hohe Feldstärken, sodass es zu Gasentladungen mit der Luft kommt. Die häufigste sichtbare Form solcher Entladungen sind ↗ Elmsfeuer.
splash, Verlagerung von Teilchen durch die mechanische Wirkung, die vom Aufschlag eines ↗ Regentropfens ausgeht. Hierbei werden Partikel in alle Richtungen (also auch bergauf, wenn auch meist mit kürzeren Flugbahnen als bergab) von der Aufprallstelle weggeschleudert und ↗ Aggregate zerstört. Auch größere Fragmente bis über 2 mm Durchmesser können bewegt werden, wenn ein großer Tropfen günstig auftrifft.
spline, mathematische Funktion zur Glättung von Linien. Spline-Funktionen werden unter anderem zur Dateninterpolation (↗ Interpolation), zur visuellen Verbesserung von Grafiken (↗ smoothing) und zur Glättung von digitalisierten Vektordaten (↗ line smoothing, ↗ line weeding) eingesetzt.
split ↗ join.
Spodosols, Bodenordnung der US-amerikanischen ↗ Soil Taxonomy; nährstoffarme, stark saure Mineralböden aus quarzreichen, kalk- und silicatarmen Ausgangsgesteinen (z. B. Sandstein, Quarzit, Kieselschiefer, Schmelzwassersand, Flugsand). Kennzeichnend ist ein durch Lösungs- und Auswaschungsprozesse (↗ Podsolierung) entstandener, grau bis grauweißer ↗ E-Horizont oberhalb eines durch Einwaschung von Eisen, Mangan, Aluminium und Huminstoffen gekennzeichneten, rostroten bis schwarzen ↗ B-Horizonts innerhalb der oberen 200 cm Boden. Spodosols sind weit verbreitet in den kühl-gemäßigten, humiden Klimaregionen und entsprechen weitgehend den ↗ Podsolen der ↗ Deutschen Bodensystematik und den ↗ Podzols der ↗ FAO-Bodenklassifikation bzw. der ↗ WRB-Bodenklassifikation.
Spontanvegetation, *spontane Vegetation*, vor allem zur Bezeichnung initialer ↗ Sukzession nach anthropogenen Eingriffen verwendeter Begriff. Spontanvegetation steht meist im Gegensatz zu geplanter Vegetation und wird deshalb v. a. in der ↗ Stadtökologie zur Unterscheidung zwischen geplantem und spontanem, d. h. von selbst wachsendem Stadtgrün genannt. Als »Kampfbegriff gegen die totale Vergärtnerung des Stadtgrüns« bei seiner Verwendung oft politisch eingefärbt und dementsprechend unklar.
Sporen, sexuell oder asexuell entstandene Fortpflanzungs- oder Überdauerungszellen von ↗ Bakterien, ↗ Pilzen, ↗ Algen, ↗ Moosen und ↗ Farnpflanzen. Sporen besitzen meist eine sehr widerstandsfähige Sporenwand, die eine Überdauerung unter ungünstigen Bedingungen ermöglicht (Hitze, Kälte, Trockenheit). Die Sporen der Farne und Moose entstehen meiotisch in Sporangien der Sporophytengeneration. Die Meiosporen der Farne keimen zu haploiden, meist unscheinbaren und hinfälligen Gametophyten aus. Die Gametophyten der Moose sind die eigentlichen Moospflänzchen, der Sporophyt ist hier die meist gestielte Sporenkapsel. Die Gametophyten bilden Gameten, deren Verschmelzung wieder zu diploiden Organismen, den Sporophyten, führt (pflanzlicher Generationswechsel). Bei Bakterien entstehen die Sporen ungeschlechtlich, auch bei einigen Pilzen können ungeschlechtliche Sporen entstehen. [MSe]
Sporenpflanzen ↗ *Kryptogamen*.
Sporn, Begriff aus der Morphographie, bezeichnet einen im Grundriss meist schmalen und länglichen Vorsprung aus einer großen Vollform. Beispiel: ↗ Ausliegger einer ↗ Schichtstufe.
Spornbank, Bankform (↗ Bank) im Mündungsbereich eines Nebenflusses in ein größeres Fließgewässer. Mitgeführtes ↗ Geschiebematerial führt beim Zusammenfluss der Gewässer zur Bildung von ↗ Mündungsbänken und ↗ Kiesbänken, zwischen denen sich mehrere Fließrinnen ausbilden. Diese Bänke wachsen im Laufe der Zeit zusammen und bilden eine Spornbank aus. Dies kann durch ein Zuschütten der einzelnen Rinnen durch das selbst herantransportierte Geschiebe erfolgen. Oder eine in der Regel am geringsten vom stärker erosiv tätigen Gewässer entfernt gelegene Fließrinne stellt die schnellste Verbindung durch Erosion und damit den Anschluss an den Hauptstrom her. Diese Hauptrinne leitet fortan den gesamten Abfluss des Nebenflusses ab. Aus der Tiefenerosion der beiden Fließgewässer re-

Spiriferen: *Cyrtospirifer verneuilli* aus dem Oberdevon (Ansicht von ventral).

sultiert ein Absinken der Wasserspiegelhöhen, die ein Emporwachsen der Spornbank verstärken. Die Spornbank, die aus den ehemaligen Mündungs- und Kiesbänken mit Anschluss an das Ufer besteht, kann in ihrer Ausdehnung allmählich weiter in den Gerinnelauf hineinwachsen. [JSc]

Sporttourismus, ein durch Sport im weitesten Sinn motiviertes Segment der Tourismuswirtschaft, wobei Sport unter sporttouristischer Betrachtung als eine freiwillige, bewusste und einem Selbstzweck dienende körperliche Betätigung verstanden wird, die keine »notwendige« und »alltägliche« Bewegungsform darstellt. Motive für sportliche Aktivität können neben sportlichen Ambitionen auch Freude, Gesundheit, Geselligkeit oder Prestige sein. Im touristischen Kontext werden Sportarten bzw. sportliche Aktivitäten mit unterschiedlicher Bedeutung für die Wahl eines Reiseziels unterschieden: a) Sportarten, deren Ausübung möglicherweise ein Hauptmotiv für die Wahl des Reiseziels darstellen; b) Sportarten, die in der Regel nur eine Nebenbedeutung für die Wahl des Reiseziels haben und c) Sportarten, die (bisher) ohne touristische Bedeutung sind. Die Zuordnung der Sportarten zu diesen Kategorien ist allerdings durch die Diversifizierung und immer kürzeren Lebenszyklen der für die Reiseplanung relevanten Sportangebote einem ständigen Wandel unterworfen. Bei diesen Abgrenzungsproblemen müssen auch regionale Unterschiede in Bezug auf die touristisch Bedeutung einzelner Sportarten berücksichtigt werden (z. B. ist Flyfishing in den USA ein Volkssport, in Deutschland nahezu unbekannt). Das Reiseverhalten von Sporttouristen ist Ergebnis einer Reihe von Teilentscheidungen im Rahmen der ↗Reiseentscheidung. Am wichtigsten ist dabei die Entscheidung über Zeitpunkt, Dauer und Ziel der Reise, wobei das Zielgebiet durch die angebotene Infrastruktur zur nachgefragten Sportart bestimmt wird. Von nachrangiger Bedeutung in der sporttouristischen Reiseentscheidung sind Preis, Beherbergung, Verkehrsmittel und Organisationsform. Für die zukünftige Entwicklung im Marktsegment Sporttourismus sind folgende Trends absehbar: a) weitere Differenzierung von Sportarten, Sportgeräten und Sporträumen; b) verstärktes Streben nach Erlebnis, kalkulierbarem Risiko und Abenteuer; c) zunehmende Bedeutung künstlicher Funsportwelten und d) zunehmende Bedeutung von Freizeitparks, in denen neben Entertainment und Erlebnis auch Platz für Entspannung, Fitness und sportliche Aktivitäten ist. [JSc]

SPOT, *System Probatoire d'Observation de la Terre*, französische Erdbeobachtungssatelliten, seit 1986 in fastpolarem, sonnensynchronen Orbit (↗polarumlaufender Satellit) in einer Höhe von 822 km, ausgestattet mit einem ↗optoelektronischen Abtastsystem. Die ersten 3 Satelliten wurden mit den HRV-Sensoren (Haute Rèsolution Visible) ausgestattet. Die SPOT-↗Sensoren können wahlweise im multispektralen XS-Modus oder im Pan-Modus Daten aufzeichnen. Die Aufnahmerichtung der Sensoren kann durch einen quer zur Bahnrichtung neigbaren Spiegel mit maximaler Auslenkung von 27° verändert werden. Dies ermöglicht eine höhere Wiederholrate und Aufnahmen je nach Bewölkung. Durch unterschiedliche Neigungswinkel der Datenaufnahme wird es außerdem ermöglicht, das gleiche Gebiet bei Befliegung an aufeinanderfolgenden Tagen aus zwei unterschiedlichen Richtungen aufzunehmen und damit Stereobilder zu gewinnen. Auf SPOT-4 (seit 1998 im Orbit) ist ein modifizierter HRV-Sensor im Einsatz. Der neue HRVIR (Haute Résolution Visible et Infra-Rouge) hat im XS-Modus einen vierten Spektralkanal im Bereich des kurzwelligen Infrarot bei 1,58–1,75 μm zur Verfügung. Ein weiterer Sensor an Bord von SPOT-4 ist das VEGETATION-Instrument. Es hat ein Abtastspurbreite von 2200 km und eine geometrische ↗Auflösung am Boden von ca. 1 km. Es nutzt die Spektralkanäle 2,3,4 des HRVIR und einen Kanal »0« im Bereich 0,43–0,47 μm für ozeanographische Anwendungen und für atmosphärische Korrekturen.

Sprache, Vorrat von sinnlich wahrnehmbaren Zeichen, die durch Grammatik miteinander verbunden der schriftlichen und mündlichen Kommunikation dienen. Die Sprachen haben sich seit 150.000 Jahren auf ihr jetziges Niveau entwickelt, wobei umstritten bleibt, ob es einen oder mehrere Ursprünge gibt. Gegenwärtig werden etwa 5000 Sprachen gesprochen, einige von über 100 Mio. Menschen, andere nur von wenigen Hundert. Ähnliche Sprachen werden zu *Sprachfamilien* zusammengefasst. Die größte davon ist die indogermanische (z. B. albanisch, armenisch, baltisch, germanisch, griechisch, romanisch, slawisch, indoarisch wie Hindi), gefolgt von der sinotibetischen Sprachfamilie (Ost- und Südostasien). In der ↗Geographie standen zunächst Sprachkartierungen im Mittelpunkt des Interesses, dann die Unterschiede innerhalb von Sprachräumen und der Wandel bestimmter sprachlicher Formen. Analysiert wurden vor allem die räumliche Verteilung linguistischer Probleme. In neuerer Zeit untersucht man in der ↗Kulturgeographie und in angrenzenden Wissenschaften (z. B. ↗Ethnographie, ↗Ethnomethodologie) verstärkt das Verhältnis zwischen Sprache und Gesellschaft. So konnte man am Beispiel nordindischer Dörfer belegen, dass sprachliche Unterschiede eindeutig soziale Gruppierungen reflektierten. Sprache kann aber auch als Machtmittel zur Diskriminierung einer Minderheit eingesetzt werden wie etwa in den baltischen Staaten nach dem Zusammenbruch des Warschauer Paktes mit einer rigoros antirussischen Sprachpolitik. Dies förderte die Ausgrenzung und ↗Segregation der russisch sprechenden Gruppe (↗Ethnie) und behindert die Integration von Minderheiten in den neu gegründeten Staaten. Das Beispiel belegt aber auch die gemeinschaftsbildende Kraft, die Sprache in sich birgt, und damit die kollektive Identität, die sie vermitteln kann. [PG]

Sprachfamilie ↗Sprache.

Sprachraum, *Sprachgebiet*, ein Gebiet, in dem eine bestimmte ↗Sprache als Mutter- oder Verkehrssprache (lingua franca) gesprochen wird. Der Sprachraum muss nicht unbedingt identisch mit dem Wohngebiet eines bestimmten Volkes sein.

spread effect, Ausbreitungseffekte von Innovationen im weiteren Sinne, die von den Wachstumspolen oder Zentren ausgehend in die peripheren Räume diffundieren.

spread function [von engl. spread = ausbreiten], Raster-GIS-Analysefunktion (↗GIS), die sich – beginnend von einem definierten Ausgangspunkt – schrittweise nach außen ausbreitet. Hierbei wird eine Variable aufaddiert, z. B. die (aufsummierte) Entfernung der jeweiligen Rasterzelle vom Ausgangspunkt der Operation. Die Funktion arbeitet ähnlich wie eine ↗seek function, mit dem Unterschied, dass der Output aus akkumulierten Werten besteht. Diese werden in einem neuen Rasterdatensatz abgelegt, der oft auch als ↗accumulation surface oder friction surface bezeichnet wird. Die Funktion wird für verschiedene Zwecke eingesetzt, z. B. zur automatischen Kartierung von Einzugsgebieten oder zur Berechnung von Transportkosten.

Springtide ↗Gezeiten.

Spritzwasserkarst ↗Karren.

Sprühregen ↗Niederschlag.

Sprunghöhe, *Verwerfungsbetrag*, Betrag der vertikalen Verschiebung eines Bezugshorizontes in zwei durch eine ↗Verwerfung oder ↗Flexur getrennte Schollen der Erdkruste. Die *Sprungweite* ist die Strecke des horizontalen Auseinanderweichens als Resultat einer Verwerfung.

Sprungschicht, Tiefenbereich in Gewässern, in dem starke vertikale Veränderungen der Eigenschaften Temperatur (↗Thermokline), ↗Salzgehalt (*Halokline*) und Dichte (*Pyknokline*) erfolgen. Normalerweise trennt die Sprungschicht warmes Wasser der oberflächennahen, homogenen Deckschicht von kälterem Wasser darunter. Die Tiefe der Deckschicht und damit der obere Rand der Sprungschicht wird durch ein Gleichgewicht zwischen turbulenter kinetischer Energie zur Vermischung und potenzieller Energie zum Schichtungsaufbau bestimmt. Man unterscheidet saisonale Sprungschichten zwischen 10 und 100 m Tiefe und die permanente Sprungschicht mit einer Tiefe bis zu 800 m in den Subtropen, die Kalt- und Warmwassersphäre voneinander trennt.

Sprungweite ↗Sprunghöhe.

Spüldenudation, flächenhafte Abtragung von Feinmaterial an Hängen durch oberflächlich diffus ablaufendes Wasser außerhalb von Tiefenlinien; nach ↗Louis vor allem als Prozess für die Hangrückverlegung von Blockinselbergen im wechselfeucht-subtropischen Milieu angesehen: Ausspülung des durch chemische Verwitterung zwischen Kernsteinen gebildeten erdig-grusigen Feinmaterials, dabei Freilegung einer oberflächlichen Blocklage. Während deren grusigen Zerfalls wird im Untergrund eine neue freispülbare Blocklage vorbereitet und so der Steilhang etwa parallel zu sich selbst zurückverlegt. Bei Blockinselbergen in arid-semiariden Gebieten fand die Kernsteinbildung jedoch vorzeitlich – i. d. R. im Tertiär – unter feuchtklimatischen Bedingungen statt, bei heute nur minimalem Blockzerfall. Für abtragende Spülprozesse auf wenig geneigten Flächen wird der Begriff Flächenspülung vorgeschlagen (↗Schichtflut). [DB]

Spülfläche, von ↗Büdel eingeführter, später durch ↗Spüloberfläche ersetzter Begriff, mit dem er die flächenhafte Abtragungsform geringer Neigung einer aktiven subtropischen Rumpffläche im Gegensatz zum Tal bezeichnet. ↗Louis widerspricht dieser Unterscheidung, da »alle Abtragungshohlformen mit konvergent-linearem Abflusssystem«, unabhängig von ihrem Gefälle, vom »gleichen Grundmechanismus der Abtragung«, nämlich von »dominierender fluvialer Linearerosion« gebildet werden und es außerdem keine »stets anwendbare und einleuchtende morphographische Abgrenzung zwischen Tal und Spülfläche gibt. Für Büdel besteht der grundlegende Unterschied aber darin, dass die ↗Spülmulden nicht erst durch Flüsse eingetieft wurden, deren Hänge sich dann abflachten, sondern die Gerinne für die Flanken lediglich »passiv die Rolle des Vorfluters« übernehmen und dementsprechend u. a. auch keine Prall- und Gleithänge ausgebildet haben. [DB]

Spülfracht ↗Schwebfracht.

Spülmulde, 1) i. A. flache, muldenartige, lang gestreckte Hohlform, die unter klimatischen Bedingungen, welche einen flächenhaften Abfluss ermöglichen, entsteht (↗Schichtflut, ↗Spüldenudation). 2) in der Terminologie der ↗doppelten Einebnungsfläche flache Abtragungshohlform in einer aktiven Rumpffläche. Gemeinsam mit den *Spülscheiden*, den »unmerklichen« Wasserscheiden zwischen ihnen, bilden sie das flachwellige Rumpfflächenrelief. Die Flankenböschungen liegen ganz überwiegend unter 2 %, vielfach sogar unter 1 %. Der Abstand zwischen zwei Spülscheiteln beträgt 200–500 m. Im deutlichen Gegensatz zu ↗Tälern (↗Spülfläche) zeigen sie stets eine gleichmäßig-flache Muldenform und sind nicht von einem perennierenden Fluss, sondern nur von Regenzeitrinnsalen durchflossen, die größeren mit einem nicht eingeschnittenen Feinsandbett. An Windungen sind keine Prall- und Gleithänge ausgebildet, und vom Tiefsten bis zum Spülscheitel bleiben Bodenart und Bodenmächtigkeit über der Verwitterungsbasisfläche praktisch gleich. Die Tiefenlinien dienen nur als Transportbänder und eilen nicht durch Einschneidung der Hangabtragung voraus, wie dies bei einem Tal der Fall wäre. ↗doppelte Einebnungsfläche Abb. [DB]

Spüloberfläche, *Spülfläche*, aus flachen ↗Spülmulden und Spülscheiden aufgebaute und durch regenzeitliche Flächenspülung abgetragene Bodenoberfläche der ↗doppelten Einebnungsfläche einer »lebenden« Rumpffläche in den wechselfeuchten Tropen. Voraussetzung für die Ausspülung von Ton und Feinsand ist zum einen, dass die chemische Intensivverwitterung Material in solcher Feinheit bereitstellt, dass auch das kleinste Regenzeitrinnsal es ergreifen und fortschaffen kann, zum anderen die vorausgegangene weitgehende Vernichtung der Bodenvegetation in der Trockenzeit. Nachdem der Boden durch quellfähige Bodenteilchen abgedichtet ist, steht die Hauptmasse des Regenwassers für den oberflächlichen Abtransport des Feinmaterials bereit.

Spülrinne, *Spülrille*, im Übergang von Flächenspülung zu linienhafter ↗Erosion gebildete, meist ephemere Abflussform in Boden oder unverfestigtem Material. Manche Autoren unterscheiden Rillen als nur wenige cm tiefe Kleinformen von etwas größeren Rinnen und diese wiederum von bereits permanenten Kerben bzw. Gullies. Voraussetzung sind Starkregen bzw. Schneeschmelze und eine nicht vorhandene oder lückenhafte Vegetationsdecke. Meist handelt es sich um eine Form der anthropogen beschleunigten Abtragung (↗Bodenerosion. Die während eines einzigen Regenereignisses gebildeten Rillen oder Rinnen setzen steilwandig ein, haben steile Flanken und verlängern sich durch ↗rückschreitende Erosion. Rillen und Rinnen können durch die üblichen Bodenbearbeitungsmaßnahmen beseitigt werden. Überfrachtung des abfliessenden Wassers mit erodiertem Material führt zur Sedimentation in der Form kleiner Schwemmfächer, unterhalb von denen sich das jetzt weniger belastete Wasser erneut einschneiden kann. Es bilden sich diskontinuierliche Rillen bzw. Rinnen. Einmal erzeugte Formen können bei späteren Abflussereignissen erneut als bevorzugte Abflussbahnen genutzt und ohne Gegenmaßnahmen zu größeren und dauerhaften Kerben, ↗Spülrunsen oder Gullies werden. [DB]

Spülrunse, *Kerbe*, *Wasserriss*, *Graben*, *Tilke*, *Schlucht*, *gully* (engl.), *Arroyo* (span.), *carcava*, *Ravine* (frz.), aus einer kleineren Vorform, der ↗Spülrinne oder -rille hervorgegangene kastenbis steil V-förmige Großform linienhafter ↗Bodenerosion, die bei weichem Untergrund bis Zehner von Metern eingeschnitten sein und durch normale Bodenbearbeitung nicht mehr beseitigt werden kann. Ihre Weiterbildung ist an episodische bis periodische Phasen starken ↗Abflusses gebunden. Meist entwickeln sich verzweigte, dendritische, durch ↗rückschreitende Erosion bei jedem Abflussereignis wachsende Systeme, die Zehner von Metern breit und mehrere km lang werden können. Die Runsen- bzw. Gullybildung ist häufig mit dem Prozess des ↗Piping (= Tunnelerosion, Subrosion) als Folge einstürzender Tunneldächer verbunden. Bei ihrer Hangabschrägung spielen ↗Rutschungen durch Unterschneidung in der Tiefenlinie eine wichtige Rolle. Wegen ihrer Auffälligkeit im Gelände werden sie als Bodenzerstörer gegenüber der flächenhaften ↗Bodenerosion oft überschätzt. Besonders häufig sind sie in jahreszeitlich trockenen Regionen und im semiariden Raum, in dem anthropogene Vegetationszerstörung schwieriger durch das bodenschützende Pflanzenwachstum ausgeglichen werden kann. [DB]

Spülsaum, Linie des jeweils letzten Hochwasserstandes auf der steilen, seewärtigen Seite eines Strandwalls, die aus schwimmfähigem bzw. leicht beweglichen Material besteht, das von der Brandung aufgeworfen und vom Sog des zurückströmenden Wassers nicht mit zurückgenommen wurde. Neben natürlichen Bestandteilen wie Seetang, Seegras, Muschelschalen oder Treibholz besteht der Spülsaum an vielen Küsten zunehmend aus angeschwemmtem Müll, v. a. Plastik, oder Geröllen aus Erdölbestandteilen. Bei starkem Tang- und Algenanfall kann der Spülsaum selbst die Form eines Strandwalls von bis zu wenigen dm Höhe annehmen, der bei schwächeren Hochwässern durch steilwandige Brandungsgassen aufgezehrt wird.

Spülscheide ↗Spülmulde.
Spülsockel ↗Grundhöcker.
Spuren ↗Artefaktanalyse.

Spurenelement, *trace element*, qualitativer Begriff, der sich auf die relativ geringe Konzentration eines Elementes in einer Matrix bezieht. Je nach betrachteter Matrix (Lebewesen, Wasser, Gestein) können unterschiedliche Elemente diese Eigenschaft aufweisen. Bei Mineralen z. B. werden diejenigen Elemente als Spurenelemente bezeichnet, die nicht in der Strukturformel aufgeführt werden. Obwohl sie nicht charakteristisch für die Kristallstruktur des Minerals sind, können sie dieses in seinen Eigenschaften beeinflussen. In der Geochemie sind Spurenelemente sehr wichtige ↗Tracer von Prozessen sowohl im Erdinneren (z. B. Erdmantel) als auch an der Erdoberfläche.

Spurengase ↗Atmosphäre.

SQL, *structured query language*, Standard-Abfragesprache für relationale Datenbanksysteme (↗RDBMS, ↗Datenbank). SQL wurde in den 1970er-Jahren von IBM entwickelt und ist zum Industriestandard für ↗Abfragesprachen geworden, auf dem die gängigen RDBMS – etwa MS Access – aufbauen. SQL besteht aus einer relativ geringen Anzahl von Befehlen, die durch logischmathematische Operatoren miteinander zu komplexen Kommandos verknüpft werden können. Die Namen der Befehle und Operatoren sind aus dem Englischen abgeleitet. Durch SQL wird ein hohes Maß an Kompatibilität beim Datenaustausch zwischen verschiedenen Anwendungen erreicht.

squall line, *Böenlinie*, *Böenfront*, linienhafte Zone entlang einer ↗Kaltfront, an deren warmer Vorderseite im Zuge von Gewitterzellenbildung feuchtlabile Warmluft heftig und böenartig aufwärts bewegt wird. ↗Gewitter.

squatter settlements, illegale, spontan errichtete primitive Hüttensiedlungen auf fremdem, häufig öffentlichem Land. Diese Elendsviertel entstehen v. a. am Rand von Großstädten der ↗Entwicklungsländer. Seit dem Bericht des International Labour Office (Genf) von 1972, der die Größendimensionen und soziale Pufferungsfunktion von squatter settlements und ↗informellem Sektor aufzeigte, versuchen einige Länder nicht länger, diese Siedlungen zu eliminieren, sondern nach und nach mit der notwendigen ↗Infrastruktur zu versehen und zu legalisieren.

SRTM, *Shuttle Radar Topography Mission*, neben der Satelliten-Fernerkundung tragen seit Jahren auch bemannte Raumflüge zur Erderkundung bei. Aus unterschiedlichen Missionen von Space Shuttle-Flügen ist die Erdvermessungs-Mission SRTM (Februar 2000) hervorzuheben, bei welcher in 11 Tagen 80 % der Landmasse der Erde mittels Radardaten topographisch erfasst wurden. Mittels ↗Radar-Interferometrie wird daraus ein globales Höhenmodell errechnet. Das C-Band-Interferometer (Wellenlänge 5,6 cm) deckte pro Überflug einen Geländestreifen von 220 km ab, wodurch eine flächendeckende Terrainabdeckung erreicht wurde.

SSM/I ↗Wettersatellit.
SST ↗Wettersatellit.
Staat, Herrschaftsordnung, die durch ein räumlich abgegrenztes Gebiet (↗Territorium), einen sozialen Verband (Volk, Nation) und durch das Gewaltmonopol nach innen sowie alleinigem Vertretungsanspruch (Souveränität) nach außen gekennzeichnet ist. Der Staat verfügt über eigene Organe, Ämter und Bürokratien (Apparate), durch die sich die Staatsgewalt gesellschaftlich realisiert. Bezugnehmend auf Vorstellungen über Aufbau und Organisation des Gemeinwesens in der Antike gehen die heutigen Staatskonzepte auf den Beginn der Neuzeit zurück. Eine besondere Bedeutung haben die Entscheidungen des Westfälischen Friedens (1648) gehabt, in dem die genannten Elemente des Staates eine konstruktive Rolle für die damalige Nachkriegsordnung gespielt haben. Ob ein Staat als solcher anerkannt wird oder nicht, ist heute ein Thema des Völkerrechts. Faktisch beruhen die Staatsgründung, Staatennachfolge und Auflösung auf der Anerkennung durch die ↗Staatengemeinschaft. Die Staatstätigkeit ist zum einen ein wichtiger Aspekt aller humangeographischen Arbeitsrichtungen, da der moderne Staat alle Lebensbereiche mehr oder weniger stark beeinflusst (z.B. ↗Regionalpolitik, ↗Raumordnungspolitik). Zum anderen ist der Staat ein wichtiges Thema der ↗Politischen Geographie. Teilweise wird diese Teildisziplin durch einen exklusiven Bezug auf den Staat begründet (↗Staatengeographie). Derzeit stehen Fragen der Territorialität des Staates angesichts zunehmenden Bedeutungsgewinns suprastaatlicher Ordnungssysteme und die Zukunft als Konzept eines homogen gedachten Nationalstaates im Vordergrund. Diese Themen verdeutlichen einen weit reichenden Wandel des derzeit noch vorherrschenden Staatsverständnisses, das durch die neuzeitliche Geschichte geprägt ist. Mit den bürgerlichen Revolutionen des 18. und 19. Jahrhunderts wurde das Konzept eines einheitlichen Nationalstaates, getragen von politisch gleichgestellten Bewohnern und von den jeweiligen ausländischen Nachbarn durch Grenzen klar separiert, zum bis heute tragenden Prinzip der Herrschaftsordnung. Während sich dieser im 19. Jahrhundert überwiegend als liberal-kapitalistischer Staat etablierte, wurden als Folge der proletarischen Revolutionen zu Beginn des 20. Jahrhunderts unterschiedliche Zweckorientierungen und Legitimationsgrundlagen der Staaten sichtbar, die zudem teilweise gegensätzliche Herrschaftsformen aufweisen. Für die Zeit nach dem Zweiten Weltkrieg lassen sich drei Haupttypen unterscheiden: der kapitalistische Wohlfahrtsstaat, der sozialistische Staat, der Entwicklungsstaat der ehemaligen ↗Kolonien. Zu Beginn des 21. Jahrhunderts sind jedoch einige der im historischen Prozess inzwischen als selbstverständlich angesehenen Elemente des Staates in ihrem Bestand als fraglich anzusehen (↗Regulationstheorie). Sie betreffen zum einen die territoriale Reichweite eines Staates, die in der ↗Politischen Geographie unmittelbar mit dem Verlauf und der Durchlässigkeit der Staatsgrenze verbunden ist. Durch ihre Grenze materialisiert und symbolisiert sich die Souveränität des Staates. Sobald die Grenze keinen nennenswerten Einfluss mehr auf Personen- und Warenströme ausübt, werden somit grundlegende Veränderungen des Staates sichtbar. Einem derartigen Veränderungsprozess unterliegen derzeit beispielsweise die Grenzen innerhalb der Europäischen Union. Zum anderen ist die funktionale Reichweite des Staates betroffen. Die staatlichen Aufgabenbereiche und Funktionsdifferenzierungen haben im 20. Jahrhundert stark zugenommen. Der Laisser-faire oder – polemischer – der Nachtwächter-Staat hat sich besonders nach dem Zweiten Weltkrieg zum Sozial- und Wohlfahrtsstaat weiterentwickelt, der in nahezu alle Lebensbereiche hineingreift und dem ein umfassender Staatsapparat zugeordnet ist. In diesem Prozess sind viele Aufgaben staatlichen Instanzen übertragen worden, die zuvor von Großfamilien, Clans oder anderen Formen sozialer Gemeinschaften ausgeführt worden sind. Inzwischen herrschen jedoch Trends vor wie der Rückbau des Staates, die Deregulierung staatlich organisierter Beziehungen und die Privatisierung von Teilen des Staatsapparates. Obwohl in der politischen Debatte die Frage sehr kontrovers diskutiert wird, welchen Umfang die zukünftigen Aufgabenbereiche des Staates haben sollen, scheint der Wohlfahrtsstaat der 1970er-Jahre ein Höhepunkt der Funktionsreichweite gewesen zu sein. Diese tiefgehenden Veränderungen des Staates wirken sich auch aus auf die einheitsstiftende nationale Idee, die in Europa zunehmend an Bedeutung verliert. Diesem Trend widersprechen auch nicht die vielen neuen Staaten, die aus der ehemaligen Sowjetunion oder Jugoslawien entstanden sind. Sie sind eher als regionalistische Phänomene anzusehen, was sich unter anderem an dem Interesse belegen lässt, möglichst schnell Aufnahme in die Europäische Union zu finden. [JO]
Staatenbund, schwächere Form eines Bundesstaates (↗Förderalismus).
Staatengemeinschaft, Bezeichnung der Akteure, die auf großen Konferenzen der Vereinten Nationen (z.B. Konferenz für Umwelt und Entwicklung in Rio 1992) die Regierungen und die ↗Zivilgesellschaft der Welt repräsentieren. Der Begriff drückt die zunehmende Bedeutung globaler Probleme aus, die von den Einzelstaaten nicht (mehr) lösbar sind, aber die Zukunft der Menschheit stark beeinflussen können. ↗Globalisierung.

Staatengeographie, eine Richtung der ↗Politischen Geographie, die vom Staatsgebiet als Untersuchungsobjekt ausgeht. Sie soll a) die geographische Umwelt untersuchen (↗Länderkunde), b) die Kräfte und Organisationen mit denen der Staat Einfluss auf die geographische Umwelt ausüben kann benennen und c) erforschen wie der Einfluss dieser Kräfte und Organisationen sich landschaftlich, physiognomisch und funktional auswirkt. Besonders der zuletzt genannte Aspekt weist auf die Tradition des Staates als Landschaftsgestalter hin. Problematisch ist an dieser Richtung der Politischen Geographie die relativ unreflektierte und theoretisch nicht begründete Auffassung des Staates als einheitlich handelnder Akteur in einem komplexen Wirkungsgefüge, das durch die Staatsgrenze räumlich begrenzt und zusammengefügt wird.

staatliche Mittelinstanz, Behörden der allgemeinen Landesverwaltung in der Mittelstufe, die unter den Bezeichnungen *Regierungspräsidium* oder *Bezirksregierung* (territoriale Bezeichnung: *Regierungsbezirke*) in den meisten Flächenstaaten der BRD zwischen den staatlichen Abteilungen auf Landkreisebene und den Landesministerien stehen. Die staatliche Mittelinstanz steht in der Tradition preußischer Bezirksregierungen, die im Zuge der Stein-Hardenberg'schen Reformen bereits 1808 in ganz Preußen eingerichtet wurden. Sie dient den Landesregierungen als ressortübergreifende Bündelungs- und Aufsichtsbehörde. Als Vorzug gilt dabei die Möglichkeit der Integration unterschiedlichster Fachbelange in einem Hause – etwa bei Planungen und Verfahren in den Bereichen Umwelt- und Naturschutz, Bauwesen, ↗Regionalplanung, Wirtschaft, Verkehr und Forsten. Neben den geschilderten allgemeinen Behörden existieren in verschiedenen Bundesländern staatliche Sonder-*Mittelbehörden* z. B. in den Bereichen Justiz, Polizei und Schulaufsicht. Räumlich sind die Regierungsbezirke in vielen Bundesländern deckungsgleich mit den regionalplanerischen Planungsräumen. [JPS]

staatliches Schulsystem, Schulsystem des ↗Staates. In Europa gerieten Schulen und Universitäten spätestens im 18. Jh. in den Mittelpunkt staatlicher Interessen (↗Schulpflicht). Es besteht ein funktionaler Zusammenhang zwischen der Entwicklung des Schulsystems (↗Alphabetisierung) und der Entstehung von ↗Nationalstaaten. Im werdenden Nationalstaat übernahmen Schulen und Universitäten die Funktion von staatstragenden Einrichtungen, welche die politische Herrschaft absichern, die Wirtschaft fördern, herrschaftskonforme Verhaltensweisen und Einstellungen gewährleisten, eine kulturell homogene Nation schaffen, ethnische Minderheiten assimilieren, eine nationale Identität stiften und durch die Vermittlung der elementaren Kulturtechniken die Voraussetzungen für diverse Modernisierungsprozesse schaffen sollten. Schulbücher wurden gleichsam zu Medien der Indoktrination, welche der Bevölkerung jene Wertvorstellungen und Normen vermitteln sollten, die für einen starken Nationalstaat als wichtig angesehen wurden. Die Behauptung, dass die Schule gute Untertanen und eine einheitliche Nation hervorbringen werde, gehörte zu den wichtigsten Argumenten zur Durchsetzung der allgemeinen Schulpflicht, einer besseren Lehrerbesoldung oder von höheren Ausgaben für das Schulwesen. [PM]

Staatsangehörigkeit, Festlegung der Zugehörigkeit einer Person zum jeweiligen Staatsvolk und Definition ihrer Teilhabe an staatsbürgerlichen Rechten und Pflichten. Für die Staatsangehörigkeit ist –wie in Deutschland- entweder das Abstammungsprinzip maßgebend, bei dem zumindest ein Elternteil, bei nichtehelichen Kindern die Mutter, die jeweilige Staatsangehörigkeit besitzen muss, oder -wie in den USA- das Gebietsprinzip, bei dem das Staatsgebiet, in dem der Geburtsort liegt, entscheidet. Die Staatsangehörigkeit kann z. B. auch durch Einbürgerung erworben werden. Diese wurde für in Deutschland geborene Kinder von Ausländern mit der Reform des Ausländergesetzes zum 1.1.2000 erleichtert. ↗Ausländer besitzen häufig geringere Rechte als Inländer, was zu ↗Diskriminierung auf dem Arbeits- oder Wohnungsmarkt und damit auch zu ↗Segregation führen kann.

Staatsklasse, politische Führungsgruppe in den post-kolonialen Staaten der ↗Dritten Welt. Die Staatsklasse ist das obere Segment der Entwicklungsbürokratie in der bürokratischen Entwicklungsgesellschaft. Sie ist dadurch in der Lage eine ↗Rentier-Ökonomie aufzubauen.

Staatsquote, das Verhältnis von Staatsausgaben zum Sozialprodukt. Die allgemeine Staatsquote [(Staatsausgaben plus Sozialversicherung)/BSP zu Marktpreisen] dient als Indikator der gesamtwirtschaftlichen Aktivität eines Staates.

Staatsreligion, eine mit dem Staat in engster, auch verwaltungsmäßiger Verbindung stehende und mit Privilegien ausgestattete Mehrheitsreligion, neben der andere Religionen, evtl. als minderprivilegiert, geduldet werden können. Beispiel sind heute noch: Großbritannien (anglikanische Kirche bzw. Kirche von Schottland), Schweden (Schwedische Kirche), Griechenland (griechisch-orthodoxe Kirche), Iran (Islam) und zahlreiche andere islamische Staaten.

STABEX, System innerhalb des ↗Lomé-Abkommens zur Stabilisierung der Exporterlöse (nicht der Preise) von 46 Agrarprodukten der ↗AKP-Staaten. Der Stabexfonds ist als eine Art Versicherungssystem gedacht. Im Fall von Exporterlösausfällen (durch Produktionsausfälle oder Preisrückgänge) sind Kredite bzw. Zuschüsse für die betroffenen Länder vorgesehen. Es ist eine der bedeutendsten Einrichtungen innerhalb des Lomé-Abkommens, da landwirtschaftliche Rohstoffe die wichtigsten Ausfuhrgüter der AKP-Staaten sind. Die zur Verfügung gestellten Mittel erwiesen sich jedoch während und seit dem Rohstoffpreisverfall 1980/81 als viel zu gering. Weniger als die Hälfte der berechtigten Kompensationsforderungen konnten ausgezahlt werden.

stabiles Gleichgewicht ↗Gleichgewicht.

Stabilität, 1) *Klimatologie*: atmosphärischer Zustand, bei dem der aktuelle vertikale Temperatur-

	Dynamisches Verhalten der betrachteten ökologischen Kenngröße bzw. des Systems innerhalb des festgelegten Rahmens	Störfaktor[1] Faktor, der nicht zum normalen Haushalt des betreffenden ökologischen Systems gehört	
		nicht vorhanden	vorhanden[1]
Stabilitätstypen	Veränderungen bzw. Schwankungen klein oder keine	KONSTANZ[1]	RESISTENZ[1] ökol. System lässt sich nicht verändern (auch regelmäßige Schwankungen werden nicht verändert)
Stabilitätstypen	Schwankung(en) ± groß und regelmäßig bzw. resilient (= »zurückschnellend«)	ZYKLIZITÄT[1][2] (= zyklische Sukzession)	RESILIENZ[1] (Elastizität[1]) ökol. System wird von Störfaktoren verändert und kehrt dann in Ausgangslage zurück
Instabilitätstypen	Gerichtete Veränderungen	ENDOGENER TREND bzw. AUTOGENE SUKZESSION	EXOGENER TREND bzw. ALLOGENE SUKZESSION[1]
Instabilitätstypen	Unregelmäßige Schwankungen	ENDOGENE, UNREGELMÄSSIGE FLUKTUATION	EXOGENE, UNREGELMÄSSIGE FLUKTUATION[1]

[1] Typen können auch anthropogen sein. [2] Zyklizität umfasst nur Zyklen, die nicht tages- oder jahreszeitlich sind.

Stabilität: Einteilung ökologischer Stabilitäts- und Instabilitätseigenschaften eines ökologischen Systems aufgrund des Fehlens oder Vorhandenseins eines Störfaktors und des dynamischen Verhaltens der betrachteten Kenngröße.

gradient in nicht feuchtegesättigter Luft größer als der trockenadiabatische Temperaturgradient ($-0,98 \cdot 10^{-2}$ K/m) ist (das Gegenteil ist ↗Labilität). In diesem Zustand ist ein aufsteigendes Luftquantum immer kälter und ein absinkendes Luftquantum immer wärmer als die Lufttemperatur der Umgebung, sodass das Luftquantum bestrebt ist, in seine Ausgangslage zurückzukehren. Stabilität führt zur Abschwächung der ↗atmosphärischen Turbulenz und der damit verbundenen atmosphärischen Durchmischung (↗Austausch). Ist der aktuelle vertikale Temperaturgradient >0 K/m, so herrscht eine ↗Inversion vor. Als Maßzahl für feuchtstabile Schichtung dient die Stabilitätsenergie, die für die Höhenschicht zwischen dem Konvektionskondensationsniveau (↗Kondensationsniveau) und dem darüber liegenden 600-hPa-Niveau (ca. 4 km ü. Gr.) definiert ist und die auf dem ↗Stüve-Diagramm diejenige Fläche darstellt, die von den beiden Höhenniveaus einerseits sowie von der Feuchtadiabate und der ↗Zustandskurve andererseits begrenzt wird. **2)** *Landschaftsökologie*: Begriff kennzeichnet in einer Vielzahl unterschiedlicher Fassungen einen zentralen Problembereich der Ökologie (↗ökologisches Gleichgewicht). Eine systematische Gliederung des Begriffsfeldes zeigt, dass – in Anlehnung an den physikalischen und mathematischen Sprachgebrauch – damit Eigenschaften gefasst werden, die einerseits Konstanz von Systemzuständen (wozu auch regelmäßige Schwankungen zählen), andererseits Rückkehr in die Ausgangslage nach Auslenkung (Störungen usw.) beinhalten. Entsprechend bedeutet der komplementäre Begriff *Instabilität*, dass eine gerichtete oder unregelmäßige Veränderung vorliegt bzw. das System nach einer Auslenkung nicht in die Ausgangs- oder Ruhelage zurückkehrt.
Eine Untergliederung der Stabilitätseigenschaften führt zu folgender Typisierung (Abb.): Konstanz, Zyklizität, Resistenz, Resilienz (Elastizität) und Persistenz. *Konstanz* bedeutet das Fehlen einer Veränderung ohne Störfaktor, d. h. eines Einflussfaktors, der nicht zum normalen Energie- und Stoffhaushalt des Systems gehört; *Zyklizität* kennzeichnet regelmäßige Schwankungen um einen mittleren Systemzustand, die ebenfalls ohne Einwirkung eines Störfaktors auftreten. ↗*Resistenz* ist das im Wesentlichen Unverändertbleiben trotz Einwirkung eines Störfaktors (Beispiel: Verhalten eines Pflanzenbestandes auf gut gepuffertem Boden gegenüber sauren Niederschlägen). Resilienz (↗Elastizität) bezeichnet die Fähigkeit eines Systems, nach einer Veränderung infolge des vorübergehenden Einwirkens eines Störfaktors wieder in die Ausgangslage zurückzukehren (Beispiel: Selbstreinigung eines Fließgewässers nach Abwassereinleitung oder Wiederherstellung der Bodenlebewelt nach Einwirkung von Xenobiotika). ↗*Persistenz* hebt – im Gegensatz zu den vorstehenden dynamischen Kennzeichnungen des Stabilitätsverhaltens – auf eine ganzheitliche Systemcharakterisierung ab, bei der allein entscheidend ist, ob die Population überdauert oder nicht. Kenngrößen der Persistenz können beispielsweise Individuenzahlen insgesamt oder die Zahl der Bäume in einem Savannengebiet sein.
Analog können auch Instabilitätseigenschaften in verschiedene Typen der Veränderung (Trend) gegliedert werden (Abb.): ↗Fluktuation und ↗Sukzession. Zeigt ein ökologisches System ohne Einwirkung eines Störfaktors weder Konstanz noch Zyklizität, so bestimmt Instabilität das Bild und es liegt eine der folgenden Eigenschaften vor: endogene Veränderung (Trend) oder exogene Veränderung (Trend).
Kennzeichnungen des Systemverhaltens durch derartige Stabilitäts- oder Instabilitätseigenschaften bedürfen stets einer semantischen Präzisierung durch Angabe des Zeitraums (Periodenlänge) und der jeweiligen Systemelemente, für welche die Aussage gilt. Dementsprechend können beispielsweise die auf- oder absteigenden Äste ei-

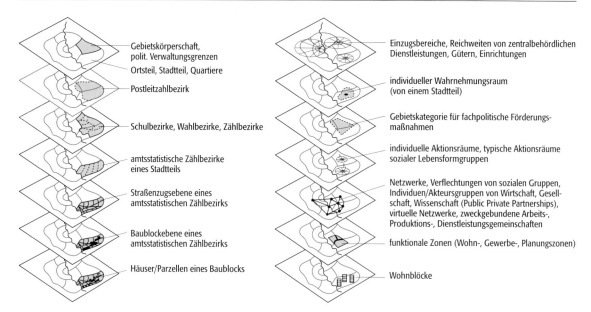

Stadtanalyse: Abgrenzung und Gliederung eines Stadtraumes mit verschiedenen Parametern.

ner zyklischen Entwicklung beim Übergang zu kürzeren Beobachtungsperioden als positiver oder negativer Trend erscheinen; ebenso kann es sinnvoll sein, von partiellen (d. h. nur für ausgewählte Systemelemente geltenden) Stabilitäts- oder Instabilitätseigenschaften zu sprechen. Im Rahmen theoretisch-ökologischer Betrachtungen, insbesondere der Systemmodellierung, spielt die Unterscheidung lokaler und globaler Stabilitätszustände eine wichtige Rolle. Dabei bedeuten bei diesen visualisierend am Relief einer Landschaft orientierten Kennzeichnungen lokale bzw. globale Stabilität die Tendenz des Systems, nach kleineren bzw. größeren Störungen in die Ausgangslage zurückzukehren. Die mathematische Fassung der globalen Stabilität beinhaltet nichtlineare Formulierungen der Populationsdynamik, während der Begriff der strukturellen Stabilität ausdrückt, dass die der Systembeschreibung zugrunde liegenden Differenzialgleichungssysteme ihre Lösungsmenge kontinuierlich in Abhängigkeit von der Variation der Modellparameter verändern. Bei der Evaluierung der Struktur derartiger Modellsysteme spielen die Lyapunov-Funktionen eine wichtige Rolle. ↗biozönotische Grundprinzipien. [DD/OF]

Stabilitätskriterien ↗Ausbreitungsklassen.

Stadial ↗Eiszeit.

Stadt, administrative Einheit mit Stadtrecht und bestimmter Einwohnerzahl, Bevölkerungsdichte sowie Erwerbsstruktur der Bevölkerung. Der aktuelle Stadtbegriff kann nicht einheitlich und für alle regionalen, kulturellen und historischen Kontexte definiert werden, da juristische und verwaltungsrechtliche Definitionen zu stark variieren. Die räumliche Erscheinungsform des Phänomens Stadt ist jedoch kultur-, zeit- und regionsübergreifend geeignet, wesentliche Charakteristika herauszustellen. Danach hat die Stadt eine geschlossene Ortsform mit deutlichem Kern, städtische Hausformen, zum Zentrum hin zunehmende Bebauungsintensität, Vielfalt und innere Differenziertheit sowie eine bedeutende Verkehrslage. Für die ↗Geographie sind ferner von Bedeutung: die zentralörtlichen Funktionen der Stadt für ihr Umland, ihre Bedeutung als Verkehrs- und Innovationszentrum, die städtische Lebensform der Stadtbewohner, die sekundär- und tertiärwirtschaftliche Ausrichtung sowie räumliche Kriterien (Anordnung der Stadt um einen Mittelpunkt, Kern-Rand-Gefälle, Geschlossenheit des Baukörpers sowie Viertelsbildung). ↗Stadtgeographie. ↗Stadttypen. [RS]

Stadtanalyse, ursprünglich aus soziologischen und wirtschaftswissenschaftlichen Modellen abgeleitete Untergliederung des Stadtgebietes in Struktureinheiten. Nach der Abgrenzung des Stadtraumes werden die innerstädtischen Strukturen aufgrund von verschiedenen Untersuchungskriterien erfasst (Abb.): ↗angewandte Stadtanalyse, ↗aktionsräumliche Stadtanalyse, ↗funktionale Stadtanalyse, ↗funktionsräumliche Stadtanalyse, ↗kulturgenetische Stadtanalyse, ↗morphogenetische Stadtanalyse, ↗wahrnehmungsgeographische Stadtanalyse, ↗sozialgeographische Stadtanalyse. Es gibt verschiedene Verfahren der Stadtanalyse. Gängig sind drei Ansätze: a) die graphische Analyse mittels EDV-gestützter thematischer Karten (↗GIS) von Indikatoren, die erste Aussagen über Verteilung und Verbreitung von Merkmalen im Stadtraum haben, b) die statistische Analyse mittels deskriptiver struktureller multivariater Faktorenanalysen, bei der für die definierten räumlichen Aggregierungsebenen mit Indexwerten gerechnet wird sowie die Distanzgruppierungsverfahren von Indikatorenbündeln (↗Clusteranalyse), bei der mittels dieser Indexwerte in definierten räumlichen Aggregierungsebenen städtische Teilräume anhand von Merkmalsgruppen klassifiziert werden und c) die statistisch-analytischen (multivariaten) Methoden, die theoriegeleitete Aussagen über Zusammenhänge oder Kausalität zwischen untersuchten Phänomenen erlauben. [RS/SE]

Stadtbahn, elektrische Schienenbahn des Öffentlichen Personennahverkehrs (/ÖPNV), die sich aus /Straßenbahnen weiterentwickelt und z. T. Elemente der /U-Bahn (Untertunnelung der Innenstadt) übernommen hat. Die Stadtbahn zählt neben der S- und U-Bahn zu den Stadtschnellbahnen. 15 deutsche Städte (ausschließlich in den alten Bundesländern) verfügen über moderne Stadtbahnsysteme, zumeist in Verbindung mit Straßenbahnen. Durch Verknüpfung von Stadtbahnnetz und Eisenbahnstrecken im Umland kann die Bedienung durch die Stadtbahn weit in die Stadtregion ausgedehnt werden. Überall dort, wo der ÖPNV durch Neu- und Ausbaumaßnahmen in Stadtbahnnetzen durchgreifend verbessert wurde, konnten enorme Fahrgastzuwächse erzielt werden.

Stadtbevölkerung, /städtische Bevölkerung.

Stadtdorf /Großdorf.

Städtebau, Sicherung der Ordnung im baulichen Geschehen der Städte. Im Gegensatz zur /Stadtplanung beschäftigt sich der Städtebau i. d. R. nur mit den physischen Gegebenheiten. Bereits in den 1930er-Jahren wurden erste rechtliche Ansätze im Rahmen des preußischen »Städtebaugesetzes« und »Reichsstädtebaugesetzes« diskutiert, jedoch nie als Gesetzesgrundlage verabschiedet. Begründet waren die Anfänge durch die hygienische Notwendigkeit und unumgängliche Verbesserung der Wohnsituation zur damaligen Zeit. Somit stellt der Städtebau von jeher eine Synthese aus den Bereichen Architektur, Ingenieurtätigkeit, Wohnungswesen und baupolizeilichem Aufgabenbereich dar und verbindet gestalterische, bautechnische, soziale und zunehmend auch ökologische Zielsetzungen.

Städtebauförderungsgesetz, StBauFG, wurde 1971 als Gesetz für die Bundesrepublik verabschiedet und 1984 nivelliert. Die Wirkung des Städtebauförderungsgesetzes war räumlich auf Sanierungs- und Entwicklungsmaßnahmen in amtlich festgelegten Sanierungsgebieten beschränkt. Der Bund verpflichtete sich, ein Drittel der Kosten zu tragen, i. d. R. übernahm das Land ebenfalls ein Drittel, wodurch entsprechende Aufwertungsmaßnahmen von dem Gemeinden nur zu etwa einem Drittel finanziert werden mussten. 1987 wurden das StBauFG und das Bundesbaugesetz (BBauG) zum /Baugesetzbuch (BauGB) zusammengefasst.

städtebaulicher Vertrag, Übergabe der Vorbereitung oder Durchführung städtebaulicher Maßnahmen an Dritte (z. B. Neuordnung von Grundstücksverhältnissen). Im /Baugesetzbuch (BauGB) in der Fassung von 1987 wird der städtebauliche Vertrag bereits erwähnt, hat aber noch eine geringe Bedeutung. Er ist kein Bauinstrumentarium, sondern hat lediglich unterstützende Funktion, z. B. bei der Einhaltung der in § 1 BauGB aufgeführten Grundsätze und Ziele der /Bauleitplanung (z. B. Wohnbedarfsdeckung).

Die /Gemeinde schließt mit dem Eigentümer bzw. Investor einen Vertrag, wobei alle förmlichen Beschlüsse in kommunaler Zuständigkeit verbleiben. Allgemein sollen Leistungen der Investoren und Gegenleistungen der Gemeinde in einem ausgewogenen Verhältnis stehen. Dem Trend zunehmender städtebaulicher Verträge folgt die Gefahr, dass gewinnorientierte Maßnahmen dem Gemeinwohl vorangestellt werden. Die Rechtsgrundlagen städtebaulicher Verträge sind in § 11 BauGB definiert. [GRo]

städtebauliches Leitbild /Leitbild.

Städtebaurecht /Baurecht.

städtebildende Funktionen, für das Städtewachstum entscheidende überregionale, zentralörtliche (oder primäre) Funktionen, denen das aus dem anglo-amerikanischen Raum stammende /Basic-Nonbasic-Konzept zugrunde liegt.

Städtenetz, informelle Kooperation zwischen Städten einer Region mit dem Ziel der Bewältigung zukünftiger Anforderungen der /Raumordnung. Städtenetze wurden konzeptionell im raumordnungspolitischen Orientierungsrahmen 1993 definiert. Die Städtenetze sollen helfen, Standortvorteile der Stadtregionen hervorzuheben, die großräumige Infrastruktur besser zu nutzen und darüber hinaus Entwicklungsimpulse für die Region zu geben. Außerdem sollen die Städtenetze auch zur tatsächlichen Vernetzung der Städte einer Region – sei es durch Grünzüge oder ein verbessertes /ÖPNV-Angebot – beitra-

Städtenetz: Modellvorhaben Städtenetze in der Bundesrepublik Deutschland.

gen. Städtenetze wurden von 1994 bis 1998 im Rahmen des Programms Experimenteller Wohnungs- und Städtebau (ExWoSt) von der Bundesrepublik gefördert. Beispiele für geförderte Projekte (Abb.) sind das Städtenetz M-A-I (München-Augsburg-Ingolstadt) oder das Sächsisch-bayerische Städtenetz (Bayreuth-Hof-Plauen-Zwickau-Chemnitz). [CLR]

Stadtentwicklungsanalyse, Stadtanalyse, die sich besonders der Entwicklungsdynamik einer Stadt widmet. Die Stadtentwicklungsanalyse untersucht städtische Entwicklungen in Bezug auf raumwirksame Faktoren. Hierzu gehören die verschiedenen historisch-politischen Gesellschaftssysteme sowie sozioökonomische Größen. Durch die Stadtentwicklungsanalyse werden sowohl die positiven, z. B. Konzentration gesellschaftlicher und wirtschaftlicher Leistung, Bedeutung als Innovationszentren, als auch die negativen Auswirkungen, z. B. Umweltbeeinträchtigung, soziale Missstände (↗blight) des städtischen Entwicklungsprozesses erfasst. Die Stadtentwicklungsanalyse kann wichtige Impulse für politische, wirtschaftliche und soziale Planungsaspekte der Stadtentwicklung liefern.

Stadtentwicklungsmodell, unterscheidet aus der Perspektive von Bevölkerungsveränderungen in Verdichtungsräumen bzw. Stadtregionen vier Phasen, die mit einem Zyklus von ↗Bevölkerungskonzentration und -dekonzentration (↗Dispersion) einhergehen und die in der Abbildung mit ihrer räumlichen Dimension dargestellt sind: ↗Urbanisierung, ↗Suburbanisierung, ↗Desurbanisierung und ↗Reurbanisierung. Die Klassifikation basiert auf Untersuchungen zu europäischen Städten und differenziert die Stadtregionen vereinfacht nach Kernstadt und Umland oder *suburbanem Raum*. Die zyklische Betrachtungsweise, bei der eine Phase der Stadtentwicklung aus der vorangegangenen automatisch hervorgeht, steht nicht im Einklang mit dem Auftreten von singulären Ereignissen wie die Ölpreiserhöhungen in den 1970er-Jahren oder dem Zusammenbruch des Warschauer Paktes, die gewisse Brüche für die räumlichen Strukturen und ihre Verflechtungen hervorriefen und sich dadurch auch auf die Bevölkerungsverteilung in den Stadtregionen auswirkten. [PG]

Stadtentwicklungsplanung, freiwillige Entwicklungsplanung einzelner Städte. Ziel ist eine Gesamtentwicklungsplanung, die ressortübergreifend Leitlinien für die städtische Entwicklung formuliert. Unter dem Begriff, der in den 1960er-Jahren aufkam, können u. a. folgende Ansätze zusammengefasst werden: *Inkrementalismus* oder *Muddling through* bezeichnet das Fehlen eines gesamtstädtischen Leitbildes. Stattdessen wird versucht, mit Einzelmaßnahmen Probleme zu lösen. Perspektivenplanung arbeitet im Gegensatz dazu gesamtstädtisch mit qualitativen Methoden. Ziel ist eine langfristige Strukturverbesserung und Vermeidung von Krisen in der Stadt. Ähnliche Ziele verfolgt die diskursive Planung, die versucht, die gesamtstädtischen Ziele durch die Beteiligung der Betroffenen in einem Diskussionsprozess zu erarbeiten. Eine Sonderform der diskursiven Planung mit dem Ziel der Bildung eines Außenimages (↗Image) ist das ↗Stadtmarketing. Ein Ansatz, der durch die IBA Emscher Park (1989–1999) geprägt worden ist, ist der des Perspektivischen Inkrementalismus. Dieses Konzept bezeichnet eine Vielzahl kleiner Einzelmaßnahmen die sich jedoch an einem Gesamtleitbild orientieren. [CLR]

Stadtentwicklungspolitik, integrative und regulative Maßnahmen im durch postindustriellen Strukturwandel, ↗Globalisierung und Rückbau des Sozialstaates verschärften Wettbewerb zwischen Städten um privatwirtschaftliche und öffentliche Investitionen, Arbeitsplätze, Besucher und Bewohner. Mit einer »unternehmerischen Stadtentwicklungspolitik« versuchen Städte, das »Produkt Stadt« wie konkurrierende privatwirtschaftliche Unternehmen zu vermarkten (↗Stadtmarketing). Die Aufgabe der Stadtentwicklungspolitik erstreckt sich dabei auf alle Bereiche: Sozial-, Bildungs-, Kultur- und v. a. Wirtschaftspolitik, jedoch auch auf die Stadtverwaltungs- und Managementstrukturen. Die Abbildung zeigt die Ziele der Stadtentwicklungspolitik.

Stadterneuerung, Strategie, die der strukturellen Verbesserung eines Stadtteiles oder der Gesamtstadt dient. Ziel der Stadterneuerung kann die Verbesserung ökonomischer, baulicher, technischer, funktionaler oder sozialer Strukturen sein. Die Stadterneuerung versucht dabei stets eine vorhandene Struktur zu erhalten oder zu stärken, aber nicht diese offensiv zu verändern (↗erhaltende Stadterneuerung).

Städtesysteme, Gesamtheit von Städten innerhalb eines Gebietes, die durch bestimmte Beziehungen miteinander in Verbindung stehen und Elemente eines großen Systems darstellen. Bei den Beziehungen zwischen den Systemelementen wird zwischen Interrelationen (Lagebezie-

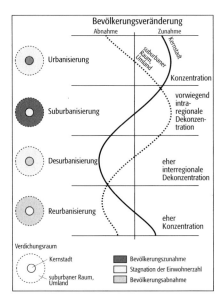

Stadtentwicklungsmodell: Schematische Darstellung der räumlichen und zeitlichen Bevölkerungsveränderungen in Verdichtungsräumen.

Umweltqualität umfasst die Einflussfaktoren mit Kollektivgutcharakter, die für alle mehr oder weniger gleich sind (aber nicht notwendigerweise gleich eingeschätzt werden), wie zum Beispiel die Umweltbelastungen (Lärm, Luftverunreinigung usw.), das Stadtbild und das Quartierleben.

Unter **Wettbewerbfähigkeit** wird der wirtschaftliche Erfolg der Unternehmungen im Vergleich zu ihren Konkurrenten in anderen Städten und Regionen verstanden. Wettbewerbfähigkeit ist Voraussetzung für die Verfügbarkeit von Arbeitsplätzen für das gesamte Spektrum von Qualifikationen, insbesondere aber der gehobenen Qualifikations- und Lohnniveaus.

Das Ziel **optimale Versorgung** umfasst die quantitative und qualitative Versorgung von Bevölkerung und Wirtschaft mit privaten Gütern und öffentlichen Diensten.

Die **politische Leistungsfähigkeit** beinhaltet das befriedigende Funktionieren des politisch-administrativen Systems. Es geht dabei um die möglichst gute Umsetzung der Präferenzen der Bevölkerung in staatliche Maßnahmen.

hungen, Größe- und Strukturrelationen) und Interaktionen (Verkehrswege, Interaktionsströme wie Informationsaustausch, Handel, Kapitaltransfer, Mobilität, ferner Macht- und Organisationsbeziehungen) unterschieden.

Städtetourismus, Form des übernachtenden Reiseverkehrs in Städten, bei der sich unterschiedliche Reisearten überlappen: a) geschäftlich bedingte Reisen (↗Geschäftsreiseverkehr und Dienstreiseverkehr, ↗Kongresstourismus und Tagungstourismus, ↗Messetourismus und Ausstellungstourismus); b) privat bedingte Reisen (Städtekurzreiseverkehr, Verwandten- und Bekanntenbesuche); neuere Definitionen beziehen auch den c) Tagesausflugsverkehr (ohne Übernachtung) in den Städtetourismus ein (der dann neben den oben genannten Reisearten auch den Einkaufsreiseverkehr, den Tagesveranstaltungsverkehr und den Abendbesuchsverkehr umfasst). Städte zählen seit der Antike zu den ↗touristischen Zielgebieten. Besondere Bedeutung erlangten sie während der Grand Tour (seit dem 17. Jh.), als junge Adelige Bildungsreisen zu den Höfen und Städten Europas unternahmen. Seit Mitte der 1990er-Jahre erleben die Städte (speziell die Großstädte) einen Nachfrageboom der privat bedingten Reisen. Wesentliches Besuchsmotiv ist die Mischung aus Kultur, Kunst, Events und Shopping, also das Gesamterlebnis der Stadt und ihrer Lebensweise (Flair, Urbanität). Zunehmend werden im Städtetourismus auch (Kurz-)Flugreisen in europäische und außereuropäische ↗Metropolen nachgefragt. [ASte]

Stadtfauna, Tierarten, die ihren Lebensraum im Stadtökosystem und seinem engen Umland besitzen. Sie setzen sich aus Zuwanderern und indigenen Arten zusammen. In enger Wechselwirkung mit den Städtern haben sich dabei spezifische Anthropozönosen entwickelt. Als besonders problematisch erweisen sich dabei schon von alters her Vorratsschädlinge, die zu manchen Zeiten eine erhebliche Bedrohung der Ernährungsgrundlage der Städter verursacht haben. Eine zentrale Rolle haben ferner vor allem im Mittelalter Krankheitsüberträger wie Ratten, Wanzen und Flöhe in mitteleuropäischen Städten und auch heute noch – vor allem in den Metropolen der sog. Entwicklungsländer – die Ratten als Pestüberträger gespielt. Aufgrund der thermischen Begünstigung der Städte (↗Stadtklima) lässt sich vor allem eine eindeutige Dominanz der Herkunft von Adventivarten mitteleuropäischer Städte aus wärmeren Regionen der Erde belegen (↗Einwanderung). Nach dem Grad ihrer ↗Verstädterung (↗Synanthropie) kann die Stadtfauna differenziert werden in Kulturflüchter, Kulturindifferente und Kulturfolger.

Ein wichtiges Forschungsfeld resultiert aus der zunehmenden Vergesellschaftung von Tierarten und -gruppen im städtischen Raum. So bilden sich u. a. auch eigene Vogel- oder Käfergesellschaften aus. Nachdem inzwischen der zum Teil hohe Wert der städtischen Fauna nachgewiesen worden ist, sind spezifische Strategien zur Förderung von städtischen Tierarten entwickelt worden. Sie beinhalten Konzepte zu Erhalt, Vernetzung und Verbund städtischer Freiflächen, Sicherstellung einer Strukturvielfalt aus naturschutzfachlicher Sicht, Schutz artenreicher, indigener städtischer Flora, vermehrte Begrünung von Bausubstanz u. Ä. Neben diesen allgemeinen Forderungen gilt das Augenmerk der tierarten- und tiergruppenspezifischen Förderung der Stadtfauna. [MM]

Stadtflora, allgemein die Gesamtheit der Pflanzenarten in den politischen Grenzen der ↗Stadt. Ökologisch sinnvoller scheint dagegen der Bezug zum Lebensraum Stadt, dann bezieht sich die Stadtflora auf die diesem Lebensraum entsprechenden Standorte. Damit entfallen dann alle Arten, die auf nichtstädtischen Standorten innerhalb der politischen Stadtgrenzen, wie z. B. Wälder oder größere Gewässer, verbreitet sind.

Stadtflucht, Abwanderung aufgrund schlechter Lebensbedingungen aus der ↗Kernstadt in eine Gemeinde am Stadtrand oder im Stadtumland (↗Suburbanisierung). Der Begriff wird auch für die Verlagerung von Gewerbe- und Industriestandorten in das suburbane Umland gebraucht. Mit der Stadtflucht verbunden sind Einkommens- und Steuerverluste für die Kernstadt, die den ↗funktionalen Stadtverfall begünstigen. Zudem trägt die Selektivität der Bevölkerungsabwanderung zur ↗A-Stadt-Entwicklung bei. ↗intraregionale Wanderung.

Stadtforschung, interdisziplinäres Forschungs- und Arbeitsgebiet der Sozialwissenschaften, der

Stadtentwicklungspolitik: »Zielsechseck« der Stadtentwicklungspolitik.

Stadtgeographie, Teilfach der ↗Humangeographie; befasst sich mit der Erforschung städtischer Strukturen, Funktionen, Prozesse und Probleme vor dem Hintergrund des gesellschaftlichen, politischen und wirtschaftlichen Wandels. Ausgehend von dem Konzept der Stadt als System mit den Elementen Wirtschaft, Planung, Politik, Gesellschaft, Infrastruktur u. a., in dem alle Elemente gegenseitig bedingen und die zusätzlich externen Einflüssen (↗Globalisierung) ausgesetzt sind und darauf interaktiv reagieren, ist es die Aufgabe der Stadtgeographie, die Beziehung zwischen Stadtstrukturen, ihrer Produktion und Reproduktion und der sich wandelnden Gesellschaft zu analysieren und zu dokumentieren. Dies geschieht modellhaft-generalisierend, regional- und kulturspezifisch, theoretisch/methodologisch sowie praxisbezogen. Die Analyse erfolgt mikroräumlich auf der Ebene der einzelnen Stadt und ihrer einzelnen Stadtquartiere, auf der Mesoebene des Stadt-Umland-Systems oder auf der Makroebene der ↗Städtesysteme. Die frühe Stadtgeographie beschäftigt sich mit der baulichen und physisch fassbaren Stadtstruktur. Zur Stadtgeographie gehört seit den 1920er-Jahren jedoch auch der Fokus auf den Menschen und Entscheidungsprozesse der Planung sowie auf die bauliche und soziale Stadtstruktur als Mikrokosmos der Gesellschaft und als Spiegel sozialer Prozesse einer jeweiligen Ära (↗Chicagoer Schule der Soziologie, ↗Bobek). Ausgehend von der Interpretation der von der Gesellschaft gestalteten städtischen Räume befasst sich die analytische Stadtgeographie mit der Entwicklung analytischer, z. T. mathematischer Modelle auf der Suche nach der Gesetzmäßigkeiten hinter den Entwicklungen städtischer Räume und Systeme. Neben der Stadtgeographie beteiligen sich weitere geographische Teilbereiche an dieser Forschungsrichtung (Sozialgeographie i. e. S., Wirtschafts- und Verkehrsgeographie etc., ferner Regional Science, Stadtsoziologie oder Stadt- und Regionalökonomie). Um die disziplinäre Einordnung und Fachperspektive zu präzisieren, wird der Begriff ↗Stadtforschung oder ↗Geographische Großstadtforschung mit übergreifender und integrierender Betrachtungsweise von »Stadt« bzw. »städtischem Verdichtungsraum« gebraucht.

Die Stadtgeographie an sich verzweigt sich wiederum in verschiedene Richtungen, die als verschiedene Formen der ↗Stadtanalyse gesehen werden können. Die diversen Forschungsansätze und Fragestellungen der Stadtgeographie behandeln jedoch generell a) entweder die materiellen Ausstattungsattribute des Stadtraumes bzw. Indikatoren seiner Funktionsverflechtungen oder b) die immateriellen Aspekte (wie räumliche Wahrnehmungen oder raumbezogenes Handeln) oder c) beide oder d) Aspekte räumlicher Entwicklungen, die sich aus dem Zusammenspiel von immateriellen und materiellen Aspekten ergeben, z. B. realräumliche Auswirkungen planungspolitischer Visionen und daraus resultierender Maßnahmen oder sozialräumliche Disparitäten als Ergebnis gesellschaftlicher Machtverhältnisse.

Stadtplanung, Architektur und der Kommunalwissenschaften, das sich mit den räumlichen, sozialen, demographischen, wirtschaftlichen und historischen Strukturen einer Stadt oder einer städtischen Siedlung befasst. Die geographische Stadtforschung betrachtet die raumbezogenen Funktionen und Entwicklungsprozesse städtischer Strukturen. Wie auch bei der ↗geographischen Großstadtforschung werden die sozialen, ethnischen und demographischen sowie die wirtschaftlichen Aspekte von Städten oder Städtesystemen als Handlungsgrundlage für die Steuerungsfähigkeit einer Stadt, für ihre Standortbestimmung im Städtewettbewerb um Investoren, Besucher und Bewohner oder auch allein wegen des wissenschaftlichen Erkenntnisgewinns über gesellschaftlichen Wandel in den Städten untersucht. Die hermeneutische Stadtforschung ist die auf Verstehen von städtischen Systemen und Strukturen in ihrem unterschiedlichen regionalen und kulturellen Kontext ausgerichtete Forschungsrichtung. Bei der hermeneutischen Stadtgeographie werden die Strukturen und Prozesse der Stadtentwicklung, verknüpft mit einer Vielzahl von gesellschaftlich-kulturellen Sichtweisen, in ihrem Raum-Zeitbezug analysiert. Hierzu werden Erkenntnisse verschiedener Richtungen der Stadtforschung eingebracht, z. B. über kulturell und gesellschaftlich bedingte Stadtstrukturen, standorttheoretische Aspekte oder städtische Nutzungssysteme. Die historische Stadtforschung befasst sich mit der historisch-geographischen Analyse von Stadtstruktur (wie Grund- und Aufrissgestaltung, Anordnung der Funktionen) und -entwicklung sowie der historisch gewachsenen räumlichen Verteilung des Städtesystems. Die Bedeutung des jeweils vorherrschenden Gesellschaftssystems für die einzelnen Stadtentwicklungsperioden wird mitberücksichtigt und deren Auswirkung auf gegenwärtige Strukturen, Prozesse und Probleme (Disparitäten) ermittelt. Der Wandel gesellschaftlicher und wirtschaftlicher Strukturen vollzieht sich schneller als Veränderungen der physischen Stadtstruktur (Beharrungstendenz). Dennoch zeigen historisch-geographische Stadtforschungen auch ↗filtering down in älterer Bausubstanz und häufig ganze Abfolgen verschiedener städtisch-sozialer Systeme auf demselben Standort. Die historische Grundrissanalyse und die Auswertung historischer Stadtpläne erlaubt bei Neubebauung wertvolle historische oder archäologische Substanz aufzuspüren und zu konservieren. Seit die Bedeutung der historischen Stadtstrukturen (wie Unverwechselbarkeit, Überschaubarkeit, Vielfalt) für die Lebensqualität der Stadtbevölkerung oder das Image und die Standortqualität von Städten und damit als ökonomische Ressource erkannt wurde, dienen Forschungsergebnisse der historischen Stadtgeographie der neueren ↗Stadtplanung. Sie sind Ausgangspunkt und Rechtfertigung für umfassende Altbausanierungsmaßnahmen oder originalgetreuen Wiederaufbau historischer Gebäude oder historischer Viertel. [RS/SE]

Je nach Forschungsfrage sind ganz unterschiedliche Datengrundlagen zu verwenden. So verwenden sozialgeographische Strukturanalysen Daten, die objektiv messbare Merkmale des Raumes (im Gegensatz zu subjektiv wahrgenommenen Raumattributen) erfassen. Diese Daten sind zumeist in amtlichen veröffentlichten und unveröffentlichten Statistiken enthalten, denen Großbefragungen (z. B. ↗Volkszählung) oder Großerhebungen (z. B. Betriebsstättenzählung) zugrunde liegen. Wegen der langen Erhebungsintervalle oder weil diese nicht alle Merkmale des Raumes abdecken, sind auch eigene, in sehr viel kleinerem Umfang angelegte problembezogene Erfassungen (z. B. Befragungen von Unternehmern, Kartierung des Gebäudezustands in unterschiedlichen Vierteln, der Flächennutzungen oder der gesamten innerstädtischen Differenzierung, welche Aspekte der baulichen, sozialräumlichen und wirtschaftlichen Strukturen erfasst). Sollen jedoch Gegebenheiten zum Wahrnehmungs- oder Aktionsraum untersucht werden, sind Befragungen von Menschen (als Individuen oder als Gruppenangehörige) angezeigt, um raumbezogene und raumrelevante Verhaltenshintergründe und deren mögliche Auswirkungen zu ermitteln.

Stadtgeographische Arbeiten zeichnen sich durch eine große methodische Bandbreite aus. Sie überlagern sich z. T., sodass es eine stadtgeographische Methodik i. e. S. nicht geben kann. In allen humangeographischen Fragestellungen im Stadtraum bestehen jedoch zu den Problemstellungen grundlegend ähnliche methodisch-methodologische Zugänge. Unterschiede bestehen in erster Linie in der Wahl der ↗geographischen Dimension, räumlichen Abgrenzungen und Indikatorengewichtung. Bei Methoden der ↗Faktorialökologie und der empirischen Sozialforschung sind nur Datenquelle und Dimension der Erhebung verschieden. Das Grundprinzip der deskriptiven und/oder quantitativ-analytischen Aufbereitung und Auswertung amtlicher und problembezogen erhobener Sozialdaten aus der Umfrageforschung bleibt gleich, auch wenn die Ziele anders sind. Die spezifische Methodenkompetenz des modernen Stadtgeographen sollte daher in folgenden Bereichen erworben sein: Empirik (Methoden der Primärerhebung durch Messung, Kartierung oder Befragung »im Gelände« bzw. »vor Ort«), ferner Statistik (Verfahren der Aufbereitung von raumbezogenen Primärdaten und amtlich-statistischen Sekundärdaten im Bezug auf ausgewählte Fragestellungen), Kartographie (Arbeits- und Darstellungstechniken für räumlich lokalisierte und differenzierte Phänomene, Fernerkundung (Auswertung von Luft- und Satellitenbildern als wichtige zusätzliche Datenquelle), im Umgang mit ↗GIS (Darstellungs- und Analyseebene für Daten durch Schichtenmethoden sowie Verschneidungsmöglichkeiten für andere Arbeitstechniken).

Die Leistungsfähigkeit der Stadtgeographie und der Stadtgeographen ergibt sich aus der Verbindung kognitiver und methodischer Fertigkeiten, nämlich dem integrativen Verständnis aus Empirie und Theorie, der Vielfalt der sozial-, wirtschafts- und umweltgeographischen Thematiken, die in der Stadt zu bearbeiten sind, ferner der Vielfalt der Analyseverfahren sowie der Gesellschaftsrelevanz der Arbeiten. Die Vielfalt der Forschungsansätze und der Methoden machen die Stadtgeographie zu einer besonders geeigneten geographischen und sozialwissenschaftlichen Disziplin, um die Strukturen, Prozesse und zu Probleme moderner Metropolen zu analysieren, verstehen und zu prognostizieren. Abb. [RS]

Literatur: [1] HEINEBERG, H. (2000). Stadtgeographie. – Paderborn. [2] LICHTENBERGER, E. (1998): Stadtgeographie. – Stuttgart.

stadtgeographische Raumbegriffe, unterscheiden folgende räumliche Betrachtungsebenen: den Realobjektraum der Stadt, den funktionellen Raum, den ↗Wahrnehmungsraum und den abstrakten Raum. Zum Realobjektraum der Stadt gehören verschiedene Maßstabsebenen: die Mikroebene der ↗Haushalte, Wohnungen, Bauobjekte und zugehörige Funktionen, ferner die Mesoebene der Straßen-, Parzellen- und Baublocksysteme und schließlich die Makroebene, d. h. die physische Struktur von Städten bzw. die Stadtge-

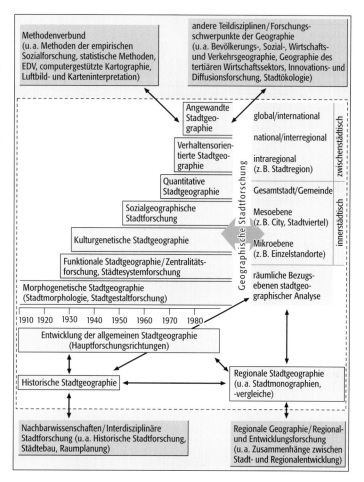

Stadtgeographie: Forschungsrichtungen, räumliche Bezugsebenen und interdisziplinäre Verflechtungen der Stadtgeographie.

Stadtgliederung

Stadtgrenzschicht: Schematischer Aufbau der Grenzschicht über einer Stadt.

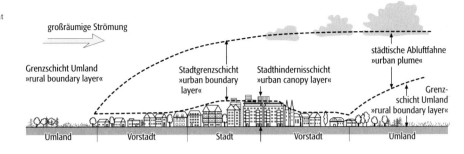

städtische Bevölkerung: Bevölkerungsstruktur von Kernstädten und ländlichen Kreisen geringerer Dichte im früheren Bundesgebiet.

staltung sowie die Zuordnung von Flächen für bestimmte Nutzungen. Der funktionelle Stadtraum bezieht sich auf die räumliche Organisation der Gesellschaft, die individuelle, gruppenspezifische, institutionelle und privatwirtschaftliche Komponenten hat. Relevante Untersuchungsschwerpunkte sind u. a. das sozialstatus- und bildungsabhängige Informations-, Interaktions- und Kommunikationsfeld von Individuen und Gruppen, ferner ↗Pendlereinzugsgebiete oder der räumliche Transfer von Besitz und Kapital. Der ↗Wahrnehmungsraum ist der subjektiv empfundene Stadtraum, der sich jedem Individuum unterschiedlich darstellt. Der abstrakte ökonomische Raum wird in mathematischen Formeln erfasst und mittels Sekundärdaten analysiert. Wenn man die Stadt als System und Teil des ↗Städtesystems ansieht, so müssen weitere Basiskonzepte einbezogen werden: z. B. die Stadt als Einheit innerhalb des Systems der Zentralen Orte (↗hierarchische Stadtgliederung, ↗Zentrale-Orte-Konzept), die Komplementarität von Städten, der Entwicklungsgradient und das ↗Kern-Rand-Gefälle. [RS]

Stadtgliederung, ↗funktionale Stadtgliederung, ↗hierarchische Stadtgliederung.

Stadtgrenzschicht, *städtische Grenzschicht*, im weiteren Sinne die durch den Einfluss des ↗Stadtklimas modifizierte ↗atmosphärische Grenzschicht über der Stadt (Abb.). Sie gliedert sich in eine Stadthindernisschicht (urban canopy layer, UCL) unterhalb des mittleren Firstniveaus, und eine darüber liegende städtische Grenzschicht (urban boundary layer, UBL), indem das Dachniveau für viele Prozesse, etwa den Energieumsatz oder das Windfeld, wie eine zweite Bodenoberfläche wirkt. Im Austauschbereich zwischen UCL und UBL kann eine Übergangsschicht (transition layer, TL) abgegrenzt werden. Die Obergrenze der Grenzschicht ist erreicht, wenn der Einfluss der Stadt auf den Zustand der ↗Atmosphäre nicht mehr vorhanden ist. Die Stadtgrenzschicht wächst daher mit zunehmender Vertikalerstreckung der Bebauung, aber auch mit zunehmender Stadtgröße auf Werte über 500 m an.

Stadtgrün, *urbanes Grün*, Zusammenfassung sehr unterschiedlicher städtischer Vegetationstypen (↗Stadtflora). Anstelle ihrer über lange Zeit im Vordergrund stehenden ästhetischen Funktion sollte stärker eine funktionale Verknüpfung mit dem Lebensraum Stadt und damit der Lebensqualität im urbanen Raum stehen. Hier könnte das Stadtgrün neben der zweifellos bedeutsamen psychologischen Aufgabe beispielsweise einen wichtigen Beitrag im Rahmen von Stadtklima und Lufthygiene leisten.

städtische Bevölkerung, *Stadtbevölkerung*, lebt in städtischen Siedlungen oder Städten. Ein Vergleich des Anteils der städtischen Bevölkerung an der Gesamtbevölkerung eines Landes, dessen Verstädterungsgrad oder Verstädterungsquote, ist zwar wegen fehlender einheitlicher Definition des Begriffs ↗Stadt nicht unproblematisch, doch unabhängig davon existieren enorme Abweichungen vom weltweiten Durchschnitt mit 45 %. Einerseits registrieren Industrieländer wie Deutschland, Schweden oder die USA, aber auch Argentinien oder Uruguay einen Anteil der städtischen Bevölkerung von über 80 %, andererseits verzeichnen afrikanische und asiatische Staaten z. T. Werte von unter 20 %. Differenziert man nach Großräumen, dann liegen Nordamerika (75 %), Europa (73 %), Lateinamerika (73 %) und Australien (70 %) deutlich vor Asien (35 %) und Afrika (30 %).

Indikatoren zur Bevölkerungsstruktur	Kernstadt (Großstädte in Agglomerationsräumen)	ländliche Kreise mit geringerer Dichte (< 100 Ew./km²)
Bevölkerungsentwicklung 1990–96	– 0,40	5,10 %
Ausländeranteil 1995	16,70 %	4,20 %
Einpersonenhaushalte 1995	43,00 %	28,90 %
Personen je Haushalt 1995	1,91 %	2,42 %
Anteil 1995 der		
unter 18-jährigen	16,60 %	20,80 %
mindestens 50-jährigen	36,30 %	34,30 %
Fruchtbarkeitsrate (Kinder je Frau) 1995	1,24	1,46
Gesamtwanderungssaldo je 1000 Ew. 1995	– 0,6	8,6
Anteil (1996) der sozialversicherungspflichtig Beschäftigten		
im primären Sektor	0,40 %	1,60 %
im sekundären Sektor	31,80 %	47,50 %
im tertiären Sektor	67,80 %	50,80 %
Arbeitslosenquote Juni 1997	14,00 %	15,00 %
Sozialhilfeempfänger je 1000 Ew. 1995	50,00	18,30

Am Beispiel des früheren Bundesgebietes verdeutlicht die Abbildung Abweichungen in der ↗Bevölkerungsstruktur. Kleinere Haushaltsgrößen, fortgeschrittenere Überalterung, dominante Bedeutung des tertiären Sektors bei der Beschäftigung sowie soziale Problemlagen kennzeichnen städtische im Vergleich zu ländlichen Einwohnern. In Entwicklungsländern sind in den Städten jüngere Menschen stärker vertreten, sodass aus altersstrukturellen Gründen das Städtewachstum von Geburtenüberschüssen gekennzeichnet ist. [PG]

städtische Bodennutzung, Flächennutzung in Städten. Sie ergibt sich nach dem Bodenrentenmodell (↗Bodenrente) aus dem begrenzten Angebot städtischen Bodens und der Nachfrage nach Grundstücken in einem marktwirtschaftlichen System. Dabei dominiert jene Nutzung auf einem Standort, deren Nutzer/Mieter bzw. Käufer die dort im Wettbewerb geforderten Nutzungsgebühren oder Mieten/Pachten bzw. Kaufpreise entrichten können. Die Nachfrage nach einem Grundstück/Standort wiederum ergibt sich für den Nutzer aus der an diesem Standort zu erzielenden Lagerente. Die Flächennutzung ergibt sich ferner nach der ↗Bauleitplanung aus dem örtlichen Bedarf, der durch Einrichtungen der öffentlichen Verwaltung in dem ↗Flächennutzungsplan vorbereitet und im ↗Bebauungsplan umgesetzt wird. Im Zusammenspiel zwischen Marktwirtschaft und örtlicher Planungspolitik wird jedoch der Boden heute in stärkerem Maße als Finanzanlage gesehen. Daher stehen bei größeren Bauprojekten oft künftig erzielbare Grundrenten im Vordergrund der Planung und nicht die tatsächliche örtliche Bedarfslage. [RS]

städtische Grundrente ↗Bodenrente.

städtischer Arbeitsmarkt ↗Arbeitsmarkt.

städtischer Strukturwandel, dauerhafte und unumkehrbare wirtschaftsstrukturelle und sozioökonomische Veränderung, die sich langfristig vollzieht und alle Maßstabsebenen (Länder, Regionen, Städte, Gemeinden etc.) erfasst. Durch unterschiedliche Parameter läuft der Strukturwandel teilweise »natürlich« ab (durch den Wandel gesellschaftlicher Voraussetzungen wie technischem Fortschritt, Konsumorientierung und Lebensstilpluralismus). Teilweise wird er bewusst gesteuert, d.h. gefördert oder gebremst (z.B. durch strukturpolitische Maßnahmen). Im Zuge des wirtschaftlichen Strukturwandels hat sich eine Verlagerung vom primären über den sekundären zum ↗tertiären Sektor (und darin speziell dem ↗quartären Sektor) ergeben. Verbunden damit war die Schwerpunktverschiebung von Produktionsgüter- und betrieblicher Orientierung zur Ausrichtung der Wirtschaft auf die Bevölkerung, Lebensstile und Konsum (↗Konsumgüter). Regionalwirtschaftliche Folgen des Strukturwandels können sowohl negativ als auch positiv sein: Stark negativ sind sie in monostrukturierten Regionen, die einen Arbeitsplatzabbau erfahren. In diversifizierten Regionen werden die Folgen eines Stellenabbaus durch einzelne strukturstarke Branchen z.T. abgefedert. Sehr langfristig können die negativen Folgen sich dann positiv entwickeln, wenn durch bewusste Planungspolitik neue regionale Potenziale erschlossen und Arbeitsplätze in zukunftsträchtigen Branchen aufgebaut werden. Jeder Strukturwandel erfordert eine schwierige und sehr langfristige Umorientierung auf neue Beschäftigungsmöglichkeiten nicht nur für entlassene, sondern für zukünftige Generationen von Arbeitnehmern. Nicht selten werden dabei Hochtechnologie- und wissenschaftsnahe Branchen gefördert. Ein Beispiel für Strukturwandel, der zum Verlust von mehr als einhunderttausend Arbeitsplätzen in einer Stadt führte, ist Pittsburgh in den USA, dessen ↗Monopol in der Stahlindustrie 1938 durch die Bundesgesetzgebung aufgehoben wurde. Mithilfe einer ↗Public-Private-Partnership bestehend aus Stahlindustrie und öffentlicher Verwaltung begann man 1943, gezielt die Wirtschaft umzustrukturieren. Begleitet von neuartiger räumlicher Planung, dem Auf- und Ausbau von Institutionen in der Wissenschaft, unternehmerischer und unternehmerfreundlicher Politik wurde die Stadt bis 1985 zu einem neuen führenden Hochtechnologie- und Wissenschaftsstandort der USA mit einem neuen Stadtbild und veränderten sozioökonomischen Strukturen. [RS/SE]

städtisches System, 1) ↗Städtesystem. 2) *Stadtsystem*; Stadt als Gesamtheit der miteinander in Wechselbeziehungen stehenden Elemente, die Stadtraum, Mensch, Politik, Gesellschaft, Sozialsystem und Umwelt umfassen.

Stadtklima, bezeichnet den von spezifischen städtischen Oberflächenstrukturen sowie anthropogenen Wärme- und Schadstoffemissionen veränderten Zustand der ↗atmosphärischen Grenzschicht in der Stadt. Stadtklimatische Phänomene gibt es in allen Städten der Erde, jedoch in unterschiedlicher Intensität und Ausformung. Die nachfolgenden Ausführungen orientieren sich an der Situation der Klimate der gemäßigten Breiten.

Der Strahlungs- und Wärmehaushalt der Stadt ist unter zwei Aspekten zu betrachten, der Veränderung des Energieeintrages aufgrund der ↗Trübung der Atmosphäre und der Wärmebilanz der städtischen Oberflächen und Materialien. Die Reduzierung der kurzwelligen Einstrahlung aufgrund der Verschmutzung der Stadtatmosphäre ist unterschiedlich. Sie wird vor allem durch große ↗Aerosole und ↗Dunst bestimmt. Ferner ist die Trübung von der makroklimatischen Lage und der Meereshöhe beeinflusst. Sie führt dazu, dass der Anteil der direkten Einstrahlung vermindert wird, derjenige der diffusen Himmelsstrahlung hingegen durch die Streuung und Absorption in der Atmosphäre erhöht wird. Die Globalstrahlung als Summe von direkter und diffuser Strahlung ist nur bei starker Staub- oder Rußbelastung entscheidend signifikant vermindert. Da dessen Anteil in den Industrieländern gegenwärtig ab-, in den Metropolen der Subtropen und Tropen hingegen zunimmt, erhöht sich in den Industrieländern der Anteil der diffusen Einstrahlung, während die Globalstrahlung un-

Material	Anmerkungen	Dichte [kg/m³ · 10³]	spezifische Wärmekapazität [J/(kg · K) 10³]	Wärmekapazitätsdichte [J/(m³ · K) · 10⁶]	Wärmeleitfähigkeitskoeffizient [W/(m · K)]	Temperaturleitfähigkeitskoeffizient [m²/s · 10⁻⁶]	Wärmeeindringkoeffizient [J/(m² · s^{0,5} · K)]
Asphalt		2,11	0,92	1,94	0,75	0,38	1205
Beton	Gasbeton	0,32	0,88	0,28	0,08	0,29	150
Beton	Schwerbeton	2,40	0,88	2,11	1,51	0,72	1785
Naturstein		2,68	0,84	2,25	2,19	4,93	2220
Backstein	durchschnittlich	1,83	0,75	1,37	0,83	0,61	1065
Stahl		7,85	0,50	3,93	53,30	13,60	14.475
Glas		2,48	0,67	1,66	0,74	0,44	1110
Gipsplatte	durchschnittlich	1,42	1,05	1,49	0,27	0,18	635
Dämmmaterial	Polystyrol	0,02	0,88	0,02	0,03	1,50	25
Dämmmaterial	Kork	0,16	1,80	0,29	0,05	0,17	120
Lehmboden (40 % Porenvolumen)	trocken	1,60	0,89	1,42	0,25	0,18	600
Lehmboden (40 % Porenvolumen)	gesättigt	2,00	1,55	3,10	1,58	0,51	2210
Wasser	4 °C, unbewegt	1,00	4,18	4,18	0,57	0,14	1545
Luft	10 °C, unbewegt	0,0012	1,01	0,0012	0,025	20,50	5
Luft	turbulent bewegt	0,0012	1,01	0,0012	≈ 125	10 · 10⁶	390

Stadtklima 1: Für die Ausprägung des Stadtklimas relevante physikalische Eigenschaften ausgewählter Materialien. Die Eigenschaften aller aufgeführten Größen sind temperaturabhängig.

gefähr gleichbleibend ist. In vielen Metropolen der Entwicklungsländer jedoch führt die zunehmende Staubbelastung dazu, dass der Anteil der Globalstrahlung, welche nach dem Durchgang durch die Stadtatmosphäre die Oberflächen erreicht, abnimmt. Die ↗Albedo städtischer Oberflächen unterscheidet sich von derjenigen des Umlandes in europäischen und nordamerikanischen Städten nur unwesentlich. Für die städtische Energiebilanz sind daher der anthropogene Wärmeeintrag, die metabolische Wärmeproduktion und die Wärmebilanz der Oberflächen die entscheidenden Größen. Die anthropogene Wärmeemission in Großstädten ist von der makroklimatischen Lage, der Bevölkerungs-, Bebauungs-, Verkehrs- und Gewerbedichte abhängig und hat vor allem aufgrund der Gebäudeheizung einen ausgeprägten Jahresgang. Allein die Abwärme durch Hausbrand erreicht in deutschen Städten Energieflussdichten zwischen ca. 4000 und ca. 8400 kW/km². Die Flussdichte der gesamten anthropogenen Wärmeproduktion erreicht ihre Spitzenwerte im Winter in den Zentren der großen Megastädte. In Tokio sind es – bedingt durch die extreme Dichte – im Winter 1560 W/m² und damit mehr als die ↗Solarkonstante, in anderen Ballungsräumen stets ebenfalls ein mehrfaches der ↗Strahlungsbilanz natürlicher Oberflächen. Dieser Energieinput ist der erste wesentliche Faktor der städtischen Wärmebilanz. Der zweite ist das thermische Verhalten der städtischen Oberflächen.

Die Oberfläche der Stadt und damit die Grenzfläche zur Atmosphäre (↗Stadtgrenzschicht) zeichnet sich durch eine Verringerung des Anteils natürlicher Oberflächen zugunsten des Anteils künstlicher Oberflächen wie Asphalt, Beton oder Dachflächen aus. Dadurch ist der Anteil der mit Vegetation bestandenen Flächen reduziert. Dies bestimmt neben den anthropogenen Emissionen wesentlich den Strahlungs- und Wärmehaushalt der Stadt. Hinzu treten die gasförmigen, flüssigen und festen Emissionen sowie Veränderungen des Windfeldes. Die von den Oberflächen absorbierte lang- und kurzwellige Einstrahlung führt bei positiver Strahlungsbilanz zu Wärmeflüssen von der Oberfläche in den Untergrund und in die bodennahe Atmosphäre sowie – bei der Verfügbarkeit von Wasser – zur Umwandlung von sensibler in latente Wärme. In den physikalischen Eigenschaften der Dichte, des Wärmeübergangs, der Wärme- und Temperaturleitfähigkeit sowie des Wärmespeichervermögens unterscheiden sich die Oberflächen voneinander und gegenüber denjenigen des Umlandes (Abb. 1). Besonders die hohe Wärmeleitfähigkeit und hohe spezifische Wärmekapazität der typisch städtischen Materialien wie Asphalt und Beton haben zur Folge, dass die absorbierte Wärme in stärkerem Maße als bei natürlichen Flächen in den Untergrund abgeführt wird. Der Wärmefluss in die bodennahe Atmosphäre verringert sich dadurch entsprechend. Die Konsequenz ist, dass sich die bodennahe Luft in der Stadt in den Vormittagsstunden wesentlich langsamer erwärmen würde als über einem trockenen vegetationslosen Boden im Umland. Tatsächlich ist diese Umgebung aber nicht vorhanden. Die Flächen tragen Vegetation und die Böden sind noch feucht. Es findet eine Transpiration der Pflanzen und eine Evaporation des Bodens statt. Daher wird im Umland ein beträchtlicher Teil der eingestrahlten Energie in latente Wärme umgewandelt. Insbesondere während der Verdunstung des Taues ist der vormittägliche Temperaturanstieg über diesen Flächen sehr langsam. Daher ist die Temperaturdifferenz zwischen Stadt und Umland in dieser Zeit gering, teilweise ist die Lufttemperatur im Umland erhöht, teilweise in der Stadt, abhängig von den speziellen Bedingungen, vor allem der Landnutzung im Umland und der Baukörperdichte in der Stadt. Der entscheidende Unterschied ist, dass ein großer Teil der Energie im Umland als latente Wärme vorliegt, in der konvektiven Atmosphäre hochreichend turbulent durchmischt und schließlich abtransportiert wird. Sie wird als Kondensationswärme im Wolkenniveau oder erst bei der orographischen Hebung am nächsten Gebirge wieder frei. In der Stadt dagegen verbleibt die Energie am Standort, nämlich in den Baumassen und versiegelten Flächen gespeichert. Grundlegend ist also ein Defizit latenter Wärmeströme und das Überwiegen sensibler Wärme. Mit der Umkehr der Strahlungsbilanz in den Nachmittagsstunden kühlen sich die natürlichen Oberflächen des Umlandes sehr schnell ab, weil der Wärmeverlust durch Ausstrahlung vor allem durch einen Wärmestrom aus der bodennahen Atmosphäre an die Oberflächen kompensiert wird. In der Stadt dagegen kann ein entsprechender Wärmestrom aus den Materialien erfolgen. Damit beginnt sich die entscheidende thermische Anomalie der Stadt gegenüber dem Umland auszuprägen. Sie erreicht in den ersten Nachtstunden ihr Tagesmaximum. Bedeutung hat also vor allem der Anteil der künstlichen nicht transpirierenden Oberflächen. Er wird flächenhaft durch den Versiegelungsgrad (in Prozent) und die Verfügbarkeit von Wasser zur Umwandlung der Einstrahlungsenergie in latente Wärme bestimmt. Die hydrologischen Eigenschaften der städtischen Oberflächen werden durch einen Relativwert beschrieben, der sich aus dem Versickerungsvermögen im Vergleich zu einem natürlichen Boden mittlerer Lagerungsdichte ergibt. Er bewegt sich zwischen 0 (nicht versickernde Dachflächen) und 1 (natürlicher Boden). Entscheidend ist auch der Vertikalaufbau des oberflächennahen Untergrundes, indem er eine ungehinderte Versickerung und ggf. einen kapillaren Aufstieg bei Trockenheit ermöglicht oder unterbindet. Neben der Porosität der Materialien ist der Versiegelungsgrad ein entscheidender stadtklimatischer Parameter. Er beschreibt das Verhältnis versiegelter Fläche zur Gesamtfläche. Aus der Porosität der Materialien und dem Versiegelungsgrad errechnet sich der Abflussbeiwert Ψ, ein Quotient aus Wasserabfluss und Niederschlag. Flächen mit hohen Abflussbeiwerten, z. B. Asphaltflächen sind entsprechend diejenigen Stadträume, welche am stärksten zur Überwärmung der nächtlichen Stadtatmosphäre neigen. Der Wärmehaushalt der Stadtatmosphäre wird darüber hinaus durch die Durchlüftungsverhältnisse bestimmt, indem bei Luftadvektion eine hochreichende turbulente Durchmischung erfolgt. Die Durchlüftung ist in der Stadt in Abhängigkeit von der Bebauungsstruktur vermindert. Dadurch ist die turbulente Durchmischung der überwärmten Luft behindert und der thermische Effekt der versiegelten Oberflächen wird verstärkt.

Aus dem Strahlungs- und Wärmehaushalt der Oberflächen resultiert in der Nacht ein sensibler Wärmestrom, der zur Atmosphäre hin gerichtet ist und eine von verschiedenen Faktoren abhängige thermische Anomalie der städtischen Luft gegenüber dem Umland bewirkt. Zunächst ist in einem bodennahen Niveau ein sehr differenziertes horizontales Feld zu beobachten. Erste Untersuchungen stellten über homogenem Untergrund (meist Straßen, über denen auf mobilen Messfahrten gemessen wurde) eine im Mittel zum Stadtzentrum hin ansteigende Temperatur fest. Man sprach daher von der städtischen ↗Wärmeinsel, bzw. aufgrund der polyzentrischen Struktur vieler Städte vom Begriff des Wärmearchipels. Zwischen den Höchstwerten im Stadtbereich und dem Umland wurden dabei Differenzen der Lufttemperatur über 10 K erreicht. Doch auch eine Beschränkung nur auf den Straßenraum ist simplifizierend. Bei einer Blockrandbebauung mit begrünten Innenräumen zeigen sich zwischen Straßenraum und Blockinnenraum fast ebensolche Temperaturdifferenzen wie zwischen Stadtmitte und Umland. So stellt sich das Temperaturfeld heute als ein hochkomplexes Muster unterschiedlich stark erwärmter bodennaher Luft dar, das im Wesentlichen durch den lokalen Strahlungs- und Wärmehaushalt und horizontale Massentransporte erklärt werden muss. Die Überwärmung der Stadtatmosphäre wird darüber hinaus von der Witterung beeinflusst, indem eine ↗autochthone Witterung eine wesentlich stärkere Ausprägung als eine ↗allochthone Witterung zulässt (↗Witterungstypisierung). Darüber hinaus sind die bei austauscharmen ↗Strahlungswetterlagen stattfindenden thermisch induzierten Ausgleichsströmungen (↗Berg- und Talwind) ein wesentlicher Faktor, welcher das Lufttemperaturfeld modifiziert. Doch es finden auch Austauschprozesse zwischen Grün- oder Freiflächen und bebauten Flächen, zwischen Blockinnenbereichen und Straßenräumen statt, deren Reichweite unterschiedlich groß ist und neben der Größe der jeweiligen Areale vor allem durch die Oberflächenformen bestimmt ist.

Das Wasser spielt in der städtischen Energie- und Wärmebilanz vor allem durch die Verringerung der latenten Wärmetransporte eine entscheidende Rolle. Bei niedriger ↗Evapotranspiration sinkt der Wasserdampfanteil der Luft. Alle Verbrennungsprozesse sind jedoch mit Wasserdampfemissionen verbunden, sodass dieser Effekt teilweise wieder kompensiert wird. So wirkt sich die Erwärmung vor allem auf die relative Feuchte aus. Sie ist in den Zentren meist signifikant verringert, die absolute Feuchte ist hingegen nur wenig modifiziert. Das räumliche Muster

Stadtklima 2: Vertikale Windgeschwindigkeitsprofile bei neutraler Schichtung (u_g = Windgeschwindigkeit an der Obergrenze der Grenzschicht, $u(z)$ = Windgeschwindigkeit (als Funktion der Höhe z), d = Verdrängungshöhe, z_0 = Rauigkeitslänge, H = mittlere Hindernisnähe).

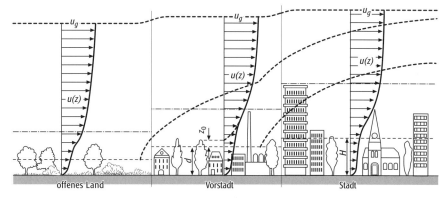

wird wesentlich von der Verteilung der Wasserdampfquellen in der Stadt bestimmt.

Die größere Nebelhäufigkeit in der Stadt war bis zur Mitte des 20. Jh. ein Stadtklimacharakteristikum, bedingt durch die hohe Aerosolkonzentration. Seit Mitte des 20. Jh. hat eine Trendumkehr stattgefunden, welche auf abnehmende Kernzahlen und steigende Überwärmung zurückzuführen ist. Viele Städte weisen heute gegenüber ihrem Umland negative Anomalien der Nebelhäufigkeit auf. Sehr uneinheitlich ist der stadtklimatische Effekt auf die Niederschlagsintensität und -höhe zu beurteilen. Durch die Auswirkungen der Stadt auf das großräumige Windfeld ist bei großen Agglomerationen eine Zunahme der Bewölkung und eine Erhöhung des leeseitigen Niederschlags ermittelt worden. Innerhalb der Stadt scheint es keine Veränderung der Niederschlagsmenge, bei großen Ballungen lediglich der Niederschlagsintensität zu geben, indem Starkniederschläge und Gewitterschauer an Intensität zunehmen, wie insbesondere das ↗METROMEX-Experiment in St. Louis/USA belegt hat.

Das Windfeld der Stadt wird durch die größere strömungsphysikalische Rauigkeit und die Geometrie der Baukörper bestimmt. Es ergeben sich unterschiedliche vertikale Windprofile in Stadt und Umland (Abb. 2). Die Rauigkeit kann mithilfe des Rauigkeitsparameters oder der Rauigkeitslänge z_0 beschrieben werden (↗Rauigkeit). Im Windprofil kann es zur Neubildung einer Bezugsoberfläche kommen, deren Höhe als Verdrängungshöhe d_0 parametrisiert wird. Abbildung 3 enthält typische Werte für z_0 und d_0. Zusätzlich zu den dadurch beschriebenen Veränderungen erfährt das städtische Windfeld eine starke Zunahme der Richtungs- und Geschwindigkeitsböigkeiten. Die mittlere Windgeschwindigkeit ist zwar herabgesetzt, gleichwohl können, insbesondere bei hohen und scharfkantigen Gebäuden, durch aerodynamische Effekte lokal erhebliche Erhöhungen auftreten. Die Höhe, in welcher der von der Oberfläche unbeeinflusste ↗Gradientwind weht, ist die Grenzschichthöhe der Stadt. Sie steigt abhängig von der Rauigkeit an. Darunter nimmt die mittlere Windgeschwindigkeit ab, darüber entsprechend zu. Das bei Großstädten auftretende relative Starkwindband in der Höhe über der Stadt wird als »urban jet« bezeichnet.

Die Stadt verändert nicht nur das großräumige Windfeld, sie schafft sich infolge ihrer Überwärmung auch eine eigene lokale Luftzirkulation, welche bei austauscharmen Wetterlagen wirksam werden kann. Durch die Überwärmung entsteht in der Stadt ein thermisches Tief, das infolge der meist geringen Vertikalerstreckung jedoch nur schwach ausgebildet ist. Seine Folge sind von der Peripherie zum Zentrum hin gerichtete Druckgradientkräfte. Bei großen Rauigkeitslängen sind sie geringer als die Reibungskräfte, bei kleinen Rauigkeitslängen kann sich ein ↗Flurwind ausbilden. Wenn er nicht durch Leitbahnen geringer Rauigkeit begünstigt wird, etwa weite offene Flächen von Parks, Flussauen, Flughäfen oder Bahnanlagen, sind am Boden nur die städtischen Randbereiche von ihm betroffen. In welchem Maße er oberhalb des Firstniveaus wirksam wird, ist bislang zu wenig bekannt. Flurwinde werden vor allem bei starken Temperaturkontrasten zwischen Stadt und Umland wirksam, also in den Abend- und ersten Nachtstunden. In reliefiertem Gelände werden sie durch die in der Regel weiter wirkenden ↗Berg- und Talwinde unterstützt. Gemeinsam sind sie im Stadtklima wesentliche Motoren des Luftaustausches bei austauscharmen strahlungsgeprägten Wetterlagen.

Eine wichtige Einflussgröße des Stadtklimas ist die Veränderungen der Zusammensetzung der bodennahen ↗Atmosphäre infolge der Emission von Luftbeimengungen in gasförmiger, flüssiger

Baukörperstruktur	z_0 [m]	d_0 [m]
Stadtzentren	2,4	10
Blockrandbebauung, 3- bis 5-geschossig	2,1	9
Industrieanlagen	1,6	12
Wohnblöcke in Zeilenbau, 3- bis 5-geschossig	1,5	7
Dichte Wohnbebauung, Ein- und Mehrfamilienhäuser, 1- bis 3-geschossig	1,4	4
Wohnbebauung, Familienhäuser, 1- bis 2-geschossig	1,3	2
Gewerbegebiet	0,6	5

Stadtklima 3: Rauigkeitslängen (z_0) und Verdrängungshöhen (d_0) für verschiedene Baukörperstrukturen. Der Anströmwinkel (Winkel zwischen der Hauptorientierungsrichtung einer Bebauung und der Anströmrichtung) $\beta = 0°$.

und fester Form. Sie entstammen größtenteils Verbrennungsprozessen in Industrie, Haushalt und Kfz-Verkehr und sind daher mit den Wärmeemissionen gekoppelt. Tatsächlich findet sich bei grober Betrachtung eine Korrelation zwischen den Gebieten hoher lufthygienischer Belastung und positiver thermischer Anomalie. Die genaue Analyse ergibt jedoch für die einzelnen Schadstoffgruppen sehr unterschiedliche Emissions- und Immissionsfelder, welche im Rahmen der ↗Luftreinhaltung bestimmt werden. Je nach Anteilen einzelner Emittentengruppen dominieren verschiedene Schadstoffe. NO_x, CO und O_3 – als sekundärer Schadstoff nicht im engeren Emissionsfeld – sind bei Überwiegen der Emissionen des Kraftverkehrs vorherrschend, SO_2, Staub und Ruß bei industriellen Verbrennungsprozessen. In den westlichen Industrieländern nimmt die Belastung durch SO_2, Staub und Ruß ab, während die Kfz-bürtigen Schadstoffe auf hohem Niveau stagnieren. Als wichtigstes Gas des Sommersmogs (↗Smog) entwickelt sich ↗Ozon zum Leitschadstoff.

Das Stadtklima wird insbesondere im Hinblick auf seine Wirkungen auf den menschlichen Organismus bewertet. Dabei erfolgt eine Quantifizierung der Belastung aufgrund von eindeutig messbaren Parametern, sodass sich nachvollziehbare und zur vergleichenden Bewertung geeignete Größen ergeben. Diese werden für die Wirkungen der Sonnenstrahlung (aktinischer Wirkungskomplex), der hygrisch-thermischen Belastung (thermischer Wirkungskomplex) und der lufthygienischen Belastung anhand von Einzel- oder Summenindikatoren bestimmt und das Ergebnis durch Grenz- oder Richtwerte handlungsbezogen bewertet (↗Bioklimatologie). Die Bewertung des Stadtklimas führt zur Konsequenz, seine unterschiedlich, doch überwiegend negativ zu bewertenden Folgen für den Menschen durch handlungsbezogene Maßnahmekonzepte zu minimieren. Dies setzt bei Entsiegelungsmaßnahmen an, durch welche erreicht werden soll, den Anteil der transpirierenden Flächen zu erhöhen. Exemplarisch sei das Instrument des Biotopflächenfaktor (BFF) genannt, durch welches Maximalwerte der Versiegelung bestimmt werden. Damit wird das traditionelle bauplanungs- und bauordnungsrechtliche Instrumentarium um eine spezifisch stadtklimatisch wirksame Größe ergänzt. Andere Ziele wie die Freihaltung von Luftleitbahnen für den Flurwind oder abfließende Kaltluft in den Hohlformen des Reliefs gelangen entweder über die Instrumente der ↗Landschaftsplanung oder über spezielle Fachgutachten der ↗angewandten Klimatologie in die gemeindliche ↗Bauleitplanung.

Infolge andauernder ↗Urbanisierung und damit steigender städtischen Bevölkerung wird die Bedeutung des Stadtklimas als des Klimas der täglichen Lebensumwelt des Menschen in Zukunft weiter zunehmen, ebenso sein Einfluss auf das globale Klima. [JVo]

Literatur: KERSCHGENS, M.(Hrsg.) (1999): Stadtklima und Luftreinhaltung. – Berlin.

Stadtkultur, 1) *Urbanität*, städtische Lebensweise. Als Merkmale gelten Größe, Dichte und Heterogenität der Stadtbevölkerung. Daraus resultieren physische Nähe bei gleichzeitiger sozialer Distanz und Reserviertheit zwischen den Menschen, die Anonymität des sozialen Verkehrs, ausgeprägte Differenzen zwischen Öffentlichkeit und Privatheit, distinkte ↗Lebensstile sowie ethnische, kulturelle und soziale Vielfalt. Orte werden als urban wahrgenommen, wenn sie gewisse städtebauliche Elemente aufweisen und mit kulturellen Einrichtungen sowie Bildungseinrichtungen ausgestattet sind. Die gesellschaftlichen Differenzen zwischen Stadt und ↗ländlichem Raum sind historisch spezifisch und mit unterschiedlichen emanzipatorischen Dimensionen verbunden. Stadtkultur konnte erst entstehen, als sich die Idee von »Stadt als Selbstkultivierung« durch die Unabhängigkeit des Menschen aus den Zwängen der Natur entwickelte. Politisch emanzipierte sich das Bürgertum von den Herrschaftsstrukturen des Feudalismus hin zu Selbstbestimmung und Selbstverwaltung in autonomen Gemeinwesen; die ökonomische Emanzipation erfolgte mit dem Übergang vom relativ geschlossenen System der Hauswirtschaft zum freien, marktförmigen Tauschverkehr zwischen selbstständigen Produzenten und Konsumenten und schließlich befreite sich die bürgerliche Individualität aus den sozialen Kontrollen und persönlichen Abhängigkeiten vorurbaner Lebenszusammenhänge wie Sippe, Nachbarschaft oder Kirche. Entgegen diesen umfassenden Ansprüchen von Stadtkultur werden Beschränkungen und Egoismen des Städtischen vorgebracht: die politische Selbstbestimmung kann zur Durchsetzung partialer und lokaler Interessen mächtiger Gruppen dienen; industrielle Produktion und Handel auf unreglementierten Märkten führen zur Begründung räumlicher und sozialer Ungleichheit; Medien und Symbole der Selbstkultivierung in Wissenschaft, Bildung und Kunst üben »symbolische Gewalt« aus und dienen der Selbstdarstellung sowie zur Legitimation von Herrschaft; »strukturelle Gewalt« kann von gebauter Umwelt und der räumlich-funktionalen Organisation des Stadtraums ausgehen. Aufgrund dieser Begrenzungen der emanzipativen Dimensionen von Stadtkultur wurde die klassische Konzeption als ↗Neue Urbanität reformuliert.

2) Kulturen in der Stadt, Vielfalt von sozialen Welten, kulturellen Szenen (↗Multikulturalismus) und moralischen Milieus. Sie sind Gegenstand ethnographischer Stadtforschung und stehen in Zusammenhang mit ↗Segregation und ↗Mobilität.

3) Kultur einer Stadt, Gesamtheit von Gewohnheiten, Traditionen und verfestigten Einstellungen, die den spezifischen Charakter einer singulären städtischen Siedlung ausmachen. [CMa]

Stadt-Land-Beziehungen, Beschreibung der Unterschiede und Kontakte von ↗Städten und ↗ländlichen Siedlungen mit ihren jeweils typischen physiognomischen, funktionalen, sozialen und genetischen Merkmalen. Mit der ländlichen

Situationsanalysen
Ist-Profil
Stärken/Schwächen
Chancen/Risiken
↓
Zieldefinition der öffentlichen Verwaltung als Führungsaufgabe
Leitbild
Stadtentwicklungsziele
Stadtmarketingziele
↓
Strategieentwicklung
Zielgruppendefinition
Positionierung im Wettbewerb
Handlungsfelder
↓
Maßnahmeplanung in Handlungsfeldern
Wirtschaftsförderung
Bildung, Kultur
Tourismus
Wohnumfeld
Soziales
Umwelt, Verkehr
↓
Umsetzung, klare Aufträge der öffentlichen Verwaltung
Aktivitätenplanung
Organisation
Zeitplanung
Finanzmanagement
personelle Verantwortlichkeiten
↓
Controlling
Erfolgskontrolle
Finanzkontrolle
follow-up
Abweichungsanalyse
↓
erneute Situationsanalyse
Modifikation der Strategien

Stadtmarketing: Prozessschritte beim Stadtmarketing.

und städtischen Siedlungsweise hat sich auch eine jeweils spezifische Identität entwickelt; die beiden Lebensräume werden zunächst in mancher Weise durch ein »trennendes Fremdverständnis« geprägt. Gleichwohl besteht in allen Gesellschaften ein – meist reger – Austausch zwischen Stadt und Land. Menschen wandern, Güter werden transportiert, Erfahrungen und Ideen übertragen von der Stadt zum Land und umgekehrt. Stadt-Land-Beziehungen sind in besonderer Weise von den jeweiligen Rechts- und Herrschaftsverhältnissen abhängig. Stadt und Land können rechtlich gleichgestellt oder mit unterschiedlichen Privilegien ausgestattet sein. Bis zu Beginn des Industriezeitalters waren die Grenzen zwischen Stadt und Land nicht nur physiognomisch erkennbar, sondern auch rechtlich fixiert; seitdem sind sie fließend geworden. In den meisten Industriestaaten sind Stadt und Land heute formalrechtlich gleichgestellt, wenngleich der ↗ländliche Raum seine Entwicklungsimpulse in zunehmendem Maße von der Stadt empfängt. Es sind mehrere modellhafte Vorstellungen entwickelt worden, um die sehr komplexen und dynamischen Stadt-Land-Beziehungen zu begründen und transparenter zu machen. Beispielsweise wird beim Dichotomiemodell von einem unversöhnlichen Gegensatz von Stadt und Land ausgegangen. Der Stadt-Land-Gegensatz wird als ein »grundlegender Erfahrungskonstrukt« gesehen, der in ökonomischer, sozialkultureller und technologischer Hinsicht gilt. Für die Beurteilung des Landes stehen sich zwei extreme Positionen gegenüber: eine eher konservative Auffassung hebt das »gesunde« Landleben und die »echte« ländliche Kultur hervor, während in modernen Gesellschaften vielfach die Rückständigkeit und Kulturlosigkeit der Landbewohner beklagt wird. Der Kontrast »Stadt-Land« hat seit Jahrtausenden (seitdem es die Stadt gibt) Staatsmänner, Philosophen, Dichter und Raumwissenschaftler zu kritischen Analysen und Wertungen angeregt, was nun für den Menschen besser sei. Häufig wurde das Landleben gepriesen, dann wieder das Stadtleben favorisiert. Die gegensätzlichen Auffassungen sind im Verlauf der Geschichte – meist sogar nebeneinander – bis heute aktuell geblieben. [GH]

Stadtlandschaft, der durch anthropogene Umgestaltung städtisch geprägte Raum, der mit der traditionellen Vorstellung von Urbanität durch Dichte, städtischem Leben und Vielfalt auf engstem Raum nur noch wenig gemeinsam hat. Es handelt sich um die vom Auto und der »Highway-Society« bestimmte polinukleare, d. h. zellenartig angeordnete, urbane Landschaft ohne ersichtlichen Funktionshauptkern mit netzartig ausgelegten Stadtautobahnen und Schnellstraßensystemen, aufgelockerter Wohnsubstanz und gewerblicher oder tertiärer Achsenbildung (strip developments). Die Stadtlandschaft ist gekennzeichnet durch neue anthropogene Oberflächenformen, ein besonderes ↗Stadtklima und einen charakteristischen Wasserhaushalt, eine eigene Stadtflora und -fauna (↗Stadtökologie) sowie den typischen Stadtverkehr. [RS]

Stadtlogistik, *Citylogistik*, unternehmensübergreifende Organisation des Ver- und Entsorgungsverkehrs mit dem Ziel der Entlastung des städtischen ↗Wirtschaftsverkehrs. Die größten Potenziale liegen in der Bündelung des ↗Stückgutverkehrs der ↗Speditionen bei der Belieferung der Innenstadt.

Stadtmarketing, 1) Marketing einer Stadt im Sinne der Erstellung einer Werbekampagne für eine Stadt. Zielgruppen sind meist Touristen oder Unternehmen auf Standortsuche. 2) ganzheitliches Konzept zur Stadtentwicklung. Die Grundidee ist, die Stadt mithilfe der Bevölkerung und maßgeblicher Akteure aus der Wirtschaft, der Verwaltung und der Vereine zu entwickeln. Dazu werden meist mithilfe von Workshops themenbezogene ↗Leitbilder für die Stadt erarbeitet, die anschließend umgesetzt werden sollen, um so die Stadt zu fördern. Als Hauptziel kann die Verbesserung des Images einer Stadt genannt werden, was sich wiederum auf die wirtschaftliche Entwicklung des Standortes positiv auswirken soll. Teil eines Stadtmarketings im letztgenannten Sinn kann auch die Erarbeitung einer Marketingkonzeption sein. Stadtmarketing in größerem räumlichen Zusammenhang wird als ↗Regionalmarketing bezeichnet. Abb. [CLR]

Stadtmodelle, theoretische Konstrukte, aus theoretischen Überlegungen und explorativen Forschungen entstandene Modellvorstellungen über eine optimale Nutzung, ausgewogene oder unausgewogene Bevölkerungsstruktur, Wirtschaftsstruktur und Sozialstruktur, deren inhaltliche Details sich mit dem historischen, regionalen, kulturellen und planungspolitischen sowie lokalen Kontext ändern. Modelle haben die Aufgabe, komplexe Sachverhalte, Prozessgeschehen und Regelhaftigkeiten zu veranschaulichen und zu verdeutlichen. Die Modelle zu sozialen, demographischen und ethnischen Segregationserscheinungen im Stadtgebiet beruhen auf empirisch-induktiven Analysen von Daten der amtlichen Statistik.
↗Analysemodelle, ↗Stadtstrukturmodelle.

Stadtökologie

Manfred Meurer, Karlsruhe

Der vom Soziologen Ezra ↗Park, einem Mitglied der so genannten ↗Chicagoer Schule der Soziologie, im Jahre 1926 geprägte Begriff »urban ecology« beinhaltet einen sektoralen, rein soziologischen Ansatz, während sich die Stadtökologie mit einem interdisziplinären ökologisch ausgerichteten Forschungs- und Tätigkeitsfeld auseinandersetzt. Zentraler Forschungsgegenstand der Stadtökologie ist der Ökosystemkomplex Stadt mit einem im Gegensatz zur klassischen Ökologie stärkeren Anwendungsbezug. Während erste sektorale Analysen urbaner Belastungen – ebenso wie gezielte Strategien zu deren Reduzierung – schon in der Antike erfolgten, werden komplexe stadtökologische Forschungsansätze verstärkt erst seit ca. vier Jahrzehnten entwickelt. Grundlagenforschungen gingen dabei auf mehrere ↗MAB-Projekte zurück, wo wichtige Pionierarbeit mit Analysen in ausgewählten Städten wie London, Paris, Rom, New York, Wien oder Berlin geleistet wurde.

Ein Vergleich natürlicher bzw. naturnaher Ökosysteme mit urbanen Ökosystemen belegt als besonders gravierenden Unterschied die fehlende Energieautarkie der Stadt. Der Analyse dieses aus ökosystemarer Sicht zentralen Unterschieds galten in den vergangenen Jahrzehnten zahlreiche vertiefende Studien. Die praxisorientierte Umsetzung ihrer Resultate erlaubt vor allem bei der Neuplanung von Städten oder Neubaugebieten erhebliche Reduzierungen des Energieeinsatzes, so z. B. durch Gebäudedichte und -isolierung, Abstände der Häuser zueinander, Anordnung der Verkehrswege oder Formen der Landnutzung. Aus energetischen Überlegungen heraus ist im Zentrum eine höhere Baudichte anzustreben und bei der Gebäudeausrichtung vorwiegend eine Südexposition. Zudem sollten Fernwärmesysteme sowie dezentrale Blockheizkraftwerke – z. B. auf der Grundlage von regenerativen Energien wie Holzschnitzeln – vermehrt vorgesehen und installiert werden. Ferner sollte die Bebauung durch eine standortgemäße Bepflanzung mit Laubbäumen – Staubfilterung sowie Kühlung durch Erhöhung der latenten Energie – in Form von kleinen Parks oder von Baumalleen ergänzt werden (↗Stadtgrün).

Inzwischen ist es weitgehend unbestritten, dass eine forcierte Entwicklung neuer kommunaler Energiekonzepte zwingend erforderlich ist. Neben der grundsätzlichen Nutzung von Einsparpotenzialen sind Reduzierungen vor allem im Hausneubau durch die besagte verstärkte Verwendung regenerativer Energien sowie im Verkehrssektor zu erzielen. Integrale Konzepte in der kommunalen Energiepolitik sind unverzichtbar. Als Fördermaßnahmen stehen eine entsprechende Tarifgestaltung sowie Auflagen und Gebote auf lokaler bis nationaler Ebene zur Verfügung. Basierend auf umfangreichen Erkenntnissen jüngerer und jüngster stadtökologischer Untersuchungen müssen neue Leitbilder für die »Stadt von morgen« entwickelt werden. Dabei besteht weitgehend Konsens darüber, dass bei urbanen Ökosystemen die Prinzipien natürlicher Ökosysteme – wie z. B. ökologische Stabilität und Elastizität, ungestörte Stoffkreisläufe und energetische Autarkie – nur rudimentär aufrecht erhalten werden können. Eine »ökologisch ideale Stadt« kann es somit nicht geben. Jedoch sollte eine möglichst umweltverträgliche Stadtplanung und eine nachhaltige Stadtentwicklung angestrebt werden. Allgemeingültige Konzepte für die Stadt sind folglich nicht zu erwarten, da zu unterschiedliche Konstellationen von Parametern die jeweilige Stadtstruktur prägen. Demnach müssen spezifische Empfehlungen für eine möglichst umweltverträgliche – im Sinne von nachhaltiger – Stadtentwicklung angestrebt werden (↗Weltumweltkonferenz in Rio 1992 mit der weiterhin anhaltenden Diskussion zu *sustainable development*). Dieses Leitbild, das ebenfalls im Mittelpunkt der »Weltkonferenz zur Zukunft der Städte Urban 21« stand, soll die aus sektoralen sowie integrierten Belastungsstudien gewonnenen Erkenntnisse mit in die künftigen Planungen einbeziehen. Dazu gehört unbestritten an erster Stelle die verstärkte Schonung der verbliebenen natürlichen Ressourcen und eine möglichst umfassende dauerhafte Verminderung urbaner Belastungsquellen. Einbezogen sind folglich auch der Erhalt von Pflanzen- und Tierarten sowie der Naturschutz in urbanen Systemen. Schlagwortartig ergeben sich somit die im Kleindruck ersichtlichen Forderungen.

Ein erheblicher Bedarf besteht zweifelsohne an repräsentativen und übertragbaren Modellen im Bereich der Stadtökologie. Infolge des geschilderten hohen Komplexitätsgrades sowohl der Teilkomplexe als auch des urbanen Gesamtökosystems sind umfassende abschließende Ansätze aber in absehbarer Zeit nicht zu erwarten. Dennoch müssen diese Anstrengungen verstärkt fortgesetzt werden, um gerade auch der in wesentlich höherem Maße von Belastungserscheinungen betroffenen städtischen Bevölkerung in Entwicklungsländern möglichst effiziente Hilfestellungen bieten zu können. Denn sie verfügen nicht über die erforderlichen Finanzen, um umfangreiche Messungen und Analysen selbst vor Ort vornehmen zu können. Gezielte weitere Untersuchungen gerade in diesen Regionen sind aber unerlässlich, um anhand ausgewählter Messdatensätze eine Validierung bereits vorhandener Teilmodelle vornehmen zu können. Hierbei stellt sich folglich die Frage nach Art und Umfang der Datenkollektive, die für eine derartige Umsetzung zwingend benötigt werden und im Rahmen von Modellvorhaben erhoben werden müssen.

Stadtökologie
Ziele:
- verlangsamte Versiegelung im Verbund mit einer partiellen Entsiegelung
- verstärktes Flächenrecycling (z. B. von Industriebrachen und militärischen Konversionsflächen) anstelle von Neuverbrauch unbelasteter Flächen
- Milderung der spezifischen Stadtklimate, vor allem durch Reduzierung der erhöhten innerstädtischen Lufttemperaturen (Wärmeinseleffekt), eine erhöhte Luftfeuchte, eine Milderung der Windböigkeit u. ä. (↗Stadtklima)
- reduzierter Ausstoß klimaverschärfender Treibhausgase durch Emittenten wie Gewerbe, Industrie, motorisierter Verkehr und private Feuerungsanlagen
- Entschärfung lufthygienischer Belastungen bei Sommer- und Wintersmog, Reduktion verbrennungsbedingter Stäube (Aerosole) mit den gesundheitlich besonders kritisch zu bewertenden alveolengängigen Feinstäuben (aerodynamischer Durchmesser von 1–7μm)
- Verringerung Kfz-bedingter Schadgase wie NO_x und Kohlenwasserstoffe sowie Ruß bei Dieselfahrzeugen
- Erhaltung und Neuschaffung von Frischluftschneisen
- Reduzierung von Bodenbelastungen wie Verdichtung, Störung des Bodenwasserhaushaltes, Schadstoffakkumulation
- Freilegung verrohrter Stadtgewässer und Schaffung neuer innerstädtischer Wasserflächen (Teiche, Seen u. ä.) mit positiven Konsequenzen aus klimatischer (Steigerung der latenten Wärme und damit Reduzierung der sensiblen Energie) und biotischer Sicht sowie für das psycho-soziale Wohlbefinden des Städters, wie z. B. in Freiburg durch das innerstädtische Gewässersystem in vorbildlicher Weise umgesetzt
- Abbau innerstädtischer Grünflächendefizite durch Ausweisung neuer – z. T. auch nur temporärer – Grünflächen, z. B. auf Brachflächen, Begrünung von Fassaden und Flachdächern, verstärkte kommunale und private Pflanzung einheimischer (indigener) Pflanzenarten in Parks und Privatgärten, differenzierte Nutzungskonzepte einerseits für belastbare artenarme Scherrasen und andererseits für wenig belastete, artenreichere Blumenwiesen (mit druckempfindlichen Hochgräsern, Kräutern und Stauden)
- verstärkter Arten- und Naturschutz in der Stadt als Flächenschutz
- Schaffung zusätzlicher Lebensmöglichkeiten für Tierarten, wie Falken und Fledermäuse, in geeigneten Gebäuden und Nischen der Stadt
- gezielte Unterstützung einer Einwanderung von Arten in die Stadt, gefördert durch gezielte Biotopverbundkonzepte, d. h. durch Vernetzung unterschiedlich strukturierter städtischer Freiräume
- Reduzierung des hohen städtischen Energiekonsums durch verstärkte Isolierung von Gebäuden und eine stärker ökologisch orientierte Bauweise (Wahl geeigneter Baumaterialien, Verwendung passiver Lüftungssysteme, vermehrte Nutzung regenerativer Energien wie Energiepflanzen, Holzschnitzel, Solar- und Windenergie sowie geothermische Energie u.ä., den besagten vermehrten Einsatz von Blockheizwerken und Fernwärme, ein verringertes Transportaufkommen zur Versorgung der Stadt sowie Reduzierung des innerstädtischen motorisierten Individualverkehrs zugunsten eines optimierten ÖPNV
- Abbau des stressfördernden und damit gesundheitsgefährdenden städtischen Lärms
- Verringerung der Materialflüsse und des Materialverbrauchs, z. B. durch eine höhere Materialintensität, sowie stärkeres ↗Recycling und damit Abfallvermeidung sowie Reduktion der mit Abfall verbundenen Belastungsmerkmale
- Stabilisierung und möglichst Reduzierung des städtischen Wasserverbrauchs (Nutzung von Grauwasser), verstärkte Grundwasserneubildung durch Förderung der Regenwasserversickerung auf entsiegelten Flächen und Verrieselung in Auenstandorten, Verwendung von Regen- als Brauchwasser sowie Förderung möglichst geschlossener Brauchwasserkreisläufe
- Erhaltung historischer Stadtelemente im Rahmen des Kulturerbes

Neben diesen Analysen muss aber auch der Frage nachgegangen werden, inwieweit die bislang vorliegenden Erkenntnisse in der Stadtplanung bereits konsequent und zielgerichtet umgesetzt werden bzw. welche Schwierigkeiten einen effizienten Einsatz bislang behindern. So stellt Mackensen (1993) treffend fest: »Umwelthandeln beruht demnach nicht allein auf den objektiven Bedingungen der Umweltbelastung, sondern folgt erst auf ein entsprechendes Umweltbewusstsein. Diese Verbindung von Situations-, Wahrnehmungs-, Bewusstseins- und Handlungsfaktoren kennzeichnet die neuere Handlungstheorie.« Demnach gilt es zukünftig vermehrt, eine ökologische Sensibilisierung der Bevölkerung und insbesondere der noch stärker »bildbaren« heranwachsenden Generation durch eine verstärkte Umwelterziehung herbeizuführen. Hier besitzt gerade die Geographie in Schule und Hochschule einen zentralen Bildungsauftrag, der noch stärker als bisher aktiviert werden sollte.

Unverzichtbare Forderungen an eine ökologisch orientierte und praxisrelevante Stadtökologie sind demnach vernetzte, d.h. integrierte bzw. querschnittsorientierte Planung, Analyse der ökologisch-ökonomischen Zielkonflikte, wissenschaftliche Begleitung von Modellprojekten zur effizienteren Umsetzung und schließlich eine straffe Effizienzkontrolle der bereits erfolgten Studien, die gerade in Anbetracht schwindender Geldmittel und leerer kommunaler Kassen immer unverzichtbarer wird. Aus diesen Überlegungen heraus ist somit Wittig et al. (1995) zuzustimmen, die folgern: »Die ökologische Stadt darf die menschliche Gesundheit nicht schädigen, ihr Umland nicht belasten oder zerstören und sie muss auch in ihrem Innenbereich die Entwicklung von Natur ermöglichen. Obwohl die Ziele nie vollständig zu verwirklichen sein dürften, entbindet dies Politiker und Planer nicht von der Verpflichtung, eine Annäherung an den Idealzustand anzustreben. Seitens der Wissenschaft stehen bereits heute ausreichend theoretische Grundlagen sowie Handlungsempfehlungen (Prinzipien, Leitlinien, Leitbilder) zur Verfügung«.

Literatur:
[1] BREUSTE, J. (Hrsg.) (1996): Stadtökologie und Stadtentwicklung: Das Beispiel Leipzig. Angewandte Umweltforschung, Bd. 4. – Berlin.
[2] DEUTSCHES NATIONALKOMITEE FÜR DAS UNESCO-PROGRAMM »DER MENSCH UND DIE BIOSPHÄRE« (1991): Der Mensch und die Biosphäre. Internationale Zusammenarbeit in der Umweltforschung. – Bonn.
[3] DUVIGNEAUD, P. und DENAYER-DESMET, S. (1977): L'écosystème »urbs«. L'écosystème urbain bruxellois. In: Duvigneaud, P. und P. Kestemont: Productivité biologique en Belgique. Travaux Sect. Belge Programme Biol. Internat. 6, S. 5–35. – Gembloux.
[4] MEURER, M. (1998): Die Agenda 21 und ihre Bedeutung für die globalen Umweltprobleme – dargestellt am Beispiel der nachhaltigen Stadtentwicklung. 26. Deutscher Schulgeographentag in Regensburg. Fachsitzung 9 – Globale Umweltproblematik. Regensburger Beiträge zur Didaktik der Geographie, Bd. 5, S. 185–196. – Regensburg.
[5] SUKOPP, H. und WITTIG, R. (Hrsg.) (1993): Stadtökologie. – Stuttgart, Jena, New York.

Stadtökonomie, Untersuchungsgebiet der Volkswirtschaftslehre und der ↗Stadtgeographie, das die städtischen Wirtschaftskreisläufe analysiert. Wirtschaftskreisläufe bezeichnen Transaktionen von Gütern, Dienstleistungen, Geld- und Kredit zwischen den Akteuren der Wirtschaft und zwischen und innerhalb von Städten und Regionen. Die Stadt- und Wirtschaftsgeographie untersu-

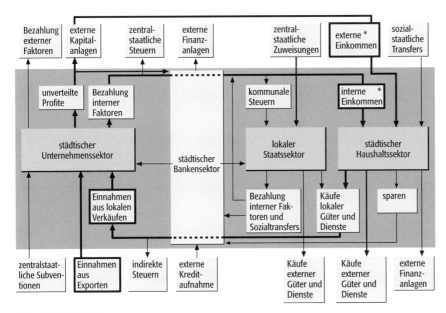

Stadtökonomie: Wirtschaftskreisläufe in der Stadtökonomie.

chen die räumlichen Auswirkungen und Komponenten der Wirtschaftskreisläufe. Es wird nach regionsinternen und regionsexternen Güter- und Geldströmen unterschieden, die je nach Fragestellung bei der Gesamtheit der Unternehmen eines Wirtschaftszweiges oder der Gesamtheit der Haushalte analysiert werden (Abb.).

Stadtplanung, Oberbegriff für alle Planungen, die sich mit einer Stadt befassen. Der Begriff Stadtplanung ist dabei meist mit einer zeitlichen Komponente verbunden und drückt somit ein bestimmtes Ziel hinsichtlich der Gestalt und Gestaltung der Stadt aus. In die Stadtplanung im Allgemeinen werden i. d. R. eine Vielzahl an einzelnen Plänen mit integriert. Dazu gehören zum Beispiel die ↗ Verkehrsplanung oder die Planung von Ver- und Entsorgungseinrichtungen (z. B. Wasser und Abwasser). Konkret versucht die Stadtplanung jedoch mit den ihr eigenen Hilfsmitteln die ↗ Flächennutzungspläne und ↗ Bebauungspläne für das Stadtgebiet zu erstellen. Dabei müssen neben planerischen Belangen durch übergeordnete Pläne (z. B. ↗ Regionalpläne) festgelegte Vorgaben berücksichtigt und mit den Vorstellungen und Wünschen der Bevölkerung, ökonomischen und ökologischen Interessen abgewogen werden (↗ Abwägung). Vor allem aber steht die Stadtplanung an der Schnittstelle zwischen Stadtverwaltung und Stadtpolitik: Die von der Verwaltung vorbereiteten Pläne erlangen erst dann Gültigkeit, wenn sie von den zuständigen Gremien, i. d. R. ist dies zuerst der Magistrat und anschließend die Stadtverordnetenversammlung, genehmigt worden sind. Die Stadtplanung bedient sich zur Bewältigung ihrer Aufgabe nichtverfasster Instrumente wie der ↗ Stadtentwicklungsplanung oder dem ↗ Stadtmarketing. [CLR]

Stadtrandwanderung ↗ Suburbanisierung.

Stadtregion, eine funktionsräumliche Einheit, die gebildet wird durch eine ↗ Kernstadt und ihren Pendlereinzugsbereich. Es wird in Kerngebiet, Ergänzungszone und Umlandzone (verstädterte Zone und Randzone) eingeteilt. Außerhalb der Umlandzone werden noch ↗ Satellitenstädte, ↗ Trabantenstädte und Nachbarstädte zur Stadtregion gerechnet. ↗ Verdichtungsraum.

Stadtroman, Literaturgenre, das wegen seiner künstlerischen Darstellung der ↗ Urbanisierung und ↗ Metropolisierung immer mehr ins Blickfeld von geographischen Arbeiten rückt. Der moderne Stadtroman zeichnet sich in seinem ↗ Chronotop durch Vielperspektivität, zeitliche Multiplizität und den Zerfall der Integrität des Handlungssubjektes aus. Hauptwerke sind J. Joyce »Ulysses« (Dublin), M. Proust »Auf der Suche nach der verlorenen Zeit« (Paris), A. Döblin »Berlin Alexanderplatz«, R. Musil »Der Mann ohne Eigenschaften« (Wien) und John dos Passos »Manhattan Transfer«. Die seit den 1980er-Jahren anhaltende Diskussion um das Verhältnis von Literatur und ↗ Geographie bezieht sich häufig auf dieses Genre.

Stadtsoziologie, Teilbereich der Soziologie, der sich wie die ↗ Stadtgeographie mit der Raumwirksamkeit (d. h. räumliche Einflussnahme, Handeln, Entscheidungen sowie deren Auswirkungen) menschlicher Gruppen, sozialer Schichten sowie der Gesellschaft innerhalb einer Stadt oder Region befasst. Untersucht werden die Beziehungen zwischen städtischen Formen, Strukturen und Entwicklungstendenzen und deren Regelhaftigkeiten, ferner deren Beeinflussung durch die Gesellschaft und ihre sozialen Gruppen und Individuen. Auch die Beziehung zwischen städtischen Strukturen, Entwicklungsprozessen und der Kultur, Wirtschaft, Politik sowie dem gesellschaftlichem Leben werden vor dem Hintergrund soziologischer Theorien untersucht und erklärt.

Stadtstruktur, vielschichtige Differenzierung einer Stadt in bauliche Struktur, also Grund- und Aufriss sowie Bausubstanz, Nutzungsstruktur von Standorten innerhalb der Stadt, Wirtschaftsstruktur nach Wirtschaftssektoren und Branchen sowie deren räumliche Verteilung, ferner der Sozialstruktur der Bevölkerung, also der soziodemographischen, sozioökonomischen und soziokulturellen Schichtung der Bevölkerung. Letzteres kann sich durch Segregationsmechanismen wiederum in einer sozialräumlichen Struktur mit Viertelsbildung und Ghettoisierung niederschlagen.

Stadtstrukturmodelle, aus induktiven und deduktiven Überlegungen abgeleitete theoretische Konstrukte zur Beschreibung des inneren Gefüges sowie der Regelhaftigkeiten der ↗Stadtstruktur, die aus Stadtentwicklungsprozessen resultieren. Neben den am meisten angewendeten Stadtstrukturmodellen aus der ↗Sozialraumanalyse nach Vorbild der ↗Chicagoer Schule der Soziologie (↗konzentrisches Ringmodell, ↗Mehrkernmodell, ↗Kreissektorenmodell) gibt es verschiedene weitere Modelle wie Bevölkerungsdichte-, Flächennutzungs- oder Interaktionsmodelle sowie Versuche integrierter Stadtstrukturmodelle, die sich mit den räumlichen Prinzipien der ↗Segregation im Stadtraum befassen (Abb.).

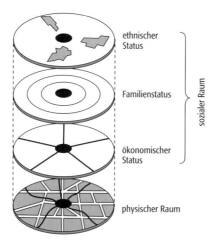

Stadtstrukturmodelle: Räumliche Prinzipien der Segregation im Stadtraum.

Stadttypen, man unterscheidet ↗kulturhistorische Stadttypen und ↗kulturgenetische Stadttypen.

Stadt-Umland-Verbände, interkommunale zweckverbandliche Organisationsform in großstädtischen ↗Verdichtungsräumen. Sie haben Planungs-, Koordinierungs-, und Durchführungskompetenzen und können wie eine eigenständige Gebietskörperschaft agieren, da direkte Beschlussfassung zu gemeindlichen Aufgaben gegeben ist. Stadt-Umland-Verbände können mit Aufgaben der Regionalplanung und der Bauleitplanung betraut werden sowie die sektoralen Aufgaben im Bereich der öffentlichen Versorgung und Entsorgung und des Verkehrs wahrnehmen. Sie haben weit reichende Kompetenzen im Bereich der Flächennutzungsplanung, Generalverkehrsplanung, und Landschaftsplanung, der Bodenvorratshaltung, des öffentlichen Personennahverkehrs, der Energiewirtschaft und der Wirtschaftsförderung, dem überörtlichen Umweltschutz und im Betrieb überörtlicher Freizeit- und Sportstätten. Ihre Finanzierung ist durch öffentliche Zuweisungen gesichert. [RS]

Stadt-Umland-Wanderung, Form der ↗intraregionalen Wanderung, bei der ein Haushalt seinen Wohnstandort aus der Kernstadt in deren Umland verlegt. Stadt-Umland-Wanderungen tragen in hohem Maße zur ↗Suburbanisierung und damit zur intraregionalen Bevölkerungsdekonzentration bei. Wohnungsorientierte Motive, z. B. Erhöhen der Wohnungsgröße, Eigentumserwerb oder durchgrüntes Wohnumfeld geben den Ausschlag für die Migration in das Umland. Ein Wohnstandort in der Kernstadt wird eher ablehnend bewertet. Als Gründe sind u. a. hohe Grundstückspreise, Bebauungsdichte oder belastende Umweltbedingungen zu nennen. Die Beweggründe für eine Stadt-Umland-Wanderung hängen häufig mit Änderungen im ↗Lebenszyklus zusammen. Bei den beteiligten Bevölkerungsgruppen treten i. A. Ehepaare mit Kindern, die mittleren bis gehobenen Einkommensgruppen angehören, hervor. Mit fortschreitender Verdichtung des Umlandes ändert sich die Bevölkerungsstruktur der Zuziehenden zugunsten jüngerer Altersgruppen und kleinerer Haushalte. [PG]

Stadtvegetation, ↗Vegetation in der ↗Stadt. ↗Stadtflora, ↗Stadtökologie, ↗Stadtgrün.

Stadtverfall ↗funktionaler Stadtverfall.

Stadtverkehr, Verkehr zur Aufrechterhaltung der ↗Arbeitsteilung, Versorgung und der individuellen Lebensansprüche in der Stadt. Die hohe Nutzungs- und Interaktionsdichte städtischer Räume lässt das Verkehrsgeschehen jedoch rasch an Kapazitäts- und Belastungsgrenzen stoßen. Die Bewältigung des Stadtverkehrs hat daher immer eine wichtige Rolle für die Anpassung bzw. Fortentwicklung der ↗Stadtstruktur gespielt. Die Art und Weise, die wechselseitige Abhängigkeit von »Stadt und Verkehr« planerisch in den Griff zu bekommen, hat dabei verschiedene Phasen durchlaufen. Bis Anfang der 1970er-Jahre wurde die städtische ↗Verkehrsplanung vom Leitbild der »autogerechten Stadt« bestimmt, das sich in großen innerstädtischen Straßendurchbrüchen (häufig in Verbindung mit der Flächensanierung gründerzeitlicher Bausubstanz) und im Ausbau großzügig dimensionierter Radial- und Tangentialachsen (Stadtautobahnen) niederschlug. Trotz erheblicher Investitionen in die ↗Verkehrsinfrastruktur gelang es aber nicht, die Überlastungserscheinungen zu beseitigen, da der Ausbau des Straßennetzes nicht nur die Umverteilung und Beschleunigung des vorhandenen Verkehrs bewirkt, sondern darüber hinaus Neuverkehr sowohl im ↗Personenverkehr als auch im ↗Wirtschaftsverkehr erzeugt (↗induzierter Verkehr). Das gilt vor allem für die Verkehrserschließung der suburbanen Wohn- und Gewerbegebiete mit der Folge eines sprunghaften Anstiegs des Stadt-Umland-Verkehrs. An die Stelle der »autogerechten Stadt« traten seit den 1980er-Jahre Konzepte und Maßnahmen zur flächenhaften ↗Verkehrsberuhigung, zum Rückbau von Hauptverkehrsstraßen, zur Ausweisung autoarmer Innenstädte sowie zur Förderung des Radverkehrs und des Öffentlichen Personennahverkehrs (↗ÖPNV) im Rahmen einer auf Stadterneuerung und »Innenentwicklung« gerichteten Stadtentwicklungsplanung (↗Stadtentwicklungsplanung). Seit Mitte der 1990er-Jahre werden Anwendungen der Verkehrstelematik (↗Telematik) gefördert zur Steuerung von Verkehrsströmen (zur besseren Ausnutzung der vorhandenen Straßen- und Parkraumkapazitäten), zur optimalen Verknüpfung von Pkw- und öffentlichem Verkehr sowie zur Entlastung der Städte vom ↗Wirtschaftsverkehr durch Organisationskonzepte der ↗Stadtlogistik. [JD/AKa]

Staffelbruch, *Schollentreppe*, *Treppenverwerfung*, eine Reihe von benachbarten ↗Schollen der Erdkruste, die durch mehr oder weniger parallel verlaufende ↗Verwerfungen treppenartig in unterschiedliche Höhenlagen gebracht wurden (Abb.). Staffelbrüche sind eine häufige Erscheinung an Rändern größerer Grabenbrüche.

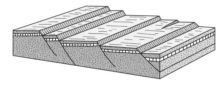

Stagnanteis ↗Toteis.
Stagnogley, ↗Bodentyp der ↗Deutschen Bodensystematik; Abteilung: ↗Terrestrische Böden; Klasse: ↗Stauwasserböden; Profil: Sw-Ah/S(e)rw/IISrd. Anhaltende Vernässung über einem stark verdichteten Sd-Horizont führt zur Reduktion und lateralen Verlagerung von ↗pedogenen Oxiden. Daraus resultiert die Nassbleichung des Serw-Horizonts. Man unterscheidet folgende Subtypen: Norm-Stagnogley sowie Bändchen-, Anmoor- und Moorsstagnogley. Nach ↗FAO-Bodenklassifikation handelt es sich um ↗Planosols oder verschiedene stagnic-Subypen. Sie finden ihre Verbreitung auf Verebnungsflächen in kühlen und niederschlagsreichen Hochlagen der Mittelgebirge. Für landwirtschaftliche Nutzung sind Stagnogleye ungeeignet; aufgrund der Flachgründigkeit sind sie auch ungünstige Forststandorte.
Stalagmiten ↗Höhle.
Stalaktiten ↗Höhlen.
Stamm, soziale Gruppe, die sich aus Angehörigen gleicher Abstammung, Sprache und Kultur zusammensetzt, nach außen gegenüber anderen Gruppen gemeinsame Interessen verfolgt und nach innen durch verwandtschaftlich definierte Solidarbindungen gekennzeichnet ist.

Stammabfluss, Teil des Niederschlages, der in Waldökosystemen nicht direkt durch das Kronendach auf die Bodenoberfläche gelangt, sondern zunächst von den Blättern aufgefangen wird und von dort langsam über die Äste zum Stamm und entlang des Stammes rinnend seinen Abfluss zum Erdboden findet. Dadurch ergibt sich in Waldökosystemen eine auf engem Raum sehr unterschiedliche Niederschlagsverteilung mit stärkerer Durchfeuchtung unter Kronenlücken und im Stammbereich der Bäume. Der Stammabfluss ist um so stärker, je steiler die Äste angeordnet sind und je glatter die Borke ist. Am Stammfuß von Buchen beispielsweise dringt bis zu 1,5 mal mehr Wasser in den Boden als in der Umgebung. Daraus können sich auch kleinräumige, mosaikartige Verbreitungsmuster von ↗pH-Werten und Schwermetallverteilungen am Stammfuß ergeben.

Stammbelegschaft, besteht aus einem Teil der Beschäftigten eines Unternehmens, ist im Besitz eines Großteils der betrieblichen Know-hows und damit für den Erfolg entscheidend. Eine hohe Fluktuation der Stammbelegschaft ist ausgesprochen nachteilig, da damit die Speicherung und Weitergabe des betriebsinternen Wissens gefährdet ist. Daher bemüht sich das Unternehmen, die Stammbelegschaft auch während konjunktureller Krisen zu halten (z. B. durch Löhne, die mit der Dauer der Betriebszugehörigkeit steigen).

Stammraum, Raum eines Waldbestandes, der unterhalb der Kronen der Bäume liegt. Der Stammraum ist ein eigenständiger Teillebensraum des Waldes, der über ein ↗Bestandsklima und damit über andersartige ökologische Bedingungen als der Kronenraum oder das Freiland verfügt. Das Stammraumklima ist einstrahlungsarm, windstill, thermisch sehr ausgeglichen, im Temperaturverlauf gegenüber dem Freiland stark verzögert, relativ kühl (insbesondere am und im Boden) und durch höhere Luftfeuchte geprägt.

Stamp, *Laurence Dudley*, englischer Geograph, geb. 9.3.1898 Catford, London, gest. 8.8.1966 Mexico-City. Stamp studierte Geologie, Botanik und später ↗Geographie; der Doktor der Naturwissenschaften wurde ihm 1921 für seine geologischen Arbeiten zur Kreide und zum Tertiär in Britannien, Belgien und Nordostfrankreich überreicht. Von 1921 bis 1923 arbeitete er als Geologe in Birma, wo er anschließend einen Ruf als Professor für Geographie und Geologie an die Universität Rangun erhielt. Dort beschäftigte er sich mit der Geologie und Vegetation des Landes sowie der ↗Schulgeographie bzw. Lehrerausbildung. 1926 kehrte er als Dozent für ↗Wirtschaftsgeographie an die London School of Economics and Political Science (LSE) nach England zurück. Ab 1930 leitete er die nationale Datenerhebung zur Landnutzung für England, Schottland und Wales ein, deren Planung ihn seit der Vorsitzübernahme des Regional Survey Committee der Geographical Association beschäftigte und deren Ergebnisse von 1936 bis 1946 publi-

Staffelbruch: Blockbild eines Staffelbruchs (antithetische Schollentreppe).

Stamp, *Laurence Dudley*

ziert wurden. 1939 gehörte er zu den Gründungsmitgliedern des Institute of British Geographers (IBG). Ab 1941 wirkte Stamp in verschiedenen ministeriellen Komitees und konnte so seine Erfahrung der Landnutzungserhebung für die ↗Raumplanung einsetzen. 1945 kehrte er als Professor für Geographie und Leiter der geographischen Abteilung an die LSE zurück und erhielt 1949 den Lehrstuhl für ↗Sozialgeographie. Im gleichen Jahr wurde er auf dem Internationalen Kongress der ↗Internationalen Geographischen Union (IGU) zum Vizepräsident gewählt, gleichzeitig wurde er Mitglied der Commission on a WorldLand Use Survey. Zusammen mit S. van Valkenburg und der UNESCO initiierte er den World Land Survey, dessen Direktor er 1951 wurde. 1950 präsidierte er der Geographical Association sowie 1952 der IGU. Letzteres bedeutete gleichzeitig den Vorsitz des 18. Internationalen Geographischen Kongresses in Rio de Janeiro 1956. 1955 bis 1958 arbeitete er bei der Royal Commission on Common Land mit. 1956 ernannte man Stamp zum Präsidenten des IBGs und zum Vizepräsidenten (bis 1963) der Royal Geographical Society (RGS), der er 1921 beigetreten war. Obwohl er 1958 mit 60 Jahren in den Ruhestand trat, übernahm er 1961 den Vorsitz des britischen Nationalkomitees, den er bis 1966 innehatte, und organisierte den 20. Internationalen Geographischen Kongress in London mit. 1963 erfolgte seine Ernennung zum Präsidenten der RGS, der er bis zu seinem Tode vorstand. Als Auszeichnung für seine Verdienste für die Geographie erhielt e u. a. die Gold- und Bronzemedaille des Mining and Geological Institute of India (1922), die Daly Medaille der American Geographical Society (1950), die Vega-Medaille (1954) und die Medaille der Tokyo Geographical Society (1957); die englische Regierung dankte ihm 1965 mit der Erhebung in den Adelsstand für sein Engagement. [SR]

Stand, ↗soziale Kategorie zur Beschreibung sozialer Ungleichheit (↗soziale Disparitäten) im Rahmen der feudalistischen Gesellschaftsordnung, insbesondere im vorindustriellen Europa (Hochadel, Klerus, Militäraristokratie, Bauern).

Standardabweichung ↗Streuungsparameter.
Standardatmosphäre ↗*Normalatmosphäre*.
Standarddistanz ↗Streuungsparameter.
standardisierte Beobachtung ↗Beobachtung.
Standardisierung, **1)** *Allgemein*: das Aufstellen von allgemein gültigen und akzeptierten festen Normen (Standards). **2)** *Qualitative Methoden*: das im empirischen Forschungsprozess (↗Empirie) erzielbare Maß an Gezieltheit und Kontrolle der Instrumente der Datenerhebung (↗Beobachtung). Bei den standardisierten Vorgehensweisen müssen die Erhebungskategorien genau festgelegt werden, sodass der Projektleiter die Datenerhebung auch von Mitarbeitern durchführen lassen kann, die dann die Häufigkeiten bestimmter Merkmalsausprägungen festhalten und den entsprechenden Kategorien zuordnen. Wird beim Einsatz eines standardisierten Instrumentes sowohl in der Anwendung seines Erarbeiters als auch in Händen anderer dieselbe Güte von Resultaten erreicht, ist das ein Hinweis darauf, dass dem ↗Konstanzprinzip und dem ↗Kontrollprinzip ebenso Genüge getan wurde, wie dem Prinzip der ↗Gezieltheit. Bei nicht-standardisierten Datenerhebungen muss der Forschungsverantwortliche selbst unmittelbar (beobachtend) anwesend bzw. durchführender Beobachter sein, weil die relativ allgemein gehaltenen Erhebungskategorien ständig der Interpretation bedürfen und deshalb in der Hand einer anderen Person nicht tauglich sind. Gleichzeitig bietet aber diese Vorgehensweise ein breiteres Anwendungsspektrum und ein größeres Anpassungsvermögen an unvorhergesehene Situationen, was insbesondere bei direkten Beobachtungen zu einer bedeutend höheren Informationsqualität und umfassenden Informationsmenge führen kann. Nicht-standardisierte Formen weisen ein weniger überprüfbares und weniger explizites Raster des Beobachtungsplanes auf. Sie eignen sich aber, wegen der mit ihr zu erreichenden Informationsfülle insbesondere in der Aufbereitungsphase eines Forschungsprojektes dazu, sich einen Überblick über den Problembereich zu verschaffen. Daran anschließend können die forschungsrelevanten Beobachtungskategorien der standardisierten Beobachtung erarbeitet werden. Damit soll darauf hingewiesen sein, dass sich diese zwei Vorgehensweisen bei ihrer Anwendung auf einen bestimmten Problembereich nicht auszuschließen brauchen und auch nicht ausschließend abgegrenzt werden können. Sie stellen vielmehr Endpunkte eines Kontinuums von geringerer zu größerer Systematisierung, Kontrollierbarkeit und Mechanisierung des Erhebungsablaufs dar. Hochgradig standardisierte Formen können aber nur in einem theoretisch gut durchdrungenen und relativ einfach gegliederten Problemfeld leistungsfähig eingesetzt werden. Andererseits sind nur die mit standardisierten Instrumenten erhobenen Daten zur strengen Überprüfung von ↗Theorien und ↗Hypothesen verwendbar. Soll dieser Prozess erfolgreich zur Widerlegung oder vorläufigen Bestätigung von Hypothesen führen, müssen die Erhebungskategorien a) zahlenmäßig niedrig begrenzt sein, b) darf jede einzelne Kategorie nur eine Merkmalsdimension des definierten zentralen Begriffs aufweisen, c) muss jede Kategorie jede andere Kategorie des Erhebungsschemas ausschließen, sodass jedes Merkmal nur einer von ihnen eindeutig zugeordnet werden kann, und d) muss das mittels der Hypothese abgegrenzte Problemfeld mit der Summe der Kategorien derart vollständig abgedeckt werden, dass die beobachtbaren Sachverhalte einen systematischen Bezug zur Hypothese aufweisen und dass den Anforderungen der (operationalisierten) Hypothese(n) (↗Operationalisierung) ausreichend Rechnung getragen wird. Insgesamt kann man die Vorteile standardisierter Verfahren im empirischen Forschungsprozess auf sechs Punkte zusammenfassen. Erstens ist die individuelle Sicherheit der Beobachter groß, weil sie immer wissen, woran sie sich orientieren sollen. Ihr Zu-

gang zum Erhebungskontext wird erleichtert. Zweitens kann die Datenerhebung gezielter vorgenommen werden und die relevanten Merkmalsausprägungen können schneller und leichter erfasst werden. Drittens ist der empirische Forschungsprozess leichter planbar, womit Kosten- und Zeitbudget klarer absehbar werden. Viertens sind Erhebung und Resultate leichter kontrollierbar. Fünftens können Erhebungskategorien explizit theoretisch begründet werden, und sechstens werden Fehler bei der Operationalisierung leichter identifizierbar. **3)** *Quantitative Methoden*: z-Transformation, ein statistisches Normierungsverfahren für Variablen mit dem Ziel, Mittelwert und Standardabweichung jeweils auf einen festen und gleichen Wert zu setzen, während alle anderen statistischen Verteilungseigenschaften unverändert bleiben. Die Standardisierung wird erreicht durch eine Transformation der Variablen *X* zu einer Variablen *Z* in Form von:

$$z_i = \frac{x_i - \bar{x}}{s_x}.$$

Die standardisierte Variable *Z* hat dann den Mittelwert $\bar{z} = 0$ und die Standardabweichung $s_z = 1$.
4) *Wirtschaftswissenschaften*: Standardisierung von Arbeitsabläufen als wesentliches Kennzeichen der ↗industriellen Revolution und der fordistischen Produktionsweise (↗Fordismus). Die Standardisierung von Arbeitsabläufen und technische Normen sind eine notwendige Voraussetzung für die ↗Arbeitsteilung. Sie erleichtert die Koordination und Kontrolle großer Organisationen, trägt dazu bei, ↗Kontrollkrisen zu vermeiden und Kosten zu senken und ist ein wichtiges Element der ↗Bürokratisierung. Die Standardisierung besteht aus festen Regeln, die das im Laufe der Zeit angehäufte Wissen einer Organisation repräsentieren (↗Organisationstheorie). Aufgrund dieser Regeln kann Ungewissheit verringert werden, sodass für standardisierte Arbeitsabläufe auch weniger Qualifikationen erforderlich sind (↗vertikale Arbeitsteilung). Standardisierte Arbeitsabläufe werden im Rahmen der räumlichen Arbeitsteilung häufig an die Peripherie bzw. in Regionen mit niedrigen Lohnkosten verlagert (↗Zentrum-Peripherie-Modell).

Standard Metropolitan Statistical Area, *SMSA*, 1930 als Verdichtungsraumtyp definiert, der aus einer bis zu drei Kernstädten von mindestens 50.000 Einwohnern und städtisch geprägtem Umland besteht. 1983 wurden in der amtlichen Statistik der USA die SMSAs durch ↗Metropolitan Statistical Areas ersetzt.

standing crop, »*stehende Ernte*«, gesamte ↗Biomasse einer Bezugseinheit (z. B. Ökosystem, Pflanzengesellschaft oder -art, Tierpopulation) zu einem bestimmten Zeitpunkt.

Standort, **1)** *Biogeographie*: wird nach ↗Walter (1961) als die Gesamtheit der am ständigen Aufenthalts- bzw. Wuchsort eines Organismus oder einer ↗Biozönose auf diese einwirkenden physikalischen und chemischen Bedingungen (↗Standortfaktoren) definiert. Abgewandelt findet sich der Standortbegriff bei ↗Schmithüsen (1968), der ihn mehr im praktischen Sinne der Forst- und Agrarwissenschaften versteht. Bei ihm ist es die »Qualität, die ein Ort des Geländes besitzt, unabhängig davon, ob er mit Pflanzen bestanden ist oder nicht.« Der Standort ist also nicht mehr nur der Wuchsort einer vorhandenen Pflanzengemeinschaft (Phytozönose), sondern eine potenzielle Lebensstätte, die eine bestimmte Lebensgemeinschaft von Natur aus begünstigt und damit auch einen bestimmten land- und forstwirtschaftlichen Produktionswert hat. Es ist dies eine Betrachtungsweise, die mehr vom Raum und seinem landschaftshaushaltlichen Leistungsvermögen ausgeht. Der zugehörige Arealbegriff bei Schmithüsen (1968) ist der Standortraum oder die ↗Fliese, heute allgemein als Physiotop (↗Geotop) bezeichnet.
Ökologische Standorttypen sind durch multivariate ↗Klassifizierung und ↗Regionalisierung der ggf. im Einzelnen weiter zu untergliedernden Landschaftshaushaltfaktoren Gestein, Boden, Relief, Vegetation, Fauna, Klima, Wasser sowie relevanter anthropogener Immissionen (Belastungsfaktoren) zu bestimmen. **2)** *Wirtschaftsgeographie*: Ort, an dem ein Wirtschaftsunternehmen aktiv ist. ↗Standortfaktoren. ↗Standorttheorie.

Standortansprüche, **1)** *Biogeographie*: werden durch eine Tier- oder Pflanzenart an den ↗Standort hinsichtlich der einzelnen wachstums- und existenzbeeinflussenden ↗Standortfaktoren oder ihre Komplexe gestellt. Danach gibt es standortvage Arten (↗euryök), also ohne besondere Ansprüche an den Standort, und standortspezialisierte Arten (↗stenök), die spezielle, engbegrenzte Standortansprüche haben oder auf einen bestimmten Standortfaktor abgestellt sind (↗ökologische Amplitude). **2)** *Wirtschaftsgeographie*: Anforderungen einer bestimmten Nutzungsform an einen bestimmten Raum. Aus den verschiedenen Standortansprüchen, die charakteristisch für eine bestimmte Nutzungsart sind (z. B. ↗Landwirtschaft, ↗Einzelhandelhandel, ↗Industrie, usw.), werden entsprechende Standorttheorien abgeleitet. Aus der Notwendigkeit heraus, neue Standorte zu finden bzw. alte Standorte zu verlegen, ergibt sich die sog. ↗Standortplanung (Erstellung von Konzepten zur Bestimmung neuer Standorte). Die *Standortsuche* besteht aus der Abwägung alternativer Standortmöglichkeiten und endet mit der Wahl des Standortes (*Standortwahl*), an dem die Standortansprüche der Nutzungsform am ehesten befriedigt werden können.

Standortbilanz, Quantifizierung der Stoff- und Energieflüsse einer als elementar angesehen Landschaftseinheit wie ein Pedotop, ↗Ökotop oder Hydrotop (↗Gebietsbilanz). Die Quantifizierung geschieht durch Aufstellung der Massenbilanzgleichungen (↗ökologische Modellbildung) für diesen Bilanzierungsraum.

Standorteffekt ↗Shiftanalyse.

Standortentscheidungen, Entscheidungen durch Haushalte und Unternehmen bezüglich ihres Standortes. Die Entscheidungen werden be-

Standortfaktoren

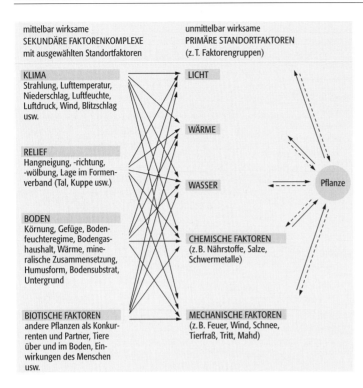

Standortfaktoren 1: Schema der Beziehungen zwischen den sekundären und den primären Standortfaktoren in der Biogeographie.

stimmt durch die Bedeutung der jeweils unterschiedlich gewichteten ↗Standortfaktoren.
Der Prozess von Standortentscheidungen bei Industriebetrieben bzw. Anpassungshandlungen an veränderte Standortbedingungen lässt sich in einem verhaltenswissenschaftlichen bzw. entscheidungstheoretischen Verständnis vereinfacht beschreiben: Problemsituationen wie eine Ansiedlungs- oder Persistenzentscheidung, vor die sich die Unternehmen gestellt sehen, werden als standortspezifische oder standortunabhängige »Stressfaktoren« wahrgenommen. Unabhängig vom Standort sind u. a. der Einfluss der Wirtschaftspolitik, das Auf und Ab der Konjunkturzyklen sowie andere »überlokale« (regionale, nationale und supranationale) Bestimmungsgründe. Standortspezifische Stressfaktoren hingegen sind fehlende Expansionsmöglichkeiten, ein unzureichender Arbeitsmarkt (fehlende Qualifikationen), Überalterung von Produktionsanlagen, schlechte örtliche Verkehrsanbindung oder Umweltauflagen für die Betriebe. Betriebe reagieren auf Standortstress mit Anpassungshandlungen, wobei der Ablauf der Entscheidungsfindungsprozesse durch im einzelnen komplexe innerbetriebliche Informationsströme bestimmt wird. Ziel ist in der Regel der Erhalt des Unternehmens, seltener die Auflösung oder Stilllegung. Unter den auf Firmenerhalt gerichteten Anpassungshandlungen spielen innerbetriebliche Anpassungen wie Ersatz-, Rationalisierungs- und Erweiterungsinvestitionen die wichtigste Rolle. Nicht selten sind auch betriebliche Funktionsteilungen, d. h. Persistenz des alten Betriebsstandorts bei gleichzeitiger Teilverlagerung einzelner Funktionen (z. B. arbeitsintensiver Produktionen in Länder mit geringeren Lohnkosten oder forschungs- und verwaltungsintensiver Funktionen in die Verdichtungsräume).

Standortfaktoren, 1) *Biogeographie*: *Umweltfaktoren, ökologische Faktoren*, in der Ökologie abiotische bzw. biotische Bestandteile eines ↗Ökosystems einschließlich der von ihnen ausgehenden Wirkungen auf Lebewesen; bilden in ihrer Gesamtheit den ↗Standort. Es wird zwischen den unmittelbar auf die Pflanze wirkenden primären Standortfaktoren und den mittelbar wirksamen sekundären Faktorenkomplexen unterschieden (Abb. 1). Ökophysiologisch unmittelbar wirksame Umweltfaktoren sind: ↗Licht, Wärme, Wasser sowie chemische und mechanische Faktoren. Alle anderen mit dem Gelände verbundenen Faktoren, besonders diejenigen, die bereits Teilsysteme des Ökosystems darstellen wie Klima, Relief, Boden und biotische Faktoren sind im Hinblick auf die einzelne Pflanze ökologisch nur mittelbar wirksam. So beeinflusst das Relief die Ausbildung der Licht-, Wärme- und Wasserverhältnisse am Standort; Abtragungs- und Aufschüttungsprozesse in Hanglagen bestimmen die Gründigkeit des Bodens und damit die Wasserkapazität. **2)** *Wirtschaftsgeographie*: bei der ↗Standortentscheidung von Unternehmen maßgebliche Einflussgrößen. Nach Alfred ↗Weber werden das Vorkommen von Roh- und Hilfsstoffen, Transportkosten, Absatz- und Arbeitskosten als Standortfaktoren bezeichnet, ergänzt durch Vorteile der ↗Deglomeration und der ↗Agglomeration. So genannte harte Standortfaktoren wie Arbeitskosten, Grundstückskosten, Steuern und Abgaben gehen in die Kostenrechnung ein; weiche Standortfaktoren wie Wohnqualität und Freizeitwert, Sicherheit und Image sind schwer erfass- und operationalisierbar.
Im Dienstleistungsbereich besitzen absatzorientierte Faktoren wegen der unmittelbaren Interaktion zwischen Anbieter und Nachfrager dominierende Bedeutung. Entscheidend für die großräumige Standortwahl sind die Erreichbarkeit für Nachfrager (Verkehrsverbindungen), das Marktvolumen (Zahl und Einkommen der Nachfrager) und die Kundenkontaktpotenziale (z. B. Informationsaustausch). Auf lokale Standortentscheidungen (d. h. innerhalb von Siedlungen) wirken Flächenverfügbarkeit, Flächenpreis und Lageimage ein. Die Gewichtung der Standortfaktoren unterscheidet sich in Abhängigkeit von der Art der Dienstleistungen (Abb. 2). Für konsumentenorientierte und soziale Dienstleistungsbetriebe besitzen klassische Nachfragefaktoren (Nähe zu Endverbrauchern) große Bedeutung. Höherwertige unternehmensorientierte Dienstleistungen wählen vor allem Zentren, die gute Verkehrs- bzw. Kommunikationsverbindungen aufweisen, an denen qualifiziertes Personal verfügbar ist und sich die Entscheidungsebenen der Kunden (Hauptverwaltungen von Unternehmen) befinden. Distributive Dienstleistungen (z. B. Transportdienste, Großhandel) wählen günstige Verkehrslagen. Standortfakto-

ren führen zur Herausbildung unterschiedlicher ↗Standortsysteme.

standortgerechte Nutzung, aus der ↗Forstökologie und der ↗Agrarökologie abgeleitete Zielsetzung, mit der eine auf den ökologischen ↗Standort (Klima, Boden, Feuchtigkeit, ↗Immissionen) abgestimmte Auswahl der forstlichen und landwirtschaftlichen Nutzung und der jeweils anzubauenden Gehölz- oder Nutzpflanzenkulturen erreicht werden soll. Damit sollen einerseits optimale Erträge erzielt, andererseits die standörtliche Produktivität auf Dauer aufrecht erhalten werden (↗Nachhaltigkeit). Standortgerechte Nutzung heißt jedoch nicht Beschränkung auf jeweils einheimische (»standortheimische«) Arten.

Standortklima, durch verschiedene Mikroklimate geprägtes Klima eines ↗Standortes mit besonderen Wuchsbedingungen für Pflanzen- und Tierarten und -gesellschaften.

Standortkonflikt, Bezeichnung für politisch-planerische Auseinandersetzungen über die Ansiedlung einer von sozialen Gruppen als störend empfundenen Einrichtung oder über eine bestehende Nutzung einer Fläche. Dabei gehen die von den »Betroffenen« vorgelegten Einwände in den Prozess der Bürgerbeteiligung ein. Große Beachtung erhalten Standortkonflikte bei überregional bedeutsamen Planungen (Atomkraftwerke, Autobahnbau, Industrieansiedlungen). Sie demonstrieren das wachsende Interesse der Bevölkerung zur Partizipation bei raumgestaltenden Entscheidungen. Standortkonflikte führen häufig zu langwierigen rechtlichen Auseinandersetzungen. Sie sind ein zentrales Thema der ↗Politischen Geographie. ↗Landnutzungskonflikte.

standörtliche Elementaranalyse, *geotopologische Differenzialanalyse, geoökologische Elementaranalyse, landschaftsökologische Differenzialanalyse*, Analyse der ↗Geoelemente, ↗Geokomponenten und ↗Partialkomplexe, die den Geoökokomplex bilden, mit Methoden, die zumeist den jeweiligen Spezialdisziplinen (Geomorphologie, Bodenkunde, Geländeklimatologie, Geobotanik usw.) entlehnt sind. Die standörtliche Elementaranalyse als wichtige Arbeitsweise in der ↗topischen Dimension ist zunächst auf die Ermittlung der einzelnen Schichten der Geoökotope (↗Ökotope) gerichtet: Morphotop, Pedotop, Hydrotop, Klimatop, Phytotop. Darüber hinaus sind ihr jedoch bereits wesentliche Erkenntnisse über die Wirkungsweise des gesamten ↗Geoökosystems zu entnehmen, die in die ↗komplexe Standortanalyse eingehen.

Standortnutzen, Grundlage sowohl für die ↗Wanderungsentscheidung als auch für die Wahl der neuen Wohnung bei ↗verhaltensorientierten Wanderungsmodellen. Er resultiert aus einer mehr oder minder ständigen Bewertung der Wohnung und ihrer Umgebung (↗Wahrnehmungsraum) und entspricht der Bilanz von Vor- sowie Nachteilen einer Wohnung für einen Haushalt unter Einbeziehung von Bedürfnissen und Anspruchsniveau.

Standortplanung, 1) Allgemein: ↗Standortanspruch. 2) erfolgt im Einzelhandel durch die Akteursgruppe der Planer/Politiker, denen Instrumente zur Gestaltung von ↗Einzelhandelsstandorten zur Verfügung stehen. Der Instrumenteneinsatz dient zum einen zur Versorgungssicherung und Wirtschaftsförderung (begünstigt Ansiedlungen) und zum anderen zur Reduzierung (begrenzt Ansiedlungen) von unerwünschten Nebeneffekten (z. B. Flächenverbrauch, Anstieg des Autoverkehrs, Schädigung bestehender Zentren). Auf kommunaler Ebene bestehen Einflussmöglichkeiten im Rahmen der Bebauungsplanung. Nach der Baunutzungsverordnung (BauNVO) müssen für alle Ladengeschäfte mit mehr als 1200 m² Geschossfläche (entspricht ca. 800 m² Verkaufsfläche) außerhalb von Kerngebieten Sondergebiete dargestellt werden. Dabei ist zu gewährleisten, dass durch die Betriebserrichtung keine Beeinträchtigungen der Versorgung der Bevölkerung, der Entwicklung zentraler Versorgungsbereiche, der infrastrukturellen Ausstattung, der Umwelt und des Natur-/Landschaftsbildes auftreten. Auf der Ebene der ↗Regionalplanung gibt es in den Bundesländern unterschiedliche Rahmengesetze. Gemeinsame Aussage ist jedoch, dass die Errichtung von Ladengeschäften der zentralörtlichen Stufe einer Gemeinde zu entsprechen hat und ausgeglichene Versorgungsstrukturen nicht wesentlich beeinflusst werden dürfen. Für Gemeinden besteht eine Mitteilungspflicht bei der Darstellung von Sondergebieten. Der Vergleich von Ländern ähnlichen Entwicklungsstandes zeigt den Einfluss der Planung. In Ländern mit geringen planerischen Beschränkungen, wie z. B. USA und Frankreich, besitzen das sekundäre Standortsystem (↗Einzelhandel), moderne ↗Betriebsformen und Filialisten wesentlich höhere Anteile. [EK]

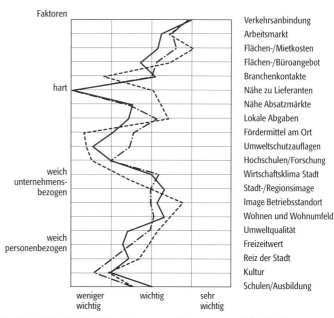

Standortfaktoren 2: Einfluss verschiedener Faktoren auf die Standortwahl von Banken sowie Unternehmen der Werbung und der technischen Beratung.

Standortpolitik, 1) bezeichnet staatliche Politik auf allen Ebenen des föderativen Systems, die die Aktivierung intraregionaler Potenziale für nachhaltiges regionales oder städtisches ↗Wirtschaftswachstum zum Ziele hat. Dies kann in der Form von indirekter oder direkter Förderung von klein- und mittelständischen Unternehmen geschehen (Anschubfinanzierung, verbilligte Grundstücke, Investitionszulagen, Bereitstellung komplett ausgestatteter Gewerbeparks o. Ä.). Zum Repertoire der staatlichen Standortpolitik gehören auch Anreize für die Ansiedlung leistungsstarker Großunternehmen. Ferner ist die staatliche Raumordnungspolitik sowie gebietsspezifische Regionalpolitik ein Mittel, um Standorte durch planerische Maßnahmen für zukunftsträchtige Nutzungen aufzubereiten bzw. Regionen zu wichtigen Wirtschaftsstandorten aufzubauen. 2) Unternehmen betreiben eine eigene Standortpolitik. Dabei werden nach der Maxime der Gewinnorientierung – oft über die Interessen der lokalen Bevölkerung und der regionalen Bedürfnisse hinweg – Standort- und Investitionsentscheidungen getroffen. Die betriebliche Standortpolitik ist raum- und regionsübergreifend ausgerichtet, da viele Großunternehmen ihre einzelnen Funktionen multiregional organisiert haben. [RS/SE]

Standortquotient ↗regionalanalytische Methoden.

Standortsuche ↗Standortanspruch.

Standortsysteme, System von Unternehmensstandorten, das sich aus den jeweils spezifischen ↗Standortfaktoren ergibt. Bei Unternehmen des ↗tertiären Sektors bzw. ↗quartären Sektors treten im Wesentlichen drei Systeme auf: ein Netzmuster, ein Hierarchiemuster und eine Clusterung. Ein Netzmuster von Standorten zeigt vor allem artgleiche einfachere konsumentenorientierte Dienstleistungen (z. B. Lebensmitteleinzelhandel, persönliche Dienste wie Friseur); die Maschendichte hängt von der Einwohnerzahl und der Art der Dienste ab (Konkurrenzmeidung, ↗Einzelhandel). Hierarchische Standortmuster, die dem ↗Zentrale-Orte-Konzept folgen, zeigen vor allem konsumentenorientierte und öffentliche Dienstleistungen des mittel- und langfristigen Bedarfs. Sie profitieren durch die räumliche Nähe zueinander, da sie so eine größere Attraktivität für Besucher bieten und höhere Kopplungspotenziale (↗Konsumentenverhalten) aufweisen. Clusterungen zeigen sich an Standorten, die spezifische Vorteile für bestimmte Dienstleistungen aufweisen. Fremdenverkehrsbetriebe konzentrieren sich an naturräumlichen Anziehungspunkten, Transportbetriebe an Verkehrsknoten, höherwertige unternehmensorientierte Dienste in urban-industriellen Zentren. Dort bilden sie funktionale Cluster mit gleichartigen Dienstleistern und vernetzten Nachfragern (Konkurrenzanziehung). [EK]

Standorttheorien, Erklärungen des Standortes einer Tätigkeit oder Funktion (Produktion, Handel, Dienstleistung, Wohnung) durch normativ-deduktive Theorien (ein Beispiel ist die ↗Industriestandorttheorie), Verhaltens- oder Handlungstheorien.

Standortwahl ↗Standortanspruch.

Standweide, Nutzungsform traditioneller Weidegebiete hauptsächlich im wintermilden, durch lange Vegetationsperioden gekennzeichneten Klima küstennaher Niederungen oder Talauen, auf nährstoffreichen Böden hohen Nährstoffnachlieferungsvermögens und zumeist günstiger, vorwiegend aus Grundwasser gespeister Wasserversorgung. Standweiden sind typisch für ein reichliches Flächenangebot. Die Tiere befinden sich bei diesem Weideverfahren während der gesamten Weidezeit auf einer Fläche. Es findet ein ständiger Verbiss der Grasnarbe statt. Der Viehbesatz ist gering, die ↗Düngung extensiv. Trotzdem wächst soviel Gras auf, dass es von den Tieren nicht vollständig gefressen werden kann. Es wird daher überständig und alt, sodass es mehr und mehr verschmäht wird. ↗Weideökologie.

Starkregen, starke Regenfälle, die in der Regel an hochreichende und intensive ↗Konvektion gebunden sind und häufig im Zusammenhang mit ↗Gewittern auftreten. Sie sind in den Mittelbreiten meist von kurzer Dauer (ca. 10 Minuten). Eine allgemein gültige statistische Abgrenzung des Begriffs Starkregen z. B. nach Regenhöhe oder ↗Regenintensität ist nicht möglich, da sich deutliche Abhängigkeiten vom jeweiligen Klimagebiet ergeben. Zur Definition von Starkniederschlägen in Mitteleuropa (bei einer Andauer unter 24 Stunden) hat sich folgende Gleichung bewährt:

$$b = \sqrt{5 \cdot t - \left(\frac{t}{24}\right)^2}$$

mit b = Regenhöhe [mm], die im Zeitraum t [min] erreicht werden muss, damit ein Starkregen vorliegt. Als Starkregen werden in Mitteleuropa somit Ereignisse mit b >5 mm/5 min, >7 mm/10 min oder >20 mm/90 min angesehen. Im Vergleich mit weltweit auftretenden Extremniederschlägen sind Starkregen in Mitteleuropa weniger ergiebig (Abb.). Vor allem in

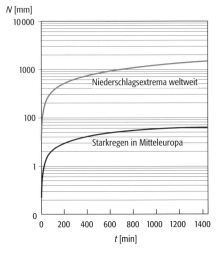

Starkregen: Niederschlagshöhe (*N*) bei Starkregen in Abhängigkeit von der Zeitdauer (*t*); Vergleich zwischen Mitteleuropa und weltweiten Niederschlagsextremen.

feucht-tropisch maritimen Regionen treten besonders heftige Starkregen auf. So steht beispielsweise neben dem bekannten Starkregen von Füssen (Deutschland) am 25.5.1920 mit 15,7 mm/min ein Extremereignis von 38,1 mm/min auf Guadeloupe. Platzregen und Wolkenbruch (↗Schauer) gehören ebenfalls zur Gruppe der Starkregen. [JB]

Starkwind, Wind der Stärke 6 auf der ↗Beaufort-Skala. Starkwinde weisen Geschwindigkeiten von 10,8 bis 13,8 m/s bzw. 39 bis 49 km/h auf.

stationärer Einzelhandel ↗Einzelhandel.

Stationarität, statistische Eigenschaft von zeit-varianten, raum-varianten bzw. ↗raum-zeit-varianten Prozessen (Variablen). Eine zeit-variante Variable $X(t)$ ist stationär, wenn ihre Verteilung zu jedem Zeitpunkt t invariant ist gegenüber t, andernfalls nennt man den Prozess nichtstationär bzw. instationär (Abb.). Sind nur die beiden ersten Potenzmomente (arithmetischer Mittelwert und Varianz) invariant gegenüber t, so nennt man die Variable schwach stationär. In ähnlicher Weise kann für raum- bzw. raum-zeit-variante Variablen Stationarität definiert werden. Stationäre Variablen weisen insbesondere keine Trends auf (↗Trendanalyse). Stationarität ist Voraussetzung zur Messung der ↗Autokorrelation von Variablen und zur Modellierung eines Prozesses durch ein ↗Autoregressivmodell.

In der Klimatologie spielt die Stationarität als idealisierte Eigenschaft eines physikalischen Systems (z.B ↗Atmosphäre), am festen Ort keine zeitlichen Änderungen zu besitzen, eine Rolle. Bei einem stationären Strömungszustand sind zeitliche Änderungen nur dann möglich, wenn sich der Beobachter relativ zur festen Erde bewegt, z.B. mit der Strömung mitschwimmt. Bei der Darstellung physikalischer Systeme durch ein Gleichungssystem (↗Modellierung) unterscheidet man deshalb lokale zeitliche und advektive Änderungen. Bei Stationarität sind nur lokale zeitliche Änderungen ausgeschlossen. Stationarität ist in der Realität nicht gegeben, allerdings können lokale zeitliche und advektive zeitliche Änderungen sehr klein sein, wenn die verursachenden Größen (bei Strömungen die wirkenden Antriebskräfte) klein sind oder sich gegenseitig kompensieren.

Stationsbarometer, *Kew-Barometer*, ein im Wetterdienst standardmäßig eingesetztes Quecksilberbarometer. Es besteht aus einem mit Quecksilber gefüllten Barometergefäß, in welches von oben ein ebenfalls mit Quecksilber gefülltes Glasrohr eintaucht. Aus dem Glasrohr läuft so viel Quecksilber in das Barometergefäß, bis sich ein Gleichgewicht zwischen Schwerebeschleunigung und Luftdruckgradientbeschleunigung einstellt. Im Glasgefäß entsteht dann ein Vakuum, die sog. Toricelli-Leere. Da die Schwerebeschleunigung am Messort konstant ist, ist die Höhe der Quecksilbersäule ein direktes Maß für den Luftdruck. Früher wurde dieser direkt in mm Quecksilbersäule angegeben. Da das Quecksilber sich auch temperaturabhängig ausdehnt, muss, falls die Temperatur von 0°C abweicht, eine Temperaturkompensation erfolgen. Daher befindet sich am Stationsbarometer ein Thermometer. Ferner ist wegen der Abhängigkeit der Schwerebeschleunigung von der geographischen Breite eine ↗Schwerekorrektur erforderlich, um die Daten großräumig miteinander vergleichen zu können. Das Stationsbarometer wird zur Kontrolle von ↗Aneroidbarometern verwendet. [JVo]

Stationsmodell, verbindliches Schema für die Stationseintragung der ↗Wettermeldungen der ↗synoptischen ↗Wetterbeobachtung auf ↗Wetterkarten. Die Wettermeldungen werden dabei als Codeziffern oder in Form *meteorologischer Symbole* (Abb. 1) um den Stationskreis (Abb. 2) eingetragen. Der Stationskreis selbst gibt dabei die geographische Lage der Station auf der Wetterkarte wieder.

Stationsnetz, mehr oder weniger dichtes räumliches Netz ↗meteorologischer Stationen zur Ermittlung der räumlichen Verteilung atmosphärischer Zustandsgrößen und Wettererscheinungen.

statische Grundgleichung ↗*hydrostatische Grundgleichung.*

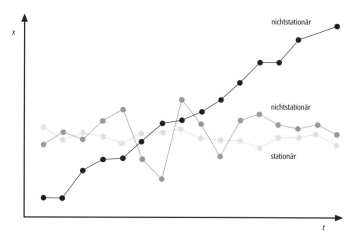

Stationarität: Stationäre und nichtstationäre Zeitreihen.

Stationsmodell 2: Eintragungsschema, Erläuterungstabelle und ein Beispiel für ein vollständiges Stationsmodell.

N	Gesamtbedeckung in Achteln.
(ddff)	Erklärt die symbolische Windfahne, (dd) Windrichtung, (ff) Windstärke
TT	Temperatur in ganzen Graden (bei Minustemperaturen wird die Ziffer 50 dazugezählt).
VV	Sichtweite in Codeziffern von 0–99 (0: <100m, 99: >50km).
ww	Wettererscheinungen zum Beobachtungstermin in Symbolform.
$T_d T_d$	Taupunktstemperatur in ganzen Graden.
C_H	Art der hohen Wolken.
C_M	Art der mittelhohen Wolken.
C_L	Art der tiefen Wolken.
N_h	Menge der tiefen Wolken in Achteln.
h	Höhe der Wolkenuntergrenze.
ppp	Luftdruck in Zehntel-mb (Hunderter und Tausender werden weggelassen).
pp/a	Luftdruckänderung in Zehntel-mb während der letzten drei Stunden/Tendenz der Druckveränderung (fallend, steigend, gleichbleibend).
$W_1 W_2$	Wettererscheinungen in den Stunden bis zum letzten Haupttermin in Symbolform.

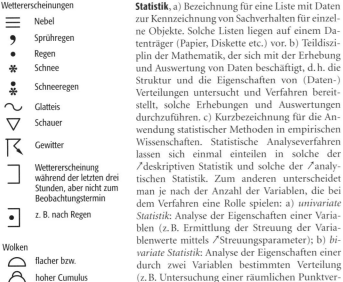

Stationsmodell 1: Auswahl der wichtigsten meteorologischen Symbole.

Statistik, a) Bezeichnung für eine Liste mit Daten zur Kennzeichnung von Sachverhalten für einzelne Objekte. Solche Listen liegen auf einem Datenträger (Papier, Diskette etc.) vor. b) Teildisziplin der Mathematik, der sich mit der Erhebung und Auswertung von Daten beschäftigt, d. h. die Struktur und die Eigenschaften von (Daten-)Verteilungen untersucht und Verfahren bereitstellt, solche Erhebungen und Auswertungen durchzuführen. c) Kurzbezeichnung für die Anwendung statistischer Methoden in empirischen Wissenschaften. Statistische Analyseverfahren lassen sich einmal einteilen in solche der ↗deskriptiven Statistik und solche der ↗analytischen Statistik. Zum anderen unterscheidet man je nach der Anzahl der Variablen, die bei dem Verfahren eine Rolle spielen: a) *univariate Statistik*: Analyse der Eigenschaften einer Variablen (z. B. Ermittlung der Streuung der Variablenwerte mittels ↗Streuungsparameter); b) *bivariate Statistik*: Analyse der Eigenschaften einer durch zwei Variablen bestimmten Verteilung (z. B. Untersuchung einer räumlichen Punktverteilung durch ↗Quadratanalyse, Ermittlung des Zusammenhangs zwischen zwei Variablen X und Y mit Verfahren der einfachen ↗Korrelationsanalyse und der einfachen ↗Regressionsanalyse); c) *multivariate Statistik*: Analyse der Eigenschaften einer durch mehrere (in der Regel mehr als zwei) Variablen bestimmten Verteilung (z. B. Ermittlung des Zusammenhangs zwischen der Variablen Y und den Variablen $X_1, \ldots, X_m$ mit Verfahren der multiplen Korrelationsanalyse und der multiplen Regressionsanalyse, Untersuchung der Zusammenhangsstruktur bei mehreren Variablen durch ↗faktorenanalytische Verfahren.

Verfahren, die die Nachbarschaftsbeziehungen bei raum-varianten Variablen (z. B. räumliche ↗Autokorrelation) analysieren bzw. berücksichtigen, werden als Verfahren der ↗Geostatistik bezeichnet. Im Falle von zeit-varianten Variablen spricht man dann von Verfahren der ↗Zeitreihenanalyse. [JN]

statistischer Test ↗Teststatistik.

Staub, Bezeichnung für alle in der ↗Atmosphäre befindlichen festen Partikel mit Ausnahme des gefrorenen Wassers. Stäube entstammen sowohl natürlichen wie auch anthropogenen Quellen. Sie werden in Grobstaub mit einem Äquivalentdurchmesser >10 µm und den Feinstaub < 10 µm untergliedert. Die Ausbreitung und die Verweildauer in der Atmosphäre sind von der Sinkgeschwindigkeit abhängig. Grobstaub kann nur bei höheren Windgeschwindigkeiten über größere Distanzen transportiert werden, Feinstaub dagegen verbleibt lange in der Atmosphäre und bildet einen Teil der ↗Aerosole. Er wird eingeatmet und setzt sich in der Lunge fest. Staub ist neben Wasser für die ↗Trübung der Atmosphäre verantwortlich. Er bildet einen Teil der Kondensationskerne für den Wasserdampf oder trübt die Luft als trockener ↗Staubdunst. Ferntransporte von Stäuben führen in Mitteleuropa zum ↗Blutregen oder Blutschnee. Besonders lange Verweildauer haben Stäube, welche in die Stratosphäre transportiert worden sind, beispielsweise bei großen Vulkanausbrüchen. Dann können sie klimarelevante Veränderungen der ↗Strahlungsbilanz herbeiführen. [JVo]

Staubdunst, Lufttrübung durch trockenen ↗Staub, vor allem in ariden und semiariden Gebieten der Erde, wenn die horizontale Sichtweite unter 10 km sinkt. Staubdunst ist die Folge eines Staub- oder Sandsturms, wenn nach dem Abflauen des Windes der Staub gravitativ sedimentiert.

Staubewölkung, Bewölkung, die sich vor Hindernissen, besonders an der Luvseite hoher Gebirge durch gezwungene Hebung (Hebungskondensationsniveau; ↗Kondensationsniveau) ausbildet oder verstärkt. Bei der erzwungenen Hebung wird die Wolkenluft durch ↗adiabatische Prozesse abgekühlt und damit intensive Kondensation und Niederschlagsbildung angeregt. Ein gutes Beispiel ist die Staubewölkung an der Alpensüdseite bei ↗Föhn, die wie eine Mauer über dem Gebirgshindernis steht (Föhnmauer). Die durch Stau hervorgerufenen, meist ergiebigen *Steigungsniederschläge* (*Stauniederschläge*) sind in feuchttropischen Gebieten mit labilen Meeresluftmassen für höchste Regenmengen verantwortlich (↗Monsun). Blüthgen erweitert den Begriff Staubewölkung und Steigungsregen auf Niederschlagsmaxima nahe der Nordseeküste, die dadurch entstehen, dass sich die über dem Atlantik nahezu reibungsfrei advehierten Luftmassen über Land durch reibungsbedingtes Abbremsen aufstauen (*Luftmassenstau*) und niederschlagswirksame Bewölkung die Folge ist. [JB]

Stauchendmoräne ↗Moränen.

Staudenfluren, Grasland- und Gebüschgesellschaften mit bis zu 2 m hohem Staudenbewuchs. a) Folgegesellschaft von aufgelassenem, feuchten, nährstoffreichen Grünland im Tiefland. Dieser Typ ist weide- und mahdempfindlich und tendiert zur Verbuschung. Typische Ausprägungen sind die Kohldistelwiesen und Pfeifengraswiesen und wasserzügige Auenränder mit Pestwurz und Mädesüß. b) ertragreiche subalpine Staudengesellschaften (*Hochstaudenfluren*) oberhalb der Waldgrenze, gebüschfrei oder mit Grünerlen- und Weidengebüsch bestanden. Charakteristische Arten sind Alpenlattich, Alpenampfer (vgl. auch ↗Lägerflur), Eisenhut-Arten, Germer. c) ruderale Staudenfluren, oft mit ausgedehnten Goldrute-Beständen. d) Schlagfluren bzw. Vorwaldgesellschaften mit Schmalblättrigem Weidenröschen, Waldreitgras, Tollkirsche. e) nitrophile Waldrandfluren mit Brennnessel.

Staudruck, *dynamischer Druck,* p_d, Term in der ↗Bernoulli'schen Gleichung, der durch den Winddruck hervorgerufen wird:

$$p_d = 1/2\, \varrho \cdot v^2 \ [\text{hPa}]$$

mit ϱ = Luftdichte [kg/m³] und v = Windgeschwindigkeit [m/s].

Staukuppe, *Quellkuppe,* ↗Vulkan.

Stauniederschläge ↗Staubewölkung.

Staupolje ↗Polje.

Staurohr ↗ *Prandtl-Rohr*
Stauwasser, ↗ *Bodenwasser* im ↗ S-Horizont von ↗ Stauwasserböden.
Stauwasserböden, Klasse der ↗ Deutschen Bodensystematik, Abteilung der ↗ Terrestrischen Böden, Zusammenfassung von Böden, mit redoximorphen Merkmalen, wie Rostflecken, Konkretionen und ↗ Marmorierung, die durch Redoxprozesse als Folge des Wechsels von Vernässung und Austrocknung von oberflächennah gestautem Niederschlagswasser verursacht werden; generelle Horizontfolge: Ah, Sw, Sd; ↗ Bodentypen sind neben dem Norm-↗ Pseudogley der Kalk-, Hang-, Humus- und Anmoorpseudogley sowie Übergänge zu anderen Bodentypen und der ↗ Stagnogley.
Steady-State-Berufslaufbahn ↗ *Berufslaufbahn*.
Stefan-Boltzmann-Gesetz, sagt aus, dass das gesamte Emissionsvermögen E eines ↗ schwarzen Körpers der vierten Potenz seiner absoluten Temperatur T proportional ist:

$$E = \sigma \cdot T^4$$

Dabei ist σ die Stefan-Boltzmann'sche Konstante $(5{,}67 \cdot 10^{-8}\,\text{W}/(\text{m}^2 \cdot \text{K}^4))$ und die Temperatur in Kelvin angegeben. Das Stefan-Boltzmann-Gesetz ist als Sonderfall, in dem nicht die spektrale Emission, sondern die Gesamtemission betrachtet wird, aus dem ↗ Planck'schen Strahlungsgesetz abzuleiten.
Stegocephalen, vom ↗ Karbon bis zur ↗ Trias verbreitete Amphibiengruppe.
Steigungsniederschläge ↗ *Staubewölkung*.
Steilküste, durch ↗ Kliffe gekennzeichnete ↗ Küste, auch klifflos untertauchende steile Denudationshänge oder Talflanken.
Stein ↗ *Korngrößenklassen*.
Steinkohle, ↗ Kohle mit einem Kohlenstoffgehalt von 78–90 %. Man unterscheidet petrographisch zwischen glasiger Glanzkohle (Vitrit), matter Mattkohle (Durit) sowie Halbglanzkohle (Clarit). Abwechselnde Lagen von Vitrit und Durit bilden eine Streifenkohle. Faserkohlen (Fusite) sind holzkohleartige Einlagerungen in der Steinkohle. Diese vier Grundkomponenten lassen sich unter dem Mikroskop in winzige Aggregate, die Mikrolithen, auflösen. Unter den mikroskopischen Einlagerungen werden Exinit (Sporen, Cuticula), Resinit (Harzkörner), Cerinit (Wachse) und Alginit (Algenreste) unterschieden. Nach dem Teer- und Gasgehalt sowie nach der Verkokbarkeit unterscheidet man wie folgt: Flammkohlen (Gasflammkohlen) mit ca. 40 % flüchtigen Bestandteilen, Gaskohle (ca. 35 %), *Fettkohle* (ca. 25 %), *Esskohle* (ca. 17 %), *Magerkohle* (ca. 8 %), *Anthrazit* (5–10 %). In Mitteleuropa stammen Steinkohlen v.a. aus Ablagerungen des ↗ Karbons. [GG]
Steinmetz, *Sebald Rudolf*, niederländischer Soziologe und Ethnologe, geb. 6.12.1860 Breda, gest. 5.12.1940 Amsterdam. Steinmetz studierte ↗ Ethnologie, u. a. bei ↗ Ratzel in Leipzig, mit dessen Anthropogeographie er sich frühzeitig kritisch auseinandersetzte; die Dissertation erfolgte 1892 an der Universität Leyden. Er wirkte als Ordinarius an den drei großen niederländischen Universitäten in Utrecht (1895–1900), Leyden (1900–1908) und Amsterdam (1908–1933). Der Begründer der stark empirisch-soziologisch ausgerichteten »Amsterdamer Schule der Sozialgeographie« prägte den Begriff der Soziographie (»Die Stellung der Soziographie in der Reihe der Geisteswissenschaften«, 1913). Der Versuch, die beiden Fächer Soziologie und Geographie praxisrelevant zu verbinden, hatte große Auswirkungen auf die Entwicklung der Humangeographie, u. a. auf die deutsche ↗ Sozialgeographie. Steinmetz arbeitete auch zusammen mit ↗ Rühl. [BSc]
Steinpflaster, *Pflasterböden*, *stone pavements*, zeichnen sich durch eine flächenhafte Bedeckung des Untergrund mit weitgehend flach liegenden Steinen aus. Sie entstehen durch ↗ Auffrieren der Steine (↗ Frosthub), Erosion des Feinmaterials zwischen den Steinen durch Schneeschmelzwasser und Umlagerung durch Eigengewicht der Steine bzw. Gewicht des überlagernden Schnees oder Aufeises (↗ Icing). Steinplaster sind in periglazialen Gebieten weit verbreitet und unterscheiden sich in der Größe der Steine von durch ↗ äolische Prozesse entstandenen Wüstenpflastern.
Steinringe ↗ *Frostmusterboden*.
Steinsalz, *Halit, Bergsalz, Chlornatrium, Knistersalz, Kochsalz, Steinsalz*, Mineral aus der Gruppe der Halogenide mit der chemischen Formel: NaCl; Farbe: farblos, weiß, grau, gelblich, rötlich, blau bis violett; fettiger Glasglanz; Strich: weiß; Härte nach Mohs: 2 (etwas spröd); Dichte: 2,1–2,2 g/cm^3; in Wasser löslich; salziger Geschmack; hohe Wärmeleitfähigkeit; Vorkommen: als wichtigstes Mineral mariner Salzlagerstätten entstand Steinsalz durch Wasserverdunstung an der Lösungsoberfläche oder durch Abkühlung gesättigter Lösungen. Weiterhin kommt es in terrestrischen Salzseen, als Ausblühungen (Verdunstung von aufsteigendem Grundwasser in ariden Gebieten) und als vulkanisches Sublimationsprodukt vor; Fundorte: Bad Reichenhall, Schwäbisch Hall und Heilbronn, Fulda-Werragebiet in Norddeutschland, Wieliczka (Polen), Chesbin (England), im Pandschab (Indien), Solikamsk (Rußland), ansonsten weltweit; Verwendung: als Ausgangsstoff für chemische Produkte (metallisches Na, Soda, Chlorgas, Salzsäure), als Speisesalz und Industriesalz sowie als Konservierungssalz.
Steinstreifen ↗ *Solifluktion*.
Steinzeit, Sammelbegriff für vorgeschichtliche Kulturstufen, vielfach belegt durch Steinwerkzeuge. Andere Werkstoffe wie Holz und Knochen wurden sicherlich schon sehr früh verwendet, sind aber wegen ihrer eingeschränkten Überlieferungsfähigkeit nur selten nachzuweisen. Gebräuchlich ist die grobe Untergliederung in Alt-, Mittel- und Jungsteinzeit (*Paläolithikum*, *Mesolithikum* und *Neolithikum*), wobei die Dauer und zeitliche Abgrenzung dieser Stufen regional schwanken, wie auch die Grenze zu den jüngeren Metallzeiten.
a) Paläolithikum (Altsteinzeit):

Die ältesten bekannten Steinwerkzeuge sind datiert auf 2,6–2,5 Mio. Jahre und werden den in Afrika weit verbreiteten, sog. Vormenschen (wichtigste Gattung Australopithecus, 4,2–1,1 Mio. Jahre) zugeschrieben. *Australopithecus*-Arten unterscheiden sich von ihren weit ins Tertiär hinabreichenden, menschenaffenähnlichen Vorfahren durch reduzierte Eckzähne, einen aufrechten Gang, ein größeres Gehirnvolumen sowie durch den Gebrauch einfachster, einseitig zugeschlagener Steinwerkzeuge. Die zeitliche Untergrenze des Paläolithikums als ältester Epoche der Menschheitsgeschichte fällt zusammen mit dem ersten Nachweis der Gattung *Homo*: Die ältesten bekannten Menschenfossilien sind ebenfalls auf Afrika beschränkt (*Homo habilis*, 2,5–1,5 Mio. Jahre). Diese »fähigen Menschen« fertigten zweiseitig zugeschlagene Steinwerkzeuge an. Ihre Schädelanatomie weist bereits einige moderne Merkmale auf, und im weiteren Verlauf der Altsteinzeit entwickelten sich daraus die verschiedenen Menschenformen bis hin zum *Homo sapiens sapiens*. Das Ende des Paläolithikums fällt zusammen mit dem Ende der letzten Kaltzeit vor ca. 10.000 Jahren. Es umfasst demnach zeitlich mehr als 99 % der Menschheitsgeschichte. Die paläolithischen Menschen waren gut organisierte Jäger und Sammler, denen es durchaus gelang, sich gegen kaltzeitliche Wetterunbilden zu behaupten. Hauptnahrungsquelle waren im eiszeitlichen Mitteleuropa die großen Wildpferde-, Rentier- und Mammutherden der weiten Grassteppen. Pflanzliche Nahrung nahm zu dieser Zeit eine untergeordnete Rolle ein. Die wichtigsten Jagdwaffen waren hölzerne Lanzen. Später trugen Speerschleuder und Harpune dazu bei, die Jagd effektiver zu machen. Die Nutzung des Feuers war möglicherweise der entscheidende Schritt, um in kältere Regionen vordringen zu können und um Schutz vor Raubtieren zu finden. Die ältesten Zeugnisse der Kunst stammen aus dem unteren Jungpaläolithikum (Höhlenmalereien hoher Qualität, Menschen- und Tierstatuetten aus Elfenbein, Steinritzungen).

b) Mesolithikum (Mittelsteinzeit): Übergangszeit vom Paläo- zum Neolithikum, Beginn im Präboreal (ca. 8000 v. Chr.). In weiten Teilen der damals vom Menschen besiedelten Bereiche änderten sich infolge der nacheiszeitlichen Klimaverbesserungen die ökologischen Verhältnisse krass. In Mitteleuropa kam es zur Wiederbewaldung. Neben tierischer Nahrung (mit eingeschränkter Verfügbarkeit), die jetzt vorwiegend aus Standwild (Hirsch, Reh, Wildschwein), zunehmend aber auch aus kleineren Tieren (Hasen, Vögeln und Fischen) bestand, wurde das Sammeln von Pflanzen wichtig. Spätestens jetzt wurden Wölfe domestiziert, vielleicht zunächst als Beschützer oder Jagdhelfer. Die charakteristischen Steingeräte des Mesolithikums sind die Mikrolithen, geometrisch geformte, kleine Feuersteinstücke, welche zumeist als Einsätze in Pfeilen, Speeren und Harpunen dienten. Gejagt wurde hauptsächlich mit Pfeil und Bogen. Gegen Ende des Mesolithikums tauchten im südlichen Mitteleuropa vereinzelt die ersten geschliffenen Felsgesteinsbeile auf, welche vermutlich zur Holzbearbeitung dienten. Siedlungsbefunden zufolge lebten wohl meist kleinere Menschengruppen zusammen. Da das Nahrungsangebot nach dem Ausbleiben der eiszeitlichen Großwildherden verringert war, mussten die Wohn- und Fangplätze häufig gewechselt werden. Einfacher war das Leben für die damaligen Küstenbewohner, die aufgrund dauernder Verfügbarkeit an Nahrung aus dem Meer sesshaft werden konnten, wovon riesige Muschelhaufen an nordeuropäischen Küsten zeugen.

c) Neolithikum (Jungsteinzeit):
Die Menschen des Paläo- und Mesolithikums hatten sich an die während der Eis- und frühen Nacheiszeit ständig ändernden Lebensgrundlagen stets optimal angepasst. Vor etwa 12.000 Jahren griffen sie erstmals aktiv in den Naturhaushalt ein, und zwar im Gebiet des sog. ↗ Fruchtbaren Halbmondes. Die Folge war eine produzierende Wirtschaftsform, die es erstmals ermöglichte, dass auch größere Menschengruppen an einem Ort sesshaft wurden. Damit war der Grundstein zur sog. »Neolithischen Revolution« gelegt. Die Erfindung der ↗ Landwirtschaft wurde langsam in verschiedene Richtungen weitergetragen (↗ Agrargeschichte).

Stellenandrangziffer, die Zahl der vorgemerkten Arbeitslosen pro gemeldeter offener Stelle.

Stellung im Beruf Gliederung der Erwerbstätigen nach Arbeitern, Angestellten, Selbstständigen und mithelfenden Familienangehörigen, die als Familienmitglieder eines Selbstständigen in dessen Betrieb arbeiten, ohne Lohn oder Gehalt zu bekommen und ohne Pflichtbeiträge in die gesetzliche Rentenversicherung zu zahlen. In Deutschland liegen zudem Angaben zu Beamten und Auszubildenden vor. Die Stellung im Beruf charakterisiert die ↗ soziale Schichtung einer Bevölkerung unzureichend (z. B. keine Unterscheidung zwischen einfachen und leitenden Angestellten oder Landwirten und Angehörigen der Freien Berufe), sodass Aussagen zu einer sozialräumlichen Differenzierung nur in Kombination

Stellung im Beruf: Männliche Erwerbspersonen nach Stellung im Beruf in Deutschland 1950–1990.

Jahr	Selbstständige [%]	mithelfende Familienangehörige [%]	Beamte u. Angestellte [%]	Arbeiter [%]
1882	31,8	7,5	7,9	52,8
1895	28,2	5,9	10,7	54,6
1907	23,7	6,0	13,5	56,9
1925	20,5	6,4	19,9	53,5
1939	17,4	4,4	24,8	53,4
1950	18,5	4,3	20,2	57,0
1960	15,3	3,0	26,0	55,8
1970	12,9	1,6	33,2	52,3
1980	10,9	0,7	39,5	48,9
1989	11,0	0,5	42,8	45,6
1992[1]	10,7	0,4	43,1	45,8
1994[1]	11,6	0,4	43,5	44,5
1996[1]	12,0	0,4	42,8	44,8
1998[1]	12,7	0,4	44,6	42,3

[1] alte Bundesländer

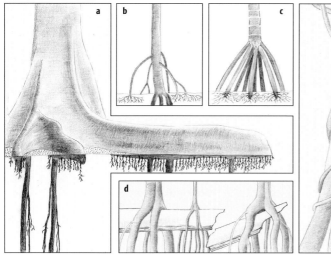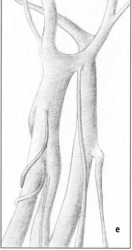

Stelzwurzeln: Typen verschiedener Stelz- und Brettwurzeln: a) Brettwurzel; b) und c) von oben nach unten austreibende Seitenwurzeln; d) Stelzwurzeln als Folge des Auswuchses auf Totholz; e) Stammhülle einer Würgefeige.

mit weiteren Merkmalen wie Einkommen oder Bildung möglich sind. Die Änderungen in der ↗Erwerbsstruktur zugunsten der Dienstleistungen drücken sich in der wachsenden Bedeutung von Angestellten und Beamten aus (Abb.). [PG]

Stelzwurzeln, findet man vornehmlich an Bäumen in ↗Regenwäldern und ↗Mangroven. Es handelt sich um sekundäre Bewurzelungen, die aus dem voll entwickelten Stamm von oben nach unten erfolgen und der Verankerung im Erdboden dienen (Abb.). Analog greifen *Brettwurzeln* aus der Stammbasis nach außen, um die Standfestigkeit hoher Bäume zu sichern, die ihren Lichtbedarf durch rasches Aufwachsen in den obersten Kronenraum erfüllen. Gegen Ende des primären Längenwachstums setzt die Wurzelbildung aus dem Kormus infolge des Dickenwachstums ein. Bei Mangroven sind Stelzwurzeln für die Befestigung im Treibschlick der Gezeitenströme unabdingbar (↗Mangroven Abb. 1). In Wäldern kommt Stelz- und Brettwurzeln auch eine Funktion der Deckung des erhöhten Nährstoffbedarfs ausgewachsener Bäume zu. Bekannteste Vertreten für Stelzwurzeln sind tropische Feigen (*Ficus*); Würgefeigen umhüllen andere Bäume von oben nach unten und überleben diese als verbleibende »Röhrenstämme«. Einige nordamerikanische Koniferen bilden »Stelzgallerien«, die auf umgestürzten Stämmen treiben und einen Teil der Wurzeln um den Totholzkörper leiten, die zum Stelzfuß auswachsen. [MR]

stenochor, Arten oder Organismen, die über eine nur sehr geringe geographische Verbreitung verfügen (Gegensatz: ↗eurychor).

stenohalin ↗euryhalin.

stenohydrisch, Arten, die durch eine sehr enge Amplitude des potenziellen osmotischen Drucks gekennzeichnet sind (Gegensatz: ↗euryhydrisch).

stenök, gegenüber wichtigen Umweltfaktoren nur geringe ↗ökologische Amplitude aufweisend.

stenophag, starke Nahrungsspezialisierung (Gegensatz: euryphag).

stenotop, nur in wenigen ↗Habitaten vorkommend (Gegensatz: euvytop).

Steppen, Grasland- und Strauch-Formationen in den semiariden Subtropen und Außertropen (↗Vegetationszonen), demnach also von den andersartig funktionierenden ↗Ökosystemen der tropischen ↗Savannen zu trennen. Baumwuchs ist zumeist auf die Ränder zu den angrenzenden Wäldern begrenzt, von wo aus im Laufe des holozänen Klimawandels Holzarten nach Beobachtungen in Nordamerika und Eurasien langsam vorschreiten könnten. Eine allmähliche »Verwaldung« wurde allerdings durch die Naturweide

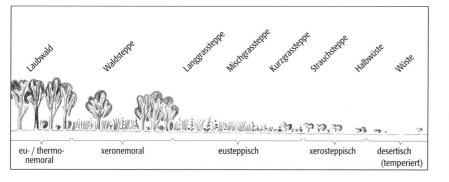

Steppen 1: Abfolge von Formationstypen von einer relativ feuchten Waldsteppe bis zur trockenen Halbwüste kontinentaler Prägung.

Steppenheidetheorie

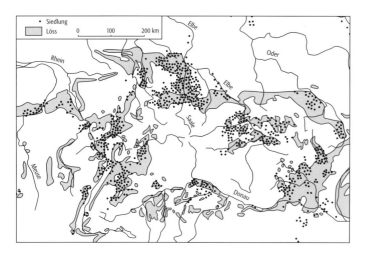

Steppenheidetheorie 1: Bandkeramische Landnahme und Lössgebiete.

von Mega-Herbivoren (Pferd, Wisent bzw. Bison) und durch Flächenbrände stetig behindert und kommt in der Alten Welt seit Einwirken des ↗Nomadismus bzw. in der Neuen Welt durch ↗dry farming gänzlich zum Erliegen. Dennoch bilden Steppen anders als die meisten tropischen Savannen natürliche Grasfluren, die auf die Trockenheit in den Zentren der Kontinente der Nordhalbkugel bzw. in Leelagen meridionaler Gebirgszüge zurückgehen (Südinsel von Neuseeland, Patagonien). Im Übergang zu den temperierten ↗Halbwüsten und ↗Vollwüsten werden sie von Strauchsteppen abgelöst, die in Eurasien und Nordamerika von Wermutsträuchern und dann verstärkt von Meldengewächsen geprägt werden. Eine Abfolge (Abb. 1) verdeutlicht eine klimaökologische Unterteilung, in der die zugewiesene Anzahl der ariden Monate (in Klammern) von edaphischen Faktoren überlagert wird: Waldsteppe (4–7), Langgrassteppe (5–8), Mischgrassteppe (6–9), Kurzgrassteppe (7–10), Strauchsteppe (8–11), temperierte Halbwüste (9–12). Bei den Waldsteppen handelt es sich um staudenreiche Fluren (»Wiesensteppen«) mit Waldinseln aus vorrangig Eichen und Kiefern. Langgrassteppen (analog: »tall grass prairies«) werden von bis 1 m hohen Gräsern geprägt, unter denen Schwingel und Rispengräsern häufig sind. Dem ↗Ökoton der Mischgrassteppen folgen die Kurzgrassteppen (»mixed „bzw. „short grass prairies«), deren Teilhaber 40 cm kaum überschreiten; hierzu zählen Federgräser, Quecken und auch Seggen. Zu den Wüsten hin binden sich bei natürlichen Vorgaben Wermutsteppen an schwere, tonige und Federgrassteppen an leichtere, steinige Böden an. Die Verstrauchung der Grasländer zu den Halbwüsten hin geht neben der zunehmenden Aridität aber auch auf Überbeweidung zurück. Dies gilt vor allem für subtropische Steppen im xeromediterranen Übergang, die in der Alten Welt allmählich der ↗Desertifikation anheim fallen. Einen Sondertyp der Strauchsteppen bilden Sukkulentensteppen unter nebelfeuchten Bedingungen im Küstenbereich (z. B. Nama-Karoo, Südmarokko). Auch die Horstgrasbestände der Südhemisphäre weichen vom üblichen Bild ab (»tall« und »short tussock grasslands«). In Steppen ist die intensive ↗Bioturbation durch Wühler charakteristisch, die im Winter und Hochsommer die tiefen, im Frühjahr und Herbst die oberen Bodenlagen durchmischen (↗Schwarzerden). In den phänologischen Gunstzeiten im Frühsommer und Frühherbst kommt es aufgrund des hohen Nährstoffumsatzes zur enorm hohen Primärproduktion im Steppen-Ökosystem. Die subtropischen Steppen in Kleinasien gelten als Herkunftsgebiet der Getreidearten und daraus resultierend als einer der ältesten Kulturräume.

Abb. 2 im Farbtafelteil. [MR]

Steppenheidetheorie, von ↗Gradmann geschaffener Begriff der genetischen Kulturlandschaftsforschung (↗historische Geographie) in Mitteleuropa aus der ersten Hälfte des 20. Jh.: Die erste bäuerliche Landnahme in Mitteleuropa im jüngeren Neolithikum (5500–1800 v. Chr.) durch die Bandkeramiker konzentrierte sich auf thermisch begünstigte Tieflagen mit leichten Böden (Abb. 1). Aus der räumlichen Nähe von bandkeramischen Siedlungsplätzen und waldfreien ↗Trockenrasen, die in Süddeutschland viele Kräuter und Gräser enthalten, die ihr Hauptareal in eurasiatischen Wiesensteppen haben, schloss Gradmann, dass Mitteleuropa zur Zeit der ersten Landnahme nicht geschlossen bewaldet war, sondern es neben Waldlandschaften auch baumarme Steppenlandschaften gab, die für die neolithischen Bauern auch deshalb Gunsträume waren, weil Ackerland nicht dem Wald durch Rodung abgerungen werden musste. Die Rekonstruktion der ↗postglazialen Waldentwicklung Mitteleuropas ergab jedoch keine Hinweise auf waldfreie Lössgebiete zur Zeit der bandkeramischen Landnahme, sodass angenommen wird, dass die Landnahme durch Rodung erfolgte. Primitive Werkzeuge der jungsteinzeitlichen Bauern sind für die Rodung, außer beim Ringeln von Bäumen (Unterbrechung des Saftstroms durch ringförmigen Schnitt ins Kambium) oder Auflichtung des Kronendaches durch Laubfutterschneiteln (wichtigste Winterfutterquelle vor Einführung der Wiesenwirtschaft) von geringem Wert. Gelegtes ↗Feuer dürfte die größte Rolle bei der Schaffung von Rodungsinseln gespielt haben. Die schrittweise Auflichtung der Wälder bis zu Hudewäldern und Triftweiden folgte durch den selektiven Weidegang des Viehs, das Baumjungwuchs verbiss und die Waldverjüngung unterband (Abb. 2). Vom Vieh gemiedene Pflanzen konnten sich dadurch ausbreiten; viele Steppenheidpflanzen sind Weideunkräuter, die vom Vieh nicht gefressen werden. Da die Regeneration des Waldes auf flachgründigen und sonnseitigen Standorten geringer ist und das Vieh die kraut- und grasreicheren lichten Wälder eher aufsuchte, dürften die wärmeliebenden Eichenmischwälder bald zu den ↗Ersatzgesellschaften der heutigen Trockenrasen degradiert worden sein. Zum Endpunkt der Waldvernichtung durch Triftweide und Streurechen sowie Holznutzung

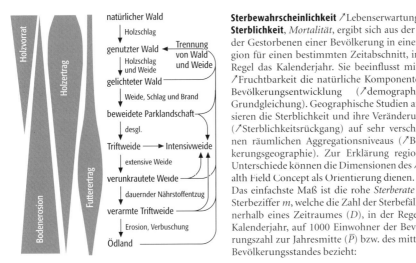

Steppenheidetheorie 2: Schematische Darstellung der Entwicklung von natürlichen Wald- zu Ödlandflächen infolge von Holz- und Weidewirtschaft.

in Mitteleuropa Ende des 18. Jh. hatten die Trockenrasen ihre größte Ausdehnung und sind seither durch Wiederaufforstung eingeschränkt worden. Das Vorhandensein von »Steppenheidepflanzen« und die an Trockenrasen gebundenen Tiere (z. B. Steppen-Grashüpfer (*Stenobothrus crassipes*), Heideschrecke (*Gampsocleis glabra*)) zeigen jedoch, dass es in Mitteleuropa Mosaike aus offenen Trockenrasen, Gebüschen und lichten Wäldern gegeben haben muss. Da bei Niederschlägen von mehr als 400 mm pro Jahr geschlossener Wald wachsen würde, die Existenz von Steppenpflanzen und -tieren aber nahelegt, dass es stets auch zumindest lichte Wälder gab, ist wahrscheinlich, dass Wildtiere (Elch, Ur, Wisent, Hirsch, Reh) Wälder aufgelichtet haben.
Die Steppenheidetheorie Gradmanns gilt als widerlegt: Auch die mitteleuropäischen Altsiedellandschaften waren bewaldet, jedoch durch Einfluss von Großherbivoren stellenweise doch so licht, dass sowohl Steppenpflanzen als auch -tiere ausreichend große waldfreie Habitate hatten. Der Waldbestand von Kulturlandschaften ist in seinem Natürlichkeitsgrad auch außerhalb Mitteleuropas unterschiedlich beurteilt worden, vor allem auch deshalb, weil europäische Forscher die Möglichkeiten des Menschen durch Feuer und Viehwirtschaft Wald zu beseitigen, unterschätzt haben. Die Wiesensteppen Osteuropas und der Mongolei haben durch Feuer und Beweidung eine ähnliche Entwicklung durchlaufen. Auch das innertropische feuchte Höhengrasland des ↗Páramo der Anden, von ostafrikanischen Hochbergen oder in Neuguinea sind potenziell bewaldet, durch Jagdfeuer und Weidepflege mittels Feuer aber waldfrei gehalten. Isolierte Baumgruppen an Normalstandorten (*Polylepis* in den Anden, *Erica* in Ostafrika) bezeugen die Waldfähigkeit. Auch für das Pampa-Grasland wird Jagdfeuer als Ursache der Waldfreiheit angenommen. [GM]

Sterberate, *Sterbeziffer* ↗Sterblichkeit.
Sterbetafel ↗Lebenserwartung.
Sterbeüberschuss ↗natürliche Bevölkerungsbewegungen.

Sterbewahrscheinlichkeit ↗Lebenserwartung.
Sterblichkeit, *Mortalität*, ergibt sich aus der Zahl der Gestorbenen einer Bevölkerung in einer Region für einen bestimmten Zeitabschnitt, in der Regel das Kalenderjahr. Sie beeinflusst mit der ↗Fruchtbarkeit die natürliche Komponente der Bevölkerungsentwicklung (↗demographische Grundgleichung). Geographische Studien analysieren die Sterblichkeit und ihre Veränderungen (↗Sterblichkeitsrückgang) auf sehr verschiedenen räumlichen Aggregationsniveaus (↗Bevölkerungsgeographie). Zur Erklärung regionaler Unterschiede können die Dimensionen des ↗Health Field Concept als Orientierung dienen.
Das einfachste Maß ist die rohe *Sterberate* oder Sterbeziffer m, welche die Zahl der Sterbefälle innerhalb eines Zeitraumes (D), in der Regel ein Kalenderjahr, auf 1000 Einwohner der Bevölkerungszahl zur Jahresmitte ($\bar{P}$) bzw. des mittleren Bevölkerungsstandes bezieht:

$$m = D/\bar{P} \cdot 1000.$$

Die »rohe« Rate beschreibt die Sterblichkeitsverhältnisse in einer Region unzureichend, da sie die ↗Altersstruktur der Bevölkerung nicht berücksichtigt. So liegt trotz erheblich günstigerer Mortalitätsbedingungen die Sterberate von 10‰ (1998) in den ↗Industrieländern durch den relativ hohen Anteil älterer Menschen etwas über der Ziffer von 9‰ (1998) in den ↗Entwicklungsländern. Altersspezifische Sterberaten (m_i), welche die Anzahl von Todesfällen einer bestimmten Altersgruppe (D_i) auf 1000 Personen des Bevölkerungsstandes (P_i) der i-ten Altersklasse beziehen (Ausnahme: ↗Säuglingssterblichkeit),

$$m_i = D_i/P_i \cdot 1000,$$

sind Grundlage für räumliche und zeitliche Vergleiche. So belegt die Abbildung neben geschlechtsspezifischen Unterschieden (↗Geschlechtsgliederung) erheblich niedrigere altersspezifische Sterberaten und damit günstigere Mortalitätsbedingungen in Deutschland als in Indien, obwohl die rohe Ziffer von 12,9‰ für die Bundesrepublik die Indiens mit 9,7‰ (1990) übertrifft. Der weitgehend ähnliche Kurvenverlauf verdeutlicht für beide Länder eine überdurchschnittliche Sterblichkeit für Säuglinge, ein anschließendes Absinken mit geringeren Risiken für Jugendliche und einen kontinuierlichen Anstieg der Mortalität mit zunehmendem Alter. Die standardisierte Sterbeziffer (m_s), die sich aus der Summe aller altersspezifischen Mortalitätsraten (m_i) der Einwohner in einer Region multipliziert mit der Personenzahl (P_{si}) in der i-ten Altersgruppe einer festzulegenden Standardbevölkerung (P_s) berechnet,

$$m_s = \frac{\sum (m_i \cdot P_{si})}{P_s},$$

wird für Vergleiche der Sterblichkeitsentwicklung herangezogen. So weist der rückläufige

Sterblichkeit: Altersspezifische Sterberaten für Deutschland und Indien, 1990.

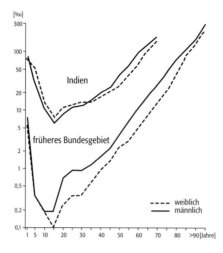

stereoskopische Bildbetrachtung: Grundaufbau eines Linsenstereoskops (B = Teilbilder des Stereobildpaares; b_a = Betrachtungsbasis, Augenabstand; f = Brennweite der Linsen L).

Trend der standardisierten Sterberate für das frühere Bundesgebiet von 13,6‰ (1950) auf 7,5‰ (1995) bezogen auf den Altersaufbau der Bevölkerung 1970 auf die gesunkene Mortalität hin, während die rohe Ziffer mit 10,7‰ etwa konstant blieb und diese Entwicklung nicht erfasst. Doch ist das Ergebnis entscheidend von der Wahl der Standardbevölkerung abhängig. Davon unabhängig ist die Berechnung der ↗Lebenserwartung, die auf dem Konzept der Sterbetafel räumlich sowie zeitlich vergleichbare und anschauliche Werte ergibt. [PG]

Sterblichkeitsrückgang, *Mortalitätstransformation*, ein Prozess, der zu einer Steigerung der ↗Lebenserwartung führt. Weltweit setzte eine Mortalitätsverringerung bereits mit der neolithischen Revolution (↗Agrargeschichte) ein und beschleunigte sich in Europa und Nordamerika vor etwa 200 Jahren als Folge eines sozialen und ökonomischen Wandels und technologischer sowie medizinischer Fortschritte. Der Sterblichkeitsrückgang lässt sich durch verschiedene Merkmale kennzeichnen (vgl. Kleindruck).

Neben dem Sterblichkeitsrückgang ist aber in bestimmten Gebieten auch eine Mortalitätszunahme festzustellen. So erhöhte sich in Regionen Afrikas südlich der Sahara die Sterblichkeit u. a. wegen sozialer und politischer Unruhen, der Ausbreitung von AIDS oder geänderter Lebensstile im Zuge der Verstädterung. Eine sinkende Lebenserwartung ist auch in der Sowjetunion zu beobachten (↗Übersterblichkeit). [PG]

Stereophotogrammetrie ↗Photogrammetrie.

stereoskopische Bildbetrachtung, stereoskopisches Sehen in der ↗Fernerkundung bezieht sich neben der Luftbildstereoskopie auch auf Weltraumfotografien und Satellitenbildszenen (z. B. ↗SPOT). Voraussetzung für das stereoskopische Sehen ist, dass – analog zum Augenabstand des Menschen – ein Objekt (eine Landschaft) von zwei unterschiedlichen Aufnahmepunkten aus aufgenommen wird. Dies ist bei einem Bildflug dann der Fall, wenn überlappende Fotos vorliegen. Diese werden (als Stereo-Bildpaar) in einem Stereointerpretationsgerät mit zwei Okularen betrachtet (Abb.). Dabei entste-

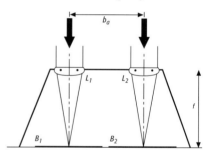

hen zunächst auf der Netzhaut des Auges zwei unterschiedliche Bilder, die im optischen Wahrnehmungszentrum des Gehirns zu einem, jetzt dreidimensionalen Abbild des Objektes (Landschaftselemente) verschmelzen. Dazu müssen die Bilder gut justiert sein (übereinstimmende Gesichtsfelder im Stereointerpretationsgerät, rechtes Bild zu rechtem Auge, mit beiden Augen schauen). Die Objekte erscheinen vielfach überhöht – und zwar um so mehr, je weiter die Aufnahmepunkte des Bildpaares voneinander entfernt sind. Die Stereobetrachtung erlaubt so eine differenzierte Analyse und Interpretation der beobachteten Gegenstände. Kleinmaßstäbige Bildpaare (z. B. ↗KFA 1000-Weltraumfotografien) ermöglichen die Stereobetrachtung von größeren Gebieten. Automatische stereoskopische Auswertungen sind Gegenstand der Stereophotogrammetrie (↗Photogrammetrie). [MS]

Stereotyp, der Druckereitechnik entstammender Begriff, der feststehende, kognitive Vorstellung über Personen (-gruppen) und deren Eigenschaften bezeichnet. Im Gegensatz zu Vorurteilen, die affektiv und veränderbar sind, erweisen sich Stereotype als resistent gegen gegenteilige

Sterblichkeitsrückgang:
a) Die Mortalitätsraten sinken von stark schwankenden Werten bis zu 50‰ in präindustrieller Zeit auf weltweit 9‰ gegenwärtig. Die Lebenserwartung eines Neugeborenen erhöht sich von 20 auf 40 Jahre in Europa und den USA des 19. Jh. und liegt dort Ende des 20. Jh. bei 78 Jahren. Vom Rückgang der Mortalität profitieren zunächst jüngere und mittlere Altersgruppen, dann die unter Fünfjährigen, während heute eine Steigerung der Lebenserwartung fast ausschließlich aus einer Reduzierung der Altersmortalität resultiert (↗Lebenserwartung).
b) Die Verlängerung der Lebenserwartung lässt sich als räumlicher Ausbreitungsprozess beschreiben. Ausgangsräume waren Teilgebiete des westlichen Europas und Nordamerikas im 19. Jh. Nach 1900 ist auch im übrigen Europa eine Zunahme der Lebenserwartung zu beobachten, sodass sich innereuropäische Unterschiede nivellieren. Ein weiterer sehr rascher Anstieg erfolgt nach dem Zweiten Weltkrieg in den Entwicklungsländern.
c) Parallel zu den sich bessernden Überlebenschancen änderten sich die Todesursachen grundlegend (↗epidemiologischer Übergang). Die offenen Krisen als Folge von Seuchen, Epidemien und Hungersnöten verlieren an Bedeutung. Seit der industriellen Revolution haben sie meist nur noch regionale Auswirkungen. Verbesserte Umweltbedingungen im weitesten Sinne (↗Health Field Concept) verursachen eine kontinuierliche Mortalitätsverringerung. Dazu zählen Stabilisierung und Erhöhung der Nahrungsmittelproduktion, effektive Konservierung und Verteilung von Lebensmitteln, z. B. aufgrund neuer Verkehrsmittel sowie Schaffung von Infrastruktur zur Wasserver- und -entsorgung, um hygienische und sanitäre Missstände in den schnell wachsenden Industriestädten zu beseitigen. Erst gegen Ende des 19. Jh. gewann das Gesundheitswesen stärker an Gewicht. Nach dem Zweiten Weltkrieg profitieren die Entwicklungsländer von den medizinischen Kenntnissen in den Industriestaaten. Die Lebenserwartung erzielt hohe Zunahmen, die auf den Ausbau von Gesundheitseinrichtungen sowie auf die erfolgreiche Bekämpfung einzelner Krankheiten, z. B. Pocken, zurückgehen. Um allerdings in Zukunft Steigerungen in der Lebenserwartung zu erzielen, sind endogene Bedingungen, Bildungsniveau, Status der Frauen sowie hygienische Voraussetzungen, zu verbessern.

Erfahrungen. Sie äußern sich als dauerhafte Vorstrukturierung der Wahrnehmung und somit als anhaltende Haltung und Meinung gegenüber anderen Gesellschaftsgruppen als der eigenen. Stereotype sind vereinfachte und vereinfachende, einseitige, meist negative Bilder, die auch durch persönliche Erfahrungen kaum zu modifizieren sind.

Oft werden Sterotypisierungen bei der Beschreibung von Nationalcharakteren wirksam. Insbesondere im Zusammenhang mit ↗Rassismus stellen sie eine starke Verallgemeinerung von Charakteristika dar, die sich als Zuschreibung negativer Eigenschaften und Verhaltensweisen äußert. Rassistische und ethnische Stereotype spiegeln nicht notwendigerweise tief verwurzelte Vorurteile wider. Vielmehr sind sie eher implizit vorhanden, entstehen durch die kritiklose Übernahme von Werturteilen und basieren auf der Überbewertung der eigenen Eigenschaften (z. B. ↗Eurozentrismus). Die Funktion von Stereotypisierungen ist die Rechtfertigung einer herablassenden Haltung gegenüber anderen. [ASt]

Sterndüne ↗Erg.

Sternmodell, ↗Siedlungsstrukturmodell, raumplanerisches Modell der Siedlungsentwicklung entlang von sternförmig ausgerichteten Achsen des Schienenverkehrs unter Freihaltung radialer, bis in den inneren Stadtraum hineingreifender Grünkeile. Ziel dieses Modells ist die Dezentralisierung der Entwicklung durch Stärkung der Zentren an den Endpunkten der Entwicklungsachsen. Durch das Sternmodell will man außerdem gleichwertige Lebensbedingungen sowie ein sozial und ökologisch verträgliches Siedlungswachstum ermöglichen, Zersiedlung vermeiden, ausreichende Landschafts- und Erholungsräume erhalten und das Verkehrsaufkommen minimieren. Das Sternmodell und seine abgewandelte Form mit Ring- und Tangentialverkehrswegen sowie polyzentrischen Entwicklungen an Kreuzungen wichtiger Verkehrswege wurde erstmals im Metropolitanplan von Chicago 1893 vorgestellt und ist seither in den Metropolitanplanungen der meisten westlichen Metropolen nachempfunden worden. Im Gegensatz dazu stehen die bandförmigen und flächenhaften siedlungsstrukturellen Modelle. [RS/SE]

Sternstadt ↗Siedlungsstruktur.

stetige Klimate, Klimazonen, die während der jahreszeitlichen Nord-Süd-Verlagerung der atmosphärischen Zirkulationsprozesse andauernd im Einflussbereich des selben Abschnitts der ↗atmosphärischen Zirkulation bleiben. Stetiges Klima herrscht beispielsweise in großen Teilen der inneren Tropen, diese liegen ganzjährig im Einflussbereich tropischer Konvergenzen (immerfeuchte Tropen, tropisches Regenwaldklima), in Teilen der Subtropen, die beständig von Passaten bestimmt sind (subtropisch-randtropische Trockengebiete), und in den höheren Mittelbreiten mit ganzjähriger Aktivität außertropischer Zyklonen. ↗Klimaklassifikation, ↗alternierende Klimate.

Stetigkeit, *Präsenz*, *Sippenstetigkeit*, absolute oder relative (prozentuale) Häufigkeit einer Art in einer gegebenen Zahl von ↗Bestandsaufnahmen bzw. einer ↗Vegetationstabelle. Liegen den Aufnahme gleiche Flächengrössen zugrunde, so spricht man von *Konstanz*.

Steueroase, Territorium mit niedrigen oder keinen allgemeinen Steuern und Abgaben bzw. Steuervergünstigungen unter bestimmten Voraussetzungen, sodass für Kapitaleigner ein Anreiz zur Wohnstandortwahl bzw. zur Verlagerung von Einkünften und Vermögen zum Zwecke der Steuerersparnis besteht (z. B. Monaco).

Steuerung, in der synoptischen Meteorologie (↗Synoptik) verwendeter Begriff für die Faktoren, die die Verlagerungsgeschwindigkeit und -richtung von Druckgebieten (z. T. auch von Niederschlagsgebieten und ↗Gewittern) bestimmen. Die Steuerung und die Entwicklung von Drucksystemen haben entscheidenden Einfluss auf die Genauigkeit der ↗Wettervorhersage. Der Begriff wurde 1923 von Schreschewsky und Wehrle eingeführt. Bis zum Übergang zur numerischen Wettervorhersage spielte die Untersuchung empirischer Steuerungsregeln eine wichtige Rolle in der Meteorologie. Die Steuerung ist näherungsweise durch den mittleren Wind in einem Steuerungsniveau gekennzeichnet: bei bodennahen Bodentiefdruckgebieten ist dies der Wind im Niveau der 500 hPa-Fläche (ca. 5 km), die Verlagerungsgeschwindigkeit beträgt dabei etwa 50 bis 60 % der Windgeschwindigkeit im Steuerungsniveau. Differenzierte Untersuchungen ergaben, dass für ↗Tiefdruckgebiete in unterschiedlichem Entwicklungszustand auch unterschiedlich hoch liegende Steuerungsniveaus maßgeblich sind. Das zu steuernde Gebilde muss klein sein im Vergleich zu den steuernden Faktoren. Die Steuerung sich neu entwickelnder Tiefdruckgebiete ist gut vorhersagbar, die Bahn ist eng mit der Strömung in der ↗Höhenwetterkarte (500 hPa) verknüpft und gut vorhersagbar. Der Isobarenverlauf im Warmsektor von Zyklonen ist dann angenähert gradlinig und parallel zur Höhenströmung, sodass daraus ebenfalls auf die Verlagerung geschlossen werden kann (↗Warmsektorregel). Ausgedehnte Zyklonen in einem späteren Entwicklungsstadium bewirken selbst Umstellung in der mittleren Druckverteilung der Troposphäre und beeinflussen somit die Strömung im 500 hPa-Niveau. Der Wind im 300 hPa-Niveau, ggf. auch im Niveau der ↗Tropopause, wird dann zur Vorhersage verwendet, deren Güte jedoch abnimmt. Insbesondere hoch reichende, warme Antizyklonen (↗Hochdruckgebiet) sind sehr wirksame Steuerungszentren für kleinere wandernde Tiefdruckgebiete. Andererseits steuern auch hoch reichende, stationäre Tiefs kleinere Tiefdruckwirbel an ihren Flanken. Durch Methoden der theoretischen Meteorologie und Strömungsdynamik konnten die empirischen Steuerungsregeln physikalisch untermauert und erweitert werden. Eine enge Beziehung ergibt sich besonders zwischen der Verlagerung von Tiefdruckgebieten und der räumlichen Verteilung der zeitlichen Druckänderungen in einem Gebiet. Einen Sonderfall bei der Steuerung stel-

Speicher	Betrag [mol N]	Speicherdauer
Atmosphäre		
N_2	$2{,}8 \times 10^{20}$	44×10^6 Jahre
NH_3	$1{,}8 \times 10^{12}$	3–4 Monate
NH	$0{,}3 \times 10^{12}$	2–3 Wochen
N_2O	$0{,}9 \times 10^{12}$	12–13 Jahre (?)
NO	$0{,}2 \times 10^{12}$	1 Monat (?)
NO_2	$0{,}2 \times 10^{12}$	1–2 Monate
HNO_3	gering	2–3 Wochen
Biosphäre		
Kontinent	$5{,}5 \times 10^{16}$	
Ozean	$6{,}4 \times 10^{16}$	
Hydrosphäre (Ozean)		
Gelöst N_2	$1{,}6 \times 10^6$ (N)	
Gelöst organisch	$2{,}4 \times 10^{16}$ (N)	
Sediment		
Anorganisch N	$1{,}4 \times 10^{19}$	
Organisch N	$5{,}7 \times 10^{19}$	400×10^6 Jahre

Stickstoffkreislauf 1: Stickstoffmengen in Atmosphäre, Biosphäre, Hydrosphäre und Sedimentgesteinen.

len so genannte Kaltlufttropfen dar, deren Verlagerung durch das Druckfeld an der Erdoberfläche bestimmt wird und die sehr wetterwirksam sein können. Bei Niederschlagszonen von ↗Gewittern ist für die Steuerung häufig der Wind im Niveau der 700 hPa-Fläche (ca. 3 km) maßgeblich. [CK]

Stichprobe, *sample*, eine endliche Teilmenge der ↗Grundgesamtheit, die nach bestimmten Regeln so entnommen ist, dass sie für die Grundgesamtheit repräsentativ ist, d. h. die gleichen statistischen Eigenschaften besitzt, wie die Grundgesamtheit. Das Grundverfahren in der Statistik zur Festlegung der Stichprobenelemente ist die Zufallsstichprobe, bei der die Elemente einzig nach dem Zufall ausgewählt sind. In der Praxis können die Regeln zur Entnahme der Stichprobenelemente aus der Grundgesamtheit sehr unterschiedlich sein und deutlich von einer Zufallsstichprobe abweichen. Systematische und geschichtete Stichproben werden häufig verwendet und liefern in der Praxis meistens eine gute Annäherung an Repräsentativität, Klumpenstichproben hingegen leisten das meistens nur in geringem Maße.

Stickstoff-Fixierung, Bindung des gasförmigen Stickstoff (N_2) der Luft durch elektrische Entladungen, durch photochemische Prozesse und mengenmäßig am bedeutsamsten durch Mikroorganismen (freilebende Bakterien und Blaualgen, symbiontische Knöllchenbakterien). Auf diesen Wegen der Stickstoff-Fixierung kommt es zur Umwandlung in die von Pflanzen aufnehmbaren Stickstoffverbindungen (Ammonium und Nitrat).

Stickstoffhaushalt, umfasst Vorrat, Austausch und Verteilung des Stickstoff in seinen verschiedenen Verbindungen im System Luft-Pflanze-Boden. Die Austausch- und Umwandlungsprozesse werden im ↗Stickstoffkreislauf geregelt. Der in der Luft in gewaltigen Menge vorhandene gasförmige Stickstoff (N_2) kann von der grünen Pflanze nicht direkt genutzt werden. Die pflanzenverfügbaren Stickstoffverbindungen (Ammonium, Nitrat) stammen aus der ↗Stickstoff-Fixierung durch Mikroorganismen und vor allem aus dem Abbau der toten organischen Substanz durch die ↗Destruenten. Der *Stickstoffumsatz* hängt von der Abbautätigkeit der Mikroorganismen ab, die von verschiedenen Umweltfaktoren beeinflusst wird. Pflanzenverfügbare Stickstoffverbindungen sind daher in vielen ↗Ökosystemen ein Minimumfaktor.

Stickstoffkreislauf, Kreislauf des Stickstoffes (N). Der Stickstoffkreislauf ist wegen des N-Bedarfs aller Organismen eng mit dem ↗Kohlenstoffkreislauf sowie den biogeosphärischen Sauerstoffflüssen verknüpft. Wie die Abbildung 1 zeigt, stellt Stickstoff mit 78,084 Vol.-% den Hauptbestandteil der (wasserfreien) Erdatmosphäre dar; die Sedimentgesteine enthalten als zweitgrößter Speicher nur etwa 1/40 dieser Menge. Der biogeochemische N-Kreislauf beginnt mit der bakteriellen Fixierung des atmosphärischen N_2, etwa durch *Azotobacter*:

$$2\,N_2 + 6\,H_2O \rightarrow 4\,NH_3\;[\text{Organismen}] + 3\,O_2$$

Die nach dem Absterben einsetzende Hydrolyse liefert NH_4^+:

$$4\,NH_3 + 4\,H_2O \rightarrow 4\,NH_4^+ + 4\,OH^-.$$

Ammonium wird durch nitrifizierende Bakterien (*Nitrosomonas* und *Nitrobacter*) oxidiert:

$$4\,NH_4^+ + 6\,O_2 \rightarrow 4\,NO_2^- + 8\,H^+ + 4\,H_2O$$

$$4\,NO_2^- + 2\,O_2 \rightarrow 4\,NO_3^-.$$

NO_2^-, NO_3^- und NH_4^+ werden assimiliert und als Aminogruppe NH_2 im Zellgewebe eingelagert. Das Nitration kann jedoch auch durch denitrifizierende Bakterien, z. B. *Pseudomonas fluorescens*, *Ps. aeruginora*, *Escherichia coli*, *Bacterium nitroxus* im Rahmen anaerober Respiration zu elementarem Stickstoff reduziert werden:

$$4\,NO_3^- + 2\,H_2O \rightarrow 2\,N_2 + 5\,O_2 + 4\,OH^-.$$

Dieser biotische N-Kreislauf wird verstärkt durch abiotische N-Fixierung infolge Blitzentladungen in der Troposphäre, wobei zunächst NO

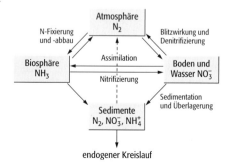

Stickstoffkreislauf 2: Exogener Stickstoffkreislauf.

entsteht, das photochemisch zu NO_3^- weiter oxidiert und dann durch Regen oder Schnee zum Boden gelangt. Hier wird es entweder von Pflanzen aufgenommen oder nach Reduktion zu NH_4^+ sorptiv festgelegt und kann auf diese Weise schließlich in Gesteinen langfristig gespeichert werden. Insgesamt ergeben sich die in der Abbildung 2 zusammengefassten Abläufe, deren Speicherraten und -dauern der Abbildung 1 zu entnehmen sind. [OF]

Stickstoffumsatz ↗Stickstoffhaushalt.
Stickstoffzeiger ↗Zeigerpflanzen.
Stilllegungsbrache ↗Brache.
stille Reserve, umfasst nicht erwerbstätige Personen, die zwar nicht arbeitslos gemeldet sind, aber bei günstigeren Arbeitsmarktbedingungen an einer Arbeitsaufnahme interessiert wären (z. B. Hausfrauen, Personen in geförderter beruflicher Weiterbildung, Personen in »Warteschleifen« im Bildungswesen).
Stillwasserbereiche, *Stillen*, *Stillwasserpools*, Bereiche in stehenden Gewässern oder ↗Fließgewässern, die sehr geringe oder keine Fließbewegungen des Wassers aufweisen. In Gerinnebetten können lokale Eintiefungen wie ↗Kolke oder örtliche Teilwasserkörper, die sich seitlich des Gerinnes erstrecken und so von dem Hauptabfluss abgeschnitten sind, zu einer erheblichen Reduzierung der Strömungsgeschwindigkeiten führen.
Stirnmoräne ↗Moränen.
stochastische Abhängigkeit, Begriff der Statistik zur Charakterisierung der Beziehung zwischen zwei Ereignissen A und B. Er besagt, dass die Wahrscheinlichkeit des Auftretens eines der beiden Ereignisse nicht unabhängig ist von dem Auftreten des anderen. Andernfalls spricht man von *stochastischer Unabhängigkeit*. So ist die Körpergröße von zwei (nicht miteinander verwandten) Personen voneinander unabhängig, hingegen hat der Pegelstand eines Flusses zu einem Zeitpunkt B in der Regel eine ähnliche Größenordnung wie eine Stunde vorher zum Zeitpunkt A, d. h. das Ereignis B ist von dem Ereignis A stochastisch abhängig. Stochastische Abhängigkeit liegt dann vor, wenn für die bedingten Wahrscheinlichkeiten $W(A/B)$ (= die Wahrscheinlichkeit des Eintreffens von A, wenn B eingetroffen ist) und $W(B/A)$ gilt:

$$W(A/B) \neq W(A) \text{ oder } W(B/A) \neq W(B).$$

Statistische Standardanalyseverfahren, wie z. B. die ↗Regressionsanalyse, setzen voraus, dass die einzelnen Werte der verwendeten Variablen stochastisch unabhängig sind. Bei ↗Zeitreihen, ↗Raumreihen und raum-zeit-varianten Variablen ist die Voraussetzung der stochastischen Unabhängigkeit oft nicht gegeben. Dieses Phänomen wird auch als ↗Erhaltensneigung des zugrundeliegenden Prozesses bezeichnet. Hier können spezifische Verfahren der ↗Zeitreihenanalyse, der ↗Geostatistik und zur Analyse ↗raum-zeit-varianter Prozesse Abhilfe schaffen. [JN]
stochastische Modelle, Modelle (↗Modellierung), die die Zufallsartigkeit komplexer physikalischer Systeme (z. B. Wetter, Klima) berücksichtigen. Aufgrund der ungenau bekannten Anfangsbedingungen und nichtlinearer Wechselwirkungen ist die zukünftige Entwicklung solcher Systeme nicht eindeutig bestimmt (determiniert) und kann deshalb mit deterministischen Modellen nicht befriedigend über lange Zeiträume vorhergesagt werden. Bei stochastischen Modellen wird der Anfangszustand in Form einer Wahrscheinlichkeitsverteilung definiert und die Modellvorhersagen stellen die Unsicherheit der vorhergesagten Zustände durch ihre Verteilungsfunktionen dar.
stochastische Unabhängigkeit ↗stochastische Abhängigkeit.
Stockausschlag ↗Niederwald.
Stockwerkbau, in der ↗Vegetationsgeographie die Schichtung (Stratifikation) einer Pflanzengesellschaft in Baum-, Strauch-, Kraut- und Moosschicht. Die Schichten können mehrfach in sich gegliedert sein, wie z. B. die Baumschicht in untere (bis 6 m), mittlere (bis 15 m), und obere (über 15 m) Baumschicht.
Stockwerkkultur, intensive landwirtschaftliche Bodennutzung, bei der verschiedene ↗Kulturpflanzen unterschiedlicher Wuchshöhe in unmittelbarer räumlicher Nähe angebaut werden.
Stoffwechsel, zelluläre Prozesse zur Energiegewinnung, zur Synthese oder zum Abbau von Stoffen. Bei Pflanzen wird unterschieden zwischen Energiestoffwechsel (↗Assimilation und ↗Dissimilation), Primärstoffwechsel (Synthese der zellulären Grundmoleküle einer eukaryotischen Zelle) und Sekundärstoffwechsel (Synthese von pflanzlichen, gewebetypischen Molekülen einschließlich vieler sekundärer Pflanzenstoffe). Zu den sekundären Pflanzenstoffen gehören so wichtige Moleküle wie Chlorophylle, Carotinoide, Lignin, Speicherlipide, Farbstoffe, Alkaloide, essentielle Aminosäuren und Phytoalexine.
Stoffwechselrate, Größe des Energieumsatzes, die über den Sauerstoffverbrauch oder kalorime-

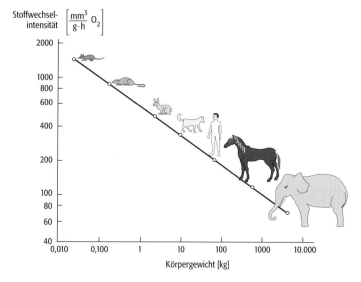

Stoffwechselrate: »Maus-Elefant-Kurve«.

trisch bestimmt werden kann. Für alle Tiere gilt: innerhalb vergleichbarer systematischer Gruppen nimmt der Sauerstoffverbrauch im Allgemeinen nur etwa mit der 3/4-Potenz ihrer Körpermasse zu. Hauptursache ist die im Verhältnis zum Körpergewicht kleinere Oberfläche größerer Tiere und damit der geringere Wärmeverlust. Bei einer Verdoppelung der Körpermasse steigt daher der Sauerstoffverbrauch nur etwa auf das 1,7-fache. Für plazentale Säugetiere ergibt sich daraus die sog. »Maus-Elefant-Kurve« (Abb.). Bei Beuteltieren ist der Sauerstoffverbrauch geringer wegen der etwa 3°C niedrigeren Körpertemperatur. Verglichen mit den homoiothermen Säugern und Vögeln, ist der Sauerstoffverbrauch wechselwarmer (poikilothermer) Tiere etwa 1,5 Zehnerpotenzen geringer, der von Protozoen etwa um eine weitere Zehnerpotenz. [KoS]

Stokes'sches Gesetz, von Sir G.G. Stokes (1819–1903) abgeleitete Gesetzmäßigkeit für den Widerstand, den eine Flüssigkeit mit einer bestimmten Viskosität auf eine stationär umströmte Kugel mit einem bestimmten Radius bei einer bestimmten Anströmgeschwindigkeit ausübt.
In der Klimatologie wird damit die quadratische Abhängigkeit der ↗Tropfenfallgeschwindigkeit v [cm/s] kleiner Tropfen von ihrem Radius r [cm] ausgedrückt:

$$v = 1{,}19 \cdot 10^6 \cdot r^2.$$

Das Stokes'sche Gesetz setzt voraus, dass das Gewicht des Tropfens und der aerodynamische Widerstand, den er in einer laminaren Strömung durch Luftreibung erfährt, im Gleichgewicht stehen. Diese Annahme und damit das Stokes'sche Gesetz gelten nur für kleine Tropfen mit Radien bis etwa 0,03 mm.

Stomata ↗Spaltöffnungen.

stomatäre Transpiration, Abgabe von Wasserdampf aus dem Blattinneren von Pflanzen durch ↗Spaltöffnungen. ↗Transpiration.

Störfall, *hazardous incident* (engl.), Eintritt einer Betriebsstörung, d.h. einer Abweichung von der geplanten Funktion einer technischen Anlage (Soll-Zustand) mit negativen Folgen für die Umwelt; nach §2 (1) der StörfallVerordnung (StörfallV) eine Störung des bestimmungsgemäßen Betriebs, bei der durch Ereignisse wie größere Emissionen, Brände oder Explosionen sofort oder später eine ernste Gefahr hervorruft, im Sinne einer Gefahr für Leben oder schwerwiegende Gesundheitsbeeinträchtigungen von Menschen, die nicht zum Bedienungspersonal des gestörten Anlagenteils gehören, für die Gesundheit einer großen Zahl von Menschen oder für Sachen von hohem Wert, insbesondere Gewässer, Böden, Tier- oder Pflanzenbestände, falls durch eine Veränderung ihres Bestandes oder ihrer Nutzbarkeit das Gemeinwohl beeinträchtigt würde. Insoweit ist der Begriff des Störfalles von der Betriebsstörung abzugrenzen. Beispiele größerer bekannter Störfälle sind Bhopal, Indien am 3.12.1984; Seveso, Italien am 10.07.1076 oder Tschernobyl, Ukraine am 28.04.1986. [JMt]

Störung, **1)** *Geologie*: ↗Verwerfung. **2)** *Klimatologie*: Veränderung in einer als gleichförmig angenommenen Grundströmung. Man unterscheidet tropische und außertropische Störungen. Tropische Störungen treten in Form von polwärtigen Ausbuchtungen der äquatorwärtigen Isobaren des subtropischen Hochdruckgürtels in Erscheinung. Diese tropischen Wellenstörungen (↗easterly waves) wandern in Ost-Westrichtung in der tropischen Ostströmung. Außertropische Störungen sind die ↗Tiefdruckgebiete und ↗Hochdruckgebiete der mittleren Breiten, die in Verbindung mit den ↗baroklinen Wellen der Westwinddrift eine Wellenstruktur überlagern und in West-Ostrichtung als außertropische Zyklonen wandern. Eine frontale Störung kennzeichnet den Anfangszustand der Zyklonenentwicklung, eine ↗Randstörung ein kleines Tief am Rande einer Zentralzyklone. **3)** *Landschaftsökologie*: ↗ökologischer Prozess, nicht regelhaft auftretende, zeitlich limitierte Beeinträchtigung von ↗ökologischen Funktionen.

Störvariable, bezeichnet eine Variable, die in einer hypothesengeleiteten Untersuchung nicht als unabhängige Variable in der ↗Hypothese vorkommt, aber dennoch auf die abhängige Variable einen Einfluss ausübt. Störvariablen sollten statistisch oder untersuchungstechnisch, etwa durch Konstanthaltung, kontrolliert werden.

Stoßkuppe ↗Vulkan.

Strabo, *Strabon*, griechischer Geograph und Historiker, geb. 64/63 v. Chr. Amaseia in Pontos, gest. 23 n. Chr. Er beschrieb in einem 43-bändigen Werk die Geschichte Roms von der Zerstörung Karthogos bis zur Zeit von Kaiser Augustus. Seine 17-bändige Geographie ist weitgehend erhalten geblieben und bildete lange Zeit die Grundlage für die Kenntnis der antiken Welt. Obwohl Strabo auch Fragen der mathematischen und ↗Physischen Geographie behandelte, lag sein Hauptaugenmerk auf der ↗Länderkunde und hier wiederum auf der Behandlung von Natureinflüssen auf Charakter, Wirtschaftsweise und Staatsleben der Bevölkerung. Strabo definierte Länderkunde als eine empirische, durch eigene Beobachtungen gestützte, adressatenorientierte Zweckwissenschaft, die dazu dienen sollte, Politiker und Militärs zu informieren.

Strahlstrom, *Jetstream*, eng begrenztes Band extrem hoher Windgeschwindigkeiten in der oberen ↗Troposphäre und der unteren ↗Stratosphäre. Der *Polarfrontstrahlstrom* oder Polarfrontjet (PFJ) und der Subtropenstrahlstrom oder Subtropenjet (STJ) werden durch die großen horizontalen Temperaturunterschiede im Bereich der polaren und subtropischen Frontalzonen ausgelöst (Abb.). Während die polare Frontalzone in Form der Warm- und Kaltfronten sowie der Okklusionen im Bodenniveau in Erscheinung tritt und dadurch Aufschluss über den Verlauf des PFJ gibt, erreicht die subtropische Front nur in Ausnahmefällen die Erdoberfläche (↗atmosphärische Zirkulation). Der Verlauf des STJ folgt aber näherungsweise dem Kernbereich des subtropischen Hochdruckgürtels. Der Tropical Easterly Jet (TEJ)

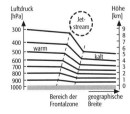

Strahlstrom: Stark schematisierter Zusammenhang zwischen Frontalzone und Strahlstrom.

entsteht durch die scharfen horizontalen Temperaturkontraste, die durch die Überwärmung der oberen tropischen Troposphäre im Umfeld von großen Gebirgshochflächen (angehobene Heizflächen) bzw. bei massiver Freisetzung von latenter Wärme entstehen. Er überlagert die ↗innertropische Konvergenzzone (ITC). Strahlströme haben meist eine vertikale Mächtigkeit von 1–3 km, in Horizontalrichtung eine Breite von 100–500 km und eine Länge von bis zu mehreren 1000 km. Die Geschwindigkeiten liegen im Mittel zwischen 40 und 75 m/s, erreichen aber in Extremfällen bis zu 170 m/s (ca. 600 km/h). Durch diese extremen Geschwindigkeiten wird eine äußerst turbulente Dynamik ausgelöst, die als »clear air turbulence« bekannt ist und Flugreisen sehr unangenehm, manchmal sogar gefährlich machen kann. Der horizontale Verlauf der Strahlströme erfolgt wellenförmig der Polarfront folgend. Äquatorwärtige Ausbuchtungen (Höhentröge) kennzeichnen die Gebiete, in denen Kaltluft weit äquatorwärts vorgestoßen ist. Polwärtige Ausbuchtungen charakterisieren Bereiche, in denen Warmluft polwärts geführt wurde. Die Strömungsgeschwindigkeit nimmt in der Regel auf den Trogrückseiten stromab zu und auf den Trogvorderseiten ab. Dadurch erfolgt eine horizontale Dehnung (Divergenz) der Strömung auf der Trogrückseite und eine horizontale Stauchung (Konvergenz) auf der Trogvorderseite. Die Höhendivergenz führt zur Luftdruckzunahme, die Höhenkonvergenz zur Luftdruckabnahme im Bodenniveau. Im Bereich der Luftdruckabnahme kann sich eine Zyklone bilden, wenn die meridionalen Temperaturkontraste im Bereich der Polarfront zur Auslösung barokliner Instabilität ausreichen. Höhenströmung und Bodendruckfeld stehen dann in einer eng miteinander rückgekoppelten Beziehung zueinander. Der STJ tritt in einer mittleren Höhe von etwa 12 km auf und ist durch große Beständigkeiten ausgezeichnet, während der in etwa 10 km Höhe auftretende PFJ ebenso wie die Polarfront starke jahreszeitliche Lageänderungen erfährt. Generell liegt der PFJ im Winter weiter äquatorwärts und weist höhere Geschwindigkeiten auf als im Sommer. In der Stratosphäre bildet sich auf der jeweiligen Winterhemisphäre ein sogenannter Polarnachtstrahlstrom in 65° Breite aus. Dieser wird durch den scharfen meridionalen Temperaturgegensatz angetrieben, der sich zwischen den sonnenbeschienenen Bereichen und den Polarnachtgebieten bildet. Im Sommer ist in 20–50 km über dem Äquator im etwa zweijährigen Rhythmus ein äquatorialer Oststrahlstrom ausgebildet, an dessen Stelle im Folgejahr meist stratosphärische Westwinde treten.

Der Begriff Strahlstrom wird heute auch für Starkwindbänder in der unteren Troposphäre benutzt. Zu nennen ist der *Grenzschichtstrahlstrom (Low-level-Jet, LLJ)*, der sich in 100–300 m Höhe im Bereich der Inversionsobergrenze bildet. Der LLJ ist durch starke Windrichtungsänderungen sowie Windgeschwindigkeiten, die oft doppelt so hoch wie die des ↗geostrophischen Windes sind, ausgezeichnet. [DKl]

Strahlung, der in Form von Strahlen erfolgende räumliche Ausbreitungsprozess elektromagnetischer Energie. Dieser kann als elektromagnetische Wellenstrahlung oder als Fluss schneller Teilchen, der sog. Teilchen- bzw. Korpuskularstrahlung betrachtet werden. Beide Betrachtungsformen sind zueinander komplementär. Max Planck hat 1900 in Form des ↗Planck'schen Strahlungsgesetzes nachgewiesen, dass die Strahlung eines ↗schwarzen Körpers nicht kontinuierlich, sondern in Form von Planck'schen Energie- oder Wirkungsquanten endlicher Größe erfolgt. Die Emission, aber auch die ↗Absorption von Strahlungsenergie kann deshalb nur gequantelt erfolgen. Die Frequenz, mit der die Quanten emittiert bzw. absorbiert werden, kann aus der Wellenlänge bestimmt werden, weil generell gilt, dass das Produkt aus Wellenlänge und Frequenz gleich der Ausbreitungsgeschwindigkeit der Strahlung ist. Da für elektromagnetische Energie die Ausbreitungsgeschwindigkeit generell rund 300.000 km/s beträgt, können Wellenlängen unmittelbar in Frequenzen umgerechnet werden. Andere Strahlungsgesetze beschreiben die Zusammenhänge zwischen der Temperatur eines Körpers und der von ihm ausgesandten Strahlungsleistung bzw. Wellenlänge. Von besonderer Bedeutung ist in diesem Zusammenhang die Strahlung eines schwarzen Körpers, der die gesamte auf ihn fallende Strahlung absorbiert und dessen Strahlungsemission nur von seiner Temperatur, nicht aber von seinen materiellen Eigenschaften abhängt. Bei allen Körpern ist nach dem ↗Kirchhoff'schen Gesetz bei gegebener Temperatur das Verhältnis von Emissions- und Absorptionsvermögen für alle beliebigen Wellenlängen konstant und entspricht exakt dem Emissionsvermögen eines schwarzen Körpers bei gleicher Temperatur und Wellenlänge. Mithilfe des Planck'schen Strahlungsgesetzes kann die Energie berechnet werden, die ein schwarzer Körper, der Strahlung jeder Wellenlänge vollständig absorbiert, pro Zeit-, Flächen-, Raumwinkel- und Wellenlängeneinheit in Normalrichtung ausstrahlt. Aus dem Planck'schen Strahlungsgesetz kann außerdem das ↗Stephan-Boltzmann-Gesetz abgeleitet werden. Dieses besagt, dass die Gesamtstrahlung eines schwarzen Körpers proportional zur vierten Potenz der absoluten Temperatur des Schwarzkörpers ist.

Nach den auftretenden Wellenlängen bzw. Frequenzen lassen sich verschiedene Arten der Strahlung unterscheiden. Die kurzwelligste elektromagnetische Strahlung ist die kosmische Strahlung. Bei dieser sind die Wellenlängen kleiner als 10^{-15} m. Sehr langwellige elektromagnetische Strahlung tritt in Verbindung mit Radiowellen auf. Die auftretenden Wellenlängen sind größer als 10^2 m. Generell nimmt die Energiedichte und damit auch die Arbeitsfähigkeit einer Strahlung mit zunehmender Wellenlänge ab. Die extrem kurzwellige ↗kosmische Strahlung, Röntgen- und UV-Strahlung ist demzufolge äußerst energiereich. Erst die Absorption dieser Strahlung durch die atmosphärischen Gase hat Leben

Strahlungsabsorption

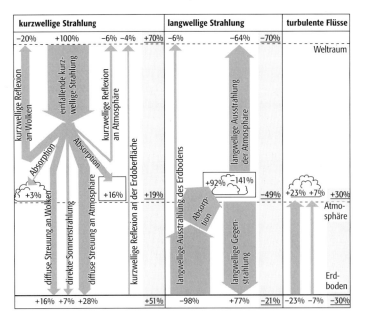

Strahlungsbilanz: Prozentuale Anteile des global gemittelten kurz- und langwelligen Strahlungsenergieflusses im System Erde-Atmosphäre bezogen auf die an der Obergrenze der Atmosphäre eingehende kurzwellige Strahlung (340 W/m² = 100 %). Die Bilanzen sind getrennt für die Obergrenze der Atmosphäre, die gesamte Atmosphäre und die Erdoberfläche sowohl für die kurz- wie auch für die langwellige Strahlung angegeben.

auf der Erde ermöglicht. Der für die Klimaprozesse bedeutsame Wellenlängenbereich liegt zwischen 0,2 und 100 µm. Dieser enthält die sich überschneidenden elektromagnetischen ↗Strahlungsspektren der ↗Sonnenstrahlung mit Wellenlängen " 5 µm und der ↗terrestrischen Strahlung mit Wellenlängen >5 µm. [DKl]

Strahlungsabsorption ↗Absorption.

Strahlungsantrieb ↗Klimabeeinflussung durch den Menschen.

Strahlungsbilanz *Strahlungshaushalt*, Differenz zwischen den Strahlungsflüssen, die das System Erde-Atmosphäre in Form kurzwelliger Strahlung von der Sonne empfängt und die das System Erde-Atmosphäre in Form langwelliger Strahlung wieder in den Weltraum abstrahlt. Setzt man den solaren Strahlungsenergiefluss an der Obergrenze der Atmosphäre von 340 W/m², der sich wegen des Verhältnisses der Kreis- zur Kugeloberfläche durch Division der ↗Solarkonstanten (1360 W/m²) durch vier ergibt, gleich 100 %, so lassen sich die prozentualen Anteile der mittleren globalen jährlichen Strahlungsbilanz aus der Abbildung ablesen. Nach neueren Satellitenmessungen werden rund 30 % (nicht nur 24 %) der kurzwelligen Sonnenstrahlung von der Atmosphäre und der Erdoberfläche, ohne Arbeit im Klimasystem zu leisten, reflektiert (↗Albedo). 19 % werden von der Atmosphäre, 51 % von der Erdoberfläche absorbiert und in Wärme umgewandelt, davon 28 % als direkte und 23 % als diffuse Strahlung. 98 % der von der Erdoberfläche absorbierten Strahlung wird in Form langwelliger Strahlung (infrarote ↗terrestrische Strahlung) in die Atmosphäre abgestrahlt. Die in der Atmosphäre enthaltenen klimawirksamen Gase Wasserdampf, Kohlendioxid und andere Spurengase (↗Treibhauseffekt) absorbieren 92 % der terrestrischen Strahlung und wandeln diese in Wärme um. 77 % der absorbierten Energie werden durch die entstehende langwellige ↗Wärmestrahlung in Form der ↗atmosphärischen Gegenstrahlung wieder zur Erdoberfläche zurückgestrahlt. Der tatsächliche Wärmeverlust der Erdoberfläche beträgt deshalb nur 21 % der einfallenden 51 % kurzwelliger Strahlung. Die Erdoberfläche hat folglich einen Wärmegewinn von 30 % der an der Obergrenze der Atmosphäre eingehenden 340 W/m² zu verzeichnen (positive Strahlungsbilanz). Die Atmosphäre gewinnt einerseits im kurzwelligen Bereich die bereits erwähnten 19 %, verliert aber durch langwellige Ausstrahlung nach oben und unten andererseits 49 %. Sie erleidet folglich einen Wärmeverlust von 30 % (negative Strahlungsbilanz). Der Energiegewinn der Erdoberfläche wird durch turbulente Flüsse – zu 7 % in Form fühlbarer Wärme (Konvektion) und zu 23 % in Form latenter Wärme (Verdunstung) – der Atmosphäre zum Ausgleich des Energieverlustes zugeführt. Diese Prozesse sichern im langjährigen Mittel das globale *Strahlungsgleichgewicht* (die Ausgewogenheit der Energieflüsse) des Systems Erde-Atmosphäre. [DKl]

Strahlungsbilanzmesser, Messgeräte, welche die gesamte Strahlungsbilanz bestimmen (Abb.). Sie bestehen aus zwei gegeneinander ausgerichteten Pyrradiometern, das sind Strahlungsmessgeräte, welche sowohl die kurz- als auch die langwellige Strahlung erfassen (↗Pyranometer). Ein Pyrradiometer misst die direkte Sonnen- und die diffuse Himmelsstrahlung sowie die langwellige Strahlung der Atmosphäre aus dem oberen Halbraum, das andere die reflektierte kurzwellige und die langwellige Ausstrahlung der Oberflächen aus dem unteren Halbraum. Beide Werte werden getrennt ermittelt (Bauform b). Die Eigenstrahlung des Pyrradiometers wird aufgrund der Gebertemperatur bestimmt und bei der Berechnung der Bilanz berücksichtigt. Bei einfacherer Bauweise wird durch direkte Koppelung und Verwendung nur einer Thermobatterie die Thermospannung zwischen oberer und unterer Empfangsfläche bestimmt, woraus sich die Strahlungsbilanz unmittelbar errechnen lässt (Bauform a). Die Messung erfasst den Spektralbereich von 0,3 bis 100 µm, bei einigen Geräten bis 50 µm. [JVo]

Strahlungsfehler, Fehler des gemessenen Signals, wenn der Geber der Sonnenstrahlung oder anderen Strahlungsquellen ausgesetzt ist, meist bezogen auf Temperaturmessungen in der Atmosphäre. Strahlungsfehler werden nach Möglichkeit durch einen Strahlungsschutz vermieden, der so konstruiert sein muss, dass er einen ungehinderten Wärmeaustausch mit der Umgebungsluft ermöglicht. Dies wird meist durch Ventilation erreicht, bei der ↗Wetterhütte oder englischen Hütte, dem Strahlungsschutz für ↗Thermohygrographen, ↗Aspirationspsychrometer und Extremthermometer durch Doppeljalousien und ein doppeltes Dach. Bei Handgeräten und automatischen Stationen wird der Strahlungsfehler durch die Verwendung polierter Metalle als Strahlungsschutz, die eine geringe Emissivität haben, minimiert. Der Strahlungsfehler nimmt mit der Intensität der Strahlung und damit der Höhe zu, er ist im Hochgebirge und in noch stärkerem Maße bei aerologischen Aufstiegen eine Fehlerquelle, die eine Abweichung der gemessenen Temperatur von mehr als 1 K bewirken kann. [JVo]

Strahlungsfrost, Unterschreitung des Nullpunktes infolge negativer langwelliger ↗Strahlungsbilanz in den Nacht- und Morgenstunden, insbesondere bei klaren windstillen Wetterlagen mit bodennaher Ansammlung von Kaltluft (↗Bodenfrost), die in Mulden-, Kessel- und Tallagen zur Ausbildung von Kaltluftseen führt.

Strahlungsgleichgewicht ↗Strahlungsbilanz.

Strahlungshaushalt ↗Strahlungsbilanz.

Strahlungsmessung, Bezeichnung für die Messung von Strahlungsgrößen. In der Meteorologie und Klimatologie stellt die solare Einstrahlung die entscheidende Energiequelle und der Strahlungshaushalt der Oberflächen die entscheidende Größe des Energieumsatzes zwischen der Erde und der Atmosphäre und des thermischen Verhaltens von Oberflächen dar. Deshalb ist die Messung der Sonneneinstrahlung mit ↗Pyrheliometern, der ↗Globalstrahlung mit ↗Pyranometern sowie der Strahlungsbilanz mit Albedometern und ↗Strahlungsbilanzmessern eine unverzichtbare Grundlage zum Verständnis atmosphärischer Prozesse. Die Strahlungsmessung basiert meist auf der Absorption der Strahlung durch genormte Oberflächen und die dadurch bewirkte Erwärmung. Darüber hinaus ist die Strahlungsmessung die Grundlage der Fernerkundung mit in Zeilenscannern verwendeten ↗Radiometern, welche die Erdoberfläche abtasten und die Strahlungsdichten unterschiedlicher Wellenlängenbereiche bestimmen, wobei flächenhafte Muster erstellt werden. [JVo]

Strahlungsnacht, die Zeit fehlender kurzwelliger Einstrahlung in den Nachtstunden, wenn eine weitgehend ungehinderte langwellige Ausstrahlung der Oberflächen stattfindet, weil die Himmelsbedeckung gering ist. In Strahlungsnächten stellt sich durch einen starken Wärmestrom zu den ausstrahlenden Oberflächen und dadurch bedingte Abkühlung der bodennahen Luft eine stabile Schichtung ein. Fehlt die turbulente Durchmischung durch ↗Advektion, liegt eine austauscharme Strahlungsnacht vor, in welcher sich eine Bodeninversion (↗Inversion) bildet. Typisch für sie sind große vertikale Temperaturgradienten. Kleinräumige horizontale Druckgradienten bewirken in der Strahlungsnacht lokale Strömungen wie ↗Hangwind, ↗Flurwind sowie ↗Berg- und Talwind.

Strahlungsnebel ↗Nebel.

Strahlungsschutz, Bezeichnung für Hilfsmittel zur Minimierung des ↗Strahlungsfehlers.

Strahlungsspektrum, die für eine Strahlungsart charakteristische Aufeinanderfolge der Wellenlängen und deren spezifische Energieverteilung. Die elektromagnetischen Wellenenergien werden anhand von Wellenlängenintervallen in sechs Strahlungsbereiche differenziert (Abb.). Durch Division der Wellenlängen durch die Lichtgeschwindigkeit ($c = 2,9979 \cdot 10^8$ m/s) erhält man die Wellenfrequenz. Der für die Klimageographie bedeutsame Bereich liegt zwischen 0,2 und 100 µm. Dieser enthält die sich überschneidenden Spektren der ↗Sonnenstrahlung mit Wellenlängen überwiegend < 5 µm und der ↗terrestrischen Strahlung mit Wellenlängen >5 µm. Für die Physik und Chemie der Hochatmosphäre spielen allerdings auch die kürzeren und energiereicheren Wellenlängen der *Ultraviolettstrahlung* (UV-Strahlung) eine große Rolle. Für die Erfassung atmosphärischer Parameter mit den Methoden der ↗Fernerkundung sind der Mikrowellenbereich und der Infrarotbereich bedeutsam. Für die Bewohnbarkeit der Erde ist neben der sichtbaren Strahlung und der Infrarotstrahlung die UV-Strahlung von größter Bedeutung (↗UV-Index). Integriert über das solare Strahlungsspektrum zwischen 0,2 und 5 µm ergibt sich grob abgeschätzt eine Strahlungsflussdichte am Rand der Erdatmosphäre von 1350 W/m². Die terrestrische Strahlung entspricht näherungsweise einer Strahlung eines ↗schwarzen Körpers bei einer Oberflächentemperatur von 300 K. [DKl]

Strahlungstemperatur, Temperatur eines ↗schwarzen Körpers, die erforderlich ist, um die anhand des ↗Planck'schen-Strahlungsgesetzes für einen bestimmten Spektralbereich berechnete Energiemenge je Flächen- und Zeiteinheit auszustrahlen. Wird die Energiemenge für das Gesamtspektrum berechnet, so wird die zugehörige Temperatur des schwarzen Körpers als effektive Temperatur bezeichnet.

Strahlungswetterlage, Wetterlage mit ungehinderten vertikalen Flüssen der Ein- und Ausstrahlung (↗Strahlung). Da diese insbesondere durch Wolken behindert werden, kann die Strahlungswetterlage anhand des Bewölkungsgrades bestimmt werden. Verbinden sich ungehinderte Strahlungsflüsse mit einem schwachen Austausch aufgrund geringer großräumiger Luftdruckgegensätze (↗Schwachwindlage), dann

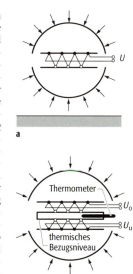

Strahlungsbilanzmesser: Funktionsprinzip von Strahlungsbilanzmessern. a) in einfacher Bauweise, b) mit getrennter Erfassung der Strahlung aus dem oberen und unteren Halbraum. (U_o = Thermospannung im oberen Halbraum, U = Thermospannung insgesamt, U_u = Thermospannung unterer Halbraum.)

Strahlungsbereich	Wellenlängenintervall
1. Kosmische Strahlung	
Höhenstrahlung	< 1 pm
Gamma-Strahlung	1 pm – 0,0001 µm
Röntgenstrahlung	0,0001 µm – 0,01 µm
Vakuum-Ultraviolett	0,01 µm – 0,1 µm
2. Ultraviolette Strahlung	0,1 – 0,38 µm
3. Sichtbares Licht	0,38 – 0,78 µm
4. Infrarote Strahlung	0,789 µm – 1 mm
5. Mikrowellen	1 mm – 1 m
6. Radiowellen	
Ultrakurzwelle	1 – 10 m
Kurzwelle	10 – 100 m
Mittelwelle	100 – 1000 m
Langwelle	1000 m – 30.000 m

Einheiten: Mikrometer: 1 µm = 1 · 10⁻⁶ m, Nanometer: 1 nm = 1 · 10⁻⁹ m; Pikometer: 1 pm = 1 · 10⁻¹² m

Strahlungsspektrum: Strahlungsbereiche und zugehörige Wellenlängenintervalle.

liegt in der ↗Witterungstypisierung eine austauscharme Strahlungswetterlage vor. Bei ihr können sich lokale Klimate am besten ausbilden (↗Geländeklimatologie).

Strand, aus meist extrem gut gerundetem Lockermaterial (Sand, Kies, Schotter, Blockwerk) aufgebauter Streifen in der Brandungszone, dessen oberer Teil bei Ebbe trockenfallen kann bzw. nur bei Sturmbrandung aktiv geformt wird. Daher können hier bei Abtrocknung (trockener Strand) Auswehprozesse zur Küstendünenbildung führen. Landwärts wird ein Strand gewöhnlich begrenzt von einem ↗Kliff, einem Dünenwall oder älteren und inaktiven Strandwällen, seewärts (nasser Strand) durch die immer aktive Brandungszone, Sandbarren oder ein ↗Watt. Strände mit flacher Neigung bei Sanden, steiler bei Kiesen und Schottern setzen sich oft aus einzelnen flachen küstenparallelen *Strandwällen* zusammen, die bei den letzten stärkeren Brandungsereignissen aufgehäuft wurden. Nur die Strandwälle aus extrem Stürmen können definitiv erhalten bleiben. Ihre Leeseite ist gewöhnlich etwas steiler als die Luvseite. Abfolgen zahlreicher Strandwälle sind meist ein Zeichen von Meeresspiegelsenkung oder Landhebung, selten auch Beleg für längeren extremen Materialüberschuss. Vertiefungen zwischen einzelnen Strandwällen können temporäre Wasserflächen enthalten, die sog. *Strandseen*. Durch kliffartige Absätze können Strände in *Strandterrassen* gegliedert sein, auch hierbei sind meist ↗Meeresspiegelschwankungen die Ursache. Eine auffällige, aber meist nur kurzlebige Erscheinung an der seeseitigen Strandlinie sind plump-keilförmige Vorsprünge mit zwischengeschalteten landwärtigen Bogensegmenten, die *Strandhörner*. Sie entstehen gewöhnlich durch besonders schräg auflaufende Wellenstaffeln und werden bei Änderung des Wellenspektrums oder der Wellenrichtung wieder zerstört. Strandhörner können sowohl konstruktive Gebilde sein als der Strandlinie vorgeschüttete Spitzen, erosiv angelegt werden als bogenförmige Ausräumungen mit stehenbleibenden Spitzen, oder aber aus beiden Prozessen gleichzeitig entstehen. [DK]

Stranderosion, seit einigen Jahrzehnten an den weitaus überwiegenden aus Lockermaterial aufgebauten ↗Küsten der Erde zu beobachtende Abtragung: die ↗Strände werden schmaler, ihr Material weniger, aktive Erosion des Hinterlandes setzt ein. Ursache ist neben dem allgemeinen leichten und wahrscheinlich anthropogen ausgelösten Meeresspiegelanstieg auch die Materialentnahme für Bauzwecke oder das Zurückhalten fluvialer Sedimente durch den Bau von Staudämmen im Hinterland. Um der Stranderosion zu begegnen, werden Küstenschutzmaßnahmen wie der Bau von ↗Buhnen vorgenommen, allerdings mit geringem Erfolg. Gelegentlich führen die menschlichen Eingriffe sogar zu einer Verstärkung der Abtragung. Als umweltfreundliche Maßnahme zur Erhaltung der Strände hat sich seit einigen Jahrzehnten die künstliche Strandaufspülung durchgesetzt.

Strandflate, Bezeichnung für die sehr breite westnorwegische Küstenregion, die durch zahlreiche flache und niedrige Inseln und einen bis mehrere Kilometer breiten Festlandsstreifen mit glazialen Skulpturformen und Ablagerungen sowie marinen Tonen gekennzeichnet ist. Die Genese dieser extremen küstennahen Plattform ist umstritten, ihre Anlage allein durch ↗Brandung unwahrscheinlich, da sie zum größten Teil präglazial ist und noch die unverletzten Spuren des Eisschliffes aus der letzten Eiszeit trägt. Auch für eine Entstehung unter einem schwimmenden Schelfeis, welches durch ↗Gezeiten täglich angehoben und abgesetzt wird und unter dem daher die Gezeitenströmungen lange Zeit ausräumend wirken könnten, ist abzulehnen, weil ein solcher Prozess eine lange Zeit extrem gleichmäßiger Eisauflast erforderte, welche nicht vorstellbar ist. Wahrscheinlich ist die Grundanlage eine weite, glazial wenig umgestaltete ↗Rumpffläche, eventuell an Verwerfungen von den noch existenten Fjellteilen (↗Fjell) der gleichen Fläche getrennt. [DK]

Strandhörner ↗Strand.

Strandsee ↗Strand.

Strandterrasse ↗Strand

Strandversetzung, *küstenparalleler Materialversatz*, Seitwärtstransport von Strandsedimenten durch schräg auflaufende ↗Wellen. Zwar werden alle in einem Winkel auf den ↗Strand auftreffenden Wellen infolge *Refraktion*, einer Reibung auf dem küstennahen Unterwasserhang, strandwärts umgebogen, doch bleibt ein Restwinkel erhalten. Hierdurch werden die Einzelkörner den Strand schräg hochbewegt und rollen der Schwerkraft folgend die Strandböschung senkrecht herunter bzw. bleiben infolge Reibung auf ihrem Weg liegen. Ebenso ergibt sich ein Küstenlängsstrom mit Wasser und Sedimenten vor dem Strand, doch kann dieser kein Material über die Wasserlinie hinauf transportieren. Dazu sind allein Wellen in der Lage. Strandversetzung ist die Voraussetzung für die Entstehung von ↗Haken und ↗Nehrungen (Abb.).

Strandwall ↗Strand.

Strangmoore, bestehen aus lang gestreckten Torfrücken, welche Eislinsen enthalten und i. d. R. pa-

Strandversetzung: Strandversetzung (küstenparalleler Materialversatz).

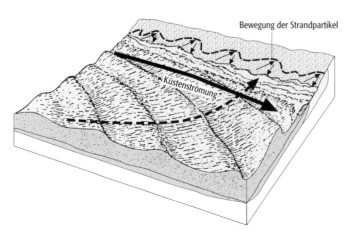

rallel zu den Isohypsen angeordnet sind. Die asymmetrischen Rücken (hangabwärts steil) entstehen durch das Zusammenwirken von ↗Solifluktion, Aufpressen der Torfrücken beim Gefrieren des zwischenliegenden Wassers, differente Raten des ↗Frosthubs und Wachstumseigenschaften bestimmter Arten der Moorvegetation. Strangmoore gelten als Kennzeichen tauenden ↗Permafrosts und treten nicht im Gebiet kontinuierlichen Permafrosts auf. Durch Tauprozesse entstandene Gleitflächen an der Basis des tauenden Moores spielen bei der Entstehung eine Rolle, wobei die gefrorenen Schollen des Moores durch die Gravitation langsam verlagert werden und komplexe Streifen- und Inselmuster der Aapamoore (↗Moore) schaffen. [SW]

Straßenbahn, Verkehrsmittel des Öffentlichen Personennahverkehrs (↗ÖPNV), das überwiegend im Straßenbereich verkehrt, zunehmend auf eigenem Gleiskörper. Die Haltestellen sind ebenerdig. Im Unterschied zur ↗Stadtbahn fahren Straßenbahnen überwiegend auf Sicht. Während im alten Bundesgebiet in den meisten Städten zwischen 80.000 und 200.000 Einwohnern in den 1950er- und 1960er-Jahren die Straßenbahn durch Busverkehr ersetzt wurde, gibt es in den neuen Ländern heute keine Stadt dieser Größenordnung ohne Straßenbahn. Sie stellt ein zum Pkw konkurrenzfähiges ÖPNV-Angebot mit besonders aufbaufähigem Potenzial dar.

Straßenbenutzungsgebühr ↗Wegekosten.

Straßendorf, *Straßensiedlung*, Grundrisstyp (↗Dorfgrundriss) einer Siedlung, bei dem das prägende Merkmal der grundrissbestimmende innerörtliche Weg ist, an dem die Gehöfte zweizeilig wie um eine Achse aufgereiht sind. Siedlungen, bei denen die zentrale Straße schmal und kurz ist, werden auch als Gassendorf oder Wegedorf bezeichnet. Eine Sonderform des Straßendorfes bildet das Sackgassendorf, in dem das Wegenetz auf eine oder mehrere blind endende Gassen beschränkt bleibt. Straßendörfer treten in Deutschland in fast allen Regionen auf, insbesondere jedoch als planmäßige Anlagen in jüngeren Kolonisationsgebieten, v. a. im Mittelgebirge.

Straßengüterverkehr, mit Abstand wichtigster ↗Verkehrsträger im ↗Güterverkehr mit einem Verkehrsaufkommen von 4,03 Mrd. Tonnen (82,5 %) und einer Verkehrsleistung von 341,7 Mrd. Tonnenkilometer (69,6 %) in Deutschland 1999 (jeweils in Prozent des binnenländischen Verkehrs). In den 15 EU-Mitgliedstaaten beträgt sein Anteil an der Güterverkehrsleistung sogar 74 %. Mit der fortschreitenden ↗Europäischen Integration hat der grenzüberschreitende Straßengüterverkehr seit 1990 besonders stark zugenommen: Für Gütertransporte aus Deutschland ins Ausland und aus dem Ausland nach Deutschland wurde die Verkehrsleistung (ohne Berücksichtigung der Auslandsstrecken) verdoppelt. Im Durchgangsverkehr (von Ausland zu Ausland) nahm die Transportleistung der Lkw sogar um das 2,6fache zu. Am grenzüberschreitenden Straßengüterverkehr Deutschlands (einschließlich Transitverkehr) sind ausländische Unternehmen zu 75 % beteiligt. Das überproportionale Wachstum des ↗Straßengüterverkehrs (↗Transportelastizität) hängt eng mit den Liberalisierungsmaßnahmen der europäischen ↗Verkehrspolitik zusammen, die einen verschärften Wettbewerb der überwiegend kleinbetrieblich strukturierten Verkehrsunternehmen im europäischen Binnenmarkt mit der Folge sinkender Frachtraten bewirken. Die schrittweise Ausweitung der ↗Kabotage (bis zur völligen Freigabe 1998), die Aufhebung der staatlichen Tarifbindung für alle Binnenverkehrsträger (1994) und die sukzessive Vermehrung von Fernverkehrsgenehmigungen ab 1993 – bei gleichzeitiger Ausweitung der Nahzone für den genehmigungsfreien Güterverkehr von 50 auf 75 km – haben dazu geführt, dass ab 1. Juli 1998 auch im Güterfernverkehr freier Marktzutritt mit freier Preisbildung besteht. Die Trennung zwischen Nah- und Fernverkehr wie auch zwischen gewerblichem Güterverkehr und ↗Werkverkehr hat seitdem keine Bedeutung mehr. [JD]

Straßenverkehr, ↗Verkehrsträger, dem abgesehen von frühen Leistungen des Fernstraßenbaus im Römischen Imperium und den berühmten Fernhandelsstraßen des Mittelalters bis ins 19. Jh. eine eigenständige Erschließungsfunktion nur im Nah- bzw. Lokalverkehr zukommt. Straßen standen in Konkurrenz zum Kanal- und Eisenbahnausbau und dienten vorwiegend als Zubringer zu Häfen und Bahnhöfen. Mit der Massenmotorisierung im 20. Jh. wurde der Straßenverkehr zum dominanten Verkehrsträger.

In Deutschland werden gegenwärtig 84 % aller Personenfahrten und 85 % der transportierten Gütermengen über das Straßennetz abgewickelt. Mit einer Gesamtlänge von 230.000 km (0,64 km pro km^2) weisen die Straßen des überörtlichen Verkehrs die mit Abstand größte Netzdichte auf (zum Vergleich das DB-Streckennetz: 0,11 km pro km^2). Zur Bestimmung von Prioritäten für den weiteren Ausbau des Straßennetzes werden im Rahmen der ↗Verkehrswegeplanung auch die raumstrukturellen Effekte einzelner Maßnahmen und deren Auswirkungen auf die Umwelt bewertet. Würde der Flächenverbrauch für Straßen (4 % der Staatsfläche) wie bisher zunehmen oder mit der Verkehrsentwicklung Schritt halten, müsste sich die Straßenfläche in 26 bis 38 Jahren verdoppeln. Auch die bereits hohen ↗Umweltbelastungen des Straßenverkehrs (Schadstoffemissionen, Lärm) belegen die »Grenzen des Wachstums«. Beim Straßenverkehr sind je nach Bezugsobjekt folgende Begriffspaare zu unterscheiden: a) ↗Personenverkehr und ↗Güterverkehr, b) motorisierter und nichtmotorisierter ↗Individualverkehr, c) öffentlicher und individueller Verkehr, d) gewerblicher ↗Güterverkehr und ↗Werkverkehr, e) Nahverkehr und Fernverkehr, f) Linienverkehr und Gelegenheitsverkehr. [JD]

Strategie, Begriff aus der Spieltheorie für ein genetisch determiniertes Verhaltensmuster, das einem Organismus eine Antwort auf eine besondere Umweltsituation ermöglicht. Strategie in der Ökologie bezeichnet kein bewusstes Handeln.

Strategie 1: Strategie-Selektions-System nach Southwood.

strategische Gruppe

a

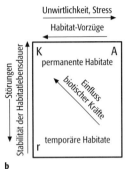

b

c

Strategie 2: Strategie-Selektions-Systeme verschiedener Wissenschaftler: a) nach Grime (für Pflanzen: C = Konkurrenzstratgie, R = Ruderalstrategie, S = Stress-Toleranz-Strategie); b) nach Southwood und Greenslade (r = Anpassung an gestörte, nur temporäre Habitate, K = Anpassung an permanente, günstige Habitate, A = Anpassung an ungünstige, extreme Habitate) und c) nach Sibly und Calow.

Ökologische Strategie (life history strategy) bezeichnet die Gesamtheit aller Lebensäußerungen (Anpassungen) einer Art (Abb. 1), darunter die Strategie der ↗Lebensform und die ↗Reproduktionsstrategie. Komplexe Strategie-Selektions-Systeme mit dem Habitat als Spielraum wurden von verschiedenen Wissenschaftlern erstellt (Abb. 2). Grime hat für Pflanzen drei Strategien, die Kompetitive (C), die Stress- (S) und die Ruderal-Strategie (R) in Abhängigkeit der relativen Bedeutung der Selektionskräfte Konkurrenz, Störung und Stress aufgestellt (*C-R-S-Strategie*). Southwood und Greenslade haben in Abhängigkeit von der Stabilität des Habitats und der selektiven Kräfte Störung, Stress (adversity) und biotische Einflüsse ebenfalls drei Strategien benannt (*r-K-A-Strategie*).

Sibly und Calow haben Reproduktionsstrategien (niedrige, mittlere und hohe Nachkommenzahlen, Entwicklungszeiten und Dichten) in Form eines Gitters mit Wachstums- und Überlebensstrategien, die das Habitat charakterisieren, verbunden. [HH]

strategische Gruppe, Begriff für die Entstehung spezifischer Allianzen im politischen, wirtschaftlichen und gesellschaftlichen Kräftespiel zwischen Individuen oder Gruppen. Ihr gemeinsames Interesse ist die Entwicklung und Anwendung von Strategien zur Aneignung und Sicherung von ↗Ressourcen, die im Zuge des Entwicklungsprozesses beispielsweise neu entstehen. Der theoretische Ansatz der strategischen Gruppen versteht sich als Instrument zur empirischen Analyse von Entwicklungsprozessen als dem Ergebnis strategischen Handelns in Entwicklungsgesellschaften. Der Ansatz entstand als Reaktion auf die eine geradlinige, universelle Entwicklung unterstellenden Makrotheorien (↗Modernisierungstheorie, marxistische Klassentheorie). Die Vertreter des Ansatzes der strategischen Gruppen stellen demgegenüber die beispielsweise aufgrund ethnischer und kultureller Konstellationen von Land zu Land sehr unterschiedlichen Gesellschaftsstrukturen heraus, die sich auf den spezifischen Ablauf von Entwicklungsprozessen auswirken. Dabei kommt es oftmals zur Bildung von Gruppen und Organisationen (z. B. Bürokratie, Militär, spezifische Berufsgruppen) durch die sozialen Schichten und Klassen hindurch, die gemeinsame Interessen verfolgen und diese langfristig zu sichern versuchen und auf diese Weise Einfluss auf den spezifischen Entwicklungsverlauf eines Landes nehmen. [MC]

Stratifikation, *Stratifizierung*, 1) *Hydrologie*: Temperaturschichtung des Wassers in tiefen stehenden Gewässern, ausgelöst durch temperaturbedingte Dichteunterschiede. 2) *Ökologie*: vertikale Schichtung der Organismen und der Umweltbedingungen in einem Lebensraum (↗Schichtung der Pflanzendecke). 3) *Pflanzenphysiologie*: Brechen der Samenruhe durch niedrige Temperaturen.

stratiforme Wolken ↗Wolken.

Stratigraphie, *Formationslehre*, Lehre von der Abfolge der ↗Schichten, ihrer Altersbeziehungen, organischen Reste und Materialunterschiede. Man unterscheidet zwischen Lithostratigraphie, Biostratigraphie und Chronostratigraphie, daneben Sequenzstratigraphie, Event-Stratigraphie u. a. Die *Lithostratigraphie* untersucht die relative Bildungsfolge von Schichten. Diese werden hierarchisch zu Schichtgliedern, ↗Formationen und ↗Gruppen zusammengefasst. Die *Biostratigraphie* untersucht die Beziehungen zwischen den Schichten bzw. deren Alter und den organischen Einschlüssen. Kurzzeitig und weit verbreitete Organismen erlauben eine relativ präzise biostratigraphische Datierung von Schichten. Die *Chronostratigraphie* als allgemeine Beschreibung von zeitlichen Abfolgen innerhalb der Erdgeschichte lehnt sich sehr stark an die Terminologie der Biostratigraphie an. Man unterscheidet hier die Einheiten *Äonothem*, *Ärathem*, ↗*System*, *Serie* und *Stufe* (siehe Beilage »Geologische Zeittafel«).

Stratinomie, die Rekonstruktion der Vorgänge, Beziehungen und Faktoren, die bei der Sedimentation von Komponenten zu geologischen Schichten und deren Gefüge und Lagerung maßgeblich waren. Die besondere Betrachtung organischer Einschlüsse führt zur Biostratinomie.

Stratocumulus ↗Wolken.

Stratopause, Ebene des Temperaturmaximums der ↗Atmosphäre zwischen der unterlagernden ↗Stratosphäre und der überlagernden ↗Mesosphäre in ca. 47 km Höhe. Die Erwärmung ist die Folge des Maximums der Absorption der ultravioletten Strahlung durch das Ozon.

Stratosphäre, Schicht der ↗Atmosphäre zwischen dem Temperaturminimum der ↗Tropopause und dem Temperaturmaximum der ↗Stratopause. Infolge der stärksten Erwärmung durch UV-Absorption an der Stratopause ist die Stratosphäre thermisch gegliedert in eine untere isotherme Schicht zwischen ca. 11 bis 20 km, eine Schicht mit einer Temperaturzunahme bis 32 km um 1,0 K/km und eine Schicht mit einer Temperaturzunahme von 2,8 K/km bis zur Stratopause in ca. 47 km.

stratosphärische Zirkulation, kennzeichnet die mittleren Strömungsverhältnisse in der ↗Stratosphäre, die von der ↗Tropopause in Höhen zwischen 8–17 km und der ↗Stratopause in Höhen um 50 km begrenzt wird. In der unteren Stratosphäre sind die vertikalen Temperaturänderungen sehr gering, die horizontale Temperaturverteilung ist gegenläufig zur Troposphäre. Mit zunehmender Höhe gleichen sich dadurch die bis ins Tropopausenniveau wirksamen troposphärischen Luftdruckunterschiede aus. Das hat zur Folge, dass die Windgeschwindigkeiten in der unteren Stratosphäre oberhalb der Strahlströme ihr Maximum erreichen und von dort aus mit der Höhe kontinuierlich abnehmen. Die großräumigsten troposphärischen Strömungsstrukturen verschwinden endgültig an der Grenze zwischen der unteren und oberen Stratosphäre. Die Höhe dieser Grenzfläche unterliegt großen räumlichen sowie tages- und jahreszeitlichen Schwankungen. Im oberen Teil der Stratosphäre ist die Zirkulation völlig unabhängig von der troposphärischen. Sie wird im Wesentlichen durch die jahreszeitlichen Änderungen der Einstrahlungsverhältnisse bestimmt. Auf der Sommerhemisphäre ist die obere Stratosphäre über dem Polargebiet infolge der ganztägigen Einstrahlung relativ warm. Es bildet sich hoher Luftdruck und daraus resultierend eine bis in die äquatorialen Breiten wirksame östliche Strömung aus (Abb.). Auf der Winterhemisphäre bedingt die anhaltende Polarnacht eine extreme Abkühlung des Polargebietes. Das sich bildende, sehr kräftige Höhentief erzeugt einen intensiven Westwind-Polarwirbel, der die Zirkulation auf der ganzen Winterhalbkugel und oft auch auf dem äquatornahen Teil der Sommerhemisphäre bestimmt. Die Westwindgeschwindigkeiten sind deutlich höher als im Bereich der troposphärischen Strahlströme. Allerdings kann der Polarwirbel im Hochwinter zusammenbrechen, wenn es im 10 hPa-Niveau zu einem großflächigen plötzlichen Temperaturanstieg um 50–60 K kommt, der von R. Scherhag 1952 erstmals über Berlin beobachtet und deshalb als so genanntes »Berliner Phänomen« bezeichnet wurde. Nach dem Zusammenbruch des Polarwirbels stellt sich nördlich von 60° vorübergehend eine Ostströmung ein. Die Ursache des Berliner Phänomens ließ sich bis heute nicht endgültig klären. [DKl]

Stratovulkan, Schichtvulkan, ↗Vulkan.
Stratum ↗Schichtung der Pflanzendecke.
Stratus ↗Wolken.
Status nebulosus ↗Hochnebel.
Strauch ↗Busch.
stream function ↗seek function.
Streckeisen-Diagramm, QAPF-Doppeldreieck, international gebräuchliches Diagramm zur Klassifikation von ↗Magmatiten nach ihren Mineralbeständen an felsischen Mineralen (Abb.). ↗Plutonite und ↗Vulkanite werden in diesem doppelten ↗Strukturdreieck mit den Eckpunkten Quarz, Alkalifeldspat (Orthoklas), Plagioklas und Foiden (Feldspatvertreter) dargestellt. Im oberen Dreieck sind die Felder der quarzführenden, im unteren die der foidführenden Magmatite abgebildet, da Quarz und Foide nie im gleichen Gestein vorkommen.

Streichen, Angabe der Himmelsrichtung einer Schnittspur, die ein geologischer Körper oder eine geologische Fläche mit einer gedachten Horizontalen beschreibt. Das Streichen gibt somit die primäre Orientierung eines Körpers (↗Falten, Sättel, Mulden, Gebirge) oder einer Fläche (↗Verwerfungen, ↗Schichten, Schiefer- und Kluftflächen) an. Die Richtungsangabe der Streichrichtung erfolgt meist in Grad (von 0–180°; mit 0° = N, 90° = E-W), daneben halbquantitativ in der Himmelsrichtung (N-S, E-W, NW-SE) oder in konventionellen Bezeichnungen. Häufig wiederkehrende Richtungen werden als Hauptstreichrichtungen bezeichnet. In Mitteleuropa existieren dafür traditionelle Begriffe, die diese Richtungen in genetischen Zusammenhang mit Regionen bzw. tektonischen Vorgängen bringen. So werden *herzynische Streichrichtungen* (NW-SE, rund 135°), *erzgebirgische* (variskische, SW-NE, rund 45°), *rheinische* (NNE-SSW bzw. 5–20°) und *eggische* (NNW-SSE, 160–170°) Streichrichtungen unterschieden. Zur korrekten Raumlage einer geologischen Fläche bzw. eines geologischen Körpers ist neben dem Streichen die Angabe des ↗Fallens nötig. Unter Schichtfallen wird dabei neben der Fallrichtung der Fallwinkel angegeben. Bei den Angaben wird dem Fallwinkel jeweils die Himmelsrichtung angefügt, in die der Körper beziehungsweise die Fläche fällt (z. B. 40°S, 70°SE). Die Messung von Streichen und Fallen wird mit dem Geologenkompass ermittelt. [GG]

Streichkurve, kartographische Linie, die die Streichrichtung von Flächen mit gleicher Höhenlage anzeigt. Streichkurvenkarten sind somit Karten, die das Streichen von Flächen bei gleicher Höhenlage darstellen.

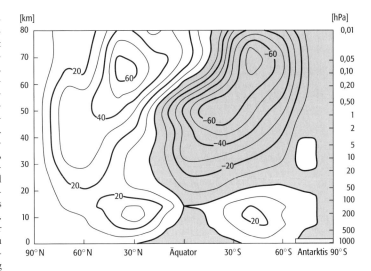

stratosphärische Zirkulation: Mittlere Verteilung der zonal gemittelten Windgeschwindigkeiten in m/s in Abhängigkeit zur Höhe für den Nordwinter/Südsommer (Januar). Westwindgeschwindigkeiten sind positiv, Ostwindgeschwindigkeiten negativ ausgewiesen.

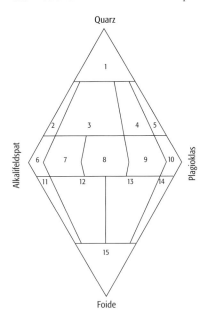

Streckeisen-Diagramm: Klassifikation der magmatischen Gesteine aufgrund ihres modalen Mineralbestandes gemäß der IUGS-Klassifikation.
Plutonite: 1 = nicht verwirklicht, 2 = Alkalifeldspatgranit, 3 = Granit, 4 = Granodiorit, 5 = Tonalit, 6 = Alkalifeldspatsyenit, 7 = Syenit, 8 = Monzonit, 9 = Monzodiorit, Monzogabbro, 10 = Diorit/Gabbro, 11 = Foidsyenit, 12 = Foid-Plagisyenit, 13 = Essexit, 14 = Theralith, 15 = Foidolith.
Vulkanite: 1 = nicht verwirklicht, 2 = Alkalifeldspatrhyolith, 3 = Rhyolith, 4 = Dacit, 5 = Quarzandesit, 6 = Alkalifeldspattrachyt, 7 = Trachyt, 8 = Latit, 9 = Latitandesit/Latitbasalt, 10 = Andesit/Basalt, 11 = Phonolith, 12 = tephritischer Phonolith, 13 = phonolithischer Tephrit, 14 = Tephrit/Basanit, 15 = Foidit.

Streifenflur, Flurformentyp, dessen einzelne ↗Parzellen ein Seitenverhältnis von über 1:2,5, meist über 1:10 haben. Die Grenzen zwischen Kurz- und Langstreifen liegt bei etwa 250–300 m, die zwischen Schmal- und Breitstreifen bei 40–50 m. Breitstreifen mit bis zu 800 m Breite liegen den planmäßig angelegten Hufenfluren (↗Hufe) zugrunde (↗Flurformen).

Streu, abgestorbenes, überwiegend pflanzliches Material (Blätter, Nadeln, Zweige, Borke, Früchte, Samen), das aus den verschiedenen Vegetationschichten zu Boden fällt und dort den obersten organischen Auflagehorizont bildet. Je nach der Herkunft werden verschiedene Streuarten unterschieden (Halm-, Blatt-, Nadel-, Laubstreu usw.). Diese Streuarten sind unterschiedlich gut abbaubar (↗Streuabbau). *Laubstreu* bzw. *Blattstreu* wird wegen des höheren Anteils an leicht umsetzbaren Substanzen (Proteine usw.) gut, *Nadelstreu* dagegen schlecht zersetzt. Die Streuart beeinflusst deshalb auch die Bildung verschiedener ↗Humusformen. Der *Streufall* erfolgt kontinuierlich bzw. in mehrjährigen Intervallen (tropische Regenwälder, immergrüne Nadelwälder) oder saisonal (Laubwälder und Steppen der kühlgemäßigten Breiten). Der Streufall ist ein wichtiges Verbindungsglied des Nährstoff- und Energieflusses zwischen Produzenten und Destruenten (↗Nahrungskette).

Streuabbau, die über die Phasen Zerkleinerung, Einarbeitung, Verdauung und mikrobielle Zersetzung ablaufende Umwandlung der ↗Streu durch Bodenlebewesen. Der Streuabbau führt zu einem großen Teil zur Zerlegung der organischen Substanz in ihre mineralischen Bestandteile, die dadurch als Nährstoffe in den Ökosystemen wieder verfügbar werden.

Streufall ↗Streu.

Streulichtmessung, Sichtweitenbestimmung, wobei der beim Durchgang durch die Luft durch Streuung verminderte Anteil einer definierten Lichtquelle erfasst wird. Je stärker die Streuung, desto größer ist die Helligkeitszunahme im Strahlengang und desto kleiner ist die Sichtweite. Beim Streulichtmesser oder *Videographen* ist der Empfänger also nicht im Strahlengang der Lichtquelle angeordnet wie beim ↗Transmissometer, sondern so, dass die von den streuenden Partikeln im Strahlengang emittierte Strahlung gemessen wird. Beim Backscatter wird nur die Rückstreuung von einem Empfänger gemessen, der nahezu parallel zum Lichtimpulsgeber positioniert ist, beim integrierenden Streulichtmesser ist er senkrecht zum Strahlengang positioniert.

Streunutzung, Nutzung von Laub- und Nadelstreu zum Einsatz in der Landwirtschaft als Einstreu in Ställen und als Dünger auf den Feldern. Mit dem Aufkommen der Stallfütterung seit dem 17. Jh. beginnt die Streunutzung, die in einigen Regionen Deutschlands noch bis in die Mitte des 20. Jh. betrieben wurde. Bei der Streunutzung wird nicht nur die Streu-, sondern auch ein Teil der Humusauflage entfernt. Dadurch kommt es zu einer Nährstoffverarmung und Verdichtung der Waldböden, die zu einer starken Abnahme der Wuchsleistung und der Regenerationsfähigkeit führen. Da mit der Streu auch viele Samen von Bäumen und Kräutern ausgetragen werden, kommt es auch zur Artenverarmung der Wälder.

Streuobstwiesen, traditionelle Formen des Obstanbaus mit starkwüchsigen und großkronigen Bäumen unterschiedlicher Obstarten auf ↗Grünland, die wie zufällig über die ↗Wiese oder ↗Weide verstreut wirken. Die Bestände werden extensiv bewirtschaftet. Als Stockwerkbau spart diese Bewirtschaftungsweise Platz, lässt aber keine intensive Nutzung zu. Häufig finden sich die Bestände in Steillagen, wo kein ↗Ackerbau betrieben werden kann. Streuobstwiesen hatten in Deutschland ihre größte Verbreitung etwa um den 2. Weltkrieg. Danach wurden sie mit EG-Mitteln wegen ihrer Unwirtschaftlichkeit allmählich von Niederstammanlagen ersetzt. Heute gelten ihre Restbestände als Relikt einer historischen Landnutzung mit allerdings hohem ökologischen und ästhetischen Wert gegenüber den geschlossenen Blöcken moderner Niederstamm-Dichtpflanzungen.

Streusiedlung, Siedlungstyp, der durch sehr lockere Bebauung geprägt ist. Von Streusiedlung wird v. a. dann gesprochen, wenn Einzelsiedlungen (↗Einzelhof) und lockere ↗Weiler in Mischung auftreten.

Streuung, die durch die Materie im Strahlengang bewirkte Veränderung der ↗Strahlung. In der Atmosphäre erfolgt sie an Luftmolekülen, abhängig vom Wellenlängenbereich und an den festen und flüssigen Bestandteilen. Die auf die Materie treffende Strahlung versetzt diese in Schwingungen, wodurch diese elektromagnetische Strahlung in alle Richtungen aussendet. Im infraroten Spektralbereich findet im Wesentlichen eine Absorption durch den Wasserdampf und nur eine geringe Streuung statt. Im sichtbaren Spektralbereich erfolgt eine Streuung an den Molekülen der Luft (↗Rayleigh-Streuung), den Aerosolen und Wolkentröpfchen (↗Mie-Streuung). Die ultraviolette Strahlung wird durch ↗Ozon absorbiert und gestreut. Während bei der Absorption der Atmosphäre Wärme zugeführt wird, ist bei der Streuung die Bilanz der Materie ausgeglichen. Streuungen, bei welchen die Ablenkung aus der ursprünglichen Strahlungsrichtung weniger als 90° beträgt, werden als Vorwärtsstreuung, solche mit Ablenkungen über 90° als Rückwärtsstreuung bezeichnet. [JVo]

Streuungsdiagramm, 1) *Fernerkundung*: ↗Scattergramm. 2) *Quantitative Geographie*: im Rahmen der ↗Korrelationsanalyse Bezeichnung für Korrelogramme.

Streuungsparameter, *Streuungsmaß*, *Dispersionsmaß*, statistische Kennziffer zur Bestimmung der Variation in einer Datenreihe. Für univariate Verteilungen unterscheidet man folgende Parameter: *Spannweite, mittlere Abweichung, Varianz Standardabweichung*. Zusätzlich werden so genannte relative Streuungsmaße, bei denen die Variation in Relation zum arithmetischen Mittelwert gemessen wird, verwendet. In der Tabelle

Streuungsparameter: Definition und Voraussetzungen wichtiger Streuungsparameter.

Streuungsparameter	Berechnungsformel	Definition	Skalenniveau
Absolute Streuungsparameter			
Spannweite	$R = Y_{max} - X_{min}$	Differenz zwischen größtem und kleinstem Wert einer Variablen	ordinalskaliert
mittlere Abweichung	$\bar{d} = \frac{1}{n}\sum_{i=1}^{n}\left|x_i - \bar{x}\right|$	Mittlere Entfernung der Variablenwerte x_i vom zugehörigen arithmetischen Mittelwert $\bar{x}$	intervallskaliert
gew. mittlere Abweichung	$\bar{d}_g = \dfrac{\sum_{i=1}^{n}\left|x_i - \bar{x}_g\right|\cdot g_i}{\sum_{i=1}^{n}g_i}$	Analog zur mittleren Abweichung, wobei den einzelnen x_i durch die g_i unterschiedliche Gewichtung beigemessen werden kann	intervallskaliert
Varianz	$s^2 = \frac{1}{n}\sum_{i=1}^{n}\left(x_i - \bar{x}\right)^2$	mittlere quadratische Entfernung der Variablenwerte x_i vom zugehörigen arithmetischen Mittelwerk $\bar{x}$	intervallskaliert
Standardabweichung	$s = \sqrt{s^2}$	Maß für die mittlere Entfernung der Variablenwerte x_i vom zugehörigen arithmetischen Mittelwerk $\bar{x}$ bzw. der Entfernung zwischen den x_i untereinander	intervallskaliert
gew. Standardabweichung	$s_g = \sqrt{\dfrac{\sum_{i=1}^{n}\left(x_i - \bar{x}_g\right)^2\cdot g_i}{\sum_{i=1}^{n}g_i}}$	analog zur Standardabweichung, wobei den einzelnen x_i durch die g_i unterschiedliche Gewichtung beigemessen werden kann	intervallskaliert
Relative Streuungsmaße			
relative Variabilität	$V = \dfrac{\bar{d}}{\bar{x}}$ oder $V = \dfrac{\bar{d}}{\bar{x}}\cdot 100$	Verhältnis der mittleren Abweichung d zum arithmetischen Mittelwerk $\bar{x}$ (oder Angabe in %)	rational skaliert
Variationskoeffizient	$v = \dfrac{s}{\bar{x}}$ oder $v = \dfrac{s}{\bar{x}}\cdot 100$	Verhältnis der Standardabweichung s zum arithmetischen Mittelwert $\bar{x}$ (oder Angabe in %)	rational skaliert
gew. rel. Variabilität	$V_g = \dfrac{\bar{d}_g}{\bar{x}_g}$ oder $V_g = \dfrac{\bar{d}_g}{\bar{x}_g}\cdot 100$	analog zur relativen Variabilität V, wobei den einzelnen x_i durch die g_i unterschiedliche Gewichtung beigemessen werden kann	rational skaliert
gew. Variationskoeffizient	$v_g = \dfrac{s_g}{\bar{x}_g}$ oder $v_g = \dfrac{s_g}{\bar{x}_g}\cdot 100$	analog zum Varianzkoeffizienten v, wobei den einzelnen x_i durch die g_i unterschiedliche Gewichtung beigemessen werden kann	rational skaliert

sind einzelne Streuungsparameter mit ihren Definitionen und den zur Berechnung notwendigen ↗Skalenniveaus aufgeführt.

Analog zur Standardabweichung lässt sich die Variation einer bivariaten Verteilung (räumlichen Punktverteilung) bestimmen durch die *Standarddistanz*:

$$s_d = \sqrt{\frac{1}{n}\sum_{i=1}^{n}\left((x_i - \bar{x})^2 + (y_i - \bar{y})^2\right)}$$

mit x_i, y_i = Koordinaten der Punkte P_i, $\bar{x}$, $\bar{y}$ = arithmetische Mittel der x- beziehungsweise y-Koordinaten der Punkte P_i und n = Anzahl der Punkte P_i. [JN]

Streuwiesen, Nutzungsform zur Gewinnung von Stalleinstreu durch Mahd von nicht als Futter tauglichen Grünlandpflanzen auf wechselfeuchten bis staunassen Standorten. Der Schnitt erfolgt im Spätjahr (»Herbstwiesen«), wenn die oberirdischen Teile der Pflanzen abgestorben und dadurch saugfähiger geworden sind. Der Höhepunkt der Streukultur war in den 1920er- und 30er-Jahren. Durch die modernen strohlosen Aufstallungsformen ist das Mähen der Einstreu nicht mehr nötig, entsprechend wurden die Streuwiesenflächen weitgehend aus dem Betriebsablauf ausgegliedert. Streuwiesen sind für den ↗Naturschutz sehr bedeutungsvoll, da sie ausgesprochen artenreich sind.

Strich, Fähigkeit eines Minerals, einen farbigen

Strich auf unglasiertem Porzellan zu erzeugen, z. B. Hämatit (rote Strichfarbe).

Strichdüne ↗Binnendüne.

strip farming, *Streifenanbau, Streifenkultur*, streifenförmiger Anbau von ↗Kulturpflanzen unterschiedlichen Nährstoffbedarfs, unterschiedlicher Wuchshöhe und Erntezeit. Um Winderosion zu vermeiden, werden die Streifen quer zur Hauptwindrichtung angelegt. In hängigem Gelände soll hangparalleles ↗strip farming ↗Bodenerosion verhindern. Es stellt ferner eine Gegenmaßnahme zur ↗Monokultur dar.

Stromatolithen, *Biostrom*, organische Aufbauformen durch aktives Wachstum oft kalkiger, mikroskopischer Algen, aber auch durch deren Fähigkeit, Sedimente zu fangen und zu binden. So entstehen krusten- bis kissenförmige, seltener nahezu säulenförmige Strukturen von einigen Dezimetern Höhe und wenigen Metern Breite, die bereits zu den ↗Biohermata überleiten können. Rezente Vorkommen im Flachwasser warmer Meere sind relativ selten (Shark Bay West-Australiens, Bahamas). Stromatoliten gehören zu den sehr frühen Lebensformen auf der Erde und hatten ihre Hauptverbreitung mit sehr viel höheren und breiteren Formen bereits im ↗Proterozoikum. ↗Bioherm.

Stromatoporen, paläozoische Ordnung der Hydrozoen (Klasse der ↗Coelenteraten). Winzige Polypen bildeten Kalkabscheidungen, die sich zu knolligen oder schichtigen Stöcken von über 1 m Höhe zusammenfügten.

strömender Abfluss ↗Abfluss.

Stromfeld, flächenhafte Darstellung einer Strömung durch Stromlinien. Der Abstand der Stromlinien ist umgekehrt proportional zur Strömungsgeschwindigkeit: Gescharte Stromlinien bedeuten höhere Strömungsgeschwindigkeiten, wohingegen gespreizte Linien niedrigere Geschwindigkeiten anzeigen. In einer kontinuierlichen horizontalen Strömung ohne Vertikalkomponente sind die Stromlinien unendlich und schneiden sich nicht. Bei vorhandenen Vertikalkomponenten entstehen im Stromfeld neue, endliche Linien, die entweder an einer ↗Divergenz beginnen oder in einer ↗Konvergenz enden. Aus einem gegebenen Stromfeld lässt sich die Strömungsgeschwindigkeit über die *Stromfunktion* berechnen.

Stromfunktion ↗Stromfeld.

Stromschnelle, ist ein Knickpunkt im ↗Gewässerlängsprofil, an dem das Gefälle des Flussbettes plötzlich größer wird, sodass eine geringere Wassertiefe und teilweise schießender ↗Abfluss auftritt. Stromschnellen entstehen an tektonischen Verwerfungslinien und/oder in Bereichen mit widerstandigem Gesteinsuntergrund. Sie sind Flusserosionsstrecken und weisen meist eine Felssohle auf. Der Übergang zum Wasserfall ist fließend. An großen Flüssen werden sie auch als *Katarakte* bezeichnet. Sie sind Hindernisse für die Schifffahrt.

Stromstrich, Verbindung der Punkte innerhalb eines Flusses, wo die Fließgeschwindigkeit am größten ist. Der Stromstrich verläuft meistens über dem tiefsten Bereich des Flussbettes, auf geraden Strecken in der Mitte, in Krümmungen nach außen gedrückt. Im Stromstrich findet die stärkste ↗Tiefenerosion im Flussbett statt.

Strömung, *Strom*, dreidimensionale Bewegung von Flüssigkeitsteilchen, die durch ihre Geschwindigkeit und Richtung bestimmt ist. Nach der zeitlichen Dauer und der räumlichen Erstreckung unterscheidet man ↗Meeresströmungen, ↗Wellen oder Turbulenz.

Strömungsdiversität, Parameter bei der Erfassung und Bewertung der ↗Gewässerstrukturgüte, der die räumliche Differenzierung der ↗Fließgeschwindigkeiten bei mittleren Wasserständen beschreibt. Er ist eng mit der ↗Tiefenvarianz verbunden. Als optimal gilt das häufige Auftreten der Kombinationstypen langsam und schnell durchströmte Flachwasser- sowie langsam und schnell durchströmte Tiefwasserbereiche. Erfasst wird dieser Parameter aufgrund des unterschiedlichen Wasseroberflächenbildes, das z. B. glatt, gewellt oder überstürzend erscheinen kann.

Strudelloch, *Felskolk*, in der Flussmorphologie Hohlform in einem felsigen ↗Gerinnebett, die durch Reibung von grobem Geschiebe an dem anstehenden Gestein gebildet wurde. Größere Gesteinskomponenten des Feststofftransportes können von stationären ↗Wirbeln erfasst und in Rotation versetzt werden. In diesem Bereich erfolgt eine allmähliche Tieferschaltung der ↗Gewässersohle bei gleichzeitiger Verformung und zunehmender Verkleinerung der beteiligten Geschiebeelemente durch Abrieb. Anschließend herantransportierte Gerölle gelangen in die Hohlform und vertiefen diese zu einem Strudelloch.

Struktur, Ordnung, Bauart; bezeichnet ein bestimmte Gesetz- oder Regelmäßigkeiten aufweisendes Gefüge des Ablaufs oder des Aufbaus der Beziehungen eines größeren Ganzen (↗Holismus) bzw. eines nach außen abgeschlossenen ↗Systems. Im Rahmen der funktionalistischen (↗Funktionalismus) Denkweise ist Struktur in aller Regel von biologischen Analogien geprägt und erlangt die Bedeutung eines Skelettes, das dem Organismus seinen Halt gibt. In den strukturalistischen Theorien (↗Strukturalismus) wird Struktur meistens mit der Vorstellung eines Anordnungsmusters von Positionen in Verbindung gebracht. Diese Positionen bestimmen dann die Tätigkeiten der Positionsinhaber.

In der Strukturationstheorie wird Struktur nicht mehr als der statische Aspekt der ↗Gesellschaft verstanden, der einseitig deterministisch wirkt. Struktur wird dort »dynamisiert« und als Aspekt des ↗Handelns, nicht als dessen äußere Bedingung, gesehen. Struktur ist hier sowohl Medium als auch Ergebnis, ermöglichendes Mittel und begrenzender Zwang des Handelns. Struktur wird nur über Handlungen wirklich und nur über diese reproduziert. Im Zusammenspiel von Struktur und Handeln vollzieht sich gemäß dieser Vorstellung die Strukturation der gesellschaftlichen Wirklichkeit. Als zentrale Bestandteile der Struktur werden Regeln sowie ↗autoritative

Ressourcen und ↗allokative Ressourcen betrachtet.

In der Geschichte der ↗Geographie spielt Struktur vor allem in der ↗funktionalen Phase, der raumwissenschaftlichen Systemforschung und den darauf aufbauenden Teildisziplinen, insbesondere der ↗Sozialgeographie, der ↗Wirtschaftsgeographie und der ↗Stadtgeographie eine zentrale Rolle. Dabei wird Struktur auf erdräumliche Anordnungsmuster (z. B. von Gruppen, Produktionseinrichtungen, Städten) bezogen, die als Ausdruck der Naturbestimmtheit gesehen werden und ihrerseits ↗Funktionen auslösen (Strukturfunktionalismus) oder aber als Ergebnis funktionaler Beziehungen verstanden werden (funktionaler Strukturalismus).

In der zeitgenössischen ↗Politischen Geographie und Sozial- und Wirtschaftsgeographie wird Struktur einerseits mit der Rezeption der ↗Regulationstheorie und im Rahmen der ↗handlungstheoretischen Sozialgeographie zur zentralen theoretischen Kategorie. Die regulationstheoretischen Bezüge sind von einem strukturalistischen Strukturverständnis geprägt, wobei vor allem nationalstaatliche Regulierungen im Zentrum des Interesses stehen. In der handlungstheoretischen Sozialgeographie wird das strukturationstheoretische Strukturverständnis zur Thematisierung und Analyse der Machtkomponente (↗Macht) im Kontext ↗alltäglicher Regionalisierungen thematisiert. [BW]

Strukturalismus, wissenschaftlich-philosophischer Ansatz, der davon ausgeht, dass allem menschlichen Denken und ↗Handeln systemische Strukturen zugrunde liegen. Die Elemente einer ↗Struktur sind dabei nach bestimmten Gruppen klassifiziert und werden entsprechend fester Funktionen und Regeln benutzt. Sie sind so konfiguriert, dass die Veränderung eines Elementes die Veränderung aller übrigen nach sich zieht. Dabei besteht ein unauflöslicher Zusammenhang zwischen der Anordnung und äußeren Form der Elemente und ihrem Inhalt. Strukturen und ihre Regeln können universell sein, sich aber auch auf bestimmte kulturelle Felder beschränken. Sie stellen die Basis der menschlichen Kultur bei der Bewältigung der Natur, der sozialen Vergesellschaftung und der Kommunikation dar. Der Strukturalismus geht auf den Schweizer F. de Saussure zurück, der in seiner Grundlegung einer linguistischen ↗Semiotik die Sprache als eine systemische Struktur beschreibt, die sich aus den grammatisch angeordneten Elementen der Wörter zusammensetzt. Im praktischen Alltag wird die Sprache dabei in individuellen Sprechakten benutzt, und die Struktur auf diesem Wege permanenten Veränderungen unterworfen. Als Vater des Strukturalismus gilt, neben Saussure, der französische Anthropologe Claude Levi-Strauss, der in umfangreichen und interkulturell vergleichenden Untersuchungen die Verwandtschaftsbeziehungen, politischen Systeme und Mythen von indianischen Naturvölkern erforscht hat, und dabei vor allem die Transformationsregeln ihrer strukturalen Systeme beschrieben. Andere Strukturalisten haben sich den Systemen von Mode, Werbebildern, Schriftzeichen und literarischen Werken zugewandt.

In soziologischer Hinsicht ist strukturalistisches Gedankengut v. a. im strukturfunktionalistischen Ansatz von T. Parsons präsent, der unter Gesellschaft ein stabilisiertes System versteht, bei welchem antagonistische Kräfte aufeinander wirken und auf einen Gleichgewichtszustand streben; indviduelle Handlungen sind dabei durch strukturelle Bedingungen kontextualisiert. N. Luhmann hat diesen Ansatz dahingehend weiterentwickelt, dass er die interne Struktur der Gesellschaft auf Prozesse der funktionalen Differenzierung zurückführt; damit räumt er dem Funktionsbegriff Vorrang vor dem Strukturbegriff ein, lässt aber, wie Parsons, den individuellen Handlungsspielraum deutlich in den Hintergrund treten.

Im Rahmen einer marxistischen Analyse hat L. Althusser darauf hingewiesen, dass die linearen Kausalitäten des individuellen Menschenlebens mit der strukturalen Kausalität des kapitalistischen Systems kollidieren und so die Individualität des Menschen tendenziell vernichten. Diese Ansicht hat später Lefebvres Überlegungen zur ↗Produktion des Raumes wesentlich (wenn auch durchaus in kritischer Perspektive) beeinflusst und ist auf diesem Wege in die ↗Geographie eingeführt worden. In der Geographie sind einzelne Aspekte des Strukturalismus in vielen Bereichen spürbar, jedoch wurden sie eher selten explizit thematisiert. Strukturalistische Betrachtungsweisen erscheinen aber grundlegend in der ↗Quantitativen Geographie, der funktionalistischen ↗Sozialgeographie, dem ↗Sozialraumansatz, der ↗Chorematischen Geographie und der ↗Systemtheorie; bei Letzterer finden sie sich vor allem im Bereich der ↗Physischen Geographie. Im englischsprachigen Bereich hat der Strukturalismus innerhalb der ↗Marxistischen Geographie in den 1980er-Jahren erhebliche Beachtung gefunden. In den 1990er-Jahren jedoch wurde er zunehmend von Ansätzen des ↗Poststrukturalismus und der ↗Regulationstheorie zurückgedrängt. [WDS]

Strukturationstheorie, vom englischen Soziologen Anthony Giddens entwickelte Theorie, die vor allem in dem Hauptwerk »Die Konstitution der Gesellschaft« dargestellt ist. Die Strukturationstheorie erlangte in den letzten Jahrzehnten im gesamten Bereich der Sozialwissenschaften, Politikwissenschaften, Kulturwissenschaften und der ↗Sozialgeographie ebenso zentrale Bedeutung wie die politische Debatte um den »Dritten Weg« zwischen Kapitalismus und Sozialismus. Die Kernidee besteht in der Dualität der ↗Struktur: Gesellschaft konstituiert sich über menschliches ↗Handeln, das sowohl als strukturiert als auch als strukturierend zu begreifen ist. Die Beziehung zwischen sozialen Verhältnissen (Struktur) und dem aktuellen Handeln der Menschen wird analog zu Sprachen und Sprechen verstanden. Jede Sprache ist dabei als ein kollektives Produkt zu betrachten, das aus Zeichen- und Regelsystemen besteht. In diesem Sinne kann man sie auch als ein System sozialer Repräsentation betrachten. Sprechen hingegen bezeichnet das, was wir sagen. Es ist an eine sprechende Person gebunden, somit einmalig und in eine spezifische Situation eingebettet, es ist die Bezugnahme eines Sprechers auf das Zeichen- und Regelsystem einer Sprache. Beim Sprechen und Schreiben wird Sprache aktuell wirklich, existiert in ihrer Anwendung, obwohl sie analytisch vom Sprechen unterschieden werden kann. Dies entspricht der Betrachtung des Verhältnisses von Struktur und Handeln in der Strukturationstheorie.

Die Strukturationstheorie ist als das Ergebnis der kritischen Auseinandersetzung mit den Theorien der Klassiker der Sozialwissenschaften – Karl Marx, Emile Durkheim und Max ↗Weber – und deren Weiterentwicklung zu verstehen. Die grundlegende Ausgangsbeobachtung besteht darin, dass keine ↗Prognose der Klassiker eingetroffen ist. Demzufolge könnten deren Theorien für aktuelle Verhältnisse keine uneingeschränkte Zuständigkeit für sich reklamieren. Vielmehr hat eine angemessene Gesellschaftstheorie jene seit den Klassikern erarbeiteten philosophischen und sozialwissenschaftlichen Erkenntnisse zu berücksichtigen, welche die ↗Spätmoderne begreifbar machen können. Damit ist eine Gesellschaftstheorie gemeint, welche die aktuellen Verhältnisse plausibel erörtern kann, ohne dem ↗Positivismus, ↗Evolutionismus oder ↗Funktionalismus zu verfallen. Im Sinne einer kritischen Weiterentwicklung der klassischen Gesellschaftstheorien wird von Durkheim die Einsicht übernommen, dass die strukturellen Momente einer Gesellschaft durchaus zentral sind, allerdings nicht in dem deterministischen Sinne wie bei Durkheim selbst. Wie bei Max ↗Weber wird die soziale Welt handlungszentriert betrachtet. Zudem wird dessen Analyse der Institutionen beibehalten, ohne allerdings Webers Ableitungen für die weitere Entwicklung der modernen Gesellschaften, die Vorherrschaft der Bürokratie, zu übernehmen. Von Marx übernimmt Giddens neben der sozial interpretierten Dialektik vor allem die Idee, dass die Menschen die Geschichte machen, aber nicht unter den von ihnen gewählten Bedingungen. Zudem pflichtet er der Marx'schen Analyse des Kapitalismus hinsichtlich der ungleichen Verteilungen bei, ohne allerdings die evolutionistischen Folgerungen zu übernehmen.

Eine Grundidee der Strukturationstheorie besteht darin, dass die soziale Wirklichkeit von kompetenten Handelnden konstituiert wird, die sich dabei auf soziale Strukturen beziehen. Diese soziale Praxis ist im Sinne der ↗Theorie als Strukturation zu begreifen. Sie impliziert das Konzept der Dualität der ↗Struktur, womit ↗Handeln und Struktur im Vergleich zur klassischen ↗Handlungstheorie und dem ↗Strukturalismus in ein neues Verhältnis gebracht und neu definiert werden. Gesellschaftliche Strukturen werden im Sinne der Strukturationstheorie sowohl durch das menschliche Handeln konstituiert und stellen gleichzeitig das Medium dieser Konstitution dar. Handeln ist in dem Sinne gleichzeitig als strukturiert und strukturierend zu verstehen. Struktur gleichzeitig als Handlungsprodukt und Handlungsgenerierung. [BW]
Literatur: GIDDENS, A. (1988): Die Konstitution der Gesellschaft. Grundzüge einer Theorie der Strukturierung. – Frankfurt a. M.

Strukturboden ↗Frostmusterboden.

Strukturdreieck, *Dreiecksdiagramm*, graphische Darstellungsmöglichkeit von Strukturen, die sich über drei Variablen beschreiben lassen. Die Variablen sind als Relativ- oder Prozent-Variablen definiert und sie müssen komplementär sein, d. h. die Addition der Einzelwerte für ein Objekt kennzeichnet die Gesamtheit für dieses Objekt (z. B. Anteil der Erwerbstätigen in den drei Wirtschaftssektoren Land- und Forstwirtschaft, Produzierendes Gewerbe und Dienstleistungen ergibt die Gesamtheit der Erwerbstätigen). Das Strukturdreieck ist somit ein Verfahren, dass zu seiner Erstellung die ↗Redundanz der Variablen voraussetzt. Das Strukturdreieck eignet sich insbesondere auch für einfache Gruppierungen. ↗Streckeisen-Diagramm.

Struktureffekt ↗Shiftanalyse.

strukturelle Arbeitslosigkeit ↗Arbeitslosigkeit.

strukturelle Heterogenität, Begriff, der im Rahmen der ↗Dependenztheorie entwickelt wurde und strukturelle Gegensätze innerhalb von peripheren Gesellschaften beschreibt. Er bezieht sich dabei auf die grundlegenden Unterschiede zwischen den modernen Zentren der ↗Entwicklung einerseits und den unterentwickelten ↗Peripherien andererseits. Die Unterschiede bestehen in erster Linie in den verschiedenartigen wirtschaftlichen Organisationsformen und Produktionstechniken, setzen sich aber auf der sozialen, politischen, infrastrukturellen, sowie letztlich auch auf der kulturellen Ebene fort.

strukturentdeckendes Verfahren ↗Datenanalyse.

Strukturformen, vom geologischen Bau der Erdkruste abhängige Reliefformen. Im Unterschied zu den Formen der ↗Morphotektonik sind sie erst durch die ↗Abtragung entstanden, bei der die Strukturen der Erdkruste infolge unterschiedlicher Gesteinsresistenz freigelegt werden: Vulkanische Schlotfüllungen und Magmagänge werden zu Härtlingsbergen, schräggestellte Sedimentgesteine ergeben ↗Schichtstufen und ↗Schichtkämme, aus stark gefalteten Gesteinsschichten gehen Faltengebirge oder Kettengebirge hervor, aus bruchtektonischen Strukturen werden Schollengebirge.

strukturgenetischer Raumaufbau, von J. Piaget vorgeschlagene konstruktivistische (↗Konstruktivismus) Raumkonzeption auf der Basis eines entwicklungsgenetischen Wahrnehmungs- und Handlungsmodells. Das Modell geht von der Tatsache aus, dass jeglicher Austausch zwischen dem Individuum und seiner Umwelt über Tätigkeiten und Erkenntnisleistungen erfolgt. Dabei entsteht ein Wechselspiel zwischen der Anpassung der äußeren Umwelt an die eigenen Handlungsmöglichkeiten (Assimilation) und der Angleichung dieser Handlungskapazität an die Umwelt (Akkomodation). Hieraus entwickeln sich Handlungsschemata, die zu komplexeren Strukturen zusammengeführt werden und letztlich in einem ausgeglichenen Verhältnis zwischen Individuum und Welt resultieren.

Mit der entwicklungsgenetischen Handlungsinterpretation ist eine strukturgenetische Raumauffassung verbunden, die mit der Herausbildung schematischer Greif- und Wirkprozesse (sensorische Koordination) bei Kleinkindern (etwa ab dem 4. Monat) beginnt. In einer weiteren Phase (8-12. Monat) gelingt es dem Kind, zwischen den eigenen Tätigkeitsschemata und der Außenwelt zu unterscheiden. Daraufhin treten die körperliche Erfassung des Raumes und seine reflexive Beurteilung immer mehr auseinander. Die Raumwahrnehmung wird zunehmend abtrakter, mathematisierter und geometrischer.

Die theoretischen Ausführungen Piagets spielen v. a. für die ↗Wahrnehmungsgeographie eine wichtige Rolle. [WDS]

strukturprüfendes Verfahren ↗Datenanalyse.

Strukturraum, von der ↗Ministerkonferenz für Raumordnung (MKRO) nach einheitlichen Abgrenzungskriterien und Planungsgrundsätzen beschlossene *Raumkategorie* zur Gliederung des Bundesgebietes. ↗Verdichtungsräume und ihre Randgebiete bilden ↗Ordnungsräume. ↗Ländliche Räume im Sinne der MKRO sind außerhalb der Ordnungsräume gelegene Gebiete. Weiter werden noch ↗strukturschwache Räume unterschieden. Die Kategorisierung von Räumen und ihre flächenhafte Abgrenzung bilden eine entscheidende Grundlage der Raumordnungs- und Förderpolitik in der BRD und spiegeln sich in den im ↗Raumordnungsgesetz fixierten Grundsätzen der ↗Raumordnung. In jüngerer Zeit wird die vielfach als zu schematisch und gegensätzlich empfundene Differenzierung in Verdichtungs- bzw. ländliche Räume zugunsten neuer Konzepte, wie ↗Städtenetze, ergänzt.

Strukturregion ↗Region.

Strukturschwäche, mangelhafte Ausstattung bzw. Negativmerkmale eines Gebietes; Begriff aus der ↗Raumordnung, der verschiedenartige Kriterien beinhaltet: z. B. Wanderungssaldo, Infrastrukturausstattung, Arbeitsplätze und Sozialprodukt. ↗strukturschwacher Raum.

strukturschwacher Raum, relativer Begriff, der einen Raum bezeichnet, der im Vergleich zum Bezugsraum strukturell schwächer entwickelt ist. Als Merkmale werden ↗Infrastruktur, Wirtschaftsstruktur und ↗Bevölkerungsstruktur herangezogen. I. d. R. wird der ↗ländliche Raum im Vergleich zum urbanen Raum als strukturschwacher Raum angesehen, bzw. Altindustriegebiete (↗altindustrialisierte Räume) im Vergleich zu Zentren mit typisch moderner Technologie. Meist sind die Ursachen für einen strukturschwachen Raum historisch oder standortbedingt. Ziel der ↗Raumplanung ist, u. a. in Anlehnung an Artikel 72 Grundgesetz (Schaffung ↗gleichwertiger Lebensbedingungen in allen Teilräumen der BRD), durch gezielte Förderung des strukturschwachen Raums, das räumliche Ungleichgewicht zu nivellieren, z. B. durch Verbesserung der Infrastrukturausstattung oder Schaffung ausreichender und qualifizierter Ausbildungs- und Erwerbsmöglichkeiten. [GRo]

Strukturtheorien, Versuche der Erklärung räumlicher Verteilungen (Makroebene), z. B. der Flächennutzung, der Arbeitsplätze und Tätigkeiten (Wirtschaftsstruktur) oder der Lebensstilgruppen (Sozialstruktur) durch Hypothesen über den Zusammenhang von Variablen oder über Kontexthypothesen zu Handlungen und Entscheidungen von Unternehmen, Haushalten, Gebietskörperschaften und Institutionen (Akteure) auf der Individual- oder Mikroebene.

Strukturwandel, ↗städtischer Strukturwandel, wirtschaftlicher Strukturwandel und ↗ländlicher Strukturwandel.

Stückgutverkehr, Transport von Stückgütern (Sendungen ab etwa 20 kg bis zu einem Gewicht, für das spezielle Umschlageinrichtungen benötigt werden). Im Unterschied zum Transport von Massengütern (wie Kohle, Erze, Rohöl, im Landverkehr ganz überwiegend mit Eisenbahn und Binnenschiff) erfolgt der Stückgutverkehr hauptsächlich im ↗Straßengüterverkehr und ist der wichtigste Tätigkeitsbereich der ↗Speditionen. Neue Wettbewerber für den herkömmlichen Stückgut- und Ladungsverkehr stellen die ↗KEP-Dienste dar, auch als Folge von E-Commerce (↗Einzelhandel). Im Seeverkehr erfolgt der Stückguttransport ganz überwiegend im ↗Containerverkehr.

Studienreise, Pauschalreise (↗Pauschaltourismus) mit begrenzter Teilnehmerzahl (i. d. R. 10–30 Teilnehmer), einem festen Thema und einem festgelegten Reiseverlauf sowie einer qualifizierten Reiseleitung. Studienreisen sind zumeist Busreisen, die häufig in Form von Rundreisen durchgeführt werden. In neuerer Zeit wurden auch andere Formen der Studienreise entwickelt (z. B. Wanderstudienreise). Der Reiseverlauf wird durch das Thema der Studienreise bestimmt (zumeist aus den Bereichen Geschichte, Kunstgeschichte, ↗Geographie, ↗Landeskunde, ↗Völkerkunde, ↗Zoologie, ↗Botanik usw.). Die fachliche Qualifikation der Reiseleitung setzt üblicherweise ein themenbezogenes Studium oder anderweitig erworbenes Wissen und gute Landeskenntnisse voraus (es gibt bislang keine anerkannte Ausbildung zum Studienreiseleiter in Deutschland). Studienreisen sind eine typisch deutsche Sonderform der Pauschalreise, die es in anderen Ländern nicht in vergleichbarer Form gibt. Bei den Teilnehmern handelt es sich überwiegend um Menschen im mittleren und fortgeschrittenen Alter (über 45 Jahre) in gehobener beruflicher Position, die über eine höhere Schulbildung und ein höheres Einkommen verfügen. Alleinstehende und Frauen sind in der Zielgruppe überrepräsentiert. Auf diesen Markt haben sich in Deutschland zurzeit ca. 30 ↗Reiseveranstalter spezialisiert. [ASte]

Studienverzichtsquote, Anteil der Abiturienten eines Jahrgangs, der die erworbene Berechtigung zu einem Hochschulstudium nicht wahrnimmt. ↗schulisches Bildungsverhalten.

Studierquote, *Hochschulbesuchsquote*, Anteil eines Jahrgangs oder einer Altersgruppe, der eine ↗Hochschule besucht.

Stufe, **1)** *Geologie*: ↗Stratigraphie. **2)** *Kristallographie*: eine Gruppe von Kristallen. **3)** *Geomorphologie*: dreidimensionale Reliefform beliebiger Größe bestehend aus den dominanten Formelementen Stufenfläche, Stufenkante und Stufenhang bzw. -böschung. Nach geologischem Bau, Genese und Reliefposition werden ↗Bruchstufen bzw. ↗Bruchlinienstufen, ↗Flexurstufen, ↗Rumpfstufen, ↗Schichtstufen und ↗Hangstufen unterschieden.

Stufenbildner ↗Schichtstufe.
Stufenfläche ↗Schichtstufe.
Stufenhang ↗Schichtstufe.
Stufenkante ↗Schichtstufe.
Stufenrückverlegung ↗Schichtstufe.
Stufenstirn ↗Schichtstufe.

Stufenvorland, Sammelbegriff für die Formsequenz von Stufenhängen und daraus anschließenden Fußflächen und Tälern.

Stupas, Reliquiendenkmäler in Form eines fenster- und türlosen Massivbaus, die im gesamten ↗Buddhismus verbreitet sind. Sie sind die ersten religiösen Symbole des Buddhismus in der Landschaft, die aus dem indischen, vorbuddhistischen Hügelgrab entstanden sind. Mit dem Tod des historischen Buddhas entwickelten sie sich zu speziellen buddhistischen Heiligtümern, indem nämlich Buddhas Reliquien im Verlauf des Ausbreitungsprozesses auf die wichtigsten Städte Indiens verteilt wurden. Als Reliquien gelten auch Abschriften aus den heiligen Schriften und andere körperliche Erinnerungen. Der Stupa gilt z.T. selbst als Reliquie und soll an das Nirvana Buddhas erinnern; deshalb muss er nicht unbedingt eine Reliquie enthalten. Die Achse des Stupas ist entsprechend den Himmelsrichtungen ausgerichtet (↗Kosmologie). Seine Gestaltung bedient sich unter Verwendung symbolischer Formen (Quadrat und Kreis; Würfel und Kugel) einer klaren Geometrie. Der Stupa entwickelte sich außerhalb Indiens weiter fort und führte zur ↗Pagode in Ostasien. [MB]

Sturm, Wind mit hoher Geschwindigkeit. Nach der ↗Beaufort-Skala sind Winde der Stärke 9 oder höher (>20,8 m/s bzw. >75 km/h) den Stürmen zuzuordnen. Auch die ↗Orkane zählen zu den Stürmen. Stürme treten insbesondere während der Übergangsjahreszeiten und über den Meeren auf.

Sturmflut, durch Starkwinde verursachter Anstau der Wassermassen, meist gesteigert noch durch extrem niedrigen Luftdruck, mit begleitender großer Wellenenergie und Wellenauflaufhöhe, häufig zerstörerisch an Gezeitenküsten, wenn der Windanstau mit der Springflut zusammenfällt. Dadurch werden Teile des Festlandes erreicht, überflutet oder geformt, die normalerweise schon jenseits des ↗Supralitorals liegen. Die Formungsenergie von Sturmfluten ist um ein Vielfaches größer als die normaler Flutstände.

Sturmtief, *Sturmzyklone*, *Sturmwirbel*, ↗Tiefdruckgebiet, das mit sehr niedrigem Kerndruck und demzufolge mit hohen Windgeschwindigkeiten verbunden ist. Der Kerndruck kann 975 hPa unterschreiten. Sturmtiefs treten auf, wenn durch die Überlagerung von bodennaher Warmluft und Höhenkaltluft extreme vertikale Temperaturunterschiede auftreten. Die dadurch bedingte extrem labile Schichtung wird durch starke Vertikalbewegungen, die zur Wolken- und Niederschlagsbildung führen, abgebaut. Die dabei freigesetzte latente Energie bewirkt eine Intensivierung des Sturmtiefs, in dessen Kern die Windgeschwindigkeiten bis zu Orkanstärke anwachsen können.

Sturzbäume, bei ↗Mittelwasser in oder über ein ↗Gerinnebett ragende oder umgestürzte Gehölze, die die Strömung beeinflussen. Sturzbäume und ↗Totholz gelten als wichtige natürliche Strukturparameter. Sie werden bei der Beurteilung der ↗Gewässerstrukturgüte als Strukturelemente herangezogen.

Sturzdenudation, plötzliche Massenbewegung in steilem Relief; führt zu flächenhaftem Abtrag.

Sturzhalde, Ansammlung von Sturzschutt, häufig unterhalb von Steinschlagrinnen.

Stützpunkt ↗*Bezugspunkt*.

Stüve-Diagramm, zu den ↗thermodynamischen Diagrammen zählendes Diagramm zur Auswertung ↗aerologischer Aufstiege (Abb.). In einem

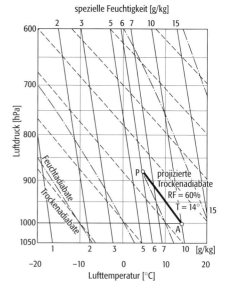

Stüvediagramm: Vereinfachtes Stüve-Diagramm.

Koordinatensystem wird auf der Abszisse die Lufttemperatur im linearen Maßstab aufgetragen mit nach oben verlaufenden Isothermen, auf der Ordinate wird der Luftdruck im exponentiellen Maßstab aufgetragen, mit waagerecht abzweigenden Isobaren. Die von rechts unten nach links oben verlaufenden Trockenadiabaten (↗Adiabaten) bilden eine Schar gerader Linien, die sich im außerhalb des Diagramms gelegenen Nullpunkt von Lufttemperatur und Luftdruck treffen. Die

Trockenadiabaten sind mit derjenigen Temperatur beziffert, bei der sie die Temperaturskala an der 1000-hPa-Isobaren kreuzen. Die Feuchtadiabaten verlaufen in gleicher Orientierung, aber steiler und nach links gekrümmt, sie nähern sich bei Temperaturen unter −40°C den Trockenadiabaten. Sie werden mit der pseudopotenziellen Temperatur (↗potenzielle Temperatur) beziffert. Darüber hinaus enthält das Stüve-Diagramm Linien der gleichen ↗spezifischen Feuchte, Angaben zur Berechnung der absoluten Höhen der Luftdruckflächen, die ICAO-↗Standardatmosphäre, eine Skala für Energieberechnungen und ein auf der ↗Maguns-Formel basierendes Diagramm zur Bestimmung der relativen Luftfeuchte. Als Basisdaten dienen i. d. R. die mit Radiosonden (↗Wetterballonen) in verschiedenen Druck- und damit Höhenniveaus gemessenen meteorologischen Größen Luftdruck, Lufttemperatur und relative Luftfeuchtigkeit. Für die Auswertung werden zunächst für die einzelnen Höhenniveaus die Luftdruck-/Lufttemperaturwertpaare in das Diagramm eingetragen (in der Abb. z. B. 1000 hPa, 14°C für Messpunkt A). Für diesen Diagrammpunkt lässt sich anschließend die spezifische Sättigungsfeuchte (d. h. die bei gegebenem Luftdruck und gegebener Lufttemperatur maximal mögliche spezifische Feuchte) ablesen (im Beispiel 10 g/kg). Wenn die relative Luftfeuchte RF wie im Beispiel mit 60 % gemessen wurde, so errechnet sich die tatsächliche spezifische Feuchte zu $0{,}6 \cdot 10$ g/kg = 6 g/kg. Der Höhenluftdruck des Kondensationsniveaus kann nun bestimmt werden, indem man die Trockenadiabate auf den Punkt A projiziert und anschließend den Luftdruck für den Schnittpunkt der Trockenadiabaten mit der 6 g/kg-Sättigungsfeuchtelinie abliest (im Beispiel Punkt B bei ca. 890 hPa). Der Taupunkt lässt sich durch Ablesen der Lufttemperatur am Schnittpunkt von gemessenem Luftdruck und der Sättigungsfeuchtelinie bestimmen (im Beispiel ca. 7°C). Zur Interpretation der ↗Schichtung werden diese Ausweiteschritte jeweils für die Messwerte aus den gemessenen Höhen- bzw. Druckniveaus wiederholt und anschließend die resultierenden Adiabaten miteinander verglichen. Die Lage und der Grad der Abweichung von den Adiabaten gibt schließlich Auskunft über die unter- oder überadiabatische ↗Schichtung der Atmosphäre. [DD]

subaquatische Moräne ↗Moränen.
Subatlantikum ↗Quartär.
Subboreal ↗Quartär.
Subduktion, das Abtauchen von (ozeanischen) Lithosphärenplatten unter benachbarte Krustenteile. ↗Plattentektonik.
Subduktionszone, langgezogene Region, an der ein Krustenteil bzw. eine Lithosphärenplatte unter einen benachbarten Krustenteil abtaucht (↗Subduktion), wie beispielsweise die (ozeanische) Pazifische Platte unter die (kontinentale) Andenplatte. ↗Plattentektonik.
subfossil, sind Lebewesen, die in historischer Zeit gestorben sind und in geologische Schichten eingelagert wurden.

Subhydrische Böden, *Unterwasserböden*, Klasse der ↗Deutschen Bodensystematik; Abteilung: Semisubhydrische und subhydrische Böden; Zusammenfassung von Böden, die am Grund von Binnengewässern entstehen, stets wassergesättigt sind und in der Regel einen humosen ↗F-Horizont aufweisen. Zu dieser Klasse gehören die ↗Bodentypen ↗Protopedon, ↗Dy, ↗Gyttja und ↗Sapropel. Sie werden nach ↗FAO-Bodenklassifikation nicht klassifiziert.

Subjekt [von lat. *subjectu* = Zugrundeliegendes und Unterworfenes), philosophische und soziologische Konstruktion eines anthropologischen Typus des Menschen als reflektierendes und handelndes Wesen, die ihren Ursprung in der Aufklärung hat. Ausgangspunkt der Subjektdiskussion ist die Definition des Ich (Ego) als denkendes Wesen gegenüber der objektiven Welt (Descartes). Kant betont, dass auch die Erkenntniskategorien der objektiven Welt, wie Zeit, Raum und Kausalität, dem Subjekt zuzurechnen seien. Fichte beschreibt das erkennende Subjekt als autonomes, sich selbst setzendes Wesen, welches durch sein Handeln Handelnder und Handlungsprodukt zugleich sei und somit als absoluter Ursprung aller Wirklichkeit bezeichnet werden könne. Die Subjektidee umfasst nicht nur individuelle, sondern auch kollektive Einheiten wie »den Menschen«, den »Weltgeist« (Hegel), Klassen (Marx), Völker (↗Ratzel), ↗Nationen, ↗Ethnien oder ↗soziale Gruppen. Im 19. und 20. Jh. hat sich die Konstruktion des Subjektes in zahlreiche Untereinheiten aufgespalten. Dies gilt z. B. für die psychoanalytische Differenzierung zwischen Es, Ich und Überich (Freud) und die Unterscheidung zwischen Ego und Alter Ego. Auch die Theorie des ↗symbolischen Interaktionismus beruht auf einer Differenz zwischen spontan handelndem »I« und sozial konstruiertem »me« (Mead). ↗Subjektivität. [WDS]

Literatur: [1] THRIFT, N. & PILE, S. (Hrsg., 1995): Mapping the Subject-Geographies of cultural transformation. – London. [2] ZIMA, P. (2000): Theorie des Subjektes. – Tübingen.

Subjektivität, verweist als Gegensatz zu ↗Objektivität auf alles was mit einem ↗Subjekt verbunden ist, dem Subjekt entspringt, ein Gebilde des Subjektes darstellt, und bezeichnet folglich auch die Eigenständigkeit bzw. Besonderheit der Erkenntnis eines einzelnen Subjektes. Darin ist auch das Verständnis eingeschlossen, dass »subjektiv« alles bezeichnet, was nicht für alle Erkenntniswert besitzt, nicht für alle gleichermaßen gültig, also ein persönlich gefärbter, parteilicher Ausdruck des (Be-)Urteilens ist. In der phänomenologischen (↗Phänomenologie) und hermeneutischen (↗Hermeneutik) ↗Wissenschaftstheorie wird das Subjekt und damit die Subjektivität zum zentralen Ausgangspunkt des Wirklichkeitsverständnisses gemacht. Ausgehend von der These, dass auch die Feststellung von Objektivität auf einem subjektiven Erkenntnisakt beruht, wird nach den Bedingungen von deren Existenz gefragt. Subjektivität wird dann nicht mehr als eine verzerrte Form des eigentlich Objektiven verstanden, sondern die Objektivität als ein Ausdruck intersubjektiv (↗Intersubjektivität) gültiger Konstitutionsleitungen einer Mehrzahl von Subjekten. [BW]

Subkulturen, *marginale Systeme*, Randgruppen eigenständiger Ausprägung innerhalb einer größeren Kultur, die aufgrund ihres normabweichenden Verhaltens auffallen (z. B. kulturelle oder soziale Verhaltensweisen einzelner Bevölkerungsgruppen, aber auch ethnischer Gruppen (↗Ethnie) und Minderheiten oder sozialer Randgruppen innerhalb einer Aufnahme- oder »Normalgesellschaft«).

Sublimation, *Eisverdunstung*, direkter Übergang vom festen in den gasförmigen ↗Aggregatzustand unter Umgehung der flüssigen Phase. In der Klimageographie beschreibt die Sublimation den direkten Phasenübergang von Eis zu Wasserdampf. Daher wird die Sublimation oft als Eisverdunstung bezeichnet. Fälschlicherweise wird häufig auch für den umgekehrte Vorgang, also die direkte Umwandlung von Wasserdampf in Eis der Begriff Sublimation verwendet. Der korrekte Begriff für diesen Vorgang lautet ↗Deposition oder *Fusion* (engl.). Die zur Sublimation benötigte Energie, die bei der Deposition wieder in ↗fühlbare Wärme (Sublimationswärme) umgesetzt wird, ist gleich der Summe aus ↗spezifischer Schmelzwärme und spezifischer Verdampfungswärme (↗Verdampfung). Die Sublimation ist ein effektiver Mechanismus zur Auflösung von hohen Eiswolken, während die Deposition eine bedeutende Rolle bei der Niederschlagsbildung in Mischwolken der mittleren Breiten spielt (↗Bergeron-Findeisen-Prozess). [JB]

Sublimationsadiabate ↗Adiabate.

Sublimationskerne ↗Gefrierkerne.

Sublitoral, unteres Stockwerk des ↗Litorals, gewöhnlich ständig wasserbedeckt, aber noch durch Küstenprozesse wie ↗Brandung und Lichteinfluss bestimmt. ↗Meer Abb.

submarine Quelle ↗Karsthydrologie.

submers, *untergetaucht*, Begriff für unter der Wasseroberfläche lebende ↗Wasserpflanzen.

subpolare Gletscher, *polythermaler Gletscher*, ↗Gletschertypen.

subpolare Tiefdruckrinne, Gürtel niedrigen Luftdrucks, der auf beiden Hemisphären im Mittel zwischen 55–65° Breite auftritt. Der Kernbereich der subpolaren Tiefdruckrinne fällt im Mittel mit der ↗planetarischen Frontalzone zusammen. Die subpolare Tiefdruckrinne entsteht dadurch, dass die ↗Zyklogenese und die Wanderung der ↗außertropischen Zyklonen an den Bereich maximaler meridionaler Temperaturgradienten im Bereich der Frontalzone gebunden ist. Im mittleren Bodenluftdruckfeld drückt sich diese Erscheinung durch die subpolare Tiefdruckrinne aus, die allerdings in den Bereichen, in denen nahezu regelhaft Zyklonen gebildet werden bzw. anhaltend stationär bleiben, minimale Druckwerte ausweist. Beispiele sind das Islandtief und das Aleutentief auf der Nordhemisphäre.

Subrosion, unterirdische, flächenhafte Auslaugung leicht löslicher ↗Karstgesteine. Der Begriff findet vorherrschend in Zusammenhang mit ↗Salinarkarst Verwendung.

Subrosionsbecken, großräumige Geländedepression, die durch kontinuierliches Nachsacken der Geländeoberfläche über Subrosionszonen entstanden ist. Subrosionsbecken stellen wichtige regionale Sedimentfallen dar und beherbergen häufig Rohstofflager (z. B. Mitteldeutsche Braunkohlelagerstätten über Subrosionszonen im Zechsteinsalinar).

Subsequenz ↗konsequente Flüsse.

Subsidenz, lokale Massenbewegung, die hauptsächlich durch eine Abwärtsbewegung bzw. ein Absinken der (festen) Erdoberfläche mit wenig oder keiner Horizontalbewegung umfasst und die nicht entlang einer freiliegenden Fläche erfolgt. Subsidenz kann ein Ergebnis von natürlichen geologischen Prozessen wie Lösung, Erosion, Oxidation oder Kompaktion von Material im Erdinneren, ↗Erdbeben oder ↗Vulkanismus sein, aber auch von menschlicher Aktivität wie die Entfernung von festen, flüssigen oder gasförmigen Stoffen aus dem Untergrund. Im geologisch-tektonischen Sprachgebrauch wird unter Subsidenz das Absinken eines großen Anschnitts der Erdkruste relativ zu benachbarten Arealen verstanden, wie die Bildung einer Riftsenke oder das Absenken von Küstenabschnitten durch tektonische Bewegungen.

Subsidiaritätsprinzip ↗Europäische Raumordnung.

subsilvines Bodenfließen, Prozess, bei dem fließfähiges Substrat durch starke Durchfeuchtung unterhalb des Wurzelgeflechts von Bäumen ins Fließen kommen kann. Es ist nötig, dass ein Auslass für das mobilisierte Substrat be- oder entsteht, wie z. B. Flusseinschnitte oder Straßentrassen. Der Prozess ist in den feuchten Tropen besonders häufig zu beobachten.

Subsistenzwirtschaft, Wirtschaftsweise vorwiegend im Bereich der ↗Landwirtschaft, deren Produktionsziel ganz oder nahezu ausschließlich die Selbstversorgung der Besitzer und deren Familien ist. Subsistenzwirtschaft umfasst auch die Erträge aus Jagen und Sammeln. Sie stellt ein geschlossenes, autarkes System dar, in dem ohne Marktorientierung und Gewinn und nicht arbeitsteilig produziert wird. In einem weiteren Sinne wird auch bei einem Marktanteil von 25 % des Rohertrages noch von Subsistenzwirtschaft gesprochen. So umfasst sie schätzungsweise in Lateinamerika noch 30–40 %, in Afrika über 50 % der Agrarproduktion (zum Vergleich: BRD 11 %, USA 3 %). Dort hat sie beim gleichzeitigen Fehlen sozialer Sicherungsnetze große Bedeutung.

subskalig, subskalige Anteile (meteorologischer) Felder sind die bei vorgegebenen Gitterweiten und Zeitschritten eines numerischen Modells nicht aufgelösten Variationen. Bei ↗Klimamodellen beträgt z. B. die Gitterweite ca. 300 km, sodass die Mehrzahl mesoskaliger Vorgänge (Fronten, Land-Seewind-Zirkulationen, Berg-Talwind-Zirkulationen, Gewitterzellen) unberücksichtigt bleiben. Die Wirkungen dieser Prozesse auf die skaligen (vom Modell aufgelösten Variationen) werden vereinfachend dargestellt (in sog. parametrisierter Form). Die Grenze zwischen subskaligen und skaligen Prozessen hängt vom verwendeten Modell ab. Die durch ein Modell nicht dargestellten Wechselwirkungen mit subskaligen Vorgängen können die Anwendbarkeit stark beschränken.

Subspezies, *Unterart*, ↗Art.

Substrat, umfasst eine Vielzahl von Bedeutungen. In der Bodenkunde bezeichnet Substrat bzw. *Ausgangssubstrat* die Substanz, die schon vor Einsetzen der Bodenbildung vorhanden war, aus welcher der Boden hervorgegangen ist bzw. hervorgeht. Schwierigkeiten der Abgrenzung entstehen, wenn während der Bodenbildung frisches Material (insbesondere ↗Löss) auf dem Boden abgelagert und möglicherweise sogar in ihn eingemischt wird. In der ↗Geomorphologie steht Substrat (*Material*) für mobilisierbare Körner. In der Biologie bedeutet Substrat Nährboden (in der Natur ist das in der Regel der Boden, auf dem die Pflanze wächst). In der ↗Geologie bezeichnet man mit Substrat einen Gesteinskörper, der unmittelbar unter einem anderen liegt. In der ↗Hydrologie versteht man unter Substrat organische Nährstoffe für das Wachstum von Mikroorganismen und Plankton.

Substratdiversität, die Häufigkeit und die Intensität des Wechsels der natürlichen Sohlenkorngrößenzusammensetzung im Flusslängs- und Flussquerprofil eines betrachteten Laufabschnittes eines ↗Fließgewässers. Die Substratdiversität kann näherungsweise als Maß für die Flussmorphodynamik gelten, denn je natürlicher die morphologische Dynamik, desto höher die Substratdiversität. Sie wird als Einzelparameter zur Beurteilung der ↗Gewässerstrukturgüte herangezogen; hierbei gilt es, die Substratdiversität zu einer der je nach betrachtetem ↗Fließgewässertyp aufgestellten Diversitätsstufen zu registrieren.

Substrateigenschaften, Eigenschaften, insbesondere physikalische und chemische, der oberflächennahen Materialien. Die Bestimmung der einzelnen Substrateigenschaften wird wie folgt durchgeführt: a) Die Korngröße wird für die einzelnen ↗Korngößenklassen mit unterschiedlichen Verfahren bestimmt: direkte Messung an Grobkomponenten, Siebung von Sand und indirekte Bestimmung meist mithilfe der Sinkgeschwindigkeit (Pipetieren) bei Schluff und Ton. b) Die Partikelform kann visuell beschrieben werden, präziser sind Messungen unter dem Mikroskop (evtl. Rasterelektronenmikroskop (REM) oder Schablonen bei Steinen). c) Ausrichtung der Partikel im Raum, die z. B. durch Messung der Einregelung oder Bestimmung des ↗Gefüges bestimmt wird. d) Masse und ↗Lagerungsdichte werden durch Wiegen und Messen des Volumens in natürlicher Lagerung, z. B. durch Ermittlung der Wasserverdrängung, gewonnen. Nach Bestimmung des spezifischen Gewichts lässt sich die ↗Porosität des Substrats ermitteln. Die Porenverteilung muss durch mikroskopische Methoden bestimmt werden. e) Wasserleitfähigkeit und Infiltrationskapazität bestimmen den Wasserhaushalt eines Substrats. Sie können im Labor mit Durchflussversuchen bestimmt werden. Die wesentlich aussagekräftigere Bestimmung im Feld ist aufwändiger und wird mit künstlichen Wassergaben und deren Versickerungsgeschwindigkeit auf einer definierten Fläche (Permeameter), Druckmessungen im Substrat (Tensiometer) oder Auffangbehältern erzielt. f) Wassergehalt und Saugspannung (negativer Druck, mit dem Wasser in den Poren des Substrats zurückgehalten wird) werden durch Ofen-Trocknung bzw. Tensiometer oder TDR-Sonden erfasst. g) Die spezifische Oberfläche ist die Oberfläche der Partikel, bezogen auf die Masse, und beeinflusst das physikochemische Verhalten der Partikel im Sediment. Sie wird am einfachsten mit Flüssigpermeametern oder durch Gasadsorption bestimmt. h) Von Bedeutung für viele geomorphologische Prozesse ist die Materialfestigkeit. Im Gelände einfach zu bestimmen sind die Konsistenzgrenzen (fest, brüchig, plastisch, flüssig, abgegrenzt durch Schrumpf-, Ausroll- und Fließgrenze). Zur Messung gibt es zahlreiche Verfahren (Penetrometer, Hammertest, Scherkasten, Triaxialzelle), die z. T. aus der Ingenieurgeologie stammen. i) Der ↗pH-Wert wird mit dem pH-Meter in Wasser oder $CaCl_2$ gemessen. j) Elementkonzentrationen, die z. B. über Verwitterungsvorgänge im Substrat Aufschluss geben, werden im Feld mit ionenselektiven Elektroden oder im Labor mit Photometrie oder Atomabsoptionsspektrometrie bestimmt. k) Die mineralische Zusammensetzung ist z. B. für Stabilitätsabschätzungen oder zur Beurteilung von Verwitterungsvorgängen von Bedeutung. Bei ↗Tonmineralen wird sie durch Röntgenbeugung, Röntgenfluoreszenz oder mit dem REM zumindest semi-quantitativ ermittelt. Größere Mineralkörner können einzeln mit dem Polarisationsmikroskop anhand ihrer optischen Eigenschaften oder mit der Mikrosonde in ihrer Elementzusammensetzung bestimmt werden. [AK]

Substratfresser, *geophage Tiere*, die das Substrat, in dem sie leben, fressen und die darin enthaltenen organischen Stoffe verdauen, z. B. Wattwürmer oder Regenwürmer. Da der Anteil der unverdaulichen Substanz hoch ist, müssen sie so viel Substrat aufnehmen und auch wieder ausscheiden, dass sie ihr Substrat in der Struktur bedeutend verändern können (↗Bioturbation). Regenwürmer werden deshalb auch als Ökosystem-Ingenieure (ecosystem engineers) bezeichnet. ↗Bodenfauna, ↗Ernährungsweise.

subterran, unter der Erdoberfläche.

subtraktive Farbmischung ↗Farbmischung.

Subtropen, polwärts an die ↗Tropen angrenzende Übergangszone zwischen den Wendekreisen bis maximal in 45° Breite. Sie werden geprägt durch passatische Trockengebiete sowie warmgemäßigte mediterrane Klimazonen. Im Sommer sind sie strahlungsreich und, im Einzugsgebiet des subtropischen Hochdruckgürtels gelegen, sommertrocken. Hohe sommerliche Lufttemperaturen sind charakteristisch und Dürreperioden

Suburbanisierung: Teufelskreise der Suburbanisierung und Desurbanisierung.

möglich. Im Winter gelangen sie teilweise unter den Einfluss der zyklonalen Tätigkeit der außertropischen Westwindzirkulation der ↗gemäßigten Breiten. Räumlich stark differenzierte Winterregen bei vergleichsweise milden Temperaturen sind die Folge.

Subtropikfront, *Subtropenfront,* Frontalzone der mittleren und oberen ↗Troposphäre, die nur selten bis ins Bodenniveau herabreicht. Sie kennzeichnet die Luftmassengrenze zwischen der tropischen und der gemäßigten Luft und verläuft im Jahresmittel in etwa 25–35° Breite auf beiden Hemisphären. Im Tropopausenniveau tritt im Bereich der Subtropikfront der subtropische Strahlstrom (STJ, ↗atmosphärische Zirkulation) in Form einer sehr regelmäßig ausgebildeten, eng begrenzten Zone sehr hoher Westwindgeschwindigkeiten in Erscheinung.

subtropischer Hochdruckgürtel, *subtropischer Trockengürtel,* ein auf beiden Hemisphären in 25–40° Breite ausgebildeter Bereich langlebiger Hochdruckzellen. Dies sind auf der Nordhalbkugel z. B. das Azorenhoch und das Bermudahoch, auf der Südhalbkugel das St. Helenahoch und das ostpazifische Hoch. Die Hochdruckzellen entstehen dynamisch durch Massenzufluss in der Höhe, was zu absteigender Luftbewegung, Wolkenauflösung und damit zu Trockenheit führt. Wegen der Land-Meer-Verteilung liegt der subtropische Hochdruckgürtel auf der Nordhalbkugel 5° weiter polwärts als auf der Südhalbkugel. Jahreszeitlich verschiebt er sich entsprechend dem Sonnenhöchststand. Außerdem besteht ein enger statistischer Zusammenhang zwischen der geographischen Breite des Auftretens des subtropischen Hochdruckgürtels und dem meridionalen Temperaturgradienten zwischen 35° und 60° Breite. [DKl]

suburbaner Raum ↗Stadtentwicklungsmodell.

Suburbanisierung, in hoch industrialisierten Ländern die durch die ↗Stadtflucht verursachte Expansion der Städte in ihr Umland und die damit verbundene innerregionale Verlagerung des Wachstumsschwerpunktes von Bevölkerung, Produktion, Handel und Dienstleistungen aus der ↗Kernstadt in das städtische Umland. Nach ihren drei Teilprozessen können Bevölkerungssuburbanisierung, Industriesuburbanisierung und Suburbanisierung des tertiären Sektors unterschieden werden. Die Suburbanisierung führt zu vielfältigen raumplanerischen Stadt-Umland-Problemen (z. B. erhöhte Verkehrsbelastungen durch Pendlerverkehr) sowie zum Funktionsverlust der Kernstadt (Abb.). Diesem versucht man durch Maßnahmen zur Attraktivitätssteigerung (↗Stadtmarketing) entgegenzuwirken. Bevölkerungssuburbanisierung steht im ↗Stadtentwicklungsmodell für eine Phase der intraregionalen Dekonzentration der Bevölkerung. Bei Zunahme der Einwohnerzahlen im Verdichtungsraum insgesamt erfährt die Kernstadt einen Rückgang, während der suburbane Raum v. a. Gewinne aus Stadt-Umland-Wanderungen bzw. ↗intraregionalen Wanderungen verzeichnet. Die *Kern-Rand-Wanderungen* waren zunächst eher *Stadtrandwanderungen*, also Wanderungen in die Stadtrandgemeinden, die Zielgebiete verlagerten sich im Laufe der Zeit z. B. aufgrund verbesserter Verkehrserschließung und Verkehrsmittel in immer größere Distanzen, sodass die flächenhafte Expansion der Siedlungsentwicklung in das Umland dort u. a. die ↗Bevölkerungsdichte erhöhte sowie die Zahl der Pendler (↗Zirkulation) intensivierte.

Suburbia, Vororte bzw. Gebiet der Gemeinden in unmittelbarer Nähe zu einer größeren Stadt, mit der sie enge funktionale Verflechtungsbeziehungen verbinden. Sie weisen einen hohen Auspendleranteil in die ↗Kernstadt auf und verzeichnen im Zuge der ↗Suburbanisierung, der Verlagerung des Wachstumsschwerpunktes von der Kernstadt in das Umland bzw. der Stadt-Rand-Wanderung eine hohe Bevölkerungs- bzw. Arbeitsplatzzunahme. Das stetig wachsende suburbanisierte Umland einer Großstadt führt in siedlungsstruktureller Sicht zur Herausbildung von ↗Verdichtungsräumen und in funktionaler Betrachtung zu Entleerungsprozessen der Kernstadt (↗funktionaler Stadtverfall) durch Abwanderung der finanzstarken Bevölkerung und der Arbeitsplätze.

subvariskische Saumtiefe, eine geotektonische Einheit der ↗variskischen Gebirgsbildung, erstreckt sich nördlich des ↗Rhenoherzynikums von Südengland ostwärts, heute in Belgien, den Niederlanden und Westfalen repräsentiert. Die subvariskische Saumtiefe beinhaltet sedimentäre Gesteinskomplexe devonischen bis unterkarbonen Alters, die als Abtragungsprodukte des aufsteigenden variskischen Berglandes entstanden und bis über 6000 m Mächtigkeit erreichen. Die Deformationen des Variszikums erreichten die subvariskische Saumtiefe erst gegen Ende des Westfals (Oberkarbon).

Subventionen, Geldtransfers oder geldwerte Leistungen der öffentlichen Hand an Unternehmen, die entweder in Form von direkten Zahlungen aus öffentlichen Budgets (Zuschüsse, Darlehen, Bürgschaften) oder durch Verzicht auf staatliche Einnahmen (Steuervergünstigungen, Gebühren- und Beitragsermäßigungen) geleistet werden. Weitere Subventionsformen sind staatliche Ankäufe von Vermögensgegenständen, Waren oder Dienstleistungen zu Preisen, die oberhalb des Marktpreises liegen, bzw. die Abgabe von staatlichen Gütern oder Leistungen zu Preisen unterhalb der Marktpreise. Auch die staatliche Absicherung von Exporten durch ↗Hermesbürgschaften sind den indirekten staatlichen Subventionen zuzurechnen. Ziel staatlicher Subventionspolitik ist es, Unternehmensstrategien in einer Weise zu beeinflussen, dass sie der Erreichung wirtschaftlicher Interessen und politischer Zielvorgaben, wie z.B. der Schaffung von Arbeitsplätzen oder der Einhaltung von Umweltstandards, förderlich sind. [IJ]

Subvulkan, Masse von magmatischen Schmelzen, die in der Erdkruste bis zu wenigen Kilometern Tiefe erstarrte. Je nach Gestalt und Verbindung zur Erdoberfläche werden mannigfaltige Typen unterschieden, wie Lagergänge, Quellakkolithe, Quellkuppen etc. ↗Vulkan, ↗Lagerung.

Suchraum ↗Wohnungssuche.

südafrikanische Post-Apartheid-Stadt, ↗kulturgenetischer Stadttyp, der 1991 mit der Aufhebung der wichtigsten ↗Apartheid-Gesetze (»Population Registration Act« und »Group Areas Act«) entstand. Strukturelle Veränderungen (↗Stadtstruktur) begannen in Südafrika jedoch bereits während der »Reform-Apartheid« nach den »Soweto-Unruhen« von 1976, die grundlegende politische Reformen und eine Lockerung der Apartheid-Gesetzgebung einleiteten. Die Errichtung von free trading und free settlement areas in der Innenstadt erlaubte erstmalig allen Bevölkerungsgruppen (Weiße, Schwarze, Inder, Chinesen und Coloureds), in ausgewiesenen Stadtgebieten zu wohnen bzw. Handel und Gewerbe zu betreiben. Vor allem der schwarzen Bevölkerung war bis dahin der ständige Aufenthalt in weißen Gebieten nicht erlaubt. Erst seit 1975 konnten Schwarze in den ↗Townships Grund und Boden pachten und seit 1986 auch kaufen. Zu Beginn der 1980er-Jahre wurden zudem die Passgesetze, die den Zustrom schwarzer Arbeitskräfte in die Städte kontrollierten (influx control) aufgehoben. Akuter Wohnungsmangel in nicht-weißen Wohngebieten und Wohnungsleerstand in weißen Innenstadtgebieten führte zum »Einsickern« (↗Invasion und ↗Sukzession) nicht-weißer Bevölkerungsgruppen. Diese illegalen »grey areas« wurden jedoch geduldet und später legalisiert. Somit entstanden bereits vor Aufhebung der planmäßigen, gesetzlich verankerten ↗Segregation in der Apartheid-Stadt gemischtrassige Wohn- und Gewerbegebiete.

Der Wandel zur Post-Apartheid-Stadt kann jedoch nicht losgelöst von den nachhaltig wirkenden sozialräumlichen Strukturen (↗Sozialraumanalyse) der Apartheid-Stadt (Abb. 1) betrachtet werden. Während der Apartheid erfolgte die soziale Schichtung primär durch die gesetzlich geregelte Rassentrennung, die den verschiedenen Rassen durch Eisenbahngleise, Straßen, Industrieareale oder unbebaute Flächen räumlich voneinander getrennte Bezirke zuwies. Die nicht-weißen Wohngebiete wurden in der Nähe der ringzonal von der City ausgehenden Industrie- und Gewerbeareale angesiedelt, um Pendelwege durch weiße Wohnviertel zu vermeiden. Ferner kam es innerhalb der weißen Gebiete zu einer sozioökonomischen Viertelsbildung mit sektoraler Aufgliederung nach der sozialen Schichtzugehörigkeit. Die Wohngebiete der Oberschicht lagen entlang der wichtigsten Verkehrslinien, gefolgt beiderseits von den Wohnvierteln der Mittelschicht. In räumlicher Nähe zur Industriezone folgten Gebiete der weißen Unterschicht. In den Townships der Schwarzen vollzog sich eine Differenzierung in ethno-linguistische Viertel. Die resultierende Stadtstruktur zeigt eine von der ↗City ausgehende zonale Gruppierung von Industrie- und Gewerbezone sowie unterschiedlichen Wohngebieten der weißen Bevölkerung.

Die südafrikanische Post-Apartheid-Stadt (Abb. 2) zeichnet sich sowohl durch die Aufweichung der bisherigen rassisch bestimmten inneren Differenzierung als auch durch neue Strukturelemente, wie die rapide Erweiterung weißer Wohnviertel in den suburbanen Raum, aus. Dabei weisen Vorstädte der Mittel- und Oberschicht jedoch den geringsten Wandel in der sozioökonomischen und ethnisch-rassischen Zusammensetzung auf, da sie wegen des Bodenrentenmechanismus (↗Bodenrente) nicht leicht durch ärmere und andersartige Bevölkerungsschichten infiltriert werden können. Auch die nichtweißen Townships erfahren eine ↗Suburbanisierung. Verantwortlich dafür ist v.a. die hohe Zuwanderung nicht-weißer, ärmerer Bevölkerungsschichten in illegalen ↗Hüttensiedlungen (↗squatter settlements) am Stadtrand und im periurbanen Raum. Neu ist auch die zunehmende Ausdiffe-

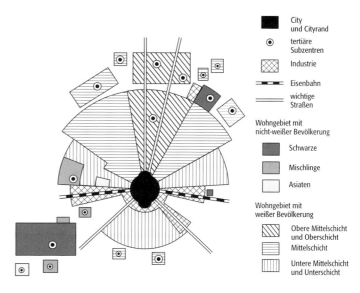

südafrikanische Post-Apartheid-Stadt 1: Modell der Apartheid-Stadt.

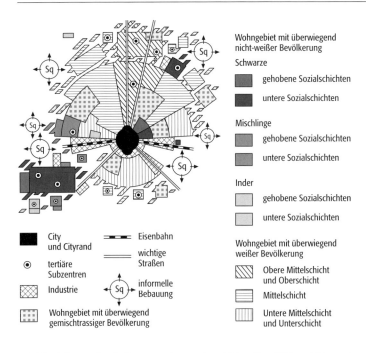

südafrikanische Post-Apartheid-Stadt 2: Modell der Post-Apartheid-Stadt.

renzierung der nicht-weißen Wohngebiete nach dem sozialen Status ihrer Bewohner sowie das vermehrte Auftreten gemischter Bevölkerungsgruppen in Zentrumsnähe. Nur selten wohnen hier jedoch auch Weiße. Größere Wohngebiete nicht-weißer, insbesondere schwarzer Bevölkerung haben sich im Anschluss an die Cityrandgebiete herausgebildet. Schwarze Unternehmen sind im CBD (↗Central Business District) noch die Ausnahme, während Inder und Coloureds, die über das notwendige Kapital sowie bessere Ausbildung und Englischkenntnisse verfügen, stärker in eine multikulturelle Wirtschaft integriert sind.

Die Post-Apartheid-Stadt zeigt zwar das Ende der strikten sozialräumlichen Segregation, jedoch auch deutliche Anzeichen für neue soziale Probleme: ↗Armut, Unterversorgung, ↗Arbeitslosigkeit und Gewaltkriminalität. Diese führen speziell in der City von Johannesburg zu einer Verödung durch signifikante Abwanderung weißer Konzernsitze und Unternehmen in die nördlich gelegenen Außenstädte. Auch aufgrund des großen Zustroms nicht-weißer Bevölkerung sowie der geringeren natürlichen Wachstumsdynamik verringert sich der Anteil der Weißen in den südafrikanischen Kernstädten deutlich. Die südafrikanische Post-Apartheid-Stadt lässt bereits deutliche Zeichen einer neuen sozialräumlichen Trennung nach amerikanischem Muster erkennen, wobei sich schwarze Kernstädte mit wirtschaftlichen, baulichen und sozialen Verfallstendenzen entwickeln und der Mittelstand und die Wirtschaftskraft sich in den suburbanen Raum verlagern. [AKs]

Süd-Kommission, 1986 auf dem Treffen der Blockfreien-Staaten in Harare eingesetzte Kommission zur Analyse der ↗Unterentwicklung der ↗Entwicklungsländer. Die Kommission bestand aus 26 Vertretern aus Entwicklungsländern und wurde von dem ehemaligen Präsidenten Tansanias, Julius Nyerere, geleitet. 1990 wurde der Bericht der Süd-Kommission (auch Nyerere-Bericht oder »Stimme des Südens«) in Caracas vorgelegt. In ihm wurde die Forderung nach einer ↗Neuen Weltwirtschaftsordnung wiederbelebt und eine ↗collective self-reliance der Entwicklungsländer gefordert.

Südliche Oszillation ↗ *Southern Oscillation.*
Südlicht ↗ *Aurora borealis.*
Süd-Süd-Beziehungen, *Süd-Süd-Kooperation,* bedeutendes entwicklungspolitisches Thema seit den 1970er-Jahren. Von Seiten der ↗Entwicklungsländer wurde eine verstärkte Verhandlungsmacht und gleichberechtigte Integration in den ↗Weltmarkt angestrebt. Diese den Entwicklungsländern gemeinsamen Interessen sollten u. a. durch eine intensivere Zusammenarbeit untereinander auf wirtschaftlicher, politischer, wissenschaftlich-technischer und kultureller Ebene erreicht werden. Beispiele für die Institutionalisierung der Süd-Süd-Beziehungen sind wirtschaftliche Zusammenschlüsse wie ↗ASEAN, der ↗Andenpakt, SADC oder COMESA. In einigen Regionen fand eine Ausdehnung des Süd-Süd-Handels und eine Zunahme der regionalen Kooperation statt, der Anteil der ärmsten Entwicklungsländer (↗Less Developed Countries) am Welthandel nahm jedoch nicht zu.

Suffosion [von lat. suffossus = untergraben, unterirdisch angelegt], *Suffossion,* subterraner, mechanischer Abtrag von Feinmaterial durch ↗Interflow (Zwischenabfluss) von Sickerwasser. Folge dieses Prozesses ist die Bildung von unterirdischen röhren- bis schalenartigen Hohlräumen (engl. Pipes, Prozess: ↗Piping). Beim Nachsacken oder Einbrechen hangender Sedimentschichten (↗Hangendes) entstehen entsprechende graben- oder kesselartige ↗Hohlformen, z. B. so genannte Lössbrunnen.

Sukkulenten ↗Sukkulenz.
Sukkulenz, Erniedrigung des Volumen/Oberfläche-Verhältnisses durch Anlage von ↗Wasserspeichergewebe. Der Sukkulenzgrad S ist das Verhältnis von Sättigungswassergehalt in g zur Oberfläche in dm^3. Das Speicherwasser wird von den *Sukkulenten* in Phasen guter Wasserversorgung eingelagert und ermöglicht die Aufrechterhaltung des photosynthetisch nötigen Gaswechsels in Phasen mit Trockenstress, ohne dass über die geöffneten Stomata nicht tolerierbare Wasserverluste auftreten. Sukkulenz ist auch häufig bei ↗Salzpflanzen zu beobachten. Stammsukkulenz tritt bei Kakteen der Neuen Welt und vielen Euphorbiaceen der Alten Welt auf. Bei beiden Gruppen erfolgt eine weitere Oberflächenreduktion durch Umbildung der Blätter zu Dornen. Bei manchen ↗Flaschenbäumen tritt die Entlaubung fakultativ auf. Familien, in denen Blattsukkulenz auftritt, sind u. a. die Crassulaceae, die Agavaceae, Bromeliacee und Orchidaceae. [MSe]

Sukzession, 1) *Landschaftsökologie*: ökologische *Sukzession,* steht allgemein für den Wandel der

Artenzusammensetzung an einem bestimmten Ort im Laufe der Zeit. Wenn im Zusammenhang mit Vegetation von »Sukzession« die Rede ist, ist üblicherweise progressive Sukzession gemeint, d.h. die zeitliche Aufeinanderfolge von Pflanzengesellschaften als gerichteter Vorgang, der von einer aus *Pionierarten* zusammengesetzten Pioniergesellschaft (↗Initialgemeinschaft, *Initialphase*) über eine Reihe von Entwicklungsstadien in eine mehr oder weniger stabile *Schlussgesellschaft* (*Terminalstadium, Endstadium, Klimax, Reifephase*) mündet. Dieses Modell impliziert u.a. steigende Artenvielfalt, wachsende Komplexität, größere Biomasse und floristische Stabilität. Retrogressive Sukzession (regressive Sukzession) bzw. Retrogression (Regression) hingegen beschreibt die Rückentwicklung zu früheren Stadien mit weniger Arten, geringerer Produktivität und Biomasse, wobei der Begriff bei verschiedenen Autoren unterschiedliche Verwendung findet: für langfristige Umweltveränderungen (z.B. Bodenauslaugung), für kurzfristige Folgen erheblichen Umweltstresses oder für natürliche Einbrüche im Regenerationsverlauf, die sowohl durch plötzliche Ereignisse (Feuer, Überschwemmungen usw.) als auch durch allmähliche Veränderungen stattfinden können (z.B. Nährstoffveränderungen im Boden). Anthropogene Entwicklungen werden eher dem Begriff »Degradation« zugeordnet.

Der Begriff Primärsukzession (*primäre Sukzession*) bezeichnet die Vegetationsentwicklung »in statu nascendi«, d.h. auf neu entstandenem, vormals unbewachsenem Substrat ohne entwickelten Boden (Abb. 1 im Farbtafelteil). Primärstandorte besitzen weder eine Diasporenbank (Samenbank) noch sonstiges organisches Material; jegliche Organismen müssen erst einwandern. Dagegen ist unter einer Sekundärsukzession (*sekundäre Sukzession*) die Etablierung einer ↗Ersatzgesellschaft oder die Regeneration vormals bereits existierender Vegetation zu verstehen. Dementsprechend findet ein solcher Vorgang üblicherweise auf entwickelten Böden statt, ein Großteil der Vegetation regeneriert sich aus bereits am Ort vorhandenen Diasporen. Trotz der scheinbar klaren Trennung beider Begriffe gibt es natürlich viele Übergänge. Manche Störungen (Ereignisse, die Biomasse zerstören und Ressourcen verfügbar machen, z.B. ↗Feuer) können Vegetation und Boden eines Standortes scheinbar völlig vernichten; dennoch ist häufig nicht auszuschließen, dass organische Reste auf der Störfläche verblieben sind. Zu erwähnen sind z.B. Flussdeltas, in denen zwar permanent Primärstandorte entstehen, deren Substrat aber wahrscheinlich schon organisches Material enthält. Ähnlich verhält es sich mit ↗Kryoturbation in alpinen Rasen, die Vegetation und Boden praktisch weitgehend durchmischen kann. Bestimmte Pflanzen sind jedoch in der Lage, aus winzigen Wurzelresten wieder auszutreiben. Angesichts dieser Tatsachen erfordert die Handhabung beider Begriffe eine gewisse Flexibilität.

Nicht unproblematisch ist auch die Unterscheidung endogener (bzw. autogener) und exogener (bzw. allogener) Sukzession. Normalerweise wird der Begriff endogene Sukzession gleichgesetzt mit Vegetationsveränderungen, die das Ergebnis biotischer Interaktionen bzw. biotischer Modifikationen der Umwelt sind. Exogene Sukzession liegt demnach vor, wenn der Vegetationswandel Ergebnis »äußerer« Einwirkungen der abiotischen Umwelt ist (Abb. 2). Da diese Unterscheidung nicht immer aufgeht, ist grundsätzlich festzuhalten, dass der Verlauf vieler Sukzessionen von endogenen und exogenen Faktoren gesteuert wird (»endo-exogene Sukzession«) und schon deshalb eine undifferenzierte Zuordnung wohl nur in Ausnahmefällen möglich und sinnvoll ist. Klare Aussagen lassen sich eigentlich nur für Pioniergesellschaften und Klimax treffen, denen am ehesten eine exogene bzw. endogene Dynamik zuzuweisen ist. Fraglich bleibt, welchen Nutzen

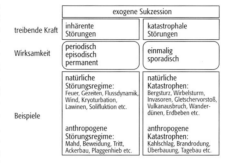

Sukzession 2: Mechanismen exogener Sukzession.

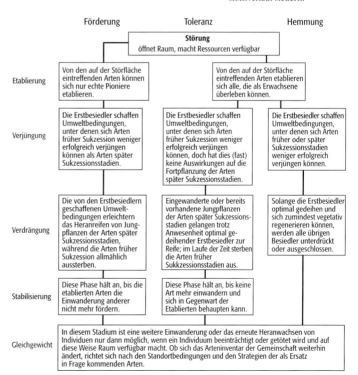

Sukzession 3: »Drei-Wege-Modell der Mechanismen, die die Abfolge der Arten im Sukzessionsverlauf steuern.

eine plakative Zuordnung für Folgegesellschaften brächte. Schon das »Drei-Wege-Modell« (Abb. 3) deutet trotz seiner Unvollständigkeit an, wie differenziert Wege der Sukzession betrachtet werden müssen, weil (abiotische) Umweltfaktoren und Lebensstrategien eng verflochtene, noch kaum berechenbare Steuermechanismen dieser Vorgänge sind.

Die klassische Vorstellung von Sukzessionen suggeriert, dass am Ende der Vegetationsentwicklung eine statische, homogene Klimaxgesellschaft (Monoklimax-Theorie) steht, die sich mit ihrer Umwelt in einem relativ stabilen biologischen Gleichgewicht befindet. Dass auch sie einer permanenten Entwicklung unterworfen sein könnte (Polyklimax-Theorie), ist eine Vorstellung, die sich erst in den letzten Jahrzehnten allmählich durchgesetzt hat. So wurde in der jüngeren Vergangenheit darauf hingewiesen, dass die Annahme einer stabilen Klimax nur dann zulässig ist, wenn dabei berücksichtigt wird, dass diese Stabilität auf großer Fläche durch kleinräumige, endogene Regenerationszyklen ermöglicht wird, die phasenverschoben im »Gesamtsystem« ablaufen (↗Mosaik-Zyklus-Konzept). Paradebeispiel für kleinräumige, zyklische Sukzession in Klimax-Systemen ist die *Lücken-Dynamik* (bzw. *gap dynamics*) in Wäldern. Umstürzende oder abgestorbene Bäume hinterlassen Lücken (engl. gaps) im Kronendach eines Waldes. Auf den entstehenden Lichtungen setzt eine Sukzessionsreihe ein, an deren Ende wieder der »Ausgangszustand« steht. Das oft inhomogene Erscheinungsbild eines Waldes wird als Ergebnis dieser »tree fall gap«-Dynamik aufgefasst.

Im Verlauf solcher Sukzessions- bzw. Regenerationszyklen können sich langfristig auch die Schlüsselarten ablösen. Damit hat die traditionelle Vorstellung ungestörter Dynamik (gleichmäßige Verteilung der Schlüsselarten, konstante Artenzusammensetzung am selben Standort) eine wesentliche Aufweitung erfahren. Störungen und störungsähnliche Effekte zählen ebenfalls zu den selbstverständlichen Mechanismen natürlicher Dynamik.

Praktisch alle ↗Ökosysteme unterliegen endogenen und exogenen Steuergrößen, wobei je nach Naturraum bzw. Ökozone die eine oder die andere Komponente überwiegt. Selbst großflächiges Waldsterben ist nicht unbedingt eine Naturkatastrophe, sondern eventuell eine Selbstverständlichkeit im Verlaufe von Regenerationszyklen. Ein Beispiel hierfür ist die Kohorten-Dynamik. Als landschaftsprägendes Phänomen wurde diese Erscheinung anhand der montanen Regenwälder auf Hawaii beschrieben. Dort starben große Waldflächen aus zunächst ungeklärter Ursache ab. Schließlich konnte nachgewiesen werden, dass weder Krankheiten noch Klimastress als hauptsächliche Auslöser des Massensterbens in Betracht kommen. Stattdessen rückte ein demographischer Faktorenkomplex in den Blickpunkt: eine auf alte Lavaströme zurückgehende, einheitliche Bestands- bzw. Altersstruktur (Kohorten), die ein gleichzeitiges Altern und schließlich auch Absterben der Bestände bedingt (Kohortensterben, cohort senescence). Der Begriff *Kohorte* wird in der Ökologie allgemein für Gruppen von Individuen einer Art verwendet, die während des gleichen Zeitintervalls geboren sind, ist also für die Sukzessionsforschung von grundsätzlicher Relevanz. Wenn Sukzessionen auf großer Fläche stattfinden und wie im oben beschriebenen Fall landschaftsprägend wirken, ist bisweilen auch von *Landschaftssukzession* die Rede. Dieser Begriff bezieht sich ursprünglich jedoch einerseits auf anthropogen bedingten Landschaftswandel andererseits auf die langfristige, erdgeschichtlich bedingte Abfolge von Landschaftstypen (in Mitteleuropa z.B. durch den postglazialen Klimawandel hervorgerufene Folge von Tundratyp, Steppentyp und diversen Waldtypen).

Karussell-Dynamik bezeichnet dagegen die endogene Mikrosukzession in gräserdominierten Ökosystemen. Die meisten im System vorkommenden Pflanzenarten können im Laufe relativ kurzer Zeit in jedem Teilbereich des bezüglich seiner Standorteigenschaften homogenen Ökosystems auftreten. Dabei »durchwandern« die Populationen die Lebensgemeinschaft, indem sie an einer Stelle verschwinden, an anderen aber neu Fuß fassen. Die Artenzahl pro Flächeneinheit bleibt unterdessen nahezu konstant. Weite Bereiche des Systems weisen eine große Ähnlichkeit auf, gleichbleibend wenige Teilbereiche fallen aus dem Rahmen, und über die Jahre hinweg sind es immer wieder andere, die ein »abnormes« Erscheinungsbild aufweisen. Damit steht das *Karusell*-Modell in der Nähe des Mosaik-Zyklus-Konzeptes.

2) *Sozialgeographie*: Begriff aus der ↗Sozialökologie, der die Änderung der Bevölkerungszusammensetzung eines Stadtviertels, d.h. die Ablösung einer sozioökonomischen Gruppe – oder einer bestimmten Nutzung – durch eine nachfolgende, beschreibt. Sukzession erfolgt in zyklischen Stadien und ist mit sozialem Auf- oder Abstieg verbunden. Eine typische Abfolge in innerstädtischen Wohnquartieren der USA war: Wegzug des Mittelstands, Verfall, Einzug der Unterschicht, Totalsanierung durch die öffentliche Hand, Büroflächenbau durch private Investoren (↗US-amerikanische Stadt). [HJB, RS]

Literatur: [1] DIERSCHKE, H. (1994): Pflanzensoziologie. – Stuttgart. [2] GLENN-LEWIN, D.C., PEET, R.K. und T.T. VEBLEN (1992): Plant Succession – Theory and prediction. – London. [3] TREPL, L. (1994): Geschichte der Ökologie vom 17. Jahrhundert bis zur Gegenwart. – Frankfurt.

Sumpfpflanzen, *Helophyten*, Bezeichnung für Pflanzen, die auf ständig wasserdurchtränkten, zumindest zeitweise auch überstauten (↗Überstauung) Standorten wachsen. Sumpfpflanzen weisen verschiedene Anpassungen an den Wasserüberschuss im Wurzelraum auf, wie z.B. mit Luftgewebe (Aerenchym) ausgestattete Wurzeln, Rhizome und Sprosse sowie spezielle Lufteinlasszellen (Lentizellen) am Spross. Sumpfpflanzen weisen damit Merkmale der ↗Wasserpflanzen auf, besitzen aber zugleich im oberen Sprossabschnitt Eigenschaften von Landpflanzen und bilden daher einen Übergang zwischen den beiden ↗Lebensformen. Die typische Vegetation sumpfiger Standorte setzt sich aus Sauergräsern, Binsengewächsen und Süßgräsern zusammen; die Bestände wurden häufig als ↗Streuwiese genutzt. Die abgeworfenen Pflanzenteile der Sumpfpflanzen werden weitgehend zersetzt, sodass, im Gegensatz zum ↗Moor keine Torfbildung stattfindet. Dennoch werden auch Moorpflanzen aufgrund ihrer Anatomie gelegentlich zu den Helophyten gerechnet.

Supan, *Alexander*, österreichischer Geograph, geb. 3.3.1847 Innichen, gest. 6.7.1920 Gotha. Nach dem Studium der Naturwissenschaften und der Geschichte in Wien und Graz ging Supan in den Realschuldienst nach Laibach. Nach weiteren geographischen Studien in Halle und Leipzig erhielt er einen Ruf an die Universität Czernowitz. 1884 schied er aus dem Hochschuldienst aus, um im Perthes-Verlag in Gotha hauptberuflich die Herausgabe der führenden geographischen Fachzeitschrift, »Petermanns Mitteilungen«, zu übernehmen. Mit über 60 Jahren folgte er 1909 erneut einer Berufung und lehrte bis 1918 als Ordinarius in Breslau. Er verfasste ein erfolgreiches Lehrbuch der Physischen Geographie (»Grundzüge der physischen Geographie«, 1884, 6. Aufl. 1921) sowie mehrere Schulbücher, darunter die »Deutsche Schulgeographie« (1895), die später von ↗Lautensach herausgegeben wurde. In seinen späten Jahren bildete die ↗Politische Geographie einen Forschungsschwerpunkt (»Leitlinien der allgemeinen politischen Geographie«, 1918). [HPB]

Supermarkt, ein Ladengeschäft, das überwiegend Lebensmittel (mindestens 75 %) in Selbstbedienung anbietet und eine Mindestverkaufsfläche von 400 qm aufweist (↗Betriebsformen).

supervised classifikation ↗überwachte Klassifizierung.

Supralitoral, oberes Stockwerk des ↗Litorals, nur noch von Spritzern und Salzwasserspray erreicht, an Sandstränden auch Auswehgebiet für die ↗Küstendünen.

Suq ↗Bazar.

Surging Glacier ↗Gletscherbewegung.

Suspension, Transportmechanismus kleinster Teilchen in einem fließenden Medium oder als Staubtransport (↗Löss) in der Windströmung. Die Teilchen vollziehen durch ihr geringes Gewicht die turbulente Bewegung der Luft- und Wasserteilchen des transportierenden Mediums mit und können tagelang im Schwebezustand bleiben. Eine ↗Sedimentation findet erst nach völligem Abklingen des Fließvorgangs oder nach dem Ende des Windereignisses (z. B. eines ↗Sandsturms) statt. Wenn die Sinkgeschwindigkeit eines Staubpartikels die Schubspannungsgeschwindigkeit des Windes übersteigt, fällt das Korn aus der Suspensionsfracht aus. Die Verfrachtung durch ↗Deflation aufgenommener äolischer Stäube in Suspension ist der eigentliche Mechanismus des äolischen Ferntransports, auch über Meere und Kontinente hinweg, so beispielsweise bei entsprechenden Großwetterlagen aus dem saharischen Bereich bis Europa und Nordamerika. [IS]

Suspensionsfracht ↗Schwebfracht.

Suspensionsströmung, hangabwärts gerichtete, von der Schwerkraft getriebene ↗Strömung, bei der im Wasser suspendiertes Material die Dichte des Wassers vergrößert. Suspensionsströmungen können lawinenartige Materialverlagerungen bewirken und zur Zerstörung von untermeerischen Kabeln führen. Sie gelten auch als Hauptagens bei der Formung der submarinen Canyons.

Süßgräser, *Poaceae*, Familie der ↗Spermatophyta, von großer ökologischer Bedeutung, in fast allen Pflanzengesellschaften von den Salzmarschen der Meeresküsten bis zum Hochgebirge vertreten. In ↗Savannen, ↗Steppen, ↗Prärie und ↗Pampa, auf Wiesen und Weiden und jenseits der Baumgrenze sind die Grasgesellschaften dominierend und landschaftsprägend. Aber auch an Sonderstandorten wie Pflasterritzen, Dünen oder Geröllfeldern finden sich charakteristische Grasarten. Weizen, Reis, Mais, Zuckerrohr, Hirse und Bambus sind Beispiele für Süßgräser. Süßgräser haben stark reduzierte Blüten, die einzeln oder zu mehreren in Ährchen mit charakteristischen Spelzen (trockenhäutige, oft begrannte Hochblätter) zusammenstehen (Abb.). Die Ährchen stehen meist in Ähren oder Rispen, die Blätter sind zweizeilig angeordnet, der Spross ist meist hohl. Die Frucht der Süßgräser ist eine Karyopse, bei der Frucht- und Samenwand verwachsen sind. Der Keimling ist bereits relativ weit entwickelt; im Endosperm (↗Same) wird vor allem bei den Kulturgetreiden reichlich Stärke gespeichert. Grasähnliche Familien sind die Sauergräser und die Binsengewächse. [MSe]

Supan, Alexander

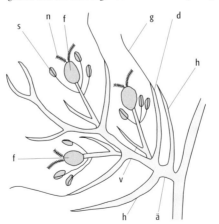

Süßgräser 1: Schema eines mehrblütigen Ährchens. (ä = Ährchenachse, h = Hüllspelzen, d = Deckspelze mit g = Granne, f = Fruchtknoten, n = fedrig behaarte Narbenäste, s = Staubblätter)

Süßwasserfische, man kann zwischen primären, sekundären und peripheren Süßwasserfischen unterscheiden. Primäre Süßwasserfische haben sich im Süßwasser entwickelt und besitzen keine Salztoleranz (z. B. Lungenfische, Hechte, Barsche, Sonnenbarsche); sekundäre Süßwasserfische leben vorwiegend im Süßwasser, sind aber genügend salztolerant, um ins Meer zu schwimmen und gelegentlich schmale Salzwasserbarrieren zu überwinden (z. B. Buntbarsche, Zahnkärpflinge); periphere Süßwasserfische haben dagegen eine große Salztoleranz, und können sich ohne Schwierigkeiten auch im Meereswasser ausbreiten. Eine weitere Unterteilung der peripheren Süßwasserfische ist die folgende: diadrome Fische unternehmen reguläre Wanderungen zwischen Meer und Süßwasser (↗Wanderfische), während vikariierende Mitglieder mariner Gruppen nicht diadrom im Süßwasser auftreten (z. B. Groppen); komplementäre Süßwasserfische gehören zu marinen Gruppen, die in Süßwasserbiotopen bei Abwesenheit oder geringem Vorkommen primärer und sekundärer Arten auftreten; sporadische Süßwasserfische gelangen nur gelegentlich ins Süßwasser, können sich dort, aber auch im Meer fortpflanzen.

Für regional-zoogeographische Untersuchungen sind periphere Süßwasserfische von geringem Aussagewert, die sekundären nur bedingt brauchbar. Dagegen kommt den primären Süßwasserfischen ein hoher Indikationswert zu. So zeigt sich die isolierte Lage Australiens trotz des eigentümlichen Charakters seiner übrigen Wirbeltierfauna deutlich daran, dass der Kontinent nur zwei primäre Süßwasserfische, den Lungenfisch (*Neoceratodes forsteri*) und den Knochenzüngler (*Scleropages jardini*), besitzt, im Gegensatz zu den beiden größeren Südkontinenten Südamerika und Afrika, in denen diese sehr artenreich sind. Ozeanischen Inseln fehlen dagegen autochthone primäre Süßwasserfische. [WH]

sustainable development ↗Nachhaltigkeit.

Sutcliffe, *Sutcliffe-Entwicklungstheorie*, Verfahren der theoretischen Meteorologie nach R. C. Sutcliffe (1966), das angewandt wird, um die Entwicklung von ↗Tiefdruckgebieten vorherzusagen. Sie basiert auf den Verteilungen des Luftdrucks an der Erdoberfläche und der Mitteltemperatur bis ca. 5 km Höhe. Für ein einfaches Zweischichtenmodell wird die so genannte Vorticity-Gleichung gelöst, die aus der ↗Bewegungsgleichung abgeleitet werden kann und die Wirbelintensität in Zyklonen beschreibt. Auch nach Einführung numerischer ↗Wettervorhersagen wird die Sutcliffe-Entwicklungstheorie noch für die Interpretation von Modellanalysen genutzt.

Sutur ↗Lineament.

Švambera, Václav, tschechischer Geograph, geb. 10.1.1866 Peruc, gest. 27.9.1939 Prag. Švambera wurde 1894 zum Assistenten ernannt und konnte sich 1901 über den Kongo habilitieren. Zuvor hatte er seine Studien im Ausland fortgesetzt, unter anderem in Berlin bei ↗Richthofen und in Leipzig bei ↗Ratzel. Im Jahre 1908 erhielt Švambera eine apl. Professur und wurde zum Direktor des Geographischen Instituts der Tschechischen Universität in Prag ernannt, 1916 schließlich erhielt er das geographische Ordinariat an der Karlsuniversität (1936 em.). Unter seiner Leitung wurde das Institut systematisch ausgebaut, die materielle Ausstattung verbessert, der Lehrkörper wesentlich vergrößert, die wissenschaftlichen Aktivitäten verstärkt. In Lehre und Forschung bildeten Afrika, die Kartographie und die Hydrographie Schwerpunkte seiner Forschung.

S-Welle ↗Erdbeben.

Syenit, roter, rosafarbener, grau bis weißer, grobkörniger, intermediärer ↗Plutonit, hauptsächlich aus Alkalifeldspat bestehend, häufig mit Drusenhohlräumen. ↗Streckeisen-Diagramm.

Symbiose, Lebensgemeinschaft verschiedener Arten zum gegenseitigen Nutzen. Der Nutzen ist nicht immer gleich verteilt, sodass sich ein fließender Übergang zwischen ↗Parasitismus und ↗Mutualismus ergibt. Typische Symbiosen mit Beteiligung von Pflanzen sind: a) Symbiosen zwischen Algen und Tieren, ökologisch interessant etwa bei der Symbiose von Dinoflagellaten mit riffbildenden Korallen. Hier zeigt sich ein sehr temperaturempfindliches Gleichgewicht an der Grenze des Temperaturmaximums. Bei Temperaturfluktuationen oder langfristigen Temperaturerhöhungen der Meere verlieren die Korallen ihre Symbiosepartner und bleichen aus. b) ↗Flechten als Symbiose zwischen Pilz (Mycobiont) und Alge, seltener Blaualge (Phycobiont)(Abb. 1 und 2 im Farbtafelteil). c) ↗Mykorrhiza als Symbiose zwischen höherer Pflanze und Pilz, wobei der Pilz im Wurzelbereich angesiedelt ist. Die Pflanze erhält durch das ausgedehnte Pilzmyzelgeflecht eine bessere Wasser- und Mineralstoffversorgung, der Pilz wird mit Kohlenhydraten versorgt. Die Wurzelenden und die Zellen der Wurzelrinde werden von einem dichten Myzel umsponnen (Ektomykorrhiza, z. B. bei Nadelgehölzen) oder die Pilzhyphen dringen in die Zellen der Wurzelrinde ein (Endomykorrhiza; bei Orchideen, Ericaceen). Bei der VA-Mykorrhiza mit in den Rindenzellen buschartig verzweigten Hyphen sind Zygomyceten beteiligt, während die beiden anderen Formen von Ascomyceten und Basidiomyceten gebildet werden. Praktisch alle Sprosspflanzen besitzen eine Mykorrhiza. c) Symbiosen, die zu einer besseren Stickstoffversorgung des Pflanzenpartners führen durch eine Assoziation mit luftstickstofffixierenden Prokaryoten. Hierzu zählen die Rhizobiensymbiose (*Wurzelknöllchen*) der ↗Leguminosen, die Aktinomycetensymbiose der Erle oder des Sanddorns und die Blaualgensymbiosen des Wasserfarns *Azolla*, der südamerikanischen Staude *Gunnera* oder der Hornmoose. Insbesondere dieser Typ hat eine große wirtschaftliche Bedeutung durch den Einfluss auf den Stickstoffhaushalt der Biotope, was landwirtschaftlich beim Fruchtwechsel mit Leguminosen als Zwischenfrucht oder bei der Düngung von Reisfeldern mit Azolla ausgenützt wird (Jahreseinträge von fixiertem Stickstoff von 50–400 Kg N2/ha). Die ökologische Bedeutung der Symbiose mit Stickstofffixierern liegt neben dem allgemeinen Beitrag zum ↗Stickstoffkreislauf, der auch anderen Pflanzen zugute kommt, auch darin, dass diese Pflanzen Rohböden oder Kiesbänke rasch als Pioniere besiedeln können. [MSe]

Symbol [griech. = Zusammengelegtes], Zeichen,

Sinnbild, das subjektive (↗Subjekt) und sozial-kulturelle (↗Kultur) Bedeutungsgehalte stellvertretend repräsentiert. Alle ↗Sprachen und ↗Kulturen stellen komplexe ↗Systeme von Symbolen dar.

symbolischer Interaktionismus, sozialwissenschaftlicher Forschungsansatz der ↗Chicagoer Schule der Soziologie in den 1920er-Jahren. Wurzeln finden sich im amerikanischen Pragmatismus und in der Sozialpsychologie. Der symbolische Interaktionismus, der wesentlich durch H. Blumer geprägt wurde, geht aus von der Auffassung, dass Menschen nicht aufgrund der »objektiven Eigenschaften« von Dingen handeln, sondern aufgrund von subjektiven Bedeutungen, die sie den Dingen zuweisen. Intersubjektive (soziale) Bedeutungen sind Ergebnis kommunikativen (Alltags-) Handelns in einer Gesellschaft und werden durch (kommunikatives) Interpretieren im Alltag ständig erneuert oder verändert. Seine Relevanz für die ↗Geographie beruht in der Vermittlung methodischer Arbeitsweisen durch die ↗Ethnomethodologie und seinen Einfluss auf die ↗Humanistische Geographie. Indirekter Einfluss erfolgte über die ↗Phänomenologie, die ↗Strukturationstheorie oder diverse Ansätze des ↗Konstruktivismus und der ↗Handlungstheorie. [PS]

symbolischer Ortsbezug, bezeichnet eine meist emotionale Beziehung zu Orten, Gegenden oder Regionen, denen bestimmte Bedeutungen zugewiesen werden, die auf dort gemachte Erlebnisse und Erfahrungen Bezug nehmen. Der symbolische Ortsbezug ist im allgemeinen Sinne zu verstehen als eine Form der Symbolisierung menschlicher Beziehungen durch Orte und Ortsnamen. Bevor diese Thematik zum Forschungsgegenstand der ↗Sozialgeographie gemacht wurde, ist die soziale Bedeutung der emotionalen Ortsbezogenheit von Vilfredo Pareto im Rahmen seiner ↗Handlungstheorie systematisch erschlossen worden, und zwar als Orientierungsbezug für nichtlogische Handlungen (↗Handeln). Der symbolische Ortsbezug beruht für Pareto (1917) auf der ↗Persistenz der Beziehungen zwischen Menschen und zu Orten, wobei er diese gefühlsmäßige Handlungsorientierung aus den Familien- und Gemeinschaftsbeziehungen ableitet. Die Beziehung zu Orten wird dabei als das Resultat der Übertragung des emotionalen Gehalts von sozialen Beziehungen auf den Namen des Ortes, an dem die entsprechenden Beziehungen stattgefunden haben oder stattfinden, gesehen. »Vaterland« ist dann z. B. ein gefühlsgeladenes Symbol für die Familien- und Gemeinschaftsbeziehungen, die in diesem Gebiet für den Handelnden bestehen. So gewinnen Ortsbezeichnungen Orientierungsgehalt für alle Handlungen, die sich auf Kontexte beziehen wie die Verteidigung des Vaterlands, Verpflichtungen gegenüber der Heimatgemeinde, an die geglaubt wird, usw. Weitere Auseinandersetzungen mit dem symbolischen Ortsbezug sind im Vorfeld der sozialgeographischen Forschung insbesondere von Georg Simmel und der französischen Sozialmorphologie vorgenommen worden. Simmel weist darauf hin, dass sich die zentrale Bedeutung des symbolischen Ortsbezugs für das ↗soziale Handeln im »Rendezvous« äußert, das sowohl das Zusammentreffen selbst wie seinen Ort bezeichnet (Simmel 1903). Nach Simmel wird der Handlungskontext und dessen Sinngehalte in der Erinnerung der Handelnden auf den Ort, das Artefakt oder die Ortsbezeichnung übertragen, an dem oder über das die Handlung stattgefunden hat.

In der »morphologie social« hat sich insbesondere Maurice Halbwachs mit dem symbolischen Ortsbezug beschäftigt, und zwar in Zusammenhang mit seiner Bedeutung für das ↗kollektive Gedächtnis.

Im Rahmen der neueren Sozialgeographie ist der symbolische Ortsbezug vor allem von Jürgen Pohl (1993) und Peter Weichhart (1990) im Zusammenhang mit der regionalen Bewusstseinsforschung (↗Regionalbewusstsein) bzw. raumbezogener ↗Identität empirisch erforscht worden. In der ↗handlungstheoretischen Sozialgeographie wird der symbolische Ortsbezug als symbolische Aneignung im Kontext ↗alltäglicher Regionalisierung bzw. signifikativer Regionalisierung (↗Signifikation) thematisiert. [BW]

Literatur: [1] PARETO, V. (1917): Traité de sociologie générale. – Paris. [2] SIMMEL, G. (1903): Soziologie des Raumes. In: Jahrbuch für Gesetzgebung, Verwaltung und Volkswirtschaft im Deutschen Reich, 1. [3] POHL, J. (1993): Regionalbewusstsein als Thema der Sozialgeographie. Theoretische Überlegungen und empirische Untersuchungen am Beispiel Friaul. Münchner Geographische Hefte, Nr. 70. – Kallmünz/Regensburg. [4] WEICHHART, P. (1990): Raumbezogene Identität. Bausteine zu einer Theorie räumlich-sozialer Kognition und Identifikation. – Stuttgart.

symbolischer Raum, *Symbolraum*, ↗orientierter Raum, dessen Elemente und Relationen mit symbolischen Zeichen und ihren Bedeutungen aufgeladen sind. Symbolische Räume sind v. a. Bestandteile von mythischen und ↗imaginären Geographien und werden in sozial-kulturellen, religiösen und politischen Zusammenhängen relevant.

sympatrisch, Bezeichnung für ↗Sippen, deren Verbreitungsgebiete sich überschneiden oder decken, die also zusammen im gleichen Gebiet leben. Gegensatz: ↗allopatrisch. Zwischen sympatrischen Arten besteht keine geographische, normalerweise aber eine reproduktive Isolation, die einen Genaustausch verhindert, z. B. durch unterschiedliche Blüte- oder Balzzeiten oder durch Unfruchtbarkeit von etwaigen Kreuzungsprodukten. ↗Speziation.

sympatrische Speziation ↗Speziation.

Synagoge, die Versammlungsstätte des ↗Judentums. Nach der Zerstörung des Jerusalemer Tempels (70 n. Chr.) wurden die Synagogen alleinige Zentren der jüdischen Gemeinden. Da nur im Tempel in Jerusalem Opfer dargebracht werden durften, entwickelten sich in den Synagogen neue religiöse Formen: man betete, sang, las die heiligen Schriften und lehrte. Ausgerichtet sind die

Synagogen meist mit Gebetsrichtung auf den Tempelplatz von Jerusalem. Die mitteleuropäischen Synagogen sind deshalb nach Osten gerichtet. Um rituelle Waschungen (Vorhalle) zu erleichtern, sind die Gebäude oft an Gewässern gelegen. Das Innere erhielt mit der Zeit einen erhöhen Platz mit einem Lehrpult. Zur Innenausstattung gehört ferner der Tora-Schrein, der die heilige Schrift enthält, und der siebenarmige Leuchter. Weder jüdische Gesetze noch Traditionen schreiben irgendeine architektonische Struktur für Synagogen vor. Jedes einfache Haus oder Gebäude kann als Synagoge dienen. Für einen Gottesdienst müssen sich mindestens zehn Männer versammeln. Wo immer sich Juden niederließen, haben sie Synagogen in unterschiedlicher Größe und Ausstattung gebaut. Der architektonische Stil passte sich an die lokalen Verhältnisse der bestimmten Epoche an. So entstanden Synagogen im griechisch-römischen, romanischen, gotischen und modernen Stil. Vom Stil der Moscheen beeinflusst sind die spanischen Synagogen in Cordoba und Toledo. [GR]

Synanthropie, 1) das Vorkommen von unbeabsichtigt in die Siedlungen des Menschen eingeschleppten oder eingedrungenen Pflanzen- und Tierarten.

2) *Kulturfolger*, die durch das Wirken des Menschen in der Kulturlandschaft begünstigt werden. *Kulturflüchter* werden dagegen durch Landschaftsveränderungen und Bewirtschaftung zurückgedrängt. Sie sind hemerophob, im Gegensatz zu den hemerophilen Kulturfolgern.

Der Grad der Synanthropie lässt sich durch einen Synanthropie-Index messen (nach dem finnischen Wissenschaftler Nuorteva:

Syndromgruppe Nutzung

1. Sahel-Syndrom:
   Landwirtschaftliche Übernutzung marginaler Standorte
2. Raubbau-Syndrom:
   Raubbau an natürlichen Ökosystemen
3. Landflucht-Syndrom:
   Umweltdegradation durch Preisgabe traditioneller Landnutzungsformen
4. Dust-bowl-Syndrom:
   Nicht nachhaltige maschinelle Bewirtschaftung von Böden und Gewässern
5. Katanga-Syndrom:
   Umweltdegradation durch Abbau nicht erneuerbarer Ressourcen
6. Massentourismus-Syndrom:
   Erschließung und Schädigung von Naturräumen für Erholungszwecke
7. Verbrannte-Erde-Syndrom:
   Umweltschädigungen durch militärische Nutzung

Syndromgruppe Entwicklung

8. Aralsee-Syndrom:
   Umweltschädigung durch unangepasste zentral gelenkte Großprojekte
9. Grüne-Revolution-Syndrom:
   Umwelt- und Entwicklungsprobleme durch Transfer standortfremder landwirtschaftlicher Produktionsmethoden
10. Kleine-Tiger-Syndrom:
    Vernachlässigung ökologischer Standards im Zuge hochdynamischen Wirtschaftswachstums
11. Favela-Syndrom:
    Umweltdegradation durch ungeregelte Urbanisierung
12. Suburbia-Syndrom:
    Landschaftsschädigung durch geplante Expansion von Stadt- und Infrastrukturen
13. Havarie-Syndrom:
    Singuläre, anthropogene Umweltkatastrophen mit längerfristigen Auswirkungen

Syndromgruppe Senken

14. Hoher-Schornstein-Syndrom:
    Umweltdegradation durch weiträumige diffuse Verteilung von meist langlebigen Wirkstoffen
15. Müllkippen-Syndrom:
    Umweltverbrauch durch (un)geregelte Deponierung zivilisatorischer Abfälle
16. Altlasten-Syndrom:
    Lokale Kontamination von Umweltschutzgütern an vorwiegend industriellen Standorten

Syndrom des Globalen Wandels: Syndromgruppen.

$$S = (2a+b-2c)/2)),$$

wobei a = Anteil der Individuen einer Art im Urbangebiet, b = Anteil der Individuen einer Art im Agrarbereich und c = Anteil der Individuen einer Art in den weniger vom Menschen beeinflussten Biotopen. Der Index reicht von höchster Synanthropie (+100) bis zu völlig fehlender (−100). Bei obligatorisch synanthropen Arten spricht man von Eusynanthropie, bei fakultativen von Hemisynanthropie. Die Bindung bestimmter Organismen an die strukturellen, trophischen oder klimatischen Verhältnisse im Siedlungs- und Agrarbereich des Menschen hat lediglich regionale Gültigkeit.

Syndrom des Globalen Wandels, vom Wissenschaftlichen Beirat der Bundesregierung »Globale Umweltfragen« (WBGU) eingeführtes und verwendetes Konzept zur Analyse von Wechselwirkungen zwischen Mensch und Umwelt im Erdmaßstab, eingeteilt in drei Syndromgruppen (Abb.). Als Grundelemente der Syndromanalyse verwendet der WBGU die immer noch hoch aggregierten Symptome des Globalen Wandels; sie sind das Ergebnis einer transdiziplinären Zusammenschau wichtiger umweltschädigender Prozesse des Globalen Wandels. Graphische Darstellungen der Wechselwirkungen zwischen diesen Symptomen dienen als allgemeine Anleitung für qualitative Umweltsystemanalysen. Deren Resultate sind erst auf regionaler Maßstabsebene so genau, dass aus ihnen umweltbezogene Maßnahmen abgeleitet werden können. Hier besteht ein großer Bedarf an Regionalanalysen, in denen human- und naturräumliche Sachverhalte aufeinander bezogen werden. [HD]

Syndynamik ↗Vegetationsdynamik.

Synergem ↗Geom.

Synergie, bezeichnet in Anwendung auf Prozesse regionalwirtschaftlicher Entwicklung den Tatbestand des Zusammenwirkens verschiedener Organisationen bzw. Akteure am Ort im Hinblick auf eine Gesamtleistung (z. B. hohe Innovativität zahlreicher örtlicher Betriebe im Zuge einer ↗innovationsorientierten Regionalpolitik). Dabei geht das Ergebnis ihrer Interaktion und Kooperation über diejenigen Effekte hinaus, welche die Akteure im Rahmen eines jeweils isolierten Handelns hätten erzielen können.

Synklinale, *Mulde, Synkline*, in der Strukturgeologie der bezüglich der Erdoberfläche konkav gewölbte Teil einer ↗Falte. Die Gesteinsschichten steigen nach den Seiten an, wobei bei normaler Lagerung die jüngsten Schichten im Kern der Synklinale liegen. Das Gegenstück zur Synklinale ist die ↗Antiklinale. Als Synkline wird meist eine räumlich eher kleindimensionierte Synklinale bezeichnet.

Synkline ↗Synklinale.

Synklinorium ↗Antiklinale.

Synkretismus, Verknüpfung verschiedener Religionen miteinander. Schematisch lassen sich drei Bedeutungen unterscheiden: a) Obsolet geworden ist die wertende Bedeutung, die reine, unvermischte Religionen unterstellt, die unter bestimmten Bedingungen Elemente anderer aufnehmen und dadurch, je nach Einschätzung des Forschers, ihre klaren Profile verlieren oder bereichert werden. b) Da Religionen oder größere ihrer Teilkomplexe (z. B. Glaubensinhalt) nicht wie Organismen oder Sprachen konzipiert werden dürfen, ist auch nur schwer auszumachen, wann sie durch Übernahme oder Einflüsse von außen ihre angestammten Profile verändern. c) Deshalb spricht man am besten von Synkretismus nur, wenn Austauschprozesse das Spezifikum möglichst klar abgegrenzter Bausteine verändern. Übergreifende Strukturen, sog. Systemeigenschaften, sind dabei aber stets mitzubedenken.

Synökologie, *community ecology*, untersucht die Struktur und Funktion von ↗Biozönosen, ↗Ökosystemen und Lebensgemeinschaften. In synökologischen Untersuchungen stehen die Wechselbeziehungen der Populationen von Arten in einem ↗Lebensraum im Mittelpunkt. Von besonderem Interesse sind die Zahl der Arten und ihre relative Häufigkeit, die räumliche und zeitliche Dynamik, die Nutzung der Ressourcen, die Positionen der Organismen im Nahrungsnetz, Räuber-Beute-Beziehungen und ↗Konkurrenz. ↗Autökologie. ↗Demökologie.

Synonym, mit einem anderen Wort von gleicher oder ähnlicher Bedeutung, sodass beide in einem bestimmten Zusammenhang austauschbar sind; sinnverwandt; in der Biologie und Paläontologie verschiedene zoologische oder systematische Namen, die für gleiche Organismen verwendet werden. ↗Homonym.

SYNOP-Meldungen, Übertragungen der Mess- und Beobachtungsdaten der Stationen ↗synoptischer Wetterbeobachtungen an regionale, nationale oder internationale Zentren der Wetterdienste. Entsprechend der verschiedenen synoptischen Beobachtungstermine mit unterschiedlichem Beobachtungsprogramm sind dreistündige, sechsstündige und zwölfstündige SYNOP-Meldungen zu unterscheiden. Die Übertragung erfolgt in verschlüsselter Form (↗Wettermeldung).

Synoptik, *synoptische Meteorologie*, Bezeichnung für das Teilgebiet der Meteorologie, das sich mit der Zusammenschau der an verschiedenen Orten zeitgleich durchgeführten Wetterbeobachtungen in kleinem, meist globalem oder hemisphärischem Maßstab beschäftigt. Ihr Ziel ist, die punktuellen Beobachtungen zu dreidimensionalen Feldern weiterzuentwickeln, die in einem System von Wetterkarten dargestellt werden mit dem Ziel, die aktuell ablaufenden Prozesse in ihrer Dynamik zu analysieren und daraus in der Wettervorhersage eine Aussage über die zukünftige Entwicklung des gegenwärtigen Zustandes abzuleiten. Hilfsmittel der Synoptik sind daher die globalen synoptischen Mess- und Meldenetze, welche die zeitgleiche Messung und rasche globale Weiterleitung der Daten besorgen, sowie in zunehmenden Maße die Daten der satellitengestützten klimatologischen ↗Fernerkundung. Die synoptische Analyse, der in der Vergangenheit manuell durchgeführte Eintrag der Meldungen in die Wetterkarten, die Konstruktion von Isobaren, Isothermen oder Isohypsen sowie die Ableitung von Frontensystemen wird dabei zunehmend automatisiert. [JVo]

synoptische Klimatologie, Teilgebiet der ↗Klimatologie, welches aufbauend auf der separativen Klimatologie (↗separative Klimageographie) und der ↗Synoptik die längerfristige Abfolge der Zustände und Prozesse der ↗Atmosphäre und ihre Häufigkeiten zum Gegenstand hat, insbesondere die ↗atmosphärische Zirkulation, die Entwicklung von ↗Druckgebilden und ↗Fronten und die sie jeweils beeinflussenden Faktoren.

synoptische Meteorologie ↗*Synoptik*.

synoptische Wetterbeobachtung, weltweit zeitgleich erfolgende instrumentelle und visuelle Ermittlung atmosphärischer Zustandsgrößen zur synoptischen Analyse und Wettervorhersage. Synoptische Beobachtungen erfolgen durch die synoptischen Dienste der nationalen ↗Wetterdienste oder gleichgestellte Organisationen nach von der ↗Weltorganisation für Meteorologie festgelegten Regeln. Die Beobachtungen erfolgen um 0, 6, 12 und 18 Uhr GMT (synoptische Haupttermine) und um 3, 9, 15 und 21 Uhr GMT (synoptische Nebentermine). Aerologische Beobachtungen (↗aerologischer Aufstieg) erfolgen um 0 und 12 Uhr GMT. Das Stationsnetz umfasst weltweit ca. 10.000 synoptische Stationen an Land, 7000 Beobachtungsstationen auf Handelsschiffen und speziellen, ortsfesten ↗Wetterschiffen, driftenden und ortsfesten Bojen. An synoptischen Landstationen werden Windrichtung (in 36 Klassen) und -geschwindigkeit (10-min-Mittel), ↗Sichtweite, Wolkenart, -untergrenze und ↗Bedeckungsgrad, Luftdruck und ↗Luftdrucktendenz, Lufttemperatur, Taupunkt, Niederschlagsmenge sowie die aktuellen Wettererscheinungen (Niederschlag, Nebel, Gewitter …) ermittelt. Zusätzlich werden Tagesminimum und -maximum der Temperatur, Sonnenscheindauer u.a. erfasst. Die Beobachtungsdaten werden zum schnellen weltweiten Datenaustausch verschlüsselt (↗Wetterschlüssel) und an die nationalen Wetterzentralen übermittelt (↗Wettermeldung), von wo aus sie über verschiedene Stufen an die Vorhersagezentralen und die ↗Weltwetterzentralen weitergeleitet werden. Für die synoptische Analyse werden die Wettermeldungen nach einem weltweit verbindlichen Eintragungsschema (↗Stationsmodell) in ↗Wetterkarten eingetragen. [MHa]

Synsystematik ↗Pflanzensoziologie

Syntaxon, pl. *Syntaxa*, ↗Pflanzensoziologie.

synthetische Verwerfung ↗Verwerfung.

Synusie [von griech. synousia = Zusammenleben], in einer ↗Biozönose unter gleichen mikrostandörtlichen Bedingungen lebende Gruppe von (Tier- oder Pflanzen-)Arten, die sich in ihrer Gestalt (gleiche ↗Lebensform) und in ihrer jahreszeitlichen Aktivität ähneln (z. B. Frühlingsgeophyten in Laubwäldern, pflanzensaftsaugende Insekten des Kronenraumes). In der Vegetationskunde oft vereinfacht für die Schichten eines Bestandes (bodenlebende Moossynusie, Baumsynusie usw.) oder für Einschichtgesellschaften verwendet. ↗Gilde ↗ökologische Nische.

Syrosem, ↗Bodentyp der ↗Deutschen Bodensystematik; Abteilung: ↗Terrestrische Böden; Klasse: Terrestrische ↗Rohböden; Profil: Ai/mc; Rohboden aus festem Carbonat-, Sulfat-, Kiesel- oder Silicatgestein.; nach ↗FAO-Bodenklassifikation: Lithic ↗Leptosol. Der Ai-Horizont ist < 2 cm mächtig und nur lückenhaft vorhanden; es handelt sich um ein Initialstadium der Bodenbildung, in dem etwas ↗Humus akkumuliert wurde, aber noch keine merkmalsbildende chemische Verwitterung stattfand. Folgende Subtypen kann man unterscheiden: Norm-Syrosem und Protosyrosem. Der Syrosem ist steinig und extrem wechseltrocken; er findet seine Verbreitung in Erosionslagen der Bergregionen, aber auch kleinflächig auf Mauern und Dächern. Eine Nutzung ist wegen der Flachgründigkeit und häufiger Austrocknung nicht möglich.

SYSMIN, Finanzierungssystem innerhalb des ↗Lomé-Abkommens zur Stabilisierung mineralischer Exporterlöse für ↗AKP-Staaten. Das System soll AKP-Ländern, die mineralische Rohstoffe produzieren und in die ↗EU exportieren, in die Lage versetzen, ihre Produktionsanlagen und Ausfuhrkapazitäten auch bei Preisverfall zu erhalten. Für die folgenden Rohstoffe stehen Finanzierungsmittel zur Verfügung: Kupfer, Kobalt, Bauxit, Aluminium, Mangan, Zinn, Phosphate, Eisenerz und Schwefelkiesabbrände. Das SYSMIN wurde im Lomé II – Abkommen eingeführt und in den weiteren Lomé-Abkommen (III, IV) fortgesetzt. Das dem Freihandel verpflichtete, im Juni 2000 unterzeichnete Folgeabkommen, das EU-AKP-Abkommen, sieht keine Weiterführung von SYSMIN vor.

System, 1) *Allgemein*: Zusammenstellung, Gliederung, einheitlich geordnetes Ganzes; ist ein zentraler Begriff der systemtheoretischen (↗Systemtheorie) ↗Naturwissenschaften und ↗Sozialwissenschaften, der einen wichtigen Ausgangspunkt in der funktionalen Betrachtungsweise der Biologie hat. System stellt eine modellhafte Darstellung der Rekonstruktion von Zusammenhängen zwischen verschiedenen Elementen eines Ganzen (↗Holismus) dar. Dabei wird davon ausgegangen, dass jede beliebige thematisch/raum-zeitlich abgegrenzte Beobachtungseinheit als System begriffen werden kann. 2) *Geologie*: Basiseinheit in der ↗Stratigraphie, bei der die chronostratigraphische Einheit global identifiziert wird und deren Grenzen meist durch ↗Fossilien korreliert werden. Für das ↗Phanerozoikum werden folgende Systeme (mit abnehmendem Alter) unterschieden: ↗Kambrium, ↗Ordovizium, ↗Silur, ↗Devon, ↗Karbon, ↗Perm, ↗Trias, ↗Jura, ↗Kreide, ↗Tertiär und ↗Quartär (siehe Beilage »Geologische Zeittafel«).

Systemanalyse, aus der Elektrotechnik stammender Begriff. Das grundlegende Konzept beruht auf den Begriffen System und Signal, wobei unter Signal die Repräsentation einer Information verstanden wird. Unter Erweiterung des Anwendungsbereiches der Theorie lässt sich der Begriff

Signal allgemein fassen als Systemeingang. Die Systemanalyse untersucht das Systemverhalten in Abhängigkeit vom Eingangssignal, um so das System identifizieren zu können. Ursprünglich für elektronische Netzwerke entwickelt, eignet sich die Theorie auch für die Anwendung in den verschiedensten Bereichen. In der Systemhydrologie entspricht dem Eingangssignal z. B. die Belastung durch einen Tracer. Bei bekanntem Eingangssignal lässt sich durch Messung des Ausgangssignals, d. h. des Tracerverlaufes in einem Brunnen, das System identifizieren (/Input-Output-Analyse). Das bedeutet konkret, eine Gewichtsfunktion zu bestimmen, die es ermöglicht, das Systemverhalten für beliebige Eingangsfunktionen zu berechnen. Die Gewichtsfunktion ist besonders einfach zu bestimmen, wenn als Eingangsfunktion ein Einheitsimpuls vorliegt. Dann ist die Ausgangsfunktion direkt die Gewichtsfunktion. Zwischen Eingangsfunktion $Cin(t)$ und Ausgangsfunktion $Cout(t)$ gilt die Beziehung:

$$Cout(t) = \int_0^t Cin(t-\tau)g(\tau)d\tau.$$

Im hydrologischen Kontext lässt die Funktion $g(t)$ eine Interpretation als Wahrscheinlichkeitsdichtefunktion der Laufzeiten durch das System zu. Beispiel: Ein Kolbenflussmodell und ein Modell mit exponential verteilten Laufzeiten werden in Serie geschaltet (Tracertransport durch einen durchlässigen Aquifer mit vernachlässigbarer Dispersion mit anschliessendem dispersiven Aquifer, Abb. 1). Die Gewichtsfunktion ist dann:

$$g(t) = \delta(t - tp)\frac{1}{tw}\exp\left[-\frac{t}{tw}\right].$$

Dabei bedeutet tp die Verzögerungszeit, bedingt durch den Durchfluss des durchlässigen, nicht dispersiven Bereiches (»Kolbenfluss«), und tw die mittlere Verweildauer im dispersiven Bereich. δ bedeutet die Dirac'sche Deltafunktion. Die Abbildung 2 zeigt das Systemverhalten.
Die Analyse des Systemverhaltens kann anhand des realen Systems oder anhand eines Modells erfolgen. Der erste Schritt der Modellbildung ist die Systemidentifikation, die durch die Analyse der Systemantwort erfolgt. Das so identifizierte System ist aggregiert und abstrakt. Es werden nur diejenigen Systemkomponenten (oder Subsysteme) identifiziert, die sich eindeutig aus der Systemantwort ableiten lassen, d. h. die kinetisch unterscheidbar sind. Dabei ist zu bedenken, dass die Indentifizierbarkeit vom experimentellen Design abhängt. Je nach der Eingangsfunktion können Prozesse auf unterschiedlichen Zeitskalen »angeregt« werden.
Der umgekehrte Weg besteht darin, ein Modell aus dem a priori Wissen über das System abzuleiten und anhand dieses Modells experimentelle Designs abzuleiten, die es ermöglichen, die Modellparameter zu identifizieren oder das Modell zu validieren. [OR]

systemanalytische Länderkunde /Länderkunde.

Systematik, 1) *Allgemein*: Darstellung, Gestaltung nach einem bestimmten System, z. B. /Deutsche Bodensystematik. **2)** *Biologie*: *Biosystematik*, Teilgebiet der Biologie, das die Lebewesen beschreibt und klassifiziert und entsprechend ihres Verwandtschaftsgrades hierarchisch gliedert. Ziel ist die Entwicklung eines natürlichen Systems. Neben der zentralen Kategorie /Art sind /Gattung und /Familie weitere wichtige Rangstufen.

Systemgastronomie, Oberbegriff für gastronomische Betriebe, die auf der Grundlage eines standardisierten Unternehmenskonzepts arbeiten. Das Sortiment, die Ausstattung und die innerbetrieblichen Arbeitsabläufe sind dabei in allen Betriebsstätten gleich (z. B. McDonalds, Mövenpick, Nordsee). Betriebe der Systemgastronomie können sowohl als Filialen als auch als Franchisebetriebe geführt werden.

Systemintegration, im Gegensatz zur /Sozialintegration handelt es sich bei der Systemintegration um geordnete und/oder konfliktgeladene Beziehungen zwischen den Teilen eines sozialen Systems. Diese Definition des englischen Soziologen D. Lockwood wurde in verschiedener Form modifiziert. In der Legitimationstheorie von Habermas stellt die Systemintegration die Reduzierung der Komplexität eines Gesellschaftssystems dar (z. B. über Gesetzeswerke, kapitalistische Prozesse, moralische Instanzen u. Ä.), die notwendig ist, um die Funktionalität des Systems zu garantieren. Im kapitalistischen System ergeben sich dabei in der Ökonomie oder in der Politik öfters systemische Krisen, die jedoch erst dann ernsthafte gesellschaftliche Krisen genannt werden können, wenn sie den Erhalt der Sozialintegration durch das Ausbrechen einer politischen Legitimationskrise oder einer Motivationskrise der Gesellschaftsmitglieder gefährden. Handlungstheoretisch versteht Giddens die Systemintegration als die Reziprozität von Kollektiven und Akteuren über weite Spannen von Raum und Zeit hinweg und jenseits einer körperlichen Kopräsenz. [WDS]

Literatur: [1] HABERMAS, J. (1973): Legitimationsprobleme im Spätkapitalismus. – Frankfurt. [2] GIDDENS, A. (1992): Die Konstitution der Gesellschaft. – Frankfurt, New York.

Systemtheorie, theoretische Basisperspektive, die in den /Naturwissenschaften und den /Sozialwissenschaften grundlegende Bedeutung erlangt hat. Alle unterschiedlichen Ausprägungen orientieren sich an der Allgemeinen Systemtheorie. Grundsätzlich ist zwischen /Systemen der natürlichen bzw. physisch-materiellen Welt und den Sinnsystemen zu unterscheiden, die sich auf den Bereich des menschlichen Bewusstseins und die sozial-kulturelle Welt (/Gesellschaft) beziehen. Trotzdem kann in Bezug auf die allgemeinen Kategorien und das theoretische Grundmuster von allgemeinen systemtheoretischen Grundbegriffen gesprochen werden. Bei deren Anwendung auf bestimmte Tatsachen sind dann aber

Systemanalyse 1: Schema eines Tracerversuches (a) und formales System zur Beschreibung des Transportprozesses (b). Im weißen Bereich überwiegt nichtdispersiver Transport, im dunklen Bereich dispersiver Transport, die anderen Schichten sind undurchlässig. Das Tracersignal wird in dem rechts eingezeichneten Brunnen gemessen.

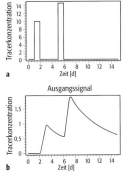

Systemanalyse 2: Systemantwort auf zwei zeitverschobene Tracerimpulse unterschiedlicher Höhe.

die ontologischen (↗Ontologie) Unterschiede zwischen natürlichen und sinnhaften Bereichen strikt zu beachten, wenn man nicht grobe Reduktionen in Kauf nehmen will.

In den Sozialwissenschaften hat die allgemeine Systemtheorie insbesondere zwei wichtige Adaptionen erfahren. Die struktur-funktionalistische Systemtheorie wurde seit Ende der 1930er-Jahre vom amerikanischen Soziologen Talcott Parsons zum einflussreichsten Theoriegebäude der Nachkriegszeit entwickelt. Auf den Grundlagen der drei klassischen nichtmarxistischen (↗Marxismus) Gesellschaftstheorien von Emile Durkheim, Vilfredo Pareto und Max Weber sah er die sozial-kulturelle Wirklichkeit als System, das aus den drei Subsystemen Kultur (Kultursystem: Symbole, Werte), Gesellschaft (Sozialsystem: Normen, soziale Rollen) und Persönlichkeit (Persönlichkeitssystem: Bedürfnisse, Motive) besteht. Sollen soziale Konflikte vermieden werden, so lautet die Basisthese, müssen diese drei Subsysteme ins Gleichgewicht gebracht werden. Die kulturellen Werte sollen demzufolge in den sozialen Normen ihre Abbildung finden und die persönlichen Bedürfnisse sind auf die ↗Werte und ↗Normen abzustimmen. Die entsprechende normorientierte Theorie des ↗Handelns sieht vor, dass ein soziales Gleichgewicht auf der Basis eines gegenseitigen Durchdringens (Interpenetration) der drei Systeme im Rahmen jeder einzelnen Handlung zu erreichen ist, wenn mit ihr soziale Kompetenz erlangt werden soll.

Die Systemtheorie von Niklas Luhmann stellt eine Weiterentwicklung der Gesellschaftstheorie von Parsons dar, bezieht aber die Reflexivität und Kommunikation in die Konzeptualisierung ein und begreift die sozialen Systeme als geschlossen und selbstreferenziell. Sie enthalten in diesem Sinne ihre eigene Beschreibung. Die umfassende Ebene der ↗Kommunikation stellt das soziale System dar, das in zahlreiche Teilsysteme mit je spezifischen Funktionen und spezifischen Medien/Codes ausdifferenziert ist (Wirtschaft, Religion, Wissenschaft, Politik usw.).

Die struktur-funktionale Systemtheorie von Talcott Parsons ist mittels der Verräumlichung der einzelnen Systeme von der raumwissenschaftlichen ↗Sozialgeographie und, als normorientierte Handlungstheorie, in der ↗handlungstheoretischen Sozialgeographie für die geographische Forschung fruchtbar gemacht worden. Luhmanns Theorie der sozialen Systeme ist von Helmut Klüter (1986) zur sozialgeographischen Theorie ausgebaut worden. In diesem Kontext wird ↗Raum nicht mehr als Gegenstand der Forschung thematisiert, sondern als Element der sozialen Kommunikation. Das Forschungsinteresse wird auf die Frage zentriert, in welcher Form und für welche Zwecke in den einzelnen Subsystemen Raumabstraktionen kommunikativ zur Anwendung gelangen. »Raumabstraktion« ist dabei am einfachsten als Kurzformel für soziale Handlungsanleitungen und -situationen zu begreifen, als vereinfachende und komplexitätsentlastende Übersetzung von nichträumlichen Gegebenheiten in eine räumliche Begrifflichkeit. Emotionale Raumbezüge werden über die Medien/Codes »Glauben/Vertrauen«, »Schönheit/Ästhetik« oder »Liebe/Glaube« kommunikativ generiert und übernehmen als Raumabstraktionen in Form von »Vaterland« (Glaube), »Landschaft« (Ästhetik) und »Heimat« (Liebe) handlungssteuernde Funktionen. [BW]

Literatur: [1] KLÜTER, H.(1986): Raum als Element sozialer Kommunikation. – Giessener Geographische Schriften, 60. [2] LUHMANN, N. (1984): Soziale Systeme. Grundriss einer allgemeinen Theorie. – Frankfurt a. M. [3] PARSONS, T. (1952): The Social System. – London.

Szientismus, *Scientismus*, Auffassung, dass alle Probleme nur sinnvoll mit wissenschaftlichen Verfahren und Methoden zu lösen sind. Der Begriff Szientismus ist in Zusammenhang mit der Kritik an den positivistischen (↗Positivismus) Wissenschaftsauffassungen im sozialwissenschaftlichen Bereich formuliert worden. Diese sind von der Vorstellung getragen, dass alle sozialen, politischen, wirtschaftlichen und kulturellen Probleme anhand einer naturwissenschaftlichen ↗Methodologie erforscht werden können und mittels dem dabei gewonnenen ↗Wissen anhand technologischer Aussagen (↗Technologien) einer Lösung zugeführt werden können. Diese Position ist von Jürgen Habermas (↗Kritische Theorie) auch als Sozialtechnologie kritisiert worden.

Szintillation, das Glitzern der Sterne aufgrund der optischen Turbulenz der Atmosphäre. Durch Dichteschwankungen in der Atmosphäre werden die Brechungsindices ständig geringfügig verändert, damit auch der Verlauf eines Lichtstrahls. Dies äußert sich besonders bei nahezu punktförmigen Lichtquellen wie Sternen. Sie ändern daher fortlaufend scheinbar ihre Position, was den Eindruck des Funkelns erweckt. Die Szintillation stellt eine meteorologische Grenze bei der Steigerung der räumlichen Auflösung von Satellitenfernerkundungen dar.

TA Abfall, *Technische Anleitung Abfall*, eine allgemeine Verwaltungsvorschrift auf der Grundlage des Abfallgesetzes zur Entsorgung von ↗Abfällen in Einrichtungen, die dem Stand der Technik entsprechen. Hierzu zählen Verfahren zur Sammlung, Lagerung sowie chemischen, physikalischen, biologischen und thermischen (Verbrennung) Behandlung (Teil I) von besonders überwachungsbedürftigen Abfällen (Sondermüll) sowie dessen ober- und untertägige Ablagerung (Deponierung; Teil II).

Tabereis ↗Eisrinde.

Tabu, eine Sammelbezeichnung für Verhaltensvorschriften meist negativen Charakters (Verbot, Meidung) in Bezug auf Personen, Orte, Zeiten, Dinge, Handlungen, Tiere, Pflanzen, Nahrungsmittel u.a. (z.B. Kultgegenstände). Der Begriff Tabu stammt aus dem Polynesischen und spielt im Leben der Naturvölker auch außerhalb Polynesiens eine große Rolle. In abgewandelter Form sind die Tabuvorstellungen über die ganze Erde verbreitet. Viele Meidungsgebote haben einen ausgesprochen religiösen Charakter, d.h. sie lassen sich aus der Ehrfurcht vor der transzendenten Welt (Gottheit, Geister, Ahnen) erklären, andere sind überwiegend sozial bestimmt und werden von der ganzen ↗Gesellschaft getragen. Sie haben die Funktion, das soziale Handeln den jeweiligen gesellschaftlichen Verhältnissen entsprechend zu regulieren und unter Umständen auch wirtschaftliche Ressourcen zu schützen. Beispiele für ein Nahrungstabu, das die Verbreitung der Anbauprodukte und Viehhaltung beeinflusst, sind das Alkoholverbot und Schweinefleisch-Tabu. Wirtschaftliche Auswirkungen des Alkoholverbots können in dem Verbreitungsmuster des Weinbaus in christlichen und islamischen Regionen des Mittelmeergebietes festgestellt werden. Die religiösen Verbote gegen den Verzehr von Schweinefleisch beeinträchtigen die Schweinehaltung in jüdischen und islamischen Regionen. [GR]

Tabulata, systematische Gruppe der ↗Korallen, vom ↗Ordovizium bis zum ↗Jura existierend, besonders im ↗Silur verbreitet, viele Leitformen. Wichtige Gattungen sind *Alveolites*, *Favosites*, *Chaetetes* und *Pleurodictyum*.

Tada, *Fumio*, japanischer Geomorphologe, 1900–1978. Nach dem Studium an der Universität Tokyo setzte er seine Geographiestudien in Deutschland bei ↗Krebs und ↗Schlüter fort, wo er viele Kontakte mit europäischen Geographen knüpfte. In der Zwischenkriegszeit hat er in Nordchina, der Mongolei und Mandschurei geomorphologische und klimatologische Untersuchungen durchgeführt, die ihm hohe wissenschaftliche Anerkennung gebracht haben. Er war Präsident der Japanischen Geographischen Gesellschaft, Vizepräsident der ↗Internationalen Geographischen Union (IGU) und Organisator der ersten Regional Conference der IGU in Tokyo im Jahre 1957.

Tafel, *Plattform*, Segment der Erdkruste (↗Kruste) mit stabilen, starren Eigenschaften, in plattentektonischer Terminologie als Block bezeichnet. Tafeln besitzen einen mächtigen Sockel aus magmatischen und metamorphen Gesteinen, der durch eine oder meist mehrere umfassende ↗Orogenesen (sog. ↗Tektogenesen) zu einer Einheit verbunden wurde und über dem ein meist relativ dünnes ↗Deckgebirge liegt. Tafeln, die vor dem Beginn des ↗Phanerozoikums durch Tektogenesen versteift und verschweißt wurden, werden auch als ↗Kratone bezeichnet. ↗Schilde sind dagegen sanfte Aufwölbungen von Tafeln, wodurch der metamorphe Sockel freiliegt.

Tafelberg, geomorphologische Form, die durch ein Plateau, an das sich seitlich Wände (zumindest aber Steilhänge) anschließen, gekennzeichnet ist. Von diesen können Fußflächen zur umgebenden Ebene hinabführen. Das nahezu tischebene Plateau hat dazu geführt, dass Tafelberge auch als Mesas (sing.: Mesa) bezeichnet werden. Tafelberge sind eine charakteristische Form in Regionen mit annähernd horizontal lagernden Schichten (Sedimente und Lavadecken) oder ↗duricrusts. Plateau und Steilabfall sind häufig in quarzitischen Sandsteinen, Kalken, Lavadecken, Ferricretes, Silcretes oder Calcretes entwickelt. Mindestens im Fall horizontal lagernder Sedimente bezeugt die Bildung von Tafelbergen die erosive und denudative Ausräumung einst großflächig verbreiteter Schichten. Im Fall von Lavadecken und duricrusts hingegen können die Tafelberge im Rahmen der Reliefumkehr herauspräparierte ehemalige Talfüllungen sein, sodass der Schluss auf die frühere räumliche Verbreitung der duricrusts und ↗Vulkanite problematisch ist. [HS]

Tafeleisberg ↗Eisberg.

Tafelland, ausgedehntes Flachrelief auf flach lagerndem Sedimentgestein (Schichttafelland) oder Ergussgestein (vulkanisches Plateau). Beispiele sind die Sibirische Tafel und das Dekkan-Plateau (Indien).

Tafoni, Singular: Tafone, Bröckelhöhlen, die sich in das Innere eines Gesteinskörpers (meist Massengesteine) hineinfressen, während die Oberfläche des Gesteins nicht oder erst später von der Verwitterung betroffen wird. Die Prozesse, die zur Tafonierung führen, sind noch weitgehend ungeklärt, da die chemischen Veränderungen des zermürbten Gesteins oft gering bleiben, was gegen eine Dominanz der ↗chemischen Verwitterung spricht. Vielmehr scheinen Prozesse der ↗Salzverwitterung eine wichtige Rolle zu spielen. Typische Tafoni, deren Ausbildung ausschließlich durch das Kluftsystem des Gesteins gesteuert wird, sind weitgehend auf die winterfeuchten Subtropen beschränkt, während sich Tafoni unter einer geschützten ↗Verwitterungsrinde v.a. in Trockengebieten entwickeln.

Tagbogen, Linie der scheinbaren Bahn der Sonne oder eines anderen Himmelskörpers oberhalb des Horizonts. Anhand des Tagbogens wird die astronomische ↗Sonnenscheindauer berechnet. Der Anstieg des Tagbogens über den Horizont erfolgt am Äquator senkrecht und flacht polwärts allmählich so stark ab, dass er am Pol fast parallel zum Horizont verläuft.

Tada, *Fumio*

Tagelöhner, Landarbeiter, die für einen Tagelohn arbeiten oder auch ungelernte Arbeiter, die vorübergehend in der Landwirtschaft beschäftigt waren bzw. sind.

Tagesperiodik, *diurnale Rhythmik*, eine der aus der Retaivbewegung von Erde, Mond und Sonne resultierenden geophysikalischen Periodizitäten auf der ↗Erde (weitere sind tidale, lunare und annuelle Rhythmik). Vor allem der Licht-Dunkel-Wechsel bzw. die Tageslänge (↗Photoperiodismus) sind als äußerer Faktoren wirksam, entweder durch unmittelbare Steuerung der Aktivität und des physiologischen Zustands von Organismen (Biorhythmik) oder als Zeitgeber zur Synchronisation einer ungefähren 24 Stunden-Rhythmik von Oszillatoren in der Zelle (innere Uhr). Tagesperiodisch sind z. B. die Melatonin-Produktion bei Tieren, die Körpertemperatur des Menschen, Schlafbewegungen bei Blättern (z. B. beim Sauerklee, *Oxalis acetosella*), Zellteilungsaktivität und vertikale Tag-Nacht-Wanderung des Plankton.

Tagesschwankung, *Tagesamplitude*, die Differenz zwischen dem täglichen Maximum und dem täglichen Minimum eines Wetter- oder Klimaelements. Die Tagesschwankung ist eine wichtige Kenngröße zur Charakterisierung von Klimaten, beispielsweise diejenige der Lufttemperatur als Parameter der ↗Kontinentalität oder ↗Maritimität. Auch die Tagesschwankungen anderer Klimaparameter geben wichtige Hinweise auf die klimatische Zuordnung der jeweiligen Station und die Bedeutung lokaler Einflüsse, vor allem die Tagesschwankung der Windgeschwindigkeit und der Windrichtungen. Da die Tagesschwankungen auch die klimabedingten Lasten auf Bauwerke bestimmen, sind sie auch wichtige Parameter in der ↗Technoklimatologie.

Tagestourismus, Tagesausflugsverkehr (↗Ausflugsverkehr) und Tagesgeschäftsreiseverkehr (↗Geschäftsreiseverkehr). Tagesausflüge sind definiert als räumliche Aktivitäten ohne Übernachtung, bei denen das Wohnumfeld verlassen wird, die nicht beruflichen oder Ausbildungszwecken, der Versorgung mit Artikeln des täglichen Bedarfs dienen oder regelmäßig stattfinden. Tagesgeschäftsreisen werden ebenfalls ohne Übernachtung durchgeführt und finden im Rahmen der Berufs- und Erwerbstätigkeit statt. Abb.

Tageszuwachs, tägliche Biomasseanhäufung einer Pflanze oder eines Bestandes, bezogen auf den die Respiration (↗Dissimilation) übersteigenden Teil der Assimilationsleistung. Der Tageszuwachs bzw. die Pflanzenproduktion allgemein kann gemessen werden als Biomasse, Trockenmasse oder Energiegehalt. ↗Energiepflanzen zeichnen sich durch besonders großen Tageszuwachs aus. Der lineare Tageszuwachs spielt vor allem in der Keimungsphase eine Rolle in der Lichtkonkurrenz von Pflanzen. Konkurrenzversuche unter naturnahen oder simulierten Bedingungen liefern wichtige Informationen für die Sukzessionsforschung (↗Sukzession).

tagneutrale Pflanzen, sind keinem ↗Photoperiodismus bezüglich der Blühinduktion unterworfen. Die Photoperiode hat im Gegensatz zu ↗Kurztagpflanzen und Langtagpflanzen keinen Einfluss auf die Blütenbildung. Alternativ können interne Zeitgeberprozesse, Nährstoffversorgung oder eine vorausgegangene ↗Vernalisation die Blütenbildung beeinflussen.

Tag- und Nachtbevölkerung, ein Konzept und ein Indikator, der die unterschiedliche Wohn- und Arbeitsfunktion eines statistischen Areals charakterisiert. Die Tag- und Nachtbevölkerung berücksichtigt die Zahl der Einpendler und der Auspendler (↗Pendler). Wenn die Tagbevölkerung deutlich größer ist als die Nachtbevölkerung, dann kommt dem räumlichen Bezugsareal eine wichtige Arbeitsplatzfunktion zu. Die Innenstädte sind meist durch solch ein Übergewicht der Tagbevölkerung gekennzeichnet. Eine hohe Relation zwischen Tag- und Nachtbevölkerung wird zur Abgrenzung des ↗Central Business District von Großstädten verwendet. Im CBD von Tokio (z. B. Chiyoda-ku) beträgt die Relation zwischen Tag- und Nachtbevölkerung etwa 30 : 1. Wenn dagegen die Tagbevölkerung kleiner ist als die Nachtbevölkerung, dann überwiegt die Wohnfunktion, z. B. Stadtrandsiedlungen.

Tag- und Nachtgleiche ↗*Äquinoktien*.

Taifun, wie der karibische ↗Hurrikan zu den ↗tropischen Wirbelstürmen zählender ↗Orkan, der im westlichen Pazifik auftritt und an den ostasiatischen Küsten verheerende Schäden verursacht.

Taiga ↗borealer Nadelwald.

Tal, eine von einem Fluss geschaffene, lang gestreckte Hohlform mit gleichgerichtetem Gefälle. Es ist dadurch von einer Talung abgrenzbar, an deren Entstehung in hohem Maße andere Prozesse (u. a. glaziale oder karstische) beteiligt waren, sodass sie häufig kein gleichgerichtetes Gefälle besitzt. Einen Sonderfall der Täler stellen die Trockentäler dar, deren Bildung zwar maßgeblich auf fluviale ↗Erosion zurückgeht, die jedoch rezent nicht mehr durch Flüsse weitergebildet werden. Beispiele hierfür sind die kaltzeitlich geschaffenen Täler vieler Karstgebiete oder rezent nicht mehr durchflossene Täler heutiger Vollwüsten, die in vorzeitlichen Phasen mit höheren ↗Niederschlägen entstanden. Im Querprofil setzt

Tagestourismus: Hauptanlässe für Ausflüge in Prozent (1 = Besuch von Verwandten und Freunden, 2 = Erholen, 3 = »Fahrt ins Blaue«, 4 = Attraktionen und Besichtigungen, 5 = Einkaufen, 6 = spezielle Veranstaltungen (z. B. Konzert), 7 = spezielle Aktivitäten (z. B. Ski fahren), 8 = Essen gehen, 9 = organisierte Fahrten (z. B. Betriebsausflug), 10 = sonstige Anlässe).

Nr.	Prozent
1	26,7
2	22,3
3	10,6
4	9,2
5	8,6
6	7,4
7	6,4
8	2,7
9	2,2
10	3,9

sich ein Tal aus ↗Talboden, Talhang und Talrand zusammen. Letzterer stellt die obere randliche Begrenzung der Eintiefung des Tals in das umgebende Relief dar. Der Talhang vermittelt zwischen Talboden und Talrand. Er kann – u. a. durch ↗Terrassen oder Ausbisse resistenter Gesteine – sehr stark gegliedert sein. Hinsichtlich des Längsprofils spricht man im Falle des oberen Endes des Tales vom Talschluss, das untere Ende wird als Talmündung oder Talausgang bezeichnet. Für die nähere Charakterisierung von Tälern steht eine reichhaltige Terminologie zur Verfügung: a) im Hinblick auf das Querprofil verwendete Begriffe (↗Talquerprofil); b) Begriffe wie Längstal (verläuft mit dem Schichtenstreichen) und Quertal (verläuft quer zu diesem); c) Bezeichnungen als Haupttal (groß, vom Hauptfluss durchflossen) oder Nebental (klein, von einem Nebenfluss durchflossen); d) konkordantes Tal für im Einklang mit dem geologischen Bau stehend oder im Gegensatz dazu diskordantes Tal (Zu den konkordanten Tälern zählen solche, die tektonisch angelegten Spalten, Klüften, Mulden oder Gräben folgen, zu den diskordanten Tälern solche, die in Schichtsätteln angelegt sind, sowie diejenigen Arten von Tälern, die (epigenetisch oder antezedent) geologische Strukturen durchbrechen.); e) Termini, die auf spezielle Talkonfigurationen Bezug nehmen, etwa Hängetal (mit einer Stufe in ein Haupttal einmündendes Nebental) oder blindes Tal (durch Einsetzen unterirdischer Entwässerung in Karstgebieten unvermittelt endendes Tal). [HS]

Talanfang, Punkt, bis zu dem talaufwärts eine Eintiefung in das Gelände erkennbar ist.
Talasymmetrie ↗asymmetrische Täler.
Talaue ↗Aue.
Talbildung, erfolgt durch die Prozesskombination aus ↗Fluvialerosion (↗Tiefenerosion, ↗rückschreitender Erosion, ↗Seitenerosion) und Hangdenudation (↗Denudation). Als weitere Einflussfaktoren wirken Klima, Vegetation, Tektonik, Gestein (vor allem morphologische Gesteinshärte), Relief und Mensch. Voraussetzung ist das Vorhandensein eines Fließgewässers, d. h. auch eines Reliefgefälles (↗Basisdistanz). Je nach der Durchlässigkeit des Gesteins, dem präexistenten Relief, der Lage zum Grundwasserspiegel sowie der Niederschlagsverteilung und -menge entstehen unterschiedliche ↗Taldichten. Das Talnetz und charakteristische Talrichtungen hängen häufig von tektonisch angelegten Störungen (↗Verwerfungen) ab. ↗Täler können typische Tallängsprofile und ↗Talquerprofile aufweisen. Reste ehemaliger Talböden (↗Terrasse) und ↗Gerinnebettmuster werden zur Rekonstruktion der Talentwicklung herangezogen und bezeugen häufig sowohl eine Mehrphasigkeit als auch eine Polygenese. Als theoretische Erklärungsmodelle werden oft ↗Antezedenz und ↗Epigenese benutzt. [OB]
Talboden, *Talgrund, Talsohle*, der sich an die seitlichen Hänge anschließende, nahezu horizontale Teil des ↗Talquerprofils, dessen tiefster Bereich die ↗Aue bildet. Im Zuge der ↗Talbildung und -weiterentwicklung entstehen Felssohlen-Talböden im Anstehenden, wenn der Fluss weniger ↗Tiefenerosion als ↗Seitenerosion leistet und das von der Hangdenudation (↗Denudation) bereitgestellte Material weitgehend vollständig abtransportieren kann. Die Folge ist dann neben der weiteren Taleintiefung eine seitliche ↗Unterschneidung der Talhänge und demnach eine Talbodenausweitung (↗Belastungsverhältnis < 1, ↗Fluvialerosion). Aufschüttungs-Talböden entstehen dagegen nach der eigentlichen Talbildung, durch die ↗Fluvialakkumulation von Sedimenten (Belastungsverhältnis > 1). Nanson & Croke (1992) stellen eine genetische Klassifikation von Talböden vor. Je nach der auf dem betrachteten Laufabschnitt wirkenden Strömungsenergie (ω) und der Art der akkumulierten ↗Auensedimente werden drei Haupttypen und die vorkommende Gerinnebettform unterschieden:
a) Hochenergieflüsse in nicht-kohäsiven, d. h. nicht-bindigen Auensedimenten mit starker seitlicher Einengung durch Anstehendes oder durch Blöcke, wodurch die laterale Verlagerung der Gerinne gehemmt wird. Es herrscht die vertikale Akkumulation von Sand und Kies vor;
b) Flüsse mit mittlerer Strömungsenergie in nicht-kohäsiven Auensedimenten. Sie sind typisch für mäandrierende sowie verwilderte Gerinnebettmuster, wobei der Hauptformungsmechanismus die laterale Materialumlagerung ist;
c) Niedrigenergieflüsse in kohäsiven (bindigen) Auensedimenten mit im Allgemeinen einfadig-gestrecktem oder mehrfadig-verzweigtem Gerinnebettmuster. Ihre Entstehung wird vor allem durch die vertikale Akkumulation der feinkörnigen Sedimente (vorwiegend Schluff und Ton) außerhalb der Gerinne bei ↗Hochwasser erklärt, wobei unregelmäßige und abrupte Gerinnebettverlagerungen auftreten. [OB]
Talbodengrundriss ↗*Gerinnebettmuster*.
Talbodenmäander ↗*freie Mäander*.
Taldichte, Gesamtlänge der Täler in einem Gebiet bezogen auf die Gebietsgröße (km/km²). Sie unterscheidet sich von der ↗Flussdichte dadurch, dass bei ihr auch die Täler, die zeitweise oder ständig kein Wasser führen (Trockentäler), berücksichtigt werden.
Talentwicklung ↗*Gerinnegrundriss*.
Talform, unscharfer Begriff, wird meist synonym für ↗Talquerprofil, seltener für Tallängsprofil benutzt. ↗glaziale Talformen.
Talgletscher ↗Gletschertypen.
Talgrund ↗*Talboden*.
Talik, (Mehrzahl: Taliki) ein nicht gefrorenes Gebiet oder eine nicht gefrorene Schicht innerhalb des Bereichs von ↗Permafrost. Taliki treten z. B. unter großen See, Flüssen oder dem Meer auf. Auch unter ↗Gletschern kann es Taliki geben. Innerhalb des Profils des Permafrosts tritt die Auftauschicht als saisonaler Talik auf.
Talmäander, *Zwangsmäander*, entstehen durch ↗Fluvialerosion eines mäandrierenden Flusses, sodass das gesamte Talgefäß in das umliegende anstehende Gestein eingetieft ist und den Krümmungen des Flusses folgt. Aufgrund dieser Festlegung können Talmäander ihre Lage nicht so

leicht verändern wie ↗ freie Mäander. Kommt es infolge ↗ Seitenerosion an zwei gegenüberliegenden ↗ Prallhängen zu einer Mäanderabschnürung, bleibt ein Umlauftal übrig, das einen ↗ Umlaufberg umschließt. Infolge der Laufverkürzung wird die ↗ Tiefenerosion aktiviert. Umlauftäler fallen daher meist trocken oder werden nur noch von einem kleinen Nebenbach durchflossen. Talmäander können in ihrer Entstehung durch ↗ Antezedenz oder ↗ Epigenese, aber auch durch alleinige Fluvialerosion erklärt werden. Abb. im Farbtafelteil.

Talnebel ↗ Nebel.

Talpolje ↗ Polje.

Talquerprofil, *Talquerschnitt*, *Talform*, erhält seine Form aus einer Kombination von ↗ Flussarbeit und Hangentwicklung, d. h. aus dem Prozessgefüge von ↗ Fluvialerosion, ↗ Fluvialakkumulation und Hangdenudation. Wichtige Einflussfaktoren sind Art und Härte der hangbildenden Gesteine, Tektonik, Klima, Abflussmenge, Strömungsenergie, Relief und das ↗ Belastungsverhältnis des Flusses. Talquerprofile können ein- oder mehrphasisch, mono- oder polygenetisch entstanden sein. Sie werden häufig von ↗ Terrassen oder ↗ Resistenzstufen gegliedert und besitzen ein typisches ↗ Gerinnebettmuster. Ihre Untersuchung ermöglicht die Rekonstruktion vorzeitlicher Klima- und Umweltbedingungen. Charakteristische Talquerprofile sind ↗ Klamm, ↗ Schlucht, ↗ Kerbtal, ↗ Cañon, ↗ Sohlenkerbtal, ↗ Kastental, Sohlental, ↗ Wannental und ↗ Muldental. Eine Sonderform ist das glazial überprägte Trogtal (↗ glaziale Talformen). [OB]

Talsander, Schmelzwasserablagerungen eines Talgletschers, die aufgrund des Reliefs nicht zu einer weiten Sanderfläche aufgeschüttet werden konnten.

Talsohle ↗ Talboden.

TA Luft, *Technische Anleitung zur Reinhaltung der Luft*, eine erstmals 1964 in Kraft getretene und inzwischen mehrfach novellierte Verwaltungsvorschrift, welche aufgrund der Ermächtigung des ↗ Bundesimmissionsschutzgesetzes durch die Bundesregierung erlassen ist. Die TA Luft gilt für genehmigungspflichtige Anlagen, welche in der 4. BImSchV aufgeführt sind, und konkretisiert die Pflichten der Antragsteller bzw. Anlagenbetreiber bezüglich der Reinhaltung der Luft. Entsprechend enthält sie Vorschriften a) über die Prüfung der Anträge auf Erteilung einer Genehmigung zur Errichtung und zum Betrieb einer Anlage, b) über die Prüfung der Anträge, c) über nachträgliche Anordnungen und d) über die Ermittlung von Art und Ausmaß der von einer Anlage ausgehenden Emissionen sowie der Immissionen im Einwirkungsbereich der Anlage. Dadurch hat die TA Luft Regelungsschwerpunkte für die Emissionen und Immissionen und ist ein entscheidendes Instrument der ↗ Luftreinhaltung. Dabei steht die Begrenzung der Emissionen im Vordergrund. Der Anlagenbetreiber hat sie durch Maßnahmen nach dem Stand der Technik zu begrenzen. Konkretisierend enthält die TA Luft Mess- und Berechnungsverfahren sowie verbindliche Grenzwerte. Die Immissionen werden nach den Verfahren der ↗ Ausbreitungsrechnung mit der verbindlichen Vorgabe des Gauss-Modells berechnet. [JVo]

Talweg, Verbindungslinie der tiefsten Punkte in den Querschnitten eines Fließgewässers.

Talwind ↗ Berg- und Talwind.

Tanaka, *Keiji*, japanischer Geograph, 1885–1975. Er absolvierte ein Studium an der pädagogischen Hochschule in Tokio (Vorläufer der Tsukuba Universität). Sein Hauptinteresse galt der ↗ Landeskunde. Vor dem Zweiten Weltkrieg gab es in Japan drei Geographische Schulen, die Schule der Tokio Universität, die Schule der Kyoto Universität und die Schule der Otsuka Hochschule (Otsuka war der Standort der Hochschule). Tanaka wurde Leiter der Otsuka Schule. Seine Forschungsinteressen galten der Typisierung und Abgrenzung von Regionen. Sein Beitrag zur Entwicklung der Erdkunde ist in Japan bis heute noch wirksam. Seine Tradition wird durch die Tsukuba Schule, derzeit die größte Japans, fortgesetzt.

Tangwälder, dichte Bestände sehr großwüchsiger Braunalgen im ↗ Sublitoral oder auch direkt an einer Felsküste im Gezeitenbereich kühler und kalter Meere. Die meist aus Riesentangen (bis über 40 m lang) der Arten *Macrocystis* und *Nereocystis* bestehenden, am Meeresboden verankerten Wälder mit auf dem Wasser ausgebreitet schwimmenden Blattorganen (Auftrieb durch gasgefüllte blasenartige Organe) sind ein geschützter Lebensraum zahlreicher Robben, Seelöwen, Seeotter, Fische, Muscheln oder Krebse, werden aber auch vom Menschen geerntet und zu Alginaten verarbeitet und sind schon von daher gefährdet. Ihre Vorkommen liegen an den Kaltwasserküsten beider Halbkugeln, so von Alaska bis Südkalifornien, um Feuerland, oder an den südatlantischen Inseln bis Neuseeland. Auf der Südhalbkugel treten dazu bis über 30 kg schwere und viele Meter lange Riesentange des Felslitorals wie *Durvillaea* (Abb.) oder *Carpophyllum*, die einen wirksamen natürlichen Brandungsschutz abgeben können. An den west- und

Tangwälder: Riesige Braunalgen (*Durvillaea antarctica*) bilden regelrechte Wälder an den kalten Felsküsten der Südinsel Neuseelands.

nordeuropäischen Küsten sind die Braunalgen nur maximal wenige Meter lang, oft kleiner, bilden aber ebenfalls dichte Teppiche und Bestände im Eu- und Sublitoral (*Laminaria, Fucus, Himanthallia*). [DK]

Tante-Emma-Laden, traditioneller Einzelhandel (↗Betriebsformen), der der Versorgung der ländlichen Bevölkerung v. a. mit Grundnahrungsmitteln diente. In den letzten Jahrzehnten verschwinden diese Geschäfte immer mehr zugunsten der oftmals nur mit dem Auto zu erreichenden Supermärkte. Zur Erhaltung der letzten dörflichen Geschäfte werden in jüngster Zeit nicht selten von den Bürgern getragene Nachbarschaftsläden begründet.

Taoismus, chinesische Philosophie und Religion, begründet von Laotse (604–517 v. Chr.). Seine Schriften betonen den mythischen Aspekt des Lebens, die Rückkehr zur Natur und damit verbunden den Wunsch nach Spontanität, Bescheidenheit, Nachgiebigkeit und Freundlichkeit. Die taoistischen Philosophen betonen die Einheit des Menschen mit der Natur, betrachteten den Menschen nur als ein unbedeutendes Element der gesamten Ordnung im Universum und billigten der Natur eine vom Menschen unabhängige Stellung zu. Die Natur zu zerstören heißt demnach, sich ihrem Zorn auszusetzen. Während der rationale und pragmatische ↗Konfuzianismus eher das Wertesystem der städtischen Oberschichten darstellte und eine geradezu ideale ideologische Basis für die staatliche Bürokratie und Regierung abgab, stand der Taoismus meist in Opposition zur staatlichen Bürokratie. Der Taoismus befürwortete einen mystischen, genussreichen Lebensstil, war voll von Magie und Geisterglauben und propagierte das individuelle Glück. Er repräsentierte eher das Wertesystem der einfachen Leute im ländlichen Raum und stand oft in Opposition zu den Herrschenden. [GR]

Taphonomie, die Lehre von den Vorgängen, die sich beim Übergang eines Organismus aus der Biosphäre in die Lithosphäre abspielen. Die wichtigsten Teilgebiete sind die ↗Biostratinomie und die Fossildiagenese.

Taphozönose ↗Evolution von Ökosystemen.

Taschenböden ↗Kryoturbation.

Tasseled Cap, Anwendung der ↗Hauptkomponenten-Transformation in der ↗Fernerkundung mit ↗multitemporalen Daten; bezogen auf agrarphänologische Sachverhalte, z. B. Wachstumsphasen und Reifezustand von Getreide im Verlaufe der Vegetationsperioden. Unterzieht man ↗spektrale Signaturen einer Hauptkomponenten-Transformation, so beschreiben die neu errechneten Komponenten den Informationsgehalt der Ausgangsdaten wie folgt (vier Komponenten, nach der Bedeutung gereiht: a) Helligkeitsindex, Reflexionsintensität des »offenen Bodens« (brightness); b) Vegetationsindex, Vegetationdeckung (greeness); c) Gelbtöne, z. B. reifes Getreide (yellowness), und d) »Sonstiges« d. h. andere, residuale Information.

Werden solche Berechnungen mehrmals im Laufe der Wachstums- und Reifeperiode (z. B. des Getreides) vorgenommen, dann nehmen die »Greeness«-Werte mit dem Pflanzenwachstum zu, bis schließlich (im Reifestadium) Gelbtöne (yellowness) die Daten charakterisieren. In einem dreidimensionalen Diagramm (Hauptkomponenten-Achsen) bilden diese multitemporalen Merkmale die Form einer Kappe, daher die Bezeichnung »Tasseled Cap« (Abb.). [MS]

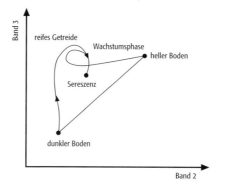

Tasseled Cap: Spektrales Reflexionsverhalten von heranwachsendem Getreide (dargestellt an Band 2 und 3 des Landsat-Satelliten MSS).

Tau, flüssiger, abgesetzter Niederschlag, der auf Oberflächen mit Temperaturen unterhalb des Taupunkts (aber >0 °C) kondensiert. Voraussetzung sind klare, windschwache Nächte mit intensiver langwelliger Ausstrahlung in Bodennähe. Der *Taupunkt* (Taupunkttemperatur) ist die Temperatur, bei welcher der ↗Dampfdruck dem ↗Sättigungsdampfdruck entspricht. Die Taupunkttemperatur Td [°C] berechnet sich nach:

$$Td = \frac{234{,}67 \cdot \log(e) - 184{,}2}{8{,}233 - \log(e)}$$

mit e = Dampfdruck [hPa]. Sie wird mit einem Taupunktspiegel (*Kondensationshygrometer*) gemessen (Abb.). Ein Maß für das Sättigungsdefizit (↗Sättigungsdampfdruck) der Luftmasse ist die Taupunktdifferenz, die sich aus der Differenz von Lufttemperatur zu Taupunkttemperatur ergibt. ↗Taumessung.

Taumessung, die Bestimmung der Menge (des Gewichts oder des Volumens) von abgesetztem ↗Tau. Da die Taumenge besonders in semiariden und ariden Gebieten große Bedeutung hat, ihre messtechnische Bestimmung aber schwierig ist, gibt es eine Vielzahl von angewandten, aber nur beschränkt untereinander vergleichbaren Messprinzipien. Im Allgemeinen erfolgt eine Gewichtsbestimmung eines genormten exponierten Körpers, daher ist die Bezeichnung Tauwaage verbreitet. Weitere Verbreitung hat die Leick'sche Tauplatte gefunden, bei welcher das Gewicht einer auf einer beidseitig frei exponierten Tauplatte abgesetzten Taumenge bestimmt wird. Als Tauplatten werden hygroskopische Platten verwendet, die aus Keramik mit einem Verhältnis von Kieselgur, Alabaster und Wasser von 1 : 2 : 4 bestehen und eine genormte Größe haben. Die Gewichtszunahme der Tauplatte entspricht der abgesetzten Taumenge. Die Platte kann auch an

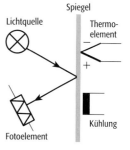

Tau: Prinzip eines Kondensationshygrometers. Grundlage ist ein blankpolierter Metallspiegel, der mit einer Lichtquelle bestrahlt wird. Das Fotoelement empfängt bei blankem Spiegel aufgrund spiegelnder Reflexion eine hohe Lichtintensität. Zur Messung des Taupunkts wird der Spiegel abgekühlt, bis die gemessene Lichtintensität schlagartig abnimmt. Zu diesem Zeitpunkt ist Wasser auf dem Spiegel kondensiert (d. h. der Taupunkt erreicht) und die empfangene Lichtintensität durch diffuse Reflexion drastisch reduziert. Die Taupunkttemperatur (Temperatur des Spiegels zum Zeitpunkt der Kondensation) wird mit einem Thermoelement bestimmt.

einer schreibenden Waage als Tauwaage oder Tauschreiber eingesetzt werden. [JVo]

Taupunkt ↗Tau.

Taxon, pl. Taxa, künstlich abgegrenzte Gruppe von Lebewesen als Einheit in der hierarchischen biologischen ↗Systematik, z. B. Stamm, Ordnung, ↗Familie, ↗Gattung, ↗Art.

Taxonomie, die Lehre von den Gesetzmäßigkeiten der Ordnung bzw. dem praktischen Vorgehen bei der Einordnung der Organismen in systematische Kategorien (↗Taxon). Die so gebildeten Organismengruppen stellen Einheiten dar, deren Vertreter in stammesgeschichtl. Hinsicht unmittelbar miteinander verwandt sind. ↗Systematik.

Taylor, *Griffith*, australischer Geograph, geb. 1.12.1880 Walthamstow, London, gest. 4.11.1963 Sydney. Er studierte an der University of Sydney und machte 1904 seinen Abschluss in Geologie und Physik. Taylor arbeitete zunächst in der ↗Physischen Geographie und profilierte sich als Antarktisforscher. Nach seiner Berufung zum Leiter des ersten australischen Geographischen Instituts wandte er sich in den 1920er-Jahren einer auf der Basis der Physischen Geographie betriebenen ↗Siedlungsgeographie zu. Aufgrund seiner pessimistischen Schätzungen im Hinblick auf die Tragfähigkeit des australischen Kontinents wurde er in der Öffentlichkeit scharf kritisiert, ein von ihm geschriebenes Buch für den Unterricht sogar verboten. Aufgrund dieser schlechten Erfahrungen nahm er 1928 eine Professur in Chicago und 1935 einen Lehrstuhl in Toronto an. Bis zu seiner Emeritierung im Jahr 1951 beschäftigte er sich vor allem mit der Rassen- und Nationalitätenproblematik (»Environment and Race«, 1927; »Environment and Nation«, 1936). [UW/PA]

Technikfolgenabschätzung, *Technikbewertung*, *Technology Assessment*, umfassende Analyse und Bewertung der Entwicklung und des Einsatzes von singulären Technologien und allgemeinen Technikentwicklungen sowie deren Folgen für Mensch, ↗Gesellschaft und ↗Umwelt auf räumlicher, zeitlicher und sozialer Wirkungsebene. Dies umfasst komplexe Wechselwirkungen mit anderen Technologien und Mensch-Umwelt-Systemen, indirekte oder langfristige Folgen sowie unbeabsichtigte Nebenfolgen. Die Notwendigkeit professioneller wissenschaftlicher Technikfolgenabschätzung ergibt sich aus der Komplexitätssteigerung technologischer Entwicklung, aber auch zunehmender sozialer und ökonomischer Differenzierung. Technikfolgenabschätzung hat zum Ziel, Chancen und Risiken der Entwicklung und des Einsatzes von Techniken aufzuzeigen und damit Handlungs- und Orientierungswissen zu erarbeiten. Dazu gehört das Entwerfen und Bewerten alternativer Optionen. Sie dient der konkreten Politikberatung und richtet sich an Adressaten aus Politik, Verbänden und Wirtschaft sowie an die breite Öffentlichkeit. Als interdisziplinärer, problemorientierter Forschungsansatz für Aufgaben, die primär nicht wissenschaftsintern formuliert, sondern als gesellschaftliche Erwartungen an die Wissenschaften herangetragen werden, stellt sich die Technikfolgenabschätzung als diskursive Vermittlung und Dialog mit einer breiteren Öffentlichkeit dar. Es werden vielfältige und kombinierte qualitative und quantitative Methoden angewendet: Brainstorming, Literaturrecherche, Dokumentenanalyse, Expertenbefragung, Fallstudien, ↗Kosten-Nutzen-Analysen, Computer-Simulationen, Entwicklung von Szenarien, ebenso wie partizipative Verfahren der Bürgerbeteiligung. [RF]

technische Entwicklungszusammenarbeit, *TZ*, Teil der ↗Entwicklungszusammenarbeit und neben der ↗Finanziellen Entwicklungszusammenarbeit ein zentrales Instrument der staatlichen ↗Entwicklungspolitik. Aufgabe der technischen Zusammenarbeit ist es, den Entwicklungsländern technische, wirtschaftliche und organisatorische Kenntnisse und Fähigkeiten zu vermitteln, um Menschen und Organisationen in den ↗Entwicklungsländern so durch partnerschaftliche Zusammenarbeit in die Lage zu versetzen, ihre Lebensbedingungen aus eigener Kraft zu verbessern (Hilfe zur ↗Selbsthilfe). Dazu werden im Rahmen der technischen Zusammenarbeit folgende Leistungen unentgeltlich erbracht: Entsendung und Finanzierung von Beratern, Ausbildern, Sachverständigen, Gutachtern und sonstigen Fachkräften (Personelle Hilfe); Aus- und Fortbildung einheimischer Fach- und Führungskräfte; Lieferung von Ausrüstung und Material; Lieferung von industriellen und landwirtschaftlichen ↗Produktionsmitteln (Warenhilfe); Bereitstellung von Dienst- und Werkleistungen; Finanzierungsbeiträge zu Projekten und Programmen leistungsfähiger Träger (Projekthilfe). Gemäß der entwicklungspolitischen Grundsätze der Bundesregierung orientiert sich die deutsche technische Zusammenarbeit bei der Vergabe ihrer Leistungen vor allem an der ↗Grundbedürfnisbefriedigung der armen und ärmsten Bevölkerungsschichten. Mit der Durchführung der technischen Zusammenarbeit ist die bundeseigene, privatrechtlich organisierte Deutsche ↗Gesellschaft für Technische Zusammenarbeit (GTZ) mit Sitz in Eschborn beauftragt. [DM]

Technoklimatologie, *technische Klimatologie*, *Ingenieurklimatologie*, Teilgebiet der angewandten Klimatologie, in welchem die Ergebnisse der allgemeinen Klimatologie für technische Aufgaben angewandt werden. Dazu gehören neben einer Vielzahl von weiteren Anwendungsfeldern Fragestellungen der Strahlungs-, Regen-, Wind- und ↗Eislasten auf Materialien und Bauwerke, die Anwendung im Verkehrswesen, in der Industrie und im Bau- und Planungswesen. Da technische Erzeugnisse in allen Klimaten der Erde angewandt werden und den jeweiligen extremen Ansprüchen standhalten müssen, ist es erforderlich, die jeweils möglichen klimatischen Lasten räumlich zu konkretisieren. Dies geschieht in DIN 50 019 – Technoklimate. Zur Technoklimatologie werden auch – mit weit reichenden Überschneidungen – Fragestellungen der Ausbreitungsrechnung in der Luftreinhaltung, der Immissionsprognostik, Schornsteinhöhenberechnung und

Taylor, *Griffith*

der Standortwahl emittierender Anlagen gerechnet. [JVo]

Technologie, Lehre von der Gesamtheit der verfügbaren Zweck-Mittel-Relationen (Technik) zur Erreichung von gegebenen Zielen. Im Sinne der ↗Methodologie des ↗kritischen Rationalismus stellt es ein Verfahren dar, mit dem eine Antwort auf die Frage gegeben wird, welche Mittel zu wählen sind, um ein vorgegebenes Ziel zu erreichen. Sie stellen in logischer Hinsicht insofern die technische Anwendung des Erklärungsschemas (↗Erklärung) dar, als aus einer bekannten, empirisch gültigen Gesetzmäßigkeit bzw. sozialen Regelmäßigkeit die fraglichen Mittel zur Zielerreichung bzw. zur Behebung einer Problemsituation (↗Situationsanalyse) abgeleitet werden. Logisch ist das Problem gelöst, wenn aus der Theorie und dem gewünschten Zielzustand die gesuchten Mittel, also die Randbedingungen, abgeleitet werden können. Die Ableitung weist dann folgende Form auf: a) Regelmäßigkeit (Wenn der Anteil der sozial isolierten Personen in einer Gesellschaft zunimmt, dann steigt auch die Rate der Drogenabhängigen.), b) Ziel (Es soll eine Abnahme der Drogenabhängigkeit erreicht werden.), c) Mittel (Die soziale Isolation ist abzubauen.). Praktisch wird der Wissenschaftler die deduktiv gewonnenen Situationsbedingungen (Mittel) suchen müssen (wo bestehen die Voraussetzungen für höhere soziale Integration, welche Mittel können die Kommunikation fördern usw.), oder sie müssen erst geschaffen werden. Wird das angestrebte Ziel nicht erreicht, nachdem man die abgeleiteten Maßnahmen verwirklicht hat, waren entweder die angewendeten Theorien (Gesetze/Regelmäßigkeiten) unzureichend, oder die Situationsbedingungen sind ungenügend realisiert worden. Welches davon der Fall ist, ist mittels empirischer Forschung (↗Empirie) festzustellen. [BW]

Technologiepark, *Technologiezentrum*, Einrichtung, meist in ↗Gewerbegebieten bzw. ↗Industrieparks, in der versucht wird, jungen Unternehmen vornehmlich aus dem High-Tech-Bereich günstige Bedingungen für die Gründungsphase des Unternehmens zu schaffen. Technologieparks – oder *Gründerzentren* – verfügen über eine hervorragende technische Infrastruktur, die den jungen Unternehmen kostengünstig zur Verfügung gestellt wird. Ziel ist es, die Unternehmen nach wenigen Jahren zur vollständigen Selbstständigkeit zu führen, sodass ihr Platz im Technologiepark für weitere Neugründungen frei wird (Funktion als »Durchlauferhitzer«). Die Unternehmen sollen auf diese Weise zur wirtschaftlichen Stärkung des Standortes des Technologieparks beitragen.

Technologietransfer, Übertragung von ökonomisch verwertbaren Technologien z.B. aus den ↗Industrieländern in die ↗Entwicklungsländer. Der Technologietransfer umfasst die Übertragung von technischem Wissen in Form von Produkten (z.B. Maschinen, Produktionssysteme) und in nichtmaterieller Form (technische Beratung, Übertragung von Produktions-Know-how, Anwendungs- und Ausbildungs-Know-how). Sein Ziel ist der Auf- und Ausbau einer wissenschaftlich-technischen Infrastruktur, die Erhöhung der technologischen Kompetenz, die Anpassung und Verbreitung von Technologien sowie die Steigerung der Wettbewerbsfähigkeit.

Technologiezentrum, ↗*Technologiepark*.

Technopolis, Großstadt, die durch die großmaßstäbige Anlage moderner Gewerbeparks mit Hochtechnologie-Industrien, Forschungszentren usw. zu neuen Forschungs- und Produktionsstätten wird. Beispiele gibt es sowohl in der ehemals sozialistischen Welt, wie in der Sowjetunion, die u.a. im Ural planmäßig Wissenschaftsstädte anlegte, jedoch auch in der westlichen Welt. In vielen westlichen Industrienationen versucht man in jüngerer Zeit, den »Silicon Valley-Effekt« erfolgreicher Hochtechnologie- und Wissenschaftsstandorte der USA (z.B. Silicon Valley/Santa Clara County, California, der Großraum Boston, die Hochtechnologiestandorte Huntsville, Alabama oder Charlotte, North Carolina) nachzuvollziehen. Dazu betreibt man gezielte Wirtschafts- und Wissenschaftsförderung, um Standorte und ganze Wissenschaftsregionen aufzubauen.

Teichlandwirtschaft, Einbeziehung künstlicher Teiche in die ↗Landwirtschaft zur Schaffung weitgehend geschlossener Nährstoffkreisläufe. Dabei werden Abfälle von Mensch und Tier im Teich zersetzt und dadurch Nährstoffe für Wasserpflanzen (z.B. Wasserhyazinthen) verfügbar, die ihrerseits als Fisch- und Tierfutter dienen. Der nährstoffreiche Schlamm wird als Dünger auf die Felder verteilt. Das System ist vor allem in Südostasien verbreitet.

Teichwirtschaft, Aufzucht, Haltung und Nutzung von Speisefischen in künstlichen oder natürlichen füll- und ablassbaren, räumlich begrenzten Gewässern. Die Teichwirtschaft wird häufig im Nebenerwerb zur ↗Landwirtschaft betrieben. Gelegentlich erfolgt während des Sommers die Bebauung des Teichbodens mit Getreide. Teichwirtschaft zählt wie die gesamte Binnenfischerei und die diesbezügliche Fischzucht in Deutschland steuerrechtlich zur sonstigen land- und forstwirtschaftlichen Nutzung.

Im mittelalterlichen Europa bewirkten christliche Fastengebote die Ausbreitung der Teichwirtschaft.

Teilarbeitsmarkt, mehr oder minder homogene Teilmengen des Gesamtarbeitsmarktes, die anhand statistischer Größen disaggregiert werden können. Die Disaggregierung kann nach arbeitsplatz- oder arbeitskräftespezifischen Merkmalen erfolgen. Der *geschlechtsspezifische Teilarbeitsmarkt* ist ein Teilarbeitsmarkt mit einer hohen Konzentration von Frauen (bzw. Männern). Seine Kennzeichen beziehen sich auf die sektorale Konzentration von Frauen in Landwirtschaft, Grundschul- und Gesundheitswesen, Fremdenverkehr, Handel, soziale Dienste, auf die hierarchische Stellung (vor allem mittlere und untergeordnete Tätigkeiten, nur selten Leitungs- und dispositive Funktionen), auf spezifische Berufs-

tektonische Geomorphologie: Auswirkung einer Hebung auf die Morphodynamik.

Teleki, *Paul*

verläufe und eine unterschiedliche Entlohnung. Erklärungshintergrund liefert das ↗Konzept des weiblichen Arbeitsvermögens, das ↗Alternativrollenkonzept sowie die ↗Humankapitaltheorie. Der *ethnische Teilarbeitsmarkt* weißt eine hohe Konzentration ethnischer Gruppen auf. Er zeichnet sich nicht immer nur durch niedrig qualifizierte Arbeitsplätze in der Industrie, im produzierendem Gewerbe und im Bereich persönlicher Dienstleistungen aus, mancher umfasst auch qualifizierte Tätigkeiten im Bereich des Handels oder im Dienstleistungssektor. Zwischen ethnischen Teilarbeitsmärkten und ↗ethnischer Ökonomie existieren Überlappungsbereiche. Des Weiteren unterscheidet man zwischen einem Teilarbeitsmarkt für Jugendliche oder Ältere, einem Teilarbeitsmarkt für Ungelernte oder Qualifizierte oder einem ländlichen oder städtischen Teilarbeitsmarkt. [HF]

Teilraumgutachten ↗regionales Entwicklungskonzept.

Teilzeitarbeit, jene Erwerbstätigkeit, die eine regelmäßige Wochenarbeitszeit umfasst, die kürzer ist als diejenige vergleichbarer vollzeitbeschäftigter Arbeitnehmer eines Betriebes (meist 35 und weniger Stunden).

Tektogenese, kleinräumige, irreversible Krustendeformationen durch Brüche und Falten (↗Morphotektonik).

Tektonik, *Strukturgeologie*, Bereich der Geologie, der sich mit der Architektur der Erdkruste (↗Erdaufbau) und den strukturbildenden Bewegungen und Kräften beschäftigt. Die Tektonik ermittelt das Vorhandensein, die Ausbildung und die Bewegungen von strukturellen und deformativen Elementen, wie Verwerfungen, Deformationen, Falten, Decken etc. in räumlicher, zeitlicher und kausaler Hinsicht. Im deutschen Sprachgebrauch wird der Begriff Tektonik aber auch deskriptiv für das tektonische Erscheinungsbild einer Region benutzt. Unterschieden werden die folgenden Teilgebiete. Die *Bruchtektonik* untersucht die Zerbrechungserscheinungen wie Verwerfungen, Spalten und Klüfte. Die *Faltentektonik* umfasst alle Formen, die aus zunächst plastischer Deformation von Gesteinskomplexen entstehen, wie Falten, Überschiebungen und Deckenbau. Die *Kleintektonik* beschreibt Resultate von Deformationen im Handstückbereich und darunter (Dünnschliff), teilweise auf statischer Basis. Der Forschungsbereich, der sich mit den allgemeinen Gesetzmäßigkeiten der strukturellen Entwicklung der Erde beschäftigt, wird als *Geotektonik* bezeichnet. Geotektonische Theorien beschäftigten sich in der Vergangenheit v. a. mit den Prozessen, die zur Bildung der großen Gebirge und zur spezifischen Position der Kontinente führten. Zu diesen Theorien und Hypothesen, die zumeist nur noch wissenschaftshistorisch interessant sind, gehören die Kontraktions-, die Expansions-, die Unterströmungs- und die Oszillationstheorie sowie die ↗Kontinentalverschiebung. Der Großbau der Erde lässt sich heute durch die ↗Plattentektonik sehr gut beschreiben und erklären. ↗saxonische Tektonik. [GG]

tektonische Geomorphologie, ein klassisches Teilgebiet der ↗Geomorphologie. Seine grundlegende Bedeutung für die ↗Morphogenese resultiert aus der ↗Plattentektonik. Neben den direkten Folgen tektonischer Deformationen (↗Morphotektonik) müssen deren indirekte Auswirkungen berücksichtigt werden. Durch Änderungen des Energiepotenzials der Morphodynamik beeinflussen Hebungen und Senkungen (↗Epirogenese) das Ausmaß der Abtragung und den Verlauf der Formung (Abb.). Die tektonische Geomorphologie überschneidet sich hierbei mit der klimatischen Geomorphologie, und der Anteil tektonischer und klimatischer Bedingungen der Morphogenese ist oft nicht zu trennen. Grundrissänderungen (Flussumlenkungen, Bifurkationen) und ↗Epigenese der Fluss- und Talsysteme sind Indizien für Krustendeformationen. Phasenhafte Änderungen tektonischer Aktivität können zu einem Wechsel von ↗morphogenetischen Aktivitätsphasen und Passivitätsphasen und dadurch zur Bildung von ↗Reliefgenerationen und ↗Flächensequenzen führen. An den Küsten bewirken Hebungen oder Senkungen ↗Regressionen bzw. ↗Transgressionen des Meeres. [JS]

Teleki, *Paul*, ungarischer Geograph und Politiker, geb. 1.11.1879 Budapest, gest. 3.4.1941. Teleki stammte aus einer berühmten ungarischen Adelsfamilie, deren Mitglieder in Politik und Wissenschaft tätig waren. Nach dem Studium, das er 1903 mit einer geographischen Dissertation abschloss, ging er in die Politik und wurde Parlamentsabgeordneter für das Komitat Sathmar. Gleichzeitig widmete er sich wissenschaftlichen Studien, führte eine ↗Forschungsreise nach Afrika durch und veröffentlichte 1909 sein erstes großes Werk, einen Atlas zur Kartographiegeschichte Japans; 1917 folgte eine Ideengeschichte der ↗Geographie in Ungarn. Eine von ihm 1919 entworfene ethnographische Karte Ungarns auf der Basis der Volkszählung von 1910 wurde bei den Friedensverhandlungen in Trianon nicht berücksichtigt. Sie zeigt aber deutlich die politisch-geographischen und kartographischen Interessen Telekis. Nach der Niederwerfung der Räterepublik wurde Teleki 1920 zunächst Außenminister, kurz darauf zum Ministerpräsidenten gewählt. 1921 verließ er die politische Bühne, um die Leitung des neuen Instituts für Wirtschaftsgeographie an der Universität Budapest zu übernehmen. Während seiner Hochschultätigkeit widmete er sich vor allem der ↗Politischen Geographie und der ↗Wirtschaftsgeographie (Hauptwerk 1936: »Geographical base of economic life«), deren Begründer er in Ungarn wurde. Seine politischen Ambitionen endeten dagegen im Fiasko: 1939 erneut zum Ministerpräsidenten gewählt, hoffte er auf eine Grenzrevision der Nachkriegsordnung, vertrat jedoch nach Ausbruch des Zweiten Weltkriegs eine Politik der Neutralität. Als Hitler Ungarn 1941 aufforderte, sich am Einmarsch nach Jugoslawien zu beteiligen, beging Teleki Selbstmord. [FP]

Telekommunikation, bezeichnet Nachrichtentechnik, Fernverkehr und Fernverbindungen, also Verbindungen zur Verbreitung und zum Austausch von Nachrichten, Informationen und Meinungen über größere Distanzen. Jüngere technologische Entwicklungen ermöglichen die qualitative Verbesserung bestehender Telekommunikationsdienste (z. B. digitale Netze beim Telefonieren) sowie ein Angebot an neuen Telekommunikationsdiensten (Videokonferenz, E-mail etc.).

Telematik, Kunstwort, dass aufgrund der starken technologischen Verflechtung von Informationstransport (»Tele«kommunikation) und Informationsverarbeitung (Infor»matik«) entstand. Die Digitalisierung und damit Integration bestehender und neuer Telekommunikationsdienste und die Kopplung von Informationsübertragung und -verarbeitung schaffen bisher noch kaum absehbare neue Möglichkeiten.

TEMP, Kennwort für die verschlüsselte aerologische Meldung (↗aerologischer Aufstieg, ↗Wettermeldung).

Tempel, ↗religiöse Gebäude, die sich vom profanen Bereich abgrenzen und dem sakralen ↗Kult vorbehalten sind. Tempel werden häufig als Haus oder Wohnung der Gottheit verstanden und bilden die kosmischen Vorstellungen einer Religion ab. Tempelanlagen wurden von allen Hochkulturen hervorgebracht (z. B. ägyptische Säulenhalle, gestufte Zikkurat in Mesopotamien, Stufenpyramiden der Maya). Besonders harmonische Proportionen und monumentalen Eindruck erreichen die Tempelbauten des alten Griechenlands. Tempel gibt es im ↗Hinduismus, ↗Buddhismus im ↗Konfuzianismus und ↗Taoismus, im ↗Sikhismus, ↗Jainismus, im ↗Mormonentum und im ↗Bahaismus.

Temperatur, Maß für den Wärmezustand eines Mediums. Die Wirkungen unterschiedlicher Temperaturen auf einen Körper ergeben sich aus den zwischenmolekularen Kräften, die anhand eines einfachen Modells veranschaulicht werden können (Abb.). Atome und Moleküle üben unterschiedliche Kräfte geringer Reichweite aufeinander aus. Bei starker Annäherung überwiegen die abstoßenden, bei geringerer Annäherung die anziehenden Kräften. Bei Annäherung zweier Moleküle (gerissene Linie) wirken daher zunächst die in der Skizze negativ dargestellten Anziehungskräfte und nach Überschreiten eines stabilen Punktes r_0 die positiv dargestellten – weil entgegengesetzt wirksamen – abstoßenden Kräfte. Die potenzielle Energie W_{pot} als Funktion des Abstandes r ergibt die durchgezogene Linie, die Potenzialfunktion W_{pot}. Diese Kurve hat bei r_0 ein Minimum. Es ist die Distanz, in der sich beide Moleküle theoretisch in einer stabilen Gleichgewichtslage zueinander befinden. In dieser Position haben sie keine Bewegungsenergie, es ist der absolute Nullpunkt (↗Thermometerskalen). Doch befinden sich die Moleküle nicht in diesem Ruhezustand, sondern sie führen Schwingungen aus, deren Umkehrpunkte auf gleicher Höhe der Potenzialkurve liegen. Die Energie dieser Schwingung bestimmt die Höhe auf der Potenzialkurve. Im unteren Bereich hat diese die Form einer Parabel. Mit zunehmender Energie oder Wärmemenge erfolgt die Schwingung um einen höheren Punkt der Potenzialkurve, sodass sich wegen der Verflachung nach außen hin der mittlere Abstand der Moleküle vergrößert. Dies erklärt die Ausdehnung des Körpers bei Erwärmung. Wenn die zugeführte Wärmemenge ausreicht, die Bindungskräfte zu überwinden, tritt die freie Verschiebbarkeit der Moleküle ein. Es ist der flüssige Zustand.

Wird weiter Wärme zugeführt, wird das Niveau der Potenzialkurve verlassen, die Moleküle befinden sich in einer völlig freien Bewegung. Dies ist der gasförmige Zustand.

Die Bewegungsenergie der Moleküle kann jetzt bei konstantem Druck durch weitere Energiezufuhr erhöht werden, eine Änderung des Aggregatzustandes tritt nicht ein. [JVo]

Temperaturadvektion, der Transport von Luftmassen, welche eine Änderung der Temperatur am überströmten Punkt herbeiführen. Es gibt daher eine Warmluftadvektion und eine Kaltluftadvektion. Im Microscale erfolgt die Temperaturadvektion mit der Ausprägung thermischer Windsysteme, insbesondere mit dem Vordringen der ↗Kaltluft bei Bergwinden (↗Berg- und Talwind). Im Macroscale ergibt sich die Temperaturadvektion durch Bewegung von Fronten in der ↗Zyklogenese. Das Ausmaß ist abhängig von der Windgeschwindigkeit und vom horizontalen Temperaturgefälle in Windrichtung. In Wetterkarten ist die Temperaturadvektion ablesbar, wenn die Isobaren oder Isohypsen und gleichzeitig die Isothermen dargestellt werden. Die Windgeschwindigkeit ist um so größer, je enger die Isobaren geschart sind, und die Temperaturdifferenz ist um so größer, je enger die Isothermen geschart sind. Die Anzahl der Schnittpunkte zwischen Isobaren und Isothermen ist daher ein Maß für die Temperaturadvektion. Da Warmluft- und Kaltluftadvektion zentrale Prozesse der Zyklogenese sind, werden in der Wetteranalyse solche Advektionskarten verwendet. Im Gebiet der stärksten Warmluftadvektion erfolgen Hebung, Potenzialanstieg und ↗Divergenz in der Höhe sowie Druckfall und ↗Konvergenz am Boden. Im Bereich der Kaltluftadvektion erfolgt ein Absinken, Potenzialfall und Absinken in der Höhe sowie Druckanstieg und Divergenz am Boden. [JVo]

Temperaturextreme, höchster (Maximum) und niedrigster (Minimum) Wert der Temperatur in

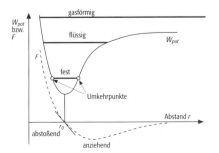

Temperatur: Skizze zur Veranschaulichung der zwischenmolekularen Kraft- und Energieverhältnisse in Abhängigkeit von der Temperatur.

einer Zeitreihe oder in einem Raum. Die absoluten Temperaturextreme werden auch ↗Kältepol und ↗Wärmepol genannt und können sich sowohl auf die gesamte Erdoberfläche als auch auf Teilräume beziehen. Die mittleren Temperaturextreme bezeichnen das mittlere Minimum bzw. Maximum in einem bestimmten Zeitraum an einer Station, z. B. einem Monat oder Jahr.

Temperaturgradient, Temperaturänderungen entlang einer Strecke. Sie werden in der Atmosphäre differenziert in einen horizontalen und vertikalen Temperaturgradienten. Der horizontale Gradient ist die Folge unterschiedlicher Erwärmung der entsprechenden Luftpakete und hat horizontale Druckgradientbeschleunigungen zur Folge. Je weiter man sich der Erdoberfläche nähert, desto kleinräumiger wird das Muster der horizontalen Temperaturgradienten. Ihr Ausmaß nimmt mit zunehmender absoluter Höhe der Erdoberfläche zu, sodass sich im Hochgebirge als eine Besonderheit des ↗Hochgebirgsklimas extreme horizontale Temperaturgradienten ergeben. Vertikale Temperaturgradienten geben den Zustand der thermischen Schichtung der Atmosphäre in K/100 m an. Ist er positiv, nimmt die Temperatur mit zunehmender Höhe ab, ist er negativ, liegt eine Temperaturzunahme oder ↗Inversion vor. Der mittlere vertikale Temperaturgradient der ↗Troposphäre beträgt 0,65 K/100 m. Die Größe des vertikalen Temperaturgradienten der Atmosphäre bestimmt entscheidend den Austauschkoeffizienten, der in einer stabilen Schichtung sehr kleine Werte annimmt. [JVo]

Temperaturinversion ↗Inversion.

Temperaturkompensation, der Ausgleich eines Messfehlers, welcher durch unterschiedliche Temperaturen des Messwertgebers entsteht. Dies ist vor allem bei Druckmessungen erforderlich und kann automatisch wie bei den Vidie-Dosen des ↗Aneroidbarometers oder manuell wie beim ↗Stationsbarometer erfolgen.

Temperaturresistenz, Widerständigkeit gegen die unterschiedlichen Temperaturen, denen eine ↗poikilotherme Pflanze unterworfen sein kann. Man unterscheidet häufig Stressphänomene in drei kritischen Temperaturbereichen: Kältestress bei Temperaturen unterhalb der üblichen Wuchsbedingungen, etwa zwischen 15 °C und 0 °C, Froststress bei Temperaturen unter 0 °C, Hitzestress unter hohen Tagestemperaturen. Pflanzen können sich artabhängig im Tagesgang und im Jahresgang an die standorttypischen Stressfaktoren akklimatisieren (↗Kälteresistenz, ↗Hitzeresistenz); dies geschieht durch Regulation des Wasserzustands der Zelle, durch Verschiebung der Temperaturoptima enzymatischer Prozesse, durch Anpassung der Membraneigenschaften und durch Bildung von Hitzeschock-Proteinen oder durch erhöhte ↗Transpiration.

Temperatursumme, eine statistische Kenngröße zur thermischen Charakterisierung einer Station oder eines Raumes. Sie wird durch Addition verschiedener Temperaturen in einem definierten Zeitraum gebildet. Die Wärmesumme ist ein pflanzenökologischer Summenparameter. Dabei werden die Tagesmittel der Lufttemperatur, wenn sie einen Grenzwert für den pflanzlichen Stoffwechsel übersteigen (meist 5 °C), aufsummiert. Die Wärmesumme charakterisiert den Sommer thermisch als warm, mäßig oder kalt anhand eines quantitativen Maßes. Die Kältesumme dient analog zur Bestimmung der thermischen Ausprägung des Winters. Dabei werden alle Tagesmittel der Lufttemperatur, welche unter 0 °C liegen, von November bis März addiert. Liegt der Betrag über 300, ist es ein strenger, liegt er unter 100, ist es ein milder Winter.

Temperaturverwitterung ↗Insolationsverwitterung.

temperierter Gletscher ↗Gletschertypen.

temporäre Schneegrenze ↗klimatische Schneegrenze.

temporäre Wanderung, eine zeitlich befristete Änderung des Wohnstandorts, die z. B. mit einer Arbeitsmigration in Zusammenhang steht (↗Mobilität).

Tenside [von lat. tensio = Spannung], synthetische, organisch-chemische Verbindungen, welche die Oberflächenspannung von Flüssigkeiten, besonders von Wasser, herabsetzen. Alle Tenside bestehen stets aus einer hydrophilen (wasseranziehenden) Gruppe, z. B. -COOMe, -OSO$_3$Me, -SO$_3$Me, -NH$_2$ = NH, und einem hydrophoben (wasserabstoßenden) Rest, z. B. einer Kohlenwasserstoffkette mit 10 bis 18 C-Atomen oder einem Alkylarylrest. Durch die Verminderung der Oberflächenspannung wird eine bessere Benetzbarkeit, Emulgierbarkeit oder Dispergierbarkeit erreicht. Die Wirkung ist von der Größe des hydrophoben Restes abhängig. Für Waschmittel nutzt man Stoffe wie Natriumstearat, Natriumpalmitat und Natriumoleat, welche die Oberflächenspannung des Wassers reduzieren und dazu beitragen, Schmutz von den Stofffasern abzulösen. Tenside sind je nach Ladung der hydrophilen Baugruppe anionisch, kationisch, amphoter oder nichtionisch aufgebaut. Für Wasch- und Reinigungsmittel werden vor allem anionische und nichtionische Tenside eingesetzt. Sie müssen nach der Tensid-Verordnung (TensV) zu mindestens 80 % leicht abbaubar sein. [JMt]

Tentaculiten, vom ↗Ordovizium bis zum ↗Devon verbreitete Ordnung unsicherer systematischer Stellung, vermutlich in die Nähe der ↗Mollusken gehörig. Die kleinen, spitzkonisch-röhrenförmigen Schalen bedecken in devonischen Gesteinen örtlich ganze Schichtflächen. Sie stellen ↗Leitfossilien im Obersilur und Unterdevon.

Tephigramm, von Sir Napier Shaw entwickeltes, zu den ↗thermodynamischen Diagrammen zählendes Diagramm zur Auswertung ↗aerologischer Aufstiege. Auf der Abszisse wird die absolute Temperatur aufgetragen. Die Ordinate wird durch die logarithmisch dargestellte ↗potenzielle Temperatur oder durch die ↗Entropie gebildet. Die Isobaren verlaufen als Exponenzialkurven schräg durch das Diagramm. Das Tephigramm enthält außerdem Feuchtadiabaten und Linien gleicher spezifischer Feuchte. Es ist insbesondere für quantitative Energiebetrachtungen geeignet, da jeder ausgemessene Ausschnitt der Diagrammfläche einen Energiebetrag darstellt.

Tephrochronologie, Relativdatierung über- oder unterlagernder Sedimente mittels vulkanischer Aschen (Tephra), die oft weit verfrachtet werden, meist gut radiometrisch datierbar und an der chemischen Zusammensetzung ihrer Glasbestandteile (mit der Mikrosonde) identifizierbar sind.

Terebrateln, Gruppe von ↗Brachiopoden mit rundlichen, meist glatten Gehäusen, im ↗Mesozoikum oft sehr häufig und teilweise gesteinsbildend (Terebratel-Bänke des Germanischen Muschelkalks).

Terminalstadium ↗Sukzession.

terminal velocity ↗Tropfenfallgeschwindigkeit.

Termitenhügel, oberirdischer Teil eines Termitenbaus in der ↗Savanne, bei manchen Termitenarten in Gruppen auftretend. Je nach Termitenart haben die Hügel unterschiedliche Formen, die wenige Dezimeter hoch und halbkugelig oder pilzförmig, oder bei Höhen bis zu einigen Metern steilwandige Kegel bilden. Das mit dem Bau der Hügel aus dem Boden exportierte Feinmaterial wird besonders nach deren Aufgabe vom Regen verschwemmt und trägt so zur Erhöhung des Feinmaterialanteils im Oberboden bei. An der Untergrenze der vorwiegend vertikal wirkenden ↗Bioturbation kann durch die Anreicherung von Grobkomponenten eine »stone line« ausgebildet werden. Die Farbe von Termitenhügeln ist die des Bodens und erlaubt trotz Vegetationsbedeckung eine schnelle erste Bodenansprache.

Termitensavanne ↗Savanne.

Terms of trade, *ToT*, Verhältnis aus dem Index der Exportpreise und dem Index der Importpreise eines Landes, bezogen auf ein bestimmtes Basisjahr. Die ToT geben an, wie viele Mengeneinheiten an Importgütern ein Land für eine Mengeneinheit seiner Exportgüter auf dem ↗Weltmarkt erwerben kann. Die statistische Berechnung der ToT dient der Bemessung der durch Außenhandel entstehenden Wohlstandssteigerung bzw. -minderung eines Landes oder einer Ländergruppe.

Terrae calcis, Klasse der ↗Deutschen Bodensystematik; Abteilung: ↗Terrestrische Böden; Zusammenfassung von sehr tonreichen, leuchtend braungelb bis rotbraun gefärbten Böden aus dem Lösungsrückstand von verwitternden Carbonat- und Sulfatgesteinen. Sie treten in Deutschland meist als ↗reliktische Böden und ↗fossile Böden pleistozäner und präpleistozäner Verwitterungsperioden auf und sind daher überwiegend umgelagert. Im oberen Profilteil findet sich oft eine Beimengung von Fremdmaterial wie ↗Löss oder Solifluktionsmaterial. Als ↗Bodentypen gehören die ↗Terra fusca und die ↗Terra rossa dazu; nach ↗FAO-Bodenklassifikation ist eine Zuordnung, je nach den Merkmalen des ↗B-Horizonts, zu ↗Cambisols oder ↗Luvisols möglich. ↗Karstböden.

Terra fusca, ↗Bodentyp der ↗Deutschen Bodensystematik; Abteilung: ↗Terrestrische Böden; Klasse: ↗Terrae calcis; Profil: Ah/T/cC. Der ↗T-Horizont aus dem Lösungsrückstand von Carbonatgesteinen ist carbonatfrei und von braungelber bis rotbrauner Farbe. Sie sind tonreich, mäßig bis stark sauer, sehr dicht und in feuchtem Zustand plastisch. Man kann folgende Subtypen unterscheiden: Norm-Terra fusca, Kalkterra fusca mit Sekundärcarbonat und Übergänge zu anderen ↗Bodentypen. Die ↗FAO-Bodenklassifikation hat keine spezifische Zuordnung dafür. In Deutschland kommen sie als ↗reliktische Böden oder ↗fossile Böden mit hohem Alter, meist umgelagert und auf erosionsfernen, alten Landoberflächen über Kalkstein verbreitet vor und werden vorwiegend als Wald oder Weideland genutzt.

Terraingesellschaften, *Wohnungsbaugesellschaften*, Gesellschaften, die v. a. zur Zeit der planmäßigen Stadterweiterungen gegen Ende des 19. Jahrhunderts Grundstücke kauften, bebauten, und die Wohn- und Gewerbegebäude wieder verkauften. Durch spekulativen Zwischenhandel wurden durch Terraingesellschaften Wohnungs- und Grundstückspreise verteuert. Terraingesellschaften errichteten um die Jahrhundertwende in Großstädten ganze schlüsselfertige Wohnviertel für das Großbürgertum. In der Zwischenkriegszeit traten daher verstärkt ↗Wohnungsbaugenossenschaften zur Wohnraumversorgung der unteren Mittelschicht auf. In der Nachkriegszeit ist v. a. der suburbane Raum Nordamerikas durch Terrain- bzw. Entwicklungsgesellschaften (↗developer) planmäßig aufgekauft, erschlossen und bebaut worden. Dabei wurden zumeist große suburbane Einkaufs-, Arbeitsplatz- und Dienstleistungszentren als neue Siedlungskerne auf der »Grünen Wiese« angelegt, um die dann einheitlich durchgeplante Wohngemeinden angelegt wurden. [RS]

Terrane, tektonisch isolierter, relativ einheitlicher Gesteinskomplex mit meist regionaler Ausdehnung in der Umgebung von sonst stark differierenden, größeren Gesteinseinheiten. Terranes werden im plattentektonischen Konzept als isolierte, fremdartige und meist weit transportierte Komplexe angesehen, die an Plattenränder angeschweißt wurden.

Terra rossa, ↗Bodentyp der ↗Deutschen Bodensystematik; Abteilung: ↗Terrestrische Böden; Klasse: ↗Terrae calcis; Profil: Ah/Tu/cC. Der ↗T-Horizont aus dem Lösungsrückstand von Carbonatgesteinen entstand unter wärmeren, subtropischen Klimabedingungen, ist carbonatfrei und durch hohe Gehalte an Goethit und Hämatit leuchtend braurot gefärbt. Nach der ↗FAO-Bodenklassifikation handelt es sich häufig um Chromic Luvisol oder Haplic Lixisol. In Deutschland und Mitteleuropa kommen sie reliktisch oder fossil, meist umgelagert und nur sehr kleinflächig erhalten vor; sie sind weit verbreitet auf Kalksteinen des mediterranen Klimagebietes.

Terrasse, 1) beschreibend: Jede stufenartige Geländeform (↗Stufe) mit ausgedehnter, ebener Fläche (*Terrassenfläche*), die durch einen vorderseitigen Abfall (Terrassenböschung) begrenzt ist und einen rückseitigen Anstieg (Terrassenlehne)

Terrasse 1: a) Schotterterrasse, b) Felsterrasse.

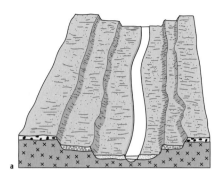

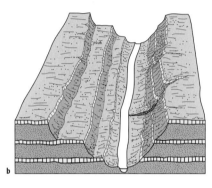

tion der charakteristischen räumlichen Anordnung der Terrassen (Terrassensystem) erschwert ist. Im Fall der Ausbildung eines Terrassensystems kann für die Benennung der Terrassen eine eigenständige Nomenklatur verwandt werden (z. B. Niederterrasse, Mittelterrasse, Hauptterrasse). Die Rekonstruktion des Terrassensystems muss neben der Auswertung der Höhenlage der Terrassenfläche auch andere Verfahren (z. B. Schotterpetrographie, Deckschichtenanalyse, Untersuchung vulkanischer Einträge) einbeziehen, da Terrassen durch tektonische Prozesse verstellt sein können. b) Strandterrassen: ehemalige Abrasionsplattformen, die durch tektonische Hebung oder Sinken des Meeresspiegels landfest geworden sind. Es können Terrassensysteme entwickelt sein. c) Seeterrassen: in den randlichen Ablagerungen eines Sees beim Absinken des Seespiegelstandes gebildete Terrassen. d) glaziale Terrassen durch glaziale Prozesse (z. B. glazifluviale Ablagerungen am Eisrand (Kamesterrassen) oder Gletscherschurf) entstandene Terrassen. e) Solifluktionsterrassen: durch Ablagerung von Solifluktionsschutt an Hängen gebildete periglaziale Kleinform. f) durch Gesteinsunterschiede im Schichtstufen- oder Schichttafelland bedingte Hangverflachungen (Hangstufen, Gesimse). g) Sinterterrassen: durch Abscheidung löslicher Substanzen aus fließendem Wasser gebildete kleine Ebenheiten. h) anthropogene Terrassen: angelegt zur Gewinnung von Anbaufläche und Reduzierung der Bodenerosion im hängigen Gelände oder entstanden durch /Bodenerosion auf hangparallelen Parzellen. 3) geologisch (stratigraphisch): sprachlich nicht völlig konsequente Benennung eines fluvialen Schotterkörpers zum Zwecke seiner stratigraphischen Einordnung. In diesem Sinne bezeichnet der Ausdruck *Terrassenstapel* eine Überlagerung älterer Schotterkörper durch jüngere, sodass nur der jüngste Terrassenschotter an der Erdoberfläche ansteht. Von einer *Terrassentreppe* spricht man, wenn die jeweils tieferen Stufen einer treppenförmigen Landschaft von jüngeren Terrassenschottern bedeckt sind, als die höheren. Liegen ungleichaltrige Schotterkörper in annähernd gleicher Höhenlage an der Erdoberfläche, so handelt es sich um Reihenterrassen. An der Grenze zwischen einem relativen Hebungs- und einem Senkungsgebiet kann eine *Terrassenkreuzung* ausgebildet sein: Die Höhe zwischen den einzelnen Terrassen einer Terrassentreppe verringert sich, bis schließlich der Übergang zu einem Terrassenstapel erfolgt (vgl. z. B. die Terrassengliederung am Niederrhein). [HS]

aufweisen kann, wird als Terrasse bezeichnet. Der Übergang zwischen Terrassenfläche und -böschung kann entweder scharfkantig (Terrassenkante) oder sanft konvex ausgebildet sein. Terrassen gliedern Hänge und Aufschüttungsgebiete. Ist die Terrassenfläche im anstehenden Festgestein entwickelt, so spricht man von *Felsterrasse* (Abb. 1), bildet ein Akkumulationskörper aus Schottern oder – nahe der Hanglehne – aus Schutt die Oberfläche, so wird die Bezeichnung Schotter- bzw. Schutterrasse (Abb. 1) verwendet. An ein bestimmtes Niveau (z. B. Meeresniveau, Seespiegel, Flussgefällskurve) angepasste Terrassen werden als echte Terrassen bezeichnet, die anderen als unechte Terrassen. Folgt eine Terrasse einem Tal, so nennt man das Gefälle in Richtung des Tales Längsgefälle, während das Gefälle in Richtung des Talquerprofils als Quergefälle angesprochen wird. 2) genetisch: Man unterscheidet echte Terrassen (a–c) und unechte (d–h), wobei alle Terrassen den oben beschriebenen stufenförmigen Aufbau aufweisen): a) Flussterrassen: gebildet durch Einschneiden eines Flusses in seinen alten Talboden und Seitenerosion (Abb. 2 im Farbtafelteil). Flussterrassen werden vom Hochwasser nicht mehr überflutet. Bei wiederholter Einschneidung kann sich eine mehrfache Stufung des Reliefs entwickeln. Die Wiederbelebung der Einschneidung kann u. a. durch tektonische Prozesse, Klimaänderungen oder Anzapfungsvorgänge hervorgerufen werden. Vor allem ältere Terrassen können teilweise abgetragen oder durch Nebenflüsse in kleine Fragmente aufgelöst worden sein, zudem treten einige Terrassen (Lokalterrassen) nicht am gesamten Lauf oder Laufabschnitt auf, sodass die Rekonstruk-

Terrassenfläche /Terrasse.
Terrassenkreuzung /Terrasse.
Terrassenstapel /Terrasse.
Terrassentreppe /Terrasse.
Terrestrische Böden, Abteilung als oberste Kategorie der /Deutschen Bodensystematik, mit Untergliederung in 13 Bodenklassen. Zusammenfassung von Böden, deren Entstehung außerhalb des Grundwasserbereichs erfolgte und in denen die Wasserbewegung vorwiegend von oben nach unten gerichtet ist. Sie bezieht /Stauwasserbö-

den mit einer vorwiegend horizontalen Wasserbewegung ein. Bei Übergängen zu ⊿Semiterrestrischen Böden darf der Grundwasserschwankungsbereich bis höchstens 4 dm unter die Bodenoberfläche reichen.

terrestrische Strahlung, temperaturabhängige, langwellige Ausstrahlung der Erde im Wellenlängenbereich von etwa 3,5–100 μm. Das Energiespektrum der terrestrischen Strahlung entspricht näherungsweise dem eines ⊿schwarzen Körpers, der eine Temperatur von 15 °C (288 K) aufweist. Die maximale Energieflussdichte tritt bei 10 μm auf und fällt damit in den Wellenlängenbereich des großen ⊿atmosphärischen Fensters, das im Wellenlängenintervall 8–13 μm eine fast ungehinderte langwellige Ausstrahlung bei Wolkenlosigkeit zulässt. In den übrigen Spektralbereichen wird die terrestrische Strahlung besonders von Wasserdampf und Kohlendioxid absorbiert und in Form der ⊿atmosphärischen Gegenstrahlung reemittiert.

territoriale Klein- und Zwergstädte, ⊿kulturhistorische Stadttypen zur Zeit der mittelalterlichen Territorialstaaten (13. Jh.), die meist in Schutzlage, jedoch oft in schlechter Verkehrslage im Grenzgebiet zu benachbarten Territorialstaaten als Befestigungen angelegt wurden. Neben der dominanten Befestigungsfunktion war die wirtschaftliche Funktion dieser kleinen, mit dem Stadttitel versehenen Siedlungen von untergeordneter Bedeutung.

Territorialität, Raumbindung von Individuen oder Gruppen. Durch Verweisung an bestimmte, durch Grenzziehungen markierte Raumausschnitte, gilt Territorialität als allgemeines Ordnungsprinzip des sozialen und politischen Lebens.

Im soziobiologischen Kontext ist die Einteilung von ⊿Räumen in Territorien Teil des evolutionären Prinzips, der sogenannten natürlichen Auslese. Dieses basiert auf der Annahme, dass sich in der Konkurrenz ums Überleben die höherentwickelten Lebewesen durchsetzen und durch die Aneignung begünstigter Territorien ihr Überleben langfristig sichern können (⊿Evolution). Im Allgemeinen wird menschliche Territorialität als Strategie von Individuen, Gruppen oder ⊿Organisationen verstanden, ⊿Macht über einen Raum und die sich in ihm befindenden ⊿Ressourcen und Menschen sowie deren Aktivitäten auszuüben. Die Größe des Raumausschnittes kann dabei vom individuellen Privatraum bis zum Staatsterritorium reichen.

Territorialität wird oftmals auch als Eigenschaft des Raumes begriffen, die menschliches Handeln beschränkt oder ermöglicht. Zurückzuführen ist dieses Verständnis auf Territorialität als Form der Machtausübung, die den Raum als Mittel gesellschaftlicher Klassifizierung benutzt. Territorialität wird als legitime Art der zentralisierten Kontrolle von Raumaneignung und -nutzung begriffen, die einzelnen Bevölkerungsgruppen bestimmte Aktivitäten erlaubt oder verwehrt. Diese Kontrolle erstreckt sich über alle Maßstabsebenen und führt zur Einteilung des Raumes in hierarchisch geordnete Ausschnitte. In der gesellschaftlichen Praxis wird Territorialität wirksam durch die Akzeptanz dieser Hierarchisierung (⊿Hierarchie) von Räumen, durch die Aushandlung territorialer Grenzen sowie die Kontrolle von Raumausschnitten. Kulturelle und historische Dimensionen menschlicher Territorialität zeigen, dass diese sowohl in ihrem Ausmaß und in ihrer Komplexität als auch in der Form der Machtausübung variabel ist. Durch die ⊿Globalisierung gewinnen beispielsweise grenzüberschreitende Regionen und transnationale Territorien gegenüber nationalstaatlichen an Bedeutung, dementsprechend verschiebt sich auch der Territorialität. [ASt]

Territorium, der von einer Person, Gruppe oder Organisation (z. B. Staat) erfolgreich angeeignete und durch Machtausübung kontrollierte Raum. Als Konsequenz von ⊿Territorialität sind diese Räume immer begrenzt. Weiterhin wird der Begriff Territorium auch metaphorisch als Eigentumskennzeichnung verwendet (z. B. als gedankliches Territorium) und offenbart dadurch seinen Charakter als etwas, über das selbst verfügt werden kann.

Tertiär, Bezeichnung für ein ⊿System der Erdgeschichte zwischen etwa 65 Mio. Jahren und dem Beginn des ⊿Quartärs; neuerdings ersetzt durch die Systeme ⊿Paläogen und ⊿Neogen (siehe Beilage »Geologische Zeittafel«). Im Tertiär formierte sich allmählich die heutige Verteilung von Land und Meer, aber auch die Organismenwelt näherte sich der Charakteristik der heutigen Tier- und Pflanzenwelt. Während des Tertiär fanden in vielen Gebieten der Erde (Alpen, Pyrenäen, Karpaten, Apennin, Kaukasus, Zentralasien, Himalaja, Anden, westliches Nordamerika) ⊿Orogenesen statt. Entsprechend mannigfaltig sind die Ablagerungen, die von marinen Bildungen bis zu terrestrischen ⊿Sedimenten und ⊿Vulkaniten reichen. Klimatisch steht das Tertiär im Zeichen einer fortschreitenden Temperatursenkung mit einem Temperaturmaximum im ⊿Eozän. Charakteristisch für Mitteleuropa sind Molassesedimente in Süddeutschland und ⊿Braunkohlen in Mitteldeutschland, wobei Zeiten der Salinarbildungen (Wende Eozän/Oligozän, Mittel-/Obermiozän) mit Höhepunkten der Braunkohlebildung (Mitteleozän, Untermiozän) wechselten. Hauptgebiete der Verbreitung sind Norddeutschland, die Hessische Senke, der Rheintalgraben mit Mainzer Becken, das voralpine Molassebecken, in Westeuropa das Pariser und das Londoner Becken. [GG]

Tertiärdaten, Daten der dritten Generation, also Daten, die aus anderen, ihrerseits bereits abgeleiteten Daten erzeugt wurden. Direkt erfasste Daten werden als ⊿Primärdaten bezeichnet, hier von unmittelbar abgeleitete Daten als ⊿Sekundärdaten.

Tertiärdüne, ⊿Küstendünen.

tertiärer Sektor, *Dienstleistungssektor*, bezeichnet in der klassischen ⊿Sektorentheorie den gesamten Dienstleistungsbereich. Bei einer genaueren Untergliederung zählen zum tertiären Sektor die eher einfacheren ↗Dienstleistungen wie Handel, Transport oder personenbezogener Service, im Ggs. zum ↗quartären Sektor.

Tertiärisierung, kann betriebswirtschaftlich die Verringerung der Arbeitsplätze in der Produktion bei einer gleichzeitigen Zunahme der Beschäftigungen in den Bereichen Lagerhaltung, Transport, Verteilung, Organisation, Verkauf usw. bezeichnen. Dies hat räumlichen Auswirkungen, daher wird unter Tertiärisierung auch der Prozess verstanden, bei dem Wohn-, Gewerbe oder Industrieareale durch die Cityentwicklung und den damit verbundenen Funktionswandel zu tertiärwirtschaftlich genutzten Arealen umgewandelt werden. Räumlich-funktional macht sich die Tertiärisierung durch eine Zunahme von Bürogebäuden und Arbeitsplätzen im Dienstleistungssektor bemerkbar. ↗tertiärer Sektor.

Tertiärrelikt, eine Sippe, die aus einem Gebiet, in dem sie im ↗Tertiär weiter verbreitet war, bis auf wenige Fundorte verschwunden ist. In Europa haben einige Tertiärrelikte in südeuropäischen Refugien die ↗Eiszeiten überdauert, z. B. Rosskastanie (*Aesculus hippicastanum*) und Flieder (*Syringa vulgaris*). Ein bekanntes Tertiärrelikt Ostasiens ist der Urwelt-Mammutbaum (*Metasequoia glyptostroboides*).

tesselation ↗Diskretisierung von Oberflächen.

Testorganismen, Organismen, die unter streng kontrollierten Bedingungen im Labor eingesetzt werden, um toxikologische und ökotoxikologische Wirkdaten und Wirkpotenziale ermitteln zu können. ↗Bioindikation.

Teststatistik, Teilgebiet der ↗analytischen Statistik, das sich mit Verfahren zur Überprüfung einer Hypothese auf ihren Wahrheitsgehalt für eine ↗Grundgesamtheit auf der Basis von Informationen über eine ↗Stichprobe befasst. Solche *Signifikanztests* (oder *statistische Tests*) sind analog der zweiwertigen Logik aufgebaut, indem der *Nullhypothese* eine *Alternativhypothese* als Gegenteil gegenübergestellt und entschieden wird, welche der beiden Hypothesen aufgrund der Stichprobenwerte zutrifft. Der Test führt im Resultat zu einer Wahrscheinlichkeitsaussage darüber, ob die Nullhypothese beibehalten wird, oder ob sie verworfen und damit die Alternativhypothese als gültig akzeptiert werden sollte. Es wird unterschieden zwischen *parametrischen Tests* (verteilungsabhängigen Tests) und *parameterfreien Tests* (verteilungsunabhängigen Tests). Parametrische Tests sind an gewisse Verteilungsvoraussetzungen der Grundgesamtheit gebunden (z. B. Normalverteilung), hingegen werden bei parameterfreien Tests solche Anforderungen nicht gestellt. Demzufolge sind parameterfreie Test häufiger einsetzbar, sie sind allerdings in der Regel weniger trennscharf, d. h. die Wahrscheinlichkeit ist höher, einen Fehler folgender Art zu begehen: die Nullhypothese wird beibehalten, obwohl sie falsch ist. [JN]

Tethys, v. a. im ↗Mesozoikum ausgebildeter, vom heutigen Südeuropa über Vorder- und Mittelasien bis Südostasien reichender Meeresgürtel. Aus den Ablagerungen der Tethys bildeten sich die alpinen Gebirge wie Pyrenäen, Alpen, Dinariden, Pontiden und Tauriden, der Kaukasus, der Elburs und der Himalaya.

Teufelskreis der Armut, Kausalkette zur Erklärung der Persistenz von Armut in Entwicklungsländern, der die Vorstellung einer zirkulären Ursachenkonstellation zugrunde liegt. Beispiel: Armut → geringe Ersparnis → geringe Investition → geringes Wirtschaftswachstum → geringe Produktionsleistung → geringes Einkommen → Armut → mangelhafte Ausbildung → geringe Produktivität → niedrige Einkommen → Armut. Zutreffend an der Beobachtung solcher zirkulären Zusammenhänge ist die Tatsache, dass sich die negativen Auswirkungen von Armut wechselseitig verstärken. Die eigentlichen Ursachen von Armut liegen jedoch außerhalb der Teufelskreise (↗Entwicklungstheorie).

Text [griech. = Geflecht], *Palimpsest*, Strukturgefüge von Zeichen und ihren Bedeutungen. Mit dem Einzug des ↗linguistic turn werden geographische Sachverhalte (↗Landschaft, ↗Stadt, usw.) zunehmend als Texte interpretiert, wobei sowohl ihre strukturellen Regeln (Syntagma) als auch ihre kulturellen Einzelelemente (Paradigma) erforscht werden. Klassische Textinterpretationen in diesem Sinne sind die Untersuchungen englischer Parklandschaften des Palladianismus von D. Cosgrove sowie der indischen Stadt Kandya von J. Duncan. Geographische Textinterpretationen bedienen sich v. a. Ansätzen aus der Philosophie und der Literaturwissenschaft, wie z. B. der ↗Hermeneutik, der ↗Dekonstruktion und des ↗Dialogismus.

Literatur: [1] DUNCAN, J. (1990): The City as Text. – Cambridge. [2] COSGROVE, D. (1984): Social Formation and Symbolic Landscape. – London.

Textilindustrie, *Textilgewerbe*, ältester ↗Industriezweig der Konsumgüterindustrie, »alte« und »reife« Industrie, Pionier- und Wachstumsindustrie meist zu Beginn der ↗Industrialisierung, arbeits- und kapitalintensive Unternehmen. Wichtige Erfindungen im 18. Jahrhundert, u. a. Spinnmaschine und mechanischer Webstuhl, markieren den Übergang von Handwerk und manuell betriebenen Spinnrädern und Webstühlen zum Einsatz von Maschinen. Produktionskette mit mehreren aufeinanderfolgenden Produktionsstufen von der Aufbereitung bis zur Veredelung. Fasern (Garne) kommen u. a. aus der Agrarwirtschaft und der chemischen Industrie, Stoffe gehen an die ↗Bekleidungsindustrie, technische Textilien an die ↗Automobilindustrie, u. a. Reifencord und Bodenbeläge.

Textilisierung, bezeichnet die zunehmende Tendenz von Kettenläden, d. h. Filialen von Großkonzernen aus der Textilbranche, sich in den Geschäftszentren zu konzentrieren. ↗Filialisierung.

Textur, 1) *Geologie*: die Art und Weise der räumlichen Anordnung und Ausrichtung der Komponenten in einem Gestein. Typische Texturmerkmale sind Schichtung, Orientierung von Komponenten (wie Gerölle oder Intraklaste) oder Sortierung. Je nach Ausbildung werden u. a. lineare, flaserige, schiefrige oder fluidale Texturen unterschieden. **2) Fernerkundung**: in der ↗visuellen Bildinterpretation und der ↗digitalen Bildverarbeitung kleinräumige, als körnig oder ähnlich zu beschreibende Abweichungen der Farb- oder Grauwerte von der generellen Tönung eines Bildareals. Texturmerkmale sind wesentliche, oft schwer zu definierende Hilfsinformationen bei der visuellen Bildinterpretation. Im Histogramm (↗Grauwertbild) der Pixelwerte verursacht die Textur eine weite Streuung der Grauwerte, während die Pixel von homogenen Flächen im Histogramm in einem engen Wertebereich (Peak) erscheinen. Bei der automatischen ↗Klassifizierung können Flächen, deren Pixelwerte in einem engen Wertebereich im Histogramm erscheinen, sehr sicher gegenüber anderen Flächen abgegrenzt werden. Textur aber führt zu Streuungsellipsen unterschiedlichen Umfangs, was im zwei- und mehrdimensionalen Merkmalsraum zu Überlappungen mit den ↗spektralen Signaturen anderer Oberflächentypen führt. Spezielle Filterverfahren vermögen Texturmerkmale bei der Klassifizierung zu berücksichtigen. Der Begriff Textur ist durchaus auch maßstabsabhängig zu verstehen. Was in relativ großmaßstäbigen Bildern (z. B. 1 : 50.000) als Bildstruktur in Erscheinung tritt (z. B. Parzellengefüge und Landnutzungstypen im Agrarraum) erscheint im kleinen Maßstab (z. B. 200.000) nur mehr als Texturmerkmal. Und vice versa können Texturmerkmale bei entsprechender räumlicher ↗Auflösung als Flächen abgegrenzt und benannt werden. Im Rahmen der visuellen Bildanalyse werden Texturmerkmale qualitativ-beschreibend verwendet.

Texturboden, ↗Frostmusterboden.

thalassogene Küstenformen, vom Meer geschaffene, eingeschränkt jedoch nur sedimentäre ↗Flachküsten oder Schwemmlandküsten wie ↗Marschen oder ↗Watten.

Thalattokratie, *Thalassokratie*, Zeitraum der Erdgeschichte (z. B. ↗Ordovizium, ↗Silur, ↗Jura) mit Vorherrschaft des Meeres bei relativ geringer Festlandsausdehnung. ↗Transgression.

Thallophyten, *Laperpflanzen*, ↗Anatomie.

Thanatozönose, ↗Evolution von Ökosystemen.

Thatcherism, ↗Reagonomics.

Thematic Mapper, *TM*, ↗LANDSAT.

thematische Karte, *Themakarte*, eine ↗Karte, auf der Objekte oder Sachverhalte (Themen) nicht-topographischer Art aus der natürlichen Umwelt und/oder aus dem Wirtschafts- und Sozialbereich der menschlichen Gesellschaft abgebildet werden. Thematische Karten sind vereinzelt schon im Altertum hergestellt worden, doch setzte ihre eigentliche Entwicklung erst im 18. Jh. ein. Seit Beginn des 20. Jh., insbesondere aber mit dem Ende des Zweiten Weltkrieges, ist die Fülle thematischer Karten und Atlanten kaum mehr zu überblicken. Die thematischen ↗Kartierungen erstrecken sich weltweit und erfassen verschiedenste Zweck- und Fachgebiete. Thematische Karten dienen der Lösung vielfältiger Aufgaben in Bildung, Planung, Verwaltung und Marketing, in der Wissenschaft (insbesondere in den Geowissenschaften), in der Politik, im Verkehrswesen, im Militärwesen, im Tourismus usw. Eine scharfe Trennung der thematischen von den vornehmlich orts- und lagebeschreibenden ↗topographischen Karten ist nicht möglich, zumal im strengen Verständnis auch die topographischen Geo-Objekte (↗Topographie) ein »Thema« darstellen und verschiedene Übergangsformen, wie Liegenschaftskarten, Wanderkarten und Stadtpläne, existieren. Die Besonderheit thematischer Karten liegt u. a. darin, dass sie weit mehr als topographische Karten zum Zweck der Erkenntnis der in ihnen abgebildeten Darstellungsgegenstände, die zu einem großen Teil abstrakte raumbezogene Sachverhalte sind, bearbeitet und genutzt werden. Je nach Darstellungsgegenstand bzw. Thema weisen die thematischen Karten eine große graphische Gestaltungsvielfalt auf. Die gesamte Palette ↗kartographischer Darstellungsmethoden kommt zum Einsatz. Je nach Thema und Funktion ist der Grad der geometrischen Genauigkeit unterschiedlich. Die nur raumtreuen thematischen Gebietsdarstellungen werden häufig als ↗Kartogramme bezeichnet. Von großer Wichtigkeit ist die Anwendung einer geeigneten ↗Basiskarte als topographische bzw. geographische Lokalisierungsgrundlage und sachinhaltliche Bezugsbasis. Bei der Bearbeitung der meisten thematischen Karten ist eine enge Zusammenarbeit zwischen dem Vertreter des jeweiligen Fachgebietes, der häufig als Kartenautor in Erscheinung tritt, und dem Kartographen, unerlässlich (vgl. ↗Kartenredaktion, ↗Autorenoriginal).

Immer häufiger werden heute thematische Karten flexibel und hocheffizient im Rahmen von Geo-Informationssystemen (↗GIS) bzw. speziellen Fachinformationssystemen erzeugt und als Bildschirmkarten interaktiv genutzt. Auch multimediale Produkte spielen in diesem Zusammenhang eine zunehmende Rolle. Nicht zuletzt ist das Internet häufig sowohl Datenlieferant für die Herstellung thematischer Karten als auch eine Art Kartenarchiv, auf das kurzfristig zugegriffen werden kann. [WK]

thematischer Atlas, ↗Atlas.

Theokratie, *Gottesstaat*, *Gottesherrschaft*, bezeichnet ein geistliches Regiment, das in Vertretung der Gottheit ausgeübt wird. Die Regierungsgewalt dieser Staatsform geht unmittelbar von Gott aus und wird durch einen von ihm erwählten Stellvertreter ausgeübt. Charakteristisch ist ein priesterliches Verhältnis des Regenten zur Gottheit. Im Laufe der Geschichte hat es zahlreiche Theokratien gegeben. Tibet war bis zur Übernahme der Macht durch das kommunistische China (1950) ein lamaistischer Gottesstaat. Er gilt als der vollendete Typus einer Theokratie, da der Dalai-Lama als Inkarnation des himmlischen Bodhisattva Avalokiteshavara angesehen wird. In Japan wird der Kaiser als Teil des ↗Shintoismus und in diesem Zusammenhang als eine Gottheit (Nachkomme der Sonnengöttin) angesehen, Staatsreligion war der Shintoismus allerdings nur zwischen 1868 und 1945. Auch Utah war eine

Theokratie der mormonischen Kirche (↗Mormonentum). Theokratische Staatswesen waren im wesentlichen auch die Indianischen Hochkulturen. Heute gibt es nur wenige Theokratien, in denen Kirche und Staat eng verbunden gemeinsam regieren. Der Vatikan, regiert vom Papst als Oberhaupt der Katholischen Kirche, ist ein völlig unabhängiger Staat. Marokko kann in gewisser Hinsicht als eine Theokratie bezeichnet werden, da der König seine Legitimität in seiner Abstammung von Mohammed begründet. Theokratische Ordnungen finden sich auch in anderen Staaten des ↗Islam. So wurden z. B. Iran und Pakistan auf der Basis der Religionen gegründet und religiöse Lehren sind in staatliche Gesetze eingeflossen. [GR]

Theorem des ungleichen Tausches, ebenso wie die Theorie der säkularen Verschlechterung der ↗terms of trade v. a. in den 1970er-Jahren von namenhaften Vertretern der ↗Dependenztheorie benutzte theoretische Begründung für die extern verursachte Unterentwicklung der ↗Entwicklungsländer. Es besagt, dass die Exportproduktion industrieller Fertiggüter, die vornehmlich in ↗Industrieländern stattfindet, höhere Gewinne und Löhne einbringe als die Förderung und Ausfuhr von Rohstoffen, die hauptsächlich in den Entwicklungsländern erfolgt. Der Handelsaustausch zwischen Industrie- und Entwicklungsländern sei demnach ein ungleicher Tausch von Werten. Die öffentliche Diskussion um den ungleichen Tausch wird einerseits aufgrund der geringen Operationalisierbarkeit und der fehlenden empirischen Untermauerung, andererseits aufgrund der Veränderung der weltwirtschaftlichen Rahmenbedingungen (z. B. punktuelle Ausweitung moderner Dienstleistungen in Entwicklungsländern) kaum noch geführt. [KK]

theoretical Sensitivity ↗Grounded Theorie.

theoretische Klimatologie, befasst sich, ausgehend von der theoretischen Meteorologie, mit der physikalisch-mathematischen Beschreibung langfristiger Prozesse in der ↗Atmosphäre mit dem Ziel, die Anwendung der Gesetze und Verfahren zu prüfen und Modelle zu entwickeln, mit denen die Änderung des Klimas in längerfristigen Zeitabschnitten bei Änderung wesentlicher Randbedingungen abgeschätzt werden kann.

theoretisches Memo ↗Grounded Theorie.

Theorie, im allgemeinsten Sinne ein thematisch und logisch systematisierter Komplex allgemeiner Sätze. Jeder dieser Sätze hat sich auf mehr als nur auf einen Einzelfall zu beziehen. Theorien ermöglichen die zusammenfassende Darstellung und hypothetische Erklärung von Phänomenen. Im differenzierteren Sinne ist jedoch zwischen allgemeinen und speziellen Theorien sowie zwischen natur- und sozialwissenschaftlichen Theorien zu unterscheiden, die jeweils grundlegende Besonderheiten aufweisen. Als allgemeine Theorien sind systematisierte Mengen von allgemeinen Sätzen zu verstehen, die über den Bereich einer einzelnen Disziplin in aller Regel hinausreichen und für mehrere Disziplinen bedeutsam sind. Dabei handelt es sich um allgemeine natur- oder sozialwissenschaftliche Theorien. Aus dem naturwissenschaftlichen Bereich kann dafür beispielsweise Newtons Gravitationstheorie angeführt werden. Aus dem Bereich der Sozialwissenschaften ist zum Beispiel die ↗Handlungstheorie dazu zu zählen. Spezielle Theorien umfassen in aller Regel nicht einmal den Gesamtbereich einer Disziplin, sondern bloß einzelne thematische Ausschnitte daraus. Aus der ↗Geographie können etwa die agrar-, industrie- und dienstleistungswirtschaftlichen Standorttheorien, Migrationstheorien usw. angeführt werden oder etwa eine Theorie zur Vergletscherung bestimmter Gebiete der Erde. Bei den speziellen Theorien handelt es sich in aller Regel um Ausdifferenzierungen und thematisch begrenzte Anwendungen allgemeiner Theorien. Unterschiede zwischen natur- und sozialwissenschaftlichen Theorien sind in den Besonderheiten natürlicher und sozialer Wirklichkeiten begründet. Naturwissenschaftliche Theorien können dadurch gekennzeichnet werden, dass sie empirisch überprüfbare, genaue Beschreibungen der Zustände der physischen Welt, und in der Regel Kausalbeziehungen zwischen mindestens zwei Gegebenheiten umfassen. Die Sätze der allgemeinen sozialwissenschaftlichen Theorien können demgegenüber lediglich Aussagen machen, die »im Prinzip« gültig sind, weitgehend formale Beschreibungskategorien umfassen und für soziale Erklärungen einen allgemeinen Interpretationsrahmen abgeben. Allgemeine sozialwissenschaftliche Theorien umfassen somit keine »Detailaussagen« über die soziale Wirklichkeit. Das heißt, dass sie keine präzisen Ursache-Wirkungs-Zusammenhänge wiedergeben. Dies ist der Gegenstand spezieller empirischer Theorien, allerdings mit der wichtigen Einschränkung, dass es sich dabei nicht um Kausalgesetze handeln kann. Denn die soziale Welt ist nicht im gleichen Sinne determiniert wie die physisch-materielle Welt.

Die Bedeutung der Theorie für die empirische (↗Empirie) Forschung ist immer wieder Gegenstand methodologischer (↗Methodologie) Auseinandersetzungen. Dabei steht grundsätzlich die Frage im Zentrum, aufgrund welcher Voraussetzungen Beobachtungen bzw. Erfahrungen überhaupt gemacht werden können. Die wichtigste Aufgabe der Wissenschaft sehen die Empiriker darin, anhand von Daten zu gültigen Aussagen zu kommen. Geht man jedoch davon aus, dass alle Menschen ihre Erfahrungen immer in Bezug auf ihr verfügbares ↗Wissen machen und interpretieren, dann ist bereits auf die Grundstruktur eines jeden Theorie-Empirie-Verhältnisses hingewiesen. Damit wird nämlich zum Ausdruck gebracht, dass – von den frühkindlichen Erfahrungen abgesehen – viele Erfahrungen – unabhängig davon ob in alltäglicher oder wissenschaftlicher Einstellung – immer von etwas Theoretischem geleitet sind. Daraus kann die Forderung abgeleitet werden, dass die Leitlinie der wissenschaftlichen Erfahrung aus einer bestehenden Theorie oder zumindest aus einem allgemeineren, offenzulegenden Wissensstand abgeleitet sein soll, und zwar sowohl bei der Übernahme einer allgemeinen Aussage als auch bei der Abwandlung einer allgemeinen Aussage einer Theorie. In beiden Fällen soll eine begründete Behauptung den Gegenstand der empirischen Überprüfung bilden. In anderen Worten ausgedrückt: Jede empirische Forschung soll der Überprüfung einer explizit formulierten Behauptungsaussage, einer Vermutung oder ↗Hypothese dienen, die aus dem bestehenden theoretischen Kontext gewonnen wurde.

Wenn sich eine Hypothese auf Relationen der hinreichenden (Naturwissenschaften) oder notwendigen Bedingtheit (Sozialwissenschaften) bezieht, dann sollte sie diesen relationalen Charakter auch zum Ausdruck bringen. Das heißt, dass sie die »Wenn-Dann-« oder »Je-desto-Form« aufweisen sollte. Bei relationalen Aussagen werden die verschiedenen Gegebenheiten derart miteinander in Beziehung gesetzt, dass bestimmte Abhängigkeiten behauptet werden. Damit stellt sich die Frage nach dem Unterschied zwischen einer Hypothese und einer allgemeinen Aussage als Bestandteil einer Theorie. Diese Frage kann dahingehend beantwortet werden, dass der Unterschied allein im Maß der Gewissheit ihrer Gültigkeit besteht. Grundsätzlich sind – nach Poppers Auffassung des ↗kritischen Rationalismus zwar alle wissenschaftlichen Aussagen und Erklärungen als hypothetisch zu betrachten, aber einzelne können weniger häufig widerlegt werden als andere. Hypothesen, die bisher in dem Bereich, für den sie Gültigkeit beanspruchen, nicht widerlegt werden konnten, sind als Bestandteil der gültigen Theorie zu betrachten. Die anderen hingegen sind zu verwerfen.

In der geographischen Theoriediskussion sind die Besonderheiten natur- und sozialwissenschaftlicher Theorien zu wenig berücksichtigt worden. Gemäß den Forderungen der kritisch-rationalen Wissenschaftstheorie der Naturwissenschaften geht man spätestens seit dem Kieler Geographentag 1969 in der raumwissenschaftlichen ↗Humangeographie von einem Ideal der Theoriebildung aus, das nach einer deduktiv systematisierten Menge kausaler Gesetzesaussagen verlangt. Diese Forderung impliziert, dass die Humangeographen allgemeine (Raum-) Gesetzesaussagen zu formulieren haben, die einen räumlich wie zeitlich unbegrenzten Gültigkeitsanspruch erheben können. Diese empirisch gültigen Gesetzesaussagen sollen es dann erlauben, räumliche Anordnungen, menschliche Tätigkeiten und soziale Tatbestände zu erklären sowie zukünftige soziale Entwicklungen vorherzusagen. Jede Theorie, die sich auf soziale Tatsachen bezieht und sich trotzdem an diesen Idealen orientiert, missachtet, dass »Gesellschaft« im Gegensatz zu »Natur« auf menschlichen Konstitutionsleistungen beruht. Jeder Versuch, eine Theorie sozial-kultureller Gegebenheiten und sozialer Praxis nach dem Vorbild der Naturwissenschaften zu entwickeln, weist im Sinne des sozialwissenschaftlichen Diskussionstandes in die falsche Richtung. Die raumwissenschaftliche Absicht, die Humangeographie nach den Idealen der Naturwissenschaften zu etablieren, konnte nur aufgrund eines mangelnden Verständnisses der ontologischen (↗Ontologie) Bedingungen der sozialen Welt entstehen.

Heißt dies nun, dass im Forschungsbereich der Humangeographie davon auszugehen ist, es gäbe überhaupt keine Regelmäßigkeiten, und soziale Wirklichkeiten bestünden nur aus einmaligen Ereignissen? Die Antwort der ↗Humanistischen Geographie weist als Kritik des raumwissenschaftlichen Anspruches eindeutig in diese Richtung. Man kann jedoch den natur- und raumwissenschaftlichen Anspruch ablehnen und trotzdem behaupten, es gäbe Regelmäßigkeiten des Handelns. Gleichzeitig kann man auch den Standpunkt einnehmen, dass eine wissenschaftliche geographische Forschung möglich und sinnvoll ist, die nicht auf die Entwicklung einer empirisch gültigen »Raumtheorie« zentriert ist. [BW]

Theorie der langen Wellen, Erklärung der langfristigen wirtschaftlichen Entwicklung. In der auf den österreichischen Ökonomen J. Schumpeter bzw. den russischen Statistiker W. Kondratieff basierenden Version lassen sich langfristige und großräumige Verschiebungen der ökonomischen Wachstumsdynamik der Erde erklären. Die zentrale Aussage der Theorie lautet, dass grundlegende technische Neuerungen in zyklischen Abständen gehäuft auftreten und lange Wachstumsschübe auszulösen vermögen. In Abschwungphasen suchen »Pionierunternehmer« Basisinnovationen (neue Produkte oder Produktionsverfahren) durchzusetzen. Nach Berechnungen von Kondratieff haben diese Zyklen eine Dauer von etwa 40 bis 60 Jahren. Die nach ihm benannten Kondratieffzyklen gehen von jeweils einer neuen Leittechnologie aus, die auf andere Tätigkeiten ausstahlt. Langfristig entsteht somit eine wirtschaftliche Entwicklung in Wellenform. In der Regel werden fünf »Lange Wellen« seit Beginn der ↗Industrialisierung im 18. Jh. unterschieden (Abb.). Räumlich – und damit für Geo-

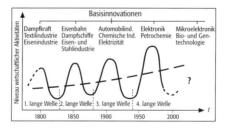

Theorie der langen Wellen: Die »Langen Wellen« seit der Industrialisierung.

graphen interessant – wird diese Theorie vor allem, weil es von Welle zu Welle zu großräumigen Schwerpunktverlagerungen wirtschaftlicher Aktivitäten kam. War während der ersten Welle England (Manchester) das Zentrum sowie im zweiten Zyklus zusätzlich das Ruhrgebiet und die Ostküste der USA, so konzentrierte sich die dritte und vierte Welle in den USA, Japan und Deutschland. Ungelöste Fragen im Zusammenhang mit der Theorie der langen Wellen sind die

Gründe für Basisinnovationen, die Länge der Zyklen und die ökonomischen Auswirkungen der Innovationen. Die Theorie weist eine Reihe von Mängeln auf, u. a. der Erklärung der Länge der Wellen, der Bedeutung des Handlungsrahmens und des technologischen Wandels.

Theoriegeladenheit, bezeichnet im Rahmen des ↗kritischen Rationalismus die Theorieabhängigkeit (↗Theorie) jeder Art von ↗Beobachtung. Beobachtungen gelten in diesem Sinne immer als theoriegetränkt, unabhängig davon, ob der Beobachtende über eher diffuse oder genaue Kenntnisse seiner Theorie verfügt.

Thermalbild ↗Thermisches Infrarot.

Thermik, *thermische Konvektion*, in der Klimatologie die durch überadiabatische Schichtung (↗Adiabaten) am Boden hervorgerufenen vertikalen Masseflüsse. Übersteigt die Erwärmung der Erdoberfläche infolge der Sonneneinstrahlung die Temperatur der auflagernden Luft, so findet ein Wärmefluss in die bodennahe ↗Atmosphäre statt, die sich so lange erwärmt, bis ein *überadiabatischer Gradient* entsteht. Dadurch wird die Luft aufgrund abnehmender Dichte labilisiert und erfährt eine vertikale Beschleunigung, die als thermische Konvektion oder Thermik bezeichnet wird. Da sie sich beim Aufstieg abkühlt und seitwärts wieder absinkt, handelt es sich um eine vertikale Zirkulationsströmung. Diese bewirkt oberhalb der Heizfläche einen Wärmefluss von der Oberfläche in die Atmosphäre, der wirksamer ist als der turbulente Austausch und daher wesentlich zum thermischen Ausgleich zwischen Oberfläche und Atmosphäre beiträgt. Da die Erwärmung der Oberflächen je nach Exposition, Bodenwärmestrom und oberflächlicher Bodenfeuchte unterschiedlich stark ist, kommt es in enger räumlicher Nachbarschaft zu verschieden stark erwärmten Luftkörpern. Im Bereich stärkster Erwärmung sind die Isothermen aufgewölbt, es entsteht eine Warmluftblase, welche sich vertikal in Bewegung setzt. Dafür setzt am Boden ein Massezustrom relativ kühlerer Luft von der Seite ein, der die Thermikblase abschnürt. Ist etwas später auch diese Luftmasse überadiabatisch erwärmt, wiederholt sich der Vorgang. Da das nachfolgende Luftquantum in einem in vertikaler Bewegung befindlichen Luftpaket aufsteigt, ist sein Stirnwiderstand geringer als bei der vorangegangenen Luftblase, es steigt also schneller auf und erreicht die Schleppe der vorangegangenen. Der sich selbst verstärkende Prozess lässt einen Thermikschlauch entstehen, der im Segelflug oder von Vögeln zum Aufstieg genutzt wird. Wird das Kondensationsniveau nicht erreicht, liegt ↗Blauthermik vor. Wird die Sättigungstemperatur und damit das Konvektions-Kondensationsniveau erreicht, wird zusätzlich Kondensationswärme frei, es erfolgt ein feuchtadiabatischer Aufstieg (↗Adiabate). Die Thermikschläuche setzen sich als Cumuli oberhalb des Kondensationsniveaus fort (↗Wolken). Man spricht daher von Cumulusthermik oder Cumuluskonvektion. [JVo]

thermische Asymmetrie, kennzeichnet eine Temperaturverteilung, die vorhandene räumliche Symmetrien nicht nachzeichnet. Wichtige thermische Asymmetrien bestehen infolge der ungleichen Land-Meerverteilung zwischen der Nord- und der Südhemisphäre der Erde. Die Kontinente im Bereich der mittleren Breiten zeigen in gleicher Breite eine thermische Asymmetrie der West- und Ostküstenklimate, wobei die Westküsten thermisch begünstigt sind.

thermische Druckgebilde, sind Hitzetief und Kältehoch. Beide sind Folge der temperaturabhängigen Dichteänderungen der Luft. Hitzetiefs entstehen durch den Aufstieg der bodennah erwärmten und damit gegenüber der Umgebungsluft weniger dichten Luft, Kältehochs durch das Absinken kalter, gegenüber der Umgebungsluft dichteren und damit auch schwereren Luft. Thermische Druckgebilde reichen i. d. R. nur bis in geringe Höhe. Dies gilt sowohl für das polare Kältehoch, das von dem polaren Tiefdruckwirbel in der Höhe überlagert wird, wie auch für die Hitzetiefs der kontinentalen Wüstengebiete unter dem subtropischen Höhenhochdruckgürtel beider Hemisphären.

thermische Konvektion ↗Thermik.

thermischer Äquator ↗Äquator.

thermischer Wind, vertikale Änderung des ↗geostrophischen Windes aufgrund einer horizontalen Temperaturänderung. Der vertikale Abstand von horizontal gelagerten Luftdruckflächen ist in warmer Luft größer als in kalter. Wenn ein horizontaler Lufttemperaturgradient vorhanden ist, so neigen sich die Luftdruckflächen mehr zur kalten Luft hin und zwar um so stärker, je höher die Luftdruckfläche gelagert ist. Für die Luftdruckverteilung in einer absoluten Höhe ergibt sich hieraus eine Isobarenverdichtung, die mit zunehmender Höhe zu einem erhöhten Luftdruckgradienten und damit zu einem stärkeren geostrophischen Wind führt.

thermische Schichtung, Beschreibung des Zustandes der vertikalen Lufttemperaturverteilung. Die Lufttemperatur nimmt in der ↗Troposphäre normalerweise mit zunehmender Höhe ab. Beträgt die Temperaturabnahme 0,98 K/100 m, spricht man von indifferenter oder neutraler Schichtung. Bei Überschreitung dieses Wertes ist die Atmosphäre labil, bei Unterschreitung stabil geschichtet. ↗adiabatische Prozesse.

thermisches Gleichgewicht, Zustand eines Systems, in welchem Temperaturunterschiede ausgeglichen sind und in der Wärmebilanz keine Wärmeflüsse mehr stattfinden. Die Herstellung eines thermischen Gleichgewichtes wird bei der Messung der Lufttemperatur durch Ventilation begünstigt. Alle abgeschlossenen Systeme streben einem thermischen Gleichgewicht zu, indem Wärmtausch durch Strahlung, Wärmeleitung oder Masseflüsse erfolgt. In der Atmosphäre wird das thermische Ungleichgewicht dadurch aufrecht erhalten, dass die Oberflächen sowohl in der globalen als auch in der regionalen und mikroskaligen Ebene unterschiedliche Strahlungs- und Wärmebilanzen aufweisen. Dieses Ungleichgewicht und das Streben des Systems nach einem Gleichgewicht begründet die Dynamik der Atmosphäre.

thermisches Infrarot, Wärmeabstrahlung von Landoberflächen oder Objekten im langwelligen Bereich des Infrarots. Aufnahmen in diesem Spektralbereich werden als *Thermalbilder* bezeichnet und können auch bei Nacht erstellt werden. Bei dem Erdbeobachtungssatelliten ↗Landsat TM wird das Thermische Infrarot in Kanal 6 (10,4–12,5 µm) abgetastet (↗Spektralbereich Abb. 1, 2 und 3). Ein thermisch sensitiver Kanal ist auch in verschiednen Flugzeugscannern vorhanden. Die Abbildung im Farbtafelteil zeigt eine Thermalaufnahme der Stadt Klagenfurt zur Mittagszeit vom Flugzeug aus aufgenommen. Thermalbilder sind eine wichtige Datengrundlage der ↗Klimatologie.

Thermoabrasion, Unterminierung von durch ↗Permafrost verfestigten Sedimenten des ↗Kliffs durch Schmelzprozesse des wärmespeichernden ↗Meerwassers in arktischen und antarktischen Regionen.

Thermodynamik, Teilgebiet der theoretischen Meteorologie, das sich mit der Zu- und Abführung von Wärmeenergie und mit den daraus resultierenden thermischen ↗Zustandsänderungen in der ↗Atmosphäre befasst. Besondere Aufmerksamkeit gilt dabei dem Wasserdampf in der Atmosphäre, der Wärmeenergie als ↗latente Wärme bei der Verdunstung binden und bei Kondensation als ↗sensible Wärme wieder freigeben und somit die Zustandsänderung maßgeblich beeinflussen kann. Als wichtigste Aufgabenfelder der Thermodynamik resultieren hieraus die Erforschung von thermischer ↗Konvektion inklusive Wolken- und Niederschlagsbildung sowie die Untersuchung der thermischen Stabilität der Atmosphäre.

thermodynamische Diagramme, in der meteorologischen Praxis zur Auswertung insbesondere ↗aerologischer Aufstiege verwendete Diagramme, die auf Basis von Lufttemperatur- und Luftfeuchtigkeitsmessungen in verschiedenen Luftdruck- bzw. Höhenniveaus die Bestimmung der ↗Zustandsänderung eines Luftpaktes erlauben. Grundlage der thermodynamischen Diagramme ist ein aus Temperatur- bzw. Feuchtewerten und Druck- bzw. Höhenwerten aufgespanntes, rechtwinkliges Koordinatensystem, in dem Kurven- oder Linienscharen der Trocken- und Feuchtadiabaten (↗Adiabate) sowie des Sättigungsmischungsverhältnisses angeordnet sind, die auf Grundlage physikalischer Gleichungen in funktionaler Abhängigkeit zueinander und zu den Achsenkoordinaten stehen. Mit thermodynamischen Diagrammen lassen sich auf Basis der ↗Zustandskurven weitere thermodynamische Größen bestimmen, Labilitäts- und Stabilitätsuntersuchungen durchführen sowie Energiewandlungen für die Wetteranalyse und -vorhersage abschätzen. Je nach Anordnung der Kurvenscharen und Einteilung der Achsgrößen unterscheidet man Skew T- bzw. log-p-Diagramm, ↗Aerogramm, ↗Stüve-Diagramm, ↗Emagramm und ↗Tephigramm. [DD]

Thermoelement, Sensor für Temperaturmessungen, der auf der Thermoelektrizität basiert. 1821 entdeckte T. Seebeck, dass an der Berührungsstelle zweier verschiedener Metalle kleine Spannungen auftreten, deren Größe sich mit der Temperatur ändert. Man nennt sie thermoelektromotorische Kräfte. Diese nutzt man bei Thermoelementen, welche aus zwei unterschiedlichen an einem Ende verlöteten oder verschweißten Metallen bestehen. Thermoelemente lassen sich sehr empfindlich konstruieren, haben eine geringe Trägheit und eine kleine Wärmekapazität. Schaltet man zur Erhöhung der Thermospannung mehrere Thermoelemente hintereinander, entsteht eine Thermobatterie. Abb.

Thermograph, *Temperaturschreiber*, früher standardmäßig in ↗Wetterhütten aufgestelltes Instrument zur mechanischen Registrierung der ↗Lufttemperatur. Das Messelement ist ein Bimetall, dessen Auslenkung auf eine Registriertrommel übertragen wird (↗Bimetallthermograph).

thermohaline Zirkulation, umfasst ↗Meeresströmungen, die durch räumliche Unterschiede in Temperatur und ↗Salzgehalt hervorgerufen werden. Diese bewirken Unterschiede der Dichte und dadurch Druckgradienten. Sie entstehen durch Ein- und Abstrahlung sowie durch Austausch von Wärme und Süßwasser (Niederschlag und Verdunstung) mit der ↗Atmosphäre, dem ↗Meereis und dem ↗Schelfeis. Die globale thermohaline Zirkulation stellt eine großräumige Umwälzbewegung des Ozeans dar, die durch Absinken dichter Wassermassen in den Subpolargebieten hervorgerufen wird. Dazu zählt das Arktische Mittelmeer und die Labradorsee im Norden sowie die antarktischen Randmeere, besonders das Weddellmeer, oder das Rossmeer im Süden. Die Absinkbewegungen in die Tiefsee erfolgen entweder als Abflüsse am Kontinenentalabhang, wie z. B. im Overflow in der Dänemarkstraße oder aus dem Filchnergraben im Weddellmeer oder als Konvektion im offenen Ozean wie in der Grönlandsee und der Labradorsee. Die abgesun-

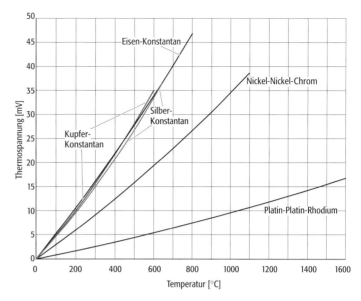

Thermoelement: Thermospannungen einiger Metallkombinationen in Abhängigkeit von der Temperatur.

Thermohygrograph

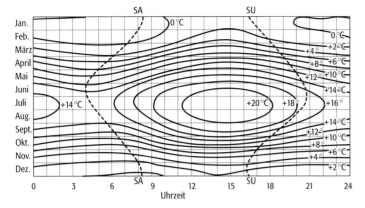

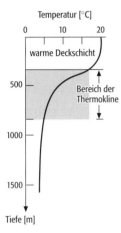

Thermoisoplethen: Isoplethen der Lufttemperatur der Station Kassel für den Zeitraum 1951 bis 1970 (SA = Sonnenaufgangszeiten, SU = Sonnenuntergangszeiten).

Thermokline 1: Temperaturprofil für das offene Meer in tiefen Breiten.

Thermokline 2: Profil durch die Hauptzonen des Atlantiks.

kenen Wassermassen breiten sich überwiegend topographisch geführt, z. B. als tiefer westlicher Randstrom unter dem Golfstrom, in den Ozeanbecken als Tiefen- und Bodenwasser aus und vermischen sich mit den darüberliegenden Wassermassen. Durch den antarktischen Zirkumpolarstrom erfolgt die Verteilung der tiefen Wassermassen auf die drei Ozeane. Die Schrägstellung der Isopyknen (Flächen gleicher Dichte) im antarktischen Zirkumpolarstrom ermöglicht, dass die Wassermassen aufsteigen und zum antarktischen Zwischenwasser beitragen. Dieses breitet sich in die Ozeane nach Norden aus und kehrt in den Auftriebsgebieten an die Oberfläche zurück. Auf der Warmwasserroute erfolgt der Rückstrom aus dem Pazifischen Ozean durch das Australasiatische Mittelmeer in den Indischen Ozean und von dort aus im Agulhasstrom in den Atlantik. Die Kaltwasserroute führt um Kap Horn. Dieser Verlauf wird häufig mit einem Förderband (conveyor belt) verglichen. Die Umwälzbewegung der Ozeane bestimmt über den meridionalen Wärmetransport (etwa $2 \cdot 10^{15}$ W bei 24 °N) und den Einfluss auf die Wärmespeicherung den Wärmehaushalt des Ozeans und damit die Bedeutung der Ozeane für das Klima. Die Intensität der globalen Umwälzbewegung liegt bei 15 bis 25 10^6 m³/s. Modellrechnungen zeigen, dass Veränderungen des Wärme- oder Süßwasserhaushalts die thermohaline Zirkulation beeinflussen. So nimmt man an, dass erhöhte Stabilität nach Zufuhr von Süßwasser im Nordatlantik durch Schmelzen des nordamerikanischen Eisschilds zur Abkühlung Nordeuropas in der Jüngeren Dryas geführt hat. Umgekehrt können die Fluktuationen der thermohalinen Zirkulation Auswirkungen auf die klimatischen Verhältnisse haben. Die Verlagerung oder Abnahme des nordatlantischen Stroms kann zur veränderten Wärme- und Süßwasseraufnahme der Luft im Westwindgürtel und damit zur Veränderungen der Wetterverhältnisse in Nord- und Mitteleuropa führen. Die Wechselwirkung zwischen ozeanischen und atmosphärischen Veränderungen kann unter bestimmten Umständen die thermohaline Zirkulation stabilisieren oder Fluktuationen hervorrufen.

Thermohygrograph, in der ↗Wetterhütte angebrachtes Standardinstrument zur mechanischen Aufzeichnung des Verlaufs der Lufttemperatur und der relativen Feuchte. Dabei sind ein ↗Bimetallthermograph und ein Haarhygrometer (↗Feuchtemessung) kombiniert. Beide registrieren auf der gleichen Registriertrommel Lufttemperatur und Luftfeuchte. Der Trommelumlauf beträgt 1, 7, 14 oder 31 Tage, wobei mit steigender Schreibdauer die zeitliche Auflösung sinkt.

Thermoisoplethen, kombinierte Darstellung der Temperatur in Abhängigkeit von zwei Variablen, meist des Tages- und Jahresganges der Temperatur. Darstellungen in Form von Isoplethen gehen bereits auf Alexander von ↗Humboldt zurück. Sie eigenen sich besonders für Parameter, welche sowohl eine Tages- als auch eine Jahresamplitude haben. Vorausgesetzt ist eine stündliche Auflösung der Daten (Abb.). Analoge Isoplethendiagramme sind auch für andere Klimaparameter möglich.

Thermokarst, *Kryokarst*, Sammelbezeichnung für die durch Tauprozesse von ↗Grundeis im Bereich von ↗Permafrost entstehenden ↗Karstlandschaften ähnelnden Oberflächenformen. ↗Alase und ↗orientierte Seen sind Thermokarsterscheinungen. Thermoerosion bzw. ↗Thermoabrasion tritt an Flüssen auf, wenn in den Uferböschungen freigelegtes Eis durch die Wärme des Wassers verstärkt abschmilzt und die normale ↗Fluvialerosion durch ↗Unterschneidung verstärkt. Auch an Seen und am Meer kann es zu Thermokarst kommen. In Morphologie und Entstehung vergleichbare, durch Abschmelzen von Gletschereis entstandene Formen sind keine Erscheinungen des Thermokarst, werden bisweilen jedoch als solche bezeichnet.

Thermokline, Wasserschicht in Ozeanen und Seen, in der die vertikale Temperaturabnahme schneller erfolgt als in den darüber- und darunterliegenden Schichten (↗Sprungschicht). In tropischen Ozeanen wo sie als permanente Thermokline ausgebildet ist, liegt die Obergrenze nur 25–100 m unterhalb der Meeresoberfläche (Abb. 1). In den mittleren Breiten ist sie besonders mächtig ausgeprägt. In höheren Breiten über 60° N und S fehlt die Thermokline hingegen völlig (Abb. 2).

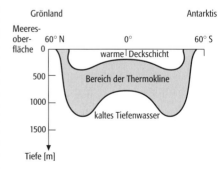

Thermolumineszenz-Datierung, *TL*, Absolutdatierung mittels Teilchen der radioaktiven Hintergrundstrahlung. Sie erreichen Gitterplätze (Fehlstellen) unausgeglichener Ladung in Mineralen und setzen sich dort fest, werden aber z. B. durch Lichteinfall oder Erwärmung wieder entfernt (gebleicht). Die Freisetzung von Teilchen bei künstlicher Bleichung ist bei gegebener Strahlenbelastung ein Maß der Zeit seit der letzten Bleichung, also i. d. R. der Ablagerung. Die Methodenvarianten unterscheiden sich in der Art der künstlichen Bleichung: thermisch (TL im engeren Sinn), durch Licht (*optisch stimulierte Lumineszenz*, OSL), insbesondere durch Infrarotlicht (*Infrarot-stimulierte Lumineszenz*, IRSL). *Elektronenspinresonanz* mißt die besetzten Gitterfehlstellen selbst mithilfe der Resonanz magnetisch angeregter Elektronen mit einer Mikrowelle. Die Genauigkeit der Methoden liegt meist um ± 10 %, und Zeiträume bis 100.000 Jahre, in seltenen Fällen auch weit mehr, können erfasst werden. [AK]

Thermometer, Instrument zur Bestimmung der ↗Temperatur. Thermometer werden für unterschiedliche Zwecke in verschiedenen Ausführungen unter Ausnutzung unterschiedlicher Messprinzipien hergestellt. Ausdehnungsthermometer nutzen die physikalische Eigenschaft von Stoffen, sich bei Erwärmung auszudehnen. Eine Temperaturänderung führt zur Änderung des Volumens von Flüssigkeiten, die in Glasgefäße eingeschlossen sind (Flüssigkeitsthermometer). Eine Temperaturänderung bei einem festen Körper führt zu einer messbaren Längenänderung. Werden zwei Metallstreifen mit unterschiedlichen Ausdehnungskoeffizienten miteinander verschweißt, führt dies zu einer Formänderung (Deformationsthermometer). Bei reinen Metallen ist der elektrische Widerstand nicht nur von den geometrischen Abmessungen und der Form des Metalls, sondern auch von dessen Temperatur abhängig. Am häufigsten wird Platin beim ↗PT-100-Messfühler verwendet. Eine nahezu lineare Widerstandsänderung hat Molybdän, das bei Molybdän-Messführern eingesetzt wird. Neben diesen Widerstandsthermometern aus Metall werden Halbleiterwiderstandsthermometer oder Thermistoren verwendet. Beim Strahlungsthermometer schließlich wird die von der Oberfläche eines Körpers emittierte Wärmestrahlung gemessen. Dies erfolgt in einem Wellenlängenbereich, in welchem keine Absorption durch die Luft erfolgt.

In der Meteorologie und Klimatologie werden die unterschiedlichsten Thermometer eingesetzt. Normalthermometer nach DIN 58 660 sind Flüssigkeitsthermometer auf der Basis von Quecksilber, deren Glas künstlich gealtert ist. In spezieller Bauweise werden sie für Bodentemperaturmessungen bis zu 31 cm Tiefe eingesetzt, indem die Kapillare entsprechend verlängert wird. Bei größeren Tiefen wird das Normalthermometer in einem Rohr versenkt und zur Messung empor geholt (DIN 58 664, Abb. 1). Normalthermometer und Erdbodenthermometer gibt es auch in vergleichbarer Bauweise als Extremthermometer. Beim Maximumthermometer (DIN 58 653), das zur Messung des Tagesmaximums der Luft- oder Erdbodentemperatur verwendet wird, bewirkt eine Verengung oberhalb der Kapillare des Thermometergefäßes, dass der Quecksilberfaden bei Ausdehnung in die Kapillare steigt. Bei Kontraktion infolge von Abkühlung reißt der Faden an dieser Stelle, womit der Maximalwert für die Ablesung konserviert bleibt. Nach dem Ablesen wird der Quecksilberfaden durch Schleudern wieder in das Thermometergefäß gebracht. Beim Minimumthermometer (DIN 58 654) ist Quecksilber durch Alkohol ersetzt, da die Flüssigkeit transparent sein muss. Innerhalb des Kapillargefäßes im Alkoholfaden befindet sich ein Glasstift. Er wird beim Absinken der Temperatur durch die Oberflächenspannung mitgenommen, beim Wiederanstieg jedoch umströmt und verbleibt in seiner Position, sodass der Mindestwert im Beobachtungsintervall abgelesen werden kann. Beim Drehen des Thermometers in die senkrechte Position mit dem Thermometergefäß nach oben bewegt sich der Glasstift infolge der Erdbeschleunigung wieder an den Meniskus des Alkoholfadens. In der ↗Wetterhütte wird das Minimumthermometer horizontal, das Maximumthermometer leicht geneigt vor den beiden Normalthermometern des Psychrometers angebracht (Abb. 2). Zur fortlaufenden mechanischen Registrierung im ↗Thermographen und ↗Thermohygrographen werden Bimetall-Deformationsthermoelemente verwendet. In automatischen Stationen, bei mobilen Messungen und ↗aerologischen Aufstiegen werden Widerstandsthermometer oder Thermistoren eingesetzt. [JVo]

Thermometerhütte, ältere Bezeichnung für englische Hütte oder ↗Wetterhütte.

Thermometerskalen, *Temperaturskalen*, aufgrund von Fixpunkten festgelegte Einteilung der ↗Temperatur zu deren reproduzierbarer Quantifizierung in gleich große Abschnitte der Temperaturdifferenz. Die gebräuchlichste Thermometerska-

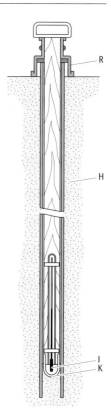

Thermometer 1: Erdbodenthermometer für Tiefen bis 100 cm (R = Schutzklappe gegen Eindringen des Regens, H = Hüllrohr, I = isolierende Masse bzw. Thermometergefäß, K = Kappe, muss Erdbodenberührung haben).

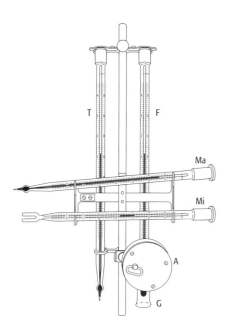

Thermometer 2: Thermometeraufstellung in der Wetterhütte (T = Trockenthermometer, F = Feuchtthermometer (beide zusammen bilden das Psychrometer), Ma = Maximumthermometer, Mi = Minimumthermometer, A = Aspirator, G = Glasansatzrohr).

Thiessen-Polygon-Verfahren:
Konstruktion eines Thiessen-Polygons.

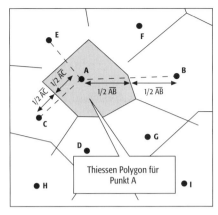

la ist die Celsiusskala. Sie teilt die Temperaturdifferenz zwischen Schmelzpunkt des reinen Eises und Siedepunkt des reinen Wassers bei Normaldruck in 100 gleiche Teile und bestimmt den Schmelzpunkt mit 0 Grad Celsius (0 °C). Vor dem ersten Weltkrieg benutzte man die Réaumur-Skala, bei welcher der obige Temperaturbereich in 80 Teile geteilt und die Temperatur in Grad Réaumur (°R) angegeben wurde. Im englischsprachigen Raum ist die ↗Fahrenheit-Thermometerskala verbreitet. Sie teilt zwischen dem Siedepunkt des Wassers bei 212°F (Grad Fahrenheit) und dem Schmelzpunkt des Eises in 180 gleiche Teile. Der Nullpunkt der Fahrenheit-Skala ist die tiefste bis 1714 (der Einführung der Skala) in Danzig gemessene Temperatur, welche durch eine Mischung aus Eis, Wasser und Salmiak reproduziert wurde. Da die Temperatur nach der kinetischen Wärmetheorie ein Maß für die mittlere kinetische Energie des betrachteten Stoffes ist, kann daraus eine absolute oder thermodynamische Temperaturskala abgeleitet werden, bei welcher der Nullpunkt dort liegt, wo die thermische Bewegung der Moleküle aufhört. Dieser *absolute Nullpunkt* (= 0 K) entspricht in der Celsius-Skala dem Wert −273,15 °C. Der zweite Festpunkt ist der Tripelpunkt des reinen Wassers, der mit 273,16 K festgelegt ist. Dieser Zahlenwert wurde gewählt, um den gleichen relativen Abstand wie in der Celsius-Skala zu erhalten. Dadurch ist die Umrechnung beider Skalen durch die Addition bzw. Subtraktion von 273,15 sehr einfach. Die Differenzen beider Skalen sind gleich und werden grundsätzlich in Kelvin (K) angegeben. [JVo]

Thermopause, Grenzfläche der ↗Atmosphäre zwischen der ↗Thermosphäre und der ↗Exosphäre.

Thermopluviogramm, graphische Darstellung des Verhältnisses von Monatsniederschlag und Monatstemperatur im Laufe des Jahres. Thermopluviogramme werden in der ↗Klimaklassifikation und zur Beurteilung von ↗Aridität und ↗Humidität verwendet.

Thermosphäre, Schicht der ↗Atmosphäre oberhalb der ↗Mesopause, in welcher sich die Temperatur durch Absorption der *EUV-Strahlung* – einer extrem kurzwelligen und energiereichen UV-Strahlung mit Wellenlängen zwischen 0,001 und 0,1 μm – erhöht.

Therophyten ↗Raunkiaer'sche Lebensformen.

Thiessen-Polygon-Verfahren, *Voronoi-Polygon-Verfahren*, *Dirichlet tesselation*, Unterteilung eines Gebietes, für das nur punkthafte Informationen vorliegen, in Polygone nach dem Kriterium der kürzesten Distanz zum nächsten Punkt (Abb.). Thiessen-Polygone ergeben sich durch Verbinden der Mittelsenkrechten auf den Verbindungslinien zwischen den Festpunkten. Sie werden z. B. verwendet, um Daten unregelmäßig verteilter Messpunkte – etwa Klimadaten – »auf die Fläche« zu interpolieren (↗Interpolation).

Thomas-Theorem, nach W. I. Thomas, einem Mitglied der ↗Chicagoer Schule der Soziologie, benanntes Theorem, das besagt, dass für das ↗Handeln von Personen nicht die objektiven Bedingungen einer Situation, sondern deren Definition durch die Handelnden bestimmend sind. Diese Definition ist jedoch nicht individuell oder willkürlich, sondern in erheblichem Maße sozial und kulturell geprägt.

T-Horizont, mineralischer Unterbodenhorizont der ↗Terra fusca und der ↗Terra rossa, entstanden aus dem Lösungsrückstand von Carbonatgesteinen in langen Zeiträumen. In Deutschland als Reste von fossilen oder reliktischen ↗Paläoböden des Altpleistozäns oder Tertiärs vorkommend. Tongehalte >65 Masse-%, leuchtend braungelbe bis braunrote Farben und ausgeprägtes Polyedergefüge. Die Feinerde ist frei von primären Carbonaten.

Thornthwaite, *Charles Warren*, amerikanischer Geograph und Klimatologe, geb. 7.3.1899 Bay City (Michigan), gest. 11.6.1963. Seinen ersten Studienabschnitt absolvierte Thornthwaite 1922 an der Universität von Michigan. Nach kurzer Lehrtätigkeit setzte er sein Studium 1924 in Berkeley bei ↗Sauer fort, bei dem er 1930 promovierte. Von 1927 bis 1934 lehrte er an der Universität von Oklahoma ↗Geographie. Dort spezialisierte er sich auf ↗Klimatologie. Ausgangspunkt war seine Auseinandersetzung mit der ↗Klimaklassifikation von ↗Köppen, der er eine eigene, 1931 publizierte Klassifikation entgegensetzte. Bei dieser war erstmals das Verhältnis von ↗Niederschlag und ↗Verdunstung das entscheidende Klassifikationskriterium. 1934 übernahm er an der Universität von Pennsylvania einen Forschungsauftrag zur Untersuchung von Wanderungsbewegungen in den USA. Durch die Vermittlung von C. O. Sauer wurde er 1935 zum Leiter der neu gegründeten Abteilung »Climatic und Physiographic Research« im U. S. Soil Conservation Service ernannt. Nachdem die Abteilung 1942 aufgelöst und in den militärischen Wetterdienst überführt worden war, widmete sich Thornthwaite Fragen der künstlichen ↗Bewässerung. Bis 1946 war er in Washington mit der Sammlung und Dokumentation von Daten zur ↗Evaporation und ↗Transpiration befasst. In den Folgejahren leitete er das von ihm gegründete klimatologische Laboratorium, in dem Messinstrumente entwickelt und Verdunstungsmes-

Thornthwaite, *Charles Warren*

sungen in komplexen Versuchsanordnungen durchgeführt wurden. [HB]

Thufur, *earth hummock*, eine maximal einen Meter hohe, meist rundliche oder ovale Kuppe. Sie zählt zum periglazialen Formenschatz und tritt vergesellschaftet in größerer Anzahl flächendeckend auf. Die vegetationsbedeckten Kuppen besitzen einen gefrorenen Kern aus Mineralboden. Die u. a. als Rasenhügel oder Erdbulten bezeichneten Kuppen können auch einen Stein bzw. Block als Kern haben und durch dessen Frosthebung (↗Frosthub) entstanden sein. Bestehen die Kuppen hauptsächlich aus ↗Torf, spricht man von turf hummocks, wobei alle Formen auch außerhalb des Gebiets von ↗Permafrost auftreten können und der Kern nicht ganzjährig gefroren sein muss (↗Bulte).

Thule-Landbrücke ↗Landbrücke.

Thünen, *Johann Heinrich*, geb. 24.06.1783 bei Jever, gest. 22.09.1850 in Tellow/Mecklenburg, deutscher Agrartheoretiker. Er studierte in Göttingen, war als praktischer Landwirt tätig und schrieb sein berühmtes Werk »Der isolierte Staat«. Er entwirft darin ein volkswirtschaftliches Modell: ↗Thünen'sche Ringe.

Thünen'sche Ringe, nach ↗Thünen benannte Ringe eines Kreismodells, die den Zusammenhang von Grundrente und Standort der landwirtschaftlichen Produktion verdeutlichen sollen. Generelles Merkmal der Thünen'schen Ringe ist die abnehmende Intensität der Nutzungsweise vom Marktzentrum aus. Thünen konzipierte seine Theorie noch vor dem Aufkommen moderner Verkehrsmittel, also in einer Zeit extrem hoher Transportkosten. Dies verbietet es, in der Gegenwart nach Beweisen für die empirische Brauchbarkeit des Modells zu suchen. Thünen macht für sein Modell zudem folgende restriktiven Annahmen: a) Existenz eines von der übrigen Welt abgeschlossenen Staates; b) keine natur- und anthropogeographische Differenzierung dieser Fläche; c) Dominanz einer einzigen großen Stadt, auf die die Agrarwirtschaft ausgerichtet ist; d) Gewinnmaximierung durch die Landwirte wird angestrebt und e) Anstieg der Transportkosten proportional zur (Luftlinien-) Entfernung zwischen Produktionsstandort und Absatzort sowie zum Gewicht des Produkts. Thünen sucht aufgrund dieses abstrahierenden Modells nach der optimalen Ordnung der Bodennutzung, die den höchstmöglichen Reinertrag (Lagerente) abwirft:

$$R = E \cdot (p-a) - E \cdot f \cdot k,$$

wobei R = Lagerente je Flächeneinheit, p = Marktpreis pro Produkteinheit, f = Transportkosten pro Produkt- und Entfernungseinheit, E = Produktionsmenge je Flächeneinheit, a = Produktionskosten je Produkteinheit, k = Distanz zwischen Produktionsstandort und Markt ist. Aus dieser Formel ergibt sich, dass in Marktnähe infolge geringer Transportkosten ein höherer Gewinn erzielt wird als in Marktferne. Der marktnahe Landwirt kann seinen Betrieb durch erhöhten Kapital- und Arbeitseinsatz stärker intensivieren als der marktferne, der seine Produktionskosten infolge hoher Transportkosten senken und demnach extensiver wirtschaften muss. Die höhere Intensität der marktnahen Bewirtschaftung ergibt sich auch zwangsweise aus den höheren Löhnen, Boden- und Pachtpreisen. Wendet man dieses Prinzip auf mehrere Nutzungsarten an, so ergeben sich je nach Transporteigenschaften der Produkte unterschiedliche Standortbereiche. Im Modell Thünens entstehen auf diese Weise um das Marktzentrum konzentrische Ringe (oft auch »Kreise«) verschiedener Nutzung (Abb.). Die ringförmige Nutzungsanordnung ist nach Thünen ebenso auf der Wirtschaftsfläche der einzelnen Betriebe zu beobachten. So folgen in mitteleuropäischen Betrieben häufig von innen nach außen Gartenland und Weiden für das Milchvieh, Feldland und Wald. In subtropischen Gebieten werden Agrumen-, Wein- und Olivenkulturen von extensiverem Weizenbau und ortsfernen Weiden umgeben. In wechselfeucht-tropischen Räumen folgen ortsnaher intensiver Bewässerungsreisbau, extensiver ↗Regenfeldbau und periphere Naturweiden aufeinander.

Allgemein lässt sich aus dem Thünen'schen Modell die Intensitätsregel ableiten, nach der exten-

Thünen, *Johann Heinrich*

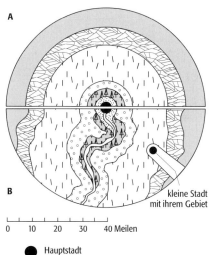

Thünen'sche Ringe:
Thünen'sche Kreise (A: Idealschema der Landnutzungsringe, B: Modifizierung durch einen Fluss.

sive Betriebszweige mit zunehmender Marktentfernung der Betriebe um so überlegener sind und umgekehrt die intensiven Betriebszweige an Überlegenheit mit zunehmender Marktnähe gewinnen.

Als Sonderfall behandelt schon Thünen die Beschränkungen der Marktbelieferung durch zu hohe Transportkosten. Eine Lösung des Problems stellt die Veredelung von Agrarprodukten dar (Milchprodukte, Trockenfrüchte, Branntwein). Klassische Beispiele im Thünen'schen Sinne sind die Erzeugung von Bourbon-Whisky in Kentucky und Tennessee, die schottischen Whisky-Standorte um Inverness und auf der Insel Islay oder auch die Branntweinherstellung im emsländischen Haselünne. Besonders in der zweiten Hälfte des 19. Jh. findet die normative Aussage der Thünen'schen Theorie ihre faktische Bestätigung: Im Umland der Großstädte gewinnen die landwirtschaftlichen Betriebe durch Spezialisierung auf Milchproduktion, Anbau von Feldgemüse, Kartoffeln und Obst eine besonders hohe Intensität. Dazu kommt es zur Ausbildung besonderer Gartenbaugebiete. Diese Entwicklung erklärt sich aus den rasch wachsenden städtischen Absatzmärkten und aus dem Fehlen geeigneter Transporttechnologie.

Kritik an Thünen zielt vor allem auf die Realitätsferne seines abstrahierenden und isolierenden Modells. Dennoch besitzt es auch heute noch Bedeutung (siehe Kleindruck). [KB]

Literatur: THÜNEN, J. H. v. (1826): Der isolierte Staat in Beziehung auf Landwirtschaft und Nationalökonomie. – Berlin. – Nachdruck Stuttgart 1966.

Tiden ↗Gezeiten.

Tidenhub ↗Gezeiten.

Thünen'sche Ringe
Heutige Bedeutung der Thünen'schen Theorien: Mittlerweile hat sich die Bedeutung räumlicher Distanzen in vielen Teilen des Agrarraums durch technologische Fortschritte (Geschwindigkeit, Kapazität, Kühlmöglichkeit), gestaffelte Frachtraten und durch eine komplexe Agrarpolitik u. a. mit Zollbarrieren und dirigistischer Preissteuerung verändert. Der zahlenmäßige Anstieg der Weltbevölkerung und die Steigerung der Nachfrage nach Nahrungsgütern hat die unbebauten Landreserven aufgezehrt. Der Getreidebau endet heute an seinen klimatischen Grenzen und nicht mehr an einem Lagerrenten-Nullpunkt. Die Gültigkeit der Theorien kann allerdings in Entwicklungsländern mit mangelhafter (Verkehrs-)Infrastruktur weiterhin belegt werden. In ↗Entwicklungsländern mit starker ↗Subsistenzwirtschaft (vornehmlich in Afrika) ist eine Anbauzonierung aber nur des »cash crops« zu finden. Dabei erfolgt die Zonierung nicht zwingend, denn die Bauern gewichten hinsichtlich der Standortwahl für den Anbau von Agrarprodukten die Versorgungssicherheit höher als die Erzielung einer maximalen Bodenrente. Erstere ist von Bodenqualität und der Reduzierung von Naturrisiken abhängig, Letztere von niedrigen Transportkosten. Dieses Verhalten kann i. d. R. nicht zu einem Ringmuster führen.
Vereinzelt kann das räumliche Ordnungsmuster wiedergefunden werden bei der Anordnung der agraren Nutzung um einen alleinstehenden Bauernhof oder ein Dorf (hausnahe Gemüse-, Obst- und Blumengärten – intensive ↗Portionsweiden und Wiesen – Ackernutzung – Wald). In Industrieländern haben Reste Thünen'scher Ringe oft fossilen Charakter, sie verdanken ihr Fortbestehen nicht aktuellen Distanzeinflüssen sondern anderen Ursachen (z. B. hat es in der stadtnahe Wald des 2. Ringes heute Naherholungsfunktion, der marktnahe Dauerkulturbau, auch manche intensiven Glashauskulturen – z. B. in Simmering bei Wien – besitzen eine hohe Persistenz, möglicherweise verbunden mit einem Herkunfts-Goodwill). Die Bedeutung der Transportkosten zeigt sich aber selbst in Deutschland mit seinem effizienten Verkehrssystem, z. B. bei der Massierung von Veredelungsbetrieben im Südoldenburgischen, also im unmittelbaren Hinterland von Einfuhrhäfen und in der Nähe von Absatzgebieten. Allgemeine Gültigkeit behalten hat das Grundprinzip Thünens, dass aus ökonomischer Sicht die optimale räumliche Anordnung der landwirtschaftlichen Bodennutzung von jeweils günstigsten Aufwand-, Kosten- und Ertragsrelation bestimmt wird.

Tiefdruckgebiet, *Tief, Zyklone, Depression*, Gebiet relativ niedrigen ↗Luftdrucks, das auf der Nordhemisphäre als gegen den Uhrzeigersinn, auf der Südhemisphäre als im Uhrzeigersinn rotierender Luftwirbel unterschiedlicher Ausdehnung und Intensität in Erscheinung tritt. Ein Tiefdruckgebiet kann thermisch oder dynamisch verursacht sein. Dynamische Tiefdruckgebiete sind mit ↗Fronten verbunden und werden als ↗außertropische Zyklonen bezeichnet. Tiefdruckgebiete deren Anfangsstadium thermisch bedingt ist, sind ↗tropische Depressionen, ↗tropische Wirbelstürme, ↗Hitzetiefs und Höhentiefs (↗Druckgebilde).

Auf der ↗Wetterkarte ist der Kern des Tiefdruckgebietes von mehreren Isobaren (↗Isolinien) umschlossen. Den Luftdruckgradienten folgend strömt unterschiedlich temperierte Luft, durch die Bodenreibung auf eine zyklonale Bahn abgelenkt, in das Tiefdruckgebiet ein. Dieser bodennahen konvergenten Strömung, die zu Hebungsprozessen besonders im Bereich der Grenzflächen zwischen unterschiedlich temperierten ↗Luftmassen führt, entspricht eine kompensatorische divergente Strömung in der Höhe. Diese ist im Falle dynamischer Tiefdruckgebiete die Ursache für die Entstehung (↗Zyklogenese) des Tiefdruckgebietes und bestimmt dessen weitere Entwicklung, Ausdehnung und Intensität. Tiefdruckgebiete reichen vom Boden aus bis in die mittleren, teilweise auch bis in die oberen Troposphärenschichten. Die vertikale Achse, die den Kern der sich überlagernden Boden- und Höhentiefdruckgebiete verbindet, ist in der Regel durch das Auf- und Abgleiten der unterschiedlich temperierten Luftmassen entlang der Fronten (↗Aufgleitfläche, ↗Abgleitfläche) leicht geneigt. [DKl]

Tiefdruckrinne ↗Druckgebilde.

Tiefenerosion, *Einschneidung, Vertikalerosion*, Teilprozess der ↗Fluvialerosion, der zur Tieferlegung der Fluss- bzw. der Gerinnesohle führt. Je nach der Strömungsenergie des fließenden Wassers wirkt dabei vor allem die Arbeit der ↗Grundwalzen. Als wirkende Einflussfaktoren sind Klima, Vegetation (v. a. Ufervegetation), Gestein (v. a. morphologische Gesteinshärte), Relief (v. a. Tallängsprofil und ↗Talquerprofil) und der Mensch (z. B. Rodung im Einzugsgebiet oder wasserbauliche Maßnahmen) zu nennen. Tiefenerosion tritt ein, wenn die kinetische Energie des fließenden Wassers zur Aufrechterhaltung des Fließvorgangs und zum Transport der ↗Flussfracht noch nicht verbraucht ist, was einem ↗Belastungsverhältnis < 1 entspricht. Die an der Gerinnesohle durch Reibungswiderstände entstehenden Grundwalzen können dann Material aufnehmen, es entstehen ↗Kolke. Da die Arbeit der Grundwalzen stromaufwärts gerichtet stattfindet, werden Gefällsunstetigkeiten im ↗Flusslängsprofil stromaufwärtig durch Prozesse der ↗rückschreitenden Erosion ausgeglichen (Normalgefälle, ↗Gleichgewichtsgefälle). Das Zusammenwirken der Seiten- und der Tiefenerosion sowie der Hangdenudation (↗Denudation) unter den oben genannten Rahmenbedingungen führt

– auch über Rückkopplungseffekte – zur Ausbildung typischer Tallängsprofile, ↗Talquerprofile und ↗Gerinnebettmuster. [OB]

Tiefengestein ↗Plutonit.

Tiefenkarst, Karst, der sich innerhalb des ↗Karstgesteins unterhalb der Geländeoberfläche gebildet hat. Zwischen dem Karst und der Oberfläche können sowohl Teile des verkarstungsfähigen Gesteinskörpers wie auch nicht- oder nur gering verkarstungsfähige Fremdgesteine liegen. Das Vorhandensein von Tiefenkarst ist maßgeblich für die Ausbildung der typischen ↗Karsthydrologie verantwortlich. Leitform des Tiefenkarstes ist die ↗Höhle. ↗Karstlandschaft.

Tiefenvarianz, Parameter der Bewertung der ↗Gewässerstrukturgüte, der die differierenden Einschnittstiefen eines ↗Fließgewässers in die Talsohle nach Häufigkeit und Ausmaß des räumlichen Wandels im Gewässerlängsprofil und ↗Gerinnequerschnitt bei mittleren Wasserständen beschreibt. Das Vorkommen unterschiedlicher Wassertiefen steht mit der ↗Strömungsdiversität in engem Zusammenhang.

Tieferschaltung, Bildung eines neuen, gegenüber dem früheren Relief tiefer liegenden Reliefstockwerkes durch flächenhafte Abtragung.

Tiefland ↗Flachland.

Tiefpassfilterung, spektrales statistisches Analyseverfahren zur numerischen Zeitreihenfilterung. Bei der Tiefpassfilterung werden aus einer Zeitreihe die tiefen Frequenzen herausgefiltert und hohe Frequenzen unterdrückt. Sie wird in der Klimatologie allgemein zur Glättung von Zeitreihen aber auch zur Untersuchung längerperiodischer Schwankungen im Klimageschehen verwendet. Die Differenz aus Zeitreihe und tiefpassgefilterten Werten ergibt die hohen Frequenzen der Zeitreihe und wird daher als *Hochpassfilterung* bezeichnet. Mit der *Bandpassfilterung* wird untersucht, ob eine bestimmte Periodizität über den gesamten Zeitraum einer Zeitreihe gut ausgeprägt ist. Die Abbildung zeigt verschiedene Filterungsmöglichkeiten.

Tiefsee ↗Meer.

Tiefseebecken, Großformen des Meeresbodens, die etwa 1/3 der Fläche der Ozeane einnehmen. Sie umfassen Tiefsee-Ebenen, Tiefseehügel, Tiefseeschwellen und Stufenregionen.

Tiefseegraben, lang gestreckte und rinnenartige Einsenkungen des Tiefseebodens, gewöhnlich unter –6000 m, teilweise echte tektonische Gräben, meist aber an Kollisionsstrukturen und Subduktionszonen an zwei Plattengrenzen gebunden, weswegen sie auch große Erdbebenhäufigkeit aufweisen. Trotz Lage in relativer Küstennähe oder vor Inselbögen sind sie sedimentarm, was auf ihre stetige Auffrischung und Verschluckung an aktiven Konvergenzen von tektonischen Einheiten deutet.

Tiefumbruchboden, *Treposol*, ↗Bodentyp der ↗Deutschen Bodensystematik; Abteilung: ↗Terrestrische Böden; Klasse: Terrestrische ↗Kultosole; Profil: R-Ap/R ... weitere Horizonte des ehemaligen, durch Umbruch oder tiefes Rigolen überprägten Bodens. Die Kulturmaßnahmen werden zur Vertiefung des Wurzelraums und Verbesserung der Wasserdurchlässigkeit von ↗Podsolen, ↗Parabraunerden und ↗Gleyen oder Böden auf Rieselfeldern durchgeführt. Nach den bearbeiteten Bodentypen werden die Subtypen ausgewiesen; nach ↗FAO-Bodenklassifikation: bei R > 5 dm Aric Anthrosol.

Tiergeographie, *Zoogeographie*, Teilgebiet der ↗Biogeographie; beschreibt die gegenwärtige und ehemalige Verbreitung der Tiere (deskriptive Tiergeographie) und deutet unter Berücksichtigung ihrer Ausbreitungsmöglichkeiten diese ursächlich (kausale Tiergeographie). ↗Faunenreiche.

Tiergesellschaft, *Tiersozietät*, sozialer Verband von Tieren, die durch spezifische Reaktionen auf ihre Artgenossen bzw. auf einige Artgenossen in Raum und Zeit zusammengehalten werden. Dabei unterscheidet man verschiedenen Formen: Nicht mehr eigentlich zu den Tiergesellschaften zählt die Aggregation, d. h. die Versammlung von Tieren aufgrund anziehender Umweltfaktoren nicht sozialer Art (z. B. Aaskäfer an einer Tierleiche). Auf sozialer Anziehung beruhen demgegenüber die anonymen (z. B. Vogelschwärme, denen sich alle Artgenossen anschließen können) und die individualisierten Verbände (z. B. Wolfsrudel, in dem sich alle Individuen kennen und jedes über ein spezifisches Verhaltensrepertoire verfügt).

Tierökologie, Studium der Wechselbeziehungen, die die Verbreitung und Häufigkeit von Tieren bestimmen. Dabei können Individuen, Populationen oder Lebensgemeinschaften (↗Biozönosen) eines Lebensraumes untersucht werden (↗Autökologie, ↗Demökologie und ↗Synökologie). Die wirksamen Umweltfaktoren können abiotisch (physikalisch, chemisch) oder biotisch sein; das Existenzspektrum breiter oder enger (↗euryöke bzw. ↗stenöke Arten). Durch die Fähigkeit zu Eigenbewegungen können viele Tiere optimale Umweltbedingungen aktiv aufsuchen. Das Präferendum kann bei derselben Art je nach Tages- und Jahreszeit wechseln; bei Fledermäusen z. B. Schlafplatz, Nahrungsraum, Winterquartier. Besonders hervorzuheben sind die Wanderungen der Zugvögel, die das saisonale Nahrungsangebot der arktischen Sommer und der afrikanischen Savannen nutzen. Die Küstenseeschwalbe wandert 16.000 km von ihren arktischen Brutgebieten zum antarktischen Packeis, um dort jeweils den Sommer zu verbringen. [KoS]

Tierreich, 1) in der ↗Biogeographie Begriff für ↗Faunenreiche, 2) in der zoologischen Systematik oberste Kategorie, die alle Tierarten umfasst und dem Pflanzenreich gegenübergestellt wird.

Tiersoziologie, Teilgebiet der Ethologie. Thema ist das Sozialverhalten der Tiere und die Struktur von Tiergesellschaften. Überschneidungen bestehen zwischen der Tiersoziologie und der Soziobiologie, bei der Evolution und ökologische Funktion des Sozialverhaltens im Vordergrund stehen. In der Tiersoziologie unterscheidet man anonyme und individualisierte Verbände. Im

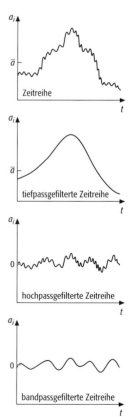

Tiefpassfilterung: Beispiel der spektralen Filterung einer Zeitreihe.

anonymen Verband kennen sich die Mitglieder nicht individuell. Einem offenen anonymen Verband können sich Artgenossen, manchmal auch Individuen anderer, meist verwandter Arten ohne weiteres anschließen (z. B. Vogelschwärme, Huftierherden). Bei geschlossenen anonymen Verbänden erkennen sich die Mitglieder, fremde Artgenossen werden in der Regel abgelehnt (z. B. Insektenstaaten, Wanderratten-Verband). Erkennungsmerkmal ist der gemeinsame »Volksduft«. Individualisierte Verbände, die bei Vögeln und Säugetieren vorkommen, sind stets geschlossen. Jedes Mitglied nimmt einen bestimmten Platz in der Rangordnung ein, der sich im Lauf des Lebens mehrfach ändern kann und oft durch Kämpfe festgelegt wird. Individualisierte und geschlossene anonyme Verbände entstehen durch den Zusammenschluss verwandter Individuen. Der genetische Austausch zur Vermeidung von Inzucht findet bei sozialen Insekten durch den Hochzeitsflug, bei Wirbeltiergruppen durch den Wechsel von Männchen (z. B. Löwen, Hirsche) oder von brünstigen Weibchen (z. B. Schimpansen, Paviane) statt. [KoS]

Tierwanderungen, 1) periodische oder aperiodische aktive Ortsveränderungen von Tieren, bei denen gemessen an der Fortbewegungsmöglichkeit des betreffenden Tieres, zum Teil erhebliche Entfernungen zurückgelegt werden (/Migration). 2) erdgeschichtlich bedingte Wanderungen, von kontinentalen bis subkontinentalen Ausmaßen (/Faunenreiche, /Landbrücke). Bei den periodischen und aperiodischen Wanderungen kann man unterscheiden: klimatisch bedingte jahreszeitliche Wanderungen, Nahrungswanderungen, Fortpflanzungswanderungen und populationsdynamisch bedingte Wanderungen.
Am bekanntesten sind die klimatisch bedingten Wanderungen der *Zugvögel*, die Gebiete der mittleren und hohen Breiten vor Eintreffen ungünstiger Klimabedingungen und der Veränderung des Tag-Nacht-Verhältnisses verlassen und in der Regel in äquatornähere Regionen ziehen. Dies gibt es auch bei Insekten. Der nordamerikanische Monarch-Falter (*Danaus plexippus*) pflanzt sich im Frühjahr in Nordamerika fort, im Herbst zieht er in Scharen in sein Überwinterungsgebiet am mexikanischen Golf. Dabei werden jährlich mit großer Regelmäßigkeit bestimmte Bäume zum Rasten aufgesucht, die deshalb in verschiedenen Staaten unter /Naturschutz stehen. Ähnliche Wanderungen sind auch von europäischen und nordamerikanischen Fledermäusen bekannt. Vorwiegend klimatische Ursachen haben auch die vertikalen oder altitudinalen Wanderungen von Gebirgstieren, wie z. B. den Weißwedelhirschen in Nordamerika, den Gemsen und Rothirschen in den Alpen und den andinen Kolibris.
Nahrungswanderungen werden vielfach von jahreszeitlichen Klimabedingungen mitbestimmt, stärker maßgebend ist jedoch das unterschiedliche regionale Nahrungsangebot. In den höheren Breiten führen Bisons und Rentiere solche durch. Bei vielen afrikanischen Huftieren ist vor allem die regionale und zonale Niederschlagsverteilung und die damit verbundene jahreszeitliche Produktivität der /Savannen maßgebend.
Fortpflanzungswanderungen sind unter /Wanderfischen und verschiedenen Meeresbewohnern wie Meeresschildkröten, Pinguinen, Robben, Walen, Weichtieren und Stachelhäuter verbreitet. Der pazifische Grunion-Fisch *Leuresthes tenuis* und der Palolowurm (*Eunice viridis*) richten sich dabei nach bestimmten Mondphasen (Lunarrhythmik). Auf Karibischen Inseln wandern Landkrabben zur Fortpflanzung ins Meer. Gut bekannt sind auch die Früh- und Spätjahrswanderungen der Erdkröten (*Bufo bufo*) und anderer Amphibien.
Populationsdynamisch bedingte Wanderungen werden durch die Zunahme der Besiedlungsdichte nach stärkerer Vermehrung verursacht. Wanderheuschrecken haben zwei Formen, nämlich eine bestandsbildende Solitariaphase und die Gregariaphase als Wanderform, die gehäuft nach starker Vermehrung auftritt. Ausgeprägter saisonaler Biotopwechsel findet beim skandinavischen Berglemming (*Lemmus lemmus*) als auch beim Waldlemming (*Myopus schisticolor*) statt. Vom Berglemming sind die berühmten Massenwanderungen bekannt, deren Jungtiere beim Einsetzen der Geschlechtsreife abzuwandern beginnen und dabei in großer Zahl zugrunde gehen. Im weiteren Sinne können auch hochwasserbedingte Massenwanderungen (z. B. von Wasservögeln) in großen Überschwemmungsgebieten, wie des brasilianischen Pantanal als Wanderungen gelten, ebenso durch Brände geförderte kleinräumige Nahrungswanderungen. [WH]

Tigerstaaten /Schwellenländer.

Tilke, durch Kolluvien teilweise aufgefülltes /Kerbtal, das jetzt einen kastenartigen Querschnitt aufweist; charakteristisch für Gebiete mit starker Bodenerosion.

Tillit, zu Stein verfestigtes Moränenmaterial und Geschiebelehme präquartärer Vereisungen, z. B. der /Dwyka aus der permokarbonen Vereisung oder der spätneoproterozoischen Vereisungen.

time geography /Zeitgeographie.

time lag, engl. für *Zeitabstand, zeitliches Nachhinken*, bezeichnet v. a. im Rahmen der /Münchner Sozialgeographie die Differenz zwischen der persistenten (/Persistenz) infrastrukturellen Einrichtungen (/Infrastruktur) und aktueller gesellschaftlicher Praxis.

Time-sharing-Unterkunft, touristische Beherbergungsart, bei der Privatpersonen durch Kauf von Anteilen ein Eigentumsrecht und/oder ein zeitlich begrenztes Nutzungsrecht erwerben. Zu unterscheiden sind: a) Teilzeiteigentum in Form von Grundeigentum (Anteil an einer Apartment-Anlage bzw. einem Apartment-Hotel), das der Käufer selbst für einen begrenzten Zeitraum nutzen kann. In der übrigen Zeit wird das Apartment vom Timeshare-Unternehmen an Dritte vermietet. Die Nutzungsrechte der Eigentümer sind zumeist weltweit austauschbar. b) Gebrauchsrecht-Time-Sharing, bei dem das zeitlich begrenzte oder dauerhafte Nutzungsrecht an einem bestimmten Apartment erworben wird bzw. das

Recht, Apartments in anderen Anlagen der Gesellschaft in entsprechendem Umfang zu nutzen. Neben dem einmaligen Erwerb von Unternehmensanteilen ist in beiden Fällen i. d. R. für jeden Aufenthalt noch eine Nutzungsgebühr zu entrichten. [ASte]

TIN, *triangular irregular network, irregular triangular mesh, irregular triangular surface model*, Vektor-GIS-Analysemethode (↗GIS) zur Berechnung eines Digitalen Höhenmodells (↗DHM) durch ↗Interpolation und ↗Flächenbildung aus Höhendaten unregelmäßig verteilter Messpunkte oder aus digitalen Höhenlinien. Ein TIN deckt das Untersuchungsgebiet lückenlos ab, indem benachbarte Messpunkte zu unregelmäßig geformten Dreiecken verbunden werden. Aus den für jeden Dreieckspunkt bekannten Positions- und Höhenwerten (*x/y/z*) kann die Höhe für alle dazwischenliegenden Punkt interpoliert werden. TIN ist eine spezielle Variante einer unregelmäßigen »tesselation« (↗Diskretisierung von Oberflächen).

TIROS, *Television and Infrared Observation Satellite*, experimentelle Serie von 9 amerikanischen ↗Wettersatelliten. TIROS-1 startete am 1.4.1960 und war mit einer modifizierten Fernsehkamera bestückt. Im Oktober 1978 wurde mit TIROS-N die aktuelle Generation polarumlaufender Wettersatelliten eingeführt. Neben dem ↗atmosphärischen Sounder *TOVS* (TIROS Operational Vertical Sounding Instrument), mit dessen Hilfe Vertikalprofile von Temperatur und Feuchte abgeleitet werden können, ist der wichtigste Sensor das 5-kanalige ↗AVHRR (Advanced Very High Resolution Radiometer).

Tirs, *Terre noire*, regionale Bezeichnung für dunkle, tiefreichend humose, tonreiche Böden in Afrika, entsprechen den ↗Vertisols und den ↗Grumusols; in den Tropen auch fälschlich als tropische »Schwarzerden« bezeichnet.

TK 25 ↗topographisch Karte.

Tobel, tief eingeschnittenes, steilwandiges ↗Kerbtal mit annähernd trichterförmigem Quellgebiet, schluchtartigem ↗Talquerprofil, meist unausgeglichenem ↗Längsprofil und wildbachartigem, jedoch nur periodischem bis episodischem ↗Abfluss. Im ↗Hochgebirge sind Tobel häufig Leitbahnen für ↗Muren oder Lawinen.

Tochterzyklone ↗Randstörung.

Todesursache, Grund für einen Sterbefall. Die Zuordnung zu Positionen der internationalen Klassifikation wird erschwert, da insbesondere bei älteren Menschen häufig mehrere Todesursachen zusammenwirken. Daher kommt der Haupttodesursache als unmittelbar zum Tode führenden Leiden eine große statistische Bedeutung zu. In Industriestaaten überwiegen degenerative Erkrankungen als Todesursache, während in ↗Entwicklungsländern Infektionskrankheiten und Atemwegserkrankungen vorherrschen. Dort bewirken sich wandelnde Umweltbedingungen und ↗Lebensstile (↗Health Field Concept) im Zuge der Modernisierung vor allem in den ↗Metropolen ein zunehmendes Gewicht degenerativer Krankheiten (↗epidemiologischer Übergang). Todesursachen variieren nach Altersgruppen. Bei den 20- bis 24-jährigen überwiegen Unfälle, bei den mindestens 50-jährigen Herz- und Kreislauferkrankungen. [PG]

Toleranzwert, er drückt die Beziehung zwischen einem Umweltfaktor und der Möglichkeit zur Existenz eines Organismus aus. Der Toleranzwert gibt das Minimum bzw. Maximum der Intensität eines Umweltfaktors (z. B. Lichtgenuss, Temperatur, Wasserverfügbarkeit, pH-Wert) an, bis zu dem ein Organismus noch überleben kann. Zwischen den Extremwerten befindet sich das Optimum, das physiologisch (also bei Betrachtung einer Art in Reinkultur) oder ökologisch (also unter Berücksichtigung von Konkurrenzverhältnissen) ausgedrückt werden kann. Dabei gibt es artspezifisch festgelegt unterschiedliche Reaktionsweisen, die die ökologische Potenz einer Art kennzeichnen. ↗ökologische Amplitude.

Tombolo, strand- bzw. nehrungsartige Verbindung von einer Insel mit dem Festland oder von zwei Inseln untereinander (Abb. im Farbtafelteil).

Ton ↗Korngrößenklassen.

Tondüne, ↗Düne, die überwiegend aus Ton besteht, der sich zu ↗äolisch in ↗Saltation transportierten ↗Sandkorngrößen aggregiert hat. Nach Zerstörung der Aggregate in feuchtem Milieu ist die äolische Entstehung nur schwer nachweisbar.

Tonminerale, sekundäre Minerale, die als Neubildungen aus Ionen oder Kolloiden der ↗Bodenlösung auskristallisieren oder durch Zerkleinerung und Umwandlung aus ↗Glimmern gebildet werden; treten als Schichtsilicate vorwiegend in der Tonfraktion ($< 2 \mu m$) in Böden und Sedimenten auf; gebildet aus Schichten aus SiO_4-Tetraedern und $Al(O,OH)_6$-Oktaedern, die bei Dreischichtmineralen (*Illit, Vermiculit, Smectit*) und Vierschichtmineralen (↗Chlorit) durch eine mit unterschiedlichen Ionen besetzte und unterschiedlich aufweitbare Zwischenschicht verbunden sind, während bei den Zweischichtmineralen (*Kaolinit, Halloysit*) eine Zwischenschicht fehlt; große spezifische Oberfläche und negative Oberflächenladung bedingen die ↗Austauschkapazität; bedeutend für die ↗Feldkapazität, ↗Pufferkapazität, Peloturbation (↗Turbalion).

Tonnenkilometer ↗Verkehrsstatistik.

Tonstein ↗klastische Gesteine.

Tonverlagerung ↗*Lessivierung*.

Top, *pl. Tope*, homogen gesetzte (quasihomogene) naturräumliche Grundeinheiten (↗Naturraum). ↗Ökotope.

top-down-approach, Ansatz einer zentralistisch-bürokratischen Entwicklungsplanung ohne Partizipation der Zielgruppen.

topische Dimension, Maßstabsbereich (1 : 1000 bis 1 : 25.000), in dem geoökologisch homogene (besser: quasihomogene) oder als inhaltsgleich angesehene Räume untersucht und dargestellt werden. Die topische Dimension wird durch die ↗Ökotope repräsentiert. ↗geographische Dimensionen.

Topocid, »*Ortsvernichtung*«, ↗Topophilie.

Topographie, 1) *Allgemein*: Beschreibung und Darstellung geographischer Örtlichkeiten. **2)** *Klimatologie*: kartographische Darstellung der ↗Atmosphäre. Wird die variierende Höhenlage einer Isobarenfläche (↗Isolinien) kartographisch dargestellt, ergeben sich analog zu einer Geländeoberfläche Aufwölbungen und Einsenkungen, die Anlass zur Bezeichnung Topographie geben. In Höhenwetterkarten wird diese für die Darstellung der Druckverhältnisse herangezogen, da im Gegensatz zur Bodenwetterkarten keine Äquipotenzialflächen (↗Geopotenzial) wie das Meeresniveau vorgegeben sind, auf die jeweils sämtliche Druckwerte bezogen werden können. Zu unterscheiden sind absolute und relative Topographien: Bei *absoluten Topographien* werden jeweils alle Punkte einer Isobarenfläche mit gleicher geopotenzieller Höhe (↗Geopotenzial) miteinander verbunden (in Analogie zu den Isohypsen einer topographischen Karte). Dabei erscheinen Tiefdruckgebiete als Bereiche niedriger geopotenzieller Höhen, Hochdruckgebiete als solche großer geopotenzieller Höhen. Aus dem Abstand der Isohypsen kann auf die jeweilige Windgeschwindigkeit geschlossen werden (umso größer, je geringer die Isohypsenabstände). In Höhenniveaus oberhalb der reibungsbeeinflussten unteren Troposphäre entsprechen zudem die Linien gleicher geopotenzieller Höhen hinreichend genau den Stromlinien des nahezu ↗geostrophischen Windes. Standardmäßig werden absolute Topographien für die Hauptdruckflächen 850, 700, 500, 300, 200 und 100 hPa erstellt, wobei in Mittelbreiten vor allem dem 500 hPa-Niveau der mittleren Troposphäre (mittlere Höhenlage etwa bei 5,5 km über NN) besondere Bedeutung für die Analyse der Höhenströmung zukommt. Bei *relativen Topographien* wird der geopotenzielle Höhenabstand (↗Geopotenzial) zweier Isobarenflächen dargestellt. Die Bedeutung relativer Topographien liegt darin, dass dieser Höhenabstand nur von der mittleren ↗virtuellen Temperatur in der Atmosphärenschicht zwischen den beiden Isobarenflächen abhängt. Relative Kaltluft lässt sich also an geringen Werten, relative Warmluft an erhöhten Werten der relativen Topographie im räumlichen Verteilungsbild erkennen, Scharungen der relativen Isohypsen kennzeichnen Bereiche frontaler Luftmassengegensätze in der betreffenden Luftschicht. In der Praxis ist vor allem die relative Topographie 500 bis 1000 hPa gebräuchlich, die die mittleren Temperaturverhältnisse in der unteren Hälfte der Troposphäre wiedergibt. [JJ]

topographische Funktionen, *topographic functions*, ↗GIS-Analysefunktionen, die Parameter zur Charakterisierung der Topographie an einem bestimmten Punkt (z. B. Höhe über NN) bzw. in dessen unmittelbarer Umgebung (z. B. ↗Hangneigung, ↗Hangexposition) berechnen. Diese ursprünglich topographischen Analysefunktionen lassen sich auch zur Auswertung anderer flächenhaft kontinuierlich variierender Daten verwenden, etwa bei Lärmimmissionsanalysen oder im Bereich der Geologie, Geophysik oder Geochemie (z. B. Daten des magnetischen Schwerefelds).

topographische Karte, eine ↗Karte, auf der Siedlungen, Verkehrswege, Gewässer, Grenzen, Bodenbedeckungen (insbesondere die Vegetation) und topographischen Einzelobjekte sowie das Relief (Geländeformen) dargestellt und durch ↗Kartenschrift eingehend erläutert sind. Die Gesamtheit der topographischen Objekte mit Ausnahme des Reliefs wird auch als Situation bezeichnet. Topographische Karten sind komplexe kartographische Abbildungen der Landschaft. Die topographischen Darstellungsgegenstände werden in großen und mittleren ↗Maßstäben mit maßstabsbedingter Vollständigkeit und Genauigkeit wiedergegeben. Obwohl die Maßstabsgrenze für topographische Karten im engeren Sinne bei etwa 1:300.000 liegt (↗chorographische Karte), gibt es topographische Karten in Form amtlicher ↗Kartenwerke (↗amtliche Karte) auch in kleineren Maßstäben. Diese Karten werden dann in der Regel als topographische Übersichtskarten bezeichnet. Die Maßstäbe der amtlichen topographischen Kartenwerke der Bundesrepublik Deutschland sind 1:5.000 (↗Grundkarte), 1:10.000, 1:25.000 (Messtischblatt, TK 25), 1:50.000, 1:100.000 sowie die Übersichtsmaßstäbe 1:200.000, 1:500.000 und 1:1.000.000.

Die Herstellung topographischer Karten im Sinne von flächendeckenden Kartenwerken begann um die Mitte des 18. Jh. in Frankreich, Dänemark und Österreich, in Deutschland 1764 (Kurhannover'sche Landesaufnahme). Der Einsatzbereich topographischer Karten ist außerordentlich breit. Karten dieser Art dienen der Bildung und Information, der Orientierung im Gelände, der Verwaltung und Planung, als Grundlage für wissenschaftliche Untersuchungen, insbesondere in den Geowissenschaften, und für kartographische Arbeiten (u.a. Funktion der ↗Basiskarte für ↗thematische Karten).

Topographische ↗Grundkarten sind gekennzeichnet durch eine vorwiegend grundrisstreue Darstellung (etwa bis zum Maßstab 1:10.000). Karten der Maßstäbe 1:25.000 bis 1:100.000 enthalten aus Gründen der ↗Generalisierung eine grundrissähnliche Darstellung. Bei den topographischen Übersichtskarten nimmt der Generalisierungsgrad, der nur noch zu raumtreuen bzw. lageähnlichen Strukturen führt, deutlich zu. Topographische Karten sind zumeist Rahmenkarten, wobei sich der Blattschnitt an geographischen Koordinaten orientiert.

Die Gestaltung amtlicher topographischer Karten wird durch standardisierte Zeichensysteme (in Deutschland »Musterblätter«) geregelt, die von den Landesvermessungsämtern herausgegeben werden. Für die rechnergestützte Herstellung der amtlichen deutschen Topographischen Karte 1:25.000 (TK 25) wird das Datenmodell des Amtlichen Topographisch-Kartographischen Informationssystems (↗ATKIS) zugrunde gelegt. Die graphische Darstellung des Datenmodells wird durch den ATKIS-Signaturenkatalog geregelt. Topographische Karten werden in Deutschland von allen Landesvermessungsämtern und vom Bundesamt für Kartographie und Geodäsie in analoger Form als Papierkarte und in digitaler Form als Rasterdaten auf CD-ROM bereit gestellt. [WK]

topographischer Atlas ↗Atlas.
Topoklimatologie ↗Geländeklimatologie.
Topologie ↗Nachbarschaftsbeziehungen.
topologische Abfrage ↗Abfrage geographischer Daten.
topologische Operationen ↗Nachbarschaftsoperationen.
topologisches Datenmodell ↗Vektordaten.
Topophilie, »Ortsliebe«, positive psychische Ortsverbundenheit. Ursprünglich von G. Bachelard für die »Poetik des Raumes« eingeführtes Konzept, das die persönliche Beziehung zu einem geliebten Ort bezeichnet (espace heureux). Y.-F. Tuan hat das Konzept in die ↗Humanistische Geographie eingebracht und Topophilie als positive psychische Beziehung zur Umwelt in ästhetischer, körperlicher oder symbolischer Form definiert. Bei negativen Ortsbeziehungen spricht Tuan von *Topophobie*, welche Angsträume oder »Landscapes of fear« (Angstlandschaften) produzieren können (↗Kriminalgeographie). Porteous hat im Anschluss an dieses Konzept die Vernichtung von topophilen Orten, z. B. bei Stadtsanierungen oder spekulativen Urbanisationsprozessen, als *Topocid* bezeichnet. [WDS]
Literatur: [1] BACHELARD, G. (1957): La poétique de l'espace. – Paris. [2] TUAN, Y. (1974): Topophilia. – Englewood Cliffs. [3] TUAN, Y. (1979): Landscapes of Fear. – Minneapolis. [4] PORTEOUS, J. D. (1988): Topocide: the annihilation of place. In EYLES, J. & D. SMITH (orgs.): Qualitative Methods in Geography. – London.
Topophobie, »Ortshass«, ↗Topophilie.
Toposequenz, topographisch, d. h. durch den Reliefkomplex und die damit verbundenen ↗Ökofaktoren geregeltes Anordnungsmuster von Böden, Pflanzengesellschaften, ↗Ökotopen (Abb.), das zumeist aktuell geomorphologische und ökologisch wirksame Prozesse zum Ausdruck bringt. Spezieller Fall einer Toposequenz am Hang sind die Bodencatena (↗Catena) oder die ↗geoökologische Catena. Toposequenzen sind Merkmale der chorologischen Ordnung des ↗Geokomplexes in ↗Geochoren (Nanochoren und Mikrochoren).
topset beds ↗Deltaschichtung.
Tor, *Felsenburg*, eine freistehende Masse von Festgestein, die ihre Umgebung erheblich überragt. Es handelt sich dabei um verwitterungsresistente Überbleibsel der tertiären Tiefenverwitterung, die durch anschließende ↗Erosion im ↗Quartär freigespült worden sind. Tors kommen in einer Reihe unterschiedlicher Gesteinstypen vor; am besten sind sie jedoch im Granit ausgebildet. Hervorragende Beispiele gibt es in Schottland (Cairngorms) und in SW-England (Dartmoor).
Torf, organisches Sediment, das in ↗Mooren entsteht. Wegen der andauernden Vernässung herrschen anaerobe Verhältnisse, bei denen der Abbau der akkumulierten organischen Substanz stark gehemmt ist. In den verschiedenen Moortypen (Niedermoor, Zwischenmoor, Hochmoor) entstehen unter den jeweiligen Wasser- und Nährstoffverhältnissen verschiedene Torfarten (Braunmoos-, Seggen-, Schilf-, Bruchwald- und Torfmoostorf). Die tieferen Torfhorizonte sind stärker zersetzt und humifiziert und werden wegen ihrer dunklen Farbe als Schwarztorf bezeichnet. Über dem Schwarztorf lagert der jüngere, schwächer zersetzte und hellere Weißtorf (Abb. im Farbtafelteil). Während früher vor allem der Schwarztorf als Brennstoff verwendet wurde, werden heute zur Herstellung von Gartenerden beziehungsweise Torferden überwiegend die Weißtorfe abgebaut.
Torfmoos, *Sphagnidae*, Unterklasse der Laubmoose, umfasst nur eine Familie mit einer Gattung (*Sphagnum*) mit ca. 300 Arten, kommt an sumpfigen Stellen und in ↗Mooren vor. Sie bilden dichte Polster, die an der Spitze ständig weiter wachsen während sie von der Basis her absterben. Unter anaeroben Bedingungen ist so die Produktion von Pflanzenmasse größer als deren Abbau; es kommt zur Bildung von ↗Torf. Die Pflanzen der Torfmoose sind mit wasserspeichernden Zellen (Hyalinzellen) ausgestattet, die es ihnen ermöglichen das 20–40fache ihres Eigengewichts an Wasser aufzunehmen (Abb.).
Tornado, in Verbindung mit ↗Gewittern auftretender, kurzzeitiger und kleinräumiger Wirbelsturm extremer Stärke. Die zu den ↗Tromben zählenden Tornados entstehen besonders während des Sommers und im Mittelwesten der USA als Begleiterscheinung von Gewittern, die sich entlang von Kaltfronten, an denen trockenkalte Luft aus den Rocky Mountains mit feuchtwarmer Luft aus dem Golf von Mexiko zusammentrifft, ausbilden. Die extremen Lufttemperatur- und Feuchteunterschiede beider Luftmassen führen zu starker Labilisierung mit heftigen lokalen Aufwinden, die sich zu einem wenige hundert Meter breitem, rotierenden Aufwindschlauch, dem Rüssel, verdichten. Innerhalb des Rüssels herrschen extrem niedriger Luftdruck und zum Zentrum gerichtete Winde mit extrem hohen Windgeschwindigkeiten von mehreren hundert Stundenkilometern vor, die bis zu einem Umkreis von einigen hundert Metern Luft ansaugen. Die Sog-

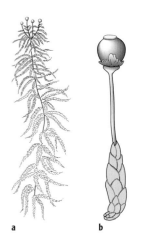

Torfmoos: a) Habitus von *Sphagnum acutifolium*; b) reife Sporenkapsel am Ende eines Zweiges von *Sphagnum squarrosum*.

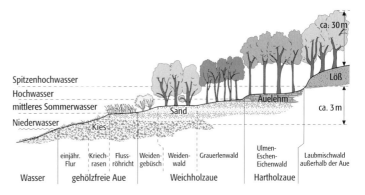

Toposequenz: Toposequenz im Auenbereich eines Alpenvorlandflusses.

wirkung ist so groß, dass Bäume entwurzelt, Fahrzeuge mitgerissen und Häuser, in denen bei Ankunft des heranrasenden Rüssels relativer Überdruck herrscht, zur Explosion gebracht werden können. [DD]

Torrente, typisches ↗Trockental der italienischen mediterranen Winterregengebiete mit nur zeitweiser (v. a. winterlicher) Wasserführung und daher abschnittsweise unregelmäßigem Längsprofil sowie breiter Schottersohle. Das ↗Talquerprofil wird häufig durch steile Hänge akzentuiert. In Spanien werden vergleichbare Täler ↗Bajados genannt, im englischen Sprachraum ↗creek.

Torres-Landbrücke ↗Landbrücke.

Toschi, *Umberto*, italienischer Geograph, geb. 10.6.1897 Imola, gest. 17.7.1966 Bologna. Nach dem Studium, das er 1921 in Bologna mit einer Arbeit über die geographischen Gründe des Zusammenbruchs der Habsburger Monarchie abschloss, wirkte Toschi an verschiedenen Hochschulen, zunächst in Ancona und Bologna, 1933 als Lehrstuhlinhaber für ↗Wirtschaftsgeographie in Catania, 1935 in Bari, 1949 in Venedig und schließlich von 1951 bis zu seinem Tode in Bologna. Sein umfangreiches wissenschaftliches Oeuvre umfasst die gesamte ↗Geographie. Ausgestattet mit grundlegenden Kenntnissen der Philosophie und der Wissenschaftstheorie, bemühte sich Toschi um eine Epistemologie der Geographie, wobei die konkrete Landschaft immer wieder im Mittelpunkt seiner Untersuchungen stand. In zahlreichen Arbeiten zur Bevölkerungs-, Stadt- und Wirtschaftsgeographie Italiens zeigte er Anwendungsbereiche der Geographie auf und wurde zu einem Begründer der Angewandten Geographie in Italien. [HPB]

ToT ↗terms of trade.

Toschi, *Umberto*

totale Fruchtbarkeitsrate: Fruchtbarkeitsniveau in den Ländern der Erde um 1998.

totale Fertilitätsrate ↗totale Fruchtbarkeitsrate.

totale Fruchtbarkeitsrate, *TFR*, *totale Fertilitätsrate*, *zusammengefasste Geburtenziffer*, standardisierte, von der Bevölkerungsstruktur unabhängige Kennziffer zur Erfassung raumzeitlicher Unterschiede im generativen Verhalten. Sie entspricht der Summe der altersspezifischen Fruchtbarkeitsraten ($ASBR_i$):

$$TFR = \sum_{i=15}^{49} ASBR_i$$

mit $i = 15, 16, \ldots , 49$ oder (falls das Alter der Frauen zu Fünf-Jahres-Intervallen gruppiert ist):

$$TFR = \sum_{i=15}^{45} ASBR_i$$

mit $i = 15, 20, \ldots , 45$.

Die *TFR* lag 1996 in Deutschland bei 1315, d. h. die Frauen würden im Durchschnitt 1,3 Kinder gebären, wenn sie während ihrer gesamten reproduktiven Phase den altersspezifischen Fruchtbarkeitsbedingungen des Jahres 1996 unterworfen wären und die Sterblichkeit unberücksichtigt bleibt. Wenn die altersspezifischen Geburtenraten kurzfristige Schwankungen aufweisen, kann die tatsächliche ↗Fruchtbarkeit nur durch Befragung der Frauen im Alter von 45 bis 49 Jahren nach der Zahl ihrer Geburten ermittelt werden.

Die weltweite Verteilung der *TFR* Ende der 1990er-Jahre (Min.: 1,1 in Hongkong, Max.: 7,4 in Niger) betont zwar nach wie vor einen bestehenden Gegensatz zwischen niedrigen Raten in den Industrie- und hohen Werten in den Entwicklungsländern, doch liegt in den weniger entwickelten Staaten eine hohe Schwankungsbreite

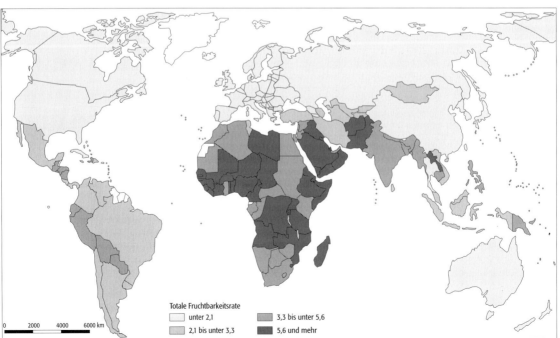

vor (Abb.). Eine sehr hohe *TFR* (≥ 5,6) kommt in Afrika südlich der Sahara und in einigen islamisch geprägten Ländern Asiens vor. Sie verzeichnen eine eher geringe Wirtschaftskraft sowie Verstädterungsquote, eine niedrige ↗Lebenserwartung bei hoher ↗Säuglingssterblichkeit. Eine sehr niedrige *TFR* (< 2,1) ist in Europa, Nordamerika, Ozeanien und einigen asiatischen Staaten anzutreffen. Das Erhaltungsniveau der Bevölkerung ist in diesen Ländern langfristig nicht gesichert. Geringe bis hohe totale Fruchtbarkeitsraten (2,1 bis unter 5,6) sind kennzeichnend für die meisten Länder in Lateinamerika, Südost- und Zentralasien. Ökonomische wie soziale Indikatoren und kulturelle Gegebenheiten belegen eine hohe Heterogenität dieser Gruppe. Auch in Industriestaaten wie Deutschland besteht nach wie vor eine regionale Differenzierung. In den neuen Bundesländern sind die sehr niedrigen Werte von durchschnittlich 0,89 (1995) eine Konsequenz des Umbruchs nach 1989. Die negativen Auswirkungen der veränderten Lebenssituation der Frauen sind in ländlichen Räumen intensiver als in den Agglomerationen der neuen Bundesländer, sodass in den Ballungsgebieten die *TFR* überproportionale Werte erreicht. Im Gegensatz dazu ist in den alten Bundesländern ein Gefälle von ländlichen Gebieten zu den Verdichtungsräumen vorhanden, dessen Ursachen im ↗Heiratsverhalten, in den ↗Haushaltstrukturen und in der unterschiedlich fortgeschrittenen Säkularisierung und Individualisierung zu suchen sind. [PG]

Totalerhebung ↗Volkszählung.

Totalisator, Niederschlagssammler, großes Gefäß zur ↗Niederschlagsmessung in schwer zugänglichen Gebieten. Der Niederschlag wird über längere Zeiträume gesammelt und das Wasser mit Frostschutzmittel/Öl zum Schutz gegen Frost/Verdunstungsverluste versetzt.

Totalsanierung, Kahlschlagsanierung, Neuaufbau städtischer Teilflächen im Zuge der Flächensanierung bzw. des Umbaus von Alt-/Innenstädten nach dem Abriss der vorhandenen Bausubstanz. Totalsanierung hat die Funktion einer innerstädtischen Flurbereinigung, nach der eine großzügigere Bebauungsplanung möglich ist. Häufig werden jedoch bei Totalsanierung Gewerbe- und Industriebrachen oder von starkem baulichen Verfall betroffene Wohnviertel abgerissen, um als Flächenreserve für zukünftige Nutzungen zu dienen (↗urban renewal). So wurden in nordamerikanischen Städten seit den 1950er-Jahren großflächig innerstädtische ↗Slums abgetragen, wobei das bundessubventionierten Programm der »Urban Renewal« (als »Negro Removal«) stark in das Kreuzfeuer der Kritik geriet. In den USA ging man seit 1968 von der Totalsanierung mit dem Bundesgesetz zur ↗erhaltenden Stadterneuerung über. Totalsanierung, die bis in die ausgehenden 1970er-Jahre in Westeuropa bedeutend war, war in den meisten Fällen von hohen monetären und sozialen Kosten begleitet. In den USA sind die geschaffenen Freiflächen z. T. noch 30 oder 40 Jahre später unbebaut oder als Parkplätze zwischengenutzt. Während das Potenzial der Sanierungsflächen nur suboptimal ausgeschöpft wurde, war die Verdrängung von Bevölkerung und Kleingewerbe aus totalsanierten Wohnvierteln sehr groß. Die verschiedenen Formen der Sanierung in der Nachkriegszeit haben neuartige ↗Stadtstrukturen entstehen lassen. [RS]

Totalwüstung ↗Wüstung.

Toteis, inaktives, d. h. keiner Bewegung (↗Gletscherbewegung) unterliegendes Gletschereis, welches vom aktiven Teil des Gletschers abgetrennt wurde. Toteis taut meist sukzessive durch vertikale Mächtigkeitsabnahme ab und schafft dadurch einen speziellen Formenschatz (↗Soll). Inaktives, noch mit dem aktiven Gletscher in Kontakt stehendes Eis wird auch aus *Stagnanteis* bezeichnet.

Toteishohlform, meist regelmäßig geformte und im Durchmesser 20–60 m große abflusslose ↗Hohlformen, die durch ↗Toteis entstanden sind (↗Soll); seltener unregelmäßig geformt und z. T. mehrere hundert Meter groß.

Totemismus [von indian. totem = Sippe, Verwandtschaft], bezeichnet Praktiken und Glaubensvorstellungen von Einzelpersonen oder Gruppen, zumeist Unterabteilungen des Stammes, die dauernde Beziehungen zu einem Tier oder einer Pflanze (Individualtotemismus) oder zu einer ganzen Tier- oder Pflanzenart (Gruppen- oder Kollektivtotemismus) unterhalten, weil sie sich verwandtschaftlich, in mystische Schicksalsgemeinschaft oder gefühlsmäßig mit ihnen verbunden wissen. Die Totems gelten, wenn nicht als Verwandte, so doch stets als Freunde, Schützer, Helfer und Mächte, von denen die Einzelnen oder Gruppen abhängig sind; Tötungs-, Speise- und Berührungsverbote bringen das ehrfurchtsvolle Verhalten ihnen gegenüber zum Ausdruck. Da Totemismus nicht scharf von Ahnenverehrung, Tierkult und Geisterglaube zu trennen ist, herrscht über die Verbreitung keine Einigkeit. Allgemein wird der Ursprung des eigentlichen oder Gruppentotemismus in der den Jägervölkern besonders naheliegenden Vorstellungswelt gesucht. ↗Primärreligionen. [KH]

Totholz, abgestorbenes Holz von Dürrästen bis hin zu ganzen Stämmen, stehend oder am Boden liegend, das aufgrund der Widerstandsfähigkeit der Gerüststoffe (Lignin, Zellulose) nur langsam zersetzt wird, je nach Baumart in unterschiedlichen Zeiträumen. Totholz bietet einer artenreichen, teils eng auf bestimmte Holzarten, Zersetzungsstadien, Position und Mikroklimate spezialisierten Flora und Fauna ein existenzielles Substrat, insbesondere der ↗Moosen, ↗Flechten, ↗Pilzen, Käfern, Schnecken, Schwebfliegen, Bienen, Weg-, Holz-, Falten- und Grabwespen. Ein wesentliches Ziel des ↗Naturschutzes ist daher die Mehrung eines Totholzanteils im Wald nicht nur in Totalreservaten, sondern auch im Wirtschaftswald.

In der Flussmorphologie bezeichnet man darüberhinaus die als Schwemmholz von einem ↗Fließgewässer mittransportierten und abgelagerten Äste und Stämme als Totholz. Sie fungieren u. a. als Siedlungssubstrat und Nahrungsbasis und führen durch Strömungsdifferenzierung zur Ausbildung verschiedener ↗Habitate. Totholz spielt aufgrund seiner morphologischen Zeigerfunktion bei der Entwicklung von ↗Leitbildern eine elementare Rolle. Totholz stellt eines der wichtigsten Elemente der ↗Gewässerstruktur dar und sollte folglich bei der Erstellung von Kartier- und Bewertungsverfahren zur Beurteilung der ↗Gewässerstrukturgüte von besonderer Bedeutung sein.

Totwasser, stark gebundenes ↗Bodenwasser.

Tourismus, *Fremdenverkehr*, umfasst die Gesamtheit der Beziehungen und Erscheinungen, die sich aus der Ortsveränderung und dem Aufenthalt zu einem bestimmten Zweck von Personen ergeben, für die der Aufenthaltsort nicht ihr dauernder Wohn- oder Arbeitsort ist. In dieser weit gefassten Definition bildet der Ortswechsel das primäre Kriterium. Als »Mindestdistanz« dient hierbei der variabel handhabbare Begriff des Wohnumfeldes. Als zweites Kriterium wird der Zweck der Reise herangezogen (↗Tourismusform): Als touristisch werden Freizeit, Familie, Gesundheit, Geschäft und Religion eingestuft. Damit werden einerseits die privaten Besuche sowie auch die berufsbezogenen Reisen (z. B. ↗Kongresstourismus und ↗Messetourismus) einbezogen, andererseits wird das berufliche Pendlerwesen ausgeschlossen. Reisen und Aufenthalte von Diplomaten, Armeeangehörigen, Flüchtlingen und Nomaden werden nach o. g. Definition in aller Regel nicht dem Tourismus zugerechnet. Deutlich betont werden muss, dass die Dauer des Aufenthaltes nicht als Ausgrenzungskriterium dient: Auch der nachmittägliche Ausflugsverkehr stellt eine spezifische Form des Tourismus dar. Damit ergeben sich große Überschneidungsbereiche mit dem Freizeitsektor (↗Freizeit).

Tourismus ist historisch ein recht junges Phänomen, obwohl das Reisen selbst sehr weit zurückreicht (z. B. in Form der Pilger- oder Bäderreisen). Erst mit der ↗Industrialisierung, der daraus erwachsenen ↗Arbeitsteilung und deren Zeitregelungen sowie dem damit einsetzenden gesamtwirtschaftlichen Aufschwung hat sich die heutige Form des Tourismus entwickeln können. Im Zuge des allgemeinen gesellschaftlichen Wandels in den Industriestaaten sind Freizeit und Tourismus mittlerweile fest im Bewusstsein der Bevölkerung als wichtiges Grundbedürfnis verankert und bilden ein wesentliches Merkmal verschiedenster Lebensstile. Das extrem rasche quantitative Anwachsen des touristischen Geschehens nach dem 2. Weltkrieg (↗Massentourismus) hat den Tourismus zu einer bedeutsamen Wirtschaftsbranche werden lassen. Tourismus gilt generell als Wachstumsmarkt, doch die ökonomische Bedeutung variiert sowohl auf regionalwirtschaftlicher Ebene als auch im internationalen Rahmen sehr stark: Zur Diversifizierung einer Wirtschaftsstruktur bildet Tourismus eine zukunftsträchtige Branche, die ausgesprochen personalintensiv ist und demzufolge viele Arbeitskräfte binden kann. Doch als hauptsächlicher (Hoffnungs-) Träger einer wirtschaftlichen Entwicklung birgt Tourismus ebenso wie jede andere Monostruktur ein erhebliches Problempotenzial in sich: Der Arbeitskräftebedarf kann starken saisonalen Schwankungen unterliegen und (bislang) bewegen sich die Löhne auf einem relativ niedrigen Niveau.

Neben der in der öffentlichen Wahrnehmung im Vordergrund stehenden wirtschaftlichen Bedeutung werden auch andere Effekte des Tourismus diskutiert. Zum einen sind hier die ökologischen Folgen (z. B. Emissionen, Ressourcenverbrauch, Ver- und Entsorgung) zu nennen. Zum anderen treten soziokulturelle Auswirkungen (z. B. Akkulturation) auf (↗Tourismuseinflüsse). [WSt]

Tourismusart, (veralteter) Begriff zur Gliederung des ↗Tourismus nach der Motivation des Nachfragers, z. B. ↗Erholungstourismus, ↗Gesundheitstourismus, ↗Messetourismus. Nur bei eindeutiger Motivationslage und Überschneidungsfreiheit mit anderen Gliederungskriterien sollte dieser Begriff verwendet werden. ↗Tourismusform.

Tourismusförderung, *tourism promotion*, umfasst alle Maßnahmen staatlicher Stellen (↗Tourismuspolitik) zur Entwicklung, Sicherung und zum Ausbau des Tourismus. Wichtigstes nationales Förderinstrument ist die von Bund und Ländern finanzierte Gemeinschaftsaufgabe »Verbesserung der regionalen Wirtschaftsstruktur« (GRW). Im Zeitraum von 1990–1998 sind in Deutschland jährlich durchschnittlich 850 Mio. DM Fördergelder für touristische Infrastrukturprojekte und Betriebe innerhalb der GRW-Kulisse, mit Schwerpunkt in den Neuen Bundesländern, bereitgestellt worden.

Tourismusform, *touristische Erscheinungsform*, greift auf sichtbare, äußere Erscheinungen oder auf nur zum Teil sichtbare Verhaltensweisen so-

Tourismusform: Differenzierungskriterien und Ausprägungsformen.

Abgrenzungskriterien	Beispiele möglicher Tourismusformen
Motivation	Urlaubs-, Geschäfts-, Bildungs-, Gesundheitstourismus
Jahreszeit	Sommer-, Wintertourismus
regionale Herkunft	Binnen-, Ausländer-, Incoming-Tourismus
Soziale Gruppe	Frauen-, Jugend-, Seniorentourismus
Einkommen	Sozial-, Luxustourismus
Beherbergung	Hotel-, Campingtourismus
Verkehrsmittel	Fahrrad-, Auto-, Flugtourismus
Landschaftsform	Maritimer, Alpiner Tourismus
Distanz	Naherholung, Ferntourismus
Dauer	Ausflug, Kurzurlaub, Langzeittourismus
Aktivität	Ski-, Rad-, Golftourismus

wie auf die nicht sichtbare Reisemotivation zurück, um die Vielfalt der ↗touristischen Nachfrage zu gliedern. Die jeweils definierten touristischen Erscheinungsformen erweisen sich in ihrer Vielfalt als beinahe beliebig. Die verwendeten Kriterien sind frei wählbar, nicht immer überschneidungsfrei, sie müssen nicht die Gesamtheit aller Touristen erfassen und sie müssen einander nicht ausschließen, sondern können auch miteinander kombiniert werden (Abb.).

Tourismusgebiet, *Tourismusregion*, Raumeinheit, in der a) das Freizeit- und Tourismusgeschehen einen konkreten zeitlich-regional konzentrierten Gestaltungsrahmen findet und b) durchaus mehrere und verschiedenartig touristisch genutzte Areale mit eigenen räumlichen Struktur- und Funktionsteilbereichen zu einer neuen qualitativen Ganzheit vereinigt sind. Zur Abgrenzung bzw. Gliederung werden neben politisch-administrativen, historischen, statistischen u. a. Gegebenheiten verschiedene Struktur- und Funktionsmerkmale (z. B. des Naturraums, der Bevölkerung, der Siedlung, des Kapazitäten-Reichweiten-Systems) genutzt. Die durch Tourismus- und Freizeitgeschehen ausgelösten ↗touristischen Effekte in den Gebieten und Regionen sollten gezielt zur nachhaltigen ↗Regionalentwicklung eingesetzt werden.

Tourismusgeographie ↗*Geographie des Tourismus*.

Tourismusmarketing, in betriebswirtschaftlicher Definition eine marktgerichtete und marktgerechte ↗Tourismuspolitik. Ziel ist, die systematische und koordinierte Orientierung der Politik aller Akteure des Tourismusortes oder der Tourismusregion in Richtung auf bestmögliche Befriedigung der Bedürfnisse der Touristen unter Erzielung eines angemessenen Gewinns. Tourismusmarketing weist einige Besonderheiten auf. Diese bestehen: a) im Produkt (Leistungsbündel, keine Lagerung von Leistungen, Produktion und Konsumtion fallen zeitlich und räumlich zusammen usw.); b) im Nachfrager (z. B. kein klarer Adressat); c) im Anbieter (Menge des Angebots relativ starr, Saisonalität des Angebots usw.). Das Tourismusmarketing lässt sich nicht allein nach allgemeingültigen Mustern betreiben. Problemkreise, wie Erkennung von Touristenbedürfnissen und -wünschen, deren Übersetzung in marktfähige Produkte und Dienstleistungen sowie deren Absatz unter Einsatz geeigneter Marketinginstrumente bedeuten immer spezifisches, ziel- und zweckgebundenes Vorgehen. Dem Prinzip der ↗Nachhaltigkeit dient das ganzheitliche Marketing, das durch Berücksichtigung nicht nur der ökonomischen, sondern auch der ökologischen und sozialen Dimension im Tourismusort bzw. -gebiet als zukunftsorientiertes, mehrdimensionales, vernetztes Tourismusmarketing gelten kann. [BL]

Tourismusort, *Fremdenverkehrsort*, *Tourismusgemeinde*, Raumeinheit, in der das Freizeit- und Tourismusgeschehen seine lokal-zeitlich hoch konzentrierte Ausprägung findet. Die Attraktivität als touristischer Zielort leitet sich aus dem Leistungsvermögen der in Wert gesetzten ↗touristischen Potenziale für eine spezielle ↗touristische Nachfrage ab. Das touristische Angebot der Tourismusgemeinden wird vor Ort durch den Touristen als Leistungspaket (z. B. Beherbergung, Gastronomie, Kultur, Verkehr, Sport, Wasser, Wald) konkret nachgefragt. Die Vielfalt an möglichen touristischen Angebots- und Nachfragesituationen, aber auch die Unterschiedlichkeit damit ausgelöster ↗touristischer Effekte macht eine Gruppierung der Tourismusorte nach verschie-

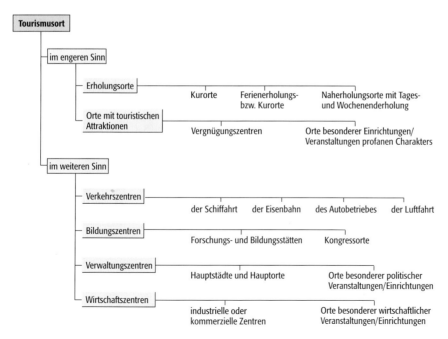

Tourismusort: Typisierung von Tourismusorten.

denen Merkmalen sinnvoll. Es liegen mehrere Ansätze vor, die zumeist die vorherrschende ↗Tourismusart bzw. das Artengefüge, die Fremdenverkehrsintensität, die Beherbergungsart, die Zahl der Übernachtungen und ihre Zunahme als Merkmale berücksichtigen. Die in der Abbildung vorgeschlagene Typisierung greift die Fremdenverkehrsarten auf und unterscheidet zwischen Tourismusorten im engeren und weiteren Sinn. Erstgenannte (beispielsweise Erholungsorte, Orte mit touristischen Attraktionen) werden in ihrem Bestand bzw. ihrer Entstehung entscheidend durch den Fremdenverkehr bestimmt. In jedem Fall nehmen mit zunehmender touristischer Entwicklung die touristischen Effekte zu. Als Entwicklungsdeterminanten können anstelle des Eigenbezugs der Fremdbezug und anstelle des einmaligen das globale Produkt treten. Am Ende dieser Prozesse könnte ein »ortsungebundener« Tourismus stehen, der auf vereinheitlichten Angeboten basiert und an beliebigen Orten virtuelle Urlaubswelten schafft (z. B. Freizeit-Ressorts, Center Parcs, Sun Parcs, Clubs). Tourismusgemeinden und -orte unterliegen einem Lebenszyklus (Gründung, Wachstum, Reife, Niedergang). [BL]

Tourismusplanung, *Fremdenverkehrsplanung*, Beplanung bestehender bzw. zukünftiger ↗Tourismusgebiete und -regionen oder ↗Tourismusorte und -gemeinden und sowie touristischer Betriebe. Die Tourismusplanung wird im Rahmen der Fachplanung des Bundes und der Länder, der ↗Raumordnung und ↗Regionalplanung, der Gebiets- und Teilgebietsplanung, der Ortsplanung sowie auf betrieblicher Ebene durchgeführt. Für die Tourismusplanung auf Bundesebene (↗Tourismuspolitik) gelten einerseits die Grundsätze aus dem Bundesraumordnungsprogramm, andererseits die Forderungen aus dem tourismuspolitischen Programm der Bundesregierung, wobei auf die Sonderstellung des Tourismus als Querschnittbranche und die damit verbundene Ressortzersplitterung in den übergeordneten Planungsinstanzen hinzuweisen ist. Die Bundesregierung verfügt hinsichtlich der Raumordnung lediglich über Rahmenkompetenz. Nahezu alle Flächenstaaten Deutschlands verfügen über Fremdenverkehrsprogramme, die von den jeweiligen Wirtschaftsministerien erstellt werden. Neben der Konkretisierung der zentralen Forderungen wird auch auf die verschiedenen Möglichkeiten der ↗Tourismusförderung hingewiesen. Der Fokus der regionalen Tourismusplanung liegt auf der Schaffung von Erholungsmöglichkeiten außerhalb von Verdichtungsgebieten (↗Verdichtungsraum) mit der Intention, zugleich die ↗Wirtschaftsförderung in strukturschwachen Gebieten zu forcieren. Im Rahmen der Ortsplanung beschäftigt sich die Tourismusplanung mit den spezifischen Problemen einer Gemeinde. Die Aussagen sind dabei orts- und maßnahmengenau. Zudem können Grundsatzziele oberer Planungsinstanzen in nachgelagerten Stufen mit weiteren Teilzielen konkretisiert und in klare Handlungsweisen und Maßnahmen umgesetzt werden.

Die in der Tourismusplanung lange Zeit sehr bedeutenden Erschließungs- bzw. Entwicklungsplanungen mit dem Ziel des Ausbaus neuer ↗touristischer Destinationen haben an Bedeutung verloren, da sich die Kernfrage nicht mehr auf die Erschließung zusätzlicher Gebiete, sondern im Sinne einer Anpassungsplanung auf die Verhinderung bzw. Beseitigung von Fehlentwicklungen sowie die Attraktivitätssteigerung durch Angebotsinnovationen in bestehenden Tourismusgebieten bezieht. Konsequenz der veränderten Marktstrukturen (z. B. Wandel vom Verkäufer- zum Käufermarkt usw.) ist eine Veränderung in der methodischen Vorgehensweise der Tourismusplanung. Statt der Planung nach dem »Top-down-Prinzip«, bei der die Planung durch eine obere Instanz für alle Betroffenen durchgeführt wird, werden beim »Bottom-up-Ansatz« die »Beplanten« in die Entscheidungsfindung aktiv miteinbezogen. Der Grad der ↗Partizipation fällt hierbei unterschiedlich aus, wobei die ausgeprägteste Form die Erstellung des Konzepts durch die Betroffenen selbst ist. Ein unabhängiger Fachexperte nimmt lediglich im Sinne eines Moderators eine Beraterfunktion ein, hat selbst jedoch keine Entscheidungskompetenz. [JSc]

Tourismuspolitik, *tourism policy*, Schaffung und Veränderung von Rahmenbedingungen und Instrumenten durch staatliche Stellen zur Förderung und Steuerung des Tourismus auf supranationaler, nationaler, regionaler und kommunaler Ebene. Da sich der Tourismus als Querschnittsaufgabe über verschiedene Teilpolitiken (z. B. Wirtschaft, Umwelt, Kultur, Gesundheit, Raumentwicklung, Verkehr usw.) erstreckt, wird die Formulierung und Durchsetzung einer eigenständigen Tourismuspolitik erschwert. Dieses Phänomen kann auf fast allen administrativen Ebenen beobachtet werden. Der direkte Einfluss der Bundespolitik auf den Tourismus erscheint gering. Stärker wirken sich indirekte Einflüsse durch die Veränderung von Rahmenbedingungen aus, wie die durch die Gesundheitsreform mit ausgelöste Kurortkrise seit 1989 zeigt. Direkte Unterstützung erhält die Deutsche Zentrale für Tourismus (DZT), deren Budget(57,5 Mio. DM im Jahr 2000) im großen Umfang vom Bundeshaushalt getragen wird. Im Rahmen der Gemeinschaftsaufgabe »Verbesserung der regionalen Wirtschaftsstruktur« (GRW) fließen etwa 11 % der Fördermittel (Bundes- und Ländermittel) in touristische Projekte. Im Zeitraum von 1990 bis 1998 wurden dafür ca. 7,7 Mrd. DM Fördermittel bereitgestellt, die fast ausschließlich in die neuen Bundesländer flossen. Auf der Ebene der Bundesländer existieren verschiedene Programme zur Mittelstandsförderung, die auch von touristischen Betrieben genutzt werden können. Daneben werden in der Regel die Landesfremdenverkehrsverbände und ihr touristisches Marketing unterstützt. Die lokalen und regionalen Tourismusorganisationen (Touristeninformationen, Verkehrsämter, Regionalagenturen) sind, auch in privatwirtschaftlich organisierter Form, von kommunalen Zuschüssen in hohem Maße abhängig. Daneben erstellen und unterhalten die Kommunen wesentliche Teile der ↗touristischen Infrastruktur mit einem erheblichen Kostenaufwand. Die Einnahmen über eigene Finanzierungsquellen (Kurtaxe, Fremdenverkehrsbeitrag) sind dagegen verhältnismäßig gering. [CB]

Tourismusstatistik, umfasst allgemein die zahlenmäßige Erfassung von Reiseströmen, Reiseverhalten und gastgewerblichen Strukturen. Grundlage für die deutsche Tourismusstatistik bildet das *Beherbergungsstatistik*-Gesetz (BeherbStatG) von 1980. Die Erfassung wurde dabei auf alle Gemeinden ausgedehnt, wobei die betriebliche Berichtspflicht bei mehr als acht Betten beginnt. Die Statistischen Landesämter sind für die Erhebung zuständig und leiten ihre monatlichen Ergebnisse dem Statistischen Bundesamt zu, das sie zum Bundesergebnis zusammenfasst (dezentrale Statistik). In der monatlichen (touristische Saisonalität) Berichterstattung werden die Erhebungsmerkmale *Gästeankünfte*, *Fremdenübernachtungen*, Nationalität der Gäste, die Zahl der angebotenen Betten/Ferienwohneinheiten und Stellplätze der Campingplätze (*Beherbergungskapazität*) erhoben. Daraus werden rechnerisch die durchschnittliche *Aufenthaltsdauer* und die *Kapazitätsauslastung* ermittelt. Die Ergebnisse werden für alle Verwaltungseinheiten (Kommunen, Land, Bund) dargestellt, soweit Datenschutzbelange nicht berührt werden. Daneben werden die Daten für Reisegebiete (z. B. Mosel-Saar, Erzgebirge usw.) ausgewiesen sowie nach Gemeinden mit Tourismusprädikat. Hierunter fallen insbesondere die verschiedenen Heilbäder (Mineral- und Moorbäder, heilklimatische Kurorte, Kneippkurorte), Seebäder, Luftkurorte usw. Weiteres Gliederungsmerkmal der Tourismusstatistik sind die Betriebsformen der Beherbergungsstätten (Hotels, Gasthöfe, Ferienzentren/Ferienwohnungen, Kuranstalten etc.). In einem sechsjährigen Rhythmus werden zusätzlich Ausstattungsmerkmale (Sport- und Freizeiteinrichtungen, Restaurationseinrichtungen, Konferenz- und Tagungsräume usw.) der berichtspflichtigen Betriebe sowie Preise und Ausstattung der Gästezimmer/Wohneinheiten erhoben. Ergänzt wird die Beherbergungsstatistik durch die in unregelmäßigen Abständen durchgeführte Handels- und Gaststättenzählung (HGZ), die Daten über Arbeitsstätten, Beschäftigte und Umsatz erhebt. Aufschlussreicher ist die Gastgewerbestatistik, die monatlich in einer Stichprobe Daten über Umsatz und Beschäftigung liefert. Zusammen mit anderen Daten der amtlichen Statistik (Einwohnerzahl) lassen sich touristische Parameter wie die Tourismusintensität errechnen.
Die ↗EU hat 1995 eine Richtlinie zur Erhebung statistischer Daten im Tourismusbereich erlassen, die zu einer Harmonisierung der nationalen Statistiken führen soll. Dabei sollen – ergänzend zu dem bisherigen Meldezettelverfahren – durch persönliche Befragung einer repräsentativen Bevölkerungsstichprobe u. a. die Reisearten (Geschäftsreise, Verwandten- und Bekanntenbesuche), die Reiseausgaben und die Reiseorganisation sowie die Reisebegleitung quartalsmäßig erhoben werden. Die Umsetzung dieser Richtlinie ist in den einzelnen Mitgliedsländern unterschiedlich weit gediehen. [CB]

Tourismusverband, *Tourismusverein*, Träger der ↗Tourismuspolitik (von der internationalen bis zur lokalen Ebene). Sie haben traditionell die privatrechtliche Rechtsform als eingetragener Verein (e. V.). Als Organisationsformen treten sowohl die sog. Mischformen auf (z. B. vorrangig im gemeinwirtschaftlichen Interesse handelnd, zu öffentlicher kann auch private Finanzierung hinzukommen) als auch die Reinformen mit ausschließlich privaten Trägern (privat finanziert und zumeist privatwirtschaftliches Interesse). Ziel der Tourismusverbände bzw. -vereine ist die Interessenvertretung ihrer Mitglieder in Politik, Wirtschaft, Öffentlichkeit usw. Die Finanzierung der Arbeit erfolgt über Mitgliedsbeiträge. Eine Ausrichtung an gewinnwirtschaftlichen Maßstäben ist untersagt. Allerdings haben einige Verbände zusätzlich Gesellschaften mit beschränkter Haftung (GmbH) gegründet. Tourismusverbände und -vereine existieren nicht nur auf allen Raumdimensionen, sie vertreten und übernehmen auch eine große Vielfalt an Interessen und Aufgaben. In den Tourismusverbänden sind viele staatliche Träger bzw. Gebietskörperschaften involviert. In der BRD gehören zu den Spitzenverbänden auf Bundesebene: a) der Deutsche Tourismusverband e. V. (DTV), dessen Mitglieder Landestourismusorganisationen, Landesverkehrsverbände, Regionalverbände, Städte, Gemeinden usw. sind. Er versteht sich als Vertreter des öffentlichen Tourismus und zentraler Gesprächspartner der Bundesregierung, des Bundesrates usw., zusätzlich verfügt er über die tiefste regionale Untergliederung; b) der Bundesverband der Deutschen Tourismuswirtschaft e. V. (BTW), dessen Mitglieder Tourismusverbände, aber auch privatwirtschaftliche Unternehmen sind und der sich vorrangig um Interessenvertretung beim ↗Outgoing-Tourismus bemüht; c) die Deutsche Zentrale für Tourismus e. V. (DZT), deren Finanzierung zu großen Teil aus öffentlichen Mitteln erfolgt und deren Aufgabengebiet im Auslands- und z. T. Inlandsmarketing besteht. Zu den Verbänden und Vereinen mit ausschließlich privaten Trägern gehören vor allem die berufsständigen, diversen Fachverbände und -vereine auf Bundes-, regionaler und kommunaler Ebene. Beispiele sind: der Deutsche Hotel- und Gaststättenverband (DEHOGA), der Allgemeine Deutsche Automobilclub (ADAC), Kur- und Bädervereine, Winzervereine usw. Im Trend ist eine Entwicklung weg von öffentlichen hin zu privatwirtschaftlichen Organisationsformen (z. B. GmbHs). [BL]

Touristengettos, meistens peripher gelegene, i. d. R. von den einheimischen Siedlungen abgegrenzte Fremdenverkehrsanlagen, in denen die Touristen unter sich bleiben.

touristische Destination, Zielort oder -gebiet einer Reise (kann ein Unterkunftsbetrieb, eine Stadt, eine Region oder ein Land sein). Entschei-

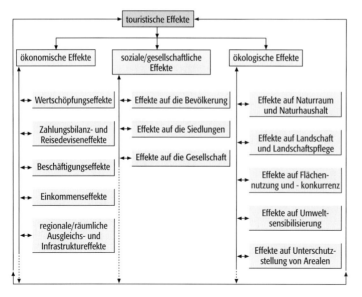

touristische Effekte: Gliederung.

dend ist die individuelle Wahrnehmung des Gastes: Aus seiner Sicht ist die Destination definiert durch die Summe aller für seinen Aufenthalt notwendigen bzw. wünschenswerten Angebote für Übernachtung, Verpflegung und Unterhaltung in einem bestimmten Gebiet. Die Destination (und nicht die Einzelleistung) stellt damit das touristische Produkt und die Wettbewerbseinheit im Tourismus dar; sie muss als strategische Geschäftseinheit positioniert werden. Beispiele für touristische Destinationen in Deutschland: Nordsee, Schwarzwald, Rhön, Harz, Ostsee.

touristische Effekte, beinhalten die Wirkungen des Freizeit- und Tourismusgeschehens auf die ökonomische, soziale und ökologische Situation im ↗touristischen Zielgebiet (Abb.). Diese Effekte sind in Umfang, Intensität, Reichweite usw. abhängig von den konkreten wirtschaftlichen, gesellschaftlichen und politischen Rahmenbedingungen im Zielgebiet. Zudem bestehen zwischen ihnen mannigfache Interaktionen.

Die ökonomischen Effekte in den Zielgebieten werden erzeugt durch: a) die Produktionsfunktion (Einnahmen und Umsätze in Betrieben der Beherbergung, der Kultur, des Verkehrs usw. bewirken Wertschöpfungseffekte.); b) die Finanz- und Zahlungsbilanzfunktion (↗Touristische Nachfrage und räumliche Konsum- und Kaufkraftverlagerung bewirken Zahlungsbilanz- bzw. ↗Reisedeviseneffekte.); c) die Beschäftigungsfunktion (Schaffung von Arbeitsplätzen, Strukturwandel auf dem ↗Arbeitsmarkt usw. bewirken Beschäftigungseffekte.); d) die Einkommensfunktion (Touristische Nachfrage bewirkt Einkommenseffekte und durch Kaufkraft- und Konsumverlagerung Multiplikatoreffekte.); e) die räumliche Ausgleichsfunktion (Standortanforderungen von Freizeit und Tourismus bevorzugen periphere, strukturschwache Räume, führen zum Abbau ↗räumlicher Disparitäten und bewirken so Ausgleichs- und Infrastruktureffekte.).

Die sozialen bzw. gesellschaftlichen Effekte in den Zielgebieten verknüpfen sich vor allem mit Einflüssen auf die Bevölkerung, die Siedlungen und das gesellschaftliche Leben. Zu den Wirkungen auf die Bevölkerung gehören u. a. Veränderungen in der Beschäftigtenstruktur (Zahl der Erwerbstätigen, Anteile der Beschäftigten in den Wirtschaftssektoren usw.), in der Altersstruktur, in der Sozialstruktur (Differenzierung des Sozialgefüges u. a. durch ortsfremde Personengruppen wie Saisonarbeiter), in der Lebens- und Wohnqualität (z. B. Mobilität bei Saisonarbeitern, geringe soziale Integrationsfähigkeit in den Zielgebieten). Die Effekte auf das gesellschaftliche Leben sind v. a. in Ländern der ↗Dritten Welt oft negativ: der Verfall alter Sitten und Traditionen, sinkendes Selbstwertgefühl und zunehmende Prostitution als häufige Folgen einer negativen Entwicklung. Andererseits bewirken positive sozio-kulturelle Effekte eine Auflösung bzw. Dynamisierung erstarrter Sozialstrukturen, sodass es zur Übernahme neuer Werte und Normen und zur Wiederbelebung alter Bräuche kommen kann. Auch außerhalb der Zielgebiete lassen sich positive Effekte finden. Sie richten sich auf Völkerverständigung, kulturelle Identitätsfindung usw.

Siedlungsgeographisch zeigen sich die Effekte u. a. in räumlicher Konzentration der touristischen Nachfrage, was zu Struktur- und Funktionswandel bestehender Siedlungen sowie zum Entstehen neuer Siedlungsformen (z. B. ↗Feriendorf) führt. Damit einher gehen auch Effekte auf die ↗touristische Infrastruktur (z. B. Verkehrssysteme, Sportanlagen, Beherbergungs-, Gastronomieeinrichtungen usw.).

Die ökologischen Effekte sind Ausdruck des Basiskonfliktes: Tourismusentwicklung zwischen ökonomischem und sozialem Erfolg und ökologischer Überforderung. Nicht nur der ↗Massentourismus, auch das Verhalten Einzelner im ↗Individualtourismus kann problematisch sein. Neben der Belastung, Beeinträchtigung, Verschmutzung, Versiegelung, Zersiedlung, Überfremdung, Gefährdung usw. vor allem des Naturraumes, des Naturhaushaltes und der Landschaft verbunden mit Wirkungen auf Flächennutzung und -konkurrenz stehen aber auch Umweltsensibilisierung, Landschaftspflege und Unterschutzstellung von Arealen usw. Die interaktiven Wirkungen des Tourismus- und Freizeitgeschehens in den Zielgebieten sind an den Kriterien der ↗Nachhaltigkeit zu bewerten. Entgegen dem Trend zu kürzeren, häufigeren Reisen, zu immer weiter entfernten Zielen, lautet die Forderung hier: möglichst nahegelegene Reiseziele über möglichst lange, zusammenhängende Zeiträume mit möglichst umweltfreundlichen Verkehrsmitteln zu besuchen. [BL]

touristische Infrastruktur, die Ausstattung eines Raumes mit öffentlich bzw. halböffentlich nutzbaren materiellen Einrichtungen und Anlagen, die Tourismusrelevanz haben und dessen Entwicklung fördern bzw. mittragen. Neben einem durch die touristische Mitnutzung höheren Angebot an Basisinfrastruktureinrichtungen (der Ver- und Entsorgung, des Verkehrs, des Gesundheitswesens etc.), das Einheimischen und Touristen zur Verfügung steht, kommt es zur Ausbildung einer spezifischen touristischen Infrastruktur. Sie ist Teil des ↗touristischen Potenzials eines Raumes und besteht aus: verkehrlichen Anlagen (Skilifte, Seilbahnen usw.), tourismusörtlichen Einrichtungen und Anlagen für Freizeit, Erholung, Sport, Fitness, Kultur usw. (z. B. Spazier- und Wanderwege, Schwimmbäder, Skipisten, Eisbahnen, Tennisplätze, Golfanlagen, Wassersporteinrichtungen, Theater) sowie speziellen kurörtlichen Einrichtungen (Trink- und Wandelhallen, Kurpark usw.), Einrichtungen für Messen, Kongresse, Events. Die Beherbergungs- und Gastronomieeinrichtungen (Hotellerie, Parahotellerie, Restaurants usw.) werden in Anlehnung an die amerikanische »superstructure« als touristische »Suprastruktur« bezeichnet. [BL]

touristische Leistungsträger, Leistungsträger sind diejenigen Anbieter, die einzelne Leistungen zum Entstehen des Gesamtprodukts Urlaub erbringen. Es wird gebildet aus einem (aufeinander folgenden) Ablauf verschiedener Einzelleistungen wie Information und Beratung, Buchung, Transport, Unterkunft, Verpflegung, Unterhaltung vor Ort, Rückreise, Nachbetreuung (= touristische Leistungskette oder touristisches Leistungsbündel). Innerhalb der touristischen Leistungskette sind Leistungsträger beispielsweise ↗Reisebüros, ↗Reiseveranstalter, Transportunternehmen, Betriebe des ↗Hotel- und Gaststättengewerbes, Zielgebietsagenturen, aber auch Veranstalter im Bereich des ↗Event-Tourismus, Museen etc. Hierbei werden Beherbergungs- und Gastronomiebetriebe auch als Leistungsträger im engeren Sinn bezeichnet, da sie die touristischen Basisleistungen vor Ort erbringen. Probleme können grundsätzlich entstehen, da die Einzelleistungen oft unkoordiniert angeboten, vom Gast jedoch als Gesamtprodukt im Sinne einer ↗touristischen Destination wahrgenommen werden. [Ase]

touristische Nachfrage, Ausdruck für die Bereitschaft des Touristen, verschiedene Mengen bestimmter touristischer Produkte zu erwerben bzw. nutzen. Der subjektive Nutzen für den Touristen steht im Zentrum. Jeder Mensch zeigt – bei entsprechenden Lebensumständen – vier Phasen der Bedürfnisstrukturentwicklung: Grundbedürfnisse, soziale Bedürfnisse, Selbstdarstellung und Selbstverwirklichung. Freizeit, Tourismus, Kultur, Sport usw. bilden die Basis vor allem für die letztgenannte Phase. Mit Tourismus verbinden sich Bedürfnisse nach Ruhe und Erholung, Heilung, Geselligkeit und Kommunikation, Abwechslung, Ausgleich usw. Wirtschaftstheoretisch sind die Bedürfnisse wichtig, leitet sich aus ihnen doch eine konkrete Nachfrage nach touristischen Gütern und Dienstleistungen ab, die befriedigt werden will. Touristische Nachfrage realisiert sich auf dem touristischen Markt. Das Individuum wird in seiner konkreten zeit-räumlichen touristischen Nachfrage u. a. nach Beherbergung, Verpflegung, Beförderung und weiteren Dienstleistungsprodukten von einer Vielzahl von Faktoren beeinflusst (Abb.). Als Antriebsmotoren für die nahezu explosionsartige Entwicklung der Tourismus- und Freizeitnachfrage im 20. und dessen Weiterführung im beginnenden 21. Jh. können u. a. die Steigerung des Wohlstandes, die Zunahme der Freizeit, die Erhöhung der Mobilität, die Zunahme der Verstädterung und Urbanisierung verbunden mit sinkender Umweltqualität, fortschreitender Technisierung, Reglementierung, Funktionalisierung einer immer hektischer werdenden Alltagswelt des Menschen gelten. Das Reisen ist zur sozialen Norm, zum wesentlichen Bestandteil des Lebens in der Industrie- und ↗postindustriellen Gesellschaft geworden. Als Kennziffern der touristischen Nachfrage gelten u. a. Tourismusaufkommen, Reiseströme, ↗Reiseintensität, Übernachtungen, Ankünfte. [BL]

touristische Quellgebiete, *touristic source areas*, Ausgangsregionen oder -länder der verschiedenen Reiseströme. Quellgebiete können für einzelne Gemeinden, Reisegebiete oder Länder (↗touristische Zielgebiete) definiert werden. Zumeist wird dabei nur der übernachtende Reiseverkehr betrachtet. Innerhalb Deutschlands bilden die Großstädte (Berlin, München, Hamburg usw.) und die städtischen Agglomerationsräume (Rhein-Ruhr usw.) die wichtigsten Quellgebiete für den Inlandstourismus. Als ausländische Quellgebiete für den Deutschlandtourismus (1999) sind die Niederlande (mit 5,27 Mio. Übernachtungen), die USA (mit 4,32 Mio. Übernachtungen) und Großbritannien (mit 3,38 Mio. Übernachtungen) von besonderer Bedeutung.

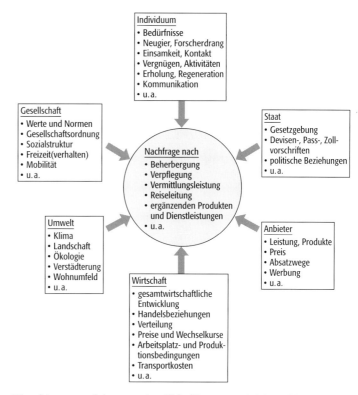

touristische Nachfrage: Einflussfaktoren auf die Tourismusnachfrage.

touristische Raumbewertung

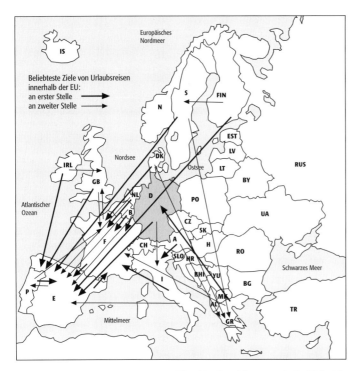

touristische Zielgebiete: Beliebteste Ziele von Urlaubsreisen innerhalb der EU 1997.

Deutschland ist für viele europäische Zielgebiete (Spanien, Schweiz, Österreich, Italien) der wichtigste Quellmarkt. Nach Angaben der Reiseanalyse führten 1999 44,5 Mio. Urlaubsreisen (fünf und mehr Tage) der Deutschen ins Ausland. Im globalen Reiseverkehr bilden die hoch entwickelten Länder in Europa, Ostasien und Nordamerika die wichtigsten Quell- und Zielgebiete. [CB]

touristische Raumbewertung, Methode zur Ermittlung und Darstellung der potenziellen Freizeit- und Erholungseignung eines abgegrenzten Raumes. Dabei werden, je nach Verfahren, in einer komplexen Raumanalyse natürliche und/oder sozioökonomische und kulturelle Faktoren erfasst, quantitativ bewertet und ggf. gewichtet und aggregiert. Die so ermittelten Ergebnisse werden i. d. R. für Teilflächen bzw. Flächeneinheiten ausgewiesen.

touristischer Multiplikator ↗Multiplikatoreffekte.

touristisches Potenzial, umfasst den Teil der Gesamtausstattung eines Raumes, der für Freizeit- und Tourismusnutzung geeignet und in seinem Leistungsvermögen erschließbar ist. Drei Potenzialbereiche sind maßgeblich: a) touristisches Naturraumpotenzial, b) touristisches Kulturraumpotenzial und c) touristische Infrastruktur. Touristische Naturraumpotenziale können verschiedene ↗Geofaktoren an sich und in verschiedenartigster Kombination und Ausprägung sein (z. B. geographische Lage, Relief, Vegetation, Klima, Wasser). Touristische Kulturraumpotenziale werden durch den Menschen und die durch ihn genutzte natürliche und gebaute Umwelt gebildet. So können Kultur, Tradition, Religion, Sprache der Bewohner eines Raumes, die spezifische Art und Weise von Produktion und Flächennutzung, die Anlage und Ausgestaltung städtischer und ländlicher Siedlungen in ihrer Vielfalt an Auf- und Grundrissformen, an Baumaterialien, an Einrichtungen von Kultur, Bildung usw. ein geeignetes Leistungsvermögen besitzen. Die touristische Infrastruktur stellt in ihrer konkreten quantitativen und qualitativen Ausprägung vor allem von Beherbergungs-, Gastronomie-, Transport-, Sport-, Freizeit-, Unterhaltungseinrichtungen usw. allein und in ihrer Vernetzung eine wichtige Voraussetzung zur Nutzung der touristischen Natur- und Kulturraumpotenziale dar. Zeitlich betrachtet, unterliegen die touristischen Potenziale Veränderungen. Diese können sowohl von der Natur als auch vom Menschen verursacht werden. Besonders schnell verändern sich die Elemente der touristischen Infrastruktur. [BL]

touristische Zielgebiete, *destinations* (↗touristische Destination), bezeichnen jene Regionen oder Länder, die Empfänger der verschiedenen Reiseströme sind. Die wichtigsten Zielgebiete in Deutschland liegen in den Küsten- und Inselbereichen von Nord- und Ostsee, sowie in den bayerischen Alpen und dem Alpenvorland. Daneben sind die Mittelgebirge (Schwarzwald, Harz, Eifel) und die Millionenstädte (Berlin, München) wichtige Zielgebiete des Reiseverkehrs. Zwar wuchs im vergangenen Jahren die Zahl der Übernachtungen in den deutschen Zielgebieten auf 308 Mio. (1999), die Aufenthaltsdauer der Gäste ging jedoch kontinuierlich auf durchschnittlich 3,1 Tage zurück. Im deutschen ↗Outgoing-Tourismus, der 71 % (1999) aller längeren Urlaubsreisen (5 Tage und mehr) umfasst, liegen die wichtigsten Zielgebiete um das Mittelmeer herum. Spanien und Italien sind am beliebtesten vor Österreich. Die Türkei empfängt mehr deutsche Urlaubsgäste als die Nachbarn Niederlande, Schweiz oder Dänemark. Bereits 13,1 % aller längeren Urlaubsreisen führen in außereuropäische Länder, knapp 4,5 % (ca. 3 Mio. Reisen) nach Amerika. Im internationalen Reiseverkehr wurden 1998 mehr als 59 % aller Touristenankünfte (595 Mio.) in Europa gezählt, in Amerika 19,2 %. Die wichtigsten Tourismusdestinationen (internationale Touristenankünfte) waren 1998 nach Angaben der WTO Frankreich (70 Mio.), Spanien (47,7 Mio.), USA (47,1 Mio.) und Italien (34,8 Mio.). Abb. [CB]

TOVS ↗TIROS.

townships, 1) Bezeichnung für auf Thomas Jefferson zurückgehende Verwaltungseinheiten von ursprünglich 6 × 6 Meilen (aus je 36 Sektionen bestehend und jeweils wieder in Viertelsektionen unterteilt), die sich schematisch linear am Gradnetz orientieren. Das township-System setzte sich v. a. in Nordamerika, Australien und Teilen Skandinaviens durch. In den USA werden die kleinsten Verwaltungseinheiten in den Neuenglandstaaten noch heute als Townships bezeichnet, während es im übrigen Land die Counties sind. ↗land ordinance. 2) Stadtteile in südafrikanischen Städten, oder städtische Siedlungen, in denen zu Zeiten der ↗Apartheid die schwarze Bevölkerung zwangsweise umgesiedelt wurde. Townships sind häufig räumlich durch Industriegebiete und Verkehrsinfrastruktur von der ↗City und den Wohngebieten der weißen Bevölkerung getrennt. Eines der größten stadtnahen townships ist Johannesburgs Schwarzensiedlung Soweto mit über einer Million Einwohnern. ↗südafrikanische Post-Apartheid-Stadt. [RS/SE]

Toxine, *Gift, Giftstoffe, Noxe*, Stoffwechselprodukte von Mikroorganismen, Pflanzen oder Tieren, die eine Gift-Wirkung auf den Organismus von Säugetieren und speziell des Menschen haben. Toxine aus Mikroorganismen (↗Mikrobiologie) sind v. a. von Bakterien freigesetzte Gifte. Mikrobiellen Ursprungs sind ferner Mykotoxine aus Hefen, Schimmel- u. Kleinpilzen. Toxine aus Pflanzen (Phytotoxine) sind chemisch sowohl hoch- wie niedermolekulare Substanzen. Toxine aus Tieren (Zootoxine) werden zur Abschreckung oder zum Beutefang produziert. Im Laufe der ↗Evolution wurden von verschiedensten Tierstämmen unterschiedliche Gifte entwickelt, die pharmakologisch spezifisch und toxikologisch hochwirksam sind. Viele Toxine sind aufgrund ihrer hohen Spezifität für bestimmte Stoffwechselvorgänge wichtige Hilfsmittel der Molekularbiologie und Neurochemie geworden. Eine Reihe von Toxinen bzw. ihre Derivate haben Bedeutung als Arzneimittel, andere denn als Genuss- oder Rauschmittel (Cannabinoide, Coffein, Nikotin). [JMt]

Toxizität, *Giftigkeit, gesundheitsschädigende Wirkung*, ein wichtiger Begriff u. a. in der ↗Umweltmedizin und in der ↗Humanökologie. Er bezieht sich in der Regel auf chemische und physikalische Schadfaktoren (↗Toxine). Unterschieden werden u. a. akute und chronische Toxizität. Von wesentlicher Bedeutung ist die Dosis (Paracelsus: »allein die Dosis macht, dass ein Ding kein Gift sei«). Mit Ausnahme genotoxischer Effekte (↗Kanzerogenität) tritt Toxizität erst oberhalb einer Schwellenkonzentration auf. Bei der Angabe der Toxizität muss deshalb stets ein Bezug, z. B. zu Körpergewicht oder Körperoberfläche, hergestellt werden. Schwellenkonzentrationen werden aus toxikologischen Untersuchungen als No-adverse-effect-level (NOAEL) abgeleitet.

Trabantenstadt, im peripheren Bereich einer Kernstadt oder Stadtregion gelegene Siedlung, die neben der Wohnfunktion auch einen eigenen Erwerbs- und Versorgungsbereich aufweist und daher funktional nicht so eng mit der Kernstadt verflochten ist wie die ↗Satellitenstädte. Sie besitzen häufig einen eigenen Pendlereinzugsbereich mit Einpendlerüberschuss. Seit den 1960er-Jahren wurden Trabantenstädte nicht selten als ↗Großwohnsiedlungen angelegt. Der Bauboom mit Trabantenstädten und -siedlungen in deutschen Großstädten war von der Idee der Wohnraumversorgung für eine rasch wachsende Bevölkerung getragen. Es hat sich jedoch gezeigt, dass viele dieser Siedlungen in der Folgezeit zu sozialen Problemgebieten absanken. Übergroße Nähe zu vieler Menschen, der hohe Anteil sozial Schwacher und z. T. mangelhafte soziale und physische Infrastruktur bewirkten in nicht wenigen Trabantenstädten frühzeitig einen »Ghettoeffekt«. [RS]

Tracer, **1)** *Allgemein*: Markierungsstoff. **2)** *Hydrologie*: Stoff zur Markierung von Wasser, um dessen (v. a. unterirdischen) Fließweg zu verfolgen. Tracer sind idealerweise wasserlöslich, reagieren nicht mit dem Umgebungssubstrat und können auch noch in geringen Konzentrationen nachgewiesen werden. Künstliche Tracer sind optisch nachzuweisende Farbstoffe (Fluorescin, Pyranin) und organische Substanzen (Sporen des Bärlapp), durch Leitfähigkeitsmessungen nachweisbare Salze oder radioaktive Stoffe, die anhand ihrer Strahlung wiedergefunden werden können. Natürliche Tracer sind solche die nur in Teilen des ↗Ökosystems entstehen bzw. vorkommen, sodass ihr Auftreten z. B. im Vorfluter eine Verbindung zu den Liefergebieten belegt. **3)** *Klimatologie*: Markierungsstoff, welcher gezielt in die ↗Atmosphäre emittiert wird, um den Weg eines Luftpaketes, seine Geschwindigkeit und seine turbulente Durchmischung zu ermitteln. Voraussetzung ist, dass der Stoff nicht mit der Atmosphäre reagiert und nicht natürlich in der Luft vorkommt. Tracer werden vor allem in der ↗Geländeklimatologie zum Nachweis von lokalen Strömungen wie ↗Flurwinden, ↗Hangwinden, ↗Berg- und Talwinden verwendet. Zum Einsatz kommen Schwefelhexafluorid (SF_6), Tetrafluormethan (CF_4) und Hexafluorethan (C_2F_6).

Trachyt, Gruppe von feinkörnigen, meist porphyrischen ↗Vulkaniten, mit Alkalifeldspat und einem geringeren Anteil von mafischen Mineralen (↗Biotit, ↗Hornblende oder ↗Pyroxen) als Hauptbestandteilen; vulkanisches Äquivalent des plutonischen Gesteins ↗Syenit. ↗Streckeisen-Diagramm.

Trading-Up ↗Betriebsformen.

Tradition, in den Sozialwissenschaften und vor allem in den Kulturwissenschaften eine zum größten Teil schriftlose Überlieferung von lokalem ↗Wissen und vor allem von erwarteten Arten des ↗Handelns bzw. des Bezugsrahmens der Handlungsorientierung spezifischer ↗Lebensformen. Traditionen werden von Menschen geschaffen und sind demzufolge veränderlich, wenn auch in langsamerem Rhythmus als andere Bestandteile der sozialen Welt. Sie sind nicht nur als relativ stabile Bezugsrahmen der Handlungsorientierung zu verstehen, welche das zentrale Bindeglied zwischen Vergangenheit und Zukunft darstellen, sondern bilden auch die Rechtfertigungsinstanz für die an die Mitglieder einer traditionellen Gesellschaft (↗Prämoderne) gerichteten Erwartungen. Diese doppelte Bedeutung macht die Tradition zu einer Instanz, welche dahingehend wirkt, dass die Zukunft die gleiche Gestalt annehmen wird, wie die Vergangenheit sie aufwies. Demzufolge setzen Traditionen individuellen Handlungsspielräumen enge Grenzen.

Traditionelle Handlungen (↗traditionales Handeln) – oder genauer: traditionelle Handlungsorientierungen – werden von Max ↗Weber als nicht weiter hinterfragte Formen des Handelns verstanden. Man handelt in gewisser Weise, nicht weil man sich das so überlegt hat, sondern weil man es immer schon so gemacht hat. Das besondere Merkmal traditioneller Handlungsmuster besteht denn auch in ihrem äußerst geringen Maß an Reflexivität und Rationalität. Als traditional gilt eine Herrschaft dann, wenn sich ihre Legitimität auf die Heiligkeit altüberkommener (»von jeher bestehender«) Ordnungen und Herrengewalten stützt und auf dieser Basis geglaubt wird. [BW]

traditionales Handeln, als ↗Idealtypus des ↗Handelns von Max ↗Weber definiert als ein Handeln, das von eingelebter Gewohnheit geprägt ist, und oft bloßem reaktivem ↗Verhalten näher kommt als sinnhaft orientiertem Handeln. Falls überhaupt ein angebbares Handlungsziel vorhanden ist, liegt es meist in der ↗Tradition begründet. Viele der alltäglichen Handlungsroutinen können diesem Typus zugeordnet werden.

traditionelle Gesellschaft, Begriff aus der ↗Wirtschaftsgeographie, der eine Gesellschaft auf der ersten Stufe der Wirtschaftsentwicklung beschreibt. Diese vornehmlich auf den primären Sektor (↗Subsistenzwirtschaft) ausgerichtete Phase wird dabei im Sinne eines natürlichen Urzustands als Ausgangspunkt jeglicher Wirtschaftsentwicklung angenommen. Im weiteren Sinne bezeichnet der Begriff somit traditionelle (indigene) oder bäuerliche Gemeinschaften, die aufgrund ihrer im Gegensatz zur modernen Gesellschaft andersartigen Lebens- und Wirtschaftsweise (wie z. B. Gewohnheitsrecht, Gemeinschaftsbesitz) in modernen Nationalstaaten häufig sozial, politisch und ökonomisch marginalisiert sind.

Träger öffentlicher Belange, *TÖB*, Behörden und sonstige Träger öffentlicher (also nicht privater) Belange wie Kommunen, öffentliche Planungsträger usw., die gemäß §4 ↗Baugesetzbuch bei der ↗Bauleitplanung zu beteiligen sind. Von einer Planung betroffene TÖB sind möglichst frühzeitig zu Stellungnahmen aufzufordern. Diese sind i. d. R. binnen eines Monats abzugeben und sollen sich auf das Aufgabengebiet des jeweiligen TÖB beschränken. Stellungnahmen von TÖB sind im Rahmen der Abwägung öffentlicher und privater Belange bei der Bauleitplanung zu berücksichtigen.

Trägerpflanze, 1) *Phorophyt*, Unterlage von ↗Epiphyten oder Stützpflanze von ↗Lianen. Epiphyten leben im Kronenraum von Bäumen, ihre Wurzeln haben keinen Bodenkontakt oder fehlen völlig. Dementsprechend benötigen sie spezielle Vorrichtungen zur direkten Wasseraufnahme. Epiphytische Orchideen haben ein Wasseraufnahmegewebe in der Rinde der ↗Luftwurzeln, Bromeliaceen besitzen Saugschuppen auf den Blättern, diese sind überdies oft in trichterförmigen Rosetten angeordnet, um Niederschlagswasser und herabrieselnden ↗Detritus einzufangen. Der Hirschgeweihfarn bildet mit speziellen Nischenblättern einen »Blumentopf« um die Wurzeln, in dem sich Humus und Feuchtigkeit sammeln. Lianen wurzeln im Boden und klettern mithilfe ihrer Blätter, Sprosse oder auch Haftwurzeln an anderen Pflanzen nach oben (Waldrebe, Hopfen, Efeu). Epiphyten und Lianen sind keine Schmarotzer, vor allem Lianen können jedoch durch Lichtkonkurrenz für ihre Trägerpflanze nachteilig sein. 2) Auch die Wirtspflanzen von im Kronenraum aufsitzenden Schmarotzerpflanzen (z. B. Mistel) werden oft als Trägerpflanzen bezeichnet. 3) Pflanze, die ein besonderes erbliches Merkmal oder eine gentechnisch veränderte Anlage trägt. [MSe]

Tragfähigkeit, 1) *Bevölkerungsgeographie*: verknüpft die Einwohnerzahl eines Raumes mit den zur Verfügung stehenden Ressourcen unter Einbeziehung des Entwicklungsstandes der jeweiligen Gesellschaft (↗Bevölkerungsoptimum). Eine zentrale Position bei diesem Beziehungsgeflecht nimmt die Nahrungsmittelproduktion ein, die sich im Falle eines Bevölkerungswachstums erhöhen muss, um eine konstante Versorgung zu sichern (↗Ernährungskapazität). Aus den Grenzkosten für die zusätzliche Erzeugung eines jeden Gutes lässt sich folgern, dass in allen Räumen eine obere Grenze für die Nahrungsmittelproduktion, also eine Tragfähigkeit, existiert. Eine große Bandbreite von Faktoren beeinflussen die Tragfähigkeit. Die verschiedenen Ansätze, Tragfähigkeit zu definieren, lassen sich folgendermaßen zusammenfassen: Die Tragfähigkeit eines Raumes gibt diejenige Menschenmenge an, die in diesem Raum unter Berücksichtigung des erreichten Kultur- und Zivilisationsstandes auf agrarischer (agrarische Tragfähigkeit), natürlicher (naturbedingter Tragfähigkeit) und gesamtwirtschaftlicher (gesamte Tragfähigkeit) Basis ohne Handel (innenbedingte Tragfähigkeit) bzw. mit Handel (außenbedingte Tragfähigkeit) unter Wahrung eines bestimmten Lebensstandards (optimale Tragfähigkeit) bzw. des Existenzminimums (maximale Tragfähigkeit) auf längere Sicht leben kann. Diese komplexe, die verschiedenen Einflüsse widerspiegelnde Definition verdeutlicht, dass die Tragfähigkeit nicht mit einzelnen Indikatoren wie z. B. der Bevölkerungsdichte abzuschätzen ist. Wenn sie auch heute keineswegs nur von der Nahrungsmittelproduktion abhängig ist, setzen doch Umweltbelastungen sowie nicht erneuerbare Rohstoffquellen (↗Club of Rome) ebenfalls Grenzen. 2) *Landschaftsökologie*: Weideflächenbedarf, Bestockungsdichte, Besatzdichte, natürliches Weidepotenzial, in der ↗Weideökologie die Besatzdichte einer Fläche bzw. eines Vegetationstyps, die maximal möglich ist, um sie weidewirtschaftlich nachhaltig, d. h. dauerhaft, unter Beachtung der Regenerationsfähigkeit nutzen zu können. Sie wird i. A. in Großvieheinheiten (GVE) pro ha angegeben; eine GVE entspricht einem Lebendgewicht von 500 kg. Demgegenüber beinhaltet die Tropische Großvieheinheit (TGVE) nur 250 kg Lebendgewicht. Bei nomadisch bzw. halbnomadischer Nutzung ergeben sich zonal erhebliche Differenzierungen: Im subpolaren bzw. polaren Raum liegt die Tragfähigkeit bei 1–3 Rentiere pro km^2 ↗Tundra. Für Spitzbergen sind 4–7 Rentiere pro km^2 und für das arktische Kanada 7 Karibus pro km² nachgewiesen worden. Für die trockenen Mittelbreiten wurden 30–40 GVE pro 100 ha Weide ermittelt. Hier bestehen insbesondere direkte Abhängigkeiten der Tragfähigkeit vom ↗Niederschlag. Danach beträgt sie bei Werten < 250 mm 1–3 Rinder pro 100 ha, bei 250–500 mm 5–16 Rinder pro 100 ha und schließlich bei 500–750 mm 16–50 GVE pro 100 ha. Dem stehen in den tropisch-subtropischen Trockengebieten bei 50–100 mm >50 ha pro GVE, bei 200–400 mm 10–15 ha pro GVE und bei 400–600 mm 6–12 ha pro GVE gegenüber. Bei tropischen Naturweiden lässt sich für Feuchtsavannen bei jährlichen Niederschlägen von >1200 mm eine Tragfähigkeit von 150 bis 500 kg Lebendgewicht pro ha und Jahr, für Trockensavannen bei 500–1200 mm 80–125 kg Lebendgewicht (160–250 in der Vegetationsperiode) und in der Dornsavanne bei < 500 mm nur mehr 50 kg Lebendgewicht pro ha und Jahr realisieren. 3) *Geographie des Tourismus*: touristische Tragfähigkeit, die die maximale Nutzbarkeit eines Raumes durch Touristen bestimmt, bei der keine negativen Auswirkungen auf die natürlichen Ressourcen, die Kultur, die Gesellschaft und die Wirtschaft des Zielgebietes sowie auf die Erholungsmöglichkeiten der Besucher selbst erfolgen. Man unterscheidet folgende touristische Tragfähigkeits- (TT-) Kategorien: physische (z. B. Bodenerosion durch Trittbelastung), ökonomische (z. B. Bodenpreissteigerungen durch Bauboom touristischer Infrastruktur), soziale (z. B. erhöhte Kriminalitätsrate durch »reiche« Touristen als Tatopfer) und psychologische (z. B. Ausflugsziele mit langen Warteschlangen, die zu Stresssituationen führen). Dem spezifischen Belastungspotenzial entsprechend, wird das jeweils schwächste Glied der TT-Kategorien als bestimmender Grenzwert akzeptiert.

Trägheitsströmung, Strömung eines Gases oder einer Flüssigkeit, die nicht durch äußere Kräfte beeinflusst ist, sodass die Bewegung nur von der Massenträgheit bestimmt wird. In nicht rotierenden Raumsystemen würde eine Trägheitsströmung stets gradlinig und mit gleichbleibender Geschwindigkeit erfolgen. In rotierenden Raumsystemen, wie z. B. auf der ↗Erde, würde eine Trägheitsströmung aufgrund der ↗Corioliskraft abseits des Äquators eine antizyklonale Kreisbewegung ausführen. Der Radius des Trägheitskreises, entlang dem die Trägheitsströmung erfolgt, entspricht der Strömungsgeschwindigkeit dividiert durch den Coriolis-Parameter.

Trainingsgebiet, Gruppe von Bildpunkten in Luft- oder Satellitenbildern, die als idealtypisch für eine bestimmte Landnutzungsklasse angesehen werden. Die Grauwertverteilung (↗Grauwertbild) dieser Trainingsgebiete bei einem multispektralen Datensatz ist im Rahmen der ↗überwachten Klassifizierung eine Vorgabe, um im multivariaten Rechenverfahren jene Pixel automatisch zu bestimmen, die der Datenstruktur der Trainingsgebiete ähnlich sind. Die Auswahl der Trainingsgebiete setzt eine mittelbare oder unmittelbare Kenntnis des Bodenoberfläche und Landnutzung im Untersuchungsgebiet voraus.

Trajektorie, graphisch rekonstruierte Zugbahn einer Luftmasse, die aus Messwerten der Windgeschwindigkeit und -richtung aus aufeinander folgenden Zeitabschnitten erstellt wird. Dabei werden den die ↗Windvektoren älterer Zeitabschnitte mit denen jüngerer Zeitabschnitte zu einer Kette von Zugbahnabschnitten verbunden, wobei die Lage bzw. Richtungsorientierung der Vektoren erhalten bleibt. Die Länge eines Zugbahnabschnittes ergibt sich durch Multiplikation der Windgeschwindigkeit mit der Dauer des Zeitabschnittes (↗Windweg).

Transaktionskosten, Kosten der Anbahnung, Vereinbarung, Organisation (Übermittlung, Transport), Steuerung und Kontrolle von Beziehungen zwischen Tätigkeiten, Standorten oder Vertragspartnern. Innerhalb der ↗Humangeographie hat besonders J. ↗Gottmann auf die Bedeutung von Transaktionen für das städtische Wachstum hingewiesen und eine »geography of transactions« thematisiert (↗Kontakte).

Transektmethode, Erfassung der Arten und ihrer ↗Abundanz oder ↗Deckungsgrade entlang einer Linie; in der Tierökologie meist als *Linientaxation* bezeichnet; dient in der Vegetationskunde (↗Geobotanik) der Analyse von Übergängen und Grenzen zwischen Vegetationstypen bzw. um die Wirkung von ökologischen Gradienten auf die Artenzusammensetzung zu ermitteln. Gegensatz: ↗Bestandsaufnahme.

Transeuropäische Netze, *TEN*, Verkehrsnetze für Verkehr, Telekommunikation und Energieversorgung. Sie sind wichtige Träger der ↗Europäischen Integration, sollen die globale Wettbewerbsfähigkeit (↗Wettbewerb) der ↗EU stärken und die ↗räumlichen Disparitäten durch Verbesserung der interregionalen ↗Erreichbarkeit abbauen. Die Kompetenz für den Aufbau transeuropäischer Verkehrsnetze erhielt die EU-Kommission 1992 durch den Maastrichter Vertrag. Es bestehen die Leitschemata Flughäfen, ↗Straßen, ↗Eisenbahnen (mit Hochgeschwindigkeitsnetz) und Binnenwasserstraßen (↗Binnenschifffahrt). Im Jahre 1997 wurden die Straßen- und Eisenbahnnetze um zehn sog. Helsinki-Korridore (zur Anbindung und Erschließung Osteuropas) und 1999 um das TINA-Netz für die Beitrittsländer Ostmitteleuropas erweitert (europäische ↗Verkehrspolitik).

Transfluenz, das Abfließen von Eis eines ↗Gletschers über einen *Transfluenzpass* in ein anderes Talsystem. Durch die resultierende Verringerung der Eismächtigkeit und Erosionskraft des Gletschers können im Haupttal die für das Längsprofil ↗glazialer Talformen typischen Schwellen entstehen.

Transfluenzpass ↗Transfluenz.

Transformation, tief greifende strukturelle Systemveränderungen hinsichtlich Wirtschaft, Politik und Gesellschaft (↗soziale Transformation) innerhalb eines Landes. Der Begriff findet vor allem im Zusammenhang mit dem Zusammenbruch des Kommunismus in Osteuropa und den damit verbundenen Umwandlungsprozessen von der kommunistischen Planwirtschaft zur freien Marktwirtschaft Verwendung.

Transformstörung ↗Blattverschiebung.

Transgression, geologisch-stratigraphisch das Vorrücken eines Meeresbereichs auf ein Festlandgebiet bzw. seine Flächenvergrößerung, wodurch sich Festlandsflächen verringern. Hierzu gehören auch alle Veränderungen (Meeresspiegelanstieg, Senkung eines Landgebietes), die küstenferne, typische Tiefwasserareale in Gebiete verschiebt, die vorher in küstennahen, typischen Flachwasserarealen lagen oder die die Grenze zwischen marinen und nicht marinen Ablagerungen (bzw. zwischen Ablagerung und Erosion) näher zum Zentrum eines Landbereiches verschieben. ↗Regression, ↗Meeresspiegelschwankungen.

Transhumanz, Form der ↗Weidewirtschaft bei der das Vieh (i. d. R. Schafe und Ziegen) im Sommer auf Höhenzügen und im Winter in schneefreien Niederungen steht. Im Gegensatz zum ↗Nomadismus gehören die Herden einer sesshaften Bevölkerung und werden von Hirten zu den Weideplätzen, die sich im jahreszeitlichen Klimarhythmus ergänzen, begleitet. Bei der Transhumanz wird das Vieh im Unterschied zur ↗Almwirtschaft nicht eingestallt. Hauptverbreitungsgebiet der Transhumanz ist der Mittelmeerraum.

Transitverkehr ↗Verkehrsstatistik.

Transkription, Verschriftung von offenen, narrativen Interviews (↗Befragung) als Zwischenschritt von der ↗Datenerfassung zur weiteren Datenauswertung (↗Datenanalyse). Für die Transkription gibt es verschiedene Transkriptionssysteme, ohne dass sich ein Standard durchgesetzt hätte. In der ↗Geographie werden sprachliche Äußerungen zumeist als Medium untersucht. Eine Akribie wie in linguistischen Analysen ist dabei für die Transkription nicht geboten. Die Anforderungen an die Regeln der Transkription sollten daher stets unter Nutzengesichtspunkten festgelegt werden.

Translokationsprozesse, alle Verlagerungs-, Verteilungs- und Durchmischungsvorgänge im und am Bodenkörper, die zu einer Profildifferenzierung führen. Sie werden durch die Wasserbewegung im und auf dem Boden verursacht, durch die Tätigkeit der Bodentiere und des Menschen sowie durch Frost, Quellungsdruck und Schwerkraft. Als Teilprozesse gehören die Mobilisierung, der Transport und die Immobilisierung von verlagerbaren Stoffen dazu. Als Stoffe werden Salze, Kalk, Ton, organische Substanzen und ↗pedogene Oxide verlagert. Als Durchmischungsvorgänge finden die ↗Bioturbation, Hydroturbation und ↗Kryoturbation statt, während ↗Erosion und ↗Deflation zur Oberflächenverlagerung führen.

Transmission [von lat. transmissio = Übertragung], Durchlässigkeit der ↗Atmosphäre für Strahlung in bestimmten Wellenlängenbereichen, meist ausgedrückt in Prozent. Von besonderer Bedeutung ist die Transmission hinsichtlich der terrestrischen Strahlung durch das ↗atmosphärische Fenster zwischen 8–13 µm, das mit zunehmendem Feuchtegehalt der Luft und dem damit meist einhergehenden Bewölkungsaufzug fast völlig verschlossen werden kann.

Transmissometer, Instrument zur Bestimmung der Sichtweite, welche durch die ↗Extinktion in der ↗Atmosphäre bestimmt ist. Feste und flüssige Bestandteile in der Luft vermindern deren Durchlässigkeit für Licht. Dies bestimmt die Sichtweite, die vor allem für verkehrstechnische Fragen Bedeutung hat. Beim Transmissometer wird ein Lichtstrahl geteilt. Ein Teil wird direkt auf eine Photozelle gelenkt, der andere durch eine hinreichend lange Strecke in der Atmosphäre. Aus der Differenz der empfangenen Lichtintensität beider Strahlen lässt sich die Extinktion und darüber die Sichtweite bestimmen. Mit Transmissometern wird die Landebahnsicht von Flughäfen oder die horizontale Sichtweite in nebelgefährdeten Bereichen entlang von Fernstraßen ermittelt.

transnationale Unternehmen ↗multinationale Unternehmen.

Transpiration, Abgabe von Wasser in Form von Wasserdampf. In den Zellen der Pflanze und im Interzellularenraum zwischen den Zellen, der mit den Zellen im Gleichgewicht steht, herrscht ein ↗Wasserpotenzial von ca. −0,5 MPa. In der Umgebungsluft herrscht, abhängig von der Temperatur bzw. der relativen Luftfeuchtigkeit ein meist sehr viel niedrigeres Wasserpotenzial vor. Die resultierende Wasserdiffusion von der Pflanze zur Umgebungsluft wird als Transpiration bezeichnet. Wasseraufnahme aus dem Boden und Transpiration sind normalerweise gleich groß. Unter bestimmten Umständen kann jedoch die Transpirationsrate nicht ausreichen. In diesem Fall kann sie in Grenzen durch aktive Wasserausscheidung (↗Guttation) ersetzt werden. Umgekehrt besteht die Möglichkeit, dass die Transpiration höher ist als die Wasseraufnahme aus dem Boden, was die Pflanze entweder über genügende Wasserreserven ausgleicht (↗Sukkulenz) oder sie welkt (permanenter ↗Welkepunkt). Man unterscheidet ↗stomatäre Transpiration und cuticuläre Transpiration. Die Transpiration ist treibende Kraft für den Wassertransport in den Wasserleitbahnen (Tracheiden und Tracheen) der Sprossachse. Durch die Transpiration wird im Xylem (Wasserleitbahnen) ein negativer Druck (↗Saugspannung) von bis zu 3,5 MPa aufgebaut. Dies ist ein experimenteller Grenzwert, bei dem der Wasserfaden in den Wasserleitgefäßen zerreißt und damit eine Embolie ausgelöst wird, die den weiteren Wassertransport verhindert. Die Wasserleitgefäße sind mit Wandversteifungen und -verstärkungen ausgestattet, um unter diesen hohen Unterdrücken nicht zu kollabieren. Die Transpirationsrate der Pflanzen ist auf verschiedenen Ebenen beeinflussbar. Zum einen gibt es morphologische und anatomische Anpassungen, die so typisch sind, dass sie in standortabhängige Gruppen zusammengefasst werden können. Xeromorphe Anpassungen helfen Pflanzen trockener Standorte, die Transpiration in Grenzen zu halten (vgl. ↗Trockenresistenz, ↗Xerophyt). Typisch sind eine dicke Cuticula und eingesenkte ↗Spaltöffnungen, über denen eine nicht vom Wind beeinflusste Zone hoher Luftfeuchtigkeit aufrechterhalten wird. Dem gegenüber besitzen Pflanzen feuchter Standorte, bei denen auch die Umgebungsluft eine hohe Wassersättigung aufweist exponierte Spaltöffnungen, über denen die zur Transpiration nötige Wasserpotenzialdifferenz im Spaltöffnungsbereich durch Luftbewegungen erreicht wird. Zum anderen kann jede Pflanze individuell ihre stomatäre Transpiration regeln. Dieser Regelweg beeinflusst allerdings gleichzeitig auch den Austausch von CO_2 und O_2 und damit die ↗Photosynthese. Eine weitere wesentliche Funktion der Transpiration liegt in der Abkühlung der Blätter durch Verdunstungskälte, was eine gefährliche Überhitzung bei kräftiger Sonneneinstrahlung verhindert. [MSe]

Transport ↗Sedimenttransport.

Transportelastizität, Verhältniszahl aus der relativen Veränderung der Verkehrsleistung und derjenigen der Wirtschaftskraft (Bruttoinlandsprodukt) eines Landes für eine bestimmte Periode. Ein Wert von eins belegt eine proportionale, Werte größer oder kleiner eins belegen die über- oder unterproportionale Entwicklung beider Größen. Für Deutschland betragen die Transportelastizitäten im Zeitraum von 1991 bis 1997 für den gesamten Güterverkehr 1,38 (1981–90: 1,01), für den Straßengüterverkehr 2,00 (1,93), für die Eisenbahn –1,06 (–0,02) und für die Binnenschifffahrt 1,17 (0,44).

Transportkette, Folge von technisch und organisatorisch verknüpften Vorgängen, bei denen Personen oder Güter von einer Quelle zu einem Ziel bewegt werden (DIN 30780). Beispiele sind integrierte Nahverkehrssysteme des Öffentlichen Personennahverkehrs (↗ÖPNV) oder multimodale Transportketten des ↗kombinierten Verkehrs. Transportketten weisen mehrere Schnittstellen für den Wechsel des Transportmittels auf (Umsteige- bzw. Umschlageinrichtungen).

Transportkosten, Kosten der Beförderung von Rohstoffen und Gütern zwischen den einzelnen Stufen im Produktionsprozess und zum Endverbraucher. Sie zählen zu den wichtigsten ↗Standortfaktoren. Zu den Einflussfaktoren gehören die Entfernung, die Eigenschaften der transportierten Güter, u. a. Wert, Gewicht, Volumen, Sperrigkeit, Verderblichkeit und die Qualität des Verkehrssystems, u. a. die Verkehrsinfrastruktur, Kapazität, Geschwindigkeit, Sicherheit. Die Bedeutung der Transportkosten als Standortfaktor hat aufgrund technologischer Innovationen stark abgenommen.

Transportlogistik ↗Logistik.

Transportrate, Sedimentfracht, ausgedrückt in Gewichts- oder Volumeneinheiten, die je Zeiteinheit durch ein Transportmedium (Wasser, Eis oder Luft) in Bewegung gehalten wird und durch einen definierten Messquerschnitt bewegt wird (↗fluviale Transportrate; ↗glaziale Transportrate; ↗äolische Transportrate). Da Messungen der Fracht in der Regel als Punkt- und Momentanmessungen erfolgen, müssen sie auf die am Messpunkt den Gewässerquerschnitt durchfließende Wassermenge bezogen werden, um Raten zu erhalten. Analoges gilt für Eis- und Windtransport, wobei bei Letzterem eine Gesamtmenge kaum realistisch zu bestimmen ist. Wo Gesamtmengen nicht bestimmt werden können, werden Konzentrationen z. B. in g/kg, angegeben. [AK]

Transportweite, Quotient aus der Verkehrsleistung (Pkm bzw. tkm) und dem Verkehrsaufkommen (beförderte Personen bzw. Tonnen) pro Periode. Die größten mittleren Transportweiten (Beförderungsweiten) in Deutschland treten im Personenverkehr beim Freizeit- bzw. Urlaubsverkehr und im Gütertransport beim Straßengüterfernverkehr (↗Straßengüterverkehr) auf.

Transportwirtschaft, *Verkehrswirtschaft*, Betriebswirtschaftslehre des Verkehrssektors unter Einbeziehung der gesamtwirtschaftlichen Rahmenbedingungen, der politisch-rechtlichen Einflussnahme auf das Verkehrsgeschehen und der umweltökonomischen Konsequenzen des Verkehrs. Im Mittelpunkt stehen die *Verkehrsbetriebe* (Verkehrsunternehmen) als Produzenten von Transportleistungen. Die Rechts- und Organisationsform von Verkehrsbetrieben reicht von staatlichen Einrichtungen ohne Rechtsfähigkeit (Deutsche Bundesbahn bis 1993) über Regie- und Eigenbetriebe von Gebietskörperschaften (z. B. kommunale ÖPNV-Betriebe) bis zu Gesellschaften unterschiedlichen Rechts (GmbH, KG, AG, GbR).

Transversaldüne, *Querdüne*, ↗Dünentypen.

Trapezprofil, im Zuge des technischen ↗Gewässerausbaus entstandener Profiltyp eines ↗Gerinnequerschnitts. Das ↗Gerinnebett besteht überwiegend aus künstlichen, trapezförmigen Querprofilen mit ebener Sohle und einheitlichen, geraden ↗Uferböschungen. ↗Erosion der ↗Gewässersohle oder des Ufers sind durch Verbau unterbunden.

Trapp, *Plateau-Basalt*, über weite Areale verbreitete ↗Decken von vulkanischen Gesteinen, besonders ↗Basalten. Meist liegen mehrere Ergüsse übereinander, die durch terrestrische Sedimente getrennt werden, und beträchtliche Mächtigkeiten erreichen können. Trappbasalte wurden meist durch tief reichende Brüche in alten, kontinentalen Plattformen (↗Kratonen) verursacht. Besonders bekannte, ausgedehnte und meist auch für die Topographie verantwortliche Trappe finden sich im Dekkan-Hochland von Indien (»Dekkan-Trapp«), Sibirien und Äthiopien.

Traufstufe ↗Schichtstufe.

travelling salesman problem, spezielles Problem bei der ↗Routenoptimierung.

Treibeis ↗Meereis.

Treibhauseffekt, *Glashauseffekt*, bezeichnet den Erwärmungseffekt der ↗Atmosphäre, der daraus resultiert, dass die kurzwellige ↗Sonnenstrahlung die Atmosphäre fast ungehindert bis zur Erdoberfläche durchdringen kann, die von der Erdoberfläche ausgehende langwellige ↗terrestrische Strahlung aber bevorzugt von den Was-

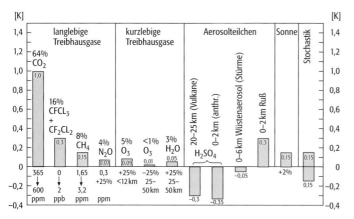

Treibhauseffekt: Zu erwartende Änderungen der globalen, bodennahen Jahresmitteltemperaturen (nach vereinfachten Klimamodellabschätzungen) als Folge einer Verdoppelung der klimawirksamen Spurengase, der atmosphärischen Aerosolteilchen, solarer Aktivitätsschwankungen und zufallsbedingter Klimafluktuationen.

serdampf- und Kohlendioxidmolekülen weitgehend absorbiert und in Wärme umgewandelt wird. Dadurch wird die globale Mitteltemperatur in Bodennähe, die ohne das Vorhandensein einer Atmosphäre −18 °C betragen würde, um 33 °C auf +15 °C angehoben. Erst durch die Ausbildung einer Atmosphäre und den sich gleichzeitig entwickelnden natürlichen Treibhauseffekt wurde Leben auf der Erde möglich. Die Wirkung der klimawirksamen atmosphärischen Gase ähnelt der Glasabdeckung eines Glashauses, da sowohl Glas als auch die klimawirksamen Gase die kurzwellige ⟋Strahlung weitgehend transmittieren, die langwellige Strahlung hingegen weitgehend absorbieren (⟋Strahlungsbilanz). Anders als ein Glashaus ist die Atmosphäre aber nach oben offen und gibt deshalb einen erheblichen Teil der in Wärmeenergie umgewandelten kurzwelligen Strahlungsenergie an den Weltraum ab. Der Wärmegewinn wird theoretisch um so größer, je höher der Anteil klimawirksamer Gase an der Zusammensetzung der Atmosphäre beteiligt ist. Allerdings tritt eine Sättigung dann ein, wenn alle langwellige absorbierbare Strahlung tatsächlich absorbiert wird. Eine über diesen Sättigungszustand hinausgehende Zufuhr klimawirksamer Gase kann dann zu keinem weiteren Wärmegewinn führen. Dieser Zustand ist allerdings in der Atmosphäre für viele Spurengase noch nicht erreicht.

Durch menschliche Aktivitäten wurden und werden der Atmosphäre eine Vielzahl von klimawirksamen Spurengasen zugeführt. Zu nennen sind Kohlendioxid (CO_2), das bei allen Verbrennungsprozessen freigesetzt wird, Methan (CH_4), welches bei der Tierhaltung, dem Reisanbau und beim Betrieb von Mülldeponien entsteht, Chlorflourmethane (CFM) und ⟋Flourchlorkohlenwasserstoffe (FCKW), die vom Menschen künstlich erzeugt werden, Distickstoffoxid (N_2O), das besonders durch Überdüngung in die Atmosphäre gelangt sowie troposphärisches ⟋Ozon, welches bevorzugt durch photochemische Reaktionen der Kfz-Abgase gebildet wird. Es besteht ein enger Zusammenhang zwischen dem Wachstum der Weltbevölkerung und des Weltwohlstandes und dem Anstieg der Emissionen dieser klimawirksamen Spurengase. Die Abbildung zeigt die nach den vorliegenden Klimamodellrechnungen anzunehmende globale Temperaturzunahme der bodennahen Luftschicht bei einer Verdopplung des Anteils einiger klimawirksamer Spurengase durch den Menschen. Zum Vergleich sind auch die globalen Temperaturänderungen angeführt, die durch natürliche und anthropogene Stäube, durch die Variationen der solaren Aktivität und interne Klimafluktuationen nach den Klimamodellrechnungen zu erwarten sind. Einen weiteren, bis jetzt noch nicht völlig geklärten Einfluss auf die globale Erwärmung hat auch der Anteil an ⟋Meereis an den Polkappen der Erde. [DK]

Treibsand, gefährlicher Schwimmsand von nahezu einheitlicher ⟋Sandkorngröße, der sich aus bewegtem Wasser in ⟋Wadis oder an Küsten bei plötzlichem Nachlassen der Transportkraft im Wasser schwebend ablagert. Die Oberflächenabtrocknung täuscht festen Grund vor; bei Druckbelastung bildet sich jedoch schnell die dichtest mögliche Kugelpackung mit plötzlicher Volumenabnahme des Sandpakets und Sog in die Tiefe.

Trekkingtourismus, eine ursprünglich mühselige Form des Reisens (engl. »to trek« = im Ochsenwagen reisen) die heute als zunehmend beliebte touristische Aktivität in Form von mehrtägigen leichten bis sportlich anspruchsvollen Wanderungen in besonderen Naturräumen betrieben wird. Trekking-Touren werden vorzugsweise in unwegsamen Gebieten (z. B. marokkanischer Atlas) oder in teilweise schwierigem Gelände (z. B. mittlere Lagen des Himalaja) mit oder ohne begleitende Träger durchgeführt. Sportliche Betätigung, die Suche nach möglichst unberührter, teilweise exotischer Natur, der Reiz eines fremdkulturellen Umfelds sowie Abenteuerlust gehören zu den wichtigsten Motiven des Trekkingtourismus, der individuell oder in Gruppen organisiert betrieben werden kann.

Trendanalyse, umfasst mathematische Verfahren zur Bestimmung von regelhaften (deterministischen) Tendenzen (= Trends) in einer ⟋Zeitreihe (Abb.). Im allgemeinen unterscheidet man lineare, periodische und polynomiale Trends. Periodische Trends können mit ⟋Fourieranalyse bestimmt werden, lineare und polynomiale Trends werden in der Regel durch die Gauß'sche Methode der kleinsten Quadrate (⟋Regressionsanalyse) in folgender Form bestimmt:

linearer Trend:

$$x_t = a + bt$$

polynomialer Trend:

$$x_t = a0 + a_1 t + a_2 t^2 + \ldots + a_k t^k.$$

Trendmodelle sind primär Beschreibungsmodelle für die es folgende Anwendungsbereiche gibt: a) reine Beschreibung zeitlicher Entwicklungstendenzen, b) Betrachtung der ⟋Residuen als lokal bedingte Abweichungen, c) Extraktion zeitlicher Trends, auf deren Basis (z. B. ⟋Stationarität) weiterführende Methoden zur Analyse der sto-

chastischen Komponente (↗stochastische Abhängigkeit) der Zeitreihe (z. B. ↗Autokorrelationskoeffizienten) vorgenommen werden.
Räumliche Trends werden über ↗Trendoberflächenanalysen bestimmt. [JN]

Trendoberflächenanalyse, *Trendflächenanalyse*, umfasst mathematische Verfahren zur Analyse und Beschreibung regelhafter (deterministischer) Tendenzen (= Trends) in der räumlichen Verteilung einer Variablen (↗Raumreihe). Die Variable Z sei an den n Raumpunkten mit den Koordinaten (x_i, y_i) $(1 \leq i \leq n)$ bekannt. In der Trendoberflächenanalyse werden Modelle der Form

$$Z = f(X, Y)$$

erstellt, die die Tendenzen der räumlichen Verteilung von Z erfassen. Grundsätzlich lassen sich zwei Modellansätze unterscheiden: a) polynomiale Trendoberflächenmodelle: Die räumliche Verteilung wird durch ein zweidimensionales Polynom beschrieben, das mithilfe der Gauß'schen Methode der kleinsten Quadrate (↗Regressionsanalyse) bestimmt wird. b) Trendoberflächenmodelle aufgrund zweidimensionaler Fourierreihen (↗Fourieranalyse): Solche Modelle sind vorteilhaft, wenn in der räumlichen Verteilung periodische Komponenten enthalten sind.
Trendoberflächenmodelle sind primär Beschreibungsmodell. Es sind vor allem folgende Anwendungsbereiche zu unterscheiden: a) reine Beschreibung räumlicher Verteilungen bzw. Verteilungstendenzen; b) Extraktion räumlicher Trends, um eine Betrachtung der Residuen, interpretiert als lokal bedingte Abweichungen, durchzuführen; c) Extraktion räumlicher Trends, um die Voraussetzungen zu schaffen (z. B. ↗Stationarität) zur Anwendung von weiterführenden Methoden zur Analyse der stochastischen Komponente der Raumreihe (z. B. ↗Autokorrelationskoeffizient, ↗Variogramm). [JN]

Trennart ↗*Differenzialart*.
Treposol ↗*Tiefumbruchboden*.
Treue, *Gesellschaftstreue*, ↗*Assoziation*.
Trewartha, *Glenn Thomas*, amerikanischer Geograph, geb. 1896 Hazel Green (Wisconsin), gest. 1984. Ab 1919 studierte Trewartha an der Universität von Wisconsin ↗Geologie und ↗Geographie. 1921/22 wechselte er nach Harvard. 1923 veröffentlichte er eine Klimakarte der Erde in Anlehnung an ↗Köppen, wurde aber erst 1925 mit einer regionalgeographischen Dissertation promoviert. 1926 übernahm er die Professur für Geographie in Madison. Gleichzeitig ermöglichte ihm ein Stipendium der Guggenheim-Stiftung Forschungsaufenthalte in China und Japan. Nach dem Zweiten Weltkrieg erweiterte er seine Forschungs- und Lehrtätigkeit mit Unterstützung durch ein Fulbright-Stipendium auf England, Deutschland und Schweden. In dieser Zeit konzentrierten sich seine Forschungen auf Probleme der ↗Bevölkerungsgeographie und ↗Stadtgeographie.

Triade [von griech. *triádos* = Dreiheit], die drei Weltwirtschaftsregionen Nordamerika, Europa und Ostasien. Es handelt sich um ein Konstrukt aus drei Merkmalsdimensionen. a) Die Entwicklungsniveaus der nationalen Wirtschaften sind relativ homogen hinsichtlich ökonomischer Kennziffern und Marktstandards. b) Die Regionen werden durch supranationale Bündnisse (↗NAFTA, ↗EU, ↗APEC) mit ihrem jeweils spezifischen institutionellen Gefüge (Regelwerk) geprägt. c) Dem Umfang des intraregionalen Handels folgt der interregionale Handel zwischen den drei Wirtschaftsräumen. Dabei dominieren die Außenhandelsbeziehungen zwischen den drei Kernländern der Triade: USA, Japan und Deutschland.

Triademarkt, Produktion und Vertrieb in Nordamerika, Europa, Ost- und Südostasien. Global tätige Unternehmen suchen Wertschöpfung auf allen Triademärkten entsprechend dem Produktions- und Entwicklungspotenzial. ↗Triade.

Triangulation, **1)** *Geodäsie: Dreiecksmessung*, klassisches Verfahren der Landesvermessung zur Bestimmung der Lage von Punkten der Erdoberfläche. Die Punkte sind dabei Teil eines Dreiecksnetzes bzw. trigonometrischen Netzes, das das zu vermessende Gebiet überdeckt. Ursprünglich wurde die Figur der Dreiecke durch die Messung von Horizontalwinkeln (sämtliche Dreieckswinkel) bestimmt. Die Größe der Dreiecke musste aus einer relativ kurzen, sehr genau gemessenen Basis abgeleitet werden. Die Orientierung des Dreiecksnetzes auf der Erdoberfläche erfolgte über astronomisch bestimmte geographische Breiten und Längen einzelner Trigonometrischer Punkte (TP) in Verbindung mit den Azimuten einzelner Dreiecksseiten. Die Netze wurden i. d. R. mit zunehmender Verfeinerung (vom Großen ins Kleine) bearbeitet. Man begann mit einem weitmaschigen Dreiecksnetz I. Ordnung (Dreiecksseite ca. 40–60 km), dessen Punkte, die TP I. Ordnung, als fehlerfrei angenommene Grundlage für die Bestimmung des Netzes II. Ordnung (Dreiecksseiten ca. 10–20 km) dienten. Die nachfolgenden Netze III. Ordnung und IV. Ordnung hatten Dreiecksseiten mit Längen von ca. 3–10 km und 1–3 km. Für die Beobachtung langer Seiten war die Errichtung von Beobach-

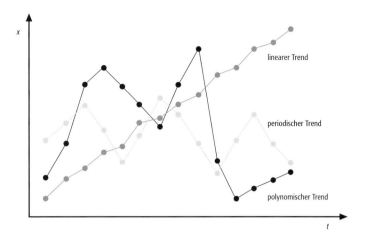

Trendanalyse: Zeitreihen mit Trends.

Trewartha, *Glenn Thomas*

tungstürmen (trigonometrischen Signalen) erforderlich, soweit nicht Kirchturmspitzen als TP genutzt werden konnten. Die durch Triangulation geschaffenen Lagefestpunkte dienen später als Ausgangspunkte für weitere Vermessungsarbeiten, z. B. für die topographische Aufnahme und für Kataster- und Ingenieurvermessungen, wobei durch Polygonierung weitere Verdichtungsmessungen folgen. Die Entwicklung der elektronischen Distanzmessung ermöglichte in den 1960er-Jahren den Übergang zum Verfahren der Trilateration. Bei dieser werden statt der Dreieckswinkel die Dreiecksseiten mit hoher Genauigkeit gemessen. Seit den 1970er-Jahren hat sich die Satellitengeodäsie bahnbrechend auf die Schaffung von Lagefestpunktfeldern ausgewirkt. Nach anfänglicher Nutzung der Doppler-Positionierung wird heute das Global Positioning System (↗GPS) eingesetzt.

2) *Qualitative Methoden*: Vor dem Hintergrund, dass jegliches Wissen an die Bedingungen seiner Generierung gebunden ist, bezeichnet Triangulation Verfahren, in denen durch einen systematischen Wechsel von Positionen wie Perspektiven, Methoden oder Beobachtern die Gültigkeit, aber auch die Breite und Tiefe von Forschungen gesichert und erweitert werden sollen. In der Perspektiven-Triangulation wird ein Gegenstandsbereich etwa aus verschiedenen theoretisch-hypothetischen Positionen oder Forschungsansätzen analysiert, um einseitige Interpretationen der Befunde zu vermeiden. Durch eine Methoden-Triangulation oder ein Methoden-Mix wird insbesondere in der qualitativen Forschung angestrebt, methodisch bedingte kontroverse Ergebnisse einer Analyse zu vermeiden. Während in älteren Untersuchungen dieses vorrangig auf die Verbesserung der ↗Validität zielte, verbinden jüngere Forschungen mit der Methoden-Triangulation eher die Intention, die Breite und Tiefe der Analyse zu verbessern, nicht aber »objektive« Ergebnisse oder Wahrheit zu erhalten. Sofern methodisch bedingte unterschiedliche Ergebnisse erzielt werden, sind diese als konkurrierende »Konstrukte« zu werten, die erst in einem Prozess »sozialer Konstruktion von Wirklichkeit« (↗Konstruktivismus) zur Grundlage gemeinsamen ↗Handelns weiterentwickelt werden können. Soweit der Validierungsgedanke leitend ist, ist in der Forschung auch die Beobachter-Triangulation zu finden, bei der Gegenstandsbereiche durch unterschiedliche Personen beobachtet werden, um subjektive Einflüsse auszuschalten.

Trias, ↗System der Erdgeschichte, ältester Teil des ↗Mesozoikums, zwischen etwa 250 und 205 Mio. Jahre v. h. (siehe Beilage »Geologische Zeittafel«). Charakteristisch für den Zeitraum sind verschiedenartige marine Ablagerungen. Der Name Trias wurde in Mitteleuropa gewählt und verweist auf eine kontinental geprägte dreiteilige Abfolge aus ↗Buntsandstein, ↗Muschelkalk und ↗Keuper. Die marin dominierten Abfolgen der pelagischen oder *Alpinen Trias* ist v. a. in der ↗Tethys (Südeuropa, Kleinasien, Kaukasus, Iran, Afghanistan, Südostasien) und am Pazifikrand verbreitet. Die ↗Germanische Trias mit einer kontinentalen Untertrias, einer marinen Mitteltrias und einer kontinentalen Obertrias ist – außer im ↗Germanischen Becken und den angrenzenden Gebieten – auch in Nordspanien und am Toten Meer verbreitet. Auf den Südkontinenten setzte sich die kontinentale Sedimentation des ↗Perms fort und es bildeten sich Red Beds in den großen Beckengebieten (u. a. Karroo, Kongobecken, Vorderindien). Tektonisch ist die Trias eine Zeit relativer Ruhe. Auf den Kontinenten kam es teilweise zu gewaltigen Ergüssen basaltischer Laven. In der Tethys bildeten sich örtlich Ergussmassen. Das Klima war relativ ausgeglichen und warm. Fauna und Flora sind deshalb relativ gleichförmig verteilt. In den marinen Gesteinen der germanischen Trias sind die ↗Ceratiten biostratigraphisch wichtig, daneben dominieren ↗Brachiopoden und Muscheln. In den kontinentalen (fluviatil-terrestrischen) Ablagerungen finden sich lokal reiche Floren, daneben Wirbeltierreste. Die Organismenwelt der pelagischen Trias bestand aus einer vielgestaltigen Fauna. ↗Ammoniten stellen die wichtigsten ↗Leitfossilien. [GG]

Tribalismus, Begriff für die Tendenz, der Stammeszugehörigkeit eine höhere Bedeutung für das soziale, politische, kulturelle und wirtschaftliche Leben beizumessen als der Staatszugehörigkeit. Dies führt vor allem in einigen Staaten Afrikas, wo Staatsgrenzen häufig keinerlei Rücksicht auf ethnische Gruppenzugehörigkeit nehmen, zu enormen gesellschaftlichen und politischen Konflikten.

tributär, Eigenschaft eines Fließgewässers, das in ein größeres einmündet, also jeder Nebenfluss.

Trichter, sich nach unten verjüngende ↗Hohlform mit v-förmigem Querschnitt, die oft an das Vorkommen löslicher Gesteine gebunden ist (↗Doline).

Trichterdoline ↗Doline.

Trickle-down-Effekt, durch den Transfer von Kapital zwischen verschiedenen Ebenen und Teilräumen einer Wirtschaft bestimmter Effekt, bei dem räumlich, sektoral oder sozial begrenzte Wachstumsprozesse (↗Entwicklungspole) auf tiefere Ebenen durchsickern.

Triebwagen, Schienenfahrzeug mit eigenem Antrieb zur Personenbeförderung (ggf. mit Beiwagen) der ↗Eisenbahn.

Triften, *Trittweiden*, *Huten*, nicht eingezäunte, unregelmäßig beweidete Flächen, die oft gemeinsam genutzt werden. Beispielsweise wurden ↗Halbtrockenrasen und lichte Wälder in Triften überführt. Aufgrund des selektiven Weidefraßes werden bestimmte Pflanzen (Futterpflanzen) dezimiert, sogenannte Weideunkräuter, wie der Wacholder, nehmen überhand. ↗Düngung und ↗Umtriebsweide überführen Triften in Intensivweiden. ↗Weideökologie.

Triftweide, *Hutweide*, extensive Weide, findet in der Regel auf geringwertigen ↗Allmenden statt. Es fehlen Einzäunung der Fläche, geregelte Beweidung und Pflegemaßnahmen. Die extensive Triftweide führt zu stärkeren Anteilen von Weideunkräutern. Ihre Bedeutung ist stark rückläufig zugunsten von ↗Standweiden und ↗Umtriebsweiden.

Trikont, Kurzbezeichnung für die Länder der drei Kontinente Afrika, Asien und Lateinamerika, häufig synonym für ↗Entwicklungsländer verwendet.

Trilateration ↗Triangulation.

Trilobiten, *Trilobitae, Dreilapperkrebse*, Gruppe von marinen ↗Arthropoden, vom ↗Kambrium bis ↗Perm verbreitet und im Altpaläozoikum zeitweise die wichtigste Organismengruppe. Der Name leitet sich von der Dreigliederung des Körpers in Kopf, Rumpf und Schwanzschild her (Abb.).

Tripelpunkt, im Zustandsdiagramm (*p-T*-Diagramm) derjenige durch ein Wertepaar von Druck *p* und Temperatur *T* eindeutig bestimmte Punkt, in dem der feste, flüssige und gasförmige Aggregatzustand eines chemisch einheitlichen Stoffes im Gleichgewicht koexistieren. Jeweils zwei dieser Phasen werden im Zustandsdiagramm durch die Dampfdruck-, Schmelzdruck- bzw. Sublimationsdruckkurve getrennt, deren gemeinsamer Ausgangspunkt im Tripelpunkt liegt. H_2O hat seinen Tripelpunkt bei 6,12 hPa und 273,16 K (Abb.). Dieser Wert dient als Fundamentalpunkt der internationalen Temperaturskala.

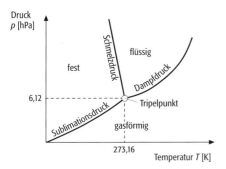

Tritt, das Auftreten von Großtieren oder Menschen auf die Bodenoberfläche mit der Folge der ↗Bodenverdichtung. Dies führt zur Auslese trittfester Pflanzenarten, so z. B. des Breitwegerichs und des Einjährigen Rispengrases. Der Verlust an Hohlräumen im ↗Boden führt zu einer Verarmung der ↗Bodenfauna.

Trittkarren ↗Karren.

Trittpflanzen, *Trittflur*, in Weidegebieten oder touristisch stark frequentierten Gebieten durch die mechanische Trittwirkung (↗Tritt) von Weidevieh oder Menschen vorherrschende Pflanzenarten, vorrangig mit der Wuchsform ↗Rosetten, die durch hohe Trittfestigkeit an diesen Standorten Wettbewerbsvorteile erlangen.

TRMM ↗Radar-Niederschlagsmessung.

Trockenadiabate ↗Adiabate.

trockener Dunst, Trübung der bodennahen Atmosphäre durch ↗Dunst, wenn die relative Luftfeuchte unter 80 % und die horizontale Sichtweite unter 10 km liegt. Eine extreme Form des trockenen Dunstes ist der ↗Staubdunst.

Trockenfarmsystem ↗*dry farming*.
Trockenfeldbau ↗*dry farming*.

Trockengewicht, das Gewicht von Blättern und Pflanzenteilen nach Wasserentfernung durch Trocknung.

Trockengrenze, Abgrenzung arider Klimate mit Niederschlagsdefizit gegen humide Klimate mit Niederschlagsüberschuss (↗Aridität, ↗Humidität). An der *klimatischen Trockengrenze* erreichen ↗Verdunstung und ↗Niederschlag den gleichen Wert. Weil die Verdunstung sowohl empirisch als auch rechnerisch nur schwierig zu ermitteln ist, verursacht die räumliche Festlegung der Trockengrenze erhebliche Probleme. In der Praxis wird die Unterscheidung zwischen ariden und humiden Bedingungen meist mit Hilfe von Niederschlag und Temperatur vorgenommen (↗Regenfaktor, ↗pluviothermischer Index, ↗Thermopluviogramm). A. ↗Penck verwendete zur Abgrenzung humider und arider Klimate die *physiographische Trockengrenze*. Sie stellt die theoretische Grenzlinie zwischen Bereichen mit und ohne oberirdischem ↗Abfluss zum Meer. Liegt oberirdischer Abfluss vor, übersteigt der Niederschlag die Verdunstung und es liegt humides Klima vor. Fehlt oberirdischer Abfluss, so verdunstet das Niederschlagswasser vollständig und es herrscht arides Klima. Der Verlauf der physiographischen Trockengrenze kann mithilfe kleinmaßstäblicher Karten ermittelt werden. Die agronomische Trockengrenze ist die Grenze des ↗Regenfeldbaus. [MHa]

Trockengürtel, beiderseits der Wendekreise auf beiden Erdhemisphären auftretender Gürtel ausgeprägter Trockenheit. Diese ist Folge der aus großer Höhe in den wendekreisparallel verlaufenden ↗subtropischen Hochdruckgürteln absinkenden Luft, die sich dabei adiabatisch erwärmt, was zu Wolken- und Niederschlagslosigkeit führt. Die mittlere jährliche Verdunstungshöhe ist in den Trockengebieten deutlich höher als die Niederschlagshöhe. Wüsten-, Steppen- und Savannenvegetation ist charakteristisch für die Trockengebiete.

Trockenheitszeiger, ↗Zeigerpflanzen klimatisch oder edaphisch trockener ↗Standorte mit zahlreichen Anpassungsmerkmalen. Zu ihnen gehören die ↗Xerophyten als Wasserhaushaltstyp der Pflanzen.

Trockeninseln, Niederschlagsminimum in Tälern und Becken im Gebirgsinneren. Die ↗orographischen Effekte eines Gebirges bedingen am Gebirgsrand eine Hebung, Kondensation und Niederschlag. In den intramontanen Tälern und Becken kommt es zu Lee-Effekten (↗Luv-Lee-Effekt), vor allem Absinkprozessen, die mit Wolkenauflösung und Trockenheit verbunden sind. Dadurch entsteht ein Randhöhenmaximum des Niederschlags und ein Minimum in inneralpinen Tälern. Es wird in tropischen Gebirgen durch lokale Zirkulationen verstärkt. Im Alpenraum sind das Wallis und der Vinschgau die anschaulichsten Beispiele einer Trockeninsel. Trockeninseln zeichnen sich durch besondere agrarökologische Bedingungen gegenüber ihrer Umgebung aus.

Trilobiten: *Olenellus thompsoni* aus dem Unterkambrium von Nordamerika.

Tripelpunkt: Zustandsdiagramm mit Tripelpunkt für H_2O.

Trockenklima, tritt definitionsgemäß dort auf, wo im Jahresmittel die Verdunstungswerte die Niederschlagswerte übertreffen. Nach der ↗Klimaklassifikation von Köppen/Geiger werden die Trockenklimate der Hauptgruppe der B-Klimate zugerechnet, die durch die ↗Trockengrenze begrenzt werden. Köppen definiert die B-Klimate unter Berücksichtigung von Temperatur und Niederschlag und unterteilt sie in die Wüsten- und Steppenklimate.

Trockenrasen, *Xerobrometen*, sich an der Trockengrenze des Waldes natürlicherweise ausbildende, meist aber vom Menschen durch Rodung von mäßig trockenen Standorten mitgeschaffene Rasengesellschaften. Er ist durch den Wegfall des Waldes und die direkt an der Oberfläche von meist flachgründigen Böden stattfindende Umsetzung der Sonnenstrahlen in Wärme entstanden, vor allem unter trocken-heißen Standortbedingungen in Südexpositionen. Sie führten im Zusammenspiel mit einer langjährigen Beweidung oder Heumahd zur Ausbildung von steppenähnlichen ↗Magerrasen, die aufgrund ihres trocken-warmen ↗Mikroklimas zu den Xerothermrasen zählen und sich durch eine Vielzahl (sub-)mediterraner und (sub-)kontinentaler Arten auszeichnen. Sie sind heute vielfach Objekte des ↗Naturschutzes.

Trockenresistenz, pflanzliche Strategien zur Existenz unter zumindest zeitweiligen Trockenstressbedingungen (↗Trockenstress). Drei Strategie-Typen lassen sich klassifizieren: a) Trockenstress-Vermeidung mithilfe von ↗Überdauerungsorganen. b) Trockenstress-Vermeidung durch Anpassungen: Beschränkung der ↗Transpiration bzw. gute Transpirationsregulation, ↗Sukkulenz, Laubverlust, leistungsfähige Wasseraufnahme (Tiefwurzler, ↗Mykorrhiza), physiologische Anpassung (C4-Pflanzen, CAM-Pflanzen) und c) Austrocknungstoleranz bei ↗poikilohydrischen Pflanzen.

Trockensavanne ↗Savanne.

Trockenstress, auch *Wasserstress*, hervorgerufen durch Defizite in der Wasserversorgung einer Pflanze, die groß genug sind, normale Lebens- und Wachstumsfunktionen zu beeinträchtigen. Trockenstress bedeutet nicht notwendig eine negative Wasserbilanz. Trockenstress wird hervorgerufen durch zu hohe ↗Transpiration und/oder geringe Wasserverfügbarkeit im Boden. Zu hohe Transpiration kann durch ungewöhnliche Klimaverhältnisse entstehen, bzw. durch Anbau nicht standortgerechter Arten. Mangelnde Wasserverfügbarkeit kann ebenfalls mit klimatischen Faktoren zusammenhängen oder anthropogen bedingt sein (absichtliche oder unbeabsichtigte Entwässerung); pflanzenverfügbares Wasser kann in zu großer Bodentiefe vorliegen und Trockenstress kann durch Kälte hervorgerufen werden (Frosttrocknis, vgl. ↗Kälteresistenz). Zudem kann Trockenstress im Tagesverlauf auftreten (Mittagsdefizit der Wasserversorgung) oder jahreszeitlich variieren. Pflanzen können eine ↗Trockenresistenz besitzen, die es ihnen erlaubt, zumindest zeitweilig unter Trockenstressbedingungen zu existieren. [MSe]

Trockental, eine ursprünglich durch ↗Fluvialerosion geschaffene lineare Hohlform ohne aktuelles Fließgewässer. Das Trockenfallen kann unterschiedliche Ursachen haben. Als ↗Jetztzeitformen der semiariden und ariden Gebiete werden die Trockentäler bei periodisch oder episodisch auftretenden Niederschlägen weiter geformt und je nach Region als ↗Arroyo, ↗Bajado, ↗Torrente, ↗Rivier oder ↗Wadi bezeichnet. Unabhängig vom Klima können Erosionsprozesse eine wasserundurchlässige Gesteinsschicht über einer durchlässigen entfernen oder den Grundwasserspiegel durch Tieferlegung der ↗Erosionsbasis absenken (↗Flussanzapfung, ↗Umlaufberg). Auch tektonische Bewegungen an ↗Verwerfungen und anthropogene Eingriffe wie ↗Trockenlegung, ↗Rodung oder starke Wasserentnahme können ein vollständiges oder abschnittsweises Trockenfallen von Gewässern erzeugen. Trockentäler kommen als ↗Vorzeitformen in vielen Regionen der Erde vor und entstanden vor allem durch klimatische Veränderungen. So kann z. B. das Paläoklima feuchter gewesen sein. Oder es entstanden in Gebieten mit aktuell durchlässigen Gesteinen (z. B. ↗Karstlandschaften) unter kaltzeitlichen Bedingungen Täler, wobei hier vor allem der Dauerfrostboden das Versickern des Wassers verhinderte. [OB]

Trockentropenwälder, *Trockenwälder* in den Tropen; nehmen die zonale Position zwischen ↗Feuchttropenwäldern und randtropischen Dorngehölzen ein und treten wie die Trockensavannen (↗Savannen) in der Klimazone mit fünf bis acht ariden Monaten auf. In den wechselfeuchten Tropen auf allen Kontinenten verbreitet sind Akazien, die wie *Prosopis* (ein Mimosengewächs) den Trockentropenwäldern ein charakteristisches Bild offener Bestände mit schirmförmigen, zumeist trockenkahlen Fiederlaubbäumen geben (Sahel, Ostafrika, Chaco, Zentralmexico, Vorderindien, australische Mulga). Eigene Aspekte bilden die einförmigen ↗Mopanewälder und ↗Miombowälder im südlichen Afrika. Trockentropenwälder sind weitgehend durch Viehwirtschaft und künstliche Brände der »Savannisierung« unterlegen.

Trockenwald ↗Tropentrockenwald.

Trog, *Tiefdrucktrog*, kräftige äquatorwärtige Einbuchtung des Höhendruckfeldes. Tröge treten bevorzugt in Verbindung mit den langsam wandernden ↗Rossby-Wellen und den rasch voranschreitenden ↗baroklinen Wellen auf. Im Bereich der Trogrückseite wird Kaltluft äquatorwärts, im Bereich der Trogvorderseite Warmluft polwärts geführt. Der Trog selbst ist durch hoch reichende Kaltluft gekennzeichnet und demzufolge hinter der Kaltfront positioniert. Im Bereich der tiefsten Stelle des Troges, der sog. Trogachse, treten gehäuft Schauerregen und starke Winde auf.

Trogkante ↗glaziale Talformen.

Troglobiont ↗Höhle.

Troglophile ↗Höhle.

Trogloxene ↗Höhle.

Trogschulter ↗glaziale Talformen.

Trogtal ↗glaziale Talformen.

Troll, *Carl*, deutscher Geograph, geb. 24.12.1899 Gabersee/Wasserburg, gest. 21.7.1975 Bonn. Von 1919 bis 1922 studierte Troll in München Biologie, Geologie und ↗Geographie und wurde dort 1921 mit einer pflanzenphysiologischen Arbeit promoviert. Er habilitierte sich 1925 mit einer vegetationsgeographischen Arbeit. 1930 folgte er einem Ruf nach Berlin auf die a. o. Professur für Kolonial- und Überseegeographie und 1938 dem Ruf auf den Lehrstuhl für Geographie an der Universität Bonn. Grundlegend für Trolls vergleichende Interpretation der dreidimensionalen Anordnung von Klima und Pflanzenkleid waren seine Forschungen in den ↗Hochgebirgen der drei Kontinente. Das regionalspezifische Zusammenwirken von natürlichen und kulturbedingten Faktoren sowie deren zeitliche Veränderung bestimmte seine Forschungen seit Mitte der 1920er-Jahre. Hierfür wählte er später den Begriff ↗Landschaftsökologie, der seither mit seinem Namen verbunden, aber erst seit 1960 in den Titeln seiner Arbeiten programmatisch auftaucht. Als eine ideale Grundlage für vergleichende geographische Arbeiten sowie zur systematischen Erfassung landschaftlicher Elemente und ganzheitlichen Darstellung von ökologischen Zusammenhängen propagierte Troll das ↗Luftbild. Daher galt auch ein wesentlicher Teil seiner Forschungstätigkeit seit Ende der 1930er-Jahre dem Auf- und Ausbau der Luftbildforschung. Troll war der Auffassung, dass das hydrologische, biologische und z. T. auch das wirtschaftliche Geschehen weitgehend vom Jahresablauf des Klimas bestimmt wird. Daher konzipierte er die durch eine Vielzahl von Thermoisoplethen-Diagrammen gestützte Jahreszeitenklimakarte. Diese effektive ↗Klimaklassifikation verbindet den dreidimensionalen Vegetationsaufbau der Erde mit der regionalen Ausprägung von hygrischen, thermischen und Beleuchtungs-Jahreszeiten. Troll ist außerdem der Begründer der Zeitschrift »Erdkunde«. [HB]

Trombe, räumlich eng begrenzter, lokal auftretender Wirbelwind unterschiedlicher Größenordnung und Stärke, bei dem eine schmale Luftsäule um die vertikale Achse rotiert. Kleintromben entstehen über heißen Oberflächen, wenn warme Konvektionszellen plötzlich einige Meter aufsteigen und zu rotieren beginnen. Bevor die nur wenige Meter durchmessenden Kleintromben nach einigen Minuten wieder zusammenbrechen, wandern sie eine kurze Strecke und wirbeln dabei Sand und Staub auf. Derartige Kleintromben werden auch als *Sandteufel* bzw. Staubteufel bezeichnet. Großtromben entstehen in höheren Luftschichten, wenn in warmer und feuchtlabiler Luft (z. B. in Gewitterwolken) starke Konvektion mit heftigen Vertikalbewegungen vorherrscht. Die rotierenden Vertikalwinde wachsen dabei als trichter- oder schlauchförmiger und bis zu 200 m breiter »Rüssel« von der Wolke zur Erdoberfläche herunter, wo sie Sand (Sandhose), Staub (Staubhose) oder Wasser (*Wasserhose*) aufwirbeln. Großtromben haben eine Lebensdauer von einigen 10 Minuten, währenddessen sie einige Kilometer wandern und große Schäden anrichten können. Zu den Großtromben zählt auch der ↗Tornado. [DD]

Trompetentälchen, Erosionsformen in Sanderkegeln, die vor allem im Randbereich der alpinen Vereisung auftreten und die sukzessive Zerschneidung der Sanderfläche im Zuge des Abschmelzens der ↗Gletscher. Die ineinander geschachtelten Tälchen setzen im Bereich der Endmoränen als schmale ↗Durchbruchstäler ein und verbreitern sich mit zunehmender Entfernung vom Eisrand bei abnehmendem Gefälle.

Tropen, rein mathematisch der Breitenkreisgürtel zwischen den Wendekreisen des Krebses und des Steinbocks mit hohen Insolationswerten und zugleich typischem tropischen Tageszeitenklima. Da der Gürtel insgesamt 47 Breitengrade umfasst mit den feuchtesten (innere, immerfeuchte oder äquatoriale Zone) und trockensten Räumen der Erde (Wüsten, in der Regel laubwerfende Trockenwälder und stark durch anthropo-zoogene Einflüsse ausgeweitete ↗Savannen der wechselfeuchten Tropen), sollten zur besseren Differenzierung die Bezeichnungen äquatoriale immerfeuchte und wechselfeuchte äußere Tropen verwandt werden. Bedeutsam ist ferner die Zahl der ariden bzw. humiden Monate, die sich vegetationsgeographisch durch die Ausbildung von potenziell natürlichen immerfeucht-tropischen ↗Regenwäldern, Trockenwäldern (↗Trockentropenwälder) sowie ↗Savannen und ↗Wüsten der wechselfeuchten Tropen widerspiegeln. [MM]

Tropenklima, andauernd warmer Klimatyp (↗Klimaklassifikation) mit Monatstemperaturen beständig über 18 °C und geringen Jahrestemperaturamplituden. In den äquatornahen *inneren Tropen* liegen die Monatsmitteltemperaturen zwischen 25 °C und 27 °C, hier herrscht in der Regel immerfeuchtes tropisches Klima (tropisches Regenwaldklima). Die Jahresniederschlagsmengen erreichen typischerweise um 2000 mm, die höchsten Niederschlagsmengen fallen im Jahresverlauf mit den Zeiten der Sonnenhöchststände zusammen (Zenitalregen) und es gibt keine Trockenzeit. In den äußeren Tropen tritt dagegen bei insgesamt geringeren Niederschlägen eine winterliche Trockenzeit auf. Einige Areale der Tropen werden auch von Steppen- oder ↗Wüstenklima eingenommen.

Tropenkrankheiten, Infektionskrankheiten, deren menschen- oder tierpathogene Erreger zur Vollendung ihres Entwicklungszyklus' außerhalb des Hauptwirts entweder tropische Klimabedingungen benötigen oder deren tierische Überträger oder tierische oder pflanzliche Zwischenwirte an tropische Biotope gebunden sind. Beispiele sind *Malaria tropica*, Schlafkrankheit, Leishmaniasen, Gelbfieber und Dengue-Fieber. Häufig werden auch Krankheiten als Tropenkrankheiten bezeichnet, die im engeren Sinne keine sind, sondern als »*Krankheiten der Armut*« bezeichnet werden können, deren Verbreitung durch unhygienische, teils durch das Tropenklima begünstigte, Bedingungen gefördert wird, z. B. Pest, Pocken, Fleckfieber, Lepra. Als »Krankheiten der

Troll, *Carl*

Tropfenradius [mm] bis	Fallgeschwindigkeit [m/sec]	übliche Bezeichnung	
0,001	0,00012	entstehender Tropfen	Tropfen schwebend = Wolkentropfen
0,005	0,003	kleine Wolkentropfen	
0,025	0,076	gewöhnliche Wolkentropfen	
0,05	0,3	große Wolkentropfen	
0,1	1,5	Nieseltröpfchen	Tropfen fallend = Regentropfen
0,25	2,8	große Nieseltröpfchen	
0,5	4,0	kleine Regentropfen	
> 0,5	8,9 (bei 2,5 mm)	große Regentropfen	

Tropfenfallgeschwindigkeit: Beziehung zwischen Tropfenradius und Fallgeschwindigkeit in ruhender Luft.

Armut« können sie um so eher bezeichnet werden je stärke sie mit unhygienischer Wasserversorgung, Abwasser- und Abfallentsorgung, engen Wohn- und allgemein unzureichenden Hygienebedingungen in Zusammenhang stehen.

Tropfenboden ↗Kryoturbation.

Tropfenfallgeschwindigkeit, *terminal velocity,* Fallgeschwindigkeit $v(D)$ von ↗Wolkentropfen und ↗Regentropfen bei ruhender Luft. $v(D)$ [cm/sec] ergibt sich aus:

$$v(D) = a \left(\frac{D}{D_r}\right)^b \cdot \left(\frac{\varrho_s}{\varrho}\right)^{0,5}$$

mit $a = 2115$ cm/s, D = Tropfendurchmesser [cm], $D_r = 1$ cm, $b = 0,8$, ϱ_s = Dichte feuchter Luft am Boden und ϱ = Luftdichte in der Wolke. Grundsätzlich nimmt die Fallgeschwindigkeit mit steigendem *Tropfenradius* zu (Abb.). Ob ein Tropfen aus einer Wolke ausfällt, hängt von der Balance zwischen der auf ihn einwirkenden Schwerkraft und der dem Fall entgegengesetzten ↗Reibung ab. Man unterscheidet schwebende Wolkentröpfchen, bei denen der Reibungseinfluss dominiert, und fallende Regentropfen, bei denen der Einfluss der Schwerkraft überwiegt. Abwinde in der Wolke können die Fallgeschwindigkeit beschleunigen, während starke ↗Konvektion auch große Tröpfchen in der Schwebe halten kann. [JB]

Tropfenradius ↗Tropfenfallgeschwindigkeit.

Tropfstein, *Excentriques,* ↗Höhle.

Trophie, 1) ernährungsbedingte Intensität von Umsatz und Biomassenproduktion photoautotropher Organismen. Der Begriff stammt in dieser Definition ursprünglich aus der Gewässerökologie und bezog sich somit auf die Primärproduktion in aquatischen ↗Ökosystemen. Ihm gegenüber steht hier die Saprobie eines Gewässers, d. h. der Umsatz und die Biomassenproduktion von heterotrophen ↗Destruenten. In einem natürlichen, unbeeinflussten Gewässer herrscht ein Gleichgewicht zwischen Trophie und Saprobie, das durch den Eintrag von Nährstoffen aus Düngung und Abwässern gestört wird. 2) Versorgungsgrad eines ↗Ökosystems mit verfügbaren Nährstoffen (↗Trophiegrad). Diese verfügbaren anorganischen Nährstoffe werden von den grünen Pflanzen in organische Verbindungen (Eiweiße, Kohlenhydrate) festgelegt, die dann zu Ressourcen für heterotrophe Organismen (Destruenten, herbivore und carnivore Prädatoren) werden und auf diesem Weg im gesamten Ökosystem verteilt werden. Der Energiefluss, d. h. die Nährstoffweitergabe in einem Ökosystem geschieht über alle Stufen der ↗Nahrungskette, die auch als trophische Ebenen (= Ernährungsstufen) bezeichnet werden. Trophische Ebenen fassen Organismen mit gleicher Ernährungsweise zu Großgruppen zusammen (trophische Gruppen). Die basale trophische Ebene von Lebensgemeinschaften bilden die ↗Produzenten, gefolgt von den Primärkonsumenten (Pflanzenfresser) und schließlich von den Sekundärkonsumenten Fleischfressern 1., 2. und 3. Ordnung (↗Konsumenten). Ein Ökosystem umfasst also in der Regel vier bis fünf trophische Ebenen. Die Anzahl der trophischen Ebenen und die bestehenden Wechselbeziehungen eines Ökosystems bestimmen seine trophische Struktur, d. h. die Länge der Nahrungsketten und die Verknüpfung zu ↗Nahrungsnetzen. Natürliche Unterschiede in der standörtlichen Trophie sind ein wesentlicher Aspekt der ↗Diversität von Ökosystemen, die bis in die Mitte des 20. Jh. noch sehr hoch war. Die ab 1950 verstärkt einsetzende Anhebung der Trophie und somit die Vereinheitlichung der Bodenreaktion durch hohe mineralische und organische Düngergaben (↗Überdüngung) verdrängten die an geringe Trophiegrade gebundenen Ökosysteme und führten so zu einer Reduzierung des Ökosysteminventares und einer deutlichen Nivellierung der Landschaft. [ES]

Trophiegrad, *Trophiestufe,* charakterisiert die Nährstoffbedingungen für Pflanzen in terrestrischen und aquatischen ↗Ökosystemen. Er umfasst die Zustandsstufen *oligotroph* (nährstoffarm), *mesotroph* (Standorte mit mittlerer Nährstoffversorgung), *eutroph* (nährstoffreich) und *hypertroph* (übermäßig nährstoffreich). Eutrophe Verhältnisse zeichnen sich in der Regel durch eine hohe Biomassenproduktion aus, die mit abnehmendem Trophiegrad zurückgeht. Aus diesem Grund steht der Trophiegrad, insbesondere bei Gewässern, auch für die Intensität der Primärproduktion. Bei aquatischen Ökosysteme werden darüberhinaus noch die Trophiegrade *dystroph* für saure-oligotrophe Gewässer mit einem hohen Anteil gelöster Huminsäuren (z. B. Hochmoorseen), und *polytroph* für Gewässer mit zeitweise oder andauerndem anaeroben Abbau der organischen Substanz und entsprechendem Sauerstoffmangel, unterschieden. Der an einem Standort gegebene Trophiegrad lässt sich mithilfe bodenchemischer Analysen quantitativ bestimmen. Sehr viel rascher und sehr aussagekräftig lässt er sich auch bereits im Gelände anhand von ↗Zeigerpflanzen, deren Vorkommen charakteristisch für bestimmte Trohpiegrade ist, erfassen. [ES]

Tropikluft ↗Luftmasse.

tropische Depression, tropisches Tiefdruckgebiet, das in der bodennahen Strömung mindestens eine geschlossene Isobare zeigt und mit einer geschlossenen zyklonalen Strömung verbunden ist. Das Wolkenfeld im Bereich einer tropischen Depression nimmt wegen der überlagerten Wellenstörung, die in der tropischen Höhenostströmung (↗easterly wave) ausgebildet ist, regelmäßig die Form eines Kommas an. Tropische Depressionen stellen meist Intensivierungsformen tropischer Tiefdruckstörungen dar, die keine geschlossenen Isobaren, sondern polwärtige Ausbuchtungen des Luftdruckfeldes im Bereich einer ↗easterly wave zeigen. Im Gegensatz zum tropischen Sturm, der sich aus einer tropischen Depression durch deren Intensivierung bilden kann, bleiben die Windgeschwindigkeiten im Bereich der tropischen Depression unter 61 km/h, während sie im tropischen Sturm Werte zwischen 62–117 km/h annehmen können. Bei weiterer Intensivierung können sich aus den tropischen Stürmen tropische Orkane und ↗tropische Wirbelstürme bilden, in denen Windgeschwindigkeiten über 200 km/h beobachtet werden. [DKl]

tropischer Karst, ↗Vollformenkarst, der fast ausschließlich in den heutigen Tropen oder in Gebieten vorkommt, die ehemals Klimabedingungen unterlagen, die denen der heutigen Tropenklimate vergleichbar sind (dort fossil). Tropischer Karst ist durch Vollformen (Kegelkarst, Turmkarst) und dazwischen liegende Senken (Cockpits oder ↗Karstebenen) gekennzeichnet.

tropischer Regenwald ↗Regenwald.

tropisches Jahr ↗Jahr.

tropische Wirbelstürme, wandernde, orkanartige Wirbelstürme der Tropenzone mit Windgeschwindigkeiten bis 250 km/h und extremem Unterdruck im Zentrum. Sie entstehen bevorzugt im Spätsommer und Herbst über warmen (>26,5 °C) Meeren im Bereich der ↗innertropischen Konvergenzzone, wenn diese mehr als 4 Breitengrade vom Äquator entfernt auftritt. In größerer Äquatornähe reicht die ↗Corioliskraft nicht aus, um einen Wirbel entstehen zu lassen. Initiiert werden tropische Wirbelstürme dann, wenn warme Ozeanflächen gleichzeitig von einer Störung in der tropischen Ostströmung in der mittleren und einem ausgedehnten ↗Trog der Westwindzone in der oberen Troposphäre überlagert werden. Die Höhendivergenz auf der Rück-, manchmal aber auch auf der Vorderseite der Wellenstörung in der tropischen Ostströmung (↗easterly waves) bewirkt Luftmassenaufstieg aus dem Bodenniveau, der zur Kondensation und Wolkenbildung führt. Die freigesetzte latente Energie erhöht die Labilität und verstärkt den Luftaufstieg bis ins Tropopausenniveau, von wo die Luft durch die Strömung auf der Trogvorderseite des überlagernden Höhentroges rasch abgeführt wird. Solange hinreichende Wasserdampfmengen im Bodenniveau von dem sich rasch vertiefenden Tiefdruckgebiet angesaugt werden, intensivieren sich die horizontalen und vertikalen Strömungsgeschwindigkeiten unaufhaltsam. Durch die Wirkung der Corioliskraft werden die horizontal in das Tiefdruckzentrum gerichteten Strömungen so stark zyklonal umgelenkt, dass sich im Zentrum des Wirbels ein sogenanntes Auge ausbildet. In diesem sinkt ein Teil der bis ins Tropopausenniveau aufgestiegenen Luft ab, wodurch die Wolkendecke aufreißt und fast Windstille zu beobachten ist (Abb.). In einer

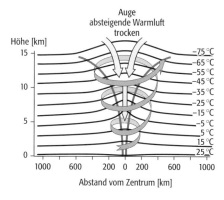

tropische Wirbelstürme: Schematisierter Vertikalschnitt durch einen tropischen Wirbelsturm.

etwa 200 km breiten Zone um das Auge herum erreicht der Wind seine höchsten Geschwindigkeiten. Gleichzeitig treten dort sintflutartige Niederschläge, nicht selten 1000 mm und mehr in wenigen Stunden, auf. In Küstennähe haben die extremen Windgeschwindigkeiten meterhohe Flutwellen zur Folge. Die Zugbahn tropischer Wirbelstürme verläuft in der Regel zunächst parabelartig westwärts, schert dann aber polwärts in NE- bzw. SE-Richtung aus. Bei Festlandkontakten verlieren die tropischen Wirbelstürme infolge der Bodenreibung und des nachlassenden Wasserdampfnachschubs rasch an Intensität, stellen aber in Küstennähe eine erhebliche Gefahr für den Menschen dar. Wenn die tropischen Wirbelstürme bis in die mittleren Breiten vorstoßen, bilden sie sich relativ rasch zu ↗außertropischen Zyklonen um. Die tropischen Wirbelstürme werden im karibischen Raum als ↗Hurrikane, im Bereich Chinas und Japans als ↗Taifune, im Golf von Bengalen als ↗Bengalen-Zyklone, im südlichen indischen Ozean als *Mauritius-Orkan* und an den australischen Küsten als *Willy-Willy* bezeichnet. [DKl]

Tropopause, Begrenzung der ↗Troposphäre gegen die ↗Stratosphäre. Da die Troposphäre die Obergrenze der Konvektion von der unteren Heizfläche der ↗Atmosphäre ist, liegt sie in den Tropen am höchsten und ist zugleich am kältesten, während die polare Tropopause relativ niedrig und warm ist.

Tropophyten ↗Jahresperiodizität.

Troposphäre, unterste Schicht der ↗Atmosphäre, deren Charakteristikum die turbulente Durchmischung infolge konvektiver Prozesse bis zur ↗Tropopause sind.

Trottoir, durch sub- und eulitorale Organismen wie Kalkalgen und Wurmschnecken aufgebautes Gesims an Felsküsten gezeitenloser Meere, oft lang gestreckt und nur einige Dezimeter bis ca. 2 m breit, oben flach, begehbar und im Niveau des Niedrig- oder Mittelwassers angesiedelt (Abb. im Farbtafelteil).

Tsujimura, *Taro*

truancy rate, englischer Begriff für Anteil der Schulschwänzenden an den Schulpflichtigen. ↗Schulschwänzen.

trüber Tag, Tag, an welchem der Mittelwert des ↗Bedeckungsgrades einen bestimmten Schwellenwert erreicht oder überschreitet. Da der Bedeckungsgrad bei der ↗Klimabeobachtung in Zehnteln, bei der ↗Wetterbeobachtung in Achteln der Himmelsfläche geschätzt wird, existieren unterschiedliche Schwellenwerte für die Ermittlung trüber Tage. In der Klimatologie wird ein Grenzwert von 8/10, in der Meteorologie von 6/8 verwendet (↗heiterer Tag).

Trübung, *Lufttrübung*, Minderung der Strahlungsdurchlässigkeit der ↗Atmosphäre infolge von Staub-, Dunst- und Wasserpartikeln in der Luft. Diese erhöhen die ↗Absorption und ↗Streuung der ↗Sonnenstrahlung und ↗Himmelsstrahlung. Dadurch geht die blaue (↗Himmelsblau) in eine grau-weiße Himmelsfärbung über. Besonders trübungswirksam sind Aerosolteilchen mit Radien zwischen 0,1 µm und 1 µm, die nach Vulkanausbrüchen eine anhaltende Trübung der Stratosphäre auslösen können. Die Fernsicht nimmt mit steigender Zahl von Partikeln mit Radien um 0,3 µm ab. Im Bereich von Staubstürmen und von anthropogen bedingten Dunstglocken erreicht die Trübung Maximalwerte.

Trümmerberg, anthropogene ↗Vollform, die durch Aufschüttung von Trümmern (meist des 2. Weltkrieges) in europäischen Städten entstand.

Tschernitza, ↗Bodentyp der ↗Deutschen Bodensystematik; Abteilung: ↗Semiterrestrische Böden; Klasse: ↗Auenböden; Profil: aAxh/(aM/)alC/aG; kennzeichnet einen dem ↗Tschernosem ähnlichen Auenboden mit mächtigem Ah-Horizont (über 4 dm) mit der ↗Humusform ↗Mull, der durch intensive ↗Bioturbation entstand; örtlich aus früheren anmoorigen Bildungen unter trockeneren Bedingungen entstanden; nach ↗FAO-Bodenklassifikation: Mollic ↗Fluvisols oder Gleyic, Calcaric oder Haplic ↗Phaeozem; nährstoffreiche, fruchtbare Auenböden in Schwarzerdelandschaften, teilweisen auch außerhalb der Lössgebiete vorkommend; gute Ackerstandorte.

Tschernosem, ↗Bodentyp der ↗Deutschen Bodensystematik; Abteilung: Terrestrische Böden; Klasse: ↗Schwarzerden; Profil: Axh/AxhlC(c)/C(c); Bildung aus meist carbonathaltigem, feinerdereichem Lockergestein, wie Löss oder Geschiebemergel, im semiariden bis semihumiden Steppenklima und unter Steppenvegetation; Bildung des >4 dm mächtigen Axh-Horizonts mit ↗Krotowinen durch eingeschränkte Mineralisierung und vorherrschende ↗Humifizierung sowie intensive ↗Bioturbation von Säugetieren und Regenwürmern; Carbonatanreicherung im lC(c) als Folge gehemmter Auswaschung von Kalk; Subtypen: neben Norm-Tchernosem Übergänge zu anderen Bodentypen; nach ↗FAO-Bodenklassifikation: ↗Phaeozems, ↗Kastanozems oder Tchernozems; in Mitteleuropa meist ↗reliktische Böden.

Tsujimura, *Taro*, einer der Begründer der ↗Geomorphologie in Japan, 1890–1983. Er machte die Theorien und Arbeiten des amerikanischen Geomorphologen ↗Davis in Japan bekannt und legte damit eine Basis für die Entwicklung der Geomorphologie in Japan. Als einer der Gründer der Japanischen Geographischen Gesellschaft und als einer ihrer Präsidenten (1942–1949) war er lange Zeit eine Schlüsselperson der ↗Geographie in Japan. Er hatte auch großes Interesse an der deutschen Landschaftsforschung und trug zur Entwicklung der Kulturgeographie in Japan bei. Er hat über 250 ausländische Publikationen in japanischen Zeitschriften im Rahmen von Buchbesprechungen vorgestellt.

Tsunami, aus dem Japanischen für »Hafenwelle«; durch Erd- oder Seebeben sowie große submarine Rutschungen ausgelöste Schockwelle des Meeres, die sich vom Ursprungsgebiet mit Geschwindigkeiten bis weit über 500 km/h (besonders über tiefem Wasser) ausbreitet und noch an entlegenen ↗Küsten als eine oder mehrere Riesenwellen von extremer Höhe (bis über 30 m) mit entsprechender Zerstörungskraft auftreffen. Auf dem offenen Meer beträgt die Wellenhöhe jedoch nur einige Dezimeter, bei einer extremen Wellenlänge von vielen Zehnern von Kilometern. Besonders bei flachen Erdbebenherden (weniger als 30 km tief) und Bebenstärken von über 7 auf der Richterskala werden Tsunamis ausgelöst. Tsunamis treten besonders an den Küsten des Pazifik auf, aber auch im Mittelmeergebiet sind allein in historischer Zeit über 30 zerstörerische Tsunamiereignisse registriert worden. Seit einigen Jahrzehnten gibt es in den Anrainerstaaten des Pazifik einen Tsunamiwarndienst. Da die Erd- oder Seebebenwellen unmittelbar registriert werden, bleiben z. B. zwischen Alaska und Hawaii oder Hawaii und Südamerika etliche Stunden Vorwarnzeit, bis eine möglicherweise ausgelöste Riesenwelle die Gegenküsten erreicht. Die Karte zur ↗Plattentektonik im Farbtafelteil zeigt die gebiete mit Flutwellengefahr. [DK]

Tuff, 1) *vulkanischer Tuff*: verfestigte Masse von vulkanischen Auswurfprodukten (Lapilli, Lavafetzen, Kristalle und Kristallfragmente, Glas etc.), zumeist mit einer Grundmasse von vulkanischer Asche. Tuff kann geschichtet oder ungeschichtet sein. Je nach Zusammensetzung, Mineralgehalt und Korngrößen werden Aschen-, Staub-, Lapilli-, Bomben-, Bimsstein-, Agglomerat-, Kristall- und Glastuff unterschieden. Nach dem zugehörigen Vulkanit differenziert man in Basalt-, Phonolith-, Porphyr-, Diabas-, Andesit-, Trachyt-, Spilittuff etc. ↗Ignimbrite (oder Schmelztuffe) sind Ablagerungen von vulkanischen Glutwolken. Fallen die vulkanischen Auswurfprodukte in stehendes Wasser oder wird der Tuff von bewegtem Wasser überprägt, so entsteht Tufft. 2) *Kalktuffe* in Form von ↗Sinter sind poröse, locker verbackene Kalksedimente, die durch organische Aktivität aus kalkreichen Wässern an Quellen, Bächen, überspülten Hängen und anderen wasserbedeckten Lokalitäten ausgefällt werden. Dabei entstehen Bildungen, die organische (Moos, Blätter, Stängel) oder anorganische Partikel inkrustieren. ↗Karsthydrologie, ↗Lösungsvorgänge. 3)

Kieseltuffe (z. T. Kieselsinter) sind poröse Sedimente aus kieselsäurereichem Material, die durch anorganische oder organische Aktivität zumeist in der Umgebung heißer Quellen (/Geysire) entstehen. [GG]

Tundra [von finnisch tunturi = Hügel], baumfreie- oder -arme /Vegetationszone der Subpolargebiete. Diese setzen sich neben der Tundra aus Frostschutzone und Gletscherbereich zusammen. Die Frostschutzone (bis zu 10% Vegetationsbedeckung) breitet sich in der Höhenstufung oberhalb der Tundrenzone aus (Abb. 1 im Farbtafelteil). Die Tundra nimmt etwa 3–4% der Erdoberfläche ein und ist besonders auf der Nordhalbkugel vertreten, wo sie den größten Teil der arktischen Festlandsmassen umfasst. Unter Tundra versteht man die Region, die sich nördlich der polaren Waldgrenze erstreckt und eine überraschende Fülle von Flechten, Moosen und Gefäßpflanzen beherbergt. Die Tundra grenzt im äußersten Norden an Polarwüsten, den sog. Kältewüsten an, die durch extreme Niederschlagsarmut (unter 100 mm/Jahr) gekennzeichnet sind. Die Südgrenze der Tundra entspricht der Abgrenzung der Arktis zum /borealen Nadelwald. Seit vielen Jahrzehnten gilt der Verlauf der 10°C-Juli-Isotherme, die etwa der polaren Baum- und /Waldgrenze entspricht, als weitgehend anerkannte Südgrenze auf den Festländern. Der Übergangsbereich zur borealen Zone wird in Nordamerika von der Wald-Tundra eingenommen. Die Bodenverhältnisse sind durch den darunter liegenden Dauerfrostboden (/Permafrost) bestimmt, welcher eine Infiltration verhindert und zur großflächigen Vernässung tiefer liegender Bereiche führt. Die verbreiteten Bodentypen sind /Podsole, /Gleye und arktische Braunböden. Die hohe Feuchtigkeit lässt unterschiedliche Frostbodenformen (z. B. Erdbülten, Strangmoore, Palsas, Pingos und Frostspaltenpolygone) entstehen. Durch die Bodendynamik wird organisches Material in den tieferen Boden verlagert (/Kryoturbation). Es kommt zur Akkumulierung von organischem Material an der Bodenoberfläche in Form von Torfmooren, da Sauerstoffmangel in den vernässten Lagen den Abbau des jährlich von der Vegetation produzierten organischen Materials verhindert. Diese Gebiete gehören zu den großen terrestrischen Kohlenstoffspeichern der Erde. Die Tierwelt wird saisonal von Rentieren, Wölfen und vielen Brutvogelarten bevölkert, aber auch ortsfeste Arten wie Moschusochsen, Polarfüchse, Schneehasen und Lemminge sind für die Tundra typisch. Die wechselwarmen Landwirbeltiere (Reptilien und Amphibien) sind in der Tundra nicht vertreten. Physiognomisch ist die Tundra nicht homogen. In der Süd-Nord-Richtung erfolgt eine subzonale Gliederung, die durch charakteristische Vegetationsmerkmale die ökologischen Verhältnisse unterschiedlicher Tundrazonen widerspiegelt. In der Abbildung 2 wurden in der europäischen und nordamerikanischen Tundra vier Subzonen ausgeschieden. Die arktische Strauch-Tundren-Zone (ASTZ) ist eine Mischung von Tundrengesellschaften und Gebüschinseln, wobei die Baumhöhe selten über 2 m liegt. Die Zone stellt einen Übergangsbereich zur borealen Zone dar und ist im südlichen Bereich mit der Wald-Tundra verzahnt. Die südliche Zwergstrauch-Tundren-Zone (SZTZ) nimmt in der Arktis einen sehr breiten Raum ein. Die Vegetationsbedeckung schwankt zwischen 50% und 100% und ist geprägt von Zwergsträuchern und sogar Gebüschen (*Salix, Ledum, Betula*), die eine durchschnittliche Höhe von 40–60 cm erreichen. In der mittleren Zwergstrauch-Tundren-Zone (MZTZ) liegt die durchschnittliche Vegetationsbedeckung zwischen 25% und 50%. Auffallend sind vielfältige Pflanzengesellschaften der Fjellheide mit der dominierenden Silberwurz (*Dryas* spp.). Charakteristisch ist in kontinentalen Bereichen die große Flechtenfülle (Flechten-Tundra), wohingegen sich bei maritimem Einfluss die Moosbedeckung (Moos-Tundra) stark erhöhen kann. In der nördlichen Zwergstrauch-Tundren-Zone (NZTZ) liegt die durchschnittliche Vegetationsbedeckung bei 10–25%. [DT]

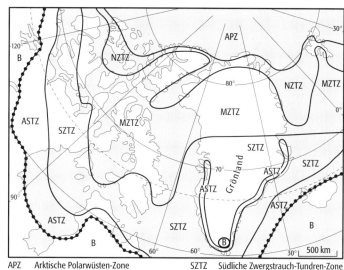

Tundra 2: Vegetationsgeographische Gliederung der europäischen und nordamerikanischen Tundra.

Tundrenklima, Klimatyp (/Klimaklassifikation), bei dem die Mitteltemperatur des wärmsten Monats zwischen 0°C und 10°C erreicht. Bei einer Vegetationsperiode von meist nur 2 bis 3 Monaten Dauer ist kein Baumwuchs möglich (/Tundra). Die Niederschlagsmengen sind infolge der niedrigen Temperaturen gering, ein Großteil des Jahresniederschlags fällt als Schnee.

Tundrenzeit, *Dryaszeit*, eine Periode, die in Norddeutschland in der Zeit von 14.000–11.650 v. h. von Tundrenvegetation (/Tundra) geprägt war. Nach dem Abschmelzen und Zurückweichen des Eises der Weichsel-Kaltzeit wurden die Permafrostbereiche der Geestflächen von einer baumlosen Zwergstrauchheide langsam besiedelt, wobei die arktisch-alpine Silberwurz (*Dryas octopetala*) die dominierende Rolle spielte. Die Tundrenzeit gliedert sich in eine älteste, ältere und jüngere Periode, die durch wärmere Interstadiale (Bölling- u. Alleröd-Zeit) mit lichten Birken- und z. T. Kiefernwäldern unterbrochen wurde.

Tunneltäler, bis zu mehrere hundert Meter tief eingeschnittene Rinnen, die in der südlichen Randzone der nordeuropäischen Vereisungen weit verbreitet sind. Ihre Entstehung geht auf subglaziale Schmelzwassererosion zurück. Die Tunneltäler der ↗Weichsel-/Würm-Vereisung sind an der Geländeoberfläche sichtbar. Die Rinnensysteme älterer Vereisungen sind dagegen meist völlig von Sediment verfüllt; ihr Verlauf lässt sich nur durch Bohrungen oder Flachseismik rekonstruieren. Seismische Untersuchungen haben gezeigt, dass am Boden der Nordsee mehrere Generationen begrabener Tunneltäler existieren.

Turbation [von lat. turbatio = Verwirbelung], *Durchmischung*, mechanische Durchmischungs- und Homogenisierungsprozesse im Boden. Man unterscheidet ↗Bioturbation, *Hydroturbation* bzw. *Peloturbation* (durch Quellung und Schrumpfung tonreicher Böden infolge von Wasserzufuhr bzw. Wasserentzug in stark wechselfeuchten Klimaten, häufig verbunden mit der Ausbildung von »slicken sides« im Boden und einem ↗Gilgai-Relief an der Bodenoberfläche) und ↗Kryoturbation.

Turbidit, Sediment oder Gestein, das durch turbiditische Strömungen gebildet wurde. Turbidite sind durch eine deutliche gradierte Schichtung, mittelgute Sortierung und gut entwickelte primäre Sedimentstrukturen gekennzeichnet, die typisch für Bouma-Sequenzen sind.

turbulente Diffusion, atmosphärische Durchmischung von aneinander grenzenden Gasen oder Flüssigkeiten infolge kleinräumiger ↗atmosphärischer Turbulenz. Räumliche Reichweite und Intensität der turbulenten Diffusion sind proportional zum Gefälle der Eigenschaftsgrößen der beteiligten Medien. Der Proportionalitätsfaktor wird als *turbulenter Diffusionskoeffizient* bezeichnet. Die turbulente Diffusion spielt insbesondere in der numerischen Ausbreitungsrechnung von Partikeln eine Rolle (↗Gasgesetze).

Auf diese Weise werden in der Atmosphäre nicht nur Impuls, sensible und latente Wärme wirkungsvoll transportiert, sondern z. B. auch anthropogen emittierte Luftbeimengungen, bevor sie als Immission zur unmittelbaren Einwirkung gelangen. Bezeichnet s einen Stoff oder eine Eigenschaft mit Konzentrationsgefälle in Richtung l, ϱ die Luftdichte und $\varkappa$ den turbulenten Diffusionskoeffizienten, so ergibt sich der stoff- bzw. eigenschaftsspezifische turbulente Fluss F_s:

$$F_s = -\varrho \cdot \varkappa \cdot ds/dl.$$

F_s spielt bei Transporten in der Atmosphäre die ausschlaggebende Rolle, demgegenüber bleibt die molekulare Diffusion vernachlässigbar klein.

turbulente Flüsse, durch ↗atmosphärische Turbulenz hervorgerufener Transport (Fluss) von Eigenschaften in der Atmosphäre. Zu den Eigenschaften zählen Wärme, Wasserdampf (Feuchtigkeit), Partikel und Impuls (Geschwindigkeit). Die Intensität der turbulenten Flüsse ist neben der Stärke der Turbulenz auch von dem Gefälle (Gradienten) der jeweiligen Eigenschaften abhängig.

turbulentes Strömen ↗Abfluss.

Turbulenz, ungeordnete Wirbelströmung, bei der im Gegensatz zur ↗laminaren Strömung die Teilchen entlang ihrer Zugbahn kurze und ungerichtete Nebenbewegungen ausüben, welche wiederum die Bewegungen benachbarter Teilchen in gleicher Weise beeinflussen. Als Maß der Turbulenz dient die ↗Vorticity. Die Gesamtheit der gegenseitigen Bewegungsbeeinflussung der Teilchen nennt man Durchmischung. Die Reichweite der Durchmischung ist durch den *Mischungsweg* bestimmt. Er ist die theoretische Länge derjenigen Wegstrecke, die ein turbulent angeregtes Teilchen zurücklegt, bis es seine turbulenten Eigenschaften abgegeben bzw. verloren und sich der neuen Umgebung angepasst hat. Kennzeichen der ↗atmosphärischen Turbulenz sind Kreiselbewegungen (Wirbelbildung) eines Luftteilchens auf seiner Bewegungsbahn. Derjenige Teil der Turbulenz, der auf ↗Windscherung zurückzuführen ist wird als *Scherungsturbulenz* bezeichnet. In der atmosphärischen Grenzschicht tritt Scherungsturbulenz insbesondere bei vertikaler Windscherung durch ↗dynamische Turbulenz auf, während in der freien Atmosphäre Scherungsturbulenz als ↗Clear-Air-Turbulenz vorkommt. Eine rein richtungsunabhängige Turbulenz wird als *isotrope Turbulenz* bezeichnet, bei der die Störungskomponenten der Grundströmung in alle (auch vertikale) Richtungen gleich verteilt sind. Isotrope Turbulenz tritt nur gelegentlich und am ehesten bei dynamischer Turbulenz auf. [DD]

Turbulenzinversion ↗Inversion.

Turbulenzwolken, Wolken meist vom Typ Stratocumulus opactus, die vorwiegend im Winter bei niedrig liegendem ↗Kondensationsniveau in wenigen 100 Metern Höhe entstehen und von einer Temperaturinversion überlagert werden. Unterhalb der Inversion sorgt kräftiger Wind für eine wirksame Durchmischung kalter und warmer Luft, sodass Wolkenbildung einsetzen kann (↗dynamische Turbulenz).

Turmkarst ↗Vollformenkarst.

turn over, Umsatz von anorganischen und organischen Stoffen durch Organismen in einem Lebensraum, z. B. des in verschiedenen Bindungsformen vorliegenden Phosphors (↗Phosphorkreislauf), der von Organismen aufgenommen und organisch gebunden wird, nach deren Tod durch Autolyse und mikrobiellen Abbau frei und dann genutzt wird. Die Geschwindigkeit des turn over hängt u. a. von der Temperatur und der Organismendichte ab und ist für die Stoffflüsse und -bilanzen eines ↗Ökosystems von großer Bedeutung. Im Ozean wie auch vielen Binnengewässern kann bei geringen Nährstoffmengen bei hohem turn over eine beträchtliche Biomasse erzeugt werden, während der turn over in terrestrischen Ökosystemen viel langsamer ist, weil die bezüglich der Menge dominanten Landpflanzen (insbesondere Holzgewächse) Biomasse speichern und damit längerfristig dem turn over entziehen. [OF]

Typhomologen, Darstellung der vertikalen Verteilung langjähriger monatlicher Mittelwerte der pseudopotenziellen Temperatur (↗ potenzielle Temperatur) und der potenziellen Äquivalenttemperatur in Abhängigkeit vom Luftdruck für die typischen Luftmassen Mitteleuropas.

Typus, 1) *Allgemein*: eine von zwei möglichen Betrachtungsweisen eines Objektes, d.h. ein und derselben Wirklichkeit. Der Typus kennzeichnet die Norm oder auch die Standards sich wiederholender und damit vergleichbarer Objekte, während dagegen die Individualität das Einmalige, Unverwechselbare, Wesenhafte eines Objektes beschreibt. **2)** *Landschaftsökologie*: Typbildung wird durch Aussonderung von Ökotoptypen (Geoökosystemtypen) aus dem Katalog der erhobenen geoökologischen Grundeinheiten vorgenommen. Sie ist ein wichtiger Schritt bei der naturräumlichen Ordnung zur Abgrenzung von Geochoren. **3)** *Humangeographie*: gleiche oder zumindest ähnliche Objekte und Prozesse werden zu übergeordneten Typen zusammengefasst, wobei qualitative und quantitative Verfahren angewandt werden (z.B. Städte- und Gemeindetypen).

U-Bahn, Verkehrsmittel mit der höchsten Beförderungskapazität (100–200 Tsd. Fahrgästen pro Tag) im Öffentlichen Personennahverkehr (↗ÖPNV). Sie verkehrt auf einem unabhängigen Bahnkörper mit Zugsicherung und wird im Kernbereich der Städte vornehmlich im Tunnel (z. T. auch in Hochlage und im Außenbereich aus Kostengründen auch ebenerdig) geführt.

überadiabatischer Gradient ↗Thermik.

Überalterung ↗Altersstruktur.

Überdauerungsorgane dienen zur Überwindung von Ruhephasen der Vegetation, die durch Kälte (*Winterknospen*) oder Trockenheit nötig werden. Nach den Überdauerungsorganen werden verschiedene ↗Raunkiaer'sche Lebensformen unterschieden.

überdeckter Karst ↗Karstlandschaft.

Überdüngung, nicht fachgerechte ↗Düngung, die zu einer übermäßigen Anreicherung des Bodens mit Nährstoffen, die das Wachstum von ↗Kulturpflanzen fördern, ihren Ertrag steigern und ihre Qualität verbessern sollen, führt. Eine Überdüngung kann sowohl mit Mineraldünger, der die Hauptnährelemente Stickstoff, Phosphor, Kalium und Calcium enthält, als auch mit wirtschaftseigenem organischen Dünger in Form von Gülle, Jauche, Stallmist, Kompost oder Klärschlamm erfolgen, die überwiegend stickstoffhaltig sind. Überdüngung ist ein neuzeitliches Problem, das sich im Zuge der Entwicklung des Mineraldüngers und der ↗Massentierhaltung in der zweiten Hälfte des 20. Jh. entfaltet hat. Der Höhepunkt der Entwicklung ist in Deutschland überschritten und die Düngergaben aus betriebswirtschaftlichen und ökologischen Überlegungen rückläufig, wenn auch noch immer vielfach zu hoch. Zu einer Überdüngung kommt es insbesondere dann, wenn die entscheidenden Faktoren einer fach-und umweltgerechten Düngung aus Unkenntnis oder mangelndem Willen nicht berücksichtigt werden: der zum Zeitpunkt der Düngung vorhandene Nährstoffgehalt des Bodens sowie seine Nährstoffspeicherkapazität, der tatsächliche Bedarf der Kulturpflanze an Düngemittel und der geeignete Zeitpunkt der Düngemittelgabe. Zu hohe und häufige Düngergaben nicht selten in Verbindung mit dem falsch gewählten Zeitpunkt führen dazu, dass nicht alle Nährstoffe von den Pflanzen aufgenommen oder dem Boden gespeichert werden können, sondern vom Niederschlagswasser ausgewaschen werden. Die ausgeschwemmten Nährstoffe gelangen mit dem oberflächlichen Abfluss des Niederschlages oder mit dem Sickerwasser in den Vorfluter bzw. ins Grundwasser und beeinträchtigen die Wasserqualität zum Teil erheblich. Aufgrund bodenchemischer Besonderheiten unterliegen vor allem ↗Nitrate einer leichten und raschen Auswaschbarkeit. Entsprechend weist das Grundwasser in landwirtschaftlich intensiv genutzten Gebieten bzw. in räumlicher Nähe zu diesen zu hohe, zum Teil gesundheitsgefährdende Nitratwerte auf. In den Oberflächengewässern wirken Nitrate ebenso wie Phosphate eutrophierend und sauerstoffzehrend. Die Gewässerüberdüngung hat ihren Ursprung aber nicht allein in der Landwirtschaft, sondern ist im wesentlichen durch den Einlauf von nicht oder unzureichend geklärten Haushalts- und Industrieabwässern bedingt. Eine in der Landwirtschaft praktizierte Überdüngung kann aber auch betriebswirtschaftliche Schäden zur Folge haben: nicht nur aufgrund des schlechteren Kosten-Nutzen-Verhältnisses, das durch übermäßige Nährstoffgaben erfolgt, sondern auch durch direkte Schädigung bzw. schädigende Nebeneffekte an der Anbaukultur selbst. [ES]

Überflusspolje ↗Polje.

Überflutung, Überschreitung des bordvollen ↗Abflusses (bankfull discharge) und Austreten des Flusswassers in die Talaue (↗Aue).

Überflutungsmoor ↗Moore.

Übergangsgebiet, ungenaue Bezeichnung für die allmähliche Abwandlung von Bestandteilen der geosphärischen Substanz zwischen Gebieten mit weitgehend gleichartiger Ausbildung der geosphärischen Substanz (Boden, Wasserhaushalt, natürliche Vegetation, Relieftyp). Vor allem großräumig, d. h. in der regionischen und geosphärischen Dimension, vollzieht sich die Veränderung der Geoökosysteme unter dem Einfluss des sich im Raum mehr oder weniger allmählich wandelnden Makroklimas, das an die ↗Atmosphäre als kontinuierlichem Bestandteil der ↗Geosphäre gebunden ist. Übergänge zwischen ↗Biomen bzw. ↗Ökosystemen werden als ↗Ökotone beschrieben, solche zwischen Ökotop- bzw. Biotopkomplexen, im Sinne von Raumgefügen, auch als Saumökotope bzw. *Saumbiotope*.

Übergangskegel ↗glazifluviale Akkumulation.

Übergangsmoor ↗Moore.

Übergangszone, *Zone of/in Transition*, im ↗konzentrischen Ringmodell der Stadt auftretende Zone. Die Übergangszone befindet sich zwischen ↗Central Business District und peripheriewärts anschließenden Wohngürteln. Als Zone of Transition mit Industrie- und Gewerbebetrieben sowie Wohnungen geringen Standards aus der Zwischenkriegszeit ist sie von der Abwanderung des Mittelstandes und Degradierungserscheinungen geprägt. Seit den ausgehenden 1950er-Jahren durch ↗Totalsanierung größtenteils als interimistisch genutzte Baulandreserve (Parkplätze) aufgelassen.

Überhälter, bei der Waldbewirtschaftung (↗Mittelwald) stehen bleibende Altbäume, die der Samenproduktion und der Produktion wertvollen Stammholzes dienen.

Überhöhung, Effekt bei der ↗stereoskopischen Bildbetrachtung; Gebäude erscheinen höher, Berge und Hänge erscheinen steiler als bei räumlichen Betrachtung des menschlichen Auges. Überhöhung ist bedingt durch einen relativ großen Abstand der ↗Bildhauptpunkte, dadurch entsteht im betrachteten Stereobildpaar (Parallaxe) ein im Vergleich zum normalen räumlichen Sehen des Menschen verstärkter Stereoeffekt.

Überidentifikation ↗going native.

Überlaufquelle, besondere Form der Schichtquelle, bei der Grundwasser an eine gegen die Oberfläche ansteigende Schicht geringerer ↗Permeabilität austritt. Dies geschieht nach einem Grundwasseranstieg, z. B. infolge einer längeren Niederschlagsperiode.

Überlebensstrategie, 1) *Biogeographie*: genetisch determinierte Reaktionsmuster oder Komplex von Verhaltensweisen bezüglich einschränkender Lebensumstände. Der Begriff ↗Strategie entstammt der Spieltheorie und impliziert ein zielgerichtetes Verhalten. Daher wurde dieser Terminus vor allem bezüglich seiner Anwendung auf Pflanzen kritisiert. Im ökologischen Zusammenhang ist eine *ökologische Strategie* jedoch als Verhaltensmuster bzw. Reaktionsmuster anzusehen, mit welchem Organismen auf Umwelteinflüsse reagieren können. Sie kennzeichnet die Befähigung zu oder das Potenzial für bestimmte Reaktionen. Strategien werden durch ↗Selektion gefördert und weiterentwickelt. Charles Darwin (1809–1882) postulierte die natürliche Selektion als einen entscheidenden Evolutionsfaktor (»survival of the fittest«).

Als Überlebensstrategien i. e. S. sind zunächst Reaktionen auf regelhaft auftretende Umweltbedingungen zu nennen. Die Ressourcennutzung folgt z. B. bestimmten artspezifischen Mustern. Wenn die *ökologische Valenz* bzw. das ökologische Potenzial lediglich die Reaktionsbreite von Organismen bezüglich bestimmter Umweltbedingungen absteckt, so beschreibt eine ökologische Strategie zusätzlich die erforderliche raumzeitliche Organisation und spezifische Verhaltensweisen. Eine zweite Kategorie bilden die Reaktionen auf außergewöhnliche Störungen und auf Stress, d. h. auf eine Beeinträchtigung der Lebensabläufe. Derartige Strategien sind vor allem in ephemeren Lebensräumen und bei Eintreten unvorhersehbarer Ereignisse wirksam. Das Vorhandensein derartiger genetisch fixierter Reaktionsmuster mag daher über längere Zeiträume unbedeutend sein, in Extremsituationen aber das Überleben sichern.

Als Form der sozialen Strategie kann das Konkurrenzverhalten (»competitive ability«) angesehen werden. Auch bei ausreichender Ressourcenverfügbarkeit und bei Fehlen von mechanischen Störungen kann das Überleben von Organismen durch konkurrierende Individuen gefährdet sein. Die auf die Fortpflanzung bezogenen Verhaltensmuster können als Reproduktionsstrategie aufgefasst werden. Sie zählen nur bedingt zu den Überlebensstrategien, gewährleisten jedoch z. B. über die Brutpflege das Fortbestehen des Genpools. Die koevolutive Ausbildung bestimmter Blütenformen mit voraussichtlichem Bestäubungserfolg durch bestimmte Vektororganismen gehört ebenfalls hierhin.

2) *Sozialgeographie*: von Individuen, Haushalten oder Gruppen verfolgte Strategie des wirtschaftlichen und sozialen Handelns, die auf die Sicherung der physischen Existenz der Mitglieder gerichtet ist. [CBe]

Übernutzung, Nutzungsweise von Böden, Gewässern sowie Pflanzen- und Tierbeständen (↗Überweidung), die zugunsten kurzfristig erzielbarer Erträge und Gewinne raubbauartig vorgeht (↗Ausbeutung) und die ↗Regeneration auf Dauer ausschließt. Beispiele für Übernutzungen sind: in historischer Zeit die im Gemeinschaftseigentum (↗Allmende) stehenden mitteleuropäischen Bauernwälder, die ohne Waldbau und -pflege für Waldweide, ↗Streunutzung, Bau-, Werk- und Brennholzgewinnung genutzt wurden und zu mageren Grasfluren, ↗Heiden oder ↗Ödland degradierten (aber nicht selten Lebensgemeinschaften mit Naturschutzwert entstehen ließen); in aktueller Zeit die Nutzung der Fischbestände der Weltmeere durch große Fischereiflotten (↗Fischwirtschaft).

Übersättigung, Zustand einer feuchten Luftmasse, in der die relative ↗Feuchte 100 % übersteigt und damit der Wasserdampfgehalt höher ist, als es dem thermodynamischen Gleichgewichtszustand zwischen ↗Wasserdampf und ↗Wasser bzw. ↗Eis entspricht. Üblicherweise beziehen sich Angaben zur Übersättigung auf eine ebene Fläche von reinem Wasser. Im Zustand der Übersättigung tritt ↗Kondensation ein. Zur Bildung von Tropfen ist aufgrund des ↗Krümmungseffekts allerdings eine deutlich höhere Übersättigung nötig als bei ebenen Wasserflächen (Abb.).

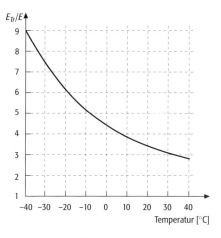

Übersättigung: Notwendige Übersättigung zum Einsetzen homogener Kondensation (Bildung eines initialen Tropfens) in Abhängigkeit der Temperatur (E_{Tr}/E = Übersättigung).

Die notwendige Übersättigung E_{Tr}/E ergibt sich aus einer Gleichung von Lord Kelvin:

$$\frac{E_{Tr}}{E} = \exp\left(\frac{2\sigma \cdot m}{\varrho_w \cdot R_w \cdot T} \cdot \frac{1}{r}\right)$$

mit E_{Tr} = ↗Sättigungsdampfdruck über einem Tropfen und E = über einer ebenen Wasserfläche, σ = Oberflächenspannung von Wasser, m = Molekulargewicht von Wasser, ϱ_W = Dichte von Wasser, R_w = spezifische Gaskonstante für Wasserdampf, T = Temperatur und r = Tropfenradius. Die Übersättigung ist abhängig vom Tropfenradius sowie der Temperatur und kann durch den Lösungseffekt herabgesetzt werden. [JB]

Überschiebung, strukturgeologische Bezeichnung für die Bewegung eines Gesteinsverbands entlang einer horizontalen oder flach geneigten Fläche, der Überschiebungsbahn, auf einen anderen Gesteinsverband oder über diesen hinweg.

Durch eine Überschiebung werden ältere auf jüngeren Schichten gestapelt. Wird der überschobene Gesteinsverband von seiner Wurzel gelöst und als isolierter Komplex transportiert, so spricht man von Deckenüberschiebung (↗Decke).

Übersiedler ↗Ost-West-Wanderung.

Überstauung, ansteigendes Grundwasser bzw. sich oberflächennah sammelndes Niederschlagswasser führen zur Überstauung, d. h. Wasser steht über der Bodenoberfläche, im Gegensatz zur Überflutung oder Überschwemmung, bei denen heranströmendes Wasser die hohen Wasserstände verursacht. Überstauung führt zu Sauerstoffmangel im Boden (Grund- und ↗Stauwasserböden), was zu speziellen Anpassungen der Pflanzen geführt hat (↗Sumpfpflanzen, ↗Flutrasen).

Übersterblichkeit, erhöhte Mortalität z. B. sozial oder ethnisch definierter Bevölkerungsgruppen (↗Lebenserwartung). Beachtung finden auch geschlechtsspezifische Unterschiede. Frauen leben im Allgemeinen länger als Männer. Im Deutschen Reich betrug die Differenz Anfang des 19. Jh. 3,9 Jahre, 1996 sogar 6,14 Jahre. Diese Größenordnung liegt heute in allen ↗Industrieländern vor, fällt in den Nachfolgestaaten der Sowjetunion mit bis zu 12 Jahren sehr hoch aus. In vielen ↗Entwicklungsländern wird die natürliche Übersterblichkeit der Männer durch die soziokulturelle Benachteiligung von Frauen abgeschwächt. In Indien gibt es sogar eine Übersterblichkeit bei Frauen unter 30 Jahren.

Überstockung, übermäßiger Viehbesatz auf Weideland mit ↗Überweidung als Folge.

Übertrittsrate, Anteil der Schüler, die an einer Nahtstelle des Schulsystems von einer ↗Schulform (oder Ebene des Bildungssystems) in eine andere übertreten. Theoretisch kann auch der Aufstieg innerhalb derselben Schulform von einer Schulstufe in die nächste als Übertrittsrate bezeichnet werden; ein solcher Indikator hätte jedoch nur eine geringe Aussagekraft. Für Übertrittsraten interessante Nahtstellen des Schulsystems sind beispielsweise der Abschluss der vierten Schulstufe einer Grundschule, der Abschluss einer Pflichtschule oder der Abschluss des Abiturs. Übertrittsraten in die obersten Ebenen des Bildungssystems gehören zu den aussagekräftigsten Indikatoren des ↗Bildungsverhaltens. Wenn sehr kleine räumliche Areale Basis der Analyse sind, sollten wegen der statistischen Zufallsschwankung die Übertrittsraten mehrerer Jahre zusammengefasst werden. ↗Schülerverlaufsstatistik. [PM]

Übervölkerung, ein Zustand, bei dem die Bevölkerungszahl eines Gebietes zu einem bestimmten Zeitpunkt höher als dessen ↗Tragfähigkeit ist (↗Bevölkerungsmaximum, ↗Bevölkerungsoptimum). Übervölkerung bezeichnet auch eine Entwicklung, die zu diesem Missverhältnis oder zu ↗Bevölkerungsdruck führt (↗Malthus). Ursachen für eine solche Tendenz können das Bevölkerungswachstum selbst sein, aber auch Änderungen bei den naturräumlichen, sozioökonomischen oder technologischen Rahmenbedingungen.

überwachte Klassifizierung, *supervised classification*, Verfahren der ↗digitalen Bildverarbeitung bei der ↗Klassifizierung von Satellitenbildern. Für die unterschiedlichen Objektklassen (z. B. Landnutzungsklassen) werden im Gegensatz zur ↗unüberwachten Klassifizierung die zugehörigen Grauwertverteilungen (↗Grauwertbild) in allen verfügbaren ↗Spektralbereichen ermittelt. Dazu bedarf es des Zusatzwissens über die räumliche Lage einzelner Beispiele der zu klassifizierenden Objektkategorien. Diese möglichst idealtypischen Beispiele (Referenzflächen oder ↗Trainingsgebiete genannt) werden als Polygone abgegrenzt. In einem automatischen Rechenverfahren werden anschließend anhand von Ähnlichkeitsmaßen zu den Grauwerteverteilungen der Trainingsgebiete die einzelnen Bildpunkte den vorweg durch die Trainingsgebiete definierten Klassen zugeordnet. Multivariate Rechenverfahren dazu sind die Minimum-Distance-Klassifizierung oder das Maximum-Likelihood-Verfahren. Rechnerisch einfacher ist die Box-Klassifizierung, bei der anhand der Trainingsgebiete ein Grauwertintervall pro Spektralbereich zur Kennzeichnung einer Objektklasse herangezogen wird. Von der sorgfältigen Wahl der Trainingsgebiete hängt die Qualität der Klassifikation ab. Je kleiner die Streuung der Daten des Testgebietes, desto homogener ist die so definierte Klasse. Bestimmte Klassen lassen sich aber nur schwer eindeutig definieren und der Aufnahmezeitpunkt sowie Geländemerkmale spielen dabei auch eine Rolle. Die Brauchbarkeit der Daten aus den Trainingsgebieten kann anhand von jeweils zweidimensionalen ↗Scattergrammen geprüft werden, wobei die Verteilung der spektralen Signaturen der Objektklassen als Streuungsellipsen dargestellt werden. So kann visuell geprüft werden, in welchen Spektralbereichen eine Objektklasse sich von den übrigen besonders gut absetzt. Das Ausmaß der Überschneidung der Streuungsellipsen gibt an, welche Objektklassen mit dem vorliegenden Datensatz nur mangelhaft bzw. nicht voneinander unterschieden und abgetrennt werden können. Auch überwachte Klassifikationen liefern dann nur unsichere Ergebnisse. Die Objektklassen müssen in diesem Fall zu einer übergeordneten Klasse zusammengefasst werden. Die Abbildung ↗Fernerkundung im Farbtafelteil zeigt das Ergebnis einer überwachten Landnutzungsklassifikation zweier ↗Landsat TM-Aufnahmen von Peloponnes, Griechenland. [MS]

Überweidung, liegt vor, wenn die ↗Tragfähigkeit einer Weidefläche überschritten ist. Je nach Vegetationstyp geht man von einer nachhaltigen Weidenutzung von 20–50 % der Primärproduktion aus. Bei der Nutzungsintensität der beweideten Pflanzenarten ergeben sich sowohl erhebliche artspezifische als auch saisonale Präferenzen im Weideverhalten. Die saisonal bedingte Veränderung der Akzeptanz beweideter Pflanzen ergibt sich aus unterschiedlichen phänologischen Phasen. So steigt beispielsweise die Akzeptanz der

Kermeseiche (*Quercus coccifera*), einer omnimediterranen Art, nach Untersuchungen im Norden Tunesiens im Frühjahr (Sprossbildung und Blattschieben) sowie im Herbst (Eichelreife). Eindrucksvoll lässt sich die unterschiedliche Bevorzugung beweideter Pflanzenarten anhand des Selektivitätsindexes nachweisen. Dieser berechnet sich aus der Häufigkeit der jeweiligen Pflanzenart und ihrer Nutzung durch Weidetiere. Von elf mediterranen Straucharten erreichte die Zwergpalme (*Chamaerops humilis*) den höchsten Index (9,8), die Vielblütige Erica (*Erica multiflorum*) den niedrigsten mit 0,09. Werden zu hohe Besatzdichten und eine zu lange Beweidungsdauer gewählt, dann wird die Vitalität der Arten erheblich reduziert und verstärkt sterben Individuen ab. Eine zunehmende ↗Defoliation kann als eindeutiger Indikator gewertet werden. Schließlich fällt die ↗Biodiversität rapide ab, und es bleibt schließlich nur noch eine artenarme Affodill-Flur oder gar eine Barstelle, die das Erosionsgeschehen gerade bei mediterranen ↗Starkregen erheblich beschleunigt. Findet dagegen nur eine vergleichsweise geringe Beweidung statt, können sich die daraus resultierenden Störeinflüsse sogar günstig auf die Artenvielfalt auswirken. So konnte man in Naxos (Griechenland) auf beweideten Testflächen von 25 m^2 für Europa extrem hohe Artendichten von bis zu 119 Sippen an Blütenpflanzen nachweisen. [MM]

Überwinterung, erfolgt unter Ausnutzung verschiedener Strategien zum Überstehen der vegetationsfeindlichen, kalten Jahreszeit. Kritisch sind drei Faktoren: a) Frost (vgl. ↗Kälteresistenz); b) Frosttrocknis, verringerte Wasserverfügbarkeit durch Ausfrieren des Wassers und Erniedrigung des Wasserpotenzials in der Umgebung der Zellen und der ganzen Pflanze (auch im Boden). Vor diesen beiden Faktoren schützt sich eine Pflanze durch Ausbildung speziell angepasster Überdauerungsorgane. Besondere Probleme haben hier Nadelgehölze, bei denen die Nadelblätter über mehrere Jahre funktionsfähig bleiben, also auch (häufig bei extremer Kälte) überwintern müssen. c) Schneebedeckung durch ↗Schneedruck sowie reduzierten Gasaustausch und Lichteinfall. Andererseits sind schneebedeckte Pflanzen auch vor Wind, Kälte und Austrocknung geschützt, sodass auch die Anpassung an Schneebedeckung eine Überwinterungsstrategie sein kann. [MSe]

Ubiquist, *Generalist*, Organismus ohne erkennbare Bevorzugung eines bestimmten Lebensraums.

Ubiquität, Begriff aus der ↗Wirtschaftsgeographie und Kommunikationstheorie, der die allgemeine Verfügbarkeit eines Gutes (z. B. in ↗Standorttheorien), eines sozialen Faktums oder einer Information bezeichnet.

Ufer ↗Uferböschung.

Uferbank, stromabwärts wandernde wechselseitige Bankformen, die in relativ gleichmäßigen Abständen abwechselnd an beiden Ufern auftreten. Zumindest der oberstromige Abschnitt einer solchen ↗Bank ist direkt mit dem Ufer verbunden. Bei einem gestreckten Flusslauf lösen sie einen leicht geschwungenen ↗Talweg aus.

Uferbanksediment, flussbegleitende Sedimentablagerung (beidseitig), die durch Ablagerung von gröberem Sediment bei Ausuferung (↗Überflutung) unmittelbar am Ufer erfolgt.

Uferböschung, der Bereich eines Gewässers, der sich zwischen der Uferlinie und der Niedrigwasserlinie erstreckt. Das *Ufer* stellt die seitlichen Begrenzungen eines ↗Gerinnebettes dar, seine untere Erstreckung ist durch die Niedrigwasserlinie markiert, die obere Grenze ist durch die beginnende Ausuferung in die flussbegleitende ↗Aue gekennzeichnet. Das Ufer weist häufig einen deutlichen Geländeknick auf, der als Uferkante oder Böschungskrone bezeichnet wird. Unterhalb dieser Kante befindet sich die *Uferlinie*, die sich entlang der Ausdehnung des Mittelwasserstandes erstreckt. Der Abschnitt zwischen dieser natürlichen Begrenzungsmarke und der Niedrigwasserlinie stellt die Uferböschung dar, die mit einem sog. Böschungsfuß zur ↗Gewässersohle übergeht. An der Böschung kann sich eine vegetationsbestandene, produktionsreiche Zone für Flora und Fauna ausbilden. Art und Umfang der Böschungsvegetation zeigen die morphologische Entwicklungsbereitschaft und -aktivität des Fließgewässers an. Je nach ↗Fließgewässertyp sind unterschiedliche Böschungsstrukturen vorherrschend. [II]

Uferdamm, natürliche morphologische Struktur entlang des Ufers eines ↗Prallhanges oder auch natürliches Formelement eines ↗Dammuferflusses.

Uferlinie ↗Uferböschung.

Ufermaterial, das natürlicherweise auftretende Substrat entlang eines Gewässers. Es kann dem natürlichen Bettmaterial entsprechen oder auch in seiner Zusammensetzung erheblich von diesem abweichen. Möglich ist das Auftreten sämtlicher ↗Bodenarten (vgl. ↗kohäsive Sedimente). Es kann sich ebenfalls um künstliches Material handeln, das zur ↗Ufersicherung verwendet wird. Bei den Materialien des Uferverbaus wird nach Steinschüttungen, Steinwurf, Steinsatz, Pflaster, Beton, Mauerwerk, wildem Verbau (laienhafte Verbauung mit Bauschutt, Schrott usw.), Holzverbau, ↗Lebendverbau und Böschungsrasen unterschieden.

Ufermoräne ↗Moränen.

Ufersicherung, *Uferverbau*, anthropogen erstellte Flussbaumaßnahme zur Verhinderung natürlicher Laufverlagerungen. Die Sicherung der Ufer, die sich linear oder punktuell entlang eines Gewässers erstrecken kann, erfolgt durch verschiedene Uferverbautypen und mit verschiedenen ↗Ufermaterialien. Ufersicherungen unterbinden einen Geschiebeeintrag in ↗Fließgewässer. Konsequenz daraus ist ein Geschiebedefizit im Bereich des ↗Gewässerausbaus und in der stromabwärtigen Flusslaufstrecke. Da die Ufer befestigt sind, können sich die Angriffskräfte des Gewässers nur noch an der ↗Gewässersohle auswirken, sodass anstelle früherer ↗Seitenerosion eine verstärkte ↗Tiefenerosion tritt. Es kann zur Tieferschaltung der Sohle kommen, die mit einer Senkung des Flusswasserspiegels sowie des Grundwasserspiegels einhergeht. Die Ufersicherung stellt einen Schadparameter bei der Erfassung und Bewertung der ↗Gewässerstrukturgüte dar. Durch ihn wird beurteilt, in welchem Ausmaß das Verlagerungspotenzial eines Fließgewässers eingeschränkt ist. [II]

Uferstreifen, *Gewässerrandstreifen*, der Saum entlang eines Gewässers, der sich unmittelbar an die Oberkante der ↗Uferböschung anschließt. In der ↗Kulturlandschaft ist dieser Geländestreifen in der Regel stark in seiner Ausdehnung eingeschränkt oder verschwunden. Die Erhaltung bzw. Anlage von Uferstreifen in ausreichender Breite ist von besonderer Bedeutung für den Gewässerschutz. Der gewässerparallele Raum übt eine Pufferwirkung zwischen dem Gewässer und den angrenzenden Nutzflächen aus und dient als Filter gegen Stoffeinträge. Es kann sich um ein Element linearer Biotopvernetzung handeln, das idealtypisch einen Entwicklungs- und Überflutungsraum für das Fließgewässer darstellt, als natürliche ↗Ufersicherung dient sowie eine Strukturvielfalt und Beschattung des Wasserkörpers auslöst. Uferstreifen werden als Parameter bei der Erfassung und Beurteilung der ↗Gewässerstrukturgüte herangezogen. [II]

Ufervegetation, Vegetation an Ufern von Fließ- und Stillgewässern im Grenzbereich zwischen Litoral und Aue; im natürlichen oder naturnahen Zustand Lebensraum zahlreicher Tierarten. Durch wasserbauliche Maßnahmen im 20. Jh. weitgehend verdrängt, wird die Entwicklung typischer Ufervegetation, wie Röhrichte und Ufergehölze, mittlerweile im Rahmen von Renaturierungsmaßnahmen (↗Renaturierung) zur Erhöhung des Strukturreichtums von Gewässer und Landschaft gefördert. Die Ufervegetation trägt darüber hinaus zum Erosionsschutz der Ufer und zum Schutz vor Schadstoffeinträgen ins Gewässer bei.

Uferwall, *Rehne, Rähne, Ufersandbankkrippen*, auf einem ↗Gleithang entlang eines mäandrierenden Flusslaufes abgelagertes ↗Gerinnebettmaterial. Uferwälle entstehen durch die ↗Migration der ↗Mäander. Sie bestehen aus vergleichsweise grobkörnigen Gleithangsedimenten, die sich jedoch aus wesentlich feineren Kornfraktionen zusammensetzen als die groben Ablagerungen am ↗Prallhang mit seinen Uferdämmen. Die Ufersandbankkrippen können mehrfach aneinandergereiht auftreten. Sie zeichnen durch ihren früheren gleithangparallelen Verlauf die Verbreitung ehemaliger Mäanderbögen nach.

Uferwalze, ↗Wasserwalze, die sich in Ufernähe bildet.

Ullman, *Edward Louis*, amerikanischer Geograph, geb. 24.7.1912 Chicago, gest. 24.4.1976 Seattle. Nach dem Studium in Chicago und seinem Master-Abschluss an der Harvard Universität übernahm Ullmann 1935 eine Dozentenstelle für ↗Wirtschaftsgeographie am State College in Washington. 1938 setzte er in Chicago sein Studium der ↗Geographie, Volkswirtschaft und ↗Raumplanung fort. Noch bevor er dort 1942 promoviert wurde, erschien seine für die Stadtsystemforschung wegweisende Arbeit »A theory of location for cities«. Nur wenige Jahre später publizierte er gemeinsam mit Ch. D. Harris die inzwischen in der ↗Stadtgeographie klassisch gewordenen Grundsatzerörterungen zum ↗Mehrkernmodell. 1946 erhielt Ullmann einen Ruf als Professor für Regionalplanung an die Harvard Universität. 1951 wechselte er als Professor für Geographie nach Seattle, wo er nur durch kurze Auslandsaufenthalte in Italien, England, Kanada, Österreich, Russland und Israel unterbrochen bis zu seinem Tode 1976 wirkte. Seine Ideen haben die Entwicklung der ↗Humangeographie in der Zeit nach dem Zweiten Weltkrieg nachhaltig beeinflusst, insbesondere die Diskussion zum ↗Zentrale-Orte-Konzept, die Stadtsystem- und Stadtstrukturforschung sowie die ↗Verkehrsgeographie. Seine posthum herausgegebene Schriften konzentrieren sich auf die Analyse räumlicher Interaktionsformen. [HB]

Ultisols, Bodenordnung der US-amerikanischen ↗Soil Taxonomy. Stark verwitterte, basenarme Mineralböden mit ↗Lessivierung und einer ↗Basensättigung (in 1 M NH_4-Acetat) < 35 % im Tonanreicherungshorizont. Ultisols entstehen bevorzugt auf silicatischen Ausgangsgesteinen und entsprechen teilweise den Bodentypen der Klasse der Plastosole (↗Fersiallit) in der ↗Deutschen Bodensystematik.

Ultraschall-Schneehöhenpegel ↗Schneehöhenmessung.

Ultraviolettstrahlung ↗Strahlungsspektrum.

Umbrisols [von lat. umbra = Schatten], Bodenklasse der ↗WRB-Bodenklassifikation; Mineralböden mit mächtigem, dunkel gefärbten, humusreichen, sauren, basenarmen ↗A-Horizont, dessen ↗Basensättigung (in 1 M NH_4-Acetat) weniger als 50 % beträgt. Umbrisols treten typischerweise in kühl-gemäßigten, humiden Klimaten mit starker Auswaschung der Böden auf.

Umkehrmethode, *Umkehrverfahren*, Verfahren in der ↗Infrarotthermographie, bei dem die Farbgebung umgekehrt wird, sodass Falschfarbenbilder entstehen.

Umlaufberg, entsteht, wenn es in der Schlinge eines ↗Talmäanders infolge der Annäherung zweier ↗Prallhänge (↗Seitenerosion) zu einer Mäanderabschnürung und damit zu einer Laufverkürzung kommt. Übrig bleibt ein meist trockenfallendes oder nur noch von einem kleinen Bach entwässertes *Umlauftal*, das den Umlaufberg umschließt.

Umlauftal ↗Umlaufberg.

Umstrukturierung, Reorganisation einzelner Wertschöpfungsphasen oder eines gesamten Unternehmens, d. h. der Beschaffungs-, der Produktions- und der Absatzstruktur. Eine Reorganisation des Produktionsprozesses kann durch Zerlegung in einzelne Wertschöpfungseinheiten erfolgen, die entsprechend den Standortanforderungen räumlich getrennt und durch Transport und Kommunikation wieder verbunden werden. Die Maßnahmen zur Verbesserung der ↗Produktivität und der Produkte zielen letztlich darauf, zu den besten Unternehmen (benchmark) aufschließen zu können.

Ullmann, *Edward Louis*

Umtriebsweide, *Rotationsweide*, wie die Koppelweide und die ↗Portionsweide eine ↗Weide mit räumlicher Begrenzung des täglichen Weideganges. Bei der Umtriebsweide wird durch Unterteilung der Weidefläche in 10–20 umzäunte Felder (↗Koppeln) eine rationale Bestandsausnutzung und Wuchserneuerung ermöglicht. Die kurzfristig erhöhte Beweidungsintensität schränkt das selektive Fressen ein und fördert die Allgemeinnutzung. Die übrig bleibenden Weideunkräuter werden nach Abschluss der Beweidung beseitigt. Danach wird eine Ruhephase ohne Beweidung eingeschaltet. Zusätzlich erfolgt eine Nachdüngung. Der Grasüberschuss im Frühjahr und Frühsommer wird als Silage oder Heu konserviert. Umtriebsweiden finden sich bevorzugt bei Flächenknappheit und ungünstigeren Standortvoraussetzungen.

Umwelt, *environment* (engl.), definiert 1921 durch v. Uexküll als wesentlicher Begriff in der ↗Ökologie. Ihr lassen sich diverse Bedeutungen und Verwendungsgebräuche zuordnen. So existieren etwa in wichtigen gesellschaftlichen Bereichen, wie der Rechtsprechung und der ↗Umweltpolitik keine einheitlichen Definitionen des Umweltbegriffes. Beispielsweise bezieht die ↗Umweltverträglichkeitsprüfung auch Wirkungen auf Kultur- und Sachgüter in den Untersuchungskanon mit ein. Folgende Definitionen und Inhalte des Begriffes Umwelt lassen sich nennen:
a) psychische Umwelt, sinnlich wahrnehmbarer Bereich der Umgebung eines tierischen oder menschlichen Individuums (Merkwelt);
b) physiologische Umwelt, Summe aller dirket auf ein Lebewesen (Mensch, Pflanze, Tier) einwirkender Faktoren (Wirkwelt);
c) ökologische Umwelt, wird gebildet aus der Gesamtheit aller direkt und indirekt wirkenden ↗Ökofaktoren, die auf einen Organismus einwirken und materieller, physikalischer, energetischer oder informatorischer Natur sein können;
d) minimale Umwelt (Menge der existenznotwendigen Ökofaktoren, die ein Individuum bzw. eine Population für seine Lebens- und Reproduktionsprozesse benötigt);
e) soziologische Umwelt (gesamte Umgebung eines Menschen bzw. einer gesellschaftlichen Gruppe inklusive seiner gesellschaftlichen Kontakte, Verbindungen und Abhängigkeiten);
f) kosmische Umwelt als Erweiterung der genannten Umweltbegriffe auf die Wirkungen anderer Himmelskörper;
g) begrifflich sehr unscharf auch synonym zu ↗Habitat verwendet. [TBu]

Umweltanalyse, nicht einheitlich definierter Begriff, der die Untersuchung der Umweltsituation anhand von Indikatoren beinhaltet. Häufig werden Umweltanalysen konkret auf analytische Verfahren zum Nachweis von Schadstoffen u. Ä. bezogen. ↗Umweltverträglichkeitsprüfung.

Umwelt-Audit, *Öko-Audit*, ein aus der Betriebswirtschaft stammendes, systematisches, dokumentiertes und turnusmäßig sich wiederholendes Prüfungsverfahren, bei dem Institutionen freiwillig ihre Aktivitäten im Hinblick auf deren Umweltauswirkungen offenlegen. Als eine Art »UVP des laufenden Betriebs« (↗Umweltverträglichkeitsprüfung) gehört das Umwelt-Audit damit in die Reihe der Monitoring- bzw. Evaluierungsverfahren in der ↗Umweltplanung.
Wichtige Rechtsgrundlage für das Umwelt-Audit ist die am 13. Juni 1993 in Kraft getretene EG-Verordnung über die freiwillige Beteiligung gewerblicher Unternehmen an einem Gemeinschaftssystem für das Umweltmanagement und die Umweltbetriebsprüfung (Eco Management and Audit Schema = EMAS-Verordnung). Ziel der EMAS-Verodnung ist die Förderung der kontinuierlichen Verbesserung des betrieblichen Umweltschutzes im Rahmen der gewerblichen Tätigkeiten durch: a) Festlegung und Umsetzung standortbezogener Umweltpolitik, -programme und -managementsysteme durch die Unternehmen; b) systematische, objektive und regelmäßige Bewertung der Leistung dieser Instrumente und c) Bereitstellung von Informationen über den betrieblichen Umweltschutz für die Öffentlichkeit. Eine Ausweitung dieser Verordnung auf alle Organisationen mit Umweltauswirkungen ist geplant. Der EMAS-Verordnung zufolge müssen sich Betriebe, die sich dem Audit-Prozess unterziehen, über die Einhaltung von Umweltvorschriften hinaus verpflichten, negative Umweltauswirkungen durch die Anwendung der besten verfügbaren Technik kontinuierlich abzubauen. Mithilfe organisatorischer Regelungen wie der Festlegung von Verantwortlichkeiten und Abläufen (Umweltmanagementsystem) sollen negative Umweltauswirkungen bereits im Vorfeld vermieden werden.
Als erster Schritt des Umwelt-Audits ist eine Umweltprüfung durchzuführen, d. h. eine Bestandsaufnahme (Erfassung der Umweltauswirkungen an einem Betriebsstandort sowie der Informationen über Verantwortlichkeiten und Kommunikationswege). Auf dieser Datengrundlage sind ein standortbezogenes Umweltprogramm und ein Umweltmanagementsystem als Teil des Gesamtmanagementsystems aufzubauen. Es umfasst Organisationsstruktur, Zuständigkeiten, Abläufe und Mittel zur Durchführung der Umweltpolitik. Danach kann die Umweltpolitik des Betriebs mit der Hilfe von Umweltzielen über das Umweltprogramm in ein konkretes Maßnahmenbündel umgesetzt werden. Im Rahmen der internen Umweltbetriebsprüfung werden die Umweltdaten, die Erreichung der Umweltziele, die Erfüllung des Umweltprogrammes als auch die Eignung des Umweltmanagementsystems überprüft. In der abschließenden, für die Öffentlichkeit bestimmten Umwelterklärung werden die wesentlichen Daten, Leistungen und Absichten dargestellt.
Ein externer und unabhängiger Umweltgutachter überprüft anschließend den gesamten geschilderten Ablauf und den Entwurf der Umwelterklärung und validiert diese.
Hat ein Unternehmen für einen Standort die entsprechenden Anforderungen der EMAS-Verordnung erfüllt, erfolgt bei den zuständigen Indust-

rie- und Handelskammern die Registrierung. Der Betrieb kann die Teilnahmebestätigung der EU für seine Öffentlichkeitsarbeit verwenden.
Überschneidungen der EMAS-Verordnung ergeben sich zu den ISO-Normen für Qualitätsmanagementsysteme (ISO 9.000-Reihe) und für Umweltmanagementsysteme (ISO 14.000-Reihe). Allerdings gehen die Anforderungen der EMAS-Verordnung in der Regel über die der ISO-Normen hinaus.
Bisherige Erfahrungen zeigen, dass das Umwelt-Audit nicht nur Ressourcen und Kosten sparen hilft, sondern über die im Verfahren eingesetzten Kommunikationsstrukturen (z. B. »Runde Tische«) auch zur Bewusstseinsbildung beiträgt. Aus diesem und anderen Gründen könnte das Umwelt-Audit neben der ↗kommunalen Umweltverträglichkeitsprüfung und dem Prozess »Lokale Agenda 21« (↗Agenda 21) zu einem wichtigen Umweltinstrument der Gemeinden werden (Kommunales Öko-Audit). [HM, AM]

Umweltbelastung, die Summe aller störenden Umweltfaktoren. Dies bezieht sich auf einen Ist-Zustand eines beliebigen Umwelt-Systems, dessen Gleichgewicht durch die Umweltbelastung gestört und der Erhalt des Zustandes infrage gestellt wird. Umweltbelastung entspricht der Beeinflussung oder Veränderung der natürlichen Umwelt durch physikalische, chemische oder biologische Eingriffe, z. B. Materialentnahme, Landschaftsverbrauch (= Rauminanspruchnahme), Befahren, Tritteinwirkung, Flächenversiegelung, Drainage, Eindeichung, Aufstauung, Wärmeabgabe, Materialemission (↗Abfall, Abluft, ↗Abwasser, ↗Umweltchemikalien, ↗Staub, Wasserdampf), ↗Lärm, Verbreitung fremder Lebewesenarten, Pflanzensammeln, Beweidung (↗Weideökologie). Die Umweltbelastung kann technische (kein besseres Verfahren anwendbar), wirtschaftliche (kein besseres konkurrenzfähiges Verfahren), politische (fehlende internationale Vereinbarungen), kulturelle (Freizeitgestaltung, Bequemlichkeit, Modeerscheinung, falsch verstandener Umweltschutz) oder andere Ursachen haben. So ist die Existenz jedes Lebewesens mit Belastungen für seine Umwelt verbunden. Geht von einer Umweltbelastung keine gravierende negative Wirkung aus, spricht man auch von Umweltbeanspruchung, -inanspruchnahme oder generell von Umwelteinwirkung. Stoffliche Umweltbelastung bezeichnet man als *Umweltverschmutzung*, manche stoffliche und physikalische Umweltbelastung auch als Immissionsbelastung. Verursachen stoffliche Umweltbelastungen einen Schaden, spricht man häufig von Umweltschadstoffen. Daraus folgt, dass Umweltbelastung ein relativer Begriff ist, der sich z. B. nicht mit generell gültigen Grenzwerten definieren lässt, da er mit der Elastizität, der Resilienz und der ↗Stabilität eines ↗Ökosystems eng verbunden ist. So genügen z. B. in arktischen Gebieten relative geringe Störungen, die in moderaten Klimaregionen allein durch die höhere Produktivität der ↗Biota kompensiert würden, um eine Umweltbelastung des betrachteten Systems festzustellen. Der Begriff ist unscharf und wird deshalb oft missverständlich genutzt. Seine Bedeutung im Einzelfall auf eine rationalere Ebene zu bringen ist die Aufgabe der Umweltanalytik. Diese sucht den Grad der Umweltbelastung zu quantifizieren und damit die Grundlage für eine Beurteilung und ggf. Schutzmaßnahmen zu legen. [JMt]

Umweltbeobachtung ↗ *Monitoring*.

Umweltbericht, Bericht zu Stand und Entwicklung einzelner Umweltschutzgüter wie auch der Umweltsituation als ganzes in einem bestimmten Bezugsraum. In einigen Fällen ist die Erstellung von Umweltberichten rechtlich vorgeschrieben (z. B. Immissionsschutzrechtliche Berichtspflicht der Bundesregierung gegenüber dem Bundestag). In den meisten Fällen werden Umweltberichte freiwillig von Verwaltungen und Betrieben (z. B. im Rahmen von Systemen zum Umweltmanagement ↗Umwelt-Audit) erarbeitet. Diese Berichte werden ↗Umwelterklärungen genannt.

Umweltbildung, durch einen Erlass der Kultusminister aus dem Jahr 1980 wurde die Umweltbildung und Umwelterziehung als Aufgabe an alle Schulfächer zugewiesen (↗Schulgeographie). Demgemäß sollen die Schüler Umweltbeobachtungen anstellen, um Einblick in ökologische Zusammenhänge zu erhalten und Belastungsursachen zu erkennen. Sie sollen die Verflechtung ökologischer, ökonomischer und gesellschaftlicher Bedingungen erarbeiten, sich die Internationalität der Umweltprobleme bewusst machen, für verantwortungsvolles Handeln vorbereitet und die Abwägung von Interessengegensätzen erlernen. Der in der Folge der Umweltkrisen der 1970er- und 1980er-Jahre einsetzende ethische Überfrachtung des Umweltbildungsgedankens wird in jüngster Zeit entgegengewirkt und die Verantwortung der Pädagogen in der Gestaltung von Bildungsprozessen betont, die unter anderem darin besteht, von der emotionalen Betroffenheit zu einer kritischen Reflexion von Umweltproblemen zu gelangen, welche umweltkonformes Handeln ermöglicht, ohne dass damit allerdings ein vorgefertigtes Handlungsmuster festgelegt wird. Als heutige Zielsetzungen von Umweltbildung können gelten, ökologische Handlungskompetenz zu erringen, die Umweltrelevanz gemeinschaftlichen sowie des eigenen Handelns zu erkennen und einzuschätzen sowie der wachsenden Faktenlage und zunehmenden Kompliziertheit von Umweltthemen gewachsen zu sein.
Im Rahmen des ↗Agenda 21-Prozesses hat sich die Themenstellung für die Umweltbildung erweitert und verstärkt auch auf die Erwachsenenbildung ausgeweitet. Inhalte sind u. a. ↗Nachhaltigkeit und Ökobilanzierung, Biodiversität, ökologische Stadtentwicklung, Ökologisierung von Schulen und Lehrlingsausbildung etc. Zielgruppen bzw. Akteure von Umweltbildungsprojekten sind Schulen, Lehrer, Pädagogen, Universitäten, Gemeinden, Jugendhäuser u. a. [TBu]

Umweltchemikalien, nach dem Umweltprogramm der Bundesregierung 1971, Stoffe, die durch menschliches Zutun in die Umwelt gebracht werden und in Mengen oder Konzentrationen auftreten können, die geeignet sind, Lebewesen, insbesondere den Menschen, zu gefährden. Hierzu gehören chemische Elemente oder Verbindungen organischer und anorganischer Natur, synthetischen oder natürlichen Ursprungs. Das menschliche Zutun kann unmittelbar oder mittelbar erfolgen, es kann beabsichtigt oder unbeabsichtigt sein. Der Begriff Lebewesen umfasst in diesem Zusammenhang den Menschen und seine belebte Umwelt einschließlich Tieren, Pflanzen und Mikroorganismen. Der Begriff ist ähnlich unpräzis wie Umweltgifte, Schadstoffe oder Xenobiotika, die oft synonym verwendet werden. Er bezieht sich sinngemäß ausschließlich auf die anthropogenen Stoffeinträge. In vielen Fällen gibt es jedoch natürliche Produktion und Stoffeinträge sog. Umweltchemikalien, die z. B. im Bereich organischer Verbindungen (↗organische Schadstoffe) nur sehr unzureichend bekannt sind. [JMt]

Umwelteinkauf ↗Konsumentenverhalten.

Umwelterklärung, im Rahmen der EU-Umwelt-Audit-Verordnung (↗Umwelt-Audit) sind die betroffenen Unternehmen verpflichtet, regelmäßig eine Umwelterklärung zu veröffentlichen. Diese dient zur Beschreibung der Umweltfaktoren an den Betriebsstandorten, der betrieblichen Umweltpolitik, -programme und -ziele sowie des Umweltmanagementsystems. Die Umwelterklärung wird vor ihrer Veröffentlichung von einem zugelassenen ↗Umweltgutachter für gültig erklärt. Die betriebliche Umwelterklärung ist formal mit den ↗Umweltberichten von Städten und Bundesländern vergleichbar.

Umweltgeschichte, übergreifender Begriff für v. a. von Vertretern der Wirtschafts-, Sozial-, Technik- und Mentalitätsgeschichte betriebene Forschungen über die Wechselwirkungen zwischen Mensch und Natur in einer historischen Perspektive. Sie gehen davon aus, dass Nutzung und Gestaltung, vielmehr noch Aneignung und Ausbeutung die Beziehung des Menschen zur natürlichen Umwelt kennzeichnen, seit dieser gelernt hat, durch kulturelle Leistungen zusätzliche Ressourcen zu erschließen. Die damit verbundenen Handlungen, ihre Folgen und Nebenwirkungen in der Vergangenheit werden thematisiert, beispielsweise anhand von Untersuchungen zu frühen Formen der Umweltverschmutzung (z. B. Waldsterben durch Hüttengase) oder zum Umgang mit Energieengpässen (z. B. Holzmangel im 18. Jh.) in ihrer Bedeutung für die Entwicklung von Gesellschaft und Landschaft ↗historische Umweltforschung. [WS]

Umweltgutachter, im Rahmen der EU-Umwelt-Audit-Verordnung und der entsprechenden nationalen Rechtsnormen (↗Umwelt-Audit) besteht ein bundeseinheitliches, zentrales Zulassungsverfahren für Umweltgutachter, die diese speziellen Umweltbetriebsprüfungen durchführen. Die sogenannten »zugelassenen Umweltgutachter« sind vom jeweiligen Unternehmen unabhängige Personen oder Organisationen. Ihre Zulassung erfolgt gemäß Artikel 6 der EU-Umwelt-Audit-Verordnung. Eine Liste der zugelassenen Umweltgutachter wird im Gemeinsamen Amtsblatt der Europäischen Union veröffentlicht. Zu den Aufgaben dieser Umweltgutachter wurde eine Leitlinie erarbeitet. Sie soll dem Ziel dienen, die von der EU-Umwelt-Audit-Verordnung und dem deutschen Umweltauditgesetz vorgegebenen Mindeststandards für die Arbeit der Umweltgutachter zu erläutern, um die Aussagekraft und Glaubwürdigkeit des durch die EU-Umwelt-Audit-Verordnung geschaffenen Systems nachhaltig zu sichern. Der Begriff Umweltgutachter wird jedoch auch als eine nicht geschützte und ausbildungsfachlich nicht gebundene Bezeichnung für die Ersteller von verschiedensten Formen von Umweltgutachten verwendet. [AM/HM]

Umweltkapazität, *ökologische Kapazität*, maximal mögliche Populationsgröße einer Art in einem Lebensraum, die abhängig ist von Umweltfaktoren wie Nahrungsangebot, Raumgröße, Nistmöglichkeiten usw. Umweltkapazität geht als Parameter in das logistische Wachstumsmodell ein:

$$\delta N/\delta t = rN(1-N/K),$$

wobei N die Populationsdichte, r der Wachstumskoeffizienten und K die Umweltkapazität bzw. Besatzdichte des Gebietes sind. Komplexere Wachstumsmodelle arbeiten mit geschlechtsspezifischen Altersstrukturen und differenzieren nach Lebensphasen sowie weiteren Kenngrößen. Dementsprechend werden K- und r-Selektion unterschieden. K-selektierte Organismen leben nahe der Umweltkapazität, d. h. unter recht konstanten Bedingungen und intensiver Konkurrenz, in relativ gleichbleibenden Populationen, mit meist langer Lebensdauer und relativ wenigen Nachkommen, die Brutfürsorge erfahren (z. B. Großsäuger). Die r-Selektion tritt bei Tieren und Pflanzen auf, die unter sehr variablen und unregelmäßigen Bedingungen leben. Sie besitzen eine hohe Vermehrungsrate, der eine ebenfalls hohe Sterberate entgegenwirkt. Dadurch können sie sich veränderten Lebensbedingungen kurzfristig gut anpassen, die Populationsgrößen schwanken jedoch entsprechend stark (z. B. Kleinsäuger, Fische, viele Parasiten). [OF]

Umweltmedien, Begriff, der für zwei verschiedene Sachverhalte verwendet wird. Auf der einen Seite steht er als Oberbegriff für die verschiedenen Bestandteile der Umwelt (Umweltschutzgüter), wie sie u. a. im Gesetz zur ↗Umweltverträglichkeitsprüfung aufgeführt werden, d. h. Mensch, Tiere und Pflanzen, Wasser, Boden, Luft. Auf der anderen Seite wird der Begriff auch zunehmend für Kommunikationsmedien, wie Zeitungen, Internet, Bücher, etc. verwendet, die sich mit Umweltthemen beschäftigen.

Umweltmedizin, hat sich als eigenständige medizinische Disziplin erst in den 1980er-Jahren in den westlichen Industrieländern etabliert. Als medizinisch-theoretische Wissenschaft ist sie Teil der ↗Hygiene, in der kurativen Medizin hat sie Querschnittscharakter. Als humanmedizinische Wirkungsforschung untersucht die Umweltmedizin, welche Umweltfaktoren allein oder in

Kombination und in welcher Menge und Dauer die Gesundheit des Menschen beeinträchtigen können und umgekehrt, ob bestimmte Krankheiten oder Störungen des Wohlbefindens von Umweltfaktoren beeinflusst sein können. Gegenstand der Umweltmedizin sind demnach gesundheits- und krankheitsbestimmende Aspekte der Mensch-Umwelt-Beziehungen. In der Umweltmedizin wird unter Umwelt allerdings nicht die gesamte Umgebung schlechthin verstanden, sondern, wie in Umweltrecht oder Umweltpolitik, nur diejenigen physikalischen und chemischen Faktoren, die durch menschliches Handeln entstanden sind und aus der natürlichen und kulturlichen Umgebung direkt oder indirekt auf den Menschen einwirken. Beispiele für derartige Faktoren sind: Verkehrslärm, von kerntechnischen Anlagen ausgehende radioaktive Strahlung, Schwefeldioxid und Ozon als ↗Luftschadstoffe des Winter- bzw. Sommersmogs, Formaldehyd als Innenraumluftschadstoff, Nitrat und Pestizide als Grundwasserinhaltsstoffe usw. ↗Infektionskrankheiten fallen nicht in das engere Feld der Umweltmedizin. Die Einbeziehung auch der natürlich gegebenen Umweltfaktoren sowie der umweltbedingten Infektionskrankheiten führt zum Begriff einer erweiterten, geoökologisch orientierten Umweltmedizin. Belastung, d. h. Anwesenheit eines Schadfaktors, ist ein zentraler Begriff der Umweltmedizin. Die Belastung des Menschen als Glied eines Systems erfolgt über die Kette Emission-Immission-Exposition-Aufnahme. Sie hat nicht notwendigerweise eine Wirkung zur Folge. Von Wirkung ist dann zu sprechen, wenn durch Zufuhr eines Schadfaktors messbar, fühlbar oder auf andere Weise erkennbar eine Veränderung normaler physiologischer Prozesse herbeigeführt wird. Die Wahrscheinlichkeit einer Wirkung steigt (außer bei genotoxischen und allergischen Effekten) mit Konzentration und Intensität der Belastung. Wirkungsforschung ist die wichtigste Aufgabe der Umweltmedizin. Sie bedient sich dabei der Methoden der Toxikologie und der ↗Epidemiologie. Weitere wesentliche Aufgabenfelder der Umweltmedizin sind (Politik-) Beratung und Begutachtung. [TK]

Umweltpläne, alle Pläne, die einen schwerpunktmäßigen Umweltbezug aufweisen, unabhängig davon, ob sie rechtlich verbindlich sind. Ein Beispiel für einen rechtlich verbindlichen Umweltplan ist der ↗landschaftspflegerische Begleitplan, für einen rechtlich nicht verbindlichen Umweltplan das Biotopverbundkonzept.

Umweltplanung, Sammelbezeichnung für verschiedene, zumeist räumliche Planungen zur Erarbeitung und Umsetzung raumbezogener Ziele der ↗Umweltpolitiken auf verschiedenen Ebenen. Man unterscheidet folgende Typen raumbezogener Umweltplanungen: a) Beiträge zu umweltrelevanten Planungen (in der Regel flächendeckende Planung für einen definierten Planungsraum; hohe Umweltrelevanz, jedoch Planungsziele ganz oder teilweise mit denen des Umweltschutzes konkurrierend); b) originäre Umweltplanungen (in der Regel flächendeckende Planung für einen definierten Planungsraum; Schutz der Umwelt ist selbst primäres Planungsziel; man unterscheidet informelle Planungen und Konzepte ohne besondere gesetzliche Normierung von gesetzlich strukturierten Umweltfachplanungen; z. B. Landschaftsplanung sowie sektorale Umweltfachplanungen) und c) Umweltplanungen im Rahmen von Einzelvorhaben (projektbezogene Planung im Rahmen von Verwaltungsverfahren, z. B. projektbezogene ↗Umweltverträglichkeitsprüfung).

Eine integrative, schutzgutübergreifende Umweltplanung ist bislang nur in Teilbereichen geregelt (z. B. Umweltverträglichkeitsprüfung), obwohl sie in Form der Umweltleitplanung (Umweltmedien Luft/Klima, Wasser und Boden als zentrale »Leit«-Bestandteile eines stark landschaftsbezogenen Umweltplanungsmodells) bzw. der Umweltgrundlagenplanung (koordinierende Gesamtschau und Ergänzung vorhandener Planwerke) fachlich und juristisch (Entwürfe zum Umweltgesetzbuch) angedacht ist.

Der Zyklus eines allgemeinen Umweltplanungsprozesses umfasst folgende Arbeitsschritte: a) Umweltanalyse (Bestandsaufnahme der Umweltschutzgüter anhand von Umweltindikatoren), b) Bestandsbewertungen, u. a. anhand eines Vergleichs der »Ist«-Situation mit Umweltleitbildern und Umweltqualitätszielen, c) Umweltprognose, z. B. in Form von Konfliktanalysen der Umweltauswirkungen verschiedener Projektvarianten oder -alternativen und d) Maßnahmenkonzeptionen. Die Darstellung der Planung erfolgt in vielen Fällen in Form von Umweltplänen mit Text- und/oder Kartendarstellungen, die in ihrer Verbindlichkeit vom unverbindlichen Vorschlag bis hin zum für jedermann verbindlichen ↗landschaftspflegerischen Begleitplan reichen können. Die verbreitete Kritik am geltenden Umweltplanungssystem umfasst im wesentlichen folgende Punkte: a) unzureichende Konsistenz des Umweltfachplanungssystems, b) mehr oder weniger starke Beschränkung auf räumliche Aspekte statt einer fachlich notwendigen Ausweitung der Aufgaben auf eine proaktive ökologische Steuerung des Ressourcenverbrauchs und von Stoffumsätzen, c) unscharfe Abgrenzung der Schutzansprüche von Umweltschutzgütern von Schutzansprüchen landschaftsgebundener, wirtschaftlicher Nutzungsinteressen (z. B. in den Bereichen Agrar-, Erholungs- und Forstplanung) und d) unzureichende Einbeziehung der Umsetzungsebene, z. B. über die Initiierung und Moderation sozialer Prozesse, die auf eine Steuerung der Raumnutzungen als Prozesse der Ressourcennutzungen abzielen.

Auf der Basis dieser Kritikpunkte suchen neue Ansätze zur Umweltplanung verstärkt die konsensorientierte Erarbeitung und Umsetzung integrativer, prozessorientiert aufgebauter Konzepte, wobei die hohen Koordinations- und Konsenskosten häufig durch hohe Moderations- und Managementleistungen sowie einen geringen Verbindlichkeitsgrad der Planung (informelle Konzepte) »bezahlt« werden müssen.

Umweltpolitik, die Summe aller öffentlichen Maßnahmen zur Vermeidung, Verminderung oder Beseitigung von Umweltbeeinträchtigungen. Als neues Politikfeld ist sie in den ↗Industrieländern Anfang der 1970er-Jahre entstanden. Dies gilt auch für die Bundesrepublik, die mit dem Sofortprogramm (1970) und dem ausführlichen Umweltprogramm (1971) eine umfassende Institutionalisierung – wie die Einrichtung des Umweltbundesamtes (1974) – und Gesetzgebung auf diesem Gebiet einleitete. Die entscheidende Neuerung bestand in der Zusammenfassung der Teilbereiche des ↗Umweltschutzes, der Schaffung von Bundeskompetenzen in Bereichen der Abfallbeseitigung und des Immissionsschutzes wie auch der politischen Akzentuierung dieses neuen Politikfeldes insgesamt. Relativ spät im Vergleich zu anderen Ländern (und selbst zur DDR) wurde 1986 ein spezielles Umweltministerium geschaffen. Das Bundesamt für Naturschutz wurde 1993 eingerichtet. Wichtige Gesetze folgten diesem Start: Das Abfallbeseitigungsgesetz (1972), das zentrale Bundes-Immissionsschutzgesetz (1974), das Bundesnaturschutzgesetz (1976), das (neugefasste) Wasserhaushalts- und das Abwasserabgabengesetzt (1976). Das Chemikaliengesetz (1980) und das mit großer Verzögerung beschlossene Bundes-Bodenschutzgesetz (1998) bilden weitere (mediale) Eckpunkte der deutschen Umweltgesetzgebung. Die EG bzw. ↗EU spielt spätestens seit der Verankerung des Umweltschutzes im EG-Vertrag (1986) eine wesentliche Rolle. Mit dem Vertrag von Amsterdam wurde »ein hohes Maß an Umweltschutz« (Art. 2 EGV) als eines der grundlegenden Ziele der EU festgelegt. Erfordernisse des Umweltschutzes und der nachhaltigen Entwicklung (↗Nachhaltigkeit) müssen bei der Festlegung und Durchführung von Gemeinschaftspolitiken berücksichtigt werden (Art. 6 EGV). Unter bestimmten Umständen kann der Einzelstaat auch strengere Schutzbestimmungen als die EU einführen oder beibehalten.

Wie in anderen Industrieländern auch unterliegt die Umweltpolitik der Bundesrepublik langfristigen Wandlungsprozessen: Das Instrumentarium differenziert und erweitert sich. Zu dem herkömmlichen ordnungsrechtlichen Instrumentarium ist ein breites Spektrum ökonomischer und anderer Instrumente hinzugetreten. Statt einzelner Instrumente spielen die Mischung des Instrumentariums, der Politikstil und die kommunikative Vernetzung der Akteure eine zunehmende Rolle. Auch das Akteursspektrum differenziert und erweitert sich. Neben den vielfältigen staatlichen Umwelteinrichtungen auf allen Politikebenen spielen heute die Umweltverbände, die Umweltwissenschaft, die Medien, aber auch die umweltorientierten Unternehmen und ihre Organisationen eine wichtige Rolle. Des Weiteren verändert sich die Problemstruktur. Bei klassischen Umweltproblemen mit hoher Wahrnehmbarkeit wie der Luftreinhaltung (↗Smog), des Gewässerschutzes (Fischsterben) und der Abfallbeseitigung (Autowracks) wurden Erfolge erzielt, die mitunter einen gewissen Entwarnungseffekt haben. Die weniger auffälligen, schleichenden Umweltprobleme hingegen sind noch immer weitgehend ungelöst, so der ↗Flächenverbrauch, die Altlastenproblematik, die Grundwasserbelastung, der Artenverlust, der ↗Treibhauseffekt oder die Meeresverschmutzung.

Umweltpolitik findet nicht nur auf der nationalen und europäischen, sondern auch auf der globalen Ebene statt und entwickelt dort eine eigene Dynamik. Die internationale Ebene wird hierbei mitunter zu einer Ressource der nationalstaatlichen Umweltpolitik. Anders als die Arbeitsmarkt-, Sozial- oder Steuerpolitik wird die Umweltpolitik zunehmend eher als Globalisierungsgewinner (↗Globalisierung) denn als Opfer der Internationalisierung angesehen. [MJ]

Umweltprägungslehre, innerhalb der ↗Religionsgeographie die Wissenschaft von der religiös motivierten Veränderung der Landschaft durch den Menschen. Diese Richtung entwickelte sich in den 1920er-Jahren und untersucht den Einfluss der Religionen auf die Sozial- und Wirtschaftsstruktur. Diese der geodeterministischen Schule (↗Geodeterminismus) diametral entgegengesetzte Betrachtungsweise wurde besonders nach dem Zweiten Weltkrieg aufgegriffen. Eine Erweiterung ergab sich unter dem Einfluss der ↗Sozialgeographie, die Verhaltensweisen religiöser Gruppen und Gemeinschaften als Bindeglied zwischen ↗Religion und ↗Raum für die Gestaltung der sozialen und kulturellen Umwelt verantwortlich machte. ↗Religionsprägungslehre.

Umweltqualitätsziele

Tillmann Buttschard, Karlsruhe

Umweltqualitätsziele (UQZ), sind von der Gesellschaft bzw. Politik vorgegebene Zielsetzungen, die eine bestimmte sachlich, räumlich und zeitlich definierte Güte von Ressourcen, Potenzialen und Funktionen der ↗Umwelt des Menschen zum Inhalt haben. Sie werden aus allgemeineren ↗Leitbildern oder Leitlinien abgeleitet (Abb. 1) und in konkreten Umweltstandards handhabbar gemacht. Umweltqualitätsziele und Umweltstandards sind vorsorgeorientiert und unterscheiden sich von Schutzzielen und -standards, die der Gefahrenabwehr dienen. Daher, dass sich die UQZ meist auf einzelne, sogenannte Landschaftspotenziale wie Wasser, Boden, Luft oder Biota beziehen, müssen zusammenfassende Umweltqualitätszielkonzepte aufgestellt und er-

Umweltqualitätsziele

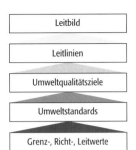

Umweltqualitätsziele 1: Hierarchie der Umweltziele.

arbeitet werden. Zur Überprüfung der Erfüllung von Umweltqualitätszielen werden sogenannte ↗Umweltindikatoren oder bei komplexeren bzw. landschaftspotenzialübergreifenden Umweltqualitätszielen Umweltidikatorensysteme benutzt.

Geschichte und Definition

Nach den Energiekrisen der 70er-Jahre des letzten Jahrhunderts und dem Bericht des ↗Club of Rome zur Lage der Menschheit (Meadows, 1972) war deutlich geworden, dass das Wirtschaftsmodell des immer währenden quantitativen Wachstums und Ressourcenverbrauches, welches einherging mit hohen Umweltbelastungen, in dieser Form nicht fortgesetzt werden konnte. Hieraus entwickelte sich zunächst ein Umweltbewusstsein in dem Sinne, dass Wachstums- und Belastungsgrenzen sowie die Notwendigkeit eines Stoffstrommanagements anerkannt wurden. Mit der »Konferenz für Umwelt und Entwicklung« der Vereinten Nationen in Rio de Janeiro im Jahre 1992 wurde daher als neues Leitmotiv der Umwelt- und Wirtschaftspolitik die ↗Nachhaltigkeit und die Politik des »sustainable development« eingeführt. Die Enquete-Kommission Schutz des Menschen und der Umwelt des 12. Deutschen Bundestags hat an diesem Leitbild gearbeitet und Hinweise gegeben für eine umweltverträgliche Industriegesellschaft. Eine heute gebräuchliche Definition wurde hier entwickelt: »Umweltqualitätsziele beschreiben, ausgehend von einem identifizierten ökologischen Problembereich angestrebte, am Leitbild der nachhaltig zukunftsverträglichen Entwicklung und am Nachhaltigkeitsziel der Erhaltung und Funktionsfähigkeit des natürlichen Realkapitals, orientierte Zustände oder Eigenschafen (= Sollwerte) der Umwelt bezogen auf Systeme, Medien oder Objekte. Sie streben eine Erhaltung oder Veränderung konkreter Eigenschaften oder Zustände auf globaler, regionaler oder lokaler Ebene an« (Enquete-Kommission, 1994).

Fürst et al. (1989) umreißen den Charakter von Umweltqualitätszielen folgendermaßen: Sie sind an Rezeptoren oder Betroffenen, nicht an Verursachern orientiert, sie beziehen sich immer auf begrenzte Ausschnitte der Umwelt, da eine Gesamtqualität nicht operational abgebildet werden kann, sie stellen durch die Benennung eines Umweltfaktors oder Umweltpotenzials einen Schritt zur Konkretisierung und Operationalisierung von Leitbildern dar, sie verbinden wissenschaftliche Information mit gesellschaftlicher Werthaltung, sie sind nur bedingt übertragbar, da sie sich auf ganz bestimmte Situationen beziehen und sie bestehen aus je einer inhaltlichen, räumlichen und zeitlichen Angabe.

Konzepte

Umweltqualitätsziele basieren auf naturwissenschaftlicher Grundlage müssen jedoch im gesellschaftlichen Rahmen akzeptiert und daher im jeweiligen Wertesystem diskutiert werden. Daher wird die sogenannte »Angemessenheit« der UQZ auf der einen Seite und die Stringenz der Ableitung auf der anderen Seite gefordert. Von verschiedenen Autoren wurden daher Konzepte von Zielsystemen entwickelt, welche die Abwägung von Umweltqualitätskriterien transparent machen sollen und beide Seiten – Verursacher wie Betroffene – mit einbezieht. Der Sachverständigen Rat für Umweltfragen (SRU, 1994) fordert, dass Umweltqualitätsziele entwickelt werden, die sich an »naturwissenschaftlich begründeten Grenzen für Stoffeinträge und strukturelle Veränderungen orientieren«. Zur Operationalisierung dieser Belastungsgrenzen wurde das Konzept der »kritischen Konzentrationen« (critical levels), »kritischen Eintragsraten« (critical loads) sowie kritischen strukturellen Veränderungen« (critical structural changes) entwickelt. Es legt naturwissenschaftlich begründete Belastungsgrenzen für Ökosysteme, Teilökosysteme, Organismen, den Menschen oder Materialien fest, welche als Vorgabe für Umweltstandards dienen. Diese Werte sind jedoch einer kritischen Bewertung und Abwägung zu unterziehen, da ein Werturteil darüber, ob eine Veränderung negativ ist oder ein Schadwirkung darstellt, nur im Sinne einer anthropozentrischen Zielvorstellung getroffen werden kann. Ein Beispiel für die bereits erfolgte Konkretisierung des in Abbildung 1 gezeigten stufenweisen Prozesses der Konkretisierung von Umweltzielen liefert beispielsweise das Instrument der ↗Umweltverträglichkeitsprüfung. Hier bieten sich insbesondere durch die Einbeziehung von Umweltqualitätszielen Möglichkeiten der Fortentwicklung des planerischen Instrumentariums.

Ein weiteres Konzept zur Entwicklung von Umweltqualitätszielen stellt der Ansatz der Dauerhaftigkeitsindikatoren dar (GUG, 1997). Wichtige Beispiele sind: Klimawechsel, Verarmung des Stratosphärenozons, Eutrophierung, Versauerung, toxische Kontamination, städtische Umweltqualität, biologische Vielfalt und Landschaft, Abfall, Wasservorräte, Waldreserven, Fischreserven, Bodenverarmung.

Zur Umsetzung dieser Konzepte stehen der Umweltpolitik ordnungsrechtliche Instrumente mit festen kardinalen oder wenigstens ordinalen Vorgaben (z. B. Grenzwerte der TA Luft, MAK-Werte usw.) oder weiche Instrumente, wie Selbstverpflichtungserklärungen zur Verfügung. Darüber hinaus müssen Umweltqualitätsziele und die dazugehörigen Umweltstandards im Kontext von ganzen Zielsystemen länderübergreifend entwickelt und festgesetzt werden. Auch die Wahrnehmung und Erforschung von sog. Kombinationswirkungen beispielsweise unterschiedlicher Chemikalien auf die menschliche Gesundheit muss in die Risikobetrachtungen einfließen (Scheffer, 2000).

Beispiele von Umweltstandards

Umweltstandards werden als quantitative Konkretisierung von Umweltqualitätszielen verstanden bzw. sind sie Mittel zu deren Erreichung. Genutzt werden gleichermaßen ↗Grenzwerte,

Klima, Treibhauseffekt

Umweltqualitätsziele	Art. 2. der Klimarahmenkonvention: Stabilisierung der Treibhauskonzentrationen in der Atmosphäre auf einem Niveau, auf dem eine gefährliche anthropogene Störung des Klimasystems verhindert wird. Ein solches Niveau sollte innerhalb eines Zeitraumes erreicht werden, der ausreicht, damit sich die Ökosysteme auf natürliche Weise anpassen können, die Nahrungsmittelerzeugung nicht bedroht wird und die wirtschaftliche Entwicklung auf nachhaltige Weise fortgeführt werden kann. Begrenzung der globalen mittleren Temperaturzunahme auf + 0,1 °C pro Dekade (bei Anhalten der derzeitigen Emissionstrends ist eine Temperaturerhöhung von + 2 °C – Bandbreite 1 bis 3,5 °C – bis Ende des nächsten Jahrhunderts zu erwarten).
Umwelthandlungsziele	– Reduzierung der CO_2-Emission in den Industrieländern um 80 % bis 2050 (Empfehlung der Enquete-Kommission »Vorsorge zum Schutz der Erdatmosphäre«, 1990) – Rückführung der Treibhausgasemissionen bis 2000 auf das Niveau von 1990 (Art. 4.2 der Klimarahmenkonvention) – In der EU wurde eine Stabilisierung der CO_2-Emissionen bis zum Jahr 2000 auf dem Niveau von 1990 beschlossen. – In Deutschland wird eine Reduzierung der CO_2-Emission um 25 % bis 2005 gegenüber 1990 angestrebt (Erklärung des Bundeskanzlers 1995).
Festlegungen a) international b) national	a) Klimarahmenkonvention; Klimaschutzstrategie der EU b) Klimaschutzprogramm der Bundesregierung

Ozonabbau/Schutz der stratosphärischen Ozonschicht

Umweltqualitätsziele	– Schutz der menschlichen Gesundheit und der Umwelt vor schädlichen Auswirkungen der Sonneneinstrahlung infolge von Veränderungen der Ozonschicht durch menschliche Tätigkeit – Rückführung der atmosphärischen Konzentrationen ozonabbauender Stoffe (ODS) auf Werte, bei denen ein Abbau des stratosphärischen Ozons, insbesondere Auftritt des Ozonlochs im antarktischen Bereich, nicht zu erwarten ist (Maß hierfür ist die Chlor-Konzentration in der Stratosphäre; Zielwert 1,3 ppb)
Umwelthandlungsziele	Einstellung der ODS-Emission (bis auf geringe Restmenge in essentiellen Bereichen)
Festlegungen a) international b) national	a) Wiener Konvention zum Schutz der Ozonschicht (1985); Entscheidung des Rates vom 14. Oktober 1988 über den Abschluss des Wiener Übereinkommens zum Schutz der Ozonschicht und des Montrealer Protokolls über Stoffe, die zu einem Abbau der Ozonschicht führen (88/540/EWG), ABL EG Nr. L 297/8 vom 31. Oktober 1988; Verordnung (EG) Nr. 3093/94 des Rates vom 15. Dezember 1994 über Stoffe, die zum Abbau der Ozonschicht führen, ABL EG Nr. L 333/1 vom 22. Dezember 1994 b) FCKW-Halon-Verbotsverordnung (1991)

Straßenverkehrslärm

Umweltqualitätsziele	Schutz des Menschen vor schädlichen Umwelteinwirkungen durch Straßenverkehrslärm; Unterschreitung folgender Beurteilungsgrößen: Straßenverkehrslärmeinwirkung auf die Wohngebäude tags bzw. nachts (äquivalenter Dauerschallpegel L) Wirkungsbezogene Kriterien liegen vor: Stufe 1: $L \leq 65$ dB(A) tags → Vermeidung möglicher Risikoerhöhungen für Herz-Kreislauferkrankungen Stufe 2: $L \leq 59$ dB(A) tags und $L \leq 49$ dB(A) nachts in Wohngebieten → Vermeidung erheblicher Belästigungen im Sinne der VerkehrslärmschutzVO bei der Wohnbevölkerung Stufe 3: $L \leq 50$ dB(A) tags und $L \leq 40$ dB(A) nachts → Vermeidung von Belästigungen
Umwelthandlungsziele	Lärmminderung entsprechend den o.g. UQZ: Lärmsanierung an bestehenden Straßen bei Pegeln über 65 db(A) Lärmsanierung an bestehenden Bundesfernstraßen und Landesstraßen einiger Länder bei Pegeln über 70 dB(A) in Wohngebieten ist im Rahmen von freiwilligen Programmen bereits politisch realisiert. Die Erweiterung auf alle Länder und auf Städte und Gemeinden sowie den Pegelbereich von 65 bis 70 dB(A) (UQZ Stufe 1) ist inhaltlich kaum umstritten, jedoch wegen der erheblichen Kosten zurzeit schwer durchsetzbar. Daher sollten prioritär Optionen auf die Durchführung von Programmen in Abhängigkeit von verfügbaren Haushaltsmitteln in den Haushaltsplänen verankert werden. Maßnahmen: Die Umweltqualitätsziele sind in die Maßnahmenpläne zu Umwelt und Verkehr integriert (Minderung der Belastung z.B. durch Verkehrsmengenreduzierung, weitere Emissionsminderung).
Festlegungen a) international b) national	a) noch nicht festgelegt b) Bundeslärmschutzgesetz, 16. Bundeslärmschutzverordnung

Richtwerte und Leitwerte. Für die Festsetzung dieser Werte existieren bislang in der faktischen Umweltgesetzgebung Deutschlands oder der anderen EU-Länder noch keine einheitlichen Regelungen (Streffer, 2000). Für eine ganze Reihe von Dauerhaftigkeitsindikatoren sind bereits Umweltqualitäts- und Umwelthandlungsziele festgelegt (Abb. 2).

Literatur:
[1] ENQUETE-KOMMISSION SCHUTZ DES MENSCHEN UND DER UMWELT (Hrsg.) (1994): Die Industriegesellschaft gestalten – Perspektiven für einen nachhaltigen Umgang mit Stoff und Materialströmen. – Bonn.
[2] FÜRST, D. u. a. (1989): Umweltqualitätsziele für die ökologische Planung. UBA Texte 34/92.

Umweltqualitätsziele 2: Beispiele für Umweltqualitäts- und handlungsziele.

[3] GUG (GESELLSCHAFT FÜR UMWELTGEOWISSENSCHAFTEN) (Hrsg.) (1997): Umweltqualitätsziele. Schritte zur Umsetzung. – Berlin, Heidelberg.
[4] MEADOWS, D. L. (1972) (Hrsg.): The limits to growth/Club of Rome. – New York.
[5] SRU (SACHVERSTÄNDIGEN RAT FÜR UMWELTFRAGEN) (1994): Umweltgutachten 1994. Für eine dauerhaft-umweltgerechte Entwicklung. – Stuttgart.
[6] STREFFER, C. (2000): Umweltstandards. Kombinierte Expositionen und ihre Auswirkungen auf den Menschen und seine Umwelt. Wissenschaftsethik und Technikfolgenabschätzung, Bd. 5. – Berlin, Heidelberg.

Umweltrecht, auch als Umweltschutzrecht bezeichnet. Oberbegriff für alle rechtlichen Maßnahmen in Zusammenhang mit dem Umweltschutz. Obwohl in Form eines Umweltgesetzbuches angestrebt, existiert in Deutschland bislang kein einheitliches Umweltschutzgesetz (↗Umweltpolitik). Dies führt zu einer Zersplitterung und Unübersichtlichkeit des gegenwärtigen Umweltrechts, da entsprechende Rechtsgrundlagen sowohl vom Bund als auch von Ländern und Gemeinden verabschiedet werden können. Daher können auch die Umweltgesetzgebungen der einzelnen Bundesländer voneinander abweichen. Das Umweltrecht ist in erster Linie Umweltverwaltungsrecht; Umweltprivatrecht und Umweltstrafrecht spielen momentan eher eine flankierende Rolle.
Zu den ältesten Umweltgesetzgebungen (teilweise schon im Altertum) zählen Richtlinien und Vorschriften für Rodungen von Wäldern und Nutzung von Gewässern. Unter den neuesten Gesetzen sind v. a. das Gesetz zur ↗Umweltverträglichkeitsprüfungs, das Umwelthaftungsgesetz und das Umweltinformationsgesetz zu erwähnen. [AM/HM]

Umweltschutz, *environmental protection* (engl.), Gesamtheit der (individuellen) Handlungen und (institutionellen) Maßnahmen zur Erhaltung bzw. Wiederherstellung notwendiger Lebensgrundlagen von Pflanzen, Tieren und Menschen. Es werden mit dem Umweltschutz einerseits Zielvorstellungen und ↗Leitbilder, andererseits aber auch konkrete Maßnahmen bezeichnet. Da das Wort einerseits als gemeinsamer Leitbegriff vieler gesellschaftlicher Gruppen verwendet wird und andererseits bereits der Umweltbegriff als solcher (↗Umwelt) keineswegs eindeutig benutzt wird, ist er vielfältig mit Inhalten hinterlegt. Der Umweltschutz wurde am 27.10.1994 als so genanntes Staatsziel in des Grundgesetz der Bundesrepublik Deutschland aufgenommen. Allerdings zeigt die Diskussion um eine einheitliche Umweltgesetzgebung, dass es keineswegs einfach ist, die über nahezu alle Zuständigkeitsbereiche verteilten einschlägigen Gesetze und Verordnungen in einem Umweltgesetzbuch zu vereinen (↗Umweltpolitik). Umweltschutz umfasst gemeinhin die Medien Boden, Wasser, Luft und wird häufig ergänzt durch Landschaft und Arten. Daher lassen sich schlagwortartig folgende Bereiche eingrenzen: ↗Naturschutz und ↗Landschaftspflege, Gewässerschutz und Wasserhaushalt, ↗Bodenschutz und Abfallbeseitigung, Schutz vor gefährlichen Stoffen, Luftreinhaltung, Lärmbekämpfung, Kernenergie und Strahlenschutz. In der aktuellen umweltpolitischen Diskussion lassen sich nachsorgender (End-of-pipe) und vorsorgender Umweltschutz unterscheiden. Künftig wird verstärkt der intergrierte Umweltschutz die Diskussion dominieren, wie er etwa durch das Aufstellen von ↗Ökobilanzen zum Ausdruck kommt. [TBu]

Umweltstandard, *Umweltqualitätsstandard, UQS*, quantitative Konkretisierung von ↗Umweltqualitätszielen.

Umweltverbund, Verbund umweltverträglicher Verkehrsmittel bzw. Verkehrsarten des ↗Stadtverkehrs. Darin zusammengefasst werden Busse und Bahnen des öffentlichen Verkehrs sowie Fahrräder und »zu Fuß gehen« (nicht motorisierter ↗Individualverkehr). Die Förderung des Umweltverbundes ist ein wesentliches Ziel der ↗Verkehrsplanung.

Umweltverschmutzung ↗Umweltbelastung.

umweltverträglicher Tourismus, Tourismusform, die oft synonym zum ↗sanften Tourismus gebraucht wird, jedoch ausschließlich darauf fokussiert ist, vom ↗Tourismus ausgehende ↗Umweltbelastungen zu vermeiden, indem u. A. die Nutzung öffentlicher und ressourcensparender Transportmittel oder landschaftsangepasster Unterkünfte gefordert wird.

Umweltverträglichkeitsprüfung, *UVP*, unselbstständiger Teil verwaltungsbehördlicher Verfahren, der der Entscheidung über die Zulässigkeit von Vorhaben dient. Der Begriff Umweltverträglichkeitsprüfung ist hierbei als eine wenig geglückte Übertragung des in den 1960er-Jahren in den USA eingeführten »*environmental impact assessment*« anzusehen, welches streng genommen »Überprüfung der Umweltauswirkungen« bedeutet. In Europa wurde die Durchführung einer Umweltverträglichkeitsprüfung mit der Verabschiedung der EG-Richtlinie Nr. 85/337/EWG (↗UVP-Richtlinie) verbindlich. Bis 1988 sollte die Bundesrepublik Deutschland diese Richtlinie in nationales Recht umgesetzt haben. Dies führte letztendlich zur Novellierung des ↗Raumordnungsgesetzes mit der bundesweiten Einführung des Raumordnungsverfahrens 1989 und zum Erlass des Gesetzes über die Umweltverträglichkeitsprüfung (↗UVP-Gesetz) im Jahre 1990. Inhalt und Ablauf einer UVP sind im UVP-Gesetz festgelegt. Den generellen Ablauf zeigt Abbildung 1. Nach § 2 umfasst die UVP die Ermittlung, Beschreibung und Bewertung der Auswirkungen ei-

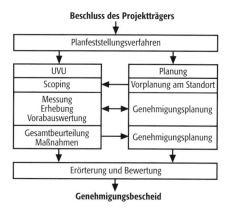

Umweltverträglichkeitsprüfung 1: Schematisierter, allgemeiner Ablauf einer Umweltverträglichkeitsprüfung (UVU = Umweltverträglichkeitsuntersuchung).

nes Vorhabens auf Menschen, Tiere und Pflanzen, Boden, Wasser, Luft, Klima und Landschaft einschließlich der jeweiligen Wechselwirkungen sowie Kultur- und sonstige Sachgüter. Entscheidend sind hierbei nach §6 UVP-Gesetz die erheblichen Auswirkungen des geplanten Vorhabens, wobei eine juristische Definition zur Abgrenzung der Erheblichkeitsschwelle bislang nicht vorliegt. Welche Vorhaben einer Umweltverträglichkeitsprüfung zu unterziehen sind, regelt das UVP-Gesetz in §3. Unter den Geltungsbereich fallen Großvorhaben wie Autobahnen, Kraftwerke, Müllentsorgungsanlagen (Verbrennungsanlagen und Deponien), Flughäfen usw. Die Studie, die die in §2 aufgezählten Inhalte der UVP beinhaltet, wird üblicherweise als Umweltverträglichkeitsuntersuchung bezeichnet, während die eigentliche Prüfung und abschließende Bewertung der verfahrensleitenden Behörde vorbehalten bleibt. Bei Verfahren, bei denen entweder sehr geringe oder sehr gravierende Umweltauswirkungen zu erwarten sind, kann gegebenenfalls eine Umwelterheblichkeitsprüfung vorgeschaltet werden, um die Relevanz des Verfahrens abzuklären. Der Ablauf einer Umweltverträglichkeitsuntersuchung gliedert sich üblicherweise in verschiedene Verfahrensschritte. Nach der Festlegung des Untersuchungsrahmens (↗Scoping) erfolgt zuerst eine Bestandsaufnahme, wobei hier einerseits detaillierte Angaben zum geplanten Vorhaben, einschließlich sämtlicher möglicher Auswirkungen auf die Umwelt (Emissionen von Luftschadstoffen, Gerüchen und Lärm; Abwasser; Abfälle; Verkehr; Überbauung usw.) vorgelegt werden müssen. Andererseits ist eine Umweltanalyse in dem Gebiet erforderlich, auf das sich das geplante Vorhaben in erheblichem Maße auswirken kann, d. h. nicht nur am eigentlichen Standort, sondern auch in angrenzenden Bereichen. Nach der Bestandsaufnahme folgt die Prognose der zu erwartenden Auswirkungen des geplanten Vorhabens. Für einige Umweltbereiche sind hierbei mathematische Verfahren der Berechnung möglich, z. B. für die Ausbreitung von Luftschadstoffen oder Lärmimmissionen. Bei anderen Umweltbereichen, z. B. Tieren und Pflanzen oder Landschaftsbild, muss der UVP-Gutachter die möglichen Auswirkungen verbal plausibel begründen. Die prognostizierten Auswirkungen werden nunmehr mit der ermittelten Ist-Situation, einschließlich der gegebenenfalls vorhandenen Vorbelastungen verknüpft. Hierbei sollen auch Maßnahmen und Empfehlungen integriert werden, die zur Abmilderung der Auswirkungen des geplanten Vorhabens dienen können. Unter Berücksichtigung der medienübergreifenden Auswirkungen (↗Wechselwirkungen) erfolgt letztendlich die Gesamtbewertung der zu erwartenden erheblichen Auswirkungen des Vorhabens.

Der oben angeführte Ablauf der Umweltverträglichkeitsprüfung ist ggf. analog für Vorhabensalternativen (↗Projektalternative bzw. ↗Projektvariante) durchzuführen.

Eine UVP kann in verschiedenen Verwaltungsverfahren eingebunden sein. Neben den Zulassungsverfahren wird für bestimmte Projekte auch eine UVP im Raumordnungsverfahren durchgeführt, wobei hier zusätzlich zu den Umweltauswirkungen auch Auswirkungen auf die Raum- und Siedlungsstruktur zu betrachten sind. Während für bestimmte Projekttypen nur eine ↗raumordnerische UVP durchgeführt wird (z. B. Gasfernleitungen), müssen andere Vorhaben einer ↗gestuften UVP unterzogen werden.

Der methodisch schwierigste Arbeitsschritt der UVP ist die Bewertung der Umweltauswirkungen eines Vorhabens, insbesondere, da das UVP-Gesetz keine Methode zur Bewertung vorgibt. Der verfahrensleitenden Behörde gibt die 1995 verabschiedete ↗UVP-Verwaltungsvorschrift eine gewisse Richtschnur an die Hand. Der UVP-Gutachter könnte streng genommen auf die Bewertung verzichten und diese der Behörde überlassen. In der Praxis ist dieser Fall jedoch sehr selten. Gearbeitet wird mit verschiedensten Bewertungsmethoden, wobei die häufigsten und bekanntesten die verbal-argumentative Wertsynthese, die ↗ökologische Risikoanalyse und die ↗Nutzwertanalyse sind.

Auch zur ↗UVP-Gütesicherung enthält das UVP-Gesetz keine Vorgaben. Insofern findet sich in der Praxis nicht nur eine große Spannbreite, sondern auch eine intensive Diskussion, z. B. über den erforderlichen Umfang der Bestandsaufnahmen. Von verschiedenen Institutionen wurden Vorschläge für bundesweit einheitliche Qualitätsstandards erarbeitet, wobei bis heute keine verbindlichen Vorgaben verabschiedet wurden.

Neben der »klassischen« UVP für definierte Vorhaben (Anlagen- oder Objekt-UVP) existieren auch Umweltverträglichkeitsprüfungen für Pläne oder Programme (Abb. 2). Entscheidend hierfür ist, dass die Berücksichtigung von Umweltauswirkungen im vorhabensbedingten Einzelfall (z. B. Genehmigungsverfahren nach Bundes-Immissionsschutzgesetz (BImSchG)) nicht hinreichend für eine umfassende Umweltvorsorge ist. Daher sollen mit der Prüfung von Plänen und Programmen (Regionalplan, Flächennutzungsplan, Abfallkonzept usw.) deren Umweltwirkungen transparent gemacht werden, um die ökolo-

Umweltverträglichkeitsprüfung 2: unterschiedliche Arten der Umweltverträglichkeitsprüfung.

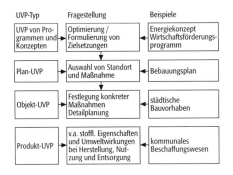

gischen Risiken zu erfassen und in politischen Entscheidungsprozessen berücksichtigen zu können. Die EU-Kommission bereitet hierzu eine Richtlinie zur offiziellen Einführung einer UVP bei Politiken, Plänen und Programmen vor. Neben den gesetzlich vorgeschriebenen UVPs werden insbesondere von Kommunen, aber auch privaten Betrieben, freiwillige UVPs (↗kommunale UVP) durchgeführt. [HM, AM]

Umweltwirkungen, Oberbegriff für alle Arten von positiven und negativen Auswirkungen auf die ↗Umwelt. Hierunter fallen direkte Umweltwirkungen wie Flächenversiegelung, aber auch indirekte Auswirkungen wie Immissionen von ↗Luftschadstoffen oder ↗Lärm. Untersucht werden Umweltwirkungen von Vorhaben sowie von Plänen und Programmen im Rahmen von ↗Umweltverträglichkeitsprüfungen, indem die zu erwartenden Auswirkungen prognostiziert und bewertet werden. Umweltwirkungen von Produkten oder Produktionsverfahren werden auch im Rahmen von ↗Ökobilanzen untersucht.

Umweltwissenschaften, meist inter- oder transdisziplinäre Wissenschaftszweige, welche die Erforschung oder den Schutz der ↗Umwelt zum Ziel haben oder das Verständnis ökosystemarer Zusammenhänge und Gesetzmäßigkeiten thematisieren. Da die Aufgaben im ↗Umweltschutz vielfältig sind, ergibt sich auch ein breiter Bereich unterschiedlicher Ausrichtungen (Abb.).

Umzug ↗Binnenwanderung.

unbedeckter Karst, nackter Karst, ↗Oberflächenkarst.

UNCTAD, *United Nations Conference on Trade and Development, Konferenz der Vereinten Nationen für Welthandel und Entwicklung,* wurde 1964 gegründet und hat ihren Hauptsitz in Genf. Sie ist ständiges Organ der UN-Generalversammlung. Aufgabe der Organisation ist die Förderung des ↗Welthandels unter besonderer Berücksichtigung der Interessen der ↗Entwicklungsländer. Hierzu finden seit 1964 alle drei bzw. vier Jahre Welthandelskonferenzen statt. UNCTAD hat sich zum Forum der Interessenartikulation der Entwicklungsländer entwickelt. Die UNCTAD wird über den Haushaltsetat der Weltorganisation (in den 1990er-Jahren mit jährlich ca. 50 Mio. US-Dollar) finanziert. Die ↗technische Entwicklungszusammenarbeit (jährlich ca. 24 Mio. US-Dollar) wird finanziert durch freiwillige Beiträge der Mitgliedsstaaten (188), Spenden und Zuschüsse von anderen Organisationen.

UNDP, *UN-Development Program, Entwicklungsprogramm der Vereinten Nationen,* wurde 1965 gegründet und hat seinen Hauptsitz in New York. Aufgabe der Organisation ist die Planung, Koordinierung und Finanzierung der ↗technischen Entwicklungszusammenarbeit mit den ↗Entwicklungsländern. Hierfür werden öffentliche und private Durchführungsorganisationen beauftragt. Schwerpunkte der Tätigkeit sind Armutsbekämpfung, Schaffung von Arbeitsplätzen, Förderung der Frauen und der Schutz und die Regeneration der ↗Umwelt. Die UNDP gibt jährlich den ↗Human Development Index zum Entwicklungsstand aller Länder heraus. Die Organisation steht unter politischer Kontrolle der Generalversammlung und des Wirtschafts- und Sozialrates der Vereinten Nationen. Finanziert wird die Unterorganisation der ↗UNO über freiwillige Beiträge (1998: 2,1 Mrd. US-Dollar) der Mitgliedsstaaten (174). [FE]

UNEP, *United Nation Environment Programme,* dienen auf globaler Ebene zur Bekämpfung von Umweltbelastungen und -problemen.

UNESCO, *United Nations Educational, Scientific and Cultural Organization, Organisation der Vereinten Nationen für Erziehung, Wissenschaft und Kultur,* Sonderorganisation der ↗UNO; 1945 in London gegründet, seit 1946 mit Sitz in Paris. Ihre Aufgaben sind v. a. die Förderung der internationalen Zusammenarbeit auf den Gebieten der Erziehung, Wissenschaften und Information, die Förderung des Zugangs aller Menschen zu Bildung und Kultur, Durchsetzung der Menschenrechte und Hebung des Bildungsniveaus.

Ungewissheit, liegt vor, wenn ein Ziel verfolgt wird, ohne ausreichende Informationen über die Systemumwelt zu haben und ohne die Konsequenzen der eigenen Entscheidungen und Handlungen genügend zu kennen. Im Gegensatz zum Risiko, kann Ungewissheit nicht in Form einer Wahrscheinlichkeit ausgedrückt werden. Die Bewältigung von Ungewissheit ist die wichtigste Aufgabe von ↗Organisationen und ein zentraler Kern der ↗Organisationstheorie. Das Ausmaß der Ungewissheit, mit dem eine Organisationen oder ↗Akteure konfrontiert sind, hängt u. a. von der Komplexität ihrer Aufgaben und der Dynamik ihrer Umwelt ab. Das unterschiedliche Maß an Ungewissheit, mit dem einzelne Elemente von

Umweltwissenschaften: Ausrichtungen der einzelnen Umweltwissenschaften.

naturwissenschaftlich	technisch	planerisch	gesellschaftswissenschaftlich
Geochemie	Chemieingenieurwesen	Landespflege	Umweltökonomie
Geobotanik	Geoinformatik	Landschaftsarchitektur	Umweltpolitik
Geoökologie	Ingenieurbiologie	u.a.	Umweltrecht
Landschaftsökologie	Umweltmesstechnik		u.a.
Limnologie	Verfahrenstechnik		
Meteorologie	u.a.		
Ökologie			
Ökotoxikologie			
Populationsbiologie			
Umweltchemie			
u.a.			

Organisationen konfrontiert sind, stellt das entscheidende Kriterium für die Herausbildung unterschiedlicher Organisationsstrukturen dar (/Hierarchie). Es beeinflusst die Anforderungen an das Kontaktpotenzial des Standorts und die Art der externen /Kontakte. Ungewissheit kann durch externe Faktoren (Wettbewerb, Katastrophen, technischer Wandel, schnelle Änderung des Konsumverhaltens) und durch systeminterne Faktoren (Informationsdefizit, Mangel an /Wissen, Kompetenzen und /Qualifikationen, ungenügende Lernfähigkeit) verursacht werden. Da die externen Faktoren kaum beeinflusst werden können, beziehen sich fast alle Methoden zur Verringerung von Ungewissheit auf den Erwerb von Wissen, Qualifikationen und Informationen sowie auf die Erhaltung der Lern- und Anpassungsfähigkeit. Ungewissheit ist nicht etwas, das man durch Wissenserwerb und Lernprozesse laufend verringern kann, sondern sie entsteht in einer dynamischen Umwelt immer wieder von neuem. Die Prozesse der /Professionalisierung, /Zertifizierung und /Meritokratisierung und die Einfügung von /Redundanz bei wichtigen Steuerungselementen sind ein Mittel, um das Maß an Ungewissheit zu verringern. [PM]

ungleicher Tausch /*Theorem des ungleichen Tausches*.

Ungleichgewichtsmodelle, betonen in Gegenposition zu neoklassischen /Gleichgewichtsmodellen die bestehenden regionalen Unterschiede in der Ausstattung mit Produktionsfaktoren, deren Immobilität und das Vorhandensein oligopolistischer und monopolistischer Machtstrukturen. Zu den Ungleichgewichtsmodellen zählen die /Polarisationstheorie, das /Zentrum-Peripherie-Modell, das Konzept der /räumlichen Arbeitsmarktsegmentierung, der organisationstheoretische Ansatz (/Organisationstheorie) sowie das Produkt- und Regionszyklusmodell.

UNICEF, *United Nations Children's Fund*, *Kinderhilfswerk der Vereinten Nationen*, wurde 1946 gegründet und hat seinen Hauptsitz in New York. Aufgabe der UNICEF ist die Sicherung der Grundversorgung von Kindern in /Entwicklungsländern. Schwerpunkte sind die Gesundheitsfürsorge, Familienplanung, Wasser und Hygiene, Ernährung, Erziehung, Schulbildung und die Bereitstellung von Nothilfe für Kinder in Krisensituationen. Die Situation der Kinder in Entwicklungsländern wird im jährlichen UNICEF-Bericht »The State of the World's Children« veröffentlicht. Die Finanzierung erfolgt über freiwillige Regierungsbeiträge (ca. 60%), Spenden und Erlösen aus UNICEF-Aktivitäten (z. B. Grußkartenverkauf). Der Programmetat für 1998 belief sich auf 966 Mio. US-Dollar.

univariate Statistik /Statistik.

Universalkirche /Kirche.

Universalreligionen, *Weltreligionen*, zeichnen sich durch ihre missionierenden Aktivitäten aus und haben sich von ihren Ursprungsgebieten weltweit ausgebreitet (/Religionsausbreitung), wie das /Christentum, der /Islam, der /Bahaismus und einige Formen des /Buddhismus.

Universalzeit /Zeitsysteme.

universelle Gaskonstante, für alle Gase gültige Konstante R in der Zustandsgleichung idealer Gase (/Gasgesetze), wenn diese auf das für alle Gase gültige Molvolumen $V_M = 22414{,}1$ cm³/mol bezogen wird: $R = 8{,}314471$ J/K mol.

Unkräuter, Pflanzen, die spontan und unerwünscht auf land-, forstwirtschaftlich und gärtnerisch genutzten Flächen aufwachsen, den Nutz- oder Zierpflanzen Bodenraum, Licht, Wasser und Nährstoffe entziehen und, vor allem bei Massenauftreten, deren Wachstum und Erträge beeinträchtigen, auch die Pflege und Ernte erschweren. In /Wiesen und /Weiden setzen die – oft schön blühenden – Unkräuter den Futterwert herab. Unkräuter sind den /Kulturpflanzen meist durch rascheres Wachstum, schnellere, z. T. vegetative Vermehrung über Wurzelstücke und -ausläufer, höhere Produktion und lange Keimfähigkeit der Samen überlegen, breiten sich daher rasch, z. T. weltweit aus. Manche Unkräuter übertragen auch Schädlinge oder Krankheiten auf Kulturpflanzen. Unkrautbekämpfung ist daher fester Bestandteil jeder Pflanzenkultur und hat, vor allem seit Einführung der /Herbizide, viele Unkräuter zu seltenen Arten und Objekten des Artenschutzes (/Naturschutz) gemacht. Aus dessen Sicht wird ihr abwertender Name oft durch die Bezeichnung /Ackerwildpflanzen ersetzt. [WHa]

Unland, Landflächen, die sich nicht in Nutzung bringen oder kultivieren lassen (/Anökumene); oft gleichgesetzt mit /Ödland, das jedoch grundsätzlich als nutz- oder kultivierbar angesehen wird. Beiden Kategorien kommen nicht selten Naturschutzwert zu (/Naturschutz).

UNO, *United Nations Organization*, Organisation der Vereinten Nationen, wurde am 24.10.1945 in San Francisco auf der »Konferenz der Vereinten Nationen über die Internationale Organisation« von den Siegermächten des 2. Weltkrieges gegründet. Gründungsmitglieder waren 49 souveräne Staaten und 2 abhängige Gebiete. Heute beträgt die Zahl der Mitgliederstaaten 189, wovon die Mehrheit /Entwicklungsländer sind. Die Ziele der UNO sind laut UN-Charta: a) die Bewahrung und Förderung des Weltfriedens und der internationalen Sicherheit; b) die Entwicklung der Beziehungen zwischen den Völkern und Nationen, vor dem Grundsatz der Gleichberechtigung und Selbstbestimmung und c) die internationale Lösung globaler Probleme wirtschaftlicher, sozialer, kultureller und humanitärer Art unter Achtung der »Menschenrechte und Grundfreiheiten für alle ohne Unterschied der Rasse, des Geschlechts, der Sprache oder der Religion«. Die Organisation (Abb.) besteht aus der Generalversammlung (UNGA) und 5 Hauptorganen: Sicherheitsrat (UNSC), Internationaler Gerichtshof (ICJ), Treuhandschaftsrat, Wirtschafts- und Sozialrat (ECOSCO) und dem Sekretariat. Diesen Hauptorganen sind 16 Sonder- (z. B. /UNESCO, /FAO) und 14 Spezialorganisationen (z. B. /UNICEF, /UNCTAD, /UNDP) unterstellt. Die UN-Organe nehmen sich stets interna-

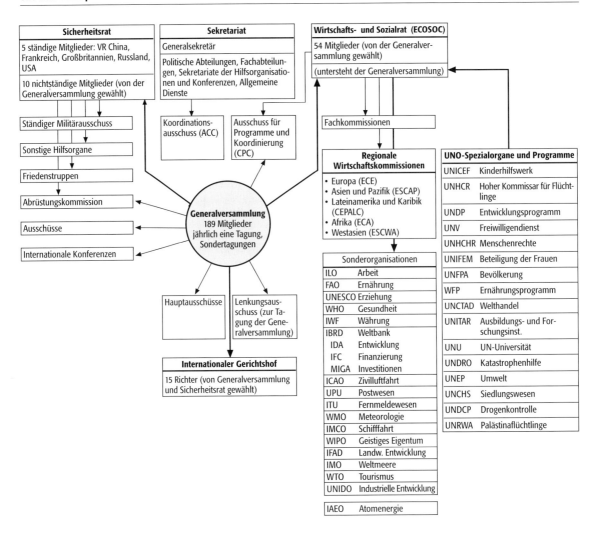

UNO: Organigramm der Vereinten Nationen.

tionalen Problemen an und bieten ein Forum für Interessensartikulation und -aggregation. Der UNO steht ein ordentlicher Zweijahreshaushalt von 2,536 Mrd. US-Dollar (2000–2001) zur Verfügung. Die größten Beitragszahler sind die USA (25,0%), Japan (20,6%) und Deutschland (9,9%). [FE]

Uno-actu-Prinzip ↗Dienstleistungen.

unsupervised classification ↗unüberwachte Klassifizierung.

Unterbeschäftigung, im Gegensatz zur ↗Vollbeschäftigung Form der Beschäftigung bei der die Arbeitsleistung der für diese Arbeit eingeteilten Arbeitskräfte aufgrund eines zu geringen Arbeitsumfanges nicht voll ausgenützt wird. Die Beschäftigungstheorie von J.M. Keynes (1936) geht davon aus, dass die Höhe der Beschäftigung von der Höhe der effektiven Nachfrage nach Konsum- und Investitionsgütern abhängig ist, welche durch die Höhe des Volkseinkommens bestimmt ist. Aus dem gleichgewichtigen Volkseinkommen kann somit auch das Ausmaß an Beschäftigung abgeleitet werden. Wenn in einer bestimmten Situation die Nachfrage nach Konsum- und Investitionsgütern nachlässt, weil Haushalte sparen oder Unternehmen Rücklagen anhäufen, dann geht auch das Volkseinkommen in der nächsten Periode zurück. Es entsteht zwar ein neues Gleichgewichtsvolkseinkommen, welches aber geringer ist als das Volkseinkommen bei Vollbeschäftigung. Im Vergleich dazu hat sich auch die Beschäftigung verringert und es herrscht nun nicht mehr Vollbeschäftigung, sondern Unterbeschäftigung. [HF]

Unterbewusstsein, zentraler Begriff der Psychoanalyse und der ↗Strukturationstheorie. Im Rahmen der von Sigmund Freud begründeten Psychoanalyse bezeichnet Unterbewusstsein den Bereich von nicht rational und bewusst zugänglichen Wünschen, Bedürfnissen und angeborenen Trieben, die auf unkontrollierte und häufig unkontrollierbare Weise Einfluss auf das ↗Verhalten der Individuen ausüben. In der Strukturationstheorie folgt aus der Tatsache, dass wir verschiedene Bedürfnisse und Wünsche haben, noch keinesfalls, dass unser ↗Handeln von diesen, unter verschiedensten Bedingungen, auch determiniert wird. Bedürfnisse und Wünsche geben gemäß dieser ↗Theorie nur eine allgemeine Richtung des Handelns an. Diese ist aber ständig der Interpretation durch die handelnde Person offen, sodass sie für das ↗soziale Handeln über keine deterministische Kausalkraft (↗Kausalität) verfügen. [BW]

unterentwickelte Länder, Länder, in denen ↗Unterentwicklung vorherrscht. Entsprechend der definitorischen Vielschichtigkeit des Begriffs der Unterentwicklung, lassen sich unterentwickelte Länder in zahlreiche Gruppen unterteilen. Neben heute als z. T. umstritten geltenden Begriffen wie ↗Dritte Welt, ↗Entwicklungsländer und ↗Schwellenländer haben sich u. a. Begriffe wie ↗Less Developed Countries (LDC), ↗Least Developed Countries (LLDC), ↗Low-Income Countries (LIC) oder aber auch ↗Severly Indebted Low Income Countries (SILIC) etabliert. Die Zuordnung der verschiedenen Gruppen der unterentwickelten Länder zu den jeweiligen Begriffen wird anhand von Indikatoren wie ↗Pro-Kopf-Einkommen, Quote der ↗Alphabetisierung u. A. unternommen.

Unterentwicklung, ausgesprochen vielschichtiger Begriff, der einerseits einen Zustand beschreibt, sich andererseits aber auf den Prozess der Persistenz und Perpetuierung politisch-gesellschaftlich bedingter Deformationen (↗deformierte Raumstruktur) bezieht (beispielsweise Verteilungsungerechtigkeit) in den ↗Entwicklungsländern. Für Unterentwicklung lässt sich jedoch keine einfache, allgemeingültige Definition geben, zumal der Begriff stark wertbehaftet ist und aus den jeweiligen entwicklungstheoretischen oder politisch-ideologischen Grundhaltungen heraus unterschiedlich interpretiert wird. So galt lange Zeit Unterentwicklung im Sinne der ↗Modernisierungstheorien als relativer sozioökonomischer Rückstand im Vergleich zu den ↗Industrieländern. Demgegenüber interpretieren die Vertreter des sogenannten Dependencia-Ansatzes (↗Dependenztheorie) Unterentwicklung als das Ergebnis extern verursachter Abhängigkeit und damit zusammenhängenden gesellschaftlichen, ökonomischen sowie räumlichen Ungleichheiten in der inneren Struktur der unterentwickelten Gesellschaften (↗strukturelle Heterogenität, ↗räumliche Disparitäten). In jüngerer Zeit wird Unterentwicklung insgesamt »als die unzureichende Fähigkeit von Gesellschaften, die eigene Bevölkerung mit lebensnotwendigen Gütern und lebenswichtigen Dienstleistungen zu versorgen« bezeichnet. Als zentrale Merkmale von Unterentwicklung gelten ↗Armut und die Nicht-Befriedigung der Grundbedürfnisse (↗Grundbedürfnisbefriedigung) weiter Kreise der betroffenen Gesellschaften. Besonders ausgeprägte regionale, soziale oder auch geschlechtsspezifische Disparitäten sind wichtige Kennzeichen der Unterentwicklung. Vor dem Hintergrund von Armut und unzureichender Grundbedürfnisbefriedigung ist Unterentwicklung zusammenfassend als ein Komplex endogen und exogen bedingter Strukturdefizite anzusehen, die eine ungenügende Entfaltung der Produktivkräfte bewirken (Abb.). ↗Human Development Index. [MC]

wirtschaftlich	geringes Pro-Kopf-Einkommen; niedrige Spar- und Investitionstätigkeit; Vorherrschaft des primären Wirtschaftssektors; geringe Produktivität; Abhängigkeit von wenigen Exportprodukten; unzureichende Infrastrukturausstattung; Verschlechterung der Terms-of-Trade; Verschuldung; große Bedeutung des informellen Sektors
sozial	hohes Bevölkerungswachstum; Gesundheitsmängel; niedrig Lebenserwartung; ungenügende Ernährungssituation, Ausbildungsmängel; hohe Analphabetenquote; extrem ungleiche Einkommensverteilung; hohe (versteckte) Arbeitslosigkeit
historisch	Deformation durch koloniale Vergangenheit; nicht abgeschlossenes Nation-Building
soziokulturell	Vorherrschen traditioneller Handlungslogiken; Orientierung an »Primärgruppen« (Clan, Sippe); Übernahme »westlicher« Konsummuster; geringe soziale Differenzierung; geringe soziale Mobilität
politisch	autoritärer und zugleich schwacher Staat; geringe internationale politische Bedeutung; hohe Zahl gewaltsamer Konflikte (sowohl zwischen Staaten als auch Bürgerkriege)
räumlich	extreme räumliche Disparitäten; rasche Verstädterung (v.a. Metropolisierung); große Bedeutung der (interregionalen und internationalen) Migration; ökologische Probleme (z.B. Desertifikation, Regenwaldzerstörung)

Unterentwicklung: Merkmale der Unterentwicklung.

Unterernährung, die physiologisch messbare Dimension von ↗Hunger wird mit dem Begriff Unterernährung erfasst. Ein Mensch gilt als unterernährt, wenn seine Nahrungsenergieaufnahme über einen längeren Zeitraum unter dem Bedarfsminimum – durchschnittlich 2300 Kcal am Tag – liegt und für die Erhaltung seines Körpergewichtes und die Ausführung leichter Tätigkeiten nicht ausreicht. Der Anteil der unterernährten Bevölkerung eines Landes wird anhand der durchschnittlichen Kalorienzufuhr pro Kopf, des durchschnittlichen Minimalbedarfs an Nahrungsenergie und der Verteilung der Nahrungsmittelausgaben in der Bevölkerung ermittelt. Hochrechnungen der Ernährungs- und Landwirtschaftsorganisationen der Vereinten Nationen (FAO) gehen davon aus, dass im Jahr 2010 noch immer 680 Mio. Menschen (1999: 826 Mio.) an chronischer Unterernährung leiden werden, von denen 70 Prozent in den afrikanischen Ländern südlich der Sahara und in Südasien leben. Abb. [RMü]

	1995	2020
Lateinamerika	2789	3026
Westasien und Nordafrika	3081	3177
China	2752	3139
Südostasien	2622	2876
Afrika südlich der Sahara	2144	2295
Südasien	2357	2652
Industrieländer	3185	3352
Entwicklungsländer	2579	2821
Welt	2717	2918

Unterernährung: Verfügbare Kalorien 1995 und 2020 in Kcal pro Kopf und Tag nach Regionen.

Unterglaskultur, Pflanzen, die in Gewächshäusern (Hochglas) und Frühbeeten (Niederglas) mit großer Flächenproduktivität herangezogen werden. Unterglaskulturen, im Wesentlichen Gemüse, Salate und Zierpflanzen, werden häufig marktnah (am Rande von Verdichtungsräumen) produziert. Moderne Transport- und Lagertechnologien erlauben aber auch die Überwindung größerer Entfernungen.

Unterhang, leitet vom Mittelhang zum Hangfuß über und ist häufig gestreckt oder konkav. Ähnlich wie der Hangfuß kommt der Untersuchung des Unterhanges im Hinblick auf die Klärung relieformender Prozesskombinationen (Hangrückverlegung, Pedimentierung, Bildung von Kolluvien usw.) in der ↗Geomorphologie eine große Bedeutung zu.

unterirdischer Karst ↗Karstlandschaft.

unterkühltes Wasser, flüssiges Wasser mit Temperaturen unter 0°C. Wenn nur wenige ↗Kondensationskerne oder ↗Gefrierkerne vorhanden sind, kann der Gefriervorgang von Wasser hinaus gezögert werden (↗Gefrierpunkt). In Kondensationskammerversuchen wurde festgestellt, dass reine Wassertropfen vermehrt erst ab −32°C und einzelnen Tropfen sogar erst bei −61°C gefrieren. In Wolken ist das Vorkommen von unterkühltem Wasser keine Seltenheit, dabei unterkühlen kleine Tropfen stärker als große. Wasserwolken mit Temperaturen von −10°C kommen häufig vor; in Einzelfällen wurden sie bei Temperaturen unter −35°C beobachtet.

Unterlauf ↗Flusslaufabschnitt.

Unternehmen, eine dauerhafte rechtliche und organisatorische Einheit, in der die Produktion von Sachgütern oder die Bereitstellung von Dienstleistungen zum Zwecke der Gewinnmaximierung erfüllt werden. Ein Unternehmen kann auf mehrere Betriebsstandorte verteilt sein. ↗Kernunternehmen.

Unternehmenskonzentration, im Einzelhandel das Ersetzen von *Einbetriebsunternehmen* (Unternehmen mit einem Einzelhandelsbetrieb an einem Standort) durch *Mehrbetriebsunternehmen* (Unternehmen mit Einzelhandelsbetrieben an mehreren Standorten). Bis Mitte des 20. Jahrhunderts dominierten im Einzelhandel unabhängige Einbetriebsunternehmen, in denen der Inhaber an einem Standort selbstständig alle betrieblichen Aufgaben (z. B. Einkauf, Verkauf, Buchführung, Personalwirtschaft) erfüllte. Seitdem gewinnen *Filialisten* (Mehrbetriebsunternehmen mit zahlreichen Einzelhandelsbetrieben) und verschiedene Formen von Kooperationen von Ein- und Mehrbetriebsunternehmen (*Einkaufsgemeinschaften* zur Erzielung günstiger Einkaufsbedingungen bei Herstellern; *freiwillige Ketten* als Zusammenschluss von Groß- und Einzelhändlern mit gemeinsamer Bezeichnung, Werbung, Standardsortiment; ↗Franchising-Systeme) an Bedeutung. Im Jahr 2000 erzielten die fünf größten Unternehmen des Lebensmitteleinzelhandels bereits schon 63% des Umsatzes, während auf Selbständige weniger als 10% entfielen. Der Unternehmenskonzentrationsprozess hat strukturelle und standörtliche Wirkungen. Überproportional häufig setzen Filialisten kostensparende ↗Betriebsformen ein (Selbstbedienungsprinzip mit niedrigen Personalkosten, Teilzeitarbeitsverhältnissen), verkaufen ein standardisiertes Sortiment (keine Ladenhüter oder Spezialartikel), für welches sie bei den Herstellern durch Abnahme großer Mengen niedrige Einkaufspreise durchsetzen (*Rabatt-Splitting*), und verwenden moderne Betriebs- (z. B. Scannerkassen) und Logistiksysteme (*Warenwirtschaftssysteme*) mit interner elektronischer Bestandskontrolle und automatischer Bestellung per elektronischer Medien bei Unterschreiten eines Mindestbestandes. Sie treiben damit den Wandel der Betriebsformen voran. Zwischen Einbetriebsunternehmen und Filialisten lassen sich unterschiedliche Standortverteilungen beobachten. Einzelhandelsbetriebe von Filialisten benötigen meist aufgrund ihrer betriebswirtschaftlichen Kostenkalkulation einen höheren Mindestumsatz als Einbetriebsunternehmen, welche die Kosten kostenlos mithelfender Familienangehöriger, langer persönlicher Arbeitszeiten, Abschreibung des im Eigentum befindlichen Betriebsgebäudes nicht kalkulieren. Zugleich können sie häufig wegen ihrer höheren Flächenproduktivität (Umsatz je m^2 Verkaufsfläche) auch teurere Standorte wählen. Sie dominieren deshalb in attraktiven ↗Einkaufszentren. Zugleich besitzen ihre großflächigen Betriebsformen aufgrund des Sortiments (Preis und Angebotsbreite) auch eine ausreichende Attraktivität um ohne Nachbarschaft zu anderen Betrieben zu bestehen. Entsprechend sind in nichtintegrierten Lagen am Stadtrand fast ausschließlich Filialisten zu finden. Dagegen versorgen Einbetriebsunternehmen überproportional oft räumliche Marktnischen, z. B. in den kleinen Orten des ↗ländlichen Raumes oder in den Wohngebieten der Städte. [EK]

unternehmensorientierte Dienstleistungen, früher auch als produktionsorientierte Dienstleistungen (im Englischen producer services) bezeichnet, erfüllen »intermediäre« Aufgaben; ihre Dienstleistungen fließen in den Produktionsprozess ein (z. B. Forschung/Entwicklung, Wartung) oder sie übernehmen vermittelnde Funktionen zwischen Produzenten, Institutionen, Konsumenten (z. B. Beratung, Transport, Werbung). Zu den einfacheren Bereichen gehören Tätigkeiten, für die kein hohes Qualifikationsniveau der Beschäftigten erforderlich ist (z. B. Reinigungs-, Transport-, Wartungs-, Reparaturaufgaben). Charakteristisch für höherwertige Bereiche ist ein spezialisiertes Know-how der Beschäftigten; üblicherweise werden dazu Forschung und Entwicklung, Rechts- und Unternehmensberatung, Werbung und Marketing sowie Banken und Versicherungen gezählt (↗Dienstleistungen). Hinsichtlich der ↗Standortsysteme von Dienstleistungen zeigt sich bei den höherwertigen Bereichen vor allem eine räumliche Clusterung in größeren Zentren bzw. Städten und ↗global cities. [EK]

Unternehmensstrategien, Handlungen oder Richtlinien zur Erlangung von Wettbewerbsvorteilen und zur Sicherung des Unternehmens oder Standortes. Zu den Maßnahmen zur Sicherung des Unternehmens gehören: ↗Rationalisierung, neue Managementkonzepte, Konzentration auf ↗Kerngeschäfte und ↗Kernkompetenzen, ↗Umstrukturierung oder ↗Verschlankung des Unternehmens, ↗Produktinnovationen und ↗Prozessinnovationen, Verringerung der ↗Fertigungstiefe, ↗Just-in-time-Systeme, Kundenorientierung, Verlagerung und Veränderungen der Größe (Kapazitätsabbau und -ausbau, Aufkäufe, Beteiligungen, Fusionen, Verkäufe). Zu den Maßnahmen zur Sicherung des Standortes gehören: ↗Standortentscheidungen (↗Internationalisierung, ↗Globalisierung), ↗vertikale Kooperation und ↗horizontale Kooperation mit anderen Unternehmen (↗Netzwerke, ↗virtuelle Unternehmen). Große Unternehmen verfolgen eine Vielzahl von Strategien gleichzeitig, markt- und standortspezifische Strategien, produkt- und geschäftsbereichsspezifische Strategien. [WG]

Unternehmer, Eigentümer eines ↗Unternehmens oder Manager mit Leitungsfunktion. Normativ-deduktive ↗Standorttheorien unterstellen einen ↗Homo oeconomicus mit dem Ziel der Kostenminimierung oder Gewinnmaximierung und der Fähigkeit zu rationalen Entscheidungen aufgrund vollständigen Wissens. Verhaltenswissenschaftliche Theorien unterstellen dagegen, dass der Unternehmer kein ↗Optimierer sondern ein ↗Satisfier ist. Handlungstheorien erklären Entscheidungen in einem breiten Kontext persönlicher, betriebsbezogener und externer Faktoren (u. a. Regelungssysteme, Normen).

Unterschicht, bezeichnet im Rahmen der sozialwissenschaftlichen Schichtungstheorie (↗soziale Schichtung) die ↗soziale Kategorie der sozial weniger privilegierten Personen, meist mit niedrigem Einkommen und geringstem sozialen Einfluss. Darunter fallen vorwiegend schwach qualifizierte und unqualifizierte Arbeitskräfte.

Unterschichtung, die Arbeitsplatzübernahme durch geringer qualifizierte Arbeitskräfte und gleichzeitig die Verdrängung derer, die bisher diese Position eingenommen haben, nach oben. Das Konzept von Unterschichtung hat im Zusammenhang mit der Zuwanderung ausländischer Arbeitskräfte besondere Bedeutung erlangt.

Unterschneidung, Prozess der Versteilung eines Hanges oder einer Küstenlinie infolge ↗Seitenerosion, ↗rückschreitender Erosion oder Brandungserosion (↗Abrasion).

Untervölkerung, Zustand eines Raumes dessen Bevölkerungszahl zu gering ist, um die vorhandenen Ressourcen des Gebietes optimal zu nutzen (↗Bevölkerungsmaximum, ↗Bevölkerungsoptimum). Untervölkerung kann sich auch auf bestimmte Bevölkerungsgruppen beziehen. So stellt sich z. B. in ländlich geprägten Räumen mit geringer ↗Bevölkerungsdichte die Frage nach der Schließung von Einrichtungen, wie z. B. Schulen, aus Kosten- und Rentabilitätsgründen.

Unterwasserböden ↗Subhydrische Böden.

Unterzentrum, im ↗Zentrale-Orte-Konzept zentraler Ort unterer Zentralitätsstufe innerhalb eines räumlich bestimmten Nahbereichs. Hier sollen Grundbedürfnisse der Bevölkerung nach Waren und Diensten befriedigt werden. Unterzentren unterscheiden sich von Kleinzentren durch ihre bessere infrastrukturelle Ausstattung.

unüberwachte Klassifizierung, *automatische Klassifizierung*, *unsupervised classification*, automatische multivariate Gruppierung der Bildpunkte eines Fernerkundungsdatensatzes (↗Fernerkundung) im Merkmalsraum (feature space), d. h. anhand der Daten eines Bildpunktes in den einzelnen ↗Spektralbereichen. In Gegensatz zur ↗überwachten Klassifizierung wird über Verfahren der Clusteranalyse eine Gruppierung (Klassifizierung) der Bildpunkte durchgeführt ohne die Art der Klassen im Voraus zu spezifizieren. Lediglich die Anzahl der gewünschten Klassen (Cluster) wird meist a priori angegeben. Unüberwachte Klassifikationen werden dort angewendet, wo z. B. bei der Typisierung von Landoberflächen keine oder nur wenige Informationen über die Landnutzung bekannt sind. Gut trennbare Klassen aufgrund ihrer spektralen Signaturen (Wald, Wasser, offener Boden z. B.) werden sowohl bei einer kleineren als auch bei einer größeren Zahl von Clustern gut (d. h. weitgehend lagerichtig) wiedergegeben. [MS]

Unwetter, mit Gefahren verbundene Wettererscheinungen wie etwa Sturm, Gewitter oder Hagel. ↗hazard.

updraft ↗Böenwalze.

upwelling ↗Aufquellgebiete.

UQZ ↗Umweltqualitätsziele.

Uranreihen-Datierung, Datierungmethode mittels der Zerfallsreihe des Urans. Einige Uran-Zerfallsprodukte sind nicht bzw. unterschiedlich gut wasserlöslich. Ablagerungen, die aus Lösungen hervorgingen, z. B. Kalksinter oder Korallen, sind deshalb nicht im isotopischen Gleichgewicht, sondern nähern sich diesem mit der Zeit erst wieder an. Aus dem Verhältnis der Konzentrationen einzelner ↗Isotope lässt sich die Zerfallsdauer bestimmen. Verschiedene Varianten benutzen unterschiedliche Isotop-Paare (z. B. ^{230}Th/^{234}U, ^{234}U/^{238}U, ^{231}Pa/^{235}U). Aufgrund hoher Halbwertszeiten erlauben einige Varianten Alter von über 1 Mio. Jahren zu bestimmen. Voraussetzung ist das Fehlen späterer Kontamination und erneuter ↗Lösungsvorgänge bzw. Rekristallisation.

urban ecology ↗Stadtökologie.

Urban Entertainment Center, *UEC*, multifunktionale privatwirtschaftliche Einrichtung, die Freizeit-, Einkaufs- und Erlebnisangebote an einem Standort und unter einheitlichen Management kombiniert. Ein Urban Entertainment Center basiert auf drei Schlüsselkomponenten: a) »Entertainment und Kultur« (Multiplex-Kino, Musical-Theater, Discothek, Varieté, IMAX-Kino usw.); b) »Food und everages« (Erlebnis- und Themengastronomie, Fast Food, Food Court usw.); c) »thematisierter Handel und Merchandising« (Festival Retail, Speciality Stores, Memorabilia usw.). Zusätzliche Angebotsoptionen können Hotels sein, aber auch Sporteinrichtungen (Bowling), Museen, Ausstellungen usw. (Abb.).

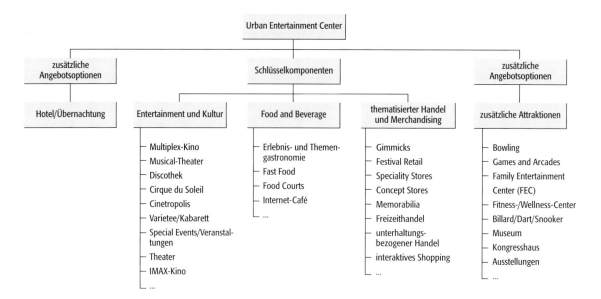

Urban Entertainment Center: Bausteine und strategische Entwicklung.

Diese Komponenten können im Einzelfall stark unterschiedliche Gewichtungen haben. Bedeutsam ist hierbei, dass sie thematisch aufeinander abgestimmt werden und den Besuchern vielfältige Auswahlmöglichkeiten bieten, um so den Erlebniswert der Gesamtanlage zu steigern. Zentrales Ziel ist es, eine ausgabenfördernde Konsumatmosphäre zu schaffen (verbunden mit einer möglichst langen Aufenthaltsdauer der Besucher). [ASte]

urbane Ökosysteme, *Ökosystem Stadt*, naturferne bis -fremde ↗Ökosysteme, die durch hohe Versiegelungsgrade, fehlende Energieautarkie sowie durch stete Ver- und Entsorgung gekennzeichnet und dadurch mit ihrem Umland zwingend und eng vernetzt sind (↗Stadtökologie).

urban fringe, dünner besiedelte verstädterte Umland- oder Vorortzone, die baulich weitgehend mit der Stadt verbunden ist und nicht immer wie der ↗urban-rural fringe im ländlichen Umland endet, sondern wie z. B. im Ruhrgebiet in der nächsten Stadt.

Urbanisierung, im Vergleich zur ↗Verstädterung, die nur demographische und siedlungsstrukturelle Aspekte beinhaltet, bezeichnet der Begriff Urbanisierung zusätzlich aus sozioökonomischer und sozialpsychologischer Sicht die Ausbreitungs- und Diffusionsprozesse städtischer Lebensformen, die sich z. B. in Haushaltsstrukturen, beruflicher Differenzierung, Konsummustern und Wertvorstellungen der Einwohner in Städten ausdrücken.

Die Urbanisierung steht im ↗Stadtentwicklungsmodell für eine Phase der ↗Bevölkerungskonzentration. Bei einer Zunahme der Einwohnerzahlen im Verdichtungsraum erhöht sich die in der Kernstadt insgesamt stärker als im Umland, wo zu Beginn der Phase Bevölkerungsverluste auftreten können. Drei Komponenten rufen diese räumliche Differenzierung hervor: ↗Land-Stadt-Wanderungen, natürliches Bevölkerungswachstum und in deutlich geringerem Umfang Eingemeindungen. In den Industrieländern waren im 19. Jh. die räumlichen Bewegungen ausschlaggebend, in den Entwicklungsländern sind es heute die Geburtenüberschüsse aufgrund der jungen Altersstruktur der Zuwanderer.

Urbanität ↗Stadtkultur.
urban mall ↗mall.
urban plume ↗Abluftfahne.
urban renewal, in den USA Begriff für die von der ↗Totalsanierung geprägten Phase zwischen 1954 und 1968, bei der innerstädtische Verfallsgebiete großflächig abgetragen wurden, um neuen Nutzungen (↗Redevelopment) Platz zu machen. Diese Phase wurde nach 1968 durch die ↗erhaltende Stadterneuerung (↗Gentrification) abgelöst. ↗US-amerikanische Stadt.

urban-rural fringe, dünner besiedelter Übergangsbereich zwischen Stadt und ländlichem Umland, der durch ↗Suburbanisierung und ↗Verstädterung starken Wandlungen unterworfen ist. Ihn kennzeichnen eine besondere bauliche Struktur und eine typische Sozial- und Erwerbsstruktur der Bevölkerung. ↗urban fringe.

urban sprawl, landschaftsverbrauchende Zersiedlung des Stadt-Umland-Bereiches. Zumeist unkontrolliertes, großflächig sich in den ↗ländlichen Raum ausbreitendes Wachstum von ↗Verdichtungsräumen im Zuge der ↗Suburbanisierung und einer starken Zuwanderung. Die Zersiedlung erfährt einen Anschub dadurch, dass sowohl private Grundbesitzer als auch die einzelnen Gemeinden im Wettbewerb um finanzkräftige Einwohner, Investoren und Arbeitsplätze land- und forstwirtschaftlich genutztes Land meistbietend nicht landwirtschaftlichen Nutzungen zuführen, was durch übergeordnete Planungen (↗Bauleitplanung, ↗Bauerwartungsland) begünstigt wird. In den USA wird in diesem Zusammenhang von einem Zerfall der Städte als physiognomische Einheiten gesprochen, die zu

»Non-Places« werden (↗Stadtlandschaft, ↗Metropolitan Area).

Urkataster, Sammelbegriff, unter dem die ältesten Katasteraufnahmen (↗Kataster) in Mitteleuropa (in den österreichischen Erblanden ab 1748/49) geführt werden. Die i. d. R. zum schriftlichen Verzeichnis gehörigen Karten sind für viele Regionen die ersten flächendeckenden, verlässlichen Aufnahmen flächenbezogener Informationen, was sie zu einer wichtigen Quellengattung für die Rekonstruktion älterer Landschaftszustände mittels ↗Rückschreibung macht (↗historische Karten).

Urlandschaft, Zustand der Landschaft vor den umweltverändernden Eingriffen des Menschen. In Mitteleuropa kann man diesen Zustand vor der Einführung des Ackerbaus und der Sesshaftwerdung des Menschen im Neolithikum ansetzen. Große Gebiete waren hier insbesondere in den Mittelgebirgen noch um die Zeit von Christi Geburt und darüber hinaus Urlandschaft. In der Gegenwart gibt es die Urlandschaft nur noch in mehr oder weniger anthropogen unbeeinflussten Resten, so in Teilen der Hyläa des Amazonasgebietes, der borealen Nadelwaldzone Kanadas und Sibiriens, der Savannen Botswanas und der Halbwüsten und Wüsten Namib, Atacama, Gobi, Sahara und Inneraustraliens.

Urlaub auf dem Bauernhof ↗Ferien auf dem Bauernhof.

Urlaubsreisen, während des ↗Urlaubs durchgeführte Reisen; im Gegensatz zu anderen Tourismusarten z. B. ↗Geschäftsreiseverkehr.

Urlaubsverkehr ↗Verkehrszweck.

Urpassat ↗Passate.

ursprüngliche Vegetation, bezeichnet jene Pflanzengemeinschaft oder Pflanzenformation, die vor Eingriff des Menschen bestanden hat. Sie unterscheidet sich von der ↗potenziell natürlichen Vegetation dadurch, dass sie nach Ende einer menschlichen Beeinflussung auf die zwischenzeitlich veränderten Standorte (z. B. Bodenaufbesserung durch Düngung, Bodenverhagerung durch Streuentnahme) nicht mehr zurückkehren würde. Sie beschreibt einen Ausbildungszustand im späten ↗Holozän und erschließt sich vornehmlich aus Rekonstruktionen mit ↗Pollenanalysen. ↗Vegetation.

Ursprungszentren, *Entstehungszentren, Entfaltungszentren, Sippenzentren*, bezeichnen den Ort der evolutionären Entstehung von Sippen von dem sie sich in verschiedene Richtungen ausgebreitet haben. Die Analyse von Arealen zeigt, dass in bestimmten Regionen eine besonders große Zahl von Arten innerhalb einer Gattung auftreten und die Artenzahl von diesem Zentrum nach außen abnimmt (Abb.). Auch wenn es vielfach aus der heutigen Verbreitung der Pflanzensippen nicht mehr zweifelsfrei ablesbar ist, kann man bei derartigen Häufigkeitszentren vom genetischen Ursprung ausgehen. Dabei müssen diese Ursprungszentren nicht räumlich zentral, sondern können auch ganz peripher im Gesamtareal liegen. Ursprungszentren entsprechen daher vielfach der größten genetischen Diversität von Sippen (Mannigfaltigkeitszentrum, Genzentrum). Diese Übereinstimmung zwischen Ursprungs- und Genzentrum muss nicht immer Gültigkeit besitzen. So können günstige ökologischen Bedingungen (Vielzahl freier ökologische Nischen) bei Neubesiedlungen auch abseits des Ursprungszentren zur Sippendifferenzierung führen. [ES]

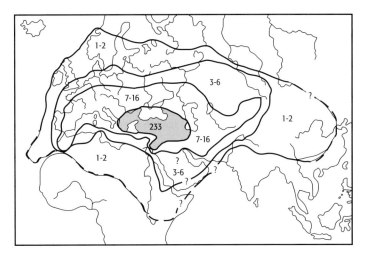

Ursprungszentren: Sippenzentrum (grau) der Gattung *Verbascum* und Linien gleicher Artenzahl.

Urstromtäler, ein eiszeitlicher Abflussweg von Schmelzwässern, der mehr oder weniger parallel zum Rand einer bestimmten Eisrandlage verläuft, und der seine Entstehung der Vereisung verdankt. Das Vorkommen von Urstromtälern ist auf das nordeuropäische Vereisungsgebiet beschränkt. Im alpinen Bereich hat sich das Entwässerungssystem des Vorlandes während des Eiszeitalters nur wenig verändert, und in Nordamerika hat der Eisabbau des laurentischen Eises zwar zu zahlreichen Laufverlegungen der Hauptentwässerungswege geführt, durch die Zwischenschaltung der Großen Seen ist es aber nicht zur Ausbildung echter Urstromtäler gekommen.

Urwald, beschreibt einen vom Menschen unberührten, ursprünglichen Wald, in dem jegliche Nutzung, also auch Waldweide, Streuentnahme, Einzelstammernte, Frucht- oder Pilzsammeln ausgeschlossen wird. Unter diesen Vorgaben bezieht sich der Begriff auf alle Waldzonen der Erde, wobei zusammenhängende Urwaldflächen in der nemoralen, lauralen, mediterranen Zone und in den wechselfeuchten Tropen kaum noch vertreten sind. Größere Vorkommen in der Borealis, in Gebirgen der neuen Welt und in den immerfeuchten Tropen zeichnen Urwälder als Bestände mit hohem Totholzanteil aus. Lücken durch natürliche Störungen (Brände, Stürme, Dürren etc.) sorgen für gemischte Altersstrukturen und Arteninventare in klein- bis großflächigen Sukzessionsschritten.

US-amerikanische Stadt, ↗kulturgenetischer Stadttyp, dessen aktuelle Kernstadtstrukturen die Großstadtpolitik des Bundes der USA mehrerer Jahrzehnte sowie die Stadtentwicklungsprioritäten lokaler Planungsallianzen und ihrer jeweiligen Macht- und Planungsstrukturen (Urban Re-

US-amerikanische Stadt: Strukturmodell der Kernstadt der 1990er-Jahre.

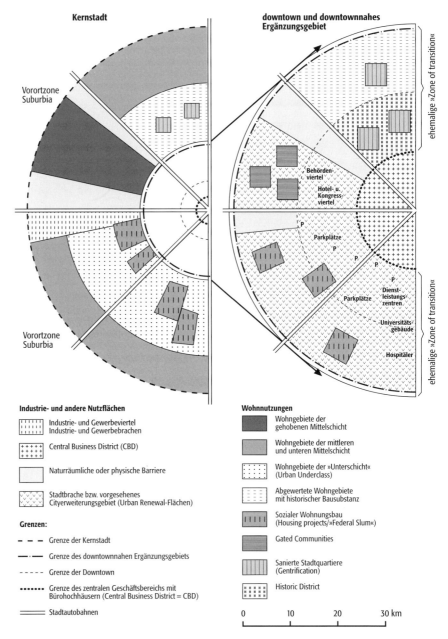

gimes) wiederspiegeln. Die Sanierungspolitik des Bundes und der Kommunen rückte seit 1949 systematisch von einer flächendeckenden Sanierungspolitik für verfallene Stadtteile ab und konzentrierte sich speziell seit der Ära des ↗urban renewal der 1950er-Jahre auf die Downtowns (↗Central Business District) sowie punktuelle Strategiegebiete (urban enterprise zones) im city-nahen Bereich, auf denen innerhalb einer gesetzlich vorgegebenen Frist Erfolge und Renditen erwartet werden konnten. Die Dezentralisierung vielfältiger Bundesaufgaben nach 1982 sowie die Deregulierung der Wirtschaft von 1986 erlaubten den ↗Public-Private-Partnerships die traditionellen Stadtentwicklungsbehörden als Hauptakteure der Stadtentwicklung fast gänzlich abzulösen und neue Entscheidungstrukturen, Formen und Mechanismen der Planung zu installieren. Damit verringerte sich das Potenzial weiterhin, Verfallsgebiete zum Nutzen einer ansässigen Unterschichtsbevölkerung zu sanieren, denn Public-Private-Partnerships gehören nicht zur politischen Verwaltung einer Stadt, sondern können unabhängig Entscheidungen über Landnutzungen, Verkäufe, Developments ohne öffentliche Anhörungen treffen. Public-Private Partnerships prägen die Stadtstrukturen in entscheidender Weise nach ihren Vorstellungen. Ihr Schwerpunkt ist in der Stadtentwicklung ist, das Image einer Stadt zu einer »First-Class-American-City« durch Büroflächen, Hotels, Kongresszentren, Luxus-Wohnanlagen, Mischnutzungsprojekte, Sportarenen, Museen, Theater, Konzerthallen u. ä. aufzuwerten.

Die heutigen baulich-funktionalen und sozialräumlichen Strukturen der amerikanischen Stadt manifestieren in eindrücklicher Weise den Fokus bundessubventionierter Sanierungspolitik auf städtebaulicher Aufwertung bei gleichzeitiger Vernachlässigung sozialräumlicher Polarisierungen (↗Segregation). Betreffend der baulichen und funktionalen Aspekte kann man in der City und den city-nahen Bereichen der meisten nordamerikanischen Städten heute die übergeordnete, bewusst herbeigeführte funktionale Aufteilung, die sogenannten »New-Towns-In-Town« (Abb.) feststellen. City-nahe Gebiete, die früher noch eine Zone verfallener Wohn- und Gewerbenutzungen darstellte, zeigen daher heute andere baulichen oder funktionalen Strukturen als vor dreißig Jahren: Wo seinerzeit noch Kleingewerbe und Wohnfunktionen vorhanden waren, wurden diese zugunsten einer neuen funktionalen Aufteilung abgetragen. Nach der innerstädtischen »Flurbereinigung« (urban renewal) entstanden dort jene Mega-Projekte, die das Image und die Attraktivität verbessern und Nachfolgeinvestitionen anziehen sollten. Allerdings ist der Bau von Kultur-, Kongress- und Behördenzentren, Sportarenen, Erweiterungsbauten für Institutionen, Büro- und Shopping-Zentren auf Industrie-, Gewerbe und Sanierungsbrachen wegen ihres erheblichen Verdrängungs- und Verödungseffekts nicht unkontrovers. Längerfristig werden nicht immer die gewünschten Nutzungen erzielt, obwohl in allen Cities die Bürohausbebauung gefördert wurde. So verbleiben große city-nahe Freiflächen, die weiterhin als Verfügungsareale für zukünftige Downtown-Erweiterungen gelten. Sie wirken wie »vergessene Stadtwüsten«, sind jedoch nur interimistisch, zumeist als Parkplätze, genutzt. Bis heute hat die als »Federal Bulldozer« bezeichnete Ära des urban renewal der 1950er- und 60er-Jahre daher größere Baulandreserven hinterlassen als durch neue Nutzer nachgefragt wurden.

De facto erweist sich der downtown-nahe Ergänzungsbereich, den die ↗Chicagoer Schule der Soziologie 1925 als »zone of transition« (↗Übergangszone) bezeichnete, demnach auch gegenwärtig als eine Zone im Übergang, jedoch nach anderen Maßstäben. Als heutige Bodenreserven für zukünftige Nutzung haben sie bereits einen Übergang vollzogen, in dem sie vom Verfallsgebiet durch urban renewal zur Freifläche wurden. Ob der vorgesehene Übergang zur hochwertigen Funktion flächendeckend eintreten wird, ist fraglich.

Dem morphogenetischen Erscheinungsbild von der Downtown in die city-nahen Randbereiche folgend zeichnet sich eine Art Entwicklungsgradient ab: Zonen höchster Wirtschaftskraft sind die Downtowns, obwohl sich seit den 1980er- Jahren signifikante Leerstandsraten hinter den neuen Wolkenkratzern verbergen. Es folgen »Urban Renewal-Freiflächen« mit mehr oder wenig stark ausgeprägtem Marktpotenzial. Neuerdings werden auf solchen ausgewählten Arealen auch ↗gated communities gebaut.

Große Verkehrsinfrastruktur, die zumeist aus den Highway-Programmen der 1970er-Jahre resultiert, bildet häufig die äußere Begrenzung der Downtowns und city-nahen Baulandreserven für Downtownerweiterungen. Sie wurden in nicht wenigen Fällen als physische Abgrenzung gegen die verfallenen Wohnviertel gebaut, die jenseits der großen Stadtautobahnen beginnen, teilweise noch mit Gewerbe- und Industrie durchsetzt sind und dem unterem Mittelstand oder der »urban underclass« zuzurechnen sind.

Strukturveränderungen zeigen sich auch in jenen city-nahen Wohngebieten mit historischer Bausubstanz. Diese Stadtteile waren zumeist von Verfallserscheinungen betroffen. Da sie jedoch nicht unmittelbar an die City angrenzten, wurden sie nicht während der Urban Renewal-Ära für City-Erweiterungen abgetragen. Seit den 1970er-Jahren sind diese Stadtviertel von ↗Gentrification, d. h. Luxussanierung ihrer Altbausubstanz erfasst worden. Während die baulichen und funktionalen Grundstrukturen dieser city-nahen Altbauquartiere erhalten blieben bzw. eine Aufwertung erfuhren, sind die sozialen Strukturen zumeist völlig verändert worden. Um ein entsprechendes Ambiente bieten zu können, erfahren diese Stadtteile eine lebensstilorientierte Stadtraumgestaltung, die auf Lebensstilpluralismus und die Lebensstilkonkurrenz der höheren Sozialschichten eingeht. [RS]

UTC ↗Zeitsysteme.

UTM, _Universal Transverse Mercator System_, ursprünglich für militärische Zwecke entwickeltes, auf der Mercatorprojektion (↗Kartennetzentwürfe) beruhendes, rechtwinkliges ↗Koordinatensystem. UTM unterteilt die Erde zwischen 84°N und 80°S in 60 jeweils sechs Längengrade umfassende, Zonen genannte Meridianstreifen. Jede Zone bildet ein eigenes Koordinatensystem, dessen Ursprung vom jeweiligen Mittelmeridian (y-Achse) und dem Äquator gebildet wird. ↗Gauß-Krüger-System.

Utopie [griech. = Nicht-Ort], Idealvorstellung eines Staates oder einer Gesellschaft. Der Begriff wurde 1511 von T. Morus eingeführt, als dieser in einer philosophischen Abhandlung einen idealtypischen Inselstaat entwarf, dessen Bewohner untereinander alle gleich sein sollten und in völliger Harmonie miteinander lebten. Utopien und utopische Geographien gibt es seit dem Altertum, so z. B. Platons »Staat«, Augustinus »Gottesstaat«, Campinellas »Sonnenstaat«, Fichtes »Handelsstaat« oder Marx' »Kommunismus«.

In der ↗Geographie spielen Utopien v.a. in der ↗Stadtplanung und in der ↗Regionalplanung eine Rolle. Dies galt im Altertum und im neuzeitlichen Lateinamerika für die römische Stadtvorstellung des Vitruvius oder in der Moderne für die funktionale Stadt Le Corbusiers. Die Bewer-

tung von Utopien ist nicht unumstritten. Der Philosoph E. Bloch hat auf ihre positive Rolle als handlungsleitende Funktion bei der Weltkonstruktion hingewiesen, was er u. a. als »geographische Verlängerungslinie« bezeichnet. Andere Autoren betrachten Utopien eher als gefährlich, da sie von realen und materialistischen Konflikten ablenken würden. Daneben vertreten totalitarismuskritische Autoren die Meinung, dass Utopien zur Unterdrückung »unvollkommener« menschlicher Verhaltensweisen beitragen würden. [WDS]
Literatur: BLOCH, E. (1959): Das Prinzip Hoffnung. – Frankfurt/M.

Uvala, allseits geschlossene ↗Hohlform mit unregelmäßigem Umriss und mehreren Tiefenzentren, über die in den Untergrund entwässert wird, teilweise auch mit talartig gewundener Längsachse, die vermutlich aus dem Zusammenwachsen mehrerer Lösungsdolinen (↗Doline) hervorgegangen ist. Die Basis des ↗Karstgesteins wird nicht oder nur stellenweise erreicht, weshalb mit den Tiefenzentren in unterschiedlicher Höhenlage streckenweise gegenläufiges Gefälle entstehen kann.

UV-Index, *UVI*, dient im Rahmen der Gesundheitsvorsorge der Einschätzung der UV-Strahlungsflussdichte und deren Wirkung (↗Behaglichkeit, ↗Wirkungskomplex) auf den Menschen (Sonnenbrand, Hautkrebs). Der UVI wird berechnet nach $UVI = E_{er} \cdot 40$, mit E_{er} = erythemwirksame Bestrahlungsstärke in W/m²:

$$E_{er} = \int_0^\infty E_\lambda(\lambda) \cdot s(\lambda)_{er,rel} \cdot d\lambda$$

mit $E_\lambda(\lambda)$ = spektrale Bestrahlungsstärke und $s(\lambda)_{er,rel}$ = relative spektrale Empfindlichkeit der Erythemwirkung für die UV-Erythemreaktion. Durch Multiplikation mit dem Faktor 40 wird sichergestellt, dass der UVI zwischen 0 (Minimum) und 12 (Maximum) liegt und die Einheit eins erhält. In Abhängigkeit vom Hauttyp kann entsprechend Vorsorge vor schädigender UV-Bestrahlung getroffen werden. In Deutschland können an strahlungsreichen Sommertagen UVI-Werte von bis zu 8 erreicht werden. Für den am häufigsten auftretenden Hauttypen (Hauttyp II) bedeutet das, dass ein Sonnenbrand in weniger als 20 Minuten möglich ist und entsprechende Schutzmaßnahmen erforderlich sind. [WKu]

UVP ↗*Umweltverträglichkeitsprüfung.*

UVP-Gesetz, im Jahr 1990 zur Umsetzung der EU-Richtlinie 85/337/EWG in Kraft getretenes Artikel-Bundesgesetz zur Regelung der ↗Umweltverträglichkeitsprüfung. Zweck dieses Gesetzes ist es sicherzustellen, dass bei bestimmten Vorhaben die Auswirkungen auf die Umwelt frühzeitig und umfassend ermittelt, beschrieben und bewertet werden, und das Ergebnis der Umweltverträglichkeitsprüfung so früh wie möglich bei allen behördlichen Entscheidungen über die Zulässigkeit berücksichtigt wird. Im Weiteren regelt das Gesetz Inhalt und Ablauf einer Projekt-UVP, einschließlich der Anwendungsbereiche, den Schnittstellen zu anderen Rechtsvorschriften und dem Verfahren zur Abgrenzung des Untersuchungsrahmens.

Mit der Einführung des UVP-Gesetzes traten einige Neuerungen im bundesdeutschen Recht in Kraft. So wurde zum ersten Mal ein Rechts-Instrument geschaffen, welches sich vom rein »reparierenden« Umweltschutz abwendet und sich am Vorsorgeprinzip orientiert. Neu ist ferner die erforderliche medienübergreifende Betrachtung, bei welcher durchweg die ökologischen Vernetzungen mit zu berücksichtigen sind. Darüber hinaus wurde mit den Vorschriften zum ↗Scoping-Verfahren insofern ein neuer Aspekt im deutschen Verwaltungsrecht eingeführt, als die Beteiligten an der UVP gemeinsam und unter Beteiligung Dritter (Fachbehörden, Sachverständige, ggf. die Öffentlichkeit) den Untersuchungsrahmen erörtern. Erst nach Abschluss des Scopings legt die verfahrensleitende Behörde den voraussichtlichen Untersuchungsrahmen fest.

Neben dem Bundes-UVP-Gesetz haben inzwischen auch einige Bundesländer eigene Landes-UVP-Gesetze verabschiedet. Eine UVP-Verwaltungsvorschrift (UVPVwV) regelt insbesondere die materiellrechtliche Ausgestaltung vieler UVP-Verfahrenstypen. [AM/HM]

UVP-Gütesicherung, *UVP-Qualitätssicherung*, Managementsystem mit Vorgaben zu inhaltlichen und methodischen Anforderungen an die Durchführung einer ↗Umweltverträglichkeitsprüfung. Ziel ist die Sicherung eines anerkannten Qualitätsstandards. Das ↗UPV-Gesetz beinhaltet nur wenige Regelungen zur Qualitätssicherung, was in der Praxis zu einer großen Spannbreite unterschiedlicher Bearbeitungen führt. Sowohl von Behörden-, als auch von Gutachterseite werden Vorschläge für eine bundesweit einheitliche Qualitätssicherung erarbeitet, wobei jedoch bis heute keine verbindlichen Vorgaben vorliegen.

UVP-Richtlinie, die 1985 von der Europäischen Gemeinschaft erlassene Richtlinie über die ↗Umweltverträglichkeitsprüfung bei bestimmten öffentlichen und privaten Projekten (»UVP-RL« (85/337/EWG)). Sie markiert den Ausgangspunkt einer breiten UVP-Diskussion in Deutschland. Die Richtlinie wurde erlassen, um die unterschiedlichen Rechtsvorschriften zur Umweltverträglichkeitsprüfung in den einzelnen Ländern zu vereinheitlichen. Sie bestimmt die Projekte, für welche eine UVP erforderlich ist und regelt die Anforderungen bezüglich Umfang und Inhalt der durchzuführenden Prüfung. Die Mitgliedstaaten wurden verpflichtet, die Richtlinie innerhalb von drei Jahren in gültiges nationales Recht umzusetzen. Den einzelnen Staaten blieb es dabei unbenommen, Verschärfungen des Gesetzes vorzunehmen. In der Bundesrepublik Deutschland erfolgte die Umsetzung durch die Verabschiedung des Gesetzes über die Umweltverträglichkeitsprüfung im Jahre 1990 (↗UVP-Gesetz). [AM/HM]

UVP-Verwaltungsvorschrift, nach § 20 des Gesetzes über die ↗Umweltverträglichkeitsprüfung (UVPG, ↗UVP-Gesetz) von der Bundesregierung mit Zustimmung des Bundesrates erlassene »Allgemeine Verwaltunsvorschrift zur Ausführung des Gesetzes über die Umweltverträglichkeitsprüfung« (UVPVwV), die folgende Inhalte hat: a) Kriterien und Verfahren, die zu dem in § 1 und 12 genannten Zweck bei der Ermittlung, Beschreibung und Bewertung von Umweltauswirkungen zugrunde zu legen sind; b) Grundsätze für die Unterrichtung über den voraussichtlichen Untersuchungsrahmen nach § 5 und c) Grundsätze für die zusammenfassende Darstellung der Umweltauswirkungen nach § 11 und für die Bewertung nach § 12. Die UVPVwV richtet sich v. a. an Behörden, die mit Umweltverträglichkeitsprüfungen befasst sind, um ihnen eine Leitschnur für ihr Umgehen mit der UVP an die Hand zu geben. Hierzu finden sich im Anhang z. B. Orientierungshilfen und Orientierungswerte als Grundlagen für die Bewertung von Umweltauswirkungen. [HM/AM]

UV-Schäden, Schäden durch ↗Licht bestimmter Wellenlängen. UV-B-Licht im Wellenlängenbereich um 300 ± 20 nm kann lebende Zellen, besonders deren DNA, durch Pyrimidin-Dimerisierung und Kettenbrüche schädigen. UV-geschädigte Pflanzen zeigen reduziertes Wachstum, Nekrosen und veränderte Wuchsmuster. Schutz vor UV-Schäden bieten Prozesse der Photoreaktivierung durch längerwelliges Licht (UV-A und sichtbares Licht), verstärkte cutikuläre Wachsablagerungen sowie erhöhte Pigmentation vor allem von Epidermis und Reflektion des Lichts von Pflanzenhaaren. Angesichts einer anhaltenden Abschwächung der polnahen Ozonschicht (↗Ozon) und der dadurch bedingten erhöhten UV-Einstrahlung vor allem in den gemäßigten Breiten können dort bereits geringe Unterschiede in der UV-Empfindlichkeit von Pflanzen zu einer deutlichen Verschiebung der Konkurrenzverhältnisse in ↗Ökosystemen führen.

vadose Zone, Bereich zwischen Erdoberfläche und Grundwasserspiegel. (Gegensatz: ↗phreatische Zone). In der vadosen Zone sind die Porenräume nur zeitweise mit versickerndem oder versinkendem Niederschlagswasser gefüllt (*meteorisches Wasser*). Als Diagenese-Zone (↗Diagenese) ist die vadose Zone vertikal weiter untergliederbar in eine obere Lösungszone (Bodenzone), in der Lösung durch untersättigtes Süßwasser und CO_2-Produktion stattfindet (es wird bevorzugt ↗Aragonit gelöst; in Kalken entstehen Lösungsporen) und eine untere Abscheidungszone (Kapillarsaumzone), in der sog. Meniskus-Zemente (Hängezement) zwischen Sedimentkörnern entsteht. In dieser Zone herrscht CO_2-Verlust; es kann zu ↗Evaporation kommen.

Vakanzquote, das Verhältnis von offenen Stellen zu Arbeitslosen (Anteil des Bestands ↗offener Stellen an der Summe von unselbstständig Beschäftigten und dem Bestand offener Stellen in Prozent). Die Vakanzquote ist in Zeiten hoher ↗Arbeitslosigkeit sehr gering.

Validierung, *Inwertsetzung*, Bestätigung eines angewandten Verfahrens, z. B. eines neu entwickelten Modells. Die Validierung kann durch systematischen Vergleich mit vollständigen Messdaten, durch Vergleich mit ausgewählten Messdaten oder durch Vergleich mit anderen Verfahren (Modellen) erfolgen. Die Methoden der Validierung umfassen die Auswahl der Modelle, die Beurteilung ihrer physikalischen und mathematischen Grundlagen, die Auswahl von Vergleichsgrößen und die Definition numerischer Modellexperimente. In der Klimatologie und Meteorologie erlauben die natürlichen Schwankungen keinen vollständigen Vergleich mit Messungen, sodass eine vollständige Validierung eines Modells nicht möglich ist und nur eine Bewertung im Vergleich mit exemplarischen Vergleichsdaten und anderen Modellen infrage kommt.

Validität, *Gültigkeit*, Eigenschaft einer Untersuchung, eines Erhebungs- bzw. Auswerteverfahrens oder einer Variablen. 1) Die Validität einer Messung bzw. einer Variablen bezieht sich darauf, ob das gemessen wird, was gemessen werden soll. 2) Innerhalb von Untersuchungen unterscheidet man *externe Validität* und *interne Validität*. Unter externer Validität versteht man die Verallgemeinerbarkeit eines Forschungsergebnisses auf andere Fälle. Die externe Validität nimmt mit der »Natürlichkeit« einer Untersuchungssituation und der ↗Repräsentativität der Untersuchung zu. Mit interner Validität bezeichnet man die Eindeutigkeit der Interpretation eines Befundes bezogen auf die zu prüfende untersuchungsleitende Hypothese. Die interne Validität sinkt mit der zunehmenden Zahl weiterer plausibler Erklärungen aufgrund nicht kontrollierter ↗Störvariablen.

Vallone ↗Canale.

van Allen-Gürtel, zwei polständige, röhrenförmige Gürtel in der Magnetosphäre, in denen elektrisch geladene Teilchen hoher Energie, die vom Magnetfeld der Erde aus dem ↗Sonnenwind und der ↗kosmischen Strahlung herausgefangen werden, mit hoher Geschwindigkeit zwischen dem magnetischen Nord- und Südpol hin und her pendeln. Der innere Gürtel tritt über dem Äquator in Höhen zwischen 1000 und 6000 km, der äußere zwischen 15.000 und 25.000 km auf. In Richtung Pol verläuft die Bahn der Gürtel der Form der magnetischen Kraftlinien folgend dichter über der Erdoberfläche. Beide Gürtel wurden von dem amerikanischen Physiker J. A. van Allen zufällig anhand von Satellitenmessungen 1958 entdeckt.

Varenius, *Bernhard*, auch Bernhard Varen, deutscher Geograph, geb. 1621 oder 1622 in Hitzacker, gest. 1650 oder 1651 in Leiden. Er studierte zunächst Medizin, praktizierte jedoch nicht, sondern versuchte sich als Schriftsteller zu etablieren. Seine 1649 erschienene »Descriptio regni Japoniae« blieb noch eine bloße Kompilation; die im Jahr darauf publizierte »Geographia Generalis« entwickelte sich wegen der ihr zugrundeliegenden Systematik zu einem wiederholt neu aufgelegten, u. a. von Isaac Newton bearbeiteten und ins Englische übersetzten großen Bucherfolg. Basierend auf mehreren Vorläufern, u. a. Bartholomäus Keckermann, entwarf Varenius in diesem grundlegenden Werk die noch bis ins 20. Jh. hinein gängige Differenzierung des Faches ↗Geographie in einen typologisch arbeitenden allgemeinen und einen speziellen länderkundlichen Teil. Da die offensichtlich geplante »Geographia Specialis« nicht mehr in Angriff genommen werden konnte, gilt Varenius heute vor allem als der Begründer der Allgemeinen Geographie. [UW]

Variabilität, Eigenschaft eines Datenkollektivs, das die Schwankungsbreite der Daten anhand statistischer Parameter beschreibt. Die Schwankungsbreite oder Spannweite ist die Differenz aus größtem und kleinstem Wert. Die durchschnittliche Abweichung ist der Mittelwert der Absolutbeträge vom arithmetischen Mittel des gesamten Kollektivs. Die Streuung oder Standardabweichung wird aus dem Quadrat der Abweichungen vom Mittelwert gebildet, die aufsummiert und durch die um 1 verminderte Gesamtzahl dividiert wird. Die positive Wurzel ist die Streuung. Die Varianz ist das Quadrat der Streuung. Diese Verfahren werden in allen Wissenschaften mit empirisch gewonnenen Datensätzen angewandt.

Varianz ↗Streuungsparameter.

Varianzanalyse, statistisches Verfahren zur Analyse des Zusammenhangs zwischen einer metrisch skalierten abhängigen Variablen und einer unabhängigen Variablen auf kategorialem ↗Skalenniveau. Die Varianzanalyse ist somit ein Pendant zur ↗Regressionsanalyse, bei der alle eingehenden Variablen metrisch skaliert sind. Das Verfahren basiert im Ansatz darauf, zu überprüfen, ob die Mittelwerte der abhängigen Variable für die einzelnen Ausprägungen der unabhängigen Variablen gleich sind oder nicht. Ist das nicht der Fall, so kann auf eine Abhängigkeit geschlossen werden. Interpretiert man die abhängige kategorial skalierte Variable als Gruppierungsvariable, so lässt sich das Verfahren auch anwenden, um die Unterschiedlichkeit zwischen Gruppen zu überprüfen. In diesem Sinne sind enge Beziehungen zur ↗Diskriminanzanalyse vorhanden.

Varietät, systematische Gruppierung unterhalb von Art und Unterart. Varietäten unterscheiden sich in wenigen, oft unscharfen Merkmalen und sind räumlich nicht getrennt.

Variogramm, ein in der Lagerstättenkunde entwickeltes Maß der ↗Geostatistik zur Bestimmung der ↗Autokorrelation in einer stationären raumvarianten Struktur $Z(\vec{x})$ ($\vec{x}$ = Raumkoordinate). Das Variogramm $\gamma(\vec{h})$ (Abb.) ist definiert als:

$$\gamma(\vec{h}) = 1/2 \text{ var}[Z(\vec{x})\text{-}Z(y)]$$

mit $\vec{h} = \vec{x}\text{-}y$.

$\gamma(\vec{x})$ = misst die Unterschiedlichkeit (oder Ähnlichkeit) der raum-varianten Struktur Z zwischen den Raumpunkten $\vec{x}$ und y, die in einer bestimmten Entfernung und Richtung – die durch den Distanzvektor $\vec{h}$ erfasst ist – zueinander liegen.

Unter der Annahme von ↗Stationarität ist das Variogramm nur noch von dem Abstand $|\vec{h}|$ der zwei Punkte abhängig und damit richtungsunabhängig. Das Variogramm erlaubt Rückschlüsse über den »inneren Aufbau« einer raum-varianten Struktur: Mit range bezeichnet man die Entfernung, bis zu der eine autokorrelative Beziehung feststellbar ist. Das Verhalten des Variogramms in Ursprungsnähe erlaubt Rückschlüsse über die Regularität des Prozesses, eine Unstetigkeit an dieser Stelle wird mit nugget effect bezeichnet und deutet darauf hin, dass auf kleinstem Raum schon beträchtliche Unterschiede existieren. Der Schwellenwert (sill) ist der Grenzwert des Variogramms für unendlich große Entfernungen und stellt die Gesamtvarianz der Variablen Z dar.

Das Variogramm ist vom Ansatz her verwandt mit der Autokorrelationsfunktion, die auf dem ↗Autokorrelationskoeffizienten basiert, wobei jedoch keine Diskretisierung der Nachbarschaftsbeziehung durch sog. Nachbarschaftmatrizen vorgenommen wird, sondern Nachbarschaft über metrische Entfernung der Raumpunkte voneinander (und deren Richtung) definiert ist. [JN]

Variograph, *Mikrobarograph, Variometer, Mikrobarometer*, Bezeichnung für ein Gerät zur Aufzeichnung kurzzeitiger Luftdruckveränderungen. Es gibt Instrumente, welche den Druck aufzeichnen und solche, welche die Druckänderung dp/dt anzeigen. Letztere passen sich längerfristigen Druckänderungen automatisch an und zeichnen nur kurzzeitige Schwankungen auf.

variskische Gebirgsbildung, *variszische, varistische, variscische* oder *herzynische Orogenese* oder *Gebirgsbildung*, gebirgsbildender Vorgang im mittleren ↗Paläozoikum, der aus der Füllung des variskischen Meeresbeckens das variskische Gebirge erzeugte (siehe Beilage »Geologische Zeittafel«). Zu diesen *Varisziden* gehören große Teile West- und Mitteleuropas, wie die mitteleuropäischen Varisziden und die iberische Meseta. Für die mitteleuropäischen Varisziden werden mehrere Zonen (↗Moldanubikum, ↗Saxothuringikum, ↗Rhenoherzynikum, ↗Subvariskische Vortiefe) auf Grund der unterschiedlichen Gesteinsalter, Metamorphosegrade und Deformationsalter unterschieden (Abb.). Mehr oder minder gleichaltrige orogene Prozesse (↗Orogenese) in anderen Teilen der Erde wurden früher ebenfalls als »variskisch« bezeichnet. [GG]

Varisziden ↗variskische Gebirgsbildung.

Vauclusequelle ↗Karsthydrologie.

Vega, ↗Bodentyp der ↗Deutschen Bodensystematik; Abteilung: ↗Semiterrestrische Böden; Klasse: ↗Auenböden; Profil: aAh/aM/(IIalC)/(II)aG; Bezeichnung auch als Braunauenboden oder Auenbraunerde; entstanden aus verlagertem, mehr oder weniger humosem Bodenmaterial (↗M-Horizont), das vorwiegen in Lösslandschaften erodiert und nach fluvialem Transport in breiten Tälern abgelagert wurde. Meist ohne pedogenetische Veränderung gleichmäßig braun gefärbt; Überprägung durch jüngere ↗Verbraunung möglich; Subtypen: Norm-Vega und Gley-Vega; ↗FAO-Bodenklassifikation: ↗Fluvisols oder ↗Cambisols; gute Acker- und Grünlandstandorte.

Vegetation, *Pflanzendecke*, umfasst die Summe aller Pflanzenindividuen eines Gebietes, der die ↗Flora als Summe aller Pflanzenarten gegenübersteht. Die natürliche Vegetation, d.h. die ↗ursprüngliche Vegetation ohne menschliche Prägung (Abb.) ist gegenwärtig nur noch in wenigen, sehr peripheren Gebieten der Erde anzutreffen. In dicht besiedelten Räumen wie Mitteleuropa fehlt sie heute weitgehend. An ihre Stelle ist heute die ↗reale Vegetation getreten. Hierunter wird die gegenwärtige, unter den heute währenden Umwelt- und Nutzungsbedingungen gebildete Pflanzendecke verstanden. Viele der vom Menschen herbeigeführten Veränderungen in den Standort- und Wachstumsvoraussetzungen der Vegetation sind irreversibel, sodass sich die natürliche Vegetation selbst dann nicht wieder einstellen könnte, wenn der Einfluss des Men-

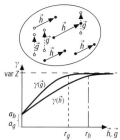

a_h, a_g = nugget effect in Richtung g, h
r_h, r_g = range effect in Richtung g, h
$\gamma(\vec{g})$ = Variogramm in Richtung g
$\gamma(\vec{h})$ = Variogramm in Richtung h

Variogramm: Variogramm $\gamma(\vec{h})$.

variskische Gebirgsbildung: Zonierung des variskischen Gebirges in Mitteleuropa: A = Subvariskische Saumtiefe, B = Rhenoherzynikum, C = Mitteldeutsche Kristallinzone, D = Saxothuringikum, E = Moldanubikum. Mittelgebirge: Frankenwald (Fr.-W.), Odenwald (Odw.), Pfälzer Wald (Pf.-W.), Spessart (Sp.), Thüringer Wald (Th.-W.). Umgezeichnet nach H. Murawski (1984).

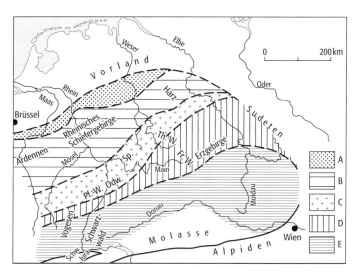

Vegetation

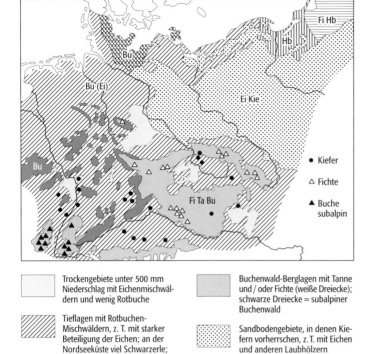

Vegetation: Naturnahe Großgliederung der Vegetation Mitteleuropas (ohne Alpen) um Christi Geburt, d. h. vor stärkeren anthropogenen Eingriffen.

Äquator bis zu den Polen folgend lassen sich insgesamt neun Vegetationszonen voneinander abgrenzen. Die typische Vegetation einer makroklimatisch bedingten Vegetationszone wird als ↗zonale Vegetation bezeichnet.

Die Vegetationsentwicklung ist abhängig von: a) der durch abiotische Faktoren bestimmten Ausprägung und räumlichen Verteilung der Wuchsgebiete und ↗Standorte; b) der im Laufe der Erdgeschichte erfolgten geographischen und genetischen Differenzierung des Pflanzenreiches und c) menschlichen Einflüssen, die der Vegetation eine gebietsspezifische historische Individualität und aktuelle Überprägung verleihen. Es muss unterschieden werden zwischen der historischen und der aktuellen Vegetationsentwicklung, die auch als ↗Vegetationsdynamik zu bezeichnen ist und umso ausgeprägter ist je mehr und stärker die von außen auf die Vegetation einwirkenden Faktoren sind. Alle Pflanzengemeinschaften unterliegen ständigen zeitlichen Veränderungen, die exogen, d. h. von außen gesteuert sein, oder autogener Natur sein können, d. h. von den Systemeigenschaften des Pflanzenbestandes oder seiner Arten ausgelöst werden. Solche Prozesse der aktuellen Vegetationsentwicklung können wie im Falle von ↗Sukzessionen gerichtet, d. h. linear, sein oder aber zyklischer Art sein und kurzzeitige oder längerfristige ↗Fluktuationen aufweisen. Die phänologische ↗Jahresperiodizität ist ein optisch gut erkennbares Beispiel für kurzzeitige zyklische Fluktuationen. Ein wesentlicher Faktor der Vegetationsentwicklung ist die Dauer der Vegetationsperiode (Vegetationszeit), d. h. die Zeit (Anzahl von Monaten bzw. Tagen), die der Vegetation zu Wachstum und Entwicklung zur Verfügung stehen. Sie kann thermisch und/oder hygrisch bestimmt sein. In Mitteleuropa ist sie definiert als die Anzahl der Monate mit einer Mitteltemperatur von mehr als 5°C. Die Länge dieser thermisch bedingten Vegetationszeit ist ein wichtiges Kriterium für klimatisch bedingte Vegetationsgrenzen (= Verbreitungsgrenzen bestimmter Vegetationseinheiten) und entscheidend für die zonale und extrazonale Gliederung der europäischen Vegetation, d. h. für die Anordnung der Vegetationszonen vor allem im Nord-Süd-, aber auch im West-Ost-Profil sowie für die vertikale Gliederung der Vegetation im Gebirge (= orographische Vegetationsgliederung, ↗Höhenstufen). Eine ökologisch bedeutsame Vegetationsgrenze ist die ↗Waldgrenze, wobei sowohl die Höhengrenze des Waldes als auch polare Waldgrenze Wärmemangelgrenzen sind. Vegetationsgrenzen sind auf allen Maßstabsebenen ausgebildet und können außer klimatische auch edaphische, wasserhaushaltliche und anthropogene Ursachen haben. Natürliche Vegetationsgrenzen verlaufen seltener als scharfe Linien im Gelände. Vielmehr handelt es sich um eher fließende Wechsel der Vegetationseinheiten, die durch standorttypische Übergänge, sog. ↗Ökotone, geprägt sind, in denen sich die verschiedenen Vegetationseinheiten in einem mehr oder weniger breiten Gürtel mosaikartig durchdringen. Die Vegetation bildet al-

schen in einem Gebiet völlig aufhören würde. Stattdessen käme in dem nunmehr unbeeinflussten Gebiet die sog. ↗potenziell natürliche Vegetation zur Ausbildung.

Aufgrund des übergeordneten Einflusses, den das Großklima auf globaler Ebene als fördernder oder limitierender Faktor auf die Vegetationsentwicklung hat, entsprechen den breitenkreisparallel angeordneten ↗Klimazonen jeweils spezifische ↗Vegetationszonen (gelegentlich auch als Vegetationsgürtel bezeichnet). Jede einzelne von ihnen ist durch ein eigenes Spektrum an Vegetationstypen gekennzeichnet, die mit dem Makroklima in Einklang stehen. Ihr physiognomisches Erscheinungsbild und ihr Entwicklungsrhythmus spiegeln daher die herrschenden klimaökologischen Bedingungen sehr gut wider. So sind z. B. die ↗sommergrünen Laubwälder Mitteleuropas und ihre durch den herbstlichen ↗Blattfall eingeleitete Winterruhe eine Anpassung an die hier herrschende Winterkälte. Der immergrüne tropische ↗Regenwald dagegen ist mit seiner ganzjährigen Wachstums- und Reproduktionsfähigkeit Ausdruck optimaler Klimabedingungen über das gesamte Jahr hinweg, die keine Vegetationspause erfordern. Den Klimagradienten vom

so ein Kontinuum. Selbst im Falle der anthropogenen Grenze Wald-Wiese in der ↗Kulturlandschaft besteht die Grenze sehr oft aus einem relativ kontinuierlichen Übergang zu den ↗Wiesen, der aus Waldsaum- und Waldmantelgesellschaften gebildet wird. Da ↗Waldsaum und ↗Waldmantel durch ein eigenes, sich nicht gegenseitig durchdringendes Artenspektrum gekennzeichnet sind, spricht man hier von einem gestuften Kontinuum. Scharfe Grenzlinien und die Vegetation somit als Diskontinuum liegen unter natürlichen Bedingungen nur dann vor, wenn sich die Reliefbedingungen abrupt ändern und so auf kleinem Raum zu entsprechend raschen und starken Wechsel der abiotischen Standortbedingungen führen (z. B. Trockengrenze des Waldes an einem Steilhang).

Die Vegetationskunde (Phytozönologie, Zönologische Geobotanik, ↗Pflanzensoziolgie) beschäftigt sich als wichtiges Teilgebiet der ↗Geobotanik bzw. der ↗Pflanzengeographie vor allem mit zwei sehr komplexen Teildisziplinen: a) mit der Erfassung und Analyse von Pflanzenbeständen sowie der Klassifizierung und Inventarisierung der Vegetation und b) mit der Vegetationsdynamik. Die Aufnahme und Analyse von Pflanzengemeinschaften erfolgt anhand von Vegetationsmerkmalen, also von charakteristischen Eigenheiten der Pflanzendecke. Sie gliedern sich in floristisch-strukturelle Merkmale und physiognomisch-strukturelle Merkmale. Zu den erstgenannten zählen die Häufigkeit (Frequenz) sowie die Populationsgröße (Abundanz) mit der die einzelnen Arten in einem Pflanzenbestand vorkommen, das Vorkommen von Artengruppen (bestehend aus Arten mit gleichem ökologischem oder soziologischem Verhalten) und deren spezifische Kombination. Physiognomisch-strukturelle Vegetationsmerkmale beinhalten dagegen Faktoren, die das äußere Erscheinungsbild der Pflanzendecke prägen. Dieses wird vor allem bestimmt von den vorherrschenden ↗Lebensformen und ↗Wuchsformen bzw. ihrer Kombination (z. B. Wald als von Phanerogamen dominierte Vegetationseinheit), von der inneren vertikalen Struktur (z. B. Vegetationsschichtung eines Waldbestandes in Kraut-, Strauch- und Baumschicht), von inneren horizontalen Mustern (räumliche Verteilung von Populationen) und schließlich von der Geschlossenheit der Vegetationsdecke (Deckungsgrad).

Zur Erfassung und Analyse von Pflanzenbeständen existieren vier grundlegende methodische Ansätze: a) die ↗Braun-Blanquet-Methode; b) die physiognomisch-ökologische und ökologisch-standörtliche Vegetationsgliederung, die auf ↗Humboldt (1806) zurückgeht und als ältester Ansatz der Vegetationsgliederung die im Pflanzenbestand dominierenden Wuchs- bzw. Lebensformen als gliederndes Kriterium heranzieht; c) die Gradientenanalyse, die Veränderungen in der räumlichen Verteilung von Pflanzengesellschaften, Pflanzenarten und -populationen sowie Artengruppen entlang von ökologischen Gradienten untersucht und d) die numerische Vegetationsanalyse (mulitvariate Vegetationsanalyse), die mit mathematischen und computergestützten Verfahren versucht, die ökologische Bedingtheit von kleinräumigen Vegetationsveränderungen zu analysieren.

Der zweite wichtige Aspekt der Vegetationskunde, die Vegetationsdynamik, hat vor allem in der Sukzessionslehre sein viel beachtetes Forschungsfeld. Sie untersucht die gerichtete Entwicklung und Abfolge von Pflanzengesellschaften an einem Standort. Man unterscheidet zwischen direkten Untersuchungsmethoden (Langzeituntersuchungen von ↗Dauerbeobachtungsflächen) und indirekten Methoden (z. B. Untersuchung der Bestände auf Sukzessionszeiger oder gleichzeitige Observierung verschiedener Standorte mit der Location-for-time-Methode). Sukzessionsprozesse auslösende Lebensraumveränderungen können natürlicher Art sein, weitaus häufiger sind sie jedoch vom Menschen verursacht. Sie werden gemeinsam mit anderen anthropogenen Veränderungen der Vegetationsdynamik und der landschaftlichen Vegetationsausstattung als Vegetationswandel bezeichnet. Aufgrund der Vielfalt ihrer methodischen Ansätze und Arbeitsweisen ist die Vegetationskunde in der Lage, den direkten und indirekten, optisch nicht immer leicht zu erkennenden Vegetations- und Landschaftswandel zu erfassen. Als Grundlagenwissenschaft mit deutlichem Anwendungsbezug ist sie daher für die ökologische ↗Landschaftsplanung von Bedeutung. [ES]

Vegetationsaufnahme ↗Bestandsaufnahme

Vegetationsdynamik, quantitative oder qualitative Veränderung (↗Fluktuation, ↗Sukzession) von Pflanzengesellschaften oder allgemein pflanzlichen Lebensgemeinschaften in Raum und Zeit. Dynamische Vorgänge in der Vegetation beinhalten drei Komponenten: räumliche Muster, Vorgänge (Prozesse), die in der Entstehung von Mustern zum Ausdruck kommen, und Mechanismen, die diese Vorgänge steuern. Entscheidend für die Wahrnehmung von Mustern ist der Betrachtungsmaßstab und damit die verwendeten Methoden. Es können Muster verschiedener Vegetationseinheiten (z. B. Formationen, Gesellschaften etc.) betrachtet werden, aber auch Verbreitungsmuster von Populationen.

Zur Ermittlung der Vegetationsdynamik werden v. a. zwei unterschiedliche Verfahren eingesetzt: Dauerflächen-Untersuchungen (Observierung eines Standortes zu verschiedenen Zeitpunkten) und Aufnahmen nach dem Location-for-time-Konzept (gleichzeitige Observierung verschiedener Standorte).

Die so ermittelten Vorgänge (Prozesse) werden üblicherweise als Sukzession beschrieben. Sukzessionen steuernde Mechanismen sind beispielsweise natürliche und anthropogene Störungen wie ↗Feuer oder ↗Kahlschlag. [HJB]

Vegetationsgeographie ↗*Pflanzengeographie*.

Vegetationsindex, *NDVI*, *Normalized Vegetation Index*, Berechnung eines Indexwertes zur bildpunktbezogenen differenzierten Darstellung der ↗Vegetation in Fernerkundungsdatensätzen. Der

Index nutzt die großen Reflexionsunterschiede von vitaler Vegetation in den ↗Spektralbereichen sichtbares Rot und Nahes Infrarot (↗mulitemporale Daten Abb. im Farbtafelteil). Am Beispiel der Kanäle oder Bänder (*Bd*) von ↗Landsat TM berechnet sich der Vegetationsindex wie folgt:

$$NDVI = \frac{Bd4 - Bd3}{Bd4 + Bd3}$$

(*Bd* 4 = Nahes Infrarot, *Bd* 3 = sichtbares Rot). Weitgehend wird mit diesem Index nur die Vegetationsbedeckung des aufgenommenen Terrains erfasst. Die Spannweite der Indexwerte gibt Unterschiede der Vegetation an, z. B. nach dem Deckungsgrad, nach Vegetationsformationen oder nach deren Vitalität. Die Indexwerte, eine Ratioskala, können mehrfarbig visualisiert werden (↗density slicing). [MS]

Vegetationskarten, *pflanzengeographische Karten*, ↗Karten, in denen die räumlichen Verteilungsstrukturen der Pflanzendecke der Erde (↗Vegetationszonen) oder von Teilräumen wiedergegeben werden. Sie dienen sowohl wissenschaftlichen Zwecken zur Erforschung der Gesetzmäßigkeiten der Vegetationsverbreitung und -entwicklung einschließlich der ↗Diversität als auch praktischen, vor allem im Bereich der Land-, Forst- und Wasserwirtschaft und beim Umweltmonitoring (↗Bioindikation). Frühe, wissenschaftlich noch nicht ausgereifte Vegetationskarten, erschienen Anfang des 19. Jh. Die erste floristische Detailkartierung wurde 1908 in Sachsen vorgenommen. In der Folgezeit erfuhren Kartier- und Gestaltungsmethodik eine wesentliche Weiterentwicklung (z. B. von ↗Braun-Blanquet). In den 1950er-Jahren wurde der Begriff der ↗potenziell natürlichen Vegetation geprägt und damit ein entsprechendes flächendeckendes Kartierprogramm für die Bundesrepublik Deutschland angeregt. Bisher sind Kartenblätter im Maßstab 1 : 200.000 erschienen. Vegetationskarten sind fast ausschließlich qualitativer Natur (↗qualitative Darstellung). Die Kartierungs- und Darstellungsmethodik ist in Abhängigkeit von Zweckbestimmung, Areal und Inhalt sehr vielfältig. Für die Kartengestaltung genügen in erster Linie einfache Varianten der Flächen-, Positionssignaturen- und Punkt-Methode (↗kartographische Darstellungsmethoden).
Vegetationsgeographische Karten können physiognomisch, physiognomisch-ökologisch oder rein floristisch bearbeitet werden. Am besten bringt die pflanzensoziologische Gliederung, die in pflanzensoziologischen Karten wiedergegeben wird, den Vegetationscharakter eines Gebietes zum Ausdruck. Dabei wird in großen und mittleren Maßstäben (1 : 10.000 bis 1 : 200.000) auf der Grundlage ↗topographischer Karten die Verbreitung von Pflanzengesellschaften im Gelände und unter Zuhilfenahme von ↗Luftbildern kartiert. Die Herausgabe- bzw. Publikationsmaßstäbe sind in der Regel kleiner als die Aufnahmemaßstäbe, im Allgemeinen aber ≥ 1 : 1.000.000. Kleinmaßstäbige Vegetationskarten der Maßstäbe " 1 : 5.000.000 sind Synthesekarten, die durch Komplexbildung und Typisierung Vegetationszonen, Vegetationstypen usw. wiedergeben. Die graphische Gestaltung von vegetationsgeographischen und pflanzensoziologischen Karten wird vorrangig durch Flächenfarben und Flächenmuster getragen, wobei sich bei Übersichtskarten bestimmte Farbreihen eingebürgert haben. Von vorrangig wirtschaftlicher Bedeutung sind die angewandten (abgeleiteten) Vegetationskarten, zu denen u. a. auch die Grünlandkarten und die Waldkarten zählen. [WK]

Vegetationskomplex, *Vegetationsmosaik*, räumliches Gefüge von formationskundlich oder floristisch-soziologisch definierten Vegetationstypen, Vegetationsinventar eines Landschaftsausschnittes. Wiederkehrende Muster von Pflanzengesellschaften, die auf demselben Physiotop (↗Geotop) vorkommen und zu einer Sukzessionsserie gehören, nennt man in der Sigmasoziologie (↗Pflanzensoziologie) Sigmeten, solche von catenalen Serien Geosigmeten. In der landschaftökologischen Gliederung werden alle Vegetationstypen eines Naturraumes zu einem Gesellschaftsring zusammengefasst. Beispiele: Bult-Schlenken-Komplex im Hochmoor (Mosaikkomplex) Verlandungszonen eines Sees, Vegetationsstufenfolge im Gebirge (Zonations- oder Gürtelkomplex).

Vegetationskunde ↗Geobotanik.

Vegetationsmosaik ↗*Vegetationskomplex.*

Vegetationsperiode, *Vegetationszeit*, diejenige Zeitspanne des Jahres, während der die klimatischen Gegebenheiten Pflanzenwachstum zulassen, im Gegensatz zu der durch Wärme- und/oder Wassermangel verursachten Vegetationsruhe. Die klimatisch definierte Vegetationszeit ergibt sich aus der Gesamtheit aller humiden (↗Humidität) Monate eines Jahres, deren mittlere Temperaturen über +5°C liegen. Die artspezifische Vegetationsperiode ist durch phänologische (↗Phänologie) Erscheinungen, wie Blattaustrieb und Laubfall, begrenzt.

Vegetationsprofil ↗Schichtung der Pflanzendecke.

Vegetationsschicht ↗Schichtung der Pflanzendecke.

Vegetationstabelle, tabellarische Zusammenstellung von ↗Bestandsaufnahmen der ↗Vegetation. Sie erlaubt die Berechnung der ↗Stetigkeit der Arten. Durch manuelle oder numerische Sortierung der Aufnahmen (in den Spalten) nach floristischer Ähnlichkeit lassen sich auf induktivem Weg floristisch-soziologisch definierte Vegetationstypen (= Pflanzengesellschaften) ableiten (↗Braun-Blanquet-Methode, ↗Pflanzensoziologie). Eine Umsortierung der Arten (in den Zeilen) ergibt soziologische Artengruppen.

Vegetationszonen, werden üblicherweise in neun verschiedene Komplexe untergliedert (ohne Gebirge), die sich in bestimmte klimaökologisch definierte Räume einfügen. Im Sinne von Schultz (1995) und Richter (2001) setzt sich in der Geographie die folgende Einteilung durch (Abb. 1): polare und subpolare Zone, boreale und antiboreale Zone, nemorale und australe Zone, Step-

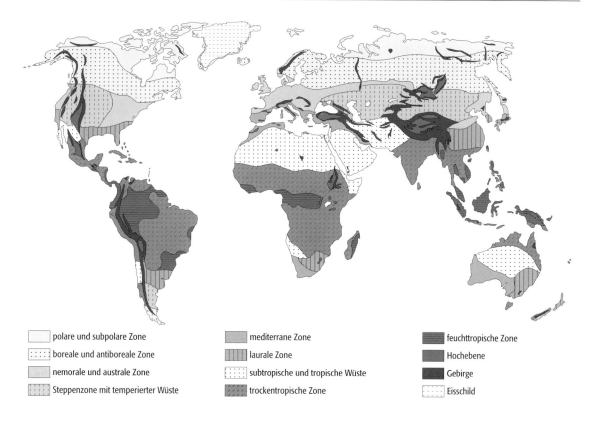

polare und subpolare Zone	mediterrane Zone	feuchttropische Zone
boreale und antiboreale Zone	laurale Zone	Hochebene
nemorale und australe Zone	subtropische und tropische Wüste	Gebirge
Steppenzone mit temperierter Wüste	trockentropische Zone	Eisschild

Vegetationszonen 1: Weltkarte der Vegetationszonen.

penzone, mediterrane Subtropen, laurale Subtropen, wüstenhafte Subtropen und Tropen, trockentropische Zone und feuchttropische Zone.

Maßgeblich von der Strahlungsintensität gesteuert, unterliegen die meisten Zonen einer breitenkreis-orientierten Abgrenzung. In einer solcherart planetarischen Abfolge gibt der Umfang des Wärmeumsatzes einen maßgeblichen Wandel der pflanzenökologischen Systeme vor. Da das Strahlungsgefälle zwischen Polen und Äquator durch jahreszeitliche Effekte und die Land-Ozean-Verteilung überlagert wird, tritt zur thermischen eine hygrische Differenzierung. Die aus den verfügbaren Wärme- und Wassereingaben resultierende »Klimavegetation« wird regional durch edaphische und orographische Faktoren überlagert. Sie verursachen zusammen mit der Land-Ozean-Verteilung einen ↗Formenwandel, der für Abweichungen innerhalb der Klimazonen (↗Klimaklassifikation) verantwortlich ist (↗asymmetrischer Vegetationsaufbau).

Für die polare und sub polare bzw. für die boreale Zone machen die Begriffe »circumpolare« und »circumboreale« Vegetation eine wesentliche Abweichung von den übrigen Zonen deutlich: Sie bilden einen breitenkreisparallelen Komplex mit einer weiträumigen Wiederkehr ähnlicher Formationsmosaike. Zu trennen ist ein artenreicherer holarktischer Bereich im Umfeld des Nordpolarmeeres vom artenarmen antarktischen auf der Südhemisphäre. Polare bzw. subpolare Ökosysteme unterscheiden sich mit einem kontrastreichen Spektrum von ↗Mooren bis hin zu ↗Wüsten erheblich. Hier treten kleinräumige Muster in Abhängigkeit von der Topographie (Mulden bis Rücken), Bodentextur (gut bis schlecht drainende Substrate) und morphologischer Überprägung auf (vor allem Solifluktionsprozesse). Strauch-, Gras-, Moos- und Flechtentundra (↗Tundra) folgen deshalb kaum einem meridionalen, d. h. klimaökologischen Wandel. Stattdessen verzahnen sich kleinräumig die ökologischen Merkmale beider Zonen, indem z. B. Muldenlagen mit langem Schneeschutz oder Strandwälle mit »milderem« maritimen Einfluss in unbewachsene Schotterflächen vorgreifen. Selbst Peary Land als am weitesten polwärts vorgreifende Landfläche im Norden Grönlands (83°41'N) verzeichnet mit 97 Gefäßpflanzen noch eine überraschend hohe Vielfalt. Demgegenüber geht die auf nur zwei Pflanzenarten beruhende extrem arme Flora der Antarktis auf niedrige Sommertemperaturen und die Isolation des Kontinents zurück. Zonalen Verlauf zeigt einzig die Waldtundra, die sich als Ökoton zwischen die boreale Taiga und die subpolare Tundra schaltet. In der folgenden circumborealen Waldzone zeichnet sich schon eine Differenzierung zwischen der Vegetation der Zentren sowie der West- und Ostseiten der Kontinente ab. Bei den Flächenanteilen ergibt sich ein starkes Übergewicht der nordhemisphärischen Borealis, die einem viel kleineren »antiborealen« Gegenstück im südlichen Südamerika und auf den subantarktischen Inseln gegenübersteht. Dort herrschen unter ozeanischen Bedingungen immergrüne und laubwerfende Laubwälder aus Südbuchen bzw. auf den Inseln sturmgefegte Heiden. Die Borealis zeigt dagegen mit ↗borealen Nadelwäldern ein ganz andersartiges Bild; Moore und laubwerfende Vorwälder ergänzen hier diesen beherrschenden Formationstypus. Jedoch erfolgt auch hier der Vegetationswandel zwischen den Nord- und Südgrenzen der Borealis weniger offensichtlich als ein solcher zwischen ozeanischen und kontinentalen Bereichen. Dies gilt vor allem für Eurasien, wo sich mit der dunklen und hellen Taiga verschiedene Ökosysteme abzeichnen: Die Grenzlinie am Ural trennt schattige Fichten- und Tannenwälder im feuchteren Westen von lichteren Kiefern- und Lärchenwäldern im trockeneren Osten. Den Übergang geben riesige azonale Moore im Senkungsgebiet zwischen Ob und Irtysch vor. Hier führen Eisverschlüsse in den subpolaren Unterläufen der nordwärts fließenden Ströme bis zum Frühsommer zu Staus mit Überschwemmungen in den borealen Mittel- und Oberläufen. Dieses Phänomen betrifft auch Nordkanada, wo ansonsten die West-Ost-Differenzierung aufgrund der humideren Verhältnisse weniger gilt.

Der Wandel zwischen ozeanisch und kontinental geprägten Vegetationszonen nimmt äquatorwärts in den temperierten und subtropischen Zonen zu. So tritt in den Mittelbreiten zur strahlungsbedingten Breitenkreis-Anordnung der Zonen ein Überlagerungskriterium durch die Westwinddominanz: Hier ergeben sich für die meeresfernen Kerne Nordamerikas und Eurasiens kontinentale Trockengebiete mit ↗Steppen, wohin feucht-ozeanische Luftmassen seltener vorgreifen. Letztere berühren vornehmlich die West- und im Rahmen monsunaler Effekte auch die Ostseiten der Kontinente, sodass bei milderen Temperaturen ↗sommergrüne Laubwälder den Formationsaspekt beherrschen. Diese Nemoralis auf der Nordhalbkugel findet auf der Südhalbkugel in dortigen Südbuchenwäldern Tasmaniens, der Südinsel Neuseelands und im südlichen Chile ein Pendant in der Australis. Einzig an der Westküste Nordamerikas spielen Koniferen im gemäßigten Klimabereich eine dominante Rolle, wo sich zugleich ihr globales Mannigfaltigkeitszentrum befindet. Hier herrschen wie in den kleinen südhemisphärischen Abschnitten besonders feuchte Verhältnisse, die einen dichten Moosbesatz verursachen und zu temperierten ↗Regenwäldern führen. Die europäischen sommergrünen Laubwaldformationen mit Eichen, Buchen, Ahorn und Linden erweisen sich gegenüber den ostasiatischen und jenen im Osten Nordamerikas als deutlich artenärmer. Hier verursachten die querverlaufende Gebirge (Alpen, Tatra) während der eiszeitlichen Vergletscherung eine Migrationssperre und damit einen Artenschwund. In Europa gehen die nemoralen Wälder allmählich, im westlichen Nordamerika jenseits des Kaskaden-Gebirges ziemlich abrupt in Steppen über. In umgekehrter Richtung erfolgt zu den Ostseiten der beiden Kontinente ein analoger Wandel, während sich auf der Südinsel Neuseelands und in Patagonien die trockenen Grasländer und Strauchsteppen jenseits der Gebirgsketten (Föhnwirkung) bis zur relativ nahen Küste erstrecken. Bis zu den trockensten Zentren der großen Landmassen auf der Nordhalbkugel lässt sich mit zunehmender Aridität eine Abfolge von Langgras-, Mischgras- zu Kurzgrassteppen bzw. -prärien verfolgen. In Asien setzt sich diese Reihe über Strauchsteppen und ↗Halbwüsten bis zu ↗Vollwüsten fort (Kysylkum, Karakum, Tarim, Gobi). In den Steppen zeigen einige Grasgattungen weltweite Verbreitung (z. B. Schwingel- und Federgras-Arten), während sich die typischen Wermut-Arten der trockeneren Strauchbestände auf die nordhemisphärischen Trockengebiete beschränken. Die Produktionsleistungen in Steppen sind in Relation zur vorhandenen Phytomasse beachtlich, was teilweise auf fruchtbare ↗Schwarzerden mit hoher ↗Bioturbation zurückgeht. Ebenso zeichnen sich Steppen im naturnahen Zustand durch einen erheblichen Artenreichtum aus, der aber durch die weltweit übliche Beweidung bzw. den Trockenfeldbau verloren gegangen ist. Demgegenüber neigen gerade Elemente aus Grasländern zur Expansion in entwaldete Standorte, wie Vorkommen artenreicher Trockenrasen inmitten mitteleuropäischer Wälder belegen (↗Steppenheidetheorie).

Auch in den Subtropen kommt es zum deutlichen West-Ostwandel: Mit Frontalniederschlägen im Winter unterscheiden sich die Westseiten der Kontinente pflanzengeographisch erheblich von den Ostseiten mit Monsunregen im Sommer. Auf der landarmen Südhalbkugel ergeben sich vergleichbare Trends im west-östlichen Formenwandel auf viel kürzerer Distanz. Für die Subtropen gilt also erneut eine Fragmentierung in bewaldete und waldlose Gebiete mit Humiditätsunterschieden von vollarid bis vollhumid. An den entgegengesetzten Kontinenträndern umfassen die sommertrockene Teilregionen im Westen mediterrane und die sommerfeuchten im Osten lauralphylle Vegetation. Dazwischen sind in Asien die Gebirge vom Hindukusch bis Osthimalaya eingeschaltet. In Nordamerika liegen die Prärien und weiter westlich das Trockengebiet mit meridionalen Gebirgszügen zwischen den mediterranen und monsunalen Subtropen. In Südamerika, Südafrika und im südlichen Australien treffen dagegen die beiden Teilabschnitte direkt aufeinander. Neben dem aufgezeigten West-Ost-Wandel ist in den Subtropen der planetarische Wandel verschieden deutlich ausgeprägt: An die Winterregengebiete schließen sich äquatorwärts semi- und vollaride Halb- bis Vollwüsten an; die monsunalen Sommerregengebiete gehen dagegen allmählich in die Tropen über. In der mediterranen Teilzone sind die Einflüsse tropischer Taxa wegen der ariden Unterbrechung äußerst gering. Nur wenige tropische Taxa retteten sich im Postglazial auf die polwärtige Gegenseite der vorgreifenden Wüsten hinüber. Auf den Westseiten bilden also Wüsten wie die Sonora und Chihuahua, die Atacama und Peru-Wüste, die Namib und jene in Westaustralien sowie die Sahara Interruptionsräume. Sie erklären die starke Dominanz holarktischer Taxa in den Mediterrangebieten der Nordhemisphäre. Dagegen gewähren auf den Ostseiten (immer- bis) sommerfeuchte lorbeerblättrige Wälder den Transfer tropischer wie auch ektropischer Gattungen. Im Kontrast zu den wüstenhaften Unterbrechungen auf den Westseiten bilden die feuchteren Ostseiten also Brücken des Artentransfers, d. h. Transitionsräume. Für die wechselfeuchten Subtropen steht dem geläufigen Begriff »mediterran« als analoge Bezeichnung für die Teilzone der subtropischen Ostseiten »laural« gegenüber. Der Begriff lehnt sich an die »Laurisilvae« an, d. h. die lorbeerblättrigen Wälder (↗Lorbeerwälder) der sommerfeuchten Subtropen. Damit wird die Ausstattung mit immergrünem, oft glänzendem »Weichlaub« im Unterschied zum mediterranen »Hartlaub« (↗Hartlaubgewächse) angesprochen. Beide Merkmale können sich in Gebirgen einzelner Teilregionen treffen, wo verschieden exponierte Hänge oder ↗Höhenstufen zu kleinräumigen Unterschieden in der sommerlichen Wasserversorgung führen (Himalaya, Kanaren). Von den auf allen Kontinenten vertretenen fünf mediterranen Teilzonen bildet das namengebende Mittelmeergebiet selbst die bei weitem größte Region. Es handelt sich um das Zentrum der »anthropogenen Speziation«, wo sich im Laufe des Holozän eine Vielzahl neuer Arten infolge der frühzeitig einsetzenden Kulturen entwickelten; dies betrifft vor allem einjährige Unkräuter, von denen viele weltweit in andere warme und temperierte Teilzonen als Folge von Saatverunreinigungen einwanderten. Stark hiervon berührt sind auch die Bewässerungsgebiete in den xeromediterranen und anschließenden wüstenhaften Teilgebieten. Hier setzt sich in Oasen eine dichte extrazonale Flora scharf von der vegetationsarmen Umgebung ab. Diese setzt sich in den subtropischen Wüsten vornehmlich aus langlebigen Zwergsträuchern und nach Regenfällen aus kurzzeitig aufsprießenden Annuellen zusammen; in den tropischen Abschnitten treten dagegen Bäume als wichtiges Merkmal hinzu. Dieser Wandel ist für alle Fälle bezeichnend, da die Sahara, Namib, Atacama/Peru-Wüste, Sonora/Viscaino und australische Wüste von der Tropengrenze gequert werden. Winterregen und thermische Jahreszeiten auf der Polseite und Sommerregen ohne thermische Jahreszeiten auf der Äquatorhälfte verursachen den diskreten Formationswandel maßgeblich. In der Sahara, Namib und Atacama erfolgt eine Trennung durch nahezu pflanzenlose Vollwüsten, wo die Vegetation nicht mehr diffus verteilt ist sondern nur noch kontrahiert entlang von ↗Wadis auftritt. Mit der wüstenhaften Vegetationsarmut verbindet sich aber keineswegs eine mangelnde ↗Diversität. Als sehr artenreich gelten die mit zahlreichen ↗endemischen Arten versehenen »alten« Wüsten der Atacama und Namib, wo an den semiariden Rändern zu anderen Teilzonen eine lebhafte Artenneubildung stattfindet, während die »junge« Sahara recht artenarm ist: Sie beherbergt auf einer Fläche von 4.000.000 km^2 nicht einmal 1500 Arten, während die Namib auf 55.000 km^2 über 4 000 Arten birgt, also artenreicher als das vielfach größere Mitteleuropa ist. Der für tropische Regenwälder bekannte Artenreichtum stellt sich bereits auf dem Gradienten von den randtropischen Wüsten innerhalb der trockenen Tropen ein, die mit rund 18 % der Landflächen die größte Vegetationszone der Erde einnehmen. Große Artenvielfalt herrscht vor allem im brasilianischen »cerrado«, einem offenen Gehölz mit zahlreichen lichtliebenden Arten im Unterwuchs. Der »cerrado« vertritt bei 3–8 humiden Monaten zugleich die in Südamerika typischen Offenwald- und Buschformationen, während in Afrika unter analogen Klimaverhältnissen grasreiche ↗Savannen typischer sind. Bei Feuermangel und fehlender Beweidung stellen sich aber auch hier Gehölze ein. Der Einfluss von Megaherbivoren und anthropogenen Bränden ist also für die Entwicklungsgeschichte der Grasländer der Paläotropis entscheidend. Savannen und trockenkahle Wälder treten demnach wie folgt analog auf: Dornsavanne – Dorngehölz, Kurzgras- bzw. Trockensavanne – ↗Trockentropenwald und Langgras- bzw. Feuchtsavanne – ↗Feuchttropenwald. Letzterer verliert sein Laub nur für wenige Monate und bei feuchteren Bedingungen auch nur teilweise, sodass »halbimmergrüne« Wälder mit immergrünen Laubbäumen in niedrigeren Stockwerken bereits zu den Regenwäldern überleiten. Zwar bietet sich in den Tropen wegen des Fehlens thermischer Jahreszeiten eine hygroklimatische Zuordnung an, jedoch wird eine klare Klimazuweisung der Vegetation durch variable Niederschlagsintensitäten in der feuchten Jahreszeit erschwert; z. B. können Monsunwälder selbst bei kurzen Regenzeiten üppig ausgebildet sein, sobald der Boden durch intensive Niederschläge für lange Zeit aufgefüllt wird. So bilden bodenstrukturelle Merkmale gerade in den wechselfeuchten Tropen einen wichtigen Faktor für die Vegetationsausbildung. Zu den immerfeuchten Tropen hin erfolgt ein Wandel von halbimmergrünen Feuchtwäldern zu tropischen Saisonregenwäldern mit nur wenigen laubwerfenden Baumarten während der 2- bis 3-monatigen Trockenzeit. Sie zeichnen sich wie immergrüne tropische ↗Regenwälder durch enorme Artenvielfalt aus, die vor allem auf Baumarten, ↗Epiphyten und ↗Lianen beruht. Regenwälder und Saisonregenwälder sind weitflächig in Südamerika vertreten, kommen im Kongobecken konzentriert vor und sind in Südostasien durch die Insellagen fragmentiert.

Aufgrund der Zerstörung und des Ersatzes der natürlichen Vegetation durch Nutzflächen fällt es schwer, die zonalen Anteile flächenmäßig zu quantifizieren. Anhaltspunkte zur entsprechenden Differenzierung gehen aus der Abbildung 2 hervor. Skizzenhaft sind Formationsmerkmale und Relationen der Pflanzenmasse aufgeführt. Belegt wird der allmähliche Wandel zwischen polnahen Tundren mit geringer Phytomasse und

vegetative Ausbreitung 416

Vegetationszonen 2: Bestandsprofile charakteristischer Formationen der Vegetationszonen zwischen Pol und Äquator. Die Werte oben rechts stehen für das Trockengewicht der Pflanzenmassen in t/ha; links zeigen die Prozentangaben den ungefähren Anteil der Landfläche.

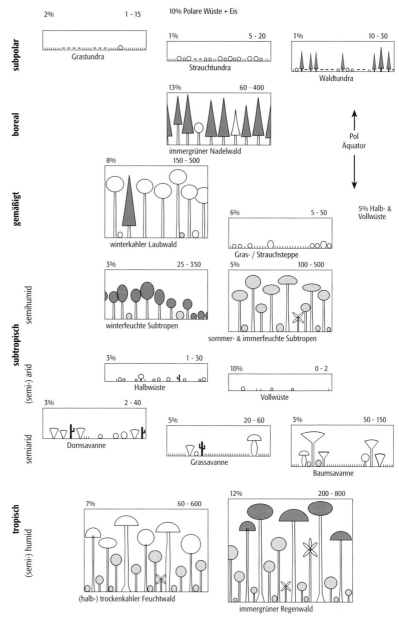

Laubwäldern der Mittelbreiten mit erhöhter Phytomasse. Diese reduziert sich mit zunehmender Erwärmung und Trockenheit wieder, wobei in den Wüsten ein erhöhter Wurzelanteil auftritt. Zu den Feuchttropen hin steigt dann die Wuchskraft auf hohe Werte bei geringer Durchwurzelung an. Globale Höchstwerte liegen jedoch in den mittleren Breiten vor, wo in Oregon Redwood-Wälder maximale Phytomassen bis 4500 t/ha aufweisen. [MR]

Literatur: [1] SCHULTZ, J. (2000):Handbuch der Ökosysteme. – Stuttgart. [2] RICHTER, M. (2001): Vegetationszonen der Erde. – Gotha.

vegetative Ausbreitung, vegetative oder asexuelle Vermehrung (Apomixis) durch Brutzwiebeln, Brutknöllchen, Brutknospen, Sprossabschnitte, Rhizomteile oder Parthenogenese. Hierbei wird zwar die meiotische Rekombination von Genen unterdrückt, es können sich jedoch oft rasch große Populationen genetisch identischer, gut angepaßter Biotypen (↗Klone) entwickeln. Apomixis bietet Sippen, die sich sexuell nicht vermehren können (etwa aufgrund einer vorangegangenen Polyploidisierung) die Möglichkeit, stabile Populationen aufzubauen und neue Lebensräume zu erobern. Vegetative Vermehrung wird bei Kultursorten und Ziersorten eingesetzt, um bestimmte erwünschte Merkmale zu erhalten.

vegetative Phase, in der Entwicklung einer Pflanze die Phase vor der Umsteuerung zur Blütenbildung und damit der sexuellen Phase. Die vegetative Phase kann bei einigen krautigen Pflanzen auf wenige Wochen beschränkt sein, bei manchen Holzgewächsen aber Jahrzehnte dauern. Die Umsteuerung geschieht durch die Lichtphase (↗Kurztagpflanze)oder durch Kälteeinfluss (↗Vernalisation), sie kann auch genetisch festgelegt nach einer gewissen Entwicklungszeit ablaufen.

Vektordaten, Datenmodell, das räumliche Objekte (z. B. Messpunkte, Straßen, Landnutzungseinheiten) als Punkte, Linien und Flächen abbildet. Form und Position dieser Objekte (↗Geometriedaten) werden durch ↗Koordinaten eines räumlichen Bezugssystems definiert. Vektordaten bilden neben ↗Rasterdaten das zweite große Datenmodell, das in ↗GIS und in der Computerkartographie verwendet wird. Vektordaten werden jedoch auch außerhalb der Geoinformatik eingesetzt, z. B. in Zeichen- und Graphikprogrammen. Im Vektordatenmodell wird ein Punktobjekt als einzelnes Koordinatenpaar (x/y) erfasst, ein Linienobjekt als Abfolge mehrerer, durch sog. Liniensegmente verbundener »Stützpunkte« (x_1/y_1, $x_2/y_2, x_3/y_3, \ldots x_n/y_n$), sog. »Vertices«. Eine Fläche wird durch den Linienzug (↗Polygon) beschrieben, der die Außengrenze definiert sowie den Flächenzentroiden (↗Zentroid). Jedes Objekt kann neben seiner Geometrie auch Eigenschaften besitzen (z. B. Name, Typ usw.). Im Gegensatz zum Rastermodell sind diese sog. ↗Attributdaten mit dem Objekt selbst verknüpft. Im Vektormodell unterscheidet man zwischen topologischen und nichttopologischen Datenstrukturen. Nichttopologische Datenstrukturen bilden lediglich die Lage und Form eines Objektes ab (Geometriedaten), enthalten aber keine Informationen über ↗Nachbarschaftsbeziehungen. Topologische Vektordaten enthalten hingegen zusätzlich Informationen über die räumlichen Beziehungen der Objekte. Ein *topologisches Datenmodell* ist das sog. *arc-node data model*, bei dem die einzelnen Objekte mithilfe von Linienstücken (Segmente, arcs) erfasst werden. Ein Knoten (node) ist der Ort, an dem zwei oder mehr Segmente zusammentreffen. Flächenobjekte werden dann durch die sie begrenzenden Segmente abgebildet, sodass bei aneinandergrenzenden Flächen die gemeinsame Grenze im Gegensatz zu nichttopologischen Datenmodellen nur einmal gespeichert werden muss. Die räumlichen Beziehungen der Objekte werden in Topologietabellen gespeichert wie z. B. die links und rechts an ein Segment grenzende Fläche. Topologische Vektordaten sind erheblich komplexer als nichttopologische Daten und entsprechend aufwändiger zu pflegen. Andererseits kann eine topologische Datenstruktur bestimmte Operationen erheblich beschleunigen. Manche Vektor-GIS-Programme verarbeiten nichttopologische Daten (z. B. MapInfo), andere benutzen topologische Daten oder – etwa ArcInfo – können beide Datenarten verarbeiten. Vektordaten eignen sich vor allem dort, wo es auf große Genauigkeit ankommt (etwa im Vermessungsbereich), wo komplexe netzwerkartige Strukturen mit umfangreichen Attributdaten verwaltet werden müssen (z. B. Leitungsnetze im Versorgungsbereich) oder wo eine nutzerfreundliche, komfortable Verwaltung, Analyse und Visualisierung von Attributdaten benötigt wird (z. B. im ↗Geomarketing). [TC]

Vektor-Raster-Konvertierung, ↗GIS-Funktion zur Umwandlung von ↗Vektordaten in ↗Rasterdaten. Dabei wird aus einem Punkt im Vektormodell eine einzelne Zelle im Rastermodell, ein aus mehreren Koordinatenpunkten bestehender Linienzug wird zu einer Reihe aneinander grenzender Rasterzellen transformiert und Flächen (↗Polygone) werden in aneinander grenzende Rasterzellen mit gleichen Attributwerten umgewandelt. Vektor-Raster-Konvertierung ist z. B. erforderlich, um Vektordaten auf einem Computerbildschirm darzustellen oder um Daten zwischen einem Vektor- und einem Raster-GIS auszutauschen.

Ventilation, *Durchlüftung*, i. d. R. periodisch auftretender, hauptsächlich horizontaler und bodennaher Luftaustausch in einem Gebiet, in dem aufgrund hoher ↗Rauigkeit oder eines engen Strömungsquerschnittes die Windgeschwindigkeit normalerweise niedriger ist als außerhalb des Gebietes. Bei der Ventilation werden herangeführte fremde Luftmassen durch das Gebiet geleitet, wobei rauigkeitsarme Ventilationsschneisen die Eindringtiefe der herangeführten Luftmasse und damit die Durchlüftung in dem Gebiet begünstigen können. Ventilation tritt besonders in Städten, Wäldern und engen Talsystemen sowie während ↗autochthoner Witterung auf, wenn der ↗geostrophische Wind nur schwach ausgeprägt ist. Besondere Effekte der Ventilation sind Windkanalisierungen und ↗Düseneffekte.

Verankerung, *Einbettung*, zentraler Begriff der strukturationstheoretischen (↗Strukturationstheorie) und sozialgeographischen (↗Sozialgeographie) Erforschung der ↗sozialen Transformation im Zusammenhang mit Globalisierungsprozessen (↗Globalisierung) und den methodologischen (↗Methodologie) Erfordernissen für die entsprechenden empirischen Forschungen (↗Empirie). Die räumliche und zeitliche Verankerung ist für traditionelle (↗Tradition) ↗Lebensformen charakteristisch. Im Sinne einer idealtypischen (↗Idealtypus) Konstruktion wird in der ↗handlungstheoretischen Sozialgeographie davon ausgegangen, dass sich die zeitliche Verankerung von Lebensformen in ihrer relativen Stabilität zum Zeitablauf äußert, die in der Dominanz der Traditionen gründet. Traditionen verknüpfen Vergangenheit und Gegenwart. Zudem sind soziale Beziehungen vorwiegend durch Verwandtschafts-, Stammes- oder Standesverhältnisse geregelt. Herkunft, Alter und Geschlecht sind ausschlaggebend dafür, welche ↗soziale Positionen einzelne Personen erlangen. Die Verankerung in räumlicher Hinsicht äußert sich in der räumlichen Abgegrenztheit traditioneller Lebensformen und ↗Gesellschaften. Sie ist insbesondere im niedrigen technischen Stand der verfügbaren Fortbewegungs- und Kommunikationsmittel begründet. Vorherrschaft des Fußmarsches und geringe Verbreitung der Schrift führen zur Beschränkung der kulturellen und sozialen Ausdrucksformen auf den lokalen und regionalen Maßstab. ↗Face-to-face-Kommunikation ist die dominierende Kommunikationsform. In der Alltagspraxis sind zudem räumliche, zeitliche sowie sozial-kulturelle Komponenten auf engste Weise verknüpft. Gemäß traditioneller Muster ist es nicht nur bedeutsam, gewisse Tätigkeiten zu einer bestimmten Zeit zu verrichten, sondern auch an einem bestimmten Ort und gelegentlich mit einer festgelegten räumlichen Ausrichtung. Derart werden soziale Regelungen und Orientierungsmuster in ausgeprägtem Maße über raum-zeitliche Festlegungen reproduziert und durchgesetzt.

In methodologischer Hinsicht werden diese, in idealtypischer Absicht entworfenen, Konstruktionen als jene Bedingungen betrachtet, die erfüllt sein müssten, damit die Verhältnisse sozialkultureller Wirklichkeiten in räumlichen Kategorien so dargestellt werden können, wie dies für die traditionelle ↗Regionale Geographie, die ↗Länderkunde und ↗Landschaftskunde in Anspruch genommen wird. [BW]

Literatur: [1] GIDDENS, A. (1995): Konsequenzen der Moderne. – Frankfurt a. M. [2] WERLEN, B. (1999): Sozialgeographie alltäglicher Regionalisierungen. Bd. 1: Zur Ontologie von Gesellschaft und Raum. – Stuttgart.

verarbeitendes Gewerbe, Bereich des produzierenden ↗Gewerbes, der die Verarbeitung und Veredelung von Grund- und Rohstoffen oder Zwischenprodukten umfasst. Nicht eingeschlossen sind der Bergbau, die Gewinnung von Steinen und Erden, die Energiewirtschaft und das Baugewerbe. Das verarbeitende Gewerbe wird in vier Hauptgruppen und 14 Unterabschnitte gegliedert. Die Unterabschnitte, z. B. Textil- und Bekleidungsgewerbe, entsprechen den ↗Industriezweigen.

Verband der Geographen an deutschen Hochschulen, VGDH, ↗geographische Verbände.

Verband Deutscher Hochschulgeographen ↗geographische Verbände.

Verband Deutscher Hochschullehrer der Geographie ↗geographische Verbände.

Verband deutscher Schulgeographen, VDSG, ↗geographische Verbände.

Verbiegung ↗Flexur.

Verbiss, aus der Beweidung von Pflanzenarten resultierende mechanische Schädigung insbesondere von nicht verholzten Zweigen, Trieben und Blättern. Dabei zeigt sich zudem eine saisonal differenzierte nutztierartenspezifische Nutzungsfrequenz. Bei zu hohem Weidedruck verringert sich der ↗Blattflächenindex und damit zugleich die ↗Assimilation. Dadurch wird die Regeneration der beweideten Pflanze erheblich beeinträchtigt, was letztlich zum Absterben führen kann.

Verbleibquote, Anteil eines Schuleintrittsjahrgangs, der bis zu einer bestimmten Schulstufe in derselben Schulform bleibt. ↗Persistenz, ↗schulisches Bildungsverhalten.

Verbrauchermarkt, Ladengeschäft, überwiegend in nicht integrierten Lagen (↗Einzelhandelsstandorte), mit mindestens 1500 m² Verkaufsfläche, das in Selbstbedienung Lebensmittel sowie Waren des mittel- und langfristigen Bedarfs anbietet und zumeist ein niedriges Preisniveau aufweist (↗Betriebsformen).

Verbraunung, morphologische Ausprägung der Silicatverwitterung in Böden durch Freisetzung und Oxidation von Eisen und Mangan aus primären Silicaten. Die ↗pedogenen Oxide färben den Bv-Horizont (↗B-Horizont) im Unterboden von ↗Braunerden gleichmäßig braun.

Verbundwirtschaft, Zusammenschluss von zwei oder mehreren Wirtschaftseinheiten in Form einer ↗horizontalen Integration oder ↗vertikalen Integration.

Verdampfung, Übergang einer Flüssigkeit in den gasförmigen Zustand bei Temperaturen im Bereich des ↗Siedepunkts. Die Wärmemenge, um 1 kg ↗Wasser zu verdampfen, bezeichnet man als *spezifische Verdampfungswärme* L_v. Sie berechnet sich nach:

$$L_v = (2{,}5008 - 0{,}002\,372 \cdot T) \cdot 10^6 \; [\text{J/kg}]$$

mit T = Temperatur [°C]. Die beim Verdampfen aufgewendete ↗fühlbare Wärme wird in ↗latente Wärme umgewandelt.

verdeckte Beobachtung ↗Beobachtung.

Verdichtungsfolgen, negative Auswirkungen des extremen Wachstums der ↗Verdichtungsräume mit ihrer übermäßigen Konzentration von Bevölkerung, Industrie und Gewerbe, durch die es zu anhaltender Schädigung der natürlichen und bebauten Umwelt und damit zu Beeinträchtigungen des städtischen Lebensraumes durch ↗Lärm, Verschmutzung, Unfälle, Gefährdungen und Belästigungen durch den ↗Individualverkehr kommt. Indem die davon betroffene Bevölkerung diesen negativen Verdichtungsfolgen auszuweichen versucht, kommt es zur ↗Zersiedlung durch ↗Stadtflucht. Dadurch werden die negativen Verdichtungsfolgen auf immer weitere Umlandbereiche ausgedehnt. Das von der ↗Charta von Athen eingeführte Prinzip der ↗Funktionstrennung von Wohnbereichen und Arbeitsbereichen oder die Verdichtung an bestimmten Orten hat die negativen Verdichtungsfolgen nicht eindämmen können, sondern hat sie teilweise sogar begünstigt. [RS/SE]

Verdichtungsrandzone, bildet zusammen mit dem ↗Verdichtungsraum, dessen Einwohner- und Arbeitsplatzdichte (↗Einwohner-Arbeitsplatz-Dichte) sie nicht erreicht, im Übergang zum ↗ländlichen Raum den ↗Ordnungsraum.

Verdichtungsraum, größere räumliche Konzentration von Einwohnern und Arbeitsplätzen. In den 1960er-Jahren durch die ↗Ministerkonferenz für Raumordnung eindeutig definiert als mindestens 1250 Einwohner und Arbeitsplätze pro km², einer Mindesteinwohnerzahl von 150.000 in einem zusammenhängenden Gebiet von einer Mindestfläche von 100 km². Die Randzone der Verdichtungsgebiete wird v. a. funktional definiert durch die Anteile der Berufspendler aus den Nachbargemeinden sowie durch planerisch-normative Kriterien. Diese sind die Einbeziehung der Siedlungsachsen in voller Länge einschließlich ihrer äußeren Siedlungsschwerpunkte und deren engerer Verflechtungsbereich; ferner funktional eng verbundene Standorte im Nahbereich (z. B. Flughäfen und Erholungsräume). Die Kriterien für Verdichtungsräume werden lokal flexibel und nach regionalen Besonderheiten sowie lokalen Planungszielen oder solchen von ↗kommunalen Zweckverbänden angepasst. Der Begriff wurde teilweise synonym mit dem Begriff *Ballungsraum* verwendet, der wegen seiner negativen Konnotation jedoch im wissenschaftlichen Sprachgebrauch zugunsten des neutraleren Begriffs ersetzt wurde. Im allgemeinen und wissenschaftlichen Sprachgebrauch wird er teilweise gleichgesetzt mit ↗Agglomeration und ↗Konurbation. ↗Metropolitan Area und ↗Ballungsgebiet.

Verdichtungsräume wurden in der Bundesrepublik Deutschland von der Ministerkonferenz für Raumordnung zuletzt 1993 abgegrenzt. Zur Verminderung von Nutzungskonflikten und zur Steuerung der Siedlungsentwicklung soll in Verdichtungsräumen gemäß ↗Raumordnungsgesetz eine Ausrichtung auf integrierte Verkehrssysteme mit einer Steigerung der Attraktivität des ↗ÖPNV erfolgen, Grünbereiche als Elemente eines Freiraumverbundes gesichert und einer Wiedernutzung brachgefallener Siedlungsflächen der Vorzug vor der Inanspruchnahme von Freiflächen gegeben werden.

Verdoppelungszeit ↗Bevölkerungsentwicklung.

Verdorfung, Prozess der Verdichtung von Kleinsiedlungen zu Dörfern, der seit dem hohen Mittelalter bekannt ist. Der gegenläufige Prozess ist die ↗Vereinödung, bei der Dörfern zugunsten von Einzelhöfen aufgelöst wurden (v. a. im Allgäu seit dem 16. Jh.).

Verdunstung, Übergang einer Flüssigkeit in die gasförmige Phase bei Temperaturen unterhalb des ↗Siedepunkts. Der Energiebetrag, um 1 kg ↗Wasser zu verdunsten, entspricht der spezifischen Verdampfungswärme (↗Verdampfung) für Wasser. Da der Umgebung beim Verdunstungsvorgang ↗fühlbare Wärme entzogen wird, nennt man diesen Energiebetrag auch Verdunstungskälte. Die *Verdunstungsrate* [g/(Fläche Zeit)] ist von der verfügbaren Energie, dem ↗Wasserdargebotspotenzial, dem Sättigungsdefizit der Luft (↗Sättigungsdampfdruck) sowie der Windgeschwindigkeit abhängig; sie steigt mit zunehmender Energie und Windgeschwindigkeit (Erhöhung der ↗Wärmeübergangszahl) an. Die Verdunstung spielt im ↗Wasserkreislauf der Erde eine entscheidende Rolle. Man schätzt, dass ein Wassermolekül pro Jahr 30 bis 40 mal verdunstet und ebenso oft in ↗Niederschlag umgesetzt wird. In der Geographie unterteilt man Verdunstung in ↗Evaporation, ↗Transpiration und ↗Evapotranspiration. [JB]

Verdunstungskraft ↗*Dampfhunger*.

Verdunstungsmessung, Messung der aktuellen ↗Verdunstung mithilfe von ↗Evaporimetern.

Verdunstungsrate ↗Verdunstung.

Verebnungsfläche, durch planierende Abtragung entstandene Ebene, welche den geologischen Untergrund ungeachtet seiner strukturellen Gegebenheiten (z. B. Falten, schräggestellte Schichten, Verwerfungen) schneidet. ↗Kappungsfläche, ↗Rumpffläche.

Veredelung, 1) Umwandlung von bereits in verkaufsfähiger Form gewonnenen Agrarprodukte in Produkte von größerer Haltbarkeit (z. B. Getreide in Branntwein, Obst zu Süßmost) oder höherer Wertigkeit (z. B. Kartoffeln in Schweinefleisch). 2) Gewinnung von tierischen Erzeugnissen aus pflanzlichen Produkten (z. B. Fleisch, Fett, Milch, Eier, Wolle), obwohl sie sich z. T. auf sonst unverwertbare Stoffe wie Weidegras usw. stützt. »Höherwertig« und »veredelt« bedeutet nicht, dass entsprechende Produkte für den Organismus des Konsumenten ein gesünderes Nahrungsmittel darstellen. Wesentliche Varianten der Veredelung werden aus Gründen der Gesundheitsvorsorge, der Ökologie, der Energieeffizienz und der gefährdeten globalen Nahrungsmittelversorgung zunehmend kritisch gesehen. Beispielsweise kommt nur ein geringer Teil des Energie- und Proteingehalts von Futtermitteln bei der Umwandlung in tierische Erzeugnisse der menschlichen Ernährung zugute. 100 kg pflanzliches Eiweiß werden durch eine Milchkuh nur in 20–40 kg (je nach Viehrasse), durch ein Mastschwein in 4–13 kg tierisches Eiweiß umgesetzt. Rund 40 % der Weltgetreideproduktion (bzw. rd. 17 % der Getreideproduktion der ↗Entwicklungsländer), 30 % aller Fischfänge (als Fischmehl und -öl), 60–70 % der Ölsaaten und ca. ein Drittel der Milchprodukte werden in viehwirtschaftlicher Veredelung eingesetzt. Deren Erzeugnisse werden vor allem in ↗Industrieländern verzehrt. Die Bevölkerung der Industrieländer (rd. 25 % der Erdbevölkerung) konsumiert über viehwirtschaftliche Produkte etwa so viel Getreide wie der Rest der Menschheit. Nach der deutschen Agrarstatistik muss bei einem Veredelungsbetrieb mehr als 50 % des Standardbetriebseinkommens aus der Veredelungswirtschaft stammen. 3) in Industrie und Handwerk die Weiterverarbeitung von Rohstoffen und Halbfabrikaten zu ge- und verbrauchsfähigen Erzeugnissen. ↗Veredelungsverkehr. [KB]

Veredelungsverkehr, in der Außenhandelsstatistik erfasste Waren, die zollbegünstigt die Zollgrenzen eines Staates passieren, um in einem anderen Staat be- und verarbeitet zu werden. Die fertigen Waren gelangen in der Regel wieder ins Ursprungsland zurück. Ein Veredelungsverkehr ist sehr häufig entlang von Staatsgrenzen anzutreffen, an denen ein hohes Lohngefälle besteht. Aktive Veredelung ist die zollbegünstigte Veredelung von ausländischen Waren im Inland, unter passiver Veredelung versteht man die zollbegünstigte

Veredelung von Waren des freien Inlandverkehrs im Ausland. Lohnveredelung erfolgt im Auftrag und auf Rechnung ausländischer Unternehmen, Eigenveredelung im Auftrag und auf Rechnung inländischer Unternehmen. Frühe Beispiele eines Veredelungsverkehrs lassen sich an der österreichisch-schweizerischen Staatsgrenze bis ins 18. Jh. zurückverfolgen, als Fabrikanten aus der Ostschweiz im Rahmen einer Lohnveredelung ihre Stoffe in Vorarlberg von Tausenden Heimarbeitern besticken ließen. [PM]

Vereinödung, Zusammenlegung von landwirtschaftlich genutzten Grundstücken und die ↗Aussiedlung von Hofstellen in die arrondierten Besitzflächen (Einödfluren) und damit eine Auflockerung der oft beengten Ortslagen. In Deutschland wurden solche Maßnahmen zur systematischen Neuordnung von Siedlung und ↗Flur im Raum Oberschwaben/Allgäu vom 16. bis zum 19. Jahrhundert durchgeführt.
Ähnliche Maßnahmen der Dorfauflockerung und z.T. auch Dorfauflösung zugunsten arrondierter ↗Einzelhöfe in die Flur fanden in England und Irland seit dem 15. Jahrhundert als enclosure (Einhegung), in Skandinavien seit dem 18. Jahrhundert als enskifte, storskifte, laga skifte (Schweden), Jordskifte (Norwegen) und als udskifte in Dänemark statt. Ebenso entsprechen die norddeutschen ↗Verkoppelungen dem Prozess der Vereinödung.

Vereisung ↗Eiszeit.

vererbte Formen, Landformen, die auf einer alten, oft ebenen Landoberfläche angelegt wurden und deren Grundriss im Verlauf der hebungsbedingten Tieferschaltung beibehalten wurde. Hierzu zählen vor allem antezedente und epigenetische Täler.

Vererdung, Umbildung des ↗Bodengefüges nach der Entwässerung von Niedermooren und Hochmooren (↗Moore) durch Belüftung des Oberbodens mit Bildung eines Krümelgefüges durch Mineralisierung und Humifizierung in mäßig entwässerten jüngeren Moorkulturen, vornehmlich im Ap-Horizont (↗A-Horizont).

Verfichtung ↗Forst.

Verflechtungsansatz, *Bielefelder Verflechtungsansatz*, Bezeichnung für eine entwicklungsländerorientierte Forschungsrichtung, die von Bielefelder Entwicklungssoziologen in den 1980er-Jahren propagiert wurde. Der Ansatz versteht sich als empirisch basierte Ergänzung zu den Makroansätzen der ↗Dependenztheorie und der ↗Weltsystemtheorie. Vor diesem theoretischen Hintergrund sind die konkreten Bedingungen alltäglicher Produktion und Reproduktion in den Ländern Asiens, Afrikas und Lateinamerikas und ihre Differenzierungen Ausgangspunkte des Verflechtungsansatzes. Besonderes Interesse gilt den in den meisten ↗Entwicklungsländern ausgesprochen wichtigen Produktionsformen, die nicht auf Lohnarbeit-Kapital-Verhältnissen basieren. Hierzu gehören insbesondere die ↗Subsistenzwirtschaft (sowohl in ländlichen als auch in städtischen Räumen), Hauswirtschaft und unentlohnte Frauenarbeit sowie die Reproduktion von Wohnraum. Ebenso erhält der sog. ↗informelle Sektor stärkere Beachtung. Dabei werden diese Formen der Produktion und Reproduktion nicht als Vorformen der Marktwirtschaft interpretiert (wie beispielsweise durch die ↗Modernisierungstheorien), sondern als elementare Bestandteile der Überlebensstrategien weiter Bevölkerungskreise in der Dritten Welt. Die genannten unterschiedlichen Formen der Überlebensökonomie sind gleichzeitig auf vielfältige Weise mit der Warenökonomie, mit Lohnarbeit und sogar mit der Produktion für den Weltmarkt verflochten. Der u.a. aus einer handlungstheoretischen Perspektive argumentierende Forschungsansatz setzt sich zum Ziel, diese unterschiedlichen Verflechtungstypen, ihre Funktionsweise und ihre jeweilige Bedeutung für die Strategien der Überlebenssicherung empirisch zu untersuchen. Auf diese Weise schenkt der Verflechtungsansatz im Sinne der »Theorien mittlerer Reichweite« (↗Entwicklungstheorie) regionalen Differenzierungen der Produktions- und Reproduktionsbedingungen stärkere Beachtung, ohne allerdings die globalen und systembedingten Einflüsse zu vernachlässigen. [MC]

Verflechtungsbereich ↗Zentrale-Orte-Konzept.

verfügbare potenzielle Energie, derjenige Anteil der ↗potenziellen Energie in der ↗Atmosphäre, der in ↗kinetische Energie umgewandelt werden kann. Nach theoretischen Überlegungen ist die verfügbare potenzielle Energie um einige Zehnerpotenzen kleiner als die gesamte potenzielle Energie der Atmosphäre, sodass nur ein kleiner Bruchteil der potenziellen Energie für das Entstehen von Luftströmungen bereitgestellt werden kann. Ursache ist die vertikale Erstreckung der Atmosphäre, die selbst im Idealfall der in allen Höhenschichten horizontalen Homogenität aufgrund des hydrostatischen Gleichgewichtes den größten Teil der atmosphärischen potenzielle Energie zur Erhaltung des vertikalen Aufbaus aufwendet.

Verfügungsrechte, zusammen mit den Nutzungsrechten Teil der Eigentumsrechte. Die Verfügungsrechte umfassen das Recht zu allen Rechtsgeschäften, die Erwerb, Gebrauch, Belastung und Übertragung von Gütern beinhalten.

Vergenz, geologisch-tektonisch die Neigungsrichtung einer überkippten ↗Falte.

Vergetreidung, Vorgang der Ausdehnung des Getreidebaus im Hochmittelalter und in der frühen Neuzeit. Die agrare ↗Tragfähigkeit wurde dadurch vergrößert. Im Erscheinungsbild der ↗Flur brachte die Vergetreidung eine Ausweitung der Langstreifen durch zusätzliche Streifensysteme oder Blöcke mit sich. Regional gibt es auch heute Vergetreidung, z.B. durch Markterfordernisse.

vergleichende Länderkunde, verfolgt das Ziel einer (geographischen) Typisierung von Ländern durch die generalisierende und vergleichende Herausarbeitung von Gesetzmäßigkeiten. Die idiographische bzw. individuelle Ausrichtung der ↗Länderkunde steht Typisierungen jedoch entgegen, sodass letztlich keine wirklichen länderkundlichen Typen gebildet werden können (↗ individuelle Länderkunde). Die vergleichende Länderkunde kann lediglich Besonderheiten oder Parallelen aufzeigen, die aus der vergleichenden Betrachtung erwachsen.

Vergletscherung ↗ Eiszeit.

Vergleyung, Bildung der ↗ Gleye und ihre morphologische Differenzierung in Go-Horizont und Gr-Horizont durch Redoxprozesse und Umverteilung von ↗ pedogenen Oxiden. Im Go-Horizont werden reduziertes Fe und Mn durch Diffusion im Kapillarwasser angereichert und in der unmittelbaren Umgebung luftführender Hohlräume und Bioporen als Oxide gefällt. Dadurch entstehen hohlraumgebundene Rostflecken und Konkretionen, während der Gr-Horizont durch Reduktion und Ausbleichung grau gefärbt ist.

Vergraupelung ↗ Koagulation.

Vergrünlandung, Zunahme des ↗ Grünlandes zuungunsten des ↗ Ackerlandes. Die Vergrünlandung hat in Mitteleuropa vor allem in der zweiten Hälfte des 19. Jh. zugenommen. Durch die Verwendung von Kunstdünger und die besseren ↗ Böden und die damit verbundenen Ertragssteigerungen konnten in der ↗ Landwirtschaft zunehmend geringwertige Ackerflächen in Grünland umgewandelt werden. Die Vergrünlandung stellte auch vielfach eine Extensivierung der landwirtschaftlichen Nutzung dar, die durch den Industrialisierungsprozess bedingt war. Anpassungen an die Arbeitskräftesituation und den EU-Markt sind weitere Ursachen für diesen Vorgang, beispielsweise im Alpenvorland.

Vergrusung ↗ Abgrusen.

Vergüterung, Vorgang der Bildung adliger ↗ Güter. Diese erfolgte seit dem Anstieg der Preise für landwirtschaftliche Produkte im 16. Jh. In verschiedenen Gebieten erfuhr sie erst im 19. Jh. ihren Höhepunkt. Bei der Vergüterung wurden der Notlagen der ländlichen Bevölkerung im Dreißigjährigen Krieg ausgenutzt, wüstgefallene bäuerliche ↗ Hufen wurden eingezogen, ↗ Allmenden wurden erschlossen oder das Herrenland wurde durch ↗ Bauernlegen vergrößert. Vor allem auf fruchtbaren Grundmoränenböden des östlichen Schleswig-Holsteins, Mecklenburgs, Pommerns, in der Dresdener Ackerebene und in der Niederlausitz entstanden sog. Gutslandschaften nach Ablösung der Dorfsiedlung mit Besitzgemenge durch Einzelsiedlung mit Einödlage in Großblöcken.

Verhalten, behaviour (engl.), stellt den zentralen Theoriebegriff der Verhaltenswissenschaften, des ↗ Behaviorismus dar, der insbesondere in der Psychologie eine dominierende Position innehat. Verhalten bezeichnet eine Charakterisierung von menschlichen Tätigkeiten, die als »Reaktion« auf einen »Reiz« erfolgen. Ein »Reiz« kann dabei potenziell jedes Objekt der physischen Umwelt sein. Forschungspraktisch wird ein Objekt dann als »Reiz« akzeptiert, sobald es ein Verhalten bewirkt. Als »Reaktion« wird alles, was Lebewesen tun, angesehen. In kognitiven ↗ Verhaltenstheorien wird Verhalten unter Einbezug von Reflexivität, Kognition und Bewusstsein als Reaktion auf derart vermittelte »Reize« thematisiert. In den Sozialwissenschaften wird – ähnlich wie in der Alltagssprache – Verhalten als Synonym für eine noch nicht genauer spezifizierte menschliche Tätigkeit verwendet. In diesem allgemeinen Sinne kann Verhalten als ein Begriff verstanden werden, der die Gesamtheit aller möglichen Arten von Aktivitäten und Aktivitätsunterlassungen von Organismen bezeichnet. Abb.   [BW]

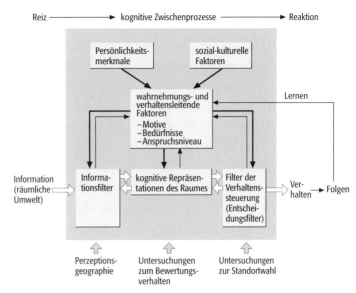

Verhalten: Schematische Darstellung des Ablaufes.

verhaltensorientierte Wanderungsmodelle, Erklärungsansatz vor allem von ↗ intraregionalen Wanderungen auf der Basis individueller Verhaltensweisen (Wahrnehmungs-, Such- und Bewertungsverhalten, ↗ Wanderungstheorien). Der ↗ Standortnutzen einer Wohnung, das Ergebnis einer zumindest unbewusst durchgeführten ständigen Bewertung, hängt vom Anspruchsniveau, von Präferenzen, von Wohnbedürfnissen und ihren Änderungen im Verlauf des Lebenszyklus eines Haushaltes ab. Wird der Standortnutzen negativ eingeschätzt, hat der Haushalt verschiedene Alternativen. Ist das Ergebnis eine Wanderungsentscheidung, beginnt die ↗ Wohnungssuche. Räumliche Kenntnisse (↗ Wahrnehmungsraum), Mitteleinsatz zur Informationsbeschaffung, zeitliche Aspekte (z. B. Kündigungsfrist), soziale Schichtzugehörigkeit oder Präferenzen beeinflussen das Suchverhalten, das bei längerer Dauer sowohl Rückwirkungen auf die Bewertung des Wohnstandortes als auch eine Intensivierung der Suche zur Folge haben kann. Die Kritik an diesem Ansatz bezieht sich vor allem auf eine weitgehend unterstellte Wahlfreiheit. Äußere Bedingungen können den ↗ Handlungsspielraum erheblich einengen (↗ constraints-Modelle).   [PG]

verhaltenstheoretische Sozialgeographie, tätigkeits- und wahrnehmungszentrierte Forschungsrichtung, welche zunächst in erster Linie als Kritik an der raumwissenschaftlichen Forschungspraxis (raumwissenschaftliche ↗ Sozialgeographie) – und auf den Vorarbeiten der allgemeinen

↗Verhaltenstheorie und der ↗Berkeley School aufbauend – in der angelsächsischen Geographie als »behavioral geography« (*behavioristische Sozialgeographie*) entwickelt wurde. Die Kritik an der raumwissenschaftlichen Geographie richtet sich insbesondere gegen die Annahmen des ↗Homo oeconomicus und gegen die Postulierung des objektiven (metrischen) Raumes als Forschungsgrundlage. Beide Aspekte verweisen – so die These – auf das gleiche Problem: Der Bezug zu den alltäglichen Verhaltensweisen werde mit den beiden Ausgangspunkten nicht in angemessener Form greifbar. Die »kognitive Wende« wird für notwendig gehalten und mit dem Einbezug der subjektiven Wahrnehmungsperspektive und den mit ihr verbundenen Bewusstseinsprozessen vollzogen. Nicht die objektiven metrischen Raumverhältnisse stehen bei der verhaltenstheoretischen Sozialgeographie im Zentrum, sondern die individuellen Raumwahrnehmungen, Bewusstseinsleistungen und Verhaltensweisen. Die Individuen werden als manifeste, konkrete Menschen erforscht (↗Humanistische Geographie).

Die Erforschung subjektiver Raumwahrnehmung umfasst die drei Subbereiche »Kognitive Karten« (↗mental maps), »Wahrnehmung von Distanzen« und »Wahrnehmung von Objekten«. Bei den Mental-map-Forschungen geht es um die Abklärung der Frage, wie die räumliche Umwelt subjektiv im Bewusstsein abgebildet wird und wie diese subjektiven Repräsentationen von den objektiven räumlichen Ordnungen abweichen. Bei der Erforschung der »Wahrnehmung von Distanzen« bestätigte sich die Hauptthese, dass Entfernungen von individuell weniger bevorzugten nach bevorzugten Orten in der Regel kürzer, und – entsprechend in umgekehrter Richtung länger – geschätzt werden als sie objektiv sind. Die Erforschung der »Wahrnehmung von Objekten« hat bisher mit aller Deutlichkeit gezeigt, dass jede Objektwahrnehmung selektiv ist und dass die Selektivität durch die vorherrschenden Motive bzw. das vorherrschende Motiv gesteuert ist.

Das Bewertungsverhalten wird insbesondere im Rahmen der sog. ↗Hazardforschung untersucht. Die Hauptfrage bei der Erforschung der Bewertung von Umweltrisiken lautet: Wie werden die selektiv wahrgenommenen Objekte und Sachverhalte bewertet?

Bei der Erforschung der ↗Standortwahl stehen sowohl die Wohnstandortwahl als auch die Standortwahl von Produktions- und Dienstleistungsstätten im Zentrum. Die entsprechenden Untersuchungen sind zunächst von der Frage geleitet, aufgrund welcher Informationen (Informationsfelder) die Individuen zwischen Alternativen auswählen und welche Bedeutung dabei den Images von Orten sowie dem individuellen Anspruchsniveau zukommt. Im Vergleich zum Homo oeconomicus wird dabei nicht nur von einem Anspruchsniveau des ↗Optimizers ausgegangen. Vielmehr werden auch der Sub-optimizer- und Satisfizer-Typus unterschieden. Dementsprechend werden gemäß der Basisthese, dass nach einem neuen Standort erst bei Unterschreitung des Anspruchsniveaus Ausschau gehalten wird, unter den gleichen Bedingungen nicht alle Individuen nach neuen Alternativen Ausschau halten. [BW]

Literatur: WERLEN, B. (2000): Sozialgeographie. – Bern, Stuttgart, Wien.

Verhaltenstheorie, bildet insbesondere im angelsächsischen Sprachbereich die Grundlage eines weit verbreiteten Forschungsansatzes der ↗Sozialwissenschaften und ↗Kulturwissenschaften sowie vor allem der Psychologie, welcher die Analyse menschlicher Tätigkeiten im Sinne von ↗Verhalten ins Zentrum der Wirklichkeitsanalyse stellt. Die auf J. B. Watson (1878–1958) zurückgehenden Verhaltenswissenschaften (↗Behaviorismus) gehen davon aus, dass menschliche Tätigkeiten im weitesten Sinne Reaktionen auf die ↗Umwelt darstellen, und dass sie anhand naturwissenschaftlicher Methoden (↗Experiment, ↗Methodologie) systematisch erforscht werden können. Neben den Theorien des klassischen Behaviorismus ist vor allem die kognitive Verhaltenstheorie zu unterscheiden, welche insbesondere die Grundlage verschiedener Lerntheorien in Pädagogik und Didaktik bildet. Hier wird das Verhalten nicht mehr im unmittelbaren Reiz-Reaktions-Bezug beschrieben. Reize werden erst über den Aspekt der Reflexivität, der Kognition vermittelt, für menschliches Verhalten als relevant erklärt, d. h., dass die Umweltreize erst in der Form, wie sie vom Bewusstsein »geformt« wurden, als verhaltensrelevant betrachtet werden. Die kognitive Komponente (Einstellung, Anspruchsniveau, Motivstruktur usw.) wird als Interpretations- und Perzeptionsfilter von Reizen, die nun als ↗Informationen bezeichnet werden, aufgefasst. Menschliches Verhalten wird in diesem Theoriekonzept als Reaktion auf kognitiv zu Informationen verarbeiteten, aus der sozialen und der physischen Umwelt selektiv empfangenen, Stimuli erklärt.

In der ↗Sozialgeographie führte die Adaptation der Verhaltenstheorie zur ↗verhaltenstheoretischen Sozialgeographie, in welcher vor allem die Raumwahrnehmung und die Hazardforschung im Zentrum stehen. [BW]

Verhaltensumwelt, Begriff der ↗verhaltenstheoretischen Sozialgeographie, der denjenigen Ausschnitt der ↗Umwelt bezeichnet, der als Reiz bzw. Stimulus, ein bestimmtes ↗Verhalten eines Individuums auslöst. Hinzu kommt noch derjenige Ausschnitt, auf den sich die Verhaltensreaktion des Individuums richtet. Die Verhaltensumwelt setzt sich nach Joseph Sonnenfeld somit aus dem Stimulusbereich und dem Reaktionsbereich zusammen.

Verifikation, *Bewahrheitung*, ein Verfahren, das auf die Überprüfung des Wahrheitsgehaltes (↗Wahrheit) einer wissenschaftlichen, hypothetischen Aussage im Sinne einer Bestätigung durch empirische (↗Empirie) Gegebenheiten angelegt ist. Voraussetzung für eine gelungene Verifikation ist demnach vor allem eine angemessene ↗Operationalisierung der zentralen deskriptiven Begriffe einer ↗Hypothese. Das entsprechende

Erkenntnisverfahren (↗Methode, ↗Methodologie, ↗Erkenntnistheorie) beruht auf der Schließregel des sog. »modus ponens« (MP) (↗Erklärung). Er gibt an, was man tun muss und darf, um von einem übergeordneten allgemeinen Satz bzw. einer allgemeinen Gesetzeshypothese korrekt auf einen untergeordneten singulären Satz bzw. auf eine Einzeltatsache schließen zu können, welche die Gültigkeit des allgemeinen Satzes bestätigt. Der Schluss ist deduktiv (↗Deduktion), wahrheitskonservierend und deshalb logisch gültig. [BW]

Verinselung, Prozess der Entstehung bzw. Zustand räumlich und funktional isolierter, inselartig in einer andersartigen (anthropogen intensiv genutzten) ↗Kulturlandschaft gelegenen Biotopflächen oder (Teil-)Populationen, die ehemals größerflächig zusammenhingen (↗Ausräumung der Kulturlandschaft). Der Vergleich mit der Situation von Flora und Fauna auf Meeresinseln führte zur Übertragung der Ergebnisse der ↗Inselbiogeographie auch auf terrestrische ↗Biotope, wenngleich hier die Isolationswirkung nicht stets ebenso hoch erscheint. Die Prozesse der Verinselung lassen sich differenzieren in a) Flächeneffekte durch Schrumpfung und Ausdünnung naturnaher Biotope, sich vergrößernden Distanzen zwischen den verbleibenden Restflächen und zunehmender Lebensfeindlichkeit des Umfeldes; b) Barriereeffekte durch Mobilitätshindernisse in Form von Verkehrslinien und der Behinderung des Individuenaustauschs vieler Arten durch intensiv bewirtschaftete Nutzflächen; c) Randzoneneffekte durch schärfer werdende Grenzen zwischen Nutz- und Schutzflächen, durch Verschwinden von ↗Ökotonen sowie die Verlagerung von Randzonen von außen nach innen in naturnahen Lebensräumen. Die Verinselung hat insbesondere folgende Konsequenzen: a) Im Gegensatz zum relativ gleichbleibenden Artenbestand großräumiger Biotope besteht auf Inselbiotopen ein dynamisches Gleichgewicht zu- und abwandernder Arten (Turnover). b) Die Artenvielfalt ist flächenabhängig – bei Verkleinerung der Inselfläche verringert sich in der Regel der Gleichgewichtspunkt der Artenzahl (↗Art-Areal-Kurve). c) Die anthropogen stark beeinflussten Randzonen mit entsprechend verändertem Artenspektrum sind von der Inselfläche zu subtrahieren, da sie durch von außen wirksame negative Belastungsfaktoren beeinträchtigt sind; je kleiner die Inselfläche, desto größer ist der Anteil der gestörten Randzone. d) Ebenso wandelt sich das Artenspektrum der Kernzone mit verringerter Flächengröße einer Habitatinsel, da ↗stenöke und/oder große Arten verschwinden und durch ↗euryöke Arten ersetzt werden. e) Dominanzstrukturen werden gestört, einzelne Arten erreichen sehr hohe Abundanzen, sodass die Artendiversität sinkt. f) Isolierte Populationen können sich genetisch differenzieren – der Gründereffekt bedeutet infolge einer geringen Individuenzahl der isolierten Population eine Einengung der ursprünglich vorhandenen genetischen Variabilität, sodass genetische Drift (zufällige Abweichungen und Veränderungen in den Genfrequenzen) auftritt. Erhöhte Aussterbewahrscheinlichkeit ist die Folge. Als Antwort auf die Verinselung wird das Konzept der ↗Biotopverbundsysteme gesehen. [EJ]

Verjüngung, i. A. ein Rückschnitt von Holzgewächsen bzw. Gehölzen. Weitaus wichtiger ist aber die hierunter ebenfalls fallende naturnahe Verjüngung von Waldgesellschaften. Sie führt weg von der einseitigen Favorisierung der naturfremden Forstgesellschaften in Deutschland bis zur Mitte dieses Jahrhunderts. An ihre Stelle tritt nunmehr verstärkt – gefördert durch den im Boden verbliebenen Vorrat an ↗Diasporen – eine standortgemäße Baumverjüngung (↗Naturverjüngung). Ihr mittel- bis langfristiger Erfolg wird jedoch von einem standortgemäßen Wildbesatz in den Waldgesellschaften abhängen. Ohne deutlich erhöhte Abschussquoten können die zurzeit zu hohen Verbissquoten (↗Verbiss) nicht reguliert werden, wie die Auswertung von forstlichen Versuchen auf gezäunten und ungezäunten Dauerflächen inmitten von Forstgesellschaften belegen.

Verkarstung ↗Karstgenese.

Verkehr, Mobilität von Personen und Gütern. Der sozioökonomische Entwicklungsstand eines Landes hängt eng mit dem Umfang des Verkehrs zusammen. Seinem gesamtwirtschaftlichen Nutzen (als Beitrag zum ↗Bruttosozialprodukt) stehen die ↗Umweltbelastungen des Verkehrs gegenüber, die sich in den ↗externen Verkehrskosten niederschlagen. Für eine Entkoppelung von Verkehrswachstum und Wirtschaftsentwicklung gibt die Statistik bisher keine Hinweise (↗Transportelastizität). Die Entwicklung des ↗Personenverkehrs und des ↗Güterverkehrs in Deutschland seit 1960 zeigt für verschiedene ↗Verkehrsträger unterschiedliche Tendenzen, wird jedoch maßgeblich durch die überproportionale Zunahme des Straßenverkehrs bestimmt (Abb. 1.). Gemessen an der Verkehrsleistung hat der motorisierte ↗Individualverkehr von 1960 bis heute um das 3,9fache und der ↗Straßengüterverkehr um das 6,4fache auf 82 % des Personen- bzw. 70 % des Güterverkehrs (1999) zugenommen. Im ↗Luftverkehr hat sich das Passagieraufkommen in den letzten beiden Dekaden jeweils nahezu verdoppelt. Tief greifende Veränderungen in Gesellschaft und Wirtschaft – nicht nur im Verkehr – haben die neuen Informations- und Kommunikationstechnologien seit den 1980er-Jahren ausgelöst. ↗Kommunikation ist seitdem weit mehr als ein Verkehrsvorgang von Nachrichten und Signalen. Mobiltelefonie, ↗Telematik und das Internet als Wirtschaftsplattform und Informationsinstrument prägen das Bild der vernetzten »Informationsgesellschaft«. Im Verkehrssektor bewirken ↗Logistik-Anwendungen grundlegende Strukturwandlungen.

Neben allen positiven Effekten für die wirtschaftliche Entwicklung und die Entfaltungsmöglichkeiten der Individuen gehen vom Verkehrsgeschehen erhebliche Belastungen für Mensch und Umwelt aus. Der größte Teil der Umwelteffekte

Verkehr

Verkehrsträger	Verkehrsaufkommen (Mio. beförderte Personen bzw. Tonnen)						Verkehrsleistung (Mrd. Personenkilometer bzw. Tonnenkilometer)					
	1960	1970	1980	1990	1999	in % (1999)	1960	1970	1980	1990	1999	in % (1999)
Personenverkehr												
Eisenbahnen[1]	1400	1053	1167	1172	1943	3,2	41,0	39,2	41,0	44,6	73,6	7,7
Öffentl. Straßenpersonenverkehr[2]	6156	6170	6745	5878	7794	12,7	48,5	58,4	74,1	65,0	76,2	8,0
Luftverkehr	4,9	21,3	35,9	62,6	111,4	0,2	1,6	6,6	11,0	18,4	39,9	4,2
Motorisierter Individualverkehr	16.223	25.214	34.209	38.600	51.416	83,9	170,9	379,5	477,4	601,8	765,9	80,2
Verkehr insgesamt	23.784	32.458	42.157	45.712	61.264	100	262,0	483,7	603,5	729,7	955,5	100
Güterverkehr												
Eisenbahnen	317,1	378,0	350,1	303,7	287,3	7,1	53,1	71,5	64,9	61,9	71,4	14,5
Binnenschifffahrt	172,0	240,0	241,0	231,6	229,1	5,7	40,4	48,8	51,4	54,8	62,7	12,8
Straßengüterverkehr	1193,7	2146,8	2571,1	2876,7	3425,0	84,9	45,9	78,6	125,4	169,9	341,7	69,6
Rohrleitungen	13,3	89,2	84,0	74,1	89,3	2,2	3,0	16,9	14,3	13,3	15,0	3,0
Luftverkehr (in 1000 t bzw. Mio. tkm)	81,0	410,4	861,1	1578,5	2190,2	0,1	30,6	137,5	251,1	439,5	696,0	0,1
Verkehr insgesamt	1696,2	2854,4	3247,0	3487,7	4032,9	100	142,4	215,9	256,2	300,3	491,4	100

[1] einschließlich S-Bahnverkehr [2] ÖPNV u. Gelegenheitsverkehr mit Bussen

Verkehr 1: Die Entwicklung des Personen- und Güterverkehrs in Deutschland seit 1960.

Verkehr 2: Veränderungen der Luftschadstoffemissionen in den Jahren 1975 bis 1997.

des motorisierten Verkehrs, d. h. der größte Teil der vom Verkehrsgeschehen ausgehenden Belastung für Mensch und Umwelt, resultiert aus den Transportaktivitäten selbst. Die Belastungswirkungen von Bau und Erhaltung der ↗Verkehrsinfrastruktur treten demgegenüber stark zurück. Bei den Umweltbelastungen des Verkehrs kann im Wesentlichen zwischen Schadstoffemissionen, Lärmemissionen und Flächenverbrauch unterschieden werden. Von den verkehrsbedingten Schadstoffeinträgen in die ↗Umweltmedien Luft, Boden, und Wasser gehen von den Luftverunreinigungen die größten Beeinträchtigungen aus. So entfällt in Deutschland etwa je die Hälfte der in die Luft emittierten Kohlenmonoxide (CO) und der Stickstoffoxide (NO_x) auf den Verkehr. Ein Fünftel des klimarelevanten Kohlendioxidausstoßes (CO_2) ist verkehrsbedingt. Die vor allem seit den 1980er-Jahren unternommenen Anstrengungen zur Reduzierung der Luftschadstoffemissionen durch technische Maßnahmen (Katalysator etc.) führten dazu, dass der absolute Betrag der Luftschadstoffemissionen inzwischen merklich verringert werden konnte (Abb. 2). Wie die Zunahme der verkehrsbedingten CO_2-Emissionen zeigt, die mit dem ↗Verkehrsenergiebedarf ansteigen und durch Katalysatoren nicht verhindert werden können, wird ein Teil der Schadstoffreduzierung aufgrund verbesserter Fahrzeugtechnik durch die steigende Verkehrsvolumina allerdings wieder kompensiert. Auch die vom Verkehrslärm ausgehende Belastung nimmt weiter zu. So fühlen sich zwei Drittel der Bundesbürger durch den Straßenverkehrslärm subjektiv belästigt. Lärmbedingte Erkrankungen (insbesondere Herzinfarkt) gehören zu den ungedeckten (externen) Kosten des Verkehrs. Die Auswirkungen der Flächenbeanspruchung, der Versiegelung und Verdichtung von Böden sowie der Zerschneidung zusammenhängender Gebiete werden umgangssprachlich unter »Flächenverbrauch« zusammengefasst. So benötigt der motorisierte ↗Individualverkehr bei gleicher Verkehrsleistung (Pkm) wie der Öffentliche Personennahverkehr (↗ÖPNV) fast das Zwanzigfache an Straßenfläche. Die Umweltschädigungen durch den Verkehr werden in der Regel nicht den Verursachern angelastet. In Geldeinheiten ausgedrückt stellen sie gesamtwirtschaftliche (soziale) Kosten des Verkehrs dar (↗externe Verkehrskosten). Deren weitgehende Internalisierung, d. h. Übertragung auf die Verursacher, wird als

Hauptaufgabe einer umweltgerechten, am Grundsatz der ↗Nachhaltigkeit orientierten ↗Verkehrspolitik angesehen. [JD/AKa]

Verkehrsachse, Planungsinstrument der ↗Raumordnung und ↗Landesplanung zur Einflussnahme auf die ↗Verkehrswegeplanung.

Verkehrsaufkommen ↗Verkehrsstatistik.

Verkehrsberuhigung, Kernbereich städtischer ↗Verkehrsplanung seit Anfang der 1980er-Jahre. Die 1985 eingeführte Zonen-Geschwindigkeits-Verordnung (zur Ausweisung von Tempo-30-Zonen) war die Grundlage zur flächenhaften Verkehrsberuhigung zahlreicher Wohngebiete, um die ↗Verkehrssicherheit zu erhöhen, die Wohnumfeldqualität zu verbessern und den Autoverkehr zu reduzieren. Im Rahmen eines bis 1992 geförderten Modellvorhabens des Bundes (Begleitforschung), wird Verkehrsberuhigung heute zunehmend als Einflussnahme auf den gesamtstädtischen ↗Verkehr wahrgenommen.

Verkehrsbetriebe ↗Transportwirtschaft.

Verkehrsentwicklungsplan ↗Verkehrsplanung.

Verkehrserschließung ↗Erreichbarkeit.

Verkehrsgemeinschaft ↗Verkehrsverbund.

Verkehrsgeographie, Teilbereich der ↗Geographie. Gegenstand der Verkehrsgeographie sind die Rahmenbedingungen, die Realisierung und die Konsequenzen der Raumüberwindung von Personen und Gütern (sowie teilweise auch die von Informationen). Verkehrsgeographische Ansätze haben sich aus der ↗Wirtschaftsgeographie und der ↗Siedlungsgeographie heraus entwickelt und stehen auch heute noch in enger Beziehung zu diesen Teildisziplinen. Bis zur Mitte des 20. Jh. wurde Verkehrsgeographie primär als Teilaspekt der Wirtschaftsgeographie angesehen (Voppel 1980). Da die Bedingungen der Raumüberwindung in den wirtschaftsgeographischen Standorttheorien (z. B. ↗Thünen'sche Ringe oder ↗Zentrale-Orte-Konzept) als zentrale Parameter wirtschaftlicher Entwicklung identifiziert worden waren, standen Fragen nach den Auswirkungen von Raumerschließung durch ↗Verkehrsinfrastruktur, ↗Transportkosten und daraus entwickelte Modelle der Raumerschließung im Vordergrund. Das Hauptaugenmerk lag damit auf dem ↗Güterverkehr.

Die wirtschaftliche Entwicklung und die zunehmende räumliche Trennung von Funktionen (Arbeiten, Wohnen, Freizeit etc.) nach dem Zweiten Weltkrieg führten dazu, dass bei insgesamt stark steigenden Verkehrsvolumina der ↗Personenverkehr relativ an Bedeutung gewonnen hat. Der Personenverkehr innerhalb von Siedlungen oder funktional stark verflochtenen Raumeinheiten (z. B. Verdichtungsräumen) rückte deshalb in den Vordergrund (z. B. Pendlerverflechtungsbeziehungen). Methodisch-konzeptionell wurde diese zweite Phase der Verkehrsgeographie in den 1970er-Jahren stark von der ↗Münchner Sozialgeographie beeinflusst. In Weiterentwicklung des bereits auf ↗Christaller zurückgehenden funktionalen Ansatzes wird durch die Aufarbeitung des sozialgeographischen Ansatzes der Münchener Schule für die Verkehrsgeographie

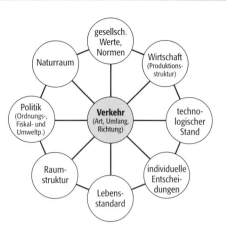

Verkehrsgeographie 1: Verkehrsteilnahme als Bindeglied zwischen den übrigen Daseinsgrundfunktionen.

eine neue Betrachtungsweise eingeführt, die »Verkehrsteilnahme« als eine Basisfunktion versteht, der eine verbindende Bedeutung zur Verknüpfung der anderen ↗Daseinsgrundfunktionen zukommt (Abb. 1). Die Analyse von aktionsräumlichen Verflechtungen und der Verkehrsmittelwahl für unterschiedliche ↗Verkehrszwecke wie Berufsverkehr, Einkaufsverkehr oder Freizeitverkehr nahmen lange Zeit einen großen Stellenwert bei verkehrsgeographischen Arbeiten ein (Maier 1976, Maier/Atzkern 1992).

Die Ressourcendiskussion der 1970er-Jahre (Grenzen des Wachstums) und die verkehrsbedingten Belastungen führten auch in der Verkehrsgeographie zu neuen Fragestellungen, die als dritte Phase der Verkehrsgeographie verstanden werden kann. Nachdem lange Zeit die darstellende Beschreibung von Verkehrsbeziehungen und der Verkehrsinfrastruktur oder die betriebswirtschaftlich orientierte Optimierung von Warenströmen im Mittelpunkt stand, ist die aktuelle Verkehrsgeographie an der Suche nach Konzepten zu einem unter dem Gesichtspunkt der ↗Nachhaltigkeit möglichst verträglichen Verkehr beteiligt. Schwerpunkte sind dabei: a) im ↗Personenverkehr: Maßnahmen zur Vermeidung und Verlagerung des motorisierten ↗Individualverkehrs auf andere Verkehrsarten unter Berücksichtigung sozialwissenschaftlicher Mobilitätsanalysen; b) im Güterverkehr: Konzepte zur Überwindung verkehrsintensiver Absatz- und Produktionsverflechtungen (mit ↗Just-in-Time-Systemen) und weitgehende Verlagerung notwendiger Gütertransporte von der Straße auf die Schiene durch ↗kombinierten Verkehr; d) Klärung der räumlichen Erschließungswirkungen (↗Erreichbarkeit) und regionalwirtschaftlichen Effekte beim Ausbau der Verkehrsinfrastruktur; e) Maßnahmen im städtischen Bereich wie fußgängerfreundliche Gestaltung von Innenstädten z. B. durch Fußgängerzonen, Maßnahmen zur ↗Verkehrsberuhigung in Wohnquartieren oder Reduzierung des städtischen Wirtschaftsverkehrs durch ↗Stadtlogistik; f) Optimierung von Verkehrsabläufen durch Anwendung der ↗Telematik. Auch die technologische Weiterentwicklung im Bereich ↗Kommunikation zur Substitution

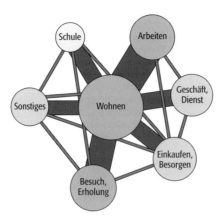

Verkehrsgeographie 2: Beziehungsgefüge wichtiger Faktoren für die Entstehung von Verkehr.

und Ergänzung materieller Verkehrsbeziehungen ist zu einem Gegenstand der Verkehrsgeographie geworden. Damit gewinnen Fragen nach der Entstehung von Verkehrs- und Mobilitätsbedürfnissen erheblich an Bedeutung. Verkehr wird dabei als Produkt multifaktorieller Einflüsse verstanden. Zu diesen gehören die fiskalischen Rahmenbedingungen ebenso wie raumstrukturelle Gegebenheiten, wahrnehmungspsychologische Grundlagen von individuellen Entscheidungen oder gesamtgesellschaftliche Werte und Normen (Abb. 2).

Die Vielzahl der Faktoren, die für die Entstehung und Ausprägung von Verkehr in seinen unterschiedlichen Formen relevant sind, bedeutet, dass die Verkehrsgeographie als Teil der Verkehrswissenschaften in einem intensiven Austausch mit anderen Disziplinen steht. Mobilitätsforschung ist heute in starkem Maß interdisziplinär ausgerichtet bzw. kann teilweise auch als ein die klassischen Wissenschaftsdisziplinen übergreifendes transdisziplinäres Forschungsfeld verstanden werden. Im Zusammenhang damit steht, dass die Verkehrsgeographie in den letzten Jahren sich mehr und mehr zu einer problemorientierten Teildisziplin entwickelt hat. Während in früheren Phasen die Analyse des Verkehrsgeschehens im Mittelpunkt verkehrsgeographischen Arbeitens stand, haben in den letzten Jahren Ansätze zur Gestaltung und Beeinflussung des Verkehrsgeschehens erheblich an Bedeutung gewonnen (Abb. 3). Problemorientierte Forschung ist als integrierter Ansatz zu verstehen. Die Suche nach Ursachen von Problemen, das Entwickeln von Problemlösungsansätzen, deren Umsetzung und Evaluierung stehen dabei in einem gemeinsamen Kontext. Angesichts der Vielzahl von Einflussfaktoren greifen monokausale Interventionsstrategien im Verkehrsbereich zu kurz. Gefragt sind vielmehr umfassende, disziplinübergreifende integrierte Konzepte für Lösungsansätze. Mit der Problemorientierung verlieren auch die früher bedeutsamen Grenzen zwischen stärker theoretisch und stärker praktisch orientiertem Arbeiten an Bedeutung. Bei problemorientierter Forschung lassen sich Grundlagen und angewandte Forschung nicht mehr eindeutig unterscheiden. Eher theoretisch und eher anwendungsbezogene Fragestellungen werden in fließenden Kombinationen jeweils problembezogen neu kombiniert (Hesse 1998).

Als künftige Felder der verkehrsgeographischen Forschung und Praxis zeichnen sich umfassende Konzepte des Mobilitätsmanagements ab. Beim Mobilitätsmanagement werden unterschiedlichste Einzelinstrumente von innovativen Marketingansätzen über neue Formen von Mobilitätsangeboten (Call-A-Bike, Car Pooling) bis hin zu siedlungsstrukturellen Elementen miteinander kombiniert, um über wechselseitige Synergieeffekte die Wirkung der Einzelmaßnahmen zu optimieren. Ursachenforschung, Modellierung, Umsetzung und Evaluierung stehen dabei idealtypischerweise in einem integrierten Gesamtkontext. [AKa]

Literatur: [1] HESSE, M. (1998): Wirtschaftsverkehr, Stadtentwicklung und politische Regulierung. – Berlin. [2] MAIER, J. (1976): Zur Geographie verkehrsräumlicher Aktivitäten. Theoretische Konzeption und empirische Überprüfung an ausgewählten Beispielen in Südbayern. – Kallmünz. [3] MAIER, J. u. H.-D. ATZKERN (1992): Verkehrsgeographie. – Stuttgart. [4] VOPPEL, G. (1980): Verkehrsgeographie. – Darmstadt.

Verkehrsinfrastruktur, i. w. S. die für den Transport von Personen, Gütern und Nachrichten erforderliche materielle, personelle und institutionelle Voraussetzungen; i. e. S. versteht man darunter die ortsfesten Verkehrsanlagen bestehend aus den Verkehrswegen (Straßen, Schienenwege, Wasserstraßen, Flugrouten, Pipelines, Datenleitungen) und deren Zugangs- bzw. Verknüpfungsstellen (wie Bahnhöfe, Terminals, Flug-, See- und Binnenhäfen). Demzufolge unterscheidet man zwischen linien- bzw. bandförmiger Verkehrsinfrastruktur (↗Verkehrsnetze) und punktförmiger Verkehrsinfrastruktur (*Verkehrsknotenpunkte*). Die Bereitstellung der materiellen Verkehrsinfrastruktur ist in fast allen Staaten eine Aufgabe der öffentlichen Investitionspolitik (↗Verkehrspolitik). Ausnahmen bilden ↗Rohrfernleitungen, See-, Binnen- und Flughäfen, deren Bau und Betrieb stärker privatwirtschaftlichem Kalkül unterliegt. In Deutschland konzentriert sich die Infrastrukturpolitik auf die Verkehrswege für den ↗Straßenverkehr, die ↗Eisen-

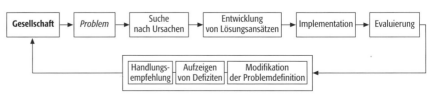

Verkehrsgeographie 3: Problemorientierte Forschung als Wechselspiel zwischen Analyse und Umsetzung

bahn und die ↗Binnenschifffahrt. Die Investitionsentscheidungen des Bundes waren lange Zeit vom Vorrang des Fernstraßenbaus (insbesondere Autobahnen) und der Vernachlässigung des Schienennetzes der Deutschen Bundesbahn gekennzeichnet. So ist zwischen 1960 und 1990 das Autobahnnetz um das 3,6-fache auf 9000 km angewachsen, während die Länge das Schienennetzes um 12 % auf 26.900 km abnahm. Vom »Rückzug aus der Fläche« sind vor allem ländliche Gebiete betroffen, während sich die Bahn auf die Hauptstrecken zur Verbindung der großen Zentren konzentriert. Erst seit Einführung des Hochgeschwindigkeitsverkehrs der Bahn (ICE) findet im nennenswerten Umfang Streckenneubau statt. Mit den Verkehrsprojekten »Deutsche Einheit« wurde in der Bundesverkehrswegeplanung erstmals die Priorität auf den Schienenverkehr gelegt. Das in Verkehrswegen und Umschlagplätzen gebundene Sachkapital beträgt in Deutschland fast 10 % des gesamten Brutto-Anlagevermögens. Von der Verkehrsinfrastruktur gehen wichtige Einflüsse auf die Raum- und Siedlungsstruktur sowie auf regionale Entwicklungsprozesse aus. Leistungsfähige Verkehrswege verbessern die ↗Erreichbarkeit von Zentren, erhöhen die Standort- und Wohnattraktivität von Regionen und können zur Stabilisierung ländlich-peripherer Gebiete beitragen. In der ↗Verkehrswegeplanung für Bundesfernstraßen werden solche Effekte der ↗Raumordnung explizit berücksichtigt. [JD/AKa]

Verkehrskarten, eine Kartenart, in der Objekte und Sachverhalte des Verkehrswesens (↗Verkehr) wiedergegeben werden. Sie dienen sowohl der Planung, Durchführung und Sicherung des Verkehrsvorgangs (Karten für den Verkehr) als auch der verkehrstechnischen, -wirtschaftlichen und -geographischen Darstellung sowie Analyse des Verkehrsgeschehens (Karten über den Verkehr). Vorrangige Darstellungsgegenstände sind Verkehrswege und -verbindungen, wobei die entsprechenden Verkehrskarten im Bereich der großen und mittleren ↗Maßstäbe inhaltlich und gestalterisch enge Beziehungen zu den ↗topographischen Karten haben (mit stark ausgeprägter Orientierungs- bzw. Navigationsfunktion). Von wesentlicher Bedeutung sind weiterhin Karten der Verkehrsanlagen, des Verkehrsumfangs (Verkehrsaufkommen), der Verkehrsdichte, der Verkehrserschließung, der Hauptverkehrsmittel und typischer Verkehrsräume (verkehrsgeographische Gebietsgliederung). Die breite Palette dieser Verkehrskarten erfasst alle Maßstabsbereiche und ist qualitativer und/oder quantitativer Natur (↗qualitative Darstellung, ↗quantitative Darstellung). Neben analytischen kommen häufig komplexe und (in kleineren Maßstäben) auch synthetische Darstellungen vor. Komplexe Verkehrskarten sind Korrelationskarten, wenn sie in Ergänzung der Verkehrsdarstellung Angaben zu weiteren Teilbereichen der Wirtschaft, zur Bevölkerung, Besiedelung usw. enthalten oder in der Art synoptischer Karten miteinander in Beziehung stehende verkehrsrelevante Sachverhalte der verschiedenen Verkehrsträger gleichzeitig bzw. nebeneinander wiedergeben.

Die Gestaltung von Verkehrskarten erfordert den Einsatz aller ↗kartographischen Darstellungsmethoden. Als zweckmäßig hat sich eine Gliederung der Verkehrskarten nach der Art des Verkehrs bzw. des Verkehrsträgers erwiesen. Danach sind zu unterscheiden: a) Karten für den Straßenverkehr (Straßen- bzw. Autokarten). Sie geben das Straßen- und Autobahnnetz in betonter und nach Bedeutung klassifizierter Weise wieder einschließlich der für den Kraftfahrer wesentlichen Informationen. Sie werden heute zunehmend durch elektronische Routenplaner und Kraftfahrzeug-Navigationssysteme ergänzt bzw. ersetzt. b) Karten für den Schienenverkehr (überwiegend Eisenbahnkarten). Sie dienen z. T. dem internen Bahnbetrieb, z. T. den Fahrgästen der Bahn. c) Karten für den Verkehr auf Wasserwegen (Binnenschifffahrtskarten und Seekarten). Binnenschifffahrtskarten reichen von großmaßstäbigen Detailkarten der Schifffahrtswege und -bauwerke bis zu kleinmaßstäbigen Übersichtskarten. Seekarten als die ältesten Verkehrskarten (seit dem 13./14. Jh. im Mittelmeergebiet in Gebrauch) werden zu Navigationszwecken genutzt. Die klassischen Seekarten werden seit den 1990er-Jahren durch elektronische Seekarten als Bestandteil des Electronic Chart Display and Information Systems (ECDIS) abgelöst. d) Karten für den Luftverkehr (Luftfahrtkarten). Wie Seekarten sind sie gleichfalls vorwiegend Navigationskarten. Richtlinien für die Herstellung derartiger Karten werden von der Internationalen Luftfahrtorganisation (International Civil Aviation Organisation, ICAO) herausgegeben. Auch bei dieser Kartenart wird die Navigationsfunktion zunehmend durch elektronische Systeme übernommen. e) Im weiteren Sinne können als Verkehrskarten auch Raumfahrtkarten, Touristenkarten und Karten der Post und der Telekommunikation gelten. [WK]

Verkehrsknotenpunkt ↗Verkehrsinfrastruktur.
Verkehrsleistung ↗Verkehrsstatistik.
Verkehrsleitsystem ↗Verkehrsmanagement.
Verkehrsmanagement, *Verkehrssystemmanagement*, ganzheitliche und situationsspezifisch angepasste Handlungskonzepte, die auf einem koordinierten Einsatz von baulichen, betrieblichen, rechtlichen, organisatorischen, tariflichen und informatorischen Maßnahmen beruhen. Im Unterschied zur eher langfristig angelegten baulich-infrastrukturellen Gestaltung durch die ↗Verkehrsplanung bezieht sich Verkehrsmanagement auf die mittel- bis kurzfristigen Maßnahmen zur Beeinflussung des Verkehrsverhaltens, zur Optimierung von Verkehrsabläufen und zur Verbesserung des Wirkungsgrades von Verkehrssystemen. Durch Anwendung der *Verkehrstelematik* (verkehrsbezogene Verknüpfung von Datenverarbeitungs-, Informations- und Telekommunikationstechnologien) sollen eine stärkere Vernetzung der ↗Verkehrsträger, eine bessere Ausnutzung der ↗Verkehrsinfrastruktur, die Erhöhung der ↗Verkehrssicherheit und Umweltentlastungen

im ↗Straßenverkehr erreicht werden. Die Maßnahmen betreffen den ↗Personenverkehr wie den ↗Güterverkehr. Im Eisenbahn- und Luftverkehr sowie in der Schifffahrt sind Telematiksysteme zur Optimierung und Sicherung der Betriebs- und Verkehrsabläufe längst etabliert. Verkehrsinformationssysteme und *Verkehrsleitsysteme* im Straßenverkehr können danach unterschieden werden, ob sie der individuellen (durch Zusatzeinrichtungen im Fahrzeug) oder kollektiven Verkehrsbeeinflussung dienen (z. B. Streckenbeeinflussung auf der Autobahn, dynamische Steuerung von Lichtsignalanlagen, automatische Erhebung von Straßenbenutzungsgebühren) oder ob es sich um Maßnahmen der »weichen« Verhaltenssteuerung handelt (zur optimierten Verkehrsmittel- und Routenwahl) z. B. dynamische Park-and-Ride-Information, Lkw-Flottenmanagement, ↗Stadtlogistik. Zur Sicherung künftiger Mobilitätsbedürfnisse wird den Maßnahmen des Verkehrsmanagements und des ↗Mobilitätsmanagements große Bedeutung beigemessen. [JD]

Verkehrsmittel, technische oder organisatorische Einrichtungen, die der Ortsveränderung von Personen, Gütern und Nachrichten dienen. Sie sind Elemente der ↗Verkehrsträger und können wie diese dem Land-, Wasser- und ↗Luftverkehr zugeordnet werden. Im ↗Personenverkehr werde Verkehrsmittel in solche des ↗Individualverkehrs (Pkw/Kombi, motorisierte Zweiräder, Fahrrad, zu Fuß) und des öffentlichen Verkehrs (↗Eisenbahn, ↗S-Bahn, Omnibus, Straßenbahn/↗Stadtbahn, ↗U-Bahn sowie Flugzeug) eingeteilt. Im ↗Güterverkehr unterscheidet man ↗Eisenbahn, Lkw, Binnenschiff, Seeschiff und Flugzeug. ↗Rohrfernleitungen und ↗Nachrichtenverkehr erfordern keinen spezifischen Verkehrsmitteleinsatz.

Verkehrsmobilität, individuelle Fähigkeit, möglichst viele verschiedene Ziele für die jeweils gewünschten ↗Verkehrszwecke in einer bestimmten Zeit zu erreichen. Mobilität ist also die Gesamtheit aller aktivitätsbezogenen Ortsveränderungen bzw. zurückgelegten Wege von Personen unabhängig von der Wegelänge und der Art der Fortbewegung (↗Modal Split). Als wichtigste Mobilitätskennziffer gilt die Anzahl der pro Person und Tag zurückgelegten Wege, bezogen auf die Gesamtbevölkerung eines bestimmten Gebietes für einen bestimmten (Erhebungs-)Zeitraum. Diese Kennziffer ist mit durchschnittlich drei Wegen pro Einwohner und Tag seit 20 Jahren ziemlich konstant. Eine weitere Kennziffer bezieht sich auf den mittleren Zeitaufwand für die Verkehrsteilnahme, der ebenfalls seit langem nahezu unverändert etwas mehr als eine Stunde pro Person und Tag beträgt. Weitere Mobilitätskennziffern betreffen die mittlere Anzahl der Aktivitäten außer Haus (1,7 pro Person und Tag) und der sog. Ausgänge (Wegeketten zur Verknüpfung mehrerer Aktivitäten: 1,3). Der allgemeine Eindruck der Mobilitätszunahme beruht auf dem Anstieg der durchschnittlichen Wegelängen als Folge der anwachsenden ↗privaten Motorisierung. Seit 1972 haben sich die im ↗Stadtverkehr täglich zurückgelegten Entfernungen von durchschnittlich 11 km auf 20 km in etwa verdoppelt. [JD]

Verkehrsnetze, Verknüpfungen der Verkehrswege als wichtigster Bestandteile der ↗Verkehrsinfrastruktur. Der Bau von Verkehrswegen folgt unterschiedlichen Prinzipien. Unter der Zielsetzung optimaler Verkehrserschließung sollen Raumpunkte, zwischen denen Verkehrsspannungen bestehen, auf möglichst kurzem Weg miteinander verbunden werden. Zugleich soll aber der Aufwand für Bau und Unterhalt der Verkehrswege minimiert werden. Aus der systematischen Abwägung dieser nicht selten gegenläufigen Ansprüche wurden mithilfe der Graphentheorie Verkehrsnetze unterschiedlicher Eigenschaften als Grundlage für die ↗Verkehrswegeplanung entwickelt.

Verkehrsplanung, Aufgabe, unter Berücksichtigung der Wechselwirkungen zwischen Sozial-, Wirtschafts- und Raumstruktur einerseits und der Mobilitätsentwicklung andererseits integrierte (Verkehrssystem übergreifende) Verkehrskonzepte zu entwickeln. Die bauliche, betriebliche und organisatorische Umsetzung dieser Konzepte soll hinsichtlich Leistungsfähigkeit (Störungsfreiheit, Qualität), Sicherheit (Unfallfreiheit, soziale Sicherheit), Effizienz (Ausschöpfung von Kapazitätsreserven) und Umfeld- bzw. Umweltverträglichkeit ein optimales Verkehrsgeschehen bewirken. Unter dem Gesichtspunkt der ↗Nachhaltigkeit geht es darum, die gleiche ↗Mobilität mit weniger Verkehrsaufwand und geringerer Umweltbelastung zu erreichen. Im früheren Verständnis ist Verkehrsplanung im Wesentlichen ↗Verkehrswegeplanung. Die Generalverkehrspläne der 1960er- und 1970er-Jahre verfolgten das Ziel, die ↗Verkehrsinfrastruktur der prognostizierten Verkehrsnachfrage anzupassen. Wegen des seinerzeit stark anwachsenden motorisierten ↗Individualverkehrs (MIV) führte diese Vorgehensweise zum Ausbau des Straßennetzes. *Verkehrsentwicklungspläne* (seit den 1980er-Jahren) sind demgegenüber Instrumente zur Veränderung eines als negativ bewerteten Zustandes im Verkehrswesen in Richtung auf mehrheitlich akzeptierte Zielzustände. Folgende Handlungsfelder stehen seitdem im Mittelpunkt der Verkehrsplanung: a) *Verkehrsvermeidung*, d. h. Reduzierung des Kfz-Verkehrs durch Veränderung der Siedlungs- und Raumstrukturen (»Stadt der kurzen Wege«, Nutzungsmischung, dezentrale Konzentration) sowie durch kostenechte Preisgestaltung des fließenden (Road Pricing, City-Maut) und ruhenden Verkehrs (Parkraummanagement); b) *Verkehrsverlagerung*, d. h. Veränderung des ↗Modal Split zugunsten umweltverträglicherer Verkehrsmittel (Förderung des ↗ÖPNV, Fahrrad- und Fußgängerverkehrs, Restriktionen für den MIV); c) nutzungs- und umweltverträgliche Gestaltung der verbleibenden Verkehrsnachfrage im MIV durch flächenhafte ↗Verkehrsberuhigung, städtebauliche Integration innerörtlicher Hauptverkehrsstraßen, Schaffung autoarmer Innenstädte usw., unterstützt mit Maßnahmen des ↗Verkehrsmanagements. [JD]

Verkehrspolitik, politische Aufgabe zur Schaffung eines wettbewerbspolitischen Ordnungsrahmens für die Verkehrsmärkte, der mit staatlichen Maßnahmen regulierend in diese eingreift. In Deutschland herrschte lange Zeit die Auffassung vor, dass der ↗Verkehr einen wettbewerbspolitischen Ausnahmebereich darstellt. Marktregulierungen im Verkehrsbereich wurden darüber hinaus mit gesellschaftspolitischen Anforderungen begründet. Die ↗Eisenbahn wurde zur Erfüllung gemeinwirtschaftlicher Aufgaben (Daseinsvorsorge) verpflichtet. Die straffe Kontingentierung des gewerblichen Straßengüterfernverkehrs (Erteilung von Genehmigungen) und die staatlich kontrollierten Transportpreise sollten die Bahn vor der Konkurrenz des LKW-Verkehrs schützen. Diese Politik verfehlte ihre Wirkung, wie die Entwicklung des ↗Güterverkehrs im Allgemeinen und des ↗Straßengüterverkehrs im Besonderen zeigt. Sie verhinderte sogar den notwendigen Strukturwandel der Bahn zur Anpassung an die veränderten Marktbedingungen. Auch die ↗Binnenschifffahrt wurde zum Schutz der Bahn reglementiert. Im Seeverkehr regelten Kartelle der Linienreedereien und im ↗Luftverkehr die International Air Transport Association (IATA) die Marktverhältnisse. Seit Mitte der 1980er-Jahre ist die deutsche Verkehrspolitik durch tief greifende Deregulierungsprozesse zur Öffnung der Verkehrsmärkte innerhalb der EG bzw. ↗EU gekennzeichnet. Sie begannen 1987 mit einem gemeinschaftlichen Genehmigungsverfahren für den internationalen Luftverkehr zwischen den EG-Mitgliedstaaten und wurden mit der vollständigen Aufhebung der Marktzugangsbeschränkungen für den gewerblichen Straßengüterfernverkehr 1998 abgeschlossen. Inzwischen wird nach einem neuen ordnungspolitischen Rahmen für eine umwelt- und sozialverträglichere Gestaltung der Verkehrsabläufe gerufen.

Einen zweiten Schwerpunkt der Verkehrspolitik stellen strukturpolitische Maßnahmen dar. Im Mittelpunkt steht der Ausbau der ↗Verkehrsinfrastruktur als Teil der öffentlichen Investitionspolitik. In Deutschland konzentriert sich auf die Verkehrswege des Straßen- und Eisenbahnverkehrs sowie der Binnenschifffahrt im Rahmen der ↗Verkehrswegeplanung. Daneben ist die Eisenbahnpolitik des Bundes nach der ↗Bahnreform 1994 von erheblicher strukturpolitischer Bedeutung, wie sich an der gegenwärtigen Diskussion um die Trennung von Netz und Betrieb zeigt. Um die wachsende Diskrepanz zwischen Investitionsbedarf und verfügbaren Finanzmitteln zu überwinden, gibt es Überlegungen zur Privatfinanzierung von Autobahnen und sogar zur Entstaatlichung der Verkehrsinfrastruktur (z. B. für Schienenprojekte der ↗Transeuropäischen Netze). Ein wichtiges verkehrspolitisches Steuerungsinstrument stellen die verkehrsspezifischen Steuern und Abgaben dar. Die Gestaltung der Kraftfahrzeug- und Mineralölsteuer in Deutschland soll umweltpolitische Ziele unterstützen. Die Beseitigung von Wettbewerbsverzerrungen auf den EU-Verkehrsmärkten durch angemessene Beteiligung des Straßenverkehrs an den ↗Wegekosten ist bisher an der Uneinigkeit der Mitgliedstaaten gescheitert. [JD]

Verkehrsstatistik, statistische Erfassung von erbrachten Transportleistungen unterschiedlicher ↗Verkehrsmittel bzw. ↗Verkehrsträger im Personen- und Güterverkehr a) als *Verkehrsaufkommen* (beförderte Personen bzw. Tonnen pro Periode) und b) als *Verkehrsleistung* (in *Personenkilometer* = Pkm bzw. *Tonnenkilometer* = tkm) bei Multiplikation der Aufkommenswerte mit den jeweils zurückgelegten Entfernungen. Für den ↗Modal Split im ↗Personenverkehr wird in der Regel die Anzahl der beförderten Personen, bei Einbeziehung des nichtmotorisierten ↗Individualverkehrs die Anzahl der zurückgelegten Wege, zugrunde gelegt. Für den ↗Güterverkehr ist die Verkehrsleistung ökonomisch aussagekräftiger, da sie mit den Transportkosten und -erlösen in Zusammenhang gebracht werden kann. Aus Verkehrsaufkommen und Verkehrsleistung lässt sich die mittlere ↗Transportweite errechnen. Eine wichtige Bezugsgröße für Verkehrswegebelastungen, Energieverbrauch und Umweltbeeinträchtigungen sind die *Fahrzeugkilometer* (Fzkm).

Für die ↗Verkehrsplanung sind folgende Begriffe bedeutsam: *Quellverkehr* und *Zielverkehr* (Summe aller Fahrten, die in einer betrachteten Raumeinheit beginnen bzw. dort enden); *Binnenverkehr* (alle Fahrten, die in einer betrachteten Raumeinheit Quelle und Ziel haben); *Durchgangsverkehr* (alle Fahrten, die ein abgegrenztes Gebiet durchfahren von einer Quelle außerhalb zu einem Ziel außerhalb des Gebiets). In der Verkehrsstatistik werden alle Transporte, die auf den Verkehrswegen im Bundesgebiet durchgeführt werden, als binnenländischer Verkehr zusammengefasst. Das Verkehrsaufkommen im grenzüberschreitenden Verkehr umfasst beim Güterverkehr den Versand der Bundesrepublik Deutschland ins Ausland und den Empfang aus dem Ausland (im Luftverkehr Reisende nach Zielländern). *Transitverkehr* ist Durchgangsverkehr vom Ausland durch die Bundesrepublik ins Ausland. Im Personenverkehr rechnet man zum *Nahverkehr* i. A. Fahrten bis 50 km Entfernung oder mit einer Stunde Fahrzeit. Alle Fahrten im Öffentlichen Personennahverkehr (↗ÖPNV) zählen zum Nahverkehr. Bei der ↗Deutsche Bahn AG sind verschiedene Gesellschaften für den Nahverkehr (DB Regio AG) und *Fernverkehr* (DB Reise & Touristik AG) zuständig, wobei der S-Bahnverkehr zum ↗Schienenpersonennahverkehr gehört. Im Güterverkehr gab es spezielle Nahzonenabgrenzungen (50 km, ab 1993 75 km) für den ↗Straßengüterverkehr, die nach vollständiger Liberalisierung 1998 jedoch keine Bedeutung mehr haben. Seitdem gibt es keine statistischen Angaben zum Nah- und Fernverkehr des Straßengüterverkehrs. Weitere wichtige statistische Kenngrößen sind der ↗Modal Split (Personen- und Güterverkehr) und der ↗Verkehrszweck (Personenverkehr). Wichtigste Datenquelle für den Gesamtbereich des Verkehrs sind die jährlich vom Bundesminister für Verkehr, Bau- und Wohnungswesen herausgegebenen Ausgaben »Verkehr in Zahlen«. [JD]

Verkehrssystem ↗Verkehrsträger.

Verkehrstelematik ↗Verkehrsmanagement.

Verkehrsträger, Träger zur Beförderung von Personen, Gütern und Nachrichten. Zu den Verkehrsträgern zählen a) *Landverkehr* (↗Eisenbahn, ↗Straßenverkehr, ↗Binnenschifffahrt, ↗Rohrfernleitungen), b) ↗Seeschifffahrt und c) ↗Luftverkehr. In der ↗Verkehrsstatistik werden sie als Verkehrsbereiche und im allgemeinen Sprachgebrauch, wenngleich unscharf, als ↗Verkehrsmittel bezeichnet. Hinzuzurechnen ist der ↗Nachrichtenverkehr. Die Transportleistungen der Verkehrsträger werden als ↗Individualverkehr (Fahrrad, Kraftfahrzeug) oder öffentlicher Verkehr (Eisenbahn, ↗ÖPNV, Luftverkehr) erbracht. Bei systematischer Zusammenfassung mehrerer Verkehrsmittel eines oder mehrerer Verkehrsträger spricht man von *Verkehrssystem*. Beispiele sind integrierte Stadt- bzw. Nahverkehrssysteme (↗Stadtverkehr), Öffentlicher Personennahverkehr (ÖPNV) und ↗kombinierter Verkehr.

Verkehrsverbund, wichtigste Organisationsform des Öffentlichen Personennahverkehrs (↗ÖPNV). Sie geht über die *Verkehrsgemeinschaft* mit Tarif- und Leistungsabstimmung, Einnahmenverrechnung sowie gemeinsamer Netz- und Fahrplangestaltung im Verkehrsgebiet hinaus, indem die kooperierenden Nahverkehrsbetriebe wesentliche Zuständigkeiten (Planung, Einnahmenaufteilung und Öffentlichkeitsarbeit) einer besonderen Organisation (Verbund-Geschäftsstelle) übertragen. Während die großen Verdichtungsräume über Verkehrsverbünde verfügen, ist die schwächere Kooperationsform der Verkehrsgemeinschaft in Stadtregionen mittlerer Verdichtung, aber auch in dünn besiedelten ländlichen Gebieten verbreitet.

Verkehrsverhalten, Begriff des ↗Personenverkehrs, der sich auf individuelles Verhalten bezieht. Beim Verkehrsverhalten geht es um die zweckrationale und/oder sozialpsychologische Erklärung individueller Entscheidungen und Verhaltensweisen zur Ortsveränderung (↗Mobilität). Diese hängen ab von der jeweils beabsichtigen Aktivität (↗Verkehrszweck), von den im individuellen Aktionsraum vorhandenen bzw. wahrgenommenen Möglichkeiten zu deren Ausübung (räumliche Gelegenheiten), von der Mittelausstattung der Person (finanziell und sachlich, z. B. Pkw-Verfügbarkeit) und der gegebenen Raumstruktur (z. B. ↗ÖPNV-Angebot). Im Mittelpunkt der Verkehrsverhaltensforschung stehen die objektiven und subjektiven Bestimmungsgründe der Verkehrsmittelwahl. Zur Vorbereitung einer Public-Awareness-Kampagne der öffentlichen Verkehrsträger Anfang der 1990er-Jahre wurden die »Nicht-Benutzer« öffentlicher Verkehrsmittel untersucht und drei Gruppen zugeordnet. Neben den »captives« (fehlendes ÖPNV-Angebot oder Nutzung aus persönlichen Gründen nicht möglich) und den »Wahlfreien« (ÖPNV wird unter bestimmten Voraussetzungen gewählt) bildeten diejenigen die stärkste Gruppe, für die der ÖPNV zwar real, aber nicht »im Kopf« als Alternative vorhanden ist. Sie stellen mithin das größte Potenzial zur Erhöhung der ÖPNV-Nachfrage. Die psychologischen Motive für den irrationalen Umgang mit dem »Prestigeobjekt Auto« sind oft beschrieben worden. Nach Pez sind die Verkehrsmitteleigenschaften Schnelligkeit, Unabhängigkeit bzw. Flexibilität, Bequemlichkeit (auch im Hinblick auf Gepäcktransport), Kosten, Umweltverträglichkeit, Verkehrssicherheit und Gesundheit sowie deren subjektive Bewertung (etwa in dieser Rangfolge) die maßgeblichen Bestimmungsgründe für die Verkehrsmittelwahl. [JD/AKa]

Verkehrsverlagerung ↗Verkehrsplanung.

Verkehrsvermeidung ↗Verkehrsplanung.

Verkehrswegeplanung, Teil der ↗Verkehrspolitik und ↗Verkehrsplanung. Rationale Verkehrsinfrastrukturpolitik ist angewiesen auf die Vorausschätzung des künftigen (Quell-)Verkehrsaufkommens (nach Raumeinheiten), der räumlichen Verkehrsverflechtungen (Quelle-Ziel-Beziehungen), der Aufteilung dieser Ströme auf alternative ↗Verkehrsträger (↗Modal Split) und deren Umlegung auf das jeweilige Verkehrsnetz (Routenwahl). Zur Aufstellung des *Bundesverkehrswegeplans* (BVWP) (zuletzt 1992) werden die so prognostizierten streckenspezifischen Verkehrsbelastungen im Hinblick auf die jeweiligen Prioritäten des Verkehrswegebaus (Bundesfernstraßen, Schienenstrecken, Binnenwasserstraßen) gesamtwirtschaftlich bewertet (z. B. ↗Kosten-Nutzen-Analyse). Neben den verkehrlichen Wirkungen (Senkung der Transportkosten, Erhöhung der Verkehrssicherheit, Erhaltung der Verkehrswege, Verbesserung der Erreichbarkeit) spielen auch Belange der ↗Raumordnung (Abbau ↗regionaler Disparitäten) und Auswirkungen auf die Umwelt (↗Umweltverträglichkeitsprüfung) eine Rolle. Durch Ausweisung von Entwicklungs- beziehungsweise Verkehrsachsen in den Landesraumordnungsplänen versuchen die Bundesländer auf Prioritäten des Verkehrsausbaus durch den Bund hinzuwirken. Die Methodik der Verkehrswegeplanung findet auch in der regionalen und örtlichen Verkehrsplanung Anwendung. [JD]

Verkehrswirtschaft ↗Transportwirtschaft.

Verkehrszentralität ↗Erreichbarkeit.

Verkehrszweck, *Fahrtzweck*, *Wegezweck*, neben dem ↗Modal Split wichtigste Kenngröße des motorisierten und nicht motorisierten ↗Personenverkehrs. Zur statistischen Erfassung der Verkehrszwecke werden folgende Unterscheidungen und Abgrenzungen vorgenommen: a) *Berufsverkehr*: alle werktäglichen Fahrten bzw. Wege zwischen Wohnung und Arbeitsstätte (Wochenendpendler werden dem Freizeitverkehr zugeordnet); b) *Ausbildungsverkehr*: wie a) zwischen Wohnung und Schule; c) Dienstreise- und ↗*Geschäftsverkehr*: alle beruflich bedingten, zumeist von der Arbeitsstätte ausgehenden Fahrten oder Wege; d) *Einkaufsverkehr*: alle Fahrten oder Wege, die dem Einkauf, Besuch von Ärzten, Behörden u. Ä. dienen; e) *Urlaubsverkehr:* Summe aller Freizeitfahrten mit fünf und mehr Tagen Dauer; f) *Freizeitverkehr:* alle übrigen Fahrten oder Wege, die nicht den anderen Verkehrszwecken zuzuordnen sind (wie z. B. Wochenenderholung, Privatbesuche, Besuch kultureller Veranstaltungen). Das Kriterium für die Zuordnung ist die Aktivität am Zielort, ausgenommen bei Fahrten oder Wegen nach Hause, bei denen die hauptsächliche Aktivität seit Verlassen der Wohnung maßgeblich ist. [JD]

Verklausung, das Anstauen eines Wasserspiegels bei ↗Fließgewässern durch Treibgutansammlungen.

Verkoppelung, Zusammenlegung der ↗Parzellen eines Besitzes oder einer ↗Gemarkung zu größeren Einheiten. Umfassende Verkoppelungen in verschiedenen Teilen Europas führten in der Neuzeit zum Prozess der ↗Vereinödung. Die ↗Flurbereinigung ist die moderne Form der Verkoppelung. Zu den ersten Verkoppelungen kam es im nördlichen Niedersachsen und in Schleswig-Holstein im 16. Jh. Eine Koppel bestand i. d. R. aus blockförmigem Privatland, das von einer dauerhaften Grabenziehung oder Umzäunung begrenzt wurde. Ihre Errichtung bedeutete ein Ausscheiden aus ↗Flurzwang und gemeinsamem Weideauftrieb und damit eine Hinwendung zur Individualwirtschaft. Im strengen Sinne ist der Begriff Verkoppelung jener Umformung des Flurgefüges vorbehalten, bei der anschließend die ↗Koppelwirtschaft eingeführt wurde. Dazu kam es häufig, aber nicht durchgängig in Schleswig-Holstein, dem Herzogtum Lauenburg und in Mecklenburg. [KB]

Verlagerungspotenzial, zeigt an, in welchem Ausmaß die ursprüngliche Verlagerungsfähigkeit eines ↗Fließgewässers nicht vorhanden ist. Die naturraumspezifische und gewässertypische Neubildung von Flusslaufstrecken und Auenbereichen wird in der heutigen ↗Kulturlandschaft häufig durch Sohlen- und Ufersicherungen verhindert. So kann die Verlagerungsfähigkeit als Maß für den Grad der eigendynamischen Entwicklungsmöglichkeiten gelten. Es sind sämtliche natürlicherweise vorkommenden Verlagerungsarten zu beachten. Es handelt sich um einen geomorphologischen Parameter bei der Erfassung der ↗Gewässerstrukturgüte.

Verlandung, fortschreitender Prozess der ↗Sedimentation fester (Fein-)Stoffe in ein Gewässer, meist verbunden mit einem sukzessiven Vordringen von Ufervegetation unter Bildung von charakteristischen ↗Verlandungsfolgen (↗Sukzession). In abgeschlossenen oder geschützten Meeresteilen geringer Tiefe wird dieser Prozess durch starken Sedimenteintrag vom Festland (↗Delta) hervorgerufen. In agrarisch genutzten Gebieten wird die natürliche Verlandung infolge von Landnutzung und Bodenerosion häufig anthropogen verstärkt und es kommt zusätzlich zu einem erheblichen Nährstoffeintrag. Bei einer anthropogen geplanten Verlandung spricht man von ↗Landgewinnung.

Verlandungsfolge, *Verlandungsreihe*, *Hydroserie*, die im Rahmen einer primären ↗Sukzession bei der Verlandung von Stillgewässern aufeinander folgenden Pflanzengesellschaften. Insbesondere in eutrophen Gewässern kommt es aufgrund hoher Produktion von ↗Biomasse zur Auffüllung der Gewässer mit organogenen Sedimenten, sodass die Vegetation der ans Ufer anschließenden Verlandungszone vom Rand des Gewässers allmählich zur Gewässermitte hin vordringt. Die regelhafte Abfolge der Pflanzengesellschaften einer Verlandungsfolge eutropher Gewässer in Mitteleuropa führt über der Schwimmblattgesellschaft über Schilfröhricht und Großseggenried zum ↗Bruchwald als Klimax-Gesellschaft. Die Verlandung von Hochmooren erfolgt dagegen durch Torfmoose, die zuerst einen ↗Schwingrasen bilden und nachfolgend in ↗Bulten über die Wasseroberfläche emporwachsen, sodass sich Zwergsträucher und Bäume ansiedeln können. [KJ]

Verlandungsmoor ↗Moore.

verlängerte Werkbank, ↗Zweigbetrieb mit nur einer Funktion, meist Produktion, oder wenigen Funktionen, relativ geringer Kapitalintensität und geringen Anforderungen an die Qualifikation der Beschäftigten.

Verlehmung, bodenphysikalische Ausprägung der Silicatverwitterung durch Zunahme der Feinsubstanz im Bv-Horizont (↗B-Horizont) von ↗Braunerden als Folge der Tonmineralneubildung und Tonmineralumbildung.

Vermessung, Bestimmung der Lage und Höhe von Punkten der Erdoberfläche in einem Koordinatensystem oder relativ zueinander. Die Vermessung benutzt Geräte zur Entfernungs- und Winkelmessung (z. B. Theodolit) um mit geometrischen Verfahren Grundrissbilder der Erdoberfläche zu liefern.

Vermiculit ↗Tonminerale.

Vermoorung, Bildung von ↗Mooren.

Vermulmung, Umbildung des ↗Bodengefüges in Niedermooren und Hochmooren (↗Moore) durch Entwässerung und Belüftung; dadurch erfolgt ein Abbau der Pflanzensubstanz in huminstoffreiche, schwer benetzbare und leicht ausblasbare Feinsubstanz mit sehr ungünstigen Eigenschaften für den Wasserhaushalt und die Nährstoffdynamik; vornehmlich im Ap-Horizont (↗A-Horizont) von lange und intensiv entwässerten Niedermoorböden.

Vernalisation, Einwirkung von Kälte auf keimende Samen, Keimlinge, Jungpflanzen oder Knospen um die Blütenbildung zu induzieren (Übergang von der ↗vegetativen Phase zur generativen Phase). Vernalisation erfordert über mehrere Tage Temperaturen im Bereich von 5° bis 0°C. Vernalisation ist beispielsweise nötig für Winterweizen, der im Herbst ausgesät wird und keimt sowie für viele Laubgehölze. Vernalisation löst auch in zweijährigen Rosettenpflanzen das Streckungswachstum und die Blütenbildung aus. Im Gegensatz hierzu versteht man unter Stratifikation die Kältebehandlung von Saatgut, um die Keimung zu induzieren, jedoch wird auch hierfür gelegentlich der Begriff Vernalisation angewendet.

Vernetzte Produktion

Eike W. Schamp, Frankfurt am Main

Die These von den neuartig untereinander verknüpften Produktionsstrukturen beherrscht die sozialwissenschaftliche Debatte und macht auch eine neue Sichtweise in der ↗Wirtschaftsgeographie notwendig. Eine grundsätzliche Änderung in der Art und Weise, wie die kapitalistische Produktion von Gütern und Dienstleistungen organisiert wird, ist zu erkennen. Ungeachtet der Verschiedenartigkeit der Ansätze stimmen diese in drei Bereichen überein. Ob in der von Michael Piore und Charles Sabel (1984) diskutierten Flexiblen Spezialisierung, der von Manuel Castells (1996) diskutierten Netzwerk-Gesellschaft im Informationszeitalter, dem auch in der ↗Geographie thematisierten Übergang von einer fordistischen zu einer post- und/oder neofordistischen Gesellschaft (↗Regulationstheorie) oder schließlich dem Übergang von der Industrie- zur Dienstleistungsgesellschaft: Erstens werden die Arbeitsprozesse flexibilisiert (↗Flexibilisierung), zweitens wird die industrielle Produktion durch vielfältige Dienstleistungen ergänzt (↗Tertiärisierung) und drittens werden ökonomische Beziehungen weltweit »entgrenzt« (↗Globalisierung). Die gesellschaftliche ↗Arbeitsteilung wird daher auf eine neue und andere Art vorangetrieben – mit ihr die räumliche Arbeitsteilung, was für die Wirtschaftsgeographie neue theoretische Konzepte notwendig macht.

Neue Konzepte wurden vor allem in der ↗Industriegeographie entwickelt, also dem Teil der ↗Humangeographie, der sich sui generis mit der Produktion von Gütern befasst. Sie stellen den einzelnen Industriebetrieb mit seinem Standort und die einzelne Industrieregion mit ihrer jeweiligen Struktur in einen weiteren Zusammenhang, dem eines Systems der Produktion. Die drei wichtigen Dimensionen der systemischen Konzepte betreffen Fragen, welche ökonomischen Tätigkeiten untereinander verbunden werden, welche Standortmuster sie einnehmen und wie das gesamte System koordiniert wird.

In den Konzepten der Produktionskette, Wertschöpfungskette und filière werden Unternehmen verschiedener Branchen und Produktionsstufen in den vertikalen Zusammenhang einer Anordnung von Produktionsschritten gestellt, die von der Gewinnung und Verarbeitung der Rohstoffe bis zum Endprodukt und schließlich zur Distribution an die Kunden reichen. Das mit dem Namen Michael Porter verbundene mikroökonomische Cluster-Konzept hebt das gemeinsame Wirken von Wettbewerb und Kooperation zwischen Unternehmen hervor, wenn sie sich räumlich konzentrieren. Unternehmen werden durch starken Wettbewerb auf ihrem jeweiligen Markt einerseits zu Innovationen getrieben. Andererseits können sie gemeinsam die Vorteile spezifischer Produktionsbedingungen nutzen – etwa die Qualität und Regulierung des auf ihre Produktionszwecke ausgerichteten Arbeitsmarktes – und auf eine Vielfalt spezialisierter Unternehmen in Zuliefer- und Dienstleistungsbranchen zurückgreifen. Vertikale und horizontale Kooperationen, die auf gemeinsamen Zielsetzungen und Vorstellungen (shared codes) beruhen, ermöglichen Innovationen. Beides fördert also die Innovations- und Wettbewerbsfähigkeit des gesamten Clusters auf globalen Märkten.

Das makroökonomische Konzept des Produktionssystems umfasst a) Transformation, d. h. die Produktionskette oder filière über mehrere Zulieferer-Stufen, b) Distribution, d. h. den Vertrieb des hergestellten Gutes zum Kunden, c) Zirkulation, d. h. die Unterstützung des Warenflusses in a) und b), z. B. durch Transport, Finanzierung, und Versicherung, und schließlich d) Regulation des Produktionssystems, d. h. alle Formen, mit denen die Gesellschaft die Abfolge der Tätigkeiten im System koordiniert und kontrolliert. Industriegeographen haben u. a. das Auto-Produktionssystem analysiert, in dem lokale Cluster der Autohersteller und System-Zulieferer mit dem global sourcing von Zuliefer-Teilen verknüpft sind.

Die gegenwärtigen Veränderungen der Produktion artikulieren sich besonders in neuen Koordinationsformen dieser Systeme. Bisherige Vorstellungen der Koordination durch das integrierte Großunternehmen – wofür das Multinationale Unternehmen stand – auf der einen Seite und dem Markt auf der anderen, die typisch sind für die Phase des Fordismus, werden ersetzt durch eine Vielfalt von Koordinationsformen, die zwischen Unternehmen und Markt liegen. Wettbewerb spielt nach wie vor eine erhebliche Rolle, doch bilden sich Kooperationen, Strategische Allianzen und andere Hybridformen zwischen Markt und Hierarchie, die mit dem weiten Begriff des Netzwerkes belegt werden. Die Koordination in Netzwerken beruht auf einer sehr unterschiedlichen Verbindung von ökonomischer Macht (und Information), Formen der Vertragsgestaltung (Theorie unvollständiger Verträge) und gesellschaftlicher Regeln (Reputation, Vertrauen, Konventionen).

Die Art der im System verbundenen Tätigkeiten und die Art ihrer gesellschaftlichen Koordination führt schließlich zu ganz unterschiedlichen Standortsystemen der vernetzten Produktion. Idealtypisch kann man zwischen lokalen Standortsystemen, wie sie sich in Konzepten des ↗Industriedistriktes, ↗kreativen Milieus oder regionalen Clusters artikulieren, und globalen Standortsystemen unterscheiden. Besondere Aufmerksamkeit hat der Industriedistrikt gefunden: ein lokales Netzwerk von sehr spezialisierten Produzenten, die gemeinsam und flexibel für einen großen Markt produzieren; ein Netzwerk von hoher Anpassungsfähigkeit wegen der Vielfalt der verbundenen Unternehmen (Redundanz);

eine weitgehend auf lokalen gesellschaftlichen Regelsystemen beruhende Koordination der Produktionskette (Konventionen, Vertrauen), die auf einem tendenziellen Machtgleichgewicht in harmonischer Weise beruht. Beispiele wurden in vielen Konsumgüterbezirken (z. B. das Dritte Italien), aber auch in Hochtechnologiebezirken (z. B. das Silicon Valley) gefunden. Es hat sich aber gezeigt, dass diese Formen lokaler Produktionssysteme sehr empfindlich gegenüber dem Einwirken ökonomischer Macht durch regionsinterne und -externe Unternehmen sind und lokale gesellschaftliche Regeln oft langfristig unterminiert werden (Misstrauen). Lokale Unternehmensanhäufungen in einer Produktionskette haben daher selten die Eigenschaften des Industriedistriktes i. e. S.

Ein anderer Typ lokaler Produktionssysteme der vernetzten Produktion ist der polarisierte Produktionskomplex oder auch Hub-and-spoke-Distrikt. Hier gruppieren sich bestimmte Zulieferer um ein mächtiges Kernunternehmen (oder die Betriebsstätte eines solchen). Auswahl der Zulieferer und Standort werden durch Nachfragemacht des Kernunternehmens und Wettbewerb unter Zulieferern begründet, die Koordination durch Verträge gesichert. Beispiele sind die Just-in-time-Zulieferkomplexe der Autoindustrie (Zulieferparks), können aber auch in der Luftfahrtindustrie oder Software-Industrie gefunden werden.

Angesichts radikal gesunkener Transportkosten und Transaktionskosten in der Informationsgesellschaft spricht wenig dafür, dass alle Produktionsschritte eines Systems grundsätzlich lokal oder regional vernetzt sind. Sie sind es nur dann, wenn es lokale externe Vorteile gibt (Agglomerationsvorteile). Nimmt man das systemische Konzept ernst, dann sind Industriedistrikte ohnehin in weitere (globale) Vernetzungen eingebunden, sowohl auf der Beschaffungsseite als auch auf der Absatzseite. Aus der Vielfalt der Möglichkeiten, wie Produktionsstandorte auf verschiedenen Maßstabsebenen untereinander vernetzt sind, greift die Geographie der Entwicklungsprozesse den Zusammenhang zwischen Nachfrage und Vermarktung industrieller Produkte in den wohlhabenden Ländern des Nordens und ihrer Herstellung in Ländern des Südens auf. Das von Gary Gereffi (1994) entwickelte Konzept der globalen Warenketten oder globaler Produktions-Netzwerke hebt, vor allem in der Form der abnehmergesteuerten Warenkette, neue Koordinations- und Kontrollformen der industriellen Produktion in Entwicklungsländern durch Handelskonzerne und Marken-Konzerne in den Industrieländern hervor. Damit kann einerseits eine neue globale Arbeitsteilung erklärt werden, die darin besteht, dass das jeweilige Produkt vollständig in einem Entwicklungsland hergestellt wird (z. B. China, Brasilien), während die Koordination aller Prozesse, die Produktentwicklung (Marke) sowie der Vertrieb des Produktes aufgrund der Marktmacht der Konzerne von den Industrieländern kontrolliert werden. Anders als in der bisherigen Arbeitsteilung, in der Teile und Teilprozesse der Produktion in Entwicklungsländer ausgelagert, oft aber durch das (hierarchische) Großunternehmen in Zweigbetrieben ausgeführt wurden (Neue ↗Internationale Arbeitsteilung nach Fröbel, Heinrichs und Kreye 1982), wird dieses System vernetzter Produktion flexibler aus Sicht der mächtigen Abnehmer, weil Produktionsregionen in Entwicklungsländern leichter austauschbar werden.

Das Konzept der vernetzten Produktion ist damit in der Lage, lokale Netzwerke mit globalen zu verbinden, den Zusammenhang von lokaler Spezialisierung und globaler Arbeitsteilung zu erkennen und über die Feststellung hinauszugehen, dass die Welt durch die Diversität der Regionstypen vielfältiger geworden sei. Diversität wird zum Prinzip einer neuen Phase gesellschaftlicher Organisation von Produktion und Konsumtion im weltweiten Maßstab. Die Art ihrer Vernetzung definiert die Rolle der Region und des Standorts in einem Produktionssystem. Dabei verdient auch der Bereich der Zirkulation eine größere Aufmerksamkeit der Wirtschaftsgeographen: So schaffen globale Unternehmen der Informations- und Transporttechnologie globale Standards, die Vernetzung fördern (z. B. Microsoft mit Windows, der ISO-Container, etc.), und einige Orte werden zu speziellen zentralen Knoten der Vernetzung (z. B. Börsen- und Finanzplätze, Flughäfen, Logistikzentren etc.), die sich in ↗global cities und globalizing cities bündeln können. Die Erforschung von Systemen der vernetzten Produktion steht in der Wirtschaftsgeographie erst an ihrem Anfang. Sie eröffnet die Möglichkeit, in einer evolutorischen Perspektive die Entwicklungspfade von Regionen in sich verändernden Muster weltweiter Arbeitsteilung einzubinden und dabei die Bedeutung gesellschaftlicher Bedingungen für die Herausbildung der neuen Arbeitsteilung hervorzuheben.

Literatur: [1] HARRISON, B. 1997: Lean and Mean. The Changing Landscape of Corporate Power in the Age of Flexibility. – New York. [2] SCHAMP, E. W. 2000: Vernetzte Produktion. Industriegeographie aus institutioneller Perspektive. – Darmstadt. [3] STORPER, M. 1997: The Regional World. Territorial Development in a Global Economy. – New York und London.

Vernetzung, das Verbinden bzw. der Zustand des Verbundenseins von Elementen zu ↗Netzwerken bzw. Netzen. Dabei handelt es sich zunächst um räumliche und physisch-technische Verbindungen. So ist in der ↗Raumplanung von Vernetzung die Rede, wenn einzelne gleichartige Nutzflächen so geplant werden, dass sie gemeinsam einen Verbund bilden (z. B. Biotopvernetzung im Sinne von Biotopverbund). Ein solcher Verbund kann eine höhere Effektivität haben als die Summe der einzelnen Elemente. Im physisch-technischen Sinn betrifft Vernetzung auch die Schaffung und Ausbau technischer ↗Infrastruktur (z. B. Wasser-, Strom- und Datenleitungen oder Verkehrswege). Abstrakter ist die Vernetzung von ↗Akteuren zur ↗Kommunikation und Kooperation. Damit sind komplexe regionale oder soziale Netzwerke gemeint. Dies können ↗Städtenetze zur kommunalen und auch grenzüberschreitenden Zusammenarbeit sein, ebenso soziale Netzwerke von Nachbarn in Wohnquartieren. [RF]

vernikulare Architektur, *klimagerechte Architektur*, ↗Baustofflandschaft.

Verräumlichung, *espacialisation* (frz.), philosophischer Begriff mit Raumbezug, eingeführt von M. Foucault. Bezeichnet die Anordnung von Merkmalen in metaphorischen und konkreten ↗Raumkonstruktionen. Foucault unterscheidet drei Typen. Die primäre Verräumlichung betrifft die Anordnung der Erkenntnisgegenstände, z. B. von Krankheiten, in einer ideellen Klassifikation (Konfigurationsraum). Die sekundäre Verräumlichung bezieht sich auf das Subjekt, hier die körperliche Konkretisierung der Krankheiten am Patienten (Lokalisationsraum). Die tertiäre Verräumlichung umfasst die Gesamtheit der Gesten und Institutionen, welche Erkenntnisgegenstände und Subjekte formen (gesellschaftlicher Raum), im Fall von Krankheiten z. B. Lehrbücher, Gesundheitsgesetze, Kliniken, Ärzte. Neben der Klinik hat Foucault auch Gefängnisse und psychiatrische Anstalten in ähnlicher Weise untersucht. [WDS]
Literatur: [1] FOUCAULT, M. (1988): Die Geburt der Klinik. – Frankfurt. [2] FOUCAULT, M. (1991): Die Ordnung des Diskurses. – Frankfurt. [3] DELEUZE, G. (1992): Foucault. – Frankfurt.

Verrucano, in den Ostalpen verbreitetes Konglomerat permischen Alters, hauptsächlich aus Quarzporphyr, Tonschiefer, Melaphyr und anderen Gesteinen zusammengesetzt.

Versalzung, *Bodenversalzung*, natürliche wie auch künstliche, meist irreversible Erhöhung des Salzgehalts im Boden, die im Allgemeinen zu Ertragsminderung und ↗Bodendegradation führt. Natürliche Bodenversalzung tritt vor allem in semiariden und ariden Gebieten auf, wo infolge starker Verdunstung Kapillarwasser aus oberflächennahem Grundwasser aufsteigt und sich die darin gelösten Salze im Boden anreichern. Künstliche Bodenversalzung ist in erster Linie ein Phänomen der ↗Bewässerungswirtschaft, wenn stark salzhaltiges Grund- oder Flusswasser verwendet wird und/oder die zur Bewässerung notwendige Wassermenge nicht optimal bemessen ist.

Versandhandel ↗Einzelhandel.

Verschlämmung ↗Infiltration.

Verschlankung, Verringerung der ↗Fertigungstiefe durch Abgabe von Tätigkeiten ist eine Möglichkeit, sich auf Kernkompetenzen zu konzentrieren und schlanker zu werden. Um flexibler und wettbewerbsfähiger zu werden, geben Unternehmen nicht nur Wertschöpfung ab, sondern auch Funktionen, z. B. die Fertigung, und bleiben nur noch Designer, Händler und Vermarkter.

Verschneidung, Sammelbegriff für verschiedene grundlegende ↗GIS-Funktionen zum Zusammenführen bzw. Kombinieren der Lage- und Sachinformationen von zwei oder mehr Vektordatensätzen (↗layer). Da bei Vektordaten die ↗Polygone in verschiedenen Layern meist nicht übereinstimmen, müssen sie zuerst durch eine Verschneidungsoperation auf eine gemeinsame Geometrie gebracht werden. ↗overlay.

Verschuldung, Teil des Vermögens, der durch Fremdkapital aufgebracht wird. Das Fremdkapital wird von einem außenstehenden Gläubiger für eine gewisse Zeit als Kredit gegen Zinszahlung überlassen. Die Verschuldung gegenüber öffentlichen und privaten Gläubigern stellt für zahlreiche ↗Entwicklungsländer ein ernsthaftes Problem dar. Ihre Auslandsverschuldung betrug 1999 über 2000 Mrd. US-Dollar, mehr als das zwanzigfache des Schuldenstandes von 1970. Länder mit hohem ↗Schuldendienst sind nicht nur zahlungsunfähig, sondern es ist ihnen auch die Möglichkeit genommen, die erwirtschafteten Devisen für notwendige Investitionen in die Volkswirtschaft einzusetzen. Besonders lateinamerikanische (v. a. Argentinien, Brasilien, Guyana, Mexiko, Nicaragua) und viele afrikanische Staaten südlich der Sahara (v. a. Guinea-Bissau, Mosambik, Sudan, Tansania, Sambia) waren und sind seit den 1980er-Jahren von einer *Verschuldungskrise* betroffen. Die Ursachen lagen und liegen teils in weltwirtschaftlichen Bedingungen, teils in der wirtschafts- und entwicklungspolitischen Orientierung der Länder. Als externe Faktoren waren wirksam: a) Die Ölpreisschocks von 1973/74 und 1979/80. Sie wirkten sich negativ auf die Zahlungsbilanz ölimportierender Länder aus. b) Der kontinuierliche Rohstoffpreisverfall seit den 1980er-Jahren. Er verringert die Deviseneinnahmen vieler Entwicklungsländer beträchtlich (siehe Theorie der säkulären Verschlechterung der ↗Terms of Trade) c) Die Hochzinspolitik der USA. Sie bewirkte eine Verteuerung der Importe sowie bestehender Kredite. Entwicklungsländer-interne Faktoren waren: a) Ausgabe von Krediten für Prestigeobjekte und/oder Rüstung b) hohe Kapitalflucht, c) Vernachlässigung makroökonomischer Stabilität in Wirtschafts- und Finanzpolitik. Wenn sich die Verschuldungskrise auch durch diverse Schuldenerlasse und Umschuldungsprogramme seitens der Gläubiger sowie durch verstärkte Mittelzuflüsse durch Neukredite und Direktinvestitionen entspannt hat, bleibt die Finanzlage vieler Entwicklungsländer äußerst prekär und entwicklungshemmend. [KK]

Verschuldungskrise ↗Verschuldung

Versorgungseinkauf ↗Konsumentenverhalten.

Versorgungskonsum, traditionelle Form des Konsumverhaltens, bei dem die lebensnotwendige Bedarfsdeckung mit Gütern und Dienstleistungen im Vordergrund steht (Gebrauchswert der Produkte). Als Gegenpol zum Versorgungskonsum hat sich speziell in den 1990er-Jahren der

↗Erlebniskonsum herausgebildet. ↗Konsumentenverhalten.

Versorgungsnetz, die räumliche Verteilung von gleichartigen Ladengeschäften im ↗Einzelhandel. Die Netzdichte ist abhängig von der Häufigkeit und Menge der Warennachfrage, der Zahl der in einer Raumeinheit wohnenden Konsumenten und den ↗Betriebsformen. Kleinere Betriebsformen mit einem häufig nachgefragten Lebensmittelangebot (Selbstbedienungsläden, Supermärkte) besitzen eine hohe Netzdichte. Klassische Nicht-Lebensmittelgeschäfte mit seltener nachgefragten Waren des mittel- und langfristigen Bedarfs (Fachgeschäft, Warenhaus) konzentrieren sich dagegen in innerstädtischen Zentren (↗Einzelhandelsstandorte). Das Netz der modernen großflächigen ↗Betriebsformen (Verbrauchermarkt, Fachmarkt) weist vor allem Standorte in nicht integrierten Lagen auf.

Verstädterung, beinhaltet im Ggs. zu ↗Urbanisierung nur demographische und siedlungsstrukturelle Aspekte. Es wird unterschieden nach: a) demographischer Verstädterung (steigende Anteile der in Städten lebenden Bevölkerung) und b) Verstädterung als Städteverdichtung (Zunahme der Städtezahl in einem bestimmten Raum). Man kann darüber hinaus nach physiognomischer Verstädterung (arealmäßig-bauliche Expansion und/oder Umstrukturierung städtischer Siedlungsformen) und funktionaler Verstädterung, die ihrerseits industrielle Verstädterung (Städtewachstum oder -entstehung unter dem Einfluss der ↗Industrialisierung) sowie tertiäre Verstädterung (städtische Entwicklung in Abhängigkeit vom ↗tertiären Sektor) einschließt, differenzieren. Der Begriff der sozialen Verstädterung entspricht dem Konzept der Urbanisierung. ↗weltweite Verstädterung.

Verstehen, stellt das zentrale Erkenntnisverfahren der ↗Phänomenologie, der ↗Hermeneutik und der verstehenden Soziologie dar und bedeutet soviel wie die eigenen Handlungen, diejenigen anderer Personen und Handlungsfolgen (Texte, ↗Artefakte) angemessen auszulegen und zu interpretieren. Dabei beschränkt man sich nicht allein auf die Position des außenstehenden Beobachters, der nur die wahrnehmbaren Bewegungen festhält. Vielmehr muss man zum Verstehen über jene Kategorien verfügen, die von unserem Standpunkt aus das erfassbar machen, was der andere mit seinem ↗Handeln meint bzw. mit den Handlungsfolgen zum Ausdruck bringt oder gebracht hat. Verstehen ist demnach mit dem Anspruch verbunden, den (subjektiven) Sinn einer Tätigkeit oder eines Handlungsergebnisses zu erfassen. Dies korreliert mit dem Anspruch, Handlungen aufgrund der Absichten der Handelnden zu deuten, ihre Handlungen mittels Bezugnahme auf die Bedeutungszuschreibungen zu erklären und nicht aufgrund der sozialen oder physischen Bedingungen bzw. der Umstände des Handelns. Damit sind mehrere Implikationen verbunden, die insbesondere in der geographischen Forschungspraxis der ↗Kulturgeographie, der ↗Landschaftsgeographie und der hermeneutischen Geographie nicht immer vollumfänglich beachtet werden.

Begreift man Verstehen als ein Verfahren der Auslegung, der Interpretation und Deutung, dann kann es sich ausschließlich auf sinnhafte Gegebenheiten beziehen, streng genommen aber nicht auf natürliche. Das Verstehen von hergestellten physisch-materiellen Gegebenheiten (Artefakten), kann sich letztlich immer nur auf die Absichten des Hervorbringers oder Bedeutungen beziehen, die ihnen andere beimessen.

Demzufolge kann man etwas wie Stadt- oder ↗Kulturlandschaften als solche nicht verstehen. Man kann nur verstehen, was Kulturlandschaften anderen bedeuten. Handelt es sich bei einem Artefakt um das beabsichtigte Ergebnis einer Handlung, kann man die Bedeutung, die dieses Produkt für den Hervorbringer aufweist, verstehen. Verstehen wird von Methodologen der Sozialwissenschaften als teleologische Erklärung von Handlungen oder Handlungsfolgen betrachtet. Verstehensleistungen weisen in dieser Betrachtungsweise die Grundstruktur der Schließregel des »Praktischen Syllogismus« auf. Die logische Grundstruktur dieses Erkenntnisverfahrens, mit dem das Explanandum aus dem Explanans (↗Erklärung) im teleologischen Sinne abgeleitet werden kann, stellt ein Gegenmodell zur Kausalerklärung (↗Kausalität) dar. Sie lautet wie folgt: A beabsichtigt q herbeizuführen; A weiß, dass er q nur dann herbeiführen kann, wenn er p tut. Folglich macht sich A daran, p zu tun. Beispiel: A beabsichtigt den Zug zu erreichen. A weiß, dass er den Zug nur dann noch erreichen kann, wenn er rennt. Folglich beginnt A zu rennen. Das Zu-Erklärende, das Explanandum, einer teleologischen Erklärung stellt eine Handlung oder eine Handlungsfolge bzw. ein Artefakt dar. Ein Ereignis, das nicht die Merkmalseigenschaften aufweist bzw. ein Objekt, das nicht mit einer solchen Tätigkeit hervorgebracht wurde, kann somit nicht mittels der teleologischen Erklärung einsichtig gemacht werden. [BW]

Versteinerung, *Petrifikation*, Bezeichnung für einen diagenetischen Prozess und auch für dessen Ergebnis (Petrefakt). Ein Spezialfall ist die *Fossilisation*, bei der Überreste eines Lebewesens seine organischen Bestandteile weitgehend verliert, aber die Gestalt im Gestein erhalten wird. ↗Fossil.

Versteppung, Entstehung einer Landschaft mit wesentlichen Merkmalen von ↗Steppen, verursacht durch dauerhafte Änderung von Niederschlagsregimen, die z.B. ein Wald- in ein Steppenklima umwandeln. Im übertragenen Sinn wird der Begriff auch auf steppenartige Erscheinungsbilder (»Kultursteppe«) von ↗Agrarlandschaften angewandt, in denen zwecks äußerster Ausnutzung der landwirtschaftlichen Produktivität alle Bäume und Sträucher beseitigt wurden (↗Ausräumung der Kulturlandschaft). Sie fördert die Winderosion und die unproduktive Verdunstung der Kulturpflanzen; außerdem setzt sie die Biotop- und damit die Artenvielfalt stark herab. Gelegentlich wird auch die ↗Desertifikation zur Versteppung gezählt.

Versumpfungsmoor ⁄ Moore.

Vertebratenfauna, *Wirbeltierfauna*, hauptsächliche Vertreter der Megafauna des ⁄ Edaphons. Die Wirbellosen werden als *Invertebraten* bezeichnet.

Verteilung, allgemeiner Begriff der ⁄ Statistik zur Charakterisierung von Variablen im Hinblick darauf, welche Variablenwerte wie häufig vorkommen. Im statistischen Modell lassen sich alle Eigenschaften (z. B. ⁄ Parameter) von Variablen aus deren Verteilung ableiten, sodass die Begriffe Verteilung und Variable auch öfter synonym verwendet werden. Verteilungen von Datenreihen, die einer ⁄ Stichprobe entstammen, werden als ⁄ Häufigkeitsverteilungen; Verteilungen von Variablen, die die ⁄ Grundgesamtheit beschreiben bzw. erfassen, werden als ⁄ Wahrscheinlichkeitsverteilungen bezeichnet. Je nach der Anzahl der Datenreihen bzw. Variablen, die gleichzeitig betrachtet werden, unterscheidet man: a) univariate Verteilungen: es wird nur eine Variable X betrachtet, die Analyse erfolgt mit Verfahren der univariaten Statistik; b) bivariate Verteilungen: es werden zwei Variablen gleichzeitig betrachtet (z. B. räumliche Lage von Punkten bzgl. der Koordinatenvariablen X und Y) und die Analyse erfolgt mit Verfahren der bivariaten Statistik; c) multivariate Verteilungen: es werden mehrere (mehr als zwei) Variablen $X_1, X_2, \ldots X_n$ gleichzeitig betrachtet, die Analyse erfolgt mit Verfahren der multivariaten Statistik. [JN]

Verteilungsgerechtigkeit, Bezeichnung für eine normative Debatte über die Verteilung von gesellschaftlichen Vor- und Nachteilen auf die sozialen Kategorien eines ⁄ Staates. In der ⁄ Geographie wird besonders die räumliche Verteilungsgerechtigkeit herausgestellt. Sie betrifft die gleichwertige Nutzung, Erreichbarkeit und Zugänglichkeit öffentlicher ⁄ Güter und Einrichtungen und die Reduzierung ⁄ regionaler Disparitäten. Der Diskurs leidet darunter, dass die Zentrum-Peripherie-Problematik, die räumliche ⁄ Arbeitsteilung und die Ursachen für die Persistenz räumlicher Disparitäten nur selten thematisiert werden.

Vertikalbewegung, Luftbewegung mit vertikaler Strömungskomponente, deren Geschwindigkeit um den Faktor 10 bis 100 kleiner als bei horizontalen Strömungen ist. Vertikalbewegungen führen je nach Strömungsrichtung zu bestimmten Wettererscheinungen. Aufwärtsbewegungen (⁄ Konvektion, Hebung, Aufgleiten) führen zu Wolkenbildung und ⁄ Niederschlag, während Abwärtsbewegungen (Absinken, Abgleiten) durch Wolkenauflösung und Aufklarung geprägt sind. Bei Konvektion kommen entgegengesetzte Vertikalbewegungen auf engstem Raum (Kilometerbereich) nebeneinander vor. Ferner führen Vertikalbewegungen zum Luftmassenaustausch zwischen vertikal komplementär gelagerten Gebieten der Konvergenz und ⁄ Divergenz. Vertikalbewegungen mit Geschwindigkeiten in der Größenordnung der horizontalen Strömung [m/s] entstehen bei stark feuchtlabiler Schichtung, z. B. in ⁄ Gewittern, ⁄ tropischen Wirbelstürmen oder ⁄ Tornados. [DD]

vertikale Arbeitsteilung, Form der ⁄ Arbeitsteilung, die vorliegt, wenn eine Gesamtaufgabe in mehrere Teilaufgaben zerlegt wird, die unterschiedliche Qualifikationen benötigen, eine unterschiedliche Ausbildungsdauer erfordern, einen unterschiedlichen beruflichen Status haben, mit unterschiedlichen Befugnissen ausgestattet sind und auch unterschiedlich entlohnt werden. Das Hauptziel der vertikalen Arbeitsteilung ist die Vereinfachung und Verbilligung des Produktions- und Verwaltungsprozesses bzw. die Steigerung der ⁄ Effizienz. Dies wird erreicht, indem beispielsweise ein Arbeitsprozess, der vorher von einem qualifizierten Handwerker zur Gänze erledigt wurde, in zahlreiche, einfach zu bewältigende (routinisierte) Teilaufgaben zerlegt wird, die nur sehr geringe Qualifikationen und kurze Anlernzeiten erfordern. Bei dieser für die industrielle Massenproduktion (⁄ Fordismus) typischen Arbeitsteilung kommt es zu einem Auseinanderdriften der Qualifikationen (bifurcation of skills) und Kompetenzen. Ein Teil der durch Arbeitsteilung neu entstandenen Tätigkeiten wird vereinfacht, routinisiert, dequalifiziert und niedriger entlohnt. Diese Vereinfachung und Verbilligung von Produktions- und Verwaltungsabläufen erhöht jedoch für bestimmte Systemelemente den Koordinations-, Kontroll- und Planungsaufwand, sodass im Rahmen der vertikalen Arbeitsteilung neue Tätigkeiten, Funktionen und Hierarchieebenen entstehen, die wesentlich höhere Qualifikationen erfordern, über mehr Kompetenzen verfügen und höher entlohnt werden als die ursprüngliche Gesamtaufgabe. Während auf einer niedrigen Stufe der vertikalen Arbeitsteilung (z. B. beim traditionellen Handwerk) Disposition und Produktion noch in einer Person (dem Handwerker) vereinigt waren, werden im Rahmen der vertikalen Arbeitsteilung Disposition und Produktion immer mehr getrennt. In großen und komplexen arbeitsteiligen ⁄ Organisationen verlagern sich hochrangige Entscheidungsbefugnisse und spezialisierte Qualifikationen immer stärker auf die oberen Hierarchieebenen einer Organisation, während auf den untersten Ebenen der ⁄ Hierarchie nur noch gering entlohnte Routinetätigkeiten übrig bleiben. Die vertikale Arbeitsteilung führt zu einer räumlichen Konzentration von ⁄ Wissen und ⁄ Macht und zu einer ⁄ Dezentralisierung von niedrig qualifizierten Routinetätigkeiten. Die vertikale Arbeitsteilung ist eine wichtige Ursache für die auf allen Maßstabsebenen feststellbaren zentralperipheren Disparitäten des Ausbildungsniveaus der ⁄ Arbeitsbevölkerung. ⁄ Organisationstheorie, ⁄ Dequalifizierung. [PM]

vertikale Gruppe, Gruppe von Menschen, bei der die vertikalen Beziehungen, also jene zwischen Nichtgleichrangigen (Elternteil und Kind, Lehrer und Schüler, Meister und Geselle) dominieren. Ein typisches Beispiel für vertikale Gruppen bietet die japanische Gesellschaft. Hier bilden sich die sozialen Beziehungen vorwiegend am Arbeitsplatz. Grundelement dieser vertikalen Gruppe ist die Beziehung zwischen »oyabun«

und »kobun«. Der »oyabun« kann im Leben eines Japaners eine größere Rolle spielen als der eigene Vater, der beruflichen Karriere des »kobun« widmet man sich mehr als jener des leiblichen Kindes. »Oyabun« und »kobun« schulden sich unbedingte Loyalität. Ein »oyabun« kann gleichzeitig »kobun« eines Älteren sein. Die Vorteile der vertikalen Gruppe liegen darin, dass infolge der vertikalen Loyalitätsbeziehungen Reibungsverluste an Schichtgrenzen weitgehend vermieden werden, dass die ↗Kommunikation zwischen oben und unten sehr rasch verläuft und dass solche Gruppen, sobald eine Entscheidung gefallen ist, sehr flexibel und anpassungsfähig reagieren. Der Nachteil der vertikalen Gruppe besteht darin, dass es in größeren ↗Organisationen fast immer zu Fraktionsbildungen kommt und dass die hohe Loyalität innerhalb der vertikalen Gruppen Prozesse der internen Kontrolle und Selbstkorrektur erschwert. ↗horizontale Gruppe, ↗soziale Gruppen. [PM]

vertikale Integration, *vertikale Koordination*, die Einbeziehung von Funktionen einer oder mehrerer nachgelagerter Wirtschaftsstufen in die Tätigkeit eines Einzelunternehmens. Insofern kann vertikale Integration neben organisatorischer auch rechtliche Zusammenfassung von Betrieben bedeuten. Diese Zusammenfassung kann durch den eigenständigen Aufbau der zusätzlichen Aktivitäten oder durch Übernahme eines bisher selbstständigen Unternehmens erfolgen. Auf diese Weise können neue Märkte mit homogenen Endprodukten erschlossen werden. Mehr als bisher ist somit beispielsweise die Landwirtschaft als Glied einer ↗Wertschöpfungskette zu begreifen, auf die der Begriff ↗Agrobusiness zu beziehen ist. Beispiele für vertikale Integration sind Verträge zwischen Milcherzeugern und Molkereien, zwischen Gemüsebauern und Konservenfabriken oder zwischen Braugerstenerzeugern und Mälzereien bzw. Brauereien. Mehrgliedriger ist eine Allianz beispielsweise aus Zuchtunternehmen, Futtermittelproduzent, Fleischverarbeiter und Einzelhandelskette. Erfolgt eine Integration von Seiten der Landwirtschaft (Erzeugergemeinschaft übernimmt einen Schlachthof und produziert Markenware (z. B. Erzeugergemeinschaft Osnabrück) wird dies als »vertikale Integration von unten« bezeichnet. Übernimmt ein Betrieb aus dem nachgelagerten Bereich die agrare Produktionsstufe (Geflügelschlachterei integriert Zucht, Fütterung, Mast und Vermarktung, z. B. Wiesenhof-Hähnchen) so liegt eine »vertikale Integration von oben« vor. Weltweit nimmt der Trend, dass ganze Nahrungsketten im Wettbewerb gegeneinander antreten, zu. Diese Form der Zusammenarbeit ist angesichts des gewandelten Absatzes von Agrarprodukten und geänderter Ansprüche an Agrarprodukte (90 % der landwirtschaftlichen Erzeugnisse werden heute in Deutschland be- oder verarbeitet) wesentlich bedeutsamer als früher, als die ↗Direktvermarktung noch im Vordergrund stand. Diese Integration wird vielfach in feste Verträge gekleidet (↗Vertragslandwirtschaft). Vertikale Integration um den Agrarbereich schafft häufig Unternehmen, die nicht mehr eindeutig dem primären oder sekundären Produktionssektor zugeordnet werden können, sondern Mischformen darstellen. ↗Fertigungstiefe. [KB]

vertikale Kooperation, Kooperation zwischen Unternehmen aufeinander folgender Tätigkeitsstufen.

vertikale Mobilität ↗Mobilität.

vertikaler Austausch, Vertikalkomponente des ↗Austauschs, die besonders bei der thermischen ↗Turbulenz während ↗Konvektion die größte Wirkung erreicht. Der vertikale Austausch ist der wichtigste Prozess zur vertikalen Durchmischung der unteren Troposphäre.

Vertikalerosion ↗*Tiefenerosion*.

Vertikalkoordinate, die im dreidimensionalen Raumkoordinatensystem der Atmosphäre vertikal, d. h. senkrecht zum Meeresspiegel verlaufende Achse zur Höhenbestimmung eines beliebigen atmosphärischen Raumpunktes. Je nach den Anwendungsanforderungen werden zur Bestimmung der vertikalen Distanzen unterschiedliche Maßzahlen benutzt, die durch mathematische Gleichungen ineinander transformierbar sind. Neben der absoluten bzw. geometrischen Höhe z (m NN, m ü. Gr.) werden häufig das ↗geodynamische Meter (gdm) oder das geopotenzielle Meter (gpm) sowie der ↗Luftdruck p [hPa] benutzt.

Vertikalscan ↗Radar-Niederschlagsmessung.

Vertikalzirkulation ↗Ausgleichsströmung.

Vertisols [von lat. vertere = wenden], Bodenklasse der ↗FAO-Bodenklassifikation und der ↗WRB-Bodenklassifikation sowie Bodenordnung der US-amerikanischen ↗Soil Taxonomy; dunkle, tonreiche Mineralböden mit hohem Gehalt quellfähiger ↗Tonminerale (insbesondere Smectite) und deutlichen Quellungs- und Schrumpfungsmerkmalen, entstanden aus tonreichen Sedimenten (z. B. Mergel, Auenlehm, Verwitterungssedimente des Basalts). Der stetige Wechsel zwischen Regen- und Trockenzeiten bewirkt infolge der einhergehenden Quellung und Schrumpfung der Smectite eine Durchmischung des Bodens (Pelotturbation, ↗Turbation) und die Ausbildung von breiten, tief reichenden Rissen im ausgetrockneten Zustand. Die Bewegungsvorgänge erzeugen glänzende Oberflächen (sog. slicken sides oder Stresscutane) und nicht selten ein ↗Gilgai-Mikrorelief an der Bodenoberfläche. Vertisols sind fruchtbare, nährstoffreiche Standorte, auf denen häufig Baumwolle, Reis und Zuckerrohr angebaut wird, erschwert durch den ausgeprägten Wechsel der physikalischen Bodeneigenschaften zwischen Regenzeit und Trockenzeit und den hohen Totwasseranteil bei insgesamt hoher Wasserspeicherkapazität. Vertisols treten weltweit in stark wechselfeuchten, semiariden bis subhumiden Klimaten in Plateaulagen, Niederungen, Senken und am Hangfußbereich auf (Weltbodenkarte) und entsprechen nach ↗Deutscher Bodensystematik (1998) weitgehend den Bodentypen der Klasse der ↗Pelosole. [ThS]

Vertragslandwirtschaft, die im Zusammenhang mit der ↗vertikalen Integration zu sehende, ver-

traglich abgesicherte enge Zusammenarbeit zwischen Landwirt und Abnehmer (z. B. Zucker-, Konserven- und Tiefkühlkostfabrik oder Schlachterei). Dabei muss der Landwirt die vereinbarte Menge eines Produktes in der festgelegten Qualität zum bestimmten Termin liefern und der Vertragspartner die Ware (oft zu einem vorher vereinbarten Preis) abnehmen. Es ergänzen sich im Idealfall so Absatzsicherheit und die Garantie über Menge, Qualität und Frische.
Vertragliche Bindungen können auch auf horizontaler Ebene, also innerhalb der ↗Landwirtschaft bestehen.
In Deutschland ist die Vertragslandwirtschaft noch vergleichsweise schwach ausgeprägt. [KB]

Vertragsnaturschutz, Bezeichnung für Bewirtschaftungsverträge, Biotopsicherungsverträge, Entschädigungsverträge und ähnlich bezeichnete Abkommen zwischen einzelnen Landwirten und Naturschutzbehörden der einzelnen Bundesländer zur Realisierung von Naturschutzprogrammen.

Vertrauensbereich ↗Schätzstatistik.

Vertreibung, *ethnic cleansing*, mit Gewalt oder sonstigen Zwangsmitteln bewirkte Aussiedlung der Bevölkerung aus ihrer Heimat über die Grenzen des vertreibenden Staates hinweg. Da sich die juristische Definition eines Vertriebenen auch auf Anspruchsberechtigungen für Sozialleistungen bezieht, kann sie je nach Staat durchaus variieren (z. T. werden die nach der Vertreibung geborenen Kinder mitgezählt). Völkerrechtlich sind zwei Arten der Vertreibung zu unterscheiden. a) die Vertreibung der eigenen Staatsangehörigen, um sich ethnischer, sprachlicher oder religiöser ↗Minderheiten zu entledigen (z. B. Sudetendeutsche) und b) die Vertreibung fremder Staatsangehöriger aus einem eroberten bzw. kriegerisch besetzten Gebiet. Die Vertreibung der eigenen Staatsangehörigen wird nach Art. 6 Abs. 2 c des Londoner Abkommens als Verbrechen gegen die Menschlichkeit und als Verstoß gegen die Menschenrechte beurteilt. Die Vertreibung fremder Staatsangehöriger (der Zivilbevölkerung aus einem besetzten Land) ist nach Art. 6, Abs. 2 b des Londoner Abkommens ein Kriegsverbrechen. Deshalb wird der Begriff Vertreibung von den Täterstaaten nach Möglichkeit vermieden und durch verharmlosende Begriffe wie Flucht, Transfer, Umsiedlung oder Überführung ersetzt. Zu den ersten großen, systematisch durchgeführten Vertreibungen der Neuzeit gehören u. a. die Vertreibung von rd. 21.000 Protestanten (↗Exulantenstadt) aus dem Erzbistum Salzburg (1731–32) und die Vertreibung der rd. 10.000 französischen Akadier aus Nova Scotia durch die Engländer (1755–64). Im Gefolge des I. und II. Weltkriegs und der Dekolonialisierung in Afrika und Asien erreichten Vertreibungen ihren historischen Höhepunkt. Vom Bundesministerium für Vertriebene, Flüchtlinge und Kriegsgeschädigte der BRD wurde 1950 die Zahl der vertriebenen Deutschen (ohne Flüchtlinge) mit 11,958 Mio. angegeben. Die Zahl der deutschen Vertreibungsopfer wurde auf 2,1 Mio. geschätzt. [PM]

Verwaltungsneustädte, Orte, die durch die Übernahme von Verwaltungsfunktionen im ausgehenden 19. und beginnenden 20. Jh. an Bedeutung gewannen. Dies geschah, als im Zuge der napoleonischen Neugliederung der Territorialstaaten eine moderne mehrstufige Verwaltung geschaffen wurde.

Verwaltungsreform, Oberbegriff für Reformen der räumlichen Gliederung administrativer Verwaltungseinheiten (↗kommunale Gebietsreform), der Aufgabenzuweisung (↗Funktionalreform) und des Dienstrechts der öffentlichen Verwaltung.

Verwerfung, *Störung, Sprung, Bruch*, strukturgeologische Bezeichnung für eine Fläche oder Zone von zerbrochenem Gestein, entlang der die beiden resultierenden Gesteinsschollen relativ zueinander verschoben wurden. Man unterscheidet ↗Aufschiebung, bei einwirkendem seitlichen Druck, und ↗Abschiebung, bei einwirkender Zugspannung. Der vertikale Betrag der Verschiebung wird als ↗Sprunghöhe bezeichnet, wobei die Sprunghöhen zwischen wenigen Zentimetern und mehreren Kilometern liegen können. Die Bruchfläche oder Verwerfungsfläche ist meist gewölbt und taucht von der Schnittlinie mit der Erdoberfläche gewöhnlich steil zum Erdinneren ein (↗Streichen, ↗Fallen). Die Fläche selbst ist häufig mit Gleitstriemen (parallele Riefen) oder einem ↗Harnisch (auffällig glattes, fast poliertes Areal) als Zeugnis des Aneinandergleitens der Schollen versehen. Die Bruchzone kann aber auch durch intensive Zerbrechungen (Verwerfungsbrekzie, Mylonit) dokumentiert sein. Hinsichtlich der Orientierung von Hoch- und Tiefscholle in Bezug zum Einfallen der Verwerfung unterscheidet man zwischen synthetischen und antithetischen Verwerfungen. Bei einer *synthetischen Verwerfung* (homothetischen Verwerfung) sind das Schichtfallen, bzw. die Bezugsflächen der verworfenen Scholle und die Fallrichtung der Verwerfung gleichgerichtet. Bei *antithetischen Verwerfungen* sind die Bruchflächen gegensinnig zur Gesamtbewegung angeordnet und besitzen deshalb ein Schichteinfallen, das dem Einfallen der Verwerfungsfläche entgegengesetzt ist. Das Schichtfallen bzw. die Bezugsflächen der verworfenen Scholle sind der Fallrichtung der Verwerfung entgegengesetzt. Synthetische Verwerfungen sind deshalb typische Ergebnisse bei Dehnungsbeanspruchung von Gesteinskomplexen (Extension) und besonders häufig bei ↗Staffelbrüchen festzustellen, antithetische Verwerfungen bei Raumeinengung (Kompression). Verwerfungen mit vernachlässigbarem vertikalem, aber nennenswertem horizontalem Versatz sind ↗Blattverschiebungen. [GG]

Verwertungszusammenhang, bezeichnet im Rahmen des ↗kritischen Rationalismus alle Arten der praktischen Anwendung wissenschaftlicher Forschungsergebnisse, insbesondere in der Form von ↗Prognose und ↗Technologie. In umfassendem Sinne zählen auch die Publikation der Resultate und jede Form der Popularisierung wissenschaftlicher Ergebnisse zum Verwertungszusammenhang.

verwilderter Flusslauf, *braided river*, Furkation, typisches mehrfadiges ↗Gerinnebettmuster von Flüssen, deren einzelne Gerinne durch Bänke und Inseln getrennt sind. Die Bänke sind im Allgemeinen flacher als beim ebenfalls mehrfadigen ↗verzweigten Flusslauf und meist unbewachsen. Bei bordvollem ↗Abfluss werden die Bänke von Wasser überströmt. Das charakteristische Merkmal von verwilderten ↗Gerinnebetten ist die sich wiederholende Trennung und Wiedervereinigung der Gerinne, wobei Abschnitte mit divergentem und solche mit konvergentem Fließen auftreten. Es resultiert eine im Vergleich zu anderen Gerinnebetttypen relativ große Dynamik. Obwohl verwilderte Gerinne nicht so weit verbreitet sind wie einfadige, sind sie in vielen Regionen der Erde und in unterschiedlicher Größenordnung zu finden. Notwendige Voraussetzung für die Genese verwilderter Flusslaufabschnitte ist eine reichlich vorhandene ↗Geröllfracht (↗Fluvialakkumulation). Diese muss jedoch nicht durch eine ständig neue Materialzufuhr von der Seite oder von flussaufwärts stammen, sondern kann auch nach Umlagerung aus dem Gerinne selbst geliefert werden (↗Belastungsverhältnis ≥ 1). Die Akkumulation der zeitweise bewegten Fracht im Gerinne teilt den Abfluss und führt zur ↗Seitenerosion (↗Fluvialerosion) und einer Entwicklung von weiten, flachen Gerinnen. Die Verwilderung entsteht so vermutlich aufgrund fehlender Transportkraft. Weitere notwendige Voraussetzungen sind eine relativ geringe Uferstabilität und eine relativ hohe Strömungsenergie. Geringe Uferstabilität besitzen fluviale Akkumulationskörper aus Sand und Kies, da diese ↗Sedimente nicht interpartikulär zusammengehalten werden, d.h. kaum Kohäsionskräfte wirken (↗Kohäsion). Flussufer aus solchem Material sind daher weniger standfest und durch Seitenerosion leicht erodierbar. Die Gerinne werden so breit und seicht, die Fließgeschwindigkeit und damit die Transportkraft geringer, was wiederum zur Ablagerung weiterer Sedimente führt. Die relativ hohe Strömungsenergie kann aus einem hohen Flusslängsgefälle oder episodisch bis periodisch starken Abflüssen resultieren. Durch direkte anthropogene Einwirkungen, wie Flussausbau und -begradigung aber auch durch indirekte, wie z. B. die vorwiegend durch Waldrodungen und nachfolgende Bodenerosion in historischer Zeit initiierte Bildung von ↗Auenlehmdecken, besitzen viele Flüsse Europas inzwischen keine verwilderten Abschnitte mehr. Eine weitere Form von Flusslaufverwilderung entsteht durch sog. Erosionsverzweigung ohne Anwesenheit einer großen Geröllfrachtmenge und auf einem felsigen ↗Talboden, d. h. auf Resistenzstrecken. Voraussetzung für die Genese einer Erosionsverzweigung ist eine große Strömungsenergie (z. B. in der Nähe von Wasserfällen oder Stromschnellen) und eine daraus resultierende ↗Tiefenerosion (↗Belastungsverhältnis < 1). Diese schafft an Flussbettstellen mit geringerer Widerständigkeit lokale Felsrinnen, die nach und nach weiter vertieft werden. Es können sich mehrere Felssohlenrinnen nebeneinander bilden, sodass aus einem ursprünglich einfadigen Fluss ein in mehrere Arme geteilter mit dazwischen liegenden Felsinseln wird. [OB]

Verwitterung, physikalische Lockerung oder chemische Umwandlung eines Gesteinsverbands oder einer Kristallstruktur unter dem Einfluss der Atmosphäre. Man unterscheidet in ↗physikalische Verwitterung und ↗chemische Verwitterung. Ferner können an der Verwitterung Lebewesen beteiligt sein (↗biologische Verwitterung). Die Verwitterung dient der Aufbereitung von Substrat für die Bodenbildung und/oder die Abtragung, und sie kann eigene Reliefformen schaffen. Die Verwitterungsarten beeinflussen einander oft gegenseitig: die physikalische Verwitterung schafft und erweitert Eintrittsöffnungen und erhöht die spezifische Oberfläche für die Agenzien der chemischen Verwitterung, die ihrerseits den mechanischen Zerfall fördert, indem sie den Zusammenhalt der Mineralkörner reduziert. Da die Arten der Verwitterung in unterschiedlicher Weise vom Klima gesteuert werden, ergibt sich eine zonale Differenzierung. So ist z. B. die ↗Frostverwitterung an das Auftreten von Frostwechseln gebunden, tritt also in den Ecktropen oder in Gebirgen auf, die ↗Salzverwitterung ist auf eher trockene Klimaverhältnisse, die ↗Lösungsverwitterung auf humide Bedingungen angewiesen. Daneben wird die Wirksamkeit der Verwitterung maßgeblich von den Eigenschaften des Gesteins beeinflusst. Heterogene, leicht lösliche oder stark geklüftete Gesteine sind besonders verwitterungsanfällig, andere sind dagegen verwitterungsresistent. [AK]

Verwitterungsbasisfläche ↗doppelte Einebnungsfläche.

Verwitterungsgrad, Ausmaß der Verwitterung. Neben quantitativen Ansätzen (Vermessung der Dicke von Verwitterungsrinden unter dem Mikroskop, ↗Verwitterungsindex) ist eine geländetaugliche relative Klassifikation der Verwitterung in Stufen gebräuchlich: a) frisch; ergibt mit dem Hammer hellen Klang (der Rückstoßwert eines Hammers kann auch messtechnisch erfasst werden); b) oberflächliche Verfärbungen, Vertiefungen oder dünne Verwitterungskruste; c) mit dem Hammer zu zerschlagen; d) zerbricht bei starkem Druck; e) zerbricht bei geringer Kraftanwendung oder zerfällt in Wasser; f) Gefügemerkmale des Gesteinsverbands sind nicht mehr zu erkennen.

Verwitterungsindex, numerische Einstufung des chemischen ↗Verwitterungsgrads. Hierzu werden meist durch Verwitterung veränderliche oder neugebildete Substanzen (z. B. Oxide, instabile Minerale) mit der ursprünglichen Konzentration im Ausgangssubstrat in Beziehung gebracht oder, da diese selten hinreichend bekannt ist, mit verwitterungsstabilen Substanzen (z. B. Zirkon, Titan).

Verwitterungslösung, Summe der freigesetzten Produkte der ↗chemischen Verwitterung im ↗Bodenwasser. Bei anhaltender Zufuhr eines Produkts würde mit der Zeit Sättigung einsetzen und die betreffenden Ionen könnten nicht mehr weiter aus der Mineralsubstanz nachgeliefert werden. In der Regel werden jedoch einzelne Ionen als Oxide aus der Lösung ausgefällt (besonders Eisen, Aluminium und Silicium) oder werden in ↗Tonminerale eingebaut, andere können – insbesondere bei nicht zu niedrigen ↗pH-Werten – an Humuspartikeln oder Tonmineralen angelagert werden, oder das Bodenwasser wird durch Versickerung ab- und frisches Wasser zugeführt. In solchen Fällen werden die Prozesse der Verwitterung nicht wesentlich durch die Verwitterungsprodukte behindert und auch thermodynamisch ungünstige Reaktionen können immer wieder ablaufen. [AK]

Verwitterungsrate, Ausmaß der ↗Verwitterung je Zeiteinheit, ausgedrückt in Gewichts- oder Volumeneinheiten. Für die Messung der Verwitterung stehen direkte Methoden zur Verfügung: Erosionsmikrometer messen den Abstand zwischen Fixpunkten und der Gesteinsoberfläche. Gipsabdrücke der Oberfläche können mit einem späteren Zustand verglichen werden. Aufgebrachte Farbe oder eingeschlagene Nägel werden ebenfalls verwendet, ändern aber wahrscheinlich die Rahmenbedingungen der Verwitterung maßgeblich. Hauptsächlich müssen wegen der langen Zeitdauer der Prozesse indirekte Methoden angewandt werden. Diese umfassen vorwiegend Ansätze, bei denen die Verwitterung auf das bekannte Alter einer Oberfläche bezogen wird. Dies können künstliche Oberflächen wie Gebäude oder Grabsteine sein, bei denen z. B. die ursprüngliche Tiefe einer Gravur mit der heutigen verglichen wird, oder natürliche, wie vulkanische Ablagerungen, trockengefallenes Unterwasser-Relief, geschrammte Felsoberflächen. ↗Chronosequenzen eignen sich besonders für dieses Verfahren. Eine weitere Möglichkeit ist durch Laborexperimente gegeben. Hierbei werden definierte Gesteinsproben (Rock Tablets) häufigen Verwitterungszyklen (↗physikalische Verwitterung) bzw. chemischen Lösungen (↗chemische Verwitterung) ausgesetzt. Bei Letzterem kann mit geschlossenen Systemen, in denen sich nach einiger Zeit ein chemisches Gleichgewicht einstellt, oder mit offenen mit stetiger Zu- und Abfuhr der ↗Verwitterungslösung gearbeitet werden. [AK]

Verwitterungsrinden, ↗Relativdatierung mithilfe der Dicke von Verwitterungsrinden (Patina) auf Gesteinsbruchstücken gleicher Gesteinsart aber unterschiedlicher Expositionsdauer zur Verwitterung (↗Verwitterungsrate). Eine Variante, die Obsidianhydratations-Datierung, beruht auf der mit der Zeit zunehmenden Absorption von diffundierenden Wassermolekülen an Oberflächen vulkanischer Gläser, was unter dem Polarisationsmikroskop zu erkennen ist. Regionale Eichkurven erlauben quantitative Altersangaben. Eine weitere Variante ist die Kationenverhältnis-Methode, die darauf beruht, dass sich die Löslichkeit verschiedener Kationen unterscheidet, sodass sich mit der Zeit in Oberflächennähe (speziell in ↗Wüstenlacken) schwer lösliche Kationen relativ anreichern. Diese Methoden werden durch ihre Abhängigkeit von lokalen Verwitterungsbedingungen eingeschränkt sowie durch Abgrusen des mit der Zeit destabilisierten Minerals/Gesteins. (↗Bodenentwicklungsindex). [AK]

verzweigter Flusslauf, *anastomosierender Flusslauf, Flussverzweigung,* mehrfadiges ↗Gerinnebettmuster von Flüssen, deren Gerinne im Gegensatz zum ebenfalls mehrfadigen ↗verwilderten Flusslauf durch relativ große, stabile und langlebige Inseln getrennt werden. Verzweigte Flüsse kommen vor allem in bindigen (kohäsiven) ↗Auensedimenten vor, die dazu führen, dass die Gerinne relativ widerständige Ufer aufweisen und dementsprechend schmal und tief sind, woraus ein geringes Breiten-Tiefenverhältnis resultiert. Sie besitzen meist ein geringes Längsgefälle und eine geringe Strömungsenergie (↗Fluvialerosion, ↗Fluvialakkumulation). Daneben ist ein hochvariables Abflussregime mit häufigem ↗Hochwasser Grundvoraussetzung. Die genannten Rahmenbedingungen sind z. B. am Unterlauf einiger großer Tieflandsflüsse gegeben.

VGöD, ↗Verband für Geoökologie in Deutschland.

Vidal de la Blache, *Paul*, französischer Geograph, geb. 23.1.1845 Pézenas, gest. 5.4.1918 Tamaris-sur-Mer. Nach erfolgter Promotion mit einem Thema zur griechischen Geschichte lehrte Vidal de la Blache seit 1872 an der Universität in Nancy zunächst Geschichte, wandte sich dann aber zunehmend der ↗Geographie zu. 1877 ging er nach Paris, wo er bis 1898 an der Ecole Normale Supérieure lehrte und dann bis 1909 den geographischen Lehrstuhl an der Sorbonne innehatte. Vidal de la Blache hat durch seine zahlreichen Publikationen und durch seine langjährige Lehrtätigkeit großen Einfluss auf die Entwicklung der ↗Geographie in Frankreich genommen und gilt als Begründer der französischen Schule der ↗Humangeographie. 1891 gründet er die »Annales de géographie«, die sich zur bedeutendsten Fachzeitschrift Frankreichs entwickelten. Der Geographie wies Vidal de la Blache die Aufgabe zu, das Verhältnis von Mensch und Umwelt in möglichst gleichartigen Räumen (»milieux«) mit den darin vorkommenden Lebensformengruppen (»Genres de vie«) zu untersuchen. Im Gegensatz zu den Naturdeterministen und den Sozialdeterministen sah er in seiner Entscheidung freien Menschen als den bestimmenden Faktor bei der Gestaltung seiner Lebensumwelt. Dadurch war jedes »milieu« die individuelle Ausprägung menschlicher bzw. gesellschaftlicher Raumgestaltung und -adaption. Für die Herausbildung einer ↗Sozialgeographie bildete sein Geopossibilismus eine grundlegende Voraussetzung. [HPB]

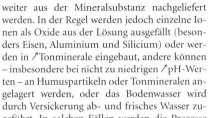

Vidal de la Blache, *Paul*

Videograph ↗Streulichtmessung.
Vidie-Dose ↗Aneroidbarometer.
Vieheinheit ↗Großvieheinheit.
Viehgangeln ↗*Viehtritte*.
Viehhaltung, (*Nutz-*)*Tierhaltung*, oft auch als ↗Viehwirtschaft bezeichnet; Betriebszweig, innerhalb landwirtschaftlicher oder gewerblicher Betriebe zur Produktion tierischer Nahrungs-

mittel, von Rohstoffen oder zur Bereitstellung von Arbeitsleistung. Dabei wird der Viehbestand durch eigene Nachzucht oder durch Zukauf ergänzt, die ↗Viehzucht steht aber nicht im Vordergrund.

Viehtritte, *Viehgangeln*, Kleinstform an steilgeneigten Hängen, die als hangparallele, treppenförmige, schmale Grasstufen auftreten. Sie entstehen dadurch, dass das Vieh beim Weiden langsam hangparallel vorwärts geht und dabei mit dem Kopf bergwärts frisst. Die Trittfläche ist meist erdig, der Außenrand und der Stufenabfall aber grasbedeckt. Einerseits können Viehtritte die Hangstabilität erhöhen, weil sie Schneekriechen verhindern, andererseits können sie Auslöser von ↗Bodenerosion oder Rasenwälzen sein. Sie treten dort besonders häufig auf, wo die Hänge infolge Quell-, Hang- oder Grundwasseraustritt feucht sind. Die Ausprägung und damit die erosive Wirksamkeit von Viehtritten kann ferner durch die Nutzung von schweren Rinderrassen für die Hangneigung zu verstärkt werden.

Viehwirtschaft, komplexe Nutzung von in der Regel domestizierten Tieren (↗Domestikation). Die Viehwirtschaft konzentriert sich auf wenige Tierarten, von denen nur fünf (Rind, Schaf, Ziege, Huhn) eine weltweite Bedeutung haben. An Standorten mit extremen Klimaverhältnissen können hoch spezialisierte Tierarten (z. B. Kamel, Büffel, Lama, Yak) eine wesentliche Rolle spielen. Die Viehwirtschaft ist in vielen Teilen der Erde aufgrund nachteiliger klimatischer Bedingungen die einzig mögliche Form der Bodennutzung (z. B. ↗Weidewirtschaft im Sahel oder in ↗Tundren). Die Kriterien, nach denen man die Viehwirtschaft einteilen kann, und die jeweiligen Formen zeigt die Tabelle.
Produktivitätsunterschiede erklären, weshalb von der tierischen Nahrungsproduktion der Erde über vier Fünftel auf die gemäßigten Klimazonen und etwa 50 % auf die ↗Industrieländer entfallen, obwohl die ↗Entwicklungsländer über bedeutende Tierpopulationen verfügen.

Viehzucht, der zielgerichteten Auslese des Zuchtviehs gewidmeter Betriebszweig.

Vielperspektivität, *Multiparadigma*, *Polyphonie*, Pluralität methodischer und philosophischer Betrachtungsweisen. In der ↗Geographie eignet sich Vielperspektivität besonders zur Untersuchung von Gegenständen und Sachverhalten, welche die rein vernunftrationale Dimension überschreiten und auch emotionale, unterbewusste, ästhetische und ethische Faktoren miteinbeziehen. Ihre Grundlegung ist im postmodernen philosophischen Ansatz der »Transversalen Vernunft«. Das ↗Paradigma der Vielperspektivität stellt Verbindungen zum ↗Methodenmix, zur Humanistischen Geographie und einer Geographie der ↗Hybridität her.

Vielvölkerstaat, nebeneinander ethnisch- kulturell unterschiedlicher Bevölkerungsgruppen in einem Staat (↗Multikulturalismus, ↗Regionalismus).

vierdimensionale Analyse, Begriff aus der synoptischen Meteorologie, beinhaltet die Ermittlung der räumlichen Verteilung meteorologischer Größen (Temperatur, Druck, Wind u. a.) und komplexer Strukturen (↗Fronten, ↗Gewitter) für aufeinanderfolgende Zeitschritte im Abstand von 3 oder 6 Stunden. Die vier Dimensionen umfassen drei räumliche (zwei horizontale für den Ort, eine vertikale) und die Zeit als vierte Dimension. Die aufeinanderfolgenden Analysen müssen dabei widerspruchsfrei sein, z. B. ↗Tiefdruckgebiete mit richtiger Geschwindigkeit verlagern und entwickeln. Das Ergebnis der Analyse wird in Form von ↗Bodenwetterkarten und ↗Höhenwetterkarten ausgearbeitet, in denen die Feldverteilungen in Isoliniendarstellung und Schraffuren gekennzeichnet werden. Probleme bei der vierdimensionalen Analyse ergeben sich v. a. durch große und ungleichmäßige Abstände der eingehenden Daten, durch Mess- und Beobachtungsfehler und durch lokale Einflüsse auf Messergebnisse. Besonders anspruchsvoll ist die Berücksichtigung der physikalisch begründbaren raum-zeitlichen Abhängigkeiten zwischen verschiedenen Variablen, beispielsweise horizontalen Temperaturgegensätzen und Vertikalstruktur des Windes. Die vierdimensionale Analyse ist eine der Grundvoraussetzungen für die ↗Wettervorhersage, die von der zurückliegenden Entwicklung und dem derzeitigen Zustand ausgehend, die meteorologischen Größen vorhersagt und bewertet. Sie erfordert viel meteorologische Erfahrungen und wird seit einigen Jahrzehnten durch numerische Prognosen mittels Modellen unterstützt. [CK]

Viererdruckfeld, ↗Druckfeld, bei dem sich zwei Hochdruckgebiete und zwei Tiefdruckgebiete kreuzweise gegenüberliegen (Abb.). Entlang der sog. Kontraktionsachse werden Luftteilchen von beiden Seiten herangeführt, entlang der sog. Dilatationsachse nach beiden Seiten abgeführt. Der Schnittpunkt der beiden Achsen wird als *Sattelpunkt* bezeichnet. Bekanntes Beispiel eines Vie-

Kriterium	Differenzierung
Nutzungsziel	Viehzucht; Arbeitstierhaltung (Zug- und Tragkraft); Kampf- und Sporttierhaltung; Milchtierhaltung; Fleischtierhaltung; Wolltierhaltung; Nutztierhaltung zur Gewinnung von Fellen, Federn, Haaren und Häuten oder von Eiern; Tierhaltung mit außer- und semiökonomischen Zielen (Kult, Religion, Sozialprestige, soziale Kontakte, Daseinssicherung, Freizeitgestaltung)
Nutztierart	Rinder; Pferde; Maultiere; Esel; Schweine; Schafe; Ziegen; Geflügel; Rentiere; Pelztiere; Wildtiere; Kaninchen; Bienen; Seidenraupen; Reptilien;
Grad der betrieblichen Integration	– nichtintegrierte Nutztierhaltung, bei der Ackerbau und Viehhaltung keine Verbindung haben – vollintegrierte Nutztierhaltung (Verbundwirtschaft) mit Ertragsveredelung und Einsatz von Wirtschaftsdünger – nicht mehr integrierte Nutztierhaltung, d.h. unabhängige Nutztierhaltung auf der Basis des Fremdfutterbezugs; Auflösung der Verbundwirtschaft durch Spezialisierung
Größe des Nutztierbestandes	Einzeltierhaltung; Herdenhaltung; Massentierhaltung
Grad der Sesshaftigkeit bzw. der (Weide-) Flächenkonstanz	– stationäre Viehwirtschaft (mit regelhafter Viehrotation auf abgezäunten Weiden oder mit freiem Weidegang innerhalb der Betriebsfläche) – semistationäre Viehwirtschaft (Almwirtschaft) – mobile Viehwirtschaft (Nomadismus, Transhumanz)

Viehwirtschaft: Kriterien zur Differenzierung der Viehwirtschaft.

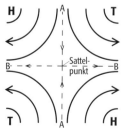

Viererdruckfeld: Schematische Druckverteilung mit Kontraktionsachse (A-A) und Dilatationsachse (B-B).

rerdruckfeldes ist eine Druckverteilung im Großraum des Nordatlantischen Ozeans, hier stehen die Aktionszentren Islandtief und Azorenhoch Tiefdruckgebieten im Bereich der Bermuda-Inseln und Hochdruckgebieten nahe Neufundland gegenüber. Dadurch werden Polar- und Subtropikluft gegeneinandergeführt und frontale Luftmassengegensätze in bestimmten Gebieten verschärft. ↗planetarische Frontalzone.

Vierte Welt ↗Least Developed Countries.

viewshed analysis ↗ *Sichtbarkeitsanalyse*.

vikariierende Arten, Pflanzenarten, die nahe miteinander verwandt sind und im gleichen Gebiet, aber an verschiedenen Standorten auftreten, d. h. sich in ihrer Verbreitung gegenseitig ausschließen. In den Alpen gehören hierzu z. B. die Rostrote Alpenrose (*Rhododendron ferrugineum*), die auf sauren Böden vorkommt (↗Silicatpflanzen), und die Behaarte Alpenrose (*Rhododendron hirsutum*), die auf Kalkböden vorkommt (↗Kalkpflanzen).

Ville Contemporaine, durch den Architekten und Städteplaner Le Corbusier (1887–1965) entworfene Idealstadt, die sich durch hohe Einwohner- und Dichtezahlen, eine klare Trennung der Funktionskategorien, das Aufbrechen der geschlossenen Bebauung (↗aufgelockerte Stadt), eine vom Zentrum zur Peripherie hin gestaffelte Anordnung von Hochhaus- und Einfamilienhaussiedlungen sowie die Trennung verschiedener Verkehrsebenen auszeichnet. Die Hochhaussiedlungen hatten oft den Charakter einer »Stadt-in-der-Stadt« bzw. von ↗Großwohnsiedlungen (↗kompakte Stadt), sodass die Ville Contemporaine sowohl Elemente der späteren ↗Leitbilder der aufgelockerten und der kompakten Stadt vorwegnahm. Eine Vorstellung von den Dimensionen der Ville Contemporaine zeigen Originalentwürfe, die einen Vergleich mit Manhattan herstellen und diesen Stadtteil New Yorks als Großwohnsiedlung innerhalb der Ville Contemporaine erscheinen lassen. Obwohl die Idealstadt als solche nie verwirklicht wurde, sind v. a. nach dem Zweiten Weltkrieg in west- und osteuropäischen Ländern viele Großwohnsiedlungen nach diesem Vorbild errichtet worden. [RS/SE]

Villenkolonien, zwischen 1860 und dem Ersten Weltkrieg gegründete Wohnsiedlungen am Rande fast aller deutschen Städte für Bevölkerungsschichten mit gehobenem Einkommen. Besonders ausgeprägt sind diese Villenkolonien in Berlin (Friedenau, Lichterfelde, Zehlendorf), aber auch in vielen kleineren Städten. ↗Bauträger der Villenkolonien waren Terraingesellschaften, die weite Areale aufkauften, geschlossen beplanten und in architektonisch kohärenter Weise innerhalb kürzester Zeit bebauten. Voraussetzung für die Villenkolonien war der bequeme Anschluss an die ↗City durch Pferdeomnibusse und später durch Vorort- und Straßenbahnen. Neben Großvillen für je eine Familie wurden v. a. Mehrfamilienvillen für bis zu 25 oder 30 Familien kennzeichnend für diese Siedlungsform.

Vindelizisches Land, *Vindelizische Schwelle*, *Vindelizischer Archipel*, während ↗Trias und ↗Jura existierender, lang gestreckter Festlandsbereich zwischen Böhmischer Masse und Südost-Frankreich. Das Vindelizische Festland trennte das ↗Germanische Becken vom Bereich der ↗Tethys.

Virga, Bezeichnung von ↗Wolken mit ↗Fallstreifen in der internationalen Wolkenklassifikation.

virtuelle Temperatur, Temperatur, bei der unter gleichen Druckbedingungen trockene Luft die gleiche Dichte hat wie feuchte Luft. Sie berechnet sich nach:

$$T_v = T + 0{,}378 \cdot T \cdot \frac{e}{p}$$

mit T = ↗Lufttemperatur [°C], e = ↗Dampfdruck [hPa], p = ↗Luftdruck [hPa]. Der zweite Term auf der rechten Seite heißt auch virtueller Temperaturzuschlag. Der Zuschlag ist bei niedrigen Temperaturen sehr klein und nimmt nur bei höheren Temperaturen Werte in der Größenordnung von 2 bis 3 K an.

virtuelle Unternehmen, über neue IuK-Technologien organisierte Kooperation von Unternehmen. Zu den Zielen der Zusammenarbeit gehört die Optimierung der Ressourcennutzung und die Ausschöpfung von Synergieeffekten. Virtuelle Unternehmen ermöglichen flexible, standortunabhängige Projekte und Lösungen, die gemeinsam geplant, organisiert, gesteuert und überwacht werden.

visuelle Bildinterpretation, *Bildinterpretation*, Interpretation von Fernerkundungsdaten (sowohl photographische als auch digitale Aufnahmen) durch visuelle Wahrnehmung und deren menschliche sowie fachkundliche Interpretation. Eine ↗Klassifizierung der Bilddaten ist dagegen eine rechnergestützte Methode der ↗Bildanalyse. Fernerkundungsdaten bieten Informationen über die Erdoberfläche (↗Monitoring), die über die visuelle Wahrnehmung erfassbar sind. Ausgewertet werden in diesem Fall inhaltlich ungeneralisierte, räumlich verkleinerte Abbilder (Modelle) eines Terrainausschnittes. Durch eine konkrete Fragestellung oder Nutzungsabsicht konzentriert sich die visuelle Wahrnehmung auf dazu korrespondierende Bildinhalte, z. B. jene der Landnutzung, Reliefstruktur etc. Jede raumbezogene Wissenschaft hat ihre eigene Anwendung der Fernerkundungs-Information entwickelt und stellt spezifisches Vorwissen bzw. Zusatzinformation in den Dienst der visuellen Interpretation. Die paradigmatische Grundfrage dabei lautet: durch welche visuell unterscheidbaren Merkmale im Fernerkundungsbild können bestimmte Objektklassen einwandfrei erkannt und bestimmt werden?
Im Bild sichtbar sind zunächst Farbunterschiede (Grauton-Unterschiede, Unterschiede von Farbwert, Farbintensität und Farbsättigung, ↗IHS-Farbsystem, ↗Farbsystem). Meist können Gebiete ähnlicher Farb- bzw. Grautonwerte als Photomuster-Areale erkannt und abgegrenzt werden. Diese Areale sind bezüglich der Farbwerte homogen oder sie zeigen Farbverläufe und Texturmerkmale, wie dies den Disparitäten im Real-

raum entspricht. Die Photomuster-Areale verfügen daneben aufgrund ihrer Abgrenzung zur Nachbarschaft über bestimmte Gestaltmerkmale. Häufig sind auch diese Nachbarschaften sowie andere Lageparameter assoziative Merkmale zur identifikatorischen Bildinterpretation. Die Identifikation und Benennung von Bildarealen, d. h. die Zuordnung zu einem Set von vorher festgelegten Objektklassen, erfolgt anhand eines ↗Interpretationsschlüssels. In unterschiedlichem Umfang, d. h. von der Zielsetzung wie auch von der Vorbildung des Interpreten abhängig, bedarf es bei der Bildinterpretation bestimmter Zusatzinformationen. Diese können sein: a) in Bezug auf den Datensatz: Aufnahmezeitpunkt (Phänologie, Vegetationszustand), Kanalkombination (welcher ↗Spektralbereich wurde bei der RGB-Darstellung (↗Farbsystem) welcher Farbe zugeordnet?); b) in Bezug auf das erfasste Gebiet: Lagemerkmale und andere Rauminformationen, dazu können ↗topographische Karten und ↗thematische Karten herangezogen werden; c) in Bezug auf fachspezifisch definierte potenzielle Objektklassen: Theorie des regionalen Objektklassen-Systems, z. B. Landnutzung/Landoberflächen: regionales Landnutzungssystem, regionales System der natürlichen Vegetation. Vielfach sind Zusatzinformationen auch jene Daten, die im Zuge einer ↗Geländeverifikation gewonnen werden.

Der Interpretationsprozess beginnt mit der Groborientierung. Dabei werden Oberklassen erkannt: stehende Gewässer, auffallende Landnutzungsunterschiede etc. Speziell bei genordeten Bildern fallen dabei vielfach Grobstrukturen auf, die in Assoziation mit ↗mental maps gedeutet werden können: Flussverläufe, Reliefstrukturen, Landschaftseinheiten usw. Das Verstehen eines Satellitenbildes beginnt sehr oft über das topographische Wissen vom gegenständlichen Terrain (bildhafte Vorstellung von Atlaskarten, topographische Karten usw.). Die Kongruenz von Bildstrukturen und Mental-map-Strukturen im Verlaufe der Wahrnehmung bewirkt vielfach ein spontanes Erkennen und Benennen von Bildinhalten. Bei anderen Inhalten helfen die ↗Interpretationsschlüssel oder die entsprechenden Zusatzinformationen. Im Verlauf der Bildinterpretation ist der Prozess zwischen der differenzierten Wahrnehmung von Bildinhalten, dem Erkennen von Bildarealen und der Benennung derselben durch Objektklassenbegriffe nicht scharf zu trennen. Die erste Identifikation eines Bildareales ist häufig ungewiss und erst Zusatzinformationen ergeben mehr Sicherheit bezüglich der Richtigkeit einer interpretativ festgestellten Zugehörigkeit von bildsichtbaren Merkmalen zu einer bestimmten Objektklasse. Das Ergebnis einer visuellen Bildinterpretation ist weitgehende Dechiffrierung der Inhalte eines Luft- oder Satellitenbildes. Durch die Zuordnung von Bildarealen zu Objektklassen kommt es zu einem analytischen und strukturierten Verstehen des Bildhaltes und damit des erfassten Terrains. Dieses aus Bild- und Zusatzinformationen gewonnene Wissen stellt eine thematisch strukturierte Rauminformation dar, ein Gegenstück quasi zur topographischen Karte. Eine visuelle Interpretation kann auch nach der ↗Klassifizierung der Bilddaten erfolgen. Sie bezieht sich auf die räumliche Verbreitung und das Verbreitungsmuster nachgefragter Objektklassen, um daraus bestimmte Schlüsse oder Maßnahmen abzuleiten. Eine häufige Nutzung von Klassifizierung bei der Interpretation ist die Erstellung thematischer Karten, z. B. der Landnutzungs- und Landoberflächenkarten. Bei der Umsetzung des Bildes in eine Karte werden Bildareale als Polygone abgegrenzt und durch einen Objektbegriff attributiert. Sowohl als Rasterdatenbild als auch nach der Umwandlung zur thematischen Karte können Terraininformationen als eigene Datenlayer in ein Geographisches Informationssystem (↗GIS) eingehen. [MS]

Vitalität, bei ↗Bestandsaufnahmen erhobenes Merkmal. Manchmal wird zwischen Vitalität i. e. S. (Wuchskraft) und Fertilität (Reproduktionskraft) unterschieden; in der Forstwirtschaft für die Kennzeichnung von Ertrags- bzw. Schadensklassen mit herangezogen.

Viviparie, *Lebendgebären*, an Extremstandorten herausgebildete Lebensform, die eine optimale Anpassung darstellt. So siedelt beispielsweise in Hochlagen der alpinen und subnivalen ↗Höhenstufe der ↗Ökotyp des lebendgebärenden Alpen-Rispengrases (*Poa alpina ssp. viviparum*). Am Ende einer äußerst kurzen ↗Vegetationsperiode löst sich die fertig ausgebildete Jung- von der Mutterpflanze, verankert sich im Boden und kann dann direkt ihren Lebenszyklus beginnen. Ähnliches gilt für *Bryophyllum*, eine lebendgebärende Art, die bereits von Goethe beschrieben wurde. Schließlich sind auch manche Gattungen der ↗Mangroven (z. B. *Avicennia* und *Rhizophora*) durch Viviparie an ihren durch Gezeiten beeinflussten Küstenstandorten begünstigt. Denn die Ansiedlung gelingt ihnen nur, indem sich die fertig ausgebildete Jungpflanze mit einem speerartigen Organ von der Mutterpflanze ablöst und im weichen Schlick einbohrt und verankert. [MM]

Vlei, *Vley*, in Namibia übliche Bezeichnung für die ↗Endpfanne eines Flusses, terminologisch nicht scharf getrennt von den in Tiefsten von abflusslosen Depressionen liegenden Pans (↗Playa). Am bekanntesten ist Sossus Vlei, die Endpfanne des Tsauchab, als eine von mehreren Endpfannen, die durch Stau vor einer Dünenbarriere gebildet werden und in denen dank der hohen Umrahmung nach starkem Abkommen zeitweilig ein See bestehen kann.

Vogelfußdelta, *birdfoot delta* (engl.) an den einzelnen Mündungsarmen eines ↗Deltas über die allgemeine Deltafront stark und fingerartig vorspringende Landzungen (Abb.), entwickelt nur in Meeresteilen mit begrenzter Tide- und Wellenwirkung.

Vogelschutz-Richtlinie, neben der FFH-Richtlinie (↗FFH-Gebiet) ist die Richtlinie über die Erhaltung der wild lebenden Vogelarten» (Richtlinie 79/409/EWG des Rates vom 2. April 1979 über

Vogelfußdelta: Vogelfußdelta des Mississippi.

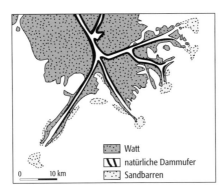

die Erhaltung der wild lebenden Vogelarten (Vogelschutzrichtlinie)) eine wesentliche Grundlage des Biotop- und Artenschutzes innerhalb der Europäischen Union. Die Richtlinie wurde aufgrund des 2. Umweltaktionsprogrammes 1978 verabschiedet und gilt als erste umfassende Naturschutzrichtlinie innerhalb der ↗EU. Mit Ausnahme von rund 80 als jagdbar aufgelisteten Vogelarten sieht die Richtlinie den Schutz aller wild lebenden Vogelarten innerhalb der EU vor. Um diesen Schutz zu gewährleisten, sind die Mitgliedstaaten verpflichtet, entsprechende Schutzgebiete auszuweisen, Konzepte für den Schutz der Vogelarten auch außerhalb von Schutzgebieten zu erstellen und nötigenfalls zerstörte Lebensräume wiederherzustellen. Innerhalb von drei Jahren hatten die Mitgliedstaaten über die getroffenen Maßnahmen einen Bericht an die Kommission zu übermitteln. Vom internationalen Vogelschutzverband «Birdlife International» fachlich ausgewiesene, potenzielle Schutzgebiete nach der Vogelschutz-Richtlinie werden als «Important Bird Areas» (IBA = Wichtige Vogelschutzgebiete), die rechtsförmlich ausgewiesenen Schutzgebiete als «Special Protection Areas» (SPA = Spezielle Schutzgebiete) bezeichnet. Gemeinsam mit den Schutzgebieten der FFH-Richtlinie bilden die Schutzgebiete der Vogelschutz-Richtlinie das europäische Schutzgebietsnetz NATURA 2000. ↗Naturschutz. [AM/HM]

Völkerkunde, die Wissenschaft vom »kulturell Fremden« (Kohl, 1993), von den Kulturen der schriftlosen Völker, den materiellen und geistigen Erzeugnissen ihrer Kultur. Der Begriff Völkerkunde wurde wohl in Analogie zum Begriff Erdkunde gebildet. In gewisser Weise synonym sind die Begriffe ↗Ethnologie, Social Anthropology oder Cultural Anthropology, in Frankreich Anthropologie sociale. Völkerkunde oder Ethnologie war ähnlich wie die ↗Geographie um die Wende vom 19. zum 20. Jh. zu einer anerkannten Wissenschaft, einem Universitätslehrfach und einer Berufslaufbahn geworden. Damals hat sie sich auf einen typischen Gegenstand (bevorzugt die kleinen exotischen Kulturen geringer Naturbeherrschung), eine typische Methode (die ganzheitlich-enzyklopädische Bestandsaufnahme aufgrund von Feldforschung) und eine typische Forschungsoptik (die Orientierung an individuellen ethnischen Gebilden, wie Stammesgesellschaften, Völkern) festgelegt (Stagl 1993). Diese Kombination von Gegenstand, Methode und Optik begann sich in den letzten Jahrzehnten aufzulösen und macht eine gewisse Reorientierung der Völkerkunde notwendig.
Ähnlich wie in Europa, wo das Interesse an ↗Kolonien in der zweiten Hälfte des 19. Jh. zu einer Gründungswelle von »Geographischen Gesellschaften« geführt hatte, entstanden auch zahlreiche wissenschaftliche Gesellschaften der Völkerkunde; Museen wurden gegründet und Zeitschriften ins Leben gerufen. Auch an den Universitäten hat sich um die Jahrhundertwende die erste Generation der Ethnologen/Anthropologen etabliert. In Deutschland kann vor allem Adolf Bastian (1826–1905) als Initiator und Organisator der Völkerkunde gelten (Fischer 1988); die Entwicklung der Anthropologie in den USA wurde besonders durch Franz Boas geprägt; der die erste Generation amerikanischer »Anthropologists« ausbildete.
Gegenstand der Völkerkunde ist allgemein gesprochen das kulturell Fremde. Ethnologen sind der Ansicht, dass sich menschliches ↗Verhalten vor allem dann erschließt, wenn man es im Kontrast verschiedener Kulturen studiert. Ethnologie befasst sich dabei mit Lebensgemeinschaften von Menschen, die (überwiegend) außerhalb des europäischen Kulturkreises liegen, meist eine geringe demographische Größe aufweisen sowie hinsichtlich ihrer Sprache und Kultur eine gewisse Homogenität zeigen. Kennzeichnend sind ferner in der Regel Schriftlosigkeit, gering entwickelte Technik und subsistenzorientierte Wirtschaftsweise (Jäger und Sammler, nomadische Völker usw.). Im Prozess der Spezialisierung einzelner Wissenschaften verlegte sich die Ethnologie auf diejenigen außereuropäischen Kulturen als Untersuchungsfeld, für die keine der benachbarten historisch-philologisch arbeitenden Disziplinen wie etwa die Indologie oder die Arabistik zuständig war, da sie über keine eigenen schriftlichen Traditionen verfügten. Die Aufnahme der Sprache, die Dokumentation der Institutionen der untersuchten Völker, ihrer Überlieferungen und Lebensformen mussten vor Ort erfolgen, durch ethnographische Feldforschung. Teilnehmende ↗Beobachtung wurde seit den 1920er-Jahren unseres Jahrhunderts zum internationalen wissenschaftlichen Standard ethnographischer Forschung. Als ihr Begründer gilt Bronislaw Malinowski (1884–1942), der zwischen 1914 und 1918 zwei Jahre auf den Trobriandinseln verbracht hatte und seit dieser Zeit seine Methode konsequent weiterentwickelte.
Zu den ethnographischen Standardverfahren im Rahmen der Feldforschung gehören: das Erlernen der Sprache mit Aufnahme des Vokabulars sowie die Aufnahme und Übersetzung von Texten jeder Art, das Sammeln mündlicher Traditionen und Biographien (Lebensgeschichten) einzelner Menschen, die Erstellung von Genealogien, aus denen dann Verwandtschaftsbeziehungen, Heiratsregeln usw. abgeleitet werden können. Zur Feldforschung gehört auch die Auf-

nahme eines Zensus aller Bewohner eines untersuchten Gebiets, ihres Siedlungsplatzes usw. Neben solche systematischen Aufnahmen treten Beobachtungen, welche von der Feststellung der verwendeten Geräte, Waffen, Bauten, der Kleidung und des Schmucks, also der »materiellen Kultur« über die verwendeten »Technologien« bis zu typischen Tagesabläufen reichen.
Ein Problem der Völkerkunde wie der Geographie ist ihre (potenziell) riesige Stofffülle. Es gibt keinen Aspekte der Kultur, keine Verhaltensweise des Menschen und auch keine der für die menschliche Existenz notwendigen Voraussetzungen, die nicht in irgendeiner Form in ihren Arbeitsbereich fiele. Völkerkunde ist im Grund ein Konglomerat von Teildisziplinen wie z. B. Wirtschaftsethnologie, Sozialethnologie, Rechtsethnologie, Politikethnologie, Religionsethnologie, Kunstethnologie usw (Fischer 1988).
In den letzten Jahrzehnten wurde die Rolle des Forschers in fremden Lebensumwelten, der Nutzen entsprechender Forschung in postkolonialen Gesellschaften, die Relevanz und Grenzen ganzheitlicher holistischer Betrachtung, die Funktion der »klassischen« völkerkundlichen Monographie und die konventionellen ethnographischen Schreibweisen innerhalb des Faches (Heineintragen von Maßstäben und Schemata der eigenen Gesellschaft in fremde Gesellschaften) zunehmend kritisch diskutiert. Die Frage, wie Symbole das Wahrnehmen, Fühlen und Denken formen und dem sozialen Leben Bedeutung verleihen, wurde in ethnologische Fragestellungen eingebaut. C. Geertz stellte in seiner »Thick Description« (Dichten Beschreibung) die Forderung auf, dass Ethnologen es nicht mit der Beschreibung des empirisch Vorfindlichen bewenden lassen dürfen, sondern eine Darstellungsform entwickeln müssen, die auch der »Tiefenbedeutung« gerecht wird, die dem Handeln und Denken der untersuchten Gruppen zugrunde liegt. Damit verschränkt sich die Ethnologie mit neueren Ansätzen der verhaltens- und akteursbezogenen Sozialgeographie und des ↗Konstruktivismus innerhalb der ↗Humangeographie. [HG]
Literatur: [1] FISCHER, H. (Hrsg.)(1988): Ethnologie. Einführung und Überblick. – Berlin. [2] GEERTZ, C. (1983): Dichte Beschreibung. Bemerkungen zu einer deutenden Theorie der Kultur. – Frankfurt. [3] KOHL, K.-H. (1993): Ethnologie – die Wissenschaft vom kulturell Fremden. Eine Einführung. – München. [4] SCHMIED-KOWARZIK/STAGL, J. (Hrsg.)(1993) Grundfragen der Ethnologie. Beiträge zur gegenwärtigen Theorie-Diskussion. – Berlin.

Volkseigenes Gut, *VEG*, landwirtschaftlicher Großbetrieb in der ehemaligen DDR nach dem Vorbild der sowjetischen ↗Sowchosen. Das VEG stellte die zweite wichtige Betriebsform neben der ↗Landwirtschaftlichen Produktionsgenossenschaft (LPG) dar. Ihr Anteil an der bewirtschafteten Fläche betrug Ende der 1980er-Jahre nur etwa 7 %, ihre faktische Bedeutung für die Versorgung der LPG war aber sehr viel höher, da die VEG vornehmlich spezialisiert auf den Gebieten der ↗Viehzucht sowie der Saat- und Pflanzguterzeugung tätig waren. Die VEG hielten gut 12 % des Viehbestandes der DDR, erzeugten 20 % des Saat- und Pflanzgutes und 18 % des Zucht- und Nutzviehs.

Volkskommune, 1983 abgelöste wirtschaftliche, soziale und administrative Gemeinschaft im ↗ländlichen Raum der Volksrepublik China mit einem sehr hohen Vergesellschaftungsgrad. Volkskommunen entstanden 1958 durch den Zusammenschluss kleinerer Produktionsgenossenschaften. Sie versuchten alle wichtigen Wirtschafts- und Lebensbereiche kollektiv zu steuern. Zudem sicherte das staatliche Handelsmonopol für Agrarprodukte den Transfer agrarischer Überschüsse für den Aufbau des städtischen Industriesektors. Gleichzeitig sollte mit dieser Struktur das Problem der Unterbeschäftigung auf dem Lande (Masseneinsätze beim Bau von Bewässerungssystemen oder bei der Urbarmachung von Agrarland) gelöst werden. Eine Wohnsitzkontrolle verhinderte die Abwanderung überschüssiger Arbeitskräfte auf die städtischen Arbeitsmärkte.

Volkskunde, kultur- und sozialwissenschaftliche Disziplin, die sich – wie die aus ihr hervorgegangene *Europäische Ethnologie* und die *Empirische Kulturwissenschaft* – mit Geschichte und Gegenwart der Alltags- und Popularkultur befasst.
Die volkskundliche Sammel- und Forschungstätigkeit entwickelte sich in enger Beziehung zur Germanischen Philologie (Jacob und Wilhelm Grimm), zur Statistik und ↗Landeskunde sowie zur völkerkundlichen und völkerpsychologischen Forschung. Die Institutionalisierung der Volkskunde als Wissenschaft begann um 1900 (1890 »Verein für Volkskunde« in Berlin), die Etablierung als eigenständiges akademisches Fach nach dem Ersten Weltkrieg. Fachdominant war bis in die 1960er-Jahre hinein eine v. a. auf bäuerliche Traditionen bezogene Reliktforschung. In dieser spielte neben sozialromantischen und sozialkonservativen Strömungen (einflussreich: Wilhelm Heinrich Riehl) zunächst auch die Herausarbeitung interethnischer Parallelen (Theorie der »Elementargedanken« von Adolf Bastian) eine wesentliche Rolle, die aber mehr und mehr hinter einem völkischen Paradigma (Orientierung auf »arteigene Überlieferung«) zurücktrat. 1929 wurde mit den Erhebungen zum ↗Atlas der deutschen Volkskunde das bisher umfangreichste volkskundliche Forschungsprojekt begonnen. Unter der NS-Herrschaft an den deutschen Hochschulen erheblich ausgebaut, leistete das Fach vielfache Beiträge zur nationalsozialistischen Kulturtheorie und Volkstumspflege, was in der Nachkriegszeit zu einer Legitimationskrise führte. In den 1960er-Jahren begann eine Öffnung gegenüber zeitgenössischen soziologischen Forschungsansätzen und Phänomenen der modernen ↗Industriegesellschaft (Hermann Bausinger: Volkskultur in der technischen Welt, 1961). Seit den 1970er-Jahren entwickelte sich die historische Volkskulturforschung u. a. unter dem Einfluss der französischen Annales-Schule

und der britischen Sozialhistorik (E. P. Thompson u. a.) zu einem Zweig der Historischen Anthropologie, die Gegenwartsvolkskunde zu einer »Ethnologie der eigenen Gesellschaft« mit Bezügen zur amerikanischen Kulturanthropologie und zu den britischen Cultural Studies.

In der Volkskunde wird zumeist ein »weiter Kulturbegriff« verwendet, der soziale Praxis als immer auch symbolische Praxis, d. h. durch sozialgruppenspezifische Sinngebungen und Verhaltenstraditionen vermittelt, begreift (↗Habitus). Der Schwerpunkt der empirischen Forschung liegt traditionell auf der ↗Alltagskultur unterer und mittlerer Sozialschichten (hierbei auch sozialer und ethnischer Minderheiten), wobei historische Ungleichzeitigkeiten (u. a.: Stellenwert vormoderner Traditionen in der Gegenwart) besondere Aufmerksamkeit erfahren. Seit den 1980er-Jahren gehören zunehmend auch Geschlechterverhältnisse, seit den 1990er-Jahren interkulturelle Kommunikation zu den Forschungsfeldern. Ihrem Interesse an der Sinnmitteltheit von Praxis entsprechend, arbeitet die heutige Volkskunde häufig mit Methoden ↗qualitativer Forschung (teilnehmende Beobachtung, Diskursanalyse, Bildhermeneutik). Eine essentielle Rolle spielen an der Methode der »dichten Beschreibung« orientierte, kontextbezogene Studien einzelner alltagskultureller Akte und Objekte sowie Lokalstudien über Gruppenkulturen (u. a. Gemeindestudien, Stadtforschung), bei denen sich z. T. Überschneidungen mit der kulturgeographischen Forschung ergeben. [BJW]

Volksschule, älterer Begriff für ↗Grundschule.

Volkszählung, *Zensus*, eine statistische *Totalerhebung*, die nach einheitlichen Grundsätzen zum gleichen Stichtag die gesamte Bevölkerung in allen Landesteilen eines Staats umfasst und in der Regel alle 10 Jahre (in einigen Ländern alle 5 Jahre) durchgeführt wird. Ursprünglich war eine Volkszählung nur eine Personenzählung (Abb. 1). Im Laufe der Zeit erweiterte sie sich in den meisten Ländern auch zu einer Berufs-, Haushalts- und Wohnungszählung (Abb. 2). In einigen Ländern ist die Volkszählung auch mit der Arbeitsstättenzählung (z. B. Österreich) oder der Landwirtschaftszählung (Kanada, VR China) gekoppelt.

Die Bevölkerungszahl wurde schon im Altertum bei Chinesen, Ägyptern, Griechen, Juden und Römern erfasst. Von frühen Ausnahmen abgesehen (z. B. Nürnberg 1449) wurden erst in der Phase des ↗Merkantilismus verstärkt sog. Landeszählungen durchgeführt, von denen einige nur die Feuerstellen, andere die gesamte Bevölkerung zählten (in Preußen 1725, Österreich unter Maria Theresia und Josef II). Wenn man von der sehr fortgeschrittlichen Volkszählung in Kanada im Jahre 1666 absieht, bei der die 3215 Einwohner namentlich mit Alter, Familienstand, Beruf und Stellung zum Haushaltsvorstand erfasst wurden, erfüllten diese Zählungen jedoch noch nicht die Kriterien einer Volkszählung. Die ersten Länder mit einer modernen Volkszählung waren die USA (1790), Großbritannien (1801), Belgien (1846), die Schweiz (1850), Frankreich (1851), die Habsburger Monarchie (1869), das Deutsche Reich (1871) und Kanada (1871). Beim Internationalen Statistischen Kongress (1853) einigten sich die europäischen Länder und die USA auf einheitliche Methoden für Volkszählungen. Auch das Spektrum der erfassten sozialen Merkmale wurde bis Ende des 19. Jh. stark erweitert.

Die regelmäßige Durchführung und die Qualität von Volkszählungen stellt seit Mitte des 19.Jh. einen wichtigen Indikator für das Niveau und die Effizienz der staatlichen Verwaltung einer Kulturnation dar. Österreich und die USA waren die ersten Länder, welche die Daten einer Volkszählung (1890) in Lochkarten übertragen und mittels elektrischer Zählmaschinen aufgearbeitet haben. Ab 1971 wurde die Datenerfassung in der Mehrzahl der Länder auf elektronische Belegleser umgestellt.

Im Deutschen Reich fanden Volkszählungen in den Jahren 1871, 1875 und bis zum ersten Weltkrieg alle fünf Jahre statt. Nach dem 1. Weltkrieg gab es 1919 eine Volkszählung. Große, mit Berufszählungen und/oder Arbeitsstättenzählungen gekoppelte Volkszählungen gab es in den Jahren 1882, 1895, 1925, 1933 und 1939. In den Besatzungszonen wurde 1946 eine Volkszählung durchgeführt; in der alten BRD liegen Volkszählungen aus den Jahren 1950, 1961, 1970 und 1987 vor, in der DDR aus den Jahren 1950, 1964, 1971 und 1981. Die Schweiz hat seit 1850 regelmäßig alle 10 Jahre eine Volkszählung durchgeführt. In Österreich fanden Volkszählungen in den Jahren 1869, 1880, 1890, 1900, 1910, 1923, 1934, 1939, 1951, 1961, 1971, 1981, 1991 und 2001 statt.

Volkszählungen bilden unverzichtbare Grundlagen für eine effiziente öffentliche Verwaltung, für Renten-, Lebens- und Unfallversicherungen, für Entscheidungen sehr vieler Unternehmen und für fast alle Sozial- und Wirtschaftswissenschaften. Sie dienen der gerechten Aufteilung der Steuermittel (Finanzausgleich), bilden die Grundlage für die Zuordnung von Bundestags- bzw. Nationalratsmandaten, liefern Pendlerdaten und sind die Basis für realitätsbezogene Flächenwidmungspläne, für Marktforschung und für Betriebsansiedlungen. Sie sind die beste Korrekturmöglichkeit von Einwohnerregistern und bilden auch die Basis für amtliche Stichprobenerhebungen.

Von den zahlreichen Daten, die der Staat über seine Bürger sammelt, ist die Volkszählung fast die einzige Quelle, die in Form von Publikationen und bestellbaren Auswertungen auch allen Bürgern zugänglich ist und die es ihnen ermöglicht, strukturelle Zusammenhänge und den sozio-ökonomischen Wandel kleinräumig (bis auf Gemeinde- oder Zählgebietsniveau) zu erfassen sowie die lokalen Auswirkungen staatlicher (politischer) Maßnahmen zu dokumentieren.

Volkszählungen wurden immer wieder modernisiert. Mehrere Staaten planen, in Zukunft zu einer registergestützten Zählung überzugehen. In der Schweiz sollen bei der nächsten Zählung die Fragebogen bereits mit den Angaben aus den

Volkszählung 1: Seite drei eines Personenblattes der Volkszählung in Österreich 2001.

⑪ Sie sind (Mehrfachangaben möglich, z.B. in **Pension** und **geringfügig berufstätig**):

- ☒ voll berufstätig (32 und mehr Wochenstunden) ⟶
- ☒ in Teilzeit berufstätig (12 bis 31 Wochenstunden) ⟶ Bitte Fragen ⑫ bis ⑮ beantworten.
- ☒ geringfügig berufstätig (1 bis 11 Wochenstunden) ⟶

> Auch Gewerbetreibende, Landwirte, freiberuflich Tätige, im Familienbetrieb mithelfende Angehörige, Lehrlinge und Krankenpflegeschüler/innen gelten als berufstätig.

- ☒ erstmals Arbeit suchend (vorher noch nie berufstätig) ⟶ Danke, keine weiteren Fragen mehr.
- ☒ arbeitslos (vorher berufstätig)
- ☒ in Karenz- oder Mutterschutzurlaub
  - ☒ vorher berufstätig
  - ☒ vorher arbeitslos

Bitte noch Fragen ⑫ bis ⑭ über die zuletzt ausgeübte Berufstätigkeit beantworten.

Sollten Sie jedoch auch (geringfügig) berufstätig sein, beantworten Sie bitte für diese derzeitige Berufstätigkeit die Fragen ⑫ bis ⑮.

- ☒ Präsenzdiener beim Bundesheer, Zivildiener ⟶ Bitte nur noch Fragen ⑭ und ⑮ für den Weg zur Kaserne bzw. zum Dienstort beantworten.

- ☒ Hausfrau, Hausmann
- ☒ Pension aus eigener Berufstätigkeit
- ☒ Witwenpension, Witwerpension

Sind Sie **zusätzlich berufstätig**, weiter bei Frage ⑫. Sonst danke, keine weiteren Fragen mehr.

- ☒ Schüler/in, Student/in ⟶ Bitte nur noch Frage ⑮ über den Weg zur Schule beantworten. Sind Sie **zusätzlich berufstätig** (z.B. Werkstudent), beantworten Sie bitte Fragen ⑫ bis ⑮ für diese Berufstätigkeit.
- ☒ Kind ohne derzeitigen Schulbesuch ⟶ Danke, keine weiteren Fragen mehr.
- ☒ anderer Lebensunterhalt (z.B. Sozialhilfe, Alimente, Unterstützung durch Verwandte, Pachtzins) ⟶ Sind Sie **zusätzlich berufstätig**, weiter bei Frage ⑫. Sonst danke, keine weiteren Fragen mehr.

---

⑫ Berufliche Stellung: 0010156578

- Facharbeiter/in ☒
- angelernte/r Arbeiter/in ☒
- Hilfsarbeiter/in ☒
- Lehrling ☒
- Werkvertragsnehmer/in, freie/r Mitarbeiter/in ☒
- Angestellte/r; od: VB (öff. Dienst) ☒
- Beamtin, Beamter ☒
- Selbständige/r ☒
- Mithelfende/r im Familienbetrieb ☒

⑬ Genaue Berufsbezeichnung (derzeit ausgeübter Beruf):

Z.B. "BUCHHALTERIN" oder "SCHUHVERKÄUFERIN" - nicht "kaufmännische Angestellte", "VIDEOGERÄTEMONTIERERIN" - nicht "Hilfsarbeiterin", "KANZLEIKRAFT", "ABGABENVERRECHNER", "STRASSENWÄRTER" - nicht "Beamter", "PC-ADMINISTRATOR", "FILMENTWICKLER", "ARBEITSVORBEREITER" - nicht "Technischer Angestellter".

☐☐☐☐☐☐☐☐☐☐☐☐☐☐☐☐☐☐☐☐☐☐☐☐☐☐☐☐☐☐☐

⑭ Arbeitsstätte bzw. Dienststelle, in der Sie arbeiten:

Beispiele:
- ⑭.₁ MAX MUSTERMANN
- ⑭.₁ HAUPTSCHULE KIRCHDORF
- ⑭.₁ ÖBB BAHNHOF TELFS
- ⑭.₂ EINZELHANDEL MIT LEBENSMITTELN
- ⑭.₂ UNTERRICHTSWESEN
- ⑭.₂ SCHIENENVERKEHR

⑭.₁ Name:

☐☐☐☐☐☐☐☐☐☐☐☐☐☐☐☐☐☐☐☐☐☐☐☐☐☐☐☐☐☐☐

⑭.₂ Wirtschafts-, Geschäftszweig:

☐☐☐☐☐☐☐☐☐☐☐☐☐☐☐☐☐☐☐☐☐☐☐☐☐☐☐☐☐☐☐

Für Berufstätige und Schüler/innen, Student/inn/en sowie Präsenz- und Zivildiener:
Bitte blättern Sie um und beantworten Sie abschließend noch Frage ⑮. Sie werden dort auch bei Pkt. ⑮.₄ um die Eintragung der **Adresse Ihrer Arbeitsstätte/Schule** gebeten und würden uns durch die zusätzliche Angabe der Telefonnummer helfen, beträchtliche Summen bei der Aufarbeitung der Fragebögen einzusparen. Herzlichen Dank!

Volkszählung

Wohnungsblatt Gebäude- und Wohnungszählung am 15. Mai 2001

Bitte schreiben Sie Ziffern und Buchstaben blau oder schwarz entsprechend der folgenden **Musterzeile**. Die Bearbeitung des Blattes kann dann sparsamer und schneller erfolgen. Bitte nicht knicken. Nützen Sie auch die Hinweise in den Erläuterungen.

 Republik Österreich

0 1 2 3 4 5 6 7 8 9   Ä B C D E F G H I J K L M N Ö P Q R S T Ü V W X Y Z

Adresse:

Straße bzw. Ortschaft   Hausnummer / Stiege / Stock / Türnummer

Name der Gemeinde   Postleitzahl

① Lage und Ausstattung der Wohnung (Bitte alles Zutreffende ankreuzen):

1.1 Lage der Wohnung (Bei mehreren Geschoßen bitte jenes ankreuzen, in welchem die Eingangstüre liegt):

- im Keller (Souterrain) ☒
- im Erdgeschoß ☒
- in einem Zwischengeschoß (Hochparterre, Mezzanin) ☒
- im 1. Stock ☒
- im 2. Stock ☒
- im ☐☐ -ten Stock
- im ausgebauten Dachgeschoß ☒

1.2 Küche, Kochnische
- Küche (4 m² und mehr), Wohnküche ☒
- Küche (weniger als 4 m²) ☒
- Kochnische ☒
- weder Küche noch Kochnische ☒

1.3 Sonstige Ausstattung vorhanden   ja   nein
- Badezimmer, Duschecke ☒ ☒
- WC innerhalb der Wohnung ☒ ☒
- Zentralheizung ☒ ☒
- Wasseranschluss innerhalb der Wohnung ☒ ☒

1.4 Anzahl der weiteren Wohnräume (Zimmer, Stuben, Kabinette (Bitte ständig gewerblich genutzte Räume und Fremdenzimmer nicht einbeziehen!))

1 ☒ 2 ☒ 3 ☒ 4 ☒ 5 ☒ 6 ☒ 7 ☒ 8 ☒ 9 ☒ 10 od. mehr ☒

② Nutzfläche der Wohnung
(Bitte ständig gewerblich genutzte Räume und Fremdenzimmer nicht einbeziehen): ganze m²: ☐☐☐ m²   Beispiel: 6 1 m²

③ Überwiegende Art der Heizung:

- Fernwärme oder Blockheizung ☒
- Hauszentralheizung ☒
- Gaskonvektoren ☒
- Elektroheizung (fest angeschlossene Heizkörper) ☒

Wohnungszentralheizung (Etagenheizung) ☒ — **Überwiegend verwendeter Brennstoff** (Bitte nur einen Brennstoff ankreuzen):
Einzelofen ☒

- Holz ☒
- Kohle, Koks, Briketts ☒
- Heizöl ☒
- Gas ☒
- Strom (bewegliche Elektroheizgeräte) ☒
- Sonstiger Brennstoff ☒

④ Wird die Wohnung als Arbeitsstätte genutzt (z.B. Büro, Werkstätte, Ordination, Kanzlei, selbständiger Vertreter)?

ja ☒ — die ganze Wohnung ☒ / ein Teil der Wohnung ☒   } Bitte ein Arbeitsstättenblatt ausfüllen!   nein ☒

⑤ Rechtsgrund für die Wohnungsbenützung:

Hauptmiete (auch Genossenschaftswohnung) ☒ — Mietverhältnis derzeit befristet ☒ / Mietverhältnis unbefristet ☒

- Eigenbenützung durch den Gebäudeeigentümer ☒
- Eigenbenützung durch den Wohnungseigentümer (Eigentumswohnung) ☒
- Dienst- oder Naturalwohnung ☒
- Sonstiges Rechtsverhältnis (Untermieter, Benützung ohne Entgelt durch Verwandte des Hauseigentümers usw.) ☒

Bitte hier nichts eintragen!   E   sonstige Unterkunft   Ö   AF

Meldenregistern versehen werden, so dass nur noch die in den Registern nicht enthaltenen Daten erhoben werden müssen. In anderen Ländern ist es schon möglich, die Erhebungsbögen über Internet auszufüllen. Eine ausschließliche Zusammenführung von bestehenden Registern ohne Befragung, wie es etwa noch 2002 in der BRD geplant war, würde allerdings einen erheblichen Rückschritt bedeuten, da gerade einige der wichtigsten Merkmale wie Ausbildungsniveau und Erwerbstätigkeit in den vorhandenen Registern nicht oder nur für einen Teil der Bevölkerung enthalten sind. Eine stichprobenartige Erhebung von Ausbildungsniveau und Erwerbstätigkeit hat den gravierenden Nachteil, dass die Ergebnisse nicht mehr ausreichend räumlich differenziert werden können. Erschwerend kommt noch dazu, dass in Deutschland Verwaltungszählungen und Einwohnermelderegister erhebliche Fehlerquoten aufweisen. Die Volkszählung von 1987 brachte zutage, dass es eine Million mehr Erwerbstätige und rund eine Million weniger Wohnungen gab, als vor der Volkszählung aufgrund der vorliegenden amtlichen Statistiken angenommen wurde. Die Zahl der Ausländer war um 12 % niedriger als vorher angegeben wurde. In einem Drittel der Arbeitsamtsbezirke mussten die Arbeitslosenquoten um 20 und mehr Prozent nach unten korrigiert werden. Auch der Finanzausgleich musste um fast 2 Milliarden korrigiert werden. Die Kosten einer Volkszählung betrugen nur etwa ein Zehntel der Summe, die in einem Jahrzehnt aufgrund falscher Zahlen im Rahmen des Finanzausgleichs fehlgeleitet bzw. nicht rechtmäßig ausgegeben wurde.
Die BRD ist die einzige Industrienation der Welt, welche die Mindestanforderungen der UNO hinsichtlich der Durchführung von Volkszählungen nicht erfüllt. Sie hat in den drei Jahrzehnten nach 1970 nur eine einzige Volkszählung (1987) durchgeführt und verfügte an der Wende zum 21. Jh. auch noch nicht über ein leistungsfähiges Einwohnerregister. Ähnliche Defizite haben nur noch Länder, die sich lange im Kriegszustand befanden (Afghanistan, Vietnam), einige der ärmsten Entwicklungsländer (Eritrea, Tanganyika, Liberia, Republik Congo, Cuba, Surinam) oder Länder welche unter ethnischen Konflikten zu leiden haben und deshalb die wahre Verteilung der Ethnien verbergen wollen (Libanon). [PM]

Vollbeschäftigung, ein Zustand der Vollbeschäftigung liegt vor, wenn alle arbeitssuchenden Personen ohne längere Wartezeiten einen Arbeitsplatz zum bestehenden Lohnniveau finden können. Eine ↗Arbeitslosenquote von weniger als 3 % gilt als Indikator für Vollbeschäftigung. Sie signalisiert eine optimale Auslastung aller ↗Produktionsfaktoren (insbesondere des Faktors Arbeit) und gilt seit der Weltwirtschaftskrise Anfang der 1930er-Jahre als eines der wirtschaftspolitischen Ziele. ↗Unterbeschäftigung.

Vollerhebung, im Gegensatz zu einer ↗Stichprobe werden alle Elemente (z. B. Personen, Unternehmen, Arbeitsstätten) einer Grundgesamtheit erfasst. Vollerhebungen sind zwar teurer als Stichproben, ermöglichen aber sehr kleinräumige Differenzierungen und sind deshalb für viele geographische Fragestellungen unverzichtbar (↗Volkszählung).

Vollerwerbsbetrieb, landwirtschaftlicher Haupterwerbsbetrieb (↗Erwerbscharakter) mit mindestens einer ständigen Vollarbeitskraft. Bei einer zusätzlichen Tätigkeit des Betriebsleiters außerhalb der Landwirtschaft darf die Arbeitszeit 480 Stunden im Jahr nicht überschreiten. Das jährliche Betriebseinkommen (in DM pro Arbeitskraft) eines Vollerwerbsbetriebes muss Betrieben anderer Wirtschaftszweige größenordnungsmäßig entsprechen.

Vollformen, ↗Reliefgrundtyp, bei dem die Hänge nach mehreren Seiten von einer Fläche, einer Linie oder einem Punkt hin abfallen. Hierzu zählen sämtliche erhabenen Reliefformen. Diese gliedern sich grundsätzlich in Erosionsformen wie (Rest-)↗Berge und Akkumulationsformen wie ↗Dünen.

Vollformenkarst, Karsttyp, der aufgrund sehr effizienter ↗Lösungsvorgänge und weitgehender Lösungsabtragung der Karstgesteine durch über die Umgebung hinausragende reliktische Vollformen aus ↗Karstgestein gekennzeichnet ist und im Wesentlichen dem ↗tropischen Karst zugerechnet werden kann. Bei den Vollformen unterscheidet man je nach Steilheit der Wände *Kegelkarst* (dessen mittelhohe und mäßig steile Einzelerhebungen heißen *Kegelberge*) und *Turmkarst* (Einzelerhebungen teils mehrere 100 m hoch und steilwandig). Die Einzelerhebungen werden auch als *Mogotes* (Abb.) bezeichnet. In den Voll-

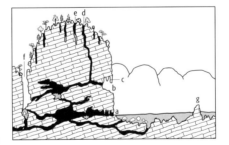

Volkszählung 2: Wohnungsblatt der Volkszählung in Österreich 2001.

Vollformenkarst: Schematischer Schnitt durch einen Karstkegel bzw. Mogote auf Kuba (a = Fußhöhle mit Deckenkarren, b = Halbhöhle mit Stalaktitenvorhang (c), d und e = Karstschlote(teilweise mit Terra rossa verstopft), f = Karstgasse, g = isolierter Karrenstein aus Terra-rossa-Bedeckung aufragend).

formen findet man in der Regel einen gut entwickelten ↗Tiefenkarst, an ihrer Oberfläche verbreitet Elemente des ↗Oberflächenkarstes. Die oberhalb der umgebenden Geländeoberfläche liegenden Elemente des Tiefenkarstes sind teilweise Vorzeitformen oder bilden sich infolge der Karstwasserdrainage nur noch in verminderter Intensität weiter. Die Bereiche zwischen den Vollformen, in denen das Karstgestein weitgehend oder vollständig ausgelöst ist, können als Karstebenen oder *cockpits* entwickelt sein. In der Genese ähneln cockpits den ↗Dolinen, besitzen aber wegen der Abgrenzung durch einzelne Vollformen einen sternförmigen Grundriss. Ist ein Vollformen-Karstgebiet von Cockpits durchsetzt, wird es als *polygonaler Karst* bezeichnet. Der Begriff Cockpit ist abgeleitet von der Bezeichnung für die Hahnenkampfarenen der karibischen Inseln.

Vollökumene ↗Ökumene.

vollorganisierte Grundschule, ↗Grundschule, in der es für jede Schulstufe mindestens eine Klasse gibt. ↗niedriggorganisierte Grundschule.

Vollwüsten, vegetationslose oder -arme ↗Wüsten. Vollwüsten kommen im subtropisch-randtropischen Übergang (Sahara, Arabische Wüste, Lut, Zentralaustralische Wüste, Atacama und Peruwüste, Namib), in den temperierten Trockengebieten Zentralasiens (Karakum, Kysylkum, Taklamakan, Gobi) sowie in den Polarregionen vor (Antarktis, Nordgrönland). Die übrigen »Wüsten« weisen eine perenne Pflanzenbedeckung von mehr als 5 % auf und zählen damit bereits zu den ↗Halbwüsten. Von den randtropischen bis zu den polaren Vollwüsten hin resultiert die Vegetationsarmut aus einem Wandel von einer ausschließlich niederschlagsbedingten bis zur allein kältebedingten Limitierung des Pflanzenwuchses. In den subpolaren Wüsten Islands oder Spitzbergens kommt eine edaphische Trockenheit auf wasserdurchlässigen Sandsubstraten hinzu. Alle Vollwüsten weisen einen erhöhten Anteil an Zwergsträuchern in den Lebensformenspektren auf. In den warmen Wüsten liegt jedoch der Prozentsatz an Ephemeren höher, vor allem an Therophyten, die in den Kältewüsten aufgrund der niedrigen Temperaturen an Bedeutung verlieren. Bezeichnenderweise reagieren beide Formen mit verschiedenen Strategien auf die extremen Klimabedingungen: Die Zwergsträucher konzentrieren ihre produktive Phase auf eine kurze Zeit nach ergiebigem Regenfall und fallen dann langzeitig in ein pseudo-letales Stadium; sie werden durchweg viele Jahrzehnte alt. Die Annuellen reagieren ebenfalls sofort, durchlaufen aber in ihrer nur wenige Wochen dauernden Lebenszeit einen vollständigen Zyklus von der Keimung bis zur Fruchtreife, um die folgende »Durstperiode« als Samen zu überdauern. Während also Therophyten und Zwiebel-Geophyten eine vitale krautige Phase durchleben, zeigen Zwergsträucher eine sichtbare *Dürreresistenz*, die sich in Form von Blattverlust oder behaarten Blättern dokumentiert. Sukkulente fehlen dagegen in Vollwüsten, da sie zwar spärliche, aber regelmäßige Niederschläge benötigen. Sie sind allerdings für Nebelwüsten an kühlen Meeresströmen im subtropisch-randtropischen Übergang bezeichnend, wo in den nebelarmen Phasen der perenne Pflanzenbesatz ebenfalls unter 5 % liegt. Dieser Typus mit periodischer Nebelbefeuchtung steht den Binnenwüsten mit episodischen Regenfällen gegenüber. Beide zeichnen sich durch eine diffuse Verteilung der Wüstenpflanzen aus, während entlang von grundwassergespeisten Trockenbetten (↗Wadis) eine kontrahierte Vegetation Taxa aus feuchteren Randzonen beherbergen kann. Hier wie auch in der Umgebung von abflusslosen Endseen kommen ↗Salzpflanzen auf salzhaltigem Terrain hinzu, unter denen strauchförmige Meldengewächse besonders vertreten sind (Chenopodiaceen). Dies gilt auch für die Binnenwüsten im kontinentalen Zentralasien, während in den edaphischen Wüsten Versalzungen keine Rolle spielen. Die antarktischen Wüsten, deren Flora sich auf eine Nelken- und eine Grasart beschränkt (!) erklären sich aus den selbst im Sommer niedrigen Temperaturen sowie aus der Isolation des Kontinents gegenüber einem potenziellen Sameneintrag. [MR]

Voluntarismus, Lehre, die allein den Willen als maßgebend betrachtet und damit die sozial-kulturelle Wirklichkeit primär als Ausdruck der Willensakte der handelnden (↗Handeln) Subjekte betrachtet. In den Sozialwissenschaften tritt der Voluntarismus häufig in Verbindung mit dem ontologischen ↗Individualismus auf.

Volz, *Wilhelm*, deutscher Geograph, geb. 11.8.1870 Halle, gest. 17.1.1958 Markkleeberg. Von der Geologie kommend (1895 Dissertation, 1899 Habilitation Breslau), wandte sich Volz nach drei Expeditionen nach Indonesien (»Nordsumatra«, 2 Bde 1909/12) der Geographie zu und habilitierte sich 1908 um. 1912 erhielt er den Lehrstuhl in Erlangen, 1918 in Breslau, und 1922–1935 war er Professor in Leipzig. Unter den Eindrücken der Ereignisse in Oberschlesien nach 1918 widmete er sich intensiv politisch-geographischen Fragen des deutschen Ostens (Minderheiten, Volkstum, Grenzziehung). Sein in die theoretische Geographie eingeführter »Begriff des Rhythmus« (1926) fand in ↗Lautensachs Konzept des ↗geographischen Formenwandels eine Entsprechung, allerdings ohne großen Widerhall in der Wissenschaft.]

Volz, *Wilhelm*

vorderseitige Regionen, *front region*, bezeichnen in der soziologischen Theorie von Erving Goffman (1922–1982) im Gegensatz zu den ↗rückseitigen Regionen jene Kontexte, in denen die Subjekte den Eindruck erwecken wollen, die dort hervorgebrachte Tätigkeit halte sich an die geltenden ↗Normen. Mit »Vorderseite« werden alle sozialen ↗Situationen bezeichnet, in denen Subjekte das zeigen, von dem sie wollen, dass es gesehen und zur Kenntnis genommen wird. Die meisten institutionellen Abläufe und Prozesse verschiedenster inhaltlicher Prägung wirtschaftlicher, religiöser u. a. Art sind in der einen oder anderen Form an diese Grundform der Begegnung und Selbstrepräsentation gebunden.

Vorfluter, Gewässer (fließend oder stehend), in das abfließendes Wasser als Oberflächenabfluss (↗Abfluss), vom ↗Grundwasser oder aus kleineren Fließgewässern einmündet. Praktisch jedes Gewässer erfüllt gegenüber anderen Fließgewässern eine Vorfluterfunktion.

Vorflutergebiet ↗Karsthydrologie.

Vorgangskurven, in ↗thermodynamischen Diagrammen eingetragene Kurven, mit denen atmosphärische Vorgänge verfolgt und die dabei auftretenden Änderungen meteorologischer Größen beschrieben werden können. Zu den Vorgangskurven zählen u. a. die ↗Adiabaten und Linien gleichen Sättigungsmischungsverhältnisses sowie ↗Hebungskurven und Absinkkurven.

Vorhaben- und Erschließungsplan, als städtebauliche Maßnahme eine besondere Form der Bauvorhabenabstimmung zwischen Gemeinde und privatem Bauherrn. Während ein ähnlicher Ansatz in der Bauplanungs- und Zulassungsverordnung der ehemaligen DDR bereits vorhanden war, gilt der in § 7 Baugesetzbuch-Maßnahmengesetz bzw. § 12 ↗Baugesetzbuch festgelegte Vorhaben- und Erschließungsplan erst seit dem 1.5.1993 für das gesamte Bundesgebiet.

Bauvorhaben, die noch nicht zulässig sind, können durch eine Satzung der Gemeinde (»vorhabenbezogener Bebauungsplan«) aufgrund des Vorhaben- und Erschließungsplans als zulässig erklärt werden. Hierbei verpflichtet sich der Bauherr, innerhalb einer bestimmten Frist zu handeln und die Planungs- und Erschließungskosten ganz oder zu einem bestimmten Teil zu tragen (»Durchführungsvertrag«). Die von der Gemeinde erlassene Satzung muss jedoch mit der städtebaulichen Entwicklung vereinbar sein und sich aus dem ↗Flächennutzungsplan heraus ableiten lassen. Vor dem Erlass der Satzung muss jedoch den Betroffenen Möglichkeit zu einer Stellungnahme gegeben werden. Ist der Bauherr nicht in der Lage, das Vorhaben innerhalb der festgesetzten Frist durchzuführen, wird die Satzung aufgehoben. [GRo]

Vorlandgletscher ↗Gletschertypen.

Vorlandwind, regionale orographisch bedingte Strömung. Die hoch gelegene Heizfläche der Gebirge führt zur starken Erwärmung der Oberflächen. Für die Erwärmung der Luft von unten her steht in den Tälern ein relativ zum Vorland geringeres Luftvolumen zur Verfügung, sodass dieses sich stärker aufheizt und früher eine ↗Konvektion in Gang setzt. Die adiabatische Erwärmung der in Kompensation dazu absteigenden Luft trägt dazu bei, dass die Luftmasse über dem Gebirge wärmer ist als im vergleichbaren Niveau über dem Vorland. Die Folge ist ein thermisches Tief im Gebirge und ein thermisches Hoch im Vorland, welche am Boden eine zum Gebirge hin gerichtete Ausgleichsströmung zur Folge haben. Da diese aus dem Vorland kommt, wird die als Vorlandwind bezeichnet. Die Kondensation bei orographischer Hebung und die dabei frei werdende Kondensationswärme verstärkt die thermische Anomalie des Gebirges noch. Durch die Aufwölbung der Isothermen im Gebirge entsteht ein Höhenhoch, das zu einem divergenten Höhenwindfeld führen muss, das nur wegen der Überlagerung durch die allgemeine ↗atmosphärische Zirkulation nicht isoliert zu beobachten ist. Am ausgeprägtesten ist die Zirkulation zwischen Gebirge und Vorland in den strahlungsreichen Hochgebirgen der Tropen und Subtropen. [JVo]

Vormonsunzeit, Zeit vor dem Einsetzen des ↗Monsuns. Sie ist gekennzeichnet durch extrem hohe Temperaturen, einen hohen Aerosolgehalt der Luft und in manchen Monsungebieten auch durch hohe Luftfeuchtigkeitswerte, die zu einer extremen Schwülebelastung führen. Die hohe Luftfeuchtigkeit ist Folge der in den bodennahen Schichten bereits vorgestoßenen feucht-warmen Monsunluft, die aber in der Höhe noch von der bedeutend wärmeren und sehr trockenen Luft der ↗Passate überlagert wird. In der Passatluft herrschen Absinkbewegungen vor, die die ↗Konvektion der bodennahen Feuchtluft unterbinden. Erst wenn sich die vertikale Mächtigkeit der feuchten Monsunluft auf 1200 m erhöht hat, kommt es zu den ersten Niederschlägen der Monsunzeit.

Voronoi-Polygon-Verfahren ↗Thiessen-Polygon-Verfahren.

Vorranggebiet, *Vorrangstandort*, raumplanerisches Instrument entsprechend dem Prinzip der optimalen Raumnutzung, nachdem jede Nutzungsart auf den für sie am besten geeigneten Flächen angesiedelt wird. Ausschlaggebend ist die fachliche Eignung einer Nutzungsfunktion aufgrund der gegebenen Standortbedingungen und der an die Fläche gestellten ↗Nutzungsansprüche. Daraus ergeben sich für jede Fläche spezifische Eignungen, die den jeweiligen *Fachvorrang* begründen. Unterschieden werden Gebiete mit einfachem Vorrang, die nur für eine Nutzung besonders geeignet sind, Gebiete mit Überlagerung von mehreren Vorrängen und Gebiete ohne Vorrang, d. h. ohne besondere Eignung. Im Fall einer Überlagerung muss entschieden werden, welche Rangfolge die Fachvorränge bilden und welchem Fachvorrang der Gesamtvorrang eingeräumt wird. Vorranggebiete sind im Bundesraumordnungsprogramm (1975) als Instrument vorgesehen, um das Ziel der ↗funktionsräumlichen Arbeitsteilung zu erreichen. [RF]

Vorticity, *Wirbelgröße*, Maß für die Drehbewegung eines in einer Luftströmung mitgeführten Luftteilchens um seine vertikale Achse. Bei der *relativen Vorticity* wird die Bewegung relativ zur Erdoberfläche (ohne Berücksichtigung der Erdrotation) beschrieben. Ursachen der relativen Vorticity sind entweder Kreisströmungen an Krümmungen von Luftbahnen (Krümmungsvorticity) oder unterschiedliche Geschwindigkeiten in einer parallel verlaufenden Strömung, die zu ↗Windscherung führt (Scherungsvorticity), oder die Kombination beider Ursachen. Die Vorticity nimmt mit stärker werdender Windgeschwindigkeit, Luftbahnkrümmung und/oder Scherung zu. Die aus der Höhenwetterkarte über die Vorticitygleichung mathematisch ableitbare geostrophische Vorticity spielt bei der numerischen ↗Wettervorhersage eine bedeutende Rolle. Die Vorticitygleichung besagt, dass ↗Advektion mit höherer Vorticity zu ↗Divergenz (Luftmassenabfluss und Luftdruckabfall) und Advektion mit niedriger Vorticity zu ↗Konvergenz (Luftmassenzufluss und Luftdruckanstieg) führt. Berücksichtigt man bei der relativen Vorticity zusätzlich den unterstützenden Einfluss der Erdrotation, so spricht man von absoluter Vorticity. Dieser Effekt ist an den Polen am größten, da dort die rotierende Erdachse mit der Drehachse des Luftteilchens identisch ist und somit zu einer Beschleunigung der relativen Vorticity führt. Die absolute Vorticity wird zu den niederen Breiten hin zunehmend kleiner und verschwindet am Äquator ganz, weil die Erdachse dann senkrecht auf der Drehachse des Luftteilchens steht, sodass nur noch die relative Vorticity wirksam ist. [DD]

Vulkan 2: Quellkuppe des Drachenfels und Staukuppe der Wolkenburg im Siebengebirge.

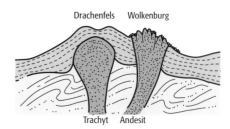

Vorwald, initiale Waldentwicklungsphase natürlicher Entstehung (im forstwirtschaftlichen Sprachgebrauch auch für aufgeforstete Jungbestände gebraucht), in deren Schutz empfindlichere Baumarten natürlich aufkommen (in der Forstwirtschaft: künstlich eingebracht werden). Der schützende Bestandsschirm mindert lokalklimatische Extreme durch Frost, Sonne und Wind. Vegetationskundlich handelt es sich um eine Folgegesellschaft der ↗Schlagflur mit an Brombeeren (*Rubus* spec.) reichen Gebüschgesellschaften (Ordnung Sambucetalia racemosae) u. a. mit Rotem und Schwarzem Holunder (*Sambucus racemosa, S. nigra*), Salweide (*Salix caprea*), Hängebirke (*Betula pendula*), Zitterpappel (*Populus tremula*) und Eberesche (*Sorbus aucuparia*). In ihrem Schatten entstehen durch weitere ↗Sukzession echte Waldgesellschaften. [EJ]

Vorzeitformen, Reliefformen, die unter einem anderen als dem gegenwärtigen, jetztzeitlichen Klima entstanden sind im Ggs. zu ↗Jetztzeitformen. In Mitteleuropa umfassen sie den gesamten Formenschatz bis zum Ende der Weichsel- bzw. Würmeiszeit.

Voxel, *Volumenelement*, dreidimensionales Äquivalent eines ↗Pixels. In Analogie zur quadratischen Grundeinheit (Raster, Pixel) des zweidimensionalen Rastermodells (↗Rasterdaten) bildet ein Voxel das würfelförmige Äquivalent dieser räumlichen Grundeinheit in einem dreidimensionalen Datenraum. Auch hier wird die Position dieses Grundelements durch die Koordinaten (hier allerdings drei: $i/j/k$) eines orthogonalen Achsensystems definiert, seine Größe (entsprechend der Kantenlänge des Würfels) durch die jeweilige räumliche ↗Auflösung. Voxel bilden den Grundbaustein zur Objektmodellierung für die Erweiterung des Rasterdatenansatzes in die dritte Dimension.

V-Schotter, typisches Flussbettsediment, das im Gegensatz zum ↗L-Schotter vor allem vertikal aufgewachsen ist und eine horizontale Schichtung oder schwache Trogschichtung aufweist. V-Schotter werden bevorzugt von Flüssen mit verwildertem ↗Gerinnebettmuster abgelagert, d. h. der Flusswasserspiegel steigt mit ihrem Aufwuchs an. Solchermaßen entstandene Akkumulationsterrassen werden als V-Terrassen bezeichnet. Der Begriff wurde von W. Schirmer im Zusammenhang mit der ↗fluviatilen Serie geprägt.

Vulkan, allgemein eine Öffnung an der Erdoberfläche, durch die ↗Magma und damit verknüpfte Gase und Aschen durch ↗Eruptionen austreten. Meist bezeichnet der Begriff Vulkan eine (meist konische) Form oder Struktur, die durch das ausgeworfene vulkanische Material gebildet wird. Im weitesten Sinn wird der Begriff auch für jede durch Eruption von Material (z. B. Schlamm) gebildete Form verwendet, die einem magmatischen Vulkan ähnelt. Je nach den geförderten Produkten (Lava, Asche, ↗Lapilli usw.) unterscheiden sich die Vulkane in ihrer Morphologie und dem Aufbau erheblich. Um den Förderschlot entsteht gewöhnlich ein ↗Krater, der von einem nach innen steil, nach außen flach abfallenden Wall (Aschenwall, Aschenkegel, Schlackenkegel) umgeben wird. Aufsteigende Dämpfe aktiver Vulkane bilden eine Dampfsäule (Pinie), die sich nach oben verbreitert. Verzweigte Förderschlote führen zur Bildung von Parasitärkratern, andere Vulkane sind durch eine ↗Caldera gekennzeichnet. Vulkane mit nahezu ausschließlicher Förderung von Lava besitzen eine flache Oberflächenmorphologie. Zu ihnen gehören neben Spaltenergüssen die flachen ↗Trapp-Bildungen und Schildvulkane (Abb. 1 im Farbtafelteil). *Schildvulkane* sind buckelförmige Erhebungen von sehr verschiedenen Ausmaßen, die fast ausschließlich durch dünnflüssige Laven gebildet werden. Solche Schildvulkane sind am besten aus Island und Hawaii bekannt. *Staukuppen* oder *Quellkuppen* (Abb. 2) entstehen durch Stauung zähflüssiger magmatischer Schmelzen in den Vulkanbauten, wodurch keulenartige Gesteinsmassen gebildet werden. Eine besondere Form dieser zähen Vulkanitmassen ist die *Stoßkuppe* oder *Lavanadel*, ein durch vulkanische Gase aus dem Förderschlot herausgepresster, bereits erstarrter Lavapfropf. Alternierende Eruptionen von Laven, Aschen und anderen Auswurfprodukten führen zur Entstehung von *Schichtvulkanen* (*Stratovulkanen*), bei denen schichtig ausgebaute Kegelberge von oft beachtlicher Größe gebildet werden (Abb. 3 im Farbtafelteil). Ätna und Vesuv sind unterschiedliche Beispiele für solche Schichtvulkane. Seltener sind Vulkanbildungen, die auf reine Gaseruptionen oder Ascheeruptionen zurückgehen. Einmalige, ↗phreatomagmatische Bildungen sind die ↗Maare. [GG]

vulkanischer Staub, ↗Aerosole in der ↗Atmosphäre, welche aus vulkanischen Eruptionen stammen. Bei energiereichen Ausbrüchen gelangt der vulkanische Staub bis in die ↗Stratosphäre. Dort ist seine Verweildauer erheblich größer ist als in der ↗Troposphäre, wo er durch den ↗Wash-out des ↗Niederschlags schneller wieder zur Erde gelangt. In der Stratosphäre wird der Staub klimatisch wirksam, indem er dort die Sonnenstrahlung absorbiert, die sich an der Erdoberfläche entsprechend vermindert, was zur Abkühlung führt. Häufungen von starken vulkanischen Staubemissionen werden daher für erdgeschichtliche Klimaänderungen verantwortlich gemacht. Die jährliche vulkanische Staubemission der Erde liegt zwischen 4 und 33 Mio. t.

vulkanischer Tuff ↗Tuff.

Vulkanismus, die Prozesse, durch die ↗Magma und damit genetisch verknüpfte Stoffe (hauptsächlich Gase) in die Erdkruste aufsteigen, an der Erdoberfläche und/oder in die ↗Atmosphäre austreten. Der Begriff ↗Eruption umfasst alle Formen eines Vulkanausbruchs. Der spontane Austritt von vulkanischen Auswurfmassen aus einem Förderkanal ist eine Ejektion, bei gemächlicherem Ausfließen spricht man von Extrusion. Eruptionen können in regelmäßigen wie auch unregelmäßigen Abständen erfolgen. Vulkanische Dauertätigkeit umfasst eine ständige Aktivität auch außerhalb von spektakulären Eruptionen und äußert sich zumeist durch diffuse Prozesse, wie der Tätigkeit von Fumarolen, Solfataren, ↗Geysiren, Thermal- oder Dampfprodukten, seltener als kontinuierlicher Schlacken- oder Lava-Austritt. Generell wird zwischen vulkanischer und subvulkanischer Tätigkeit unterschieden. Vulkanismus i.e.S. (Oberflächenvulkanismus, effusiver Vulkanismus) umfasst Vorgänge, die zu oberflächlich austretenden vulkanischen Produkten führen. Subvulkanische Tätigkeit oder *Kryptovulkanismus* sind Prozesse, bei denen vulkanische Produkte innerhalb der Erdkruste in Tiefen bis zu wenigen Kilometern erstarren. Unter dem Begriff submariner Vulkanismus werden extrusive Vorgänge zusammengefasst, die am Ozeanboden stattfinden. Aufgrund der chemischen Zusammensetzung der ozeanischen ↗Kruste unterscheiden sich die geförderten vulkanischen Produkte deutlich von denen der kontinentalen Gebiete und bestehen meist aus tholeiitischen Basalten. Laven, die an den ↗Mittelozeanischen Rücken gefördert werden, werden als MORB-Typ (mid ocean ridge basalts) bezeichnet. Alkalischer Vulkanismus liefert vulkanische Produkte, bei denen der Kieselsäureanteil zwischen 56 und 61 % liegt; kalkalkalischer Vulkanismus solche, bei denen der Anteil der Kieselsäure zwischen 56 und 61 % liegt (bei etwa gleichen Anteilen von CaO und K_2O+Na_2O), charakteristischerweise also Plagioklas enthalten. Die Kalkalkali-Gesteine werden als Pazifische Sippe bezeichnet und stellen mit ↗Granit, ↗Diorit, ↗Syenit oder ↗Gabbro den weitaus größten Teil der magmatischen Gesteine. Unter ihnen wird noch zwischen einer Atlantischen Sippe mit vorwiegendem Na-Gehalt und einer Mediterranen Sippe mit vorwiegendem K-Gehalt unterschie-

den. Auswurfmassen sind Lockermaterialien (↗Pyroklastika), wie Aschen, Bomben, ↗Lapilli, die bei Vulkanausbrüchen aus den Schloten geschleudert werden. Authigene Auswurfmassen bestehen aus Magma, das den gesamten Vulkan aufgebaut hat, und können entweder juvenil (erstmalig gefördert) oder resurgent (aufgearbeitete, ältere Auswurfmassen) sein. Allothigen sind Auswurfmassen aus nicht vulkanischem, im Förderkanal aus Nebengestein mitgerissenem Material. Die Karte zur ↗Plattentektonik (im Farbtafelteil) zeigt die Lage von Vulkanen. [GG]

Vulkanit, *Ergussgestein, Effusivgestein, Effusivum, Eruptivgestein, vulkanisches Gestein,* meist feinkörniges oder glasiges Gestein, das durch ↗Vulkanismus als Schmelze an oder nahe an die Erdoberfläche gebracht und entweder explosiv herausgeschleudert wurde oder als Lavafluss erstarrte. Der Begriff umfasst auch ↗Intrusionen in der Nähe der Erdoberfläche, die einen Teil von vulkanischen Strukturen bilden (↗Streckeisen-Diagramm) Vertreter sind z.B. ↗Phonolith, ↗Rhyolith, ↗Dacit, ↗Trachyt, ↗Andesit und ↗Basalt.

Vulkanokarst, Form des ↗Pseudokarstes, bei der durch Abfluss noch flüssiger Lava unter bereits erstarrter Kruste unterirdische Hohlräume entstehen, die nach Einbruch oder Sackung der Lavadecke zur Entstehung von ↗Dolinen ähnlichen Hohlformen an der Oberfläche führen können.

Vuuren, *Louis van,* niederländischer Offizier und Geograph, geb. 1873, gest. 1950. Vuuren arbeitete zunächst als Offizier der königlichen Armee mit Aufgaben u. a. in den Kolonien auf Sumatra. Seine akademische Laufbahn führte ihn an die Universität Amsterdam (1923–1927) und an die Universität Utrecht (1927–1945). In Vuurens Idee einer ↗Sozialgeographie – der von ihm begründeten »Utrechter Schule der Sozialgeographie« – ist eine theoretisch-methodische Neuorientierung der gesamten ↗Humangeographie als eine eigenständige Sozialwissenschaft eingeschlossen (»De Merapi. Bijdrage tot de sociaal-geographische kennis van dit volkanisch gebied«, 1932; »Rapport betreffende een onderzoek naar de sociaal-economische structur van een gebied in de provincie Utrecht«, 1938).

Vuuren, *Louis* van

Wabenverwitterung, *Lochverwitterung*, eng beieinander liegende Bröckellöcher mit wabenartiger Anordnung, die sich meist an vorgegebene Gesteinsstrukturen (Schichtung, Schieferung, Klüftung) anlehnen. In Verbreitung und Genese ist die Wabenverwitterung den ↗Tafoni ähnlich.

Wacholderheide ↗Karstökologie.

Wachstumspolkonzept, polarisationstheoretischer Ansatz (↗Polarisationstheorie): a) sektorale Polarisation: Clusterbildung eines Wirtschaftssektors, die aufgrund von Verflechtungen zwischen Unternehmen (Input-Output-Beziehungen) entstehen. Wachstumspole sind in diesem Konzept Unternehmen, die ↗Innovationen hervorbringen. Durch die Innovationen, das ↗Wirtschaftswachstum und die daraus resultierende steigende Marktmacht des innovativen Unternehmens nimmt die sektorale Polarisation zu. Ihre regionalen Auswirkungen werden i. d. R. mit dem Verweis darauf, dass eng miteinander verflochtene Betriebe auch die räumliche Nähe zueinander benötigen würden, beschrieben. b) regionale Polarisation: Grundannahme, dass es bereits Agglomerationskerne gibt, deren Entstehung historisch bedingt und nicht gesteuert ist. Wachstum der einen und Schrumpfung einer anderen Region hängen dann unmittelbar miteinander zusammen. In den wachsenden Regionen, den Wachstumspolen, wirken Agglomerationseffekte, die dazu führen, dass dort höhere Renditen zu erlösen sind. In dem Maß, in dem dann der Wachstumspol an Wirtschaftskraft gewinnt, verliert der benachbarte Raum. Somit können sich bestehende ↗räumliche Disparitäten zirkulär verstärken. Dieser Ansatz ist von seiner Konzeption her, die ein abhängiges Wachstum eines Wachstumspols (Zentrum) und eines benachbarten Raumes (Peripherie) beschreibt, den ↗Zentrum-Peripherie-Modellen zuzuordnen. c) Im regionalpolitischen Sinn sind Wachstumspole ein Instrument der Industrieansiedlungspolitik. An eigens dafür ausgewiesenen Orten sollen Industriebetriebe angesiedelt werden, die durch die gezahlten Gehälter Einkommen in der Region schaffen, das weiteres wirtschaftliches Wachstum erzeugen soll. Diese Idee findet sich z. B. im Konzept der dezentralen Konzentration wieder, wie es 1975 im Bundesraumordnungsprogramm formuliert wurde. Auch die Regionalpolitik wie sie im Rahmen der ↗Gemeinschaftsaufgabe »Verbesserung der regionalen Wirtschaftsstruktur« auch heute noch betrieben wird, fußt auf dieser Idee. [CLR]

Wachstumsstrategie, Bezeichnung für politische Strategien, die in der Förderung wirtschaftlichen Wachstums das wesentliche Element von Entwicklung sehen (↗Wachstumstheorie, ↗Entwicklungsstrategie). Im Sinne einer an den ↗Modernisierungstheorien orientierten »nachholenden« Entwicklung (↗Entwicklungstheorie) verfolgten viele ↗Entwicklungsländer in den Jahrzehnten nach dem Zweiten Weltkrieg Wachstumsstrategien auf der Basis von ↗Industrialisierung und Modernisierung der Landwirtschaft (↗Grüne Revolution). Bei der Umsetzung von vorrangig wachstumsorientierten Strategien stehen in der Regel solche politischen und planerischen Maßnahmen im Vordergrund, die die dynamischen Wirtschaftssektoren beziehungsweise die dynamischen Wirtschaftsräume des jeweiligen Landes besonders fördern. Hierzu gehört die Schaffung eines günstigen Investitionsklimas durch sektorale Maßnahmen (Steuervergünstigungen etc.) ebenso wie eine wachstumsorientierte Regionalpolitik (Infrastrukturausbau, Einrichtung von Wachstumspolen etc.). Insbesondere die lateinamerikanischen, ost- und südostasiatischen Schwellenländer konnten durch eine im Wesentlichen auf Export orientierter Industrialisierung aufbauende Wachstumsstrategie makroökonomische Erfolge erzielen. Kritisiert wird jedoch, dass die oftmals als Automatismus unterstellte Verteilungswirkung (↗Trickle-down-Effekt) in den meisten Fällen ausgeblieben ist. Im Gegenteil: eine einseitig wachstumsorientierte Entwicklungsstrategie zieht meist eine Vertiefung der sozialen Einkommensunterschiede sowie eine Verschärfung ↗regionaler Disparitäten nach sich. Als Konsequenz wurde deshalb seitens der ↗Weltbank ab den 1970er-Jahren eine Strategie propagiert, die Wachstum mit Einkommensverteilung verbinden sollte (sog. redistribution with growth). [MC]

Wachstumstheorie, umfasst im Wesentlichen aus der Ökonomie stammende theoretische Ansätze, die Entwicklung weitgehend mit wirtschaftlichem Wachstum gleichsetzen. Die Wachstumstheorien beeinflussten in Verbindung mit modernisierungstheoretischen Ansätzen (↗Modernisierungstheorie) über lange Zeit sowohl die Strategien der internationalen ↗Entwicklungszusammenarbeit als auch die nationalen Entwicklungspolitiken in den Ländern der Dritten Welt. Zu den (ökonomischen) Wachstumstheorien zählen unter anderem die Rostow'sche Stadientheorie, die Außenhandelstheorien sowie die Wachstumstheorie im engeren Sinne (nach Harrod-Domar). Zentrale Fragestellungen sind beispielsweise die spezifischen Hemmnisse, die in den ↗Entwicklungsländern Wachstum behindern (z. B. Mangel an Kapital, unzureichende Sparquote), beziehungsweise die Rahmenbedingungen, Voraussetzungen und phasenhaften Verlaufsformen von wirtschaftlichem Wachstum (z. B. die Bedingungen zum Übergang in die Phase des »take-off« nach Rostow oder die Bedeutung eines auf der Grundlage von ↗Direktinvestitionen oder von Entwicklungshilfe ausgelösten und von außen kommenden ↗big push). Besondere Beachtung wurde dem internationalen Handel als »Wachstumsmotor« geschenkt, wobei unterstellt wurde, dass die Entwicklungsländer vor allem bei der Herstellung arbeitsintensiver Produkte über ↗komparative Kostenvorteile verfügen. [MC]

Wadi, *Oued* (arab./französ.), Bezeichnung für Fluss im arabisch geprägten Raum Nordafrikas und des Nahen Osten, in der Geographie als Fachbegriff übernommen für Flüsse und Flusstäler dieser Region mit periodischem bis episodischem ↗Abfluss. Flusstäler des Tibesti und seines Umlandes werden mit dem Tibbu-Begriff Enneri bezeichnet, diejenigen vom Air-Gebirge nach Süden als Koris (Haussa). Die Anlage der Täler geht mindestens bis ins Altquartär zurück, in Gebirgsbereichen – relativ zum Vulkanismus datiert – bis ins Tertiär. Pleistozäne Klimaschwankungen zwischen Pluvialen und Trockenphasen haben zu mehrfachem Wechsel fluvialer Akkumulation und Erosion und damit wie in den nichtariden Gebieten – allerdings nicht synchron – zur Ausbildung von Flussterrassen geführt. Meist mehrere Kilometer breite, abschnittsweise heute noch genutzte Großtäler, die von Gebirgen ausgehen, aber auch Zuflüsse aus den heute vollariden Ebenen haben, können über Hunderte von Kilometern verfolgt bzw. rekonstruiert werden. Als Folge des Überwiegens von Tiefenerosion gegenüber Hangabtragung auch während des Quartärs dominieren Kastentalprofile; erst bei weniger als 6–8 ariden Monaten treten Flachmuldenprofile hinzu. Geringes Wasserrückhaltevermögen durch die Wüstenoberfläche führt bei Starkregen zu sehr schnell einsetzenden katastrophalen Fluten, die aber selten die ganze Länge eines Wadis betreffen, mit starkem Sedimenttransport als Bodenfracht und Schweb. Im vollariden Raum bewirken auch von Seitentälern eingeschüttete Schwemmfächer, Dünenbarrieren und Sandrampen, dass nur noch ein abschnittsweiser Abfluss möglich ist. Während im semiariden Nordafrika in Wadioberläufen auch erodiert wird, wird in den ariden Gebieten Feinmaterial sedimentiert. In dünensandreichen Gebieten können Wadis vollständig verfüllt und bis auf geringe Spuren ausgelöscht werden. Wichtig für die Wasserversorgung ist, dass zahlreiche Wadis einen ganzjährig fließenden Grundwasserstrom haben, der an Felsschwellen an die Oberfläche treten und ursprünglich natürliche ↗Oasen bilden konnte. Im Gebirge dienen dort ebenfalls perennierende und oft von Felswänden beschattete Teiche (Gueltas), im Hoggar Aguelman genannt, demselben Zweck. [DB]

Wagenladungsverkehr ↗Schienengüterverkehr.

Wagner, Hermann, deutscher Geograph, geb. 23.6.1840 Erlangen, gest. 18.6.1929 Bad Wildungen. Wagner wurde nach der Promotion (Göttingen 1864) Gymnasiallehrer für Mathematik in Gotha, ehe er 1876 den geographischen Lehrstuhl an der Universität Königsberg erhielt. Seit 1880 wirkte er 40 Jahre lang an der Georgia Augusta in Göttingen, wo er einen großen Schülerkreis ausbildete. Das von H. Guthe begründete »Lehrbuch der Geographie« bearbeitete er seit 1877 und erweiterte es auf mehrere Bände. Er stand in freundschaftlicher Verbindung mit der Familie Perthes in Gotha, in deren Verlag er auf vielfältige Weise tätig war: Schon als Oberlehrer gab er gemeinsam mit E. Behm sieben Bände »Bevölkerung der Erde« (1872–82) heraus. Später folgten Hand- und Wandkarten, die Bearbeitung des von E. v. Sydow begründeten »Methodischen Schulatlas« (1888 ff.) und die Herausgeberschaft des »Geographischen Jahrbuchs« (1880–1920). Neben ↗Kirchhoff war es vor allem Wagner der sich zwischen 1870 und 1900 um eine bessere Stellung des Erdkundeunterrichts an den höheren Schulen einsetzte (↗Schulgeographie). [HPB]

Wahlbezirke ↗Wahlkreise.

Wahlgeographie, Teilgebiet der ↗Politischen Geographie, in dem die räumlichen Muster der Stimmabgaben bei Wahlen und die raumbezogenen Kriterien, die für die Wahlentscheidung maßgeblich sind, beschrieben und erklärt werden. Die erste klassische Studie zur Wahlgeographie stammt vom Franzosen André Siegfried, der 1913 seine Arbeit »Tableau politique de la France de l'est sous la Troisième Republique« veröffentlichte und mehrere Arten von Einflussfaktoren des Wahlverhaltens identifizierte: Zu den geographischen Faktoren zählte er u. a. die Bodenqualität, welche in Verbindung mit klimatischen Verhältnissen bei fruchtbaren Böden die Entwicklung eines wirtschaftlich prosperierenden Großgrundbesitzes fördere und bei kargen Böden zu einem verarmten Kleinbauerntum führe. In den ertragreichen, wirtschaftlich stabilen Gebieten werde vorwiegend konservativ gewählt. Die krisenanfälligeren Kleinbauern neigten eher zu politischem Radikalismus. Obwohl diese deterministische Sichtweise bald aufgegeben wurde, bleibt es ein Verdienst von Siegfried, dass er den Zusammenhang zwischen Krisenanfälligkeit und Bevorzugung radikaler Parteien des rechten und linken Spektrums erkannt hatte.

In Deutschland wurden regionale Unterschiede des Wahlverhaltens erstmals in der Zwischenkriegszeit von den Soziologen F. Tönnies und R. Heberle analysiert. R. Heberle untersuchte vor seiner Emigration in die USA die radikalen Wandlungen des politischen Klimas in Schleswig-Holstein, wo 1919 die linken Parteien noch fast zwei Drittel der Stimmen erhielten und 1932 ein fast gleich großer Anteil der Stimmen auf die NSDAP entfiel. Auf der Fischerinsel Maasholm erfolgte zwischen 1919 und 1932 ein fast geschlossener Umschwung von der KPD zur NSDAP. Heberle wies nach, dass die krisenempfindlichen, marktorientierten Geestbauern und die von Großhandelsgesellschaften abhängigen und verarmten Fischer am ehesten zum Radikalismus neigten. Den Zusammenhang zwischen Krisenanfälligkeit und der Wahl radikaler, systemverändernder Parteien belegte Heberle später auch für die USA, wo er zum Begründer der politischen Ökologie wurde.

Die neuere geographische Wahlforschung ist eng an die Meinungsforschung angelehnt und untersucht Phänomene wie beispielsweise den Nachbarschaftseffekt oder den regionalen Zuschnitt von Wahlkampagnen. Weitere Themen sind das je nach Region unterschiedliche Erscheinungsbild von politischen Parteien oder Fragen der geographisch angemessenen Repräsentation der Bevölkerung. Diese ist besonders in Mehrheitswahlsystemen durch numerische oder grenzbezogene Diskriminierungen immer wieder Gegenstand politischer Auseinandersetzungen. Eine

Wagner, Hermann

bewusste Manipulation der Größe und Grenzen von Wahlkreisen, welche die soziale Zusammensetzung der Wähler verändern und politische Mehrheiten konstruieren soll, wird als »Gerrymandering« bezeichnet.

Die Wahlgeographie hat sich im deutschen Sprachbereich wenig entwickelt. Dies ist zum einen auf die Dominanz des Verhältniswahlsystems zurückzuführen, das eine weitgehende Berücksichtigung jeder abgegebenen Stimme beinhaltet und damit nur wenige Fragestellungen der repräsentationsbezogenen Wahlgeographie aufkommen lässt. Zum anderen hat sich die sozialgeographische Wahlforschung weitgehend in der rasant angewachsenen und mit großem Aufwand betriebenen empirischen Wahlforschung aufgelöst.

Wahlkreise, Gliederung (/Regionalisierung) eines für öffentliche Wahlen anstehenden Gesamtgebietes mit weiterer Unterteilung in Wahlbezirke.

wahre Ortszeit, /Zeitsysteme.

Wahrheit, stellt für viele wissenschaftstheoretische (/Wissenschaftstheorie) Positionen insofern den zentralen Schlüsselbegriff der sozialen Institution /Wissenschaft dar, als deren Aufgabe in der Unterscheidung von »richtig« und »falsch« (»wahr« und »nicht wahr«) liegt. Im Vergleich zur zugemessenen Bedeutung bleibt die Klärung des Begriffs jedoch bemerkenswert unvollständig. Einer der Gründe dafür liegt häufig in der Form, nach der nach der Wahrheit gefragt wird. Die Frage »Was ist Wahrheit?« verleitet zur Suche nach einem Gegenstand oder einer Klasse von Gegenständen bzw. nach etwas Seiendem, etwas Vorgegebenem, das aufgefunden werden kann. In der zeitgenössischen Wissenschaftstheorie herrscht die Meinung vor, dass eine derart gestellte Frage nicht beantwortet werden kann und die entsprechende Suche erfolglos bleiben muss. Die aktuellen Auseinandersetzungen um den Wahrheitsbegriff drehen sich vor allem um die Frage nach dem verwendbaren Unterscheidungskriterium zwischen »wahr« und »falsch« bzw. der eindeutigen und begründeten Identifizierung von wahren und falschen Aussagen.

Eines der Grundprobleme, das sich um den Wahrheitsbegriff entsponnen hat, liegt in der fundamentalen Spannung begründet, welche zwei zentrale Anforderungen an ihn aufweisen. Eine wahre Erkenntnis soll einerseits »objektiv« (/Objektivität) sein, d. h. der Inhalt der Erkenntnis soll unabhängig von subjektiven Umständen eine Gültigkeit besitzen. Anderseits wird an eine wahre Erkenntnis auch die Erwartung gerichtet, dass sich der Erkennende von dem, was als »wahr« postuliert wird, überzeugen kann. Das ist aber nur möglich, wenn die Erkenntnis subjektiv (/Subjektivität) in einer konkreten Situation gewonnen werden kann. Werden beide Forderungen an »objektiv wahr« gerichtet, wird damit das Ergebnis eines subjektiven Akts beschrieben, der aber trotzdem unabhängig vom Subjekt Bestand haben muss. Im Rahmen des /Positivismus wird dieser Widerspruch aufgehoben, indem eine empirisch erfassbare Realität als Bedeutungsinstanz von Objektivität vorausgesetzt wird. Idealistische (/Idealismus) Ansätze gehen demgegenüber davon aus, dass alle logisch gültigen Sätze ein psychisches Faktum sind, und lösen den Widerspruch durch diese Setzung.

Unter den verschiedenen Lösungsversuchen hat bis heute die sog. Korrespondenztheorie der Wahrheit die größte Bedeutung erlangt, wenn sie auch nicht alle Probleme überwinden kann. Der ursprüngliche Kernsatz dieser Theorie lautet: »Ein Satz ist dann wahr, wenn er mit der Wirklichkeit übereinstimmt«. Das damit weiterhin ungelöste Problem besteht darin, dass nicht präzisiert wird, was unter Wirklichkeit zu verstehen ist. Die empirischen Wissenschaften (/Empirie) sind trotz dieser ungeklärten Frage darauf angelegt, den Wahrheitsgehalt von wissenschaftlichen /Hypothesen mittels Beobachtungen zu prüfen. Indirekt wird damit entschieden, dass die Wirklichkeit als das (objekthaft) Beobachtbare definiert wird.

Dieses grundlegende Problem konnte auch nicht mit Taskis (1935) allgemein anerkannter Reformulierung behoben werden, nach der sich das Kriterium zur Unterscheidung zwischen »wahr« und »falsch« eigentlich nur auf das Verhältnis zwischen zwei verschiedenen Sätzen, nicht aber auf das Verhältnis zwischen Sprache (Theorie) und Empirie (Objektebene) beziehen kann.

Die (implizite) Einschränkung von Wirklichkeit auf das Beobachtbare wird insbesondere für jene (qualitativen) sozial- und kulturwissenschaftlichen Forschungen zum Problem, die auf die Erfassung und Rekonstruktion der Bedeutungen angelegt sind. Das reduktionistische Wirklichkeitsverständnis wird besonders von der phänomenologischen (/Phänomenologie) und hermeneutischen (/Hermeneutik) Wissenschaftstheorie infrage gestellt. Als Gültigkeitskriterium empirischer Aussagen über die sozialkulturelle Wirklichkeit wird die Sinnadäquanz betrachtet. Das Ziel empirischer Erforschung der /Gesellschaft stellt dann die sinnadäquate Erfassung der jeweiligen Bedeutungszusammenhänge dar. Als »wahr« können diese Darstellungen gelten, wenn sie dem Kriterium der Sinnadäquanz genügen.

Obwohl die Phänomenologie »wahr« als situations- und konstitutionsspezifisch auffasst, hebt sie »Alltagswahrheiten« nicht in den Rang von Unfehlbarkeit. Das Ziel ist vielmehr die intersubjektiv überprüfbare Darstellung subjektiver Bedeutungszusammenhänge. [BW]

Literatur: [1] BRENTANO, F. (1958): Wahrheit und Evidenz. – Hamburg. [2] TARSKI, A. (1935): Der Wahrheitsbegriff in den formalisierten Sprachen. In: Studia Philosophica I, S. 261–405. [3] STEGMÜLLER, W. (1957): Das Wahrheitsproblem und die Idee der Semantik. – Wien.

Wahrnehmungsgeographie, *Perzeptionsgeographie*, aus der amerikanischen Geographie eingeführte Konzeption einer Geographie, die die subjektive Wahrnehmung (Perzeption) der Umwelt untersucht. Zu unterscheiden ist dabei zwischen einer eher physiologischen und verhaltentheoretischen Richtung, welche Wahrnehmung hauptsächlich als eine Stimulus-response-Relation betrachtet, und einer eher kognitiven Richtung, welche die wahrgenommenen Elemente mit bereits abgelagerten Wissensstrukturen und Erfahrungsschätzen vergleicht. In der Wahrnehmungsgeographie dominiert heutzutage v. a. der zweite Ansatz.

Grundlegend für diese Forschungrichtung war K. Lynchs Buch über »Das Bild der Stadt« (1960), in welchem er in einer MIT-Studie die Lesbarkeit des urbanen Raumes in drei amerikanischen Großstädten untersuchte. Dabei betonte er, dass die Entwicklung des ↗Images der Stadt zwar abhängig sei von der individuellen Disposition des Wahrnehmenden, aber gezielt von Architekten und Planern durch eine visualisierte Struktur gefördert werden könne. Anders als in dieser eher strukturalistischen Interpretation wurden Ende der 1960er-Jahre in Grossbritannien, den USA, Kanada und Skandinavien Forschungen vorgelegt, die die individuellen ↗mental maps von Kindern und Erwachsenen im Vergleich mit den »realen« Gesamtstrukturen, z. B. mit Luftbildern oder allgemeinen Karten, zum Gegenstand hatten und sich dabei v. a. auf die ↗Gestalttheorie bezogen. Französische und südamerikanische Geographen orientierten sich in ähnlichen Zusammenhängen lieber am Ansatz des entwicklungsgenetischen Raums von Piaget und unterschieden so zwischen dem Gesichtsfeld als dem aktuell wahrgenommenen Raumausschnitt und der visuellen Welt als dem in Wahrnehmungserfahrungen verarbeiteten kognitiven Wissensvorrat über die Umwelt.

Die Wahrnehmungsgeographie wurde von Vertretern der ↗Humanistischen Geographie dahingehend kritisiert, dass sie die Wahrnehmung zwar als eine durch sensorielle und kulturelle Filter verzerrte subjektive Form der Welterfassung ansah, aber sonst von den kulturellen Randbedingungen abstrahiere. Die ↗Marxistische Geographie warf den Wahrnehmungsgeographen vor, dass sie die sozialen Produktionsbedingungen der Images außer Acht gelassen hätten und somit bei der Interpretation der Daten auf halbem Wege stehen geblieben seien. Beide Kritiken führten in den siebziger Jahren dazu, dass der Einfluss der Wahrnehmungsgeographie immer mehr zurückging. Seit Mitte der 1980er-Jahre erlangte sie jedoch erneut Aktualität im Rahmen der Diskussion um die Umweltwahrnehmung. Jetzt werden die kulturellen Erkennungsmuster in ihrem symbolischen und semiotischen Wert stärker anerkannt, und die physiologischen und kognitiven Dimensionen treten immer weiter in den Hintergrund. [WDS]

wahrnehmungsgeographische Stadtanalyse, in den 1970er-Jahren entstandene neue Forschungsrichtung im angelsächsischen Raum. Sie geht davon aus, dass zwischen selektiven, subjektiven, alters- und sozialstatusabhängigen, bewussten und unbewussten Wahrnehmungen von städtischen Strukturen, der persönlichen Mobilität und ↗Aktionsräumen sowie den durch Medien vermittelten Informationen über Stadträume Korrelationen bestehen. Die individuell verschieden wahrgenommenen Abbilder der Realität wirken sich wiederum auf das raumrelevante Verhalten (z. B. Einkaufs- und Freizeitverhalten) bezüglich der ↗Daseinsgrundfunktionen der Individuen aus: In Nordamerika wurde z. B. eine fehlende Identifikation des Individuums mit seiner physischen städtischen Umgebung festgestellt und dies auf reduzierte Wahrnehmungsintensität bei vorwiegender Fortbewegung im Pkw zurückgeführt. Das Vorherrschen dieser Art der Mobilität habe (neben anderen Entwicklungen) eine Standardisierung der Bauformen sowie der ↗Aktionsräume unterstützt. In europäischen Städten wirken sich individuelle Wahrnehmungen des Stadtraumes in verstärktem Maße, wie in Nordamerika, als Abwanderung in den suburbanen Raum aus, was sich für die ↗Kernstadt zunehmend als funktionaler Verfall auswirkt, d. h. eine Unfähigkeit, bestimmte zentralörtliche ↗Dienstleistungen sowie die infrastrukturelle Versorgung der Restbevölkerung zu gewährleisten. Die Untersuchung von Wahrnehmungsräu-

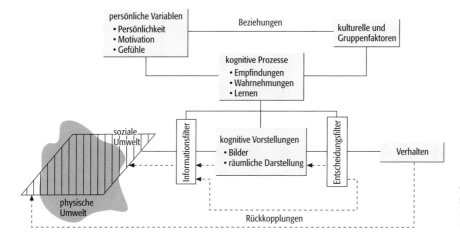

wahrnehmungsgeographische Stadtanalyse: Paradigma des räumlichen Wahrnehmens und Verhaltens.

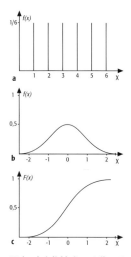

Wahrscheinlichkeitsverteilung 1:
a) Wahrscheinlichkeitsfunktion $f(x)$ für diskrete Zufallsvariable X (Augenzahl beim Würfeln); b) Wahrscheinlichkeitsdichte $f(x)$ für stetige Zufallsvariable X; c) Verteilungsfunktion $F(x)$ für stetige Zufallsvariable X.

Wahrscheinlichkeitsverteilung 2:
a) Univariate Normalverteilungen mit Mittelwert $\mu = 2$ und unterschiedlichen Standardabweichungen σ, b) bivariate Normalverteilung für die Zufallsvariablen X und Y.

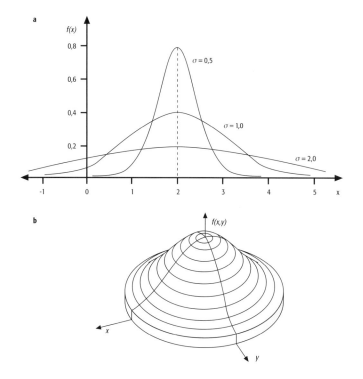

men erfolgt durch verschiedene Methoden, wie z. B. Befragungen oder mithilfe von ↗mental maps. Individuelle raumbezogene Vorstellungsbilder werden auch als ↗Image bezeichnet (↗Imageanalyse). Abb. [RS/SE]

Wahrnehmungsraum, die Menge aller Standorte, über die ein Individuum oder ein Haushalt gewisse Kenntnisse besitzt. Der Wahrnehmungsraum reflektiert in seiner räumlichen Ausdehnung die subjektive Raumstruktur des Haushaltes (↗mental map). ↗Verhaltensorientierte Wanderungsmodelle gehen davon aus, dass Personen vor allem Wohnungen in Gebieten, die sie aus eigener Erfahrung kennen, z. B. hinsichtlich der Erreichbarkeit von Standorten des ↗wöchentlichen Bewegungszyklus sowie baulicher und sozialer Umgebung, beurteilen und den Wohnungen entsprechend ihren Bedürfnissen sowie Präferenzen einen ↗Standortnutzen zuordnen können.

Wahrscheinlichkeitsverteilung, statistischer Begriff zur Bezeichnung der Gesamtcharakteristik der statistischen Eigenschaften einer oder mehrerer simultan betrachteter Zufallsvariablen auf der Basis aller möglichen Merkmalsausprägungen der ↗Grundgesamtheit. Eine Wahrscheinlichkeitsverteilung kann durch zwei mathematisch-statistisch gleichwertige Formulierungen erfasst werden: a) die Wahrscheinlichkeitsfunktion für diskrete bzw. die Wahrscheinlichkeitsdichtefunktion für stetige Zufallsvariablen X ordnet jeder Merkmalsausprägung x der Grundgesamtheit eine Wahrscheinlichkeit bzw. Wahrscheinlichkeitsdichte $f(x)$ zu, b) die Verteilungsfunktion $F(x)$ ergibt sich als kumulierte Wahrscheinlichkeitsverteilung und ordnet jeder Ausprägung x die Wahrscheinlichkeit zu, mit der x unterschritten wird (Abb.1). Betrachtet man nur eine Zufallsvariable, so spricht man von univariaten Wahrscheinlichkeitsverteilungen; werden simultan mehrere Zufallsvariable betrachtet, so ergeben sich multivariate Wahrscheinlichkeitsverteilungen (Abb. 2).

In der ↗analytischen Statistik haben Wahrscheinlichkeitsverteilungen eine fundamentale Bedeutung, da den dort angewendeten Verfahren Annahmen über die Wahrscheinlichkeitsverteilungen der Variablen zugrunde liegen. Von ganz besonderer Bedeutung für die Statistik ist die Normalverteilung (Abb. 2). Andere wichtige Verteilungen für die ↗Schätzstatistik und die ↗Teststatistik sind die t-Verteilung, die F-Verteilung und die Chi-Quadrat-Verteilung. Bei der Analyse räumlicher Punktverteilungen (↗Quadratanalyse) sind diskrete Wahrscheinlichkeitsverteilungen (z. B. Poisson- und Binomialverteilung) von großer Bedeutung. Das Analogon zur Wahrscheinlichkeitsverteilung ist im Falle von endlichen Datenreihen einer ↗Stichprobe die ↗Häufigkeitsverteilung. [JN]

Währungsunion ↗Wirtschaftsintegration.

Waibel, *Leo Heinrich*,, deutscher Geograph, geb. 22.2.1888 Kützbrunn/Baden, gest. 4.9. 1951 Heidelberg. Waibel studierte 1907–1911 zuerst in Halle Biologie, dann bei ↗Penck in Berlin und bei ↗Hettner in Heidelberg ↗Geographie. Er wurde 1911 in Heidelberg mit einer Dissertation über »Lebensformen und Lebensweisen der Waldtiere im tropischen Afrika« promoviert und war einer der bekanntesten Schüler von Hettner. 1911 begleitete er Thorbecke auf eine Kamerun-Expedition, 1913 unternahm er eine Reise nach Südwestafrika, wo er vom Ausbruch des 1. Weltkriegs überrascht und bis 1919 festgehalten wurde. 1920 habilitierte er sich in Köln mit der Arbeit »Winterregen in Südwestafrika«. Nach kurzer Tätigkeit als Assistent von Penck in Berlin erhielt er 1922 einen Ruf an die Universität Kiel. 1925/26 bereiste er Mexiko, die Südweststaaten der USA und die Azoren. Die Auswertungen dieser ↗Forschungsreisen wurden wegen ihrer neuartigen Methodik und der Einführung des Begriffes der Wirtschaftsformation wegweisend für die ↗Wirtschaftsgeographie.

Grundlage zur Erfassung der Pflanzenwelt als bestimmende Erscheinung des Landschaftsbildes war für ihn die Erarbeitung von Vegetationsformen und -formationen, d.h. eine Systematisierung der ↗Vegetation nach Dichte, Höhe und Habitus.

Den Begriff der Wirtschaftsformation stellte Waibel erstmals in Analogie zu dem von ihm bereits früher verwendeten Begriff der Vegetationsformation in seinen Arbeiten über die Sierra Madre Südmexikos auf. Neben die ökologisch-physiologischen Prinzipien zur Interpretation von Lebensformen und Lebensweisen treten bei Waibel die großen raumordnenden wirtschaftlichen Prinzipien wie Marktlage, Marktorientierung, Betriebsformen und Produktionsziele. Fortan wird für ihn das Einwirken des Menschen auf die

Natur zu einer zentralen Fragestellung. 1929 übernahm er den Lehrstuhl für Geographie an der Universität Bonn. In seiner Bonner Zeit schrieb er sein bedeutendstes Werk »Probleme der Landwirtschaftsgeographie« und entwickelte zusammen mit seinen Schülern neue Methoden der landwirtschaftsgeographischen Kartierung, die später von ↗Credner und ↗Troll weitergeführt werden sollten. Damit setzte Waibel Akzente für die systematische Entwicklung der modernen ↗Agrargeographie. Da er sich nicht von seiner jüdischen Frau trennen wollte, wurde er 1937 zwangspensioniert und emigrierte 1939 in die USA. Dort war er bis 1945 sowie 1950/51 in Forschung und Lehre tätig (Johns Hopkins University; University of Wisconsin, Madison; University of Minnesota, Minneapolis). 1946 beauftragte ihn der Conselho Nacional de Geografia für fünf Jahre mit Forschungsaufgaben über die Agrarkolonisation und Entwicklungsmöglichkeiten in Brasilien. Einen Ruf nach Heidelberg lehnte er aus gesundheitlichen Gründen ab. 1951 kehrte er nach Deutschland zurück, starb allerdings wenige Wochen nach seiner Ankunft. Neben wirtschaftsgeographischen Arbeiten über Tropen und Subtropen sind seine Beiträge zur ↗Agrargeographie von zentraler Bedeutung. Er behandelte auch interessante sozialgeographische Fragestellungen. Im Buch »Probleme der Landwirtschaftsgeographie« ist ein Kapitel »Treckburen als Lebensform« enthalten, das in anschaulicher Weise schildert, wie die Buren, die Nachfahren holländischer, deutscher und französischer Einwanderer in Südafrika, nach ihrem Treck in die Steppengebiete des südafrikanischen Hochlandes unter dem Druck der Lebensbedingungen und wegen der langen Isolation ihre Lebensform (Wirtschaftsweise, Wohnplätze, Hausrat, Kleidung, Nahrung) jener der Hottentotten anpassten. Er beschreibt (allerdings nicht ohne Vorurteile), wie im Laufe der Zeit ihre Sprache verarmte, ihre Bildung verkümmerte und sich ihre Moral- und Wertvorstellungen veränderten. Aus tüchtigen Ackerbauern wurden einfache, nomadisierende Hirten, aus einem beruflich stark differenzierten Händlervolk wurde ein armes, sozial wenig differenziertes Volk von nomadisierenden Viehzüchtern, die wenig Wert auf Schulbildung legten und in 250 Jahren keine Zeitung, kein literarisches Werk und keinen einzigen Künstler hervorgebracht hatten. [AMe, HB]

Wald, natürliche oder quasinatürliche Lebensgemeinschaft, deren Aufbau von großflächigen Baumbeständen geprägt ist, im Gegensatz zum forstwirtschaftlich genutzten, vom Mensch überprägten ↗Forst. Letzterer wird im allgemeinen Sprachgebrauch jedoch auch als Wald bezeichnet. Während Deutschland ursprünglich überwiegend mit Wald bedeckt war, an dem Laubgehölze einen Anteil von 80 % ausmachten, liegt der Wald- bzw. Forstanteil heute bei knapp 30 %, wobei Nadelgehölze durch die ↗Forstwirtschaft stark gefördert wurden. Die wichtigsten Baumarten der mitteleuropäischen Wälder sind Rotbuche (*Fagus sylvatica*), Trauben- und Stieleiche (*Quercus petraea*, *Q. robur*), Hainbuche (*Carpinus betulus*), Weißtanne (*Abies alba*) und Waldkiefer (*Pinus sylvestris*).

Waldbodenpflanzen, Pflanzen, die beim ↗Stockwerkbau des Waldes die Kraut- bzw. Feldschicht und die Moos- bzw. Kryptogamenschicht bilden. Waldbodenpflanzen sind an schattige, feuchte und kühle Standorte angepasst und vertragen keine länger einwirkende direkte Sonneneinstrahlung, die für diese Pflanzen mit Trockenstress verbunden ist. Nach Entfernung der Baumschicht (z. B. durch ↗Kahlschlag oder flächenhaften ↗Windwurf) sterben die Waldbodenpflanzen ab und werden durch ↗Sonnenpflanzen ersetzt.

Waldbrandwirtschaft, ↗Betriebsform der feuchten Tropen. ↗Brandrodung.

Waldgrenze, Übergang (↗Ökoton) zwischen Vegetationsformationen aus Bäumen und der aus Wärme- oder Wassermangel, durch Windbelastung oder wegen ungünstiger Bodeneigenschaften (Staunässe) waldfreien Vegetation der ↗Tundra (polares Waldgrenz-Ökoton), der ↗Steppe (Waldsteppen-Ökoton), der ↗Halbwüsten (↗Trockengrenze) oder der alpinen ↗Höhenstufe in Gebirgen (obere Waldgrenze). Im Schweifraum des Menschen ist durch Abbrennen, Holzentnahme oder dem selektiven Weidegang des Viehs, das bevorzugt Baumjungwuchs verbeißt, der natürliche Verlauf und die Struktur der Waldgrenze verändert. Der unregelmäßig lockere Bestand von alten Bäumen in Triftweiden oberhalb geschlossenen Bergwalds ist ein Hudewald, entstanden durch anthropo-zoogene Bestandsauflichtung. Die höchsten Vorkommen von Einzelbäumen bezeichnen diese ↗Baumgrenze. Jagdfeuer oder Schwenden zur Gewinnung und Pflege überschaubarer Hochweiden in tropischen Gebirgen verursachen scharf geschnittene Waldgrenzen gegen die Feuerklimax des innertropischen Höhengraslandes (obere Waldgrenze) ↗Páramo: In feuergeschützten Standorten von feuchten Schluchten (»Schluchtwald-Savanne«), auf Felsklippen oder Blockhalden bezeugen isolierte Baumgruppen (*Polylepis*, *Erica*) die potenzielle natürliche Waldvegetation. Weitgehend natürlich ist das subpolare Waldgrenz-Ökoton zwischen borealem Wald und der Tundra sowie in Gebirgen ohne Viehwirtschaft (nordamerikanische Kordillere, sibirische Gebirge, japanische, neuseeländische und australische Alpen, Feuerland, Hawaii). An allen natürlichen Waldgrenzen werden die Bäume kleiner, nehmen Krüppelform (obere Waldgrenze) ↗Kampfform und meist auch vielstämmigen Wuchs mit Übergängen zur Strauchform an (Abb. 1). Südbuchen-Waldgrenzen Neuseelands und Feuerlands sind geschlossen und haben einen dichten strauchförmigen Mantel. An der polaren Waldgrenze, den Trockengrenzen und der oberen Waldgrenze in ↗Hochgebirgen löst sich der Wald in kleiner werdende Einzelbäume oder in krüppelwüchsige Baumgruppen auf. In mehrschichtigen Wäldern feuchter Gebirgsklimate lockert sich die jeweils oberste Baumschicht höhenwärts bis zu Einzelin-

Waibel, *Leo Heinrich*

Waldgrenze

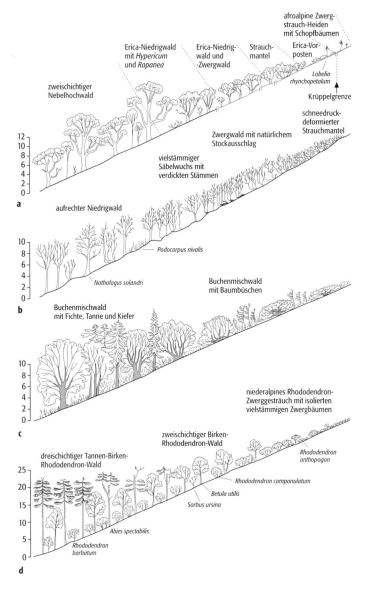

Waldgrenze 1: Schematische Bestandstruktur-Profile an naturnahen Waldgrenzen humider Hochgebirge
(a = tropische Erica-Wälder in Süd-Äthiopien, 7°N, 40°E;
b = südhemisphärische Laubwälder in Neuseeland, 43°S, 171°E;
c = nemorale Laubwälder in den Südalpen, 46°N, 11°E,
d = subtropisch sommerfeuchte Laubwälder, schattseitig im Zentral-Himalaya, 29°N, 85°E).

dividuen auf, die in geschlossenen Beständen der nächstniedrigsten Baumschicht stehen. Diese wiederum löst sich auch in Einzelbäume auf, die vielstämmigen Wuchs annehmen können und in einer geschlossenen Strauchschicht wachsen. Die Bodenoberfläche bleibt von geschlossenem Phanerophytenbestand beschattet. Unter der Last von Moos-Epiphyten in perhumiden Hochgebirgen (Ruwenzori) oder Schneebruch in extratropischen Hochgebirgen mit Winterniederschlag kann der Kronenschluss im Waldgrenzökoton aufgelichtet sein; es entstehen heterogen geschichtete strukturreiche Wälder.
Engräumig wechselnde edaphische und mikroklimatisch-reliefabhängige Standortbedingungen an Waldgrenzen ergeben unregelmäßige Auflösungsmuster der Baumvegetation: In winter-

schneereichen Gebirgen zerschlitzen tiefenliniengebundene Schneelawinenzüge den Bergwaldgürtel; von Schneedruck deformierte Sträucher ↗Krummholz und Hochstaudenfluren ersetzen hier Wald (Abb. 2). Die windabhängige, reliefuntergeordnete Schneedeckendauer steuert durch Schutz vor ↗Frosttrocknis einerseits, dem Auftreten von Schneeschimmelpilzen andererseits die Wachstumsbedingungen von Bäumen. In Windrichtung streifig heckenartig-dichte, keilförmig wachsende Ribbon-Forests sind typisch für das Waldgrenzökoton windreicher ↗Hochgebirge mit Winterschnee. In tropischen Gebirgen können glaziale Zungenbecken durch kaltluftstauende ↗Moränen waldfrei und von tropisch-alpiner Vegetation eingenommen sein. Isolierte oft krüppelwüchsige Baumgruppen an Felsklippen oberhalb des Waldes können aus Samenverstecken von Vögeln (*Pinus cembra* in den europäischen Alpen durch den Arvenhäher) aufwachsen. Wacholdergruppen unter Felsen im Karakorum und in Osttibet sind vermutlich durch wacholderbeerenfressende Vögel zu erklären. Die meisten waldgrenzbildenden Gehölze sind kleinblättrig, immergrün, nadelblättrig (*Abies, Picea, Pinus, Juniperus*), ericoid (*Erica*), hartlaubig (*Polylepis*) oder nadelblättrig-sommergrün (*Larix*). Ausnahmen bilden die innertropischen Kronenbäume von *Dendrosenecio* oder die ↗Schopfbäume von *Lobelia* und *Espeletia* oder *Cyathea* und die immergrünen großblättrigen Rhododendren im sommerfeuchten subtropischen Himalaya. Auf der Landhalbkugel reicht Wald an der Chatanga-Mündung in Sibirien bis 72°30'N, unter Einfluss langer Gefrornis an der Hudsonbay nur bis 51°N. Unter Einfluss auskühlender Winde und bewölkungsbedingt geringer Einstrahlung reichen die polnächsten Wälder der Wasserhalbkugel mit *Nothofagus* bis 55°S. In schneereichen ozeanischen Klimaten bilden kältekahle Laubbäume (*Betula, Alnus*) die polare Waldgrenze. Die höchstgelegene obere Waldgrenze bildet *Polylepis tarapacana* auf Vulkanbergen (Co. Sajama 18°07'S) der bolivianischen Westkordillere in 5000 m in offenem Zwergwald, der in offenen Strauchbestand übergeht. Die äquatorialen Gebirge haben Waldvorkommen bis 4300 m (*Erica, Dendrosenecio, Polylepis, Coprosma, Dimorphanthera, Cyathea*). Im Himalaya reicht *Abies densa* bis 4200 m, in Tibet *Juniperus tibetica* bis 4750 m. Es ist ungeklärt, ob Wärmemangel der Luft oder des Bodens Baumwuchs begrenzt.
Der Verlauf der Trockengrenze des Waldes gegen Halbwüsten und Steppen ist anthropo-zoogen überprägt. In der Sahara ist offener *Acacia raddiana*-Baumbestand noch mit 100 mm-Jahresniederschlag möglich. Für Pistacia-Offenwald in Afghanistan wird 250 mm/a als Schwellenwert angegeben. Für Wacholderwald im Südwesten der USA und in Tibet könnten noch 200 mm/a ausreichend sein. Die Trockengrenze der Eldar-Kiefer im westlichen Aserbeidschan wird mit 140 mm/a angegeben. Die Trockengrenze kältekahler Laubwälder gegen die Steppen (Waldsteppen-

Ökoton) wird mit 400–500 mm/a in Osteuropa angegeben, bis 200 mm/a in der Mongolei (*Ulmus pumila*). Wahrscheinlich ist die Wiesensteppe des Waldgrenz-Ökotons die Ersatzgesellschaft für Wald. In Staulagen von Inselgebirgen des Passatgürtels ist die Höhengrenze kronenschließenden Waldes durch die Passatinversion begrenzt. Im strahlungsreichen Trockenklima oberhalb der Passatinversion (Abb. 3) folgt offener Zwergwald (Hawaii: *Sophora chrysophylla*, Teneriffa: *Juniperus oxycedrus*). Die obere Waldgrenze der endemischen Waldflora auf Hawaii in nur 2400 m ist eine Trockengrenze, diejenige der Kanaren wahrscheinlich auch. [GM]

Literatur: [1] ELLENBERG, H. (1966): Leben und Kampf an den Baumgrenzen der Erde. In: Naturwiss. Rundschau, 19: 133–139. [2] MIEHE, G. & S. (1994): Zur oberen Waldgrenze in tropischen Gebirgen. In: Phytocoenologia, 24: 53–111. [3] WALTER H. & BRECKLE, S.-W. (1994): Ökologie der Erde 3, 2. Aufl. – Jena.

Waldhochmoor ↗ Moore.
Waldhufendorf, Reihendorf, das in waldreichen Gebieten, v.a. des Mittelgebirges, als typische Siedlungsform der Waldrodung entstand (↗ Reihendorf).
Waldkarst ↗ Karstlandschaft.
Waldklima, *Forstklima*, das Klima im Wald unterhalb des Kronendaches. Der Wald bildet sein eigenes Klima aus, das von der darüber liegenden Atmosphäre mehr oder weniger deutlich – abhängig vom Kronenschluss – isoliert ist. Hinsichtlich vieler Parameter wirkt das Kronendach wie die Erdoberfläche, indem dort der Hauptenergieumsatz stattfindet. Das Waldklima kann weiter differenziert werden in das Kronenklima, das Stammraumklima und die diversen Klimate der Strauch- und Krautschicht. Je nach Baumart und Bestandsaufbau unterscheiden sich Waldklimate stark voneinander. Für die unter Wirtschaftlichkeitsaspekten angelegten Wälder Mitteleuropas ist ein hoher Kronenschluss typisch. Dabei bildet sich ein sehr homogenes Bestandsklima mit geringen Tagesamplituden aus. Auch das Klima oberhalb des Kronendaches unterscheidet sich von demjenigen landwirtschaftlicher Nutzflächen. Die größere Rauigkeit erhöht die turbulente Durchmischung, was sowohl am Tage als auch in der Nacht die thermischen Extreme mindert. Dazu trägt die hohe Transpirationsleistung des Waldes bei, wodurch im Hochsommer eine stärkere Umwandlung der eingestrahlten Energie in latente Wärme erfolgt. Ein extremes Klima haben hingegen Waldlichtungen, da in ihnen der vertikale Austausch in besonders starkem Maße eingeschränkt ist. Die thermischen Unterschiede haben zur Folge, dass sich bei austauscharmen Strahlungswetterlagen horizontale Druckdifferenzen aufbauen können, welche eine Zirkulation am Waldrand zwischen Bestandsklima und umgebender Atmosphäre in Gang setzen, die Wald-Feld-Winde. Der *Waldwind* ist am Tage aus dem Wald heraus zum Feld gerichtet. Er ist nur bei sehr geringen Windgeschwindigkeiten wirksam und hat nur Reichweiten im Dekameterbereich. Der Feldwind ergibt sich mehr theoretisch aus dem zum Wald hin gerichteten Druckgefälle in den Nachtstunden. Er ist in der Regel nicht als solcher nachweisbar, sondern wird meist von der dem Gelände folgenden Kaltluftströmung überlagert (↗ Hangwind, ↗ Berg- und Talwind). [JVo]

Waldmantel, strukturelles Merkmal des Waldrandes. Waldmäntel bestehen aus strauchartig wachsenden Holzpflanzen (Abb.), die als Übergang zwischen dem Hochwald und dem Offenland eingeschaltet sind und einen Puffer zwischen dem Freilandklima und dem Waldinnenklima bilden. Aufgrund ihrer Struktur- und Artenviel-

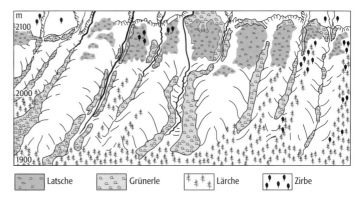

Waldgrenze 2: Ausgedehnte Gebüsche aus Grünerle (*Alnus viridis*) und Latsche (*Pinus mugo*) auf sehr lawinengefährdeten Hängen (Berninatal, Schweiz) unterhalb der Baumgrenze mit vereinzelten Zirben (*Pinus cembra*).

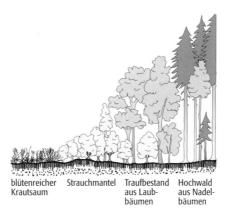

Waldmantel: Strukturaufbau des Waldrandes mit Saum, Mantel, Trauf und Hochwald.

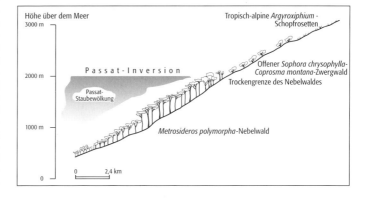

Waldgrenze 3: Obere Waldgrenze als Trockengrenze an der Passat-Inversion (Hawaii).

falt stellen sie wichtige Lebensräume für Pflanzen und Tiere dar.

Waldmoor ↗ Moore.

Waldökologie ↗ Forstökologie.

Waldrandstufe, stufenartig ausgebildeter Höhenunterschied von bis zu 3 m an lange bestehenden Grenzen von Wald- und Offenland (Kulturwechselstufe) aufgrund des höheren Bodenabtrags auf Ackerland gegenüber Waldflächen.

Waldsaum, strukturelles Merkmal des Waldrandes. Waldsäume setzen sich aus grasigen oder krautigen Blütenpflanzen zusammen und erreichen mit einigen Hochstauden eine Maximalhöhe von 2 m.

Waldschäden, sind einteilbar in natürliche und ↗ neuartige Waldschäden. Natürliche, abiotische Schadfaktoren für Bäume sind z. B. Windbruch, extreme Trockenheit mit eingeschränkter ↗ Photosynthese und Photoinhibition der Chloroplasten, späte Nachtfröste im Frühsommer, sowie Schneebruch oder ↗ Feuer. Zu den biotischen Schadfaktoren zählen Wildverbiss an Knospen, Rinde und Holz, sowie Schäden durch Wühlmäuse, Insekten (z. B. Borkenkäfer) und Pilze.

Waldschadenserhebung, *Waldschadensinventur, Waldzustandsbericht.* Zu einer umfassenden Waldschadenserhebung gehören neben Kronenzustandserhebungen, auch Berichte über die Emissionen und die biotischen Schäden. Eine bundesweite Waldschadenserhebung wird seit 1983 durchgeführt. Heute werden europaweit in einer Stichprobeninventur alle drei Jahre an den Schnittpunkten eines Rasternetzes von 4 x 4 km dauerhaft markierte Bäume (meist 24 Exemplare) auf Veränderungen der Krone überprüft. Die Erhebungen werden an den vier Hauptbaumarten Fichte, Kiefer, Buche und Eiche durchgeführt. Die Probebäume werden nach dem Grad der Entlaubung bzw. dem Grad der Vergilbung der Nadeln bzw. Blätter eingestuft. Die Schadklassifizierung von Nadelwäldern geht von Schadstufe 0 (0–10% Nadelverlust) über Schadstufe 1 (11–25%) und Schadstufe 2 (26–60% Nadelverlust) zu starker Schädigung (Schadstufe 3 mit 61–99% Nadelverlust) bis Schadstufe 4 = absterbend oder abgestorben. Treten neben Nadel- bzw. Blattverlust noch Vergilbungen auf, so werden die Bäume in die nächst höhere Schadensstufe eingruppiert. Außerdem wird jährlich an den Schnittpunkten eines 16 x 16 km Rasters eine Baumkronenuntersuchung durchgeführt, deren Ergebnisse in der bundesweiten Baumschadensinventur mitgeteilt werden. Darüber hinaus werden ausgewählte Beobachtungsflächen mit hoher zeitlicher Auflösung untersucht, wobei neben Kronenansprache auch meteorologische und bodenkundliche Daten erfasst, sowie Stoffeinträge und Stoffausträge gemessen werden. Zusätzlich zu den terrestrischen Beobachtungen gibt es noch teilweise Schadenserhebungen aus der Luft (↗ Fernerkundung) bei denen aus den Reflexionssignalen der Baumkronen auf die Vitalität der Bäume und Wälder geschlossen wird. Die Forstwirtschaft macht sich dabei zu Nutze, dass im ↗ Spektralbereich des ↗ Nahen Infrarot vitale Vegetation von geschädigter Vegetation gut unterschieden werden kann (Abb. im Farbtafelteil Band 3). Die Beurteilung der einzelnen Baumkronen kann mithilfe eines ↗ Farbinfrarotfilmes und der ↗ visuellen Bildinterpretation verlässlich durchgeführt werden. Diese Luftbildfernerkundung bedarf geschulter Interpreten, guter ↗ Interpretationsschlüssel sowie wiederholter ↗ Geländeverifikation. Trotz ständiger Entfernung stark geschädigter Bäume zeigt die jährliche Waldschadenserhebung in Deutschland bislang keine Verbesserung der Waldschadenssituation an, die Schadensentwicklung ist vielmehr bei Laubholz wesentlich stärker als in früheren Jahren.

Waldsterben, das durch klimatischen und anthropogenen Stress (v. a. Luftschadstoffe) bewirkte, z. T. großflächige Absterben von Waldbäumen spätestens seit 1983, es betrifft Laub- und Nadelhölzer. ↗ neuartige Waldschäden.

Wald- und Forstgeographie, in der ↗ Geographie wird in vielfältiger Weise über ↗ Wälder gearbeitet. Den meisten dieser Forschungen ist gemeinsam, dass sie nicht im eigentlichen den Wald als Pflanzenformation, Ökosystem, Rechts- oder Wirtschaftsraum im Blick haben, sondern übergeordnete Fragestellungen behandeln. Aufgrund der Vielzahl von geographischen Annäherungen an Wälder kam es trotz mehrfacher Bemühungen bisher nicht zur Ausbildung einer eigenständigen Forschungsrichtung *Forstgeographie* im Kontext einer Geographie des Primären Sektors, welche als *Waldwirtschaftsgeographie* die erdräumlichen Verbreitungs- und Interaktionsmuster der wald- und forstwirtschaftlichen Aktivitäten beschreibt.

Waldweide, überwiegend historische, u. a. auch in Deutschland früher übliche Form der Waldnebennutzung mit dem Eintrieb von Schweinen, Rindern, Schafen und Ziegen in den (Allmend-)Wald. In vielen Gebieten der Erde – v. a. in Gebirgsräumen – ist die weidewirtschaftliche Nutzung von Wäldern allerdings bis heute erhalten geblieben. In den Alpen erstreckt sich diese Nutzung vor allem auf den Frühsommer und die Herbstwochen. Im Laufe der Zeit löst das Weidevieh dabei eine regressive ↗ Sukzession vom geschlossenen Wald über lichte Bestände bis hin zur Trift aus. Schädigend wirken sich zudem die Verdichtungen des Bodens durch den ↗ Viehtritt aus mit einer Störung von Luft- und Wasserhaushalt. Diese Beeinträchtigungen können zu einer erhöhten Erosionsgefahr führen. Sie wurde in früheren Zeiten noch verschärft durch eine gezielte Streuentnahme. Im Rahmen einer forstlichen Inwertsetzung sind die Forstbehörden bestrebt, die tradierten Nutzungs- und Nebennutzungsrechte der Forste abzulösen. Aktuelle Programme zum Erhalt tradierter ↗ Kulturlandschaften dagegen setzen gezielt Schaf- und Ziegenherden ein, um Vegetationstypen mit Pflanzen- und Tierarten der Roten Liste wie z. B. Wacholderheiden oder Halbtrockenrasen erhalten zu können. [MM]

Waldwind ↗ Waldklima.

Waldwirtschaftsgeographie ↗ Wald- und Forstgeographie.